深入浅出

Windows API
程序设计

王端明◎著

核心编程篇

人民邮电出版社
北京

图书在版编目（ＣＩＰ）数据

深入浅出Windows API程序设计. 核心编程篇 / 王端明著. -- 北京 : 人民邮电出版社，2022.7
ISBN 978-7-115-57159-5

Ⅰ．①深… Ⅱ．①王… Ⅲ．①Windows操作系统—应用软件—程序设计—教材 Ⅳ．①TP316.7

中国版本图书馆CIP数据核字(2021)第171342号

内 容 提 要

本书是 Windows API 程序设计的进阶图书，内容包括多线程编程，内存管理，文件、驱动器和目录操作，进程，剪贴板，动态链接库，INI 配置文件和注册表操作，Windows 异常处理，WinSock 网络编程，其他常用 Windows API 编程知识，PE 文件格式深入剖析。通过阅读本书，读者可以对 Windows 程序设计有更加深入的认识，并将其应用到实际场景中。

本书适合有一定经验的 Windows API 程序开发人员阅读，也可以作为培训学校的教材使用。

◆ 著　　　王端明
　　责任编辑　陈聪聪
　　责任印制　王 郁 胡 南

◆ 人民邮电出版社出版发行　　北京市丰台区成寿寺路 11 号
　　邮编 100164　　电子邮件 315@ptpress.com.cn
　　网址 https://www.ptpress.com.cn
　　固安县铭成印刷有限公司印刷

◆ 开本：800×1000　1/16
　　印张：38.25　　　　　　　2022 年 7 月第 1 版
　　字数：819 千字　　　　　2022 年 7 月河北第 1 次印刷

定价：149.90 元

读者服务热线：(010)81055410　印装质量热线：(010)81055316
反盗版热线：(010)81055315
广告经营许可证：京东市监广登字 20170147 号

前言

2015 年 7 月，Windows 10 操作系统正式发行，新版本的操作系统在 UI 界面、安全性和易用性等方面都有了大幅提升。64 位操作系统已经普及，但传统的 32 位 Windows 系统 API 也应该称为 Windows API，因为不管编译为 32 位还是 64 位的应用程序，使用的都是相同的 API，只不过是扩展了一些 64 位数据类型。目前微软公司 Windows 在操作系统市场中占据相当大的份额，读者学习 Windows 程序设计的需求非常迫切。但是遗憾的是，近年来国内可选的关于 Windows API 的图书较少。

使用 Windows API 是编写程序的一种经典方式，这一方式为 Windows 程序提供了优秀的性能、强大的功能和较好的灵活性，生成的执行代码量相对比较小，不需要外部程序库就可以运行，更重要的是，无论将来读者用什么编程语言来编写 Windows 程序，只要熟悉 Windows API，就能对 Windows 的内部机理有更深刻、更独到的理解。

热爱逆向研究的读者都应该先学好 Windows API 程序设计，而初学 Windows 程序设计的读者可能会非常困惑。于是，在 2018 年年初，我产生了一个想法：总结我这 10 年的程序设计经验，为 Windows 开发人员写一本深入浅出的符合国内市场需求的书。本来我计划用一年的时间撰写本书，可是没想到一写就是 3 年！

为了确保本书内容的准确性，MSDN 是最主要的参考对象。我的初心就是把 10 年的程序设计经验毫无保留地分享给读者，并帮助读者学会调试技术。为了精简篇幅，大部分程序的完整源代码并没有写入书中。读者通过本书可以全面掌握 Windows 程序设计，对于没有涉及的问题也可以通过使用 MSDN 自行解决。

本书基于 Windows 10 和 Visual Studio 2019（VS 2019）编写，提供了大量的示例程序。本书内容包括内存管理、多线程及线程间同步、进程间通信、文件操作、剪贴板、动态链接库、注册表、异常处理、WinSock 网络编程、系统服务和用户账户控制等，其中对动态链接库（DLL）注入和 API Hook 进行了深入讲解，并解析了 WinSock 网络编程以及各种异步 I/O 模型，通过线程池和完成端口技术实现了一个高性能的服务程序。另外，本书还对 32 位/64 位程序的 PE/PE32+ 文件格式进行了深入剖析，这是加壳、脱壳必备的基础知识。

本书适合人群

（1）对 Windows 程序设计已经有一定了解的读者，通过本书可以高效而全面地掌握 Windows 程序设计。

（2）学习 Windows 程序设计多年但仍有困惑的读者，通过本书可以系统地学习 Windows 程序设计的方方面面。

（3）其他任何爱好或需要学习 Windows API 程序设计的读者，通过本书可以进一步了解 Windows API 程序设计的基本技巧。

读者需要具备的基础知识

在阅读本书前，读者必须熟悉 C 或 C++语法。除此之外，不需要具备任何其他专业知识。

读者可以获得的额外权益

（1）可以加入我提供的 QQ 群进行学习交流。

（2）可以到我提供的 Windows 中文网的相应版块中进行提问，我通常会集中时间进行统一解答。

相关图书推荐

如果读者是 Windows API 程序设计的初学者，可以先阅读《深入浅出 Windows API 程序设计：编程基础篇》来进行基础知识的学习。

本书并没有涉及内核方面的相关知识，如果读者需要学习 Windows 操作系统的内核安全编程技术，那么推荐阅读谭文和陈铭霖所著的《Windows 内核编程》和《Windows 内核安全与驱动开发》。

致谢

本书可以成功出版，得益于多位专业人士的共同努力。感谢家人无条件的支持，感谢微软和 CSDN 的朋友、15PB 信息安全教育创始人任晓珲、《Windiws 内核编程》的作者陈铭霖、《Windows 环境下 32 位汇编语言程序设计》的作者罗云彬、微软总部高级软件工程师 Tiger Sun 以及各软件安全论坛的朋友对本书提出的宝贵建议以及予以的认可和肯定。

由于我的能力和水平的限制，书中难免会存在疏漏，欢迎读者批评指正。读者可以通过 Windows 中文网与我沟通。

作者简介

　　王端明，从 2008 年开始参与 Windows API 程序设计，精通汇编语言、C/C++语言和 Windows API 程序设计，精通 Windows 环境下的桌面软件开发和加密/解密。曾为客户定制开发 32 位/64 位 Windows 桌面软件，对加密/解密情有独钟，对 VMProtect、Safengine 等高强加密保护软件的脱壳或内存补丁有深入的研究和独到的见解，喜欢分析软件安全漏洞，曾在金山和 360 等网站发表过多篇杀毒软件漏洞相关的分析文章。

资源与支持

本书由异步社区出品，社区（https://www.epubit.com/）为您提供相关资源和后续服务。

配套资源

本书免费提供配套源代码。要获得相关配套资源，请在异步社区本书页面中单击"配套资源"，跳转到下载界面，按提示进行操作即可。注意：为保证购书读者的权益，该操作会给出相关提示，要求输入提取码进行验证。

提交勘误

作者和编辑尽最大努力来确保书中内容的准确性，但难免会存在疏漏。欢迎您将发现的问题反馈给我们，帮助我们提升图书的质量。

当您发现错误时，请登录异步社区，按书名搜索，进入本书页面，单击"提交勘误"，输入勘误信息，单击"提交"按钮即可。本书的作者和编辑会对您提交的勘误进行审核，确认并接受后，您将获赠异步社区的 100 积分。积分可用于在异步社区兑换优惠券、样书或奖品。

扫码关注本书

扫描下方二维码，您将会在异步社区微信服务号中看到本书信息及相关的服务提示。

与我们联系

我们的联系邮箱是 contact@epubit.com.cn。

如果您对本书有任何疑问或建议，请您发邮件给我们，并请在邮件标题中注明本书书名，以便我们更高效地做出反馈。

如果您有兴趣出版图书、录制教学视频，或者参与图书技术审校等工作，可以发邮件给本书的责任编辑（chencongcong@ptpress.com.cn）。

　　如果您来自学校、培训机构或企业，想批量购买本书或异步社区出版的其他图书，也可以发邮件给我们。

　　如果您在网上发现有针对异步社区出品图书的各种形式的盗版行为，包括对图书全部或部分内容的非授权传播，请您将怀疑有侵权行为的链接通过邮件发给我们。您的这一举动是对作者权益的保护，也是我们持续为您提供有价值的内容的动力之源。

关于异步社区和异步图书

　　"异步社区"是人民邮电出版社旗下 IT 专业图书社区，致力于出版精品 IT 技术图书和相关学习产品，为作译者提供优质出版服务。异步社区创办于 2015 年 8 月，提供大量精品 IT 技术图书和电子书，以及高品质技术文章和视频课程。更多详情请访问异步社区官网 https://www.epubit.com。

　　"异步图书"是由异步社区编辑团队策划出版的精品 IT 专业图书的品牌，依托于人民邮电出版社的计算机图书出版积累和专业编辑团队，相关图书在封面上印有异步图书的 LOGO。异步图书的出版领域包括软件开发、大数据、AI、测试、前端、网络技术等。

异步社区

微信服务号

目录

第 1 章

多线程编程

磁盘中存储的可执行文件是由指令和数据等组成的二进制文件，是一个静态的概念。进程（process）是系统中正在运行的一个可执行文件，可执行文件一旦运行就成为进程，是一个动态的概念，是一个活动的实体。进程是一个正在运行的可执行文件所使用的资源的总和，包括虚拟地址空间、代码、数据、对象句柄、环境变量等。一个可执行文件被同时多次执行，产生多个进程，虽然它们是同一个可执行文件，但是它们的虚拟地址空间是相互隔离的，就像不同的可执行文件在同时执行。

进程是不"活泼"的。要使进程中的代码被真正运行，必须拥有在这个进程环境中运行代码的"执行单元"，也就是线程。线程是操作系统分配 CPU 处理器时间的基本单位，一个线程可以看作一个执行单元，它负责执行进程地址空间中的代码。当一个进程被创建时，系统会自动为它创建一个线程。这个线程从程序指定的入口地址处开始执行，通常把这个线程称为主线程。当主线程执行完最后一行代码（例如 return msg.wParam;）时，进程结束，这时系统会撤销进程所拥有的地址空间和资源，程序终止。

在主线程中，程序可以继续创建多个线程来"同时"执行进程地址空间中的代码，这些线程被称为子线程。操作系统为每个线程保存各自的寄存器和栈环境，但是它们共享进程的地址空间、对象句柄、代码和数据等其他资源，它们可以执行相同的代码，可以对相同的数据进行操作，也可以使用相同的句柄。进程和线程的关系可以看作"容器"和"内容物"的关系，进程是线程的容器，线程总是在某个进程的环境中被创建，它不可以脱离进程而单独存在，而且线程的整个生命周期都存在于进程中，如果进程被终止，则其中的线程也会同时结束。

系统中可以同时存在多个进程，每个进程中又可以有多个线程同时执行。为了使所有进程中的线程都能够"同时"执行，操作系统为每个线程轮流分配 CPU 时间片。当轮到一个线程执行的时候，系统将保存的线程的寄存器值恢复并开始执行。当时间片结束时，系统将线程当前的寄存器环境保存下来并切换到另一个线程中执行，如此循环。

对单 CPU 处理器的计算机来说，不同线程实际上是在轮流使用同一个处理器。一个程序的运行速度并不会因为创建了多个线程而加快，因为线程多了以后，每个线程等待时间片的时间也就越长。但是对于多核 CPU 的计算机，操作系统可以将不同的线程安排到不同的处理器内核中执行，系统可以同时执行与计算机上的 CPU 处理器内核一样多的线程，这样一个进程中的多个线程会因为同时获得多个时间片而加快整个进程的运行速度。

不过，多线程编程的出发点并不仅仅是为了充分利用多核 CPU，编程过程中会遇到仅依靠一个主线程无法解决问题的情况，下面我们将通过一个典型的"问题程序"来引出多线程编程。

1.1 使用多线程的必要性

本节的示例程序界面如图 1.1 所示。

初始状态下，停止、暂停和继续按钮是禁用的，用户单击"开始"按钮，调用自定义函数 Counter 进入一个 while 循环。在循环中，不停地把一个数进行自加，并实时显示到编辑控件中。在计数循环过程中，用户可以随时按下"停止""暂停"或"继续"按钮。

Counter.cpp 源文件的内容如下：

图 1.1

```cpp
#include <windows.h>
#include "resource.h"

#pragma comment(linker,"\"/manifestdependency:type='win32' \
    name='Microsoft.Windows.Common-Controls' version='6.0.0.0' \
    processorArchitecture='*' publicKeyToken='6595b64144ccf1df' language='*'\"")

// 常量定义
#define F_START    1        // 开始计数
#define F_STOP     2        // 停止计数

// 全局变量
HWND g_hwndDlg;
int g_nOption;              // 标志

// 函数声明
INT_PTR CALLBACK DialogProc(HWND hwndDlg, UINT uMsg, WPARAM wParam, LPARAM lParam);
VOID Counter();

int WINAPI WinMain(HINSTANCE hInstance, HINSTANCE hPrevInstance, LPSTR lpCmdLine, int
nCmdShow)
{
    // 创建模态对话框
    DialogBoxParam(hInstance, MAKEINTRESOURCE(IDD_MAIN), NULL, DialogProc, NULL);
    return 0;

}

INT_PTR CALLBACK DialogProc(HWND hwndDlg, UINT uMsg, WPARAM wParam, LPARAM lParam)
{
    static HWND hwndBtnStart, hwndBtnStop, hwndBtnPause, hwndBtnContinue;

    switch (uMsg)
    {
```

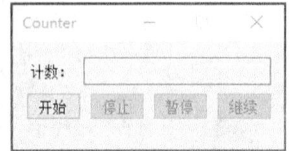

```
case WM_INITDIALOG:
    g_hwndDlg = hwndDlg;
    hwndBtnStart = GetDlgItem(hwndDlg, IDC_BTN_START);
    hwndBtnStop = GetDlgItem(hwndDlg, IDC_BTN_STOP);
    hwndBtnPause = GetDlgItem(hwndDlg, IDC_BTN_PAUSE);
    hwndBtnContinue = GetDlgItem(hwndDlg, IDC_BTN_CONTINUE);

    // 禁用停止、暂停、继续按钮
    EnableWindow(hwndBtnStop, FALSE);
    EnableWindow(hwndBtnPause, FALSE);
    EnableWindow(hwndBtnContinue, FALSE);
    return TRUE;

case WM_COMMAND:
    switch (LOWORD(wParam))
    {
    case IDC_BTN_START:
        g_nOption = 0;                  // 如果按下开始按钮，然后停止，然后再开始，则 g_nOption 的值为 3
        g_nOption |= F_START;
        Counter();                      // 开始计数

        EnableWindow(hwndBtnStart, FALSE);
        EnableWindow(hwndBtnStop, TRUE);
        EnableWindow(hwndBtnPause, TRUE);
        break;

    case IDC_BTN_STOP:
        g_nOption |= F_STOP;
        EnableWindow(hwndBtnStart, TRUE);
        EnableWindow(hwndBtnStop, FALSE);
        EnableWindow(hwndBtnPause, FALSE);
        EnableWindow(hwndBtnContinue, FALSE);
        break;

    case IDC_BTN_PAUSE:
        g_nOption &= ~F_START;
        EnableWindow(hwndBtnStart, FALSE);
        EnableWindow(hwndBtnStop, TRUE);
        EnableWindow(hwndBtnPause, FALSE);
        EnableWindow(hwndBtnContinue, TRUE);
        break;

    case IDC_BTN_CONTINUE:
        g_nOption |= F_START;
        EnableWindow(hwndBtnStart, FALSE);
        EnableWindow(hwndBtnStop, TRUE);
        EnableWindow(hwndBtnPause, TRUE);
        EnableWindow(hwndBtnContinue, FALSE);
        break;
```

```
        case IDCANCEL:
            EndDialog(hwndDlg, 0);
            break;
        }
        return TRUE;
    }

    return FALSE;
}

VOID Counter()
{
    int n = 0;

    while (!(g_nOption & F_STOP))
    {
        if (g_nOption & F_START)
            SetDlgItemInt(g_hwndDlg, IDC_EDIT_COUNT, n++, FALSE);
    }
}
```

代码很简单。按下"开始"按钮,设置开始标志 F_START,调用 Counter 函数开始计数并显示,禁用"开始""继续"按钮,启用"停止""暂停"按钮;按下"暂停"按钮,为标志变量 g_nOption 清除开始标志 F_START,然后禁用"开始""暂停"按钮,启用"停止""继续"按钮;按下"继续"按钮,为标志变量 g_nOption 设置开始标志 F_START,然后禁用"开始""继续"按钮,启用"停止""暂停"按钮;按下"停止"按钮,为标志变量 g_nOption 设置停止标志 F_STOP,然后禁用"停止""暂停""继续"按钮,启用"开始"按钮。

按 Ctrl + F5 组合键编译运行程序,单击"开始"按钮,可以看到编辑控件并没有实时显示计数值,"开始"按钮没有被禁用,"停止""暂停"按钮也没有被启用,鼠标指针悬停在客户区时变成一个忙碌形状的光标,程序已经失去响应。

当一个进程被创建时,系统会自动为它创建一个"主线程"。按下"开始"按钮,"主线程"执行 WM_COMMAND 消息的 IDC_BTN_START 分支,调用 Counter 函数后,"主线程"一直处于 while 循环中,Counter 函数后面的语句不会被执行,因此永远不会返回对 WM_COMMAND 消息 IDC_BTN_START 的处理结果,导致"主线程"没有机会去处理后续的任何消息。2.2.4 节将讲解消息循环的原理,本例是对话框程序,即按下"开始"按钮后,程序停留在对话框内建消息循环的 DispatchMessage 函数调用中不能返回,消息队列中的后续消息得不到获取、分发,更得不到处理,因此出现程序窗口中的按钮不能单击、程序失去响应、程序界面得不到刷新等情况。

在程序设计中有一个"1/10 秒规则",即窗口过程处理任何一条消息的时间都不应超过 1/10 秒,否则会造成程序无法及时响应用户操作的情况。如果程序的消息处理过程中存在一项非常复杂或耗时的任务,就需要使用其他合理的解决方法,例如在处理 WM_COMMAND 消息的 IDC_BTN_START 分支时,可以创建一个新的"子线程"负责执行 Counter 函数,由"子线程"去处理耗时的操作,"主线程"可以继续往下执行,处理其他消息。

1.2 多线程编程

CreateThread 函数用于在当前进程中创建一个新线程：

```
HANDLE WINAPI CreateThread(
    _In_opt_  LPSECURITY_ATTRIBUTES  lpThreadAttributes,
                                                 // 指向线程安全属性结构的指针
    _In_      SIZE_T                 dwStackSize,         // 线程的栈空间大小，以字节为单位
    _In_      LPTHREAD_START_ROUTINE lpStartAddress,  // 线程函数指针
    _In_opt_  LPVOID                 lpParameter,         // 传递给线程函数的参数
    _In_      DWORD                  dwCreationFlags,     // 线程创建标志
    _Out_opt_ LPDWORD                lpThreadId);         // 返回线程 ID，可以设置为 NULL
```

当程序调用 CreateThread 函数时，系统会为线程创建一个用来管理线程的数据结构，其中包含线程的一些信息，例如安全描述符、引用计数和退出码等，这个数据结构称为线程对象。线程对象属于内核对象，内核对象由操作系统管理，内核对象的数据结构只能由操作系统内核访问，应用程序不能在内存中定位这些数据结构并修改其内容。在调用一个创建内核对象的函数后，函数会返回一个句柄。该句柄标识了所创建的内核对象，可以由同一个进程中的任何线程使用，例如，对 CreateThread 函数来说，就是创建一个线程内核对象，返回一个线程句柄，线程句柄标识了所创建的线程对象。以后我们还会学习很多内核对象，例如进程对象、文件对象等都是内核对象。

接下来，系统会从进程的地址空间中为线程的栈分配内存空间并开始执行线程函数。栈空间用于存放线程执行时所需的函数参数和局部变量等，新线程在创建线程的进程环境中执行，因此它可以访问进程的所有句柄和其中的所有内存等，同一个进程中的多个线程也可以很容易地相互通信。

当线程结束时，线程的栈空间被释放，但是线程对象却不一定如此。在调用 CreateThread 函数后，线程对象的引用计数被设置为 1，但是由于返回了一个线程句柄，引用计数又被加 1，所以线程对象的引用计数为 2。线程句柄可以由同一个进程中的任何线程使用，如果其他地方用不到该线程句柄，那么在调用 CreateThread 函数创建线程后，可以接着调用 CloseHandle 函数关闭线程句柄。关闭线程句柄会使线程对象的引用计数减 1。这样一来当线程结束时，线程对象的引用计数再次减 1，系统发现线程对象的引用计数为 0，会立即销毁该线程对象。在调用 CloseHandle 函数关闭线程句柄后，对当前进程来说这个句柄就无效了，不可以再试图引用它，因此还应同时将这个线程句柄变量设为 NULL，防止在其他函数调用中使用这个无效的线程句柄。例如：

```
HANDLE hThread;
hThread = CreateThread(NULL, 0, ThreadProc, NULL, 0, NULL);
if (hThread != NULL)
{
    CloseHandle(hThread);
    hThread = NULL;
}
```

当然，当进程结束时，该进程所属的一切对象、资源都会被系统释放，不会因为没有调用相关对

象、资源关闭或释放函数而造成内存泄漏。对线程对象来说，适时地调用 CloseHandle 函数关闭线程对象句柄，是为了在线程结束时立即销毁线程对象，但是即使没有调用 CloseHandle 函数，如果进程结束了，系统也会自动关闭线程句柄。

（1）lpThreadAttributes 参数。lpThreadAttributes 参数是一个指向 SECURITY_ATTRIBUTES 结构的指针，该结构在 minwinbase.h 头文件中定义如下：

```
typedef struct _SECURITY_ATTRIBUTES {
    DWORD  nLength;                  // 该结构的大小
    LPVOID lpSecurityDescriptor;    // 指向安全描述符 SECURITY_DESCRIPTOR 结构的指针
    BOOL   bInheritHandle;          // 在创建新进程时是否继承返回的句柄，TRUE 或 FALSE
} SECURITY_ATTRIBUTES, *PSECURITY_ATTRIBUTES, *LPSECURITY_ATTRIBUTES;
```

- lpSecurityDescriptor 字段用于指定线程的安全属性，通常设置为 NULL，表示使用默认的安全属性。
- 新线程创建以后，可以在新线程中创建子进程，bInheritHandle 字段用于指定 CreateThread 函数返回的线程句柄是否可以被新线程的子进程继承使用。

lpThreadAttributes 参数通常设置为 NULL，表示使用默认的安全属性，返回的线程句柄不能被新线程的子进程继承。如果希望线程句柄被新线程的子进程继承，那么可以按如下方式设置：

```
SECURITY_ATTRIBUTES sa;
sa.nLength = sizeof(SECURITY_ATTRIBUTES);
sa.lpSecurityDescriptor = NULL;
sa.bInheritHandle = TRUE;
hThread = CreateThread(&sa, 0, ThreadProc, NULL, 0, NULL);
```

（2）dwStackSize 参数。dwStackSize 参数指定为新线程保留的栈空间大小，以字节为单位。系统会从进程的地址空间中为每个新线程分配私有的栈空间，在线程结束时栈空间会自动被系统释放，通常可以指定为 0，表示新线程的栈空间大小和主线程使用的栈空间大小相同（默认是 1MB）。

（3）lpStartAddress 和 lpParameter 参数。lpStartAddress 参数指定新线程执行的线程函数的地址，线程函数的定义格式如下：

```
DWORD WINAPI ThreadProc(LPVOID lpParameter);
```

线程函数的名称可以随意设置。线程函数的 lpParameter 参数是从 CreateThread 函数的 lpParameter 参数传递过来的值，该参数可以用来传递一些自定义数据，例如可以是一个数值，也可以是一个指向某数据结构的指针。

多个子线程可以使用同一个线程函数，例如对于 Web 服务器，每当有客户端请求时可以创建一个线程来执行本次请求，所有的客户端请求可以执行相同的线程函数，但是为每个客户端调用 CreateThread 函数创建线程时可以指定不同的 lpParameter 参数，在线程函数中通过传递的参数来区别是哪一个客户端。

线程函数（实际包括所有函数）应该尽可能地使用函数参数和局部变量。在使用静态变量和全局变量时，多个线程都可以访问这些变量，这可能会破坏变量中保存的数据。而函数参数和局部变量存放在线程的栈空间中，因此不太可能被其他线程破坏。

线程函数返回值为 DWORD 类型，因此线程函数必须返回一个值，该值将作为线程对象的退出码。

（4）dwCreationFlags 参数。dwCreationFlags 参数用来指定线程创建标志，可以指定为 0 表示线程创建后立即开始运行；也可以指定为 CREATE_SUSPENDED 表示线程创建后处于挂起状态，直到调用 ResumeThread 函数显式地启动线程为止。第二种情况下，用户可以在线程执行代码前修改线程的一些属性，不过通常不需要。

（5）lpThreadId 参数。lpThreadId 参数是一个指向 DWORD 类型变量的指针，函数在该变量中返回线程 ID。如果不需要线程 ID，则该参数可以设置为 NULL。

如果线程创建成功，则函数返回一个线程句柄，该句柄可以用在一些控制线程的函数中，例如 SuspendThread（暂停线程）、ResumeThread（恢复线程）和 TerminateThread（终止线程）等函数，如果线程创建失败则返回值为 NULL。

接下来将 Counter 程序改进为多线程程序，只需要把 WM_COMMAND 消息的 IDC_BTN_START 中对 Counter 函数的调用修改如下：

```
hThread = CreateThread(NULL, 0, ThreadProc, NULL, 0, NULL); // 创建一个子线程
if (hThread != NULL)
{
    CloseHandle(hThread);
    hThread = NULL;
}
```

完整代码参见 Chapter1\CounterThread 项目。Counter 函数需要修改为线程函数 ThreadProc，线程函数返回值为 DWORD 类型，因此在线程函数末尾需要返回一个值。当用户按下"停止"按钮后，为标志变量 g_nOption 设置停止标志 F_STOP，线程函数的 while 循环条件不满足，退出循环，然后线程函数返回，线程结束。

在调用 CreateThread 函数创建线程后，我们调用 CloseHandle(hThread)，及时关闭不需要的线程句柄，因此线程对象的引用计数减 1。在线程结束后，系统也会递减线程对象的引用计数。因此在本例中的线程结束后，线程对象会马上被系统释放。及时关闭用不到的内核对象句柄的好处是，程序运行过程中不会造成内存泄漏。在进程结束时，该进程所属的一切对象、资源都会被系统释放，不会因为没有调用相关对象、资源关闭或释放函数而造成内存泄漏。

在按下"开始"按钮后，计数值实时显示在编辑控件中，但是"停止"和"暂停"按钮未显示为启用状态，实际上这两个按钮已经启用。在 Windows 7 系统中测试该程序，不存在这个问题。SetDlgItemInt 函数实际上是通过发送 WM_SETTEXT 消息来实现的，线程函数向主窗口发送 WM_SETTEXT 消息的速度非常快，因为这个 while 循环已经导致系统的 CPU 占用率飙升（可以按 Ctrl + Alt + Delete 组合键打开任务管理器中的进程选项卡，查看本程序占用 CPU 的情况），而 WM_PAINT 消息又是一个低优先级的消息，所以程序窗口中的按钮得不到立即刷新。

消息队列与线程和窗口互相关联。如果在某个线程中创建了一个窗口，则 Windows 会为该线程分配一个消息队列。为了使该窗口正常工作，线程中必须存在一个消息循环来分发消息，即如果一个窗口是在子线程中创建的，则主线程中的消息循环无法获得该窗口的消息，子线程必须单独设置一个消息循环。当调用 SendMessage 或 PostMessage 函数向一个窗口发送消息时，系统会先确认该窗口是由哪个线程创建的，然后将消息发送到正确线程的消息队列中。

如果在一个线程中创建了窗口，就必须设置消息循环。窗口过程应该遵循 1/10 秒规则，即该线程

不应该用来处理耗时的工作。在一个程序中为不同的线程设置多个消息循环，不但会使代码复杂化，而且会产生其他许多问题，所以在多线程程序设计中，规划好程序结构很重要。规划多线程程序的原则是：首先，处理用户界面（指拥有窗口和需要处理窗口消息）的线程不应该处理 1/10 秒以上的工作；其次，处理长时间工作的线程不应该拥有用户界面。根据这个规则，我们大致可以把线程分成两大类。

- 处理用户界面的线程：这类线程通常会创建一个窗口并设置消息循环来负责分发消息，一个进程中并不需要太多这种线程，一般由主线程负责该项工作。
- 工作线程：这类线程通常不会创建窗口，因此也不用处理消息，工作线程一般在后台运行，执行一些耗时的复杂的计算任务。

一般来说，处理用户界面的工作由主线程处理，如果主线程接到一个用户指令，完成该指令可能需要比较长的时间，那么主线程可以创建一个工作线程来完成该项工作，并负责指挥该工作线程。

1.3　线程的终止及其他相关函数

线程从线程函数的第一句代码开始执行，直到线程被终止。如果线程是正常终止的，系统会执行以下工作。

- 线程函数中创建的所有 C++对象都能通过其析构函数被正确销毁。
- 线程使用的栈空间被释放。
- 系统将线程对象中的退出码设置为线程函数的返回值。线程终止后的退出码可以被其他线程通过调用 GetExitCodeThread 函数检测到。
- 系统将递减线程对象的引用计数。

线程可以通过以下 4 种方式来终止线程。

（1）线程函数的 return 语句返回（强烈推荐）。在这种情况下，上面列出的所有项目都会得以执行。

（2）线程通过调用 ExitThread 函数结束线程（要避免使用这种方法）。为了强迫线程终止运行，线程可以调用 ExitThread 函数：VOID ExitThread(__in DWORD dwExitCode)。

ExitThread 函数的 dwExitCode 参数用于指定线程的退出码。ExitThread 函数本身没有返回值，因为线程已终止，不能继续执行代码。

- ExitThread 函数将终止线程的运行，系统会清理该线程使用的所有资源，但是 C/C++资源（例如 C++类对象）不会被销毁。
- ExitThread 函数只能用于终止当前线程，而不能用于在一个线程中终止另外一个线程，因为没有线程句柄或线程 ID 参数。

（3）同一个进程或另一个进程中的线程调用 TerminateThread 函数（要避免使用这种方法）。

```
BOOL WINAPI TerminateThread(
    _Inout_ HANDLE hThread,      // 要终止的线程的句柄
    _In_   DWORD dwExitCode); // 线程的退出码，调用 GetExitCodeThread 函数可以获取线程的退出码
```

不同于 ExitThread 函数只能终止当前线程，TerminateThread 函数可以终止任何线程，hThread 参数指定要终止的线程的句柄；线程终止运行时，其退出码就是 dwExitCode 参数传递的值。

TerminateThread 函数是异步的，在函数返回时，并不保证线程已经终止。如果需要确定线程是否已经终止运行，则可以通过调用 WaitForSingleObject 或 GetExitCodeThread 函数检测。

一个设计良好的应用程序不会使用这个函数，因为被终止运行的线程收不到它被终止的通知，线程无法正确清理，而且线程不能阻止自己被终止运行。如果使用的是 TerminateThread，除非拥有此线程的进程终止运行，否则系统不会销毁该线程的栈。微软公司以这种方式来实现 TerminateThread 函数，因为假设还有其他正在运行的线程需要引用被终止线程的数据，就会引发访问违规，使被终止线程的栈保留在内存中，其他线程则可以继续正常运行。此外，动态链接库通常会在线程终止运行时收到通知，如果线程是调用 TerminateThread 函数强行终止的，则动态链接库不会收到这个通知，其结果是不能执行正常的清理工作。

（4）线程所属的进程终止运行（要避免使用这种方法）。

可以随时显式调用 ExitProcess 函数结束一个进程的执行，该函数的调用会导致系统自动结束进程中所有线程的运行。在多线程程序中，用这种方法结束线程相当于对每个线程调用 TerminateThread 函数，所以也应当避免这种做法。

正常情况下，在我们启动一个进程时，系统都会创建一个主线程。对于用微软公司 C/C++ 编译器生成的应用程序，主线程首先会执行 C/C++ 运行库的启动代码，然后 C/C++ 运行库会调用程序的入口点函数 WinMain 并继续执行，直到入口点函数返回，最后 C/C++ 运行库会调用 ExitProcess 函数结束进程。因此，如果进程中并发运行有多个线程，则需要在主线程返回前，明确处理好每个线程的终止过程，否则其他所有正在运行中的线程都会在毫无预警的前提下突然终止。

线程终止运行时，还会发生以下事情。

- 当一个线程终止运行时，系统会自动销毁由线程创建的任何窗口，并卸载由线程创建或安装的任何钩子（后面会详细介绍钩子）。窗口和钩子都是与线程相关联的。
- 线程对象的退出码从 STILLL_ACTIVE 变成线程函数的返回值（线程创建时线程对象的退出码被设置为 STILL_ACTIVE）。
- 线程对象的状态变成有信号状态（后面会学习这个问题）。
- 如果该线程是进程中的最后一个活动线程，则表示进程中正在运行的线程数量为 0，则进程失去继续存在的意义，进程会随线程结束而终止。

其他线程可以通过调用 GetExitCodeThread 函数来检查 hThread 参数指定的线程是否已终止运行，如果已终止，可以返回其退出码：

```
BOOL WINAPI GetExitCodeThread(
    _In_  HANDLE hThread,        // 线程句柄
    _Out_ LPDWORD lpExitCode);   // 返回线程的退出码
```

如果在调用 GetExitCodeThread 函数时线程尚未终止，则 lpExitCode 参数指向的 DWORD 值为 STILL_ACTIVE 常量；如果线程已经终止，则 lpExitCode 参数指向的 DWORD 值为线程的退出码。通过检查 lpExitCode 参数指向的 DWORD 值是否为 STILL_ACTIVE 即可确定一个线程是否已经结束。

其他相关函数

　　线程对象数据结构中有一个字段表示线程的挂起（暂停）计数。调用 CreateThread 函数时，系统首先会创建一个线程对象，并把挂起计数设置为 1，因此刚开始的时候系统不会为该线程调度 CPU，因为线程初始化需要时间，在完成线程初始化前，不会执行线程函数。当线程初始化完成后，CreateThread 函数会检查 dwCreationFlags 参数，如果指定为 CREATE_SUSPENDED 标志，则 CreateThread 函数会返回并使新的线程处于挂起状态；如果指定为 0，函数会将线程的挂起计数递减为 0，当线程的挂起计数为 0 时才可以被调度。

　　当调用 CreateThread 函数创建线程时，如果 dwCreationFlags 参数指定了 CREATE_SUSPENDED 标志，那么线程创建后并不马上开始执行，而是处于被挂起状态，直到调用 ResumeThread 函数启动它为止。调用 ResumeThread 函数可以减少线程的挂起计数，当线程的挂起计数为 0 时，线程成为可调度状态：

```
DWORD WINAPI ResumeThread(_In_ HANDLE hThread);
```

　　如果函数执行成功，则返回值是线程的先前挂起计数；如果函数执行失败，则返回值为-1。

　　一个线程可以被挂起（暂停），也可以在挂起后恢复执行。除在创建线程时使线程处于挂起状态外，也可以调用 SuspendThread 函数将正在运行中的线程挂起。SuspendThread 函数用于挂起指定的线程，并增加线程的挂起计数：

```
DWORD WINAPI SuspendThread(_In_ HANDLE hThread);
```

　　如果函数执行成功，则返回值是线程的先前挂起计数；如果函数执行失败，则返回值为-1。

　　任何线程都可以调用 SuspendThread 函数挂起另一个线程（只要有线程的句柄），线程也可以将自己挂起，但是它无法将自己恢复，一个线程最多可以被挂起 MAXIMUM_SUSPEND_COUNT(127)次。一个线程可以被多次挂起，也可以被多次恢复。如果一个线程被挂起 3 次，那么必须恢复 3 次以后该线程才可以调度，即如果多次调用 SuspendThread 函数导致挂起计数远远大于 1，就必须多次调用 ResumeThread 函数；当线程的挂起计数为 0 时，线程可被调度，即线程恢复运行。

　　调用 Sleep 函数可以暂停执行当前线程，直到指定的超时时间结束：

```
VOID WINAPI Sleep(_In_ DWORD dwMilliseconds);    // 以毫秒为单位
```

　　即告知系统，在一段时间内自己不需要被调度。如果 dwMilliseconds 参数设置为 0，表示告知系统放弃本线程在当前 CPU 时间片的剩余时间，系统可以转去调度其他线程，待该线程轮流到下一个时间片时再继续执行。

1.4　线程间的通信

　　主线程创建工作线程时可以通过线程函数参数向工作线程传递自定义数据。当工作线程开始运行后，主线程可能还需要控制工作线程，工作线程有时也需要将一些工作情况主动通知给主线程。常用的线程间通信方式有全局变量、自定义消息和事件对象（Event）。

1.4.1　全局变量

最简单常用的方式是使用全局变量，例如 CounterThread 程序就是通过在主线程中设置 g_nOption 变量的值来控制工作线程的工作。使用全局变量传递数据的缺点是当多个工作线程使用同一个全局变量时，由于每个线程都可以修改全局变量，因此可能会引起同步问题，后面会探讨这个问题。

1.4.2　自定义消息

例如，当工作线程完成自己的工作后，可以向主线程发送自定义的 WM_XXX 消息来通知主线程，因此主线程不需要随时检查工作线程是否已经完成某项操作或工作线程是否结束，只需要在窗口过程中处理 WM_XXX 消息。当然，主线程也可以向工作线程发送自定义消息，但是工作线程需要维护一个消息循环。如果工作线程创建了窗口，则还需要有一个窗口过程，这违背了多线程程序设计的原则，所以发送自定义消息的方法通常用于工作线程向主线程发送。

工作线程向主线程发送自定义消息比较简单，调用 SendMessage/PostMessage 函数即可。下面通过一个示例来创建两个工作线程。

CustomMSG 程序有"开始"和"停止"两个按钮。用户按下"开始"按钮，创建显示线程和计数线程，计数线程模拟执行一项任务，每 50ms 计数加 1。创建计数线程时需要将显示线程的 ID 作为线程函数参数，以便计数线程定时通过 PostThreadMessage 函数向显示线程发送自定义消息 WM_WORKPROGRESS 报告工作进度，显示线程获取到 WM_WORKPROGRESS 消息后将工作进度显示在程序的编辑控件中。如果计数线程的计数已经达到 100，则说明工作已经完成，向显示线程发送 WM_QUIT 消息通知其终止线程，向主线程发送自定义消息 WM_CALCOVER 告知工作已完成，主线程获取到 WM_CALCOVER 消息后会关闭两个线程句柄，启用/禁用相关按钮，然后显示一个消息框。

在计数线程工作过程中，用户随时可以按下"停止"按钮，主线程将全局变量 g_bRuning 设置为 FALSE 告知计数线程终止线程，调用 PostThreadMessage 函数向显示线程发送 WM_QUIT 消息告知其终止线程，然后关闭两个线程句柄，启用/禁用相关按钮。

CustomMSG.cpp 源文件的内容如下：

```
#include <windows.h>
#include "resource.h"

#pragma comment(linker,"\"/manifestdependency:type='win32' \
    name='Microsoft.Windows.Common-Controls' version='6.0.0.0' \
    processorArchitecture='*' publicKeyToken='6595b64144ccf1df' language='*'\"")

// 自定义消息，用于计数线程向显示线程发送消息报告工作进度(这两个都是工作线程)
#define WM_WORKPROGRESS (WM_APP + 1)
// 自定义消息，计数线程发送消息给主线程告知工作已完成
#define WM_CALCOVER     (WM_APP + 2)

// 全局变量
```

```
HWND g_hwndDlg;
BOOL g_bRuning;  // 计数线程没有消息循环，主线程通过将该标志设置为 FALSE 通知其终止线程

// 函数声明
INT_PTR CALLBACK DialogProc(HWND hwndDlg, UINT uMsg, WPARAM wParam, LPARAM lParam);
// 线程函数声明
DWORD WINAPI ThreadProcShow(LPVOID lpParameter);     // 将数值显示到编辑控件中
DWORD WINAPI ThreadProcCalc(LPVOID lpParameter);     // 模拟执行一项任务，定时把一个数加 1

int WINAPI WinMain(HINSTANCE hInstance, HINSTANCE hPrevInstance, LPSTR lpCmdLine, int
nCmdShow)
{
    DialogBoxParam(hInstance, MAKEINTRESOURCE(IDD_MAIN), NULL, DialogProc, NULL);
    return 0;
}

INT_PTR CALLBACK DialogProc(HWND hwndDlg, UINT uMsg, WPARAM wParam, LPARAM lParam)
{
    static HANDLE hThreadShow, hThreadCalc;
    static DWORD dwThreadIdShow;

    switch (uMsg)
    {
    case WM_INITDIALOG:
        g_hwndDlg = hwndDlg;
        // 禁用停止按钮
        EnableWindow(GetDlgItem(hwndDlg, IDC_BTN_STOP), FALSE);
        return TRUE;

    case WM_COMMAND:
        switch (LOWORD(wParam))
        {
        case IDC_BTN_START:
            g_bRuning = TRUE;
            // 创建显示线程和计数线程
            hThreadShow = CreateThread(NULL, 0, ThreadProcShow, NULL, 0, &dwThreadIdShow);
            hThreadCalc = CreateThread(NULL, 0, ThreadProcCalc, (LPVOID)dwThreadIdShow, 0, NULL);

            EnableWindow(GetDlgItem(hwndDlg, IDC_BTN_START), FALSE);
            EnableWindow(GetDlgItem(hwndDlg, IDC_BTN_STOP), TRUE);
            break;

        case IDC_BTN_STOP:
            // 通知计数线程退出
            g_bRuning = FALSE;
            // 通知显示线程退出
            PostThreadMessage(dwThreadIdShow, WM_QUIT, 0, 0);

            CloseHandle(hThreadShow);
            CloseHandle(hThreadCalc);
```

```
                hThreadShow = hThreadCalc = NULL;
                EnableWindow(GetDlgItem(hwndDlg, IDC_BTN_START), TRUE);
                EnableWindow(GetDlgItem(hwndDlg, IDC_BTN_STOP), FALSE);
                break;

            case IDCANCEL:
                EndDialog(hwndDlg, 0);
                break;
        }
        return TRUE;

    case WM_CALCOVER:
        CloseHandle(hThreadShow);
        CloseHandle(hThreadCalc);
        hThreadShow = hThreadCalc = NULL;
        EnableWindow(GetDlgItem(hwndDlg, IDC_BTN_START), TRUE);
        EnableWindow(GetDlgItem(hwndDlg, IDC_BTN_STOP), FALSE);

        MessageBox(hwndDlg, TEXT("计数线程工作已完成"), TEXT("提示"), MB_OK);
        return TRUE;
    }

    return FALSE;
}

DWORD WINAPI ThreadProcShow(LPVOID lpParameter)
{
    MSG msg;

    while (GetMessage(&msg, NULL, 0, 0) != 0)
    {
        switch (msg.message)
        {
        case WM_WORKPROGRESS:
            SetDlgItemInt(g_hwndDlg, IDC_EDIT_COUNT, (UINT)msg.wParam, FALSE);
            break;
        }
    }

    return msg.wParam;
}

DWORD WINAPI ThreadProcCalc(LPVOID lpParameter)
{
    // lpParameter 参数是传递过来的显示线程 ID
    DWORD dwThreadIdShow = (DWORD)lpParameter;
    int nCount = 0;

    while (g_bRuning)
    {
        PostThreadMessage(dwThreadIdShow, WM_WORKPROGRESS, nCount++, NULL);
```

```
        Sleep(50);

        // nCount 到达 100, 说明工作完成
        if (nCount > 100)
        {
            // 通知显示线程退出
            PostThreadMessage(dwThreadIdShow, WM_QUIT, 0, 0);

            // 发送消息给主线程告知工作已完成
            PostMessage(g_hwndDlg, WM_CALCOVER, 0, 0);

            // 本计数线程也退出
            g_bRuning = FALSE;
            break;
        }
    }

    return 0;
}
```

#define WM_MYTHREADMSG (WM_APP + 1)语句用于定义一个自定义消息, 常量 WM_USER 和 WM_APP 在 WinUser.h 头文件中定义如下:

```
#define WM_USER  0x0400
#define WM_APP   0x8000
```

Windows 所用的消息分为表 1.1 所示的几类。

表 1.1

范围	含义
0~WM_USER-1	系统定义的消息, 这些消息的含义由操作系统定义, 不能更改
WM_USER~0x7FFF	用于向自己注册的窗口类窗口中发送自定义消息
WM_APP~0xBFFF	用于向系统预定义的窗口类控件 (例如按钮、编辑框) 发送自定义消息, 因为 WM_USER + x 都已被系统使用, 例如 WM_USER + 1 在不同的系统预定义控件中表示不同的消息: #define TB_ENABLEBUTTON (WM_USER + 1)　　　// 工具栏消息 #define TTM_ACTIVATE (WM_USER + 1)　　　// 工具提示消息 #define DM_SETDEFID (WM_USER + 1)　　　// 对话框消息
0xC000~0xFFFF	已注册的消息, 这些消息的含义由 RegisterWindowMessage 函数的调用者确定
0xFFFF~	系统保留的消息

WM_USER ~ 0x7FFF 和 WM_APP ~ 0xBFFF 都可以用于自定义消息, 自定义消息的 wParam 和 lParam 参数的含义由用户指定。向自己注册的窗口类窗口中发送自定义消息时可以使用 WM_USER + x 或 WM_APP + x, 向系统预定义的窗口类控件 (例如按钮、编辑框) 发送自定义消息建议使用 WM_APP + x (WM_USER + x 已被系统使用), 因此如果需要在程序中发送自定义消息, 那么建议直接使用 WM_APP + x。

PostThreadMessage 函数用于把一个消息发送到指定线程的消息队列, 并立即返回, 不需要等待线

程处理完消息：

```
BOOL WINAPI PostThreadMessage(
    _In_ DWORD idThread,        // 要将消息发送到的线程的线程 ID
    _In_ UINT  Msg,             // 消息类型
    _In_ WPARAM wParam,         // 消息参数
    _In_ LPARAM lParam);        // 消息参数
```

1.4.3 事件对象

下面来看 CounterThread 程序的工作线程的线程函数：

```
DWORD WINAPI ThreadProc(LPVOID lpParameter)
{
    int n = 0;

    while (!(g_nOption & F_STOP))
    {
        if (g_nOption & F_START)
            SetDlgItemInt(g_hwndDlg, IDC_EDIT_COUNT, n++, FALSE);
    }

    return 0;
}
```

当用户按下"暂停"按钮时，虽然 while 循环内部的 if 语句不成立，不会执行下面的 SetDlgItemInt 函数，但是整个 while 循环实际上还在高速运转，一直在循环判断是否设置了停止标志。因此，即使用户按下"暂停"按钮，程序的 CPU 占用率还是居高不下。

程序为了实时检测标志耗费大量的 CPU 开销。对于这种问题，最彻底的解决方法是由操作系统来决定是否继续执行代码。如果操作系统了解线程需要等待和执行的具体时间，系统就可以仅在线程执行时为其分配 CPU 时间片，在线程等待时取消分配时间片，这样就不会因为需要实时检测一个标志浪费 CPU 资源。

一个可行的方法是使用 SuspendThread 和 ResumeThread 函数来挂起和恢复线程，主线程不必通过设置标志位来通知工作线程进入等待状态，而是直接使用 SuspendThread 函数将工作线程挂起。使用这种方法的好处是可以解决 CPU 占用率高的问题，因为操作系统不会为挂起的线程分配时间片；缺点是无法精确地控制线程，因为主线程并不了解工作线程会在哪里被暂停。指令是 CPU 执行的最小单位，线程不可能在一条指令执行到一半时被打断，如下面的线程函数反汇编代码所示，暂停点可能在下面的任何一条指令中，甚至在执行 SetDlgItemInt 函数的系统内核中，在内核中中断可能会导致该程序出现一些问题。另外，当挂起一个线程时，我们不了解线程在做什么，例如，如果线程正在分配堆中的内存，线程将锁定堆，其他线程要访问堆时需要等待，直到第一个线程完成，而现在第一个线程被暂停，这就会导致其他线程一直等待，形成死锁。在程序设计中，调用 SuspendThread 函数需要谨慎或避免：

```
00A111F0 >  .  A1 78B8A400      MOV     EAX, DWORD PTR [g_nOption]
00A111F5    .  56               PUSH    ESI
00A111F6    .  33F6             XOR     ESI, ESI
```

```
00A111F8   .  A8 02           TEST    AL, 2
00A111FA   .  75 26           JNZ     SHORT Counter.00A11222
00A111FC   .  57              PUSH    EDI
00A111FD   .  8B3D 28B1A300   MOV     EDI, DWORD PTR [<&USER32.SetDlgItemInt>]  ;
                                      USER32.SetDlgItemInt
00A11203   >  A8 01           TEST    AL, 1
00A11205   .  74 16           JE      SHORT Counter.00A1121D
00A11207   .  6A 00           PUSH    0
00A11209   .  56              PUSH    ESI
00A1120A   .  68 E9030000     PUSH    3E9
00A1120F   .  FF35 74B8A400   PUSH    DWORD PTR [g_hwndDlg]
00A11215   .  FFD7            CALL    EDI                          ; 调用 SetDlgItemInt
00A11217   .  A1 78B8A400     MOV     EAX, DWORD PTR [g_nOption]
00A1121C   .  46              INC     ESI                          ; n++
00A1121D   >  A8 02           TEST    AL, 2
00A1121F   .^ 74 E2           JE      SHORT Counter.00A11203
00A11221   .  5F              POP     EDI
00A11222   >  33C0            XOR     EAX, EAX
00A11224   .  5E              POP     ESI
00A11225   .  C2 0400         RET     4
```

下面介绍另一个内核对象：事件对象，利用事件对象可以解决上述问题。

内核对象由操作系统管理，其数据结构只能由操作系统内核访问，应用程序无法在内存中定位这些数据结构并修改其内容。调用一个创建内核对象的函数后，函数会返回一个句柄。该句柄标识了程序创建的内核对象，可以由同一个进程中的任何线程使用，但是这些句柄值与进程相关联，如果将内核对象句柄值传递给另一个进程中的线程（通过某种进程间的通信方式），则另一个进程对该句柄进行操作会出错。

我们学过的线程对象数据结构中包含线程的一些信息，例如安全描述符、引用计数和退出码等，很快我们还会学习其他内核对象例如互斥量（Mutex）对象、信号量（Semaphore）对象、可等待计时器（Waitable Timer）对象、进程对象、文件对象、文件映射对象、I/O 完成端口对象、邮件槽对象、管道（Pipe）对象等。所有内核对象的数据结构中通常包含安全描述符和引用计数字段，其他字段则根据内核对象的不同而有所不同，例如进程对象有进程 ID、基本优先级和退出码等属性，而文件对象有文件偏移、共享模式和打开模式等属性。

所有内核对象的数据结构中通常包含安全描述符和引用计数字段，这说明创建这些内核对象的函数都有一个指定对象安全属性和线程的子进程能否继承返回的句柄的 SECURITY_ATTRIBUTES 结构，例如 CreateThread 函数的 lpThreadAttributes 参数，有引用计数则说明在不需要内核对象时需要调用 CloseHandle 函数关闭内核对象句柄。

要使用事件对象，首先需要调用 CreateEvent 函数创建一个事件对象：

```
HANDLE WINAPI CreateEvent(
    _In_opt_ LPSECURITY_ATTRIBUTES lpEventAttributes,// 指向事件对象安全属性结构的指针
    _In_     BOOL                  bManualReset,      // 手动重置还是自动重置，TRUE 或 FALSE
    _In_     BOOL                  bInitialState,     // 事件对象的初始状态，TRUE 或 FALSE
    _In_opt_ LPCTSTR               lpName);           // 事件对象的名称字符串，区分大小写
```

- lpEventAttributes 参数是一个指向 SECURITY_ATTRIBUTES 结构的指针，创建内核对象的函数通常都有一个 SECURITY_ATTRIBUTES 结构的参数，一般设置为 NULL，表示使用默认的安全属性，返回的对象句柄不可以被线程的子进程继承。

- 可以把事件对象看作一个由 Windows 管理的标志，事件对象有两种状态：有信号和无信号状态，也称为触发和未触发状态。bManualReset 参数指定创建的事件对象是手动重置还是自动重置类型，这里的重置可以理解为使之恢复为无信号（未触发）状态。如果设置为 TRUE，则表示创建手动重置事件对象，可以调用 SetEvent 函数将事件对象状态设置为有信号，或调用 ResetEvent 函数将事件对象状态设置为无信号。如果事件对象为有信号状态，会一直保持到调用 ResetEvent 函数以后才转变为无信号状态。如果设置为 FALSE，则表示创建自动重置事件对象。如果需要设置事件对象为有信号状态可以调用 SetEvent 函数，当等待事件对象状态的函数（例如 WaitForSingleObject）获取到事件对象有信号的信息后，系统会自动设置事件对象为无信号状态，不需要程序调用 ResetEvent 函数。

- bInitialState 参数指定事件对象创建时的初始状态。TRUE 表示初始状态是有信号状态，FALSE 表示初始状态是无信号状态。

- lpName 参数用于指定事件对象的名称，区分大小写，最多 MAX_PATH(260) 个字符。

如前所述，"调用一个创建内核对象的函数后，函数会返回一个句柄，该句柄标识了所创建的内核对象，可供同一个进程中的任何线程使用，这些句柄值是与进程相关联的，如果将句柄值传递给另一个进程中的线程（通过某种进程间的通信方式），则另一个进程对这个句柄进行操作时会出错。"内核对象是由系统管理的，如何允许其他进程使用这个内核对象呢？一种方法是为内核对象指定一个名称。以事件对象为例，在调用 CreateEvent 函数时，如果通过 lpName 参数为事件对象指定一个名称，假设为 "MyEventObject"，这表示创建一个命名事件对象，则在其他进程中可以通过调用 CreateEvent 或 OpenEvent 函数并指定 lpName 参数为 "MyEventObject" 来获取到这个事件对象。如果不需要共享这个事件对象，则 lpName 参数可以设置为 NULL 表示创建一个匿名事件对象。

（1）如果系统中已经存在一个名称为 "MyEventObject" 的事件对象，那么调用

```
hEvent = CreateEvent(NULL, TRUE, FALSE, TEXT("MyEventObject"));
```

不会创建一个新的事件对象，而是会获取到名称为 "MyEventObject" 的事件对象，函数成功被调用并返回一个事件对象句柄，返回的句柄值不一定与其他进程中该事件对象的句柄值相同，但是指的是同一个事件对象。这种情况下调用 GetLastError 函数将返回 ERROR_ALREADY_EXISTS。

（2）如果系统中已经存在一个名称为 "MyEventObject" 的其他内核对象，例如互斥量（Mutex）对象、信号量（Semaphore）对象，则调用

```
hEvent = CreateEvent(NULL, TRUE, FALSE, TEXT("MyEventObject"));
```

会失败，返回值为 NULL，调用 GetLastError 函数将返回 ERROR_INVALID_HANDLE。

因此，如果要创建一个命名事件对象，应保证事件对象名称在系统中是唯一的。

可以在调用 CreateEvent 以后，立即调用 GetLastError 函数判断是创建了一个新的事件对象，还是仅仅打开了一个已经存在的事件对象：

```
hEvent = CreateEvent(NULL, TRUE, FALSE, TEXT("MyEventObject"));
if (hEvent != NULL)
{
    if (GetLastError() == ERROR_ALREADY_EXISTS)
    {
        // 打开了一个已经存在的事件对象
    }
    else
    {
        // 创建了一个新的事件对象
    }
}
else
{
    // CreateEvent 函数执行失败
}
```

如果 CreateEvent 函数执行成功，则返回值是事件对象的句柄，否则返回值为 NULL。如果调用 CreateEvent 函数时指定了事件对象名称，并且系统中已经存在指定名称的事件对象，则函数调用会成功并获取到该事件对象，然后返回一个事件对象句柄，调用 GetLastError 函数将返回 *ERROR_ALREADY_EXISTS*；如果系统中已经存在指定名称的其他内核对象，则函数调用会失败，返回值为 NULL，调用 GetLastError 函数将返回 ERROR_INVALID_HANDLE。

在创建事件对象后，可以调用 SetEvent 函数将事件对象的状态设置为有信号，也可以调用 ResetEvent 函数将事件对象的状态重置为无信号（主要用于手动重置事件对象）：

```
BOOL WINAPI SetEvent(_In_ HANDLE hEvent);   // CreateEvent 或 OpenEvent 函数返回的事件对象句柄
BOOL WINAPI ResetEvent(_In_ HANDLE hEvent); // CreateEvent 或 OpenEvent 函数返回的事件对象句柄
```

可以通过调用 OpenEvent 函数打开一个已经存在的命名事件对象：

```
HANDLE WINAPI OpenEvent(
    _In_ DWORD   dwDesiredAccess,   // 事件对象访问权限，一般设置为 NULL
    _In_ BOOL    bInheritHandle,    // 在创建新进程时是否继承返回的句柄，TRUE 或 FALSE
    _In_ LPCTSTR lpName);           // 要打开的事件对象的名称，区分大小写
```

如果没有找到该名称对应的事件对象，函数将返回 NULL，GetLastError 返回 ERROR_FILE_NOT_FOUND；如果找到了该名称对应的一个内核对象，但是类型不同，函数也将返回 NULL，GetLastError 返回 ERROR_INVALID_HANDLE；如果名称相同，类型也相同，函数将返回事件对象的句柄。调用 CreateEvent 和 OpenEvent 函数的主要区别在于，如果事件对象不存在，则 CreateEvent 函数会创建它；OpenEvent 函数则不同，如果对象不存在，则函数返回 NULL。调用 CreateEvent 或 OpenEvent 函数打开一个已经存在的命名事件对象，都会导致事件对象的引用计数加 1。

在创建或打开事件对象后，当不再需要事件对象句柄时，需要调用 CloseHandle 函数关闭句柄。

我们可以把事件对象看作一个由 Windows 管理的标志，如何检测该标志是有信号状态还是无信号状态呢？WaitForSingleObject 函数用于等待指定的对象变成有信号状态：

```
DWORD WINAPI WaitForSingleObject(
```

```
    _In_  HANDLE hHandle,              // 要等待的对象句柄，可以是事件对象，也可以是其他内核对象
    _In_  DWORD dwMilliseconds);       // 超时时间，以毫秒为单位
```

dwMilliseconds 参数用于指定超时时间，也就是要等待多久，以毫秒为单位。如果指定为 0，则函数在测试指定对象的状态后立即返回；如果指定为一个非零值，则函数会一直等待直到指定的对象变成有信号状态或超时时间已过才返回；如果指定为 INFINITE(0xFFFFFFFF)，则函数会一直等待直到指定的对象变成有信号状态才返回。

WaitForSingleObject 函数检查指定对象的当前状态，如果对象是无信号状态，则调用线程进入等待状态，直到对象有信号或超时时间已过；如果线程在调用该函数时，相应的对象已经处于有信号状态，则线程不会进入等待状态。在等待过程中，调用线程处于不可调度状态，即系统不会为调用线程分配 CPU 时间片，因此不应该在主线程中指定较长时间或 INFINITE 来调用该函数。

函数返回值表明函数返回的原因，可以是表 1.2 中的任意值。

表 1.2

返回值	含义
WAIT_OBJECT_0	等待的对象变成有信号状态
WAIT_TIMEOUT	超时时间已过
WAIT_FAILED	函数执行失败

改写 CounterThread 程序，使用事件对象作为开始和停止计数的标志。Chapter1\CounterThread2\Counter\Counter.cpp 源文件的内容如下：

```cpp
#include <windows.h>
#include "resource.h"

#pragma comment(linker,"\"/manifestdependency:type='win32' \
    name='Microsoft.Windows.Common-Controls' version='6.0.0.0' \
    processorArchitecture='*' publicKeyToken='6595b64144ccf1df' language='*'\"")

// 全局变量
HWND g_hwndDlg;
HANDLE g_hEventStart;        // 事件对象句柄，作为开始标志
HANDLE g_hEventStop;         // 事件对象句柄，作为停止标志

// 函数声明
INT_PTR CALLBACK DialogProc(HWND hwndDlg, UINT uMsg, WPARAM wParam, LPARAM lParam);
DWORD WINAPI ThreadProc(LPVOID lpParameter);

int WINAPI WinMain(HINSTANCE hInstance, HINSTANCE hPrevInstance, LPSTR lpCmdLine, int nCmdShow)
{
    DialogBoxParam(hInstance, MAKEINTRESOURCE(IDD_MAIN), NULL, DialogProc, NULL);
    return 0;
}

INT_PTR CALLBACK DialogProc(HWND hwndDlg, UINT uMsg, WPARAM wParam, LPARAM lParam)
{
```

```
static HWND hwndBtnStart, hwndBtnStop, hwndBtnPause, hwndBtnContinue;
HANDLE hThread;

switch (uMsg)
{
case WM_INITDIALOG:
    g_hwndDlg = hwndDlg;
    hwndBtnStart = GetDlgItem(hwndDlg, IDC_BTN_START);
    hwndBtnStop = GetDlgItem(hwndDlg, IDC_BTN_STOP);
    hwndBtnPause = GetDlgItem(hwndDlg, IDC_BTN_PAUSE);
    hwndBtnContinue = GetDlgItem(hwndDlg, IDC_BTN_CONTINUE);

    // 禁用停止、暂停、继续按钮
    EnableWindow(hwndBtnStop, FALSE);
    EnableWindow(hwndBtnPause, FALSE);
    EnableWindow(hwndBtnContinue, FALSE);

    // 创建事件对象
    g_hEventStart = CreateEvent(NULL, TRUE, FALSE, NULL);
    g_hEventStop = CreateEvent(NULL, TRUE, FALSE, NULL);
    return TRUE;

case WM_COMMAND:
    switch (LOWORD(wParam))
    {
    case IDC_BTN_START:
        hThread = CreateThread(NULL, 0, ThreadProc, NULL, 0, NULL);
        CloseHandle(hThread);
        hThread = NULL;

        SetEvent(g_hEventStart);    // 设置开始标志
        ResetEvent(g_hEventStop);    // 清除停止标志

        EnableWindow(hwndBtnStart, FALSE);
        EnableWindow(hwndBtnStop, TRUE);
        EnableWindow(hwndBtnPause, TRUE);
        break;

    case IDC_BTN_STOP:
        SetEvent(g_hEventStop);    // 设置停止标志
        EnableWindow(hwndBtnStart, TRUE);
        EnableWindow(hwndBtnStop, FALSE);
        EnableWindow(hwndBtnPause, FALSE);
        EnableWindow(hwndBtnContinue, FALSE);
        break;

    case IDC_BTN_PAUSE:
        ResetEvent(g_hEventStart);  // 清除开始标志
        EnableWindow(hwndBtnStart, FALSE);
        EnableWindow(hwndBtnStop, TRUE);
```

```
                    EnableWindow(hwndBtnPause, FALSE);
                    EnableWindow(hwndBtnContinue, TRUE);
                    break;

                case IDC_BTN_CONTINUE:
                    SetEvent(g_hEventStart);      // 设置开始标志
                    EnableWindow(hwndBtnStart, FALSE);
                    EnableWindow(hwndBtnStop, TRUE);
                    EnableWindow(hwndBtnPause, TRUE);
                    EnableWindow(hwndBtnContinue, FALSE);
                    break;

                case IDCANCEL:
                    // 关闭事件对象句柄
                    CloseHandle(g_hEventStart);
                    CloseHandle(g_hEventStop);
                    EndDialog(hwndDlg, 0);
                    break;
            }
            return TRUE;
    }

    return FALSE;
}

DWORD WINAPI ThreadProc(LPVOID lpParameter)
{
    int n = 0;

    // 是否设置了停止标志
    while (WaitForSingleObject(g_hEventStop, 0) != WAIT_OBJECT_0)
    {
        // 是否设置了开始标志
        if (WaitForSingleObject(g_hEventStart, 100) == WAIT_OBJECT_0)
            SetDlgItemInt(g_hwndDlg, IDC_EDIT_COUNT, n++, FALSE);
    }

    return 0;
}
```

编译运行程序，按下"开始"按钮，可以看到系统 CPU 占用率飙升；按下"暂停"按钮，CPU 占用率立即下降，如图 1.2 所示。

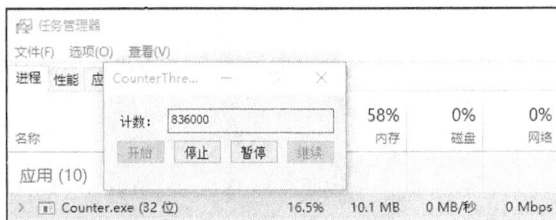

图 1.2

具体代码参见 Chapter1\CounterThread2 项目。

等待函数 WaitForSingleObject 可以测试的对象有多种，例如互斥量（Mutex）对象、信号量（Semaphore）对象、可等待计时器（Waitable Timer）对象、进程对象、线程对象等。不同对象对状态的定义是不同的，对事件对象来说，调用 SetEvent 函数后状态为有信号，调用 ResetEvent 函数后状态重置为无信号。对线程对象来说，创建时总是处于无信号状态，当线程终止时，系统会自动将线程对象的状态更改为有信号。

WaitForSingleObject 函数每次只能测试一个对象，在实际应用中，有时候可能需要同时测试多个对象的状态，这时可以使用另外一个函数 WaitForMultipleObjects。WaitForMultipleObjects 函数用于等待指定的多个对象变为有信号状态：

```
DWORD WINAPI WaitForMultipleObjects(
   _In_       DWORD nCount,         // 要等待的对象句柄个数，最大为 MAXIMUM_WAIT_OBJECTS(64)
   _In_ const HANDLE *lpHandles,    // 要等待的对象句柄数组
   _In_       BOOL  bWaitAll,       // 是否等待 lpHandles 数组中的所有对象的状态都变为有信号
   _In_       DWORD dwMilliseconds); // 超时时间
```

- bWaitAll 参数指定是否等待 lpHandles 数组中的所有对象的状态都转变为有信号。如果设置为 TRUE，则当 lpHandles 数组中的所有对象的状态都转变为有信号时函数才返回；如果设置为 FALSE，则当任何一个对象的状态转变为有信号时函数就返回。
- dwMilliseconds 参数的含义同 WaitForSingleObject 函数。

函数返回值表明函数返回的原因，函数返回值可以是表 1.3 中的任意值。

表 1.3

返回值	含义
WAIT_TIMEOUT	超时时间已过
WAIT_FAILED	函数执行失败
WAIT_OBJECT_0	如果给 bWaitAll 参数传递的是 TRUE 并且所有对象都是有信号状态，则返回值是 WAIT_OBJECT_0
WAIT_OBJECT_0~ (WAIT_OBJECT_0 + nCount − 1)	如果给 bWaitAll 参数传递的是 FALSE，则只要有任何一个对象变成有信号状态，函数就会立即返回，这时的返回值是 WAIT_OBJECT_0 到（WAIT_OBJECT_0 + nCount − 1）之间的一个值，即如果返回值既不是 WAIT_FAILED，也不是 WAIT_TIMEOUT，则应该把返回值减去 WAIT_OBJECT_0，得到的数值是 lpHandles 参数指定的对象句柄数组的一个索引，该索引表示转变为有信号状态的是哪个对象

1.4.4　手动和自动重置事件对象

当线程成功等待到自动重置事件对象有信号时，事件对象会自动重置为无信号状态，因此自动重置事件对象通常不需要调用 ResetEvent 函数。手动和自动重置事件对象有一个很重要的区别：当一个手动重置事件对象转变为有信号状态时，正在等待该事件对象的所有线程都将变成可调度状态；而当一个自动重置事件对象转变为有信号状态时，只有一个正在等待该事件对象的线程可以变成可调度状态。

具体请看图 1.3 的示例。

ManualAuto 程序在 WM_INITDIALOG 消息中创建了一个手动重置匿名事件对象，用户按下"创建三个线程"按钮，程序创建 3 个线程，这 3 个线程可以各自完成一些工作，本例中是每个线程函数弹出一个消息框。单击"SetEvent"按钮，可以理解为一个线程完成了相应的工作

图 1.3

以后通知其他线程，程序调用 SetEvent 函数设置事件对象为有信号状态，此时 3 个正在等待事件对象的线程都会收到事件对象变为有信号状态的通知，依次弹出 3 个消息框。代码如下：

```c
#include <windows.h>
#include "resource.h"

// 全局变量
HWND g_hwndDlg;
HANDLE g_hEvent;

// 函数声明
INT_PTR CALLBACK DialogProc(HWND hwndDlg, UINT uMsg, WPARAM wParam, LPARAM lParam);
DWORD WINAPI ThreadProc1(LPVOID lpParameter);
DWORD WINAPI ThreadProc2(LPVOID lpParameter);
DWORD WINAPI ThreadProc3(LPVOID lpParameter);

int WINAPI WinMain(HINSTANCE hInstance, HINSTANCE hPrevInstance, LPSTR lpCmdLine, int nCmdShow)
{
    DialogBoxParam(hInstance, MAKEINTRESOURCE(IDD_MAIN), NULL, DialogProc, NULL);
    return 0;
}

INT_PTR CALLBACK DialogProc(HWND hwndDlg, UINT uMsg, WPARAM wParam, LPARAM lParam)
{
    HANDLE hThread[3];

    switch (uMsg)
    {
    case WM_INITDIALOG:
        g_hwndDlg = hwndDlg;

        // 创建事件对象，手动重置
        g_hEvent = CreateEvent(NULL, TRUE, FALSE, NULL);

        EnableWindow(GetDlgItem(hwndDlg, IDC_BTN_SETEVENT), FALSE);
        return TRUE;

    case WM_COMMAND:
        switch (LOWORD(wParam))
        {
        case IDC_BTN_CREATETHREAD:
            // 重置事件对象
            ResetEvent(g_hEvent);
```

```
            hThread[0] = CreateThread(NULL, 0, ThreadProc1, NULL, 0, NULL);
            hThread[1] = CreateThread(NULL, 0, ThreadProc2, NULL, 0, NULL);
            hThread[2] = CreateThread(NULL, 0, ThreadProc3, NULL, 0, NULL);
            for (int i = 0; i < 3; i++)
                CloseHandle(hThread[i]);

            EnableWindow(GetDlgItem(hwndDlg, IDC_BTN_SETEVENT), TRUE);
            break;

        case IDC_BTN_SETEVENT:
            // 设置事件对象
            SetEvent(g_hEvent);
            EnableWindow(GetDlgItem(hwndDlg, IDC_BTN_SETEVENT), FALSE);
            break;

        case IDCANCEL:
            // 关闭事件对象句柄
            CloseHandle(g_hEvent);
            EndDialog(hwndDlg, 0);
            break;
        }
        return TRUE;
    }

    return FALSE;
}


DWORD WINAPI ThreadProc1(LPVOID lpParameter)
{
    WaitForSingleObject(g_hEvent, INFINITE);
    MessageBox(g_hwndDlg, TEXT("线程 1 成功等待到事件对象"), TEXT("提示"), MB_OK);
    // 做一些工作

    return 0;
}


DWORD WINAPI ThreadProc2(LPVOID lpParameter)
{
    WaitForSingleObject(g_hEvent, INFINITE);
    MessageBox(g_hwndDlg, TEXT("线程 2 成功等待到事件对象"), TEXT("提示"), MB_OK);
    // 做一些工作

    return 0;
}


DWORD WINAPI ThreadProc3(LPVOID lpParameter)
{
    WaitForSingleObject(g_hEvent, INFINITE);
    MessageBox(g_hwndDlg, TEXT("线程 3 成功等待到事件对象"), TEXT("提示"), MB_OK);
```

```
    // 做一些工作

    return 0;
}
```

WM_COMMAND 消息中 IDC_BTN_CREATETHREAD 的 ResetEvent 函数调用是为了防止下次创建 3 个线程的时候，使用的还是前面的有信号状态的事件对象。具体代码参见 Chapter1\ManualAuto 项目。

但是，如果把创建事件对象的代码改为 g_hEvent = *CreateEvent*(*NULL, FALSE, FALSE, NULL*);来创建一个自动重置匿名事件对象，重新编译运行程序，先单击"创建三个线程"按钮，再单击"SetEvent"按钮，可以发现只有一个消息框弹出，这是因为在调用 SetEvent 函数后，系统只允许 3 个线程中的一个变成可调度状态，但是不确定会调度其中的哪个线程，剩下的 2 个线程则一直等待。

对于本程序中设置事件对象为自动重置的情况，可以在每个线程函数返回前加上一句 *SetEvent*(g_hEvent);设置事件对象为有信号状态，这样 3 个线程都可以等待到事件对象的有信号状态。

1.5 线程间的同步

对多线程的程序来说，线程间的同步是一个非常重要的话题，例如当多个线程同时读写同一个内存变量或文件时很容易出现混乱，如果一个线程正在修改文件的数据，而这时另一个线程也在修改或读取文件的数据，则文件的数据内容就会出现混乱。

产生同步问题的根源在于线程之间的切换是无法预测的，在一个线程执行完任何一条指令后，系统可能会打断当前线程的执行，而去执行另一个线程。而另一个线程可能会修改前一个线程正在读写的数据，这就可能会引发错误的结果，一个线程不了解自己的 CPU 时间片何时结束，也无法获知下一个 CPU 时间片会分配给哪个线程。

如果系统中线程的运行机制是，当一个线程修改共享资源时，其他线程只能等待前一个线程修改完成后才可以对该资源进行操作，因此程序员不需要关心线程间的同步问题。但是，Windows 是一个抢占式多任务多线程操作系统，系统可以在任何时刻停止一个线程而去调度另一个线程。

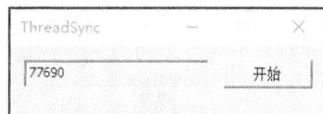

图 1.4

我们先看一个会产生线程同步问题的程序 ThreadSync，如图 1.4 所示。

单击"开始"按钮，程序把全局变量 g_n 的值赋值为 10，然后创建两个线程同时对全局变量 g_n 的值做以下运算 1 亿次：

```
g_n++; g_n--;
```

等这两个线程结束后，把 g_n 的值显示到编辑控件中。ThreadSync.cpp 源文件内容如下：

```
#include <windows.h>
#include "resource.h"

// 常量定义
```

```
#define NUM 2

// 全局变量
int g_n;

// 函数声明
INT_PTR CALLBACK DialogProc(HWND hwndDlg, UINT uMsg, WPARAM wParam, LPARAM lParam);
DWORD WINAPI ThreadProc(LPVOID lpParameter);

int WINAPI WinMain(HINSTANCE hInstance, HINSTANCE hPrevInstance, LPSTR lpCmdLine, int
nCmdShow)
{
    DialogBoxParam(hInstance, MAKEINTRESOURCE(IDD_MAIN), NULL, DialogProc, NULL);
    return 0;
}

INT_PTR CALLBACK DialogProc(HWND hwndDlg, UINT uMsg, WPARAM wParam, LPARAM lParam)
{
    HANDLE hThread[NUM];

    switch (uMsg)
    {
    case WM_COMMAND:
        switch (LOWORD(wParam))
        {
        case IDC_BTN_START:
            EnableWindow(GetDlgItem(hwndDlg, IDC_BTN_START), FALSE);
            g_n = 10;        // 创建线程执行线程函数以前把全局变量 g_n 赋值为 10
            for (int i = 0; i < NUM; i++)
                hThread[i] = CreateThread(NULL, 0, ThreadProc, NULL, 0, NULL);

            // 实际编程中避免在主线程中这样无限制地等待内核对象
            WaitForMultipleObjects(NUM, hThread, TRUE, INFINITE);
            for (int i = 0; i < NUM; i++)
                CloseHandle(hThread[i]);

            // 所有线程结束以后，把 g_n 的最终值显示在编辑控件中
            SetDlgItemInt(hwndDlg, IDC_EDIT_NUM, g_n, TRUE);
            EnableWindow(GetDlgItem(hwndDlg, IDC_BTN_START), TRUE);
            break;

        case IDCANCEL:
            EndDialog(hwndDlg, 0);
            break;
        }
        return TRUE;
    }

    return FALSE;
}
```

```
DWORD WINAPI ThreadProc(LPVOID lpParameter)
{
    for (int i = 1; i <= 100000000; i++)
    {
        g_n++;
        g_n--;
    }

    return 0;
}
```

具体代码参见 Chapter1\ThreadSync 项目。

正常情况下，线程函数中 g_n++;g_n--;会保持全局变量 g_n 的值不变，但是编译运行程序后，每次按下"开始"按钮，编辑控件中显示的 g_n 的值都不同。注意不要编译为 Release 版本，否则智能的编译器发现 g_n++;g_n--;是在做无用功，会进行优化，结果总是为 10。

在 g_n++;一行按 F9 键设置断点，按 F5 键开始调试，然后单击"开始"按钮，程序中断，选择 VS 菜单栏的调试→窗口→反汇编命令，可以看到 g_n++; g_n--;这两条语句被汇编为以下语句：

```
        g_n++;
001C4839  mov eax,  [g_n]
001C483E  add eax,  1
001C4841  mov [g_n], eax
        g_n--;
001C4846  mov eax,  [g_n]
001C484B  sub eax,  1
001C484E  mov [g_n], eax
```

前面说过：在一个线程执行完任何一条指令后，系统可能会打断线程的执行，而去执行另一个线程，而另一个线程可能会修改前一个线程正在读写的对象，这就可能会引发错误的结果，一个线程并不了解自己的 CPU 时间片何时会结束，也无法确定下一个 CPU 时间片会分配给哪个线程。一个线程有 6 条敏感指令，线程函数循环 1 亿次，如果线程 1 执行了 1 条指令，然后切换到线程 2 执行了 2 条指令，以此类推，有无数种可能的组合。请看下面的指令执行顺序组合，有缩进的代码行代表线程 2：

```
001C4839  mov eax, [g_n]        // 10
    001C4839  mov eax, [g_n]
001C483E  add eax, 1
    001C483E  add eax, 1
001C4841  mov [g_n], eax        // 12
    001C4841  mov [g_n], eax
001C4846  mov eax, [g_n]
001C484B  sub eax, 1
    001C4846  mov eax, [g_n]    // 12
    001C484B  sub eax, 1
001C484E  mov [g_n], eax        // 11
    001C484E  mov [g_n], eax
```

以上代码将全局变量 g_n 的值增加了 1 变为 11。

线程同步要解决的问题就是当多个线程同时访问一个共享资源时避免破坏资源的完整性。当有一个线程正在对共享资源进行操作时，其他线程只能等待，直到该线程完成操作后才可以对该共享资源进行操作，即保证线程对共享资源操作的独占性、原子性。

Windows 提供了许多线程间同步机制，包括用户模式下的关键段（Critical Section）对象，内核模式下的事件对象、可等待计时器对象、信号量对象以及互斥量对象等。关键段对象是由进程维护的，使用关键段进行线程间同步称为用户模式下的线程同步。事件对象、可等待计时器对象、信号量对象以及互斥量对象属于内核对象，内核对象由操作系统维护，使用这些内核对象进行线程间同步称为内核模式下的线程同步。

用户模式下的线程同步最常用的是关键段，在进行线程同步时线程保持处于用户模式，在用户模式下进行线程同步的最大好处是速度非常快。与用户模式下的同步机制相比，使用内核对象进行线程间同步，调用线程必须从用户模式切换到内核模式，这种切换非常耗时，可能需要上千个 CPU 周期。

1.5.1   用户模式线程同步

1. Interlocked 原子访问系列函数

就上面的 ThreadSync 示例而言，最简单的线程同步方式是使用 Interlocked 原子访问系列函数。InterlockedIncrement、InterlockedDecrement 这两个函数可以保证以原子方式对多个线程的共享变量进行递增、递减操作：

```
LONG InterlockedIncrement(_Inout_ LONG volatile* Addend);
LONG InterlockedDecrement(_Inout_ LONG volatile* Addend);
```

当读取一个变量时，为了提高读取速度，编译器优化时可能会把变量读取到一个寄存器中，下次读取变量值时直接从寄存器中取值。volatile 关键字表示告知编译器不要对该变量进行任何形式的优化，而是始终从变量所在的内存地址中读取变量的值。当多个线程同时读写一个共享变量时，为了安全起见，可以为共享变量设置 volatile 关键字。

把线程函数 ThreadProc 中对全局变量 g_n 的递增、递减更改为以下代码：

```
DWORD WINAPI ThreadProc(LPVOID lpParameter)
{
    for (int i = 1; i <= 100000000; i++)
    {
        InterlockedIncrement((PLONG)&g_n);
        InterlockedDecrement((PLONG)&g_n);
    }

    return 0;
}
```

即可保证两个线程函数执行结束后全局变量 g_n 的值始终为 10。

也可以使用 InterlockedExchangeAdd 函数：

```
LONG InterlockedExchangeAdd(
    _Inout_ LONG volatile* Addend, // 共享变量
    _In_    LONG          Value); // 要加到 Addend 参数指向的变量的值，指定为负数就是减
```

该函数将 Addend + Value 的结果放入 Addend 参数指向的变量中，函数返回值为原 Addend 参数指向的变量的值。

InterlockedExchange 函数用于将一个共享变量的值设置为指定的值，InterlockedExchangePointer 函数用于将一个共享指针变量的值设置为指定的指针值：

```
LONG InterlockedExchange(
    _Inout_ LONG volatile* Target,        // 共享变量
    _In_    LONG          Value);         // *Target = Value
PVOID InterlockedExchangePointer(
    _Inout_ PVOID volatile* Target,       // 共享变量
    _In_    PVOID           Value);       // *Target = Value
```

以上两个函数的返回值是原 Target 参数指向的变量的值。

InterlockedCompareExchange 函数用于将一个共享变量的值与指定值进行比较，如果相等则将共享变量赋值为另一个指定值，InterlockedCompareExchangePointer 函数用于将一个共享指针变量的值与指定的指针值进行比较，如果相等则将共享指针变量赋值为另一个指定的指针值：

```
LONG InterlockedCompareExchange(
    _Inout_ LONG volatile* Destination,   // 共享变量
    _In_    LONG           ExChange,
    _In_    LONG           Comperand);     // if (*Destination == Comperand) *Destination
                                           // = ExChange;
PVOID InterlockedCompareExchangePointer(
    _Inout_ PVOID volatile* Destination,  // 共享变量
    _In_    PVOID           Exchange,
    _In_    PVOID           Comperand);    // if (*Destination == Comperand) *Destination
                                           // = ExChange;
```

以上两个函数的返回值是原 Destination 参数指向的变量的值。

将一个共享变量的值和指定值进行按位与、按位或、按位异或的函数分别是 InterlockedAnd、InterlockedOr、InterlockedXor：

```
LONG InterlockedAnd(
    _Inout_ LONG volatile* Destination,   // 共享变量
    _In_    LONG           Value);         // *Destination = *Destination & Value
LONG InterlockedOr(
    _Inout_ LONG volatile* Destination,   // 共享变量
    _In_    LONG           Value);         // *Destination = *Destination | Value
LONG InterlockedXor(
    _Inout_ LONG volatile* Destination,   // 共享变量
    _In_    LONG           Value);         // *Destination = *Destination ^ Value
```

以上 3 个函数的返回值是原 Destination 参数指向的变量的值。

如果程序编译为 64 位，LPVOID 则为 64 位指针，因此 InterlockedExchangePointer 和 InterlockedCompareExchangePointer 这两个函数可以对 32 位和 64 位的指针值进行操作。除了这两个函数，上述其他函数都是对 32 位值进行操作，Windows 也提供了对 64 位值进行操作的相关函数：

```
InterlockedIncrement64;
InterlockedDecrement64;
InterlockedExchangeAdd64;
InterlockedExchange64;
InterlockedCompareExchange64;
```

2. 关键段

关键段（Critical Section）对象也称为临界区对象，即把操作共享资源的一段代码保护起来，当一个线程正在执行操作共享资源的这段代码时，其他试图访问共享资源的线程都将被挂起，一直等待到前一个线程执行完，其他线程才可以执行操作共享资源的代码。当然，系统也可以暂停当前线程去调度其他线程，但是在当前线程离开关键段前，系统是不会去调度任何想要访问同一资源的其他线程的。

使用关键段对象进行线程间同步，涉及以下 4 个函数：

```
// 初始化关键段对象
VOID WINAPI InitializeCriticalSection(_Out_ LPCRITICAL_SECTION lpCriticalSection);
// 试图进入关键段
VOID WINAPI EnterCriticalSection(_Inout_ LPCRITICAL_SECTION lpCriticalSection);
// 离开关键段
VOID WINAPI LeaveCriticalSection(_Inout_ LPCRITICAL_SECTION lpCriticalSection);
// 释放关键段对象
VOID WINAPI DeleteCriticalSection(_Inout_ LPCRITICAL_SECTION lpCriticalSection);
```

lpCriticalSection 参数是一个指向 CRITICAL_SECTION 结构的指针，我们不需要关注结构的具体字段，因为其维护和测试工作都由 Windows 完成。CRITICAL_SECTION 结构通常需要定义为全局变量，以便进程中的所有线程都能够访问到该结构。

在使用关键段对象前必须先调用 InitializeCriticalSection 函数初始化 CRITICAL_SECTION 结构，该函数会设置 CRITICAL_SECTION 结构的一些字段。

对共享资源进行操作的代码必须包含在 EnterCriticalSection 和 LeaveCriticalSection 函数调用之间，为了实现对共享资源的互斥访问，每个线程在执行操作共享资源的任何代码前都必须先调用 EnterCriticalSection 函数，该函数试图拥有关键段对象的所有权。同一时刻只能有一个线程拥有关键段对象，EnterCriticalSection 函数会一直等待，直到获取了关键段对象的所有权后函数才返回，等待超时时间由注册表 HKEY_LOCAL_MACHINE\SYSTEM\CurrentControlSet\Control\SessionManager\CriticalSectionTimeout 指定，默认值为 2 592 000 秒，大约相当于 30 天。

执行完操作共享资源的代码后，需要调用 LeaveCriticalSection 函数释放对关键段对象的所有权，以便其他正在等待的线程获得关键段对象的所有权并执行操作共享资源的代码。

不再需要关键段对象时需要调用 DeleteCriticalSection 函数释放关键段对象，该函数会释放关键段对象使用的所有系统资源。

下面使用关键段对象改写 ThreadSync 程序，Chapter1\ThreadSync_CriticalSection\ThreadSync\ThreadSync.cpp 源文件的内容如下：

```cpp
#include <windows.h>
#include "resource.h"

// 常量定义
#define NUM 2

// 全局变量
int g_n;
```

```
CRITICAL_SECTION g_cs;

// 函数声明
INT_PTR CALLBACK DialogProc(HWND hwndDlg, UINT uMsg, WPARAM wParam, LPARAM lParam);
DWORD WINAPI ThreadProc(LPVOID lpParameter);

int WINAPI WinMain(HINSTANCE hInstance, HINSTANCE hPrevInstance, LPSTR lpCmdLine, int
nCmdShow)
{
    DialogBoxParam(hInstance, MAKEINTRESOURCE(IDD_MAIN), NULL, DialogProc, NULL);
    return 0;
}

INT_PTR CALLBACK DialogProc(HWND hwndDlg, UINT uMsg, WPARAM wParam, LPARAM lParam)
{
    HANDLE hThread[NUM];

    switch (uMsg)
    {
    case WM_INITDIALOG:
        // 初始化关键段对象 CRITICAL_SECTION 结构
        InitializeCriticalSection(&g_cs);
        return TRUE;

    case WM_COMMAND:
        switch (LOWORD(wParam))
        {
        case IDC_BTN_START:
            EnableWindow(GetDlgItem(hwndDlg, IDC_BTN_START), FALSE);
            g_n = 10;        // 创建线程执行线程函数以前将全局变量 g_n 赋值为 10
            for (int i = 0; i < NUM; i++)
                hThread[i] = CreateThread(NULL, 0, ThreadProc, NULL, 0, NULL);

            WaitForMultipleObjects(NUM, hThread, TRUE, INFINITE);
            for (int i = 0; i < NUM; i++)
                CloseHandle(hThread[i]);

            // 所有线程结束后，将 g_n 的最终值显示在编辑控件中
            SetDlgItemInt(hwndDlg, IDC_EDIT_NUM, g_n, TRUE);
            EnableWindow(GetDlgItem(hwndDlg, IDC_BTN_START), TRUE);
            break;

        case IDCANCEL:
            // 释放关键段对象
            DeleteCriticalSection(&g_cs);
            EndDialog(hwndDlg, 0);
            break;
        }
        return TRUE;
}
```

```
        return FALSE;
}

DWORD WINAPI ThreadProc(LPVOID lpParameter)
{
    for (int i = 1; i <= 100000000; i++)
    {
        // 进入关键段
        EnterCriticalSection(&g_cs);
        g_n++;
        g_n--;
        // 离开关键段
        LeaveCriticalSection(&g_cs);
    }

    return 0;
}
```

　　具体代码参见 Chapter1\ThreadSync_CriticalSection 项目。因为每个线程独占对共享资源的访问，因此使用关键段对象进行线程同步后，执行速度肯定会慢一些，但是能够保证操作结果的正确性。

　　有以下两个需要注意的问题。

　　（1）同时访问多个共享资源。有时候程序可能需要同时访问两个（或多个）共享资源，例如程序可能需要锁定一个资源来从中读取数据，同时锁定另一个资源将刚刚读取的数据写入其中，如果每个资源都有专属的关键段对象：

```
DWORD WINAPI ThreadProc1(LPVOID lpParameter)
{
    EnterCriticalSection(&g_cs1);
    EnterCriticalSection(&g_cs2);
    // 从资源 1 读取数据
    // 向资源 2 写入数据
    LeaveCriticalSection(&g_cs2);
    LeaveCriticalSection(&g_cs1);
    return 0;
}
```

　　假设程序中有另一个线程 2 也需要访问这两个共享资源：

```
DWORD WINAPI ThreadProc2(LPVOID lpParameter)
{
    EnterCriticalSection(&g_cs2);
    EnterCriticalSection(&g_cs1);
    // 从资源 1 读取数据
    // 向资源 2 写入数据
    LeaveCriticalSection(&g_cs1);
    LeaveCriticalSection(&g_cs2);
    return 0;
}
```

　　线程 2 函数所做的改动是调换 EnterCriticalSection 和 LeaveCriticalSection 函数使用两个关键段对象

的顺序，假设线程 1 开始运行并得到 g_cs1 关键段的所有权，然后执行线程 2 并得到 g_cs2 关键段的所有权，程序将发生死锁，当线程 1 和线程 2 中的任何一个试图继续执行时，都无法得到它需要的另一个关键段的所有权。

为了解决这个问题，我们必须在代码中以完全相同的顺序来获得关键段的所有权。调用 LeaveCriticalSection 函数时顺序则无关紧要，这是因为调用该函数从来不会使线程进入等待状态。

（2）一个线程不要长时间独占共享资源。如果一个关键段被长时间独占，那么其他需要获得关键段所有权的线程只能进入等待状态，这会影响到应用程序的性能。下面的代码将在 WM_SOMEMSG 消息被发送到另一个窗口并得到处理前阻止其他线程修改 g_struct 结构的值：

```
SOMESTRUCT g_struct;
CRITICAL_SECTION g_cs;

DWORD WINAPI SomeThreadProc(LPVOID lpParameter)
{
    EnterCriticalSection(&g_cs);
    SendMessage(hwndSomeWnd, WM_SOMEMSG, (WPARAM) &g_struct, 0);
    LeaveCriticalSection(&g_cs);
    return 0;
}
```

我们不确定 hwndSomeWnd 所属的窗口过程需要多长时间来处理 WM_SOMEMSG 消息，可能只需要几秒，也可能需要几小时。在这段时间内，其他线程都无法得到对 g_struct 结构的访问权。将前述代码写成以下形式会更好：

```
SOMESTRUCT g_struct;
CRITICAL_SECTION g_cs;

DWORD WINAPI SomeThreadProc(LPVOID lpParameter)
{
    EnterCriticalSection(&g_cs);
    SOMESTRUCT structTemp = g_struct;    // 复制一份 g_struct 结构作为临时变量
    LeaveCriticalSection(&g_cs);

    SendMessage(hwndSomeWnd, WM_SOMEMSG, (WPARAM)&structTemp, 0);
    return 0;
}
```

复制一份 g_struct 结构作为临时变量后，即可调用 LeaveCriticalSection 函数释放关键段的所有权。采用这样的处理方式，如果其他线程需要等待使用 g_struct 结构，那么它们最多只需要等待几个 CPU 周期，而不是一段长度不确定的时间。当然，前提是假设 hwndSomeWnd 窗口过程只需要读取 g_struct 结构的内容，并且窗口过程不会修改结构中的字段。

SendMessage 函数为指定的窗口调用窗口过程，直到窗口过程处理完消息后函数才返回，返回值为指定消息处理的结果，即当窗口过程处理完该消息后，Windows 才把控制权交还给 SendMessage 调用的下一条语句。与 SendMessage 函数不同的是 PostMessage 函数是将一个消息投递到一个线程的消息队列然后立即返回，PostMessage 是把消息发送到指定窗口句柄所在线程的消息队列再由线程来分发。这里不可以使用 PostMessage 函数代替 SendMessage 函数调用，因为程序无法保证在 WM_SOMEMSG 消息得到处理前 g_struct 结构的字段不发生变化。

3. SRW 锁

SRW 锁（Slim Reader/Writer Locks）和关键段对象类似，也可以用于把操作共享资源的一段代码保护起来，系统对 SRW 锁进行了速度优化，占用的内存较少。SRW 锁的性能与关键段不相上下，在某些场合性能可能会超过关键段，因此 SRW 锁可以替代关键段来使用。

SRW 锁提供了以下两种对于共享资源的访问模式。

- 共享模式。多个读取线程（用于读取共享资源的线程）可以同时获取到 SRW 锁对象，所以可以同时读取共享资源的内容。如果一个进程中线程读取操作的频率超过写入操作，则与关键段相比，这种并发性可以提高程序的性能和吞吐量。

- 独占模式。同一时刻只能有一个写入线程（用于写入共享资源的线程）可以获取到 SRW 锁对象，如果一个写入线程以独占模式获取到 SRW 锁对象，则在该线程释放锁前，其他任何线程都无法获取到 SRW 锁对象因而不能访问共享资源。

在使用 SRW 锁前必须对其进行初始化，InitializeSRWLock 函数用于动态初始化一个 SRW 锁对象：

```
VOID WINAPI InitializeSRWLock(_Out_ PSRWLOCK pSRWLock);
```

pSRWLock 参数指向的 SRWLOCK 结构只有一个 LPVOID 类型的指针字段（结构的具体字段不需要也不应该关心），优点是更新锁状态的速度很快，缺点是只能存储很少的状态信息，因此 SRW 锁无法检测共享模式下不正确的递归使用。

InitializeSRWLock 函数用于动态初始化 SRWLOCK 结构，也可以将常量 SRWLOCK_INIT 赋值给 SRWLOCK 结构的变量以静态初始化。

一个读取线程可以通过调用 AcquireSRWLockShared 函数以共享模式获取 SRW 锁；当不再需要 SRW 锁时，同一线程应该调用 ReleaseSRWLockShared 函数释放以共享模式获取到的 SRW 锁。需要注意的是，SRW 锁必须由获取它的同一个线程释放。这两个函数的原型如下：

```
VOID WINAPI AcquireSRWLockShared(_Inout_ PSRWLOCK pSRWLock);
VOID WINAPI ReleaseSRWLockShared(_Inout_ PSRWLOCK pSRWLock);
```

一个写入线程可以通过调用 AcquireSRWLockExclusive 函数以独占模式获取 SRW 锁；当不再需要 SRW 锁时，同一线程应该调用 ReleaseSRWLockExclusive 函数释放以独占模式获取到的 SRW 锁。同样需要注意，SRW 锁必须由获取它的同一个线程释放。这两个函数的原型如下：

```
VOID WINAPI AcquireSRWLockExclusive(_Inout_ PSRWLOCK pSRWLock);
VOID WINAPI ReleaseSRWLockExclusive(_Inout_ PSRWLOCK pSRWLock);
```

不应该递归获取共享模式 SRW 锁，因为当与独占获取结合时会形成死锁；不能递归获取独占模式 SRW 锁，如果一个线程试图获取它已经持有的锁，会失败或形成死锁。

4. 条件变量

条件变量是利用线程间共享的全局变量进行同步的一种机制，主要包括两个动作：一个线程因为"等待条件变量触发"而进入睡眠状态，另一个线程可以"触发条件变量"从而唤醒睡眠线程。条件变量可以和关键段或 SRW 锁一起使用。

假设这样一种情况，读取线程和写入线程共用一个缓冲区，且共用一个关键段或 SRW 锁对象以同步对共享缓冲区的读/写，缓冲区有大小限制，比如说只能写入 10 项数据，写入线程作为生产者负责向缓冲区写入数据，读取线程作为消费者从缓冲区读取数据。写入线程不断向缓冲区写入数据，当缓冲期已满（队列已满），写入线程可以释放关键段或 SRW 锁对象并让自己进入睡眠状态，这样一来，读取线程就可以获取到关键段或 SRW 锁对象从而进行读取操作；读取线程每读取一项就让缓冲区减少一项（清空一项，减小队列），当队列为空的时候，读取线程可以释放关键段或 SRW 锁对象并让自己进入睡眠状态，这样一来，写入线程就可以获取到关键段或 SRW 锁对象从而进行写入操作。当然，为了提高工作效率，当读取线程清空一项时，可以唤醒写入线程继续写入数据（进行生产工作），当写入线程写入一项时，可以唤醒读取线程继续读取数据（进行消费工作），就是说只要队列未满那么写入线程就不停生产，只要队列不为空那么读取线程就不停消费。

在使用条件变量前必须对其进行初始化，InitializeConditionVariable 函数用于动态初始化条件变量：

```
VOID WINAPI InitializeConditionVariable(_Out_ PCONDITION_VARIABLE pConditionVariable);
```

pConditionVariable 参数指向的 CONDITION_VARIABLE 结构只有一个 LPVOID 类型的指针字段（结构的具体字段不需要也不应该关心）。InitializeConditionVariable 函数用于动态初始化 CONDITION_VARIABLE 结构，也可以将常量 CONDITION_VARIABLE_INIT 赋值给 CONDITION_VARIABLE 结构的变量以静态初始化。

一个线程可以通过调用 SleepConditionVariableCS 函数原子性地释放关键段并进入睡眠状态；另一个线程可以通过调用 SleepConditionVariableSRW 函数原子性地释放 SRW 锁并进入睡眠状态。这两个函数的原型如下：

```
BOOL WINAPI SleepConditionVariableCS(
    _Inout_ PCONDITION_VARIABLE pConditionVariable,    // 指向条件变量的指针
    _Inout_ PCRITICAL_SECTION   pCriticalSection,      // 指向关键段对象的指针
    _In_    DWORD               dwMilliseconds);       // 超时时间，以毫秒为单位
BOOL WINAPI SleepConditionVariableSRW(
    _Inout_ PCONDITION_VARIABLE pConditionVariable,    // 指向条件变量的指针
    _Inout_ PSRWLOCK            pSRWLock,              // 指向 SRW 锁对象的指针
    _In_    DWORD               dwMilliseconds,        // 超时时间，以毫秒为单位
    _In_    ULONG               ulFlags);             // SRW 锁的访问模式
```

- pConditionVariable 参数是一个指向条件变量的指针，调用线程正在该条件变量上睡眠。
- pCriticalSection 和 pSRWLock 参数是分别指向关键段对象和 SRW 锁对象的指针，关键段对象和 SRW 锁对象用于同步对共享资源的访问。
- SleepConditionVariableCS 和 SleepConditionVariableSRW 函数可以分别原子性地释放关键段对象和 SRW 锁对象的所有权并使调用线程进入睡眠状态，因此在调用这两个函数前必须已经分别调用 EnterCriticalSection 和 AcquireSRWLockShared（或 AcquireSRWLockExclusive）函数获取到关键段对象和 SRW 锁对象的所有权。
- dwMilliseconds 参数指定超时时间，以毫秒为单位。如果超时时间已过，SleepConditionVariableCS 和 SleepConditionVariableSRW 函数将会分别重新获取到关键段对象和 SRW 锁对象的所有权并返回 FALSE；如果该参数设置为 0，这两个函数在测试指定条件变量的状态后会立即返回；如

果该参数设置为 INFINITE，表示超时时间永不过期。

- SleepConditionVariableSRW 函数的 ulFlags 参数用于指定 SRW 锁的访问模式。如果该参数设置为 CONDITION_VARIABLE_LOCKMODE_SHARED(1)，表示 SRW 锁处于共享模式；如果该参数设置为 0，表示 SRW 锁处于独占模式。

如果函数执行成功，则返回值为 TRUE；如果函数执行失败或超时时间已过，则返回值为 FALSE。

WakeConditionVariable 函数用于唤醒正在条件变量上睡眠的一个线程；WakeConditionVariable 函数用于唤醒正在条件变量上睡眠的所有线程。前者仅唤醒正在条件变量上睡眠的单个线程，后者可以唤醒正在条件变量上睡眠的所有线程，唤醒一个线程类似于自动重置事件，而唤醒所有线程类似于自动重置事件。线程被唤醒后，会重新获取到线程进入睡眠状态时释放的关键段/SRW 锁对象。这两个函数的原型如下：

```
VOID WINAPI WakeConditionVariable(_Inout_ PCONDITION_VARIABLE pConditionVariable);
VOID WINAPI WakeAllConditionVariable(_Inout_ PCONDITION_VARIABLE pConditionVariable);
```

条件变量会受到虚假唤醒（与显式唤醒无关的唤醒）和被盗唤醒（另一个线程设法在被唤醒线程之前运行）的影响，因此应该在 SleepConditionVariableCS/SleepConditionVariableSRW 函数调用返回后重新检查"所需的条件"是否成立。例如下面的伪代码：

```
CRITICAL_SECTION  g_csCritSection;
CONDITION_VARIABLE g_cvConditionVar;

VOID PerformOperationOnSharedData()
{
    // 获取关键段对象的所有权
    EnterCriticalSection(&g_csCritSection);

    // 除非"所需的条件"成立，否则一直睡眠
    while ( "所需的条件"不成立 )
        SleepConditionVariableCS(&g_cvConditionVar, &g_csCritSection, INFINITE);

    // 现在"所需的条件"已经成立，可以安全地读/写共享资源
    // ...

    // 释放关键段对象的所有权
    LeaveCriticalSection(&g_csCritSection);

    // 这里，可以通过调用 WakeConditionVariable / WakeAllConditionVariable 函数来唤醒其他线程
}
```

条件变量的例子参见 ConditionVariableDemo 项目。

1.5.2   内核模式线程同步

需要反复说明的是，用户模式下的线程同步最常用的是关键段。在进行线程同步时使线程保持在用户模式下，在用户模式下进行线程同步的最大好处是速度非常快。与用户模式下的同步机制相比，使用内核对象进行线程间同步，调用线程必须从用户模式切换到内核模式，这种切换是非常耗时的，

可能需要上千个 CPU 周期。

但是关键段对象的缺点是，关键段只能用来对同一个进程中的线程进行同步，一般用于对速度要求比较高并且不需要跨进程进行同步的情况。调用 EnterCriticalSection 函数进入关键段的时候没有指定最长等待时间的参数，如果一个线程在调用 EnterCriticalSection 函数以后被迫中断，则其他线程对 EnterCriticalSection 函数的调用就永远不会返回，即其他线程一直没有机会获得关键段对象的所有权。

1. 事件对象

根据自动重置事件对象（Event）的特点：当一个自动重置事件对象变成有信号状态时，只有一个正在等待该事件对象的线程可以变成可调度状态，可以使用自动重置事件对象进行线程间同步。

下面使用事件对象改写 ThreadSync 程序，Chapter1\ThreadSync_Event\ThreadSync\ThreadSync.cpp 源文件的内容如下：

```cpp
#include <windows.h>
#include "resource.h"

// 常量定义
#define NUM 2

// 全局变量
int g_n;
HANDLE g_hEvent;

// 函数声明
INT_PTR CALLBACK DialogProc(HWND hwndDlg, UINT uMsg, WPARAM wParam, LPARAM lParam);
DWORD WINAPI ThreadProc(LPVOID lpParameter);

int WINAPI WinMain(HINSTANCE hInstance, HINSTANCE hPrevInstance, LPSTR lpCmdLine, int nCmdShow)
{
    DialogBoxParam(hInstance, MAKEINTRESOURCE(IDD_MAIN), NULL, DialogProc, NULL);
    return 0;
}

INT_PTR CALLBACK DialogProc(HWND hwndDlg, UINT uMsg, WPARAM wParam, LPARAM lParam)
{
    HANDLE hThread[NUM];

    switch (uMsg)
    {
    case WM_INITDIALOG:
        // 创建一个自动重置匿名事件对象
        g_hEvent = CreateEvent(NULL, FALSE, FALSE, NULL);
        return TRUE;

    case WM_COMMAND:
        switch (LOWORD(wParam))
        {
        case IDC_BTN_START:
            // 设置事件对象为有信号状态
```

```
                SetEvent(g_hEvent);

                EnableWindow(GetDlgItem(hwndDlg, IDC_BTN_START), FALSE);
                g_n = 10;        // 创建线程执行线程函数以前将全局变量 g_n 赋值为 10
                for (int i = 0; i < NUM; i++)
                    hThread[i] = CreateThread(NULL, 0, ThreadProc, NULL, 0, NULL);

                WaitForMultipleObjects(NUM, hThread, TRUE, INFINITE);
                for (int i = 0; i < NUM; i++)
                    CloseHandle(hThread[i]);

                // 所有线程结束以后，将 g_n 的最终值显示在编辑控件中
                SetDlgItemInt(hwndDlg, IDC_EDIT_NUM, g_n, TRUE);
                EnableWindow(GetDlgItem(hwndDlg, IDC_BTN_START), TRUE);
                break;

            case IDCANCEL:
                // 关闭事件对象句柄
                CloseHandle(g_hEvent);
                EndDialog(hwndDlg, 0);
                break;
            }
            return TRUE;
        }

    return FALSE;
}


DWORD WINAPI ThreadProc(LPVOID lpParameter)
{
    for (int i = 1; i <= 100000000; i++)
    {
        // 等待事件对象
        WaitForSingleObject(g_hEvent, INFINITE);
        g_n++;
        g_n--;
        // 设置事件对象为有信号
        SetEvent(g_hEvent);
    }

    return 0;
}
```

　　具体代码参见 Chapter1\ThreadSync_Event 项目。编译运行程序可以发现，使用事件对象后，执行速度相比使用关键段对象慢了很多，读者可以设置较少的循环次数（例如 100 万次）。

　　事件对象不仅可以用于同一个进程中的线程同步，还可以用于不同进程中的线程同步。在调用 CreateEvent 函数创建事件对象时，可以将最后一个参数 lpName 设置为事件名称字符串，表示创建一个命名事件对象，在其他进程中可以使用 CreateEvent 或 OpenEvent 函数指定相同的事件名称打开该事件对象进行使用。

2. 互斥量对象

互斥量对象（Mutex）与关键段对象类似，用于提供对共享资源的互斥访问，同一时刻只能有一个线程拥有互斥量对象的所有权。互斥量有两种状态：有信号和无信号状态，当没有任何线程拥有互斥量的所有权时为有信号状态，如果有一个线程拥有了互斥量的所有权则为无信号状态。

使用互斥量对象进行线程间同步，涉及以下函数。

```
// 创建一个互斥量对象
HANDLE WINAPI CreateMutex(
    _In_opt_ LPSECURITY_ATTRIBUTES lpMutexAttributes,
    _In_     BOOL                  bInitialOwner,         // 初始情况下调用线程是否拥有互斥量
                                                          // 对象的所有权

    _In_opt_ LPCTSTR               lpName);               // 互斥量对象名称字符串，区分大小写
// 等待互斥量对象
WaitForSingleObject
// 释放互斥量对象所有权
BOOL WINAPI ReleaseMutex(_In_ HANDLE hMutex);
// 关闭互斥量对象句柄
CloseHandle
```

- lpMutexAttributes 参数是一个指向 SECURITY_ATTRIBUTES 结构的指针，与创建线程、事件对象的第一个参数的含义相同。

- bInitialOwner 参数指定初始情况下调用线程是否拥有互斥量对象的所有权。如果设置为 TRUE 则调用线程创建互斥量对象以后自动获得其所有权，如果设置为 FALSE 则初始情况下调用线程不会获得互斥量对象的所有权。

- lpName 参数的用法与创建事件对象的同名参数用法相同，用于指定互斥量对象的名称，区分大小写，最多 MAX_PATH(260) 个字符。如果需要共享该互斥量对象，可以设置一个名称，表示创建一个命名互斥量对象，在其他地方可以通过调用 CreateMutex 或 OpenMutex 函数并指定名称来获取到该互斥量对象；如果不需要共享互斥量对象，lpName 参数可以设置为 NULL 表示创建一个匿名互斥量对象。

如果 CreateMutex 函数执行成功，则返回值为互斥量对象的句柄，否则返回值为 NULL。如果调用 CreateMutex 函数时指定了互斥量对象名称，则有下面两种情况。

（1）如果系统中已经存在指定名称的互斥量对象，则函数会获取到该互斥量对象。函数调用成功并返回一个互斥量对象句柄，调用 GetLastError 函数将返回 ERROR_ALREADY_EXISTS。

（2）如果系统中已经存在一个名称相同的其他内核对象，例如事件对象、信号量对象，则函数调用会失败，返回值为 NULL，调用 GetLastError 函数将返回 ERROR_INVALID_HANDLE。

如前所述，在执行操作共享资源的代码前，应该调用 WaitForSingleObject 函数等待互斥量对象变成有信号状态。如果有其他线程正在拥有互斥量对象的所有权，则函数会一直等待。当没有任何线程拥有互斥量对象的所有权时，函数返回，并拥有互斥量对象的所有权，接下来即可进行对共享资源的独占操作。

执行完操作共享资源的代码后，应该调用 ReleaseMutex 释放对互斥量对象的所有权。

可以通过调用 OpenMutex 函数打开一个已经存在的命名互斥量对象：

```
HANDLE WINAPI OpenMutex(
```

```
    _In_  DWORD    dwDesiredAccess,    // 互斥量对象访问权限，一般设置为 NULL
    _In_  BOOL     bInheritHandle,     // 在创建新进程时是否继承返回的句柄，TRUE 或 FALSE
    _In_  LPCTSTR  lpName);            // 要打开的互斥量对象的名称，区分大小写
```

如果没有找到这个名称的互斥量对象，函数将返回 NULL，GetLastError 返回 ERROR_FILE_ NOT_FOUND；如果找到了这个名称的一个内核对象，但是类型不同，函数将返回 NULL，GetLastError 返回 ERROR_INVALID_HANDLE；如果名称相同，类型也相同，函数将返回互斥量对象的句柄。调用 CreateMutex 和 OpenMutex 函数的主要区别在于，如果互斥量对象不存在，CreateMutex 函数会创建它；OpenMutex 函数则不同，如果对象不存在，函数将返回 NULL。调用 CreateMutex 或 OpenMutex 函数打开一个已经存在的命名互斥量对象，都会导致互斥量对象的引用计数加 1。

创建或打开互斥量对象后，不再需要时应该调用 CloseHandle 函数关闭互斥量对象句柄。

下面使用互斥量对象改写 ThreadSync 程序，Chapter1\ThreadSync_Mutex\ThreadSync\ThreadSync. cpp 源文件的内容如下：

```cpp
#include <windows.h>
#include "resource.h"

// 常量定义
#define NUM 2

// 全局变量
int g_n;
HANDLE g_hMutex;

// 函数声明
INT_PTR CALLBACK DialogProc(HWND hwndDlg, UINT uMsg, WPARAM wParam, LPARAM lParam);
DWORD WINAPI ThreadProc(LPVOID lpParameter);

int WINAPI WinMain(HINSTANCE hInstance, HINSTANCE hPrevInstance, LPSTR lpCmdLine, int nCmdShow)
{
    DialogBoxParam(hInstance, MAKEINTRESOURCE(IDD_MAIN), NULL, DialogProc, NULL);
    return 0;
}

INT_PTR CALLBACK DialogProc(HWND hwndDlg, UINT uMsg, WPARAM wParam, LPARAM lParam)
{
    HANDLE hThread[NUM];

    switch (uMsg)
    {
    case WM_INITDIALOG:
        // 创建互斥量对象
        g_hMutex = CreateMutex(NULL, FALSE, NULL);
        break;

    case WM_COMMAND:
```

```
        switch (LOWORD(wParam))
        {
        case IDC_BTN_START:
            EnableWindow(GetDlgItem(hwndDlg, IDC_BTN_START), FALSE);
            g_n = 10;          // 创建线程执行线程函数以前将全局变量 g_n 赋值为 10
            for (int i = 0; i < NUM; i++)
                hThread[i] = CreateThread(NULL, 0, ThreadProc, NULL, 0, NULL);

            WaitForMultipleObjects(NUM, hThread, TRUE, INFINITE);
            for (int i = 0; i < NUM; i++)
                CloseHandle(hThread[i]);

            // 所有线程结束后，将 g_n 的最终值显示在编辑控件中
            SetDlgItemInt(hwndDlg, IDC_EDIT_NUM, g_n, TRUE);
            EnableWindow(GetDlgItem(hwndDlg, IDC_BTN_START), TRUE);
            break;

        case IDCANCEL:
            // 关闭互斥量对象句柄
            CloseHandle(g_hMutex);
            EndDialog(hwndDlg, 0);
            break;
        }
        return TRUE;
    }

    return FALSE;
}

DWORD WINAPI ThreadProc(LPVOID lpParameter)
{
    for (int i = 1; i <= 1000000; i++)
    {
        // 等待互斥量
        WaitForSingleObject(g_hMutex, INFINITE);
        g_n++;
        g_n--;
        // 释放互斥量
        ReleaseMutex(g_hMutex);
    }

    return 0;
}
```

具体代码参见 Chapter1\ThreadSync_Mutex 项目，使用互斥量对象后，执行速度会很慢，读者可以减少循环次数，例如 100 万次。

互斥量是内核对象，不同进程中的线程可以访问同一个互斥量，而关键段是用户模式下的线程同步对象，互斥量比关键段在速度上要慢得多。但是作为内核对象，互斥量对象有更多的用途，例如有的程序会利用命名内核对象来防止运行一个应用程序的多个实例，有些游戏程序不允许同时运行两个

程序，用户无法在两个程序中登录不同的账号刷积分。这只需要在程序的开头调用 Create* 函数来创建一个命名内核对象（具体创建什么类型的内核对象无关紧要），Create* 函数返回后，立即调用 GetLastError 函数。如果 GetLastError 返回 ERROR_ALREADY_EXISTS，表明应用程序的另一个实例已经在运行，新的实例即可退出。例如：

```
int WINAPI WinMain(HINSTANCE hInstance, HINSTANCE hPrevInstance, LPSTR lpCmdLine, int nCmdShow)
{
    HANDLE g_hMutex = CreateMutex(NULL, FALSE, TEXT("{FA531CC1-0497-11d3-A180- 00105A276C3E}"));
    if (GetLastError() == ERROR_ALREADY_EXISTS)
    {
        // 已经有一个程序实例正在运行
        MessageBox(NULL, TEXT("已经有一个程序实例正在运行"), TEXT("提示"), MB_OK);
        CloseHandle(g_hMutex);
        return 0;
    }

    // 程序的第一个实例
    // 程序正常执行
    // ...
}
```

具体代码参见 Chapter1\HelloWindows 项目。

3. 信号量对象

信号量对象（Semaphore）是一个允许指定数量的线程同时拥有的内核对象，信号量对象通常用于线程排队。内核对象的数据结构中通常包含安全描述符和引用计数字段，其他字段则根据内核对象的不同而有所不同。信号量对象还有两个计数值：最大可用资源计数和当前可用资源计数，最大可用资源计数表示允许同时有多少个线程拥有信号量对象，当前可用资源计数表示当前还可以有多少个线程拥有信号量对象。信号量对象同样有两种状态：有信号状态和无信号状态，如果信号量的当前可用资源计数值大于 0 为有信号状态，如果信号量的当前可用资源计数值等于 0 则为无信号状态。当前可用资源计数值不会小于 0，也不会大于最大可用资源计数。

例如，一个服务器程序创建了 3 个工作线程，可以同时处理 3 个客户端的请求。这种情况下可以创建一个最大可用资源计数为 3 的信号量对象，初始情况下当前可用资源计数为 3，当有一个客户端请求时，需要等待信号量对象，等待成功以后执行工作线程，同时当前可用资源计数值减 1，在当前可用资源计数值为 0 时，其他所有客户端请求只能处于等待状态，当工作线程处理完一个客户端请求后，应该释放信号量对象使当前可用资源计数值加 1。

与使用互斥量对象类似，使用信号量对象进行线程间同步，涉及以下 4 个函数：

```
// 创建信号量对象
HANDLE WINAPI CreateSemaphore(
    _In_opt_ LPSECURITY_ATTRIBUTES lpSemaphoreAttributes, // 同其他创建内核对象函数的相关参数
    _In_     LONG                  lInitialCount,          // 信号量对象的当前可用资源计数
    _In_     LONG                  lMaximumCount,          // 信号量对象的最大可用资源计数
    _In_opt_ LPCTSTR               lpName);                // 同其他创建内核对象函数的 lpName 参数
// 等待信号量
WaitForSingleObject
```

```
// 释放信号量
BOOL WINAPI ReleaseSemaphore(
    _In_       HANDLE   hSemaphore,          // 信号量对象句柄
    _In_       LONG     lReleaseCount,        // 当前可用资源计数增加的量，通常设置为 1
    _Out_opt_  LPLONG lpPreviousCount);       // 返回先前的当前可用资源计数值
// 关闭信号量对象句柄
CloseHandle
```

为了获得对共享资源的访问权，线程需要调用等待函数并传入信号量对象的句柄，等待函数会检查信号量对象的当前可用资源计数，如果值大于 0（信号量对象处于有信号状态），则函数会把当前可用资源计数值减 1 并使调用线程继续运行。如果等待函数发现信号量对象的当前可用资源计数为 0（信号量对象处于无信号状态），则系统会使调用线程进入等待状态，当另一个线程将信号量对象的当前可用资源计数递增时，系统会使等待的线程变成可调度状态（并相应地递减当前可用资源计数）。

下面使用信号量对象改写 ThreadSync 程序。为了使一个线程独占对共享资源的访问，在调用 CreateSemaphore 函数创建信号量对象时，将当前可用资源计数和最大可用资源计数参数都设置为 1，在执行操作共享资源的代码前调用 WaitForSingleObject 函数等待信号量对象变为有信号，执行完操作共享资源的代码以后调用 ReleaseSemaphore 函数使当前可用资源计数值递增 1。Chapter1\ThreadSync_Semaphore\ThreadSync\ThreadSync.cpp 源文件的内容如下：

```cpp
#include <windows.h>
#include "resource.h"

// 常量定义
#define NUM 2

// 全局变量
int g_n;
HANDLE g_hSemaphore;

// 函数声明
INT_PTR CALLBACK DialogProc(HWND hwndDlg, UINT uMsg, WPARAM wParam, LPARAM lParam);
DWORD WINAPI ThreadProc(LPVOID lpParameter);

int WINAPI WinMain(HINSTANCE hInstance, HINSTANCE hPrevInstance, LPSTR lpCmdLine, int
nCmdShow)
{
    DialogBoxParam(hInstance, MAKEINTRESOURCE(IDD_MAIN), NULL, DialogProc, NULL);
    return 0;
}

INT_PTR CALLBACK DialogProc(HWND hwndDlg, UINT uMsg, WPARAM wParam, LPARAM lParam)
{
    HANDLE hThread[NUM];

    switch (uMsg)
    {
    case WM_INITDIALOG:
```

```
        // 创建信号量对象
        g_hSemaphore = CreateSemaphore(NULL, 1, 1, NULL);
        return TRUE;

    case WM_COMMAND:
        switch (LOWORD(wParam))
        {
        case IDC_BTN_START:
            EnableWindow(GetDlgItem(hwndDlg, IDC_BTN_START), FALSE);
            g_n = 10;        // 创建线程执行线程函数之前将全局变量 g_n 赋值为 10
            for (int i = 0; i < NUM; i++)
                hThread[i] = CreateThread(NULL, 0, ThreadProc, NULL, 0, NULL);

            WaitForMultipleObjects(NUM, hThread, TRUE, INFINITE);
            for (int i = 0; i < NUM; i++)
                CloseHandle(hThread[i]);

            // 所有线程结束以后，将 g_n 的最终值显示在编辑控件中
            SetDlgItemInt(hwndDlg, IDC_EDIT_NUM, g_n, TRUE);
            EnableWindow(GetDlgItem(hwndDlg, IDC_BTN_START), TRUE);
            break;

        case IDCANCEL:
            // 关闭信号量对象句柄
            CloseHandle(g_hSemaphore);
            EndDialog(hwndDlg, 0);
            break;
        }
        return TRUE;
    }

    return FALSE;
}

DWORD WINAPI ThreadProc(LPVOID lpParameter)
{
    for (int i = 1; i <= 1000000; i++)
    {
        // 等待信号量
        WaitForSingleObject(g_hSemaphore, INFINITE);
        g_n++;
        g_n--;
        // 释放信号量，当前可用资源计数值递增 1
        ReleaseSemaphore(g_hSemaphore, 1, NULL);
    }

    return 0;
}
```

信号量对象是内核对象，一些用法和事件对象、互斥量对象等是相似的，例如：在调用 CreateSemaphore 函数时可以指定一个名称以共享该信号量对象，在其他位置可以通过调用 CreateSemaphore 或 OpenSemaphore 函数打开该信号量对象，不再需要时应该调用 CloseHandle 函数关闭信号量对象句柄。

4. 可等待计时器对象

可等待计时器（Waitable Timer）是一种内核对象，可以在指定的时间触发（有信号状态），也可以选择每隔一段时间触发（有信号状态）一次，通常可以用于在某个时间执行一些任务。因为是内核对象，因此其用法与前面介绍的其他内核对象类似，可等待计时器对象同样有两种状态：有信号状态和无信号状态（也称为触发状态和未触发状态）。

调用 CreateWaitableTimer 函数可以创建一个可等待计时器对象：

```
HANDLE WINAPI CreateWaitableTimer(
    _In_opt_ LPSECURITY_ATTRIBUTES lpTimerAttributes, // 同其他内核对象的相关参数
    _In_     BOOL                  bManualReset,      // 手动重置还是自动重置，TRUE 或 FALSE
    _In_opt_ LPCTSTR               lpTimerName);      // 同其他内核对象的相关参数
```

bManualReset 参数表示要创建的是一个手动重置计时器还是自动重置计时器。当手动重置计时器被触发时，正在等待该计时器的所有线程都会变成可调度状态；当自动重置计时器被触发时，只有一个正在等待该计时器的线程会变成可调度状态。

创建计时器对象后，初始情况下计时器处于未触发状态，可以通过调用 SetWaitableTimer 函数触发计时器：

```
BOOL WINAPI SetWaitableTimer(
    _In_     HANDLE            hTimer,       // CreateWaitableTimer 或 OpenWaitableTimer 函数返回的句柄

    _In_     LARGE_INTEGER     *pDueTime,// 指定计时器触发的时间，UTC 时间
    _In_     LONG              lPeriod,  // 指定计时器多久触发一次，以毫秒为单位
    _In_opt_ PTIMERAPCROUTINE  pfnCompletionRoutine,    // 指向完成例程的指针
    _In_opt_ LPVOID            lpArgToCompletionRoutine,// 传递给完成例程的自定义数据的指针
    _In_     BOOL              fResume); // 系统挂起的时候是否继续触发计时器
```

- pDueTime 参数指定计时器触发的时间。可以指定一个基于协调世界时 UTC 的绝对时间，例如 2019 年 8 月 5 日 17:45:00。还可以指定一个相对时间，这时需要在 pDueTime 参数中传入一个负值，单位是 100 纳秒。1 秒 = 1000 毫秒 = 1000 000 微秒 = 1000 000 000 纳秒，即 1 秒为 10 000 000 个 100 纳秒。

- lPeriod 参数表示计时器在第一次触发后每隔多久触发一次，即计时器应该以怎样的频度触发，以毫秒为单位。如果将 lPeriod 参数设置为一个正数，则表示计时器是周期性的，每经过指定的时间后计时器被触发一次，直到调用 CancelWaitableTimer 函数取消计时器或调用 SetWaitableTimer 函数重新设置计时器；如果将 lPeriod 参数设置为 0，则表示计时器是一次性的，只会被触发一次。

例如，下面的代码将计时器的第一次触发时间设置为 2019 年 8 月 5 日 17:45:00，之后每隔 10 秒触发一次：

```
SYSTEMTIME st = { 0 };
FILETIME ftLocal, ftUTC;
LARGE_INTEGER li;

st.wYear = 2019;
st.wMonth = 8;
```

```
st.wDay = 5;
st.wHour = 17;
st.wMinute = 45;
st.wSecond = 0;
st.wMilliseconds = 0;
// 系统时间转换成 FILETIME 时间
SystemTimeToFileTime(&st, &ftLocal);
// 本地 FILETIME 时间转换成 UTC 的 FILETIME 时间
LocalFileTimeToFileTime(&ftLocal, &ftUTC);
// 不要将指向 FILETIME 结构的指针强制转换为 LARGE_INTEGER *或__int64 *类型,
li.LowPart = ftUTC.dwLowDateTime;
li.HighPart = ftUTC.dwHighDateTime;
// 设置可等待计时器
SetWaitableTimer(g_hTimer, &li, 10 * 1000, NULL, NULL, FALSE);
```

SetWaitableTimer 函数的 pDueTime 参数是一个指向 LARGE_INTEGER 结构的指针，该结构在 winnt.h 头文件中定义如下：

```
typedef union _LARGE_INTEGER {
    struct {
        DWORD LowPart;
        LONG HighPart;
    } DUMMYSTRUCTNAME;
    struct {
        DWORD LowPart;
        LONG HighPart;
    } u;
    LONGLONG QuadPart;
} LARGE_INTEGER;
```

FILETIME 结构在 minwindef.h 头文件中定义如下：

```
typedef struct _FILETIME {
    DWORD dwLowDateTime;
    DWORD dwHighDateTime;
} FILETIME, *PFILETIME, *LPFILETIME;
```

系统时间 SYSTEMTIME 无法直接赋值给 LARGE_INTEGER 结构，因此需要先调用 SystemTimeToFileTime 函数将系统时间转换为 FILETIME 时间。SetWaitableTimer 函数的 pDueTime 参数需要的是一个基于 UTC 的时间，因此还需要调用 LocalFileTimeToFileTime 函数将本地 FILETIME 时间转换成 UTC 的 FILETIME 时间，然后可以把 UTC 的 FILETIME 时间赋值给 LARGE_INTEGER 结构的相应字段。

虽然 FILETIME 结构与 LARGE_INTEGER 结构类似，但是 FILETIME 结构的地址必须对齐到 32 位（4 字节）边界，而 LARGE_INTEGER 结构的地址必须对齐到 64 位（8 字节）边界，因此不可以直接把指向 FILETIME 结构的指针强制转换为指向 LARGE_INTEGER 结构的指针。

用户还可以指定一个相对时间，这时需要在 pDueTime 参数中传入一个负值，单位是 100 纳秒，例如下面的代码将计时器的第一次触发时间设置为 SetWaitableTimer 函数调用结束的 60 秒后，之后每隔 10 秒触发一次：

```
const int nSecond = 10000000;

li.QuadPart = -(60 * nSecond);
// 设置可等待计时器
SetWaitableTimer(g_hTimer, &li, 10 * 1000, NULL, NULL, FALSE);
```

如果需要重新设置计时器的触发时间或频率，只需要再次调用 SetWaitableTimer 函数。如果需要取消计时器，可以调用 CancelWaitableTimer 函数，之后计时器不会再被触发：

```
BOOL WINAPI CancelWaitableTimer(_In_ HANDLE hTimer);
```

可等待计时器对象的简单示例程序参见 Chapter1\WaitableTimer 项目。

第 2 章

内存管理

计算机的技术发展过程经历了以下阶段：流水线、超标量、超线程、多核心、超频，计算机性能可谓飞速提高。CPU 的发展历史可以大体归结为以下几个阶段（以 Intel 为例）：Intel 4004（1971—1973 年，4 位和 8 位 CPU），Intel 8080（1974—1977 年，8 位 CPU），Intel 8086（1978—1984 年，16 位 CPU），Intel 80386（1985—1992 年，32 位 CPU），奔腾系列（1993—2005 年，32/64 位 CPU），酷睿系列（2005 年至今，32/64 位 CPU）。时至今日，WIntel（Windows-Intel）联盟依然占据着绝大多数的桌面计算机市场。从 16 位处理器和 DOS 单任务操作系统，到 32/64 位多任务图形界面操作系统，无论多先进的硬件都有相应的操作系统支持。

CPU 有 3 种工作模式：实模式、保护模式和虚拟 8086 模式。学习过 8086 汇编语言的读者都知道，8086 CPU 有 20 根地址总线，可以传送 20 位地址，具有 1MB 的寻址能力，但是 8086 CPU 是 16 位体系架构，通用寄存器、段寄存器、指令指针寄存器等都是 16 位，只有 64KB 的寻址能力。为了寻址 1MB，采用了"段地址 × 0x10 + 偏移地址"的方式来合成真实的物理内存地址。实模式体现在程序中用到的地址都是真实的物理内存地址，"段地址 × 0x10 + 偏移地址"产生的逻辑地址就是物理内存地址。实模式下没有特权级的概念，或者说用户程序和操作系统拥有同样的特权级，程序可以随意修改任意物理内存地址处的内容，包括操作系统所在的内存，这给操作系统带来了极大的安全问题。

从 80386 开始，CPU 的地址总线和寄存器都是 32 位，寻址范围为 0x00000000 ~ 0xFFFFFFFF，即 4GB 大小，出现了保护模式的概念、内存分段管理机制和内存分页管理机制，为实现虚拟内存提供了硬件支持，支持多任务，能够快速地进行任务切换和保护任务环境，4 个特权级和完善的特权检查机制，既能实现资源共享又能保证代码和数据的安全及任务的隔离。

以前，计算机可能没有如此大的物理内存（4GB），为了运行大型程序和实现多任务，Windows 采用了虚拟内存技术，即拿出一部分磁盘空间来充当内存空间，这部分空间称为虚拟内存。虚拟内存在磁盘上的存在形式是 PageFile.sys 页面文件（页面交换文件），如果一个进程试图使用比当前可用物理内存更多的内存，系统会将一些物理内存内容分页到磁盘页面交换文件。8GB、16GB 内存的计算机已经普遍存在，在日常使用过程中 16GB 内存足够支撑我们完成绝大多数工作，但是虚拟内存的存在有时候和物理内存的大小无关，例如深度学习、科学实验计算等应用程序会自动将大量数据存放至虚拟内存中。细心且使用过这类软件的用户应该会发现，不论内存有多大，在虚拟内存中总会有几 GB 的数据。

保护模式下，每个进程使用的内存地址称为虚拟地址。每个进程都有自己的虚拟地址空间，对 32 位进程来说，可以使用的虚拟地址空间范围为 0x00000000 ~ 0xFFFFFFFF，即 4GB 大小。虚拟地址空间使应用程序认为它拥有"连续可用的内存"，而实际上这些"连续可用的内存"通常由多个物理内存碎片组成，还有部分暂时存储在磁盘上，在需要的时候进行数据交换。例如，进程 A 在 0x12345678 地址处存储了一个数据结构，而进程 B 也可以在 0x12345678 地址处存储一个完全不同的数据结构。0x12345678 是一个虚拟地址，程序在执行时还要通过 MMU（内存管理单元）把虚拟地址转换为物理内存地址，进程 A 和 B 虽然都有虚拟地址 0x12345678，但是它们被映射到了不同的物理内存地址处。当进程 A 中的线程访问位于地址 0x12345678 处的内存时，它访问的是进程 A 的数据结构；当进程 B 中的线程访问位于地址 0x12345678 处的内存时，它访问的是进程 B 的数据结构。进程 A 中的线程无法直接访问位于进程 B 的地址空间内的数据结构，反之亦然，进程之间的内存空间相互独立、隔离，提高了安全性。

　　每个进程的虚拟地址空间被划分成许多分区。虚拟地址空间的分区依赖于操作系统的底层实现，因此会根据 Windows 内核版本的不同而略有变化。表 2.1 列出了 Win32 系统和 Win64 系统对进程虚拟地址空间的分区。

表 2.1

分区	x86 32 位 Windows	x64 64 位 Windows
空指针赋值分区	0x00000000～0x0000FFFF，大小为 64KB	0x00000000 00000000～0x00000000 0000FFFF，大小为 64KB
用户模式分区	0x00010000～0x7FFEFFFF，大小为约 2GB	0x00000000 00010000～0x00007FFF FFFEFFFF，大小为约 128TB
64KB 禁入分区	0x7FFF0000～0x7FFFFFFF，大小为 64KB	0x00007FFF FFFF0000～0x00007FFF FFFFFFFF，大小为 64KB
内核模式分区	0x80000000～0xFFFFFFFF，大小为约 2GB	0x00008000 00000000～0xFFFFFFFF FFFFFFFF，大小为约 16777208TB

　　可以看到，32 位和 64 位 Windows 内核的分区基本一致，唯一的不同在于分区的大小和分区的位置。表 2.1 中 64 位 Windows 的内存分区以 Windows 10 64 位系统为例，其他 64 位系统可能会稍有差别。

　　（1）空指针赋值分区。空（NULL）指针赋值分区是进程虚拟地址空间中 0x00000000 ~ 0x0000FFFF 的闭区间，保留该分区的目的是帮助开发人员捕获对 NULL 指针的赋值，如果进程中的线程试图读取或写入位于这一分区的内存地址，就会引发访问违规。例如，有时开发人员可能会忽视对内存分配函数返回值的判断：

```
LPINT pInt = (LPINT)malloc(sizeof(int));
*pInt = 5;
```

malloc 函数执行成功会返回一个 VOID 类型的内存指针，函数执行失败则返回 NULL。上面的代码中，如果函数执行失败，就会导致向 0x00000000 地址处写入数据，因为地址空间中的这一分区是禁止访问的，所以会引发内存访问违规并导致进程被终止，这一特性可以帮助开发人员发现应用程序中的缺陷。

　　（2）用户模式分区。用户模式分区是每个进程可以使用的虚拟地址空间。对于 32 位进程（即 0x00010000 ~ 0x7FFEFFFF）约为 2GB；对于 64 位进程（即 0x00000000 00010000 ~ 0x00007FFF FFFEFFFF）约为 128TB，这是程序可以使用的一个虚拟地址范围。每个程序都可以使用 2GB 或 128TB 的虚拟地址空间，程序中用到的动态链接库也会载入这一分区，但是程序在执行时还要通过内存管理单元（MMU）将虚拟地址映射为物理内存地址，进程可用的虚拟地址空间总量受物理存储空间大小即物理内存和虚拟内存大小之和的限制。64 位程序理论上可以使用 128TB 的虚拟地址空间，但是实际上操作系统目前并不支持这么大的虚拟地址空间，一方面不需要，另一方面系统内核对这么大的虚拟地址空间进行维护需要较大的开销。Windows Server 2016 服务器操作系统最大可以支持 24TB，Windows 10 最大可以支持 8TB，不同的操作系统支持的内存地址空间会有所不同。

　　Windows 是一个分时的多任务操作系统，系统中运行的所有进程的线程轮流获得 CPU 时间片，同一时刻只有一部分（取决于 CPU 核心数）进程的线程拥有时间片。以 32 位进程为例，每个进程都有属于自己的 2GB 虚拟地址空间，一个进程无法通过一个虚拟地址直接读写其他进程的数据，只有当一个进程的线程获得 CPU 时间片时，虚拟地址和物理内存地址才会形成映射关系，虚拟地址才有意义。

　　（3）64KB 禁入分区

　　64KB 禁入分区是由 Windows 保留的禁止访问的一块虚拟内存地址区域。

　　（4）内核模式分区

　　内核模式分区是操作系统代码的驻地，与线程调度、内存管理、文件系统和网络支持以及设备驱动程序相关的代码都载入该分区。该分区中的所有代码和数据都被完全保护起来，如果一个应用程序试图读取或写入位于这一分区中的内存地址，就会引发访问违规，导致系统向用户显示一个消息框，然后结束该应用程序。

　　在 64 位 Windows 中，128TB 的用户模式分区和 16777208TB 的内核模式分区看起来完全不成比例，这并不是因为内核模式分区需要这么大的虚拟地址空间，而是因为 64 位地址空间实在是太大了，其中的大部分尚未使用。对于内核模式分区中尚未使用的部分，系统不必分配任何内部数据结构来对它们进行维护。

2.1 保护模式的分段与分页管理机制

　　每一个任务都有一个虚拟地址空间。为了避免多个并行任务的多个虚拟地址空间直接映射到同一个物理地址空间，通常采用线性地址空间来隔离虚拟地址空间和物理地址空间。80386 分两步实现虚拟地址空间到物理地址空间的映射（即转换），第一步是虚拟地址通过分段管理机制转换为线性地址，第二步是线性地址通过分页管理机制转换为物理地址。

　　虚拟地址空间由大小可变的存储块构成，这样的存储块称为段，80386 采用称为描述符的 8 字节数据来描述段的位置、大小和使用情况，描述符由段基地址、段界限和段属性组成。段基地址指定段的开始地址，在 80386 保护模式下，段基地址长 32 位，因为段基地址长度与寻址地址的长度相同，所以任何一个段都可以从 32 位地址空间中的任何字节开始。段界限指定段的大小，在 80386 保护模式下，段界限用 20 位来表示，段界限可以以字节为单位或以 4KB 为单位。如果以 4KB 为单位，则 20 位的段界限可以表示的范围为 4KB ~ 4GB。段描述符的结构如图 2.1 所示。

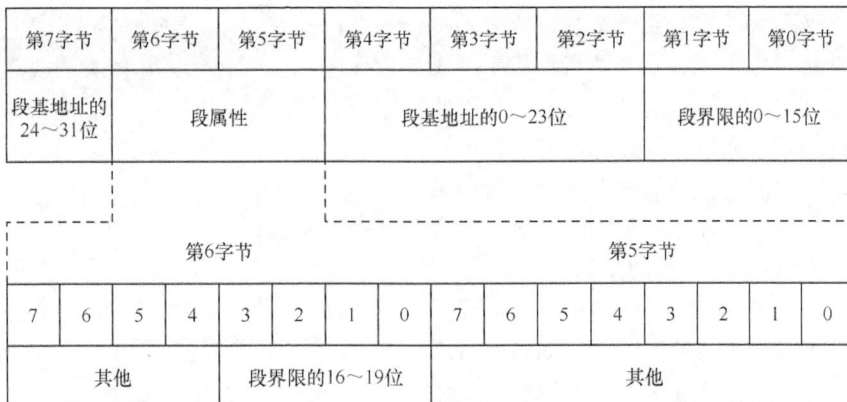

第7字节	第6字节	第5字节	第4字节	第3字节	第2字节	第1字节	第0字节
段基地址的24~31位	段属性		段基地址的0~23位			段界限的0~15位	

第6字节								第5字节							
7	6	5	4	3	2	1	0	7	6	5	4	3	2	1	0
其他				段界限的16~19位				其他							

图 2.1

一个任务会涉及多个段，每个段需要一个描述符来描述。为了便于组织管理，80386 把描述符组织成线性表，由描述符组成的线性表称为描述符表，每个描述符表最多可以含有 8192 个描述符。在 80386 中有 3 种类型的描述符表：全局描述符表（Global Descriptor Table，GDT）、局部描述符表（Local Descriptor Table，LDT）和中断描述符表（Interrupt Descriptor Table，IDT）。在整个系统中，全局描述符表和中断描述符表只有一个，局部描述符表可以有若干个，每个任务可以有一个。

每个任务的局部描述符表含有该任务的代码段、数据段和栈段的描述符，也包含该任务所使用的一些门描述符，如任务门和调用门描述符等。任务进行切换时，系统当前的局部描述符表也随之切换。全局描述符表含有每一个任务都可能或可以访问的段的描述符，通常包含描述操作系统所使用的代码段、数据段和栈段的描述符，也包含多种特殊数据段描述符，如各个用于描述任务局部描述符表的特殊数据段等。任务切换时，并不切换全局描述符表。通过局部描述符表可以使各任务私有的各个段与其他任务相隔离，从而达到受保护的目的；通过全局描述符表可以使各任务都需要使用的段能够被共享。

一个任务可以使用的整个虚拟地址空间分为相等的两半，一半空间的描述符在全局描述符表中，另一半空间的描述符在局部描述符表中。由于全局和局部描述符表都可以包含多达 8192 个描述符，而每个描述符所描述的段最大可达 4GB，因此最大的虚拟地址空间为 $4\text{GB} \times 8192 \times 2 = 64\text{TB}$。

虚拟地址空间中一个存储单元的地址由段选择子和段内偏移两部分组成。段选择子长 16 位，高 13 位是描述符索引（Index），所谓描述符索引是指描述符在描述符表中的序号。段选择子的第 2 位是描述符表指示位，标记为 TI（Table Indicator）。TI=0 指示从全局描述符表中读取描述符；TI=1 指示从局部描述符表中读取描述符。段选择子的最低两位是请求特权级（Requested Privilege Level，RPL），用于特权检查。

段选择子在哪里？段寄存器含有段选择子，即段寄存器 CS、SS、DS、ES、FS、GS 的值。

段选择子确定段描述符，段描述符确定段基地址，段基地址与偏移之和就是线性地址，因此虚拟地址空间中的由段基地址和偏移两部分构成的二维虚拟地址（也称二维逻辑地址），就是这样映射为线性地址空间中的一维线性地址。分段管理机制实现虚拟地址空间到线性地址空间的映射，把二维的虚拟地址转换为一维的线性地址，如图 2.2 所示。

从 80386 开始支持内存分页管理机制，分页机制是内存管理机制的第 2 部分。分页管理机制将线性地址空间和物理地址空间分别划分为大小相同的块，这样的块称为页。通过在线性地址空间的页与物理地址空间的页之间建立的映射表，分页管理机制实现线性地址空间到物理地址空间的映射，实现线性地址到物理地址的转换，如图 2.3 所示。分段管理机制实现虚拟地址到线性地址的转换、分页管理机制实现线性地址到物理地址的转换。如果不启用分页管理机制，那么线性地址就是物理地址，在保

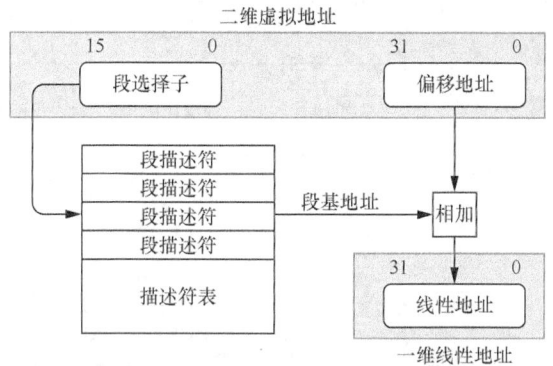

图 2.2

护模式下，控制寄存器 CR0 中的最高位 PG 位控制分页管理机制是否生效。如果 PG=1，分页机制生效，把线性地址转换为物理地址；如果 PG=0，分页机制无效，线性地址就直接作为物理地址。

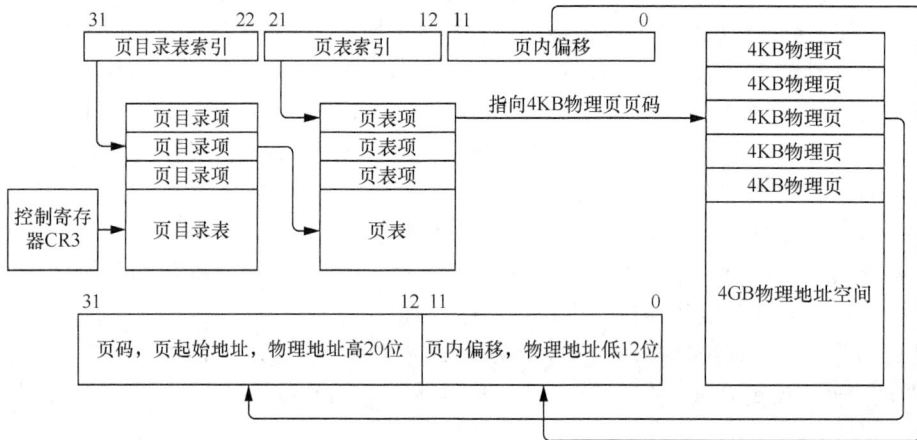

图 2.3

采用分页管理机制实现线性地址到物理地址转换映射的主要目的是实现虚拟内存。在 80386 中，页的大小固定为 4KB，因此每一页的起始边界地址必须是 4KB 的倍数，4GB 大小的地址空间被划分为 1024×1024 页。页的开始地址具有 "0xXXXXX000" 的形式，高 20 位 0xXXXXX 称为页码。线性地址空间的页的页码是页起始边界线性地址的高 20 位，物理地址空间的页的页码也是页起始边界物理地址的高 20 位，可见，页码左移 12 位就是页开始地址（0xXXXXX000），所以页码确定了页。

由于页的大小固定为 4KB，而且页的边界是 4KB 的倍数，因此在把 32 位线性地址转换成 32 位物理地址的过程中，低 12 位地址可以保持不变，即线性地址的低 12 位就是物理地址的低 12 位。假设分页机制采用的转换映射把线性地址空间的 0xXXXXX 页映射到物理地址空间的 0xYYYYY 页，则线性地址 0xXXXXXxxx 就被转换为物理地址 0xYYYYYxxx。因此，线性地址到物理地址的转换要解决的是线性地址空间页到物理地址空间页的映射，也就是线性地址高 20 位到物理地址高 20 位的转换。

线性地址空间页到物理地址空间页之间的映射用表来描述，由于 4GB 的地址空间可以划分为

1024×1024 页，因此如果用一张表来描述这种映射，那么该映射表就有 1024×1024 个表项，如果每个表项占用 4 字节，那么该映射表就要占用 4MB。为了避免映射表占用这么大的内存资源，80386 把页映射表分为两级。页映射表的第 1 级称为页目录表，存储在一个 4KB 的物理页中。页目录表共有 1024 个表项，每个表项为 4 字节长，页目录表的表项包含对应第二级表所在物理地址空间页的页码。页映射表的第 2 级称为页表，每张页表也存储在一个 4KB 的页中，每张页表都有 1024 个表项，每个表项为 4 字节长，页表的表项包含对应物理地址空间页的页码。

由于页目录表和页表均由 1024 个表项组成，所以分别使用 10 位就能指定表项。控制寄存器 CR3 指定页目录表。首先，把线性地址的最高 10 位（位 22 ~ 位 31）作为页目录表的索引，对应表项所包含的页码指定页表；然后，再把线性地址的中间 10 位（位 12 ~ 位 21）作为已找到页表的索引，对应表项所包含的页码指定物理地址空间中的一页；最后，把已找到物理页的页码作为高 20 位，把线性地址的低 12 位直接作为低 12 位，构成 32 位物理地址。

上面简要介绍了 80386 中虚拟地址到物理地址的转换过程，x64 平台上的虚拟地址转换更加复杂，采用了 4 级甚至 5 级页映射表，读者如果需要详细了解请阅读相关书籍。

2.2 获取系统信息与内存状态

在学习内存管理函数前，我们先学习两个相关的函数。

GetSystemInfo 函数用于获取系统信息：

```
void GetSystemInfo(LPSYSTEM_INFO lpSystemInfo);
```

lpSystemInfo 参数是一个指向 SYSTEM_INFO 结构的指针，该结构在 sysinfoapi.h 头文件中定义如下：

```
typedef struct _SYSTEM_INFO {
    union {
        DWORD dwOemId;                          // 过时字段，不可使用
        struct {
            WORD wProcessorArchitecture;        // 处理器体系结构
            WORD wReserved;                     // 保留字段
        } DUMMYSTRUCTNAME;
    } DUMMYUNIONNAME;
    DWORD dwPageSize;                           // 页面大小，在 x86 和 x64 机器中，该值为 4096 字节
    LPVOID lpMinimumApplicationAddress;         // 进程可用地址空间中最小的内存地址
    LPVOID lpMaximumApplicationAddress;         // 进程可用地址空间中最大的内存地址
    DWORD_PTR dwActiveProcessorMask;            // 位掩码，表示哪些 CPU 处于活动状态
    DWORD dwNumberOfProcessors;                 // 逻辑 CPU 个数
    DWORD dwProcessorType;                      // 过时字段
    DWORD dwAllocationGranularity;              // 用于预订虚拟地址空间区域的分配粒度
    WORD wProcessorLevel;
    WORD wProcessorRevision;
} SYSTEM_INFO, *LPSYSTEM_INFO;
```

常用的一些字段解释如下。

- wProcessorArchitecture 字段表示操作系统的处理器体系结构，该字段可以是表 2.2 所示的值之一。

表 2.2

常量	值	含义
PROCESSOR_ARCHITECTURE_INTEL	0	x86
PROCESSOR_ARCHITECTURE_AMD64	9	x64（AMD 或 Intel）
PROCESSOR_ARCHITECTURE_IA64	6	IA-64（基于 Intel 安腾架构的 64 位处理器）
PROCESSOR_ARCHITECTURE_ARM	5	ARM
PROCESSOR_ARCHITECTURE_ARM64	12	ARM64
PROCESSOR_ARCHITECTURE_UNKNOWN	0xFFFF	未知

- dwPageSize 字段表示页面大小，在 x86 和 x64 系统中，该值为 4KB，即 0x00001000。
- lpMinimumApplicationAddress 字段表示进程可用地址空间中最小的内存地址，因为虚拟地址空间的前 64KB 为空指针赋值分区，所以最小内存地址为 65536，即 0x00010000。
- lpMaximumApplicationAddress 字段表示进程可用地址空间中最大的内存地址。对 32 位进程来说，用户模式分区范围为 0x00010000 ~ 0x7FFEFFFF，因此最大内存地址为 0x7FFEFFFF；对 64 位进程来说，最大内存地址为 0x00007FFF FFFEFFFF。
- dwAllocationGranularity 字段表示用于预订虚拟地址空间区域的分配粒度，在所有 Windows 平台上该值均为 64KB，即 0x00010000。

dwPageSize 字段表示页面大小，dwAllocationGranularity 字段表示用于预订虚拟地址空间区域的分配粒度。VirtualAlloc 函数用于在一个进程的虚拟地址空间中分配（预定、提交）一块内存区域，该内存区域的起始地址是分配粒度的整数倍（在所有 Windows 平台上分配粒度均为 64KB），系统所分配内存区域的大小一定是页面大小的整数倍，假设程序指定分配 1KB 或者 6KB 的内存区域，系统实际上会分配 4KB 或 8KB 的内存区域（在 x86 和 x64 系统中页面大小均为 4KB）。

GlobalMemoryStatusEx 函数用于获取内存的当前使用情况：

```
BOOL WINAPI GlobalMemoryStatusEx(_Inout_ LPMEMORYSTATUSEX lpBuffer);
```

lpBuffer 参数是一个指向 MEMORYSTATUSEX 结构的指针，该结构在 sysinfoapi.h 头文件中定义如下：

```
typedef struct _MEMORYSTATUSEX {
    DWORD dwLength;                      // 该结构的大小
    DWORD dwMemoryLoad;                  // 已使用物理内存的百分比(0~100)
    DWORDLONG ullTotalPhys;              // 物理内存总量，以字节为单位
    DWORDLONG ullAvailPhys;              // 当前可用的物理内存总量，以字节为单位
    DWORDLONG ullTotalPageFile;          // 最大内存总量（等于物理内存总量＋页面交换文件大小）
    DWORDLONG ullAvailPageFile;          // 当前可用的内存总量
    DWORDLONG ullTotalVirtual;           // 进程的虚拟地址空间中用户模式分区的总大小，以字节为单位
    DWORDLONG ullAvailVirtual;           // 进程的虚拟地址空间中当前可用的用户模式分区的大小，以字节为单位
    DWORDLONG ullAvailExtendedVirtual;   // 保留字段
} MEMORYSTATUSEX, *LPMEMORYSTATUSEX;
```

假设有一台计算机安装了 8GB 物理内存，设置了 16GB 虚拟内存（页面交换文件），读者应该发现一个程序可以使用的内存限制是"物理内存总量+页面交换文件大小"，对 32 位进程来说用户模式地址空间就是 2GB。该计算机调用 GlobalMemoryStatusEx 函数的结果如下：

```
MEMORYSTATUSEX ms = { 0 };
ms.dwLength = sizeof(MEMORYSTATUSEX);
...
GlobalMemoryStatusEx(&ms);
wsprintf(szBuf, TEXT(" 已用物理内存：\t%d%%\n  总物理内存：\t%I64d\n  当前可用物理内存：\t%I64d\n
总可用内存：\t%I64d\n  当前可用内存：\t%I64d\n  总可用地址空间：\t%I64d\n  当前可用地址空间：
\t%I64d\n"),
    ms.dwMemoryLoad, ms.ullTotalPhys, ms.ullAvailPhys, ms.ullTotalPageFile,
    ms.ullAvailPageFile, ms.ullTotalVirtual, ms.ullAvailVirtual);
MessageBox(hwnd, szBuf, TEXT("内存状态"), MB_OK);
```

程序执行效果如图 2.4 所示。

图 2.4

如果把本程序编译为 x64 程序，程序执行效果如图 2.5 所示。

可以看到总物理内存和总可用内存并没有发生变化，但是可用虚拟地址空间有所变化，在 Windows 10 64 位系统中 64 位进程的用户模式地址空间是 0x00000000 00010000 ~ 0x00007FFF FFFEFFFF，即 140 737 488 224 256 字节，约 128TB。

在 64 位程序中，wsprintf 函数可以使用%I64d、%I64X、%p 输出 64 位整数、十六进制数值、指针值（十六进制）。

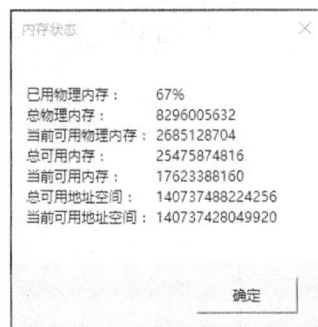

图 2.5

MEMORYSTATUSEX 结构并没有一个字段可以表示当前进程正在使用的物理内存的数量，我们把一个进程的地址空间中被保存在物理内存中的那些页面称为它的工作集（Working Set），即进程的虚拟地址空间中当前驻留在物理内存中的页面集。GetProcessMemoryInfo 函数可以获取指定进程的内存使用情况：

```
BOOL WINAPI GetProcessMemoryInfo(
  _In_  HANDLE                  hProcess,     // 进程句柄
  _Out_ PPROCESS_MEMORY_COUNTERS ppsmemCounters,// 函数在这个结构中返回有关进程内存使用情况的信息
  _In_  DWORD                   cb);          // ppsmemCounters 参数所指定结构的大小
```

- hProcess 字段指定进程句柄，如果是当前进程可以调用 GetCurrentProcess()函数获取。
- ppsmemCounters 参数是一个指向 PROCESS_MEMORY_COUNTERS 或 PROCESS_MEMORY_ COUNTERS_EX 结构的指针，该结构接收有关进程内存使用情况的信息，通常都是使用 PROCESS_MEMORY_COUNTERS_EX 结构，在 Psapi.h 头文件中定义如下：

```
typedef struct _PROCESS_MEMORY_COUNTERS_EX {
    DWORD cb;                                // 该结构的大小
    DWORD PageFaultCount;                    // 页面错误的数量
    SIZE_T PeakWorkingSetSize;               // 峰值工作集大小，以字节为单位
    SIZE_T WorkingSetSize;                   // 当前工作集大小，以字节为单位
    SIZE_T QuotaPeakPagedPoolUsage;          // 峰值分页池使用情况，以字节为单位
    SIZE_T QuotaPagedPoolUsage;              // 当前分页池使用情况，以字节为单位
    SIZE_T QuotaPeakNonPagedPoolUsage;       // 峰值非分页池使用情况，以字节为单位
    SIZE_T QuotaNonPagedPoolUsage;           // 当前非分页池使用情况，以字节为单位
    SIZE_T PagefileUsage;                    // 进程提交的内存总量，以字节为单位
    SIZE_T PeakPagefileUsage;                // 进程提交的内存总量峰值，以字节为单位
    SIZE_T PrivateUsage;
} PROCESS_MEMORY_COUNTERS_EX, *PPROCESS_MEMORY_COUNTERS_EX;
```

现在来看，大部分字段是陌生的，我们先研究其中几个字段的含义。WorkingSetSize 字段表示当前工作集大小，即进程的虚拟地址空间中当前驻留在物理内存中的页面集大小；PeakWorkingSetSize 字段表示峰值工作集大小，即自该进程开始运行以来所使用过的最大物理内存；PagefileUsage 字段表示进程提交的内存总量，即通过调用内存分配函数分配了多少内存；PeakPagefileUsage 字段表示进程提交的内存总量峰值。

2.3 虚拟地址空间管理函数

任何代码或数据都必须加载到物理内存中后才可以进行读写或执行操作。当一个线程试图访问所属进程的地址空间中的一块数据时，可能会出现两种情况。

- 第一种情况是线程要访问的数据存储在物理内存中。在这种情况下，CPU 把数据的虚拟地址映射到物理内存地址，接下来即可访问物理内存中的数据。
- 第二种情况是线程要访问的数据不在物理内存中，而是位于页面交换文件中。在这种情况下，会发生一个页面错误，这时 CPU 会通知操作系统，操作系统随即在物理内存中找到一个闲置的页面（如果找不到，则系统会首先释放一个物理内存页面。如果待释放的页面没有被修改过，则系统可以直接释放该页面，但是如果待释放的页面已经被修改过，则必须先把页面从物理内存复制到页面交换文件中，然后才可以释放该页面），并把数据载入物理内存闲置的页面中，然后由操作系统对其内部的表项进行更新，以反映要访问的数据的虚拟地址现在已经被映射到了对应的物理内存地址处，接着 CPU 会再次执行那条引发页面错误的指令，但与前一次不同的是，这一次 CPU 能够将虚拟地址映射到物理内存地址并成功地访问到所需的数据。

当系统中的可用物理内存不足时，Windows 会将物理内存中不常用的页面移动到页面交换文件中，

当程序需要时再从页面交换文件中载入物理内存，因此使用页面交换文件可以增大应用程序的可用内存总量，但是系统从物理内存读取数据的速度要比从硬盘读取数据的速度快得多，频繁地在物理内存和页面交换文件之间交换数据会严重拖慢系统的执行速度，因而扩增物理内存容量才是最佳选择。

Windows 系统提供了几组不同层次的函数来管理内存，例如堆管理函数、虚拟地址空间（虚拟内存）管理函数和内存映射文件函数。每组函数都有不同的应用场合。

- 堆管理函数。进程初始化时，系统会在进程的地址空间中创建一个默认堆，程序也可以利用堆管理函数在进程的地址空间中创建多个额外的堆，称为私有堆。堆通常用于分配 1MB 以下的小型内存，用于一些小型数据结构。

- 虚拟地址空间管理函数。该函数也称为虚拟内存管理函数（虚拟地址空间也可以称为虚拟内存，但是为了与页面交换文件意义上的虚拟内存区分，本书还是称之为虚拟地址空间管理函数）。这组函数比较底层，对内存管理提供了更大的灵活性，通常用于分配大块内存，用于一些大型数据结构。

- 内存映射文件函数。当对文件进行操作时，可以先打开文件，然后申请一块内存用作缓冲区，再循环读取文件数据并处理，当文件长度大于缓冲区长度时需要多次读入，每次读入后处理缓冲区边界位置的数据通常比较麻烦。内存映射文件函数将一个文件直接映射到进程的地址空间中，这样就可以通过内存指针读写内存的方法直接读写文件内容。内存映射文件函数适合用来管理大型数据流（通常是文件），以及在同一机器上运行的多个进程之间共享数据。

本节将介绍虚拟地址空间管理函数。进程虚拟地址空间中的页面可以处于以下状态之一。

- 预定状态（保留状态）：程序可以预定保留一块虚拟地址空间区域供将来使用，相当于占用一块虚拟地址空间区域。

- 已提交状态：已预订的虚拟地址空间区域映射物理地址，进程虚拟地址空间的页面只有在提交以后才可以被访问。

- 空闲状态：该页面既未预定也未提交，进程无法访问该页面，尝试读取或写入空闲页面会导致访问违规或异常。

2.3.1 虚拟地址空间的分配与释放

VirtualAlloc 函数用于在调用进程的虚拟地址空间中预定、提交或同时预定并提交一块地址空间区域（内存区域），该函数会将分配的内存自动初始化为 0。函数原型定义如下：

```
LPVOID WINAPI VirtualAlloc(
    _In_opt_  LPVOID lpAddress,          // 要分配的空间区域的起始地址，通常设置为 NULL
    _In_      SIZE_T dwSize,             // 要分配的空间区域的大小，以字节为单位
    _In_      DWORD  flAllocationType,   // 内存分配的类型
    _In_      DWORD  flProtect);         // 要分配的空间区域的内存保护类型
```

- lpAddress 参数指定要分配的空间区域的起始地址（也称为基地址），通常可以设置为 NULL，系统会自动对一块闲置区域进行分配。

- dwSize 参数指定要分配的空间区域的大小，以字节为单位。

- 如果 flAllocationType 参数设置为 MEM_RESERVE，表示预定一块空间区域，例如：

```
LPVOID lp = VirtualAlloc((LPVOID)(500 * 1024 * 1024 + 8192), 7 * 1024,
    MEM_RESERVE, PAGE_READWRITE);
```

上面的代码表示希望从进程虚拟地址空间中第 500MB + 8192 字节的位置为起始地址预定 7KB 可读写的空间区域。如前所述，系统会保证所预定空间区域的起始地址是分配粒度的整数倍，系统会把指定的起始地址向下取整为 64KB 的整数倍，上面的代码中，函数返回的内存地址为 500 × 1024 × 1024；系统所分配空间区域的大小一定是页面大小的整数倍，因此虽然指定为 7KB 大小，但是实际上预定的空间区域大小为 16KB（不是 8KB，起始地址向下取整），因为预定的空间区域必须覆盖(500 × 1024 × 1024) ~ (500 × 1024 × 1024) + 8192 + 7 × 1024 范围的页面。如果 lpAddress 参数指定的地址不合法，或者 lpAddress 地址处没有闲置区域，或者闲置区域不够大，则 VirtualAlloc 函数会返回 NULL。

flAllocationType 参数指定内存分配的类型，常用的值如表 2.3 所示。

表 2.3

常量	含义
MEM_RESERVE 0x2000	预定保留一块虚拟地址空间区域供将来使用，相当于占用一块虚拟地址空间区域。在该保留的空间区域被释放前，其他内存分配函数无法使用该空间区域
MEM_COMMIT 0x4000	提交已预订的虚拟地址空间区域，虚拟地址空间的页面只有在提交后才可以被访问。如果想同时预定并提交空间区域，可以指定为 MEM_RESERVE | MEM_COMMIT（也可以只指定 MEM_COMMIT）
MEM_TOP_DOWN 0x100000	如果预订一块空间区域并且打算使用很长时间，则可以指定该标志告知系统从尽可能高的内存地址来预订区域，这样可以防止在进程地址空间的中间位置预订区域，从而避免可能会引起的内存碎片。如果使用该标志，则 lpAddress 参数应该设置为 NULL，例如： lp = VirtualAlloc(NULL, 100 * 1024 * 1024, MEM_RESERVE | MEM_TOP_DOWN, PAGE_READWRITE);

只有在第一次尝试读取或写入页面时，系统才会将已提交的页面初始化并加载到物理内存中，即假设预定并提交了 100MB 的空间区域，系统并不会立即把这块空间区域全部加载到物理内存中。

- flProtect 参数指定要分配的空间区域的内存保护属性，常用的值如表 2.4 所示。

表 2.4

保护属性	值	含义
PAGE_NOACCESS	0x01	禁用对已提交页面区域的所有访问权限，试图读取、写入或执行页面中的代码都将引发访问违规
PAGE_READONLY	0x02	已提交的页面区域可以读取，试图写入或执行页面中的代码将引发访问违规
PAGE_READWRITE	0x04	已提交的页面区域可以读写，试图执行页面中的代码将引发访问违规
PAGE_EXECUTE	0x10	已提交的页面区域可以执行，试图读取或写入页面将引发访问违规
PAGE_EXECUTE_READ	0x20	已提交的页面区域可以读取、执行，试图写入页面将引发访问违规
PAGE_EXECUTE_ READWRITE	0x40	已提交的页面区域可以读写、执行，对页面执行任何操作都不会引发访问违规

如果 VirtualAlloc 函数执行成功，则返回值是分配的空间区域的起始地址；如果函数执行失败，则返回值为 NULL。

有时候程序可能需要一个内存块用作缓冲区。随着程序的运行，该内存块可能随时需要扩展，最大可能扩展为 500MB 大小，所以希望系统在分配其他内存块时不要使用这个 500MB 大小范围内的空间区域。程序可以先预定一块空间区域，预定时可以指定任意的内存保护属性，因为不管指定什么属性，在空间区域提交以前都是不可访问的，但是如果预定和提交时指定的内存保护属性相同可以加快执行速度。例如下面的代码预定了一块 500MB 大小的空间区域：

```
LPBYTE lp = NULL;

// lp 返回 0x1016 0000
lp = (LPBYTE)VirtualAlloc(NULL, 500 * 1024 * 1024, MEM_RESERVE, PAGE_READWRITE);
```

用户可以根据程序需要分多次提交预定的空间区域，这可以通过 lpAddress 和 dwSize 参数指定从哪里开始提交多少字节。如果是预定操作，系统会保证所预定的起始地址一定是分配粒度的整数倍。如果是提交操作，系统会把指定的起始地址向下取整到下一页边界，实际提交的页面区域大小一定是页大小的整数倍。具体请看下面的示例。

系统基于整个页面来指定保护属性，不可能出现同一页面中的内存有不同保护属性的情况，但是空间区域中的一个页面有一种保护属性（如 PAGE_READWRITE），而同一区域中的另一个页面有另一种不同的保护属性（如 PAGE_EXECUTE_READWRITE），这种情况是可能的。例如下面的代码，1 页是 4KB即 4096 字节，十六进制为 0x1000：

```
lp = (LPBYTE)VirtualAlloc(lp + 128, 1024, MEM_COMMIT, PAGE_READWRITE);
// lp 返回 0x1016 0000，提交的空间区域范围为 0x1016 0000~0x1016 0FFF，共 1 页
StringCchCopy((LPTSTR)lp, _tcslen(TEXT("Hello, Windows")) + 1, TEXT("Hello, Windows"));

lp = (LPBYTE)VirtualAlloc(lp + 8000, 6 * 1024, MEM_COMMIT, PAGE_EXECUTE_ READWRITE);
// lp 返回 0x1016 1000，提交的空间区域范围为 0x1016 1000~0x1016 3FFF，跨 3 页
// 0x1016 1000~0x1016 0000 + 8000 + 6 × 1024，所以是 0x1016 1000~0x1016 3FFF，跨 3 页
StringCchCopy((LPTSTR)lp, _tcslen(TEXT("你好,老王")) + 1, TEXT("你好,老王"));
```

通常使用一步预定并提交的做法，例如，下面的代码预定并提交 10MB 空间区域，然后可以直接使用该空间区域：

```
lp = (LPBYTE)VirtualAlloc(NULL, 10 * 1024 * 1024, MEM_RESERVE | MEM_COMMIT, PAGE_READWRITE);
StringCchCopy((LPTSTR)lp, _tcslen(TEXT("Hello, Windows")) + 1, TEXT("Hello, Windows"));
```

上述代码中的 MEM_RESERVE 可以省略不写。

有时系统以应用程序的名义来预订地址空间区域，例如，创建一个进程时，系统会分配一块地址空间区域用来存放进程环境块（Process Environment Block，PEB），PEB 是一个由系统创建、操控的小型数据结构。在创建线程时，系统同时还需要创建线程环境块（Thread Environment Block，TEB）来管理进程中的线程。虽然系统规定应用程序在预订地址空间区域时起始地址必须是分配粒度的整数倍，但是系统自身却不存在这样的限制，系统为 PEB 和 TEB 预订的空间区域的起始地址并不一定是 64KB 的整数倍，但是这些空间区域的大小必须是页面大小的整数倍。

VirtualFree 函数用于解除提交或释放调用进程虚拟地址空间中的页面区域：

```
BOOL WINAPI VirtualFree(
```

```
_In_ LPVOID lpAddress,        // 要释放的空间区域的起始地址
_In_ SIZE_T dwSize,           // 要释放的空间区域的大小，以字节为单位，通常指定为 0
_In_ DWORD  dwFreeType);      // 释放操作的类型
```

dwFreeType 参数指定释放操作的类型，可以是表 2.5 所示的值之一。

表 2.5

常量	含义
MEM_DECOMMIT	解除提交已提交的空间区域。解除提交后页面处于预定状态并且不可访问，不能与 MEM_RELEASE 标志一起使用。如果 lpAddress 参数指定为 VirtualAlloc 函数返回的起始地址，并且 dwSize 参数设置为 0，则函数将解除提交由 VirtualAlloc 函数分配的整个空间区域，该区域处于预定状态；当然也可以只解除提交一部分空间区域，lpAddress 和 dwSize 参数指定从哪里开始解除提交多少字节，与 VirtualAlloc 函数相同，系统会把指定的起始地址向下取整到下一页边界，实际解除提交的空间区域大小一定是页面大小的整数倍。后续解除提交的页面还可以通过调用 VirtualAlloc 函数来提交
MEM_RELEASE	释放空间区域。释放以后页面处于空闲状态，不能与 MEM_DECOMMIT 标志一起使用。指定为 MEM_RELEASE 时，lpAddress 参数必须指定为 VirtualAlloc 函数返回的起始地址，dwSize 参数必须设置为 0，系统会释放预定的所有空间区域，即必须一次性释放预定的所有空间区域，例如不能先预订 128KB 的区域，然后释放其中的 64KB，而是必须释放整个 128KB 的区域。如果空间区域中的页面处于不同的状态，例如部分页面处于预定状态，而部分页面处于提交状态，并不会影响释放所有空间区域的操作

要在另一个进程的虚拟地址空间中分配、释放内存，可以使用 VirtualAllocEx、VirtualFreeEx 函数，这两个函数多了一个进程句柄参数。

2.3.2   改变页面保护属性

有时为了保护已分配内存区域的数据，在需要向该内存区域写入数据时可以设置页面保护属性为 PAGE_READWRITE，操作完成后可以设置页面保护属性为 PAGE_READONLY 或 PAGE_NOACCESS，这样可对内存数据进行保护。改变页面保护属性也可以用于加密解密领域，例如原程序中要调用 User32.dll 中的 MessageBoxA 函数，代码通常是只读的，如果想把对 User32.dll 中 MessageBoxA 函数的调用改为对另一个函数的调用（例如自定义函数 MyMessageBoxA），在改写内存中的代码前必须将对应的页面保护属性设置为 PAGE_READWRITE，改写完后应该立即将页面保护属性设置为只读。

VirtualProtect 函数用于更改调用进程的虚拟地址空间中已提交页面区域的保护属性，要更改其他进程的页面保护属性可以使用 VirtualProtectEx 函数。VirtualProtect 函数原型定义如下：

```
BOOL WINAPI VirtualProtect(
  _In_  LPVOID lpAddress,         // 要更改其保护属性的页面区域的起始地址
  _In_  SIZE_T dwSize,            // 页面区域的大小，以字节为单位
  _In_  DWORD  flNewProtect,      // 新页面保护属性，同 VirtualAlloc 函数的 flProtect 参数
  _Out_ PDWORD lpflOldProtect);   // 返回原页面保护属性，不能设置为 NULL
```

系统会把指定的起始地址向下取整到下一页边界，实际更改的页面区域大小一定是页面大小的整数倍，即页面保护属性与整个页面相关联，无法单独为一字节或几字节指定保护属性。例如我们在页面大小为 4KB 的系统中使用下面的代码调用 VirtualProtect 函数，那么实际上是在给两个页面指定 PAGE_READWRITE 保护属性：

```
LPVOID pvRgnBase = NULL;

pvRgnBase = VirtualAlloc(NULL, 10 * 1024 * 1024, MEM_RESERVE | MEM_COMMIT, PAGE_READONLY);
VirtualProtect((LPBYTE)pvRgnBase + (3 * 1024), 2 * 1024, PAGE_READWRITE, &dwProtectOld);
```

如果指定的要设置页面保护属性的区域跨越了不同的空间区域，那么 VirtualProtect 函数无法一次性改变它们的保护属性，也就是说，如果多次调用 VirtualAlloc 或 VirtualAllocEx 函数分配了不同的空间区域，当要设置跨越了不同空间区域的页面的保护属性时，必须多次调用 VirtualProtect 函数。后面会经常用到 VirtualProtect/VirtualProtectEx 函数。

2.3.3　查询页面信息

VirtualQuery 函数用于查询调用进程虚拟地址空间中一片页面区域的信息，如果要查询另一个进程虚拟地址空间中页面的信息，可以使用 VirtualQueryEx 函数。VirtualQuery 函数原型定义如下：

```
SIZE_T WINAPI VirtualQuery(
    _In_opt_ LPCVOID                  lpAddress,  // 要查询的页面区域的起始地址
    _Out_    PMEMORY_BASIC_INFORMATION lpBuffer,  // 在这个结构中返回页面区域的信息
    _In_     SIZE_T                   dwLength); // 上面结构的大小
```

同样，系统会把指定的起始地址向下取整到下一页边界。函数返回值是复制到 lpBuffer 中的字节数。

lpBuffer 参数是一个指向 MEMORY_BASIC_INFORMATION 结构的指针，该结构在 winnt.h 头文件中定义如下：

```
typedef struct _MEMORY_BASIC_INFORMATION {
    PVOID  BaseAddress;        // 页面区域的基地址，它的值等于参数 lpAddress 向下取整到下一页边界
    PVOID  AllocationBase;     // 空间区域的基地址，该空间区域包含参数 lpAddress 所指定的地址
    DWORD  AllocationProtect;  // 最开始分配空间区域时指定的保护属性
    SIZE_T RegionSize;         // 页面区域的大小，以 BaseAddress 为起始地址，以字节为单位
    DWORD  State;              // 页面区域中页面的状态，MEM_FREE 空闲、MEM_RESERVE 预定或 MEM_COMMIT 提交
    DWORD  Protect;            // 页面区域中页面的内存保护属性
    DWORD  Type;               // 页面区域中页面的类型，MEM_IMAGE、MEM_MAPPED 或 MEM_PRIVATE
} MEMORY_BASIC_INFORMATION, *PMEMORY_BASIC_INFORMATION;
```

页面区域指的是以 BaseAddress 为起始地址的具有相同内存保护属性、状态以及类型的多个相邻页面，RegionSize 字段指的是页面区域的大小，VirtualQuery 函数获取的是页面区域的信息。通过 State 字段可以确定某个内存地址处的页面是否已提交，通过 Protect 字段可以确定该页面是否可读可写等。

例如下面的代码：

```
LPVOID pvRgnBase = NULL;
DWORD dwProtectOld;
MEMORY_BASIC_INFORMATION mbi;

case WM_INITDIALOG:
    pvRgnBase = VirtualAlloc(NULL, 10 * 1024 * 1024, MEM_RESERVE | MEM_COMMIT, PAGE_READONLY);
    VirtualProtect((LPBYTE)pvRgnBase + 5 * 1024 * 1024, 4 * 1024, PAGE_READWRITE, &dwProtectOld);
```

```
VirtualQuery((LPBYTE)pvRgnBase + 5 * 1024 * 1024 + 1024, &mbi, sizeof(mbi));
return TRUE;
```

在上面的代码中，我们首先调用 VirtualAlloc 函数预定并提交保护属性为 PAGE_READONLY 的 10MB 大小的空间区域，然后调用 VirtualProtect 函数修改这块空间区域后半部分的第 1 个页面的保护属性为 PAGE_READWRITE，最后调用 VirtualQuery 函数获取(LPBYTE)pvRgnBase + 5 × 1024 × 1024 + 1024 为起始地址的页面区域的信息。调试过程如图 2.6 所示。

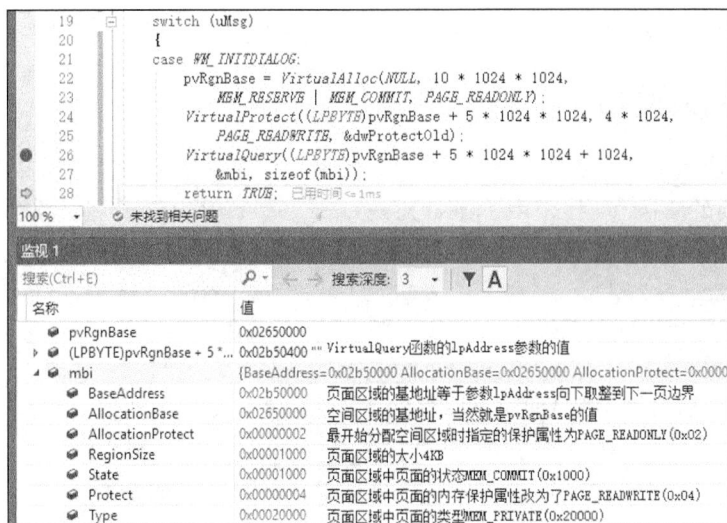

图 2.6

2.4　堆管理函数

虚拟地址空间管理函数提供了比较底层的控制，例如基地址、分配粒度、页面边界、内存保护属性等。如果不需要这些精确的控制，可以使用堆管理函数分配内存。

进程初始化时，系统会在进程的地址空间中创建一个堆，这个堆称为进程的默认堆。初始情况下默认堆的内存空间大小为 1MB，在进程开始运行之前由系统自动创建。程序也可以利用堆管理函数在进程的地址空间中创建其他堆，称为私有堆。对一个进程来说，默认堆只有一个，而私有堆可以创建多个。堆通常用于分配 1MB 以下的小型内存，用于一些小型数据结构，例如管理链表和树。默认堆是在创建进程的时候预定的一块空间区域，默认大小是 1MB，可以通过选择项目配置属性→链接器→系统→堆保留大小选项来设置进程默认堆的初始大小。

默认堆是由系统自动创建的，可以直接拿来使用，而私有堆在使用前需要先创建。不过有时候程序可能需要使用私有堆，例如以下场合。

- 很多 API 函数都是使用进程的默认堆来分配临时内存，如果是多线程，每个线程都可以调用一些 API 函数来使用默认堆。为了保持同步，对默认堆的访问是依次进行的，在同一时刻内只能有一个线程可以分配和释放默认堆中的内存，如果两个线程试图同时分配默认堆中的内存，则只有一个线程能够进行，另一个线程必须等待第一个线程的内存分配结束以后才能继续执行。如果每个线程都使用私有堆，那么不同线程在不同的私有堆中同时分配内存并不会引起冲突，所以程序的运行速度更快。不过，很多时候我们无法控制 API 函数不使用进程的默认堆，例如调用包含字符串参数的 API 函数的 ANSI 版本，系统会把字符串参数转换为 Unicode 格式并调用该函数的 Unicode 版本，转换用的字符串缓冲区就是使用了进程的默认堆。

- 使内存访问局部化。假设程序需要一些不同的数据结构，如果这些不同的数据结构混杂在同一个堆中，则如图 2.7 所示。

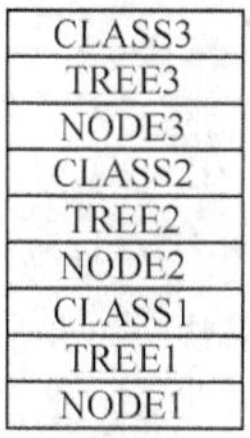

  图 2.7 中，NODE、TREE 和 CLASS 类型的数据结构之间没有关联。当程序访问 NODE1 时，可能需要继续访问 NODE2、NODE3，但是各个 NODE 结构可能不在同一个物理内存页中，因此需要在物理内存和页面交换文件之间进行数据交换，这会影响程序性能。如果 NODE、TREE 和 CLASS 这 3 个类型的数据结构分

| CLASS3 |
| TREE3 |
| NODE3 |
| CLASS2 |
| TREE2 |
| NODE2 |
| CLASS1 |
| TREE1 |
| NODE1 |

图 2.7

别使用一个私有堆，就可以在相邻的内存地址处分配相同类型的数据结构。以 NODE 结构为例，很有可能多个 NODE 结构位于同一个物理内存页中，程序在访问 NODE1 时进行数据交换，如果接下来访问 NODE2、NODE3 即可直接读取物理内存页，避免系统频繁地在物理内存和页面交换文件之间进行数据交换。

  另外，假设 NODE、TREE 和 CLASS 类型的数据结构混杂在同一个堆中，如果因为代码书写错误对 NODE 结构内存操作越界，那么可能会覆盖 TREE 和 CLASS 结构的数据，导致程序访问这两个结构时出错，而且错误原因不容易跟踪和定位。如果不同的结构分别使用一个私有堆，那么它们使用的内存会隔离开来。虽然越界错误仍然可能发生，但很容易被发现。

- 更有效的内存管理。假设每个 NODE 结构需要 24 字节，每个 TREE 和 CLASS 结构需要 32 字节，如果释放了 NODE1 和 NODE2 共 48 字节，现在要分配一个 TREE 或 CLASS 结构，但是因为内存空间是不连续的，虽然有 48 字节的空闲内存空间，却无法容纳一个 32 字节大小的 TREE 或 CLASS 结构，这就是内存碎片。如果每个结构使用一个私有堆，那么释放一个对象就可以保证释放出的空间刚好能够容纳另一个同类型的对象，消除了内存碎片。

- 快速释放。如果在默认堆中分配了多块内存，则不用的时候需要逐块单独释放。程序无法销毁进程的默认堆，但是将一个私有堆释放后，堆中的内存会被全部释放，并不需要预先释放堆中的每个内存块，这非常利于程序的扫尾工作。

2.4.1　私有堆的创建和释放

要使用私有堆，必须先通过调用 HeapCreate 函数创建一个堆，该函数返回一个堆句柄，然后通过这个堆句柄调用 HeapAlloc 函数从堆中分配一块内存。要从默认堆中分配一块内存，可以调用 GetProcessHeap() 函数获取进程默认堆的句柄。当不再需要所创建的堆时，可以通过调用 HeapDestroy 函数销毁堆，销毁私有堆可以释放堆中包含的所有内存块，程序无法销毁进程的默认堆。

HeapCreate 函数用于创建一个私有堆，该函数在进程的虚拟地址空间中预定空间区域，并提交指定大小的页面区域：

```
HANDLE WINAPI HeapCreate(
    _In_ DWORD  flOptions,      // 堆分配选项，可以设置为 0
    _In_ SIZE_T dwInitialSize,  // 为堆提交的初始内存大小，以字节为单位，设置为 0 表示初始提交 1 页
    _In_ SIZE_T dwMaximumSize); // 为堆预定的内存空间大小，以字节为单位，设置为 0 表示不限制
```

- flOptions 参数指定堆分配选项，该参数可以设置为 0 或表 2.6 所示的值的组合。

表 2.6

常量	含义
HEAP_CREATE_ENABLE_EXECUTE	从堆中分配的内存块具有可执行属性，如果不设置，意味着堆中存放的是不可执行的数据
HEAP_GENERATE_EXCEPTIONS	在默认情况下，从堆中分配（HeapAlloc）或重新分配（HeapReAlloc）内存块失败会返回 NULL。指定该标志后，如果分配失败则会抛出一个异常以通知应用程序有错误发生（有时捕获异常比检查返回值更简单，后面会讲解异常处理）
HEAP_NO_SERIALIZE	如前所述，多线程对默认堆的访问是依次进行的，同一时刻只能有一个线程可以分配和释放默认堆中的内存，对私有堆来说，该限制仍然存在。指定该标志表示对堆的访问是非独占的，如果一个线程没有完成对堆的操作，其他线程也可以对堆进行操作。使用这个标志是非常危险的，要尽量避免使用，但是如果进程只使用了一个线程，或者虽然是多线程但每个线程只访问属于自己的私有堆，或者采取了一些线程同步方式来保证它们不会同时去访问、修改同一个私有堆，这些情况下可以指定该标志以加快访问速度

- dwInitialSize 参数表示为堆提交的初始内存大小，以字节为单位，会被取整为页面大小的整数倍，不能大于第 3 个参数 dwMaximumSize 指定的值，如果该参数设置为 0 表示初始提交 1 页。
- dwMaximumSize 参数表示为堆预定的内存空间大小，即堆的最大大小，以字节为单位，取整为页面大小的整数倍。随着不断在堆中分配内存，系统会从堆中不断提交内存页，直到达到堆的最大大小。该参数可以设置为 0 表示不限制最大大小，堆的大小仅受可用内存的限制。

如果函数执行成功，则返回值为新创建的堆的句柄；如果函数执行失败，则返回值为 NULL。

当不再需要所创建的堆时，可以通过调用 HeapDestroy 函数销毁堆：

```
BOOL WINAPI HeapDestroy(_In_ HANDLE hHeap); // 要销毁的堆的句柄，由 HeapCreate 函数返回
```

该函数销毁指定的堆对象，解除提交并释放私有堆中包含的所有页面，并使堆的句柄失效。

2.4.2   在堆中分配和释放内存块

HeapAlloc 函数用于从堆中分配一块内存：

```
LPVOID WINAPI HeapAlloc(
    _In_ HANDLE hHeap,    // 堆的句柄，从中分配内存，由 HeapCreate 或 GetProcessHeap 函数返回
    _In_ DWORD  dwFlags,  // 堆分配选项
    _In_ SIZE_T dwBytes); // 要分配的内存块大小，以字节为单位
```

- dwFlags 参数指定堆分配选项，可以是表 2.7 所示的一个或多个值。
- dwBytes 参数指定要分配的内存块大小，以字节为单位，函数实际分配的内存块大小不会小于该参数指定的大小。

表 2.7

常量	含义
HEAP_ZERO_MEMORY	将分配的内存块初始化为 0，即清零操作
HEAP_GENERATE_EXCEPTIONS	在默认情况下，从堆中分配（HeapAlloc）或重新分配（HeapReAlloc）内存块失败会返回 NULL，指定该标志后，如果分配失败则会抛出一个异常以通知应用程序有错误发生 如果希望堆中所有内存分配（HeapAlloc）或重新分配（HeapReAlloc）函数失败时都抛出一个异常，则应该在调用 HeapCreate 函数创建堆时为 flOptions 参数指定该标志。如果调用 HeapCreate 函数时指定了 HEAP_GENERATE_EXCEPTIONS 标志，则以后在该堆中的所有内存分配（HeapAlloc）或重新分配（HeapReAlloc）函数失败时都会抛出一个异常。如果调用 HeapCreate 函数时未指定 HEAP_GENERATE_EXCEPTIONS 标志，则可以在这里使用该标志单独指定对本次分配操作失败抛出一个异常
HEAP_NO_SERIALIZE	如果当初调用 HeapCreate 函数时指定了 HEAP_NO_SERIALIZE 标志，则后续在该堆中的所有内存分配或释放操作都不进行独占检测。如果当初调用 HeapCreate 函数时没有指定 HEAP_NO_SERIALIZE 标志，则可以在这里使用该标志单独指定不对本次分配操作进行独占检测。在进程的默认堆中分配内存时，绝对不要使用这个标志，否则可能会破坏数据，因为进程中的其他线程可能会在同一时刻访问堆

如果函数执行成功，则返回值是指向已分配内存块的指针。如果函数执行失败并且没有指定 HEAP_GENERATE_EXCEPTIONS 标志，则返回值为 NULL。如果函数执行失败并且已经指定 HEAP_GENERATE_EXCEPTIONS 标志，则该函数可能会生成表 2.8 所示的异常。

表 2.8

异常代码	含义
STATUS_NO_MEMORY	由于缺少可用内存或堆损坏导致分配操作失败
STATUS_ACCESS_VIOLATION	由于堆损坏或不正确的函数参数导致分配操作失败

当从堆中分配内存时，系统会执行以下操作步骤。

（1）遍历已分配内存的链表和闲置内存的链表。

（2）找到一块足够大的闲置内存块。

（3）将刚刚找到的闲置内存块标记为已分配，并分配一块新的内存。

（4）将新分配的内存块添加到已分配内存的链表中。

例如下面的代码，创建一个不限制最大大小的私有堆，然后从堆中分配 1024 字节的内存：

```
LPVOID lp = NULL;

hHeap = HeapCreate(0, 0, 0);
lp = HeapAlloc(hHeap, HEAP_ZERO_MEMORY, 1024);  // 分配 1024 字节的内存
```

有时候程序可能需要调整已分配内存块的大小，程序一开始可能分配一块大于实际需要的内存块，在把需要的数据都放到这块内存中以后再减小内存块的大小；也可能一开始分配的内存块太小，不满足实际需要，这时需要增大内存块的大小。如果需要调整内存块的大小可以调用 HeapReAlloc 函数：

```
LPVOID WINAPI HeapReAlloc(
    _In_ HANDLE hHeap,    // 堆的句柄，从中重新分配内存
    _In_ DWORD dwFlags,   // 堆分配选项
```

```
    _In_ LPVOID lpMem,        // 要调整大小的内存块指针
    _In_ SIZE_T dwBytes);     // 要调整到的大小，以字节为单位
```

dwFlags 参数指定堆分配选项，可以是表 2.9 所示的一个或多个值。

表 2.9

常量	含义
HEAP_ZERO_MEMORY	如果重新分配的内存块比原来的大，则超出原始大小的部分将初始化为 0，但是内存块中原始大小的内容不受影响；如果重新分配的内存块比原来小，则该标志不起作用
HEAP_REALLOC_IN_PLACE_ONLY	在增大内存块时，HeapReAlloc 函数可能会在堆内部移动内存块，如果在原内存块地址处无法找到一块连续的满足新分配大小的内存空间，则函数会在其他位置寻找一块足够大的闲置内存空间并把原内存块的内容复制过来，然后函数将返回一个新地址，很明显新地址与原地址不同；如果 HeapReAlloc 函数能够在不移动内存块的前提下使它增大，则函数将返回原内存块的地址。指定 HEAP_REALLOC_IN_PLACE_ONLY 标志是用来告诉 HeapReAlloc 函数不要移动内存块，如果能够在不移动内存块的前提下使它增大，或者要把内存块减小，则 HeapReAlloc 函数会返回原内存块的地址；如果指定了该标志并且无法在不移动内存块的情况下调整内存块的大小，则函数调用将失败。无论哪种情况，原始内存块部分的内容始终保持不变
HEAP_GENERATE_EXCEPTIONS	参见 HeapAlloc 函数的说明
HEAP_NO_SERIALIZE	参见 HeapAlloc 函数的说明

HeapReAlloc 函数的返回值情况与 HeapAlloc 函数相同。如果函数执行成功，则返回值是指向新内存块的指针。如果指定了 HEAP_REALLOC_IN_PLACE_ONLY 标志，则新内存块的指针必定与原来的相同，否则它既有可能与原来的指针相同也有可能不同。

例如图 2.8 所示的代码。

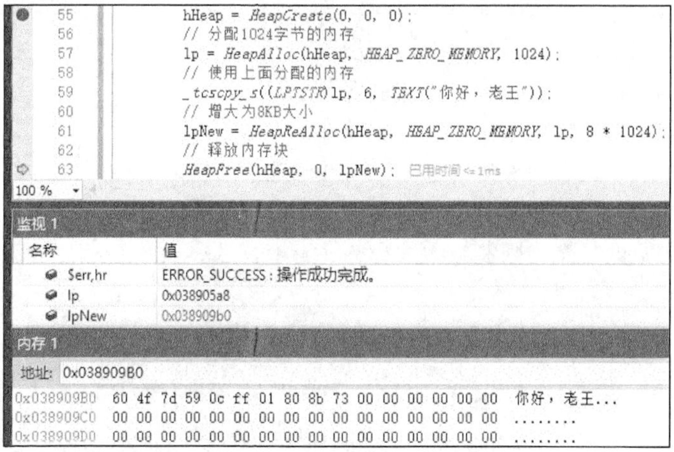

图 2.8

这段代码调用 HeapAlloc 函数分配内存块返回的地址为 0x038905A8，接着程序向这块内存中写入字符串，然后调用 HeapReAlloc 函数增大内存块为 8KB，函数返回一个新的内存块地址 0x038909B0，从内存 1 窗口可以看到，原内存块的内容复制到了新内存块中。

HeapFree 函数用于释放 HeapAlloc 或 HeapReAlloc 函数从堆中分配的内存块：

```
BOOL WINAPI HeapFree(
    _In_ HANDLE hHeap,      // 要释放其内存块的堆的句柄
    _In_ DWORD dwFlags,     // 堆释放选项，可以设置为 0 或 HEAP_NO_SERIALIZE
    _In_ LPVOID lpMem);     // 要释放的内存块的指针
```

2.4.3　其他堆管理函数

HeapLock 和 HeapUnlock 函数用来锁定堆和解锁堆，这两个函数主要用于线程同步。当在一个线程中调用 HeapLock 函数时，这个线程暂时成为指定堆的所有者，也就是说只有这个线程能对堆进行操作（包括内存分配、释放等函数），其他线程如果需要对这个堆进行操作则只能等待，直到所有者线程调用 HeapUnlock 函数解锁为止。这两个函数必须成对使用，函数原型如下：

```
BOOL WINAPI HeapLock(_In_ HANDLE hHeap);
BOOL WINAPI HeapUnlock(_In_ HANDLE hHeap);
```

一般来说，不需要在程序中使用这两个函数。如果没有指定 HEAP_NO_SERIALIZE 标志，则 HeapAlloc、HeapReAlloc、HeapFree、HeapSize 和 HeapValidate 等函数会在内部自行调用 HeapLock 和 HeapUnlock 函数。

分配一块内存后（HeapAlloc 或 HeapReAlloc），可以调用 HeapSize 函数来得到这块内存的实际大小：

```
SIZE_T WINAPI HeapSize(
    _In_ HANDLE hHeap,      // 内存块所在堆的句柄
    _In_ DWORD dwFlags,     // 选项，可以设置为 0 或 HEAP_NO_SERIALIZE
    _In_ LPCVOID lpMem);    // 要获取其大小的内存块的指针
```

如果函数执行成功，则返回值为分配的内存块的大小，以字节为单位；如果函数执行失败，则返回值为(SIZE_T)−1。

HeapValidate 函数用于验证堆的完整性或堆中某个内存块的完整性：

```
BOOL WINAPI HeapValidate(
    _In_     HANDLE hHeap,      // 要验证的堆的句柄
    _In_     DWORD dwFlags,     // 选项，可以设置为 0 或 HEAP_NO_SERIALIZE
    _In_opt_ LPCVOID lpMem);    // 指向内存块的指针，设置为 NULL 表示验证整个堆
```

lpMem 参数是指向内存块的指针，如果设置为 NULL 表示验证整个堆，则函数会遍历堆中的每个内存块，确保没有任何一块内存被破坏；如果 lpMem 参数指定为一个内存块的地址，则函数只检查这一块内存的完整性。

一个进程的地址空间中可以有多个堆，GetProcessHeaps 函数可以获取调用进程的所有堆的句柄，该函数主要用于调试：

```
DWORD WINAPI GetProcessHeaps(
    _In_ DWORD NumberOfHeaps,       // ProcessHeaps 数组的数组元素个数
    _Out_ PHANDLE ProcessHeaps);    // 接收堆句柄的数组
```

GetProcessHeaps 函数返回的堆句柄包括默认堆句柄，函数返回值是调用进程中堆的个数；如果返回值

为 0，则函数调用失败，因为每个进程至少有一个堆，即进程的默认堆。如果返回值大于 NumberOfHeaps，则说明 ProcessHeaps 参数指向的缓冲区太小，无法容纳调用进程的所有堆句柄，程序可以通过返回值来分配足够大的缓冲区以接收所有堆的句柄，并再次调用该函数。例如下面的代码：

```
PHANDLE pArrProcessHeaps = new HANDLE[100];
DWORD dwHeaps = 0;

dwHeaps = GetProcessHeaps(100, pArrProcessHeaps);
if (dwHeaps > 100)
{
    // 这个进程中的堆比我们预期的要多，可以分配足够大的缓冲区并再次调用该函数
}
else
{
    // arrProcessHeaps[0] 到 arrProcessHeaps[dwHeaps - 1] 标识现有堆
}

delete[]pArrProcessHeaps;
```

HeapWalk 函数可以枚举指定堆中的内存块，该函数主要用于调试：

```
BOOL WINAPI HeapWalk(
    _In_     HANDLE                hHeap,        // 堆的句柄
    _Inout_  LPPROCESS_HEAP_ENTRY lpEntry);    // 指向 PROCESS_HEAP_ENTRY 结构的指针
```

lpEntry 参数是一个指向 PROCESS_HEAP_ENTRY 结构的指针，程序需要循环调用 HeapWalk 函数以获取堆中所有内存块的信息，函数每次在 PROCESS_HEAP_ENTRY 结构中返回一个内存块的信息。如果还有其他内存块，函数返回 TRUE，程序循环调用 HeapWalk 函数直到函数返回 FALSE 为止。通常应该在 HeapWalk 循环的外部调用 HeapLock 和 HeapUnlock 函数，这样一来，在遍历一个堆时，其他线程就无法从同一个堆中分配或释放内存块。

2.4.4　在 C++ 中使用堆

C++ 语言定义了两个运算符来分配和释放动态内存，运算符 new 分配内存，运算符 delete 用于释放 new 分配的内存。另外，new 和 delete 还是实例化和销毁一个类对象的运算符。

我们可以重载 C++ 类的 new 和 delete 运算符。这里以一个 C++ 类为例说明通过堆管理函数实例化和销毁一个类对象的方法：

```
class MyClass
{
public:
    MyClass();
    ~MyClass();
    VOID * operator new(size_t size);
    VOID operator delete(VOID * p);

private:
    // 静态成员变量声明
    static HANDLE m_hHeap;            // 堆句柄
```

```
        static UINT m_uAllocNumsInHeap; // 类实例个数
        // 其他成员变量
    int a;
    double b;
};

// 静态成员变量定义
HANDLE MyClass::m_hHeap = NULL;
UINT MyClass::m_uAllocNumsInHeap = 0;

MyClass::MyClass(){}

MyClass::~MyClass(){}

VOID * MyClass::operator new(size_t size)
{
    if (m_hHeap == NULL)
    {
        m_hHeap = HeapCreate(0, 0, 0);
        if (m_hHeap == NULL)
            return NULL;
    }

    VOID *p = HeapAlloc(m_hHeap, 0, size);
    if (p != NULL)
        m_uAllocNumsInHeap++;

    return p;
}

VOID MyClass::operator delete(VOID * p)
{
    if (HeapFree(m_hHeap, 0, p))
        m_uAllocNumsInHeap--;

    if (m_uAllocNumsInHeap == 0)
    {
        if (HeapDestroy(m_hHeap))
            m_hHeap = NULL;
    }
}
```

　　m_hHeap 和 m_uAllocNumsInHeap 都是静态成员变量，所有类的实例共享这两个变量。m_hHeap 用于保存堆句柄，所有 MyClass 对象都将从这个堆中分配。m_uAllocNumsInHeap 用于记录从堆中分配了多少个 MyClass 对象。每次从堆中分配一个 MyClass 对象，m_uAllocNumsInHeap 就会递增；每次销毁一个 MyClass 对象，m_uAllocNumsInHeap 就会递减。当 m_uAllocNumsInHeap 为 0 时，可以调用 HeapDestroy 函数销毁堆。

　　重载 new 运算符的成员函数，首先判断 m_hHeap 变量是否为 NULL。如果为 NULL 说明这是第一次通过 new 运算符实例化 MyClass 对象，这时需要调用 HeapCreate 函数创建一个堆并把堆句柄保存在 m_hHeap 变量中，后续使用 new 实例化对象时直接使用这个堆即可。

重载 delete 运算符的成员函数，调用 HeapFree 函数传入堆句柄和要释放的对象的地址。如果对象被成功释放，则 m_uAllocNumsInHeap 会递减，以表示堆中的 MyClass 对象又少了一个。然后判断 m_uAllocNumsInHeap 是否为 0，如果为 0 说明堆中已经没有 MyClass 对象，可以调用 HeapDestroy 函数销毁堆。堆销毁成功应该将 m_hHeap 变量设为 NULL，如果程序在以后需要分配另一个 MyClass 对象，重载 new 运算符的成员函数会创建一个新的堆。

考虑继承的情况，如果以 MyClass 为基类派生一个新类，那么新类将继承 MyClass 的 new 和 delete 运算符，同时还会继承 MyClass 的堆，就是说在调用派生类的 new 运算符时，会与 MyClass 一样，从同一个堆中分配内存，取决于具体情况。这可能是我们希望的，也可能不是我们希望的，如果基类与派生类对象的大小相差非常大，那么容易在堆中形成内存碎片。如果想在派生类中使用一个单独的堆，则可以在派生类中增加一组 m_hHeap 和 m_uAllocNumsInHeap 变量，将 new 和 delete 运算符的重载代码复制，在编译时，编译器会发现派生类也重载了 new 和 delete 运算符，这样它就会调用派生类的运算符，而不会调用基类的运算符。

2.5　其他内存管理函数

CopyMemory 函数用于把一块内存从一个位置复制到另一个位置：

```
void CopyMemory(
    _In_      PVOID Destination,     // 目标内存块的起始地址
    _In_ const VOID  *Source,        // 要复制的内存块的起始地址
    _In_      SIZE_T Length);        // 要复制的内存块的大小 (要复制到 Destination 中的字节数)
```

第一个参数 Destination 必须足够大才能保存 Source 的 Length 字节，否则可能会发生缓冲区溢出。CopyMemory 函数在内部通过调用 C 运行库函数 memcpy：

```
#define CopyMemory RtlCopyMemory
#define RtlCopyMemory(Destination,Source,Length) memcpy((Destination),
(Source),(Length))
```

为了防止缓冲区溢出，可以使用安全版本的 memcpy_s 函数：

```
errno_t memcpy_s(
    void *dest,          // 目标缓冲区
    size_t destSize,     // 目标缓冲区的大小，以字节为单位
    const void *src,     // 源缓冲区
    size_t count);       // 要复制的字节数
```

MoveMemory 函数用于把一块内存从一个位置移动到另一个位置：

```
void MoveMemory(
    _In_      PVOID Destination,     // 目标内存块的起始地址
    _In_ const VOID  *Source,        // 要移动的内存块的起始地址
    _In_      SIZE_T Length);        // 要移动的内存块的大小 (要移动到 Destination 中的字节数)
```

同样，第一个参数 Destination 必须足够大才能保存 Source 的 Length 字节，否则可能会发生缓冲区

溢出。MoveMemory 函数在内部通过调用 C 运行库函数 memmove：

```
#define MoveMemory RtlMoveMemory
#define RtlMoveMemory(Destination,Source,Length) memmove((Destination),
(Source),(Length))
```

为了防止缓冲区溢出，可以使用安全版本的 memmove_s 函数：

```
errno_t memmove_s(
    void *dest,                   // 目标缓冲区
    size_t numberOfElements,      // 目标缓冲区的大小，以字节为单位
    const void *src,              // 源缓冲区
    size_t count);                // 要移动的字节数
```

CopyMemory 与 MoveMemory 这两个函数作用类似。如果目标缓冲区和源缓冲区存在重叠区域，调用 CopyMemory 函数的结果是未知的，而 MoveMemory 函数则允许目标缓冲区和源缓冲区重叠。

RtlEqualMemory 函数用于比较两个内存块的指定字节是否相同：

```
BOOL RtlEqualMemory(
    _In_ const VOID  *Source1,    // 内存块 1 的起始地址
    _In_ const VOID  *Source2,    // 内存块 2 的起始地址
    _In_       SIZE_T Length);    // 要比较的字节数
```

如果 Source1 和 Source2 的指定字节的数据是相同的，函数返回 TRUE；否则返回 FALSE。RtlEqualMemory 函数在内部通过调用 C 运行库函数 memcmp：

```
#define RtlEqualMemory(Destination,Source,Length) (!memcmp((Destination),
(Source),(Length)))
```

第 3 章

文件、驱动器和目录操作

文件是系统中操作最为频繁的对象，例如文本文档、音视频、可执行文件等。文件存储的载体是磁盘，我们先来学习与磁盘有关的概念。磁盘（Disk）是指利用磁记录技术存储数据的存储器，早期计算机使用的磁盘是软磁盘（Soft Disk，简称软盘），现在常用的磁盘是硬磁盘（Hard Disk，简称硬盘）。

硬盘有机械硬盘（Hard Disk Drive，HDD）和固态硬盘（Solid State Drive，SSD）之分。机械硬盘是传统的普通硬盘，主要由盘片、盘片旋转轴及控制电机、磁头、磁头控制器、数据转换器、接口和缓存等几部分组成。

硬盘是精密设备，尘埃是其大敌，所以进入硬盘的空气必须过滤。硬盘按体积大小可以分为 1.8 英寸、2.5 英寸、3.5 英寸等[1]；按转数可以分为 5400 转/分、7200 转/分、10000 转/分，甚至 15000 转/分等；按接口可以分为 PATA、SATA、SCSI 等，PATA、SATA 一般为桌面级应用，容量大，价格相对较低，适合家用；而 SCSI 一般为服务器、工作站等高端应用，容量相对较小，价格较贵，但是性能较好，稳定性也较高。转速是硬盘内盘片旋转轴的旋转速度（盘片固定在旋转轴上），转速的快慢是决定硬盘档次的重要参数之一。硬盘的转速越快，硬盘的读写以及传输速度也就越快，但是随着硬盘转速的不断提高也带来了温度升高、旋转轴磨损加大、噪声增大等负面影响。笔记本硬盘通常采用 2.5 英寸、5400 转/分、SATA 接口；台式机硬盘通常采用 3.5 英寸、7200 转/分、SATA 接口；服务器、工作站则可能采用 10000 转/分甚至 15000 转/分、SCSI 接口的硬盘。机械硬盘的物理结构如图 3.1 所示。

硬盘由多个盘片叠加在一起，盘片之间通过垫圈隔开。盘片通常是双面都可以使用的，就是说一个盘片通常有 2 个盘面，盘面上面附着磁性物质用于存储数据，因为盘片在硬盘内部高速旋转，因此制作盘片的材料对硬度和耐磨性要求很高，一般采用合金或玻璃材质。

硬盘中的所有盘片都安装固定在一个旋转轴上，每张盘片之间是平行的，每个盘面上都有一个磁头，磁头与盘面之间的距离比头发丝的直径还要小许多，所有的磁头连在一个磁头控制器上，由磁头控制器负

图 3.1

---

1. 1 英寸 ≈25.4 毫米。

责各个磁头的运动。磁头可以沿盘面的半径方向运动，加上盘片每分钟几千转的高速旋转，磁头就可以定位在盘面的指定位置上进行数据的读写操作。

3.1 基本概念

3.1.1 与硬盘存储有关的几个重要概念

先介绍与硬盘存储有关的几个重要概念。

（1）磁道（Track）。当盘片旋转时，如果磁头保持在一个位置上，那么每个磁头都会在盘面划出一个圆形轨迹，这些圆形轨迹称为磁道。磁道用肉眼看不见，磁道仅是盘面上以特殊方式磁化的一些区域，硬盘上的数据就是沿着这样的磁道存放的。相邻磁道之间并不是紧挨着的，因为磁化单元相隔太近的话磁性会相互产生影响，一个盘面通常有几十万个磁道。

（2）扇区（Sector）。盘面上的每个磁道可以被等分为若干个弧段，这些弧段称为扇区，每个扇区通常可以存放 512 字节的数据（以后可能发展为 4096 字节）。向硬盘读取和写入数据时，要以扇区为单位，扇区是硬盘物理存取的最小单位。

（3）柱面（Cylinder）。如图 3.2 所示，硬盘由多个盘片叠加在一起，每个盘面都被划分为数目相等的磁道，盘面最外缘的磁道编号为 0，具有相同编号的多个盘面的磁道形成一个圆柱，称为硬盘的柱面。很明显硬盘的柱面数与一个盘面上的磁道数相等。另外，因为每个盘面都有自己的磁头，所以总的盘面数等于总的磁头数。硬盘容量的计算方式：柱面数×磁头数（盘面数）×每磁道扇区数×每扇区字节数。

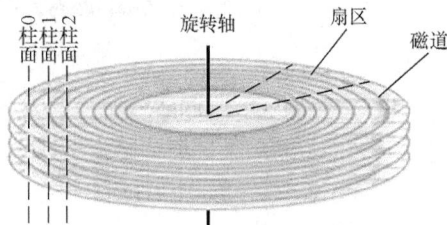

图 3.2

例如，一台计算机有一个 250GB 的固态硬盘和一个 1TB 的机械硬盘，通过 DiskGenius 软件查看到的 1TB 机械硬盘的信息如图 3.3 所示。

接口类型:	SATA	序列号:	S30YJ9AF904846
型号:	ST1000LM024HN-M101MBB	分区表类型:	MBR
MBR签名:	0224B433		
属性:	联机		
柱面数:	121601		
磁头数:	255		
每道扇区数:	63		
总容量:	931.5GB	总字节数:	1000204886016
总扇区数:	1953525168	扇区大小:	512 Bytes
附加扇区数:	5103	物理扇区大小:	4096 Bytes
S.M.A.R.T. 信息:			
健康状态:	良好	温度:	33 ℃
转速:	5400 RPM	缓冲区大小:	16384 KB
通电时间:	30270 小时	通电次数:	3383
传输模式:	SATA/300 | SATA/600		
标准:	ATA8-ACS | ATA8-ACS version 6		
支持的功能:	S.M.A.R.T., APM, AAM, 48bit LBA, NCQ		

图 3.3

在图 3.3 中, 柱面数 × 磁头数 (盘面数) × 每磁道扇区数 × 每扇区字节数 = 121601 × 255 × 63 × 512 = 1 000 202 273 280 字节。另外, 从图 3.3 中可以看到还有一个附加扇区数 5103, 附加扇区是系统不可访问的, 5 103 × 512 = 2 612 736 字节。1 000 202 273 280 字节 + 2 612 736 字节可以计算出总字节数为 1 000 204 886 016 字节。

另外, 可以看到总容量为 931.5GB, 总字节数 1 000 204 886 016 / (1 024 × 1 024 × 1 024) = 931.51GB。

(4) 簇 (Cluster)。扇区是硬盘最小的物理存储单元, 但是如果对数目众多的扇区进行操作则会大大降低效率, 于是系统将相邻的扇区组合在一起, 形成一个簇, 然后再对簇进行管理。簇是系统使用的一个逻辑概念, 而不是硬盘的物理特性。簇就是一组扇区, 在对一个硬盘分区进行格式化时可以选择分配单元大小 (也就是簇大小), 簇大小可以是 8 ~ 128 个扇区, 通常默认簇大小是 8 个扇区, 即 4KB。要查看每个扇区字节数、每个簇字节数等, 可以通过 cmd 使用命令 fsutil fsinfo ntfsinfo c:实现。

为了更好地管理硬盘空间以及更高效地从硬盘读写数据, 系统规定一个簇中只能存放一个文件的数据, 不允许两个或两个以上的文件共用一个簇, 不然会造成数据混乱, 即簇是存储文件的最小单位, 因此文件所占用的空间只能是簇的整数倍。如果文件实际大小小于一个簇, 那么它也要占用一个簇的空间; 如果文件实际大小大于一个簇, 那么该文件要占用两个或两个以上簇的空间。一般情况下文件所占空间要略大于文件的实际大小, 只有当文件的实际大小恰好是簇的整数倍时, 文件的实际大小才会与所占空间一致。

3.1.2　分区、逻辑驱动器、文件系统和卷

一块物理硬盘可以划分为一个或多个称为分区的逻辑区域,如果使用 MBR 分区方案在一块物理硬盘上最多可以创建 4 个分区: 4 个主分区, 或 1 ~ 3 个主分区和 1 个扩展分区。每个主分区就是一个逻辑驱动器, 而一个扩展分区则可以划分成一个或多个逻辑驱动器, 逻辑驱动器就是我们熟悉的 C 盘、D 盘等盘符。主分区可以有 1 ~ 4 个, 主要用来安装操作系统, 如果需要在一块物理硬盘中安装多个操作系统, 则可以创建多个主分区, 用于当前操作系统的主分区称为活动分区; 扩展分区可以没有, 最多只能有 1 个。为了文件分类管理, 一个扩展分区可以划分成多个逻辑驱动器。

例如计算机中安装了 2 块硬盘, 每块硬盘都分为一个主分区和一个扩展分区, 其中第 1 块硬盘的扩展分区分为 3 个逻辑驱动器, 第 2 块硬盘的扩展分区分为 2 个逻辑驱动器, 那么计算机中的逻辑驱动器就会从 C 盘排列到 I 盘 (早期的计算机没有硬盘, 只有两个软盘驱动器 A 和 B, 所以现在的逻辑驱动器从 C 开始), 如图 3.4 所示。

图 3.4

1. 分区方式 (方案) MBR 和 GPT (GUID)

在对一块硬盘进行分区时需要选择分区方式, MBR 和 GPT 是在硬盘上存储分区信息的两种不同

方式，这些分区信息包含分区从哪里开始，这样操作系统才了解扇区与分区的从属关系，以及哪个分区可以启动操作系统等。

- MBR 指主引导记录（Master Boot Record），在该方案中，一块物理硬盘有一个主引导扇区，即该硬盘的 0 号柱面 0 号磁头的第 1 个扇区，大小为 512 字节，该扇区包含主引导记录（MBR）数据结构。MBR 包含以下内容：引导程序（最大 442 字节），硬盘签名（唯一的 4 字节数字），分区表（最多 4 个表项，每个表项 16 字节），MBR 结束标记（始终为 0xAA55）。主引导扇区用于管理整个硬盘空间，它不属于硬盘上的任何分区，也不属于任何一个操作系统。当计算机开机时，执行 BIOS 初始化与自检，执行引导程序。引导程序用于检查硬盘分区表是否完好、在分区表中寻找可引导的活动分区、将活动分区的第一逻辑扇区的内容载入内存，然后将控制权交给活动分区内的操作系统（引导程序是可以改变的，从而能够实现多系统引导）。
- GPT 指 GUID 分区表（GUID Partition Table），即全局唯一标识分区表。GPT 是一种新的分区方式，正在逐渐取代 MBR 分区方式。

虽然 GPT 有很多新特性，但 MBR 仍然拥有更好的兼容性。MBR 最大支持 2TB 硬盘，它无法处理大于 2TB 容量的硬盘，最多支持 4 个主分区（或 1~3 个主分区，1 个扩展分区及其包含的多个逻辑驱动器）；GPT 不再区分主分区和扩展分区，每个物理硬盘的分区个数没有上限，只受操作系统的限制，64 位 Windows 系统最多可以创建 128 个分区，每个分区都有一个全局唯一标识符 GUID，GPT 使用 64 位的扇区地址，对当前技术来说，GPT 分区方式支持的硬盘大小可以说是无限制的。

在 MBR 分区方式的计算机启动过程中，BIOS 担负着初始化、检测硬件以及引导操作系统的责任，BIOS 程序存放于一个断电后内容不会丢失的只读存储器中，系统加电时处理器的第一条指令的地址会被定位到 BIOS 程序地址处，在 MBR 分区方式的硬盘中分区和启动信息是保存在一起的，如果这部分数据被覆盖或破坏，则无法启动操作系统；而 GPT 与支持 UEFI 模式的主板配合使用，UEFI 用于取代老旧的 BIOS，而 GPT 则取代老旧的 MBR，GPT 在整个硬盘上保存了多份分区表信息、启动信息的副本，因此它更安全，并可以恢复被破坏的启动信息，GPT 还为这些信息保存了循环冗余校验码 CRC，如果数据被破坏，GPT 会自动发现，并从硬盘上的其他地方进行恢复，因此，今后 GPT 的发展越来越占优势，MBR 也会逐渐被 GPT 所取代。

2. 文件系统 FAT32、NTFS 和 ReFS

在对一块硬盘进行分区时还需要选择文件系统，文件系统是指在存储设备（例如硬盘）或分区上组织文件的方法。从系统角度来看，文件系统是对存储设备的存储空间进行组织、分配和回收，负责文件的存储、获取、共享和保护；从用户角度来看，文件系统主要是实现"按名存取"，用户只要知道所需文件的文件名，就可以存取文件中的数据，而无须知道这些文件究竟存放在什么地方。常用的文件系统有 FAT32、NTFS、ReFS 等。

- FAT（File Allocation Table）是 MS-DOS 操作系统使用的文件系统，文件地址以 FAT 表结构存放，文件目录为 32B，文件名为 8 个基本名称加上一个"."和 3 个字符的扩展名（最多 12 个字符，称为 8.3 短文件名格式）。FAT32 是 FAT 文件系统的升级版，是 32 位文件系统，支持的最大分区为 2TB，单个文件的大小不能超过 4GB。FAT32 不支持日志，不能设置权限，因此安全等级较低。除小容量 U 盘为了设备兼容考虑可以使用 FAT、FAT32 之外，没有推荐使用的理由。

- NTFS（NT File System）是 Windows NT 操作系统使用的文件系统，NTFS 提供长文件名（凡文件基本名称超过 8 字节或扩展名超过 3 字节的文件名，都称为长文件名，Windows XP 及以后的系统支持最多可达 255 个字符的长文件名），支持压缩分区、文件索引、数据保护和恢复、加密访问等，支持的最大分区为 2TB，支持的单个文件大小为 2TB。
- ReFS（Resilient File System，弹性文件系统）是 Windows 8 和 Server 2012 及以后的系统中新引入的一个文件系统，ReFS 与 NTFS 大部分兼容，主要目的是保持较高的稳定性，可以自动验证数据是否损坏，并尽力恢复数据，目前只能应用于存储数据，不能引导系统。

3. 卷

对于每个逻辑驱动器，都可以取一个标号叫作卷标（Volume Label），卷标被当作一个目录项存放在逻辑驱动器的根目录中，如果不设置卷标，默认情况下显示为本地硬盘或 U 盘一类的名称。要谈论卷（Volume），就需要区分基本硬盘和动态硬盘。在基本硬盘中，一个逻辑驱动器就是一个卷；而在动态硬盘中可以实现跨越物理硬盘进行分区管理，例如计算机中有 160GB 和 250GB 的硬盘各一块，如果想划分为 90GB 和 320GB 的两个分区，只能使用动态硬盘来划分管理，即在动态硬盘中一个卷可以跨越多块物理硬盘。不再深究基本硬盘和动态硬盘，平时我们只需要基本硬盘。

3.1.3　文件名、目录、路径和当前目录

与接下来的学习有关的，还有一个目录（习惯上称为文件夹）的概念。在逻辑驱动器中的文件可以存放在各个目录中，目录按照多层树状结构来组织，每个逻辑驱动器中有一个顶层目录叫作根目录（例如 C:\、D:\），根目录下可以存放多个文件和子目录，每个子目录中也可以存放多个文件和下层子目录。

同一个目录中的文件名必须是唯一的，但是不同的子目录中可以存在同名的文件，所以只依靠文件名并不能唯一确定一个文件，要唯一确定一个文件还需要指出文件的位置，包括文件位于的逻辑驱动器以及从根目录开始一直到文件所在目录为止的所有子目录名，这就是路径。从当前目录开始直到文件为止所构成的路径称为相对路径名，而从根目录开始直到文件为止的路径称为绝对路径（完整路径），例如：F:\Source\Windows\Chapter3\CopyFileExDemo\Debug\CopyFileExDemo.exe 是一个完整路径的文件名，以反斜杠\分隔的每个部分称为文件名的组成部分。路径名的最大长度为 MAX_PATH(260)个字符，Unicode 版本的函数支持 32767 个字符的路径名，每个组成部分都不能超过 255 个字符。

一个文件名的最大字符个数限制为 255 个，在 8.3 格式短文件名规范中不合法的一些字符例如小数点、空格等在长文件名中都可以使用，只有/ \:*?"<>|9 个字符不能用于长文件名。

目录是一种特殊的文件，命名规则与文件名相同。"..\"表示当前目录的父目录，也就是上一级目录，".\"表示当前目录，不过表示当前目录时通常可以省略".\"。

对一个进程来说，Windows 维护一个当前驱动器，并为每个逻辑驱动器维护一个当前目录。如果不指定路径，则表示要操作的文件位于当前驱动器的当前目录下。如果要操作非当前目录下的文件，则必须明确指出包含全路径的文件名。例如指定一个文件 System.ini，如果当前目录下有这个文件，那么操作的对象就是这个文件；如果当前目录下并没有这个文件，即使其他目录中存在多个同名的文件，

那么程序也无法知道它究竟对应哪个文件。

进程默认当前目录就是其可执行文件所在的目录（但是在 VS 中按 Ctrl＋F5 组合键编译运行程序时，进程的当前目录被认为是源文件所在的目录），程序可以通过调用 SetCurrentDirectory、GetCurrentDirectory 函数设置、获取当前目录，通过 GetFullPathName 函数获取一个文件的完整路径：

```
BOOL SetCurrentDirectory(LPCTSTR lpPathName);
DWORD GetCurrentDirectory(
    _In_ DWORD nBufferLength,        // 缓冲区大小，以字符为单位
    _Out_ LPTSTR lpBuffer);          // 返回当前目录
DWORD WINAPI GetFullPathName(
    _In_         LPCTSTR lpFileName,      // 文件的名称
    _In_         DWORD   nBufferLength,   // 缓冲区大小，以字符为单位
    _Out_        LPTSTR  lpBuffer,        // 返回包括路径和文件名的完整路径文件名
    _Outptr_opt_ LPTSTR* lpFilePart);    // 返回文件名起始地址的指针，如果不需要可以设置为 NULL
```

在调用函数（如 GetOpenFileName、GetSaveFileName）时，如果用户选择了一个新的路径名，则系统会更改进程的当前目录为新路径名对应的目录。

3.2 文件操作

3.2.1 创建和打开文件

要对文件进行操作，首先需要通过调用 CreateFile 函数创建或打开一个文件，该函数返回一个文件句柄，后续对文件执行的操作都会用到这个句柄。CreateFile 函数原型如下所示：

```
HANDLE WINAPI CreateFile(
    _In_      LPCTSTR               lpFileName,          // 要创建或打开的文件的名称字符串
    _In_      DWORD                 dwDesiredAccess,     // 对文件的访问权限
    _In_      DWORD                 dwShareMode,         // 文件的共享模式
    _In_opt_  LPSECURITY_ATTRIBUTES lpSecurityAttributes, // 含义同其他内核对象的安全属性结构
    _In_      DWORD                 dwCreationDisposition, // 创建或打开标志
    _In_      DWORD                 dwFlagsAndAttributes, // 文件的标志和系统属性
    _In_opt_  HANDLE                hTemplateFile);      // 模板文件的句柄，可以设置为 NULL
```

- lpFileName 参数指定要创建或打开的文件的名称字符串，如果使用函数的 ANSI 版本，则路径名称字符串限制为 MAX_PATH 个字符；如果使用函数的 Unicode 版本，则路径名称字符串限制为 32767 个字符。
- dwDesiredAccess 参数指定对文件的访问权限，通过这个参数可以指定要对打开的文件进行什么操作。指定为 GENERIC_READ 标志表示需要读取文件数据，指定为 GENERIC_WRITE 标志表示需要向文件写入数据，如果要对一个文件进行读写则需要同时指定这两个标志 GENERIC_READ | GENERIC_WRITE。

- dwShareMode 参数指定文件的共享模式，即文件被打开后是否还允许其他进程或线程以某种方式再次打开文件，可以是表 3.1 所示的值的组合。

表 3.1

常量	值	含义
0		不允许文件再被打开，即独占对该文件的访问
FILE_SHARE_READ	0x00000001	允许其他进程或线程同时以读方式打开文件
FILE_SHARE_WRITE	0x00000002	允许其他进程或线程同时以写方式打开文件
FILE_SHARE_DELETE	0x00000004	允许其他进程或线程同时对文件进行删除

- lpSecurityAttributes 参数的含义同其他内核对象的安全属性结构。
- dwCreationDisposition 参数指定创建或打开标志，该参数用来设置文件已经存在或不存在时系统采取的操作，在这里指定不同的标志就可以决定函数执行的功能究竟是创建文件还是打开文件。该参数可以是表 3.2 所示的值之一。

表 3.2

常量	值	含义
CREATE_NEW	1	仅在指定的文件尚不存在的情况下创建一个新文件。如果指定的文件已经存在，则函数调用失败，此时调用 GetLastError 函数返回错误码 ERROR_FILE_EXISTS(80)
CREATE_ALWAYS	2	始终创建一个新文件。如果指定的文件不存在并且是有效路径，则创建一个新文件，函数调用成功，此时调用 GetLastError 函数返回错误码 0；如果指定的文件已经存在并且可写，则函数将覆盖该文件（文件内容会被清空），函数调用成功，此时调用 GetLastError 函数返回错误码 ERROR_ALREADY_EXISTS(183)
OPEN_EXISTING	3	仅打开已经存在的文件。如果指定的文件不存在，则函数调用失败，此时调用 GetLastError 函数返回错误码 ERROR_FILE_NOT_FOUND(2)
OPEN_ALWAYS	4	始终打开文件。如果指定的文件已经存在，则函数调用成功，此时调用 GetLastError 函数返回错误码 ERROR_ALREADY_EXISTS(183)；如果指定的文件不存在并且是有效路径，则创建一个新文件，函数调用成功，此时调用 GetLastError 函数返回错误码 0
TRUNCATE_EXISTING	5	打开文件并将其截断，使其大小为 0 字节（仅当文件存在时）。如果指定的文件不存在，函数调用失败，此时调用 GetLastError 函数返回错误码 ERROR_FILE_NOT_FOUND(2)

简单来说，如果要创建文件，则可以指定为 CREATE_NEW（如果指定的文件已经存在，则函数调用失败）或 CREATE_ALWAYS（如果指定的文件已经存在，则函数将覆盖该文件）；如果要打开文件，则可以指定为 OPEN_EXISTING（如果指定的文件不存在，则函数调用失败）或 OPEN_ALWAYS（如果指定的文件不存在，则创建一个新文件）。

- dwFlagsAndAttributes 参数指定文件的标志和系统属性，一般设置为 FILE_ATTRIBUTE_NORMAL 即可，文件系统属性（FILE_ATTRIBUTE_*）和文件标志（FILE_FLAG_*）可以组合使用。dwFlagsAndAttributes 参数可以指定的常用文件系统属性如表 3.3 所示。

表 3.3

文件系统属性	值	含义
FILE_ATTRIBUTE_NORMAL	0x80	普通文件
FILE_ATTRIBUTE_READONLY	0x1	该文件是只读的，程序可以读取文件，但不能向文件写入数据或删除文件
FILE_ATTRIBUTE_HIDDEN	0x2	该文件是隐藏的，不会出现在普通目录列表中
FILE_ATTRIBUTE_SYSTEM	0x4	该文件是操作系统的一部分或仅由操作系统使用
FILE_ATTRIBUTE_ARCHIVE	0x20	设置归档属性，程序使用这个标志将文件标记为待备份或待删除，CreateFile 在创建一个新文件时，会自动设置这个标志
FILE_ATTRIBUTE_TEMPORARY	0x100	该文件用于临时存储，即该文件的数据只会使用一小段时间。为了提高访问效率，系统会尽量将文件数据保存在内存中，而不是保存在硬盘中，程序不再使用文件时应该尽快将它删除。它通常与文件标志 FILE_FLAG_DELETE_ON_CLOSE 一起使用
FILE_ATTRIBUTE_ENCRYPTED	0x4000	该文件已加密

文件标志用于控制文件的缓存行为、访问模式等，dwFlagsAndAttributes 参数可以指定的常用文件标志如表 3.4 所示。

表 3.4

文件标志	值	含义
FILE_FLAG_DELETE_ON_CLOSE	0x04000000	关闭文件句柄后立刻删除该文件
FILE_FLAG_OVERLAPPED	0x40000000	创建或打开的文件使用异步 I/O 操作方式。在后面的 WinSock 网络编程章节中将详细介绍异步 I/O
FILE_FLAG_NO_BUFFERING	0x20000000	对文件的读写操作不使用系统缓存。为了提高性能，系统在访问硬盘时会对数据进行缓存。系统会从文件中读取超出实际需要的数据字节量，如果后续需要继续读取后面的字节，就可以直接从系统缓存中而不是从文件中读取
FILE_FLAG_WRITE_THROUGH	0x80000000	对文件的写操作将不会通过任何中间缓存，文件的修改会被马上写入硬盘中

- hTemplateFile 参数指定模板文件的句柄，通常设置为 NULL。函数会将该参数对应的文件的属性复制到新创建的文件上面，即该参数可以用于将某个新创建文件的属性设置为与现有文件（一个已打开或已创建的文件）相同，这种情况下会忽略 dwFlagsAndAttributes 参数。

如果 CreateFile 函数执行成功，则返回一个文件对象句柄；如果函数执行失败，则返回值为 INVALID_HANDLE_VALUE(-1)，可以通过调用 GetLastError 函数获取错误代码。注意，函数执行失败时返回值为 INVALID_HANDLE_VALUE(-1)，而不是 NULL。

其实，CreateFile 函数的使用方法很简单，如果需要打开一个已经存在的文件，可以按如下方式：

```
HANDLE hFile;

// 打开文件
hFile = CreateFile(TEXT("D:\\Test.txt"), GENERIC_READ | GENERIC_WRITE,
    FILE_SHARE_READ, NULL, OPEN_EXISTING, FILE_ATTRIBUTE_NORMAL, NULL);
if (hFile == INVALID_HANDLE_VALUE)
{
```

```
    // 函数调用失败
}
```

如果需要始终创建一个新文件，可以按如下方式：

```
// 创建文件
hFile = CreateFile(TEXT("D:\\Test.txt"), GENERIC_READ | GENERIC_WRITE,
    FILE_SHARE_READ, NULL, CREATE_ALWAYS, FILE_ATTRIBUTE_NORMAL, NULL);
if (hFile == INVALID_HANDLE_VALUE)
{
    // 函数调用失败
}
```

当不再需要所创建或打开的文件句柄时，需要调用 CloseHandle 函数关闭文件对象句柄。

3.2.2　读写文件

获取到文件句柄后，即可从文件读取数据或向文件写入数据。读写文件可以使用 ReadFile、WriteFile 函数，这两个函数读写的方式可以是同步的也可以是异步的。

对应的还有 ReadFileEx、WriteFileEx 函数，这两个函数只用于异步读写文件。异步指的是让 CPU 暂时搁置当前请求，继续处理下一个请求。对文件来说，例如需要读取或者写入 1GB 的文件，这肯定需要一定的时间（假设这些操作需要 5 秒的时间，那么如果是默认的同步操作，程序就会阻塞，也就是等待、卡顿 5 秒），异步采取的办法是发出读取或者写入的请求后（调用相关函数），程序并不等待请求完成，而是继续执行其他任务，当刚才请求的操作完成后系统会通知程序，因为计算机速度很快，文件操作通常不需要异步。后面的章节将详细介绍异步 I/O（Input/Output，输入/输出，即读写）。

ReadFile 函数用于从指定的文件读取数据，函数原型如下：

```
BOOL WINAPI ReadFile(
    _In_        HANDLE       hFile,              // 文件句柄
    _Out_       LPVOID       lpBuffer,           // 接收文件数据的缓冲区
    _In_        DWORD        nNumberOfBytesToRead, // 要读取的字节数
    _Out_opt_   LPDWORD      lpNumberOfBytesRead, // DWORD 类型变量的指针，返回实际读取到的字节数
    _Inout_opt_ LPOVERLAPPED lpOverlapped);       // 用于异步文件操作，不需要的话可以设置为 NULL
```

如果函数执行成功，则返回值为 TRUE，否则返回值为 FALSE。nNumberOfBytesToRead 参数指定要读取的字节数，实际读取到的字节数 lpNumberOfBytesRead 并不一定总是等于要求读取的字节数，例如当读取到文件末尾时，ReadFile 函数返回 TRUE，此时*lpNumberOfBytesRead 为 0，程序可以通过*lpNumberOfBytesRead 参数返回的值确定文件是否已经读取到文件末尾。

WriteFile 函数用于向指定的文件写入数据，用法与 ReadFile 函数相同，函数原型如下：

```
BOOL WINAPI WriteFile(
    _In_       HANDLE      hFile,               // 文件句柄
    _In_       LPCVOID     lpBuffer,            // 要写入文件的数据的缓冲区
    _In_       DWORD       nNumberOfBytesToWrite, // 要写入的字节数
    _Out_opt_  LPDWORD     lpNumberOfBytesWritten, // DWORD 类型变量的指针，返回成功写入的字
                                                //   节数
```

```
        _Inout_opt_ LPOVERLAPPED lpOverlapped);          // 用于异步文件操作, 不需要的话可以设置为 NULL
```

如果需要异步 I/O, CreateFile 函数的 dwFlagsAndAttributes 参数应该指定 FILE_FLAG_OVERLAPPED 标志, ReadFile、WriteFile 等函数的 lpOverlapped 参数应该指定为一个指向 OVERLAPPED 结构的指针。

调用 WriteFile 函数向指定的文件写入数据时, 写入的数据可能会被系统暂时保存在内部的高速缓存中, 系统会定期把高速缓存中的数据写入硬盘, 虽然这些数据一般不会丢失, 但并不能保证它们总是不会丢失, 比如在文件关闭前计算机断电。为了保证所有数据都被正确地写入了硬盘, 当写入操作完成后应该立即调用 CloseHandle 函数关闭文件句柄, 关闭文件句柄后, 系统会把缓冲区中的所有数据写入硬盘。或者, 程序可以通过调用 FlushFileBuffers 函数来刷新指定文件的缓冲区, 并使所有缓冲区中的数据写入文件:

```
BOOL WINAPI FlushFileBuffers(_In_ HANDLE hFile);
```

为了把关键数据即时写入硬盘, 程序可能需要多次 (甚至每次调用 WriteFile 函数后) 调用 FlushFileBuffers 函数立即刷新缓冲区, 效率可能会很低。对于这种情况, 程序应该使用无缓冲 I/O, 而不是频繁地调用 FlushFileBuffers 函数。要使用无缓冲 I/O, 调用 CreateFile 函数创建或打开文件时需要指定 FILE_FLAG_NO_BUFFERING | FILE_FLAG_WRITE_THROUGH 标志, 这样可以防止文件内容被缓存, 并在每次写入时将数据刷新到硬盘。

接下来实现一个读取文本文件内容到编辑控件, 并同时将该文本文件复制一份到当前目录下的简单示例, ReadWriteFile 程序运行效果如图 3.5 所示。

单击 "打开" 按钮, 程序调用 CreateFile 函数打开当前目录下的文本文件 Test.txt, 并调用 CreateFile 函数创建一个新文本文件 Test2.txt; 然后程序循环

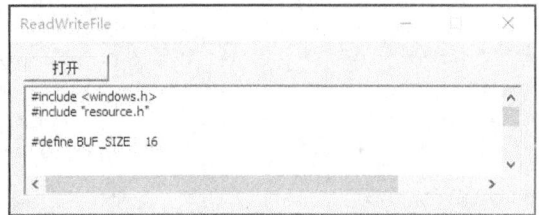

图 3.5

调用 ReadFile 函数读取 Test.txt 文件的内容, 每次读取 16 个字符的数据, 然后把读取到的数据显示到编辑控件中, 同时把读取到的数据写入新文件 Test2.txt 中。ReadWriteFile.cpp 源文件的部分内容如下:

```
INT_PTR CALLBACK DialogProc(HWND hwndDlg, UINT uMsg, WPARAM wParam, LPARAM lParam)
{
    static HWND hwndEdit;
    HANDLE hFile1, hFile2;
    TCHAR szBuf[BUF_SIZE + 1] = { 0 };
    DWORD dwNumberOfBytesRead;

    switch (uMsg)
    {
    case WM_INITDIALOG:
        hwndEdit = GetDlgItem(hwndDlg, IDC_EDIT_TEXT);
        // 设置多行编辑控件的缓冲区大小为不限制
        SendMessage(hwndEdit, EM_SETLIMITTEXT, 0, 0);
        return TRUE;
```

```
        case WM_COMMAND:
            switch (LOWORD(wParam))
            {
            case IDC_BTN_OPEN:
                hFile1 = CreateFile(TEXT("Test.txt"), GENERIC_READ | GENERIC_WRITE,
                    FILE_SHARE_READ, NULL, OPEN_EXISTING, FILE_ATTRIBUTE_NORMAL, NULL);
                hFile2 = CreateFile(TEXT("Test2.txt"), GENERIC_READ | GENERIC_WRITE,
                    FILE_SHARE_READ, NULL, CREATE_ALWAYS, FILE_ATTRIBUTE_NORMAL, NULL);
                if (hFile1 != INVALID_HANDLE_VALUE && hFile2 != INVALID_HANDLE_VALUE)
                {
                    while (TRUE)
                    {
                        // 从 Test 文件读取数据
                        ZeroMemory(szBuf, BUF_SIZE * sizeof(TCHAR));
                        ReadFile(hFile1, szBuf, BUF_SIZE * sizeof(TCHAR), &dwNumberOfBytesRead,
NULL);

                        if (dwNumberOfBytesRead == 0)
                            break;

                        // 把读取到的数据显示到编辑控件中
                        SendMessage(hwndEdit, EM_SETSEL, -1, -1);
                        SendMessage(hwndEdit, EM_REPLACESEL, TRUE, (LPARAM)szBuf);

                        // 把读取到的数据写入新文件 Test2.txt 中
                        // 第 3 个参数不能写为 BUF_SIZE * sizeof(TCHAR)，否则最后一次可能会出现问题
                        WriteFile(hFile2, szBuf, dwNumberOfBytesRead, NULL, NULL);
                    }

                    CloseHandle(hFile1);
                    CloseHandle(hFile2);
                }
                break;

            case IDCANCEL:
                EndDialog(hwndDlg, 0);
                break;
            }
            return TRUE;
        }

    return FALSE;
}
```

完整代码参见 Chapter3\ReadWriteFile 项目。每次读取 BUF_SIZE(16)个字符，但是 EM_REPLACESEL 消息的 lParam 参数需要一个以 0 结尾的字符串，因此 szBuf 缓冲区大小为 BUF_SIZE + 1。本程序是 Unicode 版本程序，要想把文本文件的内容正确显示到编辑控件中，要求文本文件必须是 Unicode 格式，如果是 ANSI 或 UTF-8 等其他格式，则不能正确显示，要想正确显示各种编码格式的文本文件，需要经过额外处理。不过，不管是什么编码格式，都不影响文件的复制，复制出来的文件必定和源文件一致，因为读写的是二进制数据。

3.2.3　文件指针

打开一个文件后，系统会为该文件维护一个文件指针，文件指针是一个 64 位的偏移值，用于指定要读取或要写入的下一字节的位置。打开一个文件时，文件指针位于文件的开头，偏移量为 0，每个读取或写入操作都会使文件指针前进所读取或写入的字节数，例如，如果文件指针位于文件的开头，然后请求 5 字节的读取操作，那么文件指针将在读取操作后立即位于偏移量 5 处，因此在循环读取或者写入一个文件时，随着数据的读取或者写入，文件指针会随之移动，我们并不需要关心文件指针的问题。

但是有时候我们可能需要从文件的指定位置读取或写入数据，这就需要先调整文件指针，然后再进行读写操作。调整文件指针可以使用 SetFilePointerEx 函数：

```
BOOL WINAPI SetFilePointerEx(
    _In_       HANDLE         hFile,                  // 文件句柄
    _In_       LARGE_INTEGER  liDistanceToMove,       // 文件指针要移动的字节数
    _Out_opt_  PLARGE_INTEGER lpNewFilePointer,       // 返回新文件指针，不需要可以设置为 NULL
    _In_       DWORD          dwMoveMethod);          // 文件指针移动的起点
```

dwMoveMethod 参数指定文件指针移动的起点，该参数可以是表 3.5 所示的常量之一。

表 3.5

常量	含义
FILE_BEGIN	起点为 0，也就是文件的开头
FILE_CURRENT	起点为文件指针的当前位置
FILE_END	起点为文件的结束位置（末尾）

dwMoveMethod 参数指定的起点加上 liDistanceToMove 参数指定的值就是我们要设定的新文件指针。如果 dwMoveMethod 参数指定为 FILE_BEGIN，那么 liDistanceToMove 参数相当于一个绝对值，应该指定为一个正数，因为起点为 0；如果 dwMoveMethod 参数指定为 FILE_CURRENT 或 FILE_END，liDistanceToMove 参数指定为正数就是把文件指针向文件尾部移动，指定为负数就是把文件指针向文件头部移动。

dwMoveMethod 参数指定为 FILE_END，liDistanceToMove 参数指定为正数，即往文件尾部的后面移动指针，这没有问题，文件指针完全可以移动到文件所有数据的后面，例如现在在文件的长度是 100B，执行下面的代码可以成功地把文件指针移动到 1000B 的位置，该操作的用途是可以将文件扩展到需要的长度，然后继续调用 WriteFile 函数写入数据。如果没有再次调整文件指针，系统会将文件从 100B 扩展到 1000B 后再从 1000B 处写入数据。例如下面的代码：

```
TCHAR szStr[] = TEXT("你好，Windows 程序设计");
static HANDLE hFile;
LARGE_INTEGER liDistanceToMove = { 900 };
LARGE_INTEGER liNewFilePointer;

hFile = CreateFile(TEXT("D:\\Test.txt"), GENERIC_READ | GENERIC_WRITE,
```

```
    FILE_SHARE_READ, NULL, OPEN_EXISTING, FILE_ATTRIBUTE_NORMAL, NULL);
if (hFile != INVALID_HANDLE_VALUE)
{
    SetFilePointerEx(hFile, liDistanceToMove, &liNewFilePointer, FILE_END);
    WriteFile(hFile, szStr, _tcslen(szStr) * sizeof(TCHAR), NULL, NULL);

    CloseHandle(hFile);
}
```

在上面的代码中，Test.txt 文件的长度是 100 字节，也就是 0～99。调用 SetFilePointerEx 函数后 liNewFilePointer 参数返回 1000，然后从 1000 字节处开始写入字符串"你好，Windows 程序设计"（本例中没有包括字符串结尾的 0）。执行上述代码后，新的文件大小 = 1000 + "你好，Windows 程序设计"但不包括字符串结尾的 0，字节数为 1000 + 28 = 1028 字节。第 100B～999B 的内容被设为 0，新文件后半部分的数据如图 3.6 所示（使用十六进制编辑工具 WinHex 查看）。

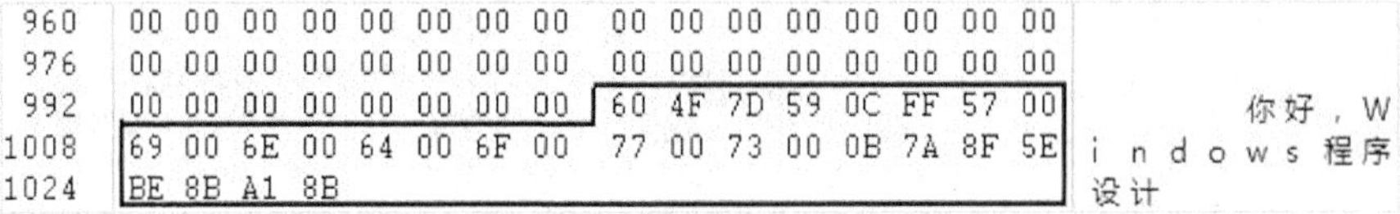

图 3.6

如何获取当前的文件指针呢？微软公司并没有提供一个获取当前文件指针的函数，我们可以通过调用 SetFilePointerEx 函数把 liDistanceToMove 参数的值设置为 0，把 dwMoveMethod 参数设置为 FILE_CURRENT，即从文件指针的当前位置移动 0 字节，文件指针不会作任何移动，调用函数后在 lpNewFilePointer 参数中返回当前文件指针。例如：

```
LARGE_INTEGER liDistanceToMove = { 0 };

SetFilePointerEx(hFile, liDistanceToMove, &liNewFilePointer, FILE_CURRENT);
```

SetEndOfFile 函数用于把文件结尾设置为文件指针的当前位置，即把文件的文件大小设置为文件指针的当前位置，该函数可以实现文件的截断或扩展。例如，假设调用 CreateFile 函数打开了一个 1KB 大小的文件，调用 SetFilePointerEx 函数把文件指针设置为 1000B 的位置，然后调用 SetEndOfFile 函数可以把该文件从 1000B 的地方截断，截断以后的文件只有 1000B 大小。如果把文件指针设置为 2000B 然后调用 SetEndOfFile 函数即可把该文件扩展到 2000B 大小，新扩展部分的数据通常是全 0。SetEndOfFile 函数只需要一个文件句柄参数：

```
BOOL WINAPI SetEndOfFile(_In_ HANDLE hFile);
```

例如下面的代码把一个文件的大小扩展为 8GB 大小：

```
static HANDLE hFile;
LARGE_INTEGER liDistanceToMove;
liDistanceToMove.QuadPart = (LONGLONG)8 * 1024 * 1024 * 1024;    // 8GB
LARGE_INTEGER liNewFilePointer;

hFile = CreateFile(TEXT("D:\\Test.txt"), GENERIC_READ | GENERIC_WRITE,
```

```
        FILE_SHARE_READ, NULL, OPEN_EXISTING, FILE_ATTRIBUTE_NORMAL, NULL);
if (hFile != INVALID_HANDLE_VALUE)
{
        SetFilePointerEx(hFile, liDistanceToMove, &liNewFilePointer, FILE_BEGIN);
        SetEndOfFile(hFile);
}
```

liDistanceToMove.QuadPart = (LONGLONG)8*1024*1024*1024;中的 liDistanceToMove.QuadPart 字段是一个 LONGLONG 类型，表达式的右值 8*1024*1024*1024 默认为一个 int 类型，而 8*1024*1024*1024 作为 int 会溢出，因此需要强制转换为 LONGLONG 类型。

通过网络下载文件时通常是创建一个文件，立即设置文件指针到要下载的文件大小处，然后调用 SetEndOfFile 函数扩展其大小，再慢慢填充数据，其目的是先占用磁盘空间。

3.2.4　文件属性

有了文件句柄后，可以通过调用 GetFileSizeEx 函数获取该文件的文件大小：

```
BOOL WINAPI GetFileSizeEx(
    _In_    HANDLE          hFile,              // 文件句柄
    _Out_ PLARGE_INTEGER lpFileSize);      // 在这个 LARGE_INTEGER 结构中返回的文件大小、字节数
```

CreateFile 函数不仅可以创建、打开普通磁盘文件，还可以用于创建或打开控制台、管道等。GetFileType 函数用于获取指定文件的文件类型：

```
DWORD WINAPI GetFileType(_In_ HANDLE hFile);
```

函数返回表 3.6 所示的值之一。

表 3.6

常量	值	含义
FILE_TYPE_UNKNOWN	0x0000	指定的文件类型未知，或者函数调用失败
FILE_TYPE_DISK	0x0001	指定的文件是磁盘文件
FILE_TYPE_CHAR	0x0002	指定的文件是字符文件，通常是 LPT 设备或控制台
FILE_TYPE_PIPE	0x0003	指定的文件是套接字、命名管道或匿名管道

GetFileTime、SetFileTime 函数用于获取、设置文件的创建时间、最后访问时间和最后修改时间：

```
BOOL WINAPI GetFileTime(
    _In_      HANDLE         hFile,            // 文件句柄
    _Out_opt_ LPFILETIME   lpCreationTime,     // 文件创建时间
    _Out_opt_ LPFILETIME   lpLastAccessTime,   // 最后访问时间
    _Out_opt_ LPFILETIME   lpLastWriteTime);   // 最后修改时间
BOOL WINAPI SetFileTime(
    _In_             HANDLE      hFile,
    _In_opt_ const FILETIME *lpCreationTime,
    _In_opt_ const FILETIME *lpLastAccessTime,
    _In_opt_ const FILETIME *lpLastWriteTime);
```

调用 GetFileTime 函数后，为了得到年月日时间数据，可以调用 FileTimeToSystemTime 函数将 FILETIME 转换为 SYSTEMTIME 结构；调用 SetFileTime 函数设置时间时，可以先设置好 SYSTEMTIME 结构，再调用 SystemTimeToFileTime 函数将 SYSTEMTIME 结构转换为 FILETIME。

要获取、设置文件系统属性可以调用 GetFileAttributes、SetFileAttributes 函数，这里的文件系统属性是指 CreateFile 函数的 dwFlagsAndAttributes 参数指定的 FILE_ATTRIBUTE_*值。这两个函数的函数原型如下：

```
DWORD WINAPI GetFileAttributes(_In_ LPCTSTR lpFileName);
                                        // 函数返回 FILE_ ATTRIBUTE_*值的组合

BOOL WINAPI SetFileAttributes(
    _In_ LPCTSTR lpFileName,            // 文件名称
    _In_ DWORD   dwFileAttributes);     // 指定为 FILE_ATTRIBUTE_*值的组合
```

如果需要获取更完整的文件属性信息，包括 FILE_ATTRIBUTE_*值的文件系统属性，以及文件的创建时间、最后访问时间和最后修改时间，以及文件大小等信息，可以调用 GetFileAttributesEx 函数：

```
BOOL WINAPI GetFileAttributesEx(
    _In_ LPCTSTR               lpFileName,        // 文件名称
    _In_ GET_FILEEX_INFO_LEVELS fInfoLevelId,      // 指定为 GetFileExInfoStandard
    _Out_ LPVOID               lpFileInformation); // 返回文件属性
```

- fInfoLevelId 参数是一个 GET_FILEEX_INFO_LEVELS 枚举类型：

```
typedef enum _GET_FILEEX_INFO_LEVELS {
    GetFileExInfoStandard,
    GetFileExMaxInfoLevel
} GET_FILEEX_INFO_LEVELS;
```

  在这个函数中，该枚举值只能指定为 GetFileExInfoStandard，表示 lpFileInformation 参数是一个指向 WIN32_FILE_ATTRIBUTE_DATA 结构的指针。

- lpFileInformation 参数需要指定为一个指向 WIN32_FILE_ATTRIBUTE_DATA 结构的指针，函数在这个结构中返回文件的属性信息。该结构在 fileapi.h 头文件中定义如下：

```
typedef struct _WIN32_FILE_ATTRIBUTE_DATA {
    DWORD dwFileAttributes;            // 文件系统属性信息，FILE_ATTRIBUTE_*值的组合
    FILETIME ftCreationTime;           // 文件创建时间
    FILETIME ftLastAccessTime;         // 最后访问时间
    FILETIME ftLastWriteTime;          // 最后修改时间
    DWORD nFileSizeHigh;               // 文件大小的高 32 位
    DWORD nFileSizeLow;                // 文件大小的低 32 位
} WIN32_FILE_ATTRIBUTE_DATA, *LPWIN32_FILE_ATTRIBUTE_DATA;
```

GetFileAttributesEx 函数通过指定一个文件名来获取其文件属性信息，还有一个功能类似的函数 GetFileInformationByHandle，该函数通过指定一个文件句柄来获取其文件属性信息，获取的文件信息更多一些。GetFileInformationByHandle 函数原型如下：

```
BOOL WINAPI GetFileInformationByHandle(
    _In_ HANDLE                hFile,             // 文件句柄
```

```
    _Out_ LPBY_HANDLE_FILE_INFORMATION lpFileInformation);    // 返回文件信息
```

lpFileInformation 参数是一个指向 BY_HANDLE_FILE_INFORMATION 结构的指针，函数在这个结构中返回文件信息，该结构在 fileapi.h 头文件中定义如下：

```
typedef struct _BY_HANDLE_FILE_INFORMATION {
    DWORD dwFileAttributes;           // 文件系统属性信息，FILE_ATTRIBUTE_*值的组合
    FILETIME ftCreationTime;          // 文件创建时间
    FILETIME ftLastAccessTime;        // 最后访问时间
    FILETIME ftLastWriteTime;         // 最后修改时间
    DWORD dwVolumeSerialNumber;       // 文件所属的卷的序列号
    DWORD nFileSizeHigh;              // 文件大小的高 32 位
    DWORD nFileSizeLow;               // 文件大小的低 32 位
    DWORD nNumberOfLinks;             // 指向该文件的链接数
    DWORD nFileIndexHigh;             // 该文件 ID 的高 32 位
    DWORD nFileIndexLow;              // 该文件 ID 的低 32 位
} BY_HANDLE_FILE_INFORMATION, *PBY_HANDLE_FILE_INFORMATION, *LPBY_HANDLE_FILE_ INFORMATION;
```

与 GetFileAttributesEx 函数使用的 WIN32_FILE_ATTRIBUTE_DATA 结构相比，BY_HANDLE_FILE_INFORMATION 结构多了 4 个字段：dwVolumeSerialNumber、nNumberOfLinks、nFileIndexHigh 和 nFileIndexLow。卷序列号和文件 ID 组合才可以唯一地标识一台计算机上的文件，要确定两个打开的文件句柄是否代表同一个文件，卷序列号和文件 ID 必须相同，因为在不同的逻辑驱动器上可以有相同 ID 的文件。

对应地，还有一个 SetFileInformationByHandle 函数可以通过文件句柄来设置一个文件的信息，如果需要，可以自行参考 MSDN。

3.2.5　复制文件

CopyFile 函数用于将现有文件复制到新文件，函数原型如下：

```
BOOL WINAPI CopyFile(
    _In_ LPCTSTR lpExistingFileName,   // 现有文件对应于源文件文件名
    _In_ LPCTSTR lpNewFileName,        // 新文件对应于目标文件文件名
    _In_ BOOL    bFailIfExists);
```

如果 lpExistingFileName 参数指定的源文件不存在，则函数调用失败，调用 GetLastError 函数返回 ERROR_FILE_NOT_FOUND。

如果 bFailIfExists 参数设置为 TRUE 并且 lpNewFileName 参数指定的目标文件已经存在，函数调用将失败，调用 GetLastError 函数返回 ERROR_FILE_EXISTS；如果设置为 FALSE 并且指定的目标文件已经存在，则函数将覆盖已经存在的文件并成功执行。但是在这种情况下，如果目标文件设置了 FILE_ATTRIBUTE_HIDDEN 或 FILE_ATTRIBUTE_READONLY 属性，则函数调用还是会失败，调用 GetLastError 函数返回 ERROR_ACCESS_DENIED。例如下面的代码：

```
if (!CopyFile(TEXT("F:\\Test.rar"), TEXT("F:\\Downloads\\Test.rar"), TRUE))
{
    if (GetLastError() == ERROR_FILE_EXISTS)
```

```
    {
        int nRet = MessageBox(NULL, TEXT("指定的新文件已经存在，是否覆盖目标文件"),
            TEXT("提示"), MB_OKCANCEL | MB_ICONINFORMATION | MB_DEFBUTTON2);
        switch (nRet)
        {
        case IDOK:
            CopyFile(TEXT("F:\\Test.rar"), TEXT("F:\\Downloads\\Test.rar"), FALSE);
            break;

        case IDCANCEL:
            break;
        }
    }
    else
    {
        MessageBox(hwnd, TEXT("函数执行失败，错误原因未知"), TEXT("提示"), MB_OK);
    }
}
```

　　CopyFile 函数仅仅实现了基本的复制文件功能，如何在复制过程中实时获取复制进度呢？这里介绍一下 CopyFileEx 函数，CopyFileEx 函数提供了两个附加功能：每当一部分复制操作完成时可以调用指定的回调函数；在复制操作期间可以取消正在进行的复制操作。该函数通常用于复制比较大的文件，函数原型如下：

```
BOOL WINAPI CopyFileEx(
    _In_      LPCTSTR            lpExistingFileName,    // 现有文件对应于源文件文件名
    _In_      LPCTSTR            lpNewFileName,         // 新文件对应于目标文件文件名
    _In_opt_  LPPROGRESS_ROUTINE lpProgressRoutine,    // 回调函数的地址，可以设置为 NULL
    _In_opt_  LPVOID             lpData,               // 传递给回调函数的参数，可以设置为 NULL
    _In_opt_  LPBOOL             pbCancel,             // 指向布尔变量的指针，如果在复制操作过程中将
                                                       // 该指针指向的变量设置为 TRUE，则操作将被取消
    _In_      DWORD              dwCopyFlags);         // 指定如何复制文件的标志，可以设置为 0
```

- lpProgressRoutine 参数指定为一个指向回调函数的指针，每当一部分复制操作完成时系统会调用该回调函数，回调函数的定义格式稍后介绍。
- lpData 参数是传递给回调函数的参数，可以指定为一个自定义数据，如果不需要则设置为 NULL。
- pbCancel 参数是一个指向布尔变量的指针，如果在复制操作过程中将该指针指向的变量设置为 TRUE，则操作将被取消，例如当用户按下"取消"按钮时，程序可以把该参数指向的变量设置为 TRUE，CopyFileEx 函数会取消复制操作并立即返回 FALSE（调用 GetLastError 返回 ERROR_REQUEST_ABORTED），并删除目标文件。
- dwCopyFlags 参数是指定如何复制文件的标志，如果没有特殊需求，则设置为 0。该参数可以是表 3.7 所示的值的组合（仅列举部分）。

　　如果 lpExistingFileName 参数指定的源文件不存在，则函数调用失败，调用 GetLastError 函数返回 ERROR_FILE_NOT_FOUND。

表 3.7

常量	值	含义
COPY_FILE_FAIL_IF_EXISTS	0x00000001	如果目标文件已经存在，则函数调用将失败，此时调用 GetLastError 函数返回错误码 ERROR_FILE_EXISTS
COPY_FILE_ALLOW_DECRYPTED_DESTINATION	0x00000008	调用 CopyFileEx 函数复制加密文件时，该函数尝试使用在源文件加密中使用的密钥对目标文件进行加密；如果无法完成此操作，则函数尝试使用默认密钥对目标文件进行加密。如果这两种方法都不能完成，则 CopyFileEx 函数调用失败，调用 GetLastError 函数返回 ERROR_ENCRYPTION_FAILED。如果指定了该标志，即使无法对目标文件进行加密，CopyFileEx 函数依然可以完成复制操作
COPY_FILE_NO_BUFFERING	0x00001000	复制操作使用无缓冲 I/O，不使用系统的 I/O 缓存，该标志通常用于传输非常大的文件

如果 dwCopyFlags 参数指定了 COPY_FILE_FAIL_IF_EXISTS 标志并且 lpNewFile Name 参数指定的目标文件已经存在，则函数调用将失败，调用 GetLastError 函数返回 ERROR_FILE_EXISTS；如果 dwCopyFlags 参数没有指定 COPY_FILE_FAIL_IF_EXISTS 标志并且指定的目标文件已经存在，则函数将覆盖已经存在的文件并成功执行，但是在这种情况下，如果目标文件设置了 FILE_ATTRIBUTE_HIDDEN 或 FILE_ATTRIBUTE_READONLY 属性，则函数调用还是会失败，调用 GetLastError 函数返回 ERROR_ACCESS_DENIED。

CopyFileEx 函数使用的回调函数格式也适用于移动文件所使用的 MoveFileWithProgress 函数，每当复制或移动操作完成一部分时系统会调用回调函数。回调函数的定义格式如下：

```
DWORD CALLBACK CopyProgressRoutine(
    _In_     LARGE_INTEGER TotalFileSize,          // 文件的总大小，以字节为单位
    _In_     LARGE_INTEGER TotalBytesTransferred,  // 已经从源文件传输到目标文件的字节总数
    _In_     LARGE_INTEGER StreamSize,             // 当前文件流的总大小，以字节为单位
    _In_     LARGE_INTEGER StreamBytesTransferred, // 当前流中已经从源文件传输到目标文件的字节总数
    _In_     DWORD         dwStreamNumber,         // 当前流的编号
    _In_     DWORD         dwCallbackReason,       // 调用该回调函数的原因
    _In_     HANDLE        hSourceFile,            // 源文件的句柄
    _In_     HANDLE        hDestinationFile,       // 目标文件的句柄
    _In_opt_ LPVOID        lpData);                // 传递过来的回调函数参数
```

我们感兴趣的通常是前两个参数 TotalFileSize 和 TotalBytesTransferred。dwCallbackReason 参数指出调用该回调函数的原因，如果是 CALLBACK_STREAM_SWITCH，则说明一个文件流已经创建，即将开始复制，这是在首次调用回调函数时给出的回调原因；如果是 CALLBACK_CHUNK_FINISHED，则说明复制操作已经完成了一部分，关于这里说的一部分到底是多大，不同的系统可能有不同的定义，可能是 64KB，也可能是 1MB。

回调函数 CopyProgressRoutine 应返回表 3.8 所示的值之一。

经过测试，回调函数返回 PROGRESS_CANCEL 和 PROGRESS_STOP 的效果是相同的，CopyFileEx 函数会取消复制操作并立即返回 FALSE（调用 GetLastError 返回 ERROR_REQUEST_ABORTED），并删除目标文件。因此对于回调函数，通常简单地返回 PROGRESS_CONTINUE 即可。

表 3.8

常量	值	含义
PROGRESS_CONTINUE	0	继续复制操作，通常都是返回该值
PROGRESS_CANCEL	1	取消复制操作，并删除目标文件
PROGRESS_STOP	2	停止复制操作，已复制的目标文件会保留。通常不应该返回该值，如果仅仅复制了一部分数据，那么目标文件是不完整的，保留目标文件没有意义
PROGRESS_QUIET	3	继续复制操作，但在以后的复制操作过程中停止调用 CopyProgressRoutine 回调函数

　　程序中可以放置一个"取消"按钮，当用户按下"取消"按钮时，程序可以把 CopyFileEx 函数的 pbCancel 参数指向的变量设置为 TRUE，CopyFileEx 函数会取消复制操作并立即返回 FALSE（调用 GetLastError 返回 ERROR_REQUEST_ABORTED），并删除目标文件。关于 CopyFileEx 函数的示例参见 CopyFileExDemo 项目，程序运行效果如图 3.7 所示，可以看到每复制完 0x100000 字节（即 1MB），系统就会调用回调函数一次。示例中复制的是一个 4.12GB，（即 4 424 850 689，对应 0x107BDDD01）字节的压缩文件。

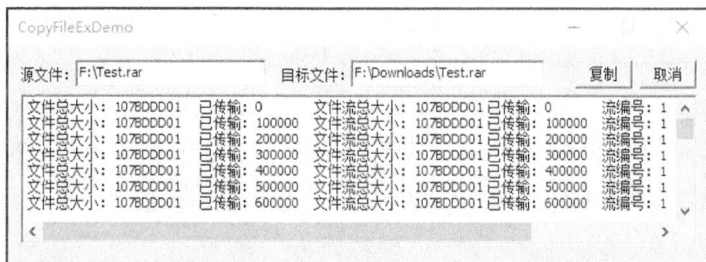

图 3.7

　　示例程序通过调用 PathFileExists 函数判断源文件和目标文件是否存在，该函数用于判断指定路径的目录或文件是否存在：

```
BOOL PathFileExists(_In_ LPCTSTR pszPath);
```

3.2.6　移动文件（目录）、删除文件

MoveFile 函数用于移动一个文件或者目录，移动成功后源文件或源目录会被删除：

```
BOOL WINAPI MoveFile(
    _In_ LPCTSTR lpExistingFileName,    // 现有文件（目录）对应于源文件（目录）名
    _In_ LPCTSTR lpNewFileName);        // 新文件（目录）对应于目标文件（目录）名
```

调用 MoveFile 函数移动文件或者目录时，需要注意以下几点。

- 如果指定的源文件（目录）不存在，则函数调用会失败，此时调用 GetLastError 函数会返回 ERROR_FILE_NOT_FOUND。
- 不管移动的是文件还是目录，如果目标文件（目录）已经存在，则函数调用会失败。如果目标文件已经存在，则调用 GetLastError 函数会返回 ERROR_FILE_EXISTS（80）；如果目标目录已

经存在，则调用 GetLastError 函数会返回 ERROR_ALREADY_EXISTS（183）。

- 不管移动的是文件还是目录，目标文件（目录）名的上一层目录必须存在，否则函数调用会失败，调用 GetLastError 函数会返回 ERROR_PATH_NOT_FOUND。例如，下面的代码：

```
// 移动文件
MoveFile(TEXT("F:\\Test.avi"), TEXT("F:\\Downloads\\Test.avi"));
// 移动目录
MoveFile(TEXT("F:\\DTLFolder"), TEXT("F:\\Downloads\\DTLFolder"));
```

上面的代码中，F:\Downloads 目录必须存在，否则移动到其下层的文件或目录都会失败。

- 如果移动的是文件，目标文件名可以位于同一个逻辑驱动器中，也可以位于其他逻辑驱动器中；如果移动的是目录，目标目录必须位于同一个逻辑驱动器中；否则函数调用会失败，调用 GetLastError 函数会返回 ERROR_ACCESS_DENIED。

MoveFileEx 函数同样用于移动一个文件或者目录，在移动文件或目录时可以设置一些移动选项：

```
BOOL WINAPI MoveFileEx(
    _In_      LPCTSTR lpExistingFileName,    // 现有文件(目录)对应于源文件(目录)名
    _In_opt_  LPCTSTR lpNewFileName,         // 新文件(目录)对应于目标文件(目录)名
    _In_      DWORD   dwFlags);              // 移动选项标志
```

调用 MoveFileEx 函数移动文件或者目录时，需要注意以下几点。

- 如果指定的源文件（目录）不存在，则函数调用会失败，此时调用 GetLastError 函数会返回 ERROR_FILE_NOT_FOUND。
- 不管移动的是文件还是目录，如果目标文件（目录）已经存在，则函数调用会失败。如果目标文件已经存在，则调用 GetLastError 函数会返回 ERROR_ALREADY_EXISTS；如果目标目录已经存在，则调用 GetLastError 函数也会返回 ERROR_ALREADY_EXISTS。
- 不管移动的是文件还是目录，目标文件（目录）名的上一层目录必须存在，否则函数调用会失败，调用 GetLastError 函数返回 ERROR_PATH_NOT_FOUND。
- 默认情况下，不管移动的是文件还是目录，目标文件（目录）名必须位于同一个逻辑驱动器中；否则函数调用会失败，调用 GetLastError 函数返回 ERROR_NOT_SAME_DEVICE。

要把一个文件成功移动到其他逻辑驱动器中，可以在调用 MoveFileEx 函数时为 dwFlags 参数指定 MOVEFILE_COPY_ALLOWED 标志，但是不能通过指定该标志把一个目录移动到其他逻辑驱动器中。dwFlags 参数是移动选项标志，可以是以下值的组合（仅列举部分），如表 3.9 所示。

表 3.9

常量	值	含义
MOVEFILE_REPLACE_EXISTING	0x1	用于移动文件，允许目标文件已经存在。如果存在，MoveFileEx 函数会覆盖目标文件
MOVEFILE_COPY_ALLOWED	0x2	用于移动文件，允许把一个文件移动到其他逻辑驱动器中，MoveFileEx 函数在内部调用 CopyFile 和 DeleteFile 函数模拟该移动操作

常量	值	含义

MOVEFILE_DELAY_
UNTIL_REBOOT
	0x4	用于移动文件或目录，在下一次重新启动系统后才移动文件或目录，该标志不能与 MOVEFILE_COPY_ALLOWED 一起使用。该标志是通过修改注册表来实现的，例如下面的代码：
		// 移动文件
		bRet = *MoveFileEx*(*TEXT*("F:\\Test.avi"), *TEXT*("F:\\Downloads\\
		Test.avi"), *MOVEFILE_ DELAY_UNTIL_REBOOT*);
		// 移动目录
		bRet = *MoveFileEx*(*TEXT*("F:\\DTLFolder"), *TEXT*("F:\\Downloads\\
		DTLFolder"), *MOVEFILE_ DELAY_UNTIL_REBOOT*);
		函数会在注册表的 HKEY_LOCAL_MACHINE\SYSTEM\CurrentControlSet\Control\Session Manager\PendingFileRenameOperations 中添加以下内容：
		\??\F:\Test.avi
		\??\F:\Downloads\Test.avi
		\??\F:\DTLFolder
		\??\F:\Downloads\DTLFolder
		如果指定了该标志，并且 lpNewFileName 参数设置为 NULL，那么在下一次重新启动系统后，系统会删除 lpExistingFileName 参数指定的源文件

MoveFileEx 函数也不能把一个目录移动到其他逻辑驱动器中。后面会详细讲解这个问题。

MoveFileWithProgress 函数的功能与 MoveFileEx 相同，可以指定一个接收进度通知的回调函数：

```
BOOL WINAPI MoveFileWithProgress(
    _In_      LPCTSTR            lpExistingFileName,     // 现有文件(目录)对应于源文件(目录)名
    _In_opt_  LPCTSTR            lpNewFileName,          // 新文件(目录)对应于目标文件(目录)名
    _In_opt_  LPPROGRESS_ROUTINE lpProgressRoutine,      // 回调函数的地址，可以设置为 NULL
    _In_opt_  LPVOID             lpData,                 // 传递给回调函数的参数，可以设置为 NULL
    _In_      DWORD              dwFlags);               // 移动选项标志
```

MoveFileEx 函数的使用方法非常简单，这里不再重复介绍。

删除一个文件可以调用 DeleteFile 函数：

```
BOOL WINAPI DeleteFile(_In_ LPCTSTR lpFileName);// 目标文件
```

如果目标文件是只读文件，函数调用会失败，调用 GetLastError 函数会返回 ERROR_ACCESS_DENIED（隐藏文件不影响，可以删除隐藏文件）。如果需要删除一个只读文件，只需要调用 SetFileAttributes 函数删除其 FILE_ATTRIBUTE_READONLY 属性即可。

一个文件处于打开状态时不能进行删除，DeleteFile 函数调用会失败，GetLastError 函数返回 ERROR_SHARING_VIOLATION，通常应该先调用 CloseHandle 函数关闭文件，然后再调用 DeleteFile 函数删除文件。但是，如果调用 CreateFile 函数时指定了 FILE_SHARE_DELETE 共享标志，那么在调用 CloseHandle 函数关闭文件前，调用 DeleteFile 函数会成功，例如下面的代码：

```
hFile = CreateFile(TEXT("D:\\Test.txt"), GENERIC_READ | GENERIC_WRITE,
    FILE_SHARE_READ | FILE_SHARE_DELETE, NULL, OPEN_EXISTING, FILE_ATTRIBUTE_NORMAL, NULL);
DeleteFile(TEXT("D:\\Test.txt"));          // 函数调用成功，但是文件还没有被删除
CloseHandle(hFile);                        // 执行 CloseHandle 以后，文件会被删除
```

如果没有调用 CloseHandle 函数，程序关闭后 D:\Test.txt 文件也会被删除。

3.2.7　无缓冲 I/O

调用 CreateFile 函数时指定 FILE_FLAG_NO_BUFFERING | FILE_FLAG_WRITE_THROUGH 标志，表示使用无缓冲 I/O，这里涉及系统缓存和硬盘缓存。FILE_FLAG_NO_BUFFERING 标志表示对文件的读写操作不使用系统缓存，但是不影响硬盘缓存和内存映射文件；FILE_FLAG_WRITE_THROUGH 标志表示对文件的写操作不会通过任何中间缓存，写请求会被马上写入物理硬盘中。使用 FILE_FLAG_NO_BUFFERING | FILE_FLAG_WRITE_THROUGH 标志，读操作理论上还会使用硬盘缓存，写操则不会使用系统缓存和硬盘缓存。

不建议使用 FILE_FLAG_WRITE_THROUGH 标志，当进行写操作的时候，如果没有使用该标志，那么通过硬盘缓存可以立即完成 I/O 请求并延迟执行物理 I/O，硬盘寻址和磁头定位需要时间，因此不使用该标志可以提高程序性能。

也不建议使用 FILE_FLAG_NO_BUFFERING 标志，如果有需要使用该标志的场合，对于文件的读写操作，请注意以下问题。

- 读取/写入文件的时候文件偏移量必须是扇区大小的整数倍。
- 读取/写入文件的字节数必须是扇区大小的整数倍，例如，如果扇区大小为 512 字节，那么可以请求读取/写入 512 字节、1024 字节、1536 字节，但不能请求读取/写入 335 字节、981 字节、1500 字节。
- 用于读取/写入文件的缓冲区地址必须是物理扇区大小的整数倍（根据硬盘的不同，可能不会强制执行此要求）。

前 2 项指的是逻辑扇区大小，第 3 项指的是物理扇区大小。以前硬盘物理扇区大小通常是 512 字节，现在则多数是 4KB，直接使用 4KB 作为寻址单位可能会存在兼容性问题，临时兼容性解决方案是引入模拟常规 512 字节扇区硬盘的设备。上述模拟解决方案导致出现了逻辑扇区大小和物理扇区大小两个概念，逻辑扇区大小是逻辑寻址单位，物理扇区大小是硬盘原子写入单位，为了获得最佳的性能和可靠性，微软公司强烈建议无缓冲 I/O 应该与物理扇区大小对齐。例如，在一台计算机上，通过 fsutil fsinfo ntfsinfo c:命令获取的固态硬盘的逻辑扇区和物理扇区大小均为 512 字节，通过 fsutil fsinfo ntfsinfo e:命令获取的机械硬盘的逻辑扇区和物理扇区大小分别为 512 字节和 4KB。

大多数情况下，页面对齐的内存也是扇区对齐的，因为扇区大小大于页面大小的情况很少见，因此读取/写入文件时文件偏移量和读写字节数可以设置为页面大小的整数倍；为了保证用于读取/写入文件的缓冲区地址一定是物理扇区大小的整数倍，可以使用 VirtualAlloc 函数分配缓冲区，该函数可以保证内存区域的起始地址是分配粒度的整数倍（在所有 Windows 平台上分配粒度均为 64KB），所分配的内存区域大小一定是页面大小的整数倍。

通过 GetDiskFreeSpace 函数可以获取逻辑扇区大小，使用控制代码 IOCTL_DISK_GET_DRIVE_GEOMETRY_EX 调用 DeviceIoControl 函数也可以获取逻辑扇区大小，如果需要获取物理扇区大小，可以使用控制代码 IOCTL_STORAGE_QUERY_PROPERTY 调用 DeviceIoControl 函数。后面还会介绍 GetDiskFreeSpace 和 DeviceIoControl 函数，Chapter3\LogicalAndPhysicalSectorSize 项目演示了如何通过 DeviceIoControl 函数获取逻辑和物理扇区大小。

3.3　逻辑驱动器和目录

3.3.1　逻辑驱动器操作

SetVolumeLabel 函数用于为一个卷（逻辑驱动器）设置卷标：

```
BOOL WINAPI SetVolumeLabel(
    _In_opt_ LPCTSTR lpRootPathName,// 逻辑驱动器根目录的字符串，例如"C:\\"，反斜杠不可省
    _In_opt_ LPCTSTR lpVolumeName); // 新的卷标名称，最大长度为 32 个字符
```

如果 lpRootPathName 参数设置为 NULL，则使用当前目录的根目录；如果 lpVolumeName 参数设置为 NULL，则删除卷标。例如下面的代码：

```
SetVolumeLabel(TEXT("C:\\"), TEXT("系统"));
```

执行上面的代码设置卷标前后效果如图 3.8 所示。

图 3.8

GetVolumeInformation 函数可以获取一个逻辑驱动器的详细信息，例如卷标名称、卷序列号等：

```
BOOL WINAPI GetVolumeInformation(
    _In_opt_  LPCTSTR lpRootPathName,          // 逻辑驱动器根目录的字符串
    _Out_opt_ LPTSTR  lpVolumeNameBuffer,       // 指向一个字符串缓冲区，用来返回卷标名称
    _In_      DWORD   nVolumeNameSize,          // 卷标名称缓冲区的大小，字符单位
    _Out_opt_ LPDWORD lpVolumeSerialNumber,     // 返回卷序列号
    _Out_opt_ LPDWORD lpMaximumComponentLength, // 返回文件系统支持的最大文件名长度，通常是 255
    _Out_opt_ LPDWORD lpFileSystemFlags,        // 返回一些文件系统标志
    _Out_opt_ LPTSTR  lpFileSystemNameBuffer,   // 指向一个字符串缓冲区，用来返回文件系统名称
    _In_      DWORD   nFileSystemNameSize);     // 文件系统名称缓冲区的大小，字符单位
```

- lpVolumeSerialNumber 参数指向的 DWORD 变量返回卷序列号，卷序列号是格式化硬盘时操作系统分配的一个序号，卷序列号在每次格式化硬盘后都可能发生变化。后面将介绍如何获取硬盘制造商为一块硬盘分配的固定不变的硬盘序列号（例如 WD-WXS1E32RSVAY）。
- lpMaximumComponentLength 参数指向的 DWORD 变量返回文件系统支持的最大文件名长度。参数名称 Maximum Component Length 的字面意思是文件名组件的最大长度，文件名组件是指一个完整路径文件名中以反斜杠 "\" 分隔的每一部分，该参数通常返回 255。
- lpFileSystemFlags 参数指向的 DWORD 变量返回一些文件系统标志，该参数可以是以下值的组合（仅列举部分），如表 3.10 所示。

表 3.10

常量	值	含义
FILE_CASE_SENSITIVE_SEARCH	0x00000001	卷支持区分大小写的文件名、目录名
FILE_CASE_PRESERVED_NAMES	0x00000002	卷在保存文件、目录时，保留文件名、目录名的大小写
FILE_UNICODE_ON_DISK	0x00000004	卷在磁盘上显示的文件名支持 Unicode
FILE_FILE_COMPRESSION	0x00000010	卷支持文件的压缩
FILE_SUPPORTS_ENCRYPTION	0x00020000	卷支持文件的加密
FILE_READ_ONLY_VOLUME	0x00080000	卷为只读
FILE_VOLUME_IS_COMPRESSED	0x00008000	卷是压缩卷

- lpFileSystemNameBuffer 参数指向一个字符串缓冲区，用来返回文件系统名称，例如 FAT32、NTFS、ReFS 等。

要获取系统中所有可用的逻辑驱动器，可以调用 GetLogicalDrives 函数：

```
DWORD WINAPI GetLogicalDrives(void);
```

该函数返回一个 32 位的 DWORD 值，每一位表示当前可用逻辑驱动器的位掩码，位 0 是驱动器 A，位 1 是驱动器 B，位 2 是驱动器 C，以此类推。假设调用 GetLogicalDrives 函数返回 0x000000FC（二进制的 11111100），代表系统中有 C ~ H 共 6 个逻辑驱动器。函数执行失败则返回值为 0。13.3.7 节将介绍一个使用逻辑驱动器位掩码 DWORD 值的示例。

GetLogicalDrives 函数返回的是一个 DWORD 位掩码，处理起来有些麻烦，通过调用 GetLogicalDriveStrings 函数可以返回字符串类型的逻辑驱动器列表：

```
DWORD WINAPI GetLogicalDriveStrings(
    _In_  DWORD   nBufferLength,    // lpBuffer 指向的缓冲区的大小，单位为字符，不包括终止的空字符
    _Out_ LPTSTR  lpBuffer);        // 指向缓冲区的指针
```

lpBuffer 参数是一个指向缓冲区的指针，该缓冲区接收一系列以 0 结尾的字符串，每个字符串表示系统中的一个有效逻辑驱动器，最后一个字符串的后面有一个额外的空字符。

如果函数执行成功，则返回值是复制到缓冲区中的字符个数，否则返回值为 0。

可以两次调用 GetLogicalDriveStrings 函数，第一次调用设置 nBufferLength 为 0，设置 lpBuffer 为 NULL，函数会返回所需的缓冲区大小，包括最后一个字符串后面的额外空字符；然后分配合适大小的缓冲区，进行第二次调用。

逻辑驱动器可以是普通硬盘、移动硬盘、U 盘、光盘、内存中的虚拟盘等，通过调用 GetDriveType 函数可以确定逻辑驱动器的类型：

```
UINT WINAPI GetDriveType(_In_opt_ LPCTSTR lpRootPathName);
```

函数返回值确定逻辑驱动器的类型，可以是表 3.11 所示的值之一。

DRIVE_FIXED 指普通硬盘，包括固态硬盘和可移动硬盘，相对于以前的软盘、光盘一类的存储介质来说，Fixed 指的是硬盘固定在硬盘壳中不可拆卸。

表 3.11

常量	值	含义
DRIVE_UNKNOWN	0	无法确定驱动器类型
DRIVE_NO_ROOT_DIR	1	lpRootPathName 参数指定的根目录无效
DRIVE_REMOVABLE	2	驱动器是可移动介质，例如 U 盘
DRIVE_FIXED	3	驱动器具有固定介质，即普通硬盘中的逻辑驱动器
DRIVE_REMOTE	4	驱动器是远程（网络）驱动器
DRIVE_CDROM	5	驱动器是 CD-ROM 光盘驱动器
DRIVE_RAMDISK	6	驱动器是 RAM 磁盘

假设有台计算机中安装了一块 250G 的固态硬盘和一块 1T 的机械硬盘，在 USB 插口上连接一块移动硬盘和一块 U 盘，调用 GetDriveType 函数后，固态硬盘、机械硬盘和移动硬盘都会返回 DRIVE_FIXED，而 U 盘则会返回 DRIVE_REMOVABLE。如何区分计算机中安装的硬盘和 USB 插口上的移动硬盘呢？它们的接口类型是不同的，计算机中安装的硬盘通常使用 SATA 接口，而移动硬盘使用的是 USB 接口。如果需要确定一个驱动器是否为 USB 类型的驱动器，可以调用 SetupAPI 系列的 SetupDiGetDeviceRegistryProperty 函数（指定 SPDRP_REMOVAL_POLICY 属性）或 DeviceIoControl 函数。

如果需要获取一个逻辑驱动器的总容量或空闲磁盘空间，可以使用 GetDiskFreeSpace 函数：

```
BOOL WINAPI GetDiskFreeSpace(
    _In_  LPCTSTR lpRootPathName,            // 逻辑驱动器根目录的字符串
    _Out_ LPDWORD lpSectorsPerCluster,       // 一个指向 DWORD 变量的指针，返回每簇扇区数
    _Out_ LPDWORD lpBytesPerSector,          // 一个指向 DWORD 变量的指针，返回每扇区字节数
    _Out_ LPDWORD lpNumberOfFreeClusters,    // 一个指向 DWORD 变量的指针，返回空闲的簇总数
    _Out_ LPDWORD lpTotalNumberOfClusters);  // 一个指向 DWORD 变量的指针，返回簇总数
```

调用 GetDiskFreeSpace 获取逻辑驱动器的总容量或空闲磁盘空间的时候，可以参考如下公式：

$$驱动器的总容量 = 簇总数 \times 每簇扇区数 \times 每扇区字节数$$
$$空闲磁盘空间 = 空闲的簇总数 \times 每簇扇区数 \times 每扇区字节数$$

如果觉得 GetDiskFreeSpace 函数计算起来比较麻烦，可以使用 GetDiskFreeSpaceEx 函数：

```
BOOL WINAPI GetDiskFreeSpaceEx(
    _In_opt_  LPCTSTR          lpDirectoryName,         // 驱动器根目录(也可以是子目录) 的字符串
    _Out_opt_ PULARGE_INTEGER lpFreeBytesAvailable,     // 程序可用的空闲磁盘空间
    _Out_opt_ PULARGE_INTEGER lpTotalNumberOfBytes,     // 驱动器的总容量
    _Out_opt_ PULARGE_INTEGER lpTotalNumberOfFreeBytes); // 空闲磁盘空间
```

3.3.2 目录操作

要创建一个目录可以使用 CreateDirectory 函数：

```
BOOL WINAPI CreateDirectory(
    _In_      LPCTSTR                lpPathName,          // 要创建的目录名称
    _In_opt_  LPSECURITY_ATTRIBUTES lpSecurityAttributes);// 指向安全属性结构的指针
```

创建一个目录时需要注意以下两点。

（1）如果指定的目录已经存在，则函数调用会失败，调用 GetLastError 函数会返回 ERROR_ ALREADY_EXISTS。如前所述，目录是一种特殊的文件，假设 F:\Downloads\Web 目录中存在一个名为 "JavaWeb" 的文件，没有后缀名，那么试图创建 F:\Downloads\Web\JavaWeb 这个目录也会失败，调用 GetLastError 函数会返回 ERROR_ALREADY_EXISTS。

（2）要创建的目录的所有上层目录必须都存在，如果一个或多个中间目录不存在，则函数调用会失败，调用 GetLastError 函数会返回 ERROR_PATH_NOT_FOUND。

要删除一个目录可以使用 RemoveDirectory 函数：

```
BOOL WINAPI RemoveDirectory(_In_ LPCTSTR lpPathName);   // 要删除的目录名称
```

该函数只能删除一个空目录，如果指定的目录中存在任何文件或子目录，则函数调用会失败，调用 GetLastError 函数会返回 ERROR_DIR_NOT_EMPTY。

注意，调用 DeleteFile 函数删除文件和调用 RemoveDirectory 函数删除目录，文件、目录会被彻底删除，而不是移动到回收站。

如果要创建一个目录，必须首先创建该目录的父目录，要创建父目录还必须首先创建父目录的父目录，以此类推。如果要删除一个目录，必须首先删除该目录中的所有文件和子目录，要删除子目录还必须首先删除子目录中的所有文件和子目录下的目录，以此类推。我们利用前面所学的知识实现两个自定义函数，用于递归创建和删除一个目录：

```
// 创建目录
BOOL MyCreateDirectory(LPTSTR lpPathName)
{
    TCHAR szBuf[MAX_PATH] = { 0 };
    LPTSTR lp;

    // 首先判断目录是否已经存在
    if (PathFileExists(lpPathName))
        return TRUE;

    // 如果 F:\Downloads\Web\JavaWeb\末尾有一个\反斜杠，则删除
    if (lpPathName[_tcslen(lpPathName) - 1] == TEXT('\\'))
        lpPathName[_tcslen(lpPathName) - 1] = TEXT('\0');

    // 递归创建上一级目录
    lp = _tcsrchr(lpPathName, TEXT('\\'));
    for (int i = 0; i < lp - lpPathName; i++)
        szBuf[i] = *(lpPathName + i);
    MyCreateDirectory(szBuf);

    // 创建相应的目录
    if (CreateDirectory(lpPathName, NULL))
        return TRUE;

    return FALSE;
```

```
}

// 删除目录
BOOL MyRemoveDirectory(LPTSTR lpPathName)
{
    TCHAR szDirectory[MAX_PATH] = { 0 };
    TCHAR szSearch[MAX_PATH] = { 0 };
    TCHAR szDirFile[MAX_PATH] = { 0 };
    HANDLE hFindFile;
    WIN32_FIND_DATA fd = { 0 };

    // 如果路径结尾没有\则添加一个
    StringCchCopy(szDirectory, _countof(szDirectory), lpPathName);
    if (szDirectory[_tcslen(szDirectory) - 1] != TEXT('\\'))
        StringCchCat(szDirectory, _countof(szDirectory), TEXT("\\"));

    // 拼接搜索字符串
    StringCchCopy(szSearch, _countof(szSearch), szDirectory);
    StringCchCat(szSearch, _countof(szSearch), TEXT("*.*"));
    // 递归遍历目录
    hFindFile = FindFirstFile(szSearch, &fd);
    if (hFindFile != INVALID_HANDLE_VALUE)
    {
        do
        {
            // 如果是代表当前目录的.或者代表上一级目录的..则跳过
            if (_tcscmp(fd.cFileName, TEXT(".")) == 0 || _tcscmp(fd.cFileName, TEXT("..")) == 0)
                continue;

            // 找到的文件或子目录名称
            StringCchCopy(szDirFile, _countof(szDirFile), szDirectory);
            StringCchCat(szDirFile, _countof(szDirFile), fd.cFileName);

            // 处理本次找到的文件或子目录
            if (fd.dwFileAttributes & FILE_ATTRIBUTE_DIRECTORY)
            {
                // 如果是目录，递归调用
                MyRemoveDirectory(szDirFile);
            }
            else
            {
                // 删除只读属性
                if (fd.dwFileAttributes & FILE_ATTRIBUTE_READONLY)
                    SetFileAttributes(szDirFile, fd.dwFileAttributes & ~FILE_ATTRIBUTE_
READONLY);
                // 删除文件
                DeleteFile(szDirFile);
            }
        } while (FindNextFile(hFindFile, &fd));

        // 关闭查找句柄
```

```
        FindClose(hFindFile);
    }
    // 删除相应的目录
    if (RemoveDirectory(lpPathName))
        return TRUE;

    return FALSE;
}
```

完整代码参见 DeepCreateAndRemoveDirectory 项目。

如果需要对一个目录中的所有文件（包括子目录中的）进行某种操作，只需要稍微修改本例即可。有一点需要注意，如果要查找的是"*.exe"一类具有指定扩展名的文件而不是"*.*"的话，则拼接的搜索文件名不能使用"*.exe"，因为这样做会过滤掉子目录，正确的做法是使用"*.*"当作要搜索的文件名，在处理找到的文件时再对文件名进行判断，直接忽略扩展名不是".exe"的文件。

程序设计中经常需要获取一些特殊的目录。

（1）Windows 目录：Windows 操作系统的安装目录，通常是 C:\WINDOWS。

（2）系统目录：Windows 目录下存放系统文件（例如动态链接库和驱动程序）的目录，通常是 C:\WINDOWS\system32。

（3）临时目录：存放临时文件的目录，在磁盘空间不足时系统会自动删除该目录中的文件，通常是 C:\Users\用户名\AppData\Local\Temp\。

程序需要动态获取这些目录，而不能假定为一个固定的目录，例如，当编写系统级别的动态链接库文件（以下简称 DLL 文件）时可能需要将其复制到 Windows 目录或系统目录中去，而在创建临时文件时最好使用系统的临时目录。

获取这些目录的对应函数如下：

```
UINT GetWindowsDirectory(_Out_ LPTSTR lpBuffer, _In_ UINT uSize);
UINT GetSystemDirectory(_Out_ LPTSTR lpBuffer, _In_ UINT uSize);
UINT GetTempPath(_In_ UINT uSize, _Out_ LPTSTR lpBuffer);
```

以上几个函数的 uSize 参数指定缓冲区的大小，以字符为单位，通常设置为 MAX_PATH。如果函数执行成功，返回值是复制到缓冲区中的字符个数，则不包括终止的空字符；如果函数执行失败，则返回值为 0。

GetTempPath 函数返回的字符串中末尾有一个反斜杠"\"，GetWindowsDirectory 和 GetSystemDirectory 函数返回的则没有，不过这不是问题，在拼接路径时我们通常应该检查末尾有没有反斜杠"\"。GetTempPath 函数按照以下顺序获取临时文件目录，并使用找到的第一个路径。

（1）TMP 环境变量指定的路径。

（2）TEMP 环境变量指定的路径。

（3）USERPROFILE 环境变量指定的路径。

（4）Windows 目录。

GetUserName 函数用于获取系统的当前登录用户名：

```
BOOL WINAPI GetUserName(
```

```
    _Out_    LPTSTR lpBuffer,  // 用于返回用户名的缓冲区，最大字符个数为 UNLEN(256, 在 Lmcons.h 中定义)
    _Inout_ LPDWORD lpnSize);  // 指定缓冲区的大小(字符)，返回复制到缓冲区中的字符数(包括终止空字符)
```

应用程序应该安装在 Program Files 目录中，字体文件应该存放在字体专用目录中，Windows 提供了一个新函数 SHGetKnownFolderPath 来获取这些目录。SHGetKnownFolderPath 函数用于获取指定目录的完整路径：

```
HRESULT SHGetKnownFolderPath(
    _In_      REFKNOWNFOLDERID rfid,       // 标识一个目录的 GUID，通过该 GUID 来指定一个目录
    _In_      DWORD            dwFlags,     // 一些标志，可以设置为 0
    _In_opt_  HANDLE           hToken,      // 用户的访问令牌，通常设置为 NULL
    _Out_     PWSTR            *ppszPath);  // 一个指向 PWSTR 类型变量的指针，返回指定目录的完整路径
```

rfid 参数是标识一个目录的 GUID。我们看一下 REFKNOWNFOLDERID 类型的定义：

```
#define REFKNOWNFOLDERID const KNOWNFOLDERID &
typedef GUID KNOWNFOLDERID;
typedef struct _GUID {
    unsigned long  Data1;
    unsigned short Data2;
    unsigned short Data3;
    unsigned char  Data4[ 8 ];
} GUID;
```

可以看到，REFKNOWNFOLDERID 类型就是对一个 GUID 类型变量的引用（C++语法）。

GUID 是 Globally Unique Identifier 的缩写，指全局唯一标识符，GUID 是一个 128 位也就是 16 字节的二进制数，格式为 "XXXXXXXX-XXXX-XXXX-XXXX-XXXXXXXXXXXX"，其中每个 X 是 0 ~ 9 或 A ~ F 范围内的一个十六进制数字，例如 6F9619FF-8B86-D011-B42D-00C04FC964FF。GUID 的生成使用网卡 MAC、纳秒级时间、芯片 ID 码和许多可能的数字，保证每次生成的 GUID 永远不会重复，无论是同一台计算机还是不同的计算机，一个 GUID 在同一时空中的所有机器上都是唯一的。

常用的目录及其对应的 GUID 如表 3.12 所示。

表 3.12

GUID	含义
F38BF404-1D43-42F2-9305-67DE0B28FC23	Windows 目录，C:\WINDOWS
1AC14E77-02E7-4E5D-B744-2EB1AE5198B7	系统目录，C:\WINDOWS\system32
0762D272-C50A-4BB0-A382-697DCD729B80	用户目录，C:\Users
5E6C858F-0E22-4760-9AFE-EA3317B67173	当前用户目录，C:\Users\用户名
B4BFCC3A-DB2C-424C-B029-7FE99A87C641	用户桌面文件夹，C:\Users\用户名\Desktop
FDD39AD0-238F-46AF-ADB4-6C85480369C7	文档文件夹（我的文档），C:\Users\用户名\Documents
905E63B6-C1BF-494E-B29C-65B732D3D21A	应用程序安装目录，C:\Program Files(x86)，如果是 64 位程序则是 C:\Program Files
62AB5D82-FDC1-4DC3-A9DD-070D1D495D97	应用程序数据的目录（所有用户），存放程序的图标、快捷方式、程序设置和程序使用过程中产生的数据等，C:\ProgramData

续表

GUID	含义
F1B32785-6FBA-4FCF-9D55-7B8E7F157091	应用程序数据的目录（当前用户），存放程序的配置文件和临时文件等，C:\Users\用户名\AppData\Local，该目录称为本地用户配置文件目录
3EB685DB-65F9-4CF6-A03A-E3EF65729F3D	应用程序数据的目录（当前用户），存放程序的配置文件和临时文件等，C:\Users\用户名\AppData\Roaming，该目录称为漫游用户配置文件，漫游用户配置文件是本地用户配置文件的副本，该副本被存储到服务器上（应用程序提供的服务器），如果用户在另一台计算机使用相应的程序，会从程序服务器中下载用户以前保存的配置文件
8983036C-27C0-404B-8F08-102D10DCFD74	用鼠标右键单击发送到的目录，C:\Users\用户名\AppData\Roaming\Microsoft\Windows\SendTo
82A5EA35-D9CD-47C5-9629-E15D2F714E6E	开机自动启动程序目录（所有用户），C:\ProgramData\Microsoft\Windows\Start Menu\Programs\Startup
B97D20BB-F46A-4C97-BA10-5E3608430854	开机自动启动程序目录（当前用户），C:\Users\用户名\AppData\Roaming\Microsoft\Windows\Start Menu\Programs\ Startup
374DE290-123F-4565-9164-39C4925E467B	用户下载文件夹，C:\Users\用户名\Downloads
FD228CB7-AE11-4AE3-864C-16F3910AB8FE	字体文件夹，C:\Windows\Fonts

SHGetKnownFolderPath 函数需要 Shlobj.h 头文件。如果函数执行成功，则返回值为 S_OK；如果函数执行失败，则返回值为 E_FAIL 或 E_INVALIDARG，可以使用 SUCCEEDED（返回值）宏来判断函数是否执行成功。

新版本的 Windows 提供了很多新的函数，这些函数功能更加强大，但是使用起来有点复杂，一些老版本的函数在内部都是通过调用新函数来实现的。使用 SHGetKnownFolderPath 函数获取文档目录完整路径的代码如下：

```
GUID guid;
PWSTR lpPath;
HRESULT hResult;

// 文档目录对应的 GUID 是 FDD39AD0-238F-46AF-ADB4-6C85480369C7
UuidFromString((RPC_WSTR)TEXT("FDD39AD0-238F-46AF-ADB4-6C85480369C7"), &guid);
hResult = SHGetKnownFolderPath(guid, 0, NULL, &lpPath);
if (SUCCEEDED(hResult))
{
    MessageBox(hwndDlg, lpPath, TEXT("文档目录完整路径"), MB_OK);
    CoTaskMemFree(lpPath);
}
```

UuidFromString 函数用于把一个字符串形式的 GUID 转换为 GUID 类型，后面的 WinSock 网络编程会讲解这个函数，UuidFromString 函数需要 Rpcdce.h 头文件和 Rpcrt4.lib 导入库。也可以不使用 UuidFromString 函数，直接为 guid 变量赋值：

```
GUID guid = { 0xFDD39AD0, 0x238F, 0x46AF, {0xAD, 0xB4, 0x6C, 0x85, 0x48, 0x03, 0x69, 0xC7} };
```

SHGetKnownFolderPath 函数的 ppszPath 参数是一个指向 PWSTR 类型变量的指针，函数会自动分配所需的缓冲区，并在该缓冲区中返回指定目录的完整路径。当不再需要该缓冲区时，需要调用

CoTaskMemFree 函数释放：

```
VOID CoTaskMemFree(_In_opt_ LPVOID pv);
```

3.3.3   环境变量

　　每个进程都有一个环境块，环境块是一个字符串数组，每个字符串是一组环境变量及其值。环境变量有两种类型：用户环境变量（为每个用户设置）和系统环境变量（为所有用户设置）。打开控制面板→系统→高级系统设置→高级选项卡，单击"环境变量"按钮，可以看到如图 3.9 所示窗口。

图 3.9

　　默认情况下，子进程继承其父进程的环境变量，由命令行启动的程序将继承 cmd 进程的环境变量。

　　调用 GetEnvironmentStrings 函数可以返回一个指向调用进程的环境块的指针：

```
LPTSTR WINAPI GetEnvironmentStrings(void);
```

　　如果函数执行成功，则返回值是指向当前进程环境块的指针，格式为"环境变量=环境变量值"，该函数返回的环境块包括用户环境变量和系统环境变量；如果函数执行失败，则返回值为 NULL。环境块中是以下格式的环境变量组，最后一个字符串的末尾有一个额外的空字符：

```
Var1=Value1\0
Var2=Value2\0
Var3=Value3\0
...
VarN=ValueN\0\0
```

例如下面的代码:

```
INT_PTR CALLBACK DialogProc(HWND hwndDlg, UINT uMsg, WPARAM wParam, LPARAM lParam)
{
    static HWND hwndEdit;
    LPTSTR lpEnvironmentStrings;

    switch (uMsg)
    {
    case WM_INITDIALOG:
        hwndEdit = GetDlgItem(hwndDlg, IDC_EDIT_ENV);
        return TRUE;

    case WM_COMMAND:
        switch (LOWORD(wParam))
        {
        case IDC_BTN_LOOK:
            SetWindowText(hwndEdit, TEXT(""));

            lpEnvironmentStrings = GetEnvironmentStrings();
            while (lpEnvironmentStrings[0] != TEXT('\0'))
            {
                SendMessage(hwndEdit, EM_SETSEL, -1, -1);
                SendMessage(hwndEdit, EM_REPLACESEL, TRUE, (LPARAM)lpEnvironment Strings);
                SendMessage(hwndEdit, EM_SETSEL, -1, -1);
                SendMessage(hwndEdit, EM_REPLACESEL, TRUE, (LPARAM)TEXT("\n"));

                lpEnvironmentStrings += _tcslen(lpEnvironmentStrings) + 1;
            }
            break;

        case IDCANCEL:
            EndDialog(hwndDlg, 0);
            break;
        }
        return TRUE;
    }

    return FALSE;
}
```

完整代码参见 GetEnvironmentStringsDemo 项目。程序运行效果如图 3.10 所示。

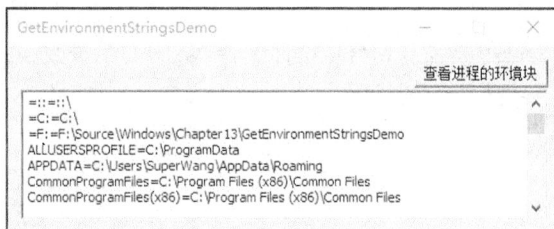

图 3.10

调用 GetEnvironmentVariable 函数可以获取当前进程中指定环境变量的值：

```
DWORD WINAPI GetEnvironmentVariable(
    _In_opt_  LPCTSTR lpName,      // 环境变量的名称
    _Out_opt_ LPTSTR  lpBuffer,    // 指向接收环境变量值(内容)的缓冲区
    _In_      DWORD   nSize);      // 缓冲区的大小,最大为 32767 个字符
```

如果函数执行成功，则返回值是复制到 lpBuffer 指向的缓冲区中的字符数，不包括终止的空字符；如果函数执行失败，则返回值为 0。为了获取准确的缓冲区大小，可以两次调用 GetEnvironmentVariable 函数，第一次调用时 lpBuffer 参数设置为 NULL，nSize 参数设置为 0，函数返回所需的缓冲区大小，包括终止的空字符。

调用 SetEnvironmentVariable 函数可以设置当前进程中指定环境变量的值：

```
BOOL WINAPI SetEnvironmentVariable(
    _In_     LPCTSTR lpName,       // 环境变量的名称
    _In_opt_ LPCTSTR lpValue);     // 环境变量的值,最大为 32767 个字符
```

如果 lpName 参数指定的环境变量不存在，且 lpValue 参数不为 NULL，系统将创建该环境变量；如果 lpName 参数指定了一个环境变量，且 lpValue 参数设置为 NULL，将从当前进程的环境块中删除该环境变量。

注意，每个进程都有一个环境块，调用 SetEnvironmentVariable 函数不会改变其他进程的环境变量，也不会改变系统环境变量的值。

系统环境变量与注册表 HKEY_LOCAL_MACHINE\SYSTEM\CurrentControlSet\Control\Session Manager\ Environment 下面的环境变量是一一对应的，要添加或修改系统环境变量，可以操作注册表，然后广播一个 WM_SETTINGCHANGE 消息（将 lParam 参数设置为字符串"Environment"），其他应用程序会收到该系统信息更改的通知。

当不再需要环境块时，应该调用 FreeEnvironmentStrings 函数释放：

```
BOOL WINAPI FreeEnvironmentStrings(_In_ LPTSTR lpszEnvironmentBlock);  // 当前进程的环境块
                                                                       // 的指针
```

一个比较重要的函数，ExpandEnvironmentStrings 函数用于展开环境变量字符串，将其替换为当前用户定义的值：

```
DWORD WINAPI ExpandEnvironmentStrings(
    _In_      LPCTSTR lpSrc,    // 包含一个或多个环境变量字符串的缓冲区,格式为%variableName%
    _Out_opt_ LPTSTR  lpDst,    // 返回 lpSrc 缓冲区中展开环境变量字符串结果的缓冲区
    _In_      DWORD   nSize);   // lpDst 参数指向的缓冲区的大小,以字符为单位
```

如果函数执行成功，则返回值是复制到目标缓冲区 lpDst 中的字符数，否则返回值为 NULL。

关于如何使用该函数，可参考下面的代码：

```
INT_PTR CALLBACK DialogProc(HWND hwndDlg, UINT uMsg, WPARAM wParam, LPARAM lParam)
{
    static HWND hwndEdit;

    LPCTSTR lpSrc[] = {
```

```
        TEXT("SystemDrive\t= %SystemDrive%"),
        TEXT("windir\t\t= %windir%"),
        TEXT("TEMP\t\t= %TEMP%"),
        TEXT("ProgramFiles\t= %ProgramFiles%"),
        TEXT("USERNAME\t= %USERNAME%"),
        TEXT("USERPROFILE\t= %USERPROFILE%"),
        TEXT("ALLUSERSPROFILE\t= %ALLUSERSPROFILE%"),
        TEXT("APPDATA\t\t= %APPDATA%"),
        TEXT("LOCALAPPDATA\t= %LOCALAPPDATA%") };
    TCHAR szDst[BUFFER_SIZE] = { 0 };

    switch (uMsg)
    {
    case WM_INITDIALOG:
        hwndEdit = GetDlgItem(hwndDlg, IDC_EDIT_ENV);
        return TRUE;

    case WM_COMMAND:
        switch (LOWORD(wParam))
        {
        case IDC_BTN_LOOK:
            for (int i = 0; i < _countof(lpSrc); i++)
            {
                ExpandEnvironmentStrings(lpSrc[i], szDst, BUFFER_SIZE);

                SendMessage(hwndEdit, EM_SETSEL, -1, -1);
                SendMessage(hwndEdit, EM_REPLACESEL, TRUE, (LPARAM)szDst);
                SendMessage(hwndEdit, EM_SETSEL, -1, -1);
                SendMessage(hwndEdit, EM_REPLACESEL, TRUE, (LPARAM)TEXT("\n"));
            }
            break;

        case IDCANCEL:
            EndDialog(hwndDlg, 0);
            break;
        }
        return TRUE;
    }

    return FALSE;
}
```

完整代码参见 ExpandEnvironmentStringsDemo 项目。程序执行效果如图 3.11 所示。

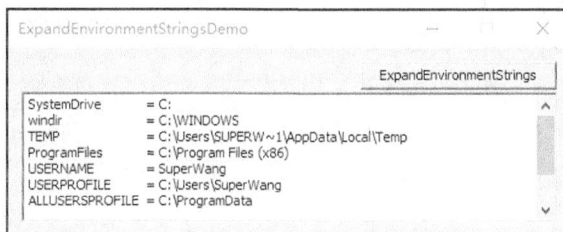

图 3.11

3.3.4　SHFileOperation 函数

CopyFile 函数用于复制文件。MoveFile 函数用于移动文件（目录），如果移动的是文件，目标文件名可以位于同一个逻辑驱动器中也可以位于其他逻辑驱动器中；如果移动的是目录，目标目录名必须位于同一个逻辑驱动器中。DeleteFile 函数用于删除一个文件。RemoveDirectory 函数用于删除一个目录（必须是空目录）。如何复制一个目录？如何把一个目录移动到其他逻辑驱动器中？如何删除一个非空目录？利用前面所学的知识，完全可以实现这些目的。但是，微软公司提供了更简单的方法，即 SHFileOperation 函数。SHFileOperation 函数用于复制、移动、重命名或删除一个文件（目录）：

```
int SHFileOperation(_Inout_ LPSHFILEOPSTRUCT lpFileOp);
```

lpFileOp 参数是一个指向 SHFILEOPSTRUCT 结构的指针，该结构包含操作类型及所需的信息，在 shellapi.h 头文件中定义如下：

```
typedef struct _SHFILEOPSTRUCT {
    HWND            hwnd;                    // 窗口句柄
    UINT            wFunc;                   // 指定执行哪个操作
    PCZZTSTR        pFrom;                   // 要操作的源文件(目录)名称
    PCZZTSTR        pTo;                     // 目标文件(目录)名称
    FILEOP_FLAGS    fFlags;                  // 控制文件(目录)操作的标志
    BOOL            fAnyOperationsAborted;   // 操作是否被用户取消(返回值)
    LPVOID          hNameMappings;           // 通常设置为 NULL
    PCTSTR          lpszProgressTitle;       // 通常设置为 NULL
} SHFILEOPSTRUCT, *LPSHFILEOPSTRUCT;
```

- wFunc 字段指定执行哪个操作，可以是表 3.13 所示的值之一。

表 3.13

常量	含义
FO_COPY	将 pFrom 字段中指定的文件（目录）复制到 pTo 字段指定的位置
FO_MOVE	将 pFrom 字段中指定的文件（目录）移动到 pTo 字段指定的位置
FO_RENAME	重命名 pFrom 字段指定的文件（目录）
FO_DELETE	删除 pFrom 字段指定的文件（目录）

- pFrom 字段指定要操作的源文件（目录）名称，应该使用完整路径名。pFrom 字段可以指定多个字符串，表示同时操作多个源文件（目录），最后一个字符串的末尾应该有一个额外的空字符，但是即使只操作一个源文件（目录），字符串也应该有一个额外的空字符，例如 TEXT("D:\\Test.txt\0");。
- pTo 字段指定目标文件（目录）名称，应该使用完整路径名。同样，pTo 字段可以指定多个字符串，表示多个目标文件（目录），最后一个字符串的末尾应该有一个额外的空字符，但是即使只有一个字符串也应该有一个额外的空字符。复制和移动操作可以指定不存在的目标目录，系统会创建它们。
- fFlags 字段是控制文件（目录）操作的标志，常见值如表 3.14 所示。

表 3.14

常量	含义
FOF_RENAMEONCOLLISION	如果在目标位置已经存在具有相同名称的文件（目录），则系统会自动指定一个新的文件（目录）名称
FOF_ALLOWUNDO	当删除文件（目录）时，SHFileOperation 函数会永久删除文件（目录），如果指定了 FOF_ALLOWUNDO 标志则会将文件（目录）放置到回收站
FOF_MULTIDESTFILES	可以指定多个源文件（目录）与目标文件（目录）
FOF_NOCONFIRMMKDIR	如果操作需要创建一个新目录，则不要弹出对话框提示用户是否创建
FOF_SIMPLEPROGRESS	显示一个操作进度对话框，可以通过 lpszProgressTitle 字段设置一个对话框标题
FOF_SILENT	不显示操作进度对话框
FOF_NOERRORUI	如果发生错误，则不要弹出对话框通知用户
FOF_NOCONFIRMATION	对于弹出的所有对话框，全部答复是（确定）
FOF_NO_UI	执行静默操作，不向用户显示任何对话框，等于 FOF_SILENT | FOF_NOCONFIRMATION | FOF_NOERRORUI | FOF_NOCONFIRMMKDIR

- fAnyOperationsAborted 字段表示操作在完成前是否被用户取消。当函数返回时，如果操作在完成之前被用户中止，则该字段的值为 TRUE；否则为 FALSE。

如果函数执行成功，则返回值为 0；如果函数执行失败，则返回值为非零。如果需要判断操作是否被用户取消，可以在函数返回以后判断 fAnyOperationsAborted 字段返回的值。

3.3.5 监视目录变化

要监视一个目录中的文件、目录的变化信息，例如新建、删除、重命名文件或目录，可以使用 ReadDirectoryChangesW 函数：

```
BOOL WINAPI ReadDirectoryChangesW(
    _In_        HANDLE          hDirectory,         // 要监视的目录的句柄，需要 FILE_LIST_DIRECTORY
                                                    // 访问权限
    _Out_       LPVOID          lpBuffer,           // 返回目录变化信息的缓冲区
    _In_        DWORD           nBufferLength,      // lpBuffer 参数指向的缓冲区大小，以字节为单位
    _In_        BOOL            bWatchSubtree,      // 设置为 TRUE 表示同时监视子目录，FALSE 则不监控
    _In_        DWORD           dwNotifyFilter,     // 监视类型
    _Out_opt_   LPDWORD         lpBytesReturned,    // 返回写入 lpBuffer 参数中的字节数，可为 NULL
    _Inout_opt_ LPOVERLAPPED    lpOverlapped,       // 指向 OVERLAPPED 结构的指针，用于异步操作，可为 NULL
    _In_opt_    LPOVERLAPPED_COMPLETION_ROUTINE lpCompletionRoutine);// 指向完成例程的指针，
                                                    // 可为 NULL
```

- hDirectory 参数指定要监视的目录的句柄，必须具有对该目录的 FILE_LIST_DIRECTORY 访问权限。要获得一个目录的句柄，可以调用 CreateFile 函数。CreateFile 函数不能创建目录，但是可以打开目录获得一个目录句柄，调用 CreateFile 函数打开目录时，dwFlagsAndAttributes 参数需要指定 FILE_FLAG_BACKUP_SEMANTICS 标志。
- lpBuffer 参数是返回目录变化信息的缓冲区，函数返回以后将该缓冲区解析为一个 FILE_NOTIFY_INFORMATION 结构，即可获取文件、目录变化的信息。

- dwNotifyFilter 参数表示监视类型，可以是表 3.15 所示的值之一，对于同步操作，直到发生指定的事件时函数才返回。

表 3.15

常量	值	含义
FILE_NOTIFY_CHANGE_FILE_NAME	0x00000001	监视文件名更改（例如创建、删除或重命名文件）
FILE_NOTIFY_CHANGE_DIR_NAME	0x00000002	监视目录名更改（例如创建、删除或重命名目录）
FILE_NOTIFY_CHANGE_ATTRIBUTES	0x00000004	监视文件、目录的属性更改
FILE_NOTIFY_CHANGE_SIZE	0x00000008	监视文件大小变化
FILE_NOTIFY_CHANGE_LAST_WRITE	0x00000010	监视对文件的最后写入时间的更改
FILE_NOTIFY_CHANGE_LAST_ACCESS	0x00000020	监视对文件的最后访问时间的更改
FILE_NOTIFY_CHANGE_CREATION	0x00000040	监视对文件的创建时间的更改
FILE_NOTIFY_CHANGE_SECURITY	0x00000100	监视文件、目录的安全描述符的更改

对于同步操作，直到指定目录中的文件、目录发生变化时，ReadDirectoryChangesW 函数才返回，函数返回后可以把 lpBuffer 参数指向的缓冲区解析为一个 FILE_NOTIFY_INFORMATION 结构，即可获取文件、目录变化的信息，FILE_NOTIFY_INFORMATION 结构在 winnt.h 头文件中定义如下：

```
typedef struct _FILE_NOTIFY_INFORMATION {
    DWORD NextEntryOffset;      // 下一个 FILE_NOTIFY_INFORMATION 结构的偏移地址
    DWORD Action;               // 发生变化的类型
    DWORD FileNameLength;       // 文件、目录名的大小，以字节为单位
    WCHAR FileName[1];          // 可变长度的文件、目录名，并不以零结尾，而是依靠 FileNameLength 字段
} FILE_NOTIFY_INFORMATION, * PFILE_NOTIFY_INFORMATION;
```

FILE_NOTIFY_INFORMATION 结构是可变长度的，因此 ReadDirectoryChangesW 函数的 lpBuffer 参数并不能简单地设置为一个指向 FILE_NOTIFY_INFORMATION 结构的指针，而应该设置为一个更大的缓冲区。

Action 字段表示发生变化的类型，可以是表 3.16 所示的值之一。

表 3.16

常量	值	含义
FILE_ACTION_ADDED	0x00000001	新建文件、目录，FILE_NOTIFY_INFORMATION.FileName 是新建文件、目录的名称
FILE_ACTION_REMOVED	0x00000002	删除文件、目录，FILE_NOTIFY_INFORMATION.FileName 是所删除文件、目录的名称
FILE_ACTION_MODIFIED	0x00000003	文件已修改（例如时间戳、文件大小、属性的修改），或创建了文件，或目录属性的修改
FILE_ACTION_RENAMED_OLD_NAME	0x00000004	文件、目录已重命名，FILE_NOTIFY_INFORMATION.FileName 是文件、目录的旧名称，FILE_NOTIFY_INFORMATION.NextEntryOffset 是下一个 FILE_NOTIFY_INFORMATION 结构的偏移地址，下一个 FILE_NOTIFY_INFORMATION 结构的 FileName 字段是文件、目录的新名称，在这种情况下，下一个 FILE_NOTIFY_INFORMATION 结构的 Action 字段通常是 FILE_ACTION_RENAMED_NEW_NAME(5)。除文件、目录重命名的情况外，FILE_NOTIFY_INFORMATION.NextEntryOffset 字段的值均为 0

常量	值	含义
FILE_ACTION_RENAMED_ NEW_NAME	0x00000005	文件、目录已重命名

下面实现一个监视指定目录变化的示例程序 DirectoryMonitor，程序运行效果如图 3.12 所示。

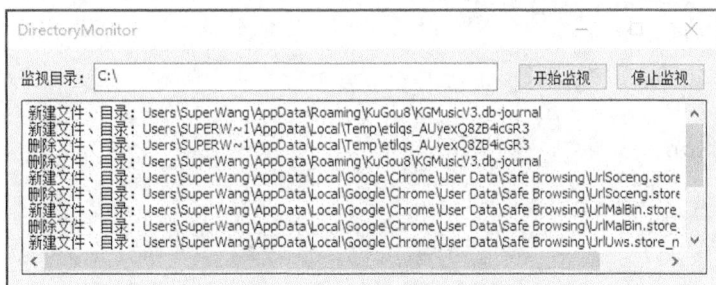

图 3.12

用户单击"开始监视"按钮，程序创建一个新线程开始监视目录变化，在线程函数中循环调用 ReadDirectoryChangesW 函数获取目录变化信息，如果指定目录中的文件、子目录发生变化就把变化结果写入全局变量缓冲区 g_szShowChanges，并调用 PostMessage 函数发送一个自定义消息 WM_ DIRECTORYCHANGES，主线程获取到自定义消息以后，在编辑控件中显示变化结果。具体请看如下代码：

```
#include <windows.h>
#include <shlwapi.h>
#include "resource.h"

#pragma comment(linker,"\"/manifestdependency:type='win32' \
    name='Microsoft.Windows.Common-Controls' version='6.0.0.0' \
    processorArchitecture='*' publicKeyToken='6595b64144ccf1df' language='*'\"")

#pragma comment(lib, "Shlwapi.lib")

// 自定义消息
#define WM_DIRECTORYCHANGES (WM_APP + 1)

// 全局变量
HWND g_hwndDlg;
BOOL g_bStarting;                        // 工作线程开始、结束标志
TCHAR g_szShowChanges[1024];             // 显示指定目录中文件、子目录变化结果所用的缓冲区

// 函数声明
INT_PTR CALLBACK DialogProc(HWND hwndDlg, UINT uMsg, WPARAM wParam, LPARAM lParam);
DWORD WINAPI ThreadProc(LPVOID lpParameter);

int WINAPI WinMain(HINSTANCE hInstance, HINSTANCE hPrevInstance, LPSTR lpCmdLine, int
nCmdShow)
```

```
    {
        DialogBoxParam(hInstance, MAKEINTRESOURCE(IDD_MAIN), NULL, DialogProc, NULL);
        return 0;
    }


INT_PTR CALLBACK DialogProc(HWND hwndDlg, UINT uMsg, WPARAM wParam, LPARAM lParam)
{
    static HWND hwndEditChanges;
    HANDLE hThread = NULL;

    switch (uMsg)
    {
    case WM_INITDIALOG:
        g_hwndDlg = hwndDlg;
        // 多行编辑控件窗口句柄
        hwndEditChanges = GetDlgItem(hwndDlg, IDC_EDIT_CHANGES);
        // 初始化监视目录编辑框
        SetDlgItemText(hwndDlg, IDC_EDIT_PATH, TEXT("C:\\"));
        return TRUE;

    case WM_COMMAND:
        switch (LOWORD(wParam))
        {
        case IDC_BTN_START:
            // 创建线程，开始监视目录变化
            g_bStarting = TRUE;
            hThread = CreateThread(NULL, 0, ThreadProc, NULL, 0, NULL);
            if (hThread)
                CloseHandle(hThread);
            break;

        case IDC_BTN_STOP:
            g_bStarting = FALSE;
            break;

        case IDCANCEL:
            EndDialog(hwndDlg, 0);
            break;
        }
        return TRUE;

    case WM_DIRECTORYCHANGES:
        // 处理自定义消息，显示 g_szShowChanges 中的目录变化结果
        SendMessage(hwndEditChanges, EM_SETSEL, -1, -1);
        SendMessage(hwndEditChanges, EM_REPLACESEL, TRUE, (LPARAM)g_szShowChanges);
        return TRUE;
    }

    return FALSE;
}
```

```
DWORD WINAPI ThreadProc(LPVOID lpParameter)
{
    TCHAR   szPath[MAX_PATH] = { 0 };           // 获取监视目录编辑控件中的路径
    HANDLE  hDirectory = INVALID_HANDLE_VALUE;  // 要监视的目录的句柄
    TCHAR   szBuffer[1024] = { 0 };             // 返回目录变化信息的缓冲区
    DWORD   dwBytesReturned;                     // 实际写入到缓冲区的字节数
    PFILE_NOTIFY_INFORMATION pFNI, pFNINext;
    TCHAR szFileName[MAX_PATH], szFileNameNew[MAX_PATH];

    // 清空多行编辑控件
    SetDlgItemText(g_hwndDlg, IDC_EDIT_CHANGES, TEXT(""));

    // 打开目录
    GetDlgItemText(g_hwndDlg, IDC_EDIT_PATH, szPath, _countof(szPath));
    hDirectory = CreateFile(szPath, /*GENERIC_READ | GENERIC_WRITE | */FILE_LIST_DIRECTORY,
        FILE_SHARE_READ | FILE_SHARE_WRITE | FILE_SHARE_DELETE,
        NULL, OPEN_EXISTING, FILE_FLAG_BACKUP_SEMANTICS, NULL);
    if (hDirectory == INVALID_HANDLE_VALUE)
    {
        MessageBox(g_hwndDlg, TEXT("CreateFile 函数调用失败"), TEXT("Error"), MB_OK);
        return 0;
    }

    while (g_bStarting)
    {
        if (!PathFileExists(szPath))
        {
            MessageBox(g_hwndDlg, TEXT("监视目录文件夹已被删除"), TEXT("Error"), MB_OK);
            return 0;
        }

        // 对于同步操作，直到指定目录中的文件、目录发生变化时，ReadDirectoryChangesW 函数才返回
        // 因此使用异步操作比较恰当一些
        ZeroMemory(szBuffer, sizeof(szBuffer));
        ReadDirectoryChangesW(hDirectory, szBuffer, sizeof(szBuffer), TRUE,
            FILE_NOTIFY_CHANGE_FILE_NAME | FILE_NOTIFY_CHANGE_DIR_NAME |
            FILE_NOTIFY_CHANGE_ATTRIBUTES | FILE_NOTIFY_CHANGE_SIZE |
            FILE_NOTIFY_CHANGE_LAST_WRITE | FILE_NOTIFY_CHANGE_LAST_ACCESS |
            FILE_NOTIFY_CHANGE_CREATION | FILE_NOTIFY_CHANGE_SECURITY,
            &dwBytesReturned, NULL, NULL);

        pFNI = (PFILE_NOTIFY_INFORMATION)szBuffer;
        ZeroMemory(szFileName, sizeof(szFileName));
        ZeroMemory(szFileNameNew, sizeof(szFileNameNew));
        memcpy_s(szFileName, sizeof(szFileName), pFNI->FileName, pFNI->FileNameLength);
        if (pFNI->NextEntryOffset)
        {
            pFNINext = (PFILE_NOTIFY_INFORMATION)((LPBYTE)pFNI + pFNI->NextEntryOffset);
            memcpy_s(szFileNameNew, sizeof(szFileNameNew),
```

```
                pFNINext->FileName, pFNINext->FileNameLength);
    }

    // 工作线程把目录变化结果写入 g_szShowChanges 中
    ZeroMemory(g_szShowChanges, sizeof(g_szShowChanges));
    switch (pFNI->Action)
    {
    case FILE_ACTION_ADDED:
        wsprintf(g_szShowChanges, TEXT("新建文件、目录：%s\n"), szFileName);
        PostMessage(g_hwndDlg, WM_DIRECTORYCHANGES, 0, 0);
        break;

    case FILE_ACTION_REMOVED:
        wsprintf(g_szShowChanges, TEXT("删除文件、目录：%s\n"), szFileName);
        PostMessage(g_hwndDlg, WM_DIRECTORYCHANGES, 0, 0);
        break;

    case FILE_ACTION_MODIFIED:
        wsprintf(g_szShowChanges, TEXT("修改文件、目录：%s\n"), szFileName);
        PostMessage(g_hwndDlg, WM_DIRECTORYCHANGES, 0, 0);
        break;

    case FILE_ACTION_RENAMED_OLD_NAME:
        wsprintf(g_szShowChanges, TEXT("文件目录重命名：%s  -->  %s\n"),
            szFileName, szFileNameNew);
        PostMessage(g_hwndDlg, WM_DIRECTORYCHANGES, 0, 0);
        break;
    }
}

    return 0;
}
```

ReadDirectoryChangesW 函数不会对 hDirectory 参数指定的监视目录本身进行监视，因此在线程函数的 while 循环中需要调用 PathFileExists 函数判断监视目录是否已被删除。

如果监视的是一个庞大的瞬息万变的目录，本例中采用的处理方法可能会漏掉一些目录变化信息，对此可以使用异步 I/O 操作，但是异步操作比较麻烦，第 9 章会详细介绍异步 I/O。

3.3.6　获取硬盘序列号

DeviceIoControl 函数用于向指定的设备驱动程序发送指定的控制代码。控制代码相当于一个命令，应用程序通过这种方式可以与硬件设备进行通信（读写数据）：

```
BOOL WINAPI DeviceIoControl(
    _In_        HANDLE      hDevice,            // 要在其上执行操作的设备的句柄
    _In_        DWORD       dwIoControlCode,    // 控制代码
    _In_opt_    LPVOID      lpInBuffer,         // 输入缓冲区
    _In_opt_    DWORD       nInBufferSize,      // 输入缓冲区的大小，以字节为单位
    _Out_opt_   LPVOID      lpOutBuffer,        // 输出缓冲区
```

```
    _Out_opt_    DWORD        nOutBufferSize,      // 输出缓冲区的大小，以字节为单位
    _Out_opt_    LPDWORD      lpBytesReturned,     // 实际返回到输出缓冲区的字节数
    _Inout_opt_  LPOVERLAPPED lpOverlapped);       // 用于异步操作的OVERLAPPED结构，可为NULL
```

- hDevice 参数指定要在其上执行操作的设备的句柄，设备可以是文件、目录、逻辑驱动器、物理驱动器等。要获取指定设备的句柄可以调用 CreateFile 函数，从名称上看 CreateFile 函数最初或许是为创建、打开文件而设计的，但是实际上 CreateFile 函数可以打开的对象有很多，例如文件、目录、逻辑驱动器、物理驱动器、串口、并口、邮件槽、命名管道客户端等。要获取指定设备的句柄，CreateFile 函数的 lpFileName 参数应该使用 "\\.\DeviceName" 的格式，例如：

```
\\.\C:                  // 打开逻辑驱动器 C 的句柄
\\.\PhysicalDrive0      // 打开物理驱动器 0 的句柄
```

例如下面的代码：

```
hDriver = CreateFile(TEXT("\\\\.\\PhysicalDrive0"), GENERIC_READ | GENERIC_WRITE,
    FILE_SHARE_READ | FILE_SHARE_WRITE | FILE_SHARE_DELETE, NULL, OPEN_EXISTING, 0, NULL);
```

- dwIoControlCode 参数指定控制代码，控制代码标识了要在其上执行操作的设备的类型以及要执行的特定操作，控制代码分为通讯、设备管理、目录管理、磁盘管理、文件管理、电源管理和卷管理等几个类别，合计有上百种控制代码。输入、输出缓冲区参数 lpInBuffer、nInBufferSize、lpOutBuffer 和 nOutBufferSize 都是可选类型的参数，因为有些控制代码可能只需要输入参数，有些控制代码可能只需要输出参数，指定不同的控制代码，输入、输出缓冲区参数都有不同的含义（通常对应一个结构）。DeviceIoControl 函数使用起来并不复杂，但是可用的控制代码特别多，因此这里只介绍几个控制代码，读者如果需要可以自行参考 MSDN。
- 如果 lpOverlapped 参数设置为 NULL，则 lpBytesReturned 参数不能为 NULL，因为即使操作不返回任何输出数据并且 lpOutBuffer 参数为 NULL 时，DeviceIoControl 函数也会用到 lpBytesReturned 参数；如果 lpOverlapped 参数不为 NULL，则 lpBytesReturned 参数可以为 NULL。

控制代码 IOCTL_STORAGE_QUERY_PROPERTY 用于查询存储设备或适配器的属性，这种情况下 DeviceIoControl 函数的用法如下所示：

```
BOOL WINAPI DeviceIoControl(
    _In_         HANDLE       hDevice,             // 要在其上执行操作的设备的句柄
    _In_         DWORD        dwIoControlCode,     // 控制代码 IOCTL_STORAGE_QUERY_PROPERTY
    _In_opt_     LPVOID       lpInBuffer,          // 输入缓冲区，STORAGE_PROPERTY_QUERY 结构的指针
    _In_opt_     DWORD        nInBufferSize,       // sizeof(STORAGE_PROPERTY_QUERY)
    _Out_opt_    LPVOID       lpOutBuffer,         // 输出缓冲区
    _Out_opt_    DWORD        nOutBufferSize,      // 输出缓冲区的大小，以字节为单位
    _Out_opt_    LPDWORD      lpBytesReturned,     // 实际返回到输出缓冲区的字节数
    _Inout_opt_  LPOVERLAPPED lpOverlapped);       // 用于异步操作的OVERLAPPED结构，可为NULL
```

- 输入缓冲区 lpInBuffer 参数指定为一个指向 STORAGE_PROPERTY_QUERY 结构的指针，STORAGE_PROPERTY_QUERY 结构在 winioctl.h 头文件中定义如下：

```
typedef struct _STORAGE_PROPERTY_QUERY {
    STORAGE_PROPERTY_ID PropertyId; // 属性 ID，STORAGE_PROPERTY_ID 枚举类型
    STORAGE_QUERY_TYPE QueryType;   // 要执行的查询类型，STORAGE_QUERY_TYPE 枚举类型
```

```
    BYTE                    AdditionalParameters[1];
} STORAGE_PROPERTY_QUERY, * PSTORAGE_PROPERTY_QUERY;
```

PropertyId 字段表示属性 ID，是一个 STORAGE_PROPERTY_ID 枚举类型，常用的值与含义如表 3.17 所示。

表 3.17

常量	值	含义
StorageDeviceProperty	0	查询设备描述符
StorageAdapterProperty	1	查询适配器描述符
StorageDeviceIdProperty	2	查询 SCSI 重要产品数据页提供的设备 ID
StorageDeviceUniqueIdProperty	3	查询设备唯一 ID
StorageDeviceWriteCacheProperty	4	查询写缓存属性
StorageMiniportProperty	5	查询微型端口驱动程序描述符

QueryType 字段表示要执行的查询类型，是一个 STORAGE_QUERY_TYPE 枚举类型，可用的值与含义如表 3.18 所示。

表 3.18

常量	值	含义
PropertyStandardQuery	0	查询相关描述符，例如设备描述符、适配器描述符、设备唯一 ID 等
PropertyExistsQuery	1	驱动程序是否支持指定的描述符，在这种情况下输出缓冲区参数 lpOutBuffer 和 nOutBufferSize 都可以设置为 NULL，DeviceIoControl 函数返回 TRUE 表示支持指定的描述符

- DeviceIoControl 函数返回后，输出缓冲区 lpOutBuffer 的含义取决于输入参数 lpInBuffer 指向的 STORAGE_PROPERTY_QUERY 结构的 PropertyId 字段的值，如表 3.19 所示。

表 3.19

PropertyId 字段所用常量	值	输出缓冲区 lpOutBuffer 对应的结构
StorageDeviceProperty	0	STORAGE_DEVICE_DESCRIPTOR
StorageAdapterProperty	1	STORAGE_ADAPTER_DESCRIPTOR
StorageDeviceIdProperty	2	STORAGE_DEVICE_ID_DESCRIPTOR
StorageDeviceUniqueIdProperty	3	STORAGE_DEVICE_UNIQUE_IDENTIFIER
StorageDeviceWriteCacheProperty	4	STORAGE_WRITE_CACHE_PROPERTY
StorageMiniportProperty	5	STORAGE_MINIPORT_DESCRIPTOR

STORAGE_DEVICE_DESCRIPTOR 结构在 winioctl.h 头文件中定义如下：

```
typedef struct _STORAGE_DEVICE_DESCRIPTOR {
    DWORD           Version;                // 该结构的大小，以字节为单位
    DWORD           Size;                   // 描述符的总大小（包括该结构），以字节为单位
    BYTE            DeviceType;             // 设备类型
    BYTE            DeviceTypeModifier;     // 设备类型修饰符
    BOOLEAN         RemovableMedia;         // 是否为可移动介质
```

```
    BOOLEAN            CommandQueueing;          // 是否支持命令队列
    DWORD              VendorIdOffset;           // 设备供应商 ID 字符串相对于结构开始的偏移
    DWORD              ProductIdOffset;          // 设备产品 ID 字符串相对于结构开始的偏移
    DWORD              ProductRevisionOffset;    // 设备产品修订版本字符串相对于结构开始的偏移
    DWORD              SerialNumberOffset;       // 设备序列号字符串相对于结构开始的偏移
    STORAGE_BUS_TYPE   BusType;                  // 设备连接到的总线的类型, STORAGE_BUS_TYPE 枚举类型
    DWORD              RawPropertiesLength;      // 总线特定属性数据的字节数
    BYTE               RawDeviceProperties[1];   // 总线特定属性数据的第 1 字节的占位符
} STORAGE_DEVICE_DESCRIPTOR, * PSTORAGE_DEVICE_DESCRIPTOR;
```

需要注意的是，输出缓冲区中返回的字符串均是 ASCII 格式。

BusType 字段表示设备连接到的总线（接口）的类型，是一个 STORAGE_BUS_TYPE 枚举类型：

```
typedef enum _STORAGE_BUS_TYPE {
    BusTypeUnknown = 0x00,              // 未知的总线类型
    BusTypeScsi = 0x1,                  // SCSI 总线类型
    BusTypeAtapi = 0x2,                 // ATAPI 总线类型
    BusTypeAta = 0x3,                   // ATA 总线类型
    BusType1394 = 0x4,                  // IEEE 1394 总线类型
    BusTypeSsa = 0x5,                   // SSA 总线类型
    BusTypeFibre = 0x6,                 // 光纤通道总线类型
    BusTypeUsb = 0x7,                   // USB 总线类型
    BusTypeRAID = 0x8,                  // RAID 总线类型
    BusTypeiScsi = 0x9,                 // iSCSI 总线类型
    BusTypeSas = 0xA,                   // 串行连接的 SCSI(SAS) 总线类型
    BusTypeSata = 0xB,                  // SATA 总线类型
    BusTypeSd = 0xC,                    // 安全数字(SD) 总线类型
    BusTypeMmc = 0xD,                   // 多媒体卡(MMC) 总线类型
    BusTypeVirtual = 0xE,               // 虚拟总线类型
    BusTypeFileBackedVirtual = 0xF,     // 文件支持的虚拟总线类型
    BusTypeMax = 0x10,
    BusTypeMaxReserved = 0x7F
} STORAGE_BUS_TYPE, * PSTORAGE_BUS_TYPE;
```

接下来实现一个获取物理驱动器产品 ID（ProductIdOffset）、序列号（SerialNumberOffset）和设备接口类型（BusType）的示例程序 GetHardDriveInfo，程序运行效果如图 3.13 所示。

笔者的笔记本内置一块 1TB 的希捷机械硬盘，为了提高机器性能，将一块 250GB 的三星固态硬盘安装在原光盘驱动器的位置，另外还连接了一块 USB 接口的 2TB 移动硬盘，图 3.13 中物理驱动器 0～2 分别是这 3 块硬盘的信息。如果把固态硬盘放置在原机械硬盘的位置，那么物理驱动器 0 就是固态硬盘。

代码如下：

```
#include <windows.h>
#include "resource.h"
```

图 3.13

```
// 函数声明
INT_PTR CALLBACK DialogProc(HWND hwndDlg, UINT uMsg, WPARAM wParam, LPARAM lParam);

int WINAPI WinMain(HINSTANCE hInstance, HINSTANCE hPrevInstance, LPSTR lpCmdLine, int
nCmdShow)
{
    DialogBoxParam(hInstance, MAKEINTRESOURCE(IDD_MAIN), NULL, DialogProc, NULL);
    return 0;
}

INT_PTR CALLBACK DialogProc(HWND hwndDlg, UINT uMsg, WPARAM wParam, LPARAM lParam)
{
    static HWND hwndEditInfo;
    TCHAR szDriverName[MAX_PATH] = { 0 };
    HANDLE hDriver;
    STORAGE_PROPERTY_QUERY storagePropertyQuery;        // 输入缓冲区
    CHAR cOutBuffer[1024] = { 0 };                       // 输出缓冲区
    PSTORAGE_DEVICE_DESCRIPTOR pStorageDeviceDesc;
    DWORD dwBytesReturned;
    CHAR szBuf[1024] = { 0 };
    LPCSTR arrBusType[] = {
    "未知的总线类型",            "SCSI 总线类型",              "ATAPI 总线类型",
    "ATA 总线类型",              "IEEE 1394 总线类型",        "SSA 总线类型",
    "光纤通道总线类型",          "USB",                       "RAID 总线类型",
    "iSCSI 总线类型",            "串行连接的 SCSI 总线类型",   "SATA",
    "安全数字 (SD) 总线类型",    "多媒体卡（MMC）总线类型",    "虚拟总线类型",
    "文件支持的虚拟总线类型"  };

    switch (uMsg)
    {
    case WM_INITDIALOG:
        hwndEditInfo = GetDlgItem(hwndDlg, IDC_EDIT_INFO);
        return TRUE;

    case WM_COMMAND:
        switch (LOWORD(wParam))
        {
        case IDC_BTN_GETINFO:
            for (int i = 0; i < 5; i++)
            {
                // 打开物理驱动器
                wsprintf(szDriverName, TEXT("\\\\.\\PhysicalDrive%d"), i);
                hDriver = CreateFile(szDriverName, GENERIC_READ | GENERIC_WRITE,
                    FILE_SHARE_READ | FILE_SHARE_WRITE | FILE_SHARE_DELETE,
                    NULL, OPEN_EXISTING, 0, NULL);
                if (hDriver == INVALID_HANDLE_VALUE)
                {
                    wsprintfA(szBuf, "打开物理驱动器%d 失败！\r\n\r\n", i);
                    SendMessage(hwndEditInfo, EM_SETSEL, -1, -1);
```

```
                        SendMessageA(hwndEditInfo, EM_REPLACESEL, TRUE, (LPARAM)szBuf);
                        continue;
                    }

                    // 控制代码 IOCTL_STORAGE_QUERY_PROPERTY
                    ZeroMemory(&storagePropertyQuery, sizeof(STORAGE_PROPERTY_QUERY));
                    storagePropertyQuery.PropertyId = StorageDeviceProperty;
                    storagePropertyQuery.QueryType = PropertyStandardQuery;
                    DeviceIoControl(hDriver, IOCTL_STORAGE_QUERY_PROPERTY,
                        &storagePropertyQuery, sizeof(STORAGE_PROPERTY_QUERY),
                        cOutBuffer, sizeof(cOutBuffer),
                        &dwBytesReturned, NULL);

                    pStorageDeviceDesc = (PSTORAGE_DEVICE_DESCRIPTOR)cOutBuffer;
                    wsprintfA(szBuf, "物理驱动器%d\r\n 产品 ID: \t%s\r\n 序列号: \t%s\r\n 接口类型:
\t%s\r\n\r\n", i, (LPBYTE)pStorageDeviceDesc + pStorageDeviceDesc->ProductIdOffset, (LPBYTE)
pStorageDeviceDesc + pStorageDeviceDesc->SerialNumberOffset, arrBusType[pStorageDeviceDesc->
BusType]);

                    SendMessage(hwndEditInfo, EM_SETSEL, -1, -1);
                    SendMessageA(hwndEditInfo, EM_REPLACESEL, TRUE, (LPARAM)szBuf);

                    // 关闭设备句柄
                    CloseHandle(hDriver);
                }
                break;

            case IDCANCEL:
                EndDialog(hwndDlg, 0);
                break;
            }
            return TRUE;
        }

    return FALSE;
    }
```

如果需要获取一个物理驱动器的大小、磁头数、柱面数等信息，可以使用控制代码 IOCTL_DISK_GET_DRIVE_GEOMETRY_EX。

WMI（Windows Management Instrumentation）是一项 Windows 管理技术，是一种与语言无关的编程模型，用户可以使用 WMI 来管理本地和远程计算机，通过 WMI 可以访问、配置、管理并监视几乎所有的 Windows 资源，所有 WMI 接口都是基于 COM 组件对象模型。通过 WMI 技术也可以获取计算机的相关硬件信息，例如硬盘序列号、主板序列号、BIOS 序列号、CPUID 和网卡地址等，请读者自行参考 Chapter3\GetComputerPhysicalInfoByWMI 示例程序。

通过 WMI 还可以获取 SMART 信息，SMART 称为自我监控、分析和报告技术（Self Monitoring、Analysis and Reporting Technology，SMART），可以对硬盘的温度、内部电路和盘片表面介质材料等进行监测，力求及时分析出硬盘可能发出的问题，并发出警告，从而保护数据不受损失，SMART 在 1996 年已经成为硬盘存储行业的一个技术标准，主流硬盘企业均支持此技术。SMART 信息是一段 512

字节的数据，存放在硬盘控制内存中，其中前 2 字节为 SMART 的版本信息，后面的数据中每 12 字节为一个 SMART 属性。

通过 DeviceIoControl 函数也可以获取 SMART 信息，程序可以通过发送控制代码 SMART_GET_VERSION 来获取磁盘设备是否支持 SMART 技术，还可以通过发送控制代码 SMART_RCV_DRIVE_DATA 来获取磁盘设备的 SMART 信息。

对绑定计算机的程序来说，通常都需要获取 CPUID 和硬盘序列号，还可以获取主板序列号、BIOS 序列号和 MAC 地址。一般不建议使用 WMI 来获取这些信息，因为速度比较慢，后文将介绍获取 CPUID 和 MAC 地址的方法。

3.3.7　可移动硬盘和 U 盘监控

用户通常使用移动介质（例如可移动硬盘、U 盘等）来复制办公文件或其他重要文件。对病毒木马来说，实现可移动硬盘、U 盘等的监控可以轻松获取用户的隐私数据。当计算机的硬件设备或硬件配置发生变化时，系统会向窗口过程广播一条 WM_DEVICECHANGE 消息。

- WM_DEVICECHANGE 消息的 wParam 参数表示发生的事件类型，常见的值如表 3.20 所示。

表 3.20

常量	值	含义
DBT_DEVICEARRIVAL	0x8000	已插入设备或媒体，并且现在可用
DBT_DEVICEQUERYREMOVE	0x8001	请求删除设备或媒体，任何应用程序都可以拒绝该请求并取消删除操作
DBT_DEVICEQUERYREMOVEFAILED	0x8002	删除设备或媒体的请求已被取消
DBT_DEVICEREMOVEPENDING	0x8003	设备或介质将被删除，应用程序无法拒绝
DBT_DEVICEREMOVECOMPLETE	0x8004	设备或媒体已被删除
DBT_DEVICETYPESPECIFIC	0x8005	发生了特定于设备的事件
DBT_CUSTOMEVENT	0x8006	发生了自定义事件
DBT_USERDEFINED	0xFFFF	用户自定义消息

- WM_DEVICECHANGE 消息的 lParam 参数是一个指向与具体事件相关的数据结构的指针，数据结构的类型取决于 wParam 参数的值。具体参见 MSDN 对 WM_DEVICECHANGE 消息的解释。

处理完 WM_DEVICECHANGE 消息后，返回 TRUE 表示接受请求，返回 BROADCAST_QUERY_DENY(0x424D5144)表示拒绝请求。

要实现对移动设备的监控，主要是对移动设备的插入和拔出进行监控，也就是对 DBT_DEVICEARRIVAL 和 DBT_DEVICEREMOVECOMPLETE 事件进行处理。

当发生 DBT_DEVICEARRIVAL 和 DBT_DEVICEREMOVECOMPLETE 事件时，应该首先把 lParam 参数看作一个指向 DEV_BROADCAST_HDR 结构的指针，该结构在 Dbt.h 头文件中定义如下：

```
typedef struct _DEV_BROADCAST_HDR {
    DWORD    dbch_size;              // 该结构的大小
    DWORD    dbch_devicetype;        // 设备类型
    DWORD    dbch_reserved;          // 保留字段
}DEV_BROADCAST_HDR, DBTFAR* PDEV_BROADCAST_HDR;
```

- dbch_devicetype 字段表示设备类型，可以是表 3.21 所示的值之一。

表 3.21

常量	值	含义
DBT_DEVTYP_DEVICEINTERFACE	0x00000005	设备类，lParam 实际上是一个指向 DEV_BROADCAST_DEVICEINTERFACE 结构的指针
DBT_DEVTYP_HANDLE	0x00000006	文件系统句柄，lParam 实际上是一个指向 DEV_BROADCAST_HANDLE 结构的指针
DBT_DEVTYP_OEM	0x00000000	OEM 或 IHV 定义的设备类型，lParam 实际上是一个指向 DEV_BROADCAST_OEM 结构的指针
DBT_DEVTYP_PORT	0x00000003	端口设备（串行或并行），lParam 实际上是一个指向 DEV_BROADCAST_PORT 结构的指针
DBT_DEVTYP_VOLUME	0x00000002	逻辑卷，lParam 实际上是一个指向 DEV_BROADCAST_VOLUME 结构的指针

要对移动设备的插入和拔出进行监控，通过 DEV_BROADCAST_HDR.dbch_devicetype 字段判断设备类型是 DBT_DEVTYP_VOLUME 后，应该把 lParam 参数转换为一个指向 DEV_BROADCAST_VOLUME 结构的指针。DEV_BROADCAST_VOLUME 结构在 Dbt.h 头文件中的定义如下，该结构包含逻辑卷的信息：

```
typedef struct _DEV_BROADCAST_VOLUME {
    DWORD    dbcv_size;                  // 该结构的大小
    DWORD    dbcv_devicetype;            // DBT_DEVTYP_VOLUME
    DWORD    dbcv_reserved;              // 保留字段
    DWORD    dbcv_unitmask;              // 表示逻辑驱动器位掩码的 DWORD 值
    WORD     dbcv_flags;                 // 标志位
}DEV_BROADCAST_VOLUME, DBTFAR* PDEV_BROADCAST_VOLUME;
```

DEV_BROADCAST_VOLUME 结构的前 3 个字段是一个 DEV_BROADCAST_HDR 结构。

- dbcv_unitmask 字段是一个表示逻辑驱动器位掩码的 DWORD 值。在每一位表示逻辑驱动器的位掩码中，位 0 是驱动器 A，位 1 是驱动器 B，位 2 是驱动器 C，以此类推。
- dbcv_flags 字段是标志位，可用的值如表 3.22 所示。

表 3.22

常量	值	含义
DBTF_MEDIA	0x0001	更改会影响驱动器中的媒体，如果未设置，则更改会影响物理设备或驱动器
DBTF_MEDIA	0x0002	指示的逻辑卷是网络卷

现在我们很容易监控移动设备的插入和拔出，MobileDeviceMonitor 程序运行效果如图 3.14 所示。

图 3.14

相关代码如下所示：

```
INT_PTR CALLBACK DialogProc(HWND hwndDlg, UINT uMsg, WPARAM wParam, LPARAM lParam)
{
    PDEV_BROADCAST_HDR pDevBroadcastHdr = NULL;
    PDEV_BROADCAST_VOLUME pDevBroadcastVolume = NULL;
    DWORD dwDriverMask, dwIndex;

    switch (uMsg)
    {
    case WM_COMMAND:
        switch (LOWORD(wParam))
        {
        case IDCANCEL:
            EndDialog(hwndDlg, 0);
            break;
        }
        return TRUE;

    case WM_DEVICECHANGE:
        switch (wParam)
        {
        case DBT_DEVICEARRIVAL:
            pDevBroadcastHdr = (PDEV_BROADCAST_HDR)lParam;
            if (pDevBroadcastHdr->dbch_devicetype == DBT_DEVTYP_VOLUME)
            {
                pDevBroadcastVolume = (PDEV_BROADCAST_VOLUME)lParam;
                dwDriverMask = pDevBroadcastVolume->dbcv_unitmask;
                dwIndex = 0x00000001;
                TCHAR szDriverName[] = TEXT("A:\\");
                for (szDriverName[0] = TEXT('A'); szDriverName[0] <= TEXT('Z');
szDriverName[0]++)
                {
                    if ((dwDriverMask & dwIndex) > 0)
                        MessageBox(hwndDlg, szDriverName, TEXT("设备已插入"), MB_OK);

                    // 检测下一个辑驱动器位掩码
                    dwIndex = dwIndex << 1;
                }
            }
            break;
        }
```

```
        case DBT_DEVICEREMOVECOMPLETE:
            pDevBroadcastHdr = (PDEV_BROADCAST_HDR)lParam;
            if (pDevBroadcastHdr->dbch_devicetype == DBT_DEVTYP_VOLUME)
            {
                pDevBroadcastVolume = (PDEV_BROADCAST_VOLUME)lParam;
                dwDriverMask = pDevBroadcastVolume->dbcv_unitmask;
                dwIndex = 0x00000001;
                TCHAR szDriverName[] = TEXT("A:\\");
                for (szDriverName[0] = TEXT('A'); szDriverName[0] <= TEXT('Z');
szDriverName[0]++)
                {
                    if ((dwDriverMask & dwIndex) > 0)
                        MessageBox(hwndDlg, szDriverName, TEXT("设备已拔出"), MB_OK);

                    // 检测下一个辑驱动器位掩码
                    dwIndex = dwIndex << 1;
                }
            }
            break;
        }
        return TRUE;
    }

    return FALSE;
}
```

通过移动设备的盘符，用户可以遍历其中所有或指定类型的目录、文件。

3.3.8　获取主板和 BIOS 序列号

SMBIOS（System Management BIOS，系统管理 BIOS）是首个通过系统固件传递管理信息的标准，定义了主板或系统制造商以标准格式显示产品管理信息所需遵循的统一规范。自从 SMBIOS 在 1995年发布以来，其广泛的实现简化了超过 20 亿客户机、服务器系统的管理。在 OS-present、OS-absent 及 pre-OS 环境中，SMBIOS 提供了一个母版，并为系统供应商提供了一个标准格式，用来表示产品的管理信息。SMBIOS 通过扩展系统固件接口来管理那些使用 DMTF 的公共信息模型（CIM）或其他技术（例如 SNMP）的应用程序，它消除了对某些容易导致错误的操作的依赖，例如为了存在性检测而进行的系统硬件系统的探测。SMBIOS 最初的设计是采用 Intel 处理器架构的系统，但现在 SMBIOS 支持 IA-32（x86）、x64（Intel 64 和 AMD64）、IA-64、Aarch32 及 Aarch64。

在非 UEFI 系统上，32 位和 64 位 SMBIOS 入口点结构可以通过在物理内存地址范围 0x000F0000～0x000FFFFF 的 16 字节边界上搜索锚字符串来定位，入口点封装了一些现有 DMI 浏览器使用的中间锚字符串。在基于 UEFI 的系统上，32 位 SMBIOS 入口点结构可以通过在 EFI 配置表中查找 SMBIOS GUID(SMBIOS_TABLE_GUID，{EB9D2D31-2D88-11D3-9A16-0090273FC14D})并使用相关指针来定位 SMBIOS 入口点结构；64 位 SMBIOS 入口点结构可以通过在 EFI 配置表中查找 SMBIOS 3.x GUID(SMBIOS3_TABLE_GUID、{F2FD1544-9794-4A2C-992E-E5BBCF20E394})并使用相关指针来定位 SMBIOS 入口点结构，详细信息请参阅 UEFI 规范。如果自己编程去定位并解析 SMBIOS 入口点结构比较烦琐，好在微软公司提供了相关 API 支持。

GetSystemFirmwareTable 函数用于从固件表提供程序中获取指定的固件表，函数原型如下：

```
UINT WINAPI GetSystemFirmwareTable(
  _In_  DWORD FirmwareTableProviderSignature, // 固件表提供程序的 ID
  _In_  DWORD FirmwareTableID,                 // 固件表的 ID
  _Out_ PVOID pFirmwareTableBuffer,            // 用于返回请求的固件表缓冲区的指针
  _In_  DWORD BufferSize);                     // pFirmwareTableBuffer 缓冲区的大小，以字节为单位
```

- FirmwareTableProviderSignature 参数用于指定固件表提供程序的 ID，该参数可以是表 3.23 所示的值之一：

表 3.23

值	含义
'ACPI'	ACPI 固件表提供程序
'FIRM'	原始固件表提供程序
'RSMB'	原始 SMBIOS 固件表提供程序

- FirmwareTableID 参数用于指定固件表的 ID，如果使用 GetSystemFirmwareTable 函数获取原始 SMBIOS 固件表，可以指定为 0。对 ACPI 固件表和原始固件表感兴趣的读者可以自行参考 MSDN。
- pFirmwareTableBuffer 参数指定为用于返回请求的固件表缓冲区的指针。如果该参数设置为 NULL，则返回值是所需的缓冲区大小。
- BufferSize 参数用于指定 pFirmwareTableBuffer 缓冲区的大小，以字节为单位。

如果函数执行成功，则返回值是写入缓冲区的字节数；如果因缓冲区不足而失败，则返回值是所需的缓冲区大小，以字节为单位，可以调用两次 GetSystemFirmwareTable 函数，第 1 次调用的时候把 pFirmwareTableBuffer 和 BufferSize 参数分别设置为 NULL 和 0，函数会返回所需的缓冲区大小 dwBufferSize，分配 dwBufferSize 字节大小的缓冲区后，进行第 2 次函数调用，就可以返回所需的固件表；如果因为任何其他原因而失败，则返回值为 0，可以通过调用 GetLastError 函数获取错误代码。

如果是获取原始 SMBIOS 固件表，则 pFirmwareTableBuffer 参数返回的缓冲区是一个原始 SMBIOS 固件表 RawSMBIOSTable 结构，该结构的定义如下：

```
// 原始 SMBIOS 固件表结构
typedef struct _RawSMBIOSTable
{
  BYTE    m_bUsed20CallingMethod;
  BYTE    m_bSMBIOSMajorVersion;
  BYTE    m_bSMBIOSMinorVersion;
  BYTE    m_bDmiRevision;            // 开头 4 个字段我们不关心
  DWORD   m_dwLength;               // 原始 SMBIOS 固件表数据的长度，以字节为单位
  BYTE    m_bSMBIOSTableData[1];    // 偏移 8 字节，原始 SMBIOS 固件表数据，可变长度
}RawSMBIOSTable, * PRawSMBIOSTable;
```

RawSMBIOSTable.m_bSMBIOSTableData 字段表示原始 SMBIOS 固件表数据，可变长度。请注意，

本节用到的所有结构体均为自定义结构体。

现在，不难写出获取原始 SMBIOS 固件表的代码：

```
DWORD dwBufferSize = 0;
LPBYTE lpBuf = NULL;
PRawSMBIOSTable pRawSMBIOSTable = NULL;    // 原始 SMBIOS 固件表
LPBYTE lpData = NULL;                      // 原始 SMBIOS 固件表数据

// 第 1 次调用获取所需的缓冲区大小
dwBufferSize = GetSystemFirmwareTable('RSMB', 0, NULL, 0);
if (dwBufferSize == 0)
    return FALSE;

// 第 2 次调用获取原始 SMBIOS 固件表
lpBuf = new BYTE[dwBufferSize];
ZeroMemory(lpBuf, dwBufferSize);
if (GetSystemFirmwareTable('RSMB', 0, lpBuf, dwBufferSize) != dwBufferSize)
    return FALSE;

// 解析获取到的原始 SMBIOS 固件表数据
pRawSMBIOSTable = (PRawSMBIOSTable)lpBuf;
lpData = pRawSMBIOSTable->m_bSMBIOSTableData;
// ...

delete[]lpBuf;
```

获取到的原始 SMBIOS 固件表的前半部分如下：

```
0x00CCFB08  00 02 07 00 68 09 00 00 04 2a 00 00 04 03 c6 02  ....h....*....?.
0x00CCFB18  c3 06 03 00 ff fb eb bf 01 88 64 00 fc 08 fc 08  ?....???.?d.?.?.
0x00CCFB28  41 21 02 00 00 03 00 04 00 03 05 06 04 04 08 04 00  A!.............
0x00CCFB38  c6 00 49 6e 74 65 6c 28 52 29 20 43 6f 72 65 28  ?.Intel(R) Core(
0x00CCFB48  54 4d 29 20 69 37 2d 34 37 31 32 4d 51 20 43 50  TM) i7-4712MQ CP
0x00CCFB58  55 20 40 20 32 2e 33 30 47 48 7a 00 49 6e 74 65  U @ 2.30GHz.Inte
0x00CCFB68  6c 28 52 29 20 43 6f 72 70 6f 72 61 74 69 6f 6e  l(R) Corporation
0x00CCFB78  00 54 6f 20 42 65 20 46 69 6c 6c 65 64 20 42 79  .To Be Filled By
0x00CCFB88  20 4f 2e 45 2e 4d 2e 00 43 50 55 20 53 6f 63 6b  O.E.M..CPU Sock
0x00CCFB98  65 74 20 2d 20 55 33 45 31 00 54 6f 20 42 65 20  et - U3E1.To Be
0x00CCFBA8  46 69 6c 6c 65 64 20 42 79 20 4f 2e 45 2e 4d 2e  Filled By O.E.M.
0x00CCFBB8  00 54 6f 20 42 65 20 46 69 6c 6c 65 64 20 42 79  .To Be Filled By
0x00CCFBC8  20 4f 2e 45 2e 4d 2e 00 00 07 13 01 00 01 80 01  O.E.M........€.
0x00CCFBD8  20 00 20 00 40 00 40 00 00 05 04 07 4c 31 2d 43  . .@.@.....L1-C
0x00CCFBE8  61 63 68 65 00 00 07 13 02 00 01 80 01 20 00 20  ache.......€. .
0x00CCFBF8  00 40 00 40 00 00 05 03 07 4c 31 2d 43 61 63 68  .@.@.....L1-Cach
0x00CCFC08  65 00 00 07 13 03 00 01 81 01 00 01 00 01 40 00  e.......?.....@.
```

开头的 8 字节是 RawSMBIOSTable 结构的前 5 个字段，后面的则是原始 SMBIOS 固件表数据。

GetSystemFirmwareTable 函数可以获取各种类型的固件数据，类型 0 ~ 127(7Fh) 的固件数据的定义由 DMTF（制定 SMBIOS 规范的组织）规定，类型 128 ~ 256 可以由操作系统和 OEM 原始设备制造商自行定义，例如 BIOS 信息（Type 0）、系统信息（Type 1）、基板（或模块）信息（Type 2）、系统外壳或外围设备（Type 3）、处理器信息（Type 4）、缓存信息（Type 7）、端口连接器信息（Type 8）、系统插槽（Type 9）、OEM 字符串（Type 11）、系统配置选项（Type 12）、BIOS 语言信息（Type 13）、组相联（Type 14）、系统事件日志（Type 15）、物理内存阵列（Type 16）、内存设备（Type 17）、32 位内存错误信息（Type 18）、内存阵列映射地址（Type 19）、内存设备映射地址（Type 20）、系统内置定点设备（Type 21）、便携式电池或系统电池（Type 22）、系统复位（Type 23）、硬件安全（Type 24）、系统电源控制（Type 25）、电压探针（Type 26）、冷却设备（Type 27）、温度探头（Type 28）、电流探头（Type 29）、带外远程访问（Type 30）、引导完整性服务（BIS）入口点（Type 31）、系统引导信息（Type 32）、64 位内存错误信息（Type 33）、管理设备（Type 34）、管理设备组件（Type 35）、管理设备阈值数据（Type 36）、内存通道（Type 37）、IPMI 设备信息（Type 38）、系统电源（Type 39）、附加信息（Type 40）、板载设备扩展信息（Type 41）、管理控制器主机接口（Type 42）、TPM 设备（Type 43）、处理器附加信息（Type 44）、非活动（Type 126）、表尾（Type 127）。

　　获取到的原始 SMBIOS 固件表数据（RawSMBIOSTable.m_bSMBIOSTableData 字段）是一个 SMBIOS 结构数组，每一个 SMBIOS 结构代表一个固件的信息，需要注意的是，所有数据均为 ASCII 编码，每一个 SMBIOS 结构以 2 字节的 0 结尾（WORD 类型 0x0000）。

　　每个 SMBIOS 结构都包括一个格式化区域和一个可选的未格式化区域（字符串数组）。格式化区域以一个 4 字节的 SMBIOS 结构头 SMBIOSStructHeader 开始，格式化区域中结构头 SMBIOSStructHeader 后面的数据内容则由结构类型（固件类型）决定，因此格式化区域的总长度由结构类型决定。结构头 SMBIOSStructHeader 的定义如下：

```
typedef struct _SMBIOSStructHeader
{
  BYTE    m_bType;     // 结构类型
  BYTE    m_bLength;   // 该类型结构的格式化区域长度(请注意，长度取决于主板或系统支持的具体版本)
  WORD    m_wHandle;   // 结构句柄(0 ~ 0xFEFF 范围内的数字)
}SMBIOSStructHeader, * PSMBIOSStructHeader;
```

　　每个 SMBIOS 结构的格式化区域的前 4 字节都是一个 SMBIOSStructHeader 结构头，格式化区域没有统一的完整定义，因为格式化区域中结构头 SMBIOSStructHeader 后面的数据内容由结构类型决定。

　　另外还要注意，即使是同一类型的结构，格式化区域的长度也会因为主板或系统支持的具体版本不同而不同，固件总是在不断升级，固件的参数、信息肯定越来越丰富。各种类型的 SMBIOS 结构的格式化区域的完整定义请参考 DMTF 官方网站颁布的 SMBIOS 规范。

　　在我的计算机中，获取到的原始 SMBIOS 固件表数据的最开始是处理器信息（Type 4），可以看到 Type 4 格式化区域的长度是 0x2A，也就是 0x00CCFB10 ~ 0x00CCFB39 的数据。处理器信息的格式化区域的完整定义如下（参考自 SMBIOS 规范 3.4.0）：

```
typedef struct _Type4ProcessorInformation
{
  SMBIOSStructHeader m_sHeader;        // SMBIOS 结构头 SMBIOSStructHeader
  BYTE    m_bSocketDesignation;        // Socket Designation 字符串的编号
  BYTE    m_bProcessorType;            // 处理器类型，ENUM 值，例如 03 是中央处理器
```

```
    BYTE    m_bProcessorFamily;              // 处理器家族, ENUM 值, 例如 0xC6 是 Intel® Core™ i7 processor
    BYTE    m_bProcessorManufacturer;        // Processor Manufacturer 字符串的编号
    QWORD   m_qProcessorID;                  // CPUID(本书结尾还会介绍), 包含描述处理器功能的特定信息
    BYTE    m_bProcessorVersion;             // Processor Version 字符串的编号
    BYTE    m_bVoltage;                      // Voltage(电压)
    WORD    m_wExternalClock;                // 外部时钟频率, 以 MHz 为单位
    WORD    m_wMaxSpeed;                     // 适用于 233MHz 处理器
    WORD    m_wCurrentSpeed;                 // 处理器在系统引导时的速度, 处理器可以支持多种速度
    BYTE    m_bStatus;                       // CPU 和 CPU 插槽的状态
    BYTE    m_bProcessorUpgrade;             // Processor Upgrade, ENUM 值
    WORD    m_wL1CacheHandle;                // 一级缓存信息结构的句柄
    WORD    m_wL2CacheHandle;                // 二级缓存信息结构的句柄
    WORD    m_wL3CacheHandle;                // 三级缓存信息结构的句柄
    BYTE    m_bSerialNumber;                 // 处理器序列号字符串的编号, 由制造商设置, 通常不可更改
    BYTE    m_bAssetTag;                     // Asset Tag 字符串的编号
    BYTE    m_bPartNumber;                   // 处理器部件号字符串的编号, 由制造商设置, 通常不可更改
    BYTE    m_bCoreCount;                    // 处理器的核心数
    BYTE    m_bCoreEnabled;                  // 由 BIOS 启用并可供系统使用的核心数
    BYTE    m_bThreadCount;                  // 处理器的线程数
    WORD    m_wProcessorCharacteristics;     // 处理器特性, 例如 0x0004 表示 64 位处理器
    // 最后 4 个字段 2.6 及以上版本才支持
    //WORD    m_wProcessorFamily2;            // 处理器家族 2
    //WORD    m_wCoreCount2;                  // 处理器的核心数, 用于个数大于 255 时
    //WORD    m_wCoreEnabled2;                // 由 BIOS 启用并可供系统使用的核心数, 用于个数大于 255 时
    //WORD    m_wThreadCount2;                // 处理器的线程数, 用于个数大于 255 时
}Type4ProcessorInformation, * PType4ProcessorInformation;
```

最后 4 个字段需要 2.6 及以上版本才支持, 也就是说前面的所有字段只要不低于 2.5 版本就可以支持, 2.5 版本是 2006 年 9 月颁布的。对处理器信息来说, 2.0 版本支持的长度为 0x1A, 2.3 版本支持的长度为 0x23, 2.5 版本支持的长度为 0x28, 2.6 版本支持的长度为 0x2A, 3.0 及更高版本支持的长度为 0x30(也就是上述所有字段)。

我获取到的原始 SMBIOS 固件表数据的最开始是处理器信息, 0x00CCFB3A ~ 0x00CCFBD0 的数据是未格式化区域(字符串数组), 可以看到有 6 个字符串, 0x00CCFBD0 地址处是 1 字节的额外的 0, 表示本 SMBIOS 结构的结束。6 个字符串的含义如下:

```
Processor Version:          "Intel(R) Core(TM) i7-4712MQ CPU @ 2.30GHz"
Processor Manufacturer:     "Intel(R) Corporation"
Serial Number:              "To Be Filled By O.E.M."
Socket Designation:         "CPU Socket - U3E1"
Asset Tag:                  "To Be Filled By O.E.M."
Part Number:                "To Be Filled By O.E.M."
```

注意, Type4ProcessorInformation 结构中说的字符串编号不是从 0 而是从 1 开始, 这很好解释, 担心组合成为 2 字节的 0(这是每个 SMBIOS 结构的结束标志)。

显而易见, 未格式化区域的数据内容也是由结构类型、主板或系统支持的具体版本决定, 因为每个固件的参数、信息各不相同。

每一个 SMBIOS 结构都以 2 字节的 0 结尾，因此我们很容易遍历 SMBIOS 结构数组获取到的所需类型的 SMBIOS 结构。

本节我们关心的是系统信息和基板信息，它们分别包含 BIOS 序列号和主板序列号，两者的完整格式化区域定义如下（参考自 SMBIOS 规范 3.4.0）：

```
// 系统信息 SMBIOS 结构的格式化区域的完整定义
typedef struct _Type1SystemInformation
{
  SMBIOSStructHeader m_sHeader;      // SMBIOS 结构头 SMBIOSStructHeader
  BYTE    m_bManufacturer;           // Manufacturer 字符串的编号
  BYTE    m_bProductName;            // Product Name 字符串的编号
  BYTE    m_bVersion;               // Version 字符串的编号
  BYTE    m_bSerialNumber;          // BIOS Serial Number 字符串的编号
  UUID    m_uuid;                   // UUID
  BYTE    m_bWakeupType;            // 标识导致系统启动的事件(原因)
  BYTE    m_bSKUNumber;            // SKU Number 字符串的编号
  BYTE    m_bFamily;               // Family 字符串的编号
}Type1SystemInformation, * PType1SystemInformation;
// 基板信息 SMBIOS 结构的格式化区域的完整定义
typedef struct _Type2BaseboardInformation
{
  SMBIOSStructHeader m_sHeader;      // SMBIOS 结构头 SMBIOSStructHeader
  BYTE    m_bManufactur;            // Manufactur 字符串的编号
  BYTE    m_bProduct;              // Product 字符串的编号
  BYTE    m_bVersion;             // Version 字符串的编号
  BYTE    m_bSerialNumber;        // Baseboard Serial Number 字符串的编号
  BYTE    m_bAssetTag;            // Asset Tag 字符串的编号
  BYTE    m_bFeatureFlags;        // 基板特征标志
  BYTE    m_bLocationInChassis;   // Location In Chassis 字符串的编号
  WORD    m_wChassisHandle;       // Chassis Handle
  BYTE    m_bBoardType;          // 基板类型
  //BYTE    m_bNumberOfContainedObjectHandles;
  //WORD    m_wContainedObjectHandles[1];
}Type2BaseboardInformation, * PType2BaseboardInformation;
```

注意，每种类型的 SMBIOS 结构的格式化区域定义都应该使用#pragma pack(1)命令来指明结构体需要 1 字节对齐，如果使用默认对齐，可能会导致其中的字段引用错误。

获取原始 SMBIOS 固件表数据很简单，困难的是如何解析各种固件类型的 SMBIOS 结构的格式化区域，这需要参考 DMTF 官方规范去自定义相关结构。

注册表 HKEY_LOCAL_MACHINE\SYSTEM\CurrentControlSet\Services\mssmbios\Data 子键下面有一个键名 SMBiosData，其键值数据是原始 SMBIOS 固件表，但是 GetSystemFirmwareTable 函数并不是读取的注册表数据。

本节示例程序获取原始 SMBIOS 固件表数据并解析了系统信息、基板信息和处理器信息的各个字段，参见 Chapter3\SMBIOSDemo 项目。

3.4　内存映射文件

很多文本编辑软件都提供了一个剪裁行尾空格的功能，例如 EditPlus 软件的编辑菜单项→格式→剪裁行尾空格。在调用 ReadFile 函数读取文件时，每次读取一定大小的字节数例如 64 字节，这涉及一个缓冲区边界的问题。如果缓冲区的末尾有一个或多个空格，那么如何判断这些空格是单词之间的空格还是行尾的空格呢？因为缓冲区的末尾不一定正好是换行"\r\n"，所以类似这样的问题并不能很好解决。我们可以一次读入整个文件，但是在 Win32 程序中可以使用的内存空间只有 2GB 大小（实际上无法申请这么大的内存），如果文件大小超过 2GB 怎么办呢？

内存映射文件提供了一组独立的函数，通过内存映射文件函数可以将磁盘上一个文件的全部或部分映射到进程虚拟地址空间的某个位置，完成映射后，程序就能够通过内存指针像访问内存一样对磁盘上的文件进行读写操作。

具体机制是，对磁盘文件所映射的内存的读写操作会通过系统底层自动实现对磁盘文件的读写。实际上还是需要把相关数据读入物理内存，类似于虚拟内存管理函数，内存映射文件会预订一块地址空间区域并在需要的时候提交页面。不同之处在于，内存映射文件的物理存储器来自磁盘上已有的文件，而不是系统的页面交换文件，实质上并没有省略什么环节，但是程序的结构将会从中受益，缓冲区边界等问题将不复存在。另外，内存映射文件会将硬盘上的文件不做修改地装载到内存中，内存中的文件和硬盘上的文件一样按字节顺序排列。但是，硬盘上的文件不一定按文件内容排列在一起，因为文件存储以簇为单位，整个文件内容可能会存储在不相邻的各个簇中；而通过内存映射文件读取到内存中的文件按线性排列，访问相对简单，访问速度得到了提升。

除此之外，以下两方面也用到了内存映射文件技术。

（1）Windows 操作系统加载、执行.exe 和.dll 等可执行文件时也用到了内存映射文件技术，运行一个可执行文件时系统并不会把整个文件全部载入虚拟内存（页面交换文件和物理内存）中，这就节省了页面交换文件的空间以及应用程序启动所需的时间。

（2）使用内存映射文件还可以在同一台计算机上运行的多个进程之间共享数据，当一个进程改变了共享数据页的内容时，通过分页映射机制，其他进程的共享数据区的内容就会同时改变，因为它们实际上存储在同一个地方。许多进程间通信、同步机制在底层都是通过内存映射文件技术实现的。

使用内存映射文件的步骤通常如下。

（1）调用 CreateFile 函数创建或打开一个文件内核对象，返回一个文件对象句柄 hFile，该对象标识了我们想要用作内存映射文件的磁盘文件。

（2）调用 CreateFileMapping 函数为 hFile 文件对象创建或打开一个文件映射内核对象，返回一个文件映射对象句柄 hFileMap。

（3）调用 MapViewOfFile 函数把文件映射对象 hFileMap 的部分或全部映射到进程的虚拟地址空间中，返回一个内存指针 lpMemory，即可通过该指针来读写文件，这一步操作是映射文件映射对象的一个视图到虚拟地址空间中。

当不再需要内存映射文件时，应该执行以下清理工作。

（1）调用 UnmapViewOfFile 函数取消对文件映射内核对象的映射，传入参数为 lpMemory。

（2）调用 CloseHandle 函数关闭文件映射内核对象，传入参数为 hFileMap。

（3）调用 CloseHandle 函数关闭文件内核对象，传入参数为 hFile。

3.4.1   内存映射文件相关函数

使用内存映射文件的第一步是调用 CreateFile 函数创建或打开一个文件内核对象，返回一个文件对象句柄 hFile，该对象标识了我们想要用作内存映射文件的磁盘文件。然后，调用 CreateFileMapping 函数为 hFile 文件对象创建或打开一个文件映射内核对象，返回一个文件映射对象句柄 hFileMap。CreateFileMapping 函数原型如下：

```
HANDLE WINAPI CreateFileMapping(
    _In_      HANDLE                hFile,              // 文件对象句柄
    _In_opt_  LPSECURITY_ATTRIBUTES lpAttributes,       // 含义同其他内核对象的安全属性结构
    _In_      DWORD                 flProtect,          // 文件映射对象的页面保护属性
    _In_      DWORD                 dwMaximumSizeHigh,  // 文件映射对象大小的高 32 位，字节为单位
    _In_      DWORD                 dwMaximumSizeLow,   // 文件映射对象大小的低 32 位，字节为单位
    _In_opt_  LPCTSTR               lpName);            // 文件映射对象的名称，可为 NULL
```

- flProtect 参数指定文件映射对象的页面保护属性，可以是表 3.24 所示的值之一，以下页面保护属性都包含一个写时复制属性，后面会介绍写时复制。

表 3.24

页面保护属性	值	含义
PAGE_READONLY	0x02	完成对文件映射对象的映射时，文件具有可读和写时复制属性，必须使用 GENERIC_READ 访问权限创建 hFile 参数指定的文件
PAGE_READWRITE	0x04	完成对文件映射对象的映射时，文件具有可读可写和写时复制属性，必须使用 GENERIC_READ | GENERIC_WRITE 访问权限创建 hFile 参数指定的文件
PAGE_EXECUTE_READ	0x20	完成对文件映射对象的映射时，文件具有可读、可执行和写时复制属性，必须使用 GENERIC_READ | GENERIC_EXECUTE 访问权限创建 hFile 参数指定的文件
PAGE_EXECUTE_READWRITE	0x40	完成对文件映射对象的映射时，文件具有可读可写、可执行和写时复制属性，必须使用 GENERIC_READ | GENERIC_WRITE | GENERIC_EXECUTE 访问权限创建 hFile 参数指定的文件
PAGE_WRITECOPY	0x08	等效于 PAGE_READONLY
PAGE_EXECUTE_WRITECOPY	0x80	等效于 PAGE_EXECUTE_READ

- 如果 hFile 参数指定了一个有效的文件句柄，CreateFileMapping 函数会为该文件创建或打开一个文件映射对象，即文件映射对象是基于这个文件的。hFile 参数还可以设置为 INVALID_HANDLE_VALUE，系统会使用页面交换文件创建或打开一个文件映射对象，基于页面交换文件的文件映射对象通常用于进程间共享数据。flProtect 参数还可以同时指定表 3.25 所示的属性，表中的属性可以与表 3.24 中的页面保护属性组合使用。

表 3.25

属性	值	含义
SEC_COMMIT	0x8000000	如果是基于页面交换文件的文件映射对象，那么该属性是默认属性，当调用 MapViewOfFile 函数把文件映射对象映射到进程的虚拟地址空间时，会提交所有页面。该属性不能与 SEC_RESERVE 一起使用
SEC_RESERVE	0x4000000	如果是基于页面交换文件的文件映射对象，当调用 MapViewOfFile 函数把文件映射对象映射到进程的虚拟地址空间时，所有页面处于预定(保留)状态，需要时可以调用 VirtualAlloc 函数提交这些页面，该属性不能与 SEC_COMMIT 一起使用
SEC_IMAGE	0x1000000	表示 hFile 参数指定的文件是可执行映像文件，该属性可以与任何页面保护属性结合使用

- dwMaximumSizeHigh 和 dwMaximumSizeLow 参数指定文件映射对象的大小，有以下几种情况。
  - 如果文件映射对象基于 hFile 参数指定的文件，那么这两个参数可以都指定为 0，表示文件映射对象的大小等于 hFile 参数所指定的文件的大小。
  - 如果 hFile 参数指定的文件的大小为 0，并且 dwMaximumSizeHigh 和 dwMaximumSizeLow 参数均指定为 0，那么 CreateFileMapping 函数调用会失败，即返回 NULL，调用 GetLastError 函数返回 ERROR_FILE_INVALID。
  - 如果 dwMaximumSizeHigh 和 dwMaximumSizeLow 参数指定的大小大于 hFile 参数所指定的文件的大小，并且 flProtect 参数指定了可写保护属性（PAGE_READWRITE 或 PAGE_EXECUTE_READWRITE），则会扩展文件到指定的大小，如果扩展失败，则函数调用失败并返回 NULL，调用 GetLastError 函数返回 ERROR_DISK_FULL。
  - 如果是基于页面交换文件的文件映射对象，dwMaximumSizeHigh 和 dwMaximumSizeLow 参数必须指定一个明确的大小。
- lpName 参数指定文件映射对象的名称，设置为 NULL 表示创建一个匿名文件映射对象。如果系统中已经存在指定名称的文件映射对象，那么调用 CreateFileMapping 函数只是打开这个已经存在的命名文件映射对象并返回一个文件映射对象句柄。具体用法参见其他内核对象的同名参数。

如果函数执行成功，则返回值是新创建的文件映射对象的句柄；如果系统中已经存在指定名称的文件映射对象，则函数只是打开这个已经存在的命名文件映射对象并返回一个文件映射对象句柄，在这种情况下，文件映射对象的大小是已存在对象的大小，而不是函数指定的大小；如果函数调用失败，则返回值为 NULL。

MapViewOfFile 函数把文件映射对象 hFileMap 的部分或全部映射到进程的虚拟地址空间中，返回一个内存指针 lpMemory，然后通过该指针读写文件，这一步操作是映射文件映射对象的一个视图到虚拟地址空间中，系统会在进程的地址空间中预订一块空间区域：

```
LPVOID WINAPI MapViewOfFile(
    _In_ HANDLE hFileMappingObject,    // 文件映射对象句柄,CreateFileMapping或OpenFileMapping返回
    _In_ DWORD dwDesiredAccess,        // 对文件映射对象的访问类型
    _In_ DWORD dwFileOffsetHigh,       // 文件映射对象偏移量的高 32 位
    _In_ DWORD dwFileOffsetLow,        // 文件映射对象偏移量的低 32 位
    _In_ SIZE_T dwNumberOfBytesToMap); // 要映射的字节数，也就是视图大小
```

- dwDesiredAccess 参数指定对文件映射对象的访问类型,可以是表 3.26 所示的值之一。

表 3.26

常量	含义
FILE_MAP_READ	可读,创建文件映射对象时必须指定 PAGE_READONLY、PAGE_READWRITE、PAGE_EXECUTE_READ 或 PAGE_EXECUTE_READWRITE 保护属性
FILE_MAP_WRITE	可读可写,创建文件映射对象时必须指定 PAGE_READWRITE 或 PAGE_EXECUTE_READWRITE 保护属性
FILE_MAP_ALL_ACCESS 同 FILE_MAP_WRITE	可读可写,创建文件映射对象时必须指定 PAGE_READWRITE 或 PAGE_EXECUTE_READWRITE 保护属性
FILE_MAP_COPY	写时复制,创建文件映射对象时必须指定 PAGE_READONLY、PAGE_READWRITE、PAGE_EXECUTE_READ 或 PAGE_EXECUTE_READWRITE 保护属性
FILE_MAP_EXECUTE	可执行,创建文件映射对象时必须指定 PAGE_EXECUTE_READ 或 PAGE_EXECUTE_READWRITE 保护属性

要使映射的视图可执行,调用 CreateFileMapping 函数时必须指定 PAGE_EXECUTE_READ 或 PAGE_EXECUTE_READWRITE 保护属性,调用 MapViewOfFile 函数时必须指定 FILE_MAP_EXECUTE | (FILE_MAP_READ 或 FILE_MAP_WRITE 或 FILE_MAP_ALL_ACCESS)。

- dwFileOffsetHigh 和 dwFileOffsetLow 参数指定文件映射对象的偏移量,dwNumberOfBytesToMap 参数指定要映射的字节数,MapViewOfFile 函数会从偏移量开始映射 dwNumberOfBytesToMap 字节,如果 dwNumberOfBytesToMap 参数指定为 0,则从偏移量开始映射到文件映射对象的末尾。另外,偏移量必须是分配粒度的整数倍。

如果函数执行成功,则返回值是映射的视图的起始地址,然后可以通过使用这个地址来读写文件;如果函数执行失败,返回值为 NULL。

OpenFileMapping 函数用于打开一个命名文件映射对象:

```
HANDLE WINAPI OpenFileMapping(
    _In_ DWORD    dwDesiredAccess,  // 对文件映射对象的访问类型,FILE_MAP_*
    _In_ BOOL     bInheritHandle,   // 返回的文件映射对象句柄是否可以被子进程继承
    _In_ LPCTSTR  lpName);          // 文件映射对象的名称
```

为了优化性能,系统会对文件视图的页面进行缓存处理,即在写入文件视图时不一定会随时更新磁盘上的文件。如果需要确保所做的修改及时写入磁盘中,可以调用 FlushViewOfFile 函数,该函数用来强制系统把部分或全部已修改过的数据(称为脏页)写回到磁盘中:

```
BOOL WINAPI FlushViewOfFile(
    _In_ LPCVOID lpBaseAddress,
    _In_ SIZE_T  dwNumberOfBytesToFlush);
```

- lpBaseAddress 参数指定内存映射文件的视图的起始地址,函数会把该地址向下取整到页面大小的整数倍。
- dwNumberOfBytesToFlush 参数指定想要刷新的字节数,系统会把这个数值向上取整为页面大小的整数倍,如果设置为 0 表示从基地址刷新到视图的末尾。

当不再需要文件映射视图时,应该调用 UnmapViewOfFile 函数撤销对视图的映射以释放内存空间,

并调用 CloseHandle 关闭文件映射对象 hFileMap 和文件对象 hFile 句柄:

```
BOOL WINAPI UnmapViewOfFile(_In_ LPCVOID lpBaseAddress); // 内存映射文件的视图的起始地址
```

对于大于程序地址空间的文件, 一次可以映射一小部分文件数据, 当完成对第一个视图的操作时, 取消映射并继续映射下一个新视图。

接下来实现一个示例程序 MemoryMappingFile, 单击 "打开文件" 按钮, 程序创建一个内存映射文件并将文件内容显示到多行编辑控件中; 单击 "追加数据" 按钮, 程序把单行编辑控件中的内容追加到文件中, 并把新文件内容显示到多行编辑控件中, 如图 3.15 所示。

MemoryMappingFile.cpp 源文件的部分内容如下所示:

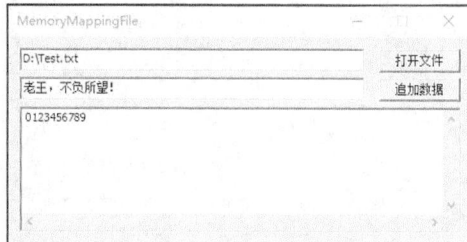

图 3.15

```cpp
INT_PTR CALLBACK DialogProc(HWND hwndDlg, UINT uMsg, WPARAM wParam, LPARAM lParam)
{
    TCHAR szPath[MAX_PATH] = { 0 }; // 文件路径
    TCHAR szBuf[512] = { 0 };       // 追加数据
    LARGE_INTEGER liFileSize;
    HANDLE hFile, hFileMap;
    LPVOID lpMemory;

    switch (uMsg)
    {
    case WM_INITDIALOG:
        SetDlgItemText(hwndDlg, IDC_EDIT_PATH, TEXT("D:\\Test.txt"));
        return TRUE;

    case WM_COMMAND:
        switch (LOWORD(wParam))
        {
        case IDC_BTN_OPEN:
            // 打开一个文件
            GetDlgItemText(hwndDlg, IDC_EDIT_PATH, szPath, _countof(szPath));
            hFile = CreateFile(szPath, GENERIC_READ | GENERIC_WRITE,
                FILE_SHARE_READ, NULL, OPEN_EXISTING, FILE_ATTRIBUTE_NORMAL, NULL);
            if (hFile == INVALID_HANDLE_VALUE)
            {
                MessageBox(hwndDlg, TEXT("CreateFile 函数调用失败"), TEXT("提示"), MB_OK);
                return TRUE;
            }
            else
            {
                GetFileSizeEx(hFile, &liFileSize);
                if (liFileSize.QuadPart == 0)
                {
                    MessageBox(hwndDlg, TEXT("文件大小为 0"), TEXT("提示"), MB_OK);
                    return TRUE;
                }
```

```
        }

        // 为 hFile 文件对象创建一个文件映射内核对象
        hFileMap = CreateFileMapping(hFile, NULL, PAGE_READWRITE, 0, 0, NULL);
        if (!hFileMap)
        {
            MessageBox(hwndDlg, TEXT("CreateFileMapping 调用失败"), TEXT("提示"), MB_OK);
            return TRUE;
        }

        // 把文件映射对象 hFileMap 的全部映射到进程的虚拟地址空间中
        lpMemory = MapViewOfFile(hFileMap, FILE_MAP_READ | FILE_MAP_WRITE, 0, 0, 0);
        if (!lpMemory)
        {
            MessageBox(hwndDlg, TEXT("MapViewOfFile 调用失败"), TEXT("提示"), MB_OK);
            return TRUE;
        }

        // 把文件内容显示到编辑控件中
        SetDlgItemText(hwndDlg, IDC_EDIT_TEXT, (LPTSTR)lpMemory);

        // 清理工作
        UnmapViewOfFile(lpMemory);
        CloseHandle(hFileMap);
        CloseHandle(hFile);
        break;

    case IDC_BTN_APPEND:
        if (!GetDlgItemText(hwndDlg, IDC_EDIT_APPEND, szBuf, _countof(szBuf)))
        {
            MessageBox(hwndDlg, TEXT("请输入追加内容"), TEXT("提示"), MB_OK);
            break;
        }

        // 打开一个文件
        GetDlgItemText(hwndDlg, IDC_EDIT_PATH, szPath, _countof(szPath));
        hFile = CreateFile(szPath, GENERIC_READ | GENERIC_WRITE,
            FILE_SHARE_READ, NULL, OPEN_EXISTING, FILE_ATTRIBUTE_NORMAL, NULL);
        if (hFile == INVALID_HANDLE_VALUE)
        {
            MessageBox(hwndDlg, TEXT("CreateFile 函数调用失败"), TEXT("提示"), MB_OK);
            return TRUE;
        }

        // 为 hFile 文件对象创建一个文件映射内核对象
        // 扩展文件到指定的大小
        GetFileSizeEx(hFile, &liFileSize);
        hFileMap = CreateFileMapping(hFile, NULL, PAGE_READWRITE, liFileSize.HighPart,
            liFileSize.LowPart + _tcslen(szBuf) * sizeof(TCHAR), NULL);
        if (!hFileMap)
```

```
        {
            MessageBox(hwndDlg, TEXT("CreateFileMapping 调用失败"), TEXT("提示"), MB_OK);
            return TRUE;
        }

        // 把文件映射对象 hFileMap 的全部映射到进程的虚拟地址空间中
        lpMemory = MapViewOfFile(hFileMap, FILE_MAP_READ | FILE_MAP_WRITE, 0, 0, 0);
        if (!lpMemory)
        {
            MessageBox(hwndDlg, TEXT("MapViewOfFile 调用失败"), TEXT("提示"), MB_OK);
            return TRUE;
        }

        // 写入追加数据
        memcpy_s((LPBYTE)lpMemory + liFileSize.QuadPart, _tcslen(szBuf) * sizeof(TCHAR),
            szBuf, _tcslen(szBuf) * sizeof(TCHAR));
        FlushViewOfFile(lpMemory, 0);
        // 把新文件内容显示到编辑控件中
        SetDlgItemText(hwndDlg, IDC_EDIT_TEXT, (LPTSTR)lpMemory);

        // 清理工作
        UnmapViewOfFile(lpMemory);
        CloseHandle(hFileMap);
        CloseHandle(hFile);
        break;

    case IDCANCEL:
        EndDialog(hwndDlg, 0);
        break;
    }
    return TRUE;
    }

    return FALSE;
}
```

完整代码参见 MemoryMappingFile 项目。

MapViewOfFileEx 比 MapViewOfFile 函数多了一个 lpBaseAddress 基地址参数，MapViewOfFileEx
函数在把文件映射对象的一个视图映射到进程虚拟地址空间中时，可以指定映射到的基地址：

```
LPVOID WINAPI MapViewOfFileEx(
    _In_       HANDLE hFileMappingObject,
    _In_       DWORD  dwDesiredAccess,
    _In_       DWORD  dwFileOffsetHigh,
    _In_       DWORD  dwFileOffsetLow,
    _In_       SIZE_T dwNumberOfBytesToMap,
    _In_opt_   LPVOID lpBaseAddress);    // 映射到的基地址，内存分配粒度的整数倍
```

写时复制

启动一个应用程序时，系统会调用 CreateFile 函数来打开磁盘上的.exe 文件，然后调用 CreateFileMapping

函数来创建文件映射对象，并以新创建的进程的名义调用 MapViewOfFileEx（传入 SEC_IMAGE 标志）函数，这样就把.exe 文件映射到了进程的地址空间中。之所以调用 MapViewOfFileEx 而不是 MapViewOfFile，是为了把文件映射到指定的基地址处，这个基地址保存在.exe 文件的 PE 文件头中，然后系统创建进程的主线程，在映射得到的视图中取得可执行代码的起始地址，把该地址放到线程的指令指针中，最后由CPU 开始执行其中的代码。如果用户启动同一个应用程序的第二个实例，则系统会发现该.exe 文件已经有一个文件映射对象，因此不会再创建一个新的文件对象或文件映射对象，取而代之的是，系统会映射.exe 文件的另一个视图，但这次是在新创建的进程的地址空间中，至此，系统已经把同一个.exe 文件同时映射到了两个地址空间中。显然，由于物理内存中包含.exe 文件可执行代码的那些页面为两个进程所共享，因此内存的利用率更高。

从 Windows Vista 开始 PE 文件（可执行文件）支持动态基地址，在 VS 中通过鼠标右键单击项目名称，选择属性→配置属性→链接器→高级→随机基址和固定基址，可以看到默认情况下已经设置了随机基址，如果把随机基址设置为否，当运行可执行文件时，系统会把可执行文件默认映射到进程虚拟地址空间中 0x00400000 的位置（即 4MB，这是 Windows 98 系统中可执行文件能加载到的最低地址），如果不想使用这个地址，还可以指定其他固定基址。WinMain 函数的 hInstance 参数的值表示的是这个基地址，系统会将可执行文件加载到虚拟地址空间的相应位置。

运行一个程序的多个实例，系统不会真正加载多份程序实例到内存中，每个程序实例只是可执行文件的一个内存映射视图，系统会共享一份程序的只读页面（程序可执行代码、只读数据），以及可写页面（例如全局变量、静态变量），但是采用了写时复制技术。Windows 允许多个进程共享同一块内存，例如如果有 10 个记事本程序正在同时运行，所有的进程会共享程序的代码和数据，同一个程序的多个实例共享相同的内存页极大地提升了系统性能，但另一方面，这也要求所有的程序实例只能读取其中的数据或执行其中的代码，如果有一个程序实例修改并写入一个内存页，那么其他程序实例正在使用的内存页也会改变，这将导致混乱。因此，系统会给共享的可写内存页指定写时复制属性，当系统把一个.exe 或.dll 映射到进程地址空间时，系统会统计有多少页面是可写的，然后从页面交换文件中分配内存空间来容纳这些可写页面，除非有一个程序实例真的更改了可写页面，否则不会用到页面交换文件中的内存页。

当线程试图写入一个共享页面时，系统会从最初将模块映射到进程的地址空间时分配的页面交换文件页面中找到一个闲置页面，并为该闲置页面指定 PAGE_READWRITE 或 PAGE_EXECUTE_READWRITE保护属性，然后把线程想要修改的页面内容复制到闲置页面中，系统不会对原始页面的保护属性和数据做任何修改。然后，系统更新该进程的页面表，原来的虚拟内存地址即对应到内存中一个新的页面，系统在执行这些步骤后，这个进程即可访问它自己的副本。

内存映射文件同样用到了写时复制技术，因为文件映射对象是内核对象，可能有多个进程或线程同时使用同一个文件映射对象。写时复制是一种系统特性，各种场合都可能会用到该技术。比如，有一个大型数组，有一个自定义函数需要这个数组指针作为参数，除非函数要修改该数组的内容，否则没必要为函数复制一份新数组。

3.4.2　通过内存映射文件在多个进程间共享数据

Windows 提供了多种机制，使应用程序之间能够快速、方便地共享数据和信息，这些机制包括

Windows 消息、RPC、剪贴板、邮件槽（Mailslot）、管道（Pipe）、套接字（socket）等。在同一台机器上共享数据的最底层机制是内存映射文件，如果在同一台机器上的多个进程间进行通信，所有机制归根结底都会用到内存映射文件，如果要求低开销和高性能，内存映射文件无疑是最好的选择。这种数据共享机制通过两个或多个进程映射同一个文件映射对象的视图来实现，这意味着在进程间共享相同的内存页面，当一个进程在文件映射对象的视图中写入数据时，其他进程会在它们的视图中立刻看到变化。

在调用 CreateFileMapping 函数时，如果把 hFile 参数设置为 INVALID_HANDLE_VALUE，系统会使用页面交换文件创建一个文件映射对象，基于页面交换文件的文件映射对象通常用于进程间共享数据。下面实现一个通过内存映射文件在进程间共享数据的示例 MemoryMappingFile_Process，我们可以启动本程序的多个实例，在任何一个程序实例的编辑框中输入内容时，当前程序实例编辑控件中的内容会立即显示到所有程序实例的静态控件中，程序运行效果如图 3.16 所示。

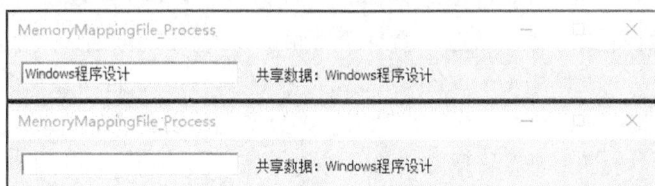

图 3.16

在 WM_INITDIALOG 消息中，程序调用 CreateFileMapping 函数创建或打开一个 4096 字节大小的命名文件映射对象，并调用 MapViewOfFile 函数把文件映射对象 hFileMap 的全部映射到进程的虚拟地址空间中，得到一个共享内存指针 lpMemory，然后创建一个计时器，每一秒钟在静态控件中刷新显示一次共享内存的数据。读者可以运行本程序的多个实例进行测试。每当编辑控件中的内容改变时，程序读取编辑控件中的内容到共享内存 lpMemory 中，在 WM_TIMER 消息中，程序把共享内存的内容显示到静态控件中。

关闭对话框时，程序调用 UnmapViewOfFile 函数撤销内存映射，调用 CloseHandle 函数关闭文件映射对象句柄，一个程序实例关闭文件映射对象句柄并不会影响其他实例继续使用文件映射对象。如前所述，所有内核对象的数据结构中通常都包含安全描述符和引用计数字段，创建或打开一个文件映射对象都会导致引用计数加 1，而调用 CloseHandle 函数则会导致引用计数减 1，只要引用计数不为 0，系统就不会销毁它。

具体代码参见 MemoryMappingFile_Process 项目。

如果要创建一个命名文件映射对象，而系统中已经存在一个相同名称的其他内核对象，例如互斥量（Mutex）对象、信号量（Semaphore）对象等，那么调用 CreateFileMapping 函数创建该名称的文件映射对象会失败，返回值为 NULL，调用 GetLastError 函数返回 ERROR_INVALID_HANDLE，因此创建命名文件映射对象时应该保证名称在系统中唯一。本程序的文件映射对象名称使用了一个 GUID 字符串。如果需要生成一个 GUID，可以在 VS 中单击工具菜单 → 创建 GUID(G)命令。如果需要在程序中动态生成一个 GUID，可以调用 CoCreateGuid 函数，例如下面的代码：

```
GUID guid;
TCHAR szGUID[64] = { 0 };
```

```
// 生成一个 GUID
CoCreateGuid(&guid);
// 转换为字符串
wsprintf(szGUID, TEXT("%08X-%04X-%04X-%02X%02X-%02X%02X%02X%02X%02X%02X"),
    guid.Data1, guid.Data2, guid.Data3,
    guid.Data4[0], guid.Data4[1], guid.Data4[2], guid.Data4[3],
    guid.Data4[4], guid.Data4[5], guid.Data4[6], guid.Data4[7]);
```

3.4.3　使用内存映射文件来处理大型文件

使用内存映射文件的第 3 步为：调用 MapViewOfFile 函数把文件映射对象 hFileMap 的部分或全部映射到进程的虚拟地址空间中，返回一个内存指针 lpMemory，即可通过该指针来读写文件，这一步操作是映射文件映射对象的一个视图到虚拟地址空间中。但是对 32 位进程来说，可用的用户模式地址空间只有 2G，超过 2G 的内存映射文件无法一次性全部映射到进程的虚拟地址空间中。对于大型文件，可以采取多次映射的方法，在调用 CreateFileMapping 函数为 hFile 文件对象创建或打开一个文件映射内核对象后，每次调用 MapViewOfFile 函数只映射一部分文件映射对象，完成对已映射部分的访问后，我们可以撤销对这一部分的映射，然后把文件映射对象的另一部分映射到视图中，一直重复这个过程，直到完成对整个文件映射对象的访问。需要注意的是，MapViewOfFile 函数的文件映射对象偏移量参数必须指定为内存分配粒度的整数倍。下面的自定义函数 CopyLargeFile 实现了对大型文件的复制操作：

```
BOOL CopyLargeFile(LPCTSTR lpFileName1, LPCTSTR lpFileName2)
{
    HANDLE hFile1, hFile2, hFileMap;
    LPVOID lpMemory;

    // 打开文件 1
    hFile1 = CreateFile(lpFileName1, GENERIC_READ, FILE_SHARE_READ,
        NULL, OPEN_EXISTING, FILE_ATTRIBUTE_NORMAL, NULL);
    if (hFile1 == INVALID_HANDLE_VALUE)
        return FALSE;

    // 创建文件 2
    hFile2 = CreateFile(lpFileName2, GENERIC_READ | GENERIC_WRITE,
        FILE_SHARE_READ, NULL, CREATE_ALWAYS, FILE_ATTRIBUTE_NORMAL, NULL);
    if (hFile2 == INVALID_HANDLE_VALUE)
        return FALSE;

    // 为 hFile1 文件对象创建一个文件映射内核对象
    hFileMap = CreateFileMapping(hFile1, NULL, PAGE_READONLY, 0, 0, NULL);
    if (!hFileMap)
        return FALSE;

    // 获取文件大小，内存分配粒度
    __int64 qwFileSize;
    DWORD dwFileSizeHigh;
    SYSTEM_INFO si;
```

```
qwFileSize = GetFileSize(hFile1, &dwFileSizeHigh);
qwFileSize += (((__int64)dwFileSizeHigh) << 32);
GetSystemInfo(&si);

// 把文件映射对象 hFileMap 不断映射到进程的虚拟地址空间中
__int64 qwFileOffset = 0;        // 文件映射对象偏移量
DWORD dwBytesInBlock;            // 本次映射大小
while (qwFileSize > 0)
{
    dwBytesInBlock = si.dwAllocationGranularity;
    if (qwFileSize < dwBytesInBlock)
        dwBytesInBlock = (DWORD)qwFileSize;

    lpMemory = MapViewOfFile(hFileMap, FILE_MAP_READ,
        (DWORD)(qwFileOffset >> 32), (DWORD)(qwFileOffset & 0xFFFFFFFF), dwBytesInBlock);
    if (!lpMemory)
        return FALSE;

    // 对已映射部分进行操作
    WriteFile(hFile2, lpMemory, dwBytesInBlock, NULL, NULL);

    // 取消本次映射，进行下一轮映射
    UnmapViewOfFile(lpMemory);
    qwFileOffset += dwBytesInBlock;
    qwFileSize -= dwBytesInBlock;
}

// 清理工作
CloseHandle(hFileMap);
CloseHandle(hFile1);
CloseHandle(hFile2);

return TRUE;
}
```

在上面的示例中，每次只映射内存分配粒度大小，除文件复制操作外，读者可以根据需要对大型文件进行各种操作。

3.5　APC 异步过程调用

ReadFile 函数用于以同步或异步方式从指定的文件或其他 I/O 设备读取数据，WriteFile 函数用于以同步或异步方式向指定的文件或其他 I/O 设备写入数据。如果需要以异步方式读写文件或其他 I/O 设备，可以使用专为异步 I/O 设计的 ReadFileEx 和 WriteFileEx 函数。常用的 I/O 设备包括文件、文件流、物理磁盘、卷、控制台缓冲区、通信资源、邮件槽和管道等。

ReadFileEx/WriteFileEx 函数用于在指定的文件或其他 I/O 设备中读取/写入数据，系统会异步报告其完成状态，在读取/写入操作完成（或取消）并且调用线程处于可通知的（也称可提醒的）等待状态时调用指定的完成例程（回调函数）。ReadFileEx/WriteFileEx 的函数原型如下所示：

```
BOOL WINAPI ReadFileEx(
    _In_    HANDLE    hFile,                  // 文件或其他 I/O 设备的句柄
    _Out_   LPVOID    lpBuffer,               // 接收文件或其他 I/O 设备数据的缓冲区
    _In_    DWORD     nNumberOfBytesToRead,   // 要读取的字节数
    _Inout_ LPOVERLAPPED lpOverlapped,        // 指向 OVERLAPPED 结构的指针
    _In_    LPOVERLAPPED_COMPLETION_ROUTINE lpCompletionRoutine);// 完成例程的指针
BOOL WINAPI WriteFileEx(
    _In_    HANDLE    hFile,                  // 文件或其他 I/O 设备的句柄
    _In_    LPCVOID   lpBuffer,               // 要写入文件或其他 I/O 设备的数据的缓冲区
    _In_    DWORD     nNumberOfBytesToWrite,  // 要写入的字节数
    _Inout_ LPOVERLAPPED lpOverlapped,        // 指向 OVERLAPPED 结构的指针
    _In_    LPOVERLAPPED_COMPLETION_ROUTINE lpCompletionRoutine);// 完成例程的指针
```

- hFile 参数用于指定文件或其他 I/O 设备的句柄，调用 CreateFile 函数的时候 dwFlagsAndAttributes 参数需要包含 FILE_FLAG_OVERLAPPED 标志。

- lpOverlapped 参数是一个指向 OVERLAPPED 结构的指针，该结构用于提供一些异步 I/O 操作期间需要使用的数据。该结构的定义如下所示：

```
typedef struct _OVERLAPPED {
    ULONG_PTR Internal;      // I/O 请求的状态代码
    ULONG_PTR InternalHigh;  // 已传输的字节数
    union {
        struct {
            DWORD Offset;      // 指定为从文件开始读取/写入的字节偏移的低 32 位（仅适用于文件）
            DWORD OffsetHigh;  // 指定为从文件开始读取/写入的字节偏移的高 32 位（仅适用于文件）
        } DUMMYSTRUCTNAME;
        PVOID Pointer;
    } DUMMYUNIONNAME;
    HANDLE hEvent;           // ReadFileEx/WriteFileEx 函数忽略该字段，可用于其他目的
} OVERLAPPED, * LPOVERLAPPED;
```

- ◆ 在使用 OVERLAPPED 结构前，必须将所有字段初始化为 0，然后设置需要的字段。对于支持字节偏移的文件，必须指定要从文件开始读取/写入的字节偏移，Offset 和 OffsetHigh 字段分别用于指定从文件开始读取/写入的字节偏移的低 32 位和高 32 位；对于不支持字节偏移的其他 I/O 设备，忽略 Offset 和 OffsetHigh 字段。要写入文件末尾，可以将 Offset 和 OffsetHigh 字段都指定为 0xFFFFFFFF。进行同步读取/写入的时候，系统会自动维护一个文件指针；但是异步读取/写入的时候，调用线程可能会连续发出多个异步 I/O 请求，例如连续多次调用 ReadFileEx/WriteFileEx 函数，无法确定哪一个 I/O 请求最先完成，因此在异步 I/O 操作中文件指针没有意义，每一次 ReadFileEx/WriteFileEx 函数调用都需要定义一个 OVERLAPPED 结构并设置该结构的 Offset 和 OffsetHigh 字段。

- ◆ 在读取/写入操作完成（或取消）并且调用线程处于可通知的等待状态时系统会调用 lpCompletionRoutine 参数指定的完成例程，因此 ReadFileEx/WriteFileEx 函数忽略 hEvent 字段，程序可以将该字段用于其他目的，例如设置为某数据类型变量或自定义数据结构的

指针。

- 在读取/写入操作完成（或取消）并且调用线程处于可通知的等待状态时，系统会调用 lpCompletionRoutine 参数指定的完成例程。

完成例程的定义形式如下所示：

```
VOID WINAPI OverlappedCompletionRoutine(
    _In_    DWORD dwErrorCode,               // I/O 请求的状态代码
    _In_    DWORD dwNumberOfBytesTransfered, // 已传输的字节数
    _Inout_ LPOVERLAPPED lpOverlapped);      // 当初调用 I/O 函数时指定的 OVERLAPPED 结构的指针
```

lpOverlapped 参数指向当初调用异步 I/O 操作函数时指定的 OVERLAPPED 结构，一定要确保该结构在整个异步 I/O 操作期间没有被释放，直到完成例程返回。

执行到完成例程，说明读取/写入操作已经完成或取消，可以通过 OVERLAPPED 结构的 Internal 和 InternalHigh 字段分别获取 I/O 请求的状态代码和已传输的字节数，当然也可以通过完成例程的 dwErrorCode 和 dwNumberOfBytesTransfered 参数获取这两个值，效果是一样的。如果异步 I/O 操作成功完成并且执行完成例程，则 dwErrorCode 参数的值为 0（ERROR_SUCCESS）。要确定异步 I/O 操作是否成功完成，可以检查 dwErrorCode 参数是否为 0，并调用 GetOverlappedResult 函数，然后调用 GetLastError 函数获取错误代码。

前面一直在强调，当读取/写入操作完成（或取消）并且调用线程处于可通知的等待状态时系统会调用 lpCompletionRoutine 参数指定的完成例程，使调用线程处于可通知的等待状态的方法就是调用 SleepEx、MsgWaitForMultipleObjectsEx、WaitForSingleObjectEx 或 WaitForMultipleObjectsEx 一类的等待函数，这些函数都比较简单，这里不再列出函数原型。

如果 ReadFileEx/WriteFileEx 函数执行成功，则返回值为 TRUE；如果函数执行失败，则返回值为 FALSE，可以通过调用 GetLastError 函数获取错误代码。

- 函数执行成功，通常异步 I/O 操作还在进行中，当异步 I/O 操作完成后，如果调用线程处于可通知的等待状态，则系统会调用 lpCompletionRoutine 参数指定的完成例程，完成例程执行结束后，等待函数才返回，等待函数的返回值为 WAIT_IO_COMPLETION。
- 函数执行成功，通常异步 I/O 操作还在进行中，当异步 I/O 操作完成后，如果调用线程没有处于可通知的等待状态，则直到调用线程调用相关等待函数进入可通知的等待状态，系统才会去调用 lpCompletionRoutine 参数指定的完成例程，完成例程执行结束后，等待函数返回，等待函数的返回值为 WAIT_IO_COMPLETION。

当系统创建一个线程时，会同时创建一个与该线程相关联的 APC（Asynchronous Procedure Call，异步过程调用）队列。通俗地讲，APC 是在线程中异步执行的一个回调函数。调用 ReadFileEx/WriteFileEx 函数后，系统会将完成例程的地址传递给设备驱动程序，设备驱动程序会在发出 I/O 请求的线程的 APC 队列中添加一项，该项包含完成例程的地址和发出 I/O 请求时所使用的 OVERLAPPED 结构的地址，当完成 I/O 请求时，只要发出 I/O 请求的线程处于可通知的等待状态，系统就会调用完成例程并传入 I/O 请求的状态代码、已传输的字节数和 OVERLAPPED 结构的地址（如果线程正在忙于处理其他事情，则完成例程不会被立即调用）。

调用等待函数时，如果线程的 APC 队列中没有项目，那么等待函数会一直等待，直到超时时间已

过、APC 队列中出现了一项或手动向 APC 队列中添加了一项。如果线程的 APC 队列中出现了一项，系统会将 APC 队列中的那一项取出（同时删除该项），然后调用完成例程并传入 I/O 请求的状态代码、已传输的字节数和 OVERLAPPED 结构的地址，完成例程执行完毕，系统会再次检查 APC 队列中是否还有其他项目，如果有，则会继续处理，如果没有，则等待函数返回。

可通知 I/O 编程机制允许程序连续发出多个 I/O 请求，例如连续多次调用 ReadFileEx/WriteFileEx 函数，但是调用 ReadFileEx/WriteFileEx 函数的线程必须对操作结果进行处理，对 ReadFileEx/WriteFileEx 函数来说，就是在读/写入操作完成（或取消）并且调用线程处于可通知的等待状态时系统会调用 lpCompletionRoutine 参数指定的完成例程，我们可以在完成例程中对操作结果进行处理。如果调用 ReadFileEx/WriteFileEx 函数后接着调用上述等待函数进入等待状态，那么使用 ReadFileEx/ WriteFileEx 一类的可通知 I/O 函数就失去了意义。

异步 I/O 也称为重叠 I/O（Overlapped I/O），发出异步 I/O 操作的函数会立即返回，即使操作尚未完成，这使调用线程在后台执行耗时的 I/O 操作的同时可以自由地执行其他任务，这就是重叠的概念。我认为正确的使用方法是，调用耗时的异步 I/O 操作函数后，调用线程可以接着做其他事情，在适当的时候再去调用上述等待函数以使调用线程进入可通知的等待状态（等待完成通知）。ReadFileEx、WriteFileEx 和 SetWaitableTimer 等函数都使用 APC 完成通知回调机制。

上述内容主要是为了帮助读者更好地理解 9.4 节而准备的，关于 WriteFileEx 函数的简单示例程序参见 Chapter3\ReadWriteCompletionAlertable 项目。

CancelIo 函数用于取消调用线程为指定文件或其他 I/O 设备发出的所有未完成的异步 I/O 操作，该函数不会取消其他线程为指定文件或其他 I/O 设备发出的异步 I/O 操作：

```
BOOL WINAPI CancelIo(_In_ HANDLE hFile);    // 文件或其他 I/O 设备的句柄
```

要取消当前进程的另一个线程中的异步 I/O 操作可以使用 CancelIoEx 函数，该函数可以取消指定文件或其他 I/O 设备发出的未完成的异步 I/O 操作：

```
BOOL WINAPI CancelIoEx(
    _In_ HANDLE hFile,                    // 文件或其他 I/O 设备的句柄
    _In_opt_ LPOVERLAPPED lpOverlapped);  // 用于异步 I/O 操作的 OVERLAPPED 结构的地址
```

lpOverlapped 参数指定为用于异步 I/O 操作的 OVERLAPPED 结构的地址，使用了 lpOverlapped 参数指向的 OVERLAPPED 结构的异步 I/O 操作会被取消；如果 lpOverlapped 参数指定为 NULL，那么 hFile 参数指定的文件或其他 I/O 设备发出的所有异步 I/O 操作都会被取消。

调用 CancelSynchronousIo 函数可以取消指定线程中未完成的同步 I/O 操作：

```
BOOL WINAPI CancelSynchronousIo(_In_ HANDLE hThread);  // 线程句柄，需要 THREAD_TERMINATE 访问权限
```

APC 区分用户模式和内核模式，这里不讨论内核模式 APC。基于 APC 机制可以实现线程间通信。QueueUserAPC 函数用于将一个用户模式 APC 对象添加到指定线程的 APC 队列：

```
DWORD WINAPI QueueUserAPC(
    _In_ PAPCFUNC pfnAPC,  // APC 回调函数指针，当指定的线程处于可通知的等待状态时将调用该函数
    _In_ HANDLE   hThread,  // 线程句柄，必须具有 THREAD_SET_CONTEXT 访问权限
    _In_ ULONG_PTR dwData); // 传递给 APC 函数的参数
```

如果函数执行成功，则返回值为非零；如果函数执行失败，则返回值为 0，可以调用 GetLastError 函数获取错误代码。

APC 回调函数的定义格式如下所示：

```
VOID APCProc(_In_ ULONG_PTR Parameter); // Parameter 是 QueueUserAPC 函数传递过来的参数
```

下面以一个简单的例子来说明 QueueUserAPC 函数可以用于线程间通信。主线程创建了一个工作线程，工作线程调用了 WaitForSingleObjectEx 函数，正在等待某内核对象触发，如果主线程需要退出（终止应用程序），工作线程也应该得体地退出（例如终止正在执行的任务并进行清理工作）。对于此类场景，调用 QueueUserAPC 函数是一个比较好的解决方案，主线程可以调用 QueueUserAPC 函数将一个 APC 对象添加到工作线程的 APC 队列，工作线程调用的 WaitForSingleObjectEx 函数正处于可通知的等待状态，所以 WaitForSingleObjectEx 函数会马上返回，返回值为 WAIT_IO_COMPLETION，工作线程可以通过 WaitForSingleObjectEx 函数的返回值确定是内核对象触发还是主线程通知自己退出。请结合下面的代码进行理解：

```c
#include <Windows.h>

// 函数声明
DWORD WINAPI ThreadProc(LPVOID lpParameter);
VOID WINAPI APCProc(ULONG_PTR Parameter);

int main()
{
    // 创建工作线程并把事件对象传递过去
    HANDLE hEvent = CreateEvent(NULL, TRUE, FALSE, NULL);
    HANDLE hThread = CreateThread(NULL, 0, ThreadProc, (LPVOID)hEvent, 0, NULL);

    // 做其他工作
    Sleep(5000);

    // 通知工作线程退出
    QueueUserAPC(APCProc, hThread, NULL);
    WaitForSingleObject(hThread, INFINITE);
    CloseHandle(hThread);
    CloseHandle(hEvent);

    return 0;
}

DWORD WINAPI ThreadProc(LPVOID lpParameter)
{
    HANDLE hEvent = (HANDLE)lpParameter;

    // 在可通知状态下等待
    DWORD dwRet = WaitForSingleObjectEx(hEvent, INFINITE, TRUE);
    if (dwRet == WAIT_OBJECT_0)
    {
```

```
    // 事件对象已触发
    MessageBox(NULL, TEXT("事件对象已触发"), TEXT("提示"), MB_OK);
}
else if (dwRet == WAIT_IO_COMPLETION)
{
    // 主线程通知退出
    MessageBox(NULL, TEXT("主线程通知退出"), TEXT("提示"), MB_OK);
}

    return 0;
}


VOID WINAPI APCProc(ULONG_PTR Parameter)
{
    // 这里什么也不需要做
}
```

第4章

进程

　　进程（Process）是系统中正在运行的一个可执行文件，可执行文件一旦运行就成为进程，是一个动态的概念，是一个活动的实体。进程是一个正在运行的可执行文件所使用资源的总和，包括虚拟地址空间、代码、数据、对象句柄、环境变量等。当一个可执行文件被同时多次执行时，产生的是多个进程，虽然它们由同一个文件执行而来，但是它们的虚拟地址空间相互隔离，类似于不同的可执行文件在执行。

　　运行一个可执行文件就是创建了一个进程。本章将学习如何在程序中动态创建一个进程，多个进程之间如何进行通信，进程的枚举和调试等。

4.1 创建进程

　　运行一个程序可以调用 ShellExecute 函数。该函数可以打开的对象包括可执行文件、文档文件和网址等：

```
HINSTANCE ShellExecute(
    _In_opt_ HWND    hwnd,          // 父窗口的句柄，不需要可以设置为 NULL
    _In_opt_ LPCTSTR lpOperation,   // 要执行的操作
    _In_     LPCTSTR lpFile,        // 要操作的文件或文件夹
    _In_opt_ LPCTSTR lpParameters,  // 如果 lpFile 指定的是可执行文件，为命令行参数
    _In_opt_ LPCTSTR lpDirectory,   // 要操作的文件的默认工作目录，可以设置为 NULL
    _In_     INT     nShowCmd);     // 显示标志，同 ShowWindow 函数的 nCmdShow 参数
```

- lpOperation 参数指定要执行的操作，可以是表 4.1 所示的值之一。

表 4.1

操作类型	含义
open	打开 lpFile 参数指定的文件或文件夹（由关联的默认程序打开）
explore	通过资源管理器打开 lpFile 参数指定的文件夹
edit	启动编辑器（通常是记事本）并打开 lpFile 参数指定的文档，如果不是文档文件，则函数调用会失败
print	打印 lpFile 参数指定的文件，如果不是文档文件，则函数调用会失败
find	从 lpDirectory 参数指定的目录开始搜索

- lpFile 参数指定要操作的文件或文件夹，如果指定的是一个可执行文件，lpParameters 参数可以设置为命令行参数，在其他情况下可以设置为 NULL。
- lpDirectory 参数指定要操作的文件的默认工作目录，如果设置为 NULL，则使用当前目录。

如果函数执行成功，则返回值是一个大于 32 的 HINSTANCE 类型值；如果函数执行失败，则可能返回表 4.2 所示的值。

表 4.2

常量	含义
0	操作系统内存或资源不足
ERROR_FILE_NOT_FOUND	找不到指定的文件
ERROR_PATH_NOT_FOUND	找不到指定的路径
ERROR_BAD_FORMAT	.exe 文件无效
SE_ERR_ACCESSDENIED	操作系统拒绝对指定文件的访问
SE_ERR_ASSOCINCOMPLETE	文件名关联不完整或无效
SE_ERR_DLLNOTFOUND	找不到指定的动态链接库
SE_ERR_FNF	找不到指定的文件
SE_ERR_NOASSOC	没有与给定文件扩展名关联的应用程序，如果尝试打印不可打印的文件，也会返回该错误
SE_ERR_OOM	没有足够的内存来完成操作
SE_ERR_PNF	找不到指定的路径
SE_ERR_SHARE	发生共享冲突

要运行指定的程序还可以调用 WinExec 函数，提供该函数是为了与 16 位 Windows 系统兼容，新应用程序应该使用 CreateProcess 函数：

```
UINT WINAPI WinExec(
    _In_ LPCSTR lpCmdLine,      // 要执行的应用程序的命令行(文件名加可选参数)
    _In_ UINT   uCmdShow);      // 显示标志，同 ShowWindow 函数的 nCmdShow 参数
```

如果函数执行成功，则返回值大于 31。

要运行一个可执行文件，也可以调用 CreateProcess 函数，该函数为指定名称的可执行文件创建进程以及进程的主线程。如果某个进程创建了一个新的进程，被创建的进程称为子进程，创建它的进程称为父进程，子进程可以从父进程继承环境变量以及其他对象，还可以在子进程中继续创建孙进程。子进程独立于父进程运行，当系统终止一个进程时，不会终止该进程创建的任何子进程。CreateProcess 的函数原型如下：

```
BOOL WINAPI CreateProcess(
    _In_opt_       LPCTSTR              lpApplicationName,    // 要执行的可执行文件的名称
    _Inout_opt_    LPTSTR               lpCommandLine,        // 命令行参数
    _In_opt_       LPSECURITY_ATTRIBUTES lpProcessAttributes, // 新进程的安全属性结构，可为 NULL
    _In_opt_       LPSECURITY_ATTRIBUTES lpThreadAttributes,  // 新进程的主线程安全属性结构，
                                                              // 可为 NULL
    _In_           BOOL                 bInheritHandles,      // 调用进程的一些句柄是否可被新
                                                              // 进程继承
```

```
_In_          DWORD               dwCreationFlags,        // 创建标志和进程的优先级,可设为 0
_In_opt_      LPVOID              lpEnvironment,          // 指向新进程的环境块的指针,
                                                          // 可为 NULL
_In_opt_      LPCTSTR             lpCurrentDirectory,     // 指定新进程的当前目录,可为 NULL
_In_          LPSTARTUPINFO       lpStartupInfo,          // 指向 STARTUPINFO 或
                                                          // STARTUPINFOEX 结构
_Out_         LPPROCESS_INFORMATION lpProcessInformation);// 指向 PROCESS_INFORMATION
                                                          // 结构的指针
```

- lpApplicationName 参数指定要执行的可执行文件的名称,如果该参数设置为 NULL,则需要在 lpCommandLine 参数中包含可执行文件名称。
- lpCommandLine 参数指定命令行参数,如果 lpApplicationName 参数设置为 NULL,则命令行参数的第一个组成部分用来指定可执行文件名(位于 lpCommandLine 参数的最前面并由空格符与后面的字符串分开);如果两个参数都不为 NULL,则 lpApplicationName 参数指定可执行文件名称,lpCommandLine 参数指定命令行参数。lpCommandLine 参数是一个 _Inout_opt_ 可选的输入输出参数,因此应该指定为一个缓冲区指针,而不能使用常字符串。例如:

```
TCHAR szCommandLine[MAX_PATH] = TEXT("Notepad D:\\Test.txt");
CreateProcess(NULL, szCommandLine, ...);
```

函数将运行记事本程序并打开 D:\Test.txt 文件。

如上面的代码所示,本书建议把 lpApplicationName 参数设置为 NULL,只使用 lpCommandLine 一个参数,命令行参数的第一个组成部分用来指定可执行文件名,如果可执行文件名没有扩展名,默认扩展名是.exe,可执行文件名既可以指定完整路径名也可以指定相对路径名。如果是相对路径名,则函数按以下顺序查找可执行文件。

(1)调用进程.exe 文件所在的目录。

(2)调用进程的当前目录。

(3)Windows 系统目录。

(4)Windows 目录。

(5)PATH 环境变量中列出的目录。

如果使用 lpApplicationName 参数指定可执行文件名,则必须指定扩展名,系统不会自动假定文件名有一个.exe 扩展名,可执行文件名既可以指定完整路径名也可以指定相对路径名,如果是相对路径名,函数会假定可执行文件位于当前目录,函数不会在其他任何目录中查找文件,如果当前目录中不存在指定的可执行文件,函数调用会失败。如果使用 lpApplicationName 参数指定可执行文件名,应该指定一个完整路径名,例如下面的代码:

```
TCHAR szCommandLine[MAX_PATH] = TEXT(" D:\\Test.txt");  // 字符串开始有一个空格
CreateProcess(TEXT("C:\\Windows\\System32\\Notepad.exe"), szCommandLine, ...);
```

要运行一个批处理文件,需要将 lpApplicationName 参数设置为 cmd.exe,并将 lpCommandLine 参数设置为: /c 加上批处理文件的名称。

- lpProcessAttributes 参数是一个指向新进程的安全属性结构的指针,通常设置为 NULL。
- lpThreadAttributes 参数是一个指向新进程的主线程安全属性结构的指针,通常设置为 NULL。

- bInheritHandles 参数指定调用进程的一些可继承句柄是否可以被新进程继承，通常设置为
  FALSE。
- dwCreationFlags 参数指定创建标志和进程的优先级。创建标志可以是表 4.3 所示的值的组合。

表 4.3

创建标志	值	含义
DEBUG_PROCESS	0x00000001	父进程希望调试子进程以及子进程将来生成的所有进程，在任何一个子进程（被调试程序）中发生特定事件时，会通知父进程（调试器）
DEBUG_ONLY_THIS_PROCESS	0x00000002	类似于 DEBUG_PROCESS，但是只有在子进程中发生特定事件时，父进程才会得到通知，如果子进程又生成了新的进程，那么在这些孙进程中发生特定事件时，调试器不会收到通知
CREATE_SUSPENDED	0x00000004	新进程的主线程处于挂起状态，后续可以通过调用 ResumeThread 函数恢复运行
EXTENDED_STARTUPINFO_PRESENT	0x00080000	使用扩展的启动信息创建进程，lpStartupInfo 参数是一个指向 STARTUPINFOEX 结构的指针
CREATE_UNICODE_ENVIRONMENT	0x00000400	默认情况下，lpEnvironment 参数指向的环境块使用 ANSI 字符，指定该标志后，将使用 Unicode 字符
CREATE_DEFAULT_ERROR_MODE	0x04000000	默认情况下，新进程会继承调用进程的错误模式，设置该标志后，新进程不会继承调用进程的错误模式，将使用默认错误模式
DETACHED_PROCESS	0x00000008	用于控制台用户界面（Console User Interface，CUI）进程，默认情况下，新进程使用父进程的控制台窗口，指定该标志后，新进程不会使用父进程的控制台窗口，程序可以通过调用 AllocConsole 函数来创建一个新的控制台，该标志不能与 CREATE_NEW_CONSOLE 一起使用
CREATE_NEW_CONSOLE	0x00000010	用于控制台用户界面进程，默认情况下，新进程使用父进程的控制台窗口，指定该标志后，系统会为新进程新建一个控制台窗口，该标志不能与 DETACHED_PROCESS 一起使用
CREATE_NO_WINDOW	0x08000000	用于控制台用户界面进程，指定该标志表示不要创建控制台窗口，如果不是控制台应用程序，或者与 CREATE_NEW_CONSOLE 或 DETACHED_PROCESS 一起使用，则忽略该标志

进程的优先级可以设置为表 4.4 所示的值。

表 4.4

优先级	值	含义
REALTIME_PRIORITY_CLASS	0x00000100	实时，具有最高优先级的进程。实时优先级类进程的线程优先于所有其他进程的线程，通常用于一些执行重要任务的系统进程
HIGH_PRIORITY_CLASS	0x00000080	高，用于执行时间紧迫的任务。该类进程的线程抢占正常或空闲优先级类进程线程的时间片，应该谨慎使用
ABOVE_NORMAL_PRIORITY_CLASS	0x00008000	高于标准，进程的优先级高于 NORMAL_PRIORITY_CLASS，低于 HIGH_PRIORITY_CLASS
NORMAL_PRIORITY_CLASS	0x00000020	标准，正常优先级
BELOW_NORMAL_PRIORITY_CLASS	0x00004000	低于标准，进程的优先级高于 IDLE_PRIORITY_CLASS，低于 NORMAL_PRIORITY_CLASS

优先级	值	含义
IDLE_PRIORITY_CLASS	0x00000040	低，进程的线程仅在系统空闲时运行，并且可以被运行在更高优先级类中的任何进程的线程抢占，用于一些不太重要的程序例如屏幕保护程序

- lpEnvironment 参数是一个指向新进程的环境块的指针，通常可以设置为 NULL 表示新进程会继承父进程的环境变量。
- lpCurrentDirectory 参数指定新进程的当前目录，通常可以设置为 NULL 表示新进程将具有和调用进程相同的当前驱动器和目录。
- lpStartupInfo 参数是一个指向 STARTUPINFO 或 STARTUPINFOEX 结构的指针：

```
typedef struct _STARTUPINFO {
    DWORD       cb;                  // 该结构的大小
    LPTSTR      lpReserved;          // 保留字段，必须为 NULL
    LPTSTR      lpDesktop;           // 桌面的名称，通常设置为 NULL
    LPTSTR      lpTitle;             // 控制台窗口的标题
    DWORD       dwX;                 // 窗口左上角的 X 坐标，以像素为单位，屏幕坐标
    DWORD       dwY;                 // 窗口左上角的 Y 坐标，以像素为单位，屏幕坐标
    DWORD       dwXSize;             // 窗口的宽度，以像素为单位
    DWORD       dwYSize;             // 窗口的高度，以像素为单位
    DWORD       dwXCountChars;       // 控制台窗口中屏幕缓冲区的宽度，以字符列为单位
    DWORD       dwYCountChars;       // 控制台窗口中屏幕缓冲区的高度，以字符行为单位
    DWORD       dwFillAttribute;     // 控制台窗口的文本颜色和背景颜色
    DWORD       dwFlags;             // 位掩码，指定该结构的哪个字段有效
    WORD        wShowWindow;         // 显示标志，同 ShowWindow 函数的 nCmdShow 参数
    WORD        cbReserved2;         // 保留字段，必须为 0
    LPBYTE      lpReserved2;         // 保留字段，必须为 NULL
    HANDLE      hStdInput;           // 标准输入句柄，默认是键盘缓冲区
    HANDLE      hStdOutput;          // 标准输出句柄，默认是控制台窗口的缓冲区
    HANDLE      hStdError;           // 标准错误句柄，默认是控制台窗口的缓冲区
} STARTUPINFO, *LPSTARTUPINFO;

typedef struct _STARTUPINFOEX {
    STARTUPINFO                   StartupInfo;      // STARTUPINFO 结构的指针
    PPROC_THREAD_ATTRIBUTE_LIST   lpAttributeList;  // 属性列表，该列表由
} STARTUPINFOEX, *LPSTARTUPINFOEX;                  // InitializeProcThreadAttributeList
                                                    // 函数创建
```

要设置扩展属性，请使用 STARTUPINFOEX 结构并在 dwCreationFlags 参数中指定 EXTENDED_STARTUPINFO_PRESENT 标志。

dwFlags 字段是一个位掩码，指定该结构的哪个字段有效，常用的标志如表 4.5 所示。

表 4.5

标志	含义
STARTF_USESIZE	dwXSize 和 dwYSize 字段有效
STARTF_USESHOWWINDOW	wShowWindow 字段有效

标志	含义
STARTF_USEPOSITION	dwX 和 dwY 字段有效
STARTF_USECOUNTCHARS	dwXCountChars 和 dwYCountChars 字段有效
STARTF_USEFILLATTRIBUTE	dwFillAttribute 字段有效
STARTF_USESTDHANDLES	hStdInput、hStdOutput 和 hStdError 字段有效

通常情况下并不需要新进程的窗口有特殊之处，只需调用 GetStartupInfo 函数获取当前进程的 STARTUPINFO 结构并传递给 CreateProcess 函数即可：

```
VOID WINAPI GetStartupInfo(_Out_ LPSTARTUPINFO lpStartupInfo);  // STARTUPINFO 结构的指针
```

- lpProcessInformation 参数是一个指向 PROCESS_INFORMATION 结构的指针，该结构返回新进程的进程句柄、主线程句柄、进程 ID 和主线程 ID：

```
typedef struct _PROCESS_INFORMATION {
    HANDLE hProcess;
    HANDLE hThread;
    DWORD dwProcessId;
    DWORD dwThreadId;
} PROCESS_INFORMATION, *PPROCESS_INFORMATION, *LPPROCESS_INFORMATION;
```

在创建一个新的进程时，系统会为新进程创建一个进程内核对象和一个线程内核对象。在创建时，每个内核对象的引用计数为 1，在 CreateProcess 函数返回前，系统会使用完全访问权限来打开进程内核对象和线程内核对象，并将句柄放入 PROCESS_INFORMATION 结构的 hProcess 和 hThread 字段中，在内部打开这两个内核对象会导致引用计数再加 1，因此当函数返回后每个内核对象的引用计数变为 2。如果不需要这两个内核对象句柄，则应该及时调用 CloseHandle 函数关闭句柄。

在创建一个进程内核对象时，系统会为该对象分配一个独一无二的 ID；在创建一个线程内核对象时，系统同样会为该对象分配一个独一无二的 ID。进程 ID（Process ID，PID）和线程 ID 共享同一个号码池，因此进程和线程不可能有相同的 ID，系统中也不会有其他内核对象的 ID 与进程、线程 ID 相同。打开任务管理器查看详细信息，可以看到系统中有一个 ID 为 0 的系统空闲进程（System Idle Process），该进程时刻显示系统空闲 CPU 百分比，系统空闲进程的线程数量始终等于计算机的 CPU 数量，实际上系统空闲进程是系统虚构出来的一个进程。

如果一个程序要使用 ID 来跟踪进程和线程，需要注意的是，进程和线程 ID 会被系统重用。例如在创建一个进程后，系统会初始化一个进程内核对象，假设系统为进程内核对象分配的 ID 为 5276，此时如果再创建一个新的进程内核对象，系统不会将同一个 ID 号分配给它。但是，如果第一个进程内核对象已经释放，系统就可以将 5276 分配给下一个创建的进程内核对象。一个程序如果使用 ID 来引用进程或线程，可能是不可靠的。

虽然 CreateProcess 函数的参数比较多，但是大多数参数只需要设置为 NULL 即可，例如下面的代码将运行记事本程序并打开 D:\Test.txt 文件：

```
TCHAR szCommandLine[MAX_PATH] = TEXT("Notepad D:\\Test.txt");
STARTUPINFO si = { sizeof(STARTUPINFO) };
```

```
PROCESS_INFORMATION pi = { 0 };

GetStartupInfo(&si);
if (CreateProcess(NULL, szCommandLine, NULL, NULL, FALSE, 0, NULL, NULL, &si, &pi))
{
    CloseHandle(pi.hThread);
    CloseHandle(pi.hProcess);
}
```

通过调用 GetModuleHandle 函数可以获取调用进程中指定模块的模块句柄（模块基地址）：

```
HMODULE WINAPI GetModuleHandle(_In_opt_ LPCTSTR lpModuleName);
```

lpModuleName 参数指定为在调用进程的地址空间中加载的一个模块的名称，如果系统找到了指定名称的模块，则函数会返回该模块的句柄；如果没有找到指定模块，则返回值为 NULL。

lpModuleName 参数设置为 NULL 表示获取调用进程的可执行文件模块加载到的基地址。注意，即使调用 GetModuleHandle(NULL) 的代码是在一个 DLL 文件中，返回值仍然是可执行文件模块的基地址，而不是 DLL 文件模块的基地址。

GetModuleFileName 函数用于获取当前进程中已加载模块的完整路径，要获取另一个进程中已加载模块的完整路径可以使用 GetModuleFileNameEx 函数：

```
DWORD WINAPI GetModuleFileName(
    _In_opt_    HMODULE  hModule,    // 模块句柄，设置为 NULL 表示获取当前进程的可执行文件完整路径
    _Out_       LPTSTR   lpFilename, // 返回模块 hModule 对应的文件完整路径
    _In_        DWORD    nSize);     // lpFilename 缓冲区的大小，以字符为单位
DWORD WINAPI GetModuleFileNameEx(
    _In_        HANDLE   hProcess,   // 包含模块 hModule 的进程句柄
    _In_opt_ HMODULE     hModule,    // 模块句柄，设置为 NULL 表示获取 hProcess 进程的可执行文件完整路径
    _Out_       LPTSTR   lpFilename, // 返回模块 hModule 对应的文件完整路径
    _In_        DWORD    nSize);     // lpFilename 缓冲区的大小，以字符为单位
```

hProcess 参数指定包含模块 hModule 的进程句柄，必须具有对该进程句柄的 PROCESS_QUERY_INFORMATION 和 PROCESS_VM_READ 访问权限。如果函数执行成功，则返回值是复制到缓冲区中的字符个数，不包括终止的空字符；如果函数执行失败，则返回值为 0。GetModuleFileNameEx 函数需要 Psapi.h 头文件。

在创建一个子进程后，父进程可能需要与子进程进行通信，CreateProcess 函数调用会马上返回，但是子进程的加载以及初始化需要一些时间，这时可以调用 WaitForInputIdle 函数来等待子进程初始化完毕，该函数会挂起调用线程直到指定的进程初始化完毕或者函数等待超时返回。WaitForInputIdle 的字面意思是等待输入空闲，即没有待处理的输入，正在等待用户输入：

```
DWORD WINAPI WaitForInputIdle(
    _In_ HANDLE hProcess,        // 进程句柄，等待该进程输入空闲
    _In_ DWORD  dwMilliseconds);// 等待时间，以毫秒为单位，设置为 INFINITE 表示永久等待
```

函数的返回值及含义如表 4.6 所示。

表 4.6

返回值	含义
0	等待成功
WAIT_TIMEOUT	超时时间已过
WAIT_FAILED	发生错误

4.2 多个进程间共享内核对象

可以通过调用 GetCurrentProcess 函数来得到当前进程的句柄，通过调用 GetCurrentThread 函数来得到调用线程的句柄：

```
HANDLE WINAPI GetCurrentProcess(void);
HANDLE WINAPI GetCurrentThread(void);
```

GetCurrentProcess 函数获取的是当前进程的伪句柄，进程伪句柄是一个代表当前进程的特殊常量，值通常为 0xFFFFFFFF（-1）。同样，GetCurrentThread 获取的是调用线程的伪句柄，线程伪句柄是一个代表当前线程的特殊常量，值通常为 0xFFFFFFFE（-2）。伪句柄不能由子进程继承，当不再需要伪句柄时，不需要将其关闭，使用伪句柄调用 CloseHandle 函数无效。

可以通过调用 GetCurrentProcessId 函数来得到当前进程的 ID，通过调用 GetCurrentThreadId 函数来得到调用线程的线程 ID：

```
DWORD WINAPI GetCurrentProcessId(void);
DWORD WINAPI GetCurrentThreadId(void);
```

可以通过调用 GetProcessId 函数来获取指定进程句柄的进程 ID，通过调用 GetThreadId 来获取指定线程句柄的线程 ID：

```
DWORD WINAPI GetProcessId(_In_ HANDLE Process);
DWORD WINAPI GetThreadId(_In_ HANDLE Thread);
```

如果已经有一个进程的 ID，则可以通过调用 OpenProcess 函数来获取该进程的句柄。调用 OpenProcess 函数成功打开一个进程句柄会导致进程对象引用计数加 1，当不再需要进程句柄时应该调用 CloseHandle 函数关闭句柄：

```
HANDLE WINAPI OpenProcess(
    _In_ DWORD    dwDesiredAccess,  // 对进程的访问权限
    _In_ BOOL     bInheritHandle,   // 返回的进程句柄是否可以被调用进程的子进程继承
    _In_ DWORD    dwProcessId);     // 进程 ID
```

dwDesiredAccess 参数指定对进程的访问权限，系统会根据目标进程的安全描述符检查 dwDesiredAccess 参数所指定的访问权限。要打开一个目标进程并获得完全访问权限，调用进程必须启用 SE_DEBUG_NAME（#define SE_DEBUG_NAME TEXT("SeDebugPrivilege")）特权，后面会介绍调用进程如何启用该特权。常用的访问权限可以是表 4.7 所示的组合。

表 4.7

常量	值	含义
PROCESS_QUERY_INFORMATION	0x0400	可以获取进程的相关信息，例如访问令牌、退出码和进程优先级
PROCESS_SET_INFORMATION	0x0200	可以设置进程的相关信息，例如进程优先级
PROCESS_SUSPEND_RESUME	0x0800	可以挂起或恢复进程
PROCESS_TERMINATE	0x0001	可以通过调用 TerminateProcess 函数终止进程
PROCESS_DUP_HANDLE	0x0040	可以通过调用 DuplicateHandle 函数复制句柄
PROCESS_VM_OPERATION	0x0008	可以修改进程的地址空间，例如写入内存、修改页面保护属性
PROCESS_VM_READ	0x0010	可以对进程的地址空间进行读取操作
PROCESS_VM_WRITE	0x0020	可以对进程的地址空间进行写入操作
PROCESS_CREATE_PROCESS	0x0080	可以创建进程
PROCESS_CREATE_THREAD	0x0002	可以创建线程
SYNCHRONIZE	0x00100000	可以调用等待函数等待进程终止
PROCESS_ALL_ACCESS		所有可能的访问权限

如果函数执行成功，则返回值是指定 ID 的进程句柄；如果函数执行失败，则返回值为 NULL。如果打开系统空闲进程或 csrss 进程等系统关键进程，函数调用也会失败。

根据一个线程句柄，可以通过调用 GetProcessIdOfThread 来获取其所在进程的 ID：

```
DWORD WINAPI GetProcessIdOfThread(_In_ HANDLE hThread);
```

我们经常需要创建、打开和处理各种内核对象，例如事件对象、文件对象、文件映射对象、互斥量对象、信号量对象、进程对象、线程对象、可等待的计时器对象等，每个内核对象是由系统内核分配和管理的一个小型数据结构，其结构成员维护着与对象有关的信息，少数成员例如安全描述符和引用计数等是所有对象共有的，其他大多数成员是不同类型的对象所特有的，例如，进程对象有一个进程 ID、一个基本优先级和一个退出码，而文件对象有一个文件偏移、共享模式等。为了增强操作系统的可靠性，内核对象的句柄值是与进程相关的，如果把一个进程中的一个内核对象句柄值传递给另一个进程中的线程（通过某种进程间通信方式），那么另一个进程就会根据该句柄值在其当前进程句柄表中的索引来引用一个可能完全不同的内核对象。

很多时候我们需要在多个进程中共享同一个内核对象，例如利用文件映射对象可以在多个进程之间共享数据，事件对象、互斥量对象、信号量对象等通常可以用于不同进程或相同进程中的线程同步。如何在多个进程中共享同一个内核对象，具体方法如下。

（1）为内核对象命名，大部分创建内核对象的函数可以指定一个名称，使用这个名称可以在其他进程中打开该内核对象，内核对象的名称区分大小写，最多包含 MAX_PATH 个字符。

（2）当进程之间具有父子关系时，可以使用内核对象句柄继承。如果父进程有一个或多个内核对象句柄可以继承，那么父进程生成一个子进程后，子进程就可以访问父进程的这些内核对象。要想使用内核对象句柄继承，必须完成以下两个方面的工作。

- 创建内核对象的函数通常都有一个 SECURITY_ATTRIBUTES 结构的参数，通常设置为 NULL，表示使用默认的安全属性，返回的对象句柄不可以被调用进程的子进程继承，这里不可以再把 SECURITY_ATTRIBUTES 结构参数设置为 NULL，可以按如下方式使用：

```
SECURITY_ATTRIBUTES sa;
sa.nLength = sizeof(SECURITY_ATTRIBUTES);
sa.lpSecurityDescriptor = NULL;
sa.bInheritHandle = TRUE;
hHandle = Create 内核对象(&sa, ...);
```

以上代码初始化了一个 SECURITY_ATTRIBUTES 结构，sa.lpSecurityDescriptor = NULL;表示内核对象使用默认的安全属性，bInheritHandle 字段设置为 TRUE，表示内核对象句柄可以被子进程继承。

- 可以通过调用 CreateProcess 函数生成一个子进程，CreateProcess 函数的 bInheritHandles 参数应该设置为 TRUE，表示父进程的一些可继承句柄可以被子进程继承。如果子进程调用 CreateProcess 函数又生成了它自己的子进程并将 bInheritHandles 参数设置为 TRUE，那么孙进程也会继承这些内核对象句柄，但是内核对象句柄的继承只会在生成子进程的时候发生。如果在父进程之后又创建了新的内核对象，并同样将它们的句柄设置为可以继承，则正在运行的子进程不会继承这些新句柄。继承内核对象句柄会导致引用计数加 1，因此不需要时应该调用 CloseHandle 函数关闭句柄。

（3）调用 DuplicateHandle 函数复制内核对象句柄。

DuplicateHandle 函数用于复制内核对象句柄，复制内核对象句柄会导致内核对象的引用计数加 1：

```
BOOL WINAPI DuplicateHandle(
    _In_    HANDLE   hSourceProcessHandle,    // 源进程句柄
    _In_    HANDLE   hSourceHandle,           // 源进程 hSourceProcessHandle 中的源内核对象句柄
    _In_    HANDLE   hTargetProcessHandle,    // 目标进程句柄
    _Out_   LPHANDLE lpTargetHandle,          // 目标内核对象句柄的指针
    _In_    DWORD    dwDesiredAccess,         // 新句柄的访问权限, 可以设置为 0
    _In_    BOOL     bInheritHandle,          // 新句柄是否可以被目标进程的子进程继承, 通常设置为 TRUE
    _In_    DWORD    dwOptions);              // 操作选项, 可以设置为 0
```

dwOptions 参数指定操作选项，可以设置为 0，或者表 4.8 所示的值的组合。

表 4.8

常量	值	含义
DUPLICATE_CLOSE_SOURCE	0x00000001	调用函数后关闭源句柄，如果指定该标志，函数调用后内核对象的引用计数不变
DUPLICATE_SAME_ACCESS	0x00000002	复制句柄与源句柄具有相同的访问权限，指定该标志的情况下会忽略 dwDesiredAccess 参数，通常可以指定该标志

函数复制源进程 hSourceProcessHandle 中的源内核对象句柄 hSourceProcessHandle 到 lpTargetHandle 参数中，函数执行成功，lpTargetHandle 句柄值就是相对于目标进程 hTargetProcessHandle 的一个句柄值，hSourceHandle 和 lpTargetHandle 引用的是同一个内核对象，例如复制的是文件句柄，那么两个句柄的当前文件偏移始终相同。

源进程或目标进程（或既是源进程又是目标进程）或第三个进程都可以调用 DuplicateHandle 函数

复制内核对象句柄，如果不是在目标进程中调用 DuplicateHandle 函数，则需要一些进程间通信机制将目标句柄传递到目标进程中。lpTargetHandle 句柄值是相对于目标进程 hTargetProcessHandle 的一个句柄值，不可以在调用进程中调用 CloseHandle 函数关闭目标句柄，因为该句柄值对应的可能是调用进程中另一个不同的内核对象，即 lpTargetHandle 句柄值只对目标进程有意义。

DuplicateHandle 函数可以用于在 32 位和 64 位进程之间复制句柄，生成的句柄是 32 位或 64 位大小。

4.3 进程终止

进程可以通过以下 3 种方式终止。

（1）主线程的入口点函数返回（强烈推荐的方式）。

（2）进程中的任何一个线程调用 ExitProcess 函数（要尽量避免使用这种方式）。

（3）另一个进程中的线程调用 TerminateProcess 函数（要尽量避免使用这种方式）。

当一个进程终止时，系统会执行以下操作。

（1）进程中的所有其他线程都被标记为终止。

（3）该进程分配的所有资源都将被释放。

（3）所有内核对象句柄都会被关闭，引用计数会减 1，内核对象会不会释放取决于引用计数是否为 0。

（4）进程代码从内存中删除。

（5）进程对象的退出码从 STILLL_ACTIVE 变为主线程函数的返回值，或 ExitProcess、TerminateProcess 函数设置的退出码（系统创建进程对象时的退出码被设置为 STILL_ACTIVE）。

（6）进程对象的状态变为有信号状态。

通过主线程的入口点函数返回并结束一个进程是正常、自然的结束方式，系统会执行正确的清理工作，例如线程分配的 C++对象都会调用析构函数释放，为线程栈分配的内存也会得到释放。

ExitProcess 函数用于终止调用进程及其所有线程：

```
VOID WINAPI ExitProcess(_In_ UINT uExitCode);   // uExitCode 会被设置为进程和所有线程的退出码
```

ExitProcess 函数不会返回，因为进程已经终止，如果在 ExitProcess 函数调用后还有其他代码，那么这些代码永远不会执行。

实际上，当主线程的入口点函数（WinMain、wWinMain、main 或 wmain）返回时，会返回到 C/C++运行库启动代码中，后者将正确清理进程使用的全部 C/C++运行时资源，释放 C/C++运行时资源后，C/C++运行库启动代码将显式调用 ExitProcess 函数，并将入口点函数的返回值传递给它。不管进程中是否还有其他线程正在运行，只要程序的主线程入口点函数返回，C/C++运行库启动代码就会调用 ExitProcess 函数来终止进程。注意，如果在入口点函数中调用的是 ExitThread 函数，而不是调用 ExitProcess 或者入口点函数返回，程序的主线程将停止执行，但是只要进程中还有其他线程正在运行，进程就不会终止。

C/C++应用程序应该避免显式调用 ExitProcess 函数，因为不能调用 C/C++运行库启动代码来执行清理工作，C++对象的析构函数也得不到执行。

ExitProcess 函数只能用于终止调用进程，TerminateProcess 函数则可以终止调用进程或其他进程及其所有线程：

```
BOOL WINAPI TerminateProcess(
    _In_ HANDLE hProcess,    // 进程句柄，必须具有对该进程的 PROCESS_TERMINATE 访问权限
    _In_ UINT   uExitCode); // uExitCode 会被设置为进程和所有线程的退出码
```

TerminateProcess 函数是异步的，如果需要确保进程已终止，可以调用 WaitForSingleObject 函数。TerminateProcess 函数用于无条件地终止一个进程，被终止的进程得不到自己要被终止的通知，进程不能被正确清理，并且不能阻止它自己被强行终止（除非通过一些安全机制），只有在无法通过其他方式强制一个进程退出时，才应该调用该函数。

调用 ExitProcess 或 TerminateProcess 函数，进程可能没有机会执行清理工作，但是操作系统会在进程终止后进行彻底清理，确保不会泄露任何系统资源。

要获取一个进程的退出码可以调用 GetExitCodeProcess 函数：

```
BOOL WINAPI GetExitCodeProcess(
    _In_  HANDLE hProcess,     // 进程句柄，必须具有对该进程的 PROCESS_QUERY_INFORMATION 访问权限
    _Out_ LPDWORD lpExitCode); // 返回进程退出码
```

该函数会立即返回，如果函数执行成功但是进程尚未终止，则返回的退出码为 STILL_ACTIVE。

4.4　进程间通信

Windows 提供了多种机制，使应用程序之间能够快速、方便地共享数据和信息，这些机制包括 RPC、COM、OLE、DDE、Windows 消息（例如 WM_COPYDATA）、剪贴板、邮件槽（Mailslot）、管道（Pipe）、套接字（socket）等。前面已经学习了通过内存映射文件在多个进程间共享数据，剪贴板和套接字是后面章节的话题，本节主要介绍通过 WM_COPYDATA、邮件槽、管道进行进程间通信（InterProcess Communication，IPC）的方法。

首先我们再来回顾一下 SendMessage 和 PostMessage 函数。SendMessage 函数将指定的消息发送到一个或多个窗口，为指定的窗口调用窗口过程，直到窗口过程处理完消息后函数才返回，返回值为指定消息处理的结果，即当窗口过程处理完该消息后，Windows 才把控制权交还给紧跟在 SendMessage 调用的下一条语句；与 SendMessage 函数不同的是，PostMessage 函数将一个消息投递到一个线程的消息队列后立即返回，即把消息发送到指定窗口句柄所在线程的消息队列再由线程来分发。

另外需要注意的是，异步发送消息函数 PostMessage（还有 SendNotifyMessage 和 SendMessageCallback）的 wParam 和 lParam 参数中不能传递指针，因为这些函数立即返回，函数返回后指针指向的内存会被释放，函数调用会失败，调用 GetLastError 函数返回 ERROR_MESSAGE_SYNC_ONLY，即消息只能与同步操作一起使用。

4.4.1　WM_COPYDATA

调用发送消息函数 SendMessage、SendNotifyMessage、SendMessageCallback 和 PostMessage、

PostThreadMessage 向其他进程发送消息时，只能发送系统消息（0～WM_USER 1）。通过发送消息的方式在进程间通信通常使用 WM_COPYDATA (0x004A)消息，该消息的 wParam 参数是目标进程的窗口句柄，lParam 参数是一个指向 COPYDATASTRUCT 结构的指针，该结构包含要传递的数据。目标进程窗口过程处理完 WM_COPYDATA 消息后应返回 TRUE。COPYDATASTRUCT 结构在 WinUser.h 头文件中定义如下：

```
typedef struct tagCOPYDATASTRUCT {
    ULONG_PTR            dwData;    // 传递给目标进程的数据，32 位或 64 位无符号整型
    DWORD                cbData;    // lpData 字段指向的数据的大小，以字节为单位
    _Field_size_bytes_(cbData) PVOID lpData;
                                    // 传递给目标进程的数据的指针，可以设置为 NULL
} COPYDATASTRUCT, * PCOPYDATASTRUCT;
```

- lpData 字段可以指定为指向任何数据类型的指针。如果只需要传递一个简单的数据类型，可以只设置 dwData 字段。有时可能需要根据不同场合传递不同类型的数据结构，这时可以把 dwData 字段设置为代表不同数据类型的一个标志值，而 lpData 字段则指向具体的数据结构，在目标进程中根据 dwData 字段的不同标志值，强制转换 lpData 字段为对应数据结构的指针即可。
- 在发送 WM_COPYDATA 消息时，系统会根据 cbData 字段指定的大小分配一块共享内存，并把 lpData 字段指向的数据复制到共享内存中，然后将共享内存映射到目标进程，即调用进程和目标进程的 lpData 字段指向的是同一块内存，只是作了不同的映射，目标进程处理完 WM_COPYDATA 消息后，系统会释放共享内存。需要注意的是，目标进程不可以修改共享内存的数据，共享内存仅在消息处理期间有效。如果目标进程需要在消息处理完毕后访问共享内存，应该提前把共享内存数据复制到自己所属进程的缓冲区中。

接下来实现一个示例程序 CopyDataDemo，程序运行效果如图 4.1 所示，为了演示通过 WM_COPYDATA 消息在两个进程之间通信的效果，需要两个程序，一个用于发送数据，另一个用于接收数据。

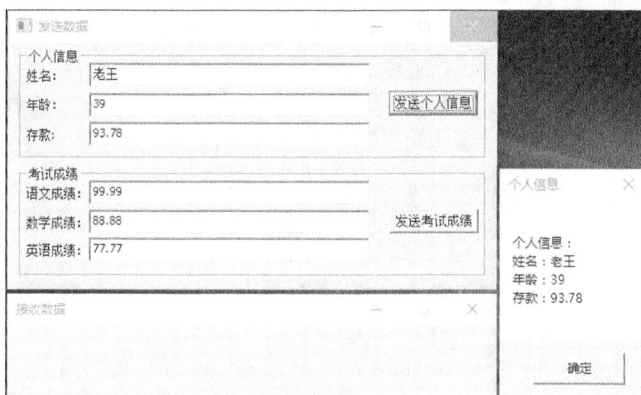

图 4.1

如果用户在"发送数据端"按下"发送个人信息"按钮，程序会向"接收数据端"发送包含个人信息分组框中 3 个编辑控件的内容；如果用户在"发送数据端"按下"发送考试成绩"按钮，程序会向"接收数据端"发送包含考试成绩分组框中 3 个编辑控件的内容。如前所述，有时可能需要根据不同场合传递

不同类型的数据结构，这时可以把 dwData 字段设置为代表不同数据类型的一个标志值，而 lpData 字段则指向具体的数据结构。为此，我们定义 2 个代表不同数据结构的常量标志，并分别定义代表个人信息（姓名、年龄、存款）和考试成绩（语文、数学、英语）的 2 个数据结构，因为"发送数据端"和"接收数据端"程序都需要这些定义，因此定义在一个头文件中，DataStructure.h 头文件的内容如下：

```cpp
#pragma once

// 常量定义
#define PERSONDATA  1
#define SCOREDATA   2

// 数据结构定义
typedef struct _PersonStruct
{
    TCHAR   m_szName[32];      // 姓名
    int     m_nAge;           // 年龄
    double  m_dMoney;         // 存款
}PersonStruct, *PPersonStruct;

typedef struct _ScoreStruct
{
    double  m_dChinese;      // 语文
    double  m_dMath;         // 数学
    double  m_dEnglish;      // 英语
}ScoreStruct, *PScoreStruct;
```

因为需要"发送数据端"和"接收数据端"两个程序，为了便于管理，我们在一个解决方案中建立 2 个项目，首先创建一个 CopyDataDemo 项目，然后添加 CopyDataDemo.cpp 源文件，以及对话框资源等；CopyDataDemo 项目作为"发送数据端"，还需要一个"接收数据端"，在 VS 左侧的解决方案资源管理器视图中，用鼠标右键单击解决方案，然后选择添加→新建项目，再创建一个 CopyDataDemo_Receive 项目，然后添加 CopyDataDemo_Receive.cpp 源文件，以及对话框资源等，现在一个解决方案中有 2 个项目。如果需要编译其中一个项目，用鼠标右键单击项目名称，然后选择设为启动项目即可。

CopyDataDemo.cpp 源文件的内容如下：

```cpp
#include <windows.h>
#include <tchar.h>
#include "resource.h"
#include "DataStructure.h"

// 函数声明
INT_PTR CALLBACK DialogProc(HWND hwndDlg, UINT uMsg, WPARAM wParam, LPARAM lParam);

int WINAPI WinMain(HINSTANCE hInstance, HINSTANCE hPrevInstance, LPSTR lpCmdLine, int nCmdShow)
{
    DialogBoxParam(hInstance, MAKEINTRESOURCE(IDD_MAIN), NULL, DialogProc, NULL);
    return 0;
}
```

```
INT_PTR CALLBACK DialogProc(HWND hwndDlg, UINT uMsg, WPARAM wParam, LPARAM lParam)
{
    COPYDATASTRUCT cds = { 0 };
    PersonStruct ps = { 0 };
    ScoreStruct ss = { 0 };
    TCHAR szBuf[32] = { 0 };
    HWND hwndTarget;

    switch (uMsg)
    {
    case WM_COMMAND:
        switch (LOWORD(wParam))
        {
        case IDC_BTN_PERSON:
            // 查找具有指定类名和窗口名的窗口
            hwndTarget = FindWindow(TEXT("#32770"), TEXT("接收数据"));
            if (hwndTarget)
            {
                // 获取姓名、年龄、存款
                GetDlgItemText(hwndDlg, IDC_EDIT_NAME, ps.m_szName, _countof(ps.m_szName));
                ps.m_nAge = GetDlgItemInt(hwndDlg, IDC_EDIT_AGE, NULL, FALSE);
                GetDlgItemText(hwndDlg, IDC_EDIT_MONEY, szBuf, _countof(szBuf));
                ps.m_dMoney = _ttof(szBuf);

                // 发送 WM_COPYDATA 消息
                cds.dwData = PERSONDATA;
                cds.cbData = sizeof(PersonStruct);
                cds.lpData = &ps;
                SendMessage(hwndTarget, WM_COPYDATA, (WPARAM)hwndTarget, (LPARAM)&cds);
            }
            break;

        case IDC_BTN_SCORE:
            // 查找具有指定类名和窗口名的窗口句柄
            hwndTarget = FindWindow(TEXT("#32770"), TEXT("接收数据"));
            if (hwndTarget)
            {
                // 获取语文、数学、英语成绩
                GetDlgItemText(hwndDlg, IDC_EDIT_CHINESE, szBuf, _countof(szBuf));
                ss.m_dChinese = _ttof(szBuf);
                GetDlgItemText(hwndDlg, IDC_EDIT_MATH, szBuf, _countof(szBuf));
                ss.m_dMath = _ttof(szBuf);
                GetDlgItemText(hwndDlg, IDC_EDIT_ENGLISH, szBuf, _countof(szBuf));
                ss.m_dEnglish = _ttof(szBuf);

                // 发送 WM_COPYDATA 消息
                cds.dwData = SCOREDATA;
                cds.cbData = sizeof(ScoreStruct);
                cds.lpData = &ss;
                SendMessage(hwndTarget, WM_COPYDATA, (WPARAM)hwndTarget, (LPARAM)&cds);
            }
```

```
                break;

            case IDCANCEL:
                EndDialog(hwndDlg, 0);
                break;
            }
            return TRUE;
        }

        return FALSE;
}
```

CopyDataDemo_Receive.cpp 源文件的内容如下：

```
#include <windows.h>
#include <strsafe.h>
#include "resource.h"
#include "../CopyDataDemo/DataStructure.h"

// 函数声明
INT_PTR CALLBACK DialogProc(HWND hwndDlg, UINT uMsg, WPARAM wParam, LPARAM lParam);

int WINAPI WinMain(HINSTANCE hInstance, HINSTANCE hPrevInstance, LPSTR lpCmdLine, int nCmdShow)
{
    DialogBoxParam(hInstance, MAKEINTRESOURCE(IDD_MAIN), NULL, DialogProc, NULL);
    return 0;
}

INT_PTR CALLBACK DialogProc(HWND hwndDlg, UINT uMsg, WPARAM wParam, LPARAM lParam)
{
    PCOPYDATASTRUCT pCDS;
    PPersonStruct pPS;
    PScoreStruct pSS;
    TCHAR szBuf[128] = { 0 };

    switch (uMsg)
    {
    case WM_COMMAND:
        switch (LOWORD(wParam))
        {
        case IDCANCEL:
            EndDialog(hwndDlg, 0);
            break;
        }
        return TRUE;

    case WM_COPYDATA:
        pCDS = (PCOPYDATASTRUCT)lParam;
        if (pCDS->dwData == PERSONDATA)
        {
            pPS = (PPersonStruct)(pCDS->lpData);
```

```
        StringCchPrintf(szBuf, _countof(szBuf),
            TEXT("个人信息: \n 姓名: %s\n 年龄: %d\n 存款: %.2lf"),
            pPS->m_szName, pPS->m_nAge, pPS->m_dMoney);
        MessageBox(hwndDlg, szBuf, TEXT("个人信息"), MB_OK);
    }
    else if (pCDS->dwData == SCOREDATA)
    {
        pSS = (PScoreStruct)pCDS->lpData;
        StringCchPrintf(szBuf, _countof(szBuf),
            TEXT("考试成绩: \n 语文: %6.2lf\n 数学: %6.2lf\n 英语: %6.2lf"),
            pSS->m_dChinese, pSS->m_dMath, pSS->m_dEnglish);
        MessageBox(hwndDlg, szBuf, TEXT("考试成绩"), MB_OK);
    }
    return TRUE;
    }

    return FALSE;
}
```

在"发送数据端"程序中，单击"发送个人信息"或"发送考试成绩"按钮时，首先应该确定"接收数据端"程序是否正在运行，FindWindow 函数用于查找具有指定窗口类名和窗口标题的窗口：

```
HWND WINAPI FindWindow(
    _In_opt_ LPCTSTR lpClassName,      // 窗口类名，不区分大小写
    _In_opt_ LPCTSTR lpWindowName);    // 窗口标题，不区分大小写
```

- 窗口类名可以是通过调用 RegisterClass 或 RegisterClassEx 函数注册的窗口类名称，也可以是任何预定义的控件类名称，例如对话框的窗口类名为#32770。lpClassName 参数可以设置为 NULL，函数将查找窗口标题与 lpWindowName 参数匹配的任何窗口。
- lpWindowName 参数指定窗口标题，该参数也可以设置为 NULL，函数将查找窗口类名与 lpClassName 参数匹配的任何窗口。

如果函数执行成功，则返回值是具有指定窗口类名和窗口标题的窗口的句柄；如果函数执行失败，则返回值为 NULL。

因为简单易用，以前我们一直使用 wsprintf 函数格式化字符串，但是本例中需要输出浮点数，由于 wsprintf 函数不支持输出浮点数，所以这里使用更安全的 C 运行库新增函数 StringCchPrintf，也是微软建议使用的格式化字符串函数，该函数需要 strsafe.h 头文件：

```
HRESULT StringCchPrintf(
    _Out_ LPTSTR pszDest,      // 目标缓冲区，接收从 pszFormat 及其参数创建的格式化的以零结尾的字符串
    _In_ size_t cchDest,       // 目标缓冲区的大小，以字符为单位，允许的最大字符数为 STRSAFE_MAX_CCH
    _In_ LPCTSTR pszFormat,    // 格式字符串
    _In_ ...);                 // 不定数目的参数
```

4.4.2 管道

管道是一种通过共享内存进行进程间通信的技术，管道有两个端点，单向管道允许一个进程从管

道的一端写入数据，另一个进程可以从管道的另一端读取数据，而双向（也称双工）管道的每一个端点都可以读写数据。

管道有两种类型：匿名管道和命名管道。匿名管道是一种未命名的单向管道，通常用于在同一台计算机的父进程和子进程之间传输数据，匿名管道不支持异步读取和写入操作。命名管道可以用于在同一台计算机上的进程之间或网络上不同计算机上的进程之间进行通信，创建管道的进程称为管道服务器，连接到管道的进程称为管道客户端，命名管道提供的是一种对等通信，任何进程都可以充当服务器或客户端。

1. 匿名管道

CreatePipe 函数用于创建一个匿名管道：

```
BOOL WINAPI CreatePipe(
    _Out_   PHANDLE               hReadPipe,            // 返回管道的读取句柄
    _Out_   PHANDLE               hWritePipe,           // 返回管道的写入句柄
    _In_opt_ LPSECURITY_ATTRIBUTES lpPipeAttributes,    // 含义同其他内核对象的安全属性结构
    _In_    DWORD                 nSize);               // 管道缓冲区的大小，以字节为单位，
                                                        // 可以设置为 0 表示使用默认大小
```

匿名管道创建成功后，对于管道的操作就如同读写文件一样简单，可以调用 WriteFile 函数向管道的写入句柄写入数据，调用 ReadFile 函数从管道的读取句柄读取数据。匿名管道的原理如图 4.2 所示。

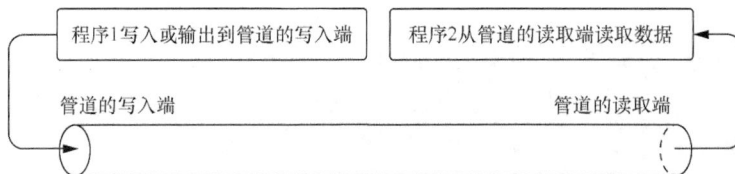

图 4.2

当不再需要读写数据时，应该调用 CloseHandle 函数关闭匿名管道的读取句柄 hReadPipe 和写入句柄 hWritePipe。

匿名管道是一种未命名的单向管道，通常用于在同一台计算机的父进程和子进程之间传输数据，因此在创建匿名管道时，CreatePipe 函数的 lpPipeAttributes 参数通常不能再指定为 NULL，因为我们希望子进程可以继承这个管道内核对象，按如下方式创建一个匿名管道：

```
HANDLE hReadPipe, hWritePipe;
SECURITY_ATTRIBUTES sa = { sizeof(sa) };
sa.bInheritHandle = TRUE;
CreatePipe(&hReadPipe, &hWritePipe, &sa, 0);
```

Ping.exe 是 Windows 系统目录中的一个网络诊断工具，用于检查网络是否连通，读者可以打开 cmd，输入 ping IP 地址（或网址）查看效果，如图 4.3 所示。

接下来实现一个示例程序 AnonymousPipes，程序运行效果如图 4.4 所示。

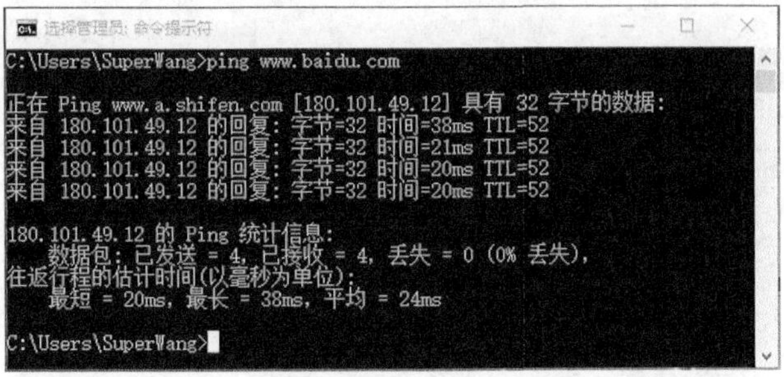

图 4.3

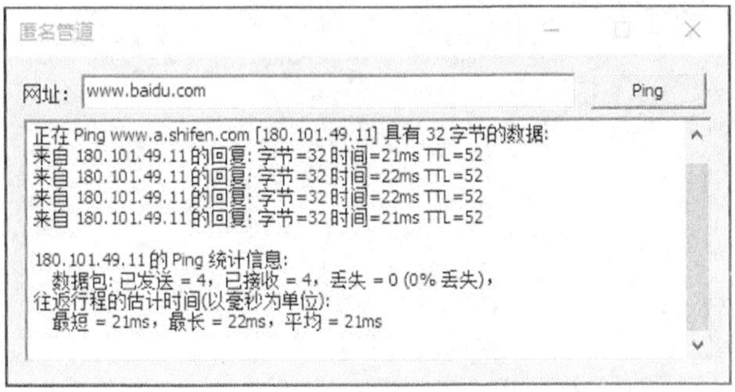

图 4.4

　　程序调用 CreateProcess 函数创建一个子进程，命令行参数为 ping 网址，把子进程 ping 的输出重定向到匿名管道的写入句柄，然后在程序中读取匿名管道的读取句柄，并显示到编辑控件中。AnonymousPipes.cpp 源文件的内容如下：

```
#include <windows.h>
#include <tchar.h>
#include <strsafe.h>
#include "resource.h"

// 常量定义
#define BUF_SIZE    1024

// 全局变量
HWND g_hwndDlg;

// 函数声明
INT_PTR CALLBACK DialogProc(HWND hwndDlg, UINT uMsg, WPARAM wParam, LPARAM lParam);

// 线程函数
DWORD WINAPI ThreadProc(LPVOID lpParameter);

int WINAPI WinMain(HINSTANCE hInstance, HINSTANCE hPrevInstance, LPSTR lpCmdLine, int
nCmdShow)
{
    DialogBoxParam(hInstance, MAKEINTRESOURCE(IDD_MAIN), NULL, DialogProc, NULL);
```

```
        return 0;
}


INT_PTR CALLBACK DialogProc(HWND hwndDlg, UINT uMsg, WPARAM wParam, LPARAM lParam)
{
    switch (uMsg)
    {
    case WM_INITDIALOG:
        g_hwndDlg = hwndDlg;
        // 初始化编辑控件
        SetDlgItemText(hwndDlg, IDC_EDIT_URL, TEXT("www.baidu.com"));
        return TRUE;

    case WM_COMMAND:
        switch (LOWORD(wParam))
        {
        case IDC_BTN_PING:
            // 创建线程
            CloseHandle(CreateThread(NULL, 0, ThreadProc, NULL, 0, NULL));
            break;

        case IDCANCEL:
            EndDialog(hwndDlg, 0);
            break;
        }
        return TRUE;
    }

    return FALSE;
}


DWORD WINAPI ThreadProc(LPVOID lpParameter)
{
    // 创建匿名管道
    HANDLE hReadPipe, hWritePipe;
    SECURITY_ATTRIBUTES sa = { sizeof(sa) };
    sa.bInheritHandle = TRUE;
    CreatePipe(&hReadPipe, &hWritePipe, &sa, 0);

    // 创建子进程，把子进程 Ping 的输出重定向到匿名管道的写入句柄
    STARTUPINFO si = { sizeof(si) };
    si.dwFlags = STARTF_USESTDHANDLES | STARTF_USESHOWWINDOW;
    si.hStdOutput = si.hStdError = hWritePipe;
    si.wShowWindow = SW_HIDE;
    PROCESS_INFORMATION pi;

    // 命令行参数拼接为：Ping www.baidu.com 的形式
    TCHAR szCommandLine[MAX_PATH] = TEXT("Ping ");
    TCHAR szURL[256] = { 0 };
    GetDlgItemText(g_hwndDlg, IDC_EDIT_URL, szURL, _countof(szURL));
    StringCchCat(szCommandLine, _countof(szCommandLine), szURL);
```

```
// 创建 Ping 子进程
if (CreateProcess(NULL, szCommandLine, NULL, NULL, TRUE, 0, NULL, NULL, &si, &pi))
{
    CHAR szBuf[BUF_SIZE + 1] = { 0 };
    CHAR szOutput[BUF_SIZE * 8] = { 0 };
    DWORD dwNumOfBytesRead;

    CloseHandle(pi.hThread);
    CloseHandle(pi.hProcess);

    while (TRUE)
    {
        // 读取匿名管道的读取句柄
        ZeroMemory(szBuf, sizeof(szBuf));
        ReadFile(hReadPipe, szBuf, BUF_SIZE, &dwNumOfBytesRead, NULL);
        if (dwNumOfBytesRead == 0)
            break;

        // Ping 控制台的输出是 ANSI 编码，因此使用 StringCchCatA 和 SetDlgItemTextA
        // 把读取到的数据追加到 szOutput 缓冲区
        StringCchCatA(szOutput, _countof(szOutput), szBuf);
        // 显示到编辑控件中
        SetDlgItemTextA(g_hwndDlg, IDC_EDIT_CONTENT, szOutput);
    }
}

CloseHandle(hReadPipe);
CloseHandle(hWritePipe);
return 0;
}
```

具体代码参见 Chapter4\AnonymousPipes 项目。

也可以创建两个匿名管道，以达到每个进程都可以读写管道的目的，两个匿名管道的通信原理如图 4.5 所示。

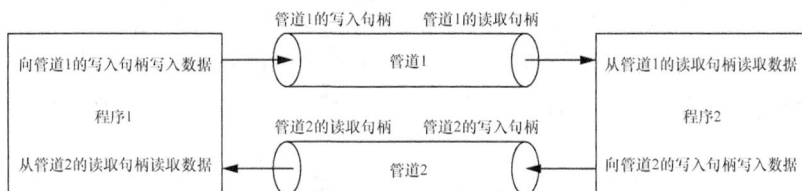

图 4.5

2. 命名管道

命名管道提供一种对等通信，任何进程都可以充当服务器或客户端，可以通过单向或双向命名管道的方式在一个服务器和多个客户端之间进行通信。

服务器进程可以通过调用 CreateNamedPipe 函数创建命名管道内核对象的一个实例，一个命名管道的最大实例个数为 PIPE_UNLIMITED_INSTANCES(255)，服务器进程和每一个客户端进程的通信都

需要一个命名管道实例句柄，即同一时刻可以连接的最大客户端个数是 PIPE_UNLIMITED_INSTANCES
(255)，命名管道的所有实例共享同一个命名管道，但是每个实例都有自己的缓冲区和句柄。有了命名
管道实例句柄，可以通过调用 ConnectNamedPipe 函数等待客户端连接。当完成与一个客户端进程的
通信以后，服务器进程可以通过调用 DisconnectNamedPipe 函数断开连接，从而重新连接到新的客户
端进程。客户端进程可以通过调用 CreateFile 或 CallNamedPipe 函数连接到一个正在等待连接的命名
管道上，连接成功以后可以通过调用读写文件函数读写命名管道。关于命名管道的用法，请自行参
考 MSDN。

4.4.3　邮件槽

邮件槽是一种进程间单向通信机制，创建并拥有邮件槽的进程称为邮件槽服务器，邮件槽服务器
可以从邮件槽中读取数据，其他进程可以打开邮件槽并写入数据，这些进程称为邮件槽客户端。对于
邮件槽的操作就如同读写文件一样简单，邮件槽工作方式有三大特点。

（1）单向通信。创建邮件槽的服务器只能读取消息，不能写入消息，而客户端则刚好相反。如
果需要某一端应用程序同时具备读取与写入的双向功能，那么两端的应用程序可以分别创建两个邮
件槽。

（2）广播消息。如果域中有若干计算机使用同样的名称创建邮件槽，那么邮件槽客户端可以一次
性向所有的同名邮件槽服务器发送消息，域是共享组名的工作站和服务器组。

（3）数据报传输。邮件槽对消息的传输为数据报方式，即客户端只负责数据的发送，而服务器端
并不回应客户端发送的数据是否已经接收到。

CreateMailslot 函数用于创建一个指定名称的邮件槽内核对象：

```
HANDLE WINAPI CreateMailslot(
    _In_    LPCTSTR             lpName,           // 邮件槽名称，格式：\\.\mailslot\
                                                  // mailslotname
    _In_    DWORD               nMaxMessageSize,  // 可以写入邮件槽的单条消息的最大大小，
                                                  // 以字节为单位
    _In_    DWORD               lReadTimeout,     // 等待写入邮件槽的时间，以毫秒为单位
    _In_opt_ LPSECURITY_ATTRIBUTES lpSecurityAttributes); // 含义同其他内核对象的安全属性结构
```

- lpName 参数指定邮件槽的名称，格式为：\\.\mailslot\mailslotname。
- nMaxMessageSize 参数指定可以写入邮件槽的单条消息的最大大小，以字节为单位，如果设置
  为 0 表示任意大小。
- lReadTimeout 参数指定等待写入邮件槽的时间，以毫秒为单位，设置为 0 表示如果邮件槽中没
  有可以读取的消息则立即返回，或者设置为 MAILSLOT_WAIT_FOREVER(-1)表示一直等待到
  邮件槽中有消息可以读取。

如果函数执行成功，则返回一个邮件槽句柄，服务器可以通过该句柄从邮件槽中读取数据；如果
函数执行失败，则返回值为 INVALID_HANDLE_VALUE。如果指定名称的邮件槽已经存在，则函数调
用会失败，返回值为 INVALID_HANDLE_VALUE，调用 GetLastError 函数返回错误代码 ERROR_
ALREADY_EXISTS。

　　客户端可以通过调用 CreateFile 函数打开邮件槽以获得一个邮件槽句柄，然后可以调用 WriteFile 函数向邮件槽写入数据。

　　服务器在调用 ReadFile 函数读取数据前，应该先调用 GetMailslotInfo 函数来确定邮件槽中是否有消息：

```
BOOL WINAPI GetMailslotInfo(
    _In_       HANDLE   hMailslot,       // 邮件槽句柄
    _Out_opt_  LPDWORD  lpMaxMessageSize,// 返回邮件槽的单条消息的最大大小,以字节为单位,可设置为 NULL
    _Out_opt_  LPDWORD  lpNextSize,      // 返回下一条消息(也就是待读取消息)的大小,以字节为单位
    _Out_opt_  LPDWORD  lpMessageCount,  // 返回待读取消息的总数量
    _Out_opt_  LPDWORD  lpReadTimeout);  // 返回读取操作可以等待的时间,以毫秒为单位,可设置为 NULL
```

- hMailslot 参数指定邮件槽句柄，即先前调用 CreateMailslot 函数返回的句柄。
- lpMaxMessageSize 参数返回邮件槽的单条消息的最大大小，以字节为单位，该值可能大于或等于在创建邮件槽的 CreateMailslot 函数的 nMaxMessageSize 参数中指定的值，该参数通常可以设置为 NULL。
- lpNextSize 参数返回下一条消息（也就是待读取消息）的大小，以字节为单位，如果返回值为 MAILSLOT_NO_MESSAGE(-1)，则表示已经没有待读取消息。
- lpMessageCount 参数返回待读取消息的总数量。
- lpReadTimeout 参数返回读取操作可以等待的时间，以毫秒为单位，该参数通常可以设置为 NULL。

当不再需要读写数据时，应该调用 CloseHandle 函数关闭邮件槽句柄。

邮件槽的简单示例程序可以参见 Mailslot 项目。

4.5　进程枚举

4.5.1　TlHelp32 系列函数

　　要枚举系统中当前正在运行的进程列表，最常用的是 TlHelp32 系列函数。可以通过调用 CreateToolhelp32Snapshot 函数捕获系统中当前正在运行的所有进程的快照，得到一个进程列表，然后可以调用 Process32First 和 Process32Next 函数遍历快照中记录的进程列表，上述函数需要 TlHelp32.h 头文件。

　　CreateToolhelp32Snapshot 函数原型如下：

```
HANDLE WINAPI CreateToolhelp32Snapshot(
    _In_ DWORD dwFlags,            // 标志,用于指定快照中需要返回的对象
    _In_ DWORD th32ProcessID);     // 进程 ID,设置为 0 表示当前进程
```

- dwFlags 参数是一个标志，用于指定快照中需要返回的对象，CreateToolhelp32Snapshot 函数可以返回系统中当前正在运行的进程列表、线程列表，也可以返回一个进程的堆列表、模块列表，dwFlags 参数可以是表 4.9 所示的值的组合。

表 4.9

标志	值	含义
TH32CS_SNAPPROCESS	0x00000002	枚举系统中的所有进程
TH32CS_SNAPTHREAD	0x00000004	枚举系统中的所有线程
TH32CS_SNAPHEAPLIST	0x00000001	枚举 th32ProcessID 参数指定进程中的所有堆
TH32CS_SNAPMODULE	0x00000008	枚举 th32ProcessID 参数指定进程中的所有模块。在 32 位进程中指定该标志获取的是 32 位模块，在 64 位进程中指定该标志获取的是 64 位模块，要在 64 位进程中同时获取 32 位模块可以同时指定 TH32CS_SNAPMODULE32 标志
TH32CS_SNAPMODULE32	0x00000010	枚举 64 位进程中的 32 位模块，该标志可以与 TH32CS_SNAPMODULE 或 TH32CS_SNAPALL 结合使用
TH32CS_SNAPALL		包括系统中所有进程列表、线程列表，以及 th32ProcessID 参数中指定进程的堆和模块的列表，等效于 TH32CS_SNAPPROCESS	TH32CS_SNAPTHREAD	TH32CS_SNAPHEAPLIST	TH32CS_SNAPMODULE
TH32CS_INHERIT	0x80000000	表示快照句柄可继承

- th32ProcessID 参数指定进程 ID，当 dwFlags 参数指定是 TH32CS_SNAPHEAPLIST、TH32CS_SNAPMODULE、TH32CS_SNAPMODULE32 或 TH32CS_SNAPALL 标志时才会用到该参数，设置为 0 表示当前进程。如果 dwFlags 参数指定的是 TH32CS_SNAPPROCESS 或 TH32CS_SNAPTHREAD 标志用于枚举系统中的所有进程列表或线程列表，则会忽略该参数。

如果函数执行成功，则返回值是指定快照的句柄；如果函数执行失败，则返回值为 INVALID_HANDLE_VALUE。不再需要快照句柄时应该调用 CloseHandle 函数关闭句柄。

Process32First 函数用于获取快照中第一个进程的信息，在成功获取到第一个进程的信息后，可以继续循环调用 Process32Next 函数获取快照中其他进程的信息，直到函数返回 FALSE，Process32Next 函数每次获取一个进程的信息：

```
BOOL WINAPI Process32First(
    _In_    HANDLE        hSnapshot,    // 快照句柄
    _Out_ LPPROCESSENTRY32 lppe);       // 用于返回进程信息的 PROCESSENTRY32 结构
BOOL WINAPI Process32Next(
    _In_    HANDLE        hSnapshot,
    _Out_ LPPROCESSENTRY32 lppe);
```

lppe 参数是一个指向 PROCESSENTRY32 结构的指针，函数在该结构中返回一个进程的信息，该结构在 TlHelp32.h 头文件中定义如下：

```
typedef struct tagPROCESSENTRY32 {
    DWORD     dwSize;            // 该结构的大小
    DWORD     cntUsage;          // 该字段不再使用，始终为 0
    DWORD     th32ProcessID;     // 进程 ID
    ULONG_PTR th32DefaultHeapID; // 该字段不再使用，始终为 0
```

```
    DWORD       th32ModuleID;               // 该字段不再使用，始终为 0
    DWORD       cntThreads;                 // 进程启动的线程个数
    DWORD       th32ParentProcessID;        // 进程的父进程 ID
    LONG        pcPriClassBase;             // 进程创建的线程的基本优先级
    DWORD       dwFlags;                    // 该字段不再使用，始终为 0
    TCHAR       szExeFile[MAX_PATH];        // 进程的可执行文件的名称
} PROCESSENTRY32, *PPROCESSENTRY32;
```

th32ProcessID 字段返回进程 ID，有了进程 ID 即可通过调用 OpenProcess 函数获得进程句柄，利用进程句柄对进程进行各种操作。

szExeFile 字段返回不带路径的可执行文件名称，要获取一个进程对应的可执行文件的完整路径可以使用 QueryFullProcessImageName 函数：

```
BOOL WINAPI QueryFullProcessImageName(
    _In_        HANDLE hProcess,    // 进程句柄，必须具有对该进程的 PROCESS_QUERY_INFORMATION 访问权限
    _In_        DWORD dwFlags,      // 返回的路径格式，通常设置为 0
    _Out_       LPTSTR lpExeName,   // 用于返回可执行文件路径的缓冲区
    _Inout_     PDWORD lpdwSize);   // 指定缓冲区的大小，返回复制到缓冲区中的字符数(不包括终止的空字符)
```

dwFlags 参数指定返回的路径格式，可以设置为 0 表示普通格式，或者设置为 PROCESS_NAME_NATIVE 表示本机系统路径格式，例如：\Device\HarddiskVolume3\Windows\System32\svchost.exe。

也可以使用 GetModuleFileNameEx 函数，hModule 参数设置为 NULL 表示获取 hProcess 进程的可执行文件完整路径，例如 GetModuleFileNameEx(hProcess, NULL, szPath, _countof(szPath))。如果是为了获取一个进程对应的可执行文件的完整路径，使用 QueryFullProcessImageName 函数的效率更高一些。

通常可以使用下面的代码枚举系统中的所有进程：

```
HANDLE hSnapshot;
PROCESSENTRY32 pe = { sizeof(PROCESSENTRY32) };
BOOL bRet;

hSnapshot = CreateToolhelp32Snapshot(TH32CS_SNAPPROCESS, 0);
if (hSnapshot == INVALID_HANDLE_VALUE)
{
    MessageBox(g_hwndDlg, TEXT("CreateToolhelp32Snapshot 函数调用失败"), TEXT("提示"), MB_OK);
    return FALSE;
}

bRet = Process32First(hSnapshot, &pe);
while (bRet)
{
    // 对 pe.th32ProcessID 进程进行处理

    bRet = Process32Next(hSnapshot, &pe);
}

CloseHandle(hSnapshot);
return TRUE;
```

接下来实现一个枚举系统中所有进程列表的示例程序 ProcessList，程序运行效果如图 4.6 所示，进程列表使用一个列表视图控件进行展示，每一个列表项表示一个进程的相关信息，包括进程的可执行文件的图标、进程名称、进程 ID、父进程 ID、进程的可执行文件的完整路径。用鼠标右键单击一个列表项，会弹出一个快捷菜单，其中包括刷新进程列表、结束该进程、打开文件所在位置、暂停进程和恢复进程等菜单项。

图 4.6

ProcessList.cpp 源文件的内容如下：

```cpp
#include <windows.h>
#include <Commctrl.h>
#include <TlHelp32.h>
#include <Psapi.h>
#include <tchar.h>
#include "resource.h"

#pragma comment(lib, "Comctl32.lib")

#pragma comment(linker,"\"/manifestdependency:type='win32' \
    name='Microsoft.Windows.Common-Controls' version='6.0.0.0' \
    processorArchitecture='*' publicKeyToken='6595b64144ccf1df' language='*'\"")

// 全局变量
HINSTANCE g_hInstance;
HWND g_hwndDlg;                      // 对话框窗口句柄
HIMAGELIST g_hImagListSmall;         // 列表视图控件所用的图像列表

// 函数声明
INT_PTR CALLBACK DialogProc(HWND hwndDlg, UINT uMsg, WPARAM wParam, LPARAM lParam);
// 显示进程列表
BOOL GetProcessList();
// 暂停、恢复进程
VOID SuspendProcess(DWORD dwProcessId, BOOL bSuspend);

int WINAPI WinMain(HINSTANCE hInstance, HINSTANCE hPrevInstance, LPSTR lpCmdLine, int nCmdShow)
```

```
{
    g_hInstance = hInstance;

    DialogBoxParam(hInstance, MAKEINTRESOURCE(IDD_MAIN), NULL, DialogProc, NULL);
    return 0;
}


INT_PTR CALLBACK DialogProc(HWND hwndDlg, UINT uMsg, WPARAM wParam, LPARAM lParam)
{
    LVCOLUMN lvc = { 0 };
    POINT pt = { 0 };
    int nSelected, nRet;
    LVITEM lvi = { 0 };
    TCHAR szProcessName[MAX_PATH] = { 0 }, szProcessID[16] = { 0 }, szBuf[MAX_PATH] = { 0 };
    HANDLE hProcess;
    HMENU hMenu;
    BOOL bRet = FALSE;

    switch (uMsg)
    {
    case WM_INITDIALOG:
        g_hwndDlg = hwndDlg;

        // 设置列表视图控件的扩展样式
        SendMessage(GetDlgItem(hwndDlg, IDC_LIST_PROCESS), LVM_SETEXTENDEDLISTVIEWSTYLE,
0, LVS_EX_FULLROWSELECT | LVS_EX_GRIDLINES);

        // 设置列标题: 进程名称、进程 ID、父进程 ID、可执行文件路径
        lvc.mask = LVCF_SUBITEM | LVCF_WIDTH | LVCF_TEXT;
        lvc.iSubItem = 0; lvc.cx = 150; lvc.pszText = TEXT("进程名称");
        SendMessage(GetDlgItem(hwndDlg, IDC_LIST_PROCESS), LVM_INSERTCOLUMN, 0, (LPARAM)&lvc);
        lvc.iSubItem = 1; lvc.cx = 60; lvc.pszText = TEXT("进程 ID");
        SendMessage(GetDlgItem(hwndDlg, IDC_LIST_PROCESS), LVM_INSERTCOLUMN, 1, (LPARAM)&lvc);
        lvc.iSubItem = 2; lvc.cx = 60; lvc.pszText = TEXT("父进程 ID");
        SendMessage(GetDlgItem(hwndDlg, IDC_LIST_PROCESS), LVM_INSERTCOLUMN, 2, (LPARAM)&lvc);
        lvc.iSubItem = 3; lvc.cx = 260; lvc.pszText = TEXT("可执行文件路径");
        SendMessage(GetDlgItem(hwndDlg, IDC_LIST_PROCESS), LVM_INSERTCOLUMN, 3, (LPARAM)&lvc);

        // 为列表视图控件设置图像列表
        g_hImagListSmall = ImageList_Create(GetSystemMetrics(SM_CXSMICON),
            GetSystemMetrics(SM_CYSMICON), ILC_MASK | ILC_COLOR32, 500, 0);
        SendMessage(GetDlgItem(g_hwndDlg, IDC_LIST_PROCESS), LVM_SETIMAGELIST,
            LVSIL_SMALL, (LPARAM)g_hImagListSmall);

        // 显示进程列表
        GetProcessList();
        return TRUE;

    case WM_COMMAND:
        switch (LOWORD(wParam))
```

```
        {
    case ID_REFRESH:
            // 显示进程列表
            GetProcessList();
            break;

    case ID_TERMINATE:
            // 结束选定进程
            nSelected = SendMessage(GetDlgItem(g_hwndDlg, IDC_LIST_PROCESS),
LVM_GETSELECTIONMARK, 0, 0);

            // 确定要结束进程吗
            lvi.iItem = nSelected; lvi.iSubItem = 0;
            lvi.mask = LVIF_TEXT;
            lvi.pszText = szProcessName;
            lvi.cchTextMax = _countof(szProcessName);
            SendMessage(GetDlgItem(g_hwndDlg, IDC_LIST_PROCESS), LVM_GETITEM, 0, (LPARAM)&lvi);
            wsprintf(szBuf, TEXT("确定要结束 %s 进程吗? "), lvi.pszText);
            nRet = MessageBox(hwndDlg, szBuf, TEXT("结束进程"), MB_OKCANCEL |
MB_ICONINFORMATION | MB_DEFBUTTON2);
            if (nRet == IDCANCEL)
                return FALSE;

            // 获取进程句柄
            lvi.iSubItem = 1;
            lvi.pszText = szProcessID;
            lvi.cchTextMax = _countof(szProcessID);
            SendMessage(GetDlgItem(g_hwndDlg, IDC_LIST_PROCESS), LVM_GETITEM, 0, (LPARAM)&lvi);
            hProcess = OpenProcess(PROCESS_TERMINATE, FALSE, _ttoi(lvi.pszText));
            if (hProcess)
            {
                // 结束进程
                bRet = TerminateProcess(hProcess, 0);
                CloseHandle(hProcess);
            }

            if (!bRet)
            {
                wsprintf(szBuf, TEXT("结束 %s 进程失败"), szProcessName);
                MessageBox(hwndDlg, szBuf, TEXT("错误提示"), MB_OK);
            }
            else
            {
                // 删除列表项
                SendMessage(GetDlgItem(g_hwndDlg, IDC_LIST_PROCESS), LVM_DELETEITEM, nSelected, 0);
            }
            break;

    case ID_OPEN:
            // 打开文件所在位置
```

```
                nSelected = SendMessage(GetDlgItem(g_hwndDlg, IDC_LIST_PROCESS),
LVM_GETSELECTIONMARK, 0, 0);
                lvi.iItem = nSelected; lvi.iSubItem = 3;
                lvi.mask = LVIF_TEXT;
                lvi.pszText = szProcessName;
                lvi.cchTextMax = _countof(szProcessName);
                SendMessage(GetDlgItem(g_hwndDlg, IDC_LIST_PROCESS), LVM_GETITEM, 0, (LPARAM)&lvi);

                // 打开父目录并选定指定文件的命令: Explorer.exe /select,文件名称
                wsprintf(szBuf, TEXT("/select,%s"), lvi.pszText);
                ShellExecute(hwndDlg, TEXT("open"), TEXT("Explorer.exe"), szBuf, NULL, SW_SHOW);
                break;

        case ID_SUSPEND:
                // 暂停进程
                nSelected = SendMessage(GetDlgItem(g_hwndDlg, IDC_LIST_PROCESS),
LVM_GETSELECTIONMARK, 0, 0);
                lvi.iItem = nSelected; lvi.iSubItem = 1;
                lvi.mask = LVIF_TEXT;
                lvi.pszText = szProcessID;
                lvi.cchTextMax = _countof(szProcessID);
                SendMessage(GetDlgItem(g_hwndDlg, IDC_LIST_PROCESS), LVM_GETITEM, 0, (LPARAM)&lvi);
                SuspendProcess(_ttoi(lvi.pszText), TRUE);
                break;

        case ID_RESUME:
                // 恢复进程
                nSelected = SendMessage(GetDlgItem(g_hwndDlg, IDC_LIST_PROCESS),
LVM_GETSELECTIONMARK, 0, 0);
                lvi.iItem = nSelected; lvi.iSubItem = 1;
                lvi.mask = LVIF_TEXT;
                lvi.pszText = szProcessID;
                lvi.cchTextMax = _countof(szProcessID);
                SendMessage(GetDlgItem(g_hwndDlg, IDC_LIST_PROCESS), LVM_GETITEM, 0, (LPARAM)&lvi);
                SuspendProcess(_ttoi(lvi.pszText), FALSE);
                break;

        case IDCANCEL:
                ImageList_Destroy(g_hImagListSmall);
                EndDialog(hwndDlg, 0);
                break;
        }
        return TRUE;

    case WM_NOTIFY:
        if (((LPNMHDR)lParam)->idFrom == IDC_LIST_PROCESS && ((LPNMHDR)lParam)->code == NM_RCLICK)
        {
            if (((LPNMITEMACTIVATE)lParam)->iItem < 0)
                return FALSE;
```

```
                    // 如果可执行文件路径一列为空，则禁用结束该进程、打开文件所在位置、暂停进程、结束进程菜单
                    nSelected = SendMessage(GetDlgItem(g_hwndDlg, IDC_LIST_PROCESS), LVM_
            GETSELECTIONMARK, 0, 0);
                    hMenu = LoadMenu(g_hInstance, MAKEINTRESOURCE(IDR_MENU));
                    lvi.iItem = nSelected; lvi.iSubItem = 3;
                    lvi.mask = LVIF_TEXT;
                    lvi.pszText = szProcessName;
                    lvi.cchTextMax = _countof(szProcessName);
                    SendMessage(GetDlgItem(g_hwndDlg, IDC_LIST_PROCESS), LVM_GETITEM, 0, (LPARAM)&lvi);
                    if (_tcsicmp(lvi.pszText, TEXT("")) == 0)
                    {
                        EnableMenuItem(hMenu, ID_TERMINATE, MF_BYCOMMAND | MF_DISABLED);
                        EnableMenuItem(hMenu, ID_OPEN, MF_BYCOMMAND | MF_DISABLED);
                        EnableMenuItem(hMenu, ID_SUSPEND, MF_BYCOMMAND | MF_DISABLED);
                        EnableMenuItem(hMenu, ID_RESUME, MF_BYCOMMAND | MF_DISABLED);
                    }

                    // 弹出快捷菜单
                    GetCursorPos(&pt);
                    TrackPopupMenu(GetSubMenu(hMenu, 0), TPM_LEFTALIGN | TPM_TOPALIGN, pt.x, pt.y,
            0, hwndDlg, NULL);
                }
                return TRUE;
        }

        return FALSE;
}


BOOL GetProcessList()
{
    HANDLE hSnapshot;
    PROCESSENTRY32 pe = { sizeof(PROCESSENTRY32) };
    BOOL bRet;
    HANDLE hProcess;
    TCHAR szPath[MAX_PATH] = { 0 };
    TCHAR szBuf[16] = { 0 };
    DWORD dwLen;
    SHFILEINFO fi = { 0 };
    int nImage;
    LVITEM lvi = { 0 };

    // 删除图像列表中的所有图像
    ImageList_Remove(g_hImagListSmall, -1);
    // 删除所有列表项
    SendMessage(GetDlgItem(g_hwndDlg, IDC_LIST_PROCESS), LVM_DELETEALLITEMS, 0, 0);

    hSnapshot = CreateToolhelp32Snapshot(TH32CS_SNAPPROCESS, 0);
    if (hSnapshot == INVALID_HANDLE_VALUE)
    {
        MessageBox(g_hwndDlg, TEXT("CreateToolhelp32Snapshot 函数调用失败"), TEXT ("提示"), MB_OK);
```

```
        return FALSE;
    }

    bRet = Process32First(hSnapshot, &pe);
    while (bRet)
    {
        nImage = -1;
        ZeroMemory(szPath, sizeof(szPath));
        hProcess = OpenProcess(PROCESS_QUERY_INFORMATION, FALSE, pe.th32ProcessID);
        if (hProcess)
        {
            // 获取可执行文件路径
            dwLen = _countof(szPath);
            QueryFullProcessImageName(hProcess, 0, szPath, &dwLen);
            // 获取程序图标
            SHGetFileInfo(szPath, 0, &fi, sizeof(SHFILEINFO), SHGFI_ICON | SHGFI_SMALLICON);
            if (fi.hIcon)
                nImage = ImageList_AddIcon(g_hImagListSmall, fi.hIcon);

            CloseHandle(hProcess);
        }

        lvi.mask = LVIF_TEXT | LVIF_IMAGE;
        lvi.iItem = SendMessage(GetDlgItem(g_hwndDlg, IDC_LIST_PROCESS), LVM_GETITEMCOUNT, 0, 0);
        // 第 1 列，进程名称
        lvi.iSubItem = 0; lvi.pszText = pe.szExeFile; lvi.iImage = nImage;
        SendMessage(GetDlgItem(g_hwndDlg, IDC_LIST_PROCESS), LVM_INSERTITEM, 0, (LPARAM)&lvi);
        if (fi.hIcon)
            DestroyIcon(fi.hIcon);

        // 第 2 列，进程 ID
        lvi.mask = LVIF_TEXT;
        lvi.iSubItem = 1; _itot_s(pe.th32ProcessID, szBuf, _countof(szBuf), 10); lvi.pszText =
szBuf;
        SendMessage(GetDlgItem(g_hwndDlg, IDC_LIST_PROCESS), LVM_SETITEM, 0, (LPARAM)&lvi);

        // 第 3 列，父进程 ID
        lvi.iSubItem = 2; _itot_s(pe.th32ParentProcessID, szBuf, _countof(szBuf), 10); lvi.pszText =
szBuf;
        SendMessage(GetDlgItem(g_hwndDlg, IDC_LIST_PROCESS), LVM_SETITEM, 0, (LPARAM)&lvi);

        // 第 4 列，可执行文件路径
        lvi.iSubItem = 3; lvi.pszText = szPath;
        SendMessage(GetDlgItem(g_hwndDlg, IDC_LIST_PROCESS), LVM_SETITEM, 0, (LPARAM)&lvi);

        bRet = Process32Next(hSnapshot, &pe);
    }

    CloseHandle(hSnapshot);
    return TRUE;
}
```

```
VOID SuspendProcess(DWORD dwProcessId, BOOL bSuspend)
{
    HANDLE hSnapshot;
    THREADENTRY32 te = { sizeof(THREADENTRY32) };
    BOOL bRet;
    HANDLE hThread;

    hSnapshot = CreateToolhelp32Snapshot(TH32CS_SNAPTHREAD, 0);
    if (hSnapshot == INVALID_HANDLE_VALUE)
        return;

    bRet = Thread32First(hSnapshot, &te);
    while (bRet)
    {
        if (te.th32OwnerProcessID == dwProcessId)
        {
            hThread = OpenThread(THREAD_SUSPEND_RESUME, FALSE, te.th32ThreadID);
            if (hThread)
            {
                if (bSuspend)
                    SuspendThread(hThread);
                else
                    ResumeThread(hThread);

                // 关闭线程句柄
                CloseHandle(hThread);
            }
        }

        bRet = Thread32Next(hSnapshot, &te);
    }

    CloseHandle(hSnapshot);
    return;
}
```

在 WM_INITDIALOG 消息中，程序设置列表视图控件的扩展样式；因为列表视图控件是 LVS_REPORT 报表视图样式，因此需要通过发送 LVM_INSERTCOLUMN 消息添加列标题；另外，每一个列表项的前面需要显示一个程序小图标，所以需要创建一个图像列表，并发送 LVM_SETIMAGELIST 消息把图像列表分配给列表视图控件；最后调用自定义函数 GetProcessList 显示进程列表。

在自定义函数 GetProcessList 中，为了获取进程的可执行文件的图标，使用了 SHGetFileInfo 函数，把该函数最后一个参数设置为 SHGFI_ICON | SHGFI_SMALLICON 表示要获取程序的小图标，图标句柄通过 SHFILEINFO 结构的 hIcon 字段返回，有了图标句柄即可通过调用 ImageList_AddIcon 函数将其添加到列表视图控件的图像列表中。

程序对 WM_NOTIFY 消息的处理就是弹出一个快捷菜单，快捷菜单的子菜单项包括刷新进程列表、结束该进程、打开文件所在位置、暂停进程和恢复进程。如果一个列表项中的可执行文件图标为空，或者可执行文件路径为空，通常说明该进程是重要的系统进程。作为普通用户没有足够的权限去调用 OpenProcess 函数打开重要的系统进程获取其信息，因此对于可执行文件路径一列为空的列表项，我们禁用快捷菜单的结束该进程、打开文件所在位置、暂停进程、结束进程等子菜单项。重要的系统进程不可以随意暂停或结束，否则会导致系统崩溃。

程序对 WM_COMMAND 消息的处理，以及对刷新进程列表、结束该进程菜单项的处理，都很简单，查看对打开文件所在位置菜单项的处理，即 case ID_OPEN 逻辑，我们希望在资源管理器中打开文件所在位置，并选中该文件，打开指定文件的父目录并选定指定文件的命令是"Explorer.exe /select,文件名称"，构造该命令并调用 ShellExecute 函数即可。

对于暂停进程和恢复进程，微软公司并没有提供类似于 SuspendProcess 和 ResumeProcess 的 API 函数，因为 Windows 中不存在暂停和恢复进程的概念，系统从来不会为进程调度 CPU 时间。如果需要暂停一个进程中的所有线程，可以枚举该进程中的所有线程，指定 TH32CS_SNAPTHREAD 标志并调用 CreateToolhelp32Snapshot 函数可以获取系统中的所有线程列表。枚举线程列表使用的是 Thread32First 和 Thread32Next 函数，这两个函数需要一个 THREADENTRY32 结构参数，将进程 ID 与 THREADENTRY32 结构的 th32OwnerProcessID 字段进行比较即可确定一个线程是否属于指定进程，然后可以对该线程实施暂停或恢复操作，具体参见自定义函数 SuspendProcess。关于 THREADENTRY32 结构和 OpenThread 函数的用法，读者可以自行参考 MSDN。

注意，自定义函数 SuspendProcess 并不是 100%安全的，CreateToolhelp32Snapshot 函数获取的只是一个线程列表快照，在枚举完一个进程中的所有线程并暂停所有线程前，可能该进程中有一个线程又创建了新的线程，新线程在线程列表快照中并不存在。另外，在枚举过程中，可能进程中的一个线程已经销毁，而此时其他进程正好创建了一个线程，并且线程 ID 与刚刚销毁的线程 ID 相同，这种情况下，操作对象就是其他进程中的线程。当然，这种情况发生的几率比较小。

在调试进程时，也可以暂停该进程中的所有线程，调试器处理 WaitForDebugEvent 函数返回的调试事件时，Windows 将暂停被调试进程中的所有线程，直到调试器调用 ContinueDebugEvent 函数，后续章节将介绍这些内容。

按 Ctrl + F5 组合键编译运行程序，程序列出了系统中所有正在运行的进程列表，但是对于个别重要的系统进程无法获取到程序图标和文件路径。通过 Chapter4\ProcessList\Debug\ProcessList.exe 路径双击运行程序，可以发现不显示图标和文件路径的列表项特别多，将列表视图拉到最底部可以看到 ProcessList 进程，其父进程是 Explorer.exe 资源管理器进程。如果在 VS 中按 Ctrl + F5 组合键编译运行程序，则 ProcessList 进程的父进程是 devenv.exe 即 VS 程序。VS 程序作为 ProcessList 进程的父进程，具有对 ProcessList 进程的调试权限，调试权限是一个级别比较高的权限，因此进程列表中可以显示大部分列表项的程序图标和文件路径。另外，如果一个进程的父进程不是 Explorer.exe，基本可以断定该进程正在被调试，这一点可以用于反调试、破解。

使一个程序具有调试权限，或者其他某个特权级别，需要提升权限。要为一个进程设置某个特权名称，首先需要调用 OpenProcessToken 函数打开与进程关联的访问令牌以获得一个访问令牌句柄 hToken，然后调用 LookupPrivilegeValue 函数获取指定的特权名称在系统中的本地唯一标识符（LUID），最后调用 AdjustTokenPrivileges 函数启用访问令牌句柄 hToken 中指定的特权名称（LookupPrivilegeValue 函数获取到的 LUID 代表特权名称），这些函数需要 Psapi.h 头文件，后面会介绍访问令牌。相关函数原型定义：

```
BOOL OpenProcessToken(
    _In_        HANDLE  ProcessHandle,      // 进程句柄，获取该进程的访问令牌句柄
    _In_        DWORD   DesiredAccess,      // 请求的访问令牌访问类型，可以指定为 TOKEN_ALL_ACCESS
    _Outptr_    PHANDLE TokenHandle);       // 返回与 ProcessHandle 进程关联的访问令牌句柄
```

不再需要访问令牌句柄时应该调用 CloseHandle 函数关闭句柄。

```
BOOL LookupPrivilegeValue(
    _In_opt_    LPCTSTR lpSystemName,       // 系统名称，设置为 NULL 表示本地系统
    _In_        LPCTSTR lpName,             // 特权名称，例如常量 SE_DEBUG_NAME 表示调试权限
    _Out_       PLUID   lpLuid);            // 返回特权 lpName 在 lpSystemName 系统中的本地唯一
                                            // 标识符 LUID
BOOL AdjustTokenPrivileges(
    _In_        HANDLE              TokenHandle,        // 进程的访问令牌句柄
    _In_        BOOL                DisableAllPrivileges, // 是否禁用所有特权，通常设置为 FALSE
    _In_opt_    PTOKEN_PRIVILEGES   NewState,           // 指向 TOKEN_PRIVILEGES 结构的指针
    _In_        DWORD               BufferLength,       // PreviousState 参数指向的缓冲区的
                                                        // 大小，以字节为单位
    _Out_opt_   PTOKEN_PRIVILEGES   PreviousState,      // 返回进程的先前特权状态的 TOKEN_
                                                        // PRIVILEGES 结构
    _Out_opt_   PDWORD              ReturnLength);      // 返回 PreviousState 参数所需的缓
                                                        // 冲区大小
```

后面 3 个参数通常可以分别设置为 0、NULL 和 NULL。需要注意的是，AdjustTokenPrivileges 函数无法向访问令牌添加新权限，该函数只能启用或禁用访问令牌的现有权限。

TOKEN_PRIVILEGES 结构在 winnt.h 头文件中定义如下：

```
typedef struct _TOKEN_PRIVILEGES {
    DWORD PrivilegeCount;                            // Privileges 数组的数组元素个数
    LUID_AND_ATTRIBUTES Privileges[ANYSIZE_ARRAY];// LUID_AND_ATTRIBUTES 结构数组
} TOKEN_PRIVILEGES, * PTOKEN_PRIVILEGES;

typedef struct _LUID_AND_ATTRIBUTES {
    LUID Luid;          // 代表特权名称的本地唯一标识符 LUID
    DWORD Attributes;   // SE_PRIVILEGE_ENABLED 表示启用, SE_PRIVILEGE_REMOVED 表示移除, None 表示禁用
} LUID_AND_ATTRIBUTES, * PLUID_AND_ATTRIBUTES;

#define ANYSIZE_ARRAY 1
```

TOKEN_PRIVILEGES.Privileges 字段是一个 LUID_AND_ATTRIBUTES 结构数组，每个 LUID_AND_ATTRIBUTES 结构包含代表特权名称的本地唯一标识符 LUID 和启用、禁用、移除指定特权的操作常量。

在 ProcessList 程序中创建一个自定义函数 AdjustPrivileges，并在 WM_INITDIALOG 消息中调用以提升本进程的特权：

```
BOOL AdjustPrivileges(HANDLE hProcess, LPCTSTR lpPrivilegeName)
{
    HANDLE hToken;
```

```
TOKEN_PRIVILEGES tokenPrivileges;

if (OpenProcessToken(hProcess, TOKEN_ALL_ACCESS, &hToken))
{
    LUID luid;
    if (LookupPrivilegeValue(NULL, lpPrivilegeName, &luid))
    {
        tokenPrivileges.PrivilegeCount = 1;
        tokenPrivileges.Privileges[0].Luid = luid;
        tokenPrivileges.Privileges[0].Attributes = SE_PRIVILEGE_ENABLED;
        if (AdjustTokenPrivileges(hToken, FALSE, &tokenPrivileges, 0, NULL, NULL))
            return TRUE;
    }

    CloseHandle(hToken);
}

return FALSE;
}
```

本例为 AdjustPrivileges 函数声明的 lpPrivilegeName 参数设置了默认值 SE_DEBUG_NAME 调试特权。

枚举线程列表、模块列表、堆列表

CreateToolhelp32Snapshot 函数的 dwFlags 参数设置为 TH32CS_SNAPTHREAD 可以枚举系统中的所有线程，函数返回系统中当前正在运行的所有线程列表。枚举线程列表使用的是 Thread32First 和 Thread32Next 函数，这两个函数需要一个 THREADENTRY32 结构参数。

dwFlags 参数设置为 TH32CS_SNAPMODULE 可以枚举指定进程中的所有模块，函数返回指定进程中的所有模块列表。枚举模块列表使用的是 Module32First 和 Module32Next 函数，这两个函数需要一个 MODULEENTRY32 结构参数。

dwFlags 参数设置为 TH32CS_SNAPHEAPLIST 可以枚举指定进程中的所有堆，函数返回指定进程中的所有堆列表。枚举堆列表使用的是 Heap32First 和 Heap32Next 函数，这两个函数需要一个 HEAPENTRY32 结构参数。

4.5.2 EnumProcesses 函数

系统维护正在运行的进程的列表，通过调用 EnumProcesses 函数来获取这些进程的 ID，并通过调用 OpenProcess 函数获取其进程句柄，有了进程句柄即可对其进行各种操作：

```
BOOL EnumProcesses(
    _Out_    DWORD*   lpidProcess, // 接收进程 ID 列表的 DWORD 数组
    _In_     DWORD    cb,          // lpidProcess 数组的大小，以字节为单位
    _Out_    LPDWORD  lpcbNeeded); // 返回的字节数，*lpcbNeeded / sizeof(DWORD) 是枚举到的进程个数
```

该函数需要 Psapi.h 头文件。在调用 EnumProcesses 函数时无法预测有多少个进程，因此接收进程 ID 列表的 DWORD 数组应该足够大，例如 1024。EnumProcesses 函数调用成功，*lpcbNeeded/sizeof

（DWORD）就是枚举到的进程个数。

通过 EnumProcesses 函数只能获取正在运行的进程 ID 列表，无法获取 Process32First 和 Process32Next 函数的 PROCESSENTRY32 结构参数等丰富信息，进程的一些具体信息需要用户自行设法获取。

NtQueryInformationProcess 函数用于获取指定进程的信息，该函数存在于 Ntdll.dll 动态链接库中，需要 Winternl.h 头文件，还需要 Ntdll.lib 导入库。NtQueryInformationProcess 函数原型如下：

```
NTSTATUS WINAPI NtQueryInformationProcess(
    _In_     HANDLE            ProcessHandle,          // 要获取其信息的进程句柄
    _In_     PROCESSINFOCLASS  ProcessInformationClass,// 要获取的进程信息的类型
    _Out_    PVOID             ProcessInformation,     // 返回所请求信息的缓冲区
    _In_     ULONG             ProcessInformationLength,// ProcessInformation 缓冲区的大小，以字节为单位
    _Out_opt_ PULONG           ReturnLength);          // 返回所请求信息的大小，可以设置为 NULL
```

ProcessInformationClass 参数指定要获取的进程信息的类型，PROCESSINFOCLASS 是一个枚举类型：

```
typedef enum _PROCESSINFOCLASS {
    ProcessBasicInformation = 0,
    ProcessDebugPort = 7,
    ProcessWow64Information = 26,
    ProcessImageFileName = 27,
    ProcessBreakOnTermination = 29
} PROCESSINFOCLASS;
```

ProcessInformationClass 参数指定为不同的枚举值代表获取不同的进程信息，如表 4.10 所示。

表 4.10

枚举值	含义
ProcessBasicInformation	这种情况下 ProcessInformation 参数需要指定为一个指向 PROCESS_BASIC_INFORMATION 结构的指针，其中包括指定进程是否正在被调试的进程环境块 PEB 结构、进程 ID 和父进程 ID 等字段。建议使用 CheckRemoteDebuggerPresent 函数来确定一个进程是否正在被调试，使用 GetProcessId 函数获取进程 ID
ProcessDebugPort	这种情况下 ProcessInformation 参数需要指定为一个指向 DWORD_PTR 类型变量的指针，该值是该进程的调试器的端口号，非零值表示该进程正在 Ring 3 调试器的控制下运行。建议使用 CheckRemoteDebuggerPresent 或 IsDebuggerPresent 函数来确定一个进程是否正在被调试
ProcessWow64Information	这种情况下 ProcessInformation 参数需要指定为一个指向 ULONG_PTR 类型变量的指针，如果该值不为 0，则说明该进程正在 WOW64 环境中运行；如果该值为 0，则说明该进程未在 WOW64 环境中运行（WOW64 是 x86 模拟器，允许 Win32 程序在 64 位 Windows 系统上运行）。建议使用 IsWow64Process 函数来确定一个进程是否在 WOW64 环境中运行
ProcessImageFileName	一般不用。这种情况下 ProcessInformation 参数需要指定为一个指向 UNICODE_STRING 结构的指针，其中包含该进程的文件名称字段。建议使用 QueryFullProcessImageName 或 GetProcessImageFileName 函数来获取一个进程的文件名称
ProcessBreakOnTermination	在这种情况下，ProcessInformation 参数需要指定为一个指向 ULONG 类型变量的指针，如果该值不为 0，则说明该进程是系统关键进程（不可以随意结束进程，否则会导致系统崩溃）；如果该值等于 0，则说明该进程不是系统关键进程。建议使用 IsProcessCritical 函数来确定一个进程是否为系统关键进程（需要 PROCESS_QUERY_LIMITED_INFORMATION 访问权限）

NtQueryInformationProcess 函数的返回值是一个 NTSTATUS 类型：

```
typedef _Return_type_success_(return >= 0) LONG NTSTATUS;
```

在驱动程序开发过程中，开发者经常使用 NTSTATUS 类型返回状态，可以通过使用 NT_SUCCESS 宏检测状态是否正确。

Ntdll.dll 动态链接库中还有一个 ZwQueryInformationProcess 函数。在用户层，NtQueryInformationProces 函数和 ZwQueryInformationProcess 函数是同一个函数，具有相同的函数地址。

这里解释一下与 ProcessBasicInformation 和 ProcessBreakOnTermination 枚举值相关的知识。

1. PROCESS_BASIC_INFORMATION 结构

该结构在 Winternl.h 头文件中定义如下：

```
typedef struct _PROCESS_BASIC_INFORMATION {
    PVOID Reserved1;                  // 保留字段
    PPEB PebBaseAddress;              // 进程环境块 PEB 结构的指针
    PVOID Reserved2[2];               // 保留字段
    ULONG_PTR UniqueProcessId;        // 进程 ID
    PVOID Reserved3;                  // 保留字段，但实际上是父进程 ID
} PROCESS_BASIC_INFORMATION, * PPROCESS_BASIC_INFORMATION;
```

稍后详细讲解关于进程环境块 PEB 结构的知识。

2. 系统关键进程

ProcessInformationClass 参数指定为枚举值 ProcessBreakOnTermination 的情况下，可以判断一个进程是否为系统关键进程，或者可以使用 IsProcessCritical 函数来确定一个进程是否为系统关键进程（需要 PROCESS_QUERY_LIMITED_INFORMATION 访问权限）。

如何设置一个进程为系统关键进程？可以使用 Ntdll.dll 动态链接库中的未公开函数 RtlSetProcessIsCritical。设置一个进程为系统关键进程后，通过任何方式结束进程均会导致系统崩溃，包括其他进程调用 TerminateProcess 或者自身正常结束，所以该函数可以用于保护进程不被非法结束，在需要正常结束时，取消设置自身为系统关键进程即可。

Ntdll.dll 是一个系统内核级动态链接库，位于 Kernel32.dll 和 User32.dll 等动态链接库中的大部分 API 函数最终是通过调用 Ntdll.dll 中的函数实现的，其中大都是微软未公开的函数。读者可以通过 Chapter4\Depends.exe 打开 Ntdll.dll 来查看大量的导出函数。

要调用一个未公开函数，通常需要通过调用 LoadLibrary / LoadLibraryEx 函数自行加载未公开函数所在的动态链接库到进程地址空间中，然后通过调用 GetProcAddress 函数获取该函数在动态链接库中的地址，最后通过 GetProcAddress 函数返回的函数指针进行函数调用。

LoadLibrary 函数用于将指定的模块加载到调用进程的地址空间中：

```
HMODULE LoadLibrary(_In_ LPCTSTR lpLibFileName); // 模块名称，可以使用相对路径或绝对路径
```

lpLibFileName 参数指定模块名称，可以使用相对路径或绝对路径。模块名称可以是库模块（.dll 文件）或可执行模块（.exe 文件），如果加载的是库模块（.dll 文件）则可以省略扩展名。加载一个模块可能会导致该模块加载其他模块，因为任何一个.exe 或.dll 文件的运行通常都离不开其他模块的支持（例如调用其他模块中的函数）。如果函数执行成功，则返回值是模块的句柄。模块句柄是一个模块加载到一个进程虚拟地址空间中的基地址，因此模块句柄是相对于进程的，一个进程中获取到的模块句

柄不可以用于其他进程。如果函数执行失败，则返回值为 NULL。

　　如果确定一个模块已经加载到进程地址空间中，例如 Kernel32.dll、User32.dll 和 Gdi32.dll 是 Windows API 的三大模块，Ntdll.dll 是用户级代码进入系统内核的入口，这些动态链接库模块（以下简称 DLL 模块）一定会被加载，这时可以通过调用前面介绍的 GetModuleHandle 函数获取一个模块加载到的基地址，该函数返回其模块句柄。无论一个模块是否已经加载到进程地址空间中，调用 LoadLibrary/LoadLibraryEx 函数总是可以返回其模块句柄。

　　系统为每个进程维护进程中所有已加载模块的引用计数，调用 LoadLibrary 函数会增加引用计数（使用 GetModuleHandle 函数获取模块句柄不会增加引用计数）；当不再需要所加载的模块时，应该调用 FreeLibrary 函数释放该模块，FreeLibrary 函数会减少引用计数，如果引用计数为 0，则系统会从进程的地址空间中取消模块的映射，模块句柄不再有效：

```
BOOL FreeLibrary(_In_ HMODULE hLibModule);  // 模块句柄
```

有了模块句柄，可以通过调用 GetProcAddress 函数获取其中一个函数的地址：

```
FARPROC GetProcAddress(
    _In_ HMODULE hModule,       // 模块句柄
    _In_ LPCSTR lpProcName);  // 函数名称或函数序数(函数序数后面再讲)，区分大小写，const CHAR *类型
```

如果函数执行成功，则返回值为函数指针类型 FARPROC，即导出函数的地址；如果函数执行失败，则返回值为 NULL：

```
#ifdef _WIN64
    typedef INT_PTR(FAR WINAPI* FARPROC)();
#else
    typedef int     (FAR WINAPI* FARPROC)();
#endif
```

LoadLibrary、GetProcAddress 和类似功能的函数在加密解密领域使用率特别高。接下来实现一个示例程序 RtlSetProcessIsCritical，该程序动态加载 Ntdll.dll，获取其导出函数 RtlSetProcessIsCritical 的函数地址并调用以设置程序自身为系统关键进程。RtlSetProcessIsCritical.cpp 源文件的部分内容如下：

```
typedef NTSTATUS(__cdecl* pfnRtlSetProcessIsCritical)(_In_ BOOL NewValue, _Out_ opt_ PBOOL
OldValue, _In_ BOOL CheckFlag);
pfnRtlSetProcessIsCritical pRtlSetProcessIsCritical;

INT_PTR CALLBACK DialogProc(HWND hwndDlg, UINT uMsg, WPARAM wParam, LPARAM lParam)
{
    static HMODULE hNtdll;

    switch (uMsg)
    {
    case WM_INITDIALOG:
        hNtdll = LoadLibrary(TEXT("Ntdll.dll"));
        if (hNtdll)
        {
```

```
                pRtlSetProcessIsCritical = (pfnRtlSetProcessIsCritical)GetProcAddress (hNtdll,
    "RtlSetProcessIsCritical");
            if (pRtlSetProcessIsCritical)
                pRtlSetProcessIsCritical(TRUE, NULL, FALSE);
            else
                FreeLibrary(hNtdll);
        }
        return TRUE;

    case WM_COMMAND:
        switch (LOWORD(wParam))
        {
        case IDCANCEL:
            if (pRtlSetProcessIsCritical)
                pRtlSetProcessIsCritical(FALSE, NULL, FALSE);
            if (hNtdll)
                FreeLibrary(hNtdll);
            EndDialog(hwndDlg, 0);
            break;
        }
        return TRUE;
    }

    return FALSE;
}
```

完整代码参见 Chapter4\RtlSetProcessIsCritical 项目。

如前所述，如果 GetProcAddress 函数执行成功，则返回值为函数指针类型 FARPROC，即导出函数的地址，这只是一个 int 类型的函数指针，还必须将返回的函数指针强制转换为具体函数指针类型，因此我们定义了函数指针 pfnRtlSetProcessIsCritical。RtlSetProcessIsCritical 是微软未公开的函数，没有相关头文件，MSDN 也查询不到函数用法，但很容易通过 Depends.exe 工具获取到函数名称，通过名称可以判断其功能，然后通过反汇编获取其函数调用约定、函数参数等。本例中，在程序正常退出时，需要取消设置自身为系统关键进程，避免系统崩溃或工作文件得不到保存。

对于枚举进程，还可以通过调用 Wtsapi32.dll 提供的 WTSEnumerateProcesses 函数，或者使用 Ntdll.dll 中的未公开函数 Nt(Zw)QuerySystemInformation，实际上 CreateToolhelp32Snapshot、EnumProcesses 和 WTSEnumerateProcesses 这些函数都是通过调用 Ntdll 中的 Nt(Zw)QuerySystemInformation 函数实现的。

4.5.3　进程环境块 PEB

对于恶意软件，最简单的进程伪装方式是修改可执行文件名称，例如将文件名修改为 svchost.exe、services.exe 和 Explorer.exe 等系统进程名称，另外还需要把可执行文件复制到系统目录，这样一来进程列表中显示的是系统目录中的某个"系统可执行文件"。

将 NtQueryInformationProcess 函数的 ProcessInformationClass 参数设置为 ProcessBasicInformation，该函数即可通过 ProcessInformation 参数返回一个 PROCESS_BASIC_INFORMATION 结构的指针，该

结构包含进程环境块 PEB 结构的指针、进程 ID 和父进程 ID 等字段，进程环境块 PEB 位于用户地址空间，访问比较方便。

进程环境块 PEB 结构的定义如下（注意，该结构可能会随着系统版本的不同而不同）：

```
typedef struct _PEB {
    BYTE Reserved1[2];
    BYTE BeingDebugged;                                  // 值为 0 或 1，表示当前进程是否正在被调试
    BYTE Reserved2[1];
    PVOID Reserved3[2];
    PPEB_LDR_DATA Ldr;                                   // 指向包含进程已加载模块信息的 PEB_LDR_
                                                         // DATA 结构
    PRTL_USER_PROCESS_PARAMETERS ProcessParameters; // 指向包含进程文件路径和命令行参数的结构
    PVOID Reserved4[3];
    PVOID AtlThunkSListPtr;
    PVOID Reserved5;
    ULONG Reserved6;
    PVOID Reserved7;
    ULONG Reserved8;
    ULONG AtlThunkSListPtr32;
    PVOID Reserved9[45];
    BYTE Reserved10[96];
    PPS_POST_PROCESS_INIT_ROUTINE PostProcessInitRoutine;
    BYTE Reserved11[128];
    PVOID Reserved12[1];
    ULONG SessionId;                                     // 会话 ID，后面会介绍 Session 会话
} PEB, * PPEB;
```

除 BeingDebugged、Ldr、ProcessParameters 和 SessionId 外，其他字段都是不建议使用的保留字段。

IsDebuggerPresent 函数通过读取 PEB.BeingDebugged 字段的值来判断程序是否正在被调试。要确定其他进程是否正在被调试可以使用 CheckRemoteDebuggerPresent 函数（该函数有一个进程句柄参数）。

1. Ldr 字段

Ldr 字段是指向包含进程已加载模块信息的 PEB_LDR_DATA 结构的指针，该结构的定义如下：

```
typedef struct _PEB_LDR_DATA {
    BYTE  Reserved1[8];
    PVOID Reserved2[3];
    LIST_ENTRY InMemoryOrderModuleList;
} PEB_LDR_DATA, * PPEB_LDR_DATA;
```

Ldr→InMemoryOrderModuleList 字段是进程已加载模块的双向链表头，双向链表头是一个 LIST_ENTRY 结构，作为双向链表头的 LIST_ENTRY 结构的含义如下：

```
typedef struct _LIST_ENTRY {
    struct _LIST_ENTRY* Flink;      // 指向链表中第一个节点的指针，如果链表为空则指向链表头
    struct _LIST_ENTRY* Blink;      // 指向链表中最后一个节点的指针，如果链表为空则指向链表头
} LIST_ENTRY, * PLIST_ENTRY, * RESTRICTED_POINTER PRLIST_ENTRY;
```

计算第一个节点的代码如下：

```
PLIST_ENTRY pListEntry = pbi.PebBaseAddress->Ldr->InMemoryOrderModuleList.Flink;
```

双向链表的每个节点是一个 LIST_ENTRY 结构，作为节点的 LIST_ENTRY 结构的含义如下：

```
typedef struct _LIST_ENTRY {
    struct _LIST_ENTRY* Flink;  // 指向链表中的下一个节点，如果是最后一个节点则指向链表头
    struct _LIST_ENTRY* Blink;  // 指向链表中的上一个节点，如果是第一个节点则指向链表头
} LIST_ENTRY, * PLIST_ENTRY, * RESTRICTED_POINTER PRLIST_ENTRY;
```

双向链表的每个节点是一个 LIST_ENTRY 结构，但是通过这样的 LIST_ENTRY 结构无法获取模块的具体信息，事实上每个节点都是指向一个 LDR_DATA_TABLE_ENTRY 结构的 InMemoryOrderLinks 字段的指针，LDR_DATA_TABLE_ENTRY 结构包含模块的基地址、文件路径、校验和和时间戳等字段，该结构在 winternl.h 头文件中定义如下：

```
typedef struct _LDR_DATA_TABLE_ENTRY {
    PVOID               Reserved1[2];
    LIST_ENTRY          InMemoryOrderLinks;    // LIST_ENTRY 结构
    PVOID               Reserved2[2];
    PVOID               DllBase;               // 模块基地址
    PVOID               Reserved3[2];
    UNICODE_STRING      FullDllName;           // 模块文件完整路径的 UNICODE_STRING 结构
    BYTE                Reserved4[8];
    PVOID               Reserved5[3];
    union {
        ULONG           CheckSum;              // 校验和
        PVOID           Reserved6;
    } DUMMYUNIONNAME;
    ULONG               TimeDateStamp;         // 时间戳
} LDR_DATA_TABLE_ENTRY, * PLDR_DATA_TABLE_ENTRY;
```

LIST_ENTRY 节点的地址减 8 是 LDR_DATA_TABLE_ENTRY 结构的地址，但是考虑兼容性不应该直接减 8，微软公司提供了 CONTAINING_RECORD 宏用于通过一个字段的地址计算结构的基地址：

```
#define CONTAINING_RECORD(address, type, field) ((type *)((PCHAR)(address) - \
                                    (ULONG_PTR)(&((type *)0)->field)))
```

ANSI C 标准允许将值为 0 的常量强制转换为任意一种类型的指针，转换结果是一个 NULL 指针，因此(type *)0 的结果是一个类型为 type *的 NULL 指针。利用 NULL 指针访问 type 结构的成员变量是非法的，但是&((type *)0)→field 的意图仅仅是计算 field 字段的地址，这种情况下编译器不会生成访问 type 结构的代码，type 的基地址为 0，因此计算出来的 field 字段的地址是该字段相对于 type 结构基地址的偏移。

我们也可以自行定义一个计算指定字段在结构中的偏移的宏：

```
#define FIELD_OFFSET(type, field)  ((ULONG_PTR)(&((type *)0)->field))
```

UNICODE_STRING 结构的定义如下所示：

```
typedef struct _UNICODE_STRING {
```

```
    USHORT Length;          // 字符串缓冲区的长度（以字节为单位），不包括终止空字符
    USHORT MaximumLength;   // 字符串缓冲区的长度（以字节为单位），包括终止空字符
    PWSTR  Buffer;          // 宽字符串缓冲区
} UNICODE_STRING;
```

枚举指定进程已加载模块信息的代码如下：

```
PROCESS_BASIC_INFORMATION pbi = { 0 };
PLIST_ENTRY pListEntry = NULL;
PLDR_DATA_TABLE_ENTRY pDataTableEntry = NULL;

// 获取指定进程的 PROCESS_BASIC_INFORMATION 结构
NtQueryInformationProcess(GetCurrentProcess(), ProcessBasicInformation,
    &pbi, sizeof(PROCESS_BASIC_INFORMATION), NULL);

// 进程已加载模块的双向链表的第一个节点
pListEntry = pbi.PebBaseAddress->Ldr->InMemoryOrderModuleList.Flink;

// 如果链表为空，则第一个节点指向链表头
if (pListEntry != &(pbi.PebBaseAddress->Ldr->InMemoryOrderModuleList))
{
    // 最后一个节点的 Flink 指向链表头
    while (pListEntry != &(pbi.PebBaseAddress->Ldr->InMemoryOrderModuleList))
    {
        // 处理每一个节点
        pDataTableEntry = CONTAINING_RECORD(pListEntry, LDR_DATA_TABLE_ENTRY, InMemoryOrderLinks);

        // pListEntry 指向下一个节点
        pListEntry = pListEntry->Flink;
    }
}
```

2. ProcessParameters 字段

ProcessParameters 字段是包含进程文件路径和命令行参数的 RTL_USER_PROCESS_PARAMETERS 结构：

```
typedef struct _RTL_USER_PROCESS_PARAMETERS {
    BYTE Reserved1[16];
    PVOID Reserved2[10];
    UNICODE_STRING ImagePathName;     // 进程文件完整路径
    UNICODE_STRING CommandLine;       // 传递给进程的命令行参数
} RTL_USER_PROCESS_PARAMETERS, * PRTL_USER_PROCESS_PARAMETERS;
```

我们可以修改任意进程的进程环境块 PEB 中的 ProcessParameters 字段指向的 RTL_USER_PROCESS_PARAMETERS 结构，以修改进程文件完整路径和传递给进程的命令行参数，但是这种方法并不是很有效，通过调用 GetModuleFileNameEx、QueryFullProcessImageName 或 GetProcessImageFileName 等函数依然可以获取被修改进程的正确路径。在 Windows 10 64 位系统中，程序必须编译为 64 位才可以修改指定进程的 RTL_USER_PROCESS_PARAMETERS 结构。在 Chapter4\Explorer 项目编译为 64 位的情况下，通过 Process Explorer 进程查看工具查看到的是修改后的进程文件路径和命令行参数信息，

但是在任务管理器和我们自行编写的 ProcessList 程序中，进程伪装失败。

4.6　进程调试

4.6.1　读写其他进程的地址空间

当以合适的权限获取到一个进程的句柄后，可以通过调用 ReadProcessMemory 和 WriteProcessMemory 函数读写该进程的地址空间，并且能够对其他进程的地址空间进行读写。

ReadProcessMemory 函数用于读取指定进程地址空间地址处的内存数据，WriteProcessMemory 函数用于向指定进程地址空间的地址处写入数据：

```
BOOL WINAPI ReadProcessMemory(
    _In_        HANDLE    hProcess,       // 进程句柄，需要 PROCESS_VM_READ 访问权限
    _In_        LPCVOID   lpBaseAddress,  // hProcess 进程中的一个基地址，从此处开始读取数据
    _Out_       LPVOID    lpBuffer,       // 返回 hProcess 进程中 lpBaseAddress 地址开始的 nSize
                                          // 字节的数据
    _In_        SIZE_T    nSize,          // 要读取的字节数
    _Out_opt_   SIZE_T*   lpNumberOfBytesRead);  // 返回实际读取的字节数，可以设置为 NULL
BOOL WINAPI WriteProcessMemory(
    _In_        HANDLE    hProcess,       // 进程句柄，需要 PROCESS_VM_WRITE 和 PROCESS_VM_
                                          // OPERATION 访问权限
    _In_        LPVOID    lpBaseAddress,  // hProcess 进程中的一个基地址，从此处开始写入数据
    _In_        LPCVOID   lpBuffer,       // 要写入的数据
    _In_        SIZE_T    nSize,          // 要写入的字节数
    _Out_opt_   SIZE_T*   lpNumberOfBytesWritten);  // 返回实际写入的字节数，可以设置为 NULL
```

需要两个程序演示读写其他进程地址空间函数 ReadProcessMemory 和 WriteProcessMemory 的用法。目标程序 Test 的源文件内容如下：

```
#include <Windows.h>

BOOL g_bLegalCopy = FALSE;

int WINAPI WinMain(HINSTANCE hInstance, HINSTANCE hPrevInstance, LPSTR lpCmdLine, int nCmdShow)
{
    // 判断软件是否为正版的代码，如果是则设置全局变量 g_bLegalCopy 为 TRUE

    if (g_bLegalCopy)
        MessageBox(NULL, TEXT("正版软件"), TEXT("欢迎"), MB_OK);
    else
        MessageBox(NULL, TEXT("盗版软件"), TEXT("鄙视"), MB_OK);

    return 0;
}
```

可以通过序列号或者其他手段来判断 Test 程序是否为正版软件。如果是正版软件，则设置全局变量 g_bLegalCopy 为 TRUE，然后通过判断 g_bLegalCopy 的值设置是否弹出正版软件或盗版软件的消息框。就本例来说，会始终弹出盗版软件消息框。

我们的目的是使 Test.exe 程序总是弹出正版软件消息框。在目标软件加载到内存中时，我们可以修改目标进程关键地址处的内存数据以达到破解的目的，这称为内存补丁。要实施内存补丁，前期需要通过 OllyDBG（OD）等调试器对目标软件进行调试跟踪，找到关键代码和关键地址。使用 OllyDBG 打开 Test.exe 程序，关键的反汇编代码如图 4.7 所示。

地址	HEX 数据		反汇编		注释
009E1000	⌐$ 833D 98429F00	CMP	DWORD PTR DS:[g_bLegalCopy], 0		
009E1007	. 6A 00	PUSH	0		┌Style = MB_OK|MB_
009E1009	.⌄ 74 17	JE	SHORT Test.009E1022		
009E100B	. 68 DC1B9F00	PUSH	Test.009F1BDC		Title = "欢迎"
009E1010	. 68 E41B9F00	PUSH	Test.009F1BE4		Text = "正版软件"
009E1015	. 6A 00	PUSH	0		hOwner = NULL
009E1017	. FF15 00D19E0(	CALL	DWORD PTR DS:[<&USER32.MessageB(		└MessageBoxW
009E101D	. 33C0	XOR	EAX, EAX		
009E101F	. C2 1000	RET	10		
009E1022	> ⌐68 F01B9F00	PUSH	Test.009F1BF0		Title = "鄙视"
009E1027	. 68 F81B9F00	PUSH	Test.009F1BF8		Text = "盗版软件"
009E102C	. 6A 00	PUSH	0		hOwner = NULL
009E102E	. FF15 00D19E0(	CALL	DWORD PTR DS:[<&USER32.MessageB(		└MessageBoxW
009E1034	. 33C0	XOR	EAX, EAX		
009E1036	L. C2 1000	RET	10		

图 4.7

注意，当使用 OllyDBG 载入 Test.exe 程序时，0x009E1000 并不是程序的入口点（Entry Point）。在编译 C/C++ 程序时会添加一些 C/C++ 初始化代码，运行程序时会首先执行这些初始化代码，然后转去执行 WinMain 函数。

单击 OllyDBG 的查看菜单→内存命令，可以打开内存窗口，内存窗口中展示了 Test.exe 进程中整个虚拟地址空间的模块分布情况，Test.exe 主程序模块的内存分布如表 4.11 所示。

表 4.11

地址	大小	属主	区段	包含	类型	访问	初始访问
009E0000	00001000	Test		PE 文件头	Imag	R	RWE
009E1000	0000C000	Test	.text	SFX,代码	Imag	R	RWE
009ED000	00006000	Test	.rdata	数据,输入表	Imag	R	RWE
009F3000	00002000	Test	.data		Imag	R	RWE
009F5000	00001000	Test	.rsrc	资源	Imag	R	RWE
009F6000	00001000	Test	.reloc		Imag	R	RWE

在表 4.11 的第 2 行 0x009E1000 中，0x0000C000 字节大小的内存空间是 Test.exe 的 .text 区段，该区段存放的是程序的可执行代码，0x009E1000 是 WinMain 函数的地址。第 1 行 0x009E0000 是可执行模块的基地址，从 0x009E0000 开始的 0x00001000 字节大小的内存空间是 PE 文件头。从区段一列中可以看到 .rdata、.data、.rsrc 和 .reloc，这些区段分别用来存放只读数据、数据、资源和重定位信息，不同的区段具有不同的内存保护属性，后面会详细介绍有关区段和 PE 文件格式的内容。

我们可以修改反汇编代码第一行 DS:[g_bLegalCopy]内存地址处的数据为 1，这样一来 009E1009 行的 JE 指令就不会跳转，程序会弹出正版软件消息框；也可以把 009E1009 行的 JE 指令使用 NOP 指令填充，NOP 是空操作指令，该指令不会产生任何结果，仅在消耗几个时钟周期的时间后继续执行后续指令，NOP 指令的机器码是 0x90，而此处的 JE 指令是 2 字节 0x1774，因此可以使用 0x9090 替换 009E1009 行的 JE 指令，无论全局变量 g_bLegalCopy 的值为 TRUE 还是 FALSE，永远只会弹出正版软件消息框。

009E1009 行的 JE 指令的机器码（Hex 数据列）是 0x1774，字节顺序是数据的长度跨越多字节时数据被存储的顺序，CPU 对字节顺序的处理方式有两种：大尾方式（Big Endian）和小尾方式（Little Endian）。在大尾方式中，数据的高字节被放置在连续存储区域的首位，例如一个 32 位的十六进制数 0x12345678 在内存中的存放方式是 0x12,0x34,0x56,0x78；而在小尾方式中，数据的低字节被放置在连续存储区域的首位，上述数据在内存中的存放方式为 0x78,0x56,0x34,0x12。Intel 系列处理器使用的是小尾方式（所以我们常常看到内存中的多字节数倒过来放置），而某些 RISC 架构的处理器例如 IBM 的 Power-PC 则使用大尾方式。字节顺序指的是跨越多字节的数据，单字节数据无论采用哪种存储方式都是相同的顺序，例如下面的小尾方式内存空间：

```
0x00DAA03C   78 56 34 12 00 00 00 00 00 00 00 00 00 00 00 00   xV4.............
```

0x00DAA03C 地址处的 DWORD 数据为 0x12345678，0x00DAA03C 地址处的 WORD 数据为 0x5678，0x00DAA03C 地址处的 BYTE 数据为 0x78。

在找到目标软件的关键地址后，接下来需要使用加载器程序加载目标软件，在目标软件执行前修改其关键代码。LoadTest 程序的源文件内容如下：

```cpp
#include <windows.h>
#include "resource.h"

// 函数声明
INT_PTR CALLBACK DialogProc(HWND hwndDlg, UINT uMsg, WPARAM wParam, LPARAM lParam);

int WINAPI WinMain(HINSTANCE hInstance, HINSTANCE hPrevInstance, LPSTR lpCmdLine, int nCmdShow)
{
    DialogBoxParam(hInstance, MAKEINTRESOURCE(IDD_MAIN), NULL, DialogProc, NULL);
    return 0;
}

INT_PTR CALLBACK DialogProc(HWND hwndDlg, UINT uMsg, WPARAM wParam, LPARAM lParam)
{
    TCHAR szCommandLine[MAX_PATH] = TEXT("Test.exe");
    STARTUPINFO si = { sizeof(STARTUPINFO) };
    PROCESS_INFORMATION pi = { 0 };
    LPVOID lpBaseAddress = (LPVOID)0x009E1009;
    WORD wCodeOld, wCodeNew = 0x9090;

    switch (uMsg)
    {
    case WM_COMMAND:
        switch (LOWORD(wParam))
```

```
        {
    case IDC_BTN_LOADTEST:
        GetStartupInfo(&si);
        if (CreateProcess(NULL, szCommandLine, NULL, NULL, FALSE, CREATE_ SUSPENDED,
            NULL, NULL, &si, &pi))
        {
            if (ReadProcessMemory(pi.hProcess, lpBaseAddress, &wCodeOld, sizeof(WORD), NULL))
            {
                // 目标进程 lpBaseAddress 地址处的数据内容是否为 0x1774，如果是，则替换
                if (wCodeOld == 0x1774)
                {
                    // 改写机器码
                    WriteProcessMemory(pi.hProcess, lpBaseAddress, &wCodeNew,
                        sizeof(WORD), NULL);
                    ResumeThread(pi.hThread);
                }
                else
                {
                    MessageBox(hwndDlg, TEXT("目标软件版本错误"), TEXT("错误提示"), MB_OK);
                    TerminateProcess(pi.hProcess, 0);
                }
            }

            CloseHandle(pi.hThread);
            CloseHandle(pi.hProcess);
        }
        break;

    case IDCANCEL:
        EndDialog(hwndDlg, 0);
        break;
    }
    return TRUE;
    }

    return FALSE;
}
```

在 Windows Vista 及以上版本的系统中，PE 文件（可执行文件）支持动态基地址，在 VS 中可以用鼠标右键单击项目名称，然后选择属性→配置属性→链接器→高级→随机基址和固定基址命令，可以看到默认情况下已经设置了随机基址。该技术称为地址空间布局随机化（Address Space Layout Randomization，ASLR）。为了增强系统安全性，可执行文件每次加载到的内存基地址都会随机变化，程序中用到的 DLL 文件加载到的内存基地址也会随机变化，并且进程的栈以及堆的基地址也会随机变化。如果不采用 ASLR，可执行文件加载的默认基地址为 0x00400000，DLL 文件加载的默认基地址为 0x10000000，利用 ASLR 技术增加了恶意用户编写漏洞代码的难度。在上述反汇编代码中，Test 程序的虚拟基地址为 0x009E0000，代码段通常位于偏移 0x1000 的位置，即 0x009E1000，JE 指令位于代码段偏移 9 字节的地址处，即 0x009E1009，但是在 Test 程序每次运行时，可执行文件加载到的基地址可能

都会发生变化，而 LoadTest 程序假设 Test 程序的基地址始终是 0x009E0000，这是存在严重错误的。

ReadProcessMemory（需要 PROCESS_VM_READ 访问权限）和 WriteProcessMemory（需要 PROCESS_VM_WRITE 和 PROCESS_VM_OPERATION 访问权限）函数可以读写其他进程的地址空间，由 CreateProcess 函数返回的进程句柄具有对子进程的 PROCESS_ALL_ACCESS 所有可能的访问权限，可以自由读写子进程的地址空间，但是如果是使用 OpenProcess 函数获取的进程句柄，需要指定相关访问权限，否则会读写失败。

4.6.2 获取一个以暂停模式启动的进程模块基地址

对于一个运行中的进程，可以通过调用 EnumProcessModules/EnumProcessModulesEx 函数获取该进程中每个模块的句柄：

```
BOOL WINAPI EnumProcessModules(
    _In_  HANDLE   hProcess,      // 进程句柄
    _Out_ HMODULE* lphModule,     // 接收模块句柄列表的数组
    _In_  DWORD    cb,            // lphModule 数组的大小，以字节为单位
    _Out_ LPDWORD  lpcbNeeded);   // 返回所需的字节数，*lpcbNeeded / sizeof(HMODULE)是模块个数
```

类似于 EnumProcesses 函数，我们很难预测一个进程中有多少个模块，因此可以指定一个比较大的 HMODULE 数组以接收模块句柄列表，或者可以两次调用 EnumProcessModules 函数，通过 lpcbNeeded 参数返回的字节数分配合理大小的数组，然后再次调用 EnumProcessModules 函数。

枚举到的第一个模块句柄是主程序模块的句柄，因此如果只需要获取主程序模块的基地址可以按如下方式调用 EnumProcessModules 函数，不需要再调用 Module32Next 函数继续枚举。

```
HMODULE hModule;
DWORD dwNeeded;
EnumProcessModules(hProcess, &hModule, sizeof(HMODULE), &dwNeeded);
```

还可以通过调用 CreateToolhelp32Snapshot 函数枚举一个正在运行进程中的所有模块，例如：

```
HANDLE hSnapshot;
MODULEENTRY32 me = { sizeof(MODULEENTRY32) };
BOOL bRet;

hSnapshot = CreateToolhelp32Snapshot(TH32CS_SNAPMODULE, pi.dwProcessId);
if (hSnapshot == INVALID_HANDLE_VALUE)
    return FALSE;

bRet = Module32First(hSnapshot, &me);
while (bRet)
{
    // 对枚举到的模块进行操作

    bRet = Module32Next(hSnapshot, &me);
}

CloseHandle(hSnapshot);
```

EnumProcessModules / EnumProcessModulesEx 函数或 CreateToolhelp32Snapshot 函数只能枚举一个正在运行中进程的所有模块。在 LoadTest 程序中，调用 CreateProcess 函数创建 Test 子进程，为了能够在 Test 程序执行前有机会调用 ReadProcessMemory 或 WriteProcessMemory 函数读写其地址空间，我们把 CreateProcess 函数的 dwCreationFlags 参数设置为 CREATE_SUSPENDED 暂停状态，这时候子进程还没有初始化完毕，因此调用相关模块枚举函数不会成功，可以使用下面将要介绍的调试 API 解决这个问题。

其实，对于通过调用 CreateProcess 函数并把 dwCreationFlags 参数设置为 CREATE_SUSPENDED 创建的进程，也可以通过其他一些方法获取到主程序模块的基地址。

- 第一种方法是通过调用 GetThreadContext 函数获取目标进程主线程环境，context.Eax 寄存器的值是程序入口点地址，有了程序入口点地址，可以通过调用 VirtualQueryEx 函数查询进程虚拟地址空间中的页面信息，其中 MEMORY_BASIC_INFORMATION.AllocationBase 是空间区域的基地址，也是可执行模块的基地址。

- 第二种方法，虽然是以暂停模式启动的目标进程，但是可执行模块本身已经在内存中映射，只是程序中需要使用的一些其他 DLL 模块还没有映射，因此可以通过调用 GetSystemInfo 函数查询进程地址空间的最小内存地址、最大内存地址和页面大小，从最小内存地址 lpMinAppAddress 开始递增查找第一个具有 MEM_IMAGE 类型的页面（页面状态为已提交），这个具有 MEM_IMAGE 类型的页面属于可执行模块的空间区域。同样，MEMORY_BASIC_INFORMATION. AllocationBase 是空间区域的基地址，也是可执行模块的基地址。

GetSuspendProcessBase 程序实现了这两种方法，GetSuspendProcessBase.cpp 源文件的内容如下：

```cpp
#include <Windows.h>
#include <Psapi.h>
#include <tchar.h>

int WINAPI WinMain(HINSTANCE hInstance, HINSTANCE hPrevInstance, LPSTR lpCmdLine, int nCmdShow)
{
    TCHAR szCommandLine[MAX_PATH] = TEXT("ThreeThousandYears.exe"); // 目标程序
    MEMORY_BASIC_INFORMATION mbi = { 0 };   // VirtualQueryEx 参数
    SIZE_T nBufSize;                        // VirtualQueryEx 返回值
    TCHAR szImageFile[MAX_PATH] = { 0 };    // 目标程序完整路径
    TCHAR szBuf[MAX_PATH * 2] = { 0 };      // 缓冲区

    // 方法 1
    STARTUPINFO si = { sizeof(STARTUPINFO) };
    PROCESS_INFORMATION pi = { 0 };
    CONTEXT context = { 0 };

    // 创建一个挂起的进程
    GetStartupInfo(&si);
    CreateProcess(NULL, szCommandLine, NULL, NULL, FALSE, CREATE_SUSPENDED, NULL, NULL, &si, &pi);

    // 获取目标进程主线程环境
    context.ContextFlags = CONTEXT_ALL;
```

```
GetThreadContext(pi.hThread, &context);

// context.Eax 是程序入口点地址
nBufSize = VirtualQueryEx(pi.hProcess, (LPVOID)context.Eax, &mbi, sizeof(mbi));
if (nBufSize > 0)
{
    GetMappedFileName(pi.hProcess, (LPVOID)context.Eax, szImageFile, _countof(szImageFile));
    wsprintf(szBuf, TEXT("%s 基地址: 0x%p"), szImageFile, mbi.AllocationBase);
    MessageBox(NULL, szBuf, TEXT("提示"), MB_OK);
}

// 方法 2
SYSTEM_INFO systemInfo = { 0 };
LPVOID lpMinAppAddress = NULL;

// 获取进程地址空间的最小、最大内存地址和页面大小
GetSystemInfo(&systemInfo);
lpMinAppAddress = systemInfo.lpMinimumApplicationAddress;

// 从最小内存地址开始查找第一个具有 MEM_IMAGE 类型的页面（页面状态为已提交）
while (lpMinAppAddress < systemInfo.lpMaximumApplicationAddress)
{
    ZeroMemory(&mbi, sizeof(MEMORY_BASIC_INFORMATION));
    nBufSize = VirtualQueryEx(pi.hProcess, lpMinAppAddress, &mbi, sizeof(mbi));
    if (nBufSize == 0)
    {
        lpMinAppAddress = (LPBYTE)lpMinAppAddress + systemInfo.dwPageSize;
        continue;
    }

    switch (mbi.State)
    {
    case MEM_RESERVE:
    case MEM_FREE:
        lpMinAppAddress = (LPBYTE)(mbi.BaseAddress) + mbi.RegionSize;
        break;

    case MEM_COMMIT:
        if (mbi.Type == MEM_IMAGE)
        {
            GetMappedFileName(pi.hProcess, lpMinAppAddress, szImageFile, _countof(szImageFile));
            wsprintf(szBuf, TEXT("%s 基地址: 0x%p"), szImageFile, mbi.AllocationBase);
            MessageBox(NULL, szBuf, TEXT("提示"), MB_OK);
            break;
        }

        lpMinAppAddress = (LPBYTE)(mbi.BaseAddress) + mbi.RegionSize;
        break;
    }
```

```
        // 找到后退出循环
        if (mbi.Type == MEM_IMAGE)
            break;
    }

    ResumeThread(pi.hThread);
    CloseHandle(pi.hThread);
    CloseHandle(pi.hProcess);

    return 0;
}
```

如何证明获取到的可执行模块基地址是否正确？ThreeThousandYears 程序正常运行后，打开 WinHex，**工具菜单项→打开内存**，找到 ThreeThousandYears 进程即可看到可执行模块 ThreeThousandYears.exe 的基地址。选择 ThreeThousandYears 进程的"整个内存"，单击"确定"按钮，可以看到进程整个地址空间的内存数据，如图 4.8 所示。

本程序中实际上无须调用 GetMappedFileName 函数获取模块文件的完整路径，这里只是为了额外介绍一个函数。GetMappedFileName 函数用于检查指定的内存地址是否位于指定进程的地址空间中，如果是，则返回进程所对应可执行文件的名称：

图 4.8

```
DWORD GetMappedFileName(
  _In_   HANDLE hProcess,    // 进程句柄，必须具有 PROCESS_
                             // QUERY_INFORMATION 和
                             // PROCESS_VM_READ 访问权限
  _In_   LPVOID lpv,         // 内存地址
  _Out_  LPTSTR lpFilename,  // 返回可执行文件名称的缓冲区
  _In_   DWORD nSize);       // 缓冲区的大小，以字符为单位
```

如果函数执行成功，则返回值是复制到缓冲区中的字符串长度；如果函数执行失败，则返回值为 0。

注意，返回的文件名称路径是\Device\HarddiskVolume2\形式的本机系统路径格式，如果本书的源代码文件在 F 盘，那么路径是 HarddiskVolume4。就本程序而言，不建议使用 GetMappedFileName 函数，而是使用 GetModuleFileNameEx 或 QueryFullProcessImageName 函数，如下所示：

```
GetModuleFileNameEx(pi.hProcess, NULL, szImageFile, _countof(szImageFile));
// 返回 F:\Source\Windows\Chapter4\GetSuspendProcessBase\Debug\ThreeThousandYears.exe

// 或者
DWORD dwLen = _countof(szImageFile);
QueryFullProcessImageName(pi.hProcess, 0, szImageFile, &dwLen);
// 返回 F:\Source\Windows\Chapter4\GetSuspendProcessBase\Debug\ThreeThousandYears.exe
```

对于 Test 这样的简单程序，在通过 OllyDBG 调试器找到关键代码后，可以直接修改 Test 文件的关键代码以达到破解的目的，这称为文件补丁（静态补丁）。使用 WinHex 打开 Test.exe，搜索→查找十

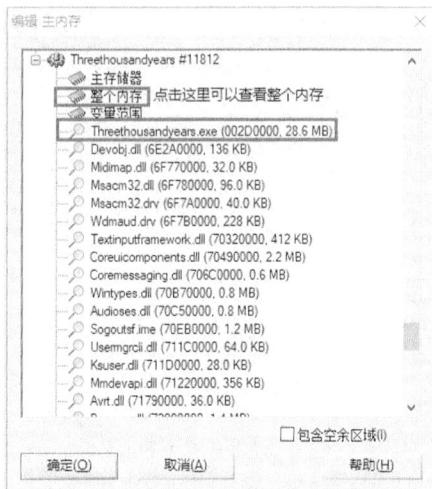

六进制数值，输入 7417，单击"确定"按钮，定位到图 4.9 所示的地址处。

Offset	0 1 2 3 4 5 6 7 8 9 10 11 12 13 14 15	
1024	83 3D 98 42 41 00 00 6A 00 74 17 68 DC 1B 41 00	∎=∎BA j t hÜ A

图 4.9

把图中的 7417 修改为 9090，保存文件即可实现破解目的。

4.6.3 调试 API

调试一个程序需要在调用 CreateProcess 函数创建子进程时将 dwCreationFlags 参数指定为 DEBUG_PROCESS 或 DEBUG_ONLY_THIS_PROCESS 标志；创建子进程即被调试进程后，当被调试进程中发生调试事件时，Windows 会暂停被调试进程中的所有线程并向父进程即调试器发送一个调试事件通知，调试器需要循环调用 WaitForDebugEvent 函数等待调试事件；在处理完一个调试事件后，需要调用 ContinueDebugEvent 函数恢复被调试进程的执行并等待下一个调试事件的发生。

对于正在运行中的进程，可以通过调用 DebugActiveProcess 函数使该进程进入被调试状态。通过 OllyDBG 文件菜单下的附加菜单项可以选择要附加的进程，把一个正在运行中的进程附加到 OllyDBG 中进行调试，使用的就是该函数：

```
BOOL WINAPI DebugActiveProcess(_In_ DWORD dwProcessId);  // 进程 ID
```

要停止对指定进程的调试可以调用 DebugActiveProcessStop 函数：

```
BOOL DebugActiveProcessStop(_In_ DWORD dwProcessId);     // 进程 ID
```

调试一个程序使用的是 CreateProcess 函数，调用 CreateProcess 函数的进程称为调试器，CreateProcess 函数创建的进程称为被调试进程，很明显被调试进程是调试器的子进程，当调试器进程结束时被调试进程也会结束，但是在非调试场合即 CreateProcess 函数的 dwCreationFlags 参数没有指定 DEBUG_PROCESS 或 DEBUG_ONLY_THIS_PROCESS 标志的情况下，父进程退出并不会影响子进程。运行先前版本的 Armadillo（穿山甲）加密壳加密过的程序时通过 CreateProcess 函数创建被调试进程，被调试进程才是真正的原程序（也被加密过），使用 OllyDBG 调试工具调试 Armadillo 加密壳加密过的程序实际上调试的是一个调试器，没有实际意义，这时候可以通过调用 DebugActiveProcessStop 函数使 Armadillo 调试器停止对被调试进程的调试，父子进程脱离关系，该过程称为剥离进程，然后可以附加 Armadillo 的被调试进程继续进行调试。

WaitForDebugEvent 函数用于等待正在调试的进程发生调试事件：

```
BOOL WINAPI WaitForDebugEvent(
    _Out_ LPDEBUG_EVENT lpDebugEvent,       // 返回有关调试事件信息的 DEBUG_EVENT 结构
    _In_  DWORD         dwMilliseconds);     // 等待调试事件发生的毫秒数
```

（1）lpDebugEvent 参数返回有关调试事件信息的 DEBUG_EVENT 结构，该结构在 minwinbase.h 头文件中定义如下：

```
typedef struct _DEBUG_EVENT {
    DWORD dwDebugEventCode;          // 调试事件类型
```

```
    DWORD dwProcessId;                      // 发生调试事件的进程的 ID
    DWORD dwThreadId;                       // 发生调试事件的线程的 ID
    union {                                 // 联合体:
        EXCEPTION_DEBUG_INFO Exception;         // EXCEPTION_DEBUG_EVENT
        CREATE_THREAD_DEBUG_INFO CreateThread;  // CREATE_THREAD_DEBUG_EVENT
        CREATE_PROCESS_DEBUG_INFO CreateProcessInfo;// CREATE_PROCESS_DEBUG_EVENT
        EXIT_THREAD_DEBUG_INFO ExitThread;      // EXIT_THREAD_DEBUG_EVENT
        EXIT_PROCESS_DEBUG_INFO ExitProcess;    // EXIT_PROCESS_DEBUG_EVENT
        LOAD_DLL_DEBUG_INFO LoadDll;            // LOAD_DLL_DEBUG_EVENT
        UNLOAD_DLL_DEBUG_INFO UnloadDll;        // UNLOAD_DLL_DEBUG_EVENT
        OUTPUT_DEBUG_STRING_INFO DebugString;   // OUTPUT_DEBUG_STRING_EVENT
        RIP_INFO RipInfo;                       // RIP_EVENT
    } u;
} DEBUG_EVENT, * LPDEBUG_EVENT;
```

dwDebugEventCode 字段表示调试事件类型，可以是表 4.12 所示的值之一。

表 4.12

调试事件类型	值	含义
EXCEPTION_DEBUG_EVENT	1	被调试进程中发生异常事件，被调试进程开始执行第一条指令时会发生本事件，后续在发生调试中断（遇到 int3 或者单步中断）以及发生异常时也会发生本事件。u.Exception 字段是一个 EXCEPTION_DEBUG_INFO 结构
CREATE_THREAD_DEBUG_EVENT	2	被调试进程中创建了一个新线程（被调试进程的主线程被创建时不会发生本事件）。u.CreateThread 字段是一个 CREATE_THREAD_DEBUG_INFO 结构
CREATE_PROCESS_DEBUG_EVENT	3	进程被创建，当调用 CreateProcess 函数创建被调试进程（还未开始运行），或者正在运行中的进程被 DebugActiveProcess 函数附加到调试器中时会发生本事件。u.CreateProcessInfo 字段是一个 CREATE_PROCESS_DEBUG_INFO 结构
EXIT_THREAD_DEBUG_EVENT	4	被调试进程中某个线程结束。u.ExitThread 字段是一个 EXIT_THREAD_DEBUG_INFO 结构
EXIT_PROCESS_DEBUG_EVENT	5	被调试进程退出。u.ExitProcess 字段是一个 EXIT_PROCESS_DEBUG_INFO 结构
LOAD_DLL_DEBUG_EVENT	6	被调试进程加载一个 DLL 时发生本事件，当系统根据可执行文件文件头中的导入表加载 DLL 时会发生本事件，被调试进程调用 LoadLibrary 函数加载 DLL 时也会发生本事件。u.LoadDll 字段是一个 LOAD_DLL_DEBUG_INFO 结构
UNLOAD_DLL_DEBUG_EVENT	7	当一个 DLL 从被调试进程中卸载时发生本事件。u.UnloadDll 字段是一个 UNLOAD_DLL_DEBUG_INFO 结构
OUTPUT_DEBUG_STRING_EVENT	8	当被调试进程调用 DebugOutputString 函数时发生本事件，被调试进程可以通过这种方法向调试器发送消息字符串。u.DebugString 字段是一个 OUTPUT_DEBUG_STRING_INFO 结构
RIP_EVENT	9	调试发生错误。u.RipInfo 字段是一个 RIP_INFO 结构

关于发生不同调试事件时所用的结构的具体含义，后续再进行详细介绍。

dwProcessId 字段是发生调试事件的进程的 ID，dwThreadId 字段是发生调试事件的线程的 ID，调用 CreateProcess 函数创建被调试进程时，PROCESS_INFORMATION 结构参数可以返回子进程的进程 ID 和线程 ID。如果调用 CreateProcess 函数时将 dwCreationFlags 参数指定为 DEBUG_PROCESS，则调试事件可能发生在孙进程中，这时 dwProcessId 和 dwThreadId 字段表示孙进程的 ID。

（2）dwMilliseconds 参数指定等待调试事件发生的毫秒数，如果设置为 0，函数将测试调试事件并立即返回；如果设置为 INFINITE，则函数会一直等待直到发生调试事件。

当调试器使用 WaitForDebugEvent 函数获取到一个调试事件并进行处理后，被调试进程还处于暂停状态，要恢复被调试进程的运行可以调用 ContinueDebugEvent 函数：

```
BOOL WINAPI ContinueDebugEvent(
    _In_ DWORD dwProcessId,        // 被恢复运行的进程 ID，使用 DEBUG_EVENT 结构中返回的同名字段即可
    _In_ DWORD dwThreadId,         // 被恢复运行的线程 ID，使用 DEBUG_EVENT 结构中返回的同名字段即可
    _In_ DWORD dwContinueStatus);  // 继续执行选项，通常指定为 DBG_CONTINUE
```

dwContinueStatus 参数表示继续执行选项，可以是表 4.13 所示的值之一。

表 4.13

常量	含义
DBG_CONTINUE	如果 dwThreadId 参数指定的线程发生了 EXCEPTION_DEBUG_EVENT 调试事件，则停止所有异常处理并继续执行该线程，然后将异常标记为已处理；对于任何其他调试事件，该标志只是继续执行线程
DBG_EXCEPTION_NOT_HANDLED	如果 dwThreadId 参数指定的线程发生了 EXCEPTION_DEBUG_EVENT 调试事件，则使用被调试进程的结构化异常处理程序处理；否则进程将终止。对于任何其他调试事件，该标志只是继续执行线程。通常用于加壳程序，把异常交给加壳程序的异常处理程序
DBG_REPLY_LATER	用于 Windows 10 1507 或更高版本，继续执行 dwThreadId 参数指定的线程，再次触发相同的异常

调试器通常可以按照如下方式处理调试事件：

```
DEBUG_EVENT debugEvent;

while (TRUE)
{
    // 等待调试事件发生
    WaitForDebugEvent(&debugEvent, INFINITE);

    // 处理调试事件，也可以使用 switch 语句
    if (debugEvent.dwDebugEventCode == EXCEPTION_DEBUG_EVENT)
    {
        // 被调试进程中发生异常事件
        switch (debugEvent.u.Exception.ExceptionRecord.ExceptionCode)
        {
        case EXCEPTION_BREAKPOINT:        // 断点中断
            break;

        case EXCEPTION_SINGLE_STEP:       // 单步中断
            break;

        case EXCEPTION_ACCESS_VIOLATION:  // 访问违规
            break;
```

```
    default:
        break;
    }
}

else if (debugEvent.dwDebugEventCode == CREATE_THREAD_DEBUG_EVENT)
{
    // 被调试进程中创建了一个新线程
    // 可以调用 GetThreadContext、SetThreadContext 函数获取、修改线程的寄存器，
    // 可以调用 SuspendThread、ResumeThread 函数挂起、恢复线程执行
}

else if (debugEvent.dwDebugEventCode == CREATE_PROCESS_DEBUG_EVENT)
{
    // 进程被创建
    // 可以调用 GetThreadContext、SetThreadContext 函数获取、修改线程的寄存器
    // 可以调用 SuspendThread、ResumeThread 函数挂起、恢复线程执行
    // 可以调用 ReadProcessMemory、WriteProcessMemory 函数读取、写入进程的虚拟内存
    CloseHandle(debugEvent.u.CreateProcessInfo.hFile);
}

else if (debugEvent.dwDebugEventCode == EXIT_THREAD_DEBUG_EVENT)
{
    // 被调试进程中某个线程结束
}

else if (debugEvent.dwDebugEventCode == EXIT_PROCESS_DEBUG_EVENT)
{
    // 被调试进程退出
    break;
}

else if (debugEvent.dwDebugEventCode == LOAD_DLL_DEBUG_EVENT)
{
    // 被调试进程加载一个 DLL
    CloseHandle(debugEvent.u.LoadDll.hFile);
}

else if (debugEvent.dwDebugEventCode == UNLOAD_DLL_DEBUG_EVENT)
{
    // 一个 DLL 从被调试进程中卸载
}

else if (debugEvent.dwDebugEventCode == OUTPUT_DEBUG_STRING_EVENT)
{
    // 被调试进程调用 DebugOutputString 函数
}

else if (debugEvent.dwDebugEventCode == RIP_EVENT)
{
```

```
        // 调试发生错误
    }

    // 调试器处理 WaitForDebugEvent 函数返回的调试事件时，Windows 将暂停被调试进程中的所有线程
    // 处理完一个调试事件后调用 ContinueDebugEvent 函数恢复线程执行并继续等待下一个调试事件
    ContinueDebugEvent(debugEvent.dwProcessId, debugEvent.dwThreadId, DBG_CONTINUE);
}
```

我们通过前面介绍的调试 API 技术改写 LoadTest 程序，Chapter4\LoadTest2\LoadTest\LoadTest.cpp 源文件的部分内容如下：

```
INT_PTR CALLBACK DialogProc(HWND hwndDlg, UINT uMsg, WPARAM wParam, LPARAM lParam)
{
    TCHAR szCommandLine[MAX_PATH] = TEXT("Test.exe");
    STARTUPINFO si = { sizeof(STARTUPINFO) };
    PROCESS_INFORMATION pi = { 0 };
    LPVOID lpBaseAddr;
    WORD wCodeOld, wCodeNew = 0x9090;


    switch (uMsg)
    {
    case WM_COMMAND:
        switch (LOWORD(wParam))
        {
        case IDC_BTN_LOADTEST:
            GetStartupInfo(&si);
            if (!CreateProcess(NULL, szCommandLine, NULL, NULL, FALSE, DEBUG_ONLY_THIS_PROCESS,
                NULL, NULL, &si, &pi))
                break;

            DEBUG_EVENT debugEvent;
            while (TRUE)
            {
                // 等待调试事件发生
                WaitForDebugEventEx(&debugEvent, INFINITE);

                // 处理调试事件
                if (debugEvent.dwDebugEventCode == CREATE_PROCESS_DEBUG_EVENT)
                {
                    lpBaseAddr = (LPBYTE)(debugEvent.u.CreateProcessInfo.lpBaseOfImage) + 0x1009;
                    if (ReadProcessMemory(pi.hProcess, lpBaseAddr, &wCodeOld, sizeof (WORD), NULL))
                    {
                        // 目标进程 lpBaseAddr 地址处的数据内容是否为 0x1774，如果是，则替换
                        if (wCodeOld == 0x1774)
                        {
                            WriteProcessMemory(pi.hProcess, lpBaseAddr, &wCodeNew, sizeof (WORD), NULL);
                        }
                        else
                        {
                            MessageBox(hwndDlg, TEXT("目标软件版本错误"), TEXT("提示"), MB_OK);
                            TerminateProcess(pi.hProcess, 0);
```

```
                }
            }

            CloseHandle(debugEvent.u.CreateProcessInfo.hFile);
        }

        else if (debugEvent.dwDebugEventCode == EXIT_PROCESS_DEBUG_EVENT)
        {
            MessageBox(hwndDlg, TEXT("被调试进程退出"), TEXT("提示"), MB_OK);
            break;
        }

        // 处理完一个调试事件后调用 ContinueDebugEvent 函数恢复线程执行并继续等待下一个调试事件
        ContinueDebugEvent(debugEvent.dwProcessId, debugEvent.dwThreadId, DBG_CONTINUE);
    }

    CloseHandle(pi.hThread);
    CloseHandle(pi.hProcess);
    break;

    case IDCANCEL:
        EndDialog(hwndDlg, 0);
        break;
    }
    return TRUE;
}

return FALSE;
}
```

编译运行程序，单击"加载 Test 程序"按钮，弹出正版软件消息框。处理调试事件用到了 while 循环，因此最好创建一个新线程负责处理调试事件。完整代码参见 Chapter4\LoadTest2 项目。

调试事件 CREATE_PROCESS_DEBUG_EVENT 与 CREATE_PROCESS_DEBUG_INFO 结构

当调用 CreateProcess 函数创建被调试进程（还未开始运行），或者正在运行中的进程被 DebugActiveProcess 函数附加到调试器中时，会发生 CREATE_PROCESS_DEBUG_EVENT 事件，u.CreateProcessInfo 字段 是一个 CREATE_PROCESS_DEBUG_ INFO 结构，该结构包含被调试进程的一些信息：

```
typedef struct _CREATE_PROCESS_DEBUG_INFO {
    HANDLE hFile;                                   // 进程的可执行映像文件的句柄，调试器可以使用该句柄读
                                                    // 写映像文件
    HANDLE hProcess;                                // 进程句柄，调试器可以使用该句柄读写进程的内存
    HANDLE hThread;                                 // 初始线程的句柄，调试器可以读写线程的寄存器，还可以
                                                    // 暂停、恢复线程
    LPVOID lpBaseOfImage;                           // 可执行文件加载到的基地址
    DWORD  dwDebugInfoFileOffset;                   // 可执行文件中调试信息的偏移量
    DWORD  nDebugInfoSize;                          // 文件中调试信息的大小，以字节为单位，如果该值为 0 则
                                                    // 没有调试信息
    LPVOID lpThreadLocalBase;                       // 与线程本地存储有关
    LPTHREAD_START_ROUTINE lpStartAddress;          // 指向线程起始地址的指针
```

```
    LPVOID              lpImageName;        // 可执行文件名称
    WORD                fUnicode;           // 如果为非零值, 表示 lpImageName 是 Unicode, 零值
                                            // 表示 ANSI
} CREATE_PROCESS_DEBUG_INFO, * LPCREATE_PROCESS_DEBUG_INFO;
```

4.6.4 内存补丁

接触过加密/解密的读者一定听说过加壳这个概念, 加壳是指将可执行文件的代码和数据经过各种加密手段转换变形后得到加密文件, 并添加一段用于还原加密文件的代码(解密代码), 这样在程序执行时, 解密代码会还原加密文件为原可执行文件, 用户并不会感觉到程序被改动过, 这段用于解密还原的代码就像是一层壳用于保护原可执行文件。

加壳方案有两个: 压缩和加密。压缩方案可以将可执行文件的内容压缩存储, 减少文件占用的磁盘空间, 这时壳代码是解压缩代码; 而加密方案则是为了保证可执行文件的内容不被随意修改(如前所述, 使用十六进制编辑器修改关键代码), 这时壳代码就是解密代码, 一般解密代码中会同时包含有反调试、跟踪模块。在被加壳的文件中, 原可执行文件的代码和数据已经面目全非, 使用十六进制编辑器很难找到特征码, 所以无法采用修改文件的方法制作静态补丁。

要对加过壳的软件进行修改可以首先将它脱壳还原为原可执行文件并保存, 具体来说就是调试跟踪解密代码, 等解密代码将加密文件还原后立刻保存内存中的原可执行文件数据。但是除一些加密强度不高的壳可以通过调试、跟踪、脱壳完全恢复原来的文件外, 在大多数情况下的脱壳效果并不令人满意。在这种情况下, 动态内存补丁技术会派上用场, 而且加载器程序应该具有调试器的功能, 可以模拟手工使用 OllyDBG 等调试器进行跟踪的过程, 一直跟踪到壳代码执行完毕, 原可执行文件的代码被恢复后再打内存补丁, 前面讲过的调试 API 可以帮助我们实现这一点。

下面使用压缩壳 UPX 为 Test 程序加壳, 加载器程序使用调试 API 进行调试、跟踪加壳后的 Test 程序, 等执行到关键地址时, 实现内存补丁。Chapter4\Test\Release\Test_UPX.exe 是加壳后的 Test 程序, OllyDBG 载入 Test_UPX 程序, 弹出消息框: "模块'Test_UPX'的快速统计报告表明其代码段可能被压缩, 加密, 或包含大量的嵌入数据. 代码分析将是非常不可靠或完全错误的. 您仍要继续分析吗?", 单击"否(N)"按钮。反汇编代码如图 4.10 所示。

地址	HEX 数据	反汇编	
00908AA0	60	pushad	
00908AA1	BE 00E08F00	mov	esi, 008FE000
00908AA6	8DBE 0030FFFF	lea	edi, dword ptr [esi+FFFF3000]
00908AAC	57	push	edi
00908AAD	83CD FF	or	ebp, FFFFFFFF
00908AB0	∨ EB 10	jmp	short 00908AC2
00908AB2	90	nop	
00908AB3	90	nop	

图 4.10

可以看到, 反汇编代码与加壳以前完全不同, 程序入口点(壳的入口点)已经不是原 Test 程序的入口点, 但是不管如何加壳变换, 壳解密代码一定会解密原可执行文件的代码, 并在解密完后执行原可执行文件的代码。问题的关键是如何在调试、跟踪解密代码解密完毕转去执行原可执行文件入口点代码时中断, 这时加密文件已经被还原, 我们可以对程序的代码打内存补丁。

寻找 OEP（Original Entry Point，原程序入口点）是脱壳领域永恒的话题，pushad 指令用于将 8 个通用寄存器的值压入栈，popad 指令用于从栈中恢复 8 个通用寄存器的值。壳解密代码是一段子程序（函数），对 UPX 壳来说，在解密还原原程序前通过 pushad 指令保存通用寄存器的值，解密完毕通过 popad 指令恢复通用寄存器的值，因此通常在执行 popad 指令后，离 OEP 就不再遥远。用鼠标右键单击反汇编代码区域，然后选择查找→命令，弹出查找命令对话框（不要勾选整个块），输入 popad，单击"查找"按钮，如图 4.11 所示。

```
00908C4E    61              popad
00908C4F    8D4424 80       lea      eax, dword ptr [esp-80]
```

图 4.11

用鼠标右键单击 00908C4E 这一行，然后选择断点→运行到选定位置（快捷键 F4），此时我们可以通过 F8 单步执行逐步跟踪。在单步执行时，如果遇到循环指令往上跳转，则通常我们应该在该指令的下一条指令上 F4，如图 4.12 所示。

单步执行到 00908C57 这一行，有一条向上的红色跳转线。如果是红色，则表示跳转会实现；如果是灰色，则表示跳转不会实现，这时应该选中 00908C59 这一行，继续按 F4 键。00908C5C jmp 008F128B 这一行就是跳转到 OEP，单步到达 OEP。到达 OEP 后继续按 F8 键，如图 4.13 所示。

```
00908C53    ┌6A 00          push     0
00908C55    │39C4           cmp      esp, eax
00908C57    └75 FA          jnz      short 00908C53
00908C59    83EC 80         sub      esp, -80
00908C5C  - E9 2A86FEFF     jmp      008F128B
00908C61    0000            add      byte ptr [eax], al
```

图 4.12

```
008F11FD    68 00008F00     push     8F0000
008F1202    E8 F9FDFFFF     call     008F1000
008F1207    8BF0            mov      esi, eax
008F1209    E8 600C0000     call     008F186E
```

图 4.13

008F1202 call 008F1000 这一行就是 call 进 WinMain 函数，按 F7 键单步步入，到达 WinMain 函数，如图 4.14 所示。

```
008F1000    833D 90429000   cmp      dword ptr [904298], 0
008F1007    6A 00           push     0
008F1009  ┌ 74 17           je       short 008F1022         008F1022
008F100B  │ 68 DC1B9000     push     901BDC                 ASCII "*k蜻"
008F1010  │ 68 E41B9000     push     901BE4                 ASCII "ckHro饮N"
008F1015  │ 6A 00           push     0
008F1017  │ FF15 00D18F00   call     dword ptr [8FD100]     USER32.MessageBoxW
008F101D  │ 33C0            xor      eax, eax
008F101F  │ C2 1000         ret      10
008F1022  └▶68 F01B9000     push     901BF0
008F1027    68 F81B9000     push     901BF8
008F102C    6A 00           push     0
008F102E    FF15 00D18F00   call     dword ptr [8FD100]     USER32.MessageBoxW
008F1034    33C0            xor      eax, eax
008F1036    C2 1000         ret      10
```

图 4.14

按 F7 键单步步入与按 F8 键单步步过的区别是：在遇到 call 指令时，按 F7 键会进入 call 调用内部，而按 F8 键则不会。这是我们熟悉的反汇编代码，用鼠标右键单击 008F1009 这一行，然后选择二进制→用 NOP 填充，按 F9 键运行程序，弹出正版软件消息框。

注意，每次运行 Test_UPX 程序的入口点地址可能都是不同的，OEP 和 WinMain 的地址也可能是不固定的。关于 OEP 和 WinMain：在使用 VS 编译程序时，编译器会在 WinMain 函数前面添加一些 C/C++启动代码，执行完 C/C++启动代码后再调用 WinMain 函数，因此一个程序的入口点地址并不是 WinMain。

注意，对于 UPX 壳，查找 OEP 使用的是栈平衡原理，该方法对于其他加壳程序不一定有效。

调试事件 EXCEPTION_DEBUG_EVENT 与 EXCEPTION_DEBUG_INFO 结构

被调试进程开始执行第一条指令时会发生 EXCEPTION_DEBUG_EVENT 调试事件，后续在发生调试中断（遇到 int3 或者单步中断）和发生异常时也会发生本事件。u.Exception 字段是一个 EXCEPTION_DEBUG_INFO 结构，该结构包含异常信息：

```
typedef struct _EXCEPTION_DEBUG_INFO {
    EXCEPTION_RECORD ExceptionRecord;    // EXCEPTION_RECORD 结构，包含异常信息
    DWORD            dwFirstChance;       // 是否是第一次发生异常
} EXCEPTION_DEBUG_INFO, * LPEXCEPTION_DEBUG_INFO;
```

其中，ExceptionRecord 字段是一个 EXCEPTION_RECORD 结构：

```
typedef struct _EXCEPTION_RECORD {
    DWORD                    ExceptionCode;       // 异常代码
    DWORD                    ExceptionFlags;      // 异常标志
    struct _EXCEPTION_RECORD* ExceptionRecord;
    PVOID                    ExceptionAddress;    // 发生异常的地址
    DWORD                    NumberParameters;
    ULONG_PTR                ExceptionInformation[EXCEPTION_MAXIMUM_PARAMETERS];
} EXCEPTION_RECORD, * PEXCEPTION_RECORD;
```

ExceptionCode 字段表示异常代码，常用的异常代码如表 4.14 所示。

表 4.14

异常代码	含义
EXCEPTION_BREAKPOINT	遇到断点，例如 int3 断点 以 OllyDBG 为例，用鼠标右键单击反汇编代码中的一行，然后选择断点→切换（快捷键 F2），就是下了一个 int3 断点，int3 是最常用的普通断点，其原理是把指令的第 1 字节修改为 0xCC，当运行到该条指令发现第 1 字节是 0xCC 时就会触发一个异常并暂停，即 debugEvent.u.Exception.ExceptionRecord.ExceptionCode 等于 EXCEPTION_BREAKPOINT，然后调试器会把该指令的第一字节修改回原来的字节指令，并把指令指针寄存器 EIP 的值减 1，以重新执行该指令，int3 断点也称为 CC 断点、CC 指令
EXCEPTION_SINGLE_STEP	跟踪陷阱或单步中断 OllyDBG 调试菜单中的单步步入（快捷键 F7）就是单步中断。单步中断的原理是当执行到一条指令时，如果发现标志寄存器的 TF 位为 1，就会触发一个异常并暂停，即 debugEvent.u.Exception.ExceptionRecord.ExceptionCode 等于 EXCEPTION_SINGLE_STEP，触发异常后系统会自动把标志寄存器的 TF 位置 0，因此如果需要每执行完一条指令后都触发单步中断，在处理完调试事件后应该把标志寄存器的 TF 位重新置 1。标志寄存器前 16 位的部分含义如下。 • 第 0 位：CF。 • 第 8 位：TF。 • 第 2 位：PF。 • 第 9 位：IF。 • 第 4 位：AF。 • 第 10 位：DF。 • 第 6 位：ZF。 • 第 11 位：OF。 • 第 7 位：SF。
EXCEPTION_ACCESS_VIOLATION	线程试图读取或写入对其没有适当访问权限的虚拟地址

再次使用 OllyDBG 调试 Test_UPX，Test_UPX 程序的入口点变为 0x00278AA0，如图 4.15 所示。

00278AA0	60	pushad	
00278AA1	BE 00E02600	mov	esi, 0026E000
00278AA6	8DBE 0030FFFF	lea	edi, dword ptr [esi+FFFF3000]

图 4.15

popad 指令的地址变为 0x00278C4E，如图 4.16 所示。

00278C4E	61	popad	
00278C4F	8D4424 80	lea	eax, dword ptr [esp-80]
00278C53	6A 00	push	0
00278C55	39C4	cmp	esp, eax

图 4.16

WinMain 变为 0x00261000，如图 4.17 所示。

002611FD	68 00002600	push	00260000	
00261202	E8 F9FDFFFF	call	00261000	
00261207	8BF0	mov	esi, eax	
00261209	E8 60060000	call	0026186E	

00261000	833D 98422700 00	cmp	dword ptr [274298], 0	
00261007	6A 00	push	0	
00261009	74 17	je	short 00261022	
0026100B	68 DC1B2700	push	00271BDC	ASCII """k螂"
00261010	68 E41B2700	push	00271BE4	ASCII "ckHro忕N"
00261015	6A 00	push	0	
00261017	FF15 00D12600	call	dword ptr [26D100]	USER32.MessageBoxW
0026101D	33C0	xor	eax, eax	
0026101F	C2 1000	retn	10	
00261022	68 F01B2700	push	00271BF0	
00261027	68 F81B2700	push	00271BF8	
0026102C	6A 00	push	0	
0026102E	FF15 00D12600	call	dword ptr [26D100]	USER32.MessageBoxW
00261034	33C0	xor	eax, eax	
00261036	C2 1000	retn	10	

图 4.17

打开 OllyDBG 的查看菜单→内存，如图 4.18 所示。

地址	大小	属主	区段	包含	类型	访问	初始访问
00260000	00001000	Test_UPX		PE 文件头	Imag	R	RWE
00261000	0000D000	Test_UPX	UPX0		Imag	R	RWE
0026E000	0000B000	Test_UPX	UPX1	代码	Imag	R	RWE
00279000	00001000	Test_UPX	.rsrc	数据,输入表	Imag	R	RWE

图 4.18

Test_UPX 程序加载到的基地址为 0x00260000，UPX0 区段的基地址为 0x00261000，这正是 WinMain 函数的地址，Test_UPX 程序的入口点地址为 0x00278AA0，可以看到这个地址属于 UPX1 区段的范围。对 UPX 壳来说，解密代码解密加密文件的数据到 UPX0 区段，解密完毕跳转到 UPX0 区段执行。

Test_UPX 程序的 popad 指令的地址为 0x00278C4E，Test_UPX 程序加载到的基地址为 0x00260000，0x00278C4E−0x00260000 等于 0x00018C4E，这个差值应该是不变的。通过 Test_UPX 程序加载到的基地址加上差值很容易得到 popad 指令的地址，在该地址处设置一个 int3 断点，当程序执行到 popad 指令时中断，这时解密代码已经执行完毕，可以对 Test_UPX 程序加载到的基地址 + 0x1000 + 0x9 地址处打内存补丁。LoadTest_UPX.cpp 源文件的部分内容如下：

```
INT_PTR CALLBACK DialogProc(HWND hwndDlg, UINT uMsg, WPARAM wParam, LPARAM lParam)
{
    TCHAR szCommandLine[MAX_PATH] = TEXT("Test_UPX.exe");
    STARTUPINFO si = { sizeof(STARTUPINFO) };
    PROCESS_INFORMATION pi = { 0 };
    static LPVOID lpPopad, lpPatch;   // popad 地址（基地址+0x18C4E），补丁地址（基地址+0x1000+0x9）
    BYTE bInt3 = 0xCC;                 // popad 指令地址处写入 int3 指令的机器码 0xCC
    BYTE bOld = 0x61;                  // 恢复 popad 指令的机器码
    WORD wCodeNew = 0x9090;
    DEBUG_EVENT debugEvent;
    CONTEXT context;

    switch (uMsg)
    {
    case WM_COMMAND:
        switch (LOWORD(wParam))
        {
        case IDC_BTN_LOADTEST:
            GetStartupInfo(&si);
            if (!CreateProcess(NULL, szCommandLine, NULL, NULL, FALSE, DEBUG_ONLY_THIS_PROCESS,
                NULL, NULL, &si, &pi))
                break;

            while (TRUE)
            {
                // 等待调试事件发生
                WaitForDebugEvent(&debugEvent, INFINITE);

                // 进程被创建
                if (debugEvent.dwDebugEventCode == CREATE_PROCESS_DEBUG_EVENT)
                {
                    // lpPopad, lpPatch
                    lpPopad = (LPBYTE)(debugEvent.u.CreateProcessInfo.lpBaseOfImage) + 0x18C4E;
                    lpPatch = (LPBYTE)(debugEvent.u.CreateProcessInfo.lpBaseOfImage) + 0x1000 + 0x9;
                    // popad 指令处下 int3 断点
                    WriteProcessMemory(pi.hProcess, lpPopad, &bInt3, 1, NULL);

                    CloseHandle(debugEvent.u.CreateProcessInfo.hFile);
                }

                // 被调试进程中发生异常事件
                else if (debugEvent.dwDebugEventCode == EXCEPTION_DEBUG_EVENT)
                {
                    switch (debugEvent.u.Exception.ExceptionRecord.ExceptionCode)
                    {
                    case EXCEPTION_BREAKPOINT:              // 断点中断
                        context.ContextFlags = CONTEXT_CONTROL;
                        GetThreadContext(pi.hThread, &context);
                        // 执行 int3 指令后才会发生异常，这时 eip 已经指向了下一条指令
                        if (context.Eip == (DWORD)((LPBYTE)lpPopad + 1))
```

```
        {
            // popad 指令处的 int3 断点改回原 popad 指令
            WriteProcessMemory(pi.hProcess, lpPopad, &bOld, 1, NULL);
            // 内存补丁, JE 指令修改为两个 NOP 指令
            WriteProcessMemory(pi.hProcess, lpPatch, &wCodeNew, 2, NULL);

            // 重新执行 popad 指令
            context.Eip -= 1;
            SetThreadContext(pi.hThread, &context);
        }
        break;

    case EXCEPTION_SINGLE_STEP:          // 单步中断
        break;
    }

}

        // 被调试进程退出
        else if (debugEvent.dwDebugEventCode == EXIT_PROCESS_DEBUG_EVENT)
        {
            break;
        }

        // 处理完一个调试事件后调用 ContinueDebugEvent 函数恢复线程执行并继续等待下个事件
        ContinueDebugEvent(debugEvent.dwProcessId, debugEvent.dwThreadId, DBG_CONTINUE);
    }

    CloseHandle(pi.hThread);
    CloseHandle(pi.hProcess);
    break;

case IDCANCEL:
    EndDialog(hwndDlg, 0);
    break;
}
return TRUE;
}

return FALSE;
}
```

完整代码参见 Chapter4\LoadTest_UPX 项目。

4.6.5　线程环境

每个线程都有属于自己的一组 CPU 寄存器，称为线程环境。线程环境反映了线程上一次执行时其 CPU 寄存器的状态。Windows 为系统中的所有线程循环分配时间片，当挂起一个线程时，为了以后能够将它恢复执行，系统必须先将线程的运行环境保存下来。当线程在下一个时间片被恢复执行时，再将运行环境恢复原样。对一个线程来说，只要所有的寄存器值没有改变，线程环境就没有改变。线程

的 CPU 寄存器全部保存在一个 CONTEXT 结构（在 winnt.h 头文件中定义）中，CONTEXT 结构本身保存在线程内核对象中，Windows 使用 CONTEXT 结构保存线程的状态，以便线程在下一次获得 CPU 时间片时，从上次停止的地址处继续执行。

CONTEXT 结构是 Windows 系统中唯一与硬件平台相关的结构，因为 Windows 系统可以在不同的硬件平台上运行，只是寄存器的名称有所区别，CONTEXT 结构的定义也相应改变。对 Win32 程序来说，CONTEXT 结构的字段包括 Eax、Ebx、Ecx 和 Edx 等：

```
typedef struct DECLSPEC_NOINITALL _CONTEXT {
    // 线程环境标志
    DWORD ContextFlags;

    // ContextFlags 指定为 CONTEXT_DEBUG_REGISTERS 标志，则获取、设置调试寄存器的值
    DWORD   Dr0;
    DWORD   Dr1;
    DWORD   Dr2;
    DWORD   Dr3;
    DWORD   Dr6;
    DWORD   Dr7;

    // ContextFlags 指定为 CONTEXT_FLOATING_POINT 标志，则获取、设置浮点寄存器的值
    FLOATING_SAVE_AREA FloatSave;

    // ContextFlags 指定为 CONTEXT_SEGMENTS 标志，则获取、设置段寄存器的值
    DWORD   SegGs;
    DWORD   SegFs;
    DWORD   SegEs;
    DWORD   SegDs;

    // ContextFlags 指定为 CONTEXT_INTEGER 标志，则获取、设置整数寄存器的值
    DWORD   Edi;
    DWORD   Esi;
    DWORD   Ebx;
    DWORD   Edx;
    DWORD   Ecx;
    DWORD   Eax;

    // ContextFlags 指定为 CONTEXT_CONTROL 标志，则获取、设置控制寄存器的值
    DWORD   Ebp;
    DWORD   Eip;
    DWORD   SegCs;              // MUST BE SANITIZED
    DWORD   EFlags;            // MUST BE SANITIZED
    DWORD   Esp;
    DWORD   SegSs;

    // ContextFlags 指定为 CONTEXT_EXTENDED_REGISTERS 标志，则获取、设置扩展寄存器的值
    BYTE    ExtendedRegisters[MAXIMUM_SUPPORTED_EXTENSION];
} CONTEXT;

typedef CONTEXT* PCONTEXT;
```

用于获取和设置线程环境的函数分别是 GetThreadContext 和 SetThreadContext 函数：

```
BOOL WINAPI GetThreadContext(
    _In_        HANDLE    hThread,          // 线程句柄
    _Inout_     LPCONTEXT lpContext);       // CONTEXT 结构的指针
BOOL WINAPI SetThreadContext(
    _In_        HANDLE    hThread,          // 线程句柄
    _In_ const  LPCONTEXT lpContext);       // CONTEXT 结构的指针
```

调用 GetThreadContext 和 SetThreadContext 函数前，CONTEXT.ContextFlags 应该设置为需要获取或设置的寄存器标志，例如 ContextFlags 指定为 CONTEXT_DEBUG_REGISTERS 标志表示获取、设置调试寄存器的值，指定为 CONTEXT_FLOATING_POINT 标志表示获取、设置浮点寄存器的值，指定为 CONTEXT_SEGMENTS 标志表示获取、设置段寄存器的值，指定为 CONTEXT_INTEGER 标志表示获取、设置整数寄存器的值，指定为 CONTEXT_CONTROL 标志表示获取、设置控制寄存器的值，指定为 CONTEXT_EXTENDED_REGISTERS 标志表示获取、设置扩展寄存器的值。另外，如果需要获取、设置多个类别寄存器的值，还有如下定义：

```
#define CONTEXT_FULL (CONTEXT_CONTROL | CONTEXT_INTEGER | CONTEXT_SEGMENTS)
#define CONTEXT_ALL  (CONTEXT_CONTROL | CONTEXT_INTEGER | CONTEXT_SEGMENTS | \
    CONTEXT_FLOATING_POINT | CONTEXT_DEBUG_REGISTERS | CONTEXT_EXTENDED_REGISTERS)
```

此外，调用 GetThreadContext 和 SetThreadContext 函数前，应该暂停线程的执行，在获取、设置相关寄存器的值后再恢复线程的执行，防止函数执行到一半时被 Windows 切换，但是在调试事件中没有这个必要，因为在调用 ContinueDebugEvent 函数前，目标线程不会恢复执行。

这两个函数出现最多的场合就是设置指令指针寄存器 Eip 的值，使线程转去另一个地址处执行。调用这两个函数，必须具有对目标线程的 THREAD_GET_CONTEXT 或 THREAD_SET_CONTEXT 访问权限，当然调试器具有对被调试进程线程的所有访问权限。

对于 LoadTest_UPX 示例程序，相信读者很容易结合注释进行理解，在 popad 指令地址处设置一个 int3 普通断点即可解决问题，非常简单。但是不可以一开始直接在 WinMain 地址处下断，因为在执行到 popad 指令前，解密代码还没有执行完毕，开始时 UPX0 区段中的数据全为 0。

ReadProcessMemory 和 WriteProcessMemory 函数可以随意读写指定进程的地址空间，GetThreadContext 和 SetThreadContext 函数可以随意读写指定线程的线程环境。这一切都建立在对目标程序充分了解的基础上，前期需要通过 OllyDBG 一类的调试器跟踪调试，完全明白程序的执行流程。

调用 SetThreadContext 函数时应该谨慎，例如下面的代码：

```
CONTEXT Context;
Context.Eip = 0;
SetThreadContext(hThread, &Context);
ResumeThread(hThread);
```

在以合适的权限获取到一个线程的句柄后，我们可以读写该线程的线程环境，上述代码会导致目标线程访问违规，目标线程所属进程会终止并退出。

4.7 窗口间谍

接下来实现一个窗口间谍实用程序 WindowSearch，程序界面如图 4.19 所示。

图像静态控件中的图像在正常状态下如图 4.20（1）所示，当用户拖动图像静态控件中的靶心部分时，图像静态控件中的图像如图 4.20（2）所示，鼠标光标如图 4.20（3）所示。图像静态控件中的图像正常状态下是 Normal.ico，当用户按下鼠标左键拖动的时候变为 Drag.ico（向图像静态控件发送 STM_SETIMAGE 消息），并且鼠标光标变为 Drag.cur（调用 SetCursor 函数），给用户的感觉好像是 Normal.ico 图像中的靶心部分被拖动出来一样。

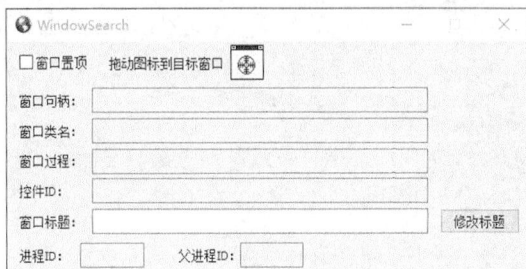

图 4.19

(1) Normal.ico (2) Drag.ico (3) Drag.cur

图 4.20

当用户拖动时，程序启动一个 200ms 的计时器，程序处理 WM_TIMER 消息，实时获取鼠标光标所处位置的窗口信息，包括窗口句柄、窗口类名、窗口过程、窗口标题、进程 ID 和父进程 ID，如果是子窗口控件还会显示控件 ID，另外为了提示用户鼠标光标所处位置是哪个窗口，程序在窗口周围绘制一个闪动的矩形。请读者自行测试本程序。

WindowSearch.cpp 源文件的内容如下：

```
#include <windows.h>
#include <TlHelp32.h>
#include "resource.h"

#pragma comment(linker,"\"/manifestdependency:type='win32' \
    name='Microsoft.Windows.Common-Controls' version='6.0.0.0' \
    processorArchitecture='*' publicKeyToken='6595b64144ccf1df' language='*'\"")

// 全局变量
HINSTANCE g_hInstance;

// 函数声明
INT_PTR CALLBACK DialogProc(HWND hwndDlg, UINT uMsg, WPARAM wParam, LPARAM lParam);
// 获取目标窗口句柄
HWND SmallestWindowFromPoint(POINT pt);
// 获取父进程 ID
DWORD GetParentProcessIDByID(DWORD dwProcessId);
```

```
int WINAPI WinMain(HINSTANCE hInstance, HINSTANCE hPrevInstance, LPSTR lpCmdLine, int
nCmdShow)
{
    g_hInstance = hInstance;

    DialogBoxParam(hInstance, MAKEINTRESOURCE(IDD_MAIN), NULL, DialogProc, NULL);
    return 0;
}

INT_PTR CALLBACK DialogProc(HWND hwndDlg, UINT uMsg, WPARAM wParam, LPARAM lParam)
{
    static HCURSOR hCursorDrag;      // 拖动时的光标句柄
    static HICON hIconNormal;        // 正常情况下图像静态控件所用的图标句柄
    static HICON hIconDrag;          // 拖动时的图像静态控件所用的图标句柄
    static HWND hwndTarget;          // 目标窗口句柄
    static HDC hdcDesk;              // 桌面设备环境句柄，用于在目标窗口周围绘制闪动矩形
    RECT rect;
    POINT pt;
    DWORD dwProcessID, dwParentProcessID, dwCtrlID;
    TCHAR szBuf[128] = { 0 };
    LPTSTR lpBuf = NULL;
    int nLen;

    switch (uMsg)
    {
    case WM_INITDIALOG:
        // 为对话框程序左上角设置一个图标
        SendMessage(hwndDlg, WM_SETICON, ICON_SMALL, (LPARAM)LoadIcon(g_hInstance,
            MAKEINTRESOURCE(IDI_ICON_MAIN)));

        // 拖动时的光标句柄，正常情况下和拖动时的图像静态控件所用的图标句柄
        hCursorDrag = LoadCursor(g_hInstance, MAKEINTRESOURCE(IDC_CURSOR_DRAG));
        hIconNormal = LoadIcon(g_hInstance, MAKEINTRESOURCE(IDI_ICON_NORMAL));
        hIconDrag = LoadIcon(g_hInstance, MAKEINTRESOURCE(IDI_ICON_DRAG));

        // 桌面设备环境，用于在目标窗口周围绘制闪动矩形
        hdcDesk = CreateDC(TEXT("DISPLAY"), NULL, NULL, NULL);
        SelectObject(hdcDesk, CreatePen(PS_SOLID, 2, RGB(255, 0, 255)));
        SetROP2(hdcDesk, R2_NOTXORPEN);
        return TRUE;

    case WM_COMMAND:
        switch (LOWORD(wParam))
        {
        case IDC_CHK_TOPMOST:
            // 窗口置顶
            if (IsDlgButtonChecked(hwndDlg, IDC_CHK_TOPMOST) == BST_CHECKED)
                SetWindowPos(hwndDlg, HWND_TOPMOST, 0, 0, 0, 0, SWP_NOSIZE | SWP_NOMOVE);
            else
```

```
            SetWindowPos(hwndDlg, HWND_NOTOPMOST, 0, 0, 0, 0, SWP_NOSIZE | SWP_NOMOVE);
        break;

    case IDC_BTN_MODIFYTITLE:
        // 修改标题
        nLen = SendMessage(GetDlgItem(hwndDlg, IDC_EDIT_WINDOWTITLE), WM_GETTEXTLENGTH, 0, 0);
        lpBuf = new TCHAR[nLen + 1];
        SendMessage(GetDlgItem(hwndDlg, IDC_EDIT_WINDOWTITLE), WM_GETTEXT,
            (nLen + 1), (LPARAM)lpBuf);
        SendMessage(hwndTarget, WM_SETTEXT, 0, (LPARAM)lpBuf);
        delete[] lpBuf;
        break;

    case IDCANCEL:
        DeleteDC(hdcDesk);
        EndDialog(hwndDlg, 0);
        break;
    }
    return TRUE;

case WM_LBUTTONDOWN:
    // 开始拖动
    GetWindowRect(GetDlgItem(hwndDlg, IDC_STATIC_ICON), &rect);
    GetCursorPos(&pt);
    if (PtInRect(&rect, pt))
    {
        SetCapture(hwndDlg);
        SetCursor(hCursorDrag);
        SendMessage(GetDlgItem(hwndDlg, IDC_STATIC_ICON), STM_SETIMAGE,
            IMAGE_ICON, (LPARAM)hIconDrag);
        SetTimer(hwndDlg, 1, 200, NULL);
    }
    return TRUE;

case WM_LBUTTONUP:
    // 停止拖动
    ReleaseCapture();
    SendMessage(GetDlgItem(hwndDlg, IDC_STATIC_ICON), STM_SETIMAGE,
        IMAGE_ICON, (LPARAM)hIconNormal);
    KillTimer(hwndDlg, 1);
    return TRUE;

case WM_TIMER:
    GetCursorPos(&pt);
    hwndTarget = SmallestWindowFromPoint(pt);
    // 显示窗口句柄
    wsprintf(szBuf, TEXT("0x%08X"), (UINT_PTR)hwndTarget);
    SetDlgItemText(hwndDlg, IDC_EDIT_WINDOWHANDLE, szBuf);

    // 显示窗口类名
    GetClassName(hwndTarget, szBuf, _countof(szBuf));
```

```
    SetDlgItemText(hwndDlg, IDC_EDIT_CLASSNAME, szBuf);

    // 显示窗口过程
    wsprintf(szBuf, TEXT("0x%08X"), (ULONG_PTR)GetClassLongPtr(hwndTarget, GCLP_WNDPROC));
    SetDlgItemText(hwndDlg, IDC_EDIT_WNDPROC, szBuf);

    // 如果是子窗口控件，显示 ID
    if (dwCtrlID = GetDlgCtrlID(hwndTarget))
    {
        wsprintf(szBuf, TEXT("%d"), dwCtrlID);
        SetDlgItemText(hwndDlg, IDC_EDIT_CONTROLID, szBuf);
    }
    else
    {
        SetDlgItemText(hwndDlg, IDC_EDIT_CONTROLID, TEXT(""));
    }

    // 显示窗口标题
    nLen = SendMessage(hwndTarget, WM_GETTEXTLENGTH, 0, 0);
    if (nLen > 0)
    {
        lpBuf = new TCHAR[nLen + 1];
        SendMessage(hwndTarget, WM_GETTEXT, (nLen + 1), (LPARAM)lpBuf);
        SendMessage(GetDlgItem(hwndDlg, IDC_EDIT_WINDOWTITLE), WM_SETTEXT, 0, (LPARAM)lpBuf);
        delete[] lpBuf;
    }
    else
    {
        SendMessage(GetDlgItem(hwndDlg, IDC_EDIT_WINDOWTITLE), WM_SETTEXT, 0, (LPARAM)
TEXT(""));
    }

    // 显示进程 ID
    GetWindowThreadProcessId(hwndTarget, &dwProcessID);
    wsprintf(szBuf, TEXT("%d"), dwProcessID);
    SetDlgItemText(hwndDlg, IDC_EDIT_PROCESSID, szBuf);

    // 显示父进程 ID
    if ((dwParentProcessID = GetParentProcessIDByID(dwProcessID)) >= 0)
    {
        wsprintf(szBuf, TEXT("%d"), dwParentProcessID);
        SetDlgItemText(hwndDlg, IDC_EDIT_PARENTPROCESSID, szBuf);
    }
    else
    {
        SetDlgItemText(hwndDlg, IDC_EDIT_PARENTPROCESSID, TEXT(""));
    }

    // 目标窗口周围矩形闪动
    GetWindowRect(hwndTarget, &rect);
```

```
        if (rect.left < 0) rect.left = 0;
        if (rect.top < 0) rect.top = 0;
        Rectangle(hdcDesk, rect.left, rect.top, rect.right, rect.bottom);
        // 绘制洋红色矩形
        Sleep(200);
        Rectangle(hdcDesk, rect.left, rect.top, rect.right, rect.bottom);
        // 擦除洋红色矩形
        return TRUE;
    }

    return FALSE;
}


HWND SmallestWindowFromPoint(POINT pt)
{
    RECT rect, rcTemp;
    HWND hwnd, hwndParent, hwndTemp;

    hwnd = WindowFromPoint(pt);
    if (hwnd != NULL)
    {
        GetWindowRect(hwnd, &rect);
        hwndParent = GetParent(hwnd);

        // 如果 hwnd 窗口具有父窗口
        if (hwndParent != NULL)
        {
            // 查找和 hwnd 同一级别的下一个 Z 顺序窗口
            hwndTemp = hwnd;
            do
            {
                hwndTemp = GetWindow(hwndTemp, GW_HWNDNEXT);

                // 如果与 hwnd 同一级别的下一个 Z 顺序窗口包含指定的坐标点 pt 并且可见
                GetWindowRect(hwndTemp, &rcTemp);
                if (PtInRect(&rcTemp, pt) && IsWindowVisible(hwndTemp))
                {
                    // 找到的窗口是不是比 hwnd 窗口更小
                    if (((rcTemp.right - rcTemp.left) * (rcTemp.bottom - rcTemp.top)) <
                        ((rect.right - rect.left) * (rect.bottom - rect.top)))
                    {
                        hwnd = hwndTemp;
                        GetWindowRect(hwnd, &rect);
                    }
                }
            } while (hwndTemp != NULL);
        }
    }

    return hwnd;
```

```
    }

DWORD GetParentProcessIDByID(DWORD dwProcessId)
{
    HANDLE hSnapshot;
    PROCESSENTRY32 pe = { sizeof(PROCESSENTRY32) };
    BOOL bRet;

    hSnapshot = CreateToolhelp32Snapshot(TH32CS_SNAPPROCESS, 0);
    if (hSnapshot == INVALID_HANDLE_VALUE)
        return -1;

    bRet = Process32First(hSnapshot, &pe);
    while (bRet)
    {
        if (pe.th32ProcessID == dwProcessId)
            return pe.th32ParentProcessID;

        bRet = Process32Next(hSnapshot, &pe);
    }

    CloseHandle(hSnapshot);
    return -1;
}
```

自定义函数 SmallestWindowFromPoint 用于根据鼠标光标位置获取鼠标光标下的窗口句柄，单纯使用 WindowFromPoint 函数可以获取指定坐标处的窗口的窗口句柄，但是可能不准确，例如当鼠标光标位于一个程序的子窗口控件上时，我们希望获取到的是这个子窗口控件的窗口句柄，而不是主程序的窗口句柄。与 WindowFromPoint 函数不同，GetParent 函数用于获取指定窗口的父窗口句柄：

```
HWND WINAPI WindowFromPoint(_In_ POINT Point);   // 指定坐标
HWND WINAPI GetParent(_In_ HWND hWnd);           // 指定窗口
```

GetWindow 函数用于获取与指定窗口具有指定关系的窗口的句柄：

```
HWND WINAPI GetWindow(
    _In_ HWND hWnd,        // 指定窗口
    _In_ UINT uCmd);       // 指定关系
```

uCmd 参数用于指定要获取的窗口句柄与 hWnd 窗口的关系，可以是表 4.15 所示的值之一。

表 4.15

常量	值	含义
GW_HWNDFIRST	0	同一级别中 Z 顺序最高的窗口
GW_HWNDLAST	1	同一级别中 Z 顺序最低的窗口
GW_HWNDNEXT	2	同一级别中下一个 Z 顺序窗口
GW_HWNDPREV	3	同一级别中上一个 Z 顺序窗口
GW_CHILD	5	Z 顺序最高的子窗口，也就是第一个子窗口

有了窗口句柄，可以通过调用 GetWindowThreadProcessId 函数获取创建该窗口的进程 ID 和线程 ID：

```
DWORD WINAPI GetWindowThreadProcessId(
    _In_       HWND    hWnd,                // 窗口句柄
    _Out_opt_  LPDWORD lpdwProcessId);     // 返回创建该窗口的进程 ID
```

如果函数执行成功，则返回值是创建该窗口的线程的 ID。

4.8 示例：一个程序退出时删除自身

要实现程序退出时删除自身，方法有很多，下面我们采取调用 CreateProcess 函数创建进程启动 cmd.exe 执行批处理文件的方式来实现。DeleteProgramSelf.cpp 源文件内容如下：

```cpp
#include <windows.h>
#include <tchar.h>
#include <strsafe.h>
#include "resource.h"

// 函数声明
INT_PTR CALLBACK DialogProc(HWND hwndDlg, UINT uMsg, WPARAM wParam, LPARAM lParam);

int WINAPI WinMain(HINSTANCE hInstance, HINSTANCE hPrevInstance, LPSTR lpCmdLine, int nCmdShow)
{
    DialogBoxParam(hInstance, MAKEINTRESOURCE(IDD_MAIN), NULL, DialogProc, NULL);
    return 0;
}

INT_PTR CALLBACK DialogProc(HWND hwndDlg, UINT uMsg, WPARAM wParam, LPARAM lParam)
{
    CHAR szApplicationName[MAX_PATH] = { 0 };            // 本程序文件路径
    TCHAR szCmdPath[MAX_PATH] = { 0 };                   // cmd.exe 文件路径
    TCHAR szBatFilePath[MAX_PATH];                       // .bat 文件路径
    TCHAR szBatFileName[MAX_PATH] = TEXT("删除程序.bat"); // .bat 文件名称

    CHAR szBatFileContent[MAX_PATH * 3] = { 0 };         // .bat 文件内容
    CHAR szBatFileContentFormat[MAX_PATH] =
            { "@ping 127.0.0.1 -n 5 >nul\r\ndel \"%s\"\r\ndel %%0" };
    HANDLE hFile;

    TCHAR szCommandLine[MAX_PATH] = TEXT("/c ");// CreateProcess 的 lpCommandLine 参数
    STARTUPINFO si = { sizeof(STARTUPINFO) };
    si.dwFlags = STARTF_USESHOWWINDOW;
    si.wShowWindow = SW_HIDE;
    PROCESS_INFORMATION pi = { 0 };

    switch (uMsg)
    {
```

```
    case WM_COMMAND:
        switch (LOWORD(wParam))
        {
        case IDCANCEL:
            // 本程序文件路径
            GetModuleFileNameA(NULL, szApplicationName, _countof(szApplication Name));

            // cmd.exe 文件路径
            GetEnvironmentVariable(TEXT("ComSpec"), szCmdPath, _countof(szCmd Path));

            // .bat 文件路径，放到系统临时目录
            GetTempPath(_countof(szBatFilePath), szBatFilePath);
            if (szBatFilePath[_tcslen(szBatFilePath) - 1] != TEXT('\\'))
                StringCchCat(szBatFilePath, _countof(szBatFilePath), TEXT("\\"));
            StringCchCat(szBatFilePath, _countof(szBatFilePath), szBatFileName);

            // 创建.bat 文件，写入内容
            hFile = CreateFile(szBatFilePath, GENERIC_READ | GENERIC_WRITE,
                FILE_SHARE_READ, NULL, CREATE_ALWAYS, FILE_ATTRIBUTE_NORMAL, NULL);
            wsprintfA(szBatFileContent, szBatFileContentFormat, szApplicationName);
            WriteFile(hFile, szBatFileContent, strlen(szBatFileContent), NULL, NULL);
            CloseHandle(hFile);

            // 创建进程，执行.bat 批处理文件
            StringCchCat(szCommandLine, _countof(szCommandLine), szBatFilePath);
            if (CreateProcess(szCmdPath, szCommandLine, NULL, NULL, FALSE,
                CREATE_NEW_CONSOLE, NULL, NULL, &si, &pi))
            {
                CloseHandle(pi.hThread);
                CloseHandle(pi.hProcess);
            }

            EndDialog(hwndDlg, 0);
            break;
        }
        return TRUE;
    }

    return FALSE;
}
```

批处理文件的内容如下：

```
@ping 127.0.0.1 -n 5 >nul
del "F:\Source\Windows\Chapter4\DeleteProgramSelf\Debug\DeleteProgramSelf.exe"
del %0
```

上述 3 行内容中每一行的含义如下。

- 第 1 行是通过 ping 本地计算机命令使批处理文件延迟 5 秒再继续执行，目的是等待目标进程退出销毁。
- 第 2 行是删除目标文件，加""是防止目标文件路径中存在空格。
- 第 3 行是删除批处理文件自身。

完整代码参见 Chapter4\DeleteProgramSelf 项目。

第 5 章

剪贴板

许多文档、数据处理程序都提供了剪切、复制和粘贴功能，当用户选择剪切或复制菜单项时，程序会把数据传递到剪贴板，这些数据采用特定的格式，例如文本、位图；当用户选择粘贴菜单项后，程序会检查剪贴板中是否包含本程序可用的数据格式，如果包含，则把数据从剪贴板传递到该程序。

Windows 剪贴板是一种比较简单的同时开销比较小的进程间通信方式，使用剪贴板传递数据使开发人员不必过多地考虑数据存储的共享空间，简化通信过程。Windows 系统支持剪贴板 IPC 的基本机制是由系统预留的一块全局共享内存，可被各进程用于暂时存储数据。写入数据的进程首先创建一个全局内存块，并将数据写入该内存块；接收数据的进程通过剪贴板机制获取到该内存块的句柄，并完成对该内存块数据的读取。

5.1 剪贴板常用函数与消息

Windows 在 User32.dll 中为剪贴板提供了一组 API 函数和几种消息，还包括多种剪贴板数据格式，使进程能够以指定格式读取剪贴板中的数据。为了学习后续章节，本节首先介绍一些剪贴板函数和相关消息，方便读者进行大致了解。

5.1.1 基本剪贴板函数

（1）OpenClipboard 函数用于打开剪贴板：

```
BOOL OpenClipboard(_In_opt_ HWND hWndNewOwner);
```

hWndNewOwner 参数指定与剪贴板相关联的窗口句柄。如果另一个程序已经打开了剪贴板但没有关闭，则 OpenClipboard 函数调用会失败。成功调用 OpenClipboard 函数打开剪贴板后，在调用 CloseClipboard 函数关闭剪贴板前，其他应用程序无法使用剪贴板。

（2）EmptyClipboard 函数用于清空剪贴板中的数据：

```
BOOL EmptyClipboard();
```

调用 EmptyClipboard 函数后，OpenClipboard 函数的 hWndNewOwner 参数指定的窗口会成为剪贴板的新所有者。如果调用 OpenClipboard 函数时把 hWndNewOwner 参数设置为 NULL，则 EmptyClipboard

函数会将剪贴板所有者设置为 NULL，这会导致后续调用 SetClipboardData 函数设置剪贴板数据失败。

（3）SetClipboardData 函数用于把指定格式的数据写入剪贴板中：

```
HANDLE SetClipboardData(
  _In_     UINT uFormat,    // 要写入剪贴板中数据的格式
  _In_opt_ HANDLE hMem);    // uFormat 参数指定格式数据的句柄
```

- uFormat 参数用于指定要写入剪贴板中数据的格式，一些常见的标准剪贴板数据格式如表 5.1 所示。

表 5.1

常量	值	含义
CF_TEXT	1	ANSI 文本格式
CF_UNICODETEXT	13	Unicode 文本格式
CF_BITMAP	2	设备相关位图
CF_DIB	8	设备无关位图
CF_SYLK	4	符号链接（SYLK）格式
CF_WAVE	12	标准波形格式的音频数据
CF_OWNERDISPLAY	0x80	所有者显示格式，HMEM 参数必须设置为 NULL。剪贴板所有者必须显示和更新剪贴板查看器窗口，并接收 WM_ASKCBFORMATNAME、WM_HSCROLLCLIPBOARD、WM_PAINTCLIPBOARD、WM_SIZECLIPBOARD 和 WM_VSCROLLCLIPBOARD 消息

此外，应用程序还可以创建自己的剪贴板数据格式，由应用程序定义的剪贴板数据格式称为"注册剪贴板数据格式"。例如，如果文字处理程序使用标准文本格式将带颜色、格式的文本复制到剪贴板，则颜色、格式信息将会丢失，解决方法是注册一个新的剪贴板数据格式。

- hMem 参数指定具有指定格式数据的句柄。如果该参数设置为 NULL，则表示直到程序自身或其他程序对剪贴板中的数据请求访问时，程序才会将指定格式的数据写入剪贴板中，这就是延迟提交技术。

  注意，调用 SetClipboardData 函数后，hMem 所指定的内存对象被系统拥有，程序不应该将它释放、锁定或挪作他用。

如果在调用 OpenClipboard 打开剪贴板时指定了一个为 NULL 的窗口句柄，则会导致 SetClipboardData 函数调用失败。如果函数执行成功，则返回值是剪贴板数据的句柄；如果函数执行失败，则返回值为 NULL。

（4）GetClipboardData 函数用于从剪贴板中获取指定格式的数据：

```
HANDLE GetClipboardData(_In_ UINT uFormat);
```

如果函数执行成功，则返回值是指定格式的剪贴板数据的句柄；如果函数执行失败，则返回值为 NULL。

（5）CloseClipboard 函数用于关闭剪贴板：

```
BOOL CloseClipboard();
```

在完成对剪贴板数据的修改、访问后，应该及时调用 CloseClipboard 函数关闭剪贴板，这使其他

程序能够打开并访问剪贴板。每次成功调用 OpenClipboard 函数后都应该有一次 CloseClipboard 函数调用，无论何时只能有一个程序可以打开剪贴板，如果一个程序调用 OpenClipboard 函数打开剪贴板以后一直没有调用 CloseClipboard 函数关闭剪贴板，那么这期间其他所有程序都不能使用剪贴板。

（6）RegisterClipboardFormat 函数用于注册一个新的剪贴板数据格式：

```
UINT RegisterClipboardFormat(_In_ LPCTSTR lpszFormat);     // lpszFormat 指定剪贴板格式名称，
                                                           // 不区分大小写
```

如果函数执行成功，则返回值标识已注册的剪贴板数据格式；如果指定名称的格式已经存在，则函数返回已存在的格式标识值。已注册剪贴板数据格式的值在 0xC000～0xFFFF 之间，函数返回的格式标识值可以作为一个有效的剪贴板数据格式来使用，注册一个新的剪贴板数据格式则允许多个应用程序使用相同的已注册剪贴板数据格式来复制和粘贴数据。

（7）GetClipboardFormatName 函数用于获取已注册剪贴板数据格式的名称：

```
int GetClipboardFormatName(
    _In_  UINT    format,            // 已注册的剪贴板数据格式标识值
    _Out_ LPTSTR lpszFormatName,     // 接收剪贴板数据格式名称的缓冲区
    _In_  int     cchMaxCount);      // 缓冲区的长度(以字符为单位)
```

如果函数执行成功，则返回值是复制到缓冲区中的字符个数；如果函数执行失败，则返回值为 0。

（8）CountClipboardFormats 函数用于获取剪贴板中具有不同剪贴板数据格式的数量：

```
int CountClipboardFormats();
```

如果函数执行成功，则返回值为非零；如果函数执行失败，则返回值为 0。

（9）EnumClipboardFormats 函数用于枚举剪贴板中当前可用的剪贴板数据格式：

```
UINT EnumClipboardFormats(_In_ UINT format);
```

在枚举格式前必须先调用 OpenClipboard 函数打开剪贴板，否则枚举函数会执行失败。要枚举剪贴板数据格式，需要循环调用 EnumClipboardFormats 函数，第一次调用时 format 参数设置为 0，函数返回第一个可用的剪贴板数据格式，对于后续调用，将 format 参数设置为上次调用的返回值即可，直到函数返回 0。枚举剪贴板数据格式的代码通常是如下格式：

```
UINT uFormat = 0;

uFormat = EnumClipboardFormats(0);
while (uFormat)
{
    // 做一些工作

    uFormat = EnumClipboardFormats(uFormat);
}
```

要把数据写入剪贴板，在打开剪贴板后必须调用 EmptyClipboard 函数清除当前剪贴板中的内容，而不可以在原有数据项的基础上追加新的数据项。但是，可以在调用 EmptyClipboard 和 CloseClipboard 函数之间多次调用 SetClipboardData 函数来写入多个不同格式的数据项。例如：

```
TCHAR szText[] = TEXT("老王，你好");
LPTSTR lpText = NULL;
HBITMAP hBitmap = NULL;

lpText = (LPTSTR)HeapAlloc(GetProcessHeap(), HEAP_ZERO_MEMORY,
    (_tcslen(szText) + 1) * sizeof(TCHAR));
if (lpText)
    StringCchCopy(lpText, _tcslen(szText) + 1, szText);
hBitmap = LoadBitmap(g_hInstance, MAKEINTRESOURCE(IDB_BITMAP));

OpenClipboard(hwndDlg);
EmptyClipboard();
SetClipboardData(CF_UNICODETEXT, lpText);// lpText 参数指定为 Unicode 字符串指针
SetClipboardData(CF_BITMAP, hBitmap);   // hBitmap 参数指定为位图句柄
CloseClipboard();
```

自身进程或其他进程中可以按如下方式获取对应的数据：

```
LPTSTR lpStr;
OpenClipboard(hwndDlg);
// 获取 Unicode 字符串指针
lpStr = (LPTSTR)GetClipboardData(CF_UNICODETEXT);
// 获取位图句柄
hBitmap = (HBITMAP)GetClipboardData(CF_BITMAP);
CloseClipboard();
```

在获取剪贴板中指定格式的数据前，可能需要先确定剪贴板中是否包含该格式的数据，这可以通过调用 IsClipboardFormatAvailable 函数实现：

```
BOOL IsClipboardFormatAvailable(_In_ UINT format); // 标准或注册剪贴板格式
```

如果剪贴板中包含指定格式的数据，则返回值为非零；否则返回值为 0。

对于包含多数据项的剪贴板数据，可以调用 CountClipboardFormats 和 EnumClipboardFormats 函数获取当前剪贴板中存在的数据格式的数量和具体的数据格式标识值。

调用 EmptyClipboard 函数后，OpenClipboard 函数的 hWndNewOwner 参数指定的窗口会成为剪贴板的新所有者，剪贴板所有者用于提供剪贴板数据，任何程序都可以打开剪贴板并获取其中的数据（不需要成为所有者），在再次调用 OpenClipboard 和 EmptyClipboard 两个函数前，剪贴板所有者不会改变。

5.1.2　剪贴板相关的消息

在创建剪贴板数据后，在其他进程清空剪贴板数据前，这些数据会一直占据内存空间。如果在剪贴板中放置的数据量过大就会浪费内存空间，降低对资源的利用率。为了避免这种浪费，可以采取延迟提交（Delayed Rendering），由数据提供进程先创建一个指定数据格式的空（NULL）剪贴板数据块，直到自身进程或其他进程需要数据或者自身进程要终止运行时才真正提交数据。

延迟提交的实现并不复杂，剪贴板所有者进程在调用 SetClipboardData 函数时将数据句柄参数设置为 NULL 即可，延迟提交的所有者进程需要做的后续工作是对 WM_RENDERFORMAT、WM_

DESTROYCLIPBOARD 和 WM_RENDERALLFORMATS 等剪贴板延迟提交消息的处理。

注意，在复制文件时，可以复制一个任意大小的文件，这时剪贴板中存放的只是文件的信息，并非整个文件本身；只有在复制非文件格式，例如文本、图片等时，剪贴板中存放的才是源数据本身。

1. WM_RENDERFORMAT

如果剪贴板所有者采用了延迟提交，当有进程对剪贴板中的数据进行请求，例如调用 GetClipboardData 函数时，剪贴板所有者的窗口过程会收到 WM_RENDERFORMAT 消息，该消息的 wParam 参数表示所需的剪贴板数据格式，剪贴板所有者可以调用 SetClipboardData 函数设置指定格式的数据。窗口过程处理完该消息后，应该返回 0。

一个进程可以按如下方式采用延迟提交：

```
OpenClipboard(hwnd);
EmptyClipboard();
SetClipboardData(CF_UNICODETEXT, NULL);     // 创建一个 CF_UNICODETEXT 数据格式的空剪贴板数据块
CloseClipboard();
```

当自身进程或其他进程调用 GetClipboardData 函数从剪贴板读取数据时，剪贴板所有者可以按如下方式处理 WM_RENDERFORMAT 消息：

```
TCHAR szText[] = TEXT("我是延迟提交的字符串数据");
LPVOID lpMemory = HeapAlloc(GetProcessHeap(), HEAP_ZERO_MEMORY,
    (_tcslen(szText) + 1) * sizeof(TCHAR));
if (lpMemory)
{
    StringCchCopy((LPTSTR)lpMemory, _tcslen(szText) + 1, szText);
    // 将内存中的数据放置到剪贴板
    SetClipboardData(wParam, lpMemory);
}
```

2. WM_DESTROYCLIPBOARD

在其他地方打开了剪贴板并且调用 EmptyClipboard 函数清空剪贴板的内容，接管剪贴板的所有权时，系统会向剪贴板所有者进程发送 WM_DESTROYCLIPBOARD 消息，以通知该进程对剪贴板所有权的丧失。窗口过程处理完该消息后，应该返回 0。

3. WM_RENDERALLFORMATS

如果剪贴板所有者采用了延迟提交，当延迟提交所有者进程将要终止时，那么系统会发送一条 WM_RENDERALLFORMATS 消息，通知其打开并清除剪贴板数据（OpenClipboard、EmptyClipboard），然后调用 SetClipboardData 函数设置所需格式的数据，最后关闭剪贴板（CloseClipboard）。该消息的 wParam 和 lParam 参数都没有用到，窗口过程处理完该消息后，应该返回 0。

通过剪贴板通信的 5 种基本情况总结如下。

（1）文本剪贴板。文本剪贴板具有 CF_TEXT 格式，在文本剪贴板中传递的数据是不带任何格式信息的 ANSI 字符串，因为可以把任何数据格式化为 ANSI 字符串信息，所以文本剪贴板可以用于存放任何数据。

（2）位图剪贴板。位图剪贴板具有 CF_BITMAP 格式，调用 SetClipboardData 函数时需要提供位图句柄，而调用 GetClipboardData 函数时返回的是位图句柄。

（3）自定义格式。除使用预定义的剪贴板数据格式外，也可以在程序中使用自定义的数据格式。调用 RegisterClipboardFormat 函数可以注册自定义数据格式，函数返回系统分配的数据格式整型标识值。

（4）延迟提交。延迟提交可以充分利用内存资源，数据量较大时尤为重要，前面已经解释过。

（5）多项数据。设置剪贴板数据前首先需要调用 EmptyClipboard 函数清空剪贴板，而不能追加数据，但是可以在打开剪贴板后连续多次调用 SetClipboardData 函数为剪贴板设置多项数据。

5.2　使用剪贴板进行进程间通信

为了演示在不同进程间共享剪贴板数据，需要编写两个程序，一个负责写入不同格式的剪贴板数据，另一个负责读取写入端不同格式的数据。运行效果如图 5.1 所示。

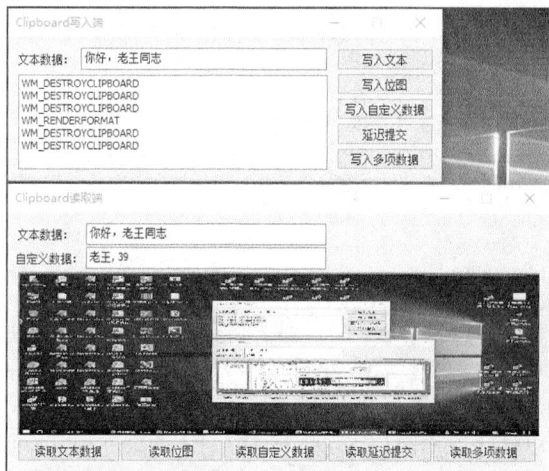

图 5.1

写入端分别演示了剪贴板的 5 种基本使用方式。

- 写入文本：读取文本数据编辑框中用户输入的字符串然后写入剪贴板中。
- 写入位图：把当前屏幕截图写入剪贴板中。
- 自定义数据：把自定义结构的数据写入剪贴板中。
- 延迟提交：延迟提交屏幕截图位图数据。
- 多项数据：同时设置文本/位图/自定义 3 种数据。

Clipboard.rc 资源脚本文件的主要内容如下：

```
IDD_MAIN DIALOGEX 200, 100, 309, 92
STYLE DS_SETFONT | DS_MODALFRAME | DS_FIXEDSYS | WS_MINIMIZEBOX | WS_POPUP | WS_CAPTION | WS_SYSMENU
CAPTION "Clipboard 写入端"
FONT 8, "MS Shell Dlg", 400, 0, 0x1
BEGIN
```

```
    LTEXT              "文本数据: ",IDC_STATIC,7,10,41,8
    EDITTEXT           IDC_EDIT_TEXT,52,7,176,14,ES_AUTOHSCROLL
    LISTBOX            IDC_LIST_MSG,7,24,221,61,LBS_NOINTEGRALHEIGHT | WS_VSCROLL | WS_TABSTOP
    PUSHBUTTON         "写入文本",IDC_BTN_TEXT,235,7,68,14
    PUSHBUTTON         "写入位图",IDC_BTN_BITMAP,235,23,68,14
    PUSHBUTTON         "写入自定义数据",IDC_BTN_CUSTOM,235,39,68,14
    PUSHBUTTON         "延迟提交",IDC_BTN_DELAY,235,55,68,14
    PUSHBUTTON         "写入多项数据",IDC_BTN_MULTIPLE,235,71,68,14
END
```

ClipboardRead.rc 资源脚本文件的主要内容如下：

```
IDD_MAIN DIALOGEX 200, 100, 387, 167
STYLE DS_SETFONT | DS_MODALFRAME | DS_FIXEDSYS | WS_MINIMIZEBOX | WS_POPUP | WS_CAPTION | WS_SYSMENU
CAPTION "Clipboard读取端"
FONT 8, "MS Shell Dlg", 400, 0, 0x1
BEGIN
    LTEXT              "文本数据: ",IDC_STATIC,7,10,41,8
    EDITTEXT           IDC_EDIT_TEXT,56,7,172,14,ES_AUTOHSCROLL
    LTEXT              "自定义数据: ",IDC_STATIC,6,25,49,8
    EDITTEXT           IDC_EDIT_CUSTOM,56,22,172,14,ES_AUTOHSCROLL
    LTEXT              "",IDC_STATIC_BITMAP,7,38,373,106,WS_BORDER
    PUSHBUTTON         "读取文本数据",IDC_BTN_TEXT,7,146,74,14
    PUSHBUTTON         "读取位图",IDC_BTN_BITMAP,81,146,74,14
    PUSHBUTTON         "读取自定义数据",IDC_BTN_CUSTOM,155,146,74,14
    PUSHBUTTON         "读取延迟提交",IDC_BTN_DELAY,229,146,74,14
    PUSHBUTTON         "读取多项数据",IDC_BTN_MULTIPLE,303,146,74,14
END
```

其中，作为图像静态控件使用的 IDC_STATIC_BITMAP 在这里通过资源编辑器的工具箱中的 Static Text 添加，静态文本控件的默认 ID 为 IDC_STATIC，因为在单击读取位图、读取延迟提交和读取多项数据按钮时，需要更换图片，因此必须自定义一个新的 ID。读者也可以通过资源编辑器的工具箱中的 Picture Control 添加一个图像静态控件，但是以这种方式添加的图像静态控件无法在资源编辑器中随意调整大小，因此这里使用工具箱中的 Static Text 添加了一个静态文本控件，并设置一个边框（WS_BORDER），然后在对话框初始化消息 WM_INITDIALOG 中，为静态文本控件设置 SS_BITMAP | SS_REALSIZECONTROL 样式，使之成为图像静态控件。SS_REALSIZECONTROL 样式的作用是按照控件的大小缩放显示位图。

5.2.1 Clipboard 写入端

（1）写入文本数据的步骤。以下是用户单击"写入文本"按钮时的处理代码：

```
VOID OnBtnText()                    // "写入文本" 按钮按下
{
    TCHAR szText[128] = { 0 };
    LPTSTR lpStr;

    // 打开剪贴板
```

```
    OpenClipboard(g_hwnd);
    // 清空剪贴板
    EmptyClipboard();
    // 获取文本数据编辑框的文本
    GetDlgItemText(g_hwnd, IDC_EDIT_TEXT, szText, _countof(szText));
    // 从默认堆中分配内存
    lpStr = (LPTSTR)HeapAlloc(GetProcessHeap(), HEAP_ZERO_MEMORY,
        (_tcslen(szText) + 1) * sizeof(TCHAR));
    if (lpStr)
    {
        // 复制文本数据到刚刚分配的内存中
        StringCchCopy(lpStr, _tcslen(szText) + 1, szText);
        // 将内存中的数据放置到剪贴板
        //SetClipboardData(CF_TEXT, lpStr);
        //SetClipboardData(CF_UNICODETEXT, lpStr);
         SetClipboardData(CF_TCHAR, lpStr);
    }

    // 关闭剪贴板
    CloseClipboard();
}
```

　　我们的程序既可以编译为 Unicode 版本，又可以编译为 ANSI 版本，文本数据格式指定为 CF_TEXT 或 CF_UNICODETEXT 均不合适，因此程序开头有如下条件编译语句：

```
// 定义 CF_TCHAR，不管程序是 Unicode 还是 ANSI 版本，剪贴板文本数据格式都会被正确设置
#ifdef UNICODE
    #define CF_TCHAR CF_UNICODETEXT
#else
    #define CF_TCHAR CF_TEXT
#endif
```

　　（2）写入位图的步骤，以下是用户单击"写入位图"按钮时的处理代码：

```
VOID OnBtnBitmap()                    // "写入位图" 按钮按下
{
    // 打开剪贴板
    OpenClipboard(g_hwnd);
    // 清空剪贴板
    EmptyClipboard();

    // 设置剪贴板位图数据
    HDC hdcDesk, hdcMem;
    HBITMAP hBmp;
    int nWidth = GetSystemMetrics(SM_CXSCREEN);
    int nHeight = GetSystemMetrics(SM_CYSCREEN);

    hdcDesk = CreateDC(TEXT("DISPLAY"), NULL, NULL, NULL);
    hdcMem = CreateCompatibleDC(hdcDesk);
    hBmp = CreateCompatibleBitmap(hdcDesk, nWidth, nHeight);
    SelectObject(hdcMem, hBmp);
```

```
    BitBlt(hdcMem, 0, 0, nWidth, nHeight, hdcDesk, 0, 0, SRCCOPY);
    SetClipboardData(CF_BITMAP, hBmp);

    DeleteObject(hBmp);
    DeleteDC(hdcMem);
    DeleteDC(hdcDesk);

    // 关闭剪贴板
    CloseClipboard();
}
```

（3）写入自定义数据的步骤，下面是用户单击"写入自定义数据"按钮时的处理代码：

```
VOID OnBtnCustom()                    // "写入自定义数据" 按钮按下
{
    LPVOID lpMem;
    // 自定义数据
    CUSTOM_DATA customData = { TEXT("老王"), 39 };

    // 打开剪贴板
    OpenClipboard(g_hwnd);
    // 清空剪贴板
    EmptyClipboard();
    // 分配内存
    lpMem = HeapAlloc(GetProcessHeap(), HEAP_ZERO_MEMORY, sizeof(CUSTOM_DATA));
    if (lpMem)
    {
        // 复制自定义数据到刚刚分配的内存中
        memcpy_s(lpMem, sizeof(CUSTOM_DATA), &customData, sizeof(CUSTOM_DATA));
        // 设置剪贴板自定义数据
        SetClipboardData(g_uFormat, lpMem);
    }

    // 关闭剪贴板
    CloseClipboard();
}
```

在程序开头，有如下自定义数据结构的定义：

```
// 自定义剪贴板数据格式
typedef struct _CUSTOM_DATA
{
    // 假设存储的是一个人的姓名、年龄
    TCHAR szName[128];
    UINT uAge;
}CUSTOM_DATA, * PCUSTOM_DATA;

// 在处理 WM_INITDIALOG 消息时，注册一个新的剪贴板数据格式：

VOID OnInit(HWND hwndDlg)            // WM_INITDIALOG
{
```

```
    g_hwnd = hwndDlg;
    g_hwndList = GetDlgItem(hwndDlg, IDC_LIST_MSG);

    // 注册一个自定义剪贴板数据格式
    g_uFormat = RegisterClipboardFormat(TEXT("RegisterFormat"));
}
```

本程序只是对自定义数据类型进行简单的显示，许多字处理程序使用这种技术来存储包含有字体和格式信息的文本。前面提到注册一个新的剪贴板数据格式使一个以上的应用程序可以使用相同的已注册剪贴板数据格式复制和粘贴数据，例如 Word。如何确定数据是来自于自己的程序的另一个实例，还是来自于另一个使用这些格式的程序呢？方法如下。

首先调用以下函数获取剪贴板所有者：

```
hwndClipOwner = GetClipboardOwner();
```

然后获取该窗口句柄的窗口类的名称：

```
TCHAR szClassName[256];
GetClassName(hwndClipOwner, szClassName, 256);
```

如果获取到的类名与自己的程序类名相同，那么数据就是被程序的另一个实例放入剪贴板的。

（4）延迟提交的步骤，下面是用户单击"延迟提交"按钮时的处理代码：

```
VOID OnBtnDelay()                        // "延迟提交" 按钮按下
{
    // 打开剪贴板
    OpenClipboard(g_hwnd);
    // 清空剪贴板
    EmptyClipboard();

    // 设置为空的剪贴板数据（将数据句柄参数设置为 NULL）
    SetClipboardData(CF_BITMAP, NULL);

    // 关闭剪贴板
    CloseClipboard();
```

延迟提交的所有者进程需要做的主要工作是对 WM_RENDERFORMAT、WM_DESTROYCLIPBOARD 和 WM_RENDERALLFORMATS 等剪贴板延迟提交消息的处理：

```
VOID OnRenderFormat(UINT uFormat)  // WM_RENDERFORMAT
{
    SendMessage(g_hwndList, LB_ADDSTRING, 0, (LPARAM)TEXT("WM_RENDERFORMAT"));

    // 设置剪贴板位图数据
    HDC hdcDesk, hdcMem;
    HBITMAP hBmp;
    int nWidth = GetSystemMetrics(SM_CXSCREEN);
    int nHeight = GetSystemMetrics(SM_CYSCREEN);
    hdcDesk = CreateDC(TEXT("DISPLAY"), NULL, NULL, NULL);
    hdcMem = CreateCompatibleDC(hdcDesk);
```

```
    hBmp = CreateCompatibleBitmap(hdcDesk, nWidth, nHeight);
    SelectObject(hdcMem, hBmp);
    BitBlt(hdcMem, 0, 0, nWidth, nHeight, hdcDesk, 0, 0, SRCCOPY);
    SetClipboardData(uFormat, hBmp);
    DeleteObject(hBmp);
    DeleteDC(hdcMem);
    DeleteDC(hdcDesk);
}


VOID OnDestroyClipbord()                 // WM_DESTROYCLIPBOARD
{
    SendMessage(g_hwndList, LB_ADDSTRING, 0, (LPARAM)TEXT("WM_DESTROYCLIPBOARD"));
}


VOID OnRenderAllFormats()                // WM_RENDERALLFORMATS
{
    SendMessage(g_hwndList, LB_ADDSTRING, 0, (LPARAM)TEXT("WM_RENDERALLFORMATS"));
    OnBtnBitmap();
}
```

在处理 WM_RENDERFORMAT 消息时，不需要打开并清空剪贴板，只需要根据 wParam 参数给出的剪贴板数据格式调用 SetClipboardData 函数设置剪贴板数据即可。

如果剪贴板所有者采用了延迟提交，则当有程序调用 EmptyClipboard 函数时，Windows 向剪贴板所有者发送一个 WM_DESTROYCLIPBOARD 消息，该消息指出不再需要用于建立剪贴板的数据，程序不再是剪贴板所有者，可以释放为支持延迟提交而预留的任何资源。

如果程序在自己仍然是剪贴板所有者时终止，则剪贴板所有者将收到 WM_RENDERALLFORMATS 消息，此时应该打开剪贴板、清空剪贴板，设置剪贴板数据，最后关闭剪贴板。WM_RENDERALLFORMATS 消息的 ALL 表示可以延迟提交多项数据格式，这里仅仅演示了位图数据的一种格式。

（5）写入多项数据的步骤，下面是用户单击"写入多项数据"按钮时的处理代码：

```
VOID OnBtnMultiple()                     // "写入多项数据" 按钮按下
{
    // 打开剪贴板
    OpenClipboard(g_hwnd);
    // 清空剪贴板
    EmptyClipboard();

    // 文本数据
    TCHAR szText[128] = { 0 };
    LPTSTR lpStr;
    GetDlgItemText(g_hwnd, IDC_EDIT_TEXT, szText, _countof(szText));
    lpStr = (LPTSTR)HeapAlloc(GetProcessHeap(), HEAP_ZERO_MEMORY,
        (_tcslen(szText) + 1) * sizeof(TCHAR));
    if (lpStr)
    {
        StringCchCopy(lpStr, _tcslen(szText) + 1, szText);
        SetClipboardData(CF_TCHAR, lpStr);
    }
```

```
        // 位图数据
        HDC hdcDesk, hdcMem;
        HBITMAP hBmp;
        int nWidth = GetSystemMetrics(SM_CXSCREEN);
        int nHeight = GetSystemMetrics(SM_CYSCREEN);
        hdcDesk = CreateDC(TEXT("DISPLAY"), NULL, NULL, NULL);
        hdcMem = CreateCompatibleDC(hdcDesk);
        hBmp = CreateCompatibleBitmap(hdcDesk, nWidth, nHeight);
        SelectObject(hdcMem, hBmp);
        BitBlt(hdcMem, 0, 0, nWidth, nHeight, hdcDesk, 0, 0, SRCCOPY);
        SetClipboardData(CF_BITMAP, hBmp);
        DeleteObject(hBmp);
        DeleteDC(hdcMem);
        DeleteDC(hdcDesk);

        // 自定义数据
        LPVOID lpMem;
        CUSTOM_DATA customData = { TEXT("老王"), 39 };
        lpMem = HeapAlloc(GetProcessHeap(), HEAP_ZERO_MEMORY, sizeof(CUSTOM_DATA));
        if (lpMem)
        {
            memcpy_s(lpMem, sizeof(CUSTOM_DATA), &customData, sizeof(CUSTOM_DATA));
            SetClipboardData(g_uFormat, lpMem);
        }

        // 关闭剪贴板
        CloseClipboard();
    }
```

步骤和前面 4 种基本相同，只不过写入多项数据的步骤有多个 SetClipboardData 函数调用。

5.2.2　Clipboard 读取端

（1）读取文本数据的步骤，下面是用户单击"读取文本数据"按钮时的处理代码：

```
VOID OnBtnText()                       // "读取文本数据" 按钮按下
{
    LPTSTR lpStr;

    // 剪贴板是否包含 CF_TCHAR 格式的文本
    if (IsClipboardFormatAvailable(CF_TCHAR))
    {
        // 打开剪贴板
        OpenClipboard(g_hwnd);
        // 获取剪贴板中文本格式的数据，并复制到 szText 缓冲区
        lpStr = (LPTSTR)GetClipboardData(CF_TCHAR);
        // 显示到编辑框中
        SetDlgItemText(g_hwnd, IDC_EDIT_TEXT, lpStr);
```

```
            // 关闭剪贴板
            CloseClipboard();
        }
        else
        {
            MessageBox(g_hwnd, TEXT("剪贴板没有文本格式的数据！"), TEXT("Error"), MB_OK);
        }
    }
```

（2）读取位图数据的步骤，下面是用户单击"读取位图"按钮时的处理代码：

```
VOID OnBtnBitmap()                  // "读取位图" 按钮按下
{
    // 剪贴板是否包含 CF_BITMAP 格式的数据
    if (IsClipboardFormatAvailable(CF_BITMAP))
    {
        // 打开剪贴板
        OpenClipboard(g_hwnd);
        // 获取剪贴板中位图格式的数据
        HBITMAP hBmp = (HBITMAP)GetClipboardData(CF_BITMAP);
        // 显示图片
        SendDlgItemMessage(g_hwnd, IDC_STATIC_BITMAP, STM_SETIMAGE, IMAGE_BITMAP, (LPARAM)hBmp);

        // 关闭剪贴板
        CloseClipboard();
    }
    else
    {
        MessageBox(g_hwnd, TEXT("剪贴板没有位图格式的数据！"), TEXT("Error"), MB_OK);
    }
}
```

显示图片的控件最初是一个普通的静态文本控件，在 WM_INITDIALOG 消息中设置为位图样式：

```
VOID OnInit(HWND hwndDlg)
{
    g_hwnd = hwndDlg;
    // 注册一个自定义剪贴板格式，与写入端使用相同的数据格式名称，因此返回相同的格式标识值
    g_uFormat = RegisterClipboardFormat(TEXT("RegisterFormat"));

    // 显示图片的静态控件设置 SS_BITMAP | SS_REALSIZECONTROL 样式
    LONG lStyle = GetWindowLongPtr(GetDlgItem(g_hwnd, IDC_STATIC_BITMAP), GWL_STYLE);
    SetWindowLongPtr(GetDlgItem(g_hwnd, IDC_STATIC_BITMAP), GWL_STYLE,
        lStyle | SS_BITMAP | SS_REALSIZECONTROL);
}
```

（3）读取自定义数据的步骤，下面是用户单击"读取自定义数据"按钮时的处理代码：

```
VOID OnBtnCustom()                  // "读取自定义数据" 按钮按下
{
    TCHAR szText[128] = { 0 };
```

```
        PCUSTOM_DATA pCustomData;

        // 剪贴板是否包含 g_uFormat 格式的数据
        if (IsClipboardFormatAvailable(g_uFormat))
        {
            // 打开剪贴板
            OpenClipboard(g_hwnd);
            // 获取剪贴板中 g_uFormat 格式的数据
            pCustomData = (PCUSTOM_DATA)GetClipboardData(g_uFormat);
            wsprintf(szText, TEXT("%s, %d"), pCustomData->szName, pCustomData->uAge);
            // 显示到编辑框中
            SetDlgItemText(g_hwnd, IDC_EDIT_CUSTOM, szText);

            // 关闭剪贴板
            CloseClipboard();
        }
        else
        {
            MessageBox(g_hwnd, TEXT("剪贴板没有自定义格式的数据！"), TEXT("Error"), MB_OK);
        }
    }
```

（4）读取延迟提交数据的步骤，下面是用户单击“读取延迟提交”按钮时的处理代码：

```
VOID OnBtnDelay()                    // “读取延迟提交”按钮按下
{
    // 本程序读取延迟提交实际上读取的也是位图，所以直接调用 OnBtnBitmap
    OnBtnBitmap();
}
```

（5）读取多项数据的步骤，下面是用户单击“读取多项数据”按钮时的处理代码：

```
VOID OnBtnMultiple()                 // “读取多项数据”按钮按下
{
    // 清空文本数据编辑框、自定义数据编辑框和图像静态控件的内容
    SetDlgItemText(g_hwnd, IDC_EDIT_TEXT, TEXT(""));
    SetDlgItemText(g_hwnd, IDC_EDIT_CUSTOM, TEXT(""));
    SendDlgItemMessage(g_hwnd, IDC_STATIC_BITMAP, STM_SETIMAGE, IMAGE_BITMAP, (LPARAM)NULL);

    // 打开剪贴板
    OpenClipboard(g_hwnd);
    // 枚举剪贴板上当前可用的数据格式
    UINT uFormat = EnumClipboardFormats(0);
    while (uFormat)
    {
        // 这里只处理 3 种格式
        if (uFormat == CF_TCHAR)
        {
            LPTSTR lpStr;

            // 获取剪贴板中文本格式的数据，并复制到 szText 缓冲区
```

```
            lpStr = (LPTSTR)GetClipboardData(CF_TCHAR);
            // 显示到编辑框中
            SetDlgItemText(g_hwnd, IDC_EDIT_TEXT, lpStr);
        }
        else if (uFormat == CF_BITMAP)
        {
            // 获取剪贴板中位图格式的数据
            HBITMAP hBmp = (HBITMAP)GetClipboardData(CF_BITMAP);
            // 显示图片
            SendDlgItemMessage(g_hwnd, IDC_STATIC_BITMAP, STM_SETIMAGE, IMAGE_BITMAP, (LPARAM)hBmp);
        }
        else if (uFormat == g_uFormat)
        {
            TCHAR szBuf[128] = { 0 };
            PCUSTOM_DATA pCustomData;

            // 获取剪贴板中 g_uFormat 格式的数据
            pCustomData = (PCUSTOM_DATA)GetClipboardData(g_uFormat);
            wsprintf(szBuf, TEXT("%s, %d"), pCustomData->szName, pCustomData->uAge);
            // 显示到编辑框中
            SetDlgItemText(g_hwnd, IDC_EDIT_CUSTOM, szBuf);
        }

        uFormat = EnumClipboardFormats(uFormat);
    }

    // 关闭剪贴板
    CloseClipboard();
}
```

打开剪贴板，枚举剪贴板上当前可用的数据格式并分别处理，最后关闭剪贴板。

向剪贴板写入数据需要 4 个函数调用：

```
OpenClipboard(hwnd);
EmptyClipboard();
SetClipboardData(uFormat, lpMem);
CloseClipboard();
```

要获取这些数据则需要 3 个函数调用：

```
OpenClipboard(hwnd);
lpMem = GetClipboardData(uFormat);
// 其他代码
CloseClipboard();
```

获取到数据后，我们可以复制一份剪贴板数据在程序中使用，也可以在 GetClipboardData 和 CloseClipboard 函数调用之间直接使用数据。

完整代码参见 Chapter5\Clipboard 项目。

5.3   监视剪贴板内容变化

5.3.1   相关函数和消息

SetClipboardViewer 函数用于将指定窗口添加到剪贴板查看器的链中：

HWND SetClipboardViewer(*HWND* hWndNewViewer);

如果函数执行成功，则 hWndNewViewer 窗口成为新的当前剪贴板查看器，返回值是剪贴板查看器链中的下一个窗口（程序应该保存该返回值）；如果出现错误或剪贴板查看器链中没有其他窗口，则返回值为 NULL。

如果要监视剪贴板的内容变化，则需要把程序添加到剪贴板查看器链中，因为每当剪贴板的内容发生变化时，剪贴板查看器就会收到 WM_DRAWCLIPBOARD 消息。之所以叫作剪贴板查看器链，是因为当前系统中可能不止有一个剪贴板查看器，所有的剪贴板查看器组成一个链。如前所述，函数调用后，hWndNewViewer 成为新的当前剪贴板查看器，每当剪贴板的内容发生变化时，事实上只有当前剪贴板查看器会收到 Windows 发送的 WM_DRAWCLIPBOARD 消息，如果链中还有其他剪贴板查看器，那么当前剪贴板查看器需要负责把 WM_DRAWCLIPBOARD 消息传递下去，以通知它们剪贴板的内容发生了变化，这是当前剪贴板查看器的责任，也是每一个剪贴板查看器的责任，每一个剪贴板查看器都应该这样传递剪贴板内容变化消息。Windows 只维护一个标识当前剪贴板查看器的窗口句柄，并且只向那个窗口发送 WM_DRAWCLIPBOARD 消息，通知它剪贴板内容已经改变。

剪贴板查看器程序通常需要向剪贴板查看器链中的下一个窗口传递剪贴板内容变化消息即 WM_DRAWCLIPBOARD：

```
case WM_DRAWCLIPBOARD:
    if (g_hwndNextViewer)
    {
        // 如果剪贴板查看器链中存在下一个窗口，g_hwndNextViewer 是 SetClipboardViewer 函数的返回值
        SendMessage(g_hwndNextViewer, uMsg, wParam, lParam);
    }
```

如果一个程序需要监视剪贴板内容的变化，则应该在 WM_CREATE 或 WM_INITDIALOG 消息中调用 SetClipboardViewer 函数加入剪贴板查看器链中：

```
case WM_INITDIALOG:
    g_hwndNextViewer = SetClipboardViewer(hwndDlg);
    break;
```

剪贴板查看器程序退出时（例如响应 WM_DESTROY 消息），必须通过调用 ChangeClipboardChain 函数从剪贴板查看器链中删除自身。ChangeClipboardChain 函数原型如下：

```
BOOL ChangeClipboardChain(
    _In_ HWND hWndRemove,      // 要从链中移除的窗口的句柄
    _In_ HWND hWndNewNext);    // hWndRemove 的下一个窗口句柄,也就是调用 SetClipboard Viewer 返回的句柄
```

例如:

```
case WM_COMMAND:
    switch (LOWORD(wParam))
    {
    case IDCANCEL:
        ChangeClipboardChain(hwndDlg, g_hwndNextViewer);
        EndDialog(hwndDlg, IDCANCEL);
        break;
    }
    return TRUE;
```

当程序调用 ChangeClipboardChain 时,Windows 会向当前剪贴板查看器窗口发送一个 WM_CHANGECBCHAIN 消息,该消息的 wParam 参数是要从链中退出的窗口句柄(ChangeClipboardChain 的第 1 个参数),lParam 是将要退出的窗口的下一个剪贴板查看器的窗口句柄(ChangeClipboardChain 的第 2 个参数)。

我们的程序不一定是当前剪贴板查看器,有可能在程序加入剪贴板查看器链成为新的当前剪贴板查看器后,又运行了本程序的其他实例或其他剪贴板查看器。为了维护好剪贴板查看器链,每一个剪贴板查看器在处理 WM_CHANGECBCHAIN 消息时,都应该判断要退出的那个程序(wParam)是不是自己的下一个剪贴板查看器(g_hwndNextViewer)。如果是,就把自己的下一个剪贴板查看器(g_hwndNextViewer)的值设为 lParam,这样整个链才是正确的。如果要退出的那个程序(wParam)不是自己的下一个剪贴板查看器(g_hwndNextViewer),就负责把有剪贴板查看器程序要退出这个消息传递给下一个剪贴板查看器。下面是剪贴板查看器处理 WM_CHANGECBCHAIN 消息的代码:

```
case WM_CHANGECBCHAIN:
    if ((HWND)wParam == g_hwndNextViewer)
        g_hwndNextViewer = (HWND)lParam;
    else if (g_hwndNextViewer)
        SendMessage(g_hwndNextViewer, uMsg, wParam, lParam);
    break;
```

举例说明剪贴板查看器链是怎样工作的。当 Windows 刚开始启动时,当前剪贴板查看器为 NULL:

当前剪贴板查看器　　　　　　NULL

窗口句柄为 hwnd1 的程序调用了 SetClipboardViewer,函数会返回 NULL,这个返回值成为调用程序里的 g_hwndNextViewer 的值:

当前剪贴板查看器　　　　　　hwnd1
hwnd1 的下一下查看器　　　　NULL

窗口句柄为 hwnd2 的第 2 个程序调用 SetClipboardViewer,并且返回 hwnd1:

当前剪贴板查看器	hwnd2
hwnd2 的下一个查看器	hwnd1
hwnd1 的下一个查看器	NULL

第 3 个程序（hwnd3）和第 4 个程序（hwnd4）也调用了 SetClipboardViewer，分别返回 hwnd2 和 hwnd3：

当前剪贴板查看器	hwnd4
hwnd4 的下一个查看器	hwnd3
hwnd3 的下一个查看器	hwnd2
hwnd2 的下一个查看器	hwnd1
hwnd1 的下一个查看器	NULL

当剪贴板内容发生变化时，Windows 向 hwnd4 发送 WM_DRAWCLIPBOARD 消息，hwnd4 把消息传递给 hwnd3，hwnd3 传递给 hwnd2，hwnd2 传递给 hwnd1，hwnd1 则不会继续往下传递。

hwnd2 程序调用以下函数退出：

```
ChangeClipboardChain(hwnd2, hwnd1);
```

Windows 会向 hwnd4 发送 WM_CHANGECBCHAIN 消息，相应的 wParam 等于 hwnd2，lParam 等于 hwnd1。由于 hwnd4 的下一个查看器是 hwnd3，因此 hwnd4 把这个消息发送给 hwnd3，hwnd3 注意到 wParam 等于它的下一个查看器（hwnd2），所以它把下一个查看器设置成等于 lParam（hwnd1）并且返回。剪贴板查看器看起来如下：

当前剪贴板查看器	hwnd4
hwnd4 的下一个查看器	hwnd3
hwnd3 的下一个查看器	hwnd1
hwnd1 的下一个查看器	NULL

Windows 只维护一个标识当前剪贴板查看器的窗口句柄，并且只向那个窗口发送消息，每个剪贴板查看器窗口都必须处理剪贴板消息 WM_CHANGECBCHAIN 和 WM_DRAWCLIPBOARD，调用 SendMessage 函数将这些消息传递到剪贴板查看器链中的下个窗口；同时每个剪贴板查看器程序都有责任维护好剪贴板查看器链。

5.3.2   剪贴板监视程序 ClipboardMonitor

ClipboardMonitor 示例程序简单地演示了监测剪贴板中文本与位图内容的变化，对话框中有一个 RichEdit20 富文本控件和一个图像静态控件，富文本控件用于实时显示剪贴板中的文本数据，如果使用 QQ 截图截取不同的图片，则图像静态控件中会随之显示出不同的图片，程序运行效果如图 5.2 所示。

ClipboardMonitor.cpp 源文件的内容如下：

```
#include <Windows.h>
#include <Richedit.h>
#include "resource.h"

#ifdef UNICODE
    #define CF_TCHAR CF_UNICODETEXT
```

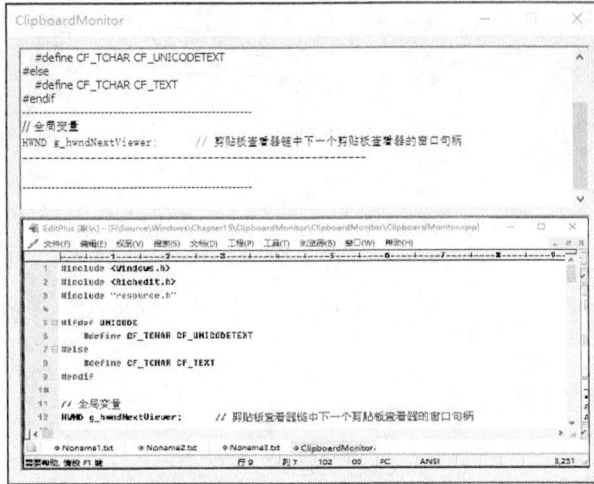

图 5.2

```
#else
    #define CF_TCHAR CF_TEXT
#endif

// 全局变量
HWND g_hwndNextViewer;           // 剪贴板查看器链中下一个剪贴板查看器的窗口句柄

// 函数声明
INT_PTR CALLBACK DialogProc(HWND hwndDlg, UINT uMsg, WPARAM wParam, LPARAM lParam);

int WINAPI WinMain(HINSTANCE hInstance, HINSTANCE hPrevInstance, LPSTR lpCmdLine, int nCmdShow)
{
    // 加载动态链接库 Riched20.dll
    LoadLibrary(TEXT("Riched20.dll"));

    DialogBoxParam(hInstance, MAKEINTRESOURCE(IDD_MAIN), NULL, DialogProc, NULL);
    return 0;
}

INT_PTR CALLBACK DialogProc(HWND hwndDlg, UINT uMsg, WPARAM wParam, LPARAM lParam)
{
    static HWND hwndEdit;
    LONG lStyle;
    LPTSTR lpStr;
    HBITMAP hBmp;
    UINT uFormat;
    TCHAR szSeparator[] = TEXT("\n------------------------------------\n");

    switch (uMsg)
    {
    case WM_INITDIALOG:
        // 显示图片的静态控件设置 SS_BITMAP | SS_REALSIZECONTROL 样式
```

```
        lStyle = GetWindowLongPtr(GetDlgItem(hwndDlg, IDC_STATIC_BITMAP), GWL_STYLE);
        SetWindowLongPtr(GetDlgItem(hwndDlg, IDC_STATIC_BITMAP), GWL_STYLE,
            lStyle | SS_BITMAP | SS_REALSIZECONTROL);

        // 将当前程序窗口添加到剪贴板查看器链中
        g_hwndNextViewer = SetClipboardViewer(hwndDlg);

        hwndEdit = GetDlgItem(hwndDlg, IDC_RICHEDIT);
        return TRUE;

    case WM_COMMAND:
        switch (LOWORD(wParam))
        {
        case IDCANCEL:
            // 从剪贴板查看器链中删除自身
            ChangeClipboardChain(hwndDlg, g_hwndNextViewer);
            EndDialog(hwndDlg, IDCANCEL);
            break;
        }
        return TRUE;

    case WM_DRAWCLIPBOARD:
        // 剪贴板的内容发生变化
        // 如果剪贴板查看器链中存在下一个窗口
        if (g_hwndNextViewer)
            SendMessage(g_hwndNextViewer, uMsg, wParam, lParam);

        // 更新显示
        OpenClipboard(hwndDlg);
        uFormat = EnumClipboardFormats(0);
        while (uFormat)
        {
            // 这里只处理这 2 种格式
            if (uFormat == CF_TCHAR)
            {
                lpStr = (LPTSTR)GetClipboardData(CF_TCHAR);
                SendMessage(hwndEdit, EM_SETSEL, -1, -1);
                SendMessage(hwndEdit, EM_REPLACESEL, TRUE, (LPARAM)lpStr);
                SendMessage(hwndEdit, EM_SETSEL, -1, -1);
                SendMessage(hwndEdit, EM_REPLACESEL, TRUE, (LPARAM)szSeparator);
            }
            else if (uFormat == CF_BITMAP)
            {
                hBmp = (HBITMAP)GetClipboardData(CF_BITMAP);
                SendDlgItemMessage(hwndDlg, IDC_STATIC_BITMAP, STM_SETIMAGE,
                    IMAGE_BITMAP, (LPARAM)hBmp);
            }

            uFormat = EnumClipboardFormats(uFormat);
        }
        CloseClipboard();
        return TRUE;
```

```
case WM_CHANGECBCHAIN:
    // 处理 WM_CHANGECBCHAIN 消息，维护好剪贴板查看器链
    if ((HWND)wParam == g_hwndNextViewer)
        g_hwndNextViewer = (HWND)lParam;
    else if (g_hwndNextViewer)
        SendMessage(g_hwndNextViewer, uMsg, wParam, lParam);
    return TRUE;
}

return FALSE;
}
```

因为用到了一个 RichEdit20 富文本控件，所以在 WinMain 函数中调用 DialogBoxParam 函数弹出程序对话框前，必须调用 LoadLibrary 函数加载动态链接库 Riched20.dll，富文本控件的用法与多行编辑控件类似，需要的读者可以自行参考 MSDN。

5.3.3　监视剪贴板的新方法

监视剪贴板的更改有 3 种方式。以前的方式是创建剪贴板查看器窗口，当有程序不能正确地维护剪贴板查看器链，或者剪贴板查看器链中的某一程序停止响应消息时就会导致剪贴板的监视出现问题，这是很难避免的，支持剪贴板查看器窗口是为了与早期版本 Windows 的向后兼容性。Windows 2000 增加了查询剪贴板序列号的功能，Windows Vista 增加了对剪贴板数据格式监听器的支持，这两种方式实际上更简单，新程序应该使用剪贴板序列号或剪贴板数据格式监听器。

1. 剪贴板序列号

每当剪贴板的内容发生变化时，剪贴板序列号的 32 位值会递增，程序可以通过调用 GetClipboardSequenceNumber 函数来获取当前剪贴板序列号，通过将返回的值与先前调用返回的值进行比较，程序可以确定剪贴板的内容是否已经更改，该方法更适合需要等待当前剪贴板内容变化结果的程序，但是剪贴板的内容发生变化时，程序不会得到通知，要在剪贴板内容发生变化时得到通知，需要使用剪贴板查看器或剪贴板数据格式监听器。

2. 剪贴板数据格式监听器

程序可以通过调用 AddClipboardFormatListener 函数注册成为剪贴板数据格式监听器，当剪贴板的内容发生变化时，窗口将会收到 WM_CLIPBOARDUPDATE 消息：

```
BOOL AddClipboardFormatListener(HWND hwnd);
```

WM_CLIPBOARDUPDATE 消息很简单，wParam 和 lParam 参数均为 0，程序只需要响应这个消息对剪贴板内容变化做出处理即可。

如果程序需要移除剪贴板数据格式监听器，可以调用 RemoveClipboardFormatListener 函数：

```
BOOL RemoveClipboardFormatListener(HWND hwnd);
```

本节示例程序还是 ClipboardMonitor 项目的例子，稍微修改一下即可，具体源代码参见 ClipboardMonitor_Listener 项目。

第6章

动态链接库

程序中用到的 Windows API 函数都包含在动态链接库（Dynamic Link Library，DLL）中，其中 3 个最重要的动态链接库（DLL）分别是 Kernel32.dll、User32.dll 和 Gdi32.dll。Kernel32.dll 中包含的函数用来管理内存、进程以及线程等，User32.dll 中包含的函数用来执行与用户界面相关的任务，例如创建窗口和发送消息等，Gdi32.dll 中包含的函数用来绘制图像和显示文字等。此外，Windows 还提供了其他一些动态链接库，例如，AdvAPI32.dll 中包含的函数与对象的安全性、注册表的操控以及事件日志有关，ComCtl32.dll 支持所有常用的窗口控件，Ws2_32.dll 用于 Windows 套接字网络编程。

当运行一个程序时，PE 加载器会为新的进程创建一个虚拟地址空间，并将可执行模块映射到新进程的地址空间中，PE 加载器继续解析可执行模块的导入表，并把导入表中列出的每个 DLL 映射到进程的地址空间中，当可执行模块和所有 DLL 模块都映射到进程的地址空间中后，进程的主线程就开始执行。

动态链接库是 Windows 系统中实现共享函数库的一种方式，大部分动态链接库以扩展名为.dll 的文件形式存在，但并不是只有扩展名为.dll 的文件才是动态链接库，系统中的某些可执行文件（*.exe）、字体文件（*.fon）、一些驱动程序（*.drv 和*.sys）、各种控件（*.ocx）和输入法模块（*.ime）等都是动态链接库。一个文件是不是动态链接库取决于它的文件结构，DLL 文件和可执行文件都是标准的 PE 文件格式，只是文件头中的属性位不同。与可执行文件一样，在动态链接库中也可以定义并使用各种资源，导入并使用其他动态链接库中的函数。

6.1　静态链接库

我们先来了解一下静态链接库（Static Link Library），静态链接库是扩展名为.lib 的对象库（Object Library）文件，在编译链接时，程序中用到的静态链接库中的函数会复制到生成的可执行文件中，因此在发布软件时，不需要一同发布静态链接库.lib 文件。

创建静态链接库.lib 项目的方法与创建其他 Windows 桌面程序相同，只是在最后需要选择应用程序类型为静态库（.lib），如图 6.1 所示。

图 6.1

接下来我们编写一个简单的静态链接库文件，StaticLinkLibrary.h 头文件中的内容为函数声明：

```
#pragma once

int funAdd(int a, int b);
int funMul(int a, int b);
```

StaticLinkLibrary.cpp 源文件中的内容为函数实现：

```
#include "StaticLinkLibrary.h"

int funAdd(int a, int b)
{
    return a + b;
}

int funMul(int a, int b)
{
    return a * b;
}
```

单击 VS 的生成菜单项→生成 StaticLinkLibrary(U)或者按快捷键 Ctrl + B，即可生成 Chapter6\StaticLinkLibrary\Debug\StaticLinkLibrary.lib 文件。

接下来创建一个 Win32 桌面应用程序 StaticLinkLibraryTest，StaticLinkLibraryTest.cpp 源文件的内容如下：

```
#include <Windows.h>
#include "StaticLinkLibrary.h"                  // StaticLinkLibrary.h 头文件

#pragma comment(lib, "StaticLinkLibrary.lib") // StaticLinkLibrary.lib 对象库

int WINAPI WinMain(HINSTANCE hInstance, HINSTANCE hPrevInstance, LPSTR lpCmdLine, int nCmdShow)
{
    TCHAR szBuf[256] = { 0 };

    wsprintf(szBuf, TEXT("funAdd(5, 6) = %d\nfunMul(5, 6) = %d"), funAdd(5, 6), funMul(5, 6));
    MessageBox(NULL, szBuf, TEXT("提示"), MB_OK);
}
```

需要注意的是，StaticLinkLibrary 项目中的 StaticLinkLibrary.h 头文件，以及生成的 StaticLinkLibrary.lib 对象库文件，都需要复制到 StaticLinkLibraryTest 项目目录 Chapter6\StaticLinkLibraryTest\StaticLinkLibraryTest 中。

编译运行程序，程序运行效果如图 6.2 所示。

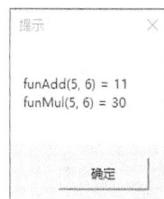

图 6.2

6.2 动态链接库

静态链接库是传统的共享函数库的一种方式，显而易见的一个缺点是，如果有多个程序用到静态

链接库中的同一个函数，那么所有这些可执行文件中都会包含一份完全相同的代码，这是对磁盘空间的一种浪费。另一个缺点是，如果某个函数因为发现有错误或者需要更新算法而进行版本升级时，必须找到所有使用该函数的可执行文件来重新编译，否则程序中使用的还是旧版本的代码。另外，Windows 是多任务操作系统，如果有多个程序用到静态链接库中的同一个函数，并且这些程序同时运行，就会有多份相同的代码被载入内存，这是对内存空间的一种浪费。

　　Windows 的解决方法是使用动态链接库。动态链接库也是共享函数库的一种方式，其提供的函数也可以被多个程序使用，但是它和静态链接库在使用方法上有很多不同点。静态链接库仅在编译链接时使用，编译完成后，可执行文件即可脱离库文件单独使用，而动态链接库中的代码在程序编译时并不会被插入可执行文件中，在程序运行时才将动态链接库的代码载入内存，因此称为"动态链接"。如果有多个程序用到同一个动态链接库，Windows 物理内存中只存在一份动态链接库的代码，然后通过分页机制将这份代码映射到不同进程的地址空间中，库代码实际占用的物理内存永远只有一份。当然，动态链接库使用的数据段会被映射到不同的物理内存中，有多少个程序在使用动态链接库就会有多少份数据段，每个使用 DLL 的进程都有自己的 DLL 数据副本。

　　动态链接库是被映射到其他进程的地址空间中执行的，它和应用程序可以看作是一体的，应用程序进程地址空间是动态链接库的宿主，动态链接库可以使用应用程序的资源，动态链接库中的资源也可以被应用程序使用。

6.2.1　创建 DLL 项目

　　一个 DLL 可以导出变量、C++类和函数供其他模块（可执行模块或其他 DLL 模块）使用，在实际开发中，应该避免从 DLL 中导出变量和 C++类，因为从 DLL 中导出变量不利于代码维护，由不同 C++编译器或同一个 C++编译器但不同版本编译生成的 DLL 中的 C++类互不兼容。在 DLL 中可以使用两种函数：内部函数和导出函数，内部函数只能在 DLL 内部使用，而导出函数可以被其他模块调用，DLL 的主要功能是向外导出函数供其他模块调用。

　　在包含导出函数的 DLL 文件中，导出信息保存在 DLL 文件的导出表中，导出表包括导出函数的名称、序数和入口地址等信息，PE 加载器通过这些信息来完成动态链接的过程。后面章节会详细介绍导出表。

　　创建动态链接库项目（以下简称 DLL 项目）与创建其他 Windows 桌面程序项目相同，只是在最后的步骤中需要选择应用程序类型为动态链接库（.dll）。接下来创建一个 DLL 项目 DllSample，头文件 DllSample.h 的内容如下：

```
#pragma once

// 声明导出的变量、类和函数

#ifdef DLL_EXPORT
    #define DLL_VARABLE   extern "C" __declspec(dllexport)
    #define DLL_CLASS     __declspec(dllexport)
    #define DLL_API       extern "C" __declspec(dllexport)
#else
```

```
    #define DLL_VARABLE    extern "C" __declspec(dllimport)
    #define DLL_CLASS      __declspec(dllimport)
    #define DLL_API        extern "C" __declspec(dllimport)
#endif

/**************************************************************/
typedef struct _POSITION
{
    int x;
    int y;
}POSITION, * PPOSITION;

// 导出变量
DLL_VARABLE int nValue;      // 导出普通变量
DLL_VARABLE POSITION ps;     // 导出结构体变量

// 导出类
class DLL_CLASS CStudent
{
public:
    CStudent(LPTSTR lpName, int nAge);
    ~CStudent();

public:
    LPTSTR  GetName();
    int     GetAge();

private:
    TCHAR   m_szName[64];
    int     m_nAge;
};

// 导出函数
DLL_API int funAdd(int a, int b);
DLL_API int funMul(int a, int b);
```

DllSample.cpp 源文件的内容如下：

```
// 定义 DLL 的导出变量、类和函数

#include <Windows.h>
#include <strsafe.h>
#include <tchar.h>

#define DLL_EXPORT
#include "DllSample.h"

// 变量
int nValue;          // 普通变量
POSITION ps;         // 结构体变量
```

```
BOOL APIENTRY DllMain(HMODULE hModule, DWORD ul_reason_for_call, LPVOID lpReserved)
{
    switch (ul_reason_for_call)
    {
    case DLL_PROCESS_ATTACH:
        nValue = 5;
        ps.x = 6;
        ps.y = 7;
        break;
    case DLL_THREAD_ATTACH:
    case DLL_THREAD_DETACH:
    case DLL_PROCESS_DETACH:
        break;
    }

    return TRUE;
}

// 类
CStudent::CStudent(LPTSTR lpName, int nAge)
{
    if (m_szName)
        StringCchCopy(m_szName, _countof(m_szName), lpName);

    m_nAge = nAge;
}

CStudent::~CStudent(){}

LPTSTR CStudent::GetName()
{
    return m_szName;
}

int    CStudent::GetAge()
{
    return m_nAge;
}

// 函数
int funAdd(int a, int b)
{
    return a + b;
}

int funMul(int a, int b)
{
    return a * b;
}
```

单击 VS 的生成菜单→生成 DllSample(U)或者按快捷键 Ctrl + B，即可生成对应的 DLL 文件，同时生成的还有一个.lib 导入库文件，在其他源程序中调用生成的 DLL 中的函数时，需要用到 DllSample.h、DllSample.lib 和 DllSample.dll 这 3 个文件。

以.lib 为后缀的库有两种，一种是静态链接库的对象库，另一种是动态链接库的导入库，对象库和导入库虽然使用相同的后缀名，但是实质上截然不同。对象库中包含函数名以及函数的实现代码，而导入库只包含对应函数的一些基本信息，函数的具体实现代码存于 DLL 文件中。编译链接 DLL 时，链接程序查找关于导出变量、C++类和函数的信息，并自动生成一个.lib 文件，该.lib 文件包含一个 DLL 文件导出的符号列表，当调用一个 DLL 中的函数时，导入库是必不可少的。

如前所述，在实际开发过程中，应该避免从 DLL 中导出变量和 C++类，因为从 DLL 中导出变量不利于代码维护，由不同 C++编译器或同一 C++编译器但不同版本编译生成的 DLL 中的 C++类互不兼容。所以前面的头文件 DllSample.h 的内容可以简化为如下形式：

```
#pragma once

// 声明导出的函数

#ifdef DLL_EXPORT
    #define DLL_API     extern "C" __declspec(dllexport)
#else
    #define DLL_API     extern "C" __declspec(dllimport)
#endif

// 导出函数
DLL_API int funAdd(int a, int b);
DLL_API int funMul(int a, int b);
```

DllSample.cpp 源文件的内容可以简化为如下形式：

```
// 定义 DLL 的导出函数

#include <Windows.h>
#include <tchar.h>

#define DLL_EXPORT
#include "DllSample.h"

BOOL APIENTRY DllMain(HMODULE hModule, DWORD ul_reason_for_call, LPVOID lpReserved)
{
    switch (ul_reason_for_call)
    {
    case DLL_PROCESS_ATTACH:
    case DLL_THREAD_ATTACH:
    case DLL_THREAD_DETACH:
    case DLL_PROCESS_DETACH:
        break;
    }

    return TRUE;
}
```

```
// 导出函数
int funAdd(int a, int b)
{
    return a + b;
}

int funMul(int a, int b)
{
    return a * b;
}
```

从一个 DLL 中导入变量、类和函数的模块可以称为可执行模块，导出变量、类和函数以供可执行模块使用的模块称为 DLL 模块，DLL 模块也可以导入一些包含在其他 DLL 模块中的变量、类和函数。在创建 DLL 时，应该首先创建一个头文件包含想要导出的变量、类和函数的声明，DLL 的源文件中应该包含这个头文件，即 DLL 的源文件中含导出变量、类和函数的定义。调用 DLL 中的函数的可执行模块也需要用到该头文件。

__declspec(dllexport)表示从 DLL 模块中导出变量、类和函数，__declspec(dllimport)表示在可执行模块中导入 DLL 模块的变量、类和函数。

DLL_EXPORT 宏（也可以是其他名称）应该在 DLL 的源代码中定义，然后再包含头文件，例如：

```
// 定义 DLL 的导出变量、类和函数

#include <Windows.h>
#include <tchar.h>

#define DLL_EXPORT
#include "DllSample.h"
```

如果 DLL_EXPORT 宏已经定义，则定义以下宏：

```
#ifdef DLL_EXPORT
    #define DLL_VARABLE   extern "C" __declspec(dllexport)
    #define DLL_CLASS     __declspec(dllexport)
    #define DLL_API       extern "C" __declspec(dllexport)
```

在要导出的变量、类和函数前面使用 DLL_VARABLE、DLL_CLASS 或 DLL_API 宏，表示要从 DLL 模块中导出变量、类和函数。

在可执行模块的源代码中，则不定义 DLL_EXPORT 宏，而是定义以下宏表示在可执行模块中导入 DLL 模块的变量、类和函数：

```
#else
    #define DLL_VARABLE   extern "C" __declspec(dllimport)
    #define DLL_CLASS     __declspec(dllimport)
    #define DLL_API       extern "C" __declspec(dllimport)
```

在编写 C++代码时建议使用 extern "C"声明，如果编写 C 代码则不应该使用 extern "C"。

C++编译器会对 C++类名、函数名和变量名进行改编得到一个修饰名。这里以 C++对函数名的改编为例进行说明，修饰名由编译器在编译函数时生成，包括函数名称和调用约定、函数类型、函数参

数和其他信息，通过修饰名可以帮助链接器在链接可执行文件时找到正确的函数。删除 DllSample.h 头文件中 DLL_API 宏的 extern "C"声明，重新编译生成 DLL，然后使用 Depends.exe 打开 DllSample.dll（见图 6.3）。

可以发现，C++编译器使用的函数名称修饰方式比较复杂，函数名前面有一个"?"，然后是函数名，"@@YA"后面的内容表示参数列表，参数列表的第 1 项表示函数返回值类型，其后依次为参数的数据类型，参数列表后面以"@Z"标识整个修饰名的结束。参数列表以如下代号表示：X 表示 void，D 表示 char，E 表

Ordinal ^	Hint	Function	Entry Point
1 (0x0001)	0 (0x0000)	??0CStudent@@QAE@PA_WH@Z	0x00001050
2 (0x0002)	1 (0x0001)	??1CStudent@@QAE@XZ	0x00001080
3 (0x0003)	2 (0x0002)	??4CStudent@@QAEAAV0@ABV0@@Z	0x00001000
4 (0x0004)	3 (0x0003)	?GetAge@CStudent@@QAEHXZ	0x000010A0
5 (0x0005)	4 (0x0004)	?GetName@CStudent@@QAEPA_WXZ	0x00001090
6 (0x0006)	5 (0x0005)	?funAdd@@YAHHH@Z	0x000010B0
7 (0x0007)	6 (0x0006)	?funMul@@YAHHH@Z	0x000010C0
8 (0x0008)	7 (0x0007)	nValue	0x0001328C
9 (0x0009)	8 (0x0008)	ps	0x00013290

图 6.3

示 unsigned char，F 表示 short，H 表示 int，I 表示 unsigned int，N 表示 double 等。C++编译器采用修饰名的一个重要原因是函数重载，C++允许在同一范围中声明几个功能类似的同名函数，但是这些同名函数的形式参数（指参数的个数、类型或者顺序）必须不同。如果在 DllSample.h 和 DllSample.cpp 中再声明定义一个返回值和形式参数均为 double 的 funMul 函数：

```
DLL_API DOUBLE funMul(DOUBLE a, DOUBLE b);

DOUBLE funMul(DOUBLE a, DOUBLE b)
{
    return a * b;
}
```

重新编译生成 DLL，可以看到上述函数的修饰名为?funMul@@YANNN@Z。

C++编译器采用了修饰名，因此采用 C++修饰方式命名的 DLL 函数无法被其他语言使用，在其他语言编写的源代码中调用 funAdd、funMul 会出现找不到?funAdd@@YAHHH@Z、?funMul@@YAHHH@Z 等错误提示。在函数声明前面加上 extern "C"关键字后，C++会对该函数强制使用标准 C 的函数名称修饰方式，不会对函数名、变量名进行改编，在 DLL 中用这种方式导出的函数可以被其他语言使用；反之，其他语言编写的 DLL 函数在 C++的头文件中进行声明时，前面也必须添加 extern "C"关键字，这样 C++才会在 lib 文件中找到正确的函数修饰名。

添加 extern "C"关键字后，生成的函数调用约定为__cdecl（C 调用约定），函数参数按照从右到左的顺序压入栈，由函数调用方负责平衡栈。如果希望使用__stdcall(WINAPI、CALLBACK 等)函数调用约定，例如：

```
// 导出函数
DLL_API int WINAPI funAdd(int a, int b);
DLL_API int WINAPI funMul(int a, int b);
```

当使用__stdcall 来导出 C 函数时，编译器会对函数名进行改编，函数名前面有一个下划线"_"，然后是函数名，函数名后面是一个@符号后跟作为参数传递给函数的字节数组成，如图 6.4 所示。

1 (0x0001)	0 (0x0000)	??0CStudent@@QAE@PA_WH@Z	0x0004F07B
2 (0x0002)	1 (0x0001)	??1CStudent@@QAE@XZ	0x0004FA1C
3 (0x0003)	2 (0x0002)	??4CStudent@@QAEAAV0@ABV0@@Z	0x0004E2AC
4 (0x0004)	3 (0x0003)	?GetAge@CStudent@@QAEHXZ	0x0004EA90
5 (0x0005)	4 (0x0004)	?GetName@CStudent@@QAEPA_WXZ	0x0004D6E5
6 (0x0006)	5 (0x0005)	_funAdd@8	0x0004EABD
7 (0x0007)	6 (0x0006)	_funMul@8	0x0004EED7
8 (0x0008)	7 (0x0007)	nValue	0x00114E28
9 (0x0009)	8 (0x0008)	ps	0x00114E2C

图 6.4

这种情况下，我们可以添加一个.def 文件指

示编译器导出 funAdd 和 funMul 函数,而不是 _funAdd@8 和 _funMul@8 函数。用鼠标右键单击 VS 左侧解决方案资源管理器中的源文件,然后选择添加→新建项命令,打开添加新项对话框,选择 Visual C++→代码→模块定义文件(.def),文件名称可以设为 DllSample.def,单击"添加"按钮,输入以下内容:

```
EXPORTS
    funAdd
    funMul
```

DllSample.def 文件中就是一个 EXPORTS 关键字,然后下面每一行指定一个要导出的函数名。然后生成 DLL,这样即可导出未经改编的 funAdd 和 funMul 函数。

6.2.2　在可执行模块中使用 DLL

我们编写一个 Win32 桌面应用程序项目 Test,在源代码中使用 DllSample.dll 导出的变量、C++类和函数。Test.cpp 源文件的内容如下:

```cpp
#include <Windows.h>
#include <strsafe.h>
#include <tchar.h>
#include "DllSample.h"                  // DllSample.h 头文件

#pragma comment(lib, "DllSample.lib")   // DllSample.lib 导入库文件

int WINAPI WinMain(HINSTANCE hInstance, HINSTANCE hPrevInstance, LPSTR lpCmdLine, int nCmdShow)
{
    TCHAR szBuf[256] = { 0 };
    TCHAR szBuf2[512] = { 0 };

    // 测试导出变量
    wsprintf(szBuf, TEXT("nValue = %d\nps.x = %d, ps.y = %d\n"), nValue, ps.x, ps.y);
    StringCchCopy(szBuf2, _countof(szBuf2), szBuf);

    // 测试导出类
    CStudent student((LPTSTR)TEXT("老王"), 40);
    wsprintf(szBuf, TEXT("姓名: %s, 年龄: %d\n"), student.GetName(), student.GetAge());
    StringCchCat(szBuf2, _countof(szBuf2), szBuf);

    // 测试导出函数
    wsprintf(szBuf, TEXT("funAdd(5, 6) = %d\nfunMul(5, 6) = %d"), funAdd(5, 6), funMul(5, 6));
    StringCchCat(szBuf2, _countof(szBuf2), szBuf);

    MessageBox(NULL, szBuf2, TEXT("提示"), MB_OK);
}
```

在可执行模块源代码中不仅需要包含 DllSample.h,还需要链接.lib 导入库文件,有以下两种方法。
(1)使用 VS 配置链接信息。用鼠标右键单击项目名称打开属性页,然后选择配置属性→链接器→输入,在"附加依赖项"中输入所需要的.lib 文件。如果.lib 文件不在项目的当前目录,那么还需要在"配置属性→链接器→常规"的"附加库目录"中输入该.lib 文件所在的路径,建议把.lib 文件复制到项目

的当前目录。可以看到在"附加依赖项"中已经存在 Kernel32.lib、User32.lib、Gdi32.lib 等导入库文件，在创建 VS 项目时，最基本的导入库文件 VS 已经自动帮我们添加好了，因此在调用这些 DLL 中的函数时，只需要包含相关头文件，Windows.h 头文件中包含了最基本、最常用的一些头文件。

（2）使用#pragma 链接命令，如下所示：

```
#pragma comment(lib, "DllSample.lib")
```

另外，DllSample.dll 也需要复制到项目的当前目录。在发布软件时，Test.exe 和 DllSample.dll 这两个文件需要同时发布，如果缺少 DllSample.dll，运行 Test.exe 时会提示图 6.5 所示的错误。

我们再看一下如果 dll 文件中不存在某个函数时的情况，删除 DllSample.h 头文件中最后一行 funMul 函数声明前面的 DLL_API，这表示 funMul 函数是一个内部函数，不会导出。重新编译生成 DLL 文件，复制到 Test 项目中，运行 Test.exe 会有图 6.6 所示的错误提示。

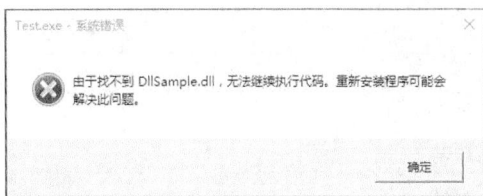

图 6.5

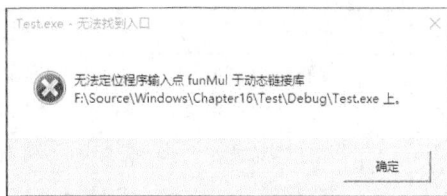

图 6.6

在可执行模块（或其他 DLL）能够调用一个 DLL 中的函数前，必须将该 DLL 的文件映射到调用进程的地址空间中，可以通过两种方法来达到这一目的：隐式链接和显式链接。

隐式链接是最常见的链接类型，也是我们一直使用的包含头文件和导入库文件的方式，在编译链接生成可执行文件时，系统会把 DLL 文件名以及用到的函数写入可执行文件的导入表，这样一来当运行一个可执行文件时，PE 加载器会解析可执行文件的导入表，把导入表中列出的每个 DLL 映射到进程的地址空间中，并根据函数名在每个 DLL 中查找导出函数，后面章节会详细介绍导入表。

显式链接是指在需要调用一个 DLL 文件中的导出函数时，通过调用 LoadLibrary(Ex)函数自行加载动态链接库到进程地址空间中，然后通过调用 GetProcAddress 函数获取导出函数在动态链接库中的地址，最后通过 GetProcAddress 函数返回的函数指针进行函数调用。在调用一些系统 DLL 提供的未公开函数时，通常需要显式链接。另外显式链接的好处是无论 DLL 文件是否存在，在加载 DLL 并使用其中的导出函数以前可执行文件都可以正常运行。

运行一个可执行文件时，PE 加载器会为进程创建虚拟地址空间，并把可执行文件映射到进程的地址空间中，然后 PE 加载器会解析可执行文件的导入表，对所需的 DLL 进行定位并将它们映射到进程的地址空间中。导入表中只包含 DLL 的名称，不包含 DLL 的路径，下面是定位 DLL 文件的顺序。

（1）可执行文件目录。

（2）Windows 系统目录。

（3）Windows 目录。

（4）进程的当前目录。

（5）PATH 环境变量中列出的所有目录。

C 标准定义了一系列常用的函数，称为 C 库函数，C 标准仅仅定义了函数原型，并没有提供相关实现，这个任务留给了各个支持 C 语言标准的编译器，每个编译器通常会实现标准 C 的超集，称为 C 运行时库（C Run Time Library，CRT 库）。对 VC++编译器来说，它提供的 CRT 库支持 C 标准定义的标准 C 函数，同时也有一些专门针对 Windows 系统特别设计的函数。与 C 语言类似，C++也定义了自己的标准，同时编译器提供相关支持库。

VC++完美支持 C/C++标准，并按照 C/C++标准定义的函数原型实现了 C/C++运行时库。为方便有不同需求的客户使用，VC++分别实现了运行时库的静态库 LIB 版本和动态链接库 DLL 版本。在 VS 中，用鼠标右键单击项目名称，然后选择属性，打开属性页，配置属性→C/C++→代码生成→运行库，可以看到 4 个选项：多线程（/MT）、多线程调试（/MTd）、多线程 DLL（/MD）和多线程调试 DLL（/MDd）。含义如表 6.1 所示。

表 6.1

选项	含义
/MT	多线程静态库发行版，编译器会静态链接相关 C/C++链接库
/MTd	多线程静态库调试版，编译器会静态链接相关 C/C++链接库
/MD	多线程动态库发行版，编译器会动态链接相关 C/C++链接库
/MDd	多线程动态库调试版，编译器会动态链接相关 C/C++链接库

对于 MT / MTd，由于已经静态链接相关 C/C++链接库，在编译链接时会将用到的 C/C++运行库中的函数代码集成到程序中成为程序中的代码，程序体积增大，编译后的程序可以在其他机器上正常运行；但是对于 MD / MDd，因为是动态链接相关 C/C++链接库，在程序运行时会动态加载相关的 DLL，程序体积会减小，但是在其他机器上运行时可能会提示缺少相关动态链接库的错误。

在平时做练习时，为了方便调试，通常应该编译为 Debug 调试版本，运行库选项可以选择多线程调试（/MTd）。在发布软件时，通常应该编译为 Release 发行版本，Release 版本会对代码进行大量优化，运行库选项则可以选择多线程（/MT），如图 6.7 所示。

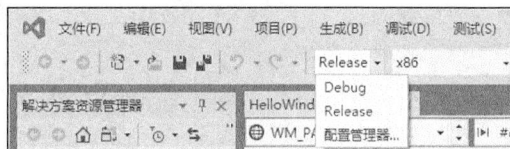

图 6.7

6.2.3　入口点函数 DllMain

一个 DLL 可以有一个入口点函数 DllMain（区分大小写），系统会在不同的时刻调用这个入口点函数，当系统装载、卸载动态链接库，以及进程中有线程被创建、退出时，系统会调用入口点函数。系统调用入口点函数是通知性质，通知 DLL 执行一些与进程或线程有关的初始化和清理工作，如果 DLL 不需要这些通知，可以不必在源代码中实现该入口点函数，例如要创建一个只包含资源的 DLL，则不需要实现该函数。入口点函数的格式如下：

```
BOOL APIENTRY DllMain(HMODULE hModule, DWORD ul_reason_for_call, LPVOID lpReserved)
{
    switch (ul_reason_for_call)
    {
    case DLL_PROCESS_ATTACH:
```

```
        // dll 正被映射到进程的地址空间中
        break;

    case DLL_PROCESS_DETACH:
        // dll 正在从进程的地址空间中卸载
        break;

    case DLL_THREAD_ATTACH:
        // 进程中创建了一个新的线程
        break;

    case DLL_THREAD_DETACH:
        // 进程中有一个线程正在退出
        break;
    }

    return TRUE;
}
```

hModule 参数是 DLL 模块的句柄，也就是 DLL 加载到进程地址空间中的基地址，如果在动态链接库中定义了资源并且需要加载一个资源，那么在处理 DLL_PROCESS_ATTACH 时应该保存这个模块句柄到一个全局变量中，从 DLL 模块中加载资源时需要使用模块句柄。

ul_reason_for_call 参数表示调用 DLL 入口点函数的原因码，可以是表 6.2 所示的值之一。

表 6.2

原因码	值	含义
DLL_PROCESS_ATTACH	1	当系统第一次将一个 DLL 映射到进程的地址空间中时（隐式链接或显式链接），会调用 DllMain 函数，并在 ul_reason_for_call 参数中传入 DLL_PROCESS_ATTACH，如果后续进程中有一个线程再调用 LoadLibrary(Ex)函数来加载一个已经被映射到进程地址空间中的 DLL，则系统只是递增该 DLL 的引用计数，而不会再次使用 DLL_PROCESS_ATTACH 来调用 DllMain 函数。在处理 DLL_PROCESS_ATTACH 时，可以根据需要保存 DLL 的模块句柄，然后做一些初始化工作，处理完 DLL_PROCESS_ATTACH 通知以后应返回 TRUE 表示初始化成功，如果返回 FALSE，则 DLL 加载会失败。如果任何一个 DLL 的 DllMain 函数在处理 DLL_PROCESS_ATTACH 时返回 FALSE，即初始化失败，则系统会向用户显示一个消息框来告诉用户进程无法正常启动，并把所有的文件映像从地址空间中清除，然后终止整个进程。 如果 ul_reason_for_call 参数是其他原因码（DLL_PROCESS_DETACH、DLL_THREAD_ATTACH 或 DLL_THREAD_DETACH），系统会忽略 DllMain 函数的返回值
DLL_PROCESS_DETACH	0	当系统将一个 DLL 从进程的地址空间中撤销映射时，会调用 DLL 的 DllMain 函数，并在 ul_reason_for_call 参数中传入 DLL_PROCESS_DETACH。DLL 处理这个通知时，应该执行与之相关的清理工作。如果是系统中的某个线程调用了 TerminateProcess 函数终止进程，则系统不会使用 DLL_PROCESS_DETACH 来调用每个 DLL 的 DllMain 函数，这意味着在进程终止前，已映射到进程地址空间中的任何 DLL 将没有机会执行任何清理代码，这可能会导致数据丢失，因此除非万不得已，我们应该避免使用 TerminateProcess 函数。 以 DLL_PROCESS_ATTACH 和 DLL_PROCESS_DETACH 值调用 DllMain 函数在动态链接库的生命周期中只可能出现一次

原因码	值	含义
DLL_THREAD_ATTACH	2	当进程中创建一个新线程时，系统会使用 DLL_THREAD_ATTACH 来调用每个 DLL 的 DllMain 函数，这时 DLL 可以执行一些与线程相关的初始化工作，当所有 DLL 都完成了对该通知的处理后，系统才允许新线程开始执行它的线程函数。只有在创建新线程时 DLL 已经被映射到进程的地址空间中的情况下系统才会使用 DLL_THREAD_ATTACH 来调用 DLL 的 DllMain 函数。当系统将一个新的 DLL 映射到进程的地址空间中时，如果进程中已经有多个线程在运行，那么系统不会允许任何已有的线程使用 DLL_THREAD_ATTACH 来调用 DLL 的 DllMain 函数。另外，进程的主线程不会使用 DLL_THREAD_ATTACH 来调用 DllMain 函数，在创建进程时被映射到进程地址空间中的任何 DLL 会收到 DLL_PROCESS_ATTACH 通知，但不会收到 DLL_THREAD_ATTACH 通知
DLL_THREAD_DETACH	3	当进程中有一个线程正在退出时，系统会使用 DLL_THREAD_DETACH 调用每个 DLL 的 DllMain 函数，这时 DLL 可以执行一些相关的清理工作，只有当每个 DLL 都处理完 DLL_THREAD_DETACH 通知后，系统才会真正终止线程。如果系统中某个线程调用了 TerminateThread 函数终止线程，系统不会使用 DLL_THREAD_DETACH 来调用所有 DLL 的 DllMain 函数，这意味着在线程终止前，已映射到进程地址空间中的任何 DLL 都将没有机会执行任何清理代码，这可能会导致数据丢失，因此除非万不得已，我们应该避免使用 TerminateThread 函数。 如果是因为 DLL 加载失败、进程终止或调用 FreeLibrary 函数卸载 DLL，则系统不会使用 DLL_THREAD_DETACH 来调用每个 DLL 的 DllMain 函数，仅向 DLL 发送 DLL_PROCESS_DETACH 通知

另外，当 ul_reason_for_call 参数为 DLL_PROCESS_ATTACH 时，如果是隐式链接的 DLL，则 lpvReserved 参数为非 NULL；如果是显式链接的 DLL，则 lpvReserved 参数为 NULL。当 ul_reason_for_call 参数为 DLL_PROCESS_DETACH 时，如果是因为调用 FreeLibrary 函数或 DLL 加载失败而卸载 DLL，则 lpvReserved 参数为 NULL；如果是因为进程终止导致正在卸载 DLL，则 lpvReserved 参数为非 NULL。

6.2.4　延迟加载 DLL

延迟加载指的是通过隐式链接的 DLL，可执行模块开始运行时并不加载延迟加载的 DLL（也不会检查该 DLL 是否存在），只有当代码中调用延迟加载 DLL 中的函数时，系统才会实际载入该 DLL。延迟加载 DLL 有如下特性。

（1）提高应用程序的加载速度。当运行一个程序时，PE 加载器会解析可执行模块的导入表，并把导入表中列出的每个 DLL 加载到进程的地址空间中，加载每个 DLL 时还会调用入口点函数 DllMain 并做一些初始化工作。如果一个应用程序使用了特别多的 DLL，则上述操作会严重拖慢程序的加载速度，而延迟加载则可以很好地解决这个问题，把加载 DLL 的工作延迟到代码中调用 DLL 中的函数时完成。

（2）提高应用程序的兼容性。当操作系统升级时，一些系统 DLL 中的函数会有所优化，系统 DLL 中的导出函数会有所增加，新版本 DLL 可能提供了旧版本 DLL 中不包含的新函数，如果我们的程序用到了一个只有新版本 DLL 中才具有的函数，而程序却运行在旧版本操作系统中，则程序初始化时会提示无法定位函数并终止程序的运行。延迟加载可以很好地解决这个问题，当应用程序初始化时，可以调用 GetVersionEx 等函数来检查操作系统的版本，如果发现程序运行在旧版本操作系统中，则通过其他方法实现该函数的功能。

（3）提高应用程序的可整合性。一个软件除了可执行文件本身，通常还需要一些 DLL、配置文件、数据库等文件，丢失任何一个文件都可能导致软件不能正常运行，我们可以通过添加资源的方式把软件所需的数据文件添加到可执行文件资源中，运行程序时释放这些文件到相关目录中，但是如果在程序初始化时发现相关目录中不存在程序运行所需的 DLL，那么程序的初始化同样会失败。延迟加载可以很好地解决这个问题。采用延迟加载后，可执行模块在开始运行时并不加载延迟加载的 DLL（也不会检查该 DLL 是否存在）。

需要注意的是，如果一个 DLL 中导出了变量，则该 DLL 不支持延迟加载。Kernel32.dll 不能延迟加载，因为延迟加载需要用到该 DLL 中的 LoadLibrary(Ex) 和 GetProcAddress 等函数。不应该在入口点函数 DllMain 中调用延迟加载 DLL 中的函数，否则可能会导致程序崩溃。

加密解密是当今信息社会的永恒话题，以下为 GetMd5.dll 导出的一个函数 GetMd5：

```
BOOL GetMd5(LPCTSTR lpFileName, LPTSTR lpMd5)
```

该函数获取指定文件 lpFileName 的 MD5，并将计算结果返回到 lpMd5 参数指定的缓冲区中，MD5、SHA 是常用的加密算法，具体代码参见 Chapter6\GetMd5 项目。实际上获取一个文件或一段数据的 MD5、SHA 等，不一定必须使用微软提供的 API，完全可以根据规定算法编写一个自定义函数。

接下来我们实现一个延迟加载 GetMd5.dll 的例子，GetMd5Test.exe 程序运行效果如图 6.8 所示。

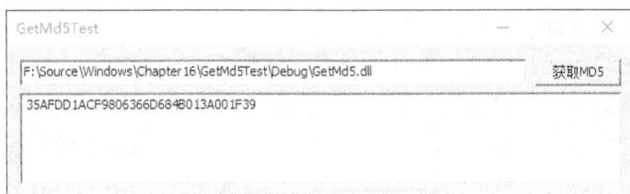

图 6.8

与前面介绍的使用 DLL 编写可执行程序（例如 Test 程序）的方法完全相同，GetMd5Test 项目同样需要 GetMd5.h、GetMd5.lib 和 GetMd5.dll，编译运行程序，一切工作正常，如果删除 GetMd5.dll，GetMd5Test 程序会初始化失败。用鼠标右键单击项目名称，然后选择属性→配置属性→链接器→输入，在延迟加载的 DLL 中输入 GetMd5.dll，单击"确定"按钮，重新编译运行程序，这时即使删除了 GetMd5.dll，GetMd5Test 程序仍然可以正常运行。但是，因为不存在 GetMd5.dll，如果按下"获取 MD5"按钮，程序会调用 GetMd5.dll 中的导出函数 GetMd5，导致触发一个异常并终止运行。

前面说过，延迟加载可以提高应用程序的可整合性，我们可以把 GetMd5.dll 这个文件添加到 GetMd5Test 项目资源中，例如资源类型为自定义类型 "MyDll"，资源 ID 为 IDR_MYDLL，程序处理 WM_INITDIALOG 消息时可以释放 GetMd5.dll 到可执行程序的当前目录中：

```
case WM_INITDIALOG:
    // 如果当前目录中不存在 GetMd5.dll
    if (!PathFileExists(TEXT("GetMd5.dll")))
    {
        hResBlock = FindResource(g_hInstance, MAKEINTRESOURCE(IDR_MYDLL), TEXT("MyDll"));
```

```
        if (!hResBlock)
            return FALSE;
        hRes = LoadResource(g_hInstance, hResBlock);
        if (!hRes)
            return FALSE;
        lpDll = LockResource(hRes);
        dwDllSize = SizeofResource(g_hInstance, hResBlock);

        hFile = CreateFile(TEXT("GetMd5.dll"), GENERIC_READ | GENERIC_WRITE,
            FILE_SHARE_READ, NULL, CREATE_ALWAYS, FILE_ATTRIBUTE_NORMAL, NULL);
        if (hFile == INVALID_HANDLE_VALUE)
            return FALSE;
        WriteFile(hFile, lpDll, dwDllSize, NULL, NULL);

        CloseHandle(hFile);
    }
    return TRUE;
```

完整代码参见 Chapter6\GetMd5Test 项目。

用户可以在编辑框中输入一个文件名，或者拖动一个文件到对话框中，如果是拖动文件，则程序会响应 WM_DROPFILES 消息，把所拖动文件的完整路径显示到编辑框中。如果 CreateWindowEx 函数的 dwExStyle 参数指定为 WS_EX_ACCEPTFILES，则表示所创建的窗口可以接受拖放文件，对对话框程序来说可以通过对话框的 Accept Files 属性来设置。

如果窗口具有 WS_EX_ACCEPTFILES 样式，当用户拖动一个或多个文件到窗口中时，窗口过程会收到 WM_DROPFILES 消息，该消息的 wParam 参数是一个描述所拖动文件信息的 HDROP 类型结构句柄（用户不需要关心结构句柄的具体含义，直接使用即可），该句柄可以用于 DragQueryFile、DragQueryPoint 和 DragFinish 函数调用；lParam 参数没有用到。程序处理完 WM_DROPFILES 消息后应返回 0。

DragQueryFile 函数用于查询所拖放文件的名称：

```
UINT DragQueryFile(
    _In_  HDROP  hDrop,     // HDROP 句柄
    _In_  UINT   iFile,     // 要查询的文件的索引，设置为 0xFFFFFFFF 则函数返回所拖放文件的总数
    _Out_ LPTSTR lpszFile,  // 返回指定索引的文件名的缓冲区
    UINT  cch);             // lpszFile 缓冲区的大小，以字符为单位
```

- iFile 参数指定要查询的文件的索引（从 0 开始），设置为 0xFFFFFFFF，函数返回所拖放文件的总数。如果该参数的值介于 0 和所拖放文件的总数之间，函数会将指定索引的文件名复制到 lpszFile 参数指向的缓冲区。
- lpszFile 参数是返回指定索引的文件名的缓冲区，如果该参数设置为 NULL，那么函数会返回指定索引的文件名所需缓冲区的大小，以字符为单位，不包括终止的空字符。

如果函数执行成功，则返回值是复制到 lpszFile 参数指向的缓冲区中的字符数，不包括终止的空字符。

如果只想获取所拖动文件中第一个文件的文件名，可以按如下方式使用：

```
HDROP hDrop;
TCHAR szFileName[MAX_PATH] = { 0 };

case WM_DROPFILES:
    hDrop = (HDROP)wParam;
    DragQueryFile(hDrop, 0, szFileName, _countof(szFileName));
    return FALSE;
```

如果需要获取所有拖动文件的文件名，可以按如下方式使用：

```
HDROP hDrop;
UINT uDragCount;
TCHAR szFileName[MAX_PATH] = { 0 };

case WM_DROPFILES:
    hDrop = (HDROP)wParam;
    uDragCount = DragQueryFile(hDrop, 0xFFFFFFFF, NULL, 0);
    for (UINT i = 0; i < uDragCount; i++)
    {
        DragQueryFile(hDrop, i, szFileName, _countof(szFileName));
        // 处理本次查询到的文件名
    }
```

DragQueryPoint 函数用于查询拖动操作期间鼠标指针的位置，DragFinish 函数用于释放系统为拖动操作所分配的内存：

```
BOOL DragQueryPoint(
    _In_ HDROP hDrop,        // HDROP 句柄
    _Out_ POINT* lppt);      // POINT 结构
VOID DragFinish(HDROP hDrop); // HDROP 句柄
```

用鼠标右键单击项目名称，然后选择属性→配置属性→链接器→输入，在延迟加载的 DLL 中输入 GetMd5.dll（可以指定多个 DLL，以;分隔），该设置告知编译器不要在可执行模块的导入表中设置 GetMd5.dll 及相关函数的信息，这样当进程初始化时，PE 加载器不会隐式链接该 DLL；同时，该设置使编译器在可执行模块中创建一个延迟加载导入表，延迟加载导入表记录了可执行模块要导入的 DLL 及相关函数的信息，与导入表不同的是，在可执行模块一开始运行时这些 DLL 并不会被 PE 加载器加载，只有当代码中调用这些 DLL 中的函数时，系统才会实际载入 DLL；编译器还会在可执行模块中嵌入一个__delayLoadHelper2 函数，对延迟加载 DLL 中函数的调用会跳转到该函数，该函数会解析延迟加载导入表，并调用 LoadLibrary(Ex)和 GetProcAddress 等函数完成对延迟加载 DLL 的加载以及函数地址的解析。

当代码中调用延迟加载 DLL 中的一个函数但是 DLL 不存在时，__delayLoadHelper2 函数会抛出一个软件异常；如果 DLL 已经存在，但是试图调用该 DLL 中一个不存在的函数，__delayLoadHelper2 函数也会抛出一个软件异常，对于这两种情况，可以使用结构化异常处理（Structured Exception Handling，SEH）来捕捉异常并使应用程序继续运行；如果不捕捉该异常，则进程将会终止。

如果想在不需要延迟加载 DLL 时可以卸载该 DLL，可以用鼠标右键单击项目名称，然后选择属性→配置属性→链接器→高级，在卸载延迟加载的 DLL 中选择（/DELAY:UNLOAD），即可在不需要延迟加

载 DLL 的地方调用__FUnloadDelayLoadedDLL2 函数卸载 DLL，该函数会自动调用 FreeLibrary 函数卸载 DLL 并重置 DLL 中的函数地址。__FUnloadDelayLoadedDLL2 函数在 delayimp.h 头文件中的定义如下：

```
BOOL WINAPI __FUnloadDelayLoadedDLL2(LPCSTR szDll);
```

szDll 参数是一个 ANSI 字符串指针，并且区分大小写。

6.3　线程局部存储

线程局部存储（Thread Local Storage，TLS）相当于一个程序中的 DWORD 数组形式的全局变量。数组元素最少为 TLS_MINIMUM_AVAILABLE(64)个，在需要时系统会分配更多的数组元素，最多可达 1088 个，这对任何应用程序来说都是足够的，程序中的每个线程可以使用相同的数组元素索引操作属于每个线程的数据。具体来说，系统会为每个进程分配一个 4 字即一个具有 64 个索引（0 ~ 63）的位数组，每个位的值可以是 0（表示未使用）或 1（表示已使用），程序可以从进程的位数组中申请一个闲置的索引（值为 0 的索引），例如索引 3，程序应该把这个申请到的索引保存为全局变量，例如 g_dwTlsIndex，创建每个线程时，系统会为每个线程分配一个 LPVOID 类型的数组，例如 LPVOID TlsSlots[64]，每个数组元素都会初始化为 NULL，假设程序具有多个线程并且具有相同的线程函数，我们可以把每个线程的创建时间存放到 TlsSlots[g_dwTlsIndex]参数中，线程 1 的 TlsSlots[g_dwTlsIndex]可以存放线程 1 的创建时间，线程 2 的 TlsSlots[g_dwTlsIndex]可以存放线程 2 的创建时间，每个线程虽然使用相同的索引，但是操作的数据却与具体线程相关联，线程 1 不能通过一个索引来访问线程 2 的数据，使用 TLS 可以将数据与正在运行的指定线程关联起来，通过使用一个全局索引来访问每个线程的唯一数据。

在创建线程时，系统会为每个线程分配一个 LPVOID 类型的数组，实际上这个 LPVOID 类型的数组正是线程环境块 TEB 的 TlsSlots 字段，创建线程时系统会创建一个线程环境块用于管理线程，TEB 结构在 winternl.h 头文件中定义如下：

```
typedef struct _TEB {
    PVOID    Reserved1[12];
    PPEB     ProcessEnvironmentBlock;    // 进程环境块 PEB 结构的指针
    PVOID    Reserved2[399];
    BYTE     Reserved3[1952];
    PVOID    TlsSlots[64];               // 线程存储槽
    BYTE     Reserved4[8];
    PVOID    Reserved5[26];
    PVOID    ReservedForOle;
    PVOID    Reserved6[4];
    PVOID    TlsExpansionSlots;
} TEB, * PTEB;
```

程序可以通过调用 NtCurrentTeb 函数获取当前线程的线程环境块（TEB）结构的指针。

线程局部存储原理如图 6.9 所示。

进程中线程本地存储的索引数组（0～TLS_MINIMUM_AVAILABLE-1）4字64位

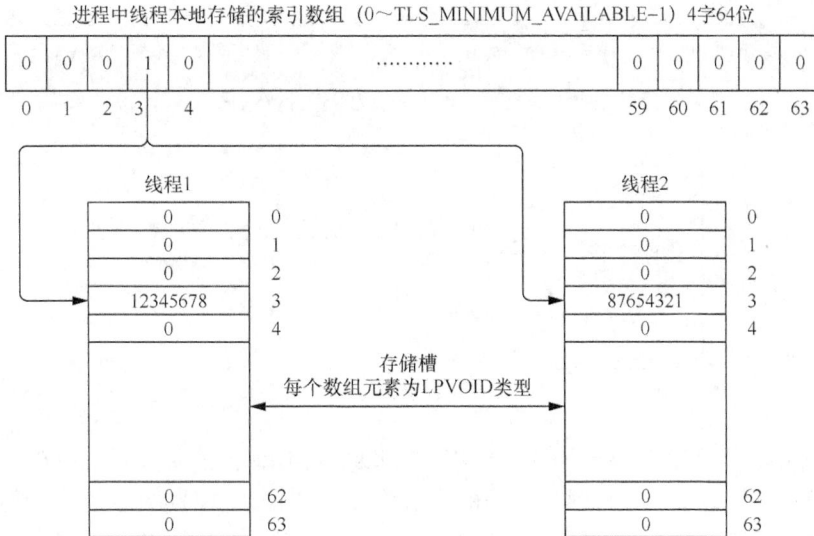

图 6.9

6.3.1 动态 TLS

要使用动态 TLS，首先需要调用 TlsAlloc 函数从进程中分配一个 TLS 索引，函数会把进程位数组中该索引处的位设置为 1 以表示已使用，进程中的每个线程都可以使用该索引操作属于自己的数据，分配到的 TLS 索引通常需要保存到一个全局变量中，每个线程都可以访问。如果函数执行成功，则返回一个 TLS 索引。另外，函数还会把每个线程的存储槽中该索引位置的数据初始化为 NULL，如果函数执行失败，则返回值为 TLS_OUT_OF_INDEXES（(DWORD)0xFFFFFFFF）。

然后，线程可以通过调用 TlsSetValue 函数在存储槽中的指定索引处写入数据，该函数的返回值为 BOOL 类型。线程可以通过调用 TlsGetValue 函数获取存储槽中指定索引处的数据，如果函数执行成功，则返回值是调用线程存储槽中指定索引处的值；如果函数执行失败，则返回值为 0，但是返回值为 0 并不代表函数执行失败，例如存储槽中该索引处本来就是存储的 0 值，因此还应该调用 GetLastError 函数确定错误代码是否为 ERROR_SUCCESS。

当不再需要索引时，程序应该调用 TlsFree 函数释放 TLS 索引，函数会把进程位数组中该索引处的位设置为 0 以表示未使用，以便程序调用 TlsAlloc 函数时分配到该索引。TLS 索引个数是有限的，应该节约使用。另外，TlsFree 函数还会把每个线程的存储槽中该索引位置的数据初始化为 NULL。有一点需要注意，如果存储槽中该索引处存储的是一个内存块指针，该函数不会释放该内存块，释放内存块由程序员负责完成，该函数的返回值为 BOOL 类型。

相关函数声明如下：

```
DWORD WINAPI TlsAlloc(void);
BOOL WINAPI TlsSetValue(
    _In_     DWORD dwTlsIndex,       // 由 TlsAlloc 函数分配的 TLS 索引
    _In_opt_ LPVOID lpTlsValue);     // 要存储在调用线程的 TLS 插槽中指定索引处的值
```

```
LPVOID WINAPI TlsGetValue(_In_ DWORD dwTlsIndex);  // 由 TlsAlloc 函数分配的 TLS 索引
BOOL WINAPI TlsFree(_In_ DWORD dwTlsIndex);        // 由 TlsAlloc 函数分配的 TLS 索引
```

接下来实现一个使用动态 TLS 的示例程序 TlsDemo，程序运行效果如图 6.10 所示。

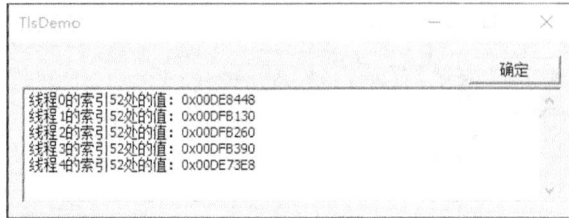

图 6.10

　　用户单击"确定"按钮，程序创建 5 个线程，这些线程使用相同的线程函数，在线程函数中分配一个内存块并把内存块地址保存到对应线程的索引为 g_dwTlsIndex 的存储槽中，然后获取索引为 g_dwTlsIndex 的存储槽中的数据并显示到编辑控件中。每个线程的存储槽中存储的只是一个内存块指针，程序可以分配任意大小的内存块并在内存块中存储任何数据。TlsDemo.cpp 源文件的内容如下：

```cpp
#include <windows.h>
#include "resource.h"

// 宏定义
#define THREADCOUNT 5

// 全局变量
DWORD g_dwTlsIndex;
HWND g_hwndDlg;

// 函数声明
INT_PTR CALLBACK DialogProc(HWND hwndDlg, UINT uMsg, WPARAM wParam, LPARAM lParam);
// 线程函数
DWORD WINAPI ThreadProc(LPVOID lpParameter);

int WINAPI WinMain(HINSTANCE hInstance, HINSTANCE hPrevInstance, LPSTR lpCmdLine, int nCmdShow)
{
    DialogBoxParam(hInstance, MAKEINTRESOURCE(IDD_MAIN), NULL, DialogProc, NULL);
    return 0;
}

INT_PTR CALLBACK DialogProc(HWND hwndDlg, UINT uMsg, WPARAM wParam, LPARAM lParam)
{
    HANDLE hThread[THREADCOUNT];

    switch (uMsg)
    {
    case WM_INITDIALOG:
        g_hwndDlg = hwndDlg;
```

```
            return TRUE;

        case WM_COMMAND:
            switch (LOWORD(wParam))
            {
            case IDC_BTN_OK:
                // 从进程中分配一个 TLS 索引
                g_dwTlsIndex = TlsAlloc();
                if (g_dwTlsIndex == TLS_OUT_OF_INDEXES)
                {
                    MessageBox(hwndDlg, TEXT("TlsAlloc 函数调用失败!"), TEXT("错误提示"), MB_OK);
                    return FALSE;
                }

                // 创建 THREADCOUNT 个线程
                SetDlgItemText(g_hwndDlg, IDC_EDIT_TLSSLOTS, TEXT(""));
                for (int i = 0; i < THREADCOUNT; i++)
                {
                    if ((hThread[i] = CreateThread(NULL, 0, ThreadProc, (LPVOID)i, 0, NULL)) != NULL)
                    CloseHandle(hThread[i]);
                }

                // 等待所有线程结束，释放 TLS 索引
                WaitForMultipleObjects(THREADCOUNT, hThread, TRUE, INFINITE);
                TlsFree(g_dwTlsIndex);
                break;

            case IDCANCEL:
                EndDialog(hwndDlg, 0);
                break;
            }
            return TRUE;
        }

        return FALSE;
}

DWORD WINAPI ThreadProc(LPVOID lpParameter)
{
    LPVOID lpData = NULL;
    TCHAR szBuf[64] = { 0 };

    lpData = new BYTE[256];
    ZeroMemory(lpData, 256);

    // 在存储槽中指定索引处写入的数据
    if (!TlsSetValue(g_dwTlsIndex, lpData))
    {
        wsprintf(szBuf, TEXT("线程%d 调用 TlsSetValue 失败"), (INT)lpParameter);
        MessageBox(g_hwndDlg, szBuf, TEXT("错误提示"), MB_OK);
```

```
            delete[]lpData;
            return 0;
        }

        // 获取存储槽中指定索引处的数据
        lpData = TlsGetValue(g_dwTlsIndex);
        if (!lpData && GetLastError() != ERROR_SUCCESS)
        {
            wsprintf(szBuf, TEXT("线程%d 调用 TlsGetValue 失败"), (INT)lpParameter);
            MessageBox(g_hwndDlg, szBuf, TEXT("错误提示"), MB_OK);
        }
        // 每个线程存储槽中指定索引处的数据显示到编辑控件中
        wsprintf(szBuf, TEXT("线程%d 的索引%d 处的值: 0x%p\r\n"), (INT)lpParameter, g_dwTlsIndex,
    lpData);
        SendMessage(GetDlgItem(g_hwndDlg, IDC_EDIT_TLSSLOTS), EM_SETSEL, -1, -1);
        SendMessage(GetDlgItem(g_hwndDlg,      IDC_EDIT_TLSSLOTS),      EM_REPLACESEL,      TRUE,
    (LPARAM)szBuf);

        delete[]lpData;
        return 0;
    }
```

如果要使用多线程下载一个文件，使用相同的线程函数，我们需要在每个线程中维护一个文件偏移变量，每个线程写入文件中不同的文件偏移处，使用 TLS 技术可以很好地解决这个问题。

另外，TLS 技术同样适用于 DLL，因为 DLL 并不了解宿主程序的程序结构，而在编写可执行程序时，如果清楚自己的程序会创建多少个线程，我们可以使用一些替代方案为线程关联数据，例如对于全局变量，可以采取线程间同步机制。通常，如果 DLL 要使用 TLS，可以在处理 DLL_PROCESS_ATTACH 时调用 TlsAlloc 函数从进程中分配一个 TLS 索引，在处理 DLL_PROCESS_DETACH 时调用 TlsFree 函数释放 TLS 索引，在 DLL 的内部函数和导出函数中可以调用 TlsSetValue、TlsGetValue 函数设置、获取线程局部存储数据。因为进程是 DLL 的宿主，一个 DLL 在进程中申请到的 TLS 索引不可以用于引用该 dll 的其他进程，仅可以用于当前 DLL 所属进程。

6.3.2　静态 TLS

与动态 TLS 类似，静态 TLS 也可以将数据与线程关联起来，在使用时并不需要调用任何函数，因此静态 TLS 更易于使用。使用静态 TLS 时，可以按如下方式声明变量：

```
__declspec(thread) LPVOID gt_lpData;
```

__declspec(thread)前缀告诉编译器在编译链接时把变量放到可执行文件的一个区段中，变量可以声明为全局变量或静态变量（静态全局变量或静态局部变量），但是不可以为局部变量。局部变量存储在栈中，与特定的线程相关联。在命名变量时我们可以使用 gt_前缀来表示全局 TLS 变量，用 st_前缀来表示静态 TLS 变量，在编译链接生成可执行文件时，系统会把所有 TLS 变量放到一个名为.tls 的区段中（如果编译为 Release 版本，该区段可能会被优化到其他区段中）。后面会介绍关于 PE 文件区段的概念。

　　在运行可执行文件时，系统会解析可执行文件中的.tls 段，并分配一块足够大的内存来保存所有的 TLS 变量，当代码中引用其中一个 TLS 变量时，会定位到内存块中的一个地址处。与动态 TLS 相同，每个线程只能访问自己的 TLS 变量，而无法访问属于其他线程的 TLS 变量。

　　动态链接库 DLL 中也可以使用 TLS 变量。在运行可执行文件时，系统会确定应用程序和所有 DLL 中.tls 段的大小，系统会分配一块足够大的内存来保存应用程序和所有隐式链接 DLL 需要的 TLS 变量。在 Vista 与 Server 2008 系统更新后，如果是显式链接一个 DLL，系统会自动扩大 TLS 内存块；当显式卸载一个 DLL 时，系统会自动缩小 TLS 内存块。

　　我们使用静态 TLS 改写前面的 TlsDemo 程序，代码如下：

```c
#include <windows.h>
#include "resource.h"

// 宏定义
#define THREADCOUNT 5

// 全局变量
__declspec(thread) LPVOID gt_lpData;
HWND g_hwndDlg;

// 函数声明
INT_PTR CALLBACK DialogProc(HWND hwndDlg, UINT uMsg, WPARAM wParam, LPARAM lParam);
// 线程函数
DWORD WINAPI ThreadProc(LPVOID lpParameter);

int WINAPI WinMain(HINSTANCE hInstance, HINSTANCE hPrevInstance, LPSTR lpCmdLine, int nCmdShow)
{
    DialogBoxParam(hInstance, MAKEINTRESOURCE(IDD_MAIN), NULL, DialogProc, NULL);
    return 0;
}

INT_PTR CALLBACK DialogProc(HWND hwndDlg, UINT uMsg, WPARAM wParam, LPARAM lParam)
{
    HANDLE hThread[THREADCOUNT];

    switch (uMsg)
    {
    case WM_INITDIALOG:
        g_hwndDlg = hwndDlg;
        return TRUE;

    case WM_COMMAND:
        switch (LOWORD(wParam))
        {
        case IDC_BTN_OK:
            // 创建 THREADCOUNT 个线程
            SetDlgItemText(g_hwndDlg, IDC_EDIT_TLSSLOTS, TEXT(""));
            for (int i = 0; i < THREADCOUNT; i++)
            {
```

```
                    if ((hThread[i] = CreateThread(NULL, 0, ThreadProc, (LPVOID)i, 0, NULL)) != NULL)
                        CloseHandle(hThread[i]);
                }
                break;

            case IDCANCEL:
                EndDialog(hwndDlg, 0);
                break;
        }
        return TRUE;
    }

    return FALSE;
}

DWORD WINAPI ThreadProc(LPVOID lpParameter)
{
    TCHAR szBuf[64] = { 0 };

    gt_lpData = new BYTE[256];
    ZeroMemory(gt_lpData, 256);

    // 每个线程的静态 TLS 数据显示到编辑控件中
    wsprintf(szBuf, TEXT("线程%d 的 gt_lpData 值：0x%p\r\n"), (INT)lpParameter, gt_lpData);
    SendMessage(GetDlgItem(g_hwndDlg, IDC_EDIT_TLSSLOTS), EM_SETSEL, -1, -1);
    SendMessage(GetDlgItem(g_hwndDlg, IDC_EDIT_TLSSLOTS), EM_REPLACESEL, TRUE, (LPARAM)szBuf);

    delete[]gt_lpData;
    return 0;
}
```

6.4　Windows 钩子

　　钩子（Hook）是 Windows 消息处理机制中的一个监视点，应用程序可以在这里安装一个监视子程序（钩子函数，是一个回调函数），以便监视系统中的消息，并在消息到达目标窗口过程前处理这些消息，即在目标窗口过程处理发生的消息前，先由钩子函数处理。钩子是应用程序拦截事件（如消息、鼠标和击键操作）的一种机制，钩子函数可以对它接收到的每个事件执行操作，例如修改或丢弃该事件。

　　Windows 安装的钩子有两种类型：局部钩子和远程钩子。它们处理的消息范围不同，局部钩子称为局部线程钩子，仅挂钩属于自身进程的事件。远程钩子则可以挂钩其他进程中发生的事件。远程钩子又分为两种：基于其他进程中某一线程的线程钩子和系统范围的系统钩子，前者可以用来捕获其他进程中某一特定线程的事件，称为远程线程钩子；而系统范围的系统钩子可以捕捉系统中所有进程的线程中发生的事件，称为远程系统钩子或全局钩子。

SetWindowsHookEx 函数用于将应用程序定义的钩子函数安装到钩子链中,钩子函数用于监视系统中某些类型的事件:

```
HHOOK WINAPI SetWindowsHookEx(
    _In_ int        idHook,          // 要安装的钩子函数的类型
    _In_ HOOKPROC   lpfn,            // 指向钩子函数的指针
    _In_ HINSTANCE  hMod,            // 包含钩子函数的动态链接库 DLL 的模块句柄
    _In_ DWORD      dwThreadId);     // 与钩子函数关联的线程 ID,也就是要监视的线程
```

- idHook 参数指定要安装的钩子函数的类型,可以是表 6.3 所示的值之一。

表 6.3

常量	值	含义
WH_GETMESSAGE	3	每当 GetMessage 或 PeekMessage 函数从应用程序消息队列中获取到消息时系统会调用钩子函数
WH_KEYBOARD	2	每当 GetMessage 或 PeekMessage 函数从应用程序消息队列中获取到键盘消息(WM_KEYUP 或 WM_KEYDOWN)时系统会调用钩子函数
WH_MOUSE	7	每当 GetMessage 或 PeekMessage 函数从应用程序消息队列中获取到鼠标消息时系统会调用钩子函数
WH_CALLWNDPROC	4	在系统将消息发送到目标窗口过程前系统会调用钩子函数
WH_CALLWNDPROCRET	12	在目标窗口过程处理完消息以后系统会调用钩子函数
WH_DEBUG	9	在调用与任何类型的钩子关联的钩子函数前先调用本钩子函数,本钩子函数可以允许或禁止系统调用其他钩子函数,也就是说如果系统中安装了其他钩子,在调用相关钩子函数前会先调用本钩子函数
WH_CBT	5	系统在激活、创建、销毁、最小化、最大化、移动或调整窗口前、在完成系统命令前、在从系统消息队列中删除鼠标或键盘事件前、在设置键盘焦点前、在与系统消息队列同步前调用钩子函数,计算机辅助训练 CBT 应用程序也会使用钩子函数从系统接收有用的通知
WH_FOREGROUNDIDLE	11	每当前台线程即将变为空闲时系统会调用钩子函数
WH_JOURNALRECORD	0	日志记录钩子,用来记录发送给系统消息队列的所有消息,钩子函数不需要位于动态链接库中
WH_JOURNALPLAYBACK	1	日志回放钩子,用来回放日志记录钩子记录的系统事件,钩子函数不需要位于动态链接库中
WH_MSGFILTER	−1	当用户对对话框、消息框、菜单和滚动条有所操作时,系统在发送对应的消息前会调用钩子函数,这种钩子通常是局部的
WH_SYSMSGFILTER	6	同 WH_MSGFILTER,但是是系统范围的
WH_SHELL	10	当 Windows Shell 程序接收一些通知事件前调用钩子函数,如 Shell 被激活和重绘等

- lpfn 参数是指向钩子函数的指针,如果 dwThreadId 参数指定为 0(系统范围的全局钩子)或由其他进程创建的线程 ID(远程线程钩子),则钩子函数必须位于动态链接库 DLL 中;否则钩子函数位于当前进程的程序代码中。
- hMod 参数指定包含钩子函数的动态链接库 DLL 的模块句柄,如果 dwThreadId 参数指定为由当前进程创建的线程 ID,则 hMod 参数应该设置为 NULL。

- dwThreadId 参数指定与钩子函数关联的线程 ID（要监视的线程），如果该参数设置为 0，则钩子函数与系统中所有线程相关联（监视所有进程中的线程）；如果该参数设置为其他进程创建的线程 ID，则表示监视其他进程中的线程；如果该参数设置为当前进程的线程 ID，则表示监视当前进程中的线程。

如果函数执行成功，则返回值是钩子函数的句柄；如果函数执行失败，则返回值为 NULL。

当在自身进程中安装了一个局部钩子时，每当指定的事件发生，Windows 就会调用该进程中的钩子函数；但是如果安装的是远程钩子（远程线程钩子或系统范围的全局钩子），则系统不能从其他进程的地址空间中调用钩子函数，因为不同进程的地址空间是隔离的。由于动态链接库 DLL 可以加载到其他进程的地址空间中，因此远程钩子的钩子函数必须位于一个动态链接库 DLL 中。但是有两个例外，日志记录钩子和日志回放钩子虽然属于远程钩子，但是其钩子函数可以放在安装钩子的程序中，并不需要单独放在一个动态链接库 DLL 中。

（1）钩子函数。钩子函数（钩子回调函数）的定义如下：

```
LRESULT CALLBACK HookProc(int nCode, WPARAM wParam, LPARAM lParam);
```

各种不同类型钩子的钩子函数的定义是相同的，但是对于不同类型的钩子，其 nCode、wParam 和 lParam 参数的含义却各不相同，具体含义在使用时请参考 MSDN 中对 SetWindowsHookEx 函数的解释。

（2）钩子链。系统支持多种不同类型的钩子，系统中可以安装多个不同类型或相同类型的钩子，并为每种类型的钩子维护一个钩子链。钩子链是同种类型钩子的钩子函数的指针列表，最近加入的钩子放在链表的头部。当一个事件发生时，Windows 调用最后安装的钩子函数，因为系统中同一类型的钩子可能安装了多个，因此一个钩子函数应该把消息事件传递下去以便其他的钩子都有获得处理这一消息的机会。

CallNextHookEx 函数用于把消息事件传递给钩子链中的下一个钩子函数：

```
LRESULT WINAPI CallNextHookEx(
    _In_opt_ HHOOK    hhk,            // 忽略该参数
    _In_     int      nCode,          // 钩子代码，使用钩子函数的同名参数即可
    _In_     WPARAM   wParam,         // wParam 参数，使用钩子函数的同名参数即可
    _In_     LPARAM   lParam);        // lParam 参数，使用钩子函数的同名参数即可
```

该函数的返回值是钩子链中下一个钩子函数的返回值。

安装钩子会影响系统的性能，因为系统在处理所有的相关事件时都会调用钩子函数，特别是监视范围是整个系统范围的全局钩子。另外，全局钩子通常用于调试目的，全局钩子可能与其他应用程序中同一类型的全局钩子发生冲突。当不再需要钩子时，应该调用 UnhookWindowsHookEx 函数卸载安装在钩子链中的钩子函数：

```
BOOL WINAPI UnhookWindowsHookEx(_In_ HHOOK hhk);  // 调用 SetWindowsHookEx 函数返回的钩子句柄
```

对于不同类型的钩子，其钩子函数的 nCode、wParam 和 lParam 参数的含义各不相同，具体含义请参考 MSDN 中对 SetWindowsHookEx 函数的解释，这里以一个 WH_KEYBOARD 类型的全局钩子为例演示钩子的用法。WH_KEYBOARD 键盘钩子的钩子函数定义如下：

```
LRESULT CALLBACK KeyboardProc(
    _In_ int      nCode,     // 用来确定如何处理消息的钩子代码
    _In_ WPARAM wParam,      // 击键消息的键的虚拟键码, 用于确定哪个键被按下或释放
    _In_ LPARAM lParam);     // 击键消息的一些附加信息, 包含消息的重复计数、扫描码等
```

- nCode 参数用来确定如何处理消息的钩子代码, 如果 nCode 参数小于 0, 则钩子函数必须将消息传递给 CallNextHookEx 函数并返回 CallNextHookEx 函数的返回值, 这种情况下不需要做其他处理; 如果 nCode 参数为 HC_ACTION(0), 则说明 wParam 和 lParam 参数包含有关击键消息的信息, 这时候我们应该对击键消息进行处理, 处理完后, 应该调用 CallNextHookEx 函数将击键消息传递给钩子链中的下一个钩子函数, 当然, 钩子函数也可以通过返回 TRUE 来丢弃消息并阻止该消息的继续传递。

- wParam 和 lParam 参数的含义与系统击键消息、非系统击键消息的含义相同, wParam 参数包含虚拟键码, 用于确定哪个键被按下或释放; lParam 参数是击键消息的一些附加信息, 包含消息的重复计数、扫描码、扩展键标志、状态描述码、先前键状态标志和转换状态标志等。

远程钩子的钩子函数必须位于一个动态链接库 DLL 中, 每当系统中的一个进程发生指定的事件时, 系统会把包含钩子函数的 DLL 加载到自己的进程地址空间中以执行钩子函数, 因此我们需要为键盘钩子编写一个 DLL, 钩子安装函数 SetWindowsHookEx 需要一个动态链接库 DLL 的模块句柄, 这个 DLL 模块句柄可以从 DllMain 入口点函数中获取, 因此钩子的安装和卸载工作也在 DLL 中完成 (导出钩子的安装和卸载两个函数), 如果是在可执行程序中安装钩子还需要额外获取 DLL 的模块句柄。

HookDll.h 头文件的内容如下:

```
#pragma once

// 声明导出的函数

#ifdef DLL_EXPORT
    #define DLL_API     extern "C" __declspec(dllexport)
#else
    #define DLL_API     extern "C" __declspec(dllimport)
#endif

// 导出函数
DLL_API BOOL InstallHook(int idHook, DWORD dwThreadId, HWND hwnd);
DLL_API BOOL UninstallHook();

// 内部函数
LRESULT CALLBACK KeyboardProc(int nCode, WPARAM wParam, LPARAM lParam);
```

HookDll.cpp 源文件的内容如下:

```
// 定义 DLL 的导出函数

#include <Windows.h>
#include <tchar.h>

#define DLL_EXPORT
```

```
#include "HookDll.h"

// 全局变量
HINSTANCE g_hMod;
HHOOK g_hHookKeyboard;
TCHAR g_szBuf[256] = { 0 };

#pragma data_seg("Shared")
    HWND  g_hwnd = NULL;
#pragma data_seg()

#pragma comment(linker, "/SECTION:Shared,RWS")

BOOL APIENTRY DllMain(HMODULE hModule, DWORD ul_reason_for_call, LPVOID lpReserved)
{
    switch (ul_reason_for_call)
    {
    case DLL_PROCESS_ATTACH:
        g_hMod = hModule;
        break;

    case DLL_THREAD_ATTACH:
    case DLL_THREAD_DETACH:
    case DLL_PROCESS_DETACH:
        break;
    }

    return TRUE;
}

// 导出函数
BOOL InstallHook(int idHook, DWORD dwThreadId, HWND hwnd)
{
    if (!g_hHookKeyboard)
    {
        g_hwnd = hwnd;

        g_hHookKeyboard = SetWindowsHookEx(idHook, KeyboardProc, g_hMod, dwThreadId);
        if (!g_hHookKeyboard)
            return FALSE;
    }

    return TRUE;
}

BOOL UninstallHook()
{
    if (g_hHookKeyboard)
    {
        if (!UnhookWindowsHookEx(g_hHookKeyboard))
            return FALSE;
```

```
        }

        g_hHookKeyboard = NULL;
        return TRUE;
    }

    // 内部函数
    LRESULT CALLBACK KeyboardProc(int nCode, WPARAM wParam, LPARAM lParam)
    {
        BYTE bKeyState[256];
        COPYDATASTRUCT copyDataStruct = { 0 };

        if (nCode < 0)
            return CallNextHookEx(NULL, nCode, wParam, lParam);

        if (nCode == HC_ACTION)
        {
            GetKeyboardState(bKeyState);
            bKeyState[VK_SHIFT] = HIBYTE(GetKeyState(VK_SHIFT));
            ZeroMemory(g_szBuf, sizeof(g_szBuf));
            ToUnicode(wParam, lParam >> 16, bKeyState, g_szBuf, _countof(g_szBuf), 0);
            copyDataStruct.cbData = sizeof(g_szBuf);
            copyDataStruct.lpData = g_szBuf;
            SendMessage(g_hwnd, WM_COPYDATA, (WPARAM)g_hwnd, (LPARAM)&copyDataStruct);
        }

        return CallNextHookEx(NULL, nCode, wParam, lParam);
    }
```

WH_KEYBOARD 键盘钩子的钩子函数的 wParam 参数包含虚拟键码，可以通过调用 ToAscii 函数把虚拟键码转换为 ANSI 字符，或者通过调用 ToUnicode 函数把虚拟键码转换为 Unicode 字符，这两个函数的用法相同。ToUnicode 函数的用法如下：

```
int WINAPI ToUnicode(
    _In_            UINT    wVirtKey,      // 要转换的虚拟键码
    _In_            UINT    wScanCode,     // 按键的扫描码
    _In_opt_ const BYTE*    lpKeyState,    // 指向包含当前键盘状态的 256 字节数组的指针
    _Out_           LPWSTR  pwszBuff,      // 接收转换以后的一个或多个 Unicode 字符的缓冲区
    _In_            int     cchBuff,       // pwszBuff 参数指向的缓冲区的大小，以字符为单位
    _In_            UINT    wFlags);       // 如果位 0 为 1，则菜单处于活动状态
```

- wVirtKey 参数指定要转换的虚拟键码，使用 WH_KEYBOARD 键盘钩子的钩子函数的 wParam 参数即可。
- wScanCode 参数指定按键的扫描码，WH_KEYBOARD 键盘钩子的钩子函数的 lParam 参数是击键消息的一些附加信息，包含消息的重复计数、扫描码、扩展键标志、状态描述码、先前键状态标志、转换状态标志等，因此 wScanCode 参数使用 lParam 参数的高 16 位即可（16～31 位，lParam >> 16）。
- lpKeyState 参数指定为指向包含当前键盘状态的 256 字节数组的指针，每个数组元素都包含一

个按键的状态，数组元素索引就是虚拟键码。如果数组元素的字节值的高位为 1，则按键按下；如果为 0，则按键抬起。这个包含当前键盘状态的 256 字节数组可以通过 GetKeyboardState 函数来获取，对于 Shift、Ctrl 等按键，GetKeyboardState 函数获取到的键盘状态数组填充的是以 VK_LSHIFT、VK_RSHIFT、VK_LCONTROL、VK_RCONTROL 为索引的数组元素，而 ToUnicode 函数检测的是以 VK_SHIFT、VK_CONTROL 为索引的数组元素，这些按键是否按下会影响转换结果，比如同样是按键 "1"，Shift 键没有按下对应的就是 "1"，按下的话就是 "!"。

在本例中我们通过 GetKeyState 函数获取 Shift 按键的状态然后赋值给 bKeyState[VK_SHIFT]。

得到按键对应的字符后，可以通过发送 WM_COPYDATA 消息把字符发送到监视程序（调用 InstallHook 函数的可执行程序）。另外需要注意，如果钩取的不是键盘消息而是其他窗口消息，应该使用 PostMessage 而不是 SendMessage 函数，否则可能会导致处理时间过长。

有了包含钩子函数、安装、卸载钩子的 DLL 后，我们还需要编写一个调用安装、卸载钩子的监视程序，HookApp 程序的界面如图 6.11 所示。

单击 "安装键盘钩子" 按钮后，每当在记事本、Word、QQ 中有键盘输入时都会显示到编辑控件中。HookApp.cpp 源文件的内容如下：

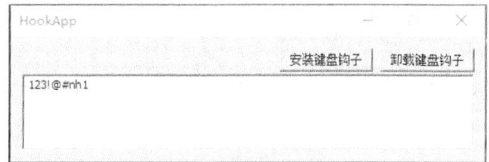

图 6.11

```cpp
#include <windows.h>
#include "HookDll.h"
#include "resource.h"

#pragma comment(lib, "HookDll.lib")

// 函数声明
INT_PTR CALLBACK DialogProc(HWND hwndDlg, UINT uMsg, WPARAM wParam, LPARAM lParam);

int WINAPI WinMain(HINSTANCE hInstance, HINSTANCE hPrevInstance, LPSTR lpCmdLine, int nCmdShow)
{
    DialogBoxParam(hInstance, MAKEINTRESOURCE(IDD_MAIN), NULL, DialogProc, NULL);
    return 0;
}

INT_PTR CALLBACK DialogProc(HWND hwndDlg, UINT uMsg, WPARAM wParam, LPARAM lParam)
{
    switch (uMsg)
    {
    case WM_COMMAND:
        switch (LOWORD(wParam))
        {
        case IDC_BTN_INSTALLHOOK:
            InstallHook(WH_KEYBOARD, 0, hwndDlg);
            break;

        case IDC_BTN_UNINSTALLHOOK:
            UninstallHook();
```

```
            break;

        case IDCANCEL:
            UninstallHook();
            EndDialog(hwndDlg, 0);
            break;
    }
    return TRUE;

case WM_COPYDATA:
    SendMessage(GetDlgItem(hwndDlg, IDC_EDIT_KEYBOARD), EM_SETSEL, -1, -1);
    SendMessage(GetDlgItem(hwndDlg, IDC_EDIT_KEYBOARD), EM_REPLACESEL,
        TRUE, (LPARAM)(LPTSTR)(((PCOPYDATASTRUCT)lParam)->lpData));
    return TRUE;
}

return FALSE;
}
```

6.5　在同一个可执行文件的多个实例间共享变量

如前所述，运行一个可执行文件（.exe 或.dll）的多个实例时，系统不会真正加载多份程序实例到内存中，每个程序实例只是可执行文件的一个内存映射视图，系统会共享一份程序的只读页面（程序可执行代码、只读数据），以及可写页面（例如全局变量、静态变量），但是采用了写时复制技术，即如果一个可执行文件（.exe 或.dll）的多个实例中的一个修改了共享的可写页面，系统会为该程序实例分配一块内存存放刚刚修改的共享的可写页面，一个程序实例对可写页面进行修改不会影响其他程序实例，例如程序中可能用到了全局变量，该全局变量在每个程序实例中的值可能不同。

但是有时候我们可能需要在一个可执行文件（.exe 或.dll）的多个实例中共享一些变量，即如果一个程序实例修改了共享变量，则其他所有程序实例都会受到影响，所有程序实例使用相同的共享变量值。

对远程系统钩子（全局钩子）来说，每当系统中的一个进程发生指定的事件时，系统会把包含钩子函数的 DLL 加载到自己的进程地址空间中以执行钩子函数，在钩子函数中我们发送 WM_COPYDATA 消息到监视程序（窗口句柄 g_hwnd），全局变量 g_hwnd 需要在 DLL 的多个实例中共享。

本节我们介绍如何在同一个可执行文件（.exe 或.dll）的多个实例间共享变量。每个.exe 或.dll 文件映像由许多 Section（称为节区、区段或段）组成，每个标准的段名都以点号开始，例如在编译程序时，编译器会将可执行代码放在一个名为.text 的段中，将已初始化的数据放在.data 段中，将未经初始化的数据放在.bss 段中，将只读数据放在.rdada 段中，将程序资源放在.rsrc 段中等。当然，不同编译器对区段的命名可能是不同的，例如有的编译器可能会把可执行代码放在名为.code 的段中。

打开 PEID，把 Chapter6\HookDll\x64\Debug\HookDll.dll 文件拖入 PEID，单击 EP 段右侧的 ">"

按钮，可以看到该 DLL 文件的节区（段）。每个段都有一些与之相关联的属性，如表 6.4 所示。

表 6.4

属性	含义
READ	可以从该段读取数据
WRITE	可以向该段写入数据
EXECUTE	可以执行该段的内容
SHARED	该段的内容为多个实例所共享（关闭了写时复制机制）

除编译器所创建的标准区段外，我们还可以使用下面的语法来创建自己的区段：

```
#pragma data_seg("段名")
    变量类型 变量名 = 值
#pragma data_seg()
```

例如，在前面的 HookDll.cpp 源文件中使用下面的代码创建了一个名为 "Shared" 的区段，它只包含一个 HWND 类型的变量：

```
#pragma data_seg("Shared")
    HWND  g_hwnd = NULL;
#pragma data_seg()
```

当编译器编译这段代码时，会创建一个名为 Shared 的区段，并将 pragma 指示符之间所有的已初始化变量放到这个新的区段中。在上述示例中，g_hwnd 变量被放到了 Shared 区段中，变量后面的 #pragma data_seg()这一行告诉编译器停止把已初始化的变量放到 Shared 区段中，重新开始把它们放回到默认的数据段中。

需要注意的是，编译器只会将已初始化的变量保存到自定义段中，如果变量没有初始化那么编译器会将该变量放到 Shared 段以外的其他段中，例如：

```
#pragma data_seg("Shared")
    HWND  g_hwnd;
#pragma data_seg()
```

单纯创建一个自定义段没有意义，每个段都有一些与之相关联的属性，例如 READ 可读、WRITE 可写、EXECUTE 可执行以及 SHARED 可共享，如果需要在同一个可执行文件（.exe 或.dll）的多个实例间共享变量，应该为自定义段指定 READ、WRITE 和 SHARED 属性。可以通过下面的语法为指定的段设置相关属性：

```
#pragma comment(linker, "/SECTION:Shared,RWS")
```

上面的代码表示为 Shared 区段设置 R、W、E 和 S 属性，R 表示 READ，W 表示 WRITE，E 表示 EXECUTE，S 表示 SHARED。

虽然我们可以创建共享段，但是微软公司并不鼓励使用共享段，因为一个程序实例对于共享变量的错误操作可能会影响其他程序实例。

6.6 注入 DLL

在保护模式下，每个进程使用的内存地址称为虚拟地址，每个进程都有自己的虚拟地址空间，对 32 位进程来说，可以使用的虚拟地址空间范围为 0x00000000～0xFFFFFFFF，即 4GB 大小，虚拟地址空间使应用程序认为它拥有"连续可用的内存"，而实际上这些"连续可用的内存"通常由多个物理内存碎片组成，还有部分暂时存储在磁盘上，在需要的时候进行数据交换。例如，进程 A 在 0x12345678 地址处存储了一个数据结构，而进程 B 也可以在 0x12345678 地址处存储一个完全不同的数据结构，0x12345678 是一个虚拟地址，程序在执行时还要通过 MMU（内存管理单元）把虚拟地址转换为物理内存地址，进程 A 和 B 虽然都有虚拟地址 0x12345678，但是它们被映射到了不同的物理内存地址处。当进程 A 中的线程访问位于地址 0x12345678 处的内存时，它们访问的是进程 A 的数据结构；当进程 B 中的线程访问位于地址 0x12345678 处的内存时，它们访问的是进程 B 的数据结构。进程 A 中的线程无法访问位于进程 B 的地址空间内的数据结构，反之亦然，进程之间的内存空间相互独立、隔离的特性提高了安全性。但是也使进程之间的相互通信，或者一个进程试图控制另一个进程有一些困难。

本节我们学习如何将一个 DLL 注入另一个进程的地址空间中，所谓的 DLL 注入就是使程序 A 强行加载程序 B 指定的 Inject.dll，并执行程序 B 指定的 Inject.dll 中的代码。一开始程序 B 指定的 Inject.dll 并没有被程序 A 主动加载，但是当程序 B 通过某种手段使程序 A 加载 Inject.dll 后，Inject.dll 就进入了程序 A 的地址空间中，程序 A 将会执行 Inject.dll 中的代码，而 Inject.dll 模块的程序逻辑由程序 B 的开发者设计，因此程序 B 的开发者可以对程序 A 进行控制。

6.6.1 通过 Windows 钩子注入 DLL

前面对 Windows 钩子的学习使我们了解到，通过安装远程线程钩子和远程全局钩子都可以将包含钩子函数的 DLL 加载到其他进程的地址空间中。这里以一个示例来讲解这种技术，用鼠标右键单击桌面，然后选择显示设置，可以设置桌面的分辨率，例如一台计算机笔记本分辨率为 1366×768，假设更改为 800×600，那么桌面上的图标就会重新排列，如果再把分辨率改回 1366×768，桌面图标的排列并不会恢复为原来的样子，我们必须手动重新排列这些桌面图标。为此，在更改分辨率前，我们可以把桌面上所有图标的位置保存到注册表中，当恢复分辨率设置时，从注册表中读取每个图标的位置并重新排列这些图标。不熟悉注册表函数的读者可以先学习第 7 章再来学习这些内容。

在保存桌面上所有列表项位置时，我们可以枚举桌面上的所有列表项，通过发送 LVM_GETITEMTEXT 消息来获取列表项的文本（wParam 参数指定为列表项的索引，lParam 参数是一个指向 LVITEM 结构的指针），通过发送 LVM_GETITEMPOSITION 消息来获取列表项的位置（wParam 参数指定为列表项的索引，lParam 参数是一个指向 POINT 结构的指针。在该结构中返回列表项左上角的坐标），我们可以创建一个子键 HKEY_CURRENT_USER\Software\Desktop Item Position Saver，以列表项的文本为键名，以列表项的位置为键值，在上面的子键中为每个列表项创建一个键值项。

在恢复桌面上所有列表项位置时，我们可以通过调用注册表函数 RegEnumValue 枚举 HKEY_CURRENT_USER\Software\Desktop Item Position Saver 键中的所有键值项，通过发送 LVM_FINDITEM 消息来查找桌面上具有指定列表项文本的列表项（wParam 参数指定开始搜索的列表项索引，不包括指定项），指定为-1 表示从头开始搜索，lParam 参数是一个指向 LVFINDINFO 结构的指针，该结构包含有关要搜索的内容的信息），在桌面上找到符合条件的列表项后可以通过发送 LVM_SETITEMPOSITION 消息设置该列表项的位置，其中 wParam 参数指定为列表项的索引，lParam 参数指定为一个 DWORD 值，LOWORD(lParam)表示列表项左上角的 X 坐标，HIWORD(lParam)表示列表项左上角的 Y 坐标。

对于早期的 Win16 系统中存在的子窗口控件（通常是通过 WM_COMMAND 消息发送通知码的控件，例如按钮、编辑控件、列表框、组合框等），我们可以在一个进程中向另一个进程中的子窗口控件发送消息。但是新的子窗口控件（通常是通过 WM_NOTIFY 消息发送通知码的控件，例如列表视图控件、树视图控件等）无法跨越进程边界发送消息，例如 LVM_GETITEMTEXT 消息的 lParam 参数是一个指向 LVITEM 结构的指针，LVITEM 结构属于发送消息的进程中的一个内存地址，无法在其他进程中引用该内存地址。

例如，我们可以在一个进程中向另一个进程创建的列表框控件发送一条 LB_GETTEXT 消息获取指定列表项的字符串文本，wParam 参数指定为列表项的索引，lParam 参数指定为字符串缓冲区。列表项的字符串文本可以返回到发送消息进程的缓冲区中，这是因为操作系统在内部创建了一个内存映射文件并在进程间复制字符串数据。为什么微软公司对早期的 Win16 系统中存在的子窗口控件进行这样的处理，而对新的子窗口控件却不这样处理呢？答案是由于兼容性，在 Win16 中，所有应用程序都在同一个地址空间中，一个应用程序可以向另一个应用程序创建的窗口发送 LB_GETTEXT 消息，为了便于将这些 16 位应用程序移植到 Win32 系统，微软公司采用内存映射文件的方式在进程间传递数据，但是对于那些在 16 位 Windows 中尚未出现的新子窗口控件，并不存在移植性的问题，因此微软公司没有为这些控件提供上述机制。

打开 VS 的工具菜单→Spy++，选择监视菜单项→查找窗口，打开查找窗口对话框，拖动靶子图标到桌面上，可以获取图 6.12 所示的信息。

当然也可以使用前面我们自己编写的 WindowSearch 程序获取桌面的相关信息。可以发现桌面实际上是一个 SysListView32 列表视图控件（图标视图），属于 Explorer.exe 资源管理器进程。对于桌面列表视图控件，可以通过将代码注入 Explorer.exe 资源管理器进程来对其进行各种操作，本节我们通过安装 WH_GETMESSAGE 消息钩子的方式把对桌面列表项进行操作的 DLL 注入 Explorer.exe 资源管理器进程。

但是如果通过调用以下语句来获取桌面列表视图控件的窗口句柄通常不会成功：

图 6.12

```
FindWindow(TEXT("SysListView32"), TEXT("FolderView")); // 通过指定的窗口类名和窗口标题查找窗口
```

选择 Spy++的监视菜单项→窗口，可以打开窗口列表，把窗口列表拖动到最后，可以看到图 6.13 所示的信息。

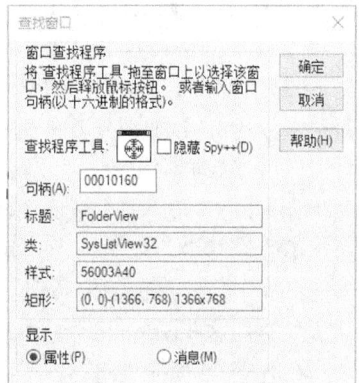

窗口句柄为 0x00010160 的桌面列表视图控件的父窗口是窗口类名为 SHELLDLL_DefView 的窗口，类名为 SHELLDLL_DefView 的窗口的父窗口是窗口类名为 ProgMan 的窗口。窗口类名为 ProgMan 的窗口是程序管理器（Program Manager，属于 Explorer.exe 进程），系统中一定会存在程序管理器 Program Manager，这是为了向后兼容那些为老版本 Windows 设计的应用程序，程序管理器 Program Manager 有且只有一个窗口类名为 SHELLDLL_DefView 的子窗口，窗口类名为 SHELLDLL_DefView 的子窗口有且只有一个窗口类名为 SysListView32 的子窗口（也就是桌面列表视图控件）。因此我们可以通过调用如下语句获取桌面列表视图控件的窗口句柄：

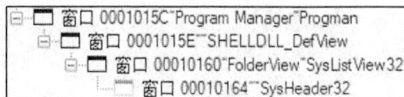

```
GetTopWindow(GetTopWindow(FindWindow(TEXT("ProgMan"), NULL))); // 后面会介绍这些函数
```

有了桌面列表视图控件的窗口句柄就可以通过调用 GetWindowThreadProcessId 函数来获取创建该窗口的线程 ID（属于 Explorer 资源管理器进程），并且可以为该线程安装一个 WH_GETMESSAGE 消息钩子。

在做 DLL 注入时需要注意，32 位 DLL 只能注入 32 位进程，64 位 DLL 只能注入 64 位进程。调用 DLL 导出的安装、卸载消息钩子的程序称为控制程序，同样 32 位进程只能使用 32 位 DLL，64 位进程只能使用 64 位 DLL，控制程序也必须编译为 64 位，这样一来 64 位的控制程序可以调用 64 位 DLL 中的安装钩子函数，并把该 DLL 注入 64 位的 Explorer 资源管理器进程。

DIPSHookDll.h 头文件的内容如下：

```
#pragma once

// 声明导出的函数

#ifdef DLL_EXPORT
    #define DLL_API      extern "C" __declspec(dllexport)
#else
    #define DLL_API      extern "C" __declspec(dllimport)
#endif

// 导出函数
DLL_API BOOL InstallHook(int idHook, DWORD dwThreadId);// 两参数分别是钩子类型和资源管理器线程 ID
DLL_API BOOL UninstallHook();
```

DIPSHookDll.cpp 源文件的代码中用到了许多操作注册表的函数，而介绍注册表则是第 7 章的内容，读者可以先大致了解本程序，学习完注册表后再来重新理解本例的代码，源文件内容如下：

```
// 定义 DLL 的导出函数

#include <Windows.h>
#include <Commctrl.h>
#include "resource.h"

#define DLL_EXPORT
#include "DIPSHookDll.h"
```

```
// 全局变量
HINSTANCE g_hMod;
HHOOK g_hHook;
TCHAR g_szRegSubKey[] = TEXT("Software\\Desktop Item Position Saver");

// 内部函数
LRESULT CALLBACK GetMsgProc(int nCode, WPARAM wParam, LPARAM lParam);
INT_PTR CALLBACK DialogProc(HWND hwndDlg, UINT uMsg, WPARAM wParam, LPARAM lParam);
VOID SaveListViewItemPositions(HWND hwndLV);
VOID RestoreListViewItemPositions(HWND hwndLV);

BOOL APIENTRY DllMain(HMODULE hModule, DWORD ul_reason_for_call, LPVOID lpReserved)
{
    switch (ul_reason_for_call)
    {
    case DLL_PROCESS_ATTACH:
        g_hMod = hModule;
        break;

    case DLL_THREAD_ATTACH:
    case DLL_THREAD_DETACH:
    case DLL_PROCESS_DETACH:
        break;
    }

    return TRUE;
}

// 导出函数
BOOL InstallHook(int idHook, DWORD dwThreadId)
{
    if (!g_hHook)
    {
        g_hHook = SetWindowsHookEx(idHook, GetMsgProc, g_hMod, dwThreadId);
        if (!g_hHook)
            return FALSE;
    }

    // 消息钩子已经安装，通知资源管理器线程调用 GetMsgProc 钩子函数（为了及时响应所以主动通知）
    PostThreadMessage(dwThreadId, WM_NULL, 0, 0);

    return TRUE;
}

BOOL UninstallHook()
{
    if (g_hHook)
    {
        if (!UnhookWindowsHookEx(g_hHook))
            return FALSE;
    }
```

```
        g_hHook = NULL;
        return TRUE;
}


// 内部函数
LRESULT CALLBACK GetMsgProc(int nCode, WPARAM wParam, LPARAM lParam)
{
        // DLL 是否刚被注入
        static BOOL bFirst = TRUE;

        if (nCode < 0)
                return CallNextHookEx(NULL, nCode, wParam, lParam);

        if (nCode == HC_ACTION)
        {
                if (bFirst)
                {
                        bFirst = FALSE;

                        // 在资源管理器进程中创建一个服务器窗口来处理控制程序的请求（保存、恢复桌面图标等）
                        CreateDialogParam(g_hMod, MAKEINTRESOURCE(IDD_MAIN), NULL, DialogProc, NULL);
                }
        }

        return CallNextHookEx(NULL, nCode, wParam, lParam);
}

INT_PTR CALLBACK DialogProc(HWND hwndDlg, UINT uMsg, WPARAM wParam, LPARAM lParam)
{
        switch (uMsg)
        {
        case WM_APP:
                if (lParam)
                        SaveListViewItemPositions((HWND)wParam);
                else
                        RestoreListViewItemPositions((HWND)wParam);
                return TRUE;

        case WM_CLOSE:
                DestroyWindow(hwndDlg);
                return TRUE;
        }

        return FALSE;
}

VOID SaveListViewItemPositions(HWND hwndLV)
{
        int nCount;
        HKEY hKey;
```

```
    LVITEM lvi = { 0 };
    TCHAR szName[MAX_PATH] = { 0 };
    POINT pt;

    // 先删除旧注册表
    RegDeleteKey(HKEY_CURRENT_USER, g_szRegSubKey);

    // 获取桌面列表项总数
    nCount = SendMessage(hwndLV, LVM_GETITEMCOUNT, 0, 0);

    // 创建子键 HKEY_CURRENT_USER\Software\Desktop Item Position Saver
    RegCreateKeyEx(HKEY_CURRENT_USER, g_szRegSubKey, 0, NULL, REG_OPTION_NON_ VOLATILE,
        KEY_SET_VALUE, NULL, &hKey, NULL);

    lvi.mask = LVIF_TEXT;
    lvi.pszText = szName;
    lvi.cchTextMax = _countof(szName);
    // 为每个列表项创建一个键值项，以列表项的文本为键名，以列表项的位置为键值
    for (int i = 0; i < nCount; i++)
    {
        ZeroMemory(szName, _countof(szName) * sizeof(TCHAR));
        SendMessage(hwndLV, LVM_GETITEMTEXT, i, (LPARAM)&lvi);
        SendMessage(hwndLV, LVM_GETITEMPOSITION, i, (LPARAM)&pt);
        RegSetValueEx(hKey, szName, 0, REG_BINARY, (LPBYTE)&pt, sizeof(pt));
    }

    RegCloseKey(hKey);
}

VOID RestoreListViewItemPositions(HWND hwndLV)
{
    HKEY hKey;
    TCHAR szName[MAX_PATH] = { 0 };
    POINT pt;
    DWORD dwType;
    LONG_PTR lStyle;
    LONG lResult;
    LVFINDINFO lvfi = { 0 };
    int nItem;

    // 打开子键 HKEY_CURRENT_USER\Software\Desktop Item Position Saver
    RegOpenKeyEx(HKEY_CURRENT_USER, g_szRegSubKey, 0, KEY_QUERY_VALUE, &hKey);

    // 关闭桌面图标自动排列
    lStyle = GetWindowLongPtr(hwndLV, GWL_STYLE);
    if (lStyle & LVS_AUTOARRANGE)
        SetWindowLongPtr(hwndLV, GWL_STYLE, lStyle & ~LVS_AUTOARRANGE);

    // 枚举子键 HKEY_CURRENT_USER\Software\Desktop Item Position Saver 下的所有键值项
    lResult = ERROR_SUCCESS;
```

```
for (int i = 0; lResult != ERROR_NO_MORE_ITEMS; i++)
{
    DWORD dwchName = _countof(szName);
    DWORD dwcbDaata = sizeof(pt);
    lResult = RegEnumValue(hKey, i, szName, &dwchName, NULL, &dwType, (LPBYTE) &pt, &dwcbDaata);
    if (lResult == ERROR_NO_MORE_ITEMS)
        continue;

    // 查找桌面上具有指定列表项文本的列表项，重新设置该列表项的位置
    lvfi.flags = LVFI_STRING;
    lvfi.psz = szName;
    if ((dwType == REG_BINARY) && (dwcbDaata == sizeof(pt)))
    {
        nItem = SendMessage(hwndLV, LVM_FINDITEM, -1, (LPARAM)&lvfi);
        if (nItem != -1)
            SendMessage(hwndLV, LVM_SETITEMPOSITION, nItem, MAKELPARAM (pt.x,pt.y));
    }
}

SetWindowLongPtr(hwndLV, GWL_STYLE, lStyle);
RegCloseKey(hKey);
}
```

控制程序（DIPSHookApp）中有安装消息钩子、保存桌面图标、恢复桌面图标和卸载消息钩子 4 个按钮。在控制程序中单击安装消息钩子时会调用 InstallHook 函数，我们调用 SetWindowsHookEx 函数为资源管理器线程安装 WH_GETMESSAGE 消息钩子，然后通过调用 PostThreadMessage 函数发送一个空消息 WM_NULL 通知资源管理器线程调用钩子函数 GetMsgProc。钩子函数 GetMsgProc 判断 DLL 是否是刚被注入，如果是，则调用 CreateDialogParam 函数在资源管理器进程中创建一个服务器窗口（非模态对话框）来处理控制程序的请求。DialogProc 窗口过程用于处理控制程序的请求，当在控制程序中单击"保存桌面图标"按钮和"恢复桌面图标"按钮时，会向服务器窗口发送 WM_APP 消息，wParam 参数指定为桌面列表视图控件的窗口句柄，lParam 参数指定为 TRUE 表示保存桌面图标，指定为 FALSE 表示恢复桌面图标；当在控制程序中单击卸载消息钩子时，会向服务器窗口发送 WM_CLOSE 消息关闭服务器窗口，然后调用 UninstallHook 函数卸载消息钩子。

如果想隐藏服务器窗口，可以在 DLL 项目的资源管理器中把对话框的 Visible 属性设置为 False，这样一来在任务栏、任务管理器中根本看不到关于服务器窗口的任何蛛丝马迹。DLL 注入是实现窗口或进程隐藏的一种方法，一旦一个 DLL 注入其他进程，我们几乎就可以为所欲为。

服务器窗口使用的是非模态对话框，如前面所述，CreateDialogParam 函数在创建对话框后，会根据对话框模板是否指定了 WS_VISIBLE 样式来决定是否显示对话框窗口。如果指定，则显示；如果没有指定，则程序需要自行调用 ShowWindow 函数来显示非模态对话框。而 DialogBoxParam 函数不管是否指定了 WS_VISIBLE 样式都会显示模态对话框。

控制程序 DIPSHookApp 的运行效果如图 6.14 所示。
DIPSHookApp.cpp 源文件的内容如下：

图 6.14

```
#include <windows.h>
#include "resource.h"
#include "DIPSHookDll.h"

#pragma comment(lib, "DIPSHookDll.lib")

// 函数声明
INT_PTR CALLBACK DialogProc(HWND hwndDlg, UINT uMsg, WPARAM wParam, LPARAM lParam);

int WINAPI WinMain(HINSTANCE hInstance, HINSTANCE hPrevInstance, LPSTR lpCmdLine, int nCmdShow)
{
    DialogBoxParam(hInstance, MAKEINTRESOURCE(IDD_MAIN), NULL, DialogProc, NULL);
    return 0;
}

INT_PTR CALLBACK DialogProc(HWND hwndDlg, UINT uMsg, WPARAM wParam, LPARAM lParam)
{
    static HWND hwndLV;
    HWND hwndDIPSServer;

    switch (uMsg)
    {
    case WM_INITDIALOG:
        hwndLV = GetTopWindow(GetTopWindow(FindWindow(TEXT("ProgMan"), NULL)));
        // 禁用保存桌面图标、恢复桌面图标和卸载消息钩子按钮
        EnableWindow(GetDlgItem(hwndDlg, IDC_BTN_SAVE), FALSE);
        EnableWindow(GetDlgItem(hwndDlg, IDC_BTN_RESTORE), FALSE);
        EnableWindow(GetDlgItem(hwndDlg, IDC_BTN_UNINSTALLHOOK), FALSE);
        return TRUE;

    case WM_COMMAND:
        switch (LOWORD(wParam))
        {
        case IDC_BTN_INSTALLHOOK:
            InstallHook(WH_GETMESSAGE, GetWindowThreadProcessId(hwndLV, NULL));
            // 启用保存桌面图标、恢复桌面图标和卸载消息钩子按钮
            EnableWindow(GetDlgItem(hwndDlg, IDC_BTN_SAVE), TRUE);
            EnableWindow(GetDlgItem(hwndDlg, IDC_BTN_RESTORE), TRUE);
            EnableWindow(GetDlgItem(hwndDlg, IDC_BTN_UNINSTALLHOOK), TRUE);
            break;

        case IDC_BTN_UNINSTALLHOOK:
            // 获取服务器窗口句柄
            hwndDIPSServer = FindWindow(NULL, TEXT("DIPSServer"));
            // 使用 SendMessage 而不是 PostMessage，确保卸载钩子以前，服务器对话框已经销毁
            SendMessage(hwndDIPSServer, WM_CLOSE, 0, 0);
            UninstallHook();
            break;

        case IDC_BTN_SAVE:
            // 获取服务器窗口句柄
```

```
            hwndDIPSServer = FindWindow(NULL, TEXT("DIPSServer"));
            SendMessage(hwndDIPSServer, WM_APP, (WPARAM)hwndLV, TRUE);
            break;

        case IDC_BTN_RESTORE:
            // 获取服务器窗口句柄
            hwndDIPSServer = FindWindow(NULL, TEXT("DIPSServer"));
            SendMessage(hwndDIPSServer, WM_APP, (WPARAM)hwndLV, FALSE);
            break;

        case IDCANCEL:
            if (FindWindow(NULL, TEXT("DIPSServer")))
                SendMessage(hwndDlg, WM_COMMAND, IDC_BTN_UNINSTALLHOOK, 0);
            EndDialog(hwndDlg, 0);
            break;
        }
        return TRUE;
    }

    return FALSE;
}
```

GetTopWindow 函数用于查找与指定父窗口关联的子窗口中 Z 顺序位于顶部的子窗口的句柄，即查找第一个子窗口的句柄：

```
HWND WINAPI GetTopWindow(
    _In_opt_ HWND hWnd);    // 父窗口的句柄，设置为 NULL 则该函数返回桌面窗口中 Z 顺序顶部的窗口句柄
```

如果函数执行成功，则返回值是 Z 顺序位于顶部的子窗口的句柄；如果指定的父窗口没有子窗口，则返回值为 NULL。

有时候可能需要根据操作系统的不同（是 32 位还是 64 位）来决定执行不同的代码，这时候就需要判断操作系统的类型，前面学过 GetSystemInfo 函数，程序可以根据该函数 SYSTEM_INFO 结构的 wProcessorArchitecture 字段返回的值来确定操作系统是 32 位还是 64 位。如果 SYSTEM_INFO. wProcessorArchitecture 等于 PROCESSOR_ARCHITECTURE_INTEL(0)，则表明是 32 位操作系统；如果 SYSTEM_INFO.wProcessor Architecture 等于 PROCESSOR_ARCHITECTURE_AMD64(9) 或 PROCESSOR_ARCHITECTURE_IA64(6)，则表明是 64 位操作系统。

但是，在 Windows 10 64 位系统中，把程序编译为 32 位，调用 GetSystemInfo 函数，SYSTEM_INFO. wProcessorArchitecture 字段返回的值始终等于 PROCESSOR_ARCHITECTURE_INTEL(0)，这显然是错误的。我们可以调用 GetNativeSystemInfo 函数，该函数可以将系统信息返回到在 WOW64 下运行的应用程序，如果是在一个 64 位的应用程序中调用该函数，那么它等效于 GetSystemInfo 函数，即不管编译为 32 位还是 64 位程序，调用 GetNativeSystemInfo 函数总会得到正确的结果。稍后将解释 WOW64。读者可以使用以下自定义函数来判断操作系统是 32 位还是 64 位：

```
BOOL Is64bitSystem()
{
    SYSTEM_INFO si = { 0 };

    GetNativeSystemInfo(&si);
```

```
    if (si.wProcessorArchitecture == PROCESSOR_ARCHITECTURE_AMD64 ||
        si.wProcessorArchitecture == PROCESSOR_ARCHITECTURE_IA64)
        return TRUE;
    else
        return FALSE;
}
```

为了让 32 位应用程序能够正常运行在 64 位版本的 Windows 上，微软公司提供了一个 Windows 32-bit On Windows 64-bit 模拟层，称为 WOW64。在 64 位 Windows 操作系统中，\Windows\System32 目录下存放的是 64 位的系统文件，而\Windows\SysWOW64 目录下存放的是 32 位的系统文件。WOW64 通常会将 32 位应用程序对\Windows\System32 目录的访问重定向到\Windows\SysWOW64 目录，因此 64 位应用程序会加载 System32 目录下的相关动态链接库，而 32 位应用程序则会加载 SysWOW64 目录下的相关动态链接库。32 位应用程序以 32 位 CPU 模式运行，当 32 位应用程序中发生 API 函数调用的时候，WOW64 会将 CPU 模式切换为 64 位，将 API 函数调用中的 32 位参数扩展到 64 位，然后发出 64 位的相关 API 函数调用，返回的时候会将 64 位的返回值截断为 32 位，并切换回 32 位 CPU 模式。另外，注册表同样存在重定向的情况。

如果需要判断一个进程是否正运行在 WOW64 环境中，则可以调用 IsWow64Process 函数：

```
BOOL WINAPI IsWow64Process(
    _In_  HANDLE hProcess,               // 进程句柄
    _Out_ PBOOL  Wow64Process);          // 返回 TRUE 或 FASE
```

hProcess 参数指定进程句柄，必须具有 PROCESS_QUERY_INFORMATION 或 PROCESS_QUERY_LIMITED_INFORMATION 访问权限；Wow64Process 参数指向的 BOOL 类型变量会返回 TRUE 或 FASE。如果 32 位进程运行在 WOW64（即 64 位系统）下，则*Wow64Process 的值为 TRUE。如果 32 位进程运行在 32 位 Windows 下或者 64 位进程运行在 64 位 Windows 下，则*Wow64Process 的值为 FALSE。如果 32 位进程运行在 WOW64 下，则要获取系统信息需要调用 GetNativeSystemInfo 函数，而不是 GetSystemInfo 函数。

还可以使用更新版本的 IsWow64Process2 函数，该函数的使用方法比较简单，感兴趣的读者可以自行参阅 MSDN。

6.6.2　通过创建远程线程注入 DLL

我们无法操作其他进程中的线程，但是可以通过调用 CreateRemoteThread 函数在其他进程中创建一个远程线程以执行代码，CreateRemoteThread 的函数声明如下：

```
HANDLE WINAPI CreateRemoteThread(
    _In_  HANDLE                 hProcess,          // 在哪个进程中创建远程线程
    _In_  LPSECURITY_ATTRIBUTES  lpThreadAttributes, // 指向线程安全属性结构的指针
    _In_  SIZE_T                 dwStackSize,       // 线程的栈空间大小，以字节为单位
    _In_  LPTHREAD_START_ROUTINE lpStartAddress,    // 线程函数指针
    _In_  LPVOID                 lpParameter,       // 传递给线程函数的参数
    _In_  DWORD                  dwCreationFlags,   // 线程创建标志
    _Out_ LPDWORD                lpThreadId);       // 返回线程 ID
```

与 CreateThread 函数相比,该函数只是多了一个在哪个进程中创建远程线程的 hProcess 参数。有一点需要注意,我们可以在一个进程中调用 CreateRemoteThread 函数在目标进程中创建一个远程线程以执行代码,但是线程函数 lpStartAddress 必须位于目标进程的地址空间中。

虽然可以在一个进程中通过调用 CreateRemoteThread 函数在其他进程中创建远程线程,但是线程函数是一个很难解决的问题,我们无法把本进程中的一段可执行代码直接写入其他进程的地址空间中执行。一方面,Windows Vista 以上版本的系统开始可执行文件(PE 文件)支持动态基地址,每次运行一个可执行文件,其加载到的基地址可能是不同的,不同可执行文件所加载到的基地址也可能是不同的。一个进程中用到的全局变量是一个绝对地址(相对于本进程),不可以在其他进程中直接引用,因为这些内存地址在其他进程中可能是非法的,很容易引发访问违规。另一方面,我们调用的 API 函数所在的 DLL 加载到不同的进程中时其基地址也可能是不同的,一个进程中用到的 API 函数地址也是一个绝对地址(相对于本进程),同一个 API 函数的地址在不同的进程中会随着 DLL 载入位置的不同而不同。如果在代码中直接调用 API 函数,那么系统会按照当前进程的 DLL 载入位置填入函数地址,这显然是错误的。

全局变量和 API 函数地址的定位问题解决起来有一定难度,我们可以采取一种变通的方法。Kernel32.dll、User32.dll 和 Gdi32.dll 都是最常用的动态链接库,在不同的进程中,系统会将它们载入相同的内存地址处,对于这些动态链接库来说,在本进程中获取到的地址可以用在远程线程中,我们可以把 CreateRemoteThread 函数的线程函数 lpStartAddress 参数设置为 LoadLibraryA / LoadLibraryW 函数的地址(属于 Kernel32.dll),通过执行 LoadLibraryA / LoadLibraryW 函数以加载指定的 dll 执行所需的代码,但是 LoadLibraryA / LoadLibraryW 函数所用的 DLL 地址参数是一个字符串,同样我们不可以把本进程中的一个字符串地址传递到另一个进程中使用,这时可以通过调用 VirtualAllocEx 函数在目标进程中分配一块内存地址,然后调用 WriteProcessMemory 函数在分配的内存地址处写入 DLL 的文件名称。在本进程中获取到 LoadLibraryA / LoadLibraryW 函数的地址,用于 CreateRemoteThread 函数的线程函数 lpStartAddress 参数,LoadLibraryA / LoadLibraryW 函数所用的 DLL 地址参数则是远程进程中的一个字符串地址。

线程函数和 LoadLibraryA / LoadLibraryW 函数的定义几乎相同,所以可以把线程函数设置为 LoadLibraryA / LoadLibraryW 函数的地址:

```
DWORD WINAPI ThreadProc(LPVOID lpParameter);

HMODULE WINAPI LoadLibraryA(_In_ LPCSTR lpLibFileName);
HMODULE WINAPI LoadLibraryW(_In_ LPCWSTR lpLibFileName);
```

把一段可执行代码从一个进程中直接复制到其他进程中,代码保持不变,这样做可能会导致在其他进程中引用一个不合法的全局变量、API 函数地址(使用的是绝对地址),但是当把一个 DLL 加载到进程地址空间时,DLL 内部引用的绝对地址会通过 DLL 的重定位表进行修正,所有 DLL 中使用的绝对地址总会根据 DLL 加载到的基地址进行重新计算、修正,后面会介绍重定位表。

通过使用远程线程注入 DLL 的步骤总结如下。

(1)调用 VirtualAllocEx 函数在远程进程的地址空间中分配一块内存。

(2)调用 WriteProcessMemory 函数把要注入的 DLL 的路径复制到第 1 步分配的内存中。

（3）调用 GetProcAddress 函数得到 LoadLibraryA/LoadLibraryW 函数（Kernel32.dll 中）的实际地址。

（4）调用 CreateRemoteThread 函数在远程进程中创建一个线程，新创建的远程线程会立即调用 LoadLibraryA/LoadLibraryW 函数，DLL 会被注入远程进程的地址空间中，DLL 的 DllMain 函数会收到 DLL_PROCESS_ATTACH 通知并且可以执行我们想要执行的代码。当 DllMain 函数返回时，远程线程会从 LoadLibraryA / LoadLibraryW 调用返回，远程线程终止，但 DLL 仍然存在于被注入进程中。

相关释放工作如下所示。

（1）调用 VirtualFreeEx 函数释放第 1 步分配的内存。

（2）调用 GetProcAddress 得到 FreeLibrary 函数（Kernel32.dll 中）的实际地址。

（3）调用 CreateRemoteThread 函数在远程进程中创建一个新线程，使该线程调用 FreeLibrary 函数并在参数中传入已注入 DLL 的模块地址以卸载该 DLL。

接下来实现一个示例程序 RemoteApp，程序的运行效果如图 6.15 所示。

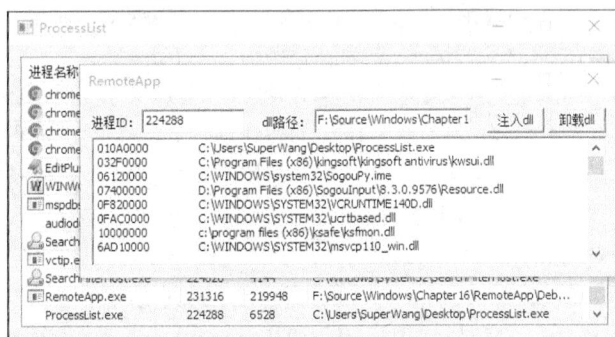

图 6.15

单击"注入 dll"按钮，程序会将 F:\Source\Windows\Chapter6\RemoteDll\Debug\RemoteDll.dll 注入指定的进程中（此处为 ProcessList 进程 224288），DLL 的 DllMain 函数会收到 DLL_PROCESS_ATTACH 通知，可以执行想要执行的代码。在该通知中，我们遍历被注入进程的地址空间，列出该进程使用的所有 DLL 模块，当然也可以在这里调用 CreateThread 函数创建一个线程以执行需要的代码。当 DllMain 函数返回时，远程线程会从 LoadLibraryA / LoadLibraryW 调用返回，远程线程终止。

RemoteDll 项目不需要头文件，因为没有导出函数，RemoteDll.cpp 源文件的内容如下：

```cpp
#include <Windows.h>
#include <tchar.h>

BOOL APIENTRY DllMain(HMODULE hModule, DWORD ul_reason_for_call, LPVOID lpReserved)
{
    TCHAR szBuf[MAX_PATH] = { 0 };              // 模块名称
    LPBYTE lpAddress = NULL;                     // 页面区域的起始地址
    MEMORY_BASIC_INFORMATION mbi = { 0 };        // 返回页面信息
    int nLen;
    TCHAR szModName[MAX_PATH] = { 0 };
    HWND hwndRemoteApp;

    switch (ul_reason_for_call)
```

```
    {
    case DLL_PROCESS_ATTACH:
        // 进程 RemoteApp 的窗口句柄
        hwndRemoteApp = FindWindow(TEXT("#32770"), TEXT("RemoteApp"));

        while (VirtualQuery(lpAddress, &mbi, sizeof(mbi)) == sizeof(mbi))
        {
            // 页面区域中页面的状态为 MEM_FREE 空闲
            if (mbi.State == MEM_FREE)
                mbi.AllocationBase = mbi.BaseAddress;

            if ((mbi.AllocationBase == NULL) || (mbi.AllocationBase == hModule) ||
                (mbi.BaseAddress != mbi.AllocationBase))
            {
                // 如果空间区域的基地址为 NULL，或者空间区域的基地址是本模块基地址，
                // 或者页面区域的基地址并不是空间区域的基地址 (每一个模块就是一块空间区域)
                nLen = 0;
            }
            else
            {
                // 获取加载到空间区域基地址处的模块文件名
                nLen = GetModuleFileName(HMODULE(mbi.AllocationBase), szModName, _countof(szModName));
            }

            if (nLen > 0)
            {
                wsprintf(szBuf, TEXT("%p\t%s\r\n"), mbi.AllocationBase, szModName);
                // 模块名称显示到进程 RemoteApp 的编辑控件中
                SendDlgItemMessage(hwndRemoteApp, 1005, EM_SETSEL, -1, -1);
                SendDlgItemMessage(hwndRemoteApp, 1005, EM_REPLACESEL, TRUE, (LPARAM)szBuf);
            }
            lpAddress += mbi.RegionSize;
        }
        break;

    case DLL_THREAD_ATTACH:
    case DLL_THREAD_DETACH:
    case DLL_PROCESS_DETACH:
        break;
    }

    return TRUE;
}
```

RemoteApp.cpp 源文件的内容如下：

```
#include <windows.h>
#include <tchar.h>
#include <TlHelp32.h>
#include "resource.h"
```

```
// 全局变量
HWND g_hwndDlg;

// 函数声明
INT_PTR CALLBACK DialogProc(HWND hwndDlg, UINT uMsg, WPARAM wParam, LPARAM lParam);
DWORD WINAPI ThreadProc(LPVOID lpParameter);
BOOL InjectDll(DWORD dwProcessId, LPTSTR lpDllPath);
BOOL EjectDll(DWORD dwProcessId, LPTSTR lpDllPath);

int WINAPI WinMain(HINSTANCE hInstance, HINSTANCE hPrevInstance, LPSTR lpCmdLine, int nCmdShow)
{
    DialogBoxParam(hInstance, MAKEINTRESOURCE(IDD_MAIN), NULL, DialogProc, NULL);
    return 0;
}

INT_PTR CALLBACK DialogProc(HWND hwndDlg, UINT uMsg, WPARAM wParam, LPARAM lParam)
{
    HANDLE hThread;
    DWORD dwProcessId;
    TCHAR szDllPath[MAX_PATH] = { 0 };

    switch (uMsg)
    {
    case WM_INITDIALOG:
        g_hwndDlg = hwndDlg;

        SetDlgItemText(hwndDlg, IDC_EDIT_PROCESSID, TEXT("请输入进程 ID"));
        SetDlgItemText(hwndDlg, IDC_EDIT_DLLPATH,
            TEXT("F:\\Source\\Windows\\Chapter6\\RemoteDll\\Debug\\RemoteDll.dll"));
        return TRUE;

    case WM_COMMAND:
        switch (LOWORD(wParam))
        {
        case IDC_BTN_INJECT:
            // 创建新线程完成对目标进程中 DLL 的注入
            hThread = CreateThread(NULL, 0, ThreadProc, NULL, 0, NULL);
            if (hThread)
                CloseHandle(hThread);
            break;

        case IDC_BTN_EJECT:
            dwProcessId = GetDlgItemInt(hwndDlg, IDC_EDIT_PROCESSID, NULL, FALSE);
            GetDlgItemText(hwndDlg, IDC_EDIT_DLLPATH, szDllPath, _countof(szDllPath));
            EjectDll(dwProcessId, szDllPath);
            break;

        case IDCANCEL:
            EndDialog(hwndDlg, 0);
            break;
        }
```

```
        return TRUE;
    }

    return FALSE;
}

DWORD WINAPI ThreadProc(LPVOID lpParameter)
{
    DWORD dwProcessId;
    TCHAR szDllPath[MAX_PATH] = { 0 };

    dwProcessId = GetDlgItemInt(g_hwndDlg, IDC_EDIT_PROCESSID, NULL, FALSE);
    GetDlgItemText(g_hwndDlg, IDC_EDIT_DLLPATH, szDllPath, _countof(szDllPath));
    return InjectDll(dwProcessId, szDllPath);
}

BOOL InjectDll(DWORD dwProcessId, LPTSTR lpDllPath)
{
    HANDLE hProcess = NULL;
    LPTSTR lpDllPathRemote = NULL;
    HANDLE hThread = NULL;

    hProcess = OpenProcess(PROCESS_QUERY_INFORMATION | PROCESS_CREATE_THREAD |
        PROCESS_VM_OPERATION | PROCESS_VM_WRITE, FALSE, dwProcessId);
    if (!hProcess)
        return FALSE;

    // 1. 调用 VirtualAllocEx 函数在远程进程的地址空间中分配一块内存
    int cbDllPath = (_tcslen(lpDllPath) + 1) * sizeof(TCHAR);
    lpDllPathRemote = (LPTSTR)VirtualAllocEx(hProcess, NULL, cbDllPath,
        MEM_RESERVE | MEM_COMMIT, PAGE_READWRITE);
    if (!lpDllPathRemote)
        return FALSE;

    // 2. 调用 WriteProcessMemory 函数把要注入的 DLL 的路径复制到第 1 步分配的内存中
    if (!WriteProcessMemory(hProcess, lpDllPathRemote, lpDllPath, cbDllPath, NULL))
        return FALSE;

    // 3. 调用 GetProcAddress 函数得到 LoadLibraryA / LoadLibraryW 函数
    //（Kernel32.dll）的实际地址
    PTHREAD_START_ROUTINE pfnThreadRtn = (PTHREAD_START_ROUTINE)
        GetProcAddress(GetModuleHandle(TEXT("Kernel32")), "LoadLibraryW");
    if (!pfnThreadRtn)
        return FALSE;

    // 4. 调用 CreateRemoteThread 函数在远程进程中创建一个线程
    hThread = CreateRemoteThread(hProcess, NULL, 0, pfnThreadRtn, lpDllPathRemote, 0, NULL);
    if (!hThread)
        return FALSE;

    WaitForSingleObject(hThread, INFINITE);
```

```
    // 5. 调用 VirtualFreeEx 函数释放第 1 步分配的内存
    if (!lpDllPathRemote)
        VirtualFreeEx(hProcess, lpDllPathRemote, 0, MEM_RELEASE);
    if (hThread)
        CloseHandle(hThread);
    if (hProcess)
        CloseHandle(hProcess);

    return TRUE;
}

BOOL EjectDll(DWORD dwProcessId, LPTSTR lpDllPath)
{
    HANDLE hSnapshot;
    MODULEENTRY32 me = { sizeof(MODULEENTRY32) };
    BOOL bRet;
    BOOL bFound = FALSE;
    HANDLE hProcess = NULL;
    HANDLE hThread = NULL;

    hSnapshot = CreateToolhelp32Snapshot(TH32CS_SNAPMODULE, dwProcessId);
    if (hSnapshot == INVALID_HANDLE_VALUE)
        return FALSE;

    bRet = Module32First(hSnapshot, &me);
    while (bRet)
    {
        if (_tcsicmp(TEXT("RemoteDll.dll"), me.szModule) == 0 ||
            _tcsicmp(lpDllPath, me.szExePath) == 0)
        {
            bFound = TRUE;
            break;
        }

        bRet = Module32Next(hSnapshot, &me);
    }
    if (!bFound)
        return FALSE;

    hProcess = OpenProcess(PROCESS_QUERY_INFORMATION | PROCESS_CREATE_THREAD |
        PROCESS_VM_OPERATION, FALSE, dwProcessId);
    if (!hProcess)
        return FALSE;

    // 6. 调用 GetProcAddress 得到 FreeLibrary 函数（Kernel32.dll）的实际地址
    PTHREAD_START_ROUTINE pfnThreadRtn = (PTHREAD_START_ROUTINE)
        GetProcAddress(GetModuleHandle(TEXT("Kernel32")), "FreeLibrary");
    if (!pfnThreadRtn)
        return FALSE;

    // 7. 调用 CreateRemoteThread 函数在远程进程中创建一个新线程，
```

```
// 让该线程调用 FreeLibrary 函数并在参数中传入已注入 DLL 的模块地址以卸载该 DLL
hThread = CreateRemoteThread(hProcess, NULL, 0, pfnThreadRtn, me.modBaseAddr, 0, NULL);
if (!hThread)
    return FALSE;

WaitForSingleObject(hThread, INFINITE);
if (hSnapshot != INVALID_HANDLE_VALUE)
    CloseHandle(hSnapshot);
if (hThread)
    CloseHandle(hThread);
if (hProcess)
    CloseHandle(hProcess);

return TRUE;
}
```

6.6.3　通过函数转发器机制注入 DLL

这里首先介绍一下函数转发器（Function Forwarder），函数转发器是 DLL 的一项特性——将对一个函数的调用转发到另一个 DLL 中某个函数的调用。使用 VS 的 Developer Command Prompt 工具，输入命令 DumpBin -Exports C:\Windows\System32\kernel32.dll，可以看到图 6.16 所示的界面。

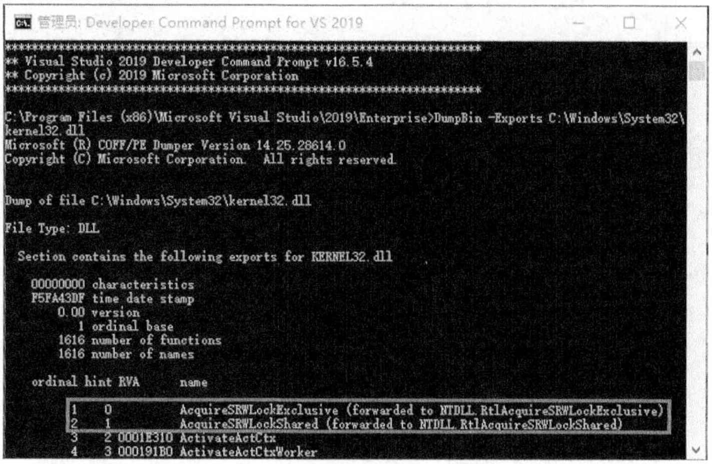

图 6.16

C:\Windows\System32\kernel32.dll 中存在许多被转发的函数，如果在程序中调用 kernel32. AcquireSRWLockExclusive、kernel32.AcquireSRWLockShared 函数，可执行程序会加载 kernel32. dll。当执行这两个函数时，可执行程序发现这两个函数已被转发，于是加载 NtDll.dll，并调用 NtDll.RtlAcquireSRWLockExclusive、NtDll.RtlAcquireSRWLockShared 函数，kernel32.dll 中的 AcquireSRWLockExclusive、AcquireSRWLockShared 函数并没有具体的函数实现。

实现具有函数转发器功能的 DLL 可以使用 pragma 指示符，如下所示：

```
#pragma comment(linker, "/export:SomeFunc=DllWork.SomeOtherFunc")
```

上述 pragma 告知链接器，正在编译的 DLL 应该导出一个名为 SomeFunc 的函数，但是实际实现 SomeFunc 函数的是另一个名为 SomeOtherFunc 的函数，该函数包含在一个名为 DllWork.dll 的模块中，我们必须为每个想要转发的函数单独创建一行 pragma。

为了方便生成函数转发代码，可以使用 AheadLib 软件，读者可以参考 Chapter6\AheadLib\AheadLib.exe。

这里以一个简单的 DLL 讲解实现函数转发器的方法，如果是单纯为了实现函数转发器，则根本不需要包括导出函数声明的头文件，FunctionForwarderDll.cpp 源文件的内容如下：

```
#include <Windows.h>

BOOL APIENTRY DllMain(HMODULE hModule, DWORD ul_reason_for_call, LPVOID lpReserved)
{
    switch (ul_reason_for_call)
    {
    case DLL_PROCESS_ATTACH:
        break;

    case DLL_THREAD_ATTACH:
    case DLL_THREAD_DETACH:
    case DLL_PROCESS_DETACH:
        break;
    }

    return TRUE;
}

#pragma comment(linker, "/export:MyMessageBox=User32.MessageBoxW")
```

使用 Depends.exe 查看 FunctionForwarderDll.dll，可以看到导出了一个名为 MyMessageBox 的函数（见图 6.17）。

Ordinal ^	Hint	Function	Entry Point
🔲 1 (0x0001)	0 (0x0000)	MyMessageBox	User32.MessageBoxW

图 6.17

接下来我们编写一个调用 FunctionForwarderDll.MyMessageBox 函数的可执行程序 FunctionForwarderApp，FunctionForwarderApp.cpp 源文件的内容如下所示：

```
#include <windows.h>
#include "resource.h"

// 函数声明
INT_PTR CALLBACK DialogProc(HWND hwndDlg, UINT uMsg, WPARAM wParam, LPARAM lParam);

int WINAPI WinMain(HINSTANCE hInstance, HINSTANCE hPrevInstance, LPSTR lpCmdLine, int nCmdShow)
{
    DialogBoxParam(hInstance, MAKEINTRESOURCE(IDD_MAIN), NULL, DialogProc, NULL);
    return 0;
```

```
}

INT_PTR CALLBACK DialogProc(HWND hwndDlg, UINT uMsg, WPARAM wParam, LPARAM lParam)
{
    HMODULE hFunctionForwarder = NULL;
    typedef BOOL(WINAPI* pfnMyMessageBox)(HWND hWnd, LPCTSTR lpText, LPCTSTR lpCaption, UINT
uType);
    pfnMyMessageBox pMyMessageBox = NULL;

    switch (uMsg)
    {
    case WM_INITDIALOG:
        return TRUE;

    case WM_COMMAND:
        switch (LOWORD(wParam))
        {
        case IDC_BTN_MYMESSAGEBOX:
            hFunctionForwarder = LoadLibrary(TEXT("FunctionForwarderDll.dll"));
            if (hFunctionForwarder)
            {
                pMyMessageBox = (pfnMyMessageBox)GetProcAddress(hFunctionForwarder,
"MyMessageBox");
                if (pMyMessageBox)
                    pMyMessageBox(hwndDlg, TEXT("MyMessageBox"), TEXT("提示"), MB_OK);

                FreeLibrary(hFunctionForwarder);
            }
            break;

        case IDCANCEL:
            EndDialog(hwndDlg, 0);
            break;
        }
        return TRUE;
    }

    return FALSE;
}
```

程序运行效果如图 6.18 所示。

假设我们知道一个可执行程序会加载一个名为 SomeDll.dll 的动态链接库，则可以利用函数转发器创建一个同名的 SomeDll.dll，包含函数转发器功能的 SomeDll.dll 导出了原 SomeDll.dll 的所有导出函数，包含函数转发器功能的 SomeDll.dll 导出的函数由 SomeDllReplace.dll 实现。包含函数转发器功能的 SomeDll.dll 和 SomeDllReplace.dll 创建好后，即可将这两个.dll 文件复制到可执行文件目录中（包含函数转发器功能的 SomeDll.dll 替换原 SomeDll.dll）。可执行程序调用原 SomeDll.dll 中的导出函数，实际调用的是 SomeDllReplace.dll 中的相关函数，包含函数转发器功能的 SomeDll.dll 和 SomeDllReplace.dll 相当于木马 DLL，实现了 DLL 劫持。

接下来实现一个简单的示例,但是涉及几个项目,包括原 SomeDll.dll 项目(DrawDll),包含函数转发器功能的 SomeDll.dll 项目(DrawDll2),函数的真正实现 SomeDllReplace.dll 项目(DrawDllReplace),可执行程序项目(DrawApp)。DrawDll.dll 中导出了一个绘制矩形的函数 DrawRectangle 和绘制椭圆的函数 DrawEllipse,通过 DrawDll2.dll(后期需要更名为 DrawDll.dll,替换掉可执行程序目录中的原 DrawDll.dll)和 SomeDllReplace.dll。可执行程序 DrawApp 调用绘制矩形函数 DrawRectangle 时实际上绘制的是圆形,调用绘制椭圆函数 DrawEllipse 时实际上绘制的是矩形。可执行程序 DrawApp 的运行效果如图 6.19 所示。

图 6.18

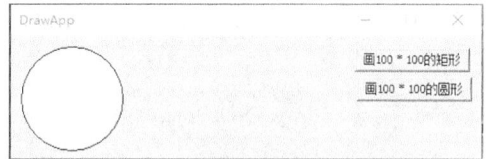

图 6.19

具体代码参见 Chapter6\ReplaceDll 项目。

DrawDll 项目是可执行程序 DrawApp 使用的原 DLL,DrawDll.h 头文件的内容如下:

```
#pragma once

// 声明导出的函数

#ifdef DLL_EXPORT
    #define DLL_API        extern "C"  __declspec(dllexport)
#else
    #define DLL_API        extern "C"  __declspec(dllimport)
#endif

// 导出函数
DLL_API VOID DrawRectangle(HWND hwnd);
DLL_API VOID DrawEllipse(HWND hwnd);
```

DrawDll.cpp 源文件的内容如下:

```
// 定义 DLL 的导出函数

#include <Windows.h>
#include <tchar.h>

#define DLL_EXPORT
#include "DrawDll.h"

BOOL APIENTRY DllMain(HMODULE hModule, DWORD ul_reason_for_call, LPVOID lpReserved)
{
    switch (ul_reason_for_call)
    {
    case DLL_PROCESS_ATTACH:
```

```
    case DLL_THREAD_ATTACH:
    case DLL_THREAD_DETACH:
    case DLL_PROCESS_DETACH:
        break;
    }

    return TRUE;
}

// 导出函数
VOID DrawRectangle(HWND hwnd)
{
    HDC hdc;

    hdc = GetDC(hwnd);
    Rectangle(hdc, 10, 10, 110, 110);
    ReleaseDC(hwnd, hdc);
}

VOID DrawEllipse(HWND hwnd)
{
    HDC hdc;

    hdc = GetDC(hwnd);
    Ellipse(hdc, 10, 10, 110, 110);
    ReleaseDC(hwnd, hdc);
}
```

DrawDll2 项目是函数转发器，不需要头文件，DrawDll2.cpp 源文件的内容如下：

```
#include <Windows.h>

BOOL APIENTRY DllMain(HMODULE hModule, DWORD ul_reason_for_call, LPVOID lpReserved)
{
    switch (ul_reason_for_call)
    {
    case DLL_PROCESS_ATTACH:
        break;

    case DLL_THREAD_ATTACH:
    case DLL_THREAD_DETACH:
    case DLL_PROCESS_DETACH:
        break;
    }

    return TRUE;
}

#pragma comment(linker, "/export:DrawRectangle=DrawDllReplace.DrawRectangle")
#pragma comment(linker, "/export:DrawEllipse=DrawDllReplace.DrawEllipse")
```

DrawDllReplace 项目是被转发函数的具体实现，DrawDllReplace.h 头文件的内容如下：

```
#pragma once
```

// 声明导出的函数

```
#ifdef DLL_EXPORT
#define DLL_API       extern "C" __declspec(dllexport)
#else
#define DLL_API       extern "C" __declspec(dllimport)
#endif
```

// 导出函数
```
DLL_API VOID DrawRectangle(HWND hwnd);
DLL_API VOID DrawEllipse(HWND hwnd);
```

DrawDllReplace.cpp 源文件的内容如下：

// 定义 DLL 的导出函数

```
#include <Windows.h>
#include <tchar.h>

#define DLL_EXPORT
#include "DrawDllReplace.h"

BOOL APIENTRY DllMain(HMODULE hModule, DWORD ul_reason_for_call, LPVOID lpReserved)
{
    switch (ul_reason_for_call)
    {
    case DLL_PROCESS_ATTACH:
    case DLL_THREAD_ATTACH:
    case DLL_THREAD_DETACH:
    case DLL_PROCESS_DETACH:
        break;
    }

    return TRUE;
}

// 导出函数
VOID DrawRectangle(HWND hwnd)
{
    HDC hdc;

    hdc = GetDC(hwnd);
    Ellipse(hdc, 10, 10, 110, 110);
    ReleaseDC(hwnd, hdc);
}

VOID DrawEllipse(HWND hwnd)
{
    HDC hdc;
```

```
    hdc = GetDC(hwnd);
    Rectangle(hdc, 10, 10, 110, 110);
    ReleaseDC(hwnd, hdc);
}
```

可执行程序 DrawApp.cpp 的内容如下：

```
#include <windows.h>
#include "resource.h"
#include "DrawDll.h"

#pragma comment(lib, "DrawDll.lib")

// 函数声明
INT_PTR CALLBACK DialogProc(HWND hwndDlg, UINT uMsg, WPARAM wParam, LPARAM lParam);

int WINAPI WinMain(HINSTANCE hInstance, HINSTANCE hPrevInstance, LPSTR lpCmdLine, int nCmdShow)
{
    DialogBoxParam(hInstance, MAKEINTRESOURCE(IDD_MAIN), NULL, DialogProc, NULL);
    return 0;
}

INT_PTR CALLBACK DialogProc(HWND hwndDlg, UINT uMsg, WPARAM wParam, LPARAM lParam)
{
    static BOOL bFirst = TRUE;
    static BOOL bRect;
    HDC hdc;
    PAINTSTRUCT ps;

    switch (uMsg)
    {
    case WM_COMMAND:
        switch (LOWORD(wParam))
        {
        case IDC_BTN_DRAWRECT:
            bFirst = FALSE;
            bRect = TRUE;
            InvalidateRect(hwndDlg, NULL, TRUE);
            break;

        case IDC_BTN_DRAWELLIPSE:
            bFirst = FALSE;
            bRect = FALSE;
            InvalidateRect(hwndDlg, NULL, TRUE);
            break;

        case IDCANCEL:
            EndDialog(hwndDlg, 0);
            break;
        }
        return TRUE;
```

```
case WM_PAINT:
    hdc = BeginPaint(hwndDlg, &ps);
    if (!bFirst)
    {
        if (bRect)
            DrawRectangle(hwndDlg);
        else
            DrawEllipse(hwndDlg);
    }
    EndPaint(hwndDlg, &ps);
    return TRUE;
}

return FALSE;
}
```

6.6.4　通过 CreateProcess 函数写入 ShellCode 注入 DLL

调用 CreateProcess 函数以挂起模式创建一个子进程，在子进程的主线程运行前，我们可以向子进程的地址空间中注入一些代码并率先得以执行，注入的代码执行完成后再转去执行主线程原来的代码，这种方法因为需要注入可执行代码，需要读者了解汇编，所以具有一定难度，但是该方法功能强大。

CreateProcessInjectDll 程序运行效果如图 6.20 所示。

单击"创建目标进程并注入 dll"按钮，程序调用 CreateProcess 函数后调用 GetThreadContext 函数，目的是获取主线程 EIP 指令指针寄存器的值并保存，然后调用 VirtualAllocEx 函数在目标进程中分配一块可读可写可执行的内存空间（首地址 lpMemoryRemote）用于存放我

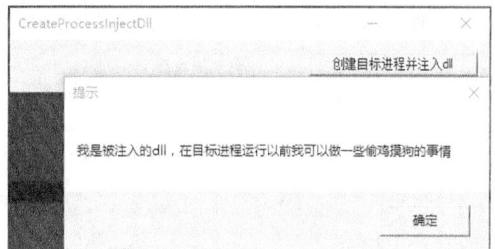

图 6.20

们设计的可执行代码 ShellCode，接下来可以调用 SetThreadContext 函数把 EIP 指向 lpMemoryRemote，最后调用 ResumeThread 函数恢复目标进程主线程的执行。

CreateProcessInjectDll.cpp 源文件的内容如下：

```cpp
#include <windows.h>
#include "resource.h"

// 函数声明
INT_PTR CALLBACK DialogProc(HWND hwndDlg, UINT uMsg, WPARAM wParam, LPARAM lParam);
BOOL CreateProcessAndInjectDll();

int WINAPI WinMain(HINSTANCE hInstance, HINSTANCE hPrevInstance, LPSTR lpCmdLine, int nCmdShow)
{
    DialogBoxParam(hInstance, MAKEINTRESOURCE(IDD_MAIN), NULL, DialogProc, NULL);
    return 0;
}
```

```
INT_PTR CALLBACK DialogProc(HWND hwndDlg, UINT uMsg, WPARAM wParam, LPARAM lParam)
{
    switch (uMsg)
    {
    case WM_COMMAND:
        switch (LOWORD(wParam))
        {
        case IDC_BTN_CREATE:
            CreateProcessAndInjectDll();
            break;

        case IDCANCEL:
            EndDialog(hwndDlg, 0);
            break;
        }
        return TRUE;
    }

    return FALSE;
}

BOOL CreateProcessAndInjectDll()
{
    STARTUPINFO si = { sizeof(STARTUPINFO) };
    PROCESS_INFORMATION pi = { 0 };
    TCHAR szExePath[MAX_PATH] = TEXT("ThreeThousandYears.exe");
    TCHAR szDllPath[MAX_PATH] = TEXT("MessageBoxDll.dll");
    BOOL bRet;

    // 29 字节的机器指令和 MAX_PATH * sizeof(TCHAR)字节要注入的 DLL 的名称
    BYTE ShellCode[29 + MAX_PATH * sizeof(TCHAR)] =
    {
        0x60,                              // pushad
        0x9C,                              // pushfd
        0x68,0xAA,0xBB,0xCC,0xDD,          // push [0xDDCCBBAA](0xDDCCBBAA 是目标进程中要注入的 DLL 的名称)
        0xFF,0x15,0xDD,0xCC,0xBB,0xAA,     // call [0xDDCCBBAA](0xDDCCBBAA 是 LoadLibraryW 函数的地址)
        0x9D,                              // popfd
        0x61,                              // popad
        0xFF,0x25,0xAA,0xBB,0xCC,0xDD,     // jmp [0xDDCCBBAA](0xDDCCBBAA 为目标进程原入口点)
        0xAA,0xAA,0xAA,0xAA,               // 保存 loadlibraryW 函数地址的 4 字节数据区域
        0xAA,0xAA,0xAA,0xAA,               // 保存目标进程原入口点地址的 4 字节数据区域
        0,                                 // 后面是存放要注入的动态链接库名称的数据区域
    };

    // 以挂起模式创建一个进程
    bRet = CreateProcess(szExePath, NULL, NULL, NULL, FALSE, CREATE_SUSPENDED, NULL, NULL, &si, &pi);
    if (!bRet)
        return FALSE;

    // 获取目标进程主线程环境(EIP)
```

```
CONTEXT context;
context.ContextFlags = CONTEXT_FULL;
if (!GetThreadContext(pi.hThread, &context))
    return FALSE;

// 获得 LoadLibraryW 函数的地址
DWORD dwLoadLibraryWAddr = (DWORD)GetProcAddress(GetModuleHandle(TEXT("kernel32.dll")),
    "LoadLibraryW");
if (!dwLoadLibraryWAddr)
    return FALSE;

// 在目标进程中分配内存，存放 ShellCode
LPVOID lpMemoryRemote = VirtualAllocEx(pi.hProcess, NULL, 29 + MAX_PATH * sizeof(TCHAR),
    MEM_RESERVE | MEM_COMMIT, PAGE_EXECUTE_READWRITE);
if (!lpMemoryRemote)
    return FALSE;

// push [0xDDCCBBAA](0xDDCCBBAA 是目标进程中要注入的 DLL 的名称) 偏移 ShellCode + 3
*(DWORD*)(ShellCode + 3) = (DWORD)lpMemoryRemote + 29;

// call [0xDDCCBBAA](0xDDCCBBAA 是 LoadLibraryW 函数的地址)偏移 ShellCode + 9
*(DWORD*)(ShellCode + 9) = (DWORD)lpMemoryRemote + 21;

// jmp [0xDDCCBBAA](0xDDCCBBAA 为目标进程原入口点)        偏移 ShellCode + 17
*(DWORD*)(ShellCode + 17) = (DWORD)lpMemoryRemote + 25;

// 保存 loadlibraryW 函数地址的 4 字节数据区域        偏移 ShellCode + 21
*(DWORD*)(ShellCode + 21) = dwLoadLibraryWAddr;

// 保存目标进程原入口点地址的 4 字节数据区域        偏移 ShellCode + 25
*(DWORD*)(ShellCode + 25) = context.Eip;

// 后面是存放要注入的动态链接库名称的数据区域        偏移 ShellCode + 29
memcpy_s(ShellCode + 29, MAX_PATH * sizeof(TCHAR), szDllPath, sizeof(szDllPath));

// 把 shellcode 写入目标进程
if (!WriteProcessMemory(pi.hProcess, lpMemoryRemote, ShellCode,
    29 + MAX_PATH * sizeof(TCHAR), NULL))
    return FALSE;

// 修改目标进程的 EIP，执行被注入的代码
context.Eip = (DWORD)lpMemoryRemote;
if (!SetThreadContext(pi.hThread, &context))
    return FALSE;

// 恢复目标进程的执行
ResumeThread(pi.hThread);

CloseHandle(pi.hThread);
CloseHandle(pi.hProcess);
```

```
    return TRUE;
}
```

ShellCode 字节数组中的粗体部分数据是暂时的占位数据，后期需要更改为具体的可用数据。

6.6.5 通过调试器写入 ShellCode 注入 DLL

要想调试一个程序，在调用 CreateProcess 函数创建子进程时只需将 dwCreationFlags 参数指定为 DEBUG_PROCESS 或 DEBUG_ONLY_THIS_PROCESS 标志即可。在载入一个被调试进程时，会在被调试进程的主线程尚未执行任何代码前自动通知调试器（CREATE_PROCESS_DEBUG_EVENT），这时调试器可以将一些可执行代码注入被调试进程的地址空间中，保存被调试进程的 CONTEXT 线程环境，修改 EIP 指向我们注入的代码以执行，最后恢复被调试进程原来的 CONTEXT 继续执行，整个过程对于被调试的进程而言好像没有发生任何事情。

6.6.6 通过 APC 机制注入 DLL

Windows 为每个线程维护一个 APC 队列，可以通过调用 QueueUserAPC 函数将一个用户模式 APC 对象添加到指定线程的 APC 队列。参考 CreateRemoteThread 远程线程注入 DLL 的原理，可以把 QueueUserAPC 函数的 APC 回调函数指针设置为 LoadLibraryA / LoadLibraryW 函数的地址，把传递给 APC 回调函数的参数设置为欲加载到目标线程中的 DLL 的路径，这样一来目标线程在执行 APC 的时候就会调用 LoadLibraryA / LoadLibraryW 函数加载指定的 DLL。

无法确定目标进程中哪个线程处于可通知的等待状态，为了确保成功执行插入 APC，可以向目标进程的每个线程都注入该 APC。本节的示例程序与通过 CreateRemoteThread 远程线程注入 DLL 的例子类似，参见 Chapter6\APCInjectApp 项目。

6.6.7 通过输入法机制注入 DLL

用户切换输入法时，输入法管理器会加载所选择输入法对应的.ime 文件到当前活动进程中以使用新选择的输入法，.ime 文件实际上就是一个 DLL 文件。可以自己创建一个输入法.ime 文件，通过输入法管理器提供的 API 函数加载自己的.ime 文件（相当于用户选择了输入法），在该.ime 文件的 DllMain 函数的 DLL_PROCESS_ATTACH 中调用 LoadLibrary 函数加载需要注入的 DLL。

输入法编辑器（Input Method Editors，IME）是 Microsoft 提供的一套输入法编程规范。依照这套规范，开发人员不需要处理太多与输入法特性相关的操作，例如光标跟随、输入捕获以及字码转换后输出到活动窗口等，程序员只需要使用输入法管理器 IMM32.dll 提供的 API 函数实现 IME 规范规定必须导出的相关 API 即可。

笔者使用的是搜狗拼音输入法，通过 PEInfo 程序（PE 文件格式深入剖析一章提供的示例程序）打开 C:\Windows\system32\SogouPy.ime 文件，可以看到导出了下列 15 个 API 函数，如图 6.21 所示。

这里不是完整地介绍输入法编程，目的仅仅是通过输入法机制来注入 DLL，因此我们自己的输入法.ime 文件不需要实现上述 API，只需要在 DllMain 函数的 DLL_PROCESS_ATTACH 中调用 LoadLibrary 函数加载需要注入的 DLL 即可。

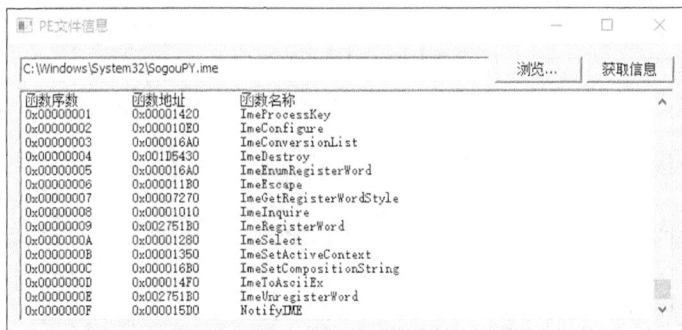

图 6.21

通过输入法机制注入 DLL 需要 3 个项目，自己的输入法 MyIME.ime、需要注入的 MyIMETestDll.dll 和可执行程序 MyIMEInstaller.exe（负责安装、卸载和清理自己的输入法）。为了易于管理，编译后这 3 个文件应该放在同一个目录中。

MyIMEInstaller 程序运行的效果如图 6.22 所示。

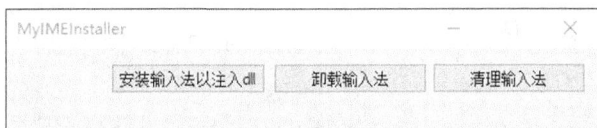

图 6.22

在 MyIME.ime 的 DllMain 函数的 DLL_PROCESS_ATTACH 中需要调用 LoadLibrary 函数加载需要注入的 MyIMETestDll.dll，笔者把注入 DLL 的路径写入内存映射文件中，以下是 MyIMEInstaller 程序在初始化时需要做的工作：

```
case WM_INITDIALOG:
  g_hwndDlg = hwndDlg;

  // 同目录下注入 dll 的完整路径
  GetModuleFileName(NULL, szInjectDllName, _countof(szInjectDllName));
  if (lpStr = _tcsrchr(szInjectDllName, TEXT('\\')))
    StringCchCopy(lpStr + 1, _tcslen(TEXT("MyIMETestDll.dll")) + 1, TEXT("MyIMETestDll.dll"));

  // 创建一个命名文件映射内核对象，4096 字节，用于存放注入 DLL 的完整路径
  hFileMap = CreateFileMapping(INVALID_HANDLE_VALUE, NULL, PAGE_READWRITE,
    0, 4096, TEXT("DEAE59A6-F81B-4DC4-B375-68437206A1A4"));
  if (!hFileMap)
  {
    MessageBox(hwndDlg, TEXT("CreateFileMapping 调用失败"), TEXT("提示"), MB_OK);
    return TRUE;
  }

  // 把文件映射对象 hFileMap 的全部内容映射到进程的虚拟地址空间中
  lpMemory = MapViewOfFile(hFileMap, FILE_MAP_READ | FILE_MAP_WRITE, 0, 0, 0);
  if (!lpMemory)
```

```
    {
        MessageBox(hwndDlg, TEXT("MapViewOfFile调用失败"), TEXT("提示"), MB_OK);
        return TRUE;
    }

    // 复制注入 DLL 的完整路径到内存映射文件
    StringCchCopy((LPTSTR)lpMemory, MAX_PATH, szInjectDllName);
    return TRUE;
```

用于安装输入法的自定义函数 InstallMyIME 的代码如下所示：

```
VOID InstallMyIME()
{
    // 复制 .ime 文件到系统目录中
    CopyFile(TEXT("MyIME.ime"), TEXT("C:\\WINDOWS\\system32\\MyIME.ime"), FALSE);

    // 获取当前默认输入法的键盘布局句柄(句柄包括语言 ID 和物理布局 ID)，通过全局变量 g_hklDefault 返回
    SystemParametersInfo(SPI_GETDEFAULTINPUTLANG, 0, &g_hklDefault, FALSE);

    // 安装自己的输入法
    g_hklMy = ImmInstallIME(TEXT("MyIME.ime"), TEXT("我的输入法"));
    StringCchPrintf(g_szKLID, _countof(g_szKLID), TEXT("%08X"), (DWORD)g_hklMy);

    // 如果自己的输入法安装成功
    if (ImmIsIME(g_hklMy))
    {
        // 加载自己的输入法到系统中
        LoadKeyboardLayout(g_szKLID, KLF_ACTIVATE);
        // 投递一条 WM_INPUTLANGCHANGEREQUEST 消息到前台窗口(模拟用户选择新的输入法)
        PostMessage(GetForegroundWindow(), WM_INPUTLANGCHANGEREQUEST,
            INPUTLANGCHANGE_SYSCHARSET, (LPARAM)g_hklMy);
        // 设置为默认输入法
        SystemParametersInfo(SPI_SETDEFAULTINPUTLANG, 0, &g_hklMy, SPIF_SENDCHANGE);
        MessageBox(g_hwndDlg, TEXT("我的输入法已经设置为默认输入法"), TEXT("提示"), MB_OK);
    }
}
```

SystemParametersInfo 函数用于获取或设置系统参数，可以选择是否同时更新用户配置文件并广播 WM_SETTINGCHANGE 消息到所有顶级窗口：

```
BOOL WINAPI SystemParametersInfo(
    _In_    UINT  uiAction,  // 要获取或设置的系统参数
    _In_    UINT  uiParam,   // 辅助参数，其用法和格式取决于要获取或设置的系统参数
    _Inout_ PVOID pvParam,   // 辅助参数，其用法和格式取决于要获取或设置的系统参数
    _In_    UINT  fWinIni);  // 是否同时更新用户配置文件并广播 WM_SETTINGCHANGE 消息到所有顶级窗口
```

- uiAction 参数指定为要获取或设置的系统参数，包括桌面、图标、输入（键盘、鼠标、输入语言等）、菜单、电源、屏保、超时、UI 效果、窗口和辅助功能等类别，具体的系统参数很多，请读者自行参考 MSDN。
- uiParam 和 pvParam 均是辅助参数，其用法和格式取决于要获取或设置的系统参数。

- fWinIni 参数表示是否同时更新用户配置文件并广播 WM_SETTINGCHANGE 消息到所有顶级窗口。如果设置为 SPIF_UPDATEINIFILE 表示将新的系统参数写入用户配置文件；如果设置为 SPIF_SENDCHANGE 表示将新的系统参数写入用户配置文件然后广播 WM_SETTINGCHANGE 消息到所有顶级窗口；如果不需要可以设置为 0。

ImmInstallIME 函数用于安装输入法，在安装前必须将输入法文件 MyIME.ime 复制到系统目录中，安装自己的输入法后会返回一个键盘布局句柄（也称为输入区域设置 ID）到全局变量 g_hklMy 中。这里顺便保存了其字符串形式到全局变量 g_szKLID 中，后面会用到。

LoadKeyboardLayout 函数用于加载自己的输入法到系统中，但是如果调用进程没有具有键盘焦点的窗口，那么函数调用会失败。为了保险起见，可以投递一条 WM_INPUTLANGCHANGEREQUEST 消息到前台窗口（模拟用户选择新的输入法）。

用于卸载输入法的自定义函数 UninstallMyIME 的代码如下：

```
VOID UninstallMyIME()
{
    // 先设置回原来的默认输入法
    SystemParametersInfo(SPI_SETDEFAULTINPUTLANG, 0, &g_hklDefault, SPIF_SENDCHANGE);

    // 卸载自己的输入法
    if (UnloadKeyboardLayout(g_hklMy))
        MessageBox(g_hwndDlg, TEXT("我的输入法已经卸载成功"), TEXT("提示"), MB_OK);
}
```

当不再需要所安装的输入法的时候，应该进行清理。

安装输入法后，会创建一个 "HKEY_LOCAL_MACHINE\SYSTEM\ControlSet001\Control\Keyboard Layouts\键盘布局句柄(我这里为 E0200804)" 子键，有图 6.23 所示的键值项。

图 6.23

同时会在 HKEY_CURRENT_USER\Keyboard Layout\Preload 子键下面创建图 6.24 所示的键值项。

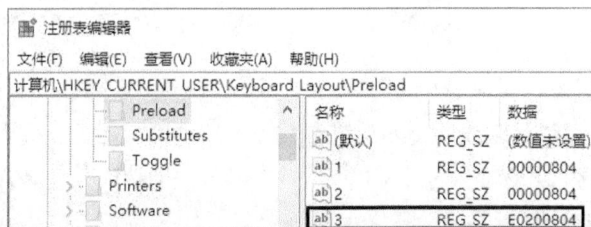

图 6.24

　　另外，还要删除系统目录中的 MyIME.ime 文件。用于清理输入法的自定义函数 ClearMyIME 的代码如下：

```
VOID ClearMyIME()
{
    // 删除 HKEY_LOCAL_MACHINE\SYSTEM\CurrentControlSet\Control\Keyboard Layouts\E0200804 子键
    TCHAR szSubKey[MAX_PATH] = TEXT("SYSTEM\\CurrentControlSet\\Control\\Keyboard Layouts\\");
    StringCchCat(szSubKey, _countof(szSubKey), g_szKLID);
    RegDeleteKey(HKEY_LOCAL_MACHINE, szSubKey);

    // 删除 HKEY_CURRENT_USER\Keyboard Layout\Preload 下面键值为"E0200804"的键值项
    HKEY     hKey;
    LPCTSTR  lpSubKey = TEXT("Keyboard Layout\\Preload");
    DWORD    dwIndex = 0;
    TCHAR    szValueName[16] = { 0 };
    DWORD    dwchValueName;
    TCHAR    szValueData[MAX_PATH] = { 0 };
    DWORD    dwcbValueData;
    LONG     lRet;

    RegOpenKeyEx(HKEY_CURRENT_USER, lpSubKey, 0, KEY_READ | KEY_WRITE, &hKey);
    while (TRUE)
    {
        dwchValueName = _countof(szValueName);
        dwcbValueData = sizeof(szValueData);
        lRet = RegEnumValue(hKey, dwIndex, szValueName, &dwchValueName, NULL, NULL,
            (LPBYTE)szValueData, &dwcbValueData);
        if (lRet == ERROR_NO_MORE_ITEMS)
            break;

        if (_tcsicmp(g_szKLID, szValueData) == 0)
            RegDeleteValue(hKey, szValueName);

        dwIndex++;
    }

    // 删除输入法文件
    if (!DeleteFile(TEXT("C:\\WINDOWS\\system32\\MyIME.ime")))
    {
        // 下次重新启动系统后删除
        MoveFileEx(TEXT("C:\\WINDOWS\\system32\\MyIME.ime"), NULL, MOVEFILE_DELAY_UNTIL_REBOOT);
        MessageBox(g_hwndDlg, TEXT("我的输入法已清理完毕，重启后删除.ime 文件"), TEXT("提示"), MB_OK);
    }
    else
    {
        MessageBox(g_hwndDlg, TEXT("我的输入法已清理完毕"), TEXT("提示"), MB_OK);
    }
}
```

　　前面说过，我们的目的仅仅是通过输入法机制来注入 DLL，自己的输入法.ime 文件不需要实现任何 API，因此不需要头文件。MyIME.cpp 源文件的内容如下所示：

```cpp
#include <Windows.h>
#include <tchar.h>
#include <strsafe.h>

BOOL APIENTRY DllMain(HMODULE hModule, DWORD ul_reason_for_call, LPVOID lpReserved)
{
  static HANDLE  hFileMap;
  static LPVOID  lpMemory;
  static TCHAR   szInjectDllName[MAX_PATH] = { 0 };      // 注入 DLL 完整路径
  static HMODULE hModuleInject;                          // 注入 DLL 模块句柄

  switch (ul_reason_for_call)
  {
  case DLL_PROCESS_ATTACH:
    // 打开命名文件映射内核对象，从内存映射文件中获取注入 DLL 的完整路径
    hFileMap = CreateFileMapping(INVALID_HANDLE_VALUE, NULL, PAGE_READWRITE,
        0, 4096, TEXT("DEAE59A6-F81B-4DC4-B375-68437206A1A4")));
    if (!hFileMap)
      return FALSE;

    // 把文件映射对象 hFileMap 的全部内容映射到进程的虚拟地址空间中
    lpMemory = MapViewOfFile(hFileMap, FILE_MAP_READ | FILE_MAP_WRITE, 0, 0, 0);
    if (!lpMemory)
      return FALSE;

    // 获取注入 DLL 的完整路径
    StringCchCopy(szInjectDllName, _countof(szInjectDllName), (LPTSTR)lpMemory);

    // 加载注入 DLL
    hModuleInject = LoadLibrary(szInjectDllName);
    break;

  case DLL_THREAD_ATTACH:
    break;

  case DLL_THREAD_DETACH:
    break;

  case DLL_PROCESS_DETACH:
    UnmapViewOfFile(lpMemory);
    CloseHandle(hFileMap);
    if (hModuleInject)
      FreeLibrary(hModuleInject);
    break;
  }

  return TRUE;
}
```

.ime 文件必须添加一个版本信息资源，其中 FILETYPE 设置为 VFT_DRV，FILESUBTYPE 设置为 VFT2_DRV_INPUTMETHOD，其他信息则无关紧要，否则调用 ImmInstallIME 函数安装输入法时会失败。

可以修改编译得到的 DLL 后缀名为.ime，或者通过项目属性→配置属性→高级→目标文件扩展名，设置为.ime。

如果 MyIME.ime、MyIMETestDll.dll 和 MyIMEInstaller.exe 均编译为 32 位，并且操作系统为 64 位，调用 CopyFile 函数复制输入法文件到 C:\Windows\System32，会被文件系统重定向，实际写入 C:\Windows\SysWOW64 目录中，因此自己的输入法不能用于 64 位程序。要想将自己的输入法应用于 64 位程序，还必须实现 64 位版本的 MyIME.ime 和 MyIMETestDll.dll，将 64 位版本的 MyIME.ime 复制到 C:\Windows\System32 目录中。

在 WOW64 下运行的应用程序（32 位程序运行在 64 位 Windows 上）默认情况下会启用文件系统重定向，要想将文件写入 C:\Windows\System32 目录中，需要关闭文件系统的重定向。

Wow64DisableWow64FsRedirection 函数用于禁用调用线程的文件系统重定向：

```
BOOL WINAPI Wow64DisableWow64FsRedirection(
    _Out_ PVOID* ppOldValue);  // 一个指向 PVOID 类型变量的指针，返回一些 WOW64 文件系统重定向信息
```

ppOldValue 参数是一个指向 PVOID 类型变量的指针，函数会通过 *ppOldValue 返回一些 WOW64 文件系统重定向信息，重新启用文件系统重定向的时候需要使用这些信息，程序不需要关心更不能修改这些信息。

禁用文件系统重定向会影响调用线程的所有文件操作，因此在执行完所需的操作后应该立即重新启用文件系统重定向。Wow64RevertWow64FsRedirection 函数用于恢复调用线程的文件系统重定向：

```
BOOL WINAPI Wow64RevertWow64FsRedirection(
    _In_ PVOID pOlValue);    // Wow64DisableWow64FsRedirection 函数返回的 WOW64 文件系统重定向信息
```

函数会同时释放 Wow64DisableWow64FsRedirection 函数返回的文件系统重定向信息。

每次对 Wow64DisableWow64FsRedirection 函数的成功调用都必须具有对 Wow64RevertWow64FsRedirection 函数的匹配调用，这可以确保重新启用重定向并释放相关的系统资源。例如下面的代码：

```
LPVOID pOldValue = NULL;

Wow64DisableWow64FsRedirection(&pOldValue);
// 文件操作
// ...
Wow64RevertWow64FsRedirection(pOldValue);
```

6.7　Shadow API 技术

在使用 OD 调试程序时，通常为 API 函数设置断点，比如用户输入的注册码无效，那么程序可以调用 MessageBox 函数弹出一个注册失败的消息框。我们可以为 MessageBoxA / MessageBoxW 函数设置断点，这样一来程序会在系统弹出注册失败消息框时中断，然后我们可以按 F8 键单步执行，在程序

执行完 MessageBox 函数的内部实现代码后，会返回到代码中 call MessageBox 指令的下一行，这时候我们可以往上查找关键代码。

加密解密的过程中会涉及 Shadow API 技术，该技术会使 API 函数断点失效。代码如下：

```
#include <windows.h>
#include "resource.h"

// 函数声明
INT_PTR CALLBACK DialogProc(HWND hwndDlg, UINT uMsg, WPARAM wParam, LPARAM lParam);

int WINAPI WinMain(HINSTANCE hInstance, HINSTANCE hPrevInstance, LPSTR lpCmdLine, int nCmdShow)
{
    DialogBoxParam(hInstance, MAKEINTRESOURCE(IDD_MAIN), NULL, DialogProc, NULL);
    return 0;
}

INT_PTR CALLBACK DialogProc(HWND hwndDlg, UINT uMsg, WPARAM wParam, LPARAM lParam)
{
    switch (uMsg)
    {
    case WM_COMMAND:
        switch (LOWORD(wParam))
        {
        case IDC_BTN_OK:
            MessageBox(hwndDlg, TEXT("内容"), TEXT("标题"), MB_OK); // 实为 MessageBoxW
            break;

        case IDCANCEL:
            EndDialog(hwndDlg, 0);
            break;
        }
        return TRUE;
    }

    return FALSE;
}
```

程序运行效果如图 6.25 所示。

图 6.25

当用户单击"打开一个消息框"按钮时，程序会弹出一个消息框（见图 6.26）。

把 ShadowAPI 程序编译为 Release 版本，OD 载入 ShadowAPI.exe。

用鼠标右键单击反汇编窗口，然后选择查找→当前模块中的名称（标签）或按快捷键 Ctrl + N，可以打开一个函数名称窗口。该窗口中列出了程序中用到的 API 函数名称，输入法切换到英文状态，输入 MessageBoxW，如图 6.27 所示，可以发现程序中用到了 User32.dll 中的 MessageBoxW 函数。

```
013B1000 ┌$ 55           push  ebp
013B1001 │. 8BEC         mov   ebp, esp
013B1003 │. 6A 00        push  0x0                              ┌lParam = NULL
013B1005 │. 68 20103B01  push  DialogProc                       │DlgProc = ShadowAP.Dia
013B100A │. 6A 00        push  0x0                              │hOwner = NULL
013B100C │. 6A 65        push  0x65                             │pTemplate = 0x65
013B100E │. FF75 08      push  dword ptr [ebp+0x8]              │hInst
013B1011 │. FF15 08D13B0 call  dword ptr [<&USER32.DialogB      └DialogBoxParamW
```

图 6.26

```
013BD100 .rdata 输入 USER32.MessageBoxW
013C10FA .rdata 库   _minfinity
013B12C5 .text  输出 <ModuleEntryPoint>
```

图 6.27

查看菜单→CPU，回到 CPU 窗口，用鼠标右键单击反汇编窗口，然后选择转到→表达式快捷键 Ctrl + G，打开输入表达式对话框，输入 MessageBoxW，单击“OK”按钮，导航至 MessageBoxW 函数的代码实现处（见图 6.28）。

```
7720DB70  8BFF        mov   edi, edi
7720DB72  55          push  ebp
7720DB73  8BEC        mov   ebp, esp
7720DB75  6A FF       push  -0x1
7720DB77  6A 00       push  0x0
7720DB79  FF75 14     push  dword ptr [ebp+0x14]
7720DB7C  FF75 10     push  dword ptr [ebp+0x10]
7720DB7F  FF75 0C     push  dword ptr [ebp+0xC]
7720DB82  FF75 08     push  dword ptr [ebp+0x8]
7720DB85  E8 56FEFFFF call  MessageBoxTimeoutW        call 7720D9E0
7720DB8A  5D          pop   ebp
7720DB8B  C2 1000     retn  0x10
```

图 6.28

这就是 MessageBoxW 函数的完整实现代码（30 字节），其中调用了 User32.MessageBoxTimeoutW 函数。注意这是在 Windows 10 系统中 MessageBoxW 函数的实现代码，在其他操作系统中该函数的具体实现有所不同。例如在 Windows 7 系统中 MessageBoxW 函数的实现代码如图 6.29 所示。

```
76EAEA5F   8BFF              mov   edi, edi
76EAEA61   55                push  ebp
76EAEA62   8BEC              mov   ebp, esp
76EAEA64   833D 749AEB76 00  cmp   dword ptr [76EB9A74], 0
76EAEA6B v 74 24             je    short 76EAEA91
76EAEA6D   64:A1 18000000    mov   eax, dword ptr fs:[18]
76EAEA73   6A 00             push  0
76EAEA75   FF70 24           push  dword ptr [eax+24]
76EAEA78   68 A49EEB76       push  76EB9EA4
76EAEA7D   FF15 3414E576     call  dword ptr [<&KERNEL32.InterlockedCompareExchange>]
76EAEA83   85C0              test  eax, eax
76EAEA85 v 75 0A             jnz   short 76EAEA91
76EAEA87   C705 A09EEB76 010 mov   dword ptr [76EB9EA0], 1
76EAEA91   6A 00             push  0
76EAEA93   FF75 14           push  dword ptr [ebp+14]
76EAEA96   FF75 10           push  dword ptr [ebp+10]
76EAEA99   FF75 0C           push  dword ptr [ebp+C]
76EAEA9C   FF75 08           push  dword ptr [ebp+8]
76EAEA9F   E8 49FFFFFF       call  MessageBoxExW
76EAEAA4   5D                pop   ebp
76EAEAA5   C2 1000           retn  10
```

图 6.29

这里以 Windows 10 为例介绍 Shadow API，我们可以通过调用 VirtualAlloc 函数申请一块内存空间 pMessageBoxWNew，把 MessageBoxW 函数的实现代码复制到以 pMessageBoxWNew 为基地址的内
存空间中，在程序中需要调用 MessageBox 的地方调用 pMessageBoxWNew(hwndDlg, TEXT("内容"),
TEXT("标题"), MB_OK);。

如前所述，一个进程中用到的全局变量和 API 函数地址是一个绝对地址（相对于本进程）。如图
6.30 所示，在反汇编窗口中双击 7720DB85 一行，可以
发现 call MessageBoxTimeoutW 就是 call 7720D9E0，这
一句反汇编代码的 Hex 数据为 E8 56FEFFFF，E8 表
示 call 指令，0xFFFFFE56 实际上是一个相对地址，
MessageBoxTimeoutW 函数的地址是 0x7720D9E0，call

图 6.30

MessageBoxTimeoutW 下一行的地址是 0x7720DB8A，0x7720D9E0−0x7720DB8A 等于 0xFFFFFE56。
如果把 MessageBoxW 函数的实现代码复制到其他地址，需要更改 call 指令的相对地址 0xFFFFFE56。
相对地址 0xFFFFFE56 的地址很容易确定，就是 MessageBoxW 函数起始地址偏移 22 的 DWORD 数
据。接下来实现 Shadow MessageBoxW，ShadowAPI.cpp 源文件的内容如下：

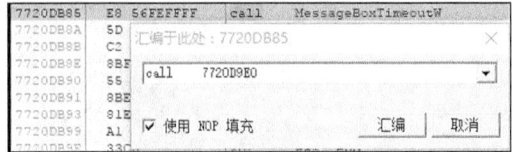

```cpp
#include <windows.h>
#include "resource.h"

// 函数声明
INT_PTR CALLBACK DialogProc(HWND hwndDlg, UINT uMsg, WPARAM wParam, LPARAM lParam);

int WINAPI WinMain(HINSTANCE hInstance, HINSTANCE hPrevInstance, LPSTR lpCmdLine, int nCmdShow)
{
    DialogBoxParam(hInstance, MAKEINTRESOURCE(IDD_MAIN), NULL, DialogProc, NULL);
    return 0;
}

INT_PTR CALLBACK DialogProc(HWND hwndDlg, UINT uMsg, WPARAM wParam, LPARAM lParam)
{
    typedef int (WINAPI* pfnMessageBoxW)(HWND hWnd, LPCWSTR lpText, LPCWSTR lpCaption, UINT uType);
    pfnMessageBoxW pMessageBoxW = NULL;
    static pfnMessageBoxW pMessageBoxWNew = NULL; // 分配内存空间存放 MessageBoxW 函数机器码
    BYTE bArr[30] = { 0 };                        // 存放 MessageBoxW 函数实现代码的缓冲区
    LPBYTE pMessageBoxTimeoutW = NULL;            // MessageBoxTimeoutW 函数的地址
    DWORD dwReplace;                              // MessageBoxTimeoutW 函数的相对地址

    switch (uMsg)
    {
    case WM_INITDIALOG:
        // 获取 MessageBoxW 函数的地址，并读取函数数据
        pMessageBoxW = (pfnMessageBoxW)GetProcAddress(GetModuleHandle(TEXT ("User32.dll")),
            "MessageBoxW");
        ReadProcessMemory(GetCurrentProcess(), pMessageBoxW, bArr, sizeof(bArr), NULL);

        // 分配内存空间存放 MessageBoxW 函数，可读可写可执行
        pMessageBoxWNew = (pfnMessageBoxW)VirtualAlloc(NULL, sizeof(bArr), MEM_RESERVE |
MEM_COMMIT, PAGE_EXECUTE_READWRITE);
```

```
WriteProcessMemory(GetCurrentProcess(), pMessageBoxWNew, bArr, sizeof(bArr), NULL);

// 获取 MessageBoxTimeoutW 函数的地址
pMessageBoxTimeoutW = (LPBYTE)GetProcAddress(GetModuleHandle(TEXT("User32.dll")),
    "MessageBoxTimeoutW");

// 计算并修改相对地址，是 pMessageBoxWNew 函数偏移 22 的 DWORD 数据
dwReplace = pMessageBoxTimeoutW - (LPBYTE)pMessageBoxWNew - 26;
WriteProcessMemory(GetCurrentProcess(), (LPBYTE)pMessageBoxWNew + 22, &dwReplace,
    4, NULL);
return TRUE;

case WM_COMMAND:
    switch (LOWORD(wParam))
    {
    case IDC_BTN_OK:
        // 如果在调试器中对 MessageBoxW 函数设置了 int3 断点，有可能第 1 字节被修改为 0xCC
        if (*(LPBYTE)pMessageBoxWNew == 0xCC)
            *(LPBYTE)pMessageBoxWNew = 0x8B;
        pMessageBoxWNew(hwndDlg, TEXT("内容"), TEXT("标题"), MB_OK);
        break;

    case IDCANCEL:
        EndDialog(hwndDlg, 0);
        break;
    }
    return TRUE;
}

return FALSE;
}
```

当用户单击"打开一个消息框"按钮时，程序依然会弹出一个消息框。OD 载入 ShadowAPI.exe，函数名称窗口中已经没有了 MessageBoxW 函数，在 OD 底部的命令窗口中输入 bp MessageBoxW 然后按 Enter 键，表示在 MessageBoxW 函数起始地址处设置 int3 普通断点，然而我们按 F9 键运行程序，单击"打开一个消息框"按钮，程序并不会中断下来，消息框正常弹出（见图 6.31）。Shadow API 技术可以很好地实现程序反调试。

图 6.31

关于 Shadow API 技术，应该针对不同的操作系统实现不同的编码，微软已经不建议使用 GetVersionEx 函数判断操作系统版本，如果需要判断操作系统版本，则可以使用 Version Helper functions。

如前所述，E8 是 call 指令，后面加上一个相对地址；实际上 call 指令还可以是 FF15，这时后面加上一个绝对地址。还有其他可能的情况，如图 6.32 所示。

图 6.32

关于 call 和 jmp 机器码的几种情况如表 6.5 所示（32 位）。

表 6.5

机器码	指令	含义
0xE8	call	后面的 4 字节是相对地址
0xFF	call	后面加上一个寄存器
0xFF15	call	后面的 4 字节是存放地址的地址
0xE9	jmp	后面的 4 字节是相对地址，远跳
0xEB	jmp	后面的 2 字节是相对地址，近跳
0xFF25	jmp	后面的 4 字节是存放地址的地址，远跳

另外需要注意的是，x86、x64、IA-64 和其他 CPU 的 call、jmp 等指令的机器码有所不同。

6.8　Hook API 技术

6.8.1　随机数

随机数是专门的随机试验的结果，在统计学的不同技术中需要使用随机数，比如在从统计总体中抽取具有代表性的样本时，或者在将实验动物分配到不同的试验组中时，或者在进行蒙特卡罗模拟法计算时等。产生随机数有多种不同的方法，这些方法称为随机数发生器。随机数最重要的特性是，它产生的下一个数与前面的数毫无关系。

根据密码学原理，随机数的随机性检验可以分为 3 个标准。

（1）统计学伪随机性：指在给定的随机比特流样本中，1 的数量大致等于 0 的数量，例如 "10" "01" "00" "11" 四者数量大致相等，满足这类要求的数字对人类来说 "一眼看上去" 是随机的。

（2）密码学安全伪随机性：定义为根据随机样本的一部分和随机算法，不能有效地演算出随机样本的剩余部分。

（3）真随机性：定义为随机样本不可重现。实际上只要给定边界条件，真随机数并不存在，但是如果一个真随机数样本的边界条件十分复杂且难以捕捉，那么使用这个方法就可以演算出真随机数。

随机数也分为 3 类。

（1）伪随机数：满足第 1 个条件的随机数。

（2）密码学安全伪随机数：同时满足前 2 个条件的随机数，通过密码学安全伪随机数生成器计算得出。

（3）真随机数：同时满足 3 个条件的随机数。

在实际应用中通常使用伪随机数就足够了。这些数列是"似乎"随机的数，实际上它们是通过一个固定的、可以重复的计算方法产生的。计算机或计算器产生的随机数有很长的周期性，伪随机数并不是真正的随机，但是它们具有类似于随机数的统计特征，这样的发生器叫作伪随机数发生器。使用计算机产生真随机数的方法是获取 CPU 频率与温度的不确定性，以及统计一段时间的每次运算都会产生不同的值、系统时间的误差以及声卡的底噪等。

通过 C/C++运行库函数 time、srand 和 rand 可以生成一个伪随机数。rand 函数生成的随机数的范围为 0 ~ RAND_MAX(32767)。在调用 rand 函数前应该先调用 srand 函数设置伪随机数生成器的起始种子值，即初始化伪随机数生成器。srand 函数需要一个 unsigned int 类型的参数。如果在调用 rand 函数前没有调用 srand 函数，相当于调用了 srand(1)。srand 函数的 unsigned int 类型的参数通常可以通过调用 time 函数来生成。time 函数用于获取系统时间，该函数返回自 1970 年 1 月 1 日午夜以来经过的秒数（协调世界时）。time 函数的返回值可以直接用作 srand 函数的参数。这几个函数的原型如下：

```
time_t time(time_t* destTime);
void srand(unsigned int seed);
int rand(void);
```

例如，rand() % 100 得到的是 0 ~ 99 之间的随机数，如果需要获取 10 ~ 100 之间的随机数可以这样使用：rand() % 91 + 10。

为了进一步提高 rand 函数生成的伪随机数的随机性，随时可以调用 srand 函数向伪随机数生成器提供一个新的种子。但是下面的代码将会生成 10 个完全相同的随机数：

```
for (int i = 0; i < 10; i++)
{
    srand(time(NULL));
    _tprintf (TEXT("%d\n"), rand());
}
```

因为计算机执行速度太快，而 time 函数获取到的系统时间以秒为单位，这相当于使用相同的种子值来生成伪随机数，所以生成了 10 个完全相同的数值，这种情况下可以把 srand(time(NULL));放到循环体外来避免这个问题。上面的代码每次循环都会使用相同的参数调用 srand 函数，所以将会生成 10 个完全相同的随机数。如前所述，srand 函数用于设置伪随机数生成器的起始种子值，即初始化伪随机数生成器，如果把 srand(time(NULL));放到循环体外，相当于只初始化伪随机数生成器一次，这样一来就会根据上次生成的随机数来生成下一个随机数（下一次生成随机数时自动更新种子值）。上面的代码如果不调用 srand 函数，也不会生成 10 个完全相同的数值，但是每次运行程序所产生的 10 个数是相同的序列。

使用相同的种子值会生成相同的随机数，有时候可以利用这一特性，有时候应该避免。例如：

```
setlocale(LC_ALL, "chs");

srand(12345678);
_tprintf(TEXT("%d\n"), rand()); // 每次运行始终是 11188
srand(1);
_tprintf(TEXT("%d\n"), rand()); // 每次运行始终是 41
```

GetTickCount 函数用于获取自系统启动以来经过的毫秒数，精度更高一些，返回值是一个 DWORD 类型，可以用于 srand 函数的参数，因此示例程序中在绘制红色水印时用到了 srand(GetTickCount())。

Windows 也提供了生成随机数的函数，相关函数包括 CryptAcquireContext、CryptGenRandom、CryptReleaseContext，感兴趣的读者请自行参考 MSDN。

6.8.2　通过远程线程注入 DLL 实现 API Hook

很多加密视频在播放过程中会显示几个颜色不同且位置不断变化的浮动水印，因为知识产权问题，所以这里不能以具体的加密视频为例讲解绘制文本的相关函数 Hook。我编写了一个类似程序 FloatingWaterMark，程序每隔 2 秒会把蓝色水印（调用的 ExtTextOut）位置变化一下，每隔 5 秒会把红色水印（调用的 DrawText）位置变化一下，之所以使用不同的函数绘制水印，是为了防止黑客 Hook 了一个 API 函数后，其他水印可以正常浮动显示。FloatingWaterMark 程序运行效果如图 6.33 所示。

在对话框中，用到了一个图像静态控件（IDC_STATIC_BMP），添加了一个 BMP 图像资源（IDB_EAGLE）。添加图像静态控件只需要通过工具箱中的 Picture Control，添加后需要更改 ID 例如 IDC_STATIC_BMP，然后设置图像静态控件的 Type 为 Bitmap 类型，设置 Image 为 IDB_EAGLE 即可。具体代码参见 Chapter6\FloatingWaterMark 项目。

现在以去掉蓝色水印（调用的 ExtTextOut）为例讲解相关知识点。首先设置 OD 的选项菜单→调试设置，打开调试选项对话框，打开事件选项卡，设置第一次暂停于 WinMain（若位置已知）。默认情况下暂停于系统断点，程序在编译时会添加进一些额外的东西，而直接暂停于

图 6.33

WinMain 比较直观，有利于我们进行分析。另外如果没有特别说明，本书中使用的 OD 是看雪网站提供的 OllyDBG（或 OllyIce 中文版）。OD 载入 FloatingWaterMark 程序的 Release 版本，如图 6.34 所示。

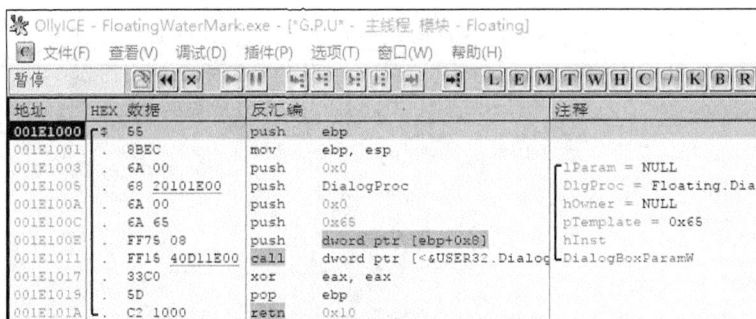

图 6.34

程序在 WinMain 函数的起始地址处 001E1000 中断，这时 OD 右下角的栈窗口会出现 WinMain 函数的 4 个函数参数和返回地址，在栈窗口第一行的返回地址处可以看到：00B5F8B0 001E15D6/CALL 到

WinMain 来自 Floating.001E15D1，这说明 WinMain 函数在 001E15D1 地址处被调用，WinMain 函数执行完后的返回地址是 001E15D6。OD 中使用的都是十六进制数值，书写时为了简单通常省略 0x 前缀。

　　这个反汇编窗口中的第 1 列是指令的地址，这个地址会随着可执行程序主模块加载到的基地址的不同而变化，但是一条指令与另一条指令的相对位置不会变化；第 2 列的 Hex 数据是该指令对应的十六进制机器码；第 3 列是程序的反汇编代码；第 4 列是注释，上图中的注释是 OD 软件自动添加的，我们也可以用鼠标右键单击反汇编窗口，然后选择注释（快捷键是;）为某一行添加注释，在调试程序过程中，如果遇到了关键代码，可以添加一个注释，以免下次 OD 重新载入时，忘记了该行指令的作用。

　　OD 是一个动态调试工具，将 IDA 与 SoftICE 结合起来，Ring 3 级调试器已代替 SoftICE 成为当今最为流行的调试解密工具，同时还支持插件扩展功能，是目前最强大的调试工具。OD 的其他窗口如图 6.35 所示。

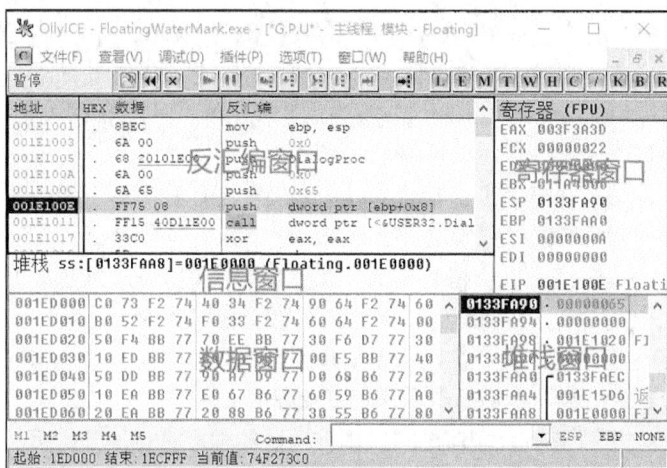

图 6.35

　　（1）反汇编窗口用来显示被调试程序的反汇编代码，用鼠标右键单击反汇编窗口，然后选择界面选项→隐藏标题或显示标题可以切换是否显示标题栏（地址、HEX 数据、反汇编、注释），用鼠标左键单击注释标签可以切换注释显示的方式。

　　（2）寄存器窗口用来显示当前线程的 CPU 寄存器内容，单击标签寄存器（FPU）可以切换显示寄存器的方式（寄存器 FPU / 寄存器 MMX / 寄存器 3DNow）。

　　（3）信息窗口用来显示反汇编窗口中选中的或者当前执行的指令的参数及跳转目标地址、字符串等。例如上图中当程序 F8 单步到 001E100E 一行时，数据窗口中显示：栈 ss:[0133FAA8]=001E0000 (Floating.001E0000)，表示[ebp + 0x8]的栈地址是 0133FAA8，该地址处的值是 001E0000，可以通过栈窗口验证这一点。

　　（4）数据窗口通常用来显示.data 数据段的数据，也可以显示.text 代码段、.rdata 只读数据段、.rsrc 资源段、.reloc 重定位段的数据，打开内存窗口→定位到相关区段→在 CPU 数据窗口中查看即可，用鼠标右键单击数据窗口可用于切换显示方式。

　　（5）栈窗口用来显示当前线程的栈（通常用于存放函数的参数、返回地址和局部变量）。

以上各个窗口的大小可以随意拖拉调整。

OD 有一个插件菜单，菜单中的插件存放在 OD 同目录的 Plugin 目录中，在该目录中添加相关插件 dll 就可以增加插件，有时候我们确实需要插件的帮助，但是插件太多可能会发生冲突导致 OD 不稳定。OD 同目录中还有一个 UDD 目录，这个 UDD 目录的作用是保存调试的工作状态，比如我们调试一个软件，设置了断点，添加了注释，但是这次没有做完（分析、破解），这时 OD 就会把我们所做的工作保存到这个 UDD 目录中，以便在下次调试时可以继续以前的工作。OD 同目录中还有一个 ollydbg.ini 文件，这个是 OD 的配置文件，很多软件可能都需要 INI 配置文件，后面会有相关章节详细介绍 INI 配置文件的使用。

除可以直接启动 OD 来选择程序进行调试外，例如通过文件菜单→打开，或附加一个正在运行中的进程，或者把程序拖入 OD，我们还可以把 OD 添加到资源管理器右键菜单，这样我们就可以直接在.exe 及.dll 文件上用鼠标右键单击，然后选择"用 OD 打开"来进行调试。要把 OD 添加到资源管理器右键菜单，可以单击 OD 的选项菜单→添加到资源管理器右键菜单，打开"添加到系统资源管理器"对话框，先单击"添加 OD 到系统资源管理器菜单"，再单击"完成"按钮即可。要从右键菜单中将其删除也很简单，还是打开"添加到系统资源管理器"对话框，单击"从系统资源管理器菜单删除 OD"，再单击"完成"按钮即可。

选项菜单下还有界面选项和调试设置菜单，读者可以自行查看。对于调试设置，目前还没有学习到里面选项的含义，因此暂时不能随意修改。

对于工具栏，每一个按钮都对应着相关菜单，这些工具栏按钮只不过是菜单项的一种快捷方式，方便使用。鼠标悬停在相关工具栏按钮上时，下方状态栏会显示其功能，读者可以逐个测试。

要详细讲解 OD 的各个功能，需要占用大量篇幅，因此其他功能在我们用到的时候再讲解，现在读者已经对 OD 有了大致的了解。下面介绍程序调试过程中常用的几个快捷键。

- F9：运行程序，如果没有设置相应断点，则被调试的程序将直接开始运行。
- F8：单步步过，每按一次这个快捷键仅执行一条指令，遇到 CALL 指令不会进入函数内部。
- F7：单步步入，功能与单步步过（F8）类似，区别是遇到 CALL 指令时会进入函数内部，进入后会停留在函数内部的第一条指令上。
- F2：设置普通断点（int3，0xCC），定位到相关指令行按 F2 键即可，设置 int3 断点后指令的地址会变为红色，再按一次 F2 键则会删除断点。注意，设置 int3 断点后，OD 中的反汇编代码表面上并没有变化，但是实际上在内存中已经修改为 0xCC。
- F4：运行到选定位置，就是直接运行到选中的指令行所在位置处然后中断。
- Ctrl + F9：执行到返回，该命令在执行到一个 ret（返回指令）指令时中断，常用于从系统领空（系统 dll 模块的代码中）返回到调试的程序领空（被调试程序的代码中）。
- Alt + F9：执行到用户代码，可用于从系统领空快速返回到调试程序的领空。

上述几个快捷键基本上能够满足一般的调试要求，设置好断点，找到感兴趣的代码，然后按 F8 键或 F7 键来逐条分析指令即可，以上快捷键都在 OD 的调试菜单项中。

要删除蓝色水印，最简单直接的做法是修改 call ExtTextOutW 指令行前面几个 push 指令，也就是修改 ExtTextOutW 的函数参数，例如修改字符串开始位置的 x、y 坐标为负数，或者修改字符串长度参数为 0 等。OD 载入 FloatingWaterMark 程序的 Release 版本，在命令行窗口中（OD 左下角的 Command 编辑框）输入

bpx ExtTextOutW，按 Enter 键，导航至模块间调用窗口，可以看到自动为 001E13CF call dword ptr [<&GDI32.
ExtTextOutW>]一行设置了普通断点，用鼠标右键单击该行，然后选择反汇编窗口中跟随，如图 6.36
所示。

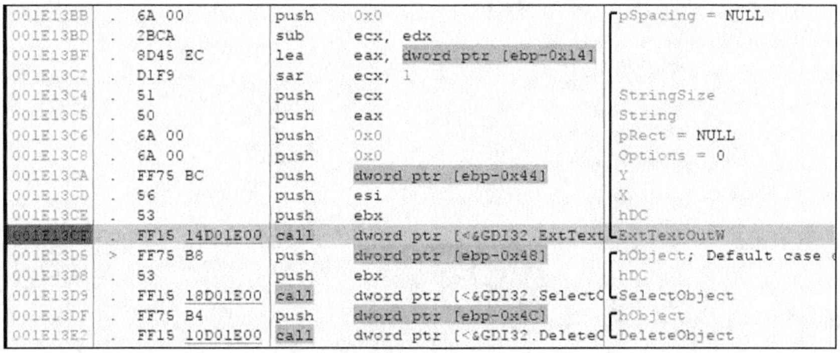

```
001E13BB  .  6A 00        push   0x0                              rpSpacing = NULL
001E13BD  .  2BCA         sub    ecx, edx
001E13BF  .  8D45 EC      lea    eax, dword ptr [ebp-0x14]
001E13C2  .  D1F9         sar    ecx, 1
001E13C4  .  51           push   ecx                              StringSize
001E13C5  .  50           push   eax                              String
001E13C6  .  6A 00        push   0x0                              pRect = NULL
001E13C8  .  6A 00        push   0x0                              Options = 0
001E13CA  .  FF75 BC      push   dword ptr [ebp-0x44]             Y
001E13CD  .  56           push   esi                              X
001E13CE  .  53           push   ebx                              hDC
001E13CF  .  FF15 14D01E00 call  dword ptr [<&GDI32.ExtText      LExtTextOutW
001E13D5  > FF75 B8       push   dword ptr [ebp-0x48]             rhObject; Default case
001E13D8  .  53           push   ebx                              hDC
001E13D9  .  FF15 18D01E00 call  dword ptr [<&GDI32.SelectC      LSelectObject
001E13DF  .  FF75 B4      push   dword ptr [ebp-0x4C]             rhObject
001E13E2  .  FF15 10D01E00 call  dword ptr [<&GDI32.DeleteC      LDeleteObject
```

图 6.36

"bpx 函数名"是在当前模块中"call 函数名"的地址处设置普通断点，还有一个"bp 函数名"，这个命令是在函数内部的第一条指令上设置普通断点，这两者没有优劣之分，需要根据实际情况选择使用哪一个。在 OD 中关闭程序，就是工具栏中的 × 按钮，单击 OD 的插件菜单→CleanupEx→All(*.udd *.bak)→确定，可以清除 UDD 目录中的所有 .udd 和 .bak 文件。OD 重新载入 FloatingWaterMark 程序的 Release 版本，即工具栏中的<<按钮，在命令行窗口中（OD 左下角的 Command 编辑框）输入 bp ExtTextOutW，按 Enter 键，然后单击工具栏中的 B 按钮打开断点窗口，如图 6.37 所示。

用鼠标右键单击该行，然后选择反汇编窗口中跟随，如图 6.38 所示。

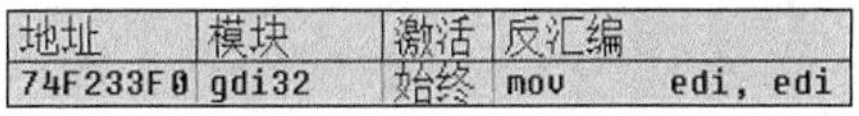

```
OllyICE - FloatingWaterMark.exe - [*G.P.U* - 主线程 模块 - gdi32]
文件(F)  查看(V)  调试(D)  插件(P)  选项(T)  窗口(W)  帮助(H)
暂停                                                       L E M T W H
地址       HEX 数据            反汇编                           注释
74F233F0   8BFF               mov    edi, edi
74F233F2   55                 push   ebp
74F233F3   8BEC               mov    ebp, esp
74F233F5   51                 push   ecx
74F233F6   C745 FC 4E414900   mov    dword ptr [ebp-0x4], 0x49414E
```

```
地址       模块    激活  反汇编
74F233F0   gdi32   始终  mov    edi, edi
```

图 6.37 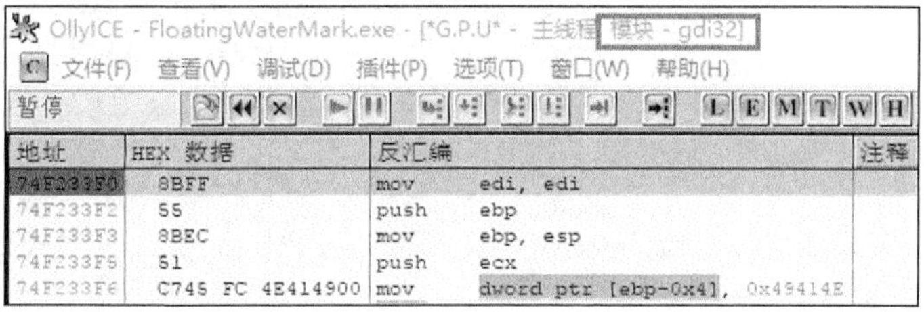　　　　　　　　　　　　　　　　　　　　　　　　　图 6.38

可以看到在 Gdi32.ExtTextOutW 函数的起始地址处设置了普通断点，这是 Gdi32.dll 系统领空，多数情况下我们并不想在系统领空徘徊（单步执行或其他工作），既然这里设置了断点，可以按 F9 键运行，程序在 ExtTextOutW 函数的起始地址处中断，栈窗口如见图 6.39 所示。

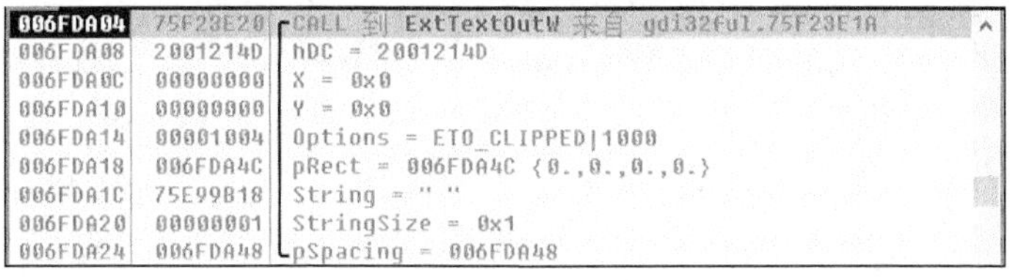

```
006FDA04   75F23E20  rCALL 到 ExtTextOutW 来自 gdi32ful.75F23E1A
006FDA08   2001214D  hDC = 2001214D
006FDA0C   00000000  X = 0x0
006FDA10   00000000  Y = 0x0
006FDA14   00001004  Options = ETO_CLIPPED|1000
006FDA18   006FDA4C  pRect = 006FDA4C {0.,0.,0.,0.}
006FDA1C   75E99B18  String = " "
006FDA20   00000001  StringSize = 0x1
006FDA24   006FDA48  LpSpacing = 006FDA48
```

图 6.39

查看第 7 行的 String 字符串，这并不是程序中定义的字符串，继续按 F9 键运行几次，结果如图 6.40 所示。

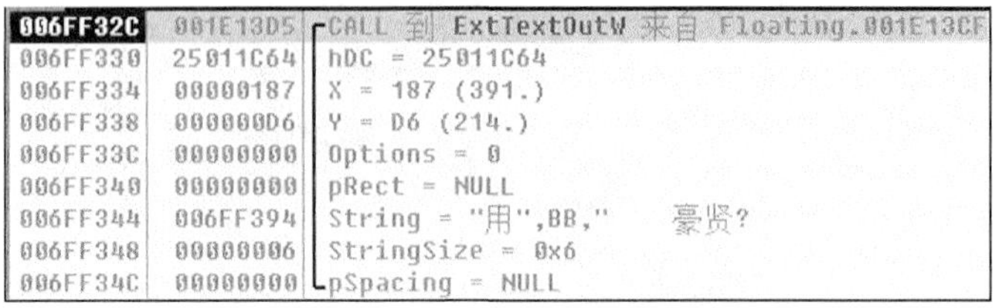

```
006FF32C   001E13D5  rCALL 到 ExtTextOutW 来自 Floating.001E13CF
006FF330   25011C64   hDC = 25011C64
006FF334   00000187   X = 187 (391.)
006FF338   000000D6   Y = D6 (214.)
006FF33C   00000000   Options = 0
006FF340   00000000   pRect = NULL
006FF344   006FF394   String = "用",BB,"     豪贤?
006FF348   00000006   StringSize = 0x6
006FF34C   00000000  LpSpacing = NULL
```

图 6.40

查看栈窗口中第 1 行的函数返回地址和调用地址，可以发现这里的 ExtTextOutW 函数调用来自我们的程序。选中并用鼠标右键单击第 7 行，然后选择数据窗口中跟随，用鼠标右键单击数据窗口，然后选择 Hex→Hex/Unicode(16 位)，如图 6.41 所示。

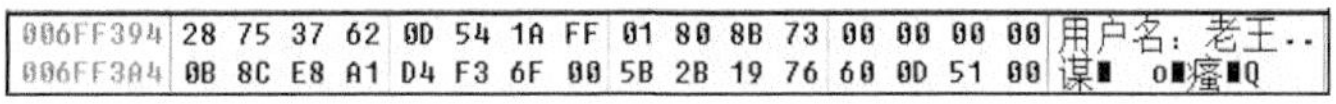

```
006FF394  28 75 37 62 0D 54 1A FF 01 80 8B 73 00 00 00 00  用户名：老王..
006FF3A4  0B 8C E8 A1 D4 F3 6F 00 5B 2B 19 76 60 0D 51 00  谋▪ o▪瘟Q
```

图 6.41

这是程序中定义的字符串。栈窗口中的第 1 行是 ExtTextOutW 函数的返回地址，选中并用鼠标右键单击第 1 行，然后选择反汇编窗口中跟随，如图 6.42 所示。

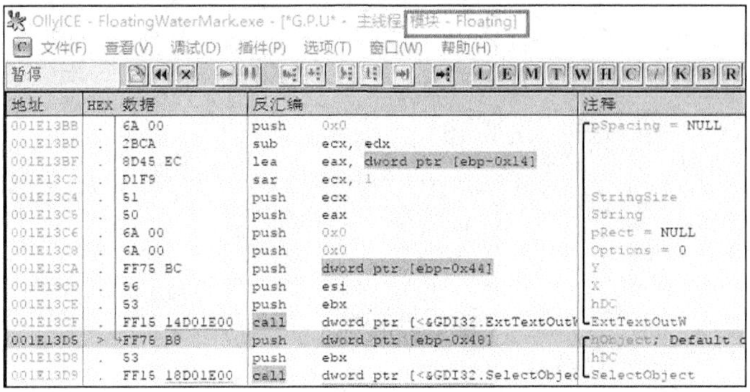

图 6.42

这是程序领空，001E13D5 是 call ExtTextOutW 后的返回地址，通过这种方法很容易确定程序中 ExtTextOutW 函数调用的位置，用户可以打开断点窗口，用鼠标右键单击禁止或删除无关断点，然后在 001E13BB 6A 00 push 0x0;/pSpacing = NULL 一行设置断点，然后按 F9 键运行程序以便调试。

OD 载入程序，可以把二进制的可执行文件反汇编为汇编代码，这是反汇编引擎的功能，有时反汇编引擎可能分析得不是很好，例如汇编代码看上去很杂乱、没有注释等，一种应对上述情况的办法是用鼠标右键单击反汇编窗口，然后选择分析→分析代码，另一种办法是，用鼠标右键单击反汇编窗口，然后选择分析→从模块中删除分析，如果以上两种方法均不奏效，可以重新打开 OD 载入程序。

利用插件删除所有.udd 文件，重新载入程序，bpx ExtTextOutW，按 Enter 键，自动打开模块间调用窗口，可以看到 001E13CF call dword ptr [<&GDI32.ExtTextOutW>]一行的地址一列变成了红色，这说明对程序中 ExtTextOutW 函数的 call 调用已经设置了普通断点，用鼠标右键单击该行，然后选择反汇编窗口中跟随，导航至 CPU 窗口（即包含反汇编窗口、寄存器窗口、信息窗口、数据窗口和栈窗口的窗口），双击 001E13CF 这一指令行的机器码一列处可以设置或删除普通断点（相当于用鼠标右键单击反汇编窗口，然后选择断点→切换，快捷键 F2），删除 001E13CF 一行的断点，然后在 001E13BB 一行设置断点，从该行开始，ExtTextOutW 函数调用的参数开始入栈。如果没有特别说明，设置断点均是指 int3 普通断点（CC 断点）。单击工具栏中的<<按钮重新载入程序，按 F9 键运行程序，中断在图 6.43 所示的界面。

```
001E13BB   .  6A 00            push   0x0                          rpSpacing = NULL
001E13BD   .  2BCA             sub    ecx, edx
001E13BF   .  8D45 EC          lea    eax, dword ptr [ebp-0x14]
001E13C2   .  D1F9             sar    ecx, 1
001E13C4   .  51               push   ecx                          StringSize
001E13C5   .  50               push   eax                          String
001E13C6   .  6A 00            push   0x0                          pRect = NULL
001E13C8   .  6A 00            push   0x0                          Options = 0
001E13CA   .  FF75 BC          push   dword ptr [ebp-0x44]         Y
001E13CD   .  56               push   esi                          X
001E13CE   .  53               push   ebx                          hDC
001E13CF   .  FF15 14D01E00    call   dword ptr [<&GDI32.ExtText   ExtTextOutW
001E13D5   >  FF75 B8          push   dword ptr [ebp-0x48]         hObject; Default case o
001E13D8   .  53               push   ebx                          hDC
001E13D9   .  FF15 18D01E00    call   dword ptr [<&GDI32.SelectO   SelectObject
```

图 6.43

可以看到第 2 行、第 4 行和第 5 行是为了计算字符串长度并入栈（ExtTextOutW 函数的倒数第 2 个字符串长度参数），选中 001E13C2 一行，双击该行的反汇编一列（快捷键 Space），弹出汇编于此处对话框，可以在这里修改反汇编代码，输入 push 0，按 Enter 键，接着输入 nop，按 Enter 键，然后单击汇编于此处对话框的"取消"按钮。此时的反汇编代码如图 6.44 所示。

```
001E13BB   .  6A 00            push   0x0                          rpSpacing = NULL
001E13BD   .  2BCA             sub    ecx, edx
001E13BF   .  8D45 EC          lea    eax, dword ptr [ebp-0x14]
001E13C2   .  6A 00            push   0x0
001E13C4      90               nop
001E13C5   .  50               push   eax                          String
001E13C6   .  6A 00            push   0x0                          pRect = NULL
001E13C8   .  6A 00            push   0x0                          Options = 0
001E13CA   .  FF75 BC          push   dword ptr [ebp-0x44]         Y
001E13CD   .  56               push   esi                          X
001E13CE   .  53               push   ebx                          hDC
001E13CF   .  FF15 14D01E00    call   dword ptr [<&GDI32.ExtText   ExtTextOutW
```

图 6.44

单击工具栏中的 B 按钮打开断点窗口，选中 001E13BB 这一行并用鼠标右键单击，然后选择禁止，也可以选中这一行并用鼠标右键单击，然后选择删除（Delete 键），但是有可能汇编代码修改错误，这时需要重新载入程序，然后打开断点窗口选中 001E13BB 这一行并用鼠标右键单击，然后选择激活，使该断点生效。禁止 001E13BB 指令行的断点后，按 F9 键运行程序，程序运行正常，蓝色水印消失，程序破解成功。

选中修改过的两行反汇编代码，如图 6.45 所示。

```
001E13BB   .  6A 00            push   0x0                          rpSpacing = NULL
001E13BD   .  2BCA             sub    ecx, edx
001E13BF   .  8D45 EC          lea    eax, dword ptr [ebp-0x14]
001E13C2      6A 00            push   0x0
001E13C4      90               nop
001E13C5   .  50               push   eax                          String
001E13C6   .  6A 00            push   0x0                          pRect = NULL
001E13C8   .  6A 00            push   0x0                          Options = 0
001E13CA   .  FF75 BC          push   dword ptr [ebp-0x44]         Y
001E13CD   .  56               push   esi                          X
001E13CE   .  53               push   ebx                          hDC
001E13CF   .  FF15 14D01E00    call   dword ptr [<&GDI32.ExtText   ExtTextOutW
```

图 6.45

用鼠标右键单击选中的两行反汇编代码,然后选择复制到可执行文件→所有修改→全部复制,弹出一个窗口,在该窗口中用鼠标右键单击,然后选择保存文件,保存文件为 FloatingWaterMark_去蓝色水印版.exe,关闭 OD,双击运行破解后的文件进行测试。有兴趣的读者可以自行尝试删除红色水印。

本节的主题是 Hook API(API 拦截)。拦截 API 的方法有很多,本节主要介绍通过覆盖被拦截函数一部分代码的方式来拦截 API,其他方法在后面章节中进行介绍。我们可以修改被拦截函数起始地址处的一些字节码为 call 或 jmp 指令来跳转到自己设计的自定义函数(可以称之为代理函数),在自定义函数中进行一些处理,例如修改被拦截函数在栈中的参数,这相当于栈劫持,进行相关处理后可以继续执行被拦截函数。假设拦截 Gdi32.ExtTextOutW 函数,这是系统 DLL 提供的 API 函数,对该函数的修改不会影响其他进程对该函数的调用。

如前所述,每个进程的地址空间互相隔离,程序不可能从 A 进程的某函数跳转到 B 进程的某函数继续执行。对于自定义函数,我们可以书写汇编代码,然后写入目标进程,但是读者可能并不熟悉汇编语言;另外,当自定义函数执行完后,应该恢复执行被拦截函数起始地址处未修改的一些指令,然后继续执行被拦截函数的剩余部分。

这里采取原始的手动方式达到拦截 FloatingWaterMark 程序中 ExtTextOutW 函数的目的,即通过创建远程线程来注入 DLL 到 FloatingWaterMark 进程中,DLL 中存放有自定义函数,在同一个进程的地址空间中从 ExtTextOutW 函数跳转到自定义函数是合情合理的。有一个问题需要注意,执行完自定义函数,在跳转回 ExtTextOutW 函数时,必须保证各寄存器的值和栈空间布局与调用 ExtTextOutW 函数前完全一致,否则会导致程序崩溃。

用于注入 DLL 的 FWMApp 程序的代码与 RemoteApp 基本相同,FWMApp 程序运行效果如图 6.46 所示。

FWMApp.cpp 源文件的内容如下:

图 6.46

```cpp
#include <windows.h>
#include <tchar.h>
#include "resource.h"

// 函数声明
INT_PTR CALLBACK DialogProc(HWND hwndDlg, UINT uMsg, WPARAM wParam, LPARAM lParam);
BOOL InjectDll();
BOOL EjectDll();

int WINAPI WinMain(HINSTANCE hInstance, HINSTANCE hPrevInstance, LPSTR lpCmdLine, int nCmdShow)
{
    DialogBoxParam(hInstance, MAKEINTRESOURCE(IDD_MAIN), NULL, DialogProc, NULL);
    return 0;
}

INT_PTR CALLBACK DialogProc(HWND hwndDlg, UINT uMsg, WPARAM wParam, LPARAM lParam)
{
    switch (uMsg)
    {
    case WM_COMMAND:
        switch (LOWORD(wParam))
```

```
      {
    case IDC_BTN_INJECT:
      InjectDll();
      break;

    case IDC_BTN_EJECT:
      break;

    case IDCANCEL:
      EndDialog(hwndDlg, 0);
      break;
    }
    return TRUE;
  }

  return FALSE;
}

BOOL InjectDll()
{
  TCHAR szCommandLine[MAX_PATH] = TEXT("FloatingWaterMark.exe");
  STARTUPINFO si = { sizeof(STARTUPINFO) };
  PROCESS_INFORMATION pi = { 0 };

  LPCTSTR lpDllPath = TEXT("F:\\Source\\Windows\\Chapter6\\FWMDll\\Release\\ FWMDll.dll");
  LPTSTR lpDllPathRemote = NULL;
  HANDLE hThreadRemote = NULL;

  GetStartupInfo(&si);
  CreateProcess(NULL, szCommandLine, NULL, NULL, FALSE, CREATE_SUSPENDED, NULL, NULL, &si, &pi);

  // 1. 调用 VirtualAllocEx 函数在远程进程的地址空间中分配一块内存
  int cbDllPath = (_tcslen(lpDllPath) + 1) * sizeof(TCHAR);
  lpDllPathRemote = (LPTSTR)VirtualAllocEx(pi.hProcess, NULL, cbDllPath, MEM_COMMIT, PAGE_
READWRITE);
  if (!lpDllPathRemote)
    return FALSE;

  // 2. 调用 WriteProcessMemory 函数把要注入的 DLL 的路径复制到第 1 步分配的内存中
  if (!WriteProcessMemory(pi.hProcess, lpDllPathRemote, lpDllPath, cbDllPath, NULL))
    return FALSE;

  // 3. 调用 GetProcAddress 函数得到 LoadLibraryA / LoadLibraryW 函数(Kernel32.dll)的实际地址
  PTHREAD_START_ROUTINE pfnThreadRtn = (PTHREAD_START_ROUTINE)
    GetProcAddress(GetModuleHandle(TEXT("Kernel32")), "LoadLibraryW");
  if (!pfnThreadRtn)
    return FALSE;

  // 4. 调用 CreateRemoteThread 函数在远程进程中创建一个线程
  hThreadRemote = CreateRemoteThread(pi.hProcess, NULL, 0, pfnThreadRtn, lpDllPathRemote, 0, NULL);
  if (!hThreadRemote)
```

```
      return FALSE;

   WaitForSingleObject(hThreadRemote, INFINITE);
   ResumeThread(pi.hThread);

   // 5. 调用 VirtualFreeEx 函数释放第 1 步分配的内存
   if (!lpDllPathRemote)
      VirtualFreeEx(pi.hProcess, lpDllPathRemote, 0, MEM_RELEASE);
   if (!pi.hThread)
      CloseHandle(pi.hThread);
   if (!pi.hProcess)
      CloseHandle(pi.hProcess);

   return TRUE;
}

BOOL EjectDll()
{
   return TRUE;
}
```

这里没有实现用于卸载 FWMDll.dll 的自定义函数 EjectDll，有兴趣的读者可以自行实现。FWMDll.dll 不需要导出函数，因此不需要定义头文件，FWMDll.cpp 源文件的内容如下：

```
#include <Windows.h>
#include <tchar.h>

// 全局变量
LPBYTE pExtTextOutW;

TCHAR szText1[] = TEXT("屏幕");
TCHAR szText2[] = TEXT("用户名");
TCHAR szText3[] = TEXT("购买者");
TCHAR szTextReplace[] = TEXT("                                        ");
LPTSTR lpStr;

VOID InterceptExtTextOutW(LPTSTR lpText);

BOOL APIENTRY DllMain(HMODULE hModule, DWORD ul_reason_for_call, LPVOID lpReserved)
{
   BYTE bExtTextOutWCall[] = { 0xFF, 0x74, 0x24, 0x18, 0xE8, 0x00, 0x00, 0x00, 0x00,
0x90, 0x90, 0x90, 0x90 };
   DWORD dwOldProtect;

   switch (ul_reason_for_call)
   {
   case DLL_PROCESS_ATTACH:
      // 获取 ExtTextOutW 函数的地址
      pExtTextOutW = (LPBYTE)GetProcAddress(GetModuleHandle(TEXT("Gdi32.dll")), "ExtTextOutW");
      *(LPINT)(bExtTextOutWCall + 5) = (INT)InterceptExtTextOutW - (INT)pExtTextOutW - 0x9;
      // 把 ExtTextOutW 函数起始处改为 Call
```

```
        VirtualProtect(pExtTextOutW, 512, PAGE_EXECUTE_READWRITE, &dwOldProtect);
        WriteProcessMemory(GetCurrentProcess(), pExtTextOutW, bExtTextOutWCall, sizeof
(bExtTextOutWCall), NULL);
        VirtualProtect(pExtTextOutW, 512, dwOldProtect, &dwOldProtect);
        break;

    case DLL_THREAD_ATTACH:
    case DLL_THREAD_DETACH:
    case DLL_PROCESS_DETACH:
        break;
    }

    return TRUE;
}

VOID InterceptExtTextOutW(LPTSTR lpText)
{
    _asm
    {
        pushad
    }

    if ((lpStr = _tcsstr(lpText, szText1)) || (lpStr = _tcsstr(lpText, szText2)) || (lpStr =
_tcsstr(lpText, szText3)))
    {
        memcpy(lpStr, szTextReplace, _tcslen(lpStr) * sizeof(TCHAR));
    }

    _asm
    {
        popad
        // 修改 ExtTextOutW 函数时，有一个 push 和 call，导致 esp 减少了 8 字节
        add esp, 8

        // 已经恢复各通用寄存器和栈空间布局，开始执行原 ExtTextOutW 函数开头的一些指令行
        mov edi, edi
        push ebp
        mov ebp, esp
        push ecx
        mov dword ptr[ebp - 0x4], 0x49414E

        // 跳转到修改过的指令的下一条指令行继续执行，即 ExtTextOutW + 0xD 地址处
        mov eax, pExtTextOutW
        add eax, 0xD
        jmp eax
    }
}
```

　　为了理解上述 DLL 代码和方便后面的 OD 调试，在 FloatingWaterMark.cpp 源文件的 WM_INITDIALOG 消息处理中，在调用 SetTimer 创建两个计时器前添加 Sleep(60000); 命令使 FloatingWaterMark 程序暂停 60 秒后再执行 SetTimer 绘制水印，重新编译 FloatingWaterMark 程序为 Release 版本，复制到 Chapter6\FWMApp\Release 目录中。

　　OD 载入 Chapter6\FWMApp\Release\FloatingWaterMark.exe，用鼠标右键单击反汇编窗口，然后选择

转到→表达式或按快捷键 Ctrl + G，打开输入要跟随的表达式对话框，输入 ExtTextOutW，按 Enter 键，如图 6.47 所示。

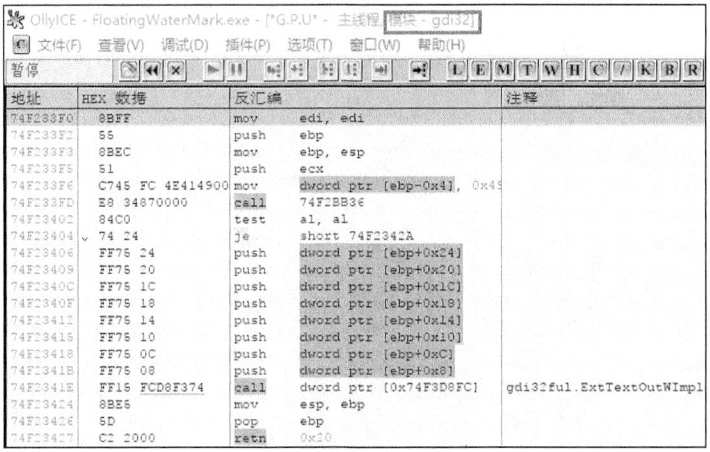

图 6.47

ExtTextOutW 函数内部又调用了一个绘制文本的关键函数 Gdi32Ful.ExtTextOutWImpl，修改 74F23404（现在是 76F13404）一行的指令为 jmp 即可使绘制文本功能失效（见图 6.48）。

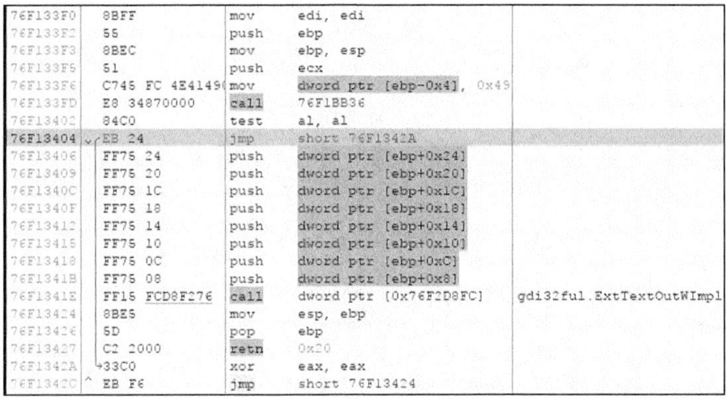

图 6.48

把该行的第 1 字节由 74 修改为 EB。无论 Gdi32.dll 每次加载到的基地址是多少，ExtTextOutW 函数中被修改行与函数起始地址的偏移不会改变，双击第 1 行即 ExtTextOutW 函数起始地址处的地址一列，然后下面的每一条指令行的地址都会变为相对于函数起始地址处的偏移，被修改行的第一字节码的偏移为 0x14。

jmp 到 76F1342A 后，执行 xor eax, eax 指令，该指令的作用是将 eax 的值清零，执行 jmp short 76F13424 跳转到 76F13424 这一行，执行栈清理，然后函数返回。ExtTextOut 函数的返回值为 BOOL 类型，返回值通过 eax 寄存器返回，eax 清零表示 ExtTextOut 函数执行失败，因此我们应该修改 76F1342A 一行的 xor eax, eax 指令为两个 nop，用鼠标右键单击 76F1342A 这一行，然后选择二进制→用 NOP 填充即可。更简单的方式是直接修改 ExtTextOut 函数第一行的指令为 ret 0x20，使函数直接返回。为了方便找到 ExtTextOutW，可以在函数首部设置一个断点，然后打开断点窗口禁用断点，按 F9 键运行程序，歌声已经响起，我们单击工具栏中的 C 按钮回到 CPU 窗口，60 秒后出现 FloatingWaterMark 程序界面。另外就本例而言，选中 ExtTextOutW 函数中所有修改过的汇编代码→复制到可执行文件→所有修改→全部复制，在弹出的窗口中用鼠标右键单击，然后选择保存文件，这种修改方法是不合理的。因为 Gdi32.dll 是系统 DLL 文件，所以绝不可以修改。

另外，有时试图简单地去除水印可能会影响程序的其他功能，例如一些加密视频每隔一段时间就会弹出一个答题对话框，只有回答正确，视频才可以继续播放（见图 6.49）。

图 6.49 中的题目是通过文本绘制函数绘制出来的，如果修改文本绘制函数去除水印，则上面的题目内容就会消失（无法绘制出来），只有知道题目内容而且回答正确才可以继续播放。当然，我们可以使这个答题对话框永远不会弹出来，这将在后面进行介绍。

考虑到多方面的原因，我们删除水印字符串时应该谨慎操作。OD 载入 Chapter6\FWMApp\Release\ FloatingWaterMark.exe，在反汇编窗口中按 Ctrl + G 组合键，输入 ExtTextOutW，按 Enter 键，导航至 ExtTextOutW 函数起始地址处，前提是需要确定输入焦点在反汇编窗口中，如果输入焦点正在数据窗口中时按下 Ctrl + G 组合键，则是在数据窗口中查找。在 ExtTextOutW 函数首部设置断点，按 F9 键运行程序，要等待 60 秒程序界面才会出现，程序在 ExtTextOutW 函数首部中断，此时栈窗口如图 6.50 所示。

图 6.50

通过栈窗口的第 1 行可以确定本次调用并不是源于 FloatingWaterMark 程序，通过 ExtTextOutW 函数的第 6 个字符串参数也就是第 7 行可以确定这不是我们需要拦截的字符串，我们要拦截的字符串是"用户名：老王"，继续 F9 运行几次，直到出现图 6.51 所示的界面。

图 6.51

选中并用鼠标右键单击第 7 行，然后选择数据窗口中跟随，右击数据窗口→Hex→Hex/Unicode(16 位)，可以看到"用户名：老王"。

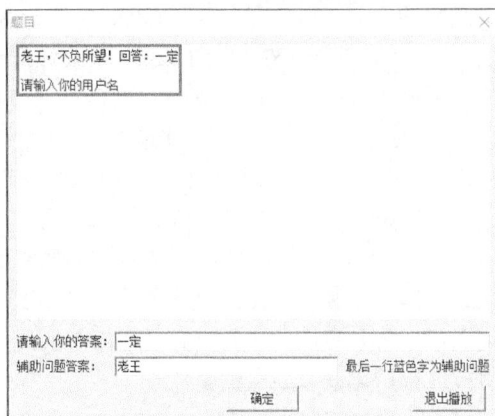

把这个字符串参数传递到要注入的 DLL 的自定义函数中，栈窗口中第 1 行就是当前栈顶指针 ESP，如果不是，则可以在寄存器窗口中选中 ESP→栈窗口中跟随，在栈窗口中选中第 1 行，双击第 1 列，第 1 列的数值变为相对于当前 ESP 寄存器值的偏移，可以看到[esp + 0x18]正是字符串的地址，把 ExtTextOutW 函数的第一行改为 push dword ptr [esp + 0x18]，然后 call 到自定义函数，现在不知道自定义函数的地址，可以假设为 0x0FA910F0，继续修改，输入 call 0x0FA910F0（见图 6.52）。

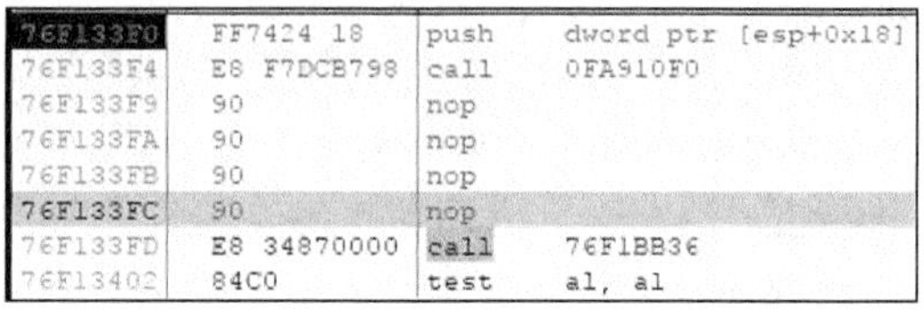

上面的call 0FA910F0指令行的call字节码是 0xE8，表示后面的 4 字节是相对地址，现在需要结合 FWMDll.cpp 源代码理解我们现在的操作。我们修改了 13 字节的机器码，call 字节码 0xE8 后面的 4 字节的相

图 6.52

对地址 = 自定义函数的地址−call 指令下一行的地址，现在读者应该能理解 FWMDll.cpp 中 DLL_PROCESS_ATTACH 通知的代码含义。ExtTextOutW 函数属于 Gdi32.dll 中代码段.text 中的数据，代码段通常是只读的，所以必须在修改前调用 VirtualProtect 函数修改内存页属性为可读可写可执行，修改完以后再恢复原保护属性。

再来看自定义函数 InterceptExtTextOutW，_asm{}表示嵌入一段汇编代码，pushad 指令用于把 8 个通用寄存器的值压入栈，popad 指令用于从栈中恢复 8 个通用寄存器的值。如前所述，执行完自定义函数，在跳转回 ExtTextOutW 函数时，必须保证各寄存器的值和栈空间布局与调用 ExtTextOutW 函数以前完全一致，否则程序会崩溃。

中间的 if 判断用于确定传递过来的字符串中是否以子字符串"屏幕"或"用户名"或"购买者"开头，如果是，则将其填充为空格，_tcslen 函数获取到的字符个数不包括字符串结尾标志 0，因此 memcpy 函数调用不会破坏原字符串的字符串结尾标志 0，空格字符串 szTextReplace 应该定义的长一些，以免不够覆盖。要判断"屏幕"或"购买者"的原因是部分加密视频中包含以这些字符串开头的水印，本程序仅是示例，读者可以根据需要自行设置。

双击运行 Chapter6\FWMApp\Release\FWMApp.exe，单击"创建进程并注入 dll"按钮，等待 60 秒 FloatingWaterMark 程序界面出现后，程序崩溃。

再次单击"创建进程并注入 dll"按钮，打开 OD，单击文件菜单→附加，找到 FloatingWaterMark.exe 进程。因为该进程刚刚启动，所以通常位于进程列表最下方，找到后选中该进程，单击"附加"按钮，FloatingWaterMark 进程中断在图 6.53 所示的界面。

按 Ctrl + G 组合键，输入 ExtTextOutW，在 ExtTextOutW 函数首部设置断点，按 F9 键运行程序，如图 6.54 所示。

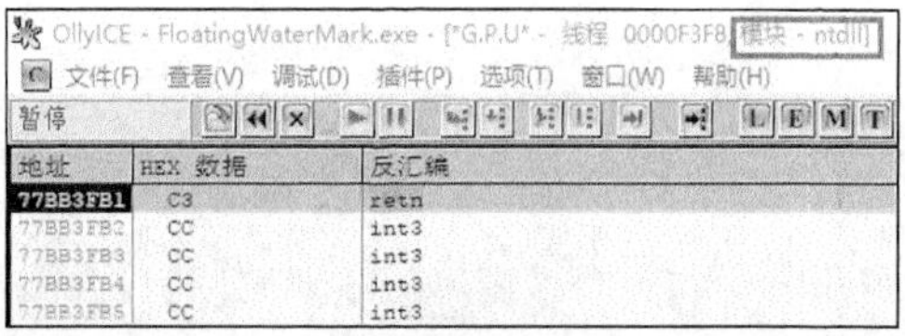

图 6.53

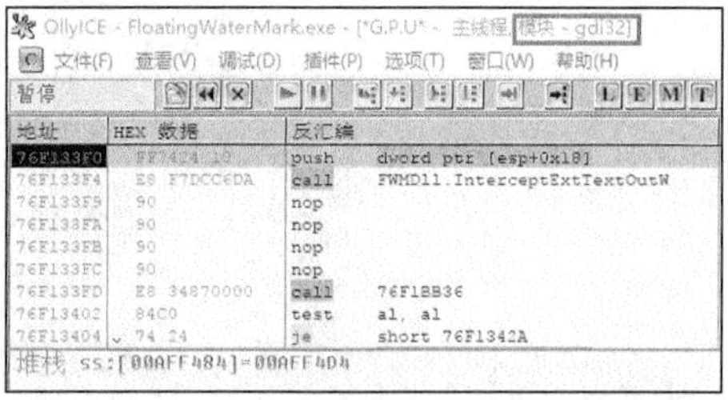

图 6.54

可以发现注入的 DLL 对 ExtTextOutW 函数的修改很成功。用鼠标右键单击信息窗口中的"数据窗口中跟随数值",在数据窗口中可以看到"用户名:老王"。另外,此时的栈窗口如图 6.55 所示。

由此推断问题出在自定义函数 InterceptExtTextOutW 上,接下来按 F7 键单步,进入该函数内部(见图 6.56)。

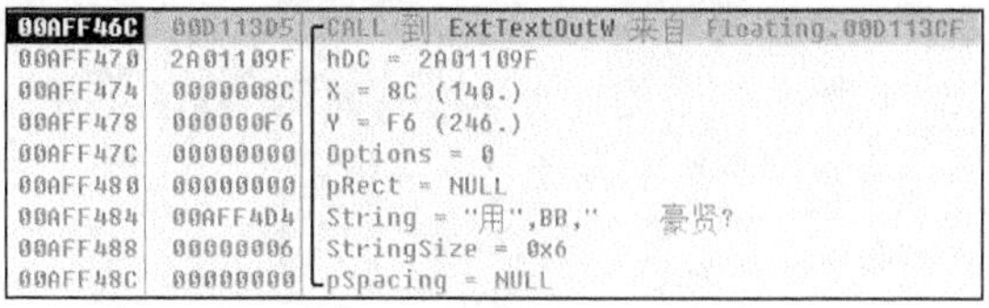

```
00AFF46C  00D113D5  CALL 到 ExtTextOutW 来自 Floating.00D113CF
00AFF470  2A01109F  hDC = 2A01109F
00AFF474  0000008C  X = 8C (140.)
00AFF478  000000F6  Y = F6 (246.)
00AFF47C  00000000  Options = 0
00AFF480  00000000  pRect = NULL
00AFF484  00AFF4D4  String = "用",BB,"    豪贤?
00AFF488  00000006  StringSize = 0x6
00AFF48C  00000000  lpSpacing = NULL
```

图 6.55

```
51B810F0  55             push    ebp
51B810F1  8BEC           mov     ebp, esp
51B810F3  83EC 10        sub     esp, 0x10
51B810F6  53             push    ebx
51B810F7  56             push    esi
51B810F8  57             push    edi
51B810F9  60             pushad
51B810FA  BA 2030B851    mov     edx, offset szText1    ASCII "O\U^"
51B810FF  8B4D 08        mov     ecx, dword ptr [ebp+0x8]
51B81102  E8 F9FEFFFF    call    wcsstr
51B81107  A3 2034B851    mov     dword ptr [lpStr], eax
51B8110C  833D 2034B851  cmp     dword ptr [lpStr], 0x0
51B81113  75 36          jnz     short 51B8114B
51B81115  BA A830B851    mov     edx, offset szText2    ASCII "{u7b",CR,"T"
51B8111A  8B4D 08        mov     ecx, dword ptr [ebp+0x8]
51B8111D  E8 DEFEFFFF    call    wcsstr
51B81122  A3 2034B851    mov     dword ptr [lpStr], eax
51B81127  833D 2034B851  cmp     dword ptr [lpStr], 0x0
51B8112E  75 1B          jnz     short 51B8114B
51B81130  BA 1830B851    mov     edx, offset szText3
51B81135  8B4D 08        mov     ecx, dword ptr [ebp+0x8]
51B81138  E8 C3FEFFFF    call    wcsstr
51B8113D  A3 2034B851    mov     dword ptr [lpStr], eax
```

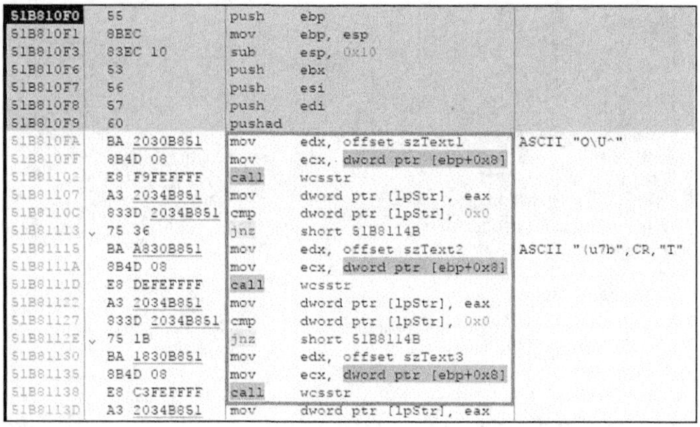

图 6.56

先看前面被选中的 7 行,一个函数在执行前基本上都会先 push ebp;mov ebp,esp;,而 sub esp, 0x10 通常是为函数内部的局部变量开辟空间,之后是 push ebx;push esi;push edi;这 3 行保存这 3 个寄存器的值。如前所述,esp 寄存器的值会由于不断压栈出栈经常发生变化,因此函数内部使用 ebp 寄存器作为指针来引用函数参数和局部变量,首先把 ebp 的值压入栈,然后将其赋给 ebp,即可使用 ebp 作为指针来引用函数参数和局部变量,栈空间是按从大到小方向生长的,因此[ebp + 一个数值]表示函数参数,"sub esp,一个数值"通常用来在栈中为函数内部的局部变量开辟空间,因此[ebp – 一个数值]表示函数的局部变量。编译器为了提高程序的执行速度,编译时会有所优化,有时候会使用寄存器存放函数参数或局部变量。

我们的初衷是先执行 pushad 指令,所以需要修改上图中的选中部分,把 pushad 指令放在第一行,用鼠标右键单击选中部分,然后选择二进制→二进制复制

```
55 8B EC 83 EC 10 53 56 57 60
```

修改为

```
60 55 8B EC 83 EC 10 53 56 57
```

然后用鼠标右键单击选中部分,再选择二进制→二进制粘贴,即可完成修改。

F8 单步到 51B810FF 一行,mov ecx,dword ptr [ebp + 0x8]中的[ebp + 0x8]表示从 ExtTextOutW 函数传递过来的参数,但是现在[ebp + 0x8]表示的地址并不是从 ExtTextOutW 函数传递过来的字符串参数,在寄存器窗口中选中 ebp 并用鼠标右键单击,然后选择栈窗口中跟随,这样一来栈窗口中 ebp 的值就到了第 1 行。双击第 1 行的第 1 列,我们发现[ebp + 0x28]才是从 ExtTextOutW 函数传递过来的字符串

参数，因此修改图 6.52 中框中部分的 3 个 mov ecx,dword ptr [ebp + 0x8]为 mov ecx,dword ptr [ebp + 0x28]。字符串参数的地址变为[ebp + 0x28]，是因为执行 pushad 指令导致压入栈的 8 个通用寄存器的值需要 32（0x20）字节的空间。选中 51B8118D E8 EF0C0000 call memcpy 这一行，按 F4 键（相当于用鼠标右键单击，然后选择断点→运行到选定位置），按 F8 键单步执行 call memcpy 指令后，发现数据窗口中"用户名：老王"变为了空格字符串。

反汇编窗口中执行到图 6.57 所示的界面。

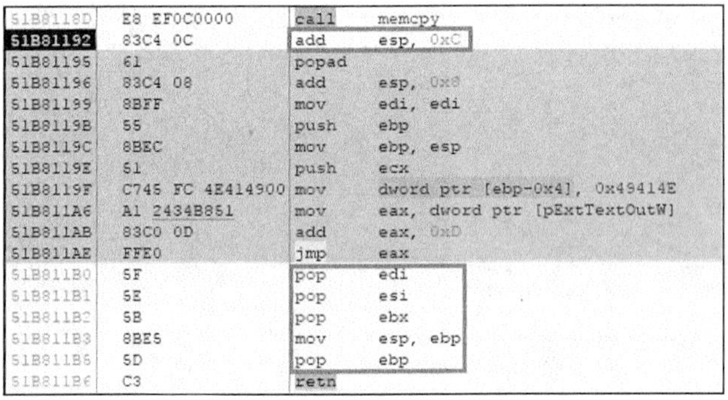

图 6.57

图中框选出来的部分是用于 InterceptExtTextOutW 函数内部栈平衡，选中部分是 FWMDll.cpp 源文件中书写的汇编代码。我们的初衷是执行完 51B81192 一行的 add esp, 0xC 指令后继续执行下面框中部分，然后再执行选中部分，即把选中部分移动至 51B811B5 pop ebp 这一行的后面，才可以保证栈平衡。现在选中图 6.58 所示的部分。

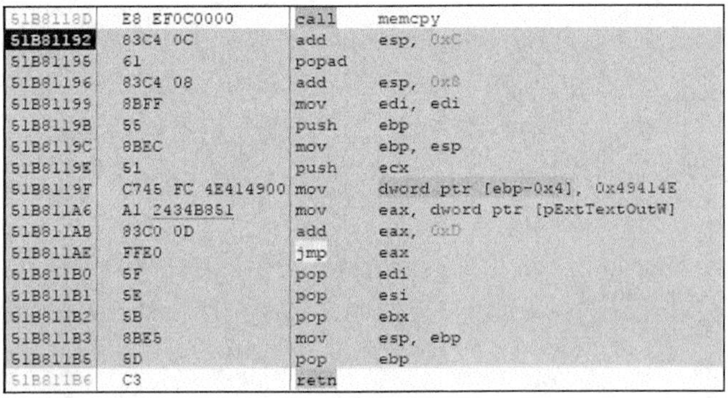

图 6.58

用鼠标右键单击选中部分，然后选择二进制→二进制复制

```
83 C4 0C 61 83 C4 08 8B FF 55 8B EC 51 C7 45 FC 4E 41 49 00 A1 24 34 B8 51 83 C0 0D FF E0
5F 5E 5B 8B E5 5D
```

修改为

```
83 C4 0C 5F 5E 5B 8B E5 5D 61 83 C4 08 8B FF 55 8B EC 51 C7 45 FC 4E 41 49 00 A1 24 34 B8
51 83 C0 0D FF E0
```

　　然后用鼠标右键单击选中部分，然后选择二进制→二进制粘贴，即可完成修改。打开断点窗口，禁用所有断点，按 F9 键运行，音乐响起，蓝色水印消失，至此，FloatingWaterMark 程序破解成功。

　　虽然 FWMDll.dll 的 InterceptExtTextOutW 函数还需要二次修改，但是这是为了使编译器生成汇编代码，而且 FWMDll.cpp 中用到了几个全局变量，开辟空间存放这些变量也是一个复杂问题。当选中 InterceptExtTextOutW 函数中所有修改过的汇编代码→复制到可执行文件→所有修改→全部复制时，弹出一个请确定更新重定位对话框："选择部分包含修改过的重定位. 当加载 DLL 时，系统将调整重定位，并修改您的代码. 若您不够仔细，这可能严重影响被调试的程序. 您真的要更新可执行文件吗？"，先单击"否"按钮，回到 CPU 窗口的 InterceptExtTextOutW 函数中。InterceptExtTextOutW 函数中使用了 szText1、szText2、szText3、szTextReplace、lpStr 和 pExtTextOutW 几个全局变量，因为 ASLR（Address Space Layout Randomization，地址空间布局随机化），程序中用到的动态链接库 DLL 文件每次加载到的内存基地址可能会随机变化，函数中用到的全局变量和函数地址会根据 DLL 实际加载到的基地址，结合 .reloc 重定位表中的信息进行重新计算。后面章节还会详细介绍重定位表。现在的 .exe 程序也使用了 ASLR 技术，也有 .reloc 重定位表。回忆对 InterceptExtTextOutW 函数的修改，函数首部一部分代码的修改不影响需要重定位的内容，而且机器码还是原来的大小，因此不会影响 szText1、szText2、szText3、szTextReplace、lpStr 这些变量的重定位，受影响的只有全局变量 pExtTextOutW 的重定位，因为后面的汇编代码位置发生了变化（见图 6.59）。

```
51B811A5    C745 FC 4E414900   mov      dword ptr [ebp-0x4], 0x49414E
51B811AC    A1 2434B851        mov      eax, dword ptr [pExtTextOutW]
```

图 6.59

　　关于如何修改和保存 FWMDll.dll，参见视频教程 Chapter6\FWMDll.dll 修改与保存方法.exe。

　　自定义函数 InterceptExtTextOutW 使用_declspec(naked)修饰符，该修饰符告诉编译器不要在函数中做栈处理，例如函数开头的初始化部分（ebp 作为指针使用、开辟局部变量空间、保存一些寄存器的值等），以及在函数尾部也不会平衡栈、恢复保存的寄存器的值，甚至没有 ret 返回指令。下面是使用_declspec(naked)修饰符的 InterceptExtTextOutW 函数，编译 DLL 后，不需要对其做任何修改，直接运行 FWMApp 程序注入即可：

```
_declspec(naked) VOID InterceptExtTextOutW(LPTSTR lpText)
{
    _asm
    {
        // 大多数函数开头是这个样子
        push ebp
        mov  ebp, esp
        sub  esp, 0x10
        push ebx
        push esi
        push edi

        // 额外保存 ecx 和 edx，eax 和 esp 不需要关心
        push ecx
        push edx
```

```
    }

    // 下面的 C++代码中可能会有一些 push 指令，但是编译器会自动恢复 esp 的值，我们无须关心
    if ((lpStr = _tcsstr(lpText, szText1)) || (lpStr = _tcsstr(lpText, szText2)) ||
        (lpStr = _tcsstr(lpText, szText3)))
    {
        memcpy(lpStr, szTextReplace, _tcslen(lpStr) * sizeof(TCHAR));
    }

    _asm
    {
        // 恢复 edx 和 ecx
        pop edx
        pop ecx

        // 大多数函数结尾是这样
        pop edi
        pop esi
        pop ebx
        mov esp, ebp
        pop ebp

        // 修改 ExtTextOutW 函数时，有一个 push 和 call，导致 esp 减了 8 字节
        add esp, 8

        // 已经恢复各通用寄存器和栈空间布局，开始执行原 ExtTextOutW 函数开头的一些指令行
        mov   edi, edi
        push ebp
        mov   ebp, esp
        push ecx
        mov   dword ptr[ebp - 0x4], 0x49414E

        // 跳转到我们修改过的指令的下一条指令行继续执行，即 ExtTextOutW + 0xD 地址处
        mov eax, pExtTextOutW
        add eax, 0xD
        jmp eax
    }
}
```

eax 寄存器通常作为函数的返回值来使用，因此上述代码没有保存和恢复 eax 寄存器的操作。具体代码参见 Chapter6\FWMDll2 项目。

需要注意的是，64 位程序不支持_declspec(naked)修饰符，也不支持内联汇编，但是依然有许多方法可以实现在 64 位程序中编写汇编代码（后面会讲）。

微软研究院提供了一个 Detours-master 开源库，可以实现对 API 的拦截，但是相关文档说明很少。

6.8.3　通过全局消息钩子注入 DLL 实现进程隐藏

实际上用于枚举进程的 CreateToolhelp32Snapshot、EnumProcesses 和 WTSEnumerate Processes 等函数都通过调用 Ntdll.dll 中的未公开内核函数 ZwQuerySystemInformation 来实现，所以只要 Hook 掉该函数即可

实现进程隐藏。

ZwQuerySystemInformation 函数用于获取指定的系统信息：

```
__kernel_entry NTSTATUS NTAPI ZwQuerySystemInformation(
    IN  SYSTEM_INFORMATION_CLASS SystemInformationClass,     // 要获取的系统信息的类型
    OUT PVOID                    SystemInformation,          // 返回所请求信息的缓冲区
    IN  ULONG                    SystemInformationLength,    // 缓冲区的大小，以字节为单位
    OUT PULONG                   ReturnLength OPTIONAL);      // 返回所请求信息的大小，可以设置为 NULL
```

SystemInformationClass 参数指定要获取的系统信息的类型，该参数是一个 SYSTEM_INFORMATION_
CLASS 枚举类型，可用的值有很多，这里只列举两个，如表 6.6 所示。

表 6.6

枚举值	含义
SystemBasicInformation	在这种情况下，SystemInformation 参数需要指定为一个指向 SYSTEM_BASIC_INFORMATION 结构的指针，该结构包含系统中的逻辑 CPU 个数字段。建议使用 GetSystemInfo 函数获取该类信息
SystemProcessInformation	在这种情况下，ZwQuerySystemInformation 函数返回一个 SYSTEM_PROCESS_INFORMATION 结构链表，每一个结构表示一个进程的信息

SYSTEM_PROCESS_INFORMATION 结构的定义如下：

```
typedef struct _SYSTEM_PROCESS_INFORMATION {
    ULONG          NextEntryOffset;         // 下一个 SYSTEM_PROCESS_INFORMATION 结构的偏移地址
    ULONG          NumberOfThreads;         // 线程数目
    BYTE           Reserved1[48];
    UNICODE_STRING ImageName;               // 进程名称
    KPRIORITY      BasePriority;            // 进程优先级
    HANDLE         UniqueProcessId;         // 进程 ID
    PVOID          Reserved2;
    ULONG          HandleCount;             // 句柄数目
    ULONG          SessionId;               // 会话 ID
    PVOID          Reserved3;
    SIZE_T         PeakVirtualSize;         // 峰值虚拟内存大小
    SIZE_T         VirtualSize;             // 当前虚拟内存大小
    ULONG          Reserved4;
    SIZE_T         PeakWorkingSetSize;      // 峰值工作集大小
    SIZE_T         WorkingSetSize;          // 当前工作集大小
    PVOID          Reserved5;
    SIZE_T         QuotaPagedPoolUsage;     // 分页池使用配额
    PVOID          Reserved6;
    SIZE_T         QuotaNonPagedPoolUsage;  // 非分页池使用配额
    SIZE_T         PagefileUsage;           // 进程提交的内存总量
    SIZE_T         PeakPagefileUsage;       // 进程提交的内存总量峰值
    SIZE_T         PrivatePageCount;
    LARGE_INTEGER  Reserved7[6];
} SYSTEM_PROCESS_INFORMATION, * PSYSTEM_PROCESS_INFORMATION;
```

用户程序如果需要使用 ZwQuerySystemInformation 函数提供的功能，可以调用 NtQuerySystem Information 函数，NtQuerySystemInformation 函数在 winternl.h 头文件中已经声明，可以直接使用，而使用 ZwQuerySystemInformation 函数的话则需要通过调用 GetProcAddress 函数手动获取。使用 NtQuerySystemInformation 函数获取进程列表的示例请参考 Chapter6\ProcessListNtQuerySystemInformation。

要通过 Hook 掉 ZwQuerySystemInformation 函数实现进程隐藏，必须 Hook 掉所有进程中对该函数的调用。消息在每个进程中无时无刻不在发生，因此我们可以通过安装全局消息钩子 WH_GETMESSAGE 的方式把实现 Hook 功能的 DLL 注入每一个进程中。

要实现全局消息钩子，必须创建一个 DLL，在 DLL 中导出安装全局消息钩子的函数 InstallHook 和卸载全局消息钩子的函数 UninstallHook：

```
// 导出函数
DLL_API BOOL InstallHook(int idHook, DWORD dwThreadId, DWORD dwProcessId);
DLL_API BOOL UninstallHook();
```

调用 dll 中的导出函数的可执行模块的程序界面，如图 6.60 所示。

图 6.60

可执行模块把用户输入的要隐藏的进程 ID 传递给 InstallHook 函数的 dwProcessId 参数。

在 DllMain 函数的 DLL_PROCESS_ATTACH 通知中（系统中的每个进程加载该 DLL 时），保存 DLL 模块句柄，然后调用自定义内部函数 SetJmp，SetJmp 函数首先通过调用 GetProcAddress 获取内核函数 ZwQuerySystemInformation 的函数地址，然后把 ZwQuerySystemInformation 函数首部的代码更改为 Jmp 指令，当系统中每个进程调用 ZwQuerySystemInformation 函数时跳转到我们自定义的内部函数 HookZwQuerySystemInformation。SetJmp 函数的代码如下：

```
BOOL SetJmp()
{
    pfnZwQuerySystemInformation ZwQuerySystemInformation = NULL;
    DWORD dwOldProtect;

    ZwQuerySystemInformation = (pfnZwQuerySystemInformation)
        GetProcAddress(GetModuleHandle(TEXT("ntdll.dll")), "ZwQuerySystemInformation");

#ifndef _WIN64
    BYTE bDataJmp[5] = { 0xE9, 0x00, 0x00, 0x00, 0x00 };
    *(PINT_PTR)(bDataJmp + 1) = (INT_PTR)HookZwQuerySystemInformation -
        (INT_PTR)ZwQuerySystemInformation - 5;
    // 保存 ZwQuerySystemInformation 函数的前 5 字节
    memcpy_s(g_bDataJmp32, sizeof(g_bDataJmp32), ZwQuerySystemInformation, sizeof(bDataJmp));
#else
    BYTE bDataJmp[12] = { 0x48, 0xB8, 0x00, 0x00, 0x00, 0x00, 0x00, 0x00, 0x00, 0x00, 0xFF, 0xE0 };
    *(PINT_PTR)(bDataJmp + 2) = (INT_PTR)HookZwQuerySystemInformation;
```

```
    // 保存 ZwQuerySystemInformation 函数的前 12 字节
    memcpy_s(g_bDataJmp64, sizeof(g_bDataJmp64), ZwQuerySystemInformation, sizeof(bDataJmp));
#endif

    // 修改页面保护属性，写入 jmp 数据
    VirtualProtect(ZwQuerySystemInformation, sizeof(bDataJmp), PAGE_EXECUTE_ READWRITE,
&dwOldProtect);
    memcpy_s(ZwQuerySystemInformation, sizeof(bDataJmp), bDataJmp, sizeof(bDataJmp));
    VirtualProtect(ZwQuerySystemInformation, sizeof(bDataJmp), dwOldProtect, &dwOldProtect);

    return TRUE;
}
```

Hook API 使用的是 call 指令，本节我们来练习 jmp 指令的用法。在 Windows 10 中任务管理器 Taskmgr.exe 是 64 位程序，只能注入 64 位 DLL；而我们编写的 ProcessList.exe 是 32 位程序，只能注入 32 位 DLL。本节的 HookZwQuerySystemInformation.dll 我们希望既可以编译为 32 位又可以编译为 64 位，以针对不同的进程进行注入。

对于 32 位程序，jmp 跳转指令可以写为"0xE9 + 4 字节相对地址"的形式，如图 6.61 所示。

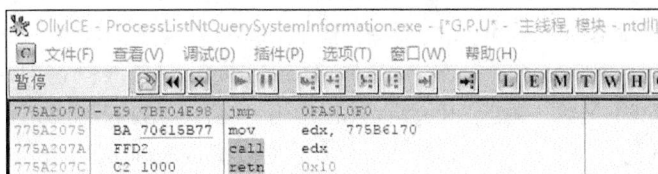

图 6.61

对于 64 位程序，jmp 跳转指令可以写为如下形式：

```
mov rax, 0x1122334455667788 // 0x1122334455667788 是自定义内部函数 HookZwQuery SystemInformation 的地址
jmp rax
```

上述汇编指令的机器码，可以通过在 64 位调试器 x64dbg.exe 中输入以获取，如图 6.62 所示。

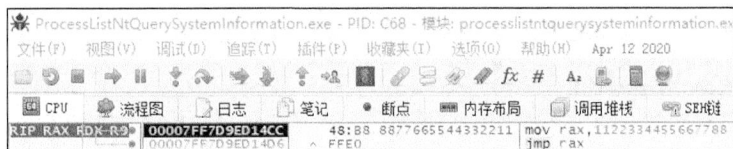

图 6.62

自定义内部函数 SetJmp 用于 Hook ZwQuerySystemInformation。用于 UnHook ZwQuerySystem Information 函数的自定义内部函数 ResetJmp 的编写方式很简单，因为 ZwQuerySystemInformation 函数首部的指令已经保存到全局变量字节数组 g_bDataJmp32[5]或 g_bDataJmp64[12]中：

```
BOOL ResetJmp()
{
    pfnZwQuerySystemInformation ZwQuerySystemInformation = NULL;
```

```
    DWORD dwOldProtect;

    ZwQuerySystemInformation = (pfnZwQuerySystemInformation)
        GetProcAddress(GetModuleHandle(TEXT("ntdll.dll")), "ZwQuerySystemInformation");

#ifndef _WIN64
    VirtualProtect(ZwQuerySystemInformation, sizeof(g_bDataJmp32), PAGE_EXECUTE_READWRITE,
&dwOldProtect);
    memcpy_s(ZwQuerySystemInformation, sizeof(g_bDataJmp32), g_bDataJmp32, sizeof(g_bDataJmp32));
    VirtualProtect(ZwQuerySystemInformation, sizeof(g_bDataJmp32), dwOldProtect, &dwOldProtect);
#else
    VirtualProtect(ZwQuerySystemInformation, sizeof(g_bDataJmp64), PAGE_EXECUTE_READWRITE,
&dwOldProtect);
    memcpy_s(ZwQuerySystemInformation, sizeof(g_bDataJmp64), g_bDataJmp64, sizeof(g_bDataJmp64));
    VirtualProtect(ZwQuerySystemInformation, sizeof(g_bDataJmp64), dwOldProtect, &dwOldProtect);
#endif

    return TRUE;
}
```

自定义内部函数 HookZwQuerySystemInformation 用于对原 ZwQuerySystem Information 函数获取到的进程信息列表进行处理。在自定义内部函数 HookZwQuery SystemInformation 中，首先需要调用自定义内部函数 ResetJmp 恢复 ZwQuerySystem Information 函数首部的指令，然后执行原 ZwQuerySystemInformation 函数。系统中的其他进程调用 ZwQuerySystemInformation 函数不一定是为了获取进程信息列表，因为 SystemInformationClass 参数可以指定为许多不同的枚举值以获取不同的系统信息，因此执行原 ZwQuerySystemInformation 函数后，我们需要判断本次调用是不是为了获取进程信息列表，如果是，则遍历进程信息列表找到要隐藏的进程，将要隐藏的进程信息从进程信息列表中删除。HookZwQuerySystemInformation 函数代码如下：

```
NTSTATUS NTAPI HookZwQuerySystemInformation(SYSTEM_INFORMATION_CLASS System InformationClass,
    PVOID SystemInformation, ULONG SystemInformationLength, PULONG ReturnLength)
{
    pfnZwQuerySystemInformation ZwQuerySystemInformation = NULL;
    NTSTATUS status = -1;
    PSYSTEM_PROCESS_INFORMATION pCur = NULL, pPrev = NULL;

    ZwQuerySystemInformation = (pfnZwQuerySystemInformation)
        GetProcAddress(GetModuleHandle(TEXT("ntdll.dll")), "ZwQuerySystemInformation");

    // 因为首先需要执行原 ZwQuerySystemInformation 函数，所以先恢复函数首部数据
    ResetJmp();
    status = ZwQuerySystemInformation(SystemInformationClass, SystemInformation,
        SystemInformationLength, ReturnLength);
    if (NT_SUCCESS(status) && SystemInformationClass == SystemProcessInformation)
    {
        pCur = pPrev = (PSYSTEM_PROCESS_INFORMATION)SystemInformation;
        while (TRUE)
        {
            // 如果是要隐藏的进程
```

```
        if ((DWORD)pCur->UniqueProcessId == g_dwProcessIdHide)
        {
            if (pCur->NextEntryOffset == 0)
                pPrev->NextEntryOffset = 0;
            else
                pPrev->NextEntryOffset += pCur->NextEntryOffset;
        }
        else
        {
            pPrev = pCur;
        }

        if (pCur->NextEntryOffset == 0)
            break;

        pCur = (PSYSTEM_PROCESS_INFORMATION)((LPBYTE)pCur + pCur->NextEntryOffset);
    }
}

// Hook ZwQuerySystemInformation
SetJmp();
return status;
}
```

　　需要注意的是，一般操作系统是抢占式、多线程工作机制，一个线程覆盖被拦截函数起始地址处的代码是需要时间的。在这个过程中，另一个线程可能试图调用该被拦截函数，因此可能会导致程序崩溃。完整代码参见 Chapter6\HookZwQuerySystemInformation 项目，读者可以把 DLL 和可执行模块编译为 32 位通过 ProcessList.exe 进行测试，或者编译为 64 位通过任务管理器的进程列表进行测试。

第 7 章

INI 配置文件和注册表操作

　　操作系统和各种应用程序，通常需要使用某种方式来保存配置信息。.ini 文件是 Initialization File 的缩写，即初始化文件，是 Windows 中配置文件所采用的存储格式，例如 Windows 目录中的 Win.ini 文件保存了桌面设置和与应用程序运行有关的信息，System.ini 文件保存了与硬件配置有关的信息。INI 文件是文本文件，可以使用任何文本编辑器对其进行修改，所以安全性不是很好。另外，INI 文件的结构比较简单，无法保存格式复杂的数据，例如很长的二进制数据或换行的字符串等。最主要的缺点是单个 INI 文件的大小不能超过 64KB，如果不同的应用程序都将自己的配置信息保存在 Win.ini 或 System.ini 中，那么这些文件的大小很快就会超过限制，如果不同应用程序都使用自己的 INI 文件，那么集中管理又会成为一个问题。

　　后来，操作系统改用了一种全新的方式来管理配置信息，即注册表（Registry）。在 Windows 3.x 操作系统中，注册表是一个极小的文件，其文件名为 Reg.dat，其中只存放了某些文件类型的应用程序关联，大部分设置被存放在 Win.ini、System.ini 等多个 INI 文件中，由于这些初始化文件不便于管理和维护，时常出现一些因 INI 文件遭到破坏而导致系统无法启动的问题。为了使系统运行得更为稳定、健壮，Windows NT 操作系统开始广泛使用注册表，但是直到 Windows 95 操作系统后，注册表才真正成为 Windows 用户经常接触的内容，并在其后的操作系统中继续沿用至今。

　　注册表是 Windows 操作系统中的一个核心数据库，其内容存放于几个格式由系统定义的二进制文件中，NT 系统的注册表通常由 Windows\System32\Config 目录中的多个文件构成，操作系统将这些不同的文件虚拟成整个注册表供系统自身及应用程序使用。注册表中存放有各种参数，直接控制 Windows 的启动、硬件驱动程序的装载以及一些 Windows 应用程序的运行，从而在整个系统中起核心作用，这些作用包括软、硬件的相关配置和状态信息，例如注册表中保存有应用程序和资源管理器外壳的初始条件、首选项和卸载数据等，联网计算机的整个系统的设置和各种许可，文件扩展名与应用程序的关联，硬件部件的描述、状态和属性，性能记录和其他底层的系统状态信息，以及其他数据等。具体来说，在 Windows 启动时，注册表会对照已有硬件配置数据，检测硬件信息；系统内核从注册表中读取信息，包括要载入驱动程序的设备信息、载入次序、内核传送回它自身的信息（例如版权号）等；同时设备驱动程序也向注册表传送数据，并从注册表接收载入和配置参数，一个好的设备驱动程序会告诉注册表它正在使用的系统资源，例如硬件中断或 DMA 通道等；另外，设备驱动程序还要报告所发现的配置数据；为应用程序或硬件的运行提供增加新的配置数据的服务。如果注册表遭遇破坏，轻则使 Windows 的启动过程出现异常，重则可能会导致整个 Windows 系统完全瘫痪，因此正确地认识、使用，特别是及时备份以及有问题时恢复注册表，对 Windows 用户来说非常重要。

实际上，Windows 系统对注册表文件的保护非常严格。系统在运行时，注册表文件被操作系统以独占方式打开，其他应用程序无法使用最基本的读权限打开它们，更不用说对它们进行写操作。要对注册表文件进行操作，必须使用操作系统提供的接口，Windows 为此提供了一系列的注册表操作函数，应用程序可以通过它们来完成注册表编辑器（Regedit 程序）能够完成的全部功能，甚至包括远程操作注册表以及对.reg 文件进行导入和导出等操作。

为了提供向下兼容性，系统在支持注册表操作的同时也支持 INI 文件的操作，对某些小程序来说，需要保存的配置信息并不复杂，使用 INI 文件可能更加简单实用，而且保存于注册表中的配置信息无法随文件复制到其他计算机中，如果某些应用程序希望在复制程序的同时复制配置信息，则可以使用 INI 文件。

7.1　INI 配置文件

INI 文件是一种文本格式的配置文件，文件中的数据组织格式如下：

```
;注释
[SectionName1]
KeyName1=value1
KeyName2=value2
...
;注释
[SectionName2]
KeyName1=value1
KeyName2=value2
...
```

INI 文件中可以存放多个小节（Section），小节名称包含在一对方括号[]中，一个小节的内容从小节名称的下一行开始，直到下一个小节开始为止，一个程序可以根据需要创建多个小节，但是需要注意不同的小节不能重名。

每个小节中可以定义多个键（Key），每个键由一个"键名=键值"格式的字符串组成，每个键独自占用一行，同一个小节中不能存在同名的键，但是不同的小节中可以存在同名的键。

INI 文件的注释以;开始，放在单独的一行中，注释可以放在 INI 文件的任何一行中。

大多数情况下应用程序是在自己的目录中创建一个独立的 INI 文件，而不是在系统的 INI 文件中添加一个小节来存放程序信息。

7.1.1　键值对的创建、更新与删除

WritePrivateProfileString 函数用于在指定 INI 文件的指定小节中创建、更新或删除键值对，该函数还可以删除指定 INI 文件中的小节（包括小节名称和其下面的所有键值对），函数声明如下：

```
BOOL WINAPI WritePrivateProfileString(
    _In_ LPCTSTR lpAppName,        // 小节名称字符串，不区分大小写
```

```
    _In_ LPCTSTR lpKeyName,        // 键名字符串
    _In_ LPCTSTR lpString,         // 键值字符串
    _In_ LPCTSTR lpFileName);      // INI 文件的名称字符串
```

- lpAppName 参数表示小节名称字符串，不区分大小写。如果指定的小节不存在，则函数会自动创建该小节。
- lpKeyName 参数表示键名字符串。如果指定的键名不存在，函数会自动创建该键；如果该参数设置为 NULL，则函数会删除 lpAppName 参数指定的小节（包括小节名称和其下面的所有键值对）。
- lpString 参数表示键值字符串，如果该参数设置为 NULL，则函数会删除 lpKeyName 参数指定的键。键名不能以;开始，但是键值可以使用;，另外键值不能定义为多行文本，即字符串中不可以包含换行符，因为在 INI 文件中一行表示一个键值对。
- lpFileName 参数表示 INI 文件的名称。如果 lpFileName 参数不包含 INI 文件的完整路径，则函数会在 Windows 目录中搜索该文件。如果该文件不存在，则函数会在 Windows 目录中自动创建该文件；如果 lpFileName 参数包含完整路径和文件名，并且该文件不存在，则函数会自动创建该文件，但是指定的目录必须已经存在。

当指定的 INI 文件、文件中的小节和小节中的键名都已经存在时，函数使用新键值替换掉原来的键值；当指定的 INI 文件存在而小节不存在时，函数自动创建小节并将键值对写入；当指定的 INI 文件不存在时，函数会自动创建 INI 文件。程序不必考虑 INI 文件是否存在、小节是否存在或键值定义是否已经存在的情况，只要调用 WritePrivateProfileString 函数就可以保证配置信息被正确保存。

INI 文件区分 Unicode 和 ANSI，如果文件是使用 Unicode 字符创建的，则函数会将 Unicode 字符写入文件；否则函数将写入 ANSI 字符。

该函数的用法有以下几种情况。

（1）在指定 INI 文件的指定小节中创建或更新键值对：

WritePrivateProfileString(lpAppName, lpKeyName, lpString, lpFileName);

（2）在指定 INI 文件的指定小节中删除键值对：

WritePrivateProfileString(lpAppName, lpKeyName, *NULL*, lpFileName);

（3）删除指定 INI 文件的指定小节（包括小节名称和所有键值对）：

WritePrivateProfileString(lpAppName, *NULL*, *NULL*, lpFileName);

INI 文件以文本方式保存，键值也只是一个字符串，如果需要保存一个数值类型的值，则程序可以使用 wsprintf 函数将数值转换成字符串后再保存。

7.1.2   获取键值

GetPrivateProfileString 函数用于获取指定 INI 文件中指定小节的键名对应的键值字符串，还可以实现枚举指定 INI 文件中所有小节名称的功能，也具有枚举指定 INI 文件中指定小节名称中所有键名的功能，函数声明如下：

DWORD WINAPI GetPrivateProfileString(

```
    _In_  LPCTSTR lpAppName,          // 小节名称字符串，不区分大小写
    _In_  LPCTSTR lpKeyName,          // 键名字符串
    _In_  LPCTSTR lpDefault,          // 默认字符串，可以设置为 NULL
    _Out_ LPTSTR  lpReturnedString,   // 接收获取到的字符串缓冲区的指针
    _In_  DWORD   nSize,              // lpReturnedString 参数指向的缓冲区大小，以字符为单位
    _In_  LPCTSTR lpFileName);        // INI 文件的名称字符串
```

- lpAppName 参数表示小节名称字符串，不区分大小写。如果该参数设置为 NULL，则函数会将 INI 文件中的所有小节名称都复制到 lpReturnedString 参数指定的缓冲区中，每个小节名称以 0 结尾，最后一个小节名称的后面会额外附加一个 0，即最后一个小节名称的后面以 2 个 0 字符结尾，可以通过这种方法枚举指定 INI 文件中的所有小节名称。

- lpKeyName 参数表示键名字符串。如果该参数设置为 NULL，函数会将 lpAppName 参数指定的节中的所有键名都复制到 lpReturnedString 参数指定的缓冲区中，每个键名以 0 结尾，最后一个键名的后面会额外附加一个 0，即最后一个键名的后面以 2 个 0 字符结尾，可以通过这种方法枚举指定节中的所有键名。

- lpDefault 参数表示默认字符串。如果 INI 文件中没有 lpKeyName 键，函数会将默认字符串复制到 lpReturnedString 缓冲区，如果该参数设置为 NULL，则默认为空字符串。

- lpReturnedString 参数指定为接收获取到的字符串缓冲区的指针。

- nSize 参数表示 lpReturnedString 参数指向的缓冲区大小，以字符为单位。

- lpFileName 参数表示 INI 文件的名称字符串，如果该参数不包含文件的完整路径，则系统在 Windows 目录中搜索 INI 文件。

函数返回值是复制到缓冲区中的字符数，不包括终止的空字符。如果 lpAppName 和 lpKeyName 都不为 NULL，并且提供的目标缓冲区太小而无法容纳请求的字符串，则该字符串将被截断并后跟一个空字符，此时返回值等于 nSize−1。如果 lpAppName 或 lpKeyName 为 NULL，并且提供的目标缓冲区太小而无法容纳所有字符串，则最后一个字符串将被截断，后跟两个空字符，此时返回值等于 nSize−2。

INI 文件以文本方式保存，键值也只是一个字符串，当时可能保存的是一个数值型字符串，这时可以调用 GetPrivateProfileInt 函数，该函数返回 UINT 类型的键值：

```
UINT WINAPI GetPrivateProfileInt(
    _In_ LPCTSTR lpAppName,     // 小节名称字符串，不区分大小写
    _In_ LPCTSTR lpKeyName,     // 键名字符串
    _In_ INT     nDefault,      // 默认数值，INT 类型，如果在 INI 文件中找不到键名，则返回该默认值
    _In_ LPCTSTR lpFileName);   // INI 文件的名称字符串
```

7.1.3　管理小节

GetPrivateProfileString 函数用于在键名已知的情况下获取键值，可能有时小节中的键名以及键名个数未知，比如一个文本编辑软件需要保存近期编辑过的文件名列表，它可以创建一个小节如下：

```
[History]
File[0]=C:\Users\SuperWang\Desktop\FWMApp\Release\FloatingWaterMark.txt
```

```
File[1]=F:\Source\Windows\Chapter6\FWMApp\Release\FloatingWaterMark.txt
File[2]=C:\Users\SuperWang\Desktop\FWMApp\加密系统加密.txt
File[3]=C:\Users\SuperWang\Desktop\FWMDll\Release\FWMDll.txt
File[4]=F:\Source\Windows\Chapter6\FloatingWaterMark\Release\FloatingWaterMark.txt
File[5]=C:\Users\SuperWang\Desktop\FWMApp\Release\加密系统加密.txt
...
```

另外，在 INI 文件中小节的名称和个数未知的情况下，需要对小节或键名进行枚举，上一节中已经介绍了在 GetPrivateProfileString 函数中通过将 lpAppName 或 lpKeyName 参数设置为 NULL 来枚举小节名称列表或键名列表的方法。实际上，Windows 中还有专门用来实现该功能的函数，这些函数可以用来枚举小节和键，还有用来一次性修改整个小节内容的函数。

GetPrivateProfileSectionNames 函数用于枚举指定 INI 文件中的所有小节名称：

```
DWORD WINAPI GetPrivateProfileSectionNames(
    _Out_ LPTSTR  lpszReturnBuffer,   // 指向接收小节名称列表缓冲区的指针
    _In_  DWORD   nSize,              // lpszReturnBuffer 参数指向的缓冲区大小，以字符为单位
    _In_  LPCTSTR lpFileName);        // INI 文件名称字符串
```

- lpszReturnBuffer 参数指定为指向接收小节名称列表缓冲区的指针，返回的每个小节名称以 0 结尾，最后一个小节名称的后面会额外附加一个 0，即最后一个小节名称的后面以 2 个 0 字符结尾。
- nSize 参数指定 lpszReturnBuffer 参数指向的缓冲区大小，以字符为单位。
- lpFileName 参数指定 INI 文件名称字符串，不包含完整路径则在 Windows 目录中搜索文件，如果该参数设置为 NULL，则函数枚举 Win.ini 文件中的所有小节名称。

返回值是复制到缓冲区中的字符数，不包括终止空字符。如果缓冲区的大小不足以容纳所有小节名称列表，则返回值等于 nSize-2。

GetPrivateProfileSection 函数用于获取指定 INI 文件的指定小节中的所有键值对（键名=键值）：

```
DWORD WINAPI GetPrivateProfileSection(
    _In_  LPCTSTR lpAppName,       // 小节名称字符串，不区分大小写
    _Out_ LPTSTR  lpReturnedString,// 指向接收键值对列表缓冲区的指针
    _In_  DWORD   nSize,           // lpReturnedString 参数指向的缓冲区大小，以字符为单位
    _In_  LPCTSTR lpFileName);     // INI 文件名称字符串
```

- lpAppName 参数指定小节名称字符串，不区分大小写。
- lpReturnedString 参数指定指向接收键值对列表缓冲区的指针，返回的每个键值对以 0 结尾，最后一个键值对的后面会额外附加一个 0，即最后一个键值对的后面以 2 个 0 字符结尾。
- nSize 参数指定 lpReturnedString 参数指向的缓冲区大小，以字符为单位。
- lpFileName 参数指定 INI 文件名称字符串，不包含完整路径则在 Windows 目录中搜索文件。

返回值是复制到缓冲区中的字符数，不包括终止空字符。如果缓冲区的大小不足以容纳所有键值对列表，则返回值等于 nSize-2。

GetPrivateProfileSection 函数获取的是指定 INI 文件的指定小节中的所有键值对（"键名=键值"），实际使用中如果觉得处理"键名=键值"字符串来分解键名和键值比较麻烦，可以调用 GetPrivateProfileString 函数枚举键名并再次调用它来获取指定键的键值。

WritePrivateProfileSection 函数用于向指定 INI 文件的指定小节中批量写入键值对：

```
BOOL WINAPI WritePrivateProfileSection(
    _In_ LPCTSTR lpAppName,          // 小节名称字符串，不区分大小写
    _In_ LPCTSTR lpString,           // 要写入指定小节中的键值对缓冲区，最大 64KB
    _In_ LPCTSTR lpFileName);        // INI 文件名称字符串
```

- lpAppName 参数指定小节名称字符串，不区分大小写。
- lpString 参数指定要写入指定小节中的键值对缓冲区，最大 64KB，定义缓冲区时需要注意每个键值对以 0 结尾，最后一个键值对的后面应该再额外附加一个 0，即最后一个键值对的后面以 2 个 0 字符结尾。
- lpFileName 参数指定 INI 文件名称字符串，如果不包含完整路径，则函数在 Windows 目录中搜索文件，如果该文件不存在，并且 lpFileName 不包含完整路径，则函数将在 Windows 目录中创建该文件。

函数执行后，指定小节中原来的键值对定义会被全部删除，然后写入 lpString 参数指定的所有新键值对。

INI 文件是为了与 16 位应用程序兼容，微软建议新的应用程序应该将初始化信息存储在注册表中，系统将很多.ini 文件例如 Control.ini、System.ini 和 Win.ini 等映射到注册表：HKEY_LOCAL_MACHINE\SOFTWARE\Microsoft\Windows NT\Current Version\IniFileMapping，但是对于一些小的应用程序，如果需要存储一些简单的配置数据，可以使用 INI 文件，因为简单易用。

我们使用软件时经常需要把软件拖动到屏幕中一个合适的位置并调整程序窗口为一个合适的大小，后期再次运行程序时我们希望该程序窗口的位置和大小与之前相同。本节将实现这样一个对话框程序示例，对话框程序也可以具有最大化按钮、最小化按钮以及调整程序窗口大小的功能，这可以分别通过对话框的 Maximize Box、Minimize Box 和 Border（设置为 Resizing）属性来设置。

INIDemo.cpp 源文件的内容如下：

```
#include <windows.h>
#include <tchar.h>
#include <strsafe.h>
#include "resource.h"

// 函数声明
INT_PTR CALLBACK DialogProc(HWND hwndDlg, UINT uMsg, WPARAM wParam, LPARAM lParam);

int WINAPI WinMain(HINSTANCE hInstance, HINSTANCE hPrevInstance, LPSTR lpCmdLine, int nCmdShow)
{
    DialogBoxParam(hInstance, MAKEINTRESOURCE(IDD_MAIN), NULL, DialogProc, NULL);
    return 0;
}

INT_PTR CALLBACK DialogProc(HWND hwndDlg, UINT uMsg, WPARAM wParam, LPARAM lParam)
{
    static TCHAR szFileName[MAX_PATH] = { 0 };          // INI 文件名称
    LPCTSTR lpAppName = TEXT("INIDemoPositionSize");     // 小节名称
    LPCTSTR lpKeyNameX = TEXT("X");
```

```
LPCTSTR lpKeyNameY = TEXT("Y");
LPCTSTR lpKeyNameWidth = TEXT("Width");
LPCTSTR lpKeyNameHeight = TEXT("Height");
UINT unX = 0, unY = 0, unWidth = 0, unHeight = 0;
RECT rect;
TCHAR szBuf[16] = { 0 };

switch (uMsg)
{
case WM_INITDIALOG:
    // 获取当前进程的可执行文件完整路径，然后拼接出 INI 文件完整路径
    GetModuleFileName(NULL, szFileName, _countof(szFileName));
    StringCchCopy(_tcsrchr(szFileName, TEXT('\\')) + 1, _countof(szFileName), TEXT("INIDemo.ini"));

    // 获取 X、Y、Width、Height 键的键值
    unX = GetPrivateProfileInt(lpAppName, lpKeyNameX, NULL, szFileName);
    unY = GetPrivateProfileInt(lpAppName, lpKeyNameY, NULL, szFileName);
    unWidth = GetPrivateProfileInt(lpAppName, lpKeyNameWidth, NULL, szFileName);
    unHeight = GetPrivateProfileInt(lpAppName, lpKeyNameHeight, NULL, szFileName);

    // 设置程序窗口位置、大小
    if (unWidth && unHeight)
        SetWindowPos(hwndDlg, HWND_TOP, unX, unY, unWidth, unHeight, SWP_SHOWWINDOW);
    return TRUE;

case WM_COMMAND:
    switch (LOWORD(wParam))
    {
    case IDCANCEL:
        // 保存程序窗口位置、大小
        GetWindowRect(hwndDlg, &rect);
        wsprintf(szBuf, TEXT("%d"), rect.left);
        WritePrivateProfileString(lpAppName, lpKeyNameX, szBuf, szFileName);
        wsprintf(szBuf, TEXT("%d"), rect.top);
        WritePrivateProfileString(lpAppName, lpKeyNameY, szBuf, szFileName);
        wsprintf(szBuf, TEXT("%d"), rect.right - rect.left);
        WritePrivateProfileString(lpAppName, lpKeyNameWidth, szBuf, szFileName);
        wsprintf(szBuf, TEXT("%d"), rect.bottom - rect.top);
        WritePrivateProfileString(lpAppName, lpKeyNameHeight, szBuf, szFileName);

        EndDialog(hwndDlg, 0);
        break;
    }
    return TRUE;
}

return FALSE;
}
```

因为当前目录是可变的，所以程序中没有使用 GetCurrentDirectory 函数，而是通过 GetModuleFileName 函数获取当前进程的可执行文件完整路径，然后拼接出 INI 文件完整路径。GetWindowRect 函数用于

获取指定窗口的位置与大小，以相对于屏幕左上角的屏幕坐标表示。

7.2 注册表操作

前面已经介绍过注册表的重要性，Windows 中的许多场合都需要使用注册表存储数据，因此注册表是一个巨大的数据迷宫。注册表中的数据类似于磁盘目录的多层组织形式，与文件系统中根目录、子目录和文件的层次划分类似，注册表中的数据层次分为根键、子键和键值项，其中根键相当于文件系统中的根目录，子键相当于子目录，键值项相当于文件。根键和子键是为了将不同的键值项分类组织而定义的，只有键值项中才包含真正的数据。

单击桌面左下角的开始或搜索内容，输入 regedit，打开注册表编辑器，可以发现注册表中的根键有 5 个，其名称是 Windows 规定的，并且是固定不变的，它们分别是 HKEY_CLASSES_ROOT、HKEY_CURRENT_USER、HKEY_LOCAL_MACHINE、HKEY_USERS 和 HKEY_CURRENT_ CONFIG。每个根键中都有一些子键，以 HKEY_LOCAL_MACHINE 根键为例，下面有 BCD00000000、HARDWARE、SAM、SECURITY、SOFTWARE 和 SYSTEM 子键，HARDWARE 子键下面有 ACPI、DESCRIPTION、DEVICEMAP 和 RESOURCEMAP 等子键，子键和子键的关系是相对的，例如一个目录既可以是其上层目录的子目录，又可以是其下层目录的父目录。一个子键中既可以创建多个子键，也可以同时创建多个键值项，就像一个目录中既可以创建多个子目录，同时也可以存放多个文件一样。注册表编辑器的程序界面如图 7.1 所示。

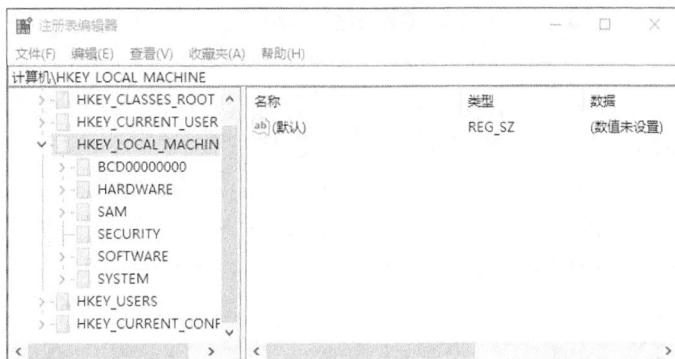

图 7.1

每个键值项由键名和键值数据两部分组成（与文件名和文件中数据的关系相似），例如某台计算机中 HKEY_LOCAL_MACHINE\HARDWARE\DESCRIPTION\System\BIOS 下的键名 BaseBoardManufacturer 对应的键值是字符串"LENOVO"，而键名 BiosMajorRelease 对应的键值是 DWORD 类型的 0x00000001。每个子键下面通常有一个没有名称的键值项，称为默认键，默认键通常是 REG_SZ 或 REG_EXPAND_SZ 类型。

与 INI 文件中的键值只能定义为字符串不同，注册表键值数据类型要丰富得多，可用的键值数据类型见表 7.1。

表 7.1

键值数据类型	含义
REG_SZ	以零结尾的字符串，根据使用的是 Unicode 或 ANSI 函数，可以是 Unicode 或 ANSI 字符串
REG_DWORD	一个 32 位数字
REG_QWORD	一个 64 位数字
REG_BINARY	任何形式的二进制数据
REG_MULTI_SZ	字符串序列，格式为 String1\0String2\0String3\0...LastString\0\0
REG_EXPAND_SZ	以零结尾的字符串，根据使用的是 Unicode 或 ANSI 函数，可以是 Unicode 或 ANSI 字符串，其中包含对环境变量（例如"%PATH%"）的未扩展引用，要扩展环境变量引用，可以使用 ExpandEnvironmentStrings 函数
REG_DWORD_LITTLE_ENDIAN	小尾数格式的 32 位数字，在 Intel 系列处理器中等于 REG_DWORD
REG_DWORD_BIG_ENDIAN	大尾数格式的 32 位数字
REG_QWORD_LITTLE_ENDIAN	小尾数格式的 64 位数字，在 Intel 系列处理器中等于 REG_QWORD
REG_LINK	以零结尾的 Unicode 字符串，其中包含符号链接的目标路径，该符号链接是通过使用 REG_OPTION_CREATE_LINK 调用 RegCreateKeyEx 函数创建的
REG_NONE	没有定义的值类型

　　注册表编辑器中的 5 个根键分散存放在不同的文件中，操作系统将这些不同的文件虚拟成整个注册表供系统自身及应用程序使用。HKEY_LOCAL_MACHINE 和 HKEY_USERS 根键是注册表中的两大根键，其他根键都是它们派生出来的，是这两大根键下面某些子键的映射，例如 HKEY_CLASSES_ROOT 根键是 HKEY_LOCAL_MACHINE 根键下 SOFTWARE\Classes 子键的映射。

　　注册表是一个巨大的数据迷宫，大部分子键和键值项的含义是未知的，下面对这 5 个根键进行简要介绍。

- HKEY_LOCAL_MACHINE 根键中存放的是系统和软件的设置，这些设置针对所有使用 Windows 系统的用户，是一个公共配置信息，与具体用户无关。
- HKEY_USERS 根键中存放的是默认用户（.DEFAULT）、当前登录用户与软件（Software）等信息。其中最重要的是.DEFAULT 子键，.DEFAULT 子键的配置针对未来将会被创建的新用户，新用户根据默认用户的配置信息来生成自己的配置文件（包括环境、屏幕、声音等多种信息）。
- HKEY_CLASSES_ROOT 根键中存放的是系统中所有数据文件的信息，主要记录不同文件名后缀的文件和与之关联的应用程序，当用户双击一个文件时，系统通过这些信息启动相应的应用程序。HKEY_CLASSES_ROOT 根键中存放的信息与 HKEY_LOCAL_MACHINE\Software\Classes 子键中存放的信息一致。
- HKEY_CURRENT_USER 根键中存放的信息是当前用户的信息。
- HKEY_CURRENT_CONFIG 根键中存放的是硬件配置文件，该根键很少使用，如果在 Windows 中设置了两套或两套以上的硬件配置文件，则在系统启动时会提示用户选择使用其中一套配置文件，HKEY_CURRENT_CONFIG 根键中存放的正是当前配置文件的所有信息。

　　程序的很多信息通常保存在注册表中，包括加密程序的用户名注册码信息，在加密解密领域经常用到注册表相关操作函数。

7.2.1　子键的打开、关闭、创建和删除

与操作文件类似，要对某个子键下面的子键或键值项进行操作前，首先需要调用 RegCreateKeyEx
或 RegOpenKeyEx 函数创建或打开子键以获得一个子键句柄，然后可以通过该子键句柄在其下面创建、
删除子键，创建或设置、查询、删除键值项。

RegOpenKeyEx 函数用于打开子键以获取一个子键句柄：

```
LONG WINAPI RegOpenKeyEx(
    _In_    HKEY     hKey,            // 父键句柄
    _In_opt_ LPCTSTR lpSubKey,        // 子键名称字符串
    _In_    DWORD    ulOptions,       // 通常设置为 0
    _In_    REGSAM   samDesired,      // 子键的打开方式，即访问权限
    _Out_   PHKEY    phkResult);      // 返回打开的子键句柄
```

- hKey 参数指定父键句柄。
- lpSubKey 参数指定子键名称字符串，子键名称不区分大小写。

    与目录名的表示方法类似，一个子键的完整名称是以"根键\第 1 层子键\第 2 层子键\第 n 层子
    键"类型的字符串来表示的。既然子键的完整名称以这种方式表示，那么当打开一个子键时，
    下面的两种表示方法有什么不同呢？

    ◆ 父键=HKEY_LOCAL_MACHINE，子键=Software\RegTest\MySubkey
    ◆ 父键=HKEY_LOCAL_MACHINE\Software，子键=RegTest\MySubkey

    实际上这两种表示方法是完全相同的，在使用 RegOpenKeyEx 函数打开子键时，既可以将 hKey
    参数设置为 HKEY_LOCAL_MACHINE 根键的句柄，并将 lpSubKey 参数设置为"Software\
    RegTest\MySubkey"字符串；也可以将 hKey 参数设置为"HKEY_LOCAL_MACHINE\Software"
    的句柄，并将 lpSubKey 参数设置为"Reg Test\MySubkey"字符串，得到的结果是相同的。但
    是，使用第一种方法时，hKey 参数可以直接使用常量 HKEY_LOCAL_MACHINE 来表示，
    5 个根键的名称分别代表其句柄，不需要打开，也不需要关闭根键句柄；而使用第二种方法
    时，需要先打开"HKEY_LOCAL_MACHINE\Software"子键来获取它的句柄以作为父键句柄，
    所以具体使用哪种方法还要根据具体情况灵活选用。
- ulOptions 参数通常设置为 0。
- samDesired 参数指定子键的打开方式，即访问权限，常用的访问权限如表 7.2 所示。

表 7.2

常量	含义
KEY_QUERY_VALUE	可以查询键值项数据
KEY_CREATE_SUB_KEY	可以创建下一层子键
KEY_ENUMERATE_SUB_KEYS	可以枚举子键
KEY_NOTIFY	当子键以及下面的子键发生更改时可以接收到通知
KEY_SET_VALUE	可以创建、修改和删除键值项

续表

常量	含义
KEY_READ（同 KEY_EXECUTE）	等于 STANDARD_RIGHTS_READ | KEY_QUERY_VALUE | KEY_ENUMERATE_SUB_KEYS | KEY_NOTIFY
KEY_WRITE	等于 STANDARD_RIGHTS_WRITE | KEY_SET_VALUE | KEY_CREATE_SUB_KEY
KEY_WOW64_32KEY	表示 64 位 Windows 上的应用程序应在 32 位注册表视图上运行，32 位 Windows 忽略此标志
KEY_WOW64_64KEY	表示 64 位 Windows 上的应用程序应在 64 位注册表视图上运行，32 位 Windows 忽略此标志
KEY_ALL_ACCESS	等于 STANDARD_RIGHTS_REQUIRED | KEY_QUERY_VALUE | KEY_SET_VALUE | KEY_CREATE_SUB_KEY | KEY_ENUMERATE_SUB_KEYS | KEY_NOTIFY | KEY_CREATE_LINK

- phkResult 参数用于返回打开的子键句柄。

如果函数执行成功，则返回值为 ERROR_SUCCESS，并在 phkResult 参数指向的 HKEY 类型变量中返回子键句柄。如果注册表中不存在指定的子键，则 RegOpenKeyEx 函数不会创建指定的子键，函数执行失败。

当不再需要打开的子键句柄时，应该调用 RegCloseKey 函数关闭子键句柄：

```
LONG WINAPI RegCloseKey(_In_ HKEY hKey); // 关闭 RegOpenKeyEx 或 RegCreateKeyEx（打开或创建）的
                                          // 子键句柄
```

如果函数执行成功，则返回值为 ERROR_SUCCESS。

RegCreateKeyEx 函数用于创建一个子键并返回子键句柄，如果指定的子键已经存在，则该函数会打开该子键并返回子键句柄：

```
LONG WINAPI RegCreateKeyEx(
    _In_        HKEY                 hKey,                  // 父键句柄
    _In_        LPCTSTR              lpSubKey,              // 子键名称字符串
    _Reserved_  DWORD                Reserved,              // 保留参数，必须为 0
    _In_opt_    LPTSTR               lpClass,               // 用户定义的子键类名，通常设置为NULL
    _In_        DWORD                dwOptions,             // 子键的创建选项，通常设置为
                                                            // REG_OPTION_NON_VOLATILE
    _In_        REGSAM               samDesired,            // 子键的打开方式，即访问权限
    _In_opt_    LPSECURITY_ATTRIBUTES lpSecurityAttributes, // 指向安全属性结构的指针，
                                                            // 通常设置为 NULL
    _Out_       PHKEY                phkResult,             // 返回创建或打开的子键句柄
    _Out_opt_   LPDWORD              lpdwDisposition);      // 返回函数的处理结果,可以设置为NULL
```

hKey、lpSubKey、samDesired 和 phkResult 参数的含义与 RegOpenKeyEx 函数相同。下面介绍其他参数。

- dwOptions 参数表示创建子键时的选项，常用的值如表 7.3 所示。
- lpSecurityAttributes 参数是一个指向安全属性 SECURITY_ATTRIBUTES 结构的指针，该参数通常可以设置为 NULL，表示使用默认的安全属性，返回的句柄不可以被子进程继承。
- lpdwDisposition 参数返回函数处理的结果，返回的值如表 7.4 所示。

表 7.3

常量	含义
REG_OPTION_NON_VOLATILE	默认值，子键将被保存在注册表中，并在系统重新启动时保留
REG_OPTION_VOLATILE	创建易失性的子键，子键被保存在内存中，系统重新启动时子键消失
REG_OPTION_BACKUP_RESTORE	如果设置了该标志，函数将忽略 samDesired 参数，并尝试使用备份或还原子键所需的访问权限来打开子键

表 7.4

值	含义
REG_CREATED_NEW_KEY	子键不存在并且已经被创建
REG_OPENED_EXISTING_KEY	子键已经存在，打开该子键并返回子键句柄

如果 lpdwDisposition 参数设置为 NULL，则不返回任何函数处理结果。

如果函数执行成功，则返回值为 ERROR_SUCCESS。注意，程序无法在 HKEY_USERS 或 HKEY_LOCAL_MACHINE 根键下面创建子键，但是可以在这两个根键的子键下面创建子键。

假设要创建"HKEY_LOCAL_MACHINE\SOFTWARE\Key1\Key2\Key3"子键，既可以将 hKey 参数设置为 HKEY_LOCAL_MACHINE，将 lpSubKey 参数设置为"SOFTWARE\Key1\Key2\Key3"字符串；也可以先打开"HKEY_LOCAL_MACHINE\SOFTWARE"子键，将 hKey 设置为上面打开的子键句柄，然后将 lpSubKey 参数设置为"Key1\Key2\Key3"字符串，这与 RegOpenKeyEx 函数的用法类似。在第二种用法中，打开父键时要包含 KEY_CREATE_SUB_KEY 权限。当被创建的子键的上层子键不存在时，函数会自动创建上层子键，例如上面的例子中，假如 Key2 子键不存在，函数会先在"HKEY_LOCAL_MACHINE\SOFTWARE\Key1"下创建 Key2 子键，然后在 Key2 子键下面继续创建 Key3 子键。

同样，当不再需要创建或打开的子键句柄时，应该调用 RegCloseKey 函数关闭子键句柄。

RegDeleteKey 函数用于删除一个子键和该子键中的所有键值项：

```
LONG WINAPI RegDeleteKey(
    _In_ HKEY     hKey,        // 父键句柄，根键或 RegCreateKeyEx、RegOpenKeyEx 函数返回的子键句柄
    _In_ LPCTSTR lpSubKey); // 子键名称字符串
```

如果函数执行成功，则返回值为 ERROR_SUCCESS。要删除的子键下面必须无子键，否则函数执行会失败。

要删除一个键及其下面的所有子键，可以枚举子键并分别删除它们。要递归删除子键，可以使用 RegDeleteTree 或 SHDeleteKey 函数，这两个函数的函数参数与 RegDeleteKey 完全相同。这两个函数可以删除指定子键下面的所有子键和键值项，须谨慎使用。

程序的一些信息通常可以保存在 HKEY_CURRENT_USER\Software 子键或 HKEY_LOCAL_MACHINE\SOFTWARE 子键下面，例如 INIDemo 程序的配置信息可以在 HKEY_CURRENT_USER\Software 子键下面创建一个 INIDemo 子键，然后在该子键下面创建相关键值项。例如：

```
HKEY hKey;
LPCTSTR lpSubKey = TEXT("Software\\INIDemo");
```

```
LONG lRet;

lRet = RegCreateKeyEx(HKEY_CURRENT_USER, lpSubKey, 0, NULL, REG_OPTION_NON_VOLATILE,
    KEY_WRITE, NULL, &hKey, NULL);
if (lRet != ERROR_SUCCESS)
{
    MessageBox(hwndDlg, TEXT("创建或打开子键失败！"), TEXT("提示"), MB_OK);
    return FALSE;
}

// 键值项的操作
```

7.2.2　键值项的创建或设置、查询和删除

创建或打开一个子键后，即可利用该子键句柄在其中管理键值项，包括键值项的创建或设置、查询和删除。RegSetValueEx 函数用于在指定的子键中创建或设置键值项：

```
LONG WINAPI RegSetValueEx(
    _In_            HKEY     hKey,         // RegCreateKeyEx、RegOpenKeyEx 等函数返回的子键句柄
    _In_opt_        LPCTSTR  lpValueName,  // 键名字符串
    _Reserved_      DWORD    Reserved,     // 保留参数，必须为 0
    _In_            DWORD    dwType,       // lpData 参数指向的数据类型，前面介绍过可用的键值数据类型
    _In_      const BYTE*    lpData,       // 要存储的键值数据
    _In_            DWORD    cbData);      // lpData 参数指向的数据的大小，以字节为单位
```

- lpValueName 参数指定键名字符串，如果指定的键名不存在，函数会创建该键名，如果指定的键名已经存在，则函数会更新该键名对应的键值；如果该参数设置为空字符串或 NULL，则表示创建或设置子键中的默认键。
- Reserved 参数是保留参数，必须为 0。
- dwType 参数指定 lpData 参数指向的数据类型，前面介绍过可用的键值数据类型。
- lpData 参数指定要存储的键值数据。
- cbData 参数表示 lpData 参数指向的数据的大小，以字节为单位。注意，如果键值数据类型为 REG_SZ、REG_EXPAND_SZ 或 REG_MULTI_SZ，那么 cbData 必须包含 1 个或 2 个终止空字符的大小；如果键值数据类型为 REG_DWORD，那么该参数可以设置为 sizeof(DWORD)；如果键值数据类型为 REG_QDWORD，那么该参数可以设置为 sizeof(QDWORD)。

如果函数执行成功，则返回值为 ERROR_SUCCESS。要存储的键值数据的大小受可用内存的限制，但是在注册表中存储较大的数据可能会影响性能，因此数据大小大于 2KB 的键值数据应作为文件来存储，然后把文件的完整路径存储在注册表中。

RegQueryValueEx 函数用于获取指定子键中指定键名的键值数据或键值数据类型：

```
LONG WINAPI RegQueryValueEx(
    _In_        HKEY     hKey,         // RegCreateKeyEx、RegOpenKeyEx 等函数返回的子键句柄
    _In_opt_    LPCTSTR  lpValueName,  // 键名字符串
    _Reserved_  LPDWORD  lpReserved,   // 保留参数，必须为 NULL
    _Out_opt_   LPDWORD  lpType,       // 返回键值数据的数据类型，可为 NULL
```

```
    _Out_opt_    LPBYTE  lpData,          // 返回键值数据的缓冲区指针，可为 NULL
    _Inout_opt_ LPDWORD lpcbData);       // 指定缓冲区大小，以字节为单位，函数返回时是复制到 lpData 的数据大小
```

- lpValueName 参数指定键名字符串。如果该参数设置为空字符串""或 NULL，则表示获取子键中的默认键的键值数据或键值数据类型。
- lpReserved 参数是保留参数，必须为 NULL。
- lpType 参数指向的 DWORD 类型变量用于返回键值数据的数据类型，如果不需要获取键值数据类型，则该参数可以设置为 NULL。
- lpData 参数指向的缓冲区用于返回键值数据，如果不需要获取键值数据，则该参数可以设置为 NULL。
- lpcbData 参数指定缓冲区大小，以字节为单位，函数返回以后该参数是复制到 lpData 缓冲区中的数据大小。只有 lpData 参数设置为 NULL 时，lpcbData 参数才能设置为 NULL。该参数是一个输入输出参数，因此，如果是在一个循环中调用 RegQueryValueEx 函数，每一次循环都应该重新初始化该参数。如果仅需要查询键值数据类型，lpData 和 lpcbData 参数都可以设置为 NULL。

如果函数执行成功，则返回值为 ERROR_SUCCESS。如果 lpData 参数指定的缓冲区不足以容纳数据，则函数返回 ERROR_MORE_DATA 并将所需的缓冲区大小存储在 lpcbData 指向的变量中。为了分配大小合适的缓冲区，可以把 lpData 参数设置为 NULL，而 lpcbData 参数设置为一个指向 DWORD 类型变量的指针，函数会返回 ERROR_SUCCESS，并将所需缓冲区的大小（以字节为单位）存储在 lpcbData 指向的变量中，然后分配大小合适的缓冲区并再次调用 RegQueryValueEx 函数以获取键值数据。

如果键值数据类型为 REG_SZ、REG_EXPAND_SZ 或 REG_MULTI_SZ，则当初用户保存到注册表中时，可能没有正确设置 1 个或 2 个终止空字符，这种情况下操作 lpData 参数返回的键值数据可能会导致越界操作，RegGetValue 函数的功能与 RegQueryValueEx 类似，但是 RegGetValue 函数会检查终止的空字符，如果用户当初没有正确设置终止空字符并且缓冲区大小可以容纳额外的空字符，则函数会自动添加；否则，函数执行失败并返回 ERROR_MORE_DATA。

RegDeleteValue 函数用于删除指定子键中的指定键值项：

```
LONG WINAPI RegDeleteValue(
    _In_     HKEY    hKey,           // RegCreateKeyEx、RegOpenKeyEx 等函数返回的子键句柄
    _In_opt_ LPCTSTR lpValueName);   // 键名字符串
```

如果函数执行成功，则返回值为 ERROR_SUCCESS。

例如 INIDemo 程序的配置信息使用注册表来存取，可以按如下方式使用：

```
#include <windows.h>
#include <tchar.h>
#include "resource.h"

// 函数声明
INT_PTR CALLBACK DialogProc(HWND hwndDlg, UINT uMsg, WPARAM wParam, LPARAM lParam);

int WINAPI WinMain(HINSTANCE hInstance, HINSTANCE hPrevInstance, LPSTR lpCmdLine, int nCmdShow)
{
    DialogBoxParam(hInstance, MAKEINTRESOURCE(IDD_MAIN), NULL, DialogProc, NULL);
```

```
        return 0;
}


INT_PTR CALLBACK DialogProc(HWND hwndDlg, UINT uMsg, WPARAM wParam, LPARAM lParam)
{
    HKEY hKey;
    LPCTSTR lpSubKey = TEXT("Software\\INIDemo");
    LONG lRet;
    LPCTSTR lpValueNameX = TEXT("X");
    LPCTSTR lpValueNameY = TEXT("Y");
    LPCTSTR lpValueNameWidth = TEXT("Width");
    LPCTSTR lpValueNameHeight = TEXT("Height");
    DWORD dwcbData;
    DWORD dwX = 0, dwY = 0, dwWidth = 0, dwHeight = 0;
    RECT rect;

    switch (uMsg)
    {
    case WM_INITDIALOG:
        // 打开 HKEY_CURRENT_USER\Software\INIDemo 子键
        lRet = RegOpenKeyEx(HKEY_CURRENT_USER, lpSubKey, 0, KEY_READ, &hKey);
        if (lRet != ERROR_SUCCESS)
            return TRUE;

        // 获取键值数据
        dwcbData = sizeof(DWORD);
        RegQueryValueEx(hKey, lpValueNameX, NULL, NULL, (LPBYTE)&dwX, &dwcbData);
        dwcbData = sizeof(DWORD);
        RegQueryValueEx(hKey, lpValueNameY, NULL, NULL, (LPBYTE)&dwY, &dwcbData);
        dwcbData = sizeof(DWORD);
        RegQueryValueEx(hKey, lpValueNameWidth, NULL, NULL, (LPBYTE)&dwWidth, &dwcbData);
        dwcbData = sizeof(DWORD);
        RegQueryValueEx(hKey, lpValueNameHeight, NULL, NULL, (LPBYTE)&dwHeight, &dwcbData);
        RegCloseKey(hKey);

        // 设置程序窗口位置、大小
        if (dwWidth && dwHeight)
            SetWindowPos(hwndDlg, HWND_TOP, dwX, dwY, dwWidth, dwHeight, SWP_SHOWWINDOW);
        return TRUE;

    case WM_COMMAND:
        switch (LOWORD(wParam))
        {
        case IDCANCEL:
            // 保存程序窗口位置、大小
            GetWindowRect(hwndDlg, &rect);
            lRet = RegCreateKeyEx(HKEY_CURRENT_USER, lpSubKey, 0, NULL,
                REG_OPTION_NON_VOLATILE, KEY_WRITE, NULL, &hKey, NULL);
            if (lRet == ERROR_SUCCESS)
            {
                dwX = rect.left;
                dwY = rect.top;
```

```
                    dwWidth = rect.right - rect.left;
                    dwHeight = rect.bottom - rect.top;

                    RegSetValueEx(hKey, lpValueNameX, 0, REG_DWORD, (LPBYTE)&dwX, sizeof(DWORD));
                    RegSetValueEx(hKey, lpValueNameY, 0, REG_DWORD, (LPBYTE)&dwY, sizeof(DWORD));
                    RegSetValueEx(hKey, lpValueNameWidth, 0, REG_DWORD, (LPBYTE) &dwWidth,
         sizeof(DWORD));
                    RegSetValueEx(hKey, lpValueNameHeight, 0, REG_DWORD, (LPBYTE) &dwHeight,
         sizeof(DWORD));

                    RegCloseKey(hKey);
                }

                EndDialog(hwndDlg, 0);
                break;
            }
            return TRUE;
        }

        return FALSE;
    }
```

也可以使用 RegGetValue 函数获取指定子键中指定键名的键值数据或键值数据类型，该函数不需要子键句柄：

```
LONG WINAPI RegGetValue(
    _In_           HKEY      hkey,            // 父键句柄
    _In_opt_       LPCTSTR   lpSubKey,        // 子键名称字符串
    _In_opt_       LPCTSTR   lpValueName,     // 键名字符串
    _In_opt_       DWORD     dwFlags,         // 限制要查询的键值数据类型标志，通常设置为 RRF_RT_ANY
    _Out_opt_      LPDWORD   lpType,          // 返回键值数据的数据类型，可为 NULL
    _Out_opt_      PVOID     pvData,          // 返回键值数据的缓冲区指针，可为 NULL
    _Inout_opt_    LPDWORD   lpcbData);       // 指定缓冲区大小，以字节为单位，函数返回时是复制到 pvData
                                              // 的数据大小
```

- lpValueName 参数指定键名字符串。如果该参数设置为空字符串或 NULL，则表示获取子键中的默认键的键值数据或键值数据类型。
- dwFlags 参数指定限制要查询的键值数据类型标志，可取的值如表 7.5 所示。

表 7.5

常量	含义
RRF_RT_ANY	无键值数据类型限制
RRF_RT_REG_SZ	将类型限制为 REG_SZ
RRF_RT_REG_DWORD	将类型限制为 REG_DWORD
RRF_RT_REG_QWORD	将类型限制为 REG_QWORD
RRF_RT_REG_BINARY	将类型限制为 REG_BINARY
RRF_RT_DWORD	将类型限制为 32 位 RRF_RT_REG_BINARY | RRF_RT_REG_DWORD
RRF_RT_QWORD	将类型限制为 64 位 RRF_RT_REG_BINARY | RRF_RT_REG_QWORD

常量	含义
RRF_RT_REG_EXPAND_SZ	将类型限制为 REG_EXPAND_SZ
RRF_RT_REG_MULTI_SZ	将类型限制为 REG_MULTI_SZ
RRF_RT_REG_NONE	将类型限制为 REG_NONE

还可以同时指定以下一个或多个值，如表 7.6 所示。

表 7.6

常量	含义
RRF_NOEXPAND	如果键值的数据类型为 REG_EXPAND_SZ，则不要自动扩展环境变量字符串
RRF_ZEROONFAILURE	如果 pvData 参数不为 NULL，则在函数执行失败时将缓冲区中的数据清零
RRF_SUBKEY_WOW6464KEY	如果 lpSubKey 参数不为 NULL，则打开 lpSubKey 参数指定的具有 KEY_WOW64_64KEY 访问权限的子键
RRF_SUBKEY_WOW6432KEY	如果 lpSubKey 参数不为 NULL，则打开 lpSubKey 参数指定的具有 KEY_WOW64_32KEY 访问权限的子键

- lpType 参数指向的 DWORD 类型变量用于返回键值数据的数据类型，如果不需要获取键值数据类型，则该参数可以设置为 NULL。
- pvData 参数指向的缓冲区用于返回键值数据，如果不需要获取键值数据，则该参数可以设置为 NULL。
- lpcbData 参数指定缓冲区大小，以字节为单位，函数返回时该参数是复制到 pvData 缓冲区中的数据大小。只有 pvData 参数设置为 NULL 时，lpcbData 参数才能设置为 NULL。如果键值数据类型是 REG_SZ、REG_EXPAND_SZ 或 REG_MULTI_SZ，则 lpcbData 参数返回的缓冲区大小包含 1 个或 2 个终止空字符。

如果函数执行成功，则返回值为 ERROR_SUCCESS。如果 pvData 参数指定的缓冲区不足以容纳数据，则函数返回 ERROR_MORE_DATA 并将所需的缓冲区大小存储在 lpcbData 指向的变量中。为了分配大小合适的缓冲区，可以把 pvData 参数设置为 NULL，而 lpcbData 参数设置为一个指向 DWORD 类型变量的指针，函数会返回 ERROR_SUCCESS，并将所需缓冲区的大小（以字节为单位）存储在 lpcbData 指向的变量中，然后分配大小合适的缓冲区并再次调用 RegGetValue 函数以获取键值数据。例如：

```
RegGetValue(HKEY_CURRENT_USER, lpSubKey, lpValueNameX, RRF_ RT_ANY, NULL, &dwX, &dwcbData)
```

7.2.3 子键、键值项的枚举

有时候可能需要枚举指定子键下的所有子键或键值项，例如上一章的 DIPSHookDll 项目用到了 RegEnumValue 函数枚举指定子键下的所有键值项，枚举指定子键下的所有子键使用的是 RegEnumKeyEx 函数，这与 FindFirstFile 等函数可以一起遍历一个目录中的子目录和文件不同。

RegEnumKeyEx 函数用于枚举指定子键下的所有子键的名称、类类型和最后写入时间：

```
LONG RegEnumKeyEx(
    _In_       HKEY      hKey,          // 子键句柄，枚举该子键下面的所有子键
```

```
    _In_           DWORD      dwIndex,      // hKey 下子键的索引, 初始设置为 0, 后续每次调用加 1
    _Out_opt_      LPTSTR     lpName,       // 返回子键名称, 包括终止的空字符
    _Inout_        LPDWORD    lpcchName,    // 指定 lpName 缓冲区的大小, 以字符为单位, 返回时是实际大小
    _Reserved_     LPDWORD    lpReserved,   // 保留参数, 必须为 NULL
    _Out_opt_      LPTSTR     lpClass,      // 返回子键类名, 通常设置为 NULL
    _Inout_opt_    LPDWORD    lpcchClass,   // 指定 lpClass 缓冲区的大小, 以字符为单位, 返回时是实际大小
    _Out_opt_      PFILETIME  lpftLastWriteTime);// 子键的最后写入时间, 不需要可以设置为 NULL
```

- dwIndex 参数指定 hKey 下子键的索引, 要枚举所有子键应该循环调用该函数, 第 1 次调用 RegEnumKeyEx 函数时该参数设置为 0, 后续每次调用增加 1, 直到该函数返回 ERROR_NO_MORE_ITEMS。
- lpName 参数返回子键名称, 包括终止的空字符。
- lpcchName 参数指定 lpName 缓冲区的大小, 以字符为单位, 指定的缓冲区大小应该包括终止的空字符, 函数返回时该参数是复制到 lpName 缓冲区中的字符数, 但返回的字符个数不包括终止空字符。
- lpReserved 参数是保留参数, 必须为 NULL。
- lpClass 参数返回子键类名, 不需要可以设置为 NULL。
- lpcchClass 参数指定 lpClass 缓冲区的大小, 以字符为单位, 指定的缓冲区大小应该包括终止的空字符, 函数返回时该参数是复制到 lpClass 缓冲区中的字符数, 但返回的字符个数不包括终止空字符。只有 lpClass 参数设置为 NULL 时, 该参数才可以设置为 NULL。
- lpftLastWriteTime 参数返回子键的最后写入时间, 不需要可以设置为 NULL。

如果函数执行成功, 则返回值为 ERROR_SUCCESS。如果提供的缓冲区太小无法容纳返回的子键名称或子键类名, 则返回值为 ERROR_MORE_DATA, 要解决这个问题, 可以先调用 RegQueryInfoKey 函数获取 hKey 子键的相关信息。

通常可以按如下方式枚举指定子键下的所有子键:

```
DWORD dwIndex;
TCHAR szName[MAX_PATH] = { 0 };
DWORD dwchName;

dwIndex = 0;
while (TRUE)
{
    dwchName = _countof(szName);
    lRet = RegEnumKeyEx(hKey, dwIndex, szName, &dwchName, NULL, NULL, NULL, NULL);
    if (lRet == ERROR_NO_MORE_ITEMS)
        break;

    // 处理枚举到的子键

    dwIndex++;
}
```

RegEnumValue 函数用于枚举指定子键下的所有键值项:

```
LONG WINAPI RegEnumValue(
    _In_          HKEY      hKey,             // 子键句柄，枚举该子键下面的所有键值项
    _In_          DWORD     dwIndex,          // hKey 下键值项的索引，初始设置为 0，后续每次调用加 1
    _Out_         LPTSTR    lpValueName,      // 返回键名，包括终止的空字符
    _Inout_       LPDWORD   lpcchValueName,   // 指定 lpValueName 缓冲区的大小，以字符为单位，返回
                                              // 时是实际大小
    _Reserved_    LPDWORD   lpReserved,       // 保留参数，必须为 NULL
    _Out_opt_     LPDWORD   lpType,           // 返回键值数据类型，不需要可以设置为 NULL
    _Out_opt_     LPBYTE    lpData,           // 返回键值数据，不需要可以设置为 NULL
    _Inout_opt_   LPDWORD   lpcbData);        // 指定 lpData 缓冲区的大小，以字节为单位，返回时是实际大小
```

- dwIndex 参数指定 hKey 下键值项的索引，要枚举所有键值项应该循环调用该函数，第 1 次调用 RegEnumValue 函数时该参数设置为 0，后续每次调用增加 1，直到该函数返回 ERROR_NO_MORE_ITEMS。
- lpValueName 参数返回键名，包括终止的空字符。
- lpcchValueName 参数指定 lpValueName 缓冲区的大小，字符单位，指定的缓冲区大小应该包括终止的空字符，函数返回时该参数是复制到 lpValueName 缓冲区中的字符数，但是返回的字符个数不包括终止空字符。
- lpReserved 参数是保留参数，必须为 NULL。
- lpType 参数指向的 DWORD 类型变量用于返回键值数据类型，不需要可以设置为 NULL。
- lpData 参数指向的缓冲区用于返回键值数据，不需要可以设置为 NULL。
- lpcbData 参数指定 lpData 缓冲区的大小，以字节为单位，函数返回时该参数是复制到 lpData 缓冲区中的字节数。只有 lpData 参数设置为 NULL 时，该参数才可以设置为 NULL。如果键值数据类型为 REG_SZ、REG_EXPAND_SZ 或 REG_MULTI_SZ，则 lpcbData 参数返回的大小包括 1 个或 2 个终止空字符的大小，但是当初用户保存到注册表中时，可能没有正确设置 1 个或 2 个终止空字符，这种情况下操作 lpData 参数返回的键值数据可能会导致越界操作，因此应该判断并处理返回的键值数据以确保字符串具有正确的终止空字符。

如果函数执行成功，则返回值为 ERROR_SUCCESS。如果 lpData 参数指定的缓冲区不足以容纳数据，则函数返回 ERROR_MORE_DATA 并将所需的缓冲区大小存储在 lpcbData 指向的变量中。为了分配大小合适的缓冲区，可以把 lpData 参数设置为 NULL，而 lpcbData 参数设置为一个指向 DWORD 类型变量的指针，函数会返回 ERROR_SUCCESS，并将所需缓冲区的大小（以字节为单位）存储在 lpcbData 指向的变量中，然后分配合适大小的缓冲区并再次调用 RegEnumValue 函数以获取键值数据。

通常可以按如下方式枚举指定子键下的所有键值项：

```
DWORD dwIndex;
TCHAR szValueName[MAX_PATH] = { 0 };
BYTE bData[512] = { 0 };
DWORD dwchValueName, dwcbData;

dwIndex = 0;
while (TRUE)
{
    dwchValueName = _countof(szValueName);
```

```
    dwcbData = sizeof(bData);
    lRet = RegEnumValue(hKey, dwIndex, szValueName, &dwchValueName, NULL, NULL,
        bData, &dwcbData);
    if (lRet == ERROR_NO_MORE_ITEMS)
        break;

    // 处理枚举到的键值项

    dwIndex++;
}
```

在实际编程过程中，应该合理设计缓冲区大小，并合理处理返回的键值数据。现在读者可以重新查看 DIPSHookDll 项目。

在枚举子键和键值项时往往会遇到这样一个问题：注册表函数对键值数据的长度没有限制，在分配缓冲区时如果申请太大的内存比较浪费，申请太小的内存则无法枚举成功，对返回的子键名称和键名也是如此。那么究竟应该分配多大的缓冲区呢？在枚举前可以先调用 RegQueryInfoKey 函数查询指定子键的相关信息。RegQueryInfoKey 函数返回的信息有：一个子键下面的子键的数量、键值项的数量、子键名称和键名字符串的最大长度以及键值数据的最大长度等，根据这些信息能够方便地申请合适的缓冲区来保证枚举成功。RegQueryInfoKey 函数声明如下：

```
LONG WINAPI RegQueryInfoKey(
    _In_        HKEY        hKey,                    // 子键句柄
    _Out_opt_   LPTSTR      lpClass,                 // 返回子键类名
    _Inout_opt_ LPDWORD     lpcClass,                // lpClass 参数指向的缓冲区的大小，以字符为单位
    _Reserved_  LPDWORD     lpReserved,              // 保留参数，必须为 NULL
    _Out_opt_   LPDWORD     lpcSubKeys,              // 返回 hKey 下面所有子键的数量
    _Out_opt_   LPDWORD     lpcMaxSubKeyLen,         // 返回子键名称的最大长度（按 Unicode），不包含终止字符
    _Out_opt_   LPDWORD     lpcMaxClassLen,          // 返回子键类名的最大长度（按 Unicode），不包含终止字符
    _Out_opt_   LPDWORD     lpcValues,               // 返回 hKey 下面所有键值项的数量
    _Out_opt_   LPDWORD     lpcMaxValueNameLen,      // 返回键名的最大长度（按 Unicode），不包含终止字符
    _Out_opt_   LPDWORD     lpcMaxValueLen,          // 返回键值数据的最大长度，以字节为单位
    _Out_opt_   LPDWORD     lpcbSecurityDescriptor,  // 返回 hKey 的安全描述符的大小，以字节为单位
    _Out_opt_   PFILETIME   lpftLastWriteTime);      // 返回 hKey 的最后写入时间
```

如果函数执行成功，则返回值为 ERROR_SUCCESS。

还有一些不常用的注册表函数，例如 RegSaveKey 函数用来将子键信息保存到指定的文件中，RegLoadKey 和 RegReplaceKey 函数用来从指定的文件中恢复注册表的子键信息等。

7.2.4 注册表应用：程序开机自动运行设置文件关联

在以下子键中创建一个键值项，键值数据设置为一个程序的完整路径，该程序可以在开机后自动运行，键值数据类型可以是 REG_SZ 或 REG_EXPAND_SZ，需要注意的是键名不能与已存在的键名冲突：

```
HKEY_LOCAL_MACHINE\Software\Microsoft\Windows\CurrentVersion\Run
HKEY_LOCAL_MACHINE\Software\Microsoft\Windows\CurrentVersion\RunOnce (仅运行一次)
HKEY_CURRENT_USER\Software\Microsoft\Windows\CurrentVersion\Run
HKEY_CURRENT_USER\Software\Microsoft\Windows\CurrentVersion\RunOnce (仅运行一次)
```

示例代码如下：

```
HKEY hKey;
LPCTSTR lpSubKey = TEXT("Software\\Microsoft\\Windows\\CurrentVersion\\Run");
LPCTSTR lpValueName = TEXT("INIDemo");                                           // 键名
LPTSTR lpData = TEXT("F:\\Source\\Windows\\Chapter7\\INIDemo\\Debug\\INIDemo. exe"); // 键值
DWORD dwcbData = (_tcslen(lpData) + 1) * sizeof(TCHAR);

RegOpenKeyEx(HKEY_LOCAL_MACHINE, lpSubKey, 0, KEY_WRITE, &hKey);
RegSetValueEx(hKey, lpValueName, NULL, REG_SZ, (LPBYTE)lpData, dwcbData);
RegCloseKey(hKey);
```

注意，如果程序编译为 32 位，即 32 位程序运行在 WOW64 时，实际上是在以下位置创建键值项：

```
HKEY_LOCAL_MACHINE\SOFTWARE\WOW6432Node\Microsoft\Windows\CurrentVersion\Run
```

如果程序编译为 64 位，则是在我们指定的子键中创建键值项：

```
HKEY_LOCAL_MACHINE\SOFTWARE\Microsoft\Windows\CurrentVersion\Run
```

出现这个问题的原因是 WOW64 对注册表做了重定向。如果我们使用 32 位的注册表编辑（C:\Windows\SysWOW64\Regedit.exe）在 HKEY_LOCAL_MACHINE/Software 子键下面新建一个键值项，然后使用 64 位的注册表编辑器（C:\Windows\Regedit.exe）查看，会发现这个键值项只会出现在 HKEY_LOCAL_MACHINE/Software/WOW6432Node 子键下面，不会出现在 HKEY_LOCAL_MACHINE/Software 子键下面，因为 HKEY_LOCAL_MACHINE/Software 子键是专门用于存放 64 位程序所使用的注册表数据的，而 HKEY_LOCAL_MACHINE/Software/WOW6432Node 子键是专门用于存放 32 位程序所使用的注册表数据的。实际上，编写出上述代码通常是没有问题的，操作系统内部怎么去重定向、映射我们的键值项可以不予理会，如果一定要在指定的位置操作键值项，可以在创建或打开子键的时候指定 KEY_WOW64_64KEY 或 KEY_WOW64_32KEY 访问权限。

如果将一个类型的数据文件与一个可执行文件相关联，可以通过双击该类型的数据文件来运行可执行文件并打开数据文件，例如双击以.txt 为扩展名的文本文件，就会自动运行 Notepad.exe 并打开.txt 文本文件。文件关联可以通过在注册表的 HKEY_CLASSES_ROOT 根键中设置，要为某种扩展名的数据文件设置关联程序，需要在 HKEY_CLASSES_ROOT 根键下设置 2 个子键，第 1 个子键的名称是 ".扩展名"，在 ".扩展名" 子键下设置一个默认键，默认键的键值数据类型是 REG_SZ，键值数据是 HKEY_CLASSES_ROOT 根键下另一个子键的名称，在第 2 个子键下设置与 ".扩展名" 类型数据文件相关联的可执行文件名。

如果关联的操作方式是 "打开"，则可以在第 2 个子键中继续创建 "shell\open\command" 子键，然后为该子键设置默认键，默认键的键值数据类型可以是 REG_SZ 或 REG_EXPAND_SZ，键值数据设置为可执行文件的完整路径，双击数据文件即可自动运行这个可执行文件。如果关联的操作方式是 "打印"，则可以在第 2 个子键中继续创建 "shell\print\command" 子键，同样将 command 子键的默认键设置为执行打印操作的可执行文件名。

HKEY_CLASSES_ROOT\.txt 子键的默认键的键值为 txtfile，HKEY_CLASSES_ROOT\txtfile\shell\open\command 子键的默认键的键值为%System Root%\system32\NOTEPAD.EXE %1，%1 表示该程序执行时的第 1 个参数。

第8章

Windows 异常处理

程序执行过程中难免会发生错误。CPU 负责捕获类似于访问非法内存地址或者除数为 0 的错误代码，并抛出相应的异常，由 CPU 抛出的异常都是硬件异常；操作系统和应用程序也可以抛出异常，这类异常称为软件异常。当异常（包括硬件异常和软件异常）发生后，Windows 或应用程序针对所发生错误生成一段处理代码，通常称为异常处理函数或异常处理程序。

发生异常时，如果程序中没有相关的异常处理函数，Windows 就会终止进程，依次弹出图 8.1 所示的两个对话框。

图 8.1

8.1 结构化异常处理

8.1.1 try-except 语句

发生异常时，Windows 允许应用程序自行处理该异常，微软公司定义了 try-except 语句用于结构化异常处理（Structured Exception Handling，SEH）：

```
__try
{
    // 受保护语句
}
__except (异常过滤表达式)
{
    // 异常处理语句
```

```
}
```

// 其他程序语句

　　try 块中存放的是受保护语句，except 块中存放的是异常处理语句（异常处理程序）。如果执行受保护语句发生异常时，则 Windows 会把对程序的控制权转交给程序自身，并根据异常过滤表达式的值决定是否执行 except 块中的异常处理语句。如果执行受保护语句时没有发生异常，则根本不会执行 except 块中的异常处理语句。

　　异常过滤表达式可以是一个常量值、条件表达式或逗号运算符，还可以是一个函数调用。异常过滤表达式也称为异常过滤程序，该表达式返回的值用于确定异常的处理方式，表达式的值及其含义如表 8.1 所示。

表 8.1

表达式的值	含义
EXCEPTION_EXECUTE_HANDLER (1)	处理这个异常，执行 except 块中的异常处理语句，然后继续执行 except 块后面的其他程序语句。如果受保护语句中发生异常的语句后面还有其他语句，则这些语句是不会继续执行的，因为一旦一条指令执行失败后程序就难以保证继续稳定运行，例如我们调用一个内存分配函数失败，之后对内存指针的操作都不应该执行，否则程序会不停地抛出异常
EXCEPTION_CONTINUE_SEARCH (0)	不处理该异常，Windows 继续向上搜索下一个具有最高优先级的异常处理程序（不会执行 except 块中的异常处理语句）
EXCEPTION_CONTINUE_EXECUTION (-1)	消除异常，重新执行发生异常的那条语句（不会执行 except 块中的异常处理语句）。因为我们无法保证正确修复发生异常的语句，所以这可能会导致死循环，即在计算异常过滤表达式的值和重新执行出错语句之间无限循环，因此需要谨慎使用 EXCEPTION_CONTINUE_EXECUTION

　　下面看几个有关异常过滤表达式的值 EXCEPTION_EXECUTE_HANDLER、EXCEPTION_CONTINUE_SEARCH 和 EXCEPTION_CONTINUE_EXECUTION 的示例。

　　下面的函数 CalcHowManyDelimit 用于计算一个字符串中指定字符的个数：

```
int CalcHowManyDelimit(LPCTSTR lpStrToken, LPCTSTR lpStrDelimit)
{
    int nHowManyDelimit = -1;          // 返回-1 表示失败
    LPTSTR lpStrTokenTemp = NULL;      // 假设分配临时缓冲区失败
    LPTSTR lpToken = NULL;             // 指向被分割出部分的指针
    LPTSTR lpTokenNext = NULL;         // 剩余未被分解的部分指针

    __try
    {
        // 分配一块临时缓冲区 lpStrTokenTemp 用于存放 lpStrToken 的副本，因为_tcstok_s 会破坏源字符串
        lpStrTokenTemp = new TCHAR[_tcslen(lpStrToken) + 1];
        StringCchCopy (lpStrTokenTemp, _tcslen(lpStrToken) + 1, lpStrToken);

        // 获取第一个分隔符
        lpToken = _tcstok_s(lpStrTokenTemp, lpStrDelimit, &lpTokenNext);
        // 如果第一个分隔符是字符串中最后一个字符
        if (lpTokenNext == lpStrTokenTemp + _tcslen(lpStrToken))
            nHowManyDelimit++;
```

```
    // 循环获取所有分隔符
    while (lpToken != NULL)
    {
        nHowManyDelimit++;

        lpToken = _tcstok_s(NULL, lpStrDelimit, &lpTokenNext);
    }
}
__except (EXCEPTION_EXECUTE_HANDLER)
{
}

delete[]lpStrTokenTemp;
return nHowManyDelimit;
}
```

上述代码有可能出错的地方是，调用者在调用 CalcHowManyDelimit 函数时传入了非法内存地址的字符串参数，或者分配临时缓冲区时可能出现内存分配失败的情况，其他地方出错的可能性很小。例如调用者在调用 CalcHowManyDelimit 函数时传入了非法内存地址的字符串参数 lpStrToken，当执行 try 块中第一句代码的_tcslen 函数时会引发一个访问违规，这时 Windows 会把对程序的控制权转交给程序自身，异常过滤表达式的值为 EXCEPTION_EXECUTE_HANDLER 表示处理这个异常，于是执行 except 块中的异常处理语句（什么也没做），然后继续执行 except 块后面的 delete 语句并返回-1，try 块中第一句后面的代码不会执行。调用_tcslen 函数时会引发一个访问违规，因此 new 操作符的内存分配工作不会执行，lpStrTokenTemp 的值为 NULL，为 delete 操作符传入一个 NULL 值不会出错。

接下来再看下面的示例，异常过滤表达式可以指定为一个函数调用（异常过滤函数），根据不同的情况返回不同的值：

```
TCHAR g_szBuf[64] = { 0 };

VOID SomeFunc()
{
    LPTSTR lpszBuf = NULL;

    __try
    {
        *lpszBuf = TEXT('A');
        // 其他代码
    }
    __except (ExceptionFilterFunc(&lpszBuf))
    {
        MessageBox(NULL, TEXT("发生异常"), TEXT("提示"), MB_OK);
    }

    MessageBox(NULL, TEXT("函数执行完毕"), TEXT("提示"), MB_OK);
}
```

```
INT ExceptionFilterFunc(LPTSTR* ppStr)
{
    if (*ppStr == NULL)
    {
        *ppStr = g_szBuf;
        return EXCEPTION_CONTINUE_EXECUTION;
    }

    return EXCEPTION_EXECUTE_HANDLER;
}
```

字符串指针 lpszBuf 的初始值为 NULL。当执行 try 块中第一句代码时会引发一个内存写入违规，Windows 把对程序的控制权转交给程序自身，异常过滤表达式是一个 ExceptionFilterFunc 函数调用，于是执行 ExceptionFilterFunc 函数，如果发现传递过来的字符串指针 lpszBuf 的值为 NULL，就把全局变量缓冲区的地址 g_szBuf 赋给 lpszBuf，然后返回 EXCEPTION_CONTINUE_EXECUTION 表示重新执行发生异常的 *lpszBuf = TEXT('A');语句。我们推断 lpszBuf 的值等于 g_szBuf，重新执行可以正确运行。这时 lpszBuf 的值确实等于 g_szBuf，但是 try 块的汇编代码可能是下面的样子：

```
__try
00C9C56C  mov dword ptr [ebp-4], 0
00C9C573  mov eax, dword ptr [lpszBuf]
{
    *lpszBuf = TEXT('A');
    00C9C576  mov ecx, 41h
    00C9C57B  mov word ptr [eax], cx
    // 其他代码
}
```

从汇编代码可以看出，*lpszBuf = TEXT('A');语句被汇编为两行汇编语句 mov ecx,41h 和 mov word ptr [eax],cx，重新执行的是 00C9C57B 一行的 mov word ptr [eax],cx 语句，lpszBuf 指针确实不为 NULL，但是 mov word ptr [eax],cx 语句中的 eax 的值始终为 0。实际结果就是：重新执行 mov word ptr [eax],cx 指令，还是会发生写入 NULL 地址这样的违规异常，但是执行 ExceptionFilterFunc 函数，发现传递过来的字符串指针 lpszBuf 的值不为 NULL，返回 EXCEPTION_EXECUTE_HANDLER 表示处理这个异常，于是执行 except 块中的异常处理语句 MessageBox，然后继续执行 except 块后面的 MessageBox 语句，SomeFunc 函数返回。

如果把 ExceptionFilterFunc 函数进行如下所示的更改，就会形成一个死循环：

```
INT ExceptionFilterFunc(LPTSTR* ppStr)
{
    if (*ppStr == NULL)
        *ppStr = g_szBuf;

    return EXCEPTION_CONTINUE_EXECUTION;
}
```

因为我们无法保证正确修复发生异常的语句，所以这可能会导致死循环，即在计算异常过滤表达式的值和重新执行出错语句之间无限循环，因此需要谨慎使用 EXCEPTION_CONTINUE_EXECUTION。

再看一个例子，与上面的例子类似，只不过是把 SomeFunc 函数中的 try 块中的语句更换为一个具有结构化异常处理能力的函数调用：

```
TCHAR g_szBuf[64] = { 0 };

VOID SomeFunc()
{
    LPTSTR lpszBuf = NULL;

    __try
    {
        FuncInTry(lpszBuf);
        // 其他代码
    }
    __except (ExceptionFilterFunc(&lpszBuf))
    {
        MessageBox(NULL, TEXT("发生异常"), TEXT("提示"), MB_OK);
    }

    MessageBox(NULL, TEXT("函数执行完毕"), TEXT("提示"), MB_OK);
}

VOID FuncInTry(LPTSTR pStr)
{
    __try
    {
        *pStr = TEXT('A');
        // 其他代码
    }
    __except (EXCEPTION_CONTINUE_SEARCH)
    {
        // 不会执行
    }
}

INT ExceptionFilterFunc(LPTSTR* ppStr)
{
    if (*ppStr == NULL)
    {
        *ppStr = g_szBuf;
        return EXCEPTION_CONTINUE_EXECUTION;
    }

    return EXCEPTION_EXECUTE_HANDLER;
}
```

当执行 SomeFunc 函数中的 try 块中第一句代码时，调用 FuncInTry 函数并传入一个 NULL 指针，在 FuncInTry 函数内部会引发一个内存写入违规异常，这样就会计算 FuncInTry 函数中异常过滤表达式的值，这里是 EXCEPTION_CONTINUE_SEARCH，该常量表示系统将在调用栈中向上查找前一个包含 except 块的 try 块，并计算这个 try 块对应的异常过滤表达式。第 1 次执行 ExceptionFilterFunc 函数会返回 EXCEPTION_CONTINUE_EXECUTION，表示重新执行 FuncInTry 函数中的赋值语句，

ExceptionFilterFunc 函数中对指针值的修改不会影响 FuncInTry 函数中的 pStr 变量，因此重新执行 FuncInTry 函数中的赋值语句只会导致同一个异常再次发生。第 2 次执行 ExceptionFilterFunc 函数会返回 EXCEPTION_EXECUTE_HANDLER 表示处理该异常，于是执行 SomeFunc 函数中的 except 块中的异常处理语句 MessageBox，然后继续执行 except 块后面的 MessageBox 语句，SomeFunc 函数返回。

8.1.2　GetExceptionCode 和 GetExceptionInformation

如果应用程序无法从异常中完全恢复，我们可以选择显示相关错误信息并捕获应用程序的内部状态，从而帮助诊断问题。结构化异常处理提供了两个可以与 try-except 语句一起使用的内部函数：GetExceptionCode 和 GetExceptionInformation。

GetExceptionCode 宏用于获取刚刚发生的异常的异常代码，只能在异常过滤表达式或异常处理程序块内调用 GetExceptionCode。如果异常过滤表达式调用的是一个函数，则不能在异常过滤函数中调用 GetExceptionCode，但是 GetExceptionCode 的返回值可以作为参数传递给异常过滤函数。GetExceptionCode 宏的相关定义如下：

```
DWORD GetExceptionCode();
#define GetExceptionCode  _exception_code
unsigned long __cdecl _exception_code(void);
```

GetExceptionCode 返回一个 DWORD 类型的异常代码，常见的异常代码及含义如表 8.2 所示。

表 8.2

异常分类	异常代码	含义
与内存相关的异常代码	EXCEPTION_ACCESS_VIOLATION (0xC0000005)	试图读取或写入对其没有适当访问权限的内存地址
	EXCEPTION_DATATYPE_MISALIGNMENT(0x80000002)	试图从没有提供自动对齐机制的硬件中读入没有对齐的数据。例如，16 位数据必须在 2 字节边界对齐，32 位数据必须在 4 字节边界对齐，以此类推
	EXCEPTION_ARRAY_BOUNDS_EXCEEDED(0xC000008C)	在支持边界检查的硬件上访问越界的数组元素
	EXCEPTION_STACK_OVERFLOW (0xC00000FD)	用光了系统分配给它的栈空间
	EXCEPTION_PRIV_INSTRUCTION (0xC0000096)	试图执行在当前机器模式下不允许执行的指令
	EXCEPTION_ILLEGAL_INSTRUCTION(0xC000001D)	试图执行一条非法指令
与异常本身相关的异常代码	EXCEPTION_NONCONTINUABLE_EXCEPTION(0xC0000025)	异常过滤表达式返回 EXCEPTION_CONTINUE_EXECUTION，但是实际上这个类型的异常发生后系统并不允许程序继续执行
	EXCEPTION_INVALID_DISPOSITION(0xC0000026)	异常过滤表达式返回 EXCEPTION_EXECUTE_HANDLER、EXCEPTION_CONTINUE_SEARCH 和 EXCEPTION_CONTINUE_EXECUTION 以外的值

异常分类	异常代码	含义
与调试相关的异常代码	EXCEPTION_BREAKPOINT (0x80000003)	遇到 int 3 断点
	EXCEPTION_SINGLE_STEP (0x80000004)	单步中断
与整型相关的异常代码	EXCEPTION_INT_DIVIDE_BY_ZERO(0xC0000094)	线程试图在整数除法运算中以 0 作为除数
	EXCEPTION_INT_OVERFLOW (0xC0000095)	整型运算的结果超出了该类型规定的范围

异常代码值的定义有一定规则，每个异常代码值划分为表 8.3 所示的几个部分（Customer 表示用户自定义）。

表 8.3

位	含义	值
31～30	严重性	0=Success 1=Informational 2=Warning 3=error
29	Microsoft/Customer	0=Microsoft 所定义的代码 1=Customer 所定义的代码
28	保留位	总为 0
27～16	设备代码	前 256 个值为 Microsoft 所保留
15～0	异常代码	由 Microsoft/Customer 定义的异常代码

例如 EXCEPTION_ACCESS_VIOLATION 的值为 0xC0000005，对应的二进制形式如下：

11 0 0 000000000000 0000000000000101

第 30 位和第 31 位都被设为 1，表示这是一个严重错误，线程在这种情况不能继续往下执行；第 29 位为 0，表示这个异常代码由 Microsoft 定义；第 0～15 位的值为 5，表示 Microsoft 将访问违规异常代码定义为 5。

使用 GetExceptionCode 的示例如下：

```
VOID SomeFunc()
{
    int n = 0;

    __try
    {
        int nTemp = 10;
        nTemp /= n;
    }
    __except ((GetExceptionCode() == EXCEPTION_ACCESS_VIOLATION ||
```

```
            GetExceptionCode() == EXCEPTION_INT_DIVIDE_BY_ZERO) ?
        EXCEPTION_EXECUTE_HANDLER : EXCEPTION_CONTINUE_SEARCH)
    {
        switch (GetExceptionCode())
        {
        case EXCEPTION_ACCESS_VIOLATION:
            // 处理访问违规
            MessageBox(NULL, TEXT("访问违规"), TEXT("提示"), MB_OK);
            break;

        case EXCEPTION_INT_DIVIDE_BY_ZERO:
            // 处理除零错误
            MessageBox(NULL, TEXT("除零错误"), TEXT("提示"), MB_OK);
            break;
        }
    }

    MessageBox(NULL, TEXT("函数执行完毕"), TEXT("提示"), MB_OK);
}
```

　　GetExceptionInformation 宏用于获取刚刚发生的异常的相关信息，只能在异常过滤表达式中调用该宏，如果异常过滤表达式调用的是一个函数，不能在异常过滤函数中调用该宏，但是该宏的返回值可以作为参数传递给异常过滤函数。GetExceptionInformation 宏的相关定义如下：

```
LPEXCEPTION_POINTERS GetExceptionInformation();
#define GetExceptionInformation (struct _EXCEPTION_POINTERS*)_exception_info
void* __cdecl _exception_info();
```

　　GetExceptionInformation 返回一个指向 EXCEPTION_POINTERS 结构的指针。EXCEPTION_POINTERS 结构在 winnt.h 头文件中定义如下：

```
typedef struct _EXCEPTION_POINTERS {
    PEXCEPTION_RECORD   ExceptionRecord; // 指向包含异常信息的 EXCEPTION_RECORD 结构的指针
    PCONTEXT            ContextRecord;    // 指向包含线程环境的 CONTEXT 结构的指针
} EXCEPTION_POINTERS, * PEXCEPTION_POINTERS;
```

　　EXCEPTION_RECORD 结构和 CONTEXT 结构的含义在 4.6 节中已经介绍过。之所以只能在异常过滤表达式中调用 GetExceptionInformation，是因为指向 EXCEPTION_RECORD 结构的指针和指向 CONTEXT 结构的指针位于栈上，在把控制权转交给异常处理程序后，这些栈上的数据结构就会被销毁。

　　EXCEPTION_RECORD 结构有几个字段在前面没有介绍：

```
typedef struct _EXCEPTION_RECORD {
    DWORD                   ExceptionCode;      // 异常代码
    DWORD                   ExceptionFlags;     // 异常标志
    struct _EXCEPTION_RECORD* ExceptionRecord;
    PVOID                   ExceptionAddress;   // 发生异常的地址
    DWORD                   NumberParameters;
    ULONG_PTR               ExceptionInformation[EXCEPTION_MAXIMUM_PARAMETERS];
} EXCEPTION_RECORD, * PEXCEPTION_RECORD;
```

- ExceptionFlags 字段是异常标志，该字段可以设置为 0 表示程序可继续执行的异常，也可以设置为 EXCEPTION_NONCONTINUABLE 表示程序不可继续执行的异常，在不可继续的异常发生后继续执行程序会导致发生 EXCEPTION_NONCONTINUABLE_EXCEPTION 异常。
- 如果发生嵌套异常时，则 ExceptionRecord 字段是一个指向 EXCEPTION_RECORD 结构的指针，其中包含另一个异常的异常信息；如果没有发生嵌套异常，则该字段为 NULL。
- NumberParameters 字段表示与异常关联的参数个数，即 ExceptionInformation 数组中数组元素的个数，最多为 EXCEPTION_MAXIMUM_PARAMETERS(15)个，该字段的值通常为 0。
- ExceptionInformation 数组是一组描述异常的附加参数，该字段的值通常为 NULL。

EXCEPTION_RECORD 结构的最后两个字段（NumberParameters 和 ExceptionInformation）提供了关于异常的附加信息，目前只有 EXCEPTION_ACCESS_VIOLATION 和 EXCEPTION_IN_PAGE_ERROR 异常提供了附加信息，其他所有异常的 NumberParameters 值均为 0，如表 8.4 所示。

表 8.4

异常代码	数组元素含义
EXCEPTION_ACCESS_VIOLATION	ExceptionInformation[0]包含一个读写标志，指出引发这个非法访问的操作类型，该值为 0 表示线程试图读取不可访问的内存地址，该值为 1 表示线程试图写入不可访问的内存地址。当数据执行保护（Data Execution Prevention，DEP）检测到线程执行没有可执行权限的内存页中的代码时，也会抛出 EXCEPTION_ACCESS_VIOLATION 异常，同时 ExceptionInformation[0]的值被设置为 8。ExceptionInformation[1]表示不可访问数据的内存地址
EXCEPTION_IN_PAGE_ERROR	ExceptionInformation[0]的含义与 EXCEPTION_ACCESS_VIOLATION 相同。ExceptionInformation[1]同样表示不可访问数据的内存地址。ExceptionInformation[2]表示导致异常的 NTSTATUS 代码

如果需要在异常处理程序中使用 EXCEPTION_RECORD 结构和 CONTEXT 结构，可以按如下方式使用：

```
VOID SomeFunc()
{
    EXCEPTION_RECORD ExceptionRecord;
    CONTEXT ContextRecord;

    __try
    {
    }
    __except (ExceptionRecord = *((GetExceptionInformation())->ExceptionRecord),
        ContextRecord = *((GetExceptionInformation())->ContextRecord), EXCEPTION_EXECUTE_HANDLER)
    {
        // 使用 EXCEPTION_RECORD 结构和 CONTEXT 结构
    }

    // 其他代码
}
```

使用 GetExceptionInformation 的示例如下：

```
VOID SomeFunc()
{
    __try
```

```
    {
        // 代码
    }
    __except (ExceptionFilterFunc(GetExceptionInformation()))
    {
        // 代码
    }

    // 代码
}

INT ExceptionFilterFunc(LPEXCEPTION_POINTERS lpExceptionPointers)
{
    TCHAR szBuf[256] = { 0 };

    wsprintf(szBuf, TEXT("异常地址: 0x%p, 异常代码: 0x%X"),
        lpExceptionPointers->ExceptionRecord->ExceptionAddress,
        lpExceptionPointers->ExceptionRecord->ExceptionCode);
    MessageBox(NULL, szBuf, TEXT("提示"), MB_OK);

    return EXCEPTION_EXECUTE_HANDLER;
}
```

8.1.3   利用结构化异常处理进行反调试

所有异常处理都从内核底层的异常处理程序开始，底层异常处理程序调用用户层的异常处理程序（如果有）。程序中的每个函数都可以具有自己的异常处理程序，这正是结构化异常处理名称中结构化的含义，随着层层函数调用，所有的异常处理程序会形成一个 SEH 链表，try-except 语句就是在栈中构造一个 SEH 节点，最后加入的 SEH 节点位于 SEH 链表的头部。需要注意，结构化异常处理是基于线程的，每个线程都可以有自己的 SEH 链表。每个 SEH 节点实际上是一个 EXCEPTION_REGISTRATION_RECORD 结构，该结构在 winnt.h 头文件中定义如下：

```
typedef struct _EXCEPTION_REGISTRATION_RECORD {
    struct _EXCEPTION_REGISTRATION_RECORD* Next;    // 指向前一个 SEH 节点的本结构
    PEXCEPTION_ROUTINE                     Handler;  // 异常处理程序
} EXCEPTION_REGISTRATION_RECORD;
```

try-except 语句在栈中构造一个 EXCEPTION_REGISTRATION_RECORD 结构到 SEH 链表的头部，这个过程使用汇编代码描述如下：

```
push ExceptionHandler    // 异常处理程序
push fs:[0]              // 前一个 SEH 节点的 EXCEPTION_REGISTRATION_RECORD
mov fs:[0] , esp        // 当前 SEH 节点的 EXCEPTION_REGISTRATION_RECORD 指针放入 fs:[0]

// 代码

// 将 fs:[0] 的值恢复为原来的 EXCEPTION_REGISTRATION_RECORD 结构的地址
```

```
pop fs:[0]
pop eax
```

fs:[0]也就是 fs 寄存器偏移 0 的地址处永远指向当前 SEH 节点的 EXCEPTION_REGISTRATION_
RECORD 结构。函数返回时应该将 fs:[0]的值恢复为原来的 EXCEPTION_REGISTRATION_RECORD
结构的地址，最后一行代码 pop eax 仅仅是为了使栈平衡，弹出到 eax 中的值没有实际用途。执行这两
条指令后，栈中的当前 SEH 节点的 EXCEPTION_REGISTRATION_RECORD 结构被释放。上述汇编代
码是结构化异常处理大致的样子，在不同的操作系统和编译器上结构化异常处理的具体实现会有所不
同，这里不再深入研究。

当一个异常发生时，系统会首先查看产生异常的进程是否正在被调试。如果正在被调试，则会向
调试器发送一个 EXCEPTION_DEBUG_EVENT 事件；如果进程没有被调试或者调试器不处理该异常，
则会调用用户层的异常处理程序（如果有）。例如，int3 是最常用的普通断点，int3 断点的原理就是把
指令的第 1 字节修改为 0xCC，当执行到该条指令发现第 1 字节是 0xCC 时就会触发一个异常并暂停，然
后调试器执行异常处理，把该指令的第 1 字节修改回原来的字节指令，并把指令指针寄存器 EIP 的值
减 1 以重新执行该指令。因为调试器已经处理 int3 异常，所以用户层的异常处理程序将不会得到执行。
我们可以利用这一点来检测程序自身是否正在被调试，例如下面的函数：

```
BOOL CheckDebugging()
{
    __try
    {
        RaiseException(EXCEPTION_BREAKPOINT, 0, 0, NULL);
    }
    __except (EXCEPTION_EXECUTE_HANDLER)
    {
        return FALSE;
    }

    return TRUE;
}
```

try 块中调用 RaiseException 函数触发一个 EXCEPTION_BREAKPOINT 异常，如果程序正在被调
试，则不会执行 except 块中的 return FALSE 语句，而是执行 except 块后面的 return TRUE 语句。
可以按如下方式使用 CheckDebugging 函数：

```
if (CheckDebugging())
    MessageBox(hwndDlg, TEXT("进程正在被调试"), TEXT("提示"), MB_OK);
```

上面的反调试代码很容易被反调试，OD 可以安装一个 StrongOD 插件，该插件中有一个 Skip Some
Exceptions 选项，勾选该选项即可跳过该反调试。
如果把 CheckDebugging 函数修改如下，会导致一个写 NULL 地址异常：

```
BOOL CheckDebugging()
{
    __try
    {
        //RaiseException(EXCEPTION_BREAKPOINT, 0, 0, NULL);
```

```
        LPDWORD lpdw = NULL;
        *lpdw = 0x12345678;
    }
    __except (EXCEPTION_EXECUTE_HANDLER)
    {
        return FALSE;
    }

    return TRUE;
}
```

取消选中 StrongOD 插件的 Skip Some Exceptions 选项，OD 载入程序，按 F9 键运行，这种情况下 OD 会接管并处理内存访问异常，程序正常运行。

打开 OD 的选项菜单→调试设置，打开异常选项卡，取消选中图 8.2 中的 6 个异常。即发生上述异常时 OD 不会执行处理操作，而是交给程序自身去处理。按 F9 键运行，程序中断在图 8.3 所示的界面。

同时，OD 左下角给出提示（见图 8.4）。这就是说，OD 并没有主动接管并处理异常，按下 Shift + F9 组合键，会交给程序自身处理异常，程序正常运行。

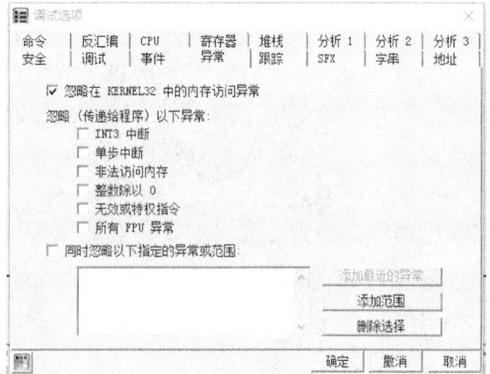

图 8.2

```
00DF105A    .  33C0            xor     eax, eax
00DF105C    .  C700 78563412   mov     dword ptr [eax], 0x12345678
```

图 8.3

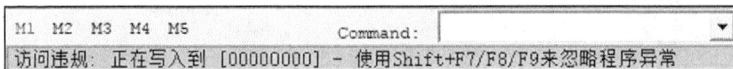

图 8.4

但是 RaiseException 函数触发的是软件异常，不属于上述情况，如果取消选中 StrongOD 插件的 Skip Some Exceptions 选项，按 F9 键运行程序，会提示"进程正在被调试"。

8.1.4　软件异常

通常情况下，调用一个函数时，可以通过返回错误代码来指明函数执行失败，其实当一个函数执行失败时也可以使函数抛出一个异常而不是返回错误代码，由异常处理程序来处理程序错误。例如，默认情况下从堆中分配（HeapAlloc）或重新分配（HeapReAlloc）内存块失败时会返回 NULL，程序可以在调用 HeapCreate 函数创建私有堆，或者在每次调用 HeapAlloc、HeapReAlloc 函数时，指定 HEAP_GENERATE_EXCEPTIONS 标志，这样一来每当调用这两个函数时，如果内存分配失败就会抛出一个异常（STATUS_NO_MEMORY 或 STATUS_ACCESS_VIOLATION）以通知应用程序有错误发生，程序可以通过结构化异常处理程序来捕获这个异常。

由 CPU 捕获某一事件并抛出的异常都是硬件异常，操作系统和应用程序也可以抛出异常，这类异常称为软件异常。软件异常可以作为一种指明发生的错误，程序还可以通过抛出软件异常来改变程序执行流程，这种方式在加密/解密领域应用得比较多。RaiseException 函数用于在调用线程中抛出一个异常：

```
VOID RaiseException(
    _In_ DWORD              dwExceptionCode,      // 异常代码
    _In_ DWORD              dwExceptionFlags,     // 异常标志，可以为 0 或 EXCEPTION_
                                                  // NONCONTINUABLE
    _In_ DWORD              nNumberOfArguments,   // lpArguments 数组中的参数个数
    _In_ CONST ULONG_PTR*   lpArguments);         // 附加参数数组
```

- dwExceptionCode 参数指定异常代码，用户可以自定义异常代码，只要符合前面介绍的 Windows 异常代码的定义规则即可。
- dwExceptionFlags 参数指定异常标志，该参数可以设置为 0 表示程序可继续执行的异常，也可以设置为 EXCEPTION_NONCONTINUABLE 表示程序不可继续执行的异常，在不可继续的异常发生后继续执行程序会导致发生 EXCEPTION_NONCONTINUABLE_EXCEPTION 异常。一般来说，dwExceptionFlags 参数用来指出异常过滤程序在处理该异常时能否返回 EXCEPTION_CONTINUE_EXECUTION，如果该参数设置为 EXCEPTION_NONCONTINUABLE，则表示这是一个不可恢复的严重错误，这时候如果异常过滤程序返回 EXCEPTION_CONTINUE_EXECUTION，系统就会抛出一个新的 EXCEPTION_NONCONTINUABLE_EXCEPTION 异常。
- nNumberOfArguments 和 lpArguments 参数用于指定抛出异常的附加信息，通常不需要这两个参数。

8.2 向量化异常处理（全局）

8.2.1 向量化异常处理简介

向量化异常处理（Vectored Exception Handling，VEH）是对结构化异常处理的扩展，向量化异常处理是基于进程全局的，程序可以注册一个函数来监视或处理该程序的所有异常，当进程中的任何一个线程中发生异常时，都去调用注册的这个函数（异常处理程序）。

程序可以通过调用 AddVectoredExceptionHandler 函数添加或者注册一个向量化异常处理程序，也可以多次调用 AddVectoredExceptionHandler 函数添加多个异常处理程序，所有向量化异常处理程序形成一个 VEH 链表。AddVectoredExceptionHandler 函数声明如下：

```
PVOID WINAPI AddVectoredExceptionHandler(
    _In_ ULONG                          FirstHandler,       // 调用异常处理程序的顺序，零或非零
    _In_ PVECTORED_EXCEPTION_HANDLER VectoredHandler);     // 异常处理程序指针，回调函数
```

- FirstHandler 参数指定调用异常处理程序的顺序，如果该参数为非零，则 VectoredHandler 参数指定的异常处理程序是第一个要调用的处理程序（VectoredHandler 参数指定的异常处理程序放在 VEH 链表的头部），如果该参数为 0，则 VectoredHandler 参数指定的异常处理程

序是最后一个要调用的处理程序（VectoredHandler 参数指定的异常处理程序放在 VEH 链表的尾部）。

- VectoredHandler 参数是指向异常处理程序的指针，PVECTORED_EXCEPTION_HANDLER 是异常处理程序函数指针类型：

```
typedef LONG(NTAPI* PVECTORED_EXCEPTION_HANDLER)(struct _EXCEPTION_POINTERS* ExceptionInfo);
```

向量化异常处理程序的函数定义应该符合如下格式：

```
LONG CALLBACK VectoredHandler(PEXCEPTION_POINTERS ExceptionInfo);
```

NTAPI、CALLBACK 与 WINAPI 相同，都是 __stdcall 函数调用约定。

如果函数执行成功，则返回值是异常处理程序句柄，后期需要删除异常处理程序时会用到该句柄；如果函数执行失败，则返回值为 NULL。

当发生异常时，系统在执行结构化异常过滤程序前，会先按照 VEH 链表顺序逐个调用向量化异常处理程序，如果某个异常处理程序可以修复发生的问题，则应该返回 EXCEPTION_CONTINUE_EXECUTION，使抛出异常的指令再次执行，只要某个异常处理程序返回 EXCEPTION_CONTINUE_EXECUTION，VEH 链表中的其他异常处理程序和结构化异常过滤程序就不会再被执行；如果一个向量化异常处理程序不能修复发生的问题，则应该返回 EXCEPTION_CONTINUE_SEARCH，使 VEH 链表中的其他异常处理程序有机会去处理这个异常。如果所有的向量化异常处理程序都返回 EXCEPTION_CONTINUE_SEARCH，则结构化异常过滤程序就会执行。需要注意的是，向量化异常处理程序不能返回 EXCEPTION_EXECUTE_HANDLER。

当不再需要之前注册的向量化异常处理程序时，可以调用 RemoveVectoredExceptionHandler 将其删除：

```
ULONG WINAPI RemoveVectoredExceptionHandler(_In_ PVOID pHandler);
```

pHandler 参数是先前调用 AddVectoredExceptionHandler 函数注册的向量化异常处理程序的句柄。

8.2.2 利用向量化异常处理实现基于断点的 API Hook

OD 调试器的 int3 断点的原理是，把指令的第 1 字节修改为 0xCC，当执行到该条指令发现第 1 字节是 0xCC 时就会触发一个异常并暂停，然后调试器执行异常处理，把该指令的第 1 字节修改回原来的字节码，并把指令指针寄存器 EIP 的值减 1 以重新执行该指令。本节我们编写一个 VEHBreakPoint.dll，VEHBreakPoint.dll 需要注入其他目标进程中，用于监视目标进程通过调用 LoadLibrary 函数加载了哪些模块。Kernel32.dll 中的 LoadLibrary 函数需要一个字符串参数 lpLibFileName 以指定要加载的模块名称。我们在 LoadLibrary 函数的起始地址处设置一个 int3 断点，当程序执行到断点地址处时，发现第 1 字节是 0xCC 就会触发一个异常并暂停，VEHBreakPoint.dll 需要处理这个异常，因此我们需要注册一个向量化异常处理程序 LoadLibraryExWBPHandler 处理该异常。

在 LoadLibraryExWBPHandler 函数中，通过 ExceptionInfo->*ExceptionRecord*->*ExceptionCode* 可以得到异常代码。如果异常代码是 EXCEPTION_BREAKPOINT，就表示程序执行到了 int3 断点地址处，此时栈指针 esp 指向的地址是 LoadLibrary 函数的返回地址，esp + 4 指向的地址是 LoadLibrary 函数的

模块名称字符串参数，这时 LoadLibrary 函数的实现代码还没有执行，我们可以对函数参数进行各种自定义 Hook 操作。执行完自定义 Hook 操作后，需要临时删除 int3 断点（修改 0xCC 为原指令字节码）以重新执行发生 int3 异常的指令，但是删除 int3 断点后程序开始继续执行，如何拦截下一次 LoadLibrary 函数调用呢？执行完自定义操作后，我们临时删除 int3 断点，通过 ExceptionInfo->*ContextRecord->EFlags* |= 0x100;语句设置一个单步中断，然后返回 EXCEPTION_CONTINUE_EXECUTION 以重新执行发生 int3 异常的指令，这样一来在执行完 LoadLibrary 函数的第一条指令后即可触发一个 EXCEPTION_SINGLE_STEP 单步异常并暂停，在处理 EXCEPTION_SINGLE_STEP 单步异常时恢复 LoadLibrary 函数起始地址处的 int3 断点，并返回 EXCEPTION_CONTINUE_ EXECUTION 表示继续执行程序，等待下一次 int3 异常，触发 EXCEPTION_SINGLE_STEP 单步异常后系统会自动把标志寄存器的 TF 位置 0，因此这里并不需要再手动置 0。

如果一个 Windows API 函数需要字符串参数，则该函数通常有 A 和 W 两个版本，从 Windows NT 开始，Windows 的内核版本完全使用 Unicode 来构建，微软公司也逐渐开始倾向于只提供 API 函数的 Unicode 版本，Kernel32.dll 中的 LoadLibraryA / LoadLibraryW 函数的调用关系如下：

```
Kernel32.LoadLibraryW→KernelBase.LoadLibraryW→KernelBase.LoadLibraryExW
Kernel32.LoadLibraryA → KernelBase.LoadLibraryA → KernelBase.LoadLibraryExA → KernelBase.
LoadLibraryExW
```

LoadLibraryA/LoadLibraryW 函数最终都是对 KernelBase.LoadLibraryExW 函数的调用，与其对 Kernel32.dll 中的 LoadLibraryA / LoadLibraryW 函数设置断点，不如直接对 KernelBase.LoadLibraryExW 函数设置断点更直接和通用。

VEHBreakPoint.dll 不需要导出函数，VEHBreakPoint.cpp 源文件的内容如下：

```cpp
#include <Windows.h>

// 全局变量
LPVOID g_pfnLoadLibraryExWAddress;        // LoadLibraryExW 函数地址
BYTE g_bOriginalCodeByte;                 // 保存 LoadLibraryExW 函数的第一个指令码
HWND g_hwndDlg;                           // CreateProcessInjectDll 程序窗口句柄

// 函数声明
// 设置 int3 断点(返回原指令码)
BYTE SetBreakPoint(LPVOID lpCodeAddr);
// 移除 int3 断点
VOID RemoveBreakPoint(LPVOID lpCodeAddr, BYTE bOriginalCodeByte);

// 为 LoadLibraryExW 函数的 int3 断点注册一个向量化异常处理程序
LONG CALLBACK LoadLibraryExWBPHandler(PEXCEPTION_POINTERS ExceptionInfo);

// LoadLibraryExW 函数 int3 中断后执行用户所需的自定义操作
VOID LoadLibraryExWCustomActions(LPVOID lpCodeAddr, LPVOID lpStackAddr);

BOOL APIENTRY DllMain(HMODULE hModule, DWORD ul_reason_for_call, LPVOID lpReserved)
{
    switch (ul_reason_for_call)
```

```
    {
    case DLL_PROCESS_ATTACH:
        g_hwndDlg = FindWindow(TEXT("#32770"), TEXT("CreateProcessInjectDll"));

        // 获取 KernelBase.LoadLibraryExW 函数的地址
        g_pfnLoadLibraryExWAddress = (LPVOID)GetProcAddress(
            GetModuleHandle(TEXT("KernelBase.dll")), "LoadLibraryExW");

        // 为 LoadLibraryExW 函数的 int3 断点注册一个向量化异常处理程序
        AddVectoredExceptionHandler(1, LoadLibraryExWBPHandler);
        // 在 LoadLibraryExW 函数上设置一个 int3 断点
        g_bOriginalCodeByte = SetBreakPoint(g_pfnLoadLibraryExWAddress);
        break;

    case DLL_PROCESS_DETACH:
    case DLL_THREAD_ATTACH:
    case DLL_THREAD_DETACH:
        break;
    }

    return TRUE;
}

// 内部函数
LONG CALLBACK LoadLibraryExWBPHandler(PEXCEPTION_POINTERS ExceptionInfo)
{
    DWORD dwExceptionCode = ExceptionInfo->ExceptionRecord->ExceptionCode;

    if (dwExceptionCode == EXCEPTION_BREAKPOINT)
    {
        // 检查是否是我们设置的 int3 断点，如果不是，将它传递给其他异常处理程序
        if (ExceptionInfo->ExceptionRecord->ExceptionAddress != g_pfnLoad LibraryExWAddress)
            return EXCEPTION_CONTINUE_SEARCH;

        // 对 LoadLibraryExW 函数执行用户所需的自定义操作
        LoadLibraryExWCustomActions(ExceptionInfo->ExceptionRecord->ExceptionAddress,
            (LPVOID)(ExceptionInfo->ContextRecord->Esp));

        // 临时移除 int3 断点
        RemoveBreakPoint(g_pfnLoadLibraryExWAddress, g_bOriginalCodeByte);
        // 设置单步中断
        ExceptionInfo->ContextRecord->EFlags |= 0x100;

        // 重新执行发生 int3 异常的指令，因为设置了单步中断，接下来会单步执行完第一条指令
        return EXCEPTION_CONTINUE_EXECUTION;
    }
    else if (dwExceptionCode == EXCEPTION_SINGLE_STEP)
    {
        if (ExceptionInfo->ExceptionRecord->ExceptionAddress !=
            (LPBYTE)g_pfnLoadLibraryExWAddress + 2)
```

```
        return EXCEPTION_CONTINUE_SEARCH;

    // 已经执行完用户的自定义操作，也已经单步执行完 LoadLibraryExW 函数的第一条语句，
    // 重新设置 int3 断点，以等待下一次 LoadLibraryExW 函数调用
    SetBreakPoint(g_pfnLoadLibraryExWAddress);

    // 继续运行
    return EXCEPTION_CONTINUE_EXECUTION;
    }

    // 非 int3 断点和单步中断都不处理
    return EXCEPTION_CONTINUE_SEARCH;
}

BYTE SetBreakPoint(LPVOID lpCodeAddr)
{
    BYTE bOriginalCodeByte;
    BYTE bInt3 = 0xCC;

    // 读取 LoadLibraryExW 函数的第一个指令码
    ReadProcessMemory(GetCurrentProcess(), lpCodeAddr, &bOriginalCodeByte,
        sizeof(bOriginalCodeByte), NULL);

    // 设置 int3 断点
    WriteProcessMemory(GetCurrentProcess(), lpCodeAddr, &bInt3, sizeof(bInt3), NULL);

    return bOriginalCodeByte;
}

VOID RemoveBreakPoint(LPVOID lpCodeAddr, BYTE bOriginalCodeByte)
{
    WriteProcessMemory(GetCurrentProcess(), lpCodeAddr, &bOriginalCodeByte,
        sizeof(bOriginalCodeByte), NULL);
}

VOID LoadLibraryExWCustomActions(LPVOID lpCodeAddr, LPVOID lpStackAddr)
{
    TCHAR szDllName[MAX_PATH] = { 0 };

    ReadProcessMemory(GetCurrentProcess(), (LPVOID)(*(LPDWORD)((LPBYTE)lpStackAddr + 4)),
        szDllName, sizeof(szDllName), NULL);

    // 动态链接库名称显示到 CreateProcessInjectDll 程序的编辑控件中
    SendDlgItemMessage(g_hwndDlg, 1002, EM_SETSEL, -1, -1);
    SendDlgItemMessage(g_hwndDlg, 1002, EM_REPLACESEL, TRUE, (LPARAM)szDllName);
    SendDlgItemMessage(g_hwndDlg, 1002, EM_REPLACESEL, TRUE, (LPARAM)TEXT("\ r\n"));
}
```

对 VEHBreakPoint.dll 进行测试并不需要重新编写一个程序，直接使用 Chapter6\CreateProcessInjectDll 项目，把 CreateProcessInjectDll.cpp 源文件中 CreateProcessAndInjectDll 函数的 szDllPath 变量修改为

Chapter8\VEHBreakPoint\Debug\VEHBreakPoint.dll 即可，当然，CreateProcessInjectDll 程序需要添加一个多行编辑控件用于显示目标进程加载的模块名称，如图 8.5 所示。

另外，获取 KernelBase.LoadLibraryExW 函数的地址使用的是 GetProcAddress (GetModuleHandle(TEXT

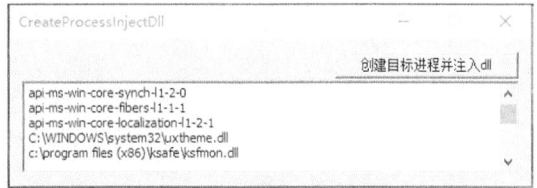

图 8.5

("KernelBase.dll")), "LoadLibraryExW");语句。虽然 CreateProcessInjectDll 程序使用的是 CREATE_SUSPENDED 标志调用 CreateProcess 函数创建的目标进程，此时子进程还没有初始化完毕、入口代码还没有执行，但是一些核心模块例如 Kernel32.dll、User32.dll、Gdi32.dll 和 KernelBase.dll 等都已经成功加载。

LoadLibraryEx 函数同样用于将指定的模块加载到调用进程的地址空间中，与 LoadLibrary 函数相比，该函数可以指定加载选项：

```
HMODULE WINAPI LoadLibraryEx(
    _In_        LPCTSTR lpLibFileName,    // 模块名称，可以使用相对路径或绝对路径
    _Reserved_ HANDLE  hFile,             // 保留参数，必须为 NULL
    _In_        DWORD   dwFlags);         // 加载选项
```

- lpLibFileName 参数指定模块名称，可以使用相对路径或绝对路径，该函数采用与 CreateProcess 函数的 lpCommandLine 参数相同的搜索顺序来搜索模块文件。
- dwFlags 参数指定加载选项，如果该参数设置为 0，则相当于 LoadLibrary 函数。dwFlags 参数常用的值如表 8.5 所示。

表 8.5

常量	含义
DONT_RESOLVE_DLL_REFERENCES (0x00000001)	通常不使用该标志。如果指定了该标志，并且 lpLibFileName 参数指定的是 DLL 模块，则系统不会调用 DllMain 进行进程和线程的初始化与清理工作，另外，系统不会加载 lpLibFileName 模块引用的其他模块（通常，被加载模块很可能还会加载其他模块）
LOAD_LIBRARY_AS_DATAFILE (0x00000002)	把 lpLibFileName 参数指定的模块作为数据文件来映射到调用进程的虚拟地址空间中，映射后该模块没有可执行属性，指定该标志来加载.exe 或 dll 文件通常是为了使用其中的资源，LoadLibraryEx 函数会返回一个模块句柄，然后可以通过使用返回的模块句柄来调用相关的加载资源函数。该标志可以与 LOAD_LIBRARY_AS_IMAGE_RESOURCE 一起使用
LOAD_LIBRARY_AS_DATAFILE_EXCLUSIVE (0x00000040)	与 LOAD_LIBRARY_AS_DATAFILE 相似，不同之处在于模块文件是以独占访问模式打开，从而禁止任何其他程序在当前程序使用该模块文件的时候对其进行修改。该标志可以与 LOAD_LIBRARY_AS_IMAGE_RESOURCE 一起使用
LOAD_LIBRARY_AS_IMAGE_RESOURCE (0x00000020)	把 lpLibFileName 参数指定的模块作为映像文件来映射到调用进程的虚拟地址空间中，系统会对模块中的相对虚拟地址（Relative Virtual Address，RVA）进行修复，这样一来用户可以直接使用模块中的虚拟地址，不必再根据模块实际映射到的内存地址对它们进行转换

当不再需要所加载的模块时，应该调用 FreeLibrary 函数释放该模块，FreeLibrary 函数会减少引用计数。如果引用计数为 0，系统会从进程的地址空间中取消模块的映射，模块句柄不再有效。

通过前面的学习我们知道，当一个异常发生时，系统会首先查看产生异常的进程是否正在被调试。如果正在被调试，则会向调试器发送一个 EXCEPTION_DEBUG_EVENT 事件；如果进程没有被调试

或者调试器不处理该异常，则会调用用户层的异常处理程序（如果有），调试器也相当于一个异常处理程序并被首先调用。如果进程没有被调试或调试器不处理该异常，我们学习过结构化异常处理和基于进程全局的向量化异常处理，随着层层函数调用，所有的栈上结构化异常处理程序会形成一个 SEH 链表，程序也可以通过多次调用 AddVectoredExceptionHandler 函数来添加多个向量化异常处理程序形成一个向量化链表，在这种情况下，系统先按照 VEH 链表顺序逐个调用向量化异常处理程序，如果某个向量化异常处理程序可以处理异常，则 VEH 链表中的其他异常处理程序和结构化异常过滤程序不会再被执行；如果所有的 VEH 异常处理程序都不能处理异常，则结构化异常过滤程序就会执行。关于异常处理优先级，读者可以自行测试 ExceptionHandlingPriority 项目。

8.3　顶层未处理异常过滤（全局）

当一个异常发生时，如果进程中所有的向量化异常处理程序都不处理这个异常，当前线程中所有的结构化异常处理程序也不处理这个异常，就会产生一个未处理异常，Windows 对未处理异常的默认处理方式是结束进程。不处理这个异常指的是没有相关异常处理程序（或异常过滤程序），或者异常处理程序（或异常过滤程序）返回 EXCEPTION_CONTINUE_SEARCH。

程序可以通过调用 SetUnhandledExceptionFilter 函数设置一个顶层未处理异常过滤器，当进程中发生未处理异常时，会调用指定的顶层未处理异常过滤器函数 lpTopLevelExceptionFilter：

```
LPTOP_LEVEL_EXCEPTION_FILTER SetUnhandledExceptionFilter(
    LPTOP_LEVEL_EXCEPTION_FILTER lpTopLevelExceptionFilter); // 顶层未处理异常过滤器函数的指针
```

前面说过所有的异常处理都从内核底层的异常处理程序开始，底层异常处理程序再去调用用户层的异常处理程序（如果有），所谓顶层指的是异常处理优先级，我们知道用户层有 VEH、SEH 和 UEF，当一个异常发生时，用户层异常处理的优先级为 VEH → SEH → UEF。

LPTOP_LEVEL_EXCEPTION_FILTER 数据类型在 errhandlingapi.h 头文件中定义如下：

```
typedef LONG(WINAPI* PTOP_LEVEL_EXCEPTION_FILTER)(PEXCEPTION_POINTERS ExceptionInfo);
typedef PTOP_LEVEL_EXCEPTION_FILTER LPTOP_LEVEL_EXCEPTION_FILTER;
```

顶层未处理异常过滤器函数 lpTopLevelExceptionFilter 应该定义为如下格式：

```
LONG WINAPI TopLevelUnhandledExceptionFilter(PEXCEPTION_POINTERS ExceptionInfo);
```

顶层未处理异常过滤器函数可以返回 EXCEPTION_EXECUTE_HANDLER、EXCEPTION_CONTINUE_SEARCH 或 EXCEPTION_CONTINUE_EXECUTION（见表 8.6）。

表 8.6

返回值	含义
EXCEPTION_EXECUTE_HANDLER	实际上用户设置的顶层未处理异常过滤器函数是由 Kernel32.dll 中的 UnhandledExceptionFilter 函数调用的，如果顶层未处理异常过滤器函数返回 EXCEPTION_EXECUTE_HANDLER，那么系统会从 Kernel32.UnhandledExceptionFilter 函数返回，并不加提示地终止进程

返回值	含义
EXCEPTION_CONTINUE_SEARCH	继续正常执行 Kernel32.UnhandledExceptionFilter 函数，顶层未处理异常过滤器是 Windows 提供给用户的最后处理异常的机会，返回 EXCEPTION_CONTINUE_SEARCH 表示异常没有得到任何处理，因此会执行系统默认的未处理异常程序（终止进程，有已终止工作错误提示）
EXCEPTION_CONTINUE_EXECUTION	从 Kernel32.UnhandledExceptionFilter 函数返回，并重新执行发生异常的指令，我们可以通过修改顶层未处理异常过滤器函数的 ExceptionInfo 参数指向的异常信息来修复异常

SetUnhandledExceptionFilter 函数的返回值是先前的顶层未处理异常过滤器函数的地址，如果先前没有设置顶层未处理异常过滤器函数，则返回值为 NULL。顶层未处理异常过滤器是基于进程全局的，进程中只可以设置一个顶层未处理异常过滤器函数，当调用 SetUnhandledExceptionFilter 函数设置一个新的过滤器时，就会替换掉先前的过滤器函数。如果 SetUnhandledExceptionFilter 函数的 lpTopLevelExceptionFilter 参数设置为 NULL 表示执行 UnhandledExceptionFilter 函数的系统默认异常处理程序（即将顶层未处理异常过滤器函数恢复设置为 UnhandledExceptionFilter）。

顶层未处理异常过滤器基于进程全局。当一个异常到达这里时，进程内存通常已经处于被破坏的状态，所以顶层未处理异常过滤器函数通常不适合返回 EXCEPTION_CONTINUE_EXECUTION 以重新执行发生异常的指令，在顶层未处理异常过滤器函数中通常应该获取异常信息向服务器发送错误报告，或者 dump 错误信息到本地。

还有很重要的一点，如果进程正在被调试，则不会执行顶层未处理异常过滤器函数的，利用这一特性可以进行反调试。但是前面说过实际上用户设置的顶层未处理异常过滤器函数是由 Kernel32.dll 中的 UnhandledExceptionFilter 函数调用的，UnhandledExceptionFilter 函数会判断当前进程是否正在被调试（通过调用 Ntdll.ZwQueryInformationProcess 函数），如果正在被调试就不会调用用户设置的顶层未处理异常过滤器函数，利用这一特性可以实现反反调试。

8.4　向量化继续处理（全局）

与向量化异常处理类似，还有一个向量化继续处理（Vectored Continue Handling，VCH）。程序可以通过调用 AddVectoredContinueHandler 函数添加或者注册一个向量化继续处理程序，多次调用 AddVectoredContinueHandler 函数添加多个继续处理程序，所有向量化继续处理程序都会被添加到链表中。AddVectoredContinueHandler 与 AddVectoredExceptionHandler 函数的声明是相同的：

```
PVOID WINAPI AddVectoredContinueHandler(
    _In_ ULONG                          FirstHandler,          // 调用继续处理程序的顺序，零或非零
    _In_ PVECTORED_EXCEPTION_HANDLER VectoredHandler);    // 继续处理程序指针，回调函数
```

当不再需要之前注册的向量化继续处理程序时，可以调用 RemoveVectored ContinueHandler 删除该程序：

```
ULONG WINAPI RemoveVectoredContinueHandler(_In_ PVOID pHandler);
```

pHandler 参数是先前调用 AddVectoredContinueHandler 函数注册的向量化继续处理程序的句柄。

向量化继续处理和向量化异常处理的相关函数使用方法完全相同，在此不再重复叙述。但是，向量化继续处理和向量化异常处理的行为不同，如图 8.6 所示。

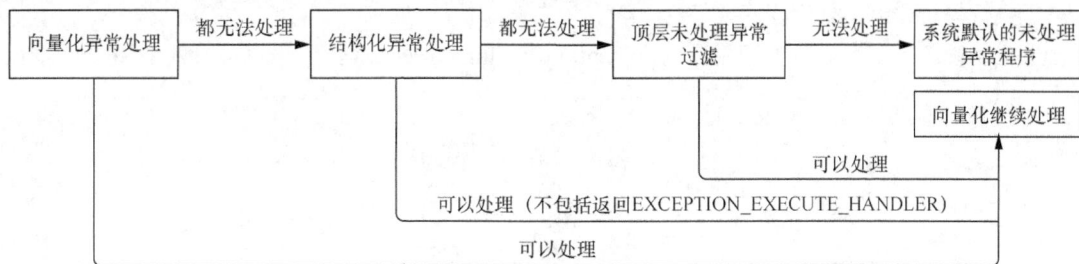

图 8.6

在图 8.6 中，无法处理异常指的是没有相关异常处理程序（或异常过滤程序），或者异常处理程序（或异常过滤程序）返回 EXCEPTION_CONTINUE_SEARCH；可以处理异常是指正确修复了发生异常的指令并返回 EXCEPTION_CONTINUE_EXECUTION。可以看到，只有在 VEH、SEH 或 UEF 其中之一可以处理异常的情况下才会执行向量化继续处理程序。

当一个异常发生时，异常处理过程如下（涉及内核层次的处理过程这里不作研究）。

（1）通知调试器。当一个异常发生时，系统会首先查看产生异常的进程是否正在被调试。如果正在被调试，则会向调试器发送一个 EXCEPTION_DEBUG_EVENT 事件；如果进程没有被调试或者调试器不处理该异常，则会调用用户层的异常处理程序（如果有）。

（2）执行向量化异常处理程序。系统在执行结构化异常过滤程序前，会先按照 VEH 链表顺序逐个调用向量化异常处理程序，如果某个向量化异常处理程序可以修复发生的问题，则应该返回 EXCEPTION_CONTINUE_EXECUTION，使抛出异常的指令再次执行，只要某个向量化异常处理程序返回 EXCEPTION_CONTINUE_EXECUTION，VEH 链表中的其他异常处理程序和结构化异常过滤程序就不会再被执行；如果一个向量化异常处理程序不能修复发生的问题，则应该返回 EXCEPTION_CONTINUE_SEARCH，以便 VEH 链表中的其他异常处理程序有机会去处理该异常。如果所有的向量化异常处理程序都返回 EXCEPTION_CONTINUE_SEARCH，则结构化异常过滤程序会被执行。需要注意的是，向量化异常处理程序不能返回 EXCEPTION_EXECUTE_HANDLER。

（3）执行结构化异常处理程序。所有的栈上结构化异常处理程序会形成一个 SEH 链表，如果一个结构化异常过滤程序返回 EXCEPTION_EXECUTE_HANDLER，则表示处理这个异常，执行 except 块中的异常处理语句，其他结构化异常过滤程序不会被执行，顶层未处理异常过滤器更不会被执行；如果一个结构化异常过滤程序返回 EXCEPTION_CONTINUE_SEARCH，则表示不处理这个异常，Windows 继续向上搜索下一个具有最高优先级的结构化异常过滤程序；如果一个结构化异常过滤程序返回 EXCEPTION_CONTINUE_EXECUTION，则表示重新执行发生异常的指令（不会执行 except 块中的异常处理语句），其他结构化异常过滤程序不会被执行，顶层未处理异常过滤器更不会被执行。如果异常过滤程序可以正确修复发生异常的指令，则整个程序可以继续正常运行，否则会导致相同的异常重复发生。

（4）执行顶层未处理异常过滤器函数（进程被调试时不会被执行）。如果进程中所有的向量化异常处理程序都不处理这个异常，当前线程中所有的结构化异常处理程序也不处理这个异常，就会产生一个未处理异常，程序可以通过调用 SetUnhandledExceptionFilter 函数设置一个顶层未处理异常过滤器，当进程中发生未处理异常时，会调用指定的顶层未处理异常过滤器函数。

（5）执行向量化继续处理程序。

接下来实现一个演示异常处理过程的 ExceptionHandlingProcess 程序，程序运行效果如图 8.7 所示。

图 8.7

ExceptionHandlingProcess.cpp 源文件的内容如下。

```cpp
#include <windows.h>
#include "resource.h"

// 全局变量
HWND g_hwndDlg;

// 函数声明
INT_PTR CALLBACK DialogProc(HWND hwndDlg, UINT uMsg, WPARAM wParam, LPARAM lParam);

LONG CALLBACK VectoredExceptionHandler(PEXCEPTION_POINTERS ExceptionInfo);
                                                    // 向量化异常处理程序
DWORD StructuredExceptionFilter(PEXCEPTION_POINTERS ExceptionInfo);
                                                    // 结构化异常过滤程序
LONG WINAPI TopLevelUnhandledExceptionFilter(PEXCEPTION_POINTERS ExceptionInfo);
                                                    // 顶层未处理异常过滤器程序
LONG CALLBACK VectoredContinueHandler(PEXCEPTION_POINTERS ExceptionInfo);
                                                    // 向量化继续处理程序
DWORD WINAPI ThreadProc(LPVOID lpParameter);

int WINAPI WinMain(HINSTANCE hInstance, HINSTANCE hPrevInstance, LPSTR lpCmdLine, int nCmdShow)
{
    DialogBoxParam(hInstance, MAKEINTRESOURCE(IDD_MAIN), NULL, DialogProc, NULL);
    return 0;
}

INT_PTR CALLBACK DialogProc(HWND hwndDlg, UINT uMsg, WPARAM wParam, LPARAM lParam)
{
    static LPVOID lpHandler, lpHandlerContinue;
    HANDLE hThread;
    int n = 10, m = 0, x;
    TCHAR szBuf[32] = { 0 };

    switch (uMsg)
    {
    case WM_INITDIALOG:
        g_hwndDlg = hwndDlg;
```

```
            // 向量化异常处理
            lpHandler = AddVectoredExceptionHandler(1, VectoredExceptionHandler);
            // 向量化继续处理
            lpHandlerContinue = AddVectoredContinueHandler(1, VectoredContinueHandler);
            // 顶层未处理异常过滤器
            SetUnhandledExceptionFilter(TopLevelUnhandledExceptionFilter);
            return TRUE;

    case WM_COMMAND:
        switch (LOWORD(wParam))
        {
        case IDC_BTN_OK:
            __try
            {
                // 会发生 EXCEPTION_INT_DIVIDE_BY_ZERO 除零异常
                x = n / m;
                wsprintf(szBuf, TEXT("%d / %d = %d"), n, m, x);
                MessageBox(hwndDlg, szBuf, TEXT("已从异常中恢复"), MB_OK);
            }
            __except (StructuredExceptionFilter(GetExceptionInformation()))
            {
                // 除非结构化异常过滤程序返回 EXCEPTION_EXECUTE_HANDLER，否则这里不会执行
                MessageBox(hwndDlg, TEXT("结构化异常处理程序"), TEXT("SEH 提示"), MB_OK);
            }
            break;

        case IDC_BTN_OK2:
            hThread = CreateThread(NULL, 0, ThreadProc, NULL, 0, NULL);
            if (hThread)
                CloseHandle(hThread);
            break;

        case IDCANCEL:
            RemoveVectoredExceptionHandler(lpHandler);
            RemoveVectoredContinueHandler(lpHandlerContinue);
            EndDialog(hwndDlg, 0);
            break;
        }
        return TRUE;
    }

    return FALSE;
}

LONG CALLBACK VectoredExceptionHandler(PEXCEPTION_POINTERS ExceptionInfo)
{
    MessageBox(g_hwndDlg, TEXT("向量化异常处理程序"), TEXT("VEH 提示"), MB_OK);

    //ExceptionInfo->ContextRecord->Ecx = 2;  // 把除数设置为 2
    return EXCEPTION_CONTINUE_SEARCH;
```

```
}

DWORD StructuredExceptionFilter(PEXCEPTION_POINTERS ExceptionInfo)
{
    MessageBox(g_hwndDlg, TEXT("结构化异常过滤程序"), TEXT("SEH 提示"), MB_OK);

    //ExceptionInfo->ContextRecord->Ecx = 2;  // 把除数设置为 2
    return EXCEPTION_CONTINUE_SEARCH;
}

LONG WINAPI TopLevelUnhandledExceptionFilter(PEXCEPTION_POINTERS ExceptionInfo)
{
    MessageBox(g_hwndDlg, TEXT("顶层未处理异常过滤器程序"), TEXT("UEF 提示"), MB_OK);

    //ExceptionInfo->ContextRecord->Ecx = 2;  // 把除数设置为 2
    return EXCEPTION_CONTINUE_SEARCH;
}

LONG CALLBACK VectoredContinueHandler(PEXCEPTION_POINTERS ExceptionInfo)
{
    MessageBox(g_hwndDlg, TEXT("向量化继续处理程序"), TEXT("VCH 提示"), MB_OK);

    return EXCEPTION_CONTINUE_SEARCH;
}

DWORD WINAPI ThreadProc(LPVOID lpParameter)
{
    int n = 10, m = 0, x;
    TCHAR szBuf[32] = { 0 };

    __try
    {
        // 会发生 EXCEPTION_INT_DIVIDE_BY_ZERO 除零异常
        x = n / m;
        wsprintf(szBuf, TEXT("%d / %d = %d"), n, m, x);
        MessageBox(g_hwndDlg, szBuf, TEXT("已从异常中恢复"), MB_OK);
    }
    __except (StructuredExceptionFilter(GetExceptionInformation()))
    {
        // 除非结构化异常过滤程序返回 EXCEPTION_EXECUTE_HANDLER，否则这里不会执行
        MessageBox(g_hwndDlg, TEXT("来自辅助线程: 结构化异常处理程序"), TEXT("SEH 提示"), MB_OK);
    }

    return 0;
}
```

　　因为除数 m 为 0，所以执行 x = n/m 会导致线程发生一个 EXCEPTION_INT_DIVIDE_ BY_ZERO 除零异常。如果程序编译为 Release 版本，x = n / m 语句会被编译为以下汇编语句：

```
mov  eax, 0Ah
cdq
```

```
xor  ecx, ecx
idiv eax, ecx
```

在汇编语言中，idiv 指令是有符号数除法指令，xor　ecx, ecx 用于把 ecx 清零，ecx 作为除数，因此执行 idiv eax, ecx 会导致发生除零异常，在异常处理程序（或异常过滤程序）中可以通过改变 ExceptionInfo->ContextRecord->Ecx 的值以修复异常。

编译 ExceptionHandlingProcess 程序为 Release 版本，单击"在主线程中触发一个异常"或者"在辅助线程中触发一个异常"按钮，都会按照图 8.8 所示的顺序弹出消息框。

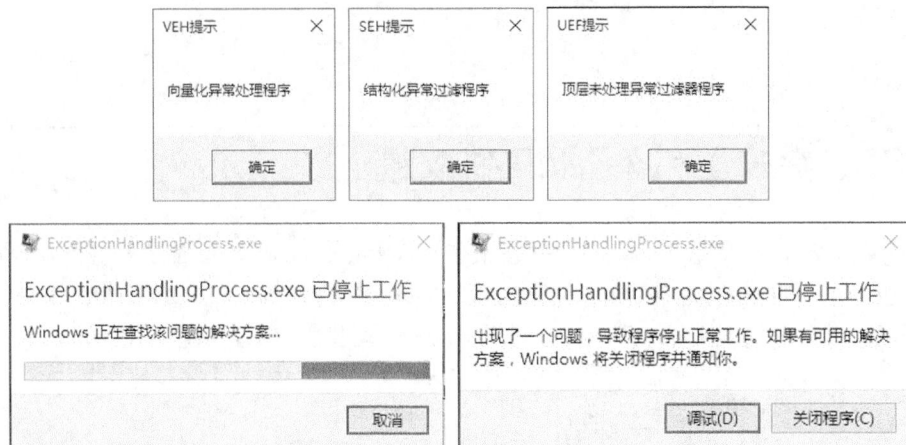

图 8.8

因为向量化异常处理、结构化异常处理和顶层未处理异常过滤都返回 EXCEPTION_CONTINUE_SEARCH，所以向量化继续处理程序不会被执行。如果上述 3 个之一可以处理异常，都会导致执行向量化继续处理程序。

第9章

WinSock 网络编程

9.1 OSI 参考模型和 TCP/IP 协议簇

开放系统互连参考模型（Open System Interconnection Reference Model，简称 OSI 参考模型），是一个比较抽象的概念，可以把它理解为网络通信的一个参考标准与规范，OSI 参考模型的工作过程划分为 7 个层次，而 TCP/IP 模型实际上是 OSI 参考模型的一个简化版本，它只有 4 个层次。

9.1.1 OSI 参考模型

为了减小网络设计的复杂性，大多数网络模型采用分层结构，对于不同的网络模型，层的数量、名称、内容和功能都不尽相同。在相同的网络模型中，一台机器上的第 N 层与另一台机器上的第 N 层之间可以利用第 N 层协议进行通信，协议可以理解为双方就如何进行通信所达成的一致意见。不同机器中包含的对应层的应用程序实例叫作对等进程，在对等进程利用协议进行通信时，实际上并不是直接将数据从一台机器的第 N 层传送到另一台机器的第 N 层，而是每一层都把数据连同该层的控制信息打包传输给它的下一层，它的下一层把这些内容看作数据，再加上它这一层的控制信息一起传输给更下一层，以此类推，直到最下层，最下层是物理介质，它进行实际的通信。相邻层之间有接口，接口定义下层向上层提供的操作和服务，层和协议的集合被称为网络体系结构。

1974 年世界上第一个网络体系结构 SNA 由 IBM 公司提出，其他公司也相继提出了自己的网络体系结构，例如 Digital 公司的 DNA 等，多种网络体系结构并存，其结果是如果采用 IBM 的体系结构，则只能选用 IBM 的产品，而且只能与同种结构的网络互联。为了促进计算机网络的发展，国际标准化组织 ISO 于 1977 年成立了一个委员会，在现有网络的基础上提出了不基于具体机型、操作系统或公司的网络体系结构，称为开放系统互联参考模型，该模型的设计目的是成为一个所有销售商都能实现的开放网络模型，来克服众多使用私有网络模型所带来的困难和低效性。

OSI 参考模型把网络通信的工作过程划分为 7 个层次，它们由低到高分别是物理层（Physical Layer）、数据链路层（Data Link Layer）、网络层（Network Layer）、传输层（Transport Layer）、会话层（Session Layer）、表示层（Presentation Layer）和应用层（Application Layer）。第 1 层～第 3 层属于 OSI 参考模型的低三层，负责创建网络通信连接的链路；第 5 层～第 7 层为 OSI 参考模型的高三层，具体负责端到端的数据通信；第 4 层负责高低层的连接。每层完成一定的功能并直接为其上层提供服务，并且所有层次都互相支持，而网络通信则可以自上而下（在发送端）或者自下而上（在接收端）双向进行。

　　OSI 参考模型定义了不同计算机之间互联的标准，是设计和描述计算机网络通信的基本框架，在该模型中层与层之间进行对等通信，当然这种通信是逻辑上的，真正的通信都在最底层的物理层实现。每一层完成相应的功能，下一层为上一层提供服务，从而把复杂的通信过程分成多个独立的、比较容易解决的子问题。并不是每一次通信都需要经过 OSI 参考模型的全部 7 层，有的甚至只需要双方对应的某一层即可，例如物理接口之间的转接，以及中继器与中继器之间的连接只需在物理层中进行即可，而路由器与路由器之间的连接则只需经过网络层以下的 3 层即可。总之，双方的通信是在对等层次上进行的，不能在不对称层次上进行通信。

　　七层结构是一个比较抽象的概念，读者只需要大体了解即可。七层结构对应的数据格式、主要功能与典型设备如表 9.1 所示。

表 9.1

七层结构	数据格式	功能与连接方式	典型设备
应用层	数据 ATPU	网络服务与应用程序的一个接口	终端设备（PC、手机、平板等）
表示层	数据 PTPU	数据表示、数据安全、数据压缩	终端设备（PC、手机、平板等）
会话层	数据 DTPU	会话层连接到传输层的映射；会话连接的流量控制；数据传输；会话连接恢复与释放；会话连接管理、差错控制	终端设备（PC、手机、平板等）
传输层	数据组织成数据段 Segment	用一个寻址机制来标识一个特定的应用程序（端口号）	终端设备（PC、手机、平板等）
网络层	分割和重新组合数据包 Packet	基于网络层地址（IP 地址）进行不同网络系统间的路径选择	网关、路由器
数据链路层	将比特信息封装成数据帧 Frame	在物理层上建立、撤销、标识逻辑链接和链路复用以及差错校验等功能，通过使用接收系统的硬件地址或物理地址来寻址	网桥、交换机
物理层	传输比特（bit）流	建立、维护和取消物理连接	光纤、同轴电缆、双绞线、网卡、中继器、集线器

1. 物理层

　　物理层是 OSI 参考模型中最重要且最基础的一层，它建立在传输媒介基础上，起建立、维护和取消物理连接的作用，实现设备之间的物理接口。物理层接收和发送一串比特（bit）流，不考虑信息的意义和结构。物理层相当于邮局中的搬运工人。

2. 数据链路层

　　数据链路层在物理层提供比特流服务的基础上，将比特信息封装成数据帧（Frame），起到在物理层上建立、撤销、标识逻辑链接和链路复用以及差错校验等功能。通过使用接收系统的硬件地址或物理地址来寻址，建立相邻节点之间的数据链路，通过差错控制提供数据帧在信道上无差错的传输，同时为其上面的网络层提供有效的服务，数据链路层在不可靠的物理介质上提供可靠的传输。数据链路层相当于邮局中的装拆箱工人。

3. 网络层

网络层也称为通信子网层，用于控制通信子网的操作，是通信子网与资源子网的接口。在计算机网络中进行通信的两个计算机之间可能会经过很多个数据链路，也可能还要经过很多通信子网，网络层的任务就是选择合适的网间路由和交换节点，确保数据及时传送。网络层将解封装数据链路层收到的帧，提取包（packet），包中封装有网络层包头，其中包含逻辑地址信息源站点和目的站点地址的网络地址。如果我们在谈论一个 IP 地址，那么我们是在处理第 3 层的问题，这是"包"问题，而不是第 2 层的"帧"，IP 是第 3 层问题的一部分，此外还有一些路由协议和地址解析协议（ARP），有关路由的一切事情都在第 3 层处理，地址解析和路由是第 3 层的重要目的。网络层还可以实现拥塞控制、网际互连、信息包顺序控制及网络记账等功能。在网络层交换的数据单元的单位是分割和重新组合包。网络层协议的代表包括 IP、IPX、OSPF 等。网络层相当于邮局中的排序工人。

4. 传输层

传输层建立在网络层和会话层之间，实质上它是网络体系结构的高低层之间衔接的一个接口层，用一个寻址机制来标识一个特定的应用程序（端口号）。传输层不仅是一个单独的结构层，它还是整个分层体系协议的核心，没有传输层整个分层协议就没有意义。传输层的数据单元是由数据组织成的数据段（segment），该层负责获取全部信息，因此，它必须跟踪数据单元碎片、乱序到达的包和其他在传输过程中可能发生的危险。传输层的主要功能是从会话层接收数据，根据需要把数据分割成较小的数据片，并把数据传送给网络层，确保数据片正确到达网络层，从而实现两层数据的透明传送，此外传输层还要具备差错恢复、流量控制等功能，以对会话层屏蔽通信子网在这些方面的细节与差异。传输层最终目的是为会话提供可靠无误的数据传输。传输层协议的代表包括 TCP、UDP、SPX 等。传输层相当于公司中来往邮局的送信职员。

5. 会话层

会话层也可以称为会晤层或对话层，在会话层及以上的高层次中，数据传送的单位不再另外命名，统称为报文。会话层不参与具体的传输，它提供包括访问验证和会话管理在内的建立和维护应用之间通信的机制，例如服务器验证用户登录是由会话层完成的。会话层提供的服务可使应用建立和维持会话，并使会话获得同步。会话层使用校验点可使通信会话在通信失效时从校验点继续恢复通信，这种能力对传送大的文件极为重要。会话层、表示层和应用层构成开放系统的高 3 层，面对应用进程提供分布处理、对话管理、信息表示、恢复最后的差错等。会话层相当于公司中收寄信、写信封与拆信封的秘书。

6. 表示层

表示层向上对应用层提供服务，向下接收来自会话层的服务。表示层是为在应用过程之间传送的信息提供表示方法的服务，它关心的只是发出信息的语法与语义。表示层要完成某些特定的功能，主要有不同数据编码格式的转换，提供数据压缩、解压缩服务，对数据进行加密、解密，例如图像格式的显示，就是由位于表示层的协议来支持的。表示层为应用层提供的服务包括语法选择、语法转换等，语法选择是提供一种初始语法和以后修改这种选择的手段，语法转换涉及代码转换和字符集的转换、数据格式的修改以及对数据结构操作的适配。表示层相当于公司中替老板写信的助理。

7. 应用层

应用层是通信用户之间的窗口，为用户提供网络管理、文件传输和事务处理等服务，其中包含若干个独立的、用户通用的服务协议模块，应用层为操作系统或网络应用程序提供访问网络服务的接口。网络应用层是 OSI 参考模型的最高层，为网络用户之间的通信提供专用的程序。应用层的内容主要取决于用户的需求，这一层设计的主要问题是分布数据库、分布计算技术、网络操作系统和分布操作系统、远程文件传输、电子邮件、终端电话及远程作业登录与控制等。在 OSI 参考模型的 7 个层次中，应用层是最复杂的，所包含的应用层协议也最多，有些还在研究和开发过程中。应用层协议的代表包括 Telnet、FTP、HTTP、SNMP、DNS 等。

通过 OSI 参考模型的七层架构，信息可以从一台计算机的应用程序传输到另一台计算机的应用程序上。例如，计算机 A 上的应用程序要将信息发送到计算机 B 的应用程序，则计算机 A 中的应用程序需要将信息先发送到其应用层（第 7 层），然后该层将信息发送到表示层（第 6 层），表示层将数据转送到会话层（第 5 层），如此继续，直至物理层（第 1 层）。在物理层，数据被放置在物理网络媒介中并被发送至计算机 B；计算机 B 的物理层接收来自物理媒介的数据，然后将信息向上发送至数据链路层（第 2 层），数据链路层再转送给网络层，依次继续直到信息到达计算机 B 的应用层，最后，计算机 B 的应用层再将信息传送给应用程序接收端，从而完成通信过程。

9.1.2 TCP/IP 协议簇

因为 TCP/IP 协议簇（TCP/IP Protocol Suite）的两个核心协议 TCP（传输控制协议）和 IP（互联网协议）是该家族中最早通过的标准，所以简称 TCP/IP。这些协议最早发源于美国国防部（DoD）的 ARPA 网项目，因此也被称作 DoD 模型（DoD Model）。TCP/IP 模型实际上是 OSI 参考模型的一个简化版本，它只有 4 个层次。TCP/IP 协议簇和 OSI 参考模型之间的对应关系如表 9.2 所示。

表 9.2

OSI 参考模型	TCP/IP 协议簇	各层上对应的协议
应用层	应用层	FTP、Http、DNS、Telnet SMTP、SNMP、NFS
表示层		
会话层		
传输层	传输层	TCP、UDP
网络层	网络层	IP、ICMP、ARP、RARP
数据链路层	网络接口层	Ethernet 802.3、Token Ring 802.5、X.25、Frame Relay、HDLC、PPP
物理层	未定义	

应用层，对应于 OSI 参考模型的应用层、表示层和会话层；传输层，对应于 OSI 参考模型的传输层；网络层，对应于 OSI 参考模型的网络层；网络接口层，对应于 OSI 参考模型的数据链路层；物理层未定义。TCP 和 IP 是两个独立的协议，它们负责网络中数据的传输，TCP 位于 OSI 参考模型的传输层，而 IP 则位于网络层。

TCP/IP 的核心协议运行于传输层和网络层上，主要包括 TCP、UDP 和 IP，其中 TCP 和 UDP 是以 IP 为基础封装的，这两种协议提供了不同方式的数据通信服务。

1. 网络接口层

在 TCP/IP 参考模型中，网络接口层位于最低层，它负责通过网络发送和接收 IP 数据报。网络接口层包括各种物理网络协议，例如局域网的 Ethernet（以太网）协议、Token Ring（令牌环）协议，包交换网的 X.25 协议等。

2. 网络层

在 TCP/IP 参考模型中，网络层位于第 2 层，它负责将源主机的报文包发送到目的主机，源主机与目的主机可以在一个网段中，也可以在不同的网段中。网络层包括下面 4 个核心协议。

（1）IP（Internet Protocol，互联网协议）：主要任务是对包进行寻址和路由，把包从一个网络转发到另一个网络。IP 是实现网络之间互联的基础协议，接入互联网的不同国家和地区的、不同操作系统的、成千上万的计算机要实现相互通信，就要遵守 IP。

（2）ICMP（Internet Control Message Protocol，互联网控制报文协议）：用于在 IP 主机和路由器之间传递控制消息。控制消息是指网络是否连通、主机是否可达、路由是否可用等网络本身的消息，这些控制消息虽然并不传输用户数据，但是对用户数据的传递起着重要的作用。ICMP 简单方便，是探测设备在线状态的重要手段之一。

（3）ARP（Address Resolution Protocol，地址解析协议）：可以通过 IP 地址得知其物理地址（MAC 地址）的协议。在 TCP/IP 网络环境下，每个主机都分配了一个 32 位的 IP 地址，这种互联网地址是在网际范围标识主机的一种逻辑地址，为了使报文在物理网络上传送，必须了解目的主机的物理地址，所以存在 IP 地址和物理地址的转换问题。

（4）RARP（Reverse Address Resolution Protocol，逆向地址解析协议）：用于完成物理地址向 IP 地址的转换。

3. 传输层

在 TCP/IP 参考模型中，传输层位于第 3 层，它负责在应用程序之间实现端到端的通信。传输层中定义了下面两种协议。

（1）TCP（Transmission Control Protocal，传输控制协议）：一种可靠的面向连接的协议，它允许将一台主机的字节流无差错地传送到目的主机（序列确认和包重发机制）；TCP 同时要完成流量控制功能，协调收发双方的发送与接收速度，达到正确传输的目的。TCP 将上层传递的字节流封包，再继续传递到它的下层网络层，在接收方，TCP 重新集合接收到的封包，将其转化成为输出流。TCP 被广泛应用于互联网上的很多经典应用程序，例如电子邮件、文件传输协议（FTP）、Secure SSH 和一些流媒体应用程序。TCP 和 IP 相结合构成了互联网协议的核心。

（2）UDP（User Datagram Protocal，用户数据报协议）：一种不可靠的无连接协议。与 TCP 相比，UDP 更加简单，数据传输速率更高。

4. 应用层

在 TCP/IP 参考模型中，应用层位于最高层，其中包括所有与网络相关的高层协议，常用的应用层协议如下。

（1）Telnet（Teletype Network，网络终端协议）：用于实现网络中的远程登录功能。

（2）FTP（File Transfer Protocol，文件传输协议）：用于实现网络中的交互式文件传输功能。

（3）SMTP（Simple Mail Transfer Protocol，简单邮件传输协议）：用于实现网络中的电子邮件传送功能。

（4）DNS（Domain Name System，域名系统）：用于实现网络设备名称到 IP 地址的映射。

（5）SNMP（Simple Network Management Protocol，简单网络管理协议）：用于管理与监视网络设备。

（6）RIP（Routing Information Protocol，路由信息协议）：用于在网络设备之间交换路由信息。

（7）NFS（Network File System，网络文件系统）：用于网络中不同主机之间的文件共享。

（8）HTTP（Hyper Text Transfer Protocol，超文本传输协议）：互联网上应用一种广泛的网络协议，所有的网页文件都必须遵守这个标准，设计 HTTP 的初衷是提供一种发布和接收 HTML 页面的方法。

9.1.3　套接字网络编程接口

在开发网络应用程序时，最重要的问题就是如何实现不同主机之间的通信，在 TCP/IP 网络环境中，可以使用套接字接口来建立网络连接、实现主机之间的数据传输。套接字是什么？与 TCP/IP 有什么关系？简单地说，套接字是 TCP/IP 下的一个应用程序编程接口（API）。

TCP/IP 标准并没有定义与该协议进行交互的 API，它只是规定了操作系统应该提供的一般操作，并允许各个操作系统去定义用来实现这些操作的具体 API。在美国政府的支持下，加州大学伯克利分校开发并推广了一个包括 TCP/IP 互联协议的 UNIX，称为 BSD UNIX（Berkeley Software Distribution UNIX）操作系统，套接字编程接口是这个操作系统的一个部分，称为伯克利套接字（Berkeley socket）。虽然 TCP/IP 标准允许操作系统设计者开发自己的应用程序编程接口，但是由于 BSD UNIX 操作系统的广泛使用，大多数人接受了伯克利套接字编程接口，后来的许多操作系统并没有再开发一套属于自己的编程接口，而是选择了支持伯克利套接字编程接口，例如，Windows 操作系统，各种 UNIX 系统（如 Solaris），以及各种 Linux 系统都实现了 BSD UNIX 套接字编程接口，并结合自己的特点有所扩展，各种编程语言也纷纷支持伯克利套接字编程接口，使它广泛应用在各种网络编程中，使伯克利套接字编程接口成为工业界事实上的标准与规范，成为开发网络应用软件的强有力工具。

Linux 操作系统中的套接字网络编程接口几乎与 UNIX 操作系统的套接字网络编程接口相同，微软公司以 UNIX 操作系统的伯克利套接字规范为标准，定义了 Windows 套接字规范，全面继承了伯克利套接字网络编程接口，这就是 Windows 套接字（WinSock）的由来。WinSock 是 Windows 环境下的网络编程接口，包含与伯克利套接字同名的接口函数，用法与伯克利套接字编程接口一致，但为了充分体现 Windows 的特性，结合 Windows 的消息机制，WinSock 增加了许多扩展函数。

网络通信的过程就是由数据的发送者将要发送的信息写入一个套接字，然后通过中间环节传输到接收端的套接字中，以后就可以由接收端的应用程序将信息从套接字中取出，因此，两个应用程序之间的数据传输要通过套接字来完成，套接字的本质是通信过程中要使用的一些缓冲区及相关的数据结构。

WinSock 屏蔽了 TCP/IP 的复杂性，从网络编程者的角度看，两个网络程序之间的通信实质上就是它们各自所绑定的套接字之间的通信，使网络程序的工作原理和编程模型变得十分简单而且易于理解。

9.2　IP 地址、网络字节顺序和 WinSock 的地址表示方式

9.2.1　IP 地址和端口

在同一台计算机中的两个不同进程进行通信时，通过系统分配的进程 ID 可以唯一地标识一个进程，也就是说两个相互通信的进程只要知道对方的进程 ID 就可以相互通信。在网络编程中进程间的通信问题要复杂一些，不能简单地使用进程 ID 来标识网络中的不同进程，首先要解决如何识别网络中不同主机的问题；其次因为各个主机系统中都独立地进行进程 ID 分配，并且不同系统中进程 ID 的产生与分配策略也不同，所以在网络环境中不能再通过进程 ID 来简单地识别两个相互通信的进程。在网络中为了标识通信的进程，首先要标识进程所在的主机，其次要标识主机上不同的进程。在互联网中使用 IP 地址来标识不同的主机，使用端口号来标识主机上不同的进程。

IP 地址是 IP 提供的一种统一的地址格式，它为互联网上的每一个网络和每一台主机都分配一个逻辑地址，以此来屏蔽物理地址（MAC 地址）的差异，IP 地址被用来给互联网上的每台计算机分配一个编号，每台联网的计算机上都需要有 IP 地址才能正常通信。我们可以把"个人计算机"比作"一台电话"，"IP 地址"就相当于"电话号码"，而互联网中的路由器就相当于电信局的"程控交换机"。

常见的 IP 地址分为 IPv4 与 IPv6 两大类。IPv4 有 4 段数字，32 位地址长度，由于互联网的蓬勃发展，IP 地址的需求量越来越大，IPv4 地址已经基本分配完毕。为了扩大地址空间，拟通过 IPv6 重新定义地址空间，IPv6 采用 128 位地址长度。在 IPv6 的设计过程中除了一劳永逸地解决了地址短缺问题以外，还考虑了一些在 IPv4 中不好解决的其他问题。

目前应用最广泛的 IP 地址是基于 IPv4 的，每个 IP 地址的长度为 32 位，即 4 字节。通常把 IP 地址中的每字节使用一个十进制数字来表示，数字之间使用小数点分隔，IPv4 的 IP 地址格式为 XXX.XXX.XXX.XXX，这种 IP 地址表示法被称为点分十进制表示法。

因为 8 位二进制数的最大值为 255，所以 IPv4 的 IP 地址中 XXX 表示 0 ~ 255 之间的十进制数字，例如 113.120.238.227、192.168.0.1、127.0.0.1 等。

每个主机中有许多应用进程，仅有 IP 地址是无法区分一台主机中的多个进程的，从这个意义上讲，网络通信的地址就不仅仅是主机的 IP 地址了，还必须包括可以确定一个进程的某种标识，TCP/IP 提出了传输层协议端口（Protocol Port）的概念，成功地解决了通信进程的标识问题。如果把 IP 地址比作一间房子，则端口就是出入这间房子的门，不过真正的房子只有几个门，但是一个 IP 地址的端口可以有 65536（2^{16}）个之多。端口是通过端口号来标记的，每个协议端口由一个正整数标识，如 80、139、445，范围是 0 ~ 65535（$2^{16}-1$）。操作系统会给那些有需求的进程分配协议端口，当目的主机接收到包后，将根据报文首部的目的端口号，把数据发送到相应端口，而与此端口相对应的那个进程将会领取数据并等待下一组数据的到来。

由于 TCP 和 UDP 两个协议是独立的，因此各自的端口号也相互独立，比如 TCP 有一个 235 号端口，UDP 也可以有一个 235 号端口，两者并不冲突。具体来说，TCP 或 UDP 端口的建议分配规则如

下：通常小于 256 的端口号称为知名端口，供一些众所周知的服务程序使用，例如 Web 服务端口 80，FTP 服务端口 21；1024 ~ 65535 的端口号可以供应用程序和一些服务程序使用。

9.2.2 网络字节顺序

字节顺序是当数据的长度跨越多字节时数据被存储的顺序，CPU 对字节顺序的处理方式有两种：大尾方式（Big Endian）和小尾方式（Little Endian）。在大尾方式中，数据的高字节被放置在连续存储区域的首位，比如一个 32 位的十六进制数 0x12345678 在内存中的存放方式是 0x12, 0x34, 0x56, 0x78，同样，IP 地址 192.168.0.1 在内存中的存放方式是 192,168,0,1；而在小尾方式中，数据的低字节被放置在连续存储区域的首位，上面的数据在内存中的存放方式变为 0x78,0x56,0x34,0x12 及 1,0,168,192。Intel 系列处理器使用的是小尾方式（所以我们常常看到内存中的多字节数是倒过来放置的），而某些 RISC 架构的处理器例如 IBM 的 Power-PC 都使用大尾方式。

大尾和小尾方式各有好处，不同的处理器采用不同的方式无可厚非，但是要在它们之间进行通信就必须选定其中一种方式当作标准，否则会造成混淆，比如，某个采用 Intel CPU 的计算机要向某个采用 RISC CPU 计算机的 0x0100 端口发送数据，它按照自己的字节处理顺序在 TCP 包首部填入代表端口号的数据 0x00，0x01（小尾方式下的 0x0100），而接收方收到后却按照自己的方式理解为 0x0001 端口，这就会出现问题。

TCP/IP 统一规定使用大尾方式传输数据（也称为网络字节顺序），这与 Intel x86 系列处理器所使用的方式不同，所以在 x86 平台下的 WinSock 编程中，需要在协议中使用的参数必须首先将它们转换为网络字节顺序。不同系列处理器中使用的字节顺序称为主机字节顺序。

9.2.3 WinSock 的地址表示方式

对网络管理员或普通用户而言，IP 地址常用点分十进制法来表示，即用 4 个 0 ~ 255 之间的整数来表示 IP 地址，每个整数之间使用小数点分隔，但是在计算机中并不使用点分法来保存 IP 地址，而是使用无符号长整数来存储和表示 IP 地址，而且分为网络字节顺序和主机字节顺序两种格式，需要在协议中使用时必须首先将它们转换为网络字节顺序。

由于在使用 TCP 和 UDP 进行通信时，必须同时指定 IP 地址和端口号才能完整地标识一个通信地址，因此在网络编程中通常将这两个参数定义在一个 sockaddr_in 结构中，sockaddr_in 结构是 WinSock 接口中常用的结构之一，其定义如下：

```
struct sockaddr_in{
    short sin_family;              // 地址家族（指定地址格式），在套接字编程中只能是 AF_INET
    unsigned short sin_port;       // 端口号，网络字节顺序
    struct in_addr sin_addr;       // IP 地址，网络字节顺序
    char sin_zero[8];};            // 空字节，要设为 0
```

- 第 1 个字段 sin_family 表示地址家族（指定地址格式），在套接字编程中只能是 AF_INET。
- 第 2 个字段 sin_port 表示端口号，是一个无符号短整型，使用网络字节顺序。WinSock 提供了一些函数来处理本机字节顺序和网络字节顺序之间的转换：

```
u_short htons(u_short hostshort);// 把 u_short 类型从主机字节顺序转换为 TCP/IP 网络字节顺序
u_long htonl(u_long hostlong); // 把 u_long 类型从主机字节顺序转换为 TCP/IP 网络字节顺序
u_short ntohs(u_short netshort); // 把 u_short 类型从 TCP/IP 网络字节顺序转换为主机字节顺序
u_long ntohl(u_long netlong);  // 把 u_long 类型从 TCP/IP 网络字节顺序转换为主机字节顺序
```

类似的还有 WSAHtons、WSAHtonl、WSANtohs、WSANtohl 函数。函数名的含义实际上是 n 和 h 的组合（分别代表 network 和 host），中间加上一个 to，并且分为 l 和 s（long 和 short）后缀。

- 第 3 个字段 sin_addr 是一个 in_addr 结构，用来表示 IP 地址：

```
typedef struct in_addr {
    union {
        struct {u_char s_b1,s_b2,s_b3,s_b4;} S_un_b;   // 4 个 u_char 来表示 IP 地址
        struct {u_short s_w1,s_w2;} S_un_w;            // 2 个 u_short 来表示 IP 地址
        u_long S_addr;                                 // 1 个 u_long 来表示 IP 地址
    } S_un;
} IN_ADDR, *PIN_ADDR, FAR *LPIN_ADDR;
```

使用字符串 aa.bb.cc.dd 表示 IP 地址时，字符串中由点分开的 4 个域是以字符串的形式对 in_addr 结构中 4 个 u_char 值的描述，由于每字节的数值范围是 0～255，因此各域的值不可以超过 255。

给 in_addr 赋值的一种简单方法是使用 inet_addr 函数，它可以把一个代表 IP 地址的字符串转换为网络字节顺序的 u_long 类型。

其反函数是 inet_ntoa，可以把一个 in_addr 类型转换为字符串。

```
unsigned long inet_addr(__in const char* cp); // 点分十进制表示的 IP 地址字符串
char* FAR inet_ntoa(__in struct in_addr in);  // in_addr 结构
```

- 最后 8 字节没有使用，是为了与 1.0 版本的 sockaddr 结构大小相同才设置的：

```
struct sockaddr {
    unsigned short sa_family;   // 地址家族
    char sa_data[14];};         // 地址
```

在这个结构中，第 1 个字段 sa_family 指定了这个地址使用的地址家族；sa_data 字段存储的数据在不同的地址家族中可能不同，在此不再深究，读者了解这是 1.0 版本的一个结构即可。

在填写 sockaddr_in 结构的 sin_port 字段和 sin_addr 字段时，必须先进行转换，比如把端口号 12345 转换成十六进制是 0x3039，那么放入 sin_port 字段的数值应该是转换后的 0x3930（网络字节顺序）。下面是初始化 sockaddr_in 结构的例子：

```
sockaddr_in sockAddr;
sockAddr.sin_family = AF_INET;
sockAddr.sin_port = htons(12345);
sockAddr.sin_addr.S_un.S_addr = inet_addr("127.0.0.1");
```

上例中，调用 htons 函数把端口号 12345 转换为网络字节顺序的 16 位无符号短整型端口号，调用 inet_addr 函数将一个点分十进制 IP 地址字符串转换为网络字节顺序的 32 位无符号长整型 IP 地址。

事实上，inet_addr 和 inet_ntoa 是两个过时的函数，建议使用 InetPton 和 InetNtop 函数代替：

```
INT WSAAPI InetPton(
    INT     Family,                  // 地址家族
    PCWSTR pszAddrString,            // 点分十进制表示的 IP 地址字符串
    PVOID  pAddrBuf);                // 返回网络字节顺序的 IP 地址
PCWSTR WSAAPI InetNtop(
    INT     Family,                  // 地址家族
    const VOID *pAddr,               // 网络字节顺序的 IP 地址
    PWSTR   pStringBuf,              // 返回点分十进制表示的 IP 地址字符串
    size_t  StringBufSize);         // 以字符为单位的缓冲区长度
```

这两个函数的 ANSI 版本分别为 inet_pton 和 inet_ntop，在 ws2tcpip.h 头文件中有如下定义：

```
#define InetPtonA       inet_pton
#define InetNtopA       inet_ntop

#ifdef UNICODE
    #define InetPton        InetPtonW
    #define InetNtop        InetNtopW
#else
    #define InetPton        InetPtonA
    #define InetNtop        InetNtopA
#endif
```

改写初始化 sockaddr_in 结构的示例如下：

```
sockaddr_in sockAddr;
sockAddr.sin_family = AF_INET;
sockAddr.sin_port = htons(12345);
inet_pton(AF_INET, "127.0.0.1", &sockAddr.sin_addr.S_un.S_addr);
```

调用 inet_pton 和 inet_ntop 函数，需要引入 ws2tcpip.h 头文件。

9.3 WinSock 网络编程

我们知道，TCP 是基于连接的通信协议，两台计算机之间需要建立稳定可靠的连接，并在该连接上实现可靠的数据传输；UDP 是一种不可靠的无连接协议，数据传输前并不需要建立连接，这就好像发电报或者发短信一样，即使对方不在线，也可以发送数据，但不能保证对方一定会接收到数据。套接字开发接口位于应用层和传输层之间，可以选择在 TCP 和 UDP 两种传输层协议实现网络通信。

根据基于的底层协议不同，套接字开发接口可以提供面向连接和无连接两种服务方式。在面向连接的服务方式中，每次完整的数据传输都要经过建立连接、使用连接和关闭连接的过程，连接相当于一个传输管道，因此在数据传输过程中，包中不需要指定目的地址，基于面向连接服务方式的应用包括 Telnet 和 FTP 等；在无连接的服务方式中，每次数据传输时并不需要建立连接，因此每个包中必须包含完整的目的地址，并且每个包都独立地在网络中传输。无连接服务不能保证包的先后顺序以及数据

传输的可靠性。UDP 提供无连接的数据报服务，基于无连接服务的应用包括简单网络管理协议（SNMP）等。

9.3.1　TCP 网络编程的一般步骤

1. 服务器端

网络应用程序之间进行通信时，普遍采用客户机-服务器（Client/Server）的交互模式，简称 C/S 模式，这是互联网上应用程序最常用的通信模式。客户端和服务器是指通信中涉及的两个应用进程，客户端-服务器方式描述的是进程之间服务与被服务的关系，客户端是服务请求方，服务器是服务提供方。服务器程序可以同时处理多个远程或本地客户端的请求，不断地运行以被动等待并接受来自各地客户端的通信请求，服务器程序不需要知道客户端程序的地址。客户端程序在通信时主动向远程服务器发起通信（请求服务），客户端程序必须知道服务器程序的地址。

2. 初始化 WinSock 库

为了在网络通信应用程序中调用任意一个 WinSock API 函数，程序需要做的第一件事情是通过 WSAStartup 函数完成对 WinSock 库的初始化：

```
int WSAStartup(
    __in    WORD wVersionRequested,  // 希望使用的 socket 版本
    __out  LPWSADATA lpWSAData);    // 返回动态链接库的详细信息
```

- 第 1 个参数 wVersionRequested 指定程序希望使用的套接字版本，其中高位字节指明副版本号，低位字节指明主版本号；操作系统利用第 2 个参数返回动态链接库的详细信息。

  在 Windows 95 和 Windows NT 3.51 以及更早的版本中，Windows 套接字的最高版本为 1.0 或 1.1。Windows 套接字规范的当前版本是 2.2，需要包含的头文件为 WinSock2.h，使用的动态链接库为 Ws2_32.dll，使用的导入库文件为 Ws2_32.lib（VS 默认情况下没有包含这个库文件，需要自己引入）。程序调用 WSAStartup 函数后，操作系统根据请求的套接字版本来搜索相应的套接字库，然后绑定找到的套接字库到该应用程序中，以后应用程序就可以调用该套接字库中的任何 socket 函数。

- 第 2 个参数 lpWSAData 是一个指向 WSADATA 结构的指针，在这里返回动态链接库的详细信息：

```
typedef struct WSAData {
    WORD wVersion;                // 希望程序使用的 Windows 套接字版本
    WORD wHighVersion;            // 实际可以支持的 Windows 套接字最高版本
    char szDescription[WSADESCRIPTION_LEN + 1];    // 返回对 Windows 套接字实现的描述
    char szSystemStatus[WSASYS_STATUS_LEN + 1];   // 返回相关状态或配置信息
    unsigned short iMaxSockets;  // 为版本 1.1 兼容而保留, Windows 套接字版本 2 和以后, 该字段被忽略
    unsigned short iMaxUdpDg;    // 为版本 1.1 兼容而保留, Windows 套接字版本 2 和以后, 该字段被忽略
    char FAR* lpVendorInfo;      // 为版本 1.1 兼容而保留, Windows 套接字版本 2 和以后, 该字段被忽略
} WSADATA, *LPWSADATA;
```

调用 WSAStartup 函数初始化 WinSock 库成功，返回值为 0。

下面的代码演示了支持 Windows 套接字版本 2.2 的应用程序如何进行 WSAStartup 函数的调用：

```c
#include <winsock2.h>          // WinSock2 头文件，该头文件包括 Windows.h

#pragma comment(lib, "Ws2_32")  // WinSock2 导入库

int main()
{
    WSADATA wsa = { 0 };

    // 初始化 WinSock 库
    if (WSAStartup(MAKEWORD(2, 2), &wsa) != 0)
    {
        MessageBox(NULL, TEXT("初始化 WinSock 库失败！"), TEXT("WSAStartup Error"), MB_OK);
        return 0;
    }

    return 0;
}
```

按 F5 键调试运行，跟踪返回的 wsa 结构体如图 9.1 所示。

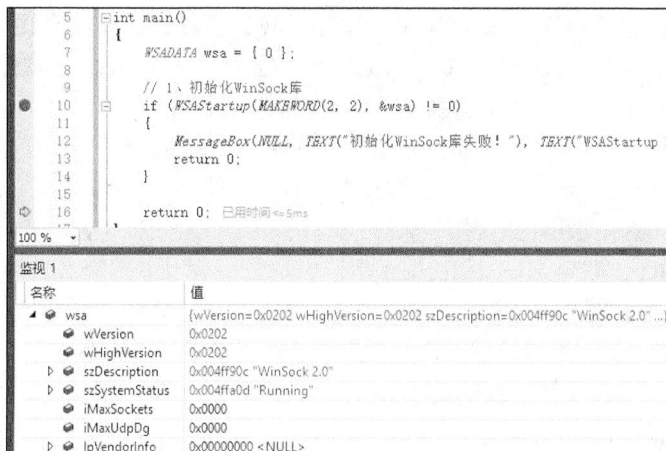

图 9.1

wVersion 和 wHighVersion 返回的都是十六进制的 0x0202，表示 Ws2_32.dll 希望程序使用的 Windows 套接字版本和可以支持的 Windows 套接字最高版本均为 2.2，所以我们调用 WSAStartup 函数时，wVersionRequested 参数指定为 MAKEWORD(2, 2)即可。

当应用程序不再使用 WinSock 库提供的服务时，应该调用 WSACleanup 函数释放 WinSock 资源：

```c
int WSACleanup(void);
```

3. 创建用于监听所有客户端请求的套接字

为了使用 WinSock 接口进行通信，首先必须建立一个用来通信的对象，这个对象就称为套接字（socket），创建套接字使用 socket 函数：

```c
SOCKET WSAAPI socket(
    _In_ int af,          // 地址家族 (地址格式)
    _In_ int type,        // 指定套接字的类型
    _In_ int protocol);   // 配合 type 参数使用，指定协议类型
```

- 第 1 个参数 af 指定地址家族（地址格式），当前支持的值是 AF_INET 或 AF_INET6，它们是 IPv4 和 IPv6 的因特网地址族格式。
- 第 2 个参数 type 指定套接字的类型，常用的 TCP/IP 套接字类型有如下 3 种。
    - ◆ SOCK_STREAM：流式套接字。流式套接字用于提供面向连接的、可靠的数据传输服务，该服务将保证数据能够实现无差错、无重复发送，并按顺序接收。流式套接字之所以能够实现可靠的数据服务，原因在于其使用了传输控制协议，即 TCP。
    - ◆ SOCK_DGRAM：数据报套接字。数据报套接字提供了一种无连接的服务，该服务并不能保证数据传输的可靠性，数据有可能在传输过程中丢失或出现数据重复，且无法保证顺序地接收到数据。数据报套接字使用 UDP 进行数据的传输，由于数据报套接字不能保证数据传输的可靠性，因此对于有可能出现的数据丢失情况需要在程序中做相应的处理。
    - ◆ SOCK_RAW：原始套接字。原始套接字允许对较低层次的协议直接访问，比如 IP、ICMP，它常用于检验新的协议实现，或者访问现有服务中配置的新设备，因为原始套接字可以自如地控制 Windows 下的多种协议，能够对网络底层的传输机制进行控制，所以可以应用原始套接字来操控网络层和传输层应用。比如，我们可以通过原始套接字来接收发向本机的 ICMP、IGMP 包，或者接收 TCP/IP 无法处理的 IP 包，也可以用来发送一些自定义包头或自定义协议的 IP 包，网络监听技术很大程度上依赖于原始套接字。

  原始套接字与流式套接字和数据报套接字的区别在于：原始套接字可以读写内核没有处理的 IP 包，而流式套接字只能读取 TCP 包，数据报套接字只能读取 UDP 包。因此，如果要访问其他协议发送的数据必须使用原始套接字。

- 第 3 个参数 protocol 配合 type 参数使用，指定协议类型，常用协议有 IPPROTO_TCP、IPPROTO_UDP 等，分别对应 TCP、UDP。

  参数 type 和 protocol 不可以随意组合，例如 SOCK_STREAM 不可以与 IPPROTO_UDP 组合。

  当第 3 个参数为 0 时，函数会自动选择跟第 2 个参数指定的套接字类型对应的默认协议。

  如果函数调用成功，则返回新建套接字的句柄，在以后的 bind、listen 和 accept 这 3 个函数调用中都会用到该句柄；如果发生错误，则返回 INVALID_SOCKET（#define INVALID_SOCKET(SOCKET)(~0)），可以通过调用 WSAGetLastError 函数获取错误代码。

  创建监听套接字的代码通常如下：

```
// 创建用于监听所有客户端请求的套接字
SOCKET socketListen = socket(AF_INET, SOCK_STREAM, 0);
if (socketListen == INVALID_SOCKET)
{
    MessageBox(NULL, TEXT("创建监听套接字失败！"), TEXT("socket Error"), MB_OK);
    WSACleanup();
    return 0;
}
```

  当不再需要使用创建的套接字的时候，应该调用 closesocket 函数关闭套接字资源：

```
int closesocket(__in SOCKET s);    // 要关闭的套接字句柄
```

4. 将监听套接字与指定的 IP 地址、端口号捆绑

将一个本地地址与监听套接字关联起来的函数是 bind：

```
int bind(
    _In_  SOCKET s,                        // 监听套接字句柄
    _In_ const struct sockaddr FAR* name,  // sockaddr_in 结构的地址(包含 IP 地址和端口号)
    _In_  int namelen);                     // sockaddr_in 结构的长度
```

第 2 个参数是一个 sockaddr 结构，这是为了与 1.0 版本兼容，在 2.2 版本中使用的是 sockaddr_in 结构。

如果函数执行成功，则返回值为 0；如果发生错误，则返回值为 SOCKET_ERROR(−1)，可以调用 WSAGetLastError 函数获取错误信息。

将监听套接字与指定的 IP 地址、端口号捆绑的代码如下：

```
// 将监听套接字与指定的 IP 地址、端口号捆绑
sockaddr_in sockAddr;
sockAddr.sin_family = AF_INET;
sockAddr.sin_port = htons(8000);
sockAddr.sin_addr.S_un.S_addr = INADDR_ANY; // 不关心分配给监听套接字的本地地址，则使用 INADDR_ANY
if (bind(socketListen, (sockaddr*)&sockAddr, sizeof(sockAddr)) == SOCKET_ERROR)
{
    MessageBox(NULL, TEXT("将监听套接字与指定的 IP 地址、端口号捆绑失败! "), TEXT("bind Error"), MB_OK);
    closesocket(socketListen);
    WSACleanup();
    return 0;
}
```

如果不关心分配给监听套接字的地址，可以将 IP 地址设置为 INADDR_ANY，表示自动在本机的所有 IP 地址上进行监听。例如，计算机有 3 个网卡，配置了 3 个 IP 地址，那么套接字会自动在所有 3 个 IP 地址上进行监听；如果端口号设置为 0，则系统会自动分配一个唯一端口号。

程序可以在调用 bind 函数以后继续调用 getsockname 函数来获取分配给它的地址：

```
int getsockname(
    _In_    SOCKET          s,          // 套接字句柄
    _Out_   struct sockaddr *name,      // 返回地址信息，sockaddr_in 结构体的指针
    _Inout_ int             *namelen);  // 以字节为单位结构体的长度
```

如果函数执行成功，则返回值为 0，否则返回值为 SOCKET_ERROR，可以通过调用 WSAGet LastError 函数获取错误代码。

5. 使套接字进入监听（等待被连接）状态

listen 函数可以使主动连接套接字变为被动连接套接字，使一个进程可以接受其他进程的请求，从而成为一个服务器进程：

```
int listen(
    _In_  SOCKET s,        // 监听套接字句柄
    _In_  int    backlog); // 连接队列的最大长度
```

函数的第 2 个参数指明连接队列的最大长度，如果 backlog 设置为 SOMAXCONN，则系统会把 backlog 设置为最大合理值，队列满了后将拒绝新的连接请求，此时如果有客户端请求连接将出现错误

WSAECONNREFUSED。

如果函数执行成功，则返回值为 0；如果发生错误，则返回值为 SOCKET_ERROR，可以通过调用 WSAGetLastError 函数获取错误代码。

使套接字进入监听（等待被连接）状态的代码如下：

```
// 使监听套接字进入监听（等待被连接）状态
if (listen(socketListen, SOMAXCONN) == SOCKET_ERROR)
{
    MessageBox(NULL, TEXT("使监听套接字进入监听（等待被连接）状态失败! "), TEXT("listen Error"), MB_OK);
    closesocket(socketListen);
    WSACleanup();
    return 0;
}

// 服务器监听中...
```

6. 接受一个连接请求，返回用于服务器和客户端通信的套接字句柄

使用 accept 函数接受在监听套接字上的一个连接：

```
SOCKET accept(
    _In_    SOCKET              s,            // 监听套接字句柄
    _Out_   struct sockaddr *addr,            // 返回客户端的地址，sockaddr_in 结构
    _Inout_ int              *addrlen);       // 结构体的长度
```

函数从套接字 s 的等待连接队列中抽取第一个连接，如果函数执行成功，则返回一个套接字句柄，该句柄是进行实际通信的套接字句柄，后续通信双方收发数据都使用该套接字句柄，原来用于监听的套接字仍然保持监听状态，以接受下一个连接的进入；如果函数执行失败，则返回 INVALID_SOCKET，可以通过调用 WSAGetLastError 函数获取错误代码。

接受连接的示例代码如下：

```
// 循环接受连接请求，返回用于服务器客户端通信的套接字句柄
sockaddr_in sockAddrClient; // 调用 accept 在 sockaddr_in 中返回客户端的 IP 地址、端口号
int nAddrlen = sizeof(sockAddrClient);

while (TRUE)
{
    socketAccept = accept(socketListen, (sockaddr*)&sockAddrClient, &nAddrlen);
    if (socketAccept == INVALID_SOCKET)
    {
        // MessageBox(NULL, TEXT("本次接受连接请求失败，已进入下一次 accept 循环"), TEXT("accept
        // Error"), MB_OK);
        // 继续接受其他客户端的连接请求
        continue;
    }

    // 本次接受客户的连接请求成功
    // 创建一个新的线程来负责收发数据
}
```

如果队列中无等待连接，则 accept 函数会阻塞调用进程直至新的连接出现。在循环中，accept 函数成功返回就意味着一个新的连接已经产生，但是在循环中直接使用新连接进行数据收发是不合理的，

因为这样不能马上回到 accept 函数处继续处理其他客户端的连接请求，所以一般创建一个新的线程来负责与新连接进行通信，而循环马上返回到 accept 处等待新的连接，新的套接字句柄可以通过 lParam 参数传递给线程函数。循环等待客户端连接请求和创建新线程负责通信，这不是一个很好的解决方法，后面学习完 I/O 异步模型这个问题会有更好的处理方式。

一定要清楚监听套接字和新的通信套接字之间的区别。假如用于监听的套接字是#1，那么前面的 bind，listen 和 accept 等函数都是对#1 进行操作的；当 accept 函数返回套接字#2 后，#2 才是和客户端相连的，所以为了与客户端进行通信收发数据而使用的 send 和 recv 等函数都是针对#2 的。如果连接被客户端断开或者服务器主动断开与某一客户端的连接，则需要对#2 调用 closesocket；如果服务器端程序不想再继续监听客户端连接请求，需要对#1 调用 closesocket 函数。

7. 收发数据

在已连接的套接字上发送数据使用 send 函数：

```
int send(
    _In_            SOCKET s,           // 已连接的通信套接字句柄
    _In_ const char     *buf,           // 要发送数据的缓冲区指针
    _In_            int     len,         // 以字节为单位的缓冲区长度
    _In_            int     flags);      // 标志位，一般设置为 0
```

如果函数执行成功，则返回发送的字节总数，该总数可以小于 len 参数中请求发送的字节数；否则，将返回 SOCKET_ERROR，可以通过调用 WSAGetLastError 函数获取错误代码。

在已连接的套接字上接收数据使用 recv 函数：

```
int recv(
    _In_  SOCKET s,                  // 已连接的通信套接字句柄
    _Out_ char     *buf,             // 要接收数据的缓冲区指针
    _In_  int     len,               // 以字节为单位的缓冲区长度
    _In_  int     flags);            // 标志位，一般设置为 0
```

如果函数执行成功，则返回接收到的字节数，buf 参数所指向的缓冲区将包含接收到的数据；如果通信连接已被关闭，则返回值为 0；否则，将返回 SOCKET_ERROR，可以通过调用 WSAGetLastError 函数获取错误代码。

8. 客户端

客户端的流程要简单一些。

（1）调用 WSAStartup 函数初始化 WinSock 库。

（2）调用 socket 函数创建与服务器进行通信的套接字。

（3）调用 connect 函数建立与服务器的连接，sockaddr_in 结构指定为服务器的 IP 地址与端口号。

（4）调用 send / recv 函数收发数据。

与服务器建立连接的函数是 connect：

```
int connect(
    _In_ SOCKET                 s,        // 与服务器进行通信的套接字句柄
    _In_ const struct sockaddr *name,     // sockaddr_in 结构，指定为服务器的 IP 地址与端口号
    _In_ int                    namelen); // 以字节为单位的 sockaddr_in 结构的长度
```

对于面向连接的套接字（例如 SOCK_STREAM），客户端需要调用 connect 主动发起连接。如果函数执

行成功，则返回值为 0，否则返回 SOCKET_ERROR，可以通过调用 WSAGetLastError 函数获取错误代码。

服务器与客户端的通信流程如图 9.2 所示。

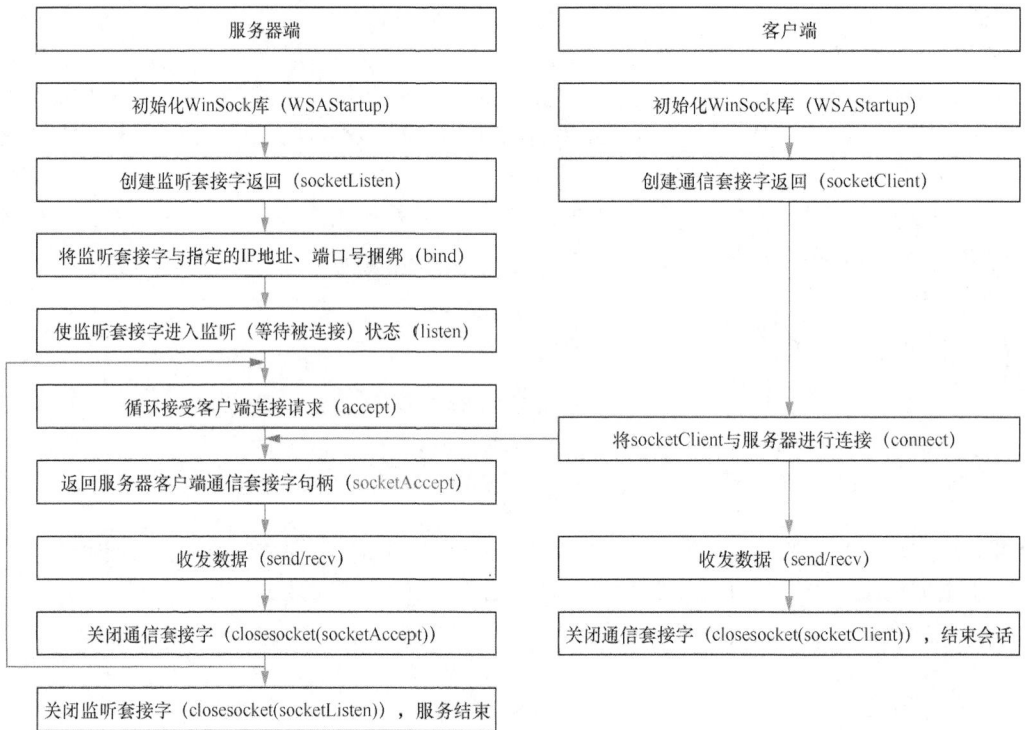

服务器端	客户端
初始化WinSock库（WSAStartup）	初始化WinSock库（WSAStartup）
创建监听套接字返回（socketListen）	创建通信套接字返回（socketClient）
将监听套接字与指定的IP地址、端口号捆绑（bind）	
使监听套接字进入监听（等待被连接）状态（listen）	
循环接受客户端连接请求（accept）	将socketClient与服务器进行连接（connect）
返回服务器客户端通信套接字句柄（socketAccept）	
收发数据（send/recv）	收发数据（send/recv）
关闭通信套接字（closesocket(socketAccept)）	关闭通信套接字（closesocket(socketClient)），结束会话
关闭监听套接字（closesocket(socketListen)），服务结束	

图 9.2

9.3.2　TCP 服务器程序

下面来实现一个服务器与客户端简单通信的示例。为了方便起见，本章程序均采用 ANSI 字符集编码，且为了使程序简洁省略了一些必要的函数返回值判断。程序是对话框程序，运行效果如图 9.3 所示。

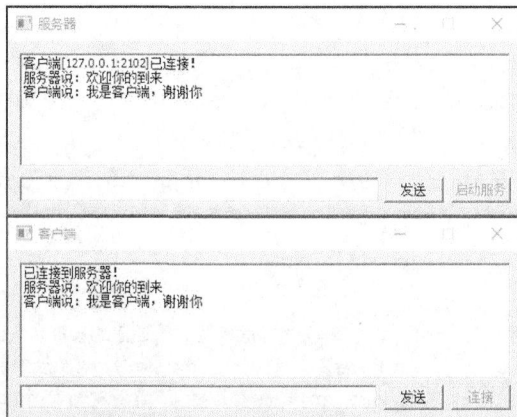

图 9.3

服务器和客户端都是由一个列表框（负责显示聊天内容）、一个文本框（用于输入聊天信息）和两个按钮组成。服务器资源脚本文件 Server.rc 的主要内容如下：

```
IDD_SERVER_DIALOG DIALOGEX 200, 100, 309, 81
STYLE DS_SETFONT | DS_MODALFRAME | DS_FIXEDSYS | WS_MINIMIZEBOX | WS_POPUP | WS_CAPTION | WS_SYSMENU
CAPTION "服务器"
FONT 8, "MS Shell Dlg", 400, 0, 0x1
BEGIN
    LISTBOX              IDC_LIST_CONTENT,7,7,295,48,LBS_NOINTEGRALHEIGHT | WS_
VSCROLL | WS_TABSTOP
    EDITTEXT             IDC_EDIT_MSG,7,58,203,14,ES_AUTOHSCROLL
    PUSHBUTTON           "发送",IDC_BTN_SEND,216,58,42,14
    PUSHBUTTON           "启动服务",IDC_BTN_START,261,58,42,14
END
```

客户端资源脚本文件 Client.rc 的主要内容如下：

```
IDD_CLIENT_DIALOG DIALOGEX 200, 100, 309, 81
STYLE DS_SETFONT | DS_MODALFRAME | DS_FIXEDSYS | WS_MINIMIZEBOX | WS_POPUP | WS_CAPTION | WS_SYSMENU
CAPTION "客户端"
FONT 8, "MS Shell Dlg", 400, 0, 0x1
BEGIN
    LISTBOX              IDC_LIST_CONTENT,7,7,295,48,LBS_NOINTEGRALHEIGHT | WS_
VSCROLL | WS_TABSTOP
    EDITTEXT             IDC_EDIT_MSG,7,58,203,14,ES_AUTOHSCROLL
    PUSHBUTTON           "发送",IDC_BTN_SEND,216,58,42,14
    PUSHBUTTON           "连接",IDC_BTN_CONNECT,261,58,42,14
END
```

Server.cpp 源文件的内容如下：

```
#include <winsock2.h>          // Winsock2 头文件
#include <ws2tcpip.h>          // inet_pton / inet_ntop 需要使用这个头文件
#include "resource.h"

#pragma comment(lib, "Ws2_32")  // Winsock2 导入库

// 常量定义
const int BUF_SIZE = 1024;

// 全局变量
HWND g_hwnd;                   // 窗口句柄
HWND g_hListContent;           // 聊天内容列表框窗口句柄
HWND g_hEditMsg;               // 消息输入框窗口句柄
HWND g_hBtnSend;               // 发送按钮窗口句柄

SOCKET g_socketListen = INVALID_SOCKET;   // 监听套接字句柄
SOCKET g_socketAccept = INVALID_SOCKET;   // 通信套接字句柄

// 函数声明
```

```
INT_PTR CALLBACK DialogProc(HWND hwndDlg, UINT uMsg, WPARAM wParam, LPARAM lParam);
// 对话框初始化
VOID OnInit(HWND hwndDlg);
// 按下启动服务按钮
VOID OnStart();
// 按下发送按钮
VOID OnSend();
// 服务器接收数据线程函数
DWORD WINAPI RecvProc(LPVOID lpParam);

int WINAPI WinMain(HINSTANCE hInstance, HINSTANCE hPrevInstance, LPSTR lpCmdLine, int nCmdShow)
{
    DialogBoxParam(hInstance, MAKEINTRESOURCE(IDD_SERVER_DIALOG), NULL,
DialogProc, NULL);
    return 0;
}

INT_PTR CALLBACK DialogProc(HWND hwndDlg, UINT uMsg, WPARAM wParam, LPARAM lParam)
{
    switch (uMsg)
    {
    case WM_INITDIALOG:
        OnInit(hwndDlg);
        return TRUE;

    case WM_COMMAND:
        switch (LOWORD(wParam))
        {
        case IDCANCEL:
            // 关闭套接字，释放 WinSock 库
            if (g_socketAccept != INVALID_SOCKET)
                closesocket(g_socketAccept);
            if (g_socketListen != INVALID_SOCKET)
                closesocket(g_socketListen);
            WSACleanup();
            EndDialog(hwndDlg, IDCANCEL);
            break;

        case IDC_BTN_START:
            OnStart();
            break;

        case IDC_BTN_SEND:
            OnSend();
            break;
        }
        return TRUE;
    }

    return FALSE;
}
```

```
/////////////////////////////////////////////////////////////////////
VOID OnInit(HWND hwndDlg)
{
    g_hwnd = hwndDlg;
    g_hListContent = GetDlgItem(hwndDlg, IDC_LIST_CONTENT);
    g_hEditMsg = GetDlgItem(hwndDlg, IDC_EDIT_MSG);
    g_hBtnSend = GetDlgItem(hwndDlg, IDC_BTN_SEND);

    EnableWindow(g_hBtnSend, FALSE);

    return;
}

VOID OnStart()
{
    WSADATA wsa = { 0 };

    // 1. 初始化 WinSock 库
    if (WSAStartup(MAKEWORD(2, 2), &wsa) != 0)
    {
        MessageBox(g_hwnd, TEXT("初始化 WinSock 库失败！"), TEXT("WSAStartup Error"), MB_OK);
        return;
    }

    // 2. 创建用于监听所有客户端请求的套接字
    g_socketListen = socket(AF_INET, SOCK_STREAM, 0);
    if (g_socketListen == INVALID_SOCKET)
    {
        MessageBox(g_hwnd, TEXT("创建监听套接字失败！"), TEXT("socket Error"), MB_OK);
        WSACleanup();
        return;
    }

    // 3. 将监听套接字与指定的 IP 地址、端口号捆绑
    sockaddr_in sockAddr;
    sockAddr.sin_family = AF_INET;
    sockAddr.sin_port = htons(8000);
    sockAddr.sin_addr.S_un.S_addr = INADDR_ANY;
    if (bind(g_socketListen, (sockaddr*)&sockAddr, sizeof(sockAddr)) == SOCKET_ERROR)
    {
        MessageBox(g_hwnd, TEXT("将监听套接字与指定的 IP 地址、端口号捆绑失败！"), TEXT("bind Error"), MB_OK);
        closesocket(g_socketListen);
        WSACleanup();
        return;
    }

    // 4. 使监听套节字进入监听(等待被连接)状态
    if (listen(g_socketListen, 1) == SOCKET_ERROR)
    {
```

```
            MessageBox(g_hwnd, TEXT("使监听套节字进入监听(等待被连接)状态失败! "), TEXT("listen Error"),
    MB_OK);
            closesocket(g_socketListen);
            WSACleanup();
            return;
        }
        // 服务器监听中...
        MessageBox(g_hwnd, TEXT("服务器监听中..."), TEXT("服务启动成功"), MB_OK);
        EnableWindow(GetDlgItem(g_hwnd, IDC_BTN_START), FALSE);

        // 5. 等待连接请求，返回用于服务器客户端通信的套接字句柄
        sockaddr_in sockAddrClient;                // 调用 accept 返回客户端的 IP 地址、端口号
        int nAddrlen = sizeof(sockaddr_in);
        g_socketAccept = accept(g_socketListen, (sockaddr*)&sockAddrClient, &nAddrlen);
        if (g_socketAccept == INVALID_SOCKET)
        {
            MessageBox(g_hwnd, TEXT("接受连接请求失败! "), TEXT("accept Error"), MB_OK);
            closesocket(g_socketListen);
            WSACleanup();
            return;
        }

        // 6. 接受客户的连接请求成功，收发数据
        CHAR szBuf[BUF_SIZE] = { 0 };
        CHAR szIP[24] = { 0 };
        inet_ntop(AF_INET, &sockAddrClient.sin_addr.S_un.S_addr, szIP, _countof(szIP));
        wsprintf(szBuf, "客户端[%s:%d]已连接! ", szIP, ntohs(sockAddrClient.sin_port));
        SendMessage(g_hListContent, LB_ADDSTRING, 0, (LPARAM)szBuf);

        EnableWindow(g_hBtnSend, TRUE);
        // 创建线程，接收客户端数据
        CloseHandle(CreateThread(NULL, 0, RecvProc, NULL, 0, NULL));

        return;
}


VOID OnSend()
{
    CHAR szBuf[BUF_SIZE] = { 0 };
    CHAR szShow[BUF_SIZE] = { 0 };

    GetWindowText(g_hEditMsg, szBuf, BUF_SIZE);
    wsprintf(szShow, "服务器说: %s", szBuf);
    SendMessage(g_hListContent, LB_ADDSTRING, 0, (LPARAM)szShow);
    send(g_socketAccept, szShow, strlen(szShow), 0);

    SetWindowText(g_hEditMsg, "");

    return;
}
```

```
DWORD WINAPI RecvProc(LPVOID lpParam)
{
    CHAR szBuf[BUF_SIZE] = { 0 };
    int nRet;

    while (TRUE)
    {
        ZeroMemory(szBuf, BUF_SIZE);
        nRet = recv(g_socketAccept, szBuf, BUF_SIZE, 0);
        if (nRet > 0)
        {
            // 收到客户端数据
            SendMessage(g_hListContent, LB_ADDSTRING, 0, (LPARAM)szBuf);
        }
    }

    return 0;
}
```

9.3.3　TCP 客户端程序

为了方便管理，我们把服务器和客户端放在同一个解决方案中，用鼠标右键单击 VS 左侧解决方案资源管理器的解决方案 "Server"（1 个项目），然后选择添加→新建项目，新建一个名称为 Client 的项目。这样就可以在一个解决方案中添加两个项目，需要编译时用鼠标右键单击该项目，然后选择设为启动项目即可。Client.cpp 源文件的内容如下：

```
#include <winsock2.h>          // WinSock2 头文件
#include <ws2tcpip.h>          // inet_pton / inet_ntop 需要使用这个头文件
#include "resource.h"

#pragma comment(lib, "Ws2_32") // WinSock2 导入库

// 常量定义
const int BUF_SIZE = 1024;

// 全局变量
HWND g_hwnd;                   // 窗口句柄
HWND g_hListContent;           // 聊天内容列表框窗口句柄
HWND g_hEditMsg;               // 消息输入框窗口句柄
HWND g_hBtnSend;               // 发送按钮窗口句柄

SOCKET g_socketClient = INVALID_SOCKET; // 通信套接字句柄

// 函数声明
INT_PTR CALLBACK DialogProc(HWND hwndDlg, UINT uMsg, WPARAM wParam, LPARAM lParam);
// 对话框初始化
VOID OnInit(HWND hwndDlg);
```

```
// 按下连接按钮
VOID OnConnect();
// 按下发送按钮
VOID OnSend();
// 客户端接收数据线程函数
DWORD WINAPI RecvProc(LPVOID lpParam);

int WINAPI WinMain(HINSTANCE hInstance, HINSTANCE hPrevInstance, LPSTR lpCmdLine, int nCmdShow)
{
    DialogBoxParam(hInstance, MAKEINTRESOURCE(IDD_CLIENT_DIALOG), NULL, DialogProc, NULL);
    return 0;
}


INT_PTR CALLBACK DialogProc(HWND hwndDlg, UINT uMsg, WPARAM wParam, LPARAM lParam)
{
    switch (uMsg)
    {
    case WM_INITDIALOG:
        OnInit(hwndDlg);
        return TRUE;

    case WM_COMMAND:
        switch (LOWORD(wParam))
        {
        case IDCANCEL:
            // 关闭套接字，释放 WinSock 库
            if (g_socketClient != INVALID_SOCKET)
                closesocket(g_socketClient);
            WSACleanup();
            EndDialog(hwndDlg, IDCANCEL);
            break;

        case IDC_BTN_CONNECT:
            OnConnect();
            break;

        case IDC_BTN_SEND:
            OnSend();
            break;
        }
        return TRUE;
    }

    return FALSE;
}


/////////////////////////////////////////////////////////////////////
VOID OnInit(HWND hwndDlg)
{
    g_hwnd = hwndDlg;
    g_hListContent = GetDlgItem(hwndDlg, IDC_LIST_CONTENT);
```

```
    g_hEditMsg = GetDlgItem(hwndDlg, IDC_EDIT_MSG);
    g_hBtnSend = GetDlgItem(hwndDlg, IDC_BTN_SEND);

    EnableWindow(g_hBtnSend, FALSE);

    return;
}

// 按下连接按钮
VOID OnConnect()
{
    WSADATA wsa = { 0 };
    sockaddr_in sockAddrServer;

    // 1. 初始化 WinSock 库
    if (WSAStartup(MAKEWORD(2, 2), &wsa) != 0)
    {
        MessageBox(g_hwnd, TEXT("初始化 WinSock 库失败！"), TEXT("WSAStartup Error"), MB_OK);
        return;
    }

    // 2. 创建与服务器的通信套接字
    g_socketClient = socket(AF_INET, SOCK_STREAM, 0);
    if (g_socketClient == INVALID_SOCKET)
    {
        MessageBox(g_hwnd, TEXT("创建与服务器的通信套接字失败！"), TEXT("socket Error"), MB_OK);
        WSACleanup();
        return;
    }

    // 3. 与服务器建立连接
    sockAddrServer.sin_family = AF_INET;
    sockAddrServer.sin_port = htons(8000);
    inet_pton(AF_INET, "127.0.0.1", &sockAddrServer.sin_addr.S_un.S_addr);
    if (connect(g_socketClient, (sockaddr*)&sockAddrServer, sizeof(sockAddrServer)) == SOCKET_ERROR)
    {
        MessageBox(g_hwnd, TEXT("与服务器建立连接失败！"), TEXT("connect Error"), MB_OK);
        closesocket(g_socketClient);
        WSACleanup();
        return;
    }

    // 4. 建立连接成功，收发数据
    SendMessage(g_hListContent, LB_ADDSTRING, 0, (LPARAM)"已连接到服务器！");
    EnableWindow(GetDlgItem(g_hwnd, IDC_BTN_CONNECT), FALSE);
    EnableWindow(g_hBtnSend, TRUE);

    // 创建线程，接收服务器数据
    CreateThread(NULL, 0, RecvProc, NULL, 0, NULL);
```

```
        return;
    }

    // 按下发送按钮
    VOID OnSend()
    {
        CHAR szBuf[BUF_SIZE] = { 0 };
        CHAR szShow[BUF_SIZE] = { 0 };

        GetWindowText(g_hEditMsg, szBuf, BUF_SIZE);
        wsprintf(szShow, "客户端说: %s", szBuf);
        SendMessage(g_hListContent, LB_ADDSTRING, 0, (LPARAM)szShow);
        send(g_socketClient, szShow, strlen(szShow), 0);

        SetWindowText(g_hEditMsg, "");

        return;
    }

    DWORD WINAPI RecvProc(LPVOID lpParam)
    {
        CHAR szBuf[BUF_SIZE] = { 0 };
        int nRet;

        while (TRUE)
        {
            ZeroMemory(szBuf, BUF_SIZE);
            nRet = recv(g_socketClient, szBuf, BUF_SIZE, 0);
            if (nRet > 0)
            {
                // 收到服务器数据
                SendMessage(g_hListContent, LB_ADDSTRING, 0, (LPARAM)szBuf);
            }
        }

        return 0;
    }
```

先运行服务器，单击"启动服务"按钮，服务器调用 OnStart 函数，依次执行初始化 WinSock 库、创建监听套接字、绑定 IP 地址和端口、进入监听状态、等待连接请求。如果队列中没有等待连接，则 accept 函数会阻塞调用进程直至新的连接出现，才继续执行下面的收发数据代码。

运行客户端，单击"连接"按钮，客户端调用 OnConnect 函数，依次执行初始化 WinSock 库、创建通信套接字、与服务器建立连接，connect 也是阻塞函数，连接成功前程序不会继续执行下面的代码。关于服务器地址，读者测试时可以打开 cmd 使用 ipconfig 命令查看本机的内网 IP 地址，或者指定为 127.0.0.1（代表本机地址，建议使用）。

建立连接后，服务器及客户端均需要开辟一个新的线程负责接收数据，而发送数据是通过按下"发送"按钮时执行 OnSend 函数实现的。

本实例仅仅实现了一个服务器和一个客户端进行通信的情况，服务器在接受客户端连接前程序界面会出现无响应的情况，客户端在调用 connect 函数连接服务器的过程中也会导致程序界面失去响应。send / recv 等函数也是阻塞函数，关于这些问题，需要使用后面要介绍的异步 I/O 技术。

9.3.4 UDP 编程

TCP 由于可靠、稳定的特点被应用于大部分场合，但是它对系统资源的要求比较高。用户数据报协议（User Datagram Protocol，UDP）是 OSI 参考模型中一个简单的面向数据报的传输层协议，它提供了无连接的、不可靠的数据传输服务。无连接是指它与 TCP 不同在通信前先与对方建立连接以确定对方的状态；不可靠是指它直接按照指定 IP 地址和端口号将包发送出去，如果对方不在线会导致数据丢失。UDP 报文没有可靠性保证、顺序保证和流量控制字段等，可靠性较差，在网络质量差的环境下，UDP 包丢失情况会比较严重，但是因为 UDP 的控制选项较少，所以在数据传输过程中延迟小、数据传输效率高，适用于那些对可靠性要求不高的应用程序，通常音频、视频和普通数据在传送时使用 UDP 较多，因为它们即使偶尔丢失一两个包也不会对接收结果产生太大的影响，比如我们聊天使用的 QQ 使用的就是 UDP。

UDP 编程流程如下。

（1）服务器端程序设计流程如下。

- 初始化 WinSock 库（WSAStartup）。
- 创建套接字（socket），type 参数指定为 SOCK_DGRAM。
- 绑定 IP 地址和端口（bind）。
- 收发数据（sendto/recvfrom）。
- 关闭连接（closesocket）。

（2）客户端程序设计流程如下。

- 初始化 WinSock 库（WSAStartup）。
- 创建套接字（socket），type 参数指定为 SOCK_DGRAM。
- 收发数据（sendto/recvfrom）。
- 关闭连接（closesocket）。

如果需要，客户端也可以使用 bind 函数绑定 IP 地址和端口号。

sendto 函数向指定目的地发送数据，适用于发送未建立连接的 UDP 包：

```
int sendto(
    _In_        SOCKET          s,        // 套接字句柄
    _In_ const char             *buf,     // 要发送数据的缓冲区指针
    _In_        int             len,      // 以字节为单位的缓冲区长度
    _In_        int             flags,    // 标志位，一般设置为 0
    _In_        const struct sockaddr *to,    // sockaddr_in 结构的目的地地址
    _In_        int             tolen);   // 结构体的长度
```

如果函数执行成功，则返回发送的字节总数，该总数可以小于参数 len 指定的字节数；否则返回 SOCKET_ERROR，可以通过调用 WSAGetLastError 函数获取错误代码。

recvfrom 函数接收数据报，并返回源地址：

```
int recvfrom(
    _In_          SOCKET          s,              // 套接字句柄
    _Out_         char            *buf,           // 接收数据的缓冲区指针
    _In_          int             len,            // 以字节为单位的缓冲区长度
    _In_          int             flags,          // 标志位，一般设置为 0
    _Out_         struct sockaddr *from,          // 在这里返回源地址，sockaddr_in 结构
    _Inout_opt_   int             *fromlen);      // 结构体的长度
```

如果函数执行成功，则返回接收到的字节数；如果连接已被关闭，则返回值为 0，否则返回
SOCKET_ERROR，可以通过调用 WSAGetLastError 函数获取错误代码。

下面以一个简单的控制台 UDP 服务器和客户端示例说明这两个函数的用法。

UDP 服务器 UDPServer.cpp 源文件的内容如下：

```cpp
#include <winsock2.h>         // WinSock2 头文件
#include <ws2tcpip.h>         // inet_pton inet_ntop 需要使用这个头文件
#include <stdio.h>

#pragma comment(lib, "Ws2_32") // WinSock2 导入库

// 常量定义
const int BUF_SIZE = 1024;

int main()
{
    WSADATA wsa = { 0 };
    SOCKET socketSendRecv = INVALID_SOCKET;         // 服务器的收发数据套接字
    sockaddr_in addrServer, addrClient;             // 服务器、客户端地址
    int nAddrLen = sizeof(sockaddr_in);             // sockaddr_in 结构体的长度
    CHAR szBuf[BUF_SIZE] = { 0 };                   // 接收数据缓冲区
    CHAR szIP[24] = { 0 };                          // 客户端 IP 地址

    // 初始化 WinSock 库
    WSAStartup(MAKEWORD(2, 2), &wsa);

    // 创建收发数据套接字
    socketSendRecv = socket(AF_INET, SOCK_DGRAM, IPPROTO_UDP);

    // 将收发数据套接字绑定到任意 IP 地址和指定端口
    addrServer.sin_family = AF_INET;
    addrServer.sin_port = htons(8000);
    addrServer.sin_addr.S_un.S_addr = INADDR_ANY;
    bind(socketSendRecv, (SOCKADDR *)&addrServer, sizeof(addrServer));

    // 从客户端接收数据，recvfrom 函数会在参数 addrClient 中返回客户端的 IP 地址和端口号
    recvfrom(socketSendRecv, szBuf, BUF_SIZE, 0, (SOCKADDR *)&addrClient, &nAddrLen);
    inet_ntop(AF_INET, &addrClient.sin_addr.S_un.S_addr, szIP, _countof(szIP));
    printf("从客户端[%s:%d]接收到数据：%s\n", szIP, ntohs(addrClient.sin_port), szBuf);

    // 把接收到的数据发送回去
```

```
sendto(socketSendRecv, szBuf, strlen(szBuf), 0, (SOCKADDR *)&addrClient, nAddrLen);

    // 关闭收发数据套接字，释放 WinSock 库
    closesocket(socketSendRecv);
    WSACleanup();
    return 0;
}
```

UDP 客户端 UDPClient.cpp 源文件的内容如下：

```
#include <winsock2.h>            // WinSock2 头文件
#include <ws2tcpip.h>            // inet_pton inet_ntop 需要使用这个头文件
#include <stdio.h>

#pragma comment(lib, "Ws2_32") // WinSock2 导入库

// 常量定义
const int BUF_SIZE = 1024;

int main()
{
    WSADATA wsa = { 0 };
    SOCKET socketSendRecv = INVALID_SOCKET;      // 客户端的收发数据套接字
    sockaddr_in addrServer;                      // 服务器地址
    int nAddrLen = sizeof(sockaddr_in);          // sockaddr_in 结构体的长度
    CHAR szBuf[BUF_SIZE] = "你好，老王！ ";       // 发送数据缓冲区
    CHAR szIP[24] = { 0 };                       // 服务器 IP 地址

    // 初始化 WinSock 库
    WSAStartup(MAKEWORD(2, 2), &wsa);

    // 创建收发数据套接字
    socketSendRecv = socket(AF_INET, SOCK_DGRAM, IPPROTO_UDP);

    // 向服务器发送数据
    addrServer.sin_family = AF_INET;
    addrServer.sin_port = htons(8000);
    inet_pton(AF_INET, "127.0.0.1", &addrServer.sin_addr.S_un.S_addr);
    sendto(socketSendRecv, szBuf, strlen(szBuf), 0, (SOCKADDR *)&addrServer, nAddrLen);

    // 从服务器接收数据
    sockaddr_in addr;   // 查看 recvfrom 返回的服务器 IP 地址和端口号
    ZeroMemory(szBuf, sizeof(szBuf));
    recvfrom(socketSendRecv, szBuf, BUF_SIZE, 0, (sockaddr *)&addr, &nAddrLen);
    inet_ntop(AF_INET, &addr.sin_addr.S_un.S_addr, szIP, _countof(szIP));
    printf("从服务器[%s:%d]返回数据：%s\n", szIP, ntohs(addr.sin_port), szBuf);

    // 关闭收发数据套接字，释放 WinSock 库
    closesocket(socketSendRecv);
    WSACleanup();
```

```
        return 0;
}
```

先运行服务器，然后运行客户端，效果如图 9.4 所示。

为了简化程序，我们没有对函数返回值做判断。
服务器从客户端接收数据后打印出接收到的数据，
recvfrom 函数会在参数 addrClient 中返回客户端的
IP 地址和端口号，服务器利用返回的客户端的 IP 地
址和端口号使用 sendto 函数向客户端发送数据；客
户端要与服务器进行通信，必须了解服务器的 IP 地

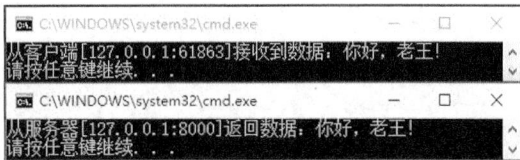

图 9.4

址和端口号，客户端首先利用 sendto 函数向服务器发送数据，然后利用 recvfrom 函数从服务器接
收数据。

需要注意的是，客户端创建套接字后，如果首先调用的是 sendto 函数，则可以不调用 bind 函数显
式地绑定本地地址，系统会自动为程序绑定，再次调用 recvfrom 函数也不会失败（因为套接字已经绑
定）；但是在创建套接字后，直接调用 recvfrom 函数接收数据就会失败，因为套接字还没有绑定。另
外，从上面的示例可以看出，对 UDP 来说服务器和客户端程序并没有明显的区别，客户端也可以使
用 bind 函数绑定 IP 地址和端口号，这样一来客户端即可作为服务器使用。具体代码参见 UDPServer
项目。

9.3.5　P2P 技术

P2P（Peer to Peer）称为点对点或端对端。在 P2P 网络环境中，彼此连接的多台计算机都处于对等
地位，各台计算机有相同的功能，无主从之分，一台计算机既可以作为服务器，设定共享资源供网络
中的其他计算机使用，又可以作为工作站，整个网络通常不依赖专用的集中服务器，也没有专用的工
作站。网络中的每一台计算机既能充当网络服务的请求者，又对其他计算机的请求做出响应，提供资
源、服务和内容。通常这些资源和服务包括信息的共享和交换、计算资源（如 CPU 计算能力共享）、
存储共享（如缓存和磁盘空间的使用）、网络共享、打印机共享等。对等网络是一种网络结构的思想，
它与目前网络中占据主导地位的客户机/服务器（Client/Server）体系结构的一个本质区别是，整个网
络结构中不存在中心节点（或中心服务器），在 P2P 结构中，每一个节点（Peer）大都同时具有信息消
费者、信息提供者和信息通信三方面的功能。从计算模式上来说，P2P 打破了传统的 C/S 模式，网络
中的每个节点的地位都是对等的，每个节点既充当服务器，为其他节点提供服务，同时也享用其他节
点提供的服务。

迅雷下载就使用了 P2P 技术，例如我们想下载一个 Photoshop 软件，它存在于远程服务器上，但
是访问服务器的人很多导致下载速度减慢，如果刚好其他人前两天下载过这个资源，采用 P2P 加速后，
我们不但可以从服务器上下载，还可以从下载过该资源的客户端下载，如果有很多人下载过这个资源，
那么下载速度就会很快。P2P 应用程序依赖的是网络中每个参与者计算机的计算能力和带宽，而不仅
仅是依赖较少的几台服务器，从而减轻了网络服务器的负担。考虑到篇幅原因，本书不详细讲解 P2P
技术，有兴趣的读者可以参考相关图书。

9.4 WinSock 异步 I/O 模型

前面的 TCP 服务器和客户端示例实现了简单的网络通信功能，在实际开发应用中，服务器往往需要与多个客户端同时进行通信，要在 Windows 平台上构建高效、实用的服务器/客户端应用程序，就需要使用本节介绍的异步 I/O 技术。本节将介绍阻塞和非阻塞两种套接字模式（也叫同步、异步），以及 5 种异步 I/O 模型。I/O 是输入/输出 Input/Output 的意思，对套接字来说就是接收数据、发送数据等操作。

当创建一个套接字时，默认情况下它处于阻塞模式，例如前面的 TCP 服务器示例，服务器调用 accept 函数等待一个客户端连接时会导致服务器进程阻塞，直到接收到一个客户端连接后函数才返回。connect、send、recv 等函数也都是阻塞函数，阻塞模式适用于客户端较少的简单网络应用程序。阻塞模式套接字的好处是使用简单，但是当需要处理多个套接字连接时，必须创建多个线程，即每一个连接都开辟一个线程，这给编程带来了许多不便，所以在实际开发过程中使用最多的还是下面要介绍的非阻塞模式。

非阻塞模式是指在指定套接字上调用 I/O 函数执行操作时，无论操作是否完成，函数都会立即返回，例如在非阻塞模式下调用 recv 函数时，程序会直接读取网络缓冲区中的数据，无论是否读到数据，函数都会立即返回，而不会一直停滞在那等待函数返回。非阻塞模式并发处理能力强，可以同时创建多个通信连接，大多数网络程序采用非阻塞模式套接字。

非阻塞模式套接字使用起来比较复杂，但是有许多优点。应用程序可以通过调用 ioctlsocket 函数显式地使套接字工作在非阻塞模式下：

```
int ioctlsocket(
    _In_    SOCKET   s,        // 要设置的套接字句柄
    _In_    long     cmd,      // 在套接字 s 上执行的命令
    _Inout_ u_long   *argp);   // 指向 cmd 参数的指针
```

第 2 个参数 cmd 指定在套接字 s 上执行的命令，可以使用的命令与含义如表 9.3 所示。

表 9.3

常量	含义
FIONBIO	启用或禁用套接字 s 的非阻塞模式。如果要启用非阻塞模式，则将参数 *argp 设置为非零值；如果要禁用非阻塞模式，则将参数 *argp 设置为 0
FIONREAD	在参数 *argp 中返回套接字 s 自动读入的数据量。如果套接字 s 是 SOCKET_STREAM 类型，则 FIONREAD 返回在一次 recv 中所接收的所有数据量，这通常与套接字中排队的数据总量相同；如果套接字 s 是 SOCK_DGRAM 类型，则 FIONREAD 返回套接字上排队的第一个数据报大小
SIOCATMARK	用于确认是否所有的带外数据都已被读入，这个命令仅适用于 SOCK_STREAM 类型的套接口，且该套接口已被设置为可以在线接收带外数据(SO_OOBINLINE)。如果没有带外数据等待读入，则该操作返回 TRUE，否则的话返回 FALSE

如果函数执行成功，则返回值为 0，否则返回值为 SOCKET_ERROR，可以通过调用 WSAGetLastError

函数获取错误代码。

在 ioctlsocket 函数中使用 FIONBIO 命令，并将 argp 参数设置为非零值，即可将套接字 s 设置为非阻塞模式，例如下面的代码：

```
// 设置套接字为非阻塞模式
ULONG ulArgp = 1;
ioctlsocket(socketListen, FIONBIO, &ulArgp);
```

读者可以改写前面的 TCP 服务器示例并进行测试，在创建监听套接字后，设置监听套接字为非阻塞模式，然后运行程序，单击 "启动服务" 按钮，程序会马上返回接收连接请求失败。

设置套接字为非阻塞模式后，发送和接收数据或者管理连接的 WinSock 调用将会立即返回，大多数情况下，这些函数调用会失败，调用 WSAGetLastError 出错代码是 WSAEWOULDBLOCK，这意味着请求的操作在调用期间没有完成，例如系统输入缓冲区中没有待接收的数据，那么对 recv 函数的调用将返回 WSAEWOULDBLOCK，这就需要对相同的函数调用多次，直到它返回成功为止。

非阻塞调用经常以 WSAEWOULDBLOCK 出错代码表示操作失败，所以将套接字设置为非阻塞模式后，关键的问题在于如何确定套接字何时可读/可写，即确定网络事件何时发生，如果不断地调用函数去测试，程序的性能势必会受到影响，解决的办法是使用 WinSock 提供的不同的 I/O 模型，WinSock 提供了 5 种异步 I/O 模型，分别是 select 模型、WSAAsyncSelect 模型、WSAEventSelect 模型、Overlapped 模型和完成端口（Completion Port）模型。

接下来，我们先实现一个阻塞模式下的多线程多客户端 TCP 服务器/客户端聊天室程序，然后改写这个阻塞模式聊天室程序，分别使用 5 种异步 I/O 模型实现。

9.4.1　阻塞模式下的多线程多客户端套接字编程

本节将改写前面的 TCP 服务器客户端程序，使服务器可以接受多个客户端连接，服务器的发言可以在每一个客户端显示，每一个客户端的发言可以在服务器和其他客户端显示，也就是一个简单的聊天室程序，具体参见 Server_Multiple 项目。程序界面与以前相同，运行效果如图 9.5 所示。

因为多个客户端都可以连接到服务器，一方面为了确定是哪一个客户端发言，我们需要记录下每一个客户端的 IP 地址和端口号；另一方面服务器在收到每一个客户端消息时以及服务器发言时，都需要把消息发往每一个客户端，并记录下与每一个客户端的通信套接字，因此每一个客户端的信息都需要使用一个结构体来保存，所有的结构体形成一个链表，对链表的操作包括服务器接收到一个客户端连接时增加一个节点，有一个客户端下线时从链表中移除一个节点，根

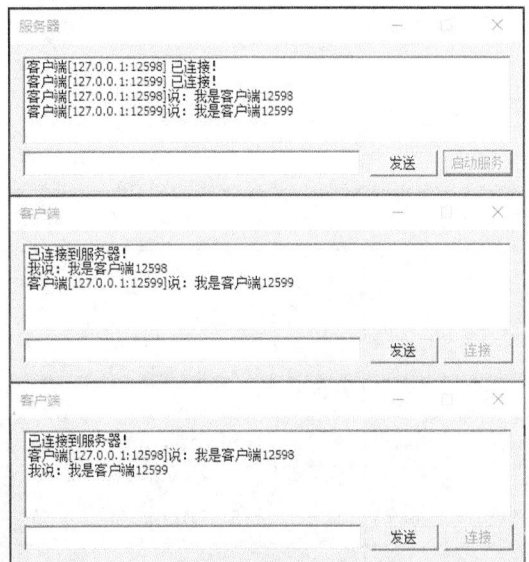

图 9.5

据通信套接字句柄从链表中查找一个节点等。为了使代码清晰可见，我们把这些功能放在一个单独的
头文件 SOCKETOBJ.h 中，代码如下：

```
#pragma once

// 套接字对象链表所用结构体
typedef struct _SOCKETOBJ
{
    SOCKET        m_socket;      // 通信套接字句柄
    CHAR          m_szIP[16];    // 客户端 IP
    USHORT        m_usPort;      // 客户端端口号
    _SOCKETOBJ    *m_pNext;      // 下一个套接字对象结构体指针
}SOCKETOBJ, *PSOCKETOBJ;

PSOCKETOBJ g_pSocketObjHeader;   // 套接字对象链表表头
int g_nTotalClient;              // 客户端总数量

CRITICAL_SECTION g_cs;           // 临界区对象，用于同步对套接字对象链表的操作

// 创建一个套接字对象
PSOCKETOBJ CreateSocketObj(SOCKET s)
{
    PSOCKETOBJ pSocketObj = new SOCKETOBJ;
    if (pSocketObj == NULL)
        return NULL;

    EnterCriticalSection(&g_cs);

    pSocketObj->m_socket = s;

    // 添加第一个节点
    if (g_pSocketObjHeader == NULL)
    {
        g_pSocketObjHeader = pSocketObj;
        g_pSocketObjHeader->m_pNext = NULL;
    }
    else
    {
        pSocketObj->m_pNext = g_pSocketObjHeader;
        g_pSocketObjHeader = pSocketObj;
    }

    g_nTotalClient++;

    LeaveCriticalSection(&g_cs);
    return pSocketObj;
}

// 释放一个套接字对象
VOID FreeSocketObj(PSOCKETOBJ pSocketObj)
```

```
{
    EnterCriticalSection(&g_cs);

    PSOCKETOBJ p = g_pSocketObjHeader;
    if (p == pSocketObj)     // 移除的是头节点
    {
        g_pSocketObjHeader = g_pSocketObjHeader->m_pNext;
    }
    else
    {
        while (p != NULL)
        {
            if (p->m_pNext == pSocketObj)
            {
                p->m_pNext = pSocketObj->m_pNext;
                break;
            }

            p = p->m_pNext;
        }
    }

    if (pSocketObj->m_socket != INVALID_SOCKET)
        closesocket(pSocketObj->m_socket);
    delete pSocketObj;

    g_nTotalClient--;

    LeaveCriticalSection(&g_cs);
}

// 根据套接字查找套接字对象
PSOCKETOBJ FindSocketObj(SOCKET s)
{
    EnterCriticalSection(&g_cs);

    PSOCKETOBJ pSocketObj = g_pSocketObjHeader;
    while (pSocketObj != NULL)
    {
        if (pSocketObj->m_socket == s)
        {
            LeaveCriticalSection(&g_cs);
            return pSocketObj;
        }

        pSocketObj = pSocketObj->m_pNext;
    }

    LeaveCriticalSection(&g_cs);
    return NULL;
}
```

```
// 释放所有套接字对象
VOID DeleteAllSocketObj()
{
    SOCKETOBJ socketObj;
    PSOCKETOBJ pSocketObj = g_pSocketObjHeader;

    while (pSocketObj != NULL)
    {
        socketObj = *pSocketObj;

        if (pSocketObj->m_socket != INVALID_SOCKET)
            closesocket(pSocketObj->m_socket);
        delete pSocketObj;

        pSocketObj = socketObj.m_pNext;
    }
}
```

因为是多线程操作同一个套接字对象链表，所以需要一个临界区对象进行线程同步；为了方便操作链表，需要一个链表头全局变量；为了记录在线客户端的总数量，需要一个 g_nTotalClient 全局变量。

1. 服务器端 Server.cpp

在初始化对话框时，初始化 WinSock 库，初始化临界区对象，获取一些常用对话框控件的窗口句柄，禁用"发送"按钮，OnInit 函数代码如下：

```
VOID OnInit(HWND hwndDlg)
{
    WSADATA wsa = { 0 };
    // 1. 初始化 WinSock 库
    if (WSAStartup(MAKEWORD(2, 2), &wsa) != 0)
    {
        MessageBox(g_hwnd, TEXT("初始化 WinSock 库失败! "), TEXT("WSAStartup Error"), MB_OK);
        return;
    }

    // 初始化临界区对象，用于同步对套接字对象的访问
    InitializeCriticalSection(&g_cs);

    g_hwnd = hwndDlg;
    g_hListContent = GetDlgItem(hwndDlg, IDC_LIST_CONTENT);
    g_hEditMsg = GetDlgItem(hwndDlg, IDC_EDIT_MSG);
    g_hBtnSend = GetDlgItem(hwndDlg, IDC_BTN_SEND);

    EnableWindow(g_hBtnSend, FALSE);

    return;
}
```

按下"启动服务"按钮时，操作与前一个示例基本相同，但是第 5 步需要创建一个新线程循环等待客户端的连接请求。

我们并没有调用 ioctlsocket 函数设置非阻塞模式，因为设置套接字为非阻塞模式后，发送和接收数据或者管理连接的 WinSock 调用将会立即返回，大多数情况下，这些函数调用会失败，调用 WSAGetLastError 出错代码是 WSAEWOULDBLOCK，这意味着请求的操作在调用期间没有完成，这就需要多次调用相同的函数，直到它返回成功为止，所以对本例来说设置为非阻塞模式没有意义。按下"启动服务"按钮的 OnStart 函数代码如下：

```
VOID OnStart()
{
    // 2. 创建用于监听所有客户端请求的套接字
    g_socketListen = socket(AF_INET, SOCK_STREAM, 0);
    if (g_socketListen == INVALID_SOCKET)
    {
        MessageBox(g_hwnd, TEXT("创建监听套接字失败! "), TEXT("socket Error"), MB_OK);
        WSACleanup();
        return;
    }

    // 3. 将监听套接字与指定的 IP 地址、端口号捆绑
    sockaddr_in sockAddr;
    sockAddr.sin_family = AF_INET;
    sockAddr.sin_port = htons(8000);
    sockAddr.sin_addr.S_un.S_addr = INADDR_ANY;
    if (bind(g_socketListen, (sockaddr*)&sockAddr, sizeof(sockAddr)) == SOCKET_ERROR)
    {
        MessageBox(g_hwnd, TEXT("将监听套接字与指定的 IP 地址、端口号捆绑失败! "),
            TEXT("bind Error"), MB_OK);
        closesocket(g_socketListen);
        WSACleanup();
        return;
    }

    // 4. 使监听套节字进入监听(等待被连接)状态
    if (listen(g_socketListen, SOMAXCONN) == SOCKET_ERROR)
    {
        MessageBox(g_hwnd, TEXT("使监听套节字进入监听(等待被连接)状态失败! "),
            TEXT("listen Error"), MB_OK);
        closesocket(g_socketListen);
        WSACleanup();
        return;
    }
    // 服务器监听中...
    MessageBox(g_hwnd, TEXT("服务器监听中..."), TEXT("服务启动成功"), MB_OK);
    EnableWindow(GetDlgItem(g_hwnd, IDC_BTN_START), FALSE);

    // 5. 创建一个新线程循环等待连接请求
    CloseHandle(CreateThread(NULL, 0, AcceptProc, NULL, 0, NULL));

    return;
}
```

　　线程函数 AcceptProc 循环等待客户端连接请求，接收到一个客户端连接后调用 CreateSocketObj 函数创建一个套接字对象节点，保存通信套接字句柄、客户端 IP 地址、端口号等，然后在服务器聊天内容区域显示"客户端[IP:端口]已连接!"，启用"发送"按钮，最后创建一个线程循环接收客户端发送的数据（把通信套接字句柄作为线程函数参数）。代码如下：

```
DWORD WINAPI AcceptProc(LPVOID lpParam)
{
    SOCKET socketAccept = INVALID_SOCKET;    // 通信套接字句柄
    sockaddr_in sockAddrClient;
    int nAddrlen = sizeof(sockaddr_in);
    CHAR szBuf[BUF_SIZE] = { 0 };

    while (TRUE)
    {
        socketAccept = accept(g_socketListen, (sockaddr*)&sockAddrClient, &nAddrlen);
        if (socketAccept == INVALID_SOCKET)
        {
            Sleep(100);
            continue;
        }

        // 6．接受客户的连接请求成功
        ZeroMemory(szBuf, BUF_SIZE);
        // 创建一个套接字对象，保存客户端 IP 地址、端口号
        PSOCKETOBJ pSocketObj = CreateSocketObj(socketAccept);
        inet_ntop(AF_INET, &sockAddrClient.sin_addr.S_un.S_addr,
            pSocketObj->m_szIP, _countof(pSocketObj->m_szIP));
        pSocketObj->m_usPort = ntohs(sockAddrClient.sin_port);
        wsprintf(szBuf, "客户端[%s:%d] 已连接! ", pSocketObj->m_szIP, pSocketObj-> m_usPort);
        SendMessage(g_hListContent, LB_ADDSTRING, 0, (LPARAM)szBuf);
        EnableWindow(g_hBtnSend, TRUE);

        // 创建线程，接收客户端数据
        CloseHandle(CreateThread(NULL, 0, RecvProc, (LPVOID)socketAccept, 0, NULL));
    }

    return 0;
}
```

　　线程函数 RecvProc 循环接收客户端发送的数据，利用传递过来的 lpParam 参数调用 FindSocketObj 函数获取该套接字对应的套接字对象，除在服务器聊天内容区域显示客户端发送过来的消息外，还需要把接收到的数据分发到每一个客户端。recv 函数返回值小于等于 0 就说明连接已关闭或出错，这时我们调用 FreeSocketObj 函数移除这个套接字对象，如果客户端在线数量等于 0，则禁用"发送"按钮：

```
DWORD WINAPI RecvProc(LPVOID lpParam)
{
    SOCKET socketAccept = (SOCKET)lpParam;
    PSOCKETOBJ pSocketObj = FindSocketObj(socketAccept);
    CHAR szBuf[BUF_SIZE] = { 0 };        // 接收数据缓冲区
```

```
CHAR szMsg[BUF_SIZE] = { 0 };
int nRet;                          // I/O 操作返回值
PSOCKETOBJ p;

while (TRUE)
{
    ZeroMemory(szBuf, BUF_SIZE);
    nRet = recv(socketAccept, szBuf, BUF_SIZE, 0);
    if (nRet > 0)    // 接收到客户端数据
    {
        ZeroMemory(szMsg, BUF_SIZE); // 组合为客户端[XXX.XXX.XXX.XXX:XXXX]说: ...
        wsprintf(szMsg, "客户端[%s:%d]说: %s", pSocketObj->m_szIP, pSocketObj->m_usPort, szBuf);
        SendMessage(g_hListContent, LB_ADDSTRING, 0, (LPARAM)szMsg);

        // 把接收到的数据分发到每一个客户端
        p = g_pSocketObjHeader;
        while (p != NULL)
        {
            if (p->m_socket != socketAccept)
                send(p->m_socket, szMsg, strlen(szMsg), 0);

            p = p->m_pNext;
        }
    }
    else           // 连接已关闭
    {
        ZeroMemory(szMsg, BUF_SIZE); // 组合为客户端[XXX.XXX.XXX.XXX:XXXX] 已退出!
        wsprintf(szMsg, "客户端[%s:%d] 已退出! ", pSocketObj->m_szIP, pSocketObj->m_usPort);
        SendMessage(g_hListContent, LB_ADDSTRING, 0, (LPARAM)szMsg);
        FreeSocketObj(pSocketObj);

        // 如果没有客户端在线, 则禁用发送按钮
        if (g_nTotalClient == 0)
            EnableWindow(g_hBtnSend, FALSE);

        return 0;
    }
}

return 0;
}
```

发送功能的实现比较简单, 把要发送的信息分发到每一个客户端即可, 代码如下:

```
VOID OnSend()
{
    CHAR szBuf[BUF_SIZE] = { 0 };
    CHAR szMsg[BUF_SIZE] = { 0 };

    GetWindowText(g_hEditMsg, szBuf, BUF_SIZE);
    wsprintf(szMsg, "服务器说: %s", szBuf);
```

```
    SendMessage(g_hListContent, LB_ADDSTRING, 0, (LPARAM)szMsg);
    SetWindowText(g_hEditMsg, "");

    // 向每一个客户端发送数据
    PSOCKETOBJ p = g_pSocketObjHeader;
    while (p != NULL)
    {
        send(p->m_socket, szMsg, strlen(szMsg), 0);

        p = p->m_pNext;
    }

    return;
}
```

2. 客户端 Client.cpp

客户端代码变化不大，代码如下，读者可以自行理解：

```
#include <winsock2.h>           // Winsock2 头文件
#include <ws2tcpip.h>           // inet_pton / inet_ntop 需要使用这个头文件
#include "resource.h"

#pragma comment(lib, "Ws2_32") // Winsock2 导入库

// 常量定义
const int BUF_SIZE = 4096;

// 全局变量
HWND g_hwnd;                   // 窗口句柄
HWND g_hListContent;           // 聊天内容列表框窗口句柄
HWND g_hEditMsg;               // 消息输入框窗口句柄
HWND g_hBtnSend;               // 发送按钮窗口句柄
HWND g_hBtnConnect;            // 连接按钮窗口句柄

SOCKET g_socketClient = INVALID_SOCKET; // 通信套接字句柄

// 函数声明
INT_PTR CALLBACK DialogProc(HWND hwndDlg, UINT uMsg, WPARAM wParam, LPARAM lParam);
// 对话框初始化
VOID OnInit(HWND hwndDlg);
// 按下连接按钮
VOID OnConnect();
// 按下发送按钮
VOID OnSend();
// 客户端接收数据的线程函数
DWORD WINAPI RecvProc(LPVOID lpParam);

int WINAPI WinMain(HINSTANCE hInstance, HINSTANCE hPrevInstance, LPSTR lpCmdLine, int nCmdShow)
{
    DialogBoxParam(hInstance, MAKEINTRESOURCE(IDD_CLIENT_DIALOG), NULL, DialogProc, NULL);
```

```
        return 0;
}


INT_PTR CALLBACK DialogProc(HWND hwndDlg, UINT uMsg, WPARAM wParam, LPARAM lParam)
{
    switch (uMsg)
    {
    case WM_INITDIALOG:
        OnInit(hwndDlg);
        return TRUE;

    case WM_COMMAND:
        switch (LOWORD(wParam))
        {
        case IDCANCEL:
            if (g_socketClient != INVALID_SOCKET)
                closesocket(g_socketClient);
            WSACleanup();
            EndDialog(hwndDlg, IDCANCEL);
            break;

        case IDC_BTN_CONNECT:
            OnConnect();
            break;

        case IDC_BTN_SEND:
            OnSend();
            break;
        }
        return TRUE;
    }

    return FALSE;
}


////////////////////////////////////////////////////////////////////////////
VOID OnInit(HWND hwndDlg)
{
    g_hwnd = hwndDlg;
    g_hListContent = GetDlgItem(hwndDlg, IDC_LIST_CONTENT);
    g_hEditMsg = GetDlgItem(hwndDlg, IDC_EDIT_MSG);
    g_hBtnSend = GetDlgItem(hwndDlg, IDC_BTN_SEND);
    g_hBtnConnect = GetDlgItem(hwndDlg, IDC_BTN_CONNECT);

    EnableWindow(g_hBtnSend, FALSE);

    return;
}

// 按下连接按钮
VOID OnConnect()
```

```
{
    WSADATA wsa = { 0 };
    sockaddr_in sockAddrServer;

    // 1. 初始化 WinSock 库
    if (WSAStartup(MAKEWORD(2, 2), &wsa) != 0)
    {
        MessageBox(g_hwnd, TEXT("初始化 WinSock 库失败! "), TEXT("WSAStartup Error"), MB_OK);
        return;
    }

    // 2. 创建与服务器的通信套接字
    g_socketClient = socket(AF_INET, SOCK_STREAM, 0);
    if (g_socketClient == INVALID_SOCKET)
    {
        MessageBox(g_hwnd, TEXT("创建与服务器的通信套接字失败! "), TEXT("socket Error"), MB_OK);
        WSACleanup();
        return;
    }

    // 3. 与服务器建立连接
    sockAddrServer.sin_family = AF_INET;
    sockAddrServer.sin_port = htons(8000);
    inet_pton(AF_INET, "127.0.0.1", &sockAddrServer.sin_addr.S_un.S_addr);
    if (connect(g_socketClient, (sockaddr*)&sockAddrServer, sizeof(sockAddrServer)) ==
SOCKET_ERROR)
    {
        MessageBox(g_hwnd, TEXT("与服务器建立连接失败! "), TEXT("connect Error"), MB_OK);
        closesocket(g_socketClient);
        WSACleanup();
        return;
    }

    // 4. 建立连接成功，收发数据
    SendMessage(g_hListContent, LB_ADDSTRING, 0, (LPARAM)"已连接到服务器! ");
    EnableWindow(g_hBtnConnect, FALSE);
    EnableWindow(g_hBtnSend, TRUE);

    // 创建线程，接收服务器数据
    CloseHandle(CreateThread(NULL, 0, RecvProc, NULL, 0, NULL));

    return;
}

// 按下发送按钮
VOID OnSend()
{
    CHAR szBuf[BUF_SIZE] = { 0 };
    CHAR szMsg[BUF_SIZE] = { 0 };
```

```
        GetWindowText(g_hEditMsg, szBuf, BUF_SIZE);
        wsprintf(szMsg, "我说: %s", szBuf);
        SendMessage(g_hListContent, LB_ADDSTRING, 0, (LPARAM)szMsg);

        send(g_socketClient, szBuf, strlen(szBuf), 0);

        SetWindowText(g_hEditMsg, "");

        return;
}

DWORD WINAPI RecvProc(LPVOID lpParam)
{
    CHAR szBuf[BUF_SIZE] = { 0 };
    int nRet;

    while (TRUE)
    {
        ZeroMemory(szBuf, BUF_SIZE);
        nRet = recv(g_socketClient, szBuf, BUF_SIZE, 0);
        if (nRet > 0)   // 收到服务器数据
        {
            SendMessage(g_hListContent, LB_ADDSTRING, 0, (LPARAM)szBuf);
        }
        else            // 与服务器的连接已关闭
        {
            SendMessage(g_hListContent, LB_ADDSTRING, 0, (LPARAM)"与服务器连接已关闭! ");
            EnableWindow(g_hBtnConnect, TRUE);
            EnableWindow(g_hBtnSend, FALSE);
            closesocket(g_socketClient);
            WSACleanup();

            return 0;
        }
    }

    return 0;
}
```

9.4.2   select 模型

select 模型（选择模型）是一个在 WinSock 中广泛使用的 I/O 模型，主要使用 select 函数来管理 I/O，可以同时对多个套接字进行管理，调用 select 函数可以获取指定套接字的状态，然后调用相关 WinSock API 函数实现对数据的 I/O 操作。

select 函数使用集合来表示管理的多个套接字，默认情况下套接字集合中可以包含 64 个套接字，最多可以设置的套接字数量为 1024 个，尽管 select 模型可以同时管理多个连接，但是对集合的管理比较烦琐，而且在每次发送和接收数据前，都需要调用 select 函数判断套接字的状态，这会给 CPU 带来额外的负担，从而影响程序的工作效率。

select 函数可以检查一个或多个套接字的状态：

```
int select(
    _In_    int                     nfds,        // 忽略，仅用于与伯克利套接字兼容
    _Inout_ fd_set                  *readfds,    // 指向一组套接字集合的指针，用于检查可读性
    _Inout_ fd_set                  *writefds,   // 指向一组套接字集合的指针，用于检查可写性
    _Inout_ fd_set                  *exceptfds,  // 指向一组套接字集合的指针，用于检查错误
    _In_    const struct timeval    *timeout);   // 函数等待的最大时间，设置为 NULL 表示无限期等待
```

如果函数执行成功，则返回发生网络事件的套接字句柄的总数；如果超过函数等待的最大时间，则返回 0；如果发生错误，则返回 SOCKET_ERROR，可以使用 WSAGetLastError 函数获取错误代码。

fd_set 结构可以把多个套接字连接在一起，形成一个套接字集合，select 函数可以测试这个集合中哪些套接字有网络事件发生。fd_set 结构在 WinSock2.h 头文件中定义：

```
typedef struct fd_set {
    u_int   fd_count;                       // 套接字句柄数目，即下面数组的大小
    SOCKET  fd_array[FD_SETSIZE];           // 套接字句柄数组
} fd_set;
```

在 WinSock2.h 头文件中定义了 4 个宏，用于操作和检查套接字集合如表 9.4 所示。

表 9.4

FD_CLR(s, *set)	从集合中删除套接字 s
FD_SET(s, *set)	把套接字 s 添加到集合中
FD_ISSET(s, *set)	如果套接字 s 是集合的一个成员，则返回非零值；否则返回 0
FD_ZERO(*set)	初始化套接字集合为空集合，集合在使用前应该总是清空

传递给 select 函数的 3 个 fd_set 结构中，一个是为了检查可读性（readfds），另一个是为了检查可写性（writefds），还有一个是为了检查异常或者错误（exceptfds）。

- 第 1 个参数 readfds 标识要检查可读性套接字的集合。如果套接字当前处于监听状态，一旦接收到连接请求，它就将被标记为可读的，从而保证在不阻塞的情况下完成 accept 调用。对于其他套接字，可读性意味着队列数据可以读取，从而保证对 recv、WSARecv、WSARecvFrom 或 recvfrom 的调用不会阻塞。对于面向连接的套接字，可读性还可以指示已经从对方接收到关闭套接字的请求。如果套接字发生以下网络事件，当 select 函数返回时，将会更新可读性套接字集合。
  - 如果 listen 已被调用，accept 调用正在挂起，接下来将完成 accept 调用。
  - 可以接收数据。
  - 连接已关闭/重置/终止。
- 第 2 个参数 writefds 标识要检查可写性套接字的集合。如果套接字正在处理一个 connect 调用（非阻塞），一旦连接建立成功完成，套接字是可写的。如果套接字没有处理 connect 调用，可写性意味着可以调用 send、sendto 或 WSASendto 进行发送。如果套接字发生以下网络事件，当 select 函数返回时，将会更新可写性套接字集合。
  - 如果处理 connect 调用（非阻塞），connect 已经成功。

- ◆ 可以发送数据。
- 第 3 个参数 exceptfds 标识要检查 OOB 数据是否存在的套接字，或发生任何异常错误的套接字。如果套接字发生以下网络事件，当 select 函数返回时，将会更新异常套接字集合。
  - ◆ 如果处理 connect 调用（非阻塞），connect 调用失败。
  - ◆ OOB 数据可用于读取。

  select 函数在返回时，会更新相应的 fd_set 套接字集合以反映套接字的读、写或异常状态，即为了检查套接字的可读性或可写性，在调用 select 函数前，我们需要把这些套接字分别添加到相关的集合中，select 函数在返回时会更新相关集合，把没有发生可读或可写网络事件的套接字从集合中移除，select 函数返回后会把原来的集合破坏，但是我们可以把原来的集合复制一份用于 select 函数调用。例如想要测试套接字 s 是否可读时，需要将它添加到 readfds 可读性集合中，然后复制一份 readfds 集合用于 select 函数调用，当 select 函数返回以后再检查套接字 s 是否仍然还在 readfds（复制的）集合中，在则说明 s 可读。3 个参数中的任意两个都可以是 NULL（至少要有一个不是 NULL），任何不是 NULL 的集合必须至少包含一个套接字句柄。

  常量 FD_SETSIZE 决定了集合中套接字的最大数目，FD_SETSIZE 的默认值为 64，可以通过在包含 WinSock2.h 头文件前将 FD_SETSIZE 定义为另一个值来修改，但是自定义的值也不能超过 WinSock 下层协议的限制（通常是 1024）。但是如果 FD_SETSIZE 的值设置得太大，服务器性能就会受到影响，例如假设有 1000 个套接字，在调用 select 函数前就需要将这 1000 个套接字添加到集合中，select 函数返回后，又必须检查这 1000 个套接字，有些耗时。
- 第 4 个参数 timeout 是一个 timeval 结构，指定 select 函数调用的超时时间。如果把 timeout 参数设置为 NULL，select 调用将无限期阻塞，直到至少有一个套接字满足指定的条件；如果 timeout 参数初始化为{0,0}，select 调用将立即返回，这种设置通常用于在一个循环中查询所选套接字的状态。timeval 结构在 WinSock2.h 头文件中定义如下：

```
struct timeval {
    long    tv_sec;      // 时间间隔，以秒为单位
    long    tv_usec;     // 时间间隔，以微秒为单位
};
```

下面使用 select 模型重写前面的 Server_Multiple 示例，与 Server_Multiple 项目相比，变化并不大，只是不需要循环接收客户端数据的 RecvProc 函数，而是把这个函数的代码整合到循环接受客户端连接的 AcceptProc 函数中。整个项目只有 AcceptProc 函数的代码有所改变，具体代码如下：

```
DWORD WINAPI AcceptProc(LPVOID lpParam)
{
    SOCKET socketAccept = INVALID_SOCKET;   // 通信套接字句柄
    sockaddr_in sockAddrClient;
    int nAddrlen = sizeof(sockaddr_in);
    CHAR szBuf[BUF_SIZE] = { 0 };
    CHAR szMsg[BUF_SIZE] = { 0 };
    fd_set fd;
    PSOCKETOBJ pSocketObj, p;
    int nRet;
```

```
// 1. 初始化一个可读性套节字集合 readfds，添加监听套接字句柄到这个集合
fd_set readfds;
FD_ZERO(&readfds);
FD_SET(g_socketListen, &readfds);

while (TRUE)
{
    // 复制一份套接字集合
    fd = readfds;
    // 2. 把 timeout 参数设置为 NULL，select 调用将无限期阻塞
    nRet = select(0, &fd, NULL, NULL, NULL);
    if (nRet <= 0)
        continue;

    // 3. 将原 readfds 集合与经过 select 函数处理过的 fd 集合比较
    for (UINT i = 0; i < readfds.fd_count; i++)
    {
        if (!FD_ISSET(readfds.fd_array[i], &fd))
            continue;

        if (readfds.fd_array[i] == g_socketListen) // 监听套接字，可读性表示需接受新连接
        {
            if (readfds.fd_count < FD_SETSIZE)
            {
                socketAccept = accept(g_socketListen, (sockaddr*)&sockAddrClient,&nAddrlen);
                if (socketAccept == INVALID_SOCKET)
                    continue;
                // 4. 把通信套接字添加到原 readfds 集合
                FD_SET(socketAccept, &readfds);

                // 接受客户的连接请求成功
                ZeroMemory(szBuf, BUF_SIZE);
                // 创建一个套接字对象，保存客户端 IP 地址、端口号
                pSocketObj = CreateSocketObj(socketAccept);
                inet_ntop(AF_INET, &sockAddrClient.sin_addr.S_un.S_addr,
                    pSocketObj->m_szIP, _countof(pSocketObj->m_szIP));
                pSocketObj->m_usPort = ntohs(sockAddrClient.sin_port);
                wsprintf(szBuf, "客户端[%s:%d] 已连接！",
                    pSocketObj->m_szIP, pSocketObj->m_usPort);
                SendMessage(g_hListContent, LB_ADDSTRING, 0, (LPARAM)szBuf);
                EnableWindow(g_hBtnSend, TRUE);
            }
            else
            {
                MessageBox(g_hwnd, TEXT("客户端连接数太多！"), TEXT("accept Error"), MB_OK);
                continue;
            }
        }
        else
```

```
        {
            pSocketObj = FindSocketObj(readfds.fd_array[i]);

            ZeroMemory(szBuf, BUF_SIZE);
            nRet = recv(pSocketObj->m_socket, szBuf, BUF_SIZE, 0);
            if (nRet > 0)                    // 通信套接字，接收到客户端数据
            {
                ZeroMemory(szMsg, BUF_SIZE);
                wsprintf(szMsg, "客户端[%s:%d]说: %s",
                    pSocketObj->m_szIP, pSocketObj->m_usPort, szBuf);
                SendMessage(g_hListContent, LB_ADDSTRING, 0, (LPARAM)szMsg);

                // 把接收到的数据分发到每一个客户端
                p = g_pSocketObjHeader;
                while (p != NULL)
                {
                    if (p->m_socket != pSocketObj->m_socket)
                        send(p->m_socket, szMsg, strlen(szMsg), 0);

                    p = p->m_pNext;
                }
            }
            else                                // 通信套接字，连接已关闭
            {
                ZeroMemory(szMsg, BUF_SIZE);
                wsprintf(szMsg, "客户端[%s:%d] 已退出! ",
                    pSocketObj->m_szIP, pSocketObj->m_usPort);
                SendMessage(g_hListContent, LB_ADDSTRING, 0, (LPARAM)szMsg);
                FD_CLR(readfds.fd_array[i], &readfds);
                FreeSocketObj(pSocketObj);

                // 如果没有客户端在线，则禁用发送按钮
                if (g_nTotalClient == 0)
                    EnableWindow(g_hBtnSend, FALSE);
            }
        }
    }   // for 循环
    }   // while 循环
}
```

　　使用 select 模型的好处是程序能够在单个线程内同时处理多个套接字连接，这就避免了阻塞模式下的线程膨胀问题。但是前面说过，添加到 fd_set 结构中的套接字数量是有限制的，在默认情况下，最大值是 FD_SETSIZE（64），最大可以设置为 1024 个。

　　select 模型的编程流程归纳如下。

　　（1）初始化一个可读性套节字集合 readfds，将监听套接字句柄添加到该集合中。

　　（2）把可读性套接字集合 readfds 复制一份为 fd，用于在 while 循环中不断调用 select 函数，select 函数返回后会把没有发生可读网络事件的套接字从 fd 集合中移除。

　　（3）将原 readfds 集合与经过 select 函数处理过的 fd 集合进行比较，确定哪些套接字发生了可读网络事件并进行处理。

（4）进行下一次 select 调用循环。

客户端代码没有变化。完整代码参见 Server_select 项目。

9.4.3　WSAAsyncSelect 模型

WSAAsyncSelect 模型又称为异步选择模型，允许应用程序以 Windows 消息的形式接收网络事件通知，它为每个套接字绑定一个消息，当在套接字上出现事先设置的事件时，操作系统会给应用程序发送一个消息，从而使应用程序可以对该事件做出相应的处理。

WSAAsyncSelect 模型的优点是在系统开销不大的情况下可以同时处理多个客户端连接，许多对性能要求不高的网络应用程序都采用 WSAAsyncSelect 模型，例如 Microsoft 基础类库（Microsoft Foundation Class，MFC）中的 CSocket 类，其缺点是，即使应用程序不需要窗口，也需要设计一个窗口用于处理套接字网络事件，而且在一个窗口中处理大量事件也会成为性能瓶颈。

WSAAsyncSelect 模型的核心函数是 WSAAsyncSelect，它可以通知指定的套接字有网络事件发生，函数原型如下：

```
int WSAAsyncSelect(
    _In_ SOCKET        s,        // 需要消息通知的套接字句柄
    _In_ HWND          hWnd,     // 当网络事件发生时，将接收消息的窗口
    _In_ unsigned int  wMsg,     // 当网络事件发生时，接收到的消息类型
    _In_ long          lEvent);  // 指定应用程序感兴趣的网络事件组合
```

函数在检测到由 lEvent 参数指定的任何网络事件发生时向窗口 hWnd 发送 wMsg 消息。如果函数执行成功，则返回值为 0；否则，返回值为 SOCKET_ERROR，可以通过调用 WSAGetLastError 函数获取错误代码。

调用本函数会自动将套接字设置为非阻塞模式。如果需要将套接字设置为阻塞模式，首先需要通过调用 WSAAsyncSelect 函数清除与套接字相关联的事件记录，其中 lEvent 参数设置为 0；然后通过调用 ioctlsocket 或 WSAIoctl 将套接字设置为阻塞模式。

lEvent 参数指定感兴趣的网络事件组合，可以指定的网络事件及含义如表 9.5 所示，如果需要指定多个，可以使用按位或运算符。

表 9.5

值	含义	事件发生时可以调用的函数
FD_READ	希望接收读就绪通知	recv、recvfrom、WSARecv 或 WSARecvFrom
FD_WRITE	希望接收写就绪通知	send、sendto、WSASend 或 WSASendTo
FD_ACCEPT	希望接收有连接接入通知	accept 或 WSAAccept
FD_CONNECT	希望接收连接完成通知	无
FD_CLOSE	希望接收套接字关闭通知	无
FD_OOB	希望接收带外数据到达通知	recv、recvfrom、WSARecv 或 WSARecvFrom
FD_QOS	希望接收套接字服务质量（QoS）更改通知	WSAIoctl（SIO_GET_QOS 命令）
FD_GROUP_QOS	希望接收套接字组服务质量（QoS）更改通知，该选项为保留选项	保留

续表

值	含义	事件发生时可以调用的函数
FD_ROUTING_ INTERFACE_CHANGE	希望接收指定目的地的路由接口更改通知	WSAIoctl（SIO_ROUTING_INTERFACE_ CHANGE 命令）
FD_ADDRESS_LIST_ CHANGE	希望接收套接字协议族的本地地址列表更改的 通知	WSAIoctl（SIO_ADDRESS_LIST_CHANGE 命令）

例如为了接收读写通知，必须同时使用 FD_READ 和 FD_WRITE：

```
WSAAsyncSelect(s, hWnd, wMsg, FD_READ | FD_WRITE);
```

对于同一个套接字，只能在同一个消息中处理不同的网络事件，而不能为不同的网络事件指定不同的消息，下面的代码达不到预期目的：

```
WSAAsyncSelect(s, hWnd, wMsg1, FD_READ);
WSAAsyncSelect(s, hWnd, wMsg2, FD_WRITE);
```

在上述代码中，第二次 WSAAsyncSelect 函数调用会覆盖第一次调用，即只能实现在发生写就绪网络事件时向窗口 hWnd 发送 wMsg2 消息。

要取消指定套接字的所有网络事件通知，可以把 lEvent 参数设置为 0：

```
WSAAsyncSelect(s, hWnd, 0, 0);
```

accept 函数返回的通信套接字具有与用于接收它的监听套接字相同的事件属性，因此，为监听套接字设置的网络事件也适用于接收的通信套接字。例如，如果为监听套接字设置了 FD_ACCEPT | FD_READ | FD_WRITE 网络事件通知，那么在该监听套接字上接收的任何通信套接字也都将具有 FD_ACCEPT | FD_READ | FD_WRITE 网络事件通知。如果需要在新的消息中处理通信套接字的网络事件，或者为通信套接字指定不同的网络事件通知，可以在接受连接后为通信套接字再次调用 WSAAsyncSelect 函数指定需要的消息类型与网络事件集合。

当在指定的套接字上发生了指定的网络事件之一时，应用程序窗口 hWnd 会接收到消息 wMsg。消息的 wParam 参数标识了发生网络事件的套接字句柄；lParam 参数的低位字指定已发生的网络事件，lParam 的高位字包含错误代码，可以使用 WSAGETSELECTERROR 和 WSAGETSELECTEVENT 宏从 lParam 中提取错误代码和事件代码，这些宏在 WinSock2.h 头文件中定义为如下形式：

```
#define WSAGETSELECTEVENT(lParam) LOWORD(lParam)
#define WSAGETSELECTERROR(lParam) HIWORD(lParam)
```

下面使用 WSAAsyncSelect 模型重写 Server_Multiple 示例。当在指定的套接字上发生了指定的网络事件之一时，应用程序窗口 hWnd 会接收到消息 wMsg，因此需要自定义一个消息类型：

```
const int WM_SOCKET = WM_APP + 1;
```

按下“启动服务”按钮时，创建监听套接字后，需要为监听套接字设置网络事件窗口消息通知，OnStart 函数代码如下：

```
VOID OnStart()
{
```

```
// 2. 创建用于监听所有客户端请求的套接字
g_socketListen = socket(AF_INET, SOCK_STREAM, 0);
if (g_socketListen == INVALID_SOCKET)
{
    MessageBox(g_hwnd, TEXT("创建监听套接字失败！"), TEXT("socket Error"), MB_OK);
    WSACleanup();
    return;
}

// 设置监听套接字为网络事件窗口消息通知
WSAAsyncSelect(g_socketListen, g_hwnd, WM_SOCKET, FD_ACCEPT/* | FD_CLOSE*/);

// 3. 将监听套接字与指定的 IP 地址、端口号捆绑
sockaddr_in sockAddr;
sockAddr.sin_family = AF_INET;
sockAddr.sin_port = htons(8000);
sockAddr.sin_addr.S_un.S_addr = INADDR_ANY;
if (bind(g_socketListen, (sockaddr*)&sockAddr, sizeof(sockAddr)) == SOCKET_ERROR)
{
    MessageBox(g_hwnd, TEXT("将监听套接字与指定的 IP 地址、端口号捆绑失败！"),
        TEXT("bind Error"), MB_OK);
    closesocket(g_socketListen);
    WSACleanup();
    return;
}

// 4. 使监听套节字进入监听(等待被连接)状态
if (listen(g_socketListen, SOMAXCONN) == SOCKET_ERROR)
{
    MessageBox(g_hwnd, TEXT("使监听套节字进入监听(等待被连接)状态失败！"),
        TEXT("listen Error"), MB_OK);
    closesocket(g_socketListen);
    WSACleanup();
    return;
}
// 服务器监听中...
MessageBox(g_hwnd, TEXT("服务器监听中..."), TEXT("服务启动成功"), MB_OK);
EnableWindow(GetDlgItem(g_hwnd, IDC_BTN_START), FALSE);

// 5. 创建一个新线程循环等待连接请求
// CloseHandle(CreateThread(NULL, 0, AcceptProc, NULL, 0, NULL));
}
```

不再需要创建新线程等待客户端连接请求，因为已经设置监听套接字为网络事件窗口消息通知，当有客户端连接请求时会收到 WM_SOCKET 消息，网络事件为 FD_ACCEPT，事件处理函数为 OnAccept。在 OnAccept 函数中，接受客户端连接请求，设置返回的通信套接字为网络事件窗口消息通知（FD_READ | FD_WRITE | FD_CLOSE）：

```
VOID OnAccept()
{
```

```
SOCKET socketAccept = INVALID_SOCKET;    // 通信套接字句柄
sockaddr_in sockAddrClient;
int nAddrlen = sizeof(sockaddr_in);

socketAccept = accept(g_socketListen, (sockaddr*)&sockAddrClient, &nAddrlen);
if (socketAccept == INVALID_SOCKET)
    return;

// 设置通信套接字为网络事件窗口消息通知类型
WSAAsyncSelect(socketAccept, g_hwnd, WM_SOCKET, FD_READ | FD_WRITE | FD_CLOSE);

// 6. 接受客户的连接请求成功
CHAR szBuf[BUF_SIZE] = { 0 };
PSOCKETOBJ pSocketObj = CreateSocketObj(socketAccept);
inet_ntop(AF_INET, &sockAddrClient.sin_addr.S_un.S_addr,
    pSocketObj->m_szIP, _countof(pSocketObj->m_szIP));
pSocketObj->m_usPort = ntohs(sockAddrClient.sin_port);

wsprintf(szBuf, "客户端[%s:%d] 已连接! ", pSocketObj->m_szIP, pSocketObj->m_usPort);
SendMessage(g_hListContent, LB_ADDSTRING, 0, (LPARAM)szBuf);
EnableWindow(g_hBtnSend, TRUE);
}
```

监听套接字和通信套接字都已经设置好网络事件，在 WM_SOCKET 消息中处理接受客户端连接 FD_ACCEPT、接收客户端数据 FD_READ、客户端连接关闭 FD_CLOSE 网络事件：

```
case WM_SOCKET:
    // wParam参数标识了发生网络事件的套接字句柄
    s = wParam;

    switch (WSAGETSELECTEVENT(lParam))
    {
    case FD_ACCEPT: // 接受客户端连接
        OnAccept();
        break;

    case FD_READ:   // 接收客户端数据
        OnRecv(s);
        break;

    case FD_WRITE:  // 发送数据，本例不需要处理，因为是按下发送按钮后才发送
        break;

    case FD_CLOSE: // 客户端连接关闭
        OnClose(s);
        break;
    }
    return TRUE;
```

接收客户端数据 FD_READ、客户端连接关闭 FD_CLOSE 网络事件的事件处理函数分别为 OnRecv 和 OnClose：

```
VOID OnRecv(SOCKET s)
{
    PSOCKETOBJ pSocketObj = FindSocketObj(s);
    CHAR szBuf[BUF_SIZE] = { 0 };
    int nRet;

    nRet = recv(pSocketObj->m_socket, szBuf, BUF_SIZE, 0);
    if (nRet > 0)
    {
        CHAR szMsg[BUF_SIZE] = { 0 };
        wsprintf(szMsg, "客户端[%s:%d]说: %s", pSocketObj->m_szIP, pSocketObj->m_usPort, szBuf);
        SendMessage(g_hListContent, LB_ADDSTRING, 0, (LPARAM)szMsg);

        // 把接收到的数据分发到每一个客户端
        PSOCKETOBJ p = g_pSocketObjHeader;
        while (p != NULL)
        {
            if (p->m_socket != pSocketObj->m_socket)
                send(p->m_socket, szMsg, strlen(szMsg), 0);

            p = p->m_pNext;
        }
    }
}

VOID OnClose(SOCKET s)
{
    PSOCKETOBJ pSocketObj = FindSocketObj(s);

    CHAR szBuf[BUF_SIZE] = { 0 };
    wsprintf(szBuf, "客户端[%s:%d] 已退出! ", pSocketObj->m_szIP, pSocketObj->m_usPort);
    SendMessage(g_hListContent, LB_ADDSTRING, 0, (LPARAM)szBuf);
    FreeSocketObj(pSocketObj);

    // 如果没有客户端在线, 则禁用发送按钮
    if (g_nTotalClient == 0)
        EnableWindow(g_hBtnSend, FALSE);
}
```

编译运行，提示"WSAAsyncSelect"：使用 WSAEventSelect() 代替或定义 _WINSOCK_DEPRECATED_
NO_WARNINGS 来禁用过时的 API 警告。

微软建议我们使用 WSAEventSelect 函数代替 WSAAsyncSelect，或者定义 _WINSOCK_DEPRECATED_
NO_WARNINGS 宏来禁止过时 API 警告，WSAEventSelect 是下一节的话题，我们按提示在源文件的开头
定义如下宏：

```
#define _WINSOCK_DEPRECATED_NO_WARNINGS
```

后期遇到类似错误提示，读者定义相关宏即可。重新编译运行，效果与 Server_Multiple 示例相同。
WSAAsyncSelect 模型的编程流程归纳如下。

（1）自定义网络事件通知消息类型 WM_SOCKET。

（2）设置监听套接字为网络事件窗口消息通知（主要是设置 FD_ACCEPT）。

（3）处理 FD_ACCEPT 网络事件接受客户端连接请求，设置返回的通信套接字为网络事件窗口消息通知（FD_READ | FD_WRITE | FD_CLOSE）。

（4）在 WM_SOCKET 消息中处理接受客户端连接 FD_ACCEPT、接收客户端数据 FD_READ、客户端连接关闭 FD_CLOSE 等网络事件。

客户端代码没有变化。完整代码参见 Server_WSAAsyncSelect 项目。

9.4.4　WSAEventSelect 模型

WSAEventSelect 模型又称为事件选择模型，它允许在多个套接字上接收网络事件通知，应用程序在创建套接字后，调用 WSAEventSelect 函数将事件对象与网络事件集合相关联，当网络事件发生时，应用程序以事件的形式接收网络事件通知。WSAEventSelect 模型与 WSAAsyncSelect 模型之间的主要区别是网络事件发生时系统通知应用程序的方式不同，WSAAsyncSelect 模型以消息形式通知应用程序，而 WSAEventSelect 模型则以事件形式进行通知。select 模型会主动获取指定套接字的状态，而 WSAEventSelect 模型和 WSAAsyncSelect 模型则会被动等待系统通知应用程序套接字的状态变化。

注意，在一个线程中 WSAEventSelect 模型每次最多只能等待 64 个事件，当套接字连接数量增加时，必须创建多个线程来处理 I/O 请求，这也是 WSAEventSelect 模型的不足之处。

WSAEventSelect 模型的核心函数是 WSAEventSelect，调用该函数，可以将一个事件对象与网络事件集合关联在一起，当有网络事件发生时，WinSock 使相应的事件对象触发，在该事件对象上的等待函数就会返回。通常做法是，首先调用 WSACreateEvent 函数创建一个事件对象，每一个套接字都需要创建一个事件对象，然后通过 WSAEventSelect 函数为某个套接字将网络事件组合与这个事件对象关联在一起，接下来调用 WSAWaitForMultipleEvents 循环等待网络事件的发生，最后调用 WSAEnumNetworkEvents 函数获取指定套接字发生的网络事件。

WSAEventSelect 函数原型如下：

```
int WSAEventSelect(
    _In_ SOCKET    s,                   // 需要事件通知的套接字句柄
    _In_ WSAEVENT hEventObject,         // 与下面的网络事件组合相关联的事件对象
    _In_ long     lNetworkEvents);      // 指定应用程序感兴趣的网络事件组合
```

如果函数执行成功，即网络事件与事件对象关联成功，则返回值为 0，否则返回值为 SOCKET_ERROR，可以通过调用 WSAGetLastError 函数获取错误代码。

调用本函数会自动将套接字设置为非阻塞模式。如果需要将套接字设置为阻塞模式，首先通过调用 WSAEventSelect 函数清除与套接字相关联的事件记录，其中 lNetworkEvents 参数设置为 0，hEventObject 参数设置为 NULL；然后通过调用 ioctlsocket 或 WSAIoctl 将套接字设置为阻塞模式。

lNetworkEvents 参数指定应用程序感兴趣的网络事件组合，其取值范围与 WSAAsyncSelect 函数的 lEvent 参数相同。例如，为了将事件对象与读写网络事件相关联，可以使用 FD_READ | FD_WRITE 调用 WSAEventSelect，如下所示：

```
WSAEventSelect(s, hEventObject, FD_READ | FD_WRITE);
```

对于同一个套接字，无法为不同的网络事件指定不同的事件对象，下面的代码无法达到预期效果：

```
WSAEventSelect(s, hEventObject1, FD_READ);
WSAEventSelect(s, hEventObject2, FD_WRITE);
```

第 2 个 WSAEventSelect 函数调用将取消第 1 个调用的效果，即只有 FD_WRITE 网络事件将与 hEventObject2 事件对象关联。常规做法是一个套接字对应一个事件对象和多个网络事件。

要取消指定套接字上网络事件的关联，lNetworkEvents 参数应设置为 0，hEventObject 参数会被忽略：

```
WSAEventSelect(s, hEventObject, 0);
```

调用 accept 函数返回的通信套接字具有与用于接受它的监听套接字相同的属性，因此，为监听套接字关联的网络事件也适用于接受的通信套接字。例如，如果监听套接字具有 hEventObject 事件对象与 FD_ACCEPT | FD_READ | FD_WRITE 网络事件的关联，那么在该监听套接字上接受的任何通信套接字也将具有与同一事件对象 hEventObject 关联的 FD_ACCEPT | FD_READ | FD_WRITE 网络事件。如果需要不同的 hEventObject 或网络事件，可以在接受连接后为通信套接字再次调用 WSAEventSelect 函数，指定需要的事件对象或网络事件集合。

调用 WSAEventSelect 函数把事件对象与网络事件集合关联在一起后，应用程序可以使用 WSAWaitForMultipleEvents 等待事件对象触发。下面介绍相关函数。

1. 事件对象相关函数

调用 WSAEventSelect 函数前，需要创建一个事件对象，WSACreateEvent 函数可以实现这个功能，函数原型如下：

```
WSAEVENT WSACreateEvent(void);
```

如果没有发生错误，则 WSACreateEvent 将返回事件对象的句柄；否则，返回值是 WSA_INVALID_EVENT(NULL)，可以调用 WSAGetLastError 函数获取错误代码。WSACreateEvent 函数创建一个初始状态为未触发的手动重置事件对象，子进程不能继承返回的事件对象句柄，事件对象是未命名的。如果程序希望使用自动重置事件而不是手动重置事件，则可以使用 CreateEvent 函数。

当有网络事件发生时，与套接字 s 相关联的事件对象 hEventObject 从未触发状态变成已触发状态。调用 WSAResetEvent 函数可以将事件对象从已触发状态重置为未触发状态，函数原型如下：

```
BOOL WSAResetEvent(_In_ WSAEVENT hEvent);    // 事件对象句柄
```

调用 WSASetEvent 函数可以将指定的事件对象设置为已触发状态，函数原型如下：

```
BOOL WSASetEvent(_In_ WSAEVENT hEvent);    // 事件对象句柄
```

当不再需要事件对象时需要调用 WSACloseEvent 函数关闭事件对象句柄，释放事件对象占用的资源，函数原型如下：

```
BOOL WSACloseEvent(_In_ WSAEVENT hEvent);    // 事件对象句柄
```

2. WSAWaitForMultipleEvents

调用 WSAEventSelect 函数将事件对象与网络事件集合关联在一起后，程序需要等待网络事件的发生，然后对网络事件进行处理。调用 WSAWaitForMultipleEvents 函数后，函数处于等待状态，直到指定的一个或全部事件对象已触发或超时时间已过或当 I/O 完成例程已执行时返回，函数原型如下：

```
DWORD WSAWaitForMultipleEvents(
    _In_        DWORD         cEvents,      // 下面数组中事件对象句柄的数量
    _In_  const WSAEVENT      *lphEvents,   // 指向事件对象句柄数组的指针
    _In_        BOOL          fWaitAll,     // 是否等待所有事件对象变为触发状态
    _In_        DWORD         dwTimeout,    // 超时时间，以毫秒为单位
    _In_        BOOL          fAlertable);  // 当系统将一个 I/O 完成例程放入队列执行时，该函数是否返回
```

- cEvents 参数指定 lphEvents 数组中事件对象句柄的数量，需要注意的是，事件对象句柄的最大数量是 WSA_MAXIMUM_WAIT_EVENTS(64)。
- fWaitAll 参数指定是否等待数组中所有的事件对象都变成触发状态。如果设置为 TRUE，则当 lphEvents 数组中所有事件对象的状态变为已触发状态时，函数才返回；如果设置为 FALSE，则当 lphEvents 数组中任何一个事件对象的状态变为已触发状态时，函数就返回。在第一种情况下说明全部事件对象变为已触发，返回值减去 WSA_WAIT_EVENT_0 指示事件对象在数组中的索引，但是因为返回值只有一个，所以该索引是所有已触发事件对象中最小的一个，也就是事件对象数组中靠前的一个数组元素的索引；在后面的情况下，同样返回值减去 WSA_WAIT_EVENT_0 就是事件对象在数组中的索引。
- dwTimeout 参数指定超时时间，以毫秒为单位。如果超时时间已过，则即使不满足 fWaitAll 参数指定的条件，函数也会返回；如果 dwTimeout 参数指定为 0，则函数在测试指定事件对象的状态后立即返回；如果 dwTimeout 参数指定为 WSA_INFINITE，则函数将永远等待，即超时时间永不过期。
- fAlertable 参数指定当系统将一个 I/O 完成例程放入队列以供执行时，函数是否返回。如果指定为 TRUE，则线程处于可通知的等待状态，并且 WSAWaitForMultipleEvents 函数可以在系统执行 I/O 完成例程时返回，在这种情况下函数返回值为 WSA_WAIT_IO_COMPLETION，此时等待的事件对象还没有被触发，程序必须再次调用 WSAWaitForMultipleEvents 函数；如果指定为 FALSE，则线程处于不通知的等待状态，并且不执行 I/O 完成例程。

如果 WSAWaitForMultipleEvents 函数执行成功，则返回值是表 9.6 所示的值之一。

表 9.6

返回值	含义
WSA_WAIT_EVENT_0 到（WSA_WAIT_EVENT_0 + cEvents − 1）	详见对 fWaitAll 参数的描述
WSA_WAIT_IO_COMPLETION	详见对 fAlertable 参数的描述
WSA_WAIT_TIMEOUT	超时时间已过，并且 fWaitAll 参数指定的条件不满足

如果 WSAWaitForMultipleEvents 函数执行失败，则返回值为 WSA_WAIT_FAILED。

3. WSAEnumNetworkEvents

WSAEnumNetworkEvents 函数用于检查指定的套接字发生了哪些网络事件，函数原型如下：

```
int WSAEnumNetworkEvents(
    _In_  SOCKET        s,            // 套接字句柄
```

```
    _In_    WSAEVENT            hEventObject,       // 事件对象句柄
    _Out_  LPWSANETWORKEVENTS lpNetworkEvents);    // 指向 WSANETWORKEVENTS 结构的指针
```

- hEventObject 参数指定事件对象句柄，如果该参数设置为 NULL 表示不重置事件对象，如果指定了 hEventObject 参数，函数执行后会把 hEventObject 事件对象重置为未触发状态。
- lpNetworkEvents 参数是一个指向 WSANETWORKEVENTS 结构的指针，函数会在该结构中填充发生的网络事件和相关的错误代码，该结构在 WinSock2.h 头文件中定义：

```
typedef struct _WSANETWORKEVENTS {
    long lNetworkEvents;                    // 发生了哪些 FD_XXX 网络事件
    int iErrorCode[FD_MAX_EVENTS];          // 相关错误代码的数组
} WSANETWORKEVENTS, FAR * LPWSANETWORKEVENTS;
```

iErrorCode 字段是包含相关错误代码的数组，具有与 lNetworkEvents 字段中的网络事件位相同的索引，可用于该数组的索引包括 FD_READ_BIT、FD_WRITE_BIT 等，关于 iErrorCode 字段错误代码的具体含义参见 MSDN 对 WSAEnumNetworkEvents 函数的说明。

如果函数执行成功，则返回值为 0 否则返回值为 SOCKET_ERROR，可以通过调用 WSAGetLastError 函数获取错误代码。

下面使用 WSAEventSelect 模型重写前面的 Server_Multiple 示例。因为需要调用 WSAWaitForMultipleEvents 函数在所有事件对象上等待网络事件，所以需要一个表示所有事件对象句柄的数组作为函数参数；并确定该事件对象对应的是哪一个套接字，因此也需要一个表示所有套接字句柄的数组（包括监听套接字），这两个数组的索引是一一对应的；另外需要一个表示所有事件对象句柄总数的全局变量。

```
WSAEVENT g_eventArray[WSA_MAXIMUM_WAIT_EVENTS]; // 所有事件对象句柄数组
SOCKET g_socketArray[WSA_MAXIMUM_WAIT_EVENTS];  // 所有套接字句柄数组
int g_nTotalEvent;                              // 所有事件对象句柄总数
```

按下"启动服务"按钮后调用 OnStart 函数，创建监听套接字，创建事件对象，为监听套接字把该事件对象与一些网络事件（主要是 FD_ACCEPT）相关联，然后把事件对象和监听套接字句柄放入相关数组中；接下来创建一个新线程，在所有事件对象上循环等待网络事件。OnStart 函数代码如下：

```
VOID OnStart()
{
    // 2．创建用于监听所有客户端请求的套接字
    g_socketListen = socket(AF_INET, SOCK_STREAM, 0);
    if (g_socketListen == INVALID_SOCKET)
    {
        MessageBox(g_hwnd, TEXT("创建监听套接字失败！"), TEXT("socket Error"), MB_OK);
        WSACleanup();
        return;
    }

    // 创建事件对象，为监听套接字把该事件对象与一些网络事件相关联
    WSAEVENT hEvent = WSACreateEvent();
    WSAEventSelect(g_socketListen, hEvent, FD_ACCEPT/* | FD_CLOSE*/);
    // 把事件对象和监听套接字放入相关数组中
    g_eventArray[g_nTotalEvent] = hEvent;
```

```
g_socketArray[g_nTotalEvent] = g_socketListen;
g_nTotalEvent++;

// 3. 将监听套接字与指定的 IP 地址、端口号捆绑
sockaddr_in sockAddr;
sockAddr.sin_family = AF_INET;
sockAddr.sin_port = htons(8000);
sockAddr.sin_addr.S_un.S_addr = INADDR_ANY;
if (bind(g_socketListen, (sockaddr*)&sockAddr, sizeof(sockAddr)) == SOCKET_ERROR)
{
    MessageBox(g_hwnd, TEXT("将监听套接字与指定的 IP 地址、端口号捆绑失败！"),
        TEXT("bind Error"), MB_OK);
    closesocket(g_socketListen);
    WSACleanup();
    return;
}

// 4. 使监听套节字进入监听(等待被连接)状态
if (listen(g_socketListen, SOMAXCONN) == SOCKET_ERROR)
{
    MessageBox(g_hwnd, TEXT("使监听套节字进入监听(等待被连接)状态失败！"),
        TEXT("listen Error"), MB_OK);
    closesocket(g_socketListen);
    WSACleanup();
    return;
}
// 服务器监听中...
MessageBox(g_hwnd, TEXT("服务器监听中..."), TEXT("服务启动成功"), MB_OK);
EnableWindow(GetDlgItem(g_hwnd, IDC_BTN_START), FALSE);

// 创建一个新线程在所有事件对象上循环等待网络事件
CloseHandle(CreateThread(NULL, 0, WaitProc, NULL, 0, NULL));
}
```

WaitProc 函数用于在所有事件对象上循环等待网络事件，在处理接受客户端连接的 FD_ACCEPT 网络事件时，需要创建一个事件对象，为通信套接字把该事件对象与一些网络事件（FD_READ | FD_WRITE | FD_CLOSE）相关联，然后把事件对象和通信套接字句柄放入相关数组中；处理接收客户端数据的 FD_READ 网络事件，并处理客户端连接关闭的 FD_CLOSE 网络事件，在处理 FD_CLOSE 事件时，需要更新事件对象、套接字句柄数组：

```
DWORD WINAPI WaitProc(LPVOID lpParam)
{
    SOCKET socketAccept = INVALID_SOCKET;    // 通信套接字句柄
    sockaddr_in sockAddrClient;
    int nAddrlen = sizeof(sockaddr_in);
    int nIndex;                              // WSAWaitForMultipleEvents 返回值
    WSANETWORKEVENTS networkEvents;          // WSAEnumNetworkEvents 函数使用的结构
    WSAEVENT hEvent;
    PSOCKETOBJ pSocketObj;
```

```
int nRet;                              // I/O 操作返回值
CHAR szBuf[BUF_SIZE] = { 0 };
CHAR szMsg[BUF_SIZE] = { 0 };

while (TRUE)
{
    // 在所有事件对象上等待，有任何一个事件对象触发，函数就返回
    nIndex = WSAWaitForMultipleEvents(g_nTotalEvent, g_eventArray, FALSE, WSA_INFINITE, FALSE);
    nIndex = nIndex - WSA_WAIT_EVENT_0;

    // 查看触发的事件对象对应的套接字发生了哪些网络事件
    WSAEnumNetworkEvents(g_socketArray[nIndex], g_eventArray[nIndex], &networkEvents);
    // 接受客户端连接 FD_ACCEPT 网络事件
    if (networkEvents.lNetworkEvents & FD_ACCEPT)
    {
        if (g_nTotalEvent > WSA_MAXIMUM_WAIT_EVENTS)
        {
            MessageBox(g_hwnd, TEXT("客户端连接数太多! "), TEXT("accept Error"), MB_OK);
            continue;
        }

        socketAccept = accept(g_socketListen, (sockaddr*)&sockAddrClient, &nAddrlen);
        if (socketAccept == INVALID_SOCKET)
        {
            Sleep(100);
            continue;
        }

        // 5. 接受客户的连接请求成功
        // 创建事件对象，为通信套接字把该事件对象与一些网络事件相关联
        hEvent = WSACreateEvent();
        WSAEventSelect(socketAccept, hEvent, FD_READ | FD_WRITE | FD_CLOSE);
        // 把事件对象和通信套接字放入相关数组中
        g_eventArray[g_nTotalEvent] = hEvent;
        g_socketArray[g_nTotalEvent] = socketAccept;
        g_nTotalEvent++;

        ZeroMemory(szBuf, BUF_SIZE);
        // 创建一个套接字对象，保存客户端 IP 地址、端口号
        PSOCKETOBJ pSocketObj = CreateSocketObj(socketAccept);
        inet_ntop(AF_INET, &sockAddrClient.sin_addr.S_un.S_addr,
            pSocketObj->m_szIP, _countof(pSocketObj->m_szIP));
        pSocketObj->m_usPort = ntohs(sockAddrClient.sin_port);
        wsprintf(szBuf, "客户端[%s:%d] 已连接! ",
            pSocketObj->m_szIP, pSocketObj->m_usPort);
        SendMessage(g_hListContent, LB_ADDSTRING, 0, (LPARAM)szBuf);
        EnableWindow(g_hBtnSend, TRUE);
    }
    // 接收客户端数据 FD_READ 网络事件
    else if (networkEvents.lNetworkEvents & FD_READ)
```

```
        {
            pSocketObj = FindSocketObj(g_socketArray[nIndex]);
            ZeroMemory(szBuf, BUF_SIZE);
            nRet = recv(g_socketArray[nIndex], szBuf, BUF_SIZE, 0);
            if (nRet > 0)   // 接收到客户端数据
            {
                ZeroMemory(szMsg, BUF_SIZE);
                wsprintf(szMsg, "客户端[%s:%d]说: %s",
                    pSocketObj->m_szIP, pSocketObj->m_usPort, szBuf);
                SendMessage(g_hListContent, LB_ADDSTRING, 0, (LPARAM)szMsg);

                // 把接收到的数据分发到每一个客户端
                PSOCKETOBJ p = g_pSocketObjHeader;
                while (p != NULL)
                {
                    if (p->m_socket != g_socketArray[nIndex])
                        send(p->m_socket, szMsg, strlen(szMsg), 0);

                    p = p->m_pNext;
                }
            }
        }
        // 发送数据 FD_WRITE 网络事件, 本例不需要处理, 因为按下发送按钮才发送
        else if (networkEvents.lNetworkEvents & FD_WRITE)
        {
        }
        // 客户端连接关闭 FD_CLOSE 网络事件
        else if (networkEvents.lNetworkEvents & FD_CLOSE)
        {
            ZeroMemory(szMsg, BUF_SIZE);
            pSocketObj = FindSocketObj(g_socketArray[nIndex]);
            wsprintf(szMsg, "客户端[%s:%d] 已退出! ", pSocketObj->m_szIP, pSocketObj->m_usPort);
            SendMessage(g_hListContent, LB_ADDSTRING, 0, (LPARAM)szMsg);
            FreeSocketObj(pSocketObj);

            // 更新事件对象、套接字数组
            for (int j = nIndex; j < g_nTotalEvent - 1; j++)
            {
                g_eventArray[j] = g_eventArray[j + 1];
                g_socketArray[j] = g_socketArray[j + 1];
            }
            g_nTotalEvent--;

            // 如果没有客户端在线了, 禁用发送按钮
            if (g_nTotalClient == 0)
                EnableWindow(g_hBtnSend, FALSE);
        }
    }
}
```

WSAAsyncSelect 模型的编程流程归纳如下。

（1）创建一个事件对象句柄数组和一个套接字句柄数组。

（2）每创建一个套接字，就创建一个事件对象，将它们的句柄分别放入上面两个数组中，并调用 WSAEventSelect 函数关联套接字与事件对象。

（3）调用 WSAWaitForMultipleEvents 函数在所有事件对象上循环等待被触发，该函数返回后，调用 WSAEnumNetworkEvents 函数查看触发的事件对象对应的套接字发生了哪些网络事件。

（4）处理发生的网络事件，继续在事件对象上等待。

客户端代码没有变化。完整代码参见 Server_WSAEventSelect 项目。

9.4.5　Overlapped 模型

Overlapped 模型又称为重叠模型，重叠模型是真正意义上的异步 I/O 模型，重叠 I/O 提供了更好的系统性能，其基本设计原理是允许应用程序使用重叠数据结构（OVERLAPPED）一次投递多个 I/O 请求。在程序中调用 I/O 函数后，函数将立即返回，当 I/O 操作完成后，系统会通知应用程序。对需要很长时间才能完成的操作来说，重叠 I/O 机制尤其有用，因为发起重叠 I/O 操作的线程在重叠 I/O 请求发出后可以自由执行其他操作。

系统通知应用程序 I/O 操作已完成的方式有两种，即事件通知和完成例程。事件通知方式即通过事件来通知应用程序 I/O 操作已完成，而完成例程则指定应用程序在完成 I/O 操作后自动调用一个事先定义的回调函数。

重叠 I/O 模型主要使用以下函数。

（1）WSASocket 函数：用于创建套接字。

（2）AcceptEx 函数：用于接受客户端连接。

（3）WSASend 和 WSASendTo 函数：用于发送数据。

（4）WSARecv 和 WSARecvFrom 函数：用于接收数据。

（5）WSAGetOverlappedResult 函数，用于获取重叠操作结果。

大部分 WinSock 函数的命名全部是小写字母，如 socket、accept、closesocket、ntohs 等，因为这些函数名称源于 UNIX 套接字，而 UNIX 套接字中的函数命名就是全部小写。WinSock 接口中由 Windows 系统扩展的函数使用的是标准的 Windows API 命名方式，如 WSAStartup 和 WSACleanup 等，从这里也可以看出哪些函数是 WinSock 接口特有的扩展函数。本节内容有点复杂，需要读者仔细阅读，以加强理解。

1. WSASocket 函数

WSASocket 函数用于创建一个重叠套接字：

```
SOCKET WSASocket(
    _In_ int              af,               // 地址家族(即地址格式)
    _In_ int              type,             // 指定套接字的类型
    _In_ int              protocol,         // 配合 type 参数使用，指定协议类型
    _In_ LPWSAPROTOCOL_INFO lpProtocolInfo, // 指向 WSAPROTOCOL_INFO 结构的指针，可以设置为 NULL
    _In_ GROUP            g,                // 保留给未来使用的套接字组
    _In_ DWORD            dwFlags);         // 指定套接字属性的一组标志
```

- 前 3 个参数的含义与 socket 函数相同。
- 第 4 个参数 lpProtocolInfo 是一个指向 WSAPROTOCOL_INFO 结构的指针，该结构定义要创建的套接字的特征，可以设置为 NULL。
- 第 6 个参数 dwFlags 是指定套接字属性的一组标志。在重叠 I/O 模型中，dwFlags 参数需要设置为 WSA_FLAG_OVERLAPPED，这样就可以创建一个重叠套接字。重叠套接字可以使用 WSASend、WSASendTo、WSARecv、WSARecvFrom 和 WSAIoctl 等函数进行重叠 I/O 操作，允许同时启动和处理多个 I/O 操作。

  如果 dwFlags 参数设置为 NULL，WSASocket 会创建没有重叠属性的套接字。实际上也可以使用 socket 函数，socket 函数创建的套接字默认具有重叠属性。

  例如，下面的代码创建了一个支持重叠 I/O 的套接字：

```
WSASocket(AF_INET, SOCK_STREAM, IPPROTO_TCP, NULL, 0, WSA_FLAG_OVERLAPPED);
```

　　如果函数执行成功，则返回新套接字的句柄，否则返回 INVALID_SOCKET，可以通过调用 WSAGetLastError 函数获取错误代码。

2. AcceptEx 函数

　　AcceptEx 函数接受一个客户端连接，返回本地和远程地址，并接收客户端程序发送的第一块数据。AcceptEx 函数将几个套接字函数的功能组合在一块完成，函数成功时执行 3 个任务。

（1）接受新的连接。

（2）返回服务器的本地地址和客户端的远程地址。

（3）接收由远程客户端发送的第一块数据。

　　AcceptEx 函数可以用相对较少的线程为大量客户机提供服务，与所有重叠 Windows 函数一样，可以使用事件对象或完成端口作为完成通知机制。AcceptEx 函数在头文件 Mswsock.h 中定义，所需导入库文件为 Mswsock.lib：

```
BOOL AcceptEx(
    _In_  SOCKET        sListenSocket,       // 监听套接字句柄
    _In_  SOCKET        sAcceptSocket,       // 通信套接字句柄
    _In_  PVOID         lpOutputBuffer,      // 本函数所返回信息的缓冲区
    _In_  DWORD         dwReceiveDataLength, // lpOutputBuffer 缓冲区中第一块数据缓冲区的字节数
    _In_  DWORD         dwLocalAddressLength, // lpOutputBuffer 缓冲区中为本地地址信息保留的字节数
    _In_  DWORD         dwRemoteAddressLength, // lpOutputBuffer 缓冲区中为远程地址信息保留的字节数
    _Out_ LPDWORD       lpdwBytesReceived,   // 实际接收到的第一块数据的字节数
    _In_  LPOVERLAPPED  lpOverlapped);       // 用于处理请求的 OVERLAPPED 结构
```

- 第 1 个参数 sListenSocket 指定监听套接字，程序在这个套接字上等待客户端连接。
- 第 2 个参数 sAcceptSocket 指定一个还没有被绑定或连接的套接字，程序在这个套接字上接受新的连接，sAcceptSocket 指定的套接字是使用 socket 或 WSASocket 函数事先创建的。
- 第 3 个参数 lpOutputBuffer 是一个指向缓冲区的指针，该缓冲区接收在新连接上发送的第一块数据、服务器的本地地址和客户端的远程地址，该参数不能为 NULL。
- 第 4 个参数 dwReceiveDataLength 指定上面的缓冲区中用于接收第一块数据部分的大小，不包括服务器的本地地址和客户端的远程地址。如果该参数为 0，则接受连接时不会接收第一块数据。

程序可以利用接受连接时传递过来的第一块数据执行一些额外的操作，例如假设客户端登录需要用户名和密码，客户端可以利用这个机会把用户名和密码传递过来，服务器收到数据后，可以检查用户名和密码是否正确，如果用户名和密码不符合要求，可以立即关闭通信套接字（客户端需要使用 ConnectEx 函数）。

- 第 5 个参数 dwLocalAddressLength 是为本地地址信息保留的字节数，该参数值必须至少比正在使用的传输协议的最大地址长度多 16 字节。
- 第 6 个参数 dwRemoteAddressLength 是为远程地址信息保留的字节数，该参数值必须至少比正在使用的传输协议的最大地址长度多 16 字节，不能为 0。
  本地和远程地址的缓冲区大小必须比正在使用的传输协议的 sockaddr 结构的大小多 16 字节，例如 sockaddr_in 的大小是 16 字节，因此必须为本地和远程地址分别指定至少 32 字节的缓冲区大小。
- 第 7 个参数 lpdwBytesReceived 是一个指向 DWORD 类型的指针，用于返回实际接收到的字节数，该参数只有在同步模式下有意义。如果函数返回 ERROR_IO_PENDING 并延迟完成操作，则该参数没有意义，这时必须通过完成通知机制来获取实际接收到的字节数。
- 第 8 个参数 lpOverlapped 是用于处理请求的 OVERLAPPED 结构，必须指定该参数，不能为 NULL。

如果没有发生错误，则 AcceptEx 函数成功完成，并返回 TRUE 值；如果函数执行失败，则 AcceptEx 返回 FALSE，可以通过调用 WSAGetLastError 函数来获取错误代码。如果 WSAGetLastError 返回 ERROR_IO_PENDING，则说明操作已成功启动，但仍在进行中；如果返回 WSAECONNRESET，则说明连接请求已经传入，但随后由远程客户端在接收函数调用前终止。

AcceptEx 函数在 Mswsock.dll 文件中导出，导入库文件为 Mswsock.lib，考虑到移植性，AcceptEx 函数的函数指针可以在运行时通过调用 WSAIoctl 函数（指定 SIO_GET_EXTENSION_FUNCTION_POINTER 操作码）来动态获得，传递给 WSAIoctl 函数的输入缓冲区必须包含 WSAID_ACCEPTEX，这是一个全局唯一标识符（GUID），其值标识 AcceptEx 函数。WSAIoctl 函数执行成功时，返回的输出缓冲区中包含指向 AcceptEx 函数的指针：

```
int WSAIoctl(
    _In_  SOCKET              s,                // 套接字句柄
    _In_  DWORD               dwIoControlCode,  // 要执行的操作控制代码
    _In_  LPVOID              lpvInBuffer,      // 指向输入缓冲区的指针
    _In_  DWORD               cbInBuffer,       // 输入缓冲区的大小，以字节为单位
    _Out_ LPVOID              lpvOutBuffer,     // 指向输出缓冲区的指针
    _In_  DWORD               cbOutBuffer,      // 输出缓冲区的大小，以字节为单位
    _Out_ LPDWORD             lpcbBytesReturned,// 指向实际输出字节数的指针，可以设置为 NULL
    _In_  LPWSAOVERLAPPED     lpOverlapped,     // 指向 WSAOVERLAPPED 结构的指针，可以设置为 NULL
    _In_  LPWSAOVERLAPPED_COMPLETION_ROUTINE lpCompletionRoutine);// 操作完成时调用的完成例程
```

如果函数执行成功，则返回值为 0，否则返回值为 SOCKET_ERROR，可以通过调用 WSAGetLastError 函数获取错误代码。

获取 AcceptEx 函数指针的示例代码如下：

```
#include <MSWSock.h>

LPFN_ACCEPTEX lpfnAcceptEx = NULL;   // 输出缓冲区
GUID GuidAcceptEx = WSAID_ACCEPTEX;  // 输入缓冲区
DWORD dwBytes;
WSAIoctl(socketListen, SIO_GET_EXTENSION_FUNCTION_POINTER,
    &GuidAcceptEx, sizeof(GuidAcceptEx),
    &lpfnAcceptEx, sizeof(lpfnAcceptEx),
    &dwBytes, NULL, NULL);
```

在使用 AcceptEx 时，可以通过调用 GetAcceptExSockaddrs 函数将所返回的信息缓冲区解析为 3 个不同的部分（第一块数据、本地套接字地址和远程套接字地址）。在 Windows XP 以及更高版本中，当 AcceptEx 函数连接成功并且在接受的套接字上设置了 SO_UPDATE_ACCEPT_CONTEXT 选项（使用 setsockopt 函数），还可以使用 getsockname 函数获取与接受的套接字相关联的本地地址，可以使用 getpeername 函数获取与所接受的套接字相关联的远程地址。GetAcceptExSockaddrs 函数声明如下：

```
void GetAcceptExSockaddrs(
    _In_  PVOID       lpOutputBuffer,        // 传递给 AcceptEx 函数的 lpOutputBuffer 参数
    _In_  DWORD       dwReceiveDataLength,   // 与传递给 AcceptEx 函数的 dwReceiveDataLength
                                             // 参数相等
    _In_  DWORD       dwLocalAddressLength,  // 与传递给 AcceptEx 函数的 dwLocalAddressLength
                                             // 参数相等
    _In_  DWORD       dwRemoteAddressLength, // 与传递给 AcceptEx 函数的 dwRemoteAddressLength
                                             // 参数相等
    _Out_ LPSOCKADDR  *LocalSockaddr,        // 返回本地地址的 sockaddr_in 结构
    _Out_ LPINT       LocalSockaddrLength,   // 本地地址的大小，以字节为单位
    _Out_ LPSOCKADDR  *RemoteSockaddr,       // 返回远程地址的 sockaddr_in 结构
    _Out_ LPINT       RemoteSockaddrLength); // 远程地址的大小，以字节为单位
```

GetAcceptExSockaddrs 函数在 Mswsock.dll 文件中导出，导入库文件为 Mswsock.lib，考虑到移植性，GetAcceptExSockaddrs 函数的函数指针同样可以在运行时通过调用 WSAIoctl 函数（指定 SIO_GET_EXTENSION_FUNCTION_POINTER 操作码）来动态获得，所需输入缓冲区和输出缓冲区如下：

```
LPFN_GETACCEPTEXSOCKADDRS lpfnGetAcceptExSockaddrs = NULL;    // 输出缓冲区
GUID GuidGetAcceptExSockaddrs = WSAID_GETACCEPTEXSOCKADDRS;   // 输入缓冲区
```

3. WSASend 函数
WSASend 函数在指定的套接字上发送数据：

```
int WSASend(
    _In_  SOCKET                 s,                  // 套接字句柄
    _In_  LPWSABUF               lpBuffers,          // 指向 WSABUF 结构数组的指针
    _In_  DWORD                  dwBufferCount,      // lpBuffers 数组中 WSABUF 结构的数量
    _Out_ LPDWORD                lpNumberOfBytesSent,// 如果 I/O 操作立即完成，则返回指向实际发送字节数的指针
    _In_  DWORD                  dwFlags,            // 指定 WSASend 函数调用行为的标志，可以设置为 0
    _In_  LPWSAOVERLAPPED        lpOverlapped,       // 指向 WSAOVERLAPPED 结构的指针
    _In_  LPWSAOVERLAPPED_COMPLETION_ROUTINE lpCompletionRoutine);// 当发送操作完成时调用
                                                                  // 的完成例程
```

- 第 2 个参数 lpBuffers 是一个指向 WSABUF 结构数组的指针，每个 WSABUF 结构都包含指向缓冲区的指针和缓冲区的长度（以字节为单位）。

```
typedef struct _WSABUF {
    ULONG len;   // 以字节为单位缓冲区的长度
    CHAR *buf;   // 缓冲区指针
} WSABUF, FAR * LPWSABUF;
```

- 第 3 个参数 dwBufferCount 指定 lpBuffers 数组中 WSABUF 结构的数量。
- 第 4 个参数 lpNumberOfBytesSent，如果 I/O 操作立即完成，则返回实际发送的字节数。如果 lpOverlapped 参数不是 NULL，则该参数应该设置为 NULL，以避免错误结果。只有当 lpOverlapped 参数不是 NULL 时，该参数才能为 NULL。
- 第 6 个参数 lpOverlapped 是一个指向 WSAOVERLAPPED 结构的指针，对于非重叠的套接字，则忽略该参数。WSAOVERLAPPED 结构在 minwinbase.h 头文件中定义如下：

```
typedef struct _OVERLAPPED {
    ULONG_PTR Internal;        // I/O 请求的状态代码
ULONG_PTR InternalHigh;        // 已传输的字节数

    union {
        struct {
            DWORD Offset;      // 除文件对象外，该字段必须为 0
            DWORD OffsetHigh;  // 除文件对象外，该字段必须为 0
        } DUMMYSTRUCTNAME;
        PVOID Pointer;         // 保留字段
    } DUMMYUNIONNAME;

    HANDLE  hEvent;            // WSAEVENT 事件对象句柄
} OVERLAPPED, *LPOVERLAPPED;
#define WSAOVERLAPPED  OVERLAPPED
typedef struct _OVERLAPPED *  LPWSAOVERLAPPED;
```

Internal 字段返回 I/O 请求的错误码，当发出 I/O 请求时，系统将该字段设置为 STATUS_PENDING，表示操作尚未开始。

InternalHigh 字段返回 I/O 请求所传输的字节数，通常不使用 Internal 和 InternalHigh 字段。

如果调用重叠 I/O 函数时没有使用完成例程（lpCompletionRoutine 参数为 NULL），那么 hEvent 字段必须包含一个有效的 WSAEVENT 事件对象的句柄。

- 第 7 个参数 lpCompletionRoutine 指定发送操作完成时调用的完成例程，对于非重叠的套接字，则忽略该参数。完成例程函数格式：

```
void CALLBACK CompletionROUTINE(
    IN DWORD            dwError,       // 指定重叠操作的完成状态，如 lpOverlapped 所示
    IN DWORD            cbTransferred, // 指定发送的字节数
    IN LPWSAOVERLAPPED lpOverlapped,
    IN DWORD            dwFlags);      // 通常指定为 0
```

如果没有发生错误并且发送操作立即完成，WSASend 函数的 lpNumberOfBytesSent 参数将返回实

际发送的字节数，函数返回 0；否则将返回 SOCKET_ERROR，可以通过调用 WSAGetLastError 函数获取错误代码。错误代码 WSA_IO_PENDING 表示已成功启动重叠操作，并且发送操作将在稍后完成，lpNumberOfBytesSent 参数不会返回数据，当重叠操作完成时，通过完成例程中的 cbTransferred 参数（如果指定了完成例程）或通过 WSAGetOverlappedResult 中的 lpcbTransfer 参数获取发送的字节数；任何其他错误代码都表示未成功启动重叠操作，并且不会出现发送完成通知。

I/O 操作函数都需要一个 WSAOVERLAPPED（即 OVERLAPPED）结构类型的参数，这些函数被调用后会立即返回，它们依靠应用程序传递的 OVERLAPPED 结构管理 I/O 请求的完成，应用程序有两种方法可以接收到重叠 I/O 请求操作完成的通知。

（1）在与 WSAOVERLAPPED 结构关联的事件对象上等待 I/O 操作完成，事件对象触发，这是常用的方法。

（2）使用 lpCompletionRoutine 指向的完成例程，完成例程是一个自定义函数，I/O 操作完成后会自动被调用，这种方法很少使用，通常将 lpCompletionRoutine 设置为 NULL 即可。

4. WSARecv 函数

WSARecv 函数从一个套接字接收数据，主要用于重叠模型中：

```
int WSARecv(
    _In_    SOCKET      s,                      // 套接字句柄
    _Inout_ LPWSABUF    lpBuffers,              // 指向 WSABUF 结构数组的指针
    _In_    DWORD       dwBufferCount,          // lpBuffers 数组中 WSABUF 结构的数量
    _Out_   LPDWORD     lpNumberOfBytesRecvd,// 如果 I/O 操作立即完成，则返回实际接收字节数
    _Inout_ LPDWORD     lpFlags,                // 指定 WSARecv 函数调用行为的标志，可以设置为 NULL
    _In_    LPWSAOVERLAPPED lpOverlapped,       // 指向 WSAOVERLAPPED 结构的指针
    _In_    LPWSAOVERLAPPED_COMPLETION_ROUTINE lpCompletionRoutine);// 接收操作完成时调用
                                                                    // 的完成例程
```

WSARecv 的函数参数与 WSASend 函数类似，不再详细解释。

如果没有发生错误并且接收操作立即完成，则 lpNumberOfBytesRecvd 参数将返回实际接收到的字节数，并且 lpFlags 参数指定的标志位也会更新，函数返回 0，在这种情况下，一旦调用线程处于可通知状态，完成例程就将会被调用；否则，将返回 SOCKET_ERROR，可以通过调用 WSAGetLastError 函数获取错误代码，错误代码 WSA_IO_PENDING 表示已成功启动重叠操作，并且稍后将接收完成，在这种情况下，不会更新 lpNumberOfBytesRecvd 和 lpFlags。当重叠操作完成时，通过完成例程中的 cbTransferred 参数（如果指定了完成例程）或通过 WSAGetOverlappedResult 中的 lpcbTransfer 参数获取接收的字节数、通过 WSAGetOverlappedResult 的 lpdwFlags 参数获得标志值。任何其他错误代码都表示未成功启动重叠操作，并且不会出现接收完成通知。

5. I/O 唯一数据（Per-I/O）

AcceptEx、WSASend、WSARecv 等 I/O 操作函数都需要一个指向 OVERLAPPED 结构的 lpOverlapped 参数，为了传递更多信息，我们通常会自定义一个 OVERLAPPED 结构，自定义结构的第一个字段是 OVERLAPPED 结构，这样一来自定义结构的地址和字段 OVERLAPPED 的地址是相同的。例如本节示例程序定义了如下自定义 OVERLAPPED 结构：

```
// 自定义重叠结构，OVERLAPPED 结构和 I/O 唯一数据
typedef struct _PERIODATA
```

```
{
    OVERLAPPED    m_overlapped;           // 重叠结构
    SOCKET        m_socket;               // 通信套接字句柄
    WSABUF        m_wsaBuf;               // 缓冲区结构
    CHAR          m_szBuffer[BUF_SIZE];   // 缓冲区
    IOOPERATION   m_ioOperation;          // 操作类型
    _PERIODATA    *m_pNext;
}PERIODATA, *PPERIODATA;
```

　　m_overlapped 字段后面的部分称为 I/O 唯一数据，或称单 I/O 数据，因为每次调用 I/O 操作函数都需要创建一个这样的结构，一个 I/O 请求对应一个自定义 OVERLAPPED 结构，在 I/O 操作完成后释放该结构，需要调用 I/O 操作函数时再创建一个对应的自定义 OVERLAPPED 结构，如此循环。

　　该自定义 OVERLAPPED 结构还包括缓冲区字段，另外，在一个套接字上有接受连接、接收数据、发送数据等 I/O 请求，m_ioOperation 用于确定是哪个 I/O 请求。

　　如果想调用一个 I/O 函数（例如 WSASend、WSARecv），这些函数需要一个 OVERLAPPED 结构，这时可以将我们的结构强制转换成一个 OVERLAPPED 结构的指针，或者从结构中将 OVERLAPPED 字段的地址取出来：

```
PERIODATA perIoData;
WSARecv(socket, ..., (OVERLAPPED *)&perIoData, NULL);
//也可以这样调用：
WSARecv(socket, ..., &perIoData.m_overlapped, NULL);
```

　　具体内容参见本节示例程序。

6. WSAGetOverlappedResult 函数

　　当程序调用 WSAWaitForMultipleEvents 函数在关联到 WSAOVERLAPPED 结构的事件对象上等待重叠 I/O 请求完成后，需要继续调用 WSAGetOverlappedResult 函数，判断重叠 I/O 调用的结果是否成功：

```
BOOL WSAAPI WSAGetOverlappedResult(
    _In_  SOCKET         s,              // 套接字句柄
    _In_  LPWSAOVERLAPPED lpOverlapped,  // 进行重叠 I/O 操作时的 WSAOVERLAPPED 结构的指针
    _Out_ LPDWORD        lpcbTransfer,   // 返回重叠 I/O 操作实际发送或接收的字节数
    _In_  BOOL           fWait,          // 是否应该等待重叠 I/O 操作完成
    _Out_ LPDWORD        lpdwFlags);     // 返回重叠 I/O 操作的函数调用行为标志
```

- 第 2 个参数 lpOverlapped 是调用 I/O 操作函数时使用的自定义 OVERLAPPED 结构，我们想办法把这个结构传递过来，用于作为调用 WSAGetOverlappedResult 函数的参数。然后通过自定义 OVERLAPPED 结构的 m_ioOperation 字段确定是哪个操作（接受连接、发送数据、接收数据等）投递到了这个套接字句柄上，这样我们就可以在同一个套接字句柄上同时管理多个 I/O 操作，具体内容参见本节示例程序。

- 第 4 个参数 fWait 指定函数是否应该等待重叠 I/O 操作完成。如果设置为 TRUE，则函数直到 I/O 操作完成以后才返回；如果设置为 FALSE 并且 I/O 操作仍在进行中，则函数返回 FALSE，调用 WSAGetLastError 函数返回 WSA_IO_INCOMPLETE。只有当重叠操作选择了基于事件的完成通知时，fWait 参数才可以设置为 TRUE。

如果函数执行成功，则返回值为 TRUE，意味着重叠操作已经成功完成，并且 lpcbTransfer 所指向的值已经更新；如果返回 FALSE，则意味着重叠操作没有完成、或重叠操作已完成但存在错误，或由于 WSAGetOverlappedResult 的一个或多个参数存在错误以致无法确定重叠操作的完成状态，在失败时不会更新 lpcbTransfer 参数所指向的值。

通常做法是，当使用 WSAOVERLAPPED 结构进行 I/O 调用时，例如调用 WSASend 和 WSARecv，这些函数会立即返回，通常情况下这些 I/O 调用会失败，返回值是 SOCKET_ERROR，调用 WSAGetLastError 函数会返回错误代码 WSA_IO_PENDING，这个错误代码表示 I/O 操作正在进行中，在以后的一段时间内，应用程序应该调用 WSAWaitForMultipleEvents 函数在关联到 WSAOVERLAPPED 结构的事件对象上等待重叠 I/O 请求完成，WSAOVERLAPPED 结构在重叠 I/O 请求和随后的完成之间提供了交流媒介。当重叠 I/O 请求最终完成后，与之关联的事件对象触发，等待函数返回，应用程序可以使用 WSAGetOverlappedResult 函数取得重叠操作的结果。

下面使用 Overlapped 模型重写前面的 Server_Multiple 示例。Overlapped 模型是网络编程中比较深入的一个话题，非网络编程专业的读者可以使用前面介绍的异步选择或事件选择模型；另外，Overlapped 模型实现思路与完成端口模型类似，对于高并发的大型网络项目可以使用下面将要介绍的性能更高、伸缩性更好的完成端口模型。不过，理解 Overlapped 模型也是必要的。

SOCKETOBJ.h 头文件的内容没有改变。每次调用 AcceptEx、WSASend、WSARecv 等 I/O 操作函数时都需要一个 OVERLAPPED 结构，I/O 操作完成后应该释放该结构，为此我们自定义一个 OVERLAPPED 结构，所有自定义 OVERLAPPED 结构形成一个链表，PERIODATA.h 头文件的内容如下，与 SOCKETOBJ.h 头文件的实现思路类似：

```
#pragma once

// 常量定义
const int BUF_SIZE = 4096;

// I/O 操作类型：接受连接、接收数据、发送数据
enum IOOPERATION
{
    IO_UNKNOWN, IO_ACCEPT, IO_READ, IO_WRITE
};

// 自定义重叠结构，OVERLAPPED 结构和 I/O 唯一数据
typedef struct _PERIODATA
{
    OVERLAPPED    m_overlapped;            // 重叠结构
    SOCKET        m_socket;                // 通信套接字句柄
    WSABUF        m_wsaBuf;                // 缓冲区结构
    CHAR          m_szBuffer[BUF_SIZE];    // 缓冲区
    IOOPERATION   m_ioOperation;           // 操作类型
    _PERIODATA    *m_pNext;
}PERIODATA, *PPERIODATA;

PPERIODATA g_pPerIODataHeader;             // 自定义重叠结构链表表头
```

```cpp
// 创建一个自定义重叠结构
PPERIODATA CreatePerIOData(SOCKET s)
{
    PPERIODATA pPerIOData = new PERIODATA;
    if (pPerIOData == NULL)
        return NULL;

    ZeroMemory(pPerIOData, sizeof(PERIODATA));
    pPerIOData->m_socket = s;
    pPerIOData->m_overlapped.hEvent = WSACreateEvent();

    EnterCriticalSection(&g_cs);
    // 添加第一个节点
    if (g_pPerIODataHeader == NULL)
    {
        g_pPerIODataHeader = pPerIOData;
        g_pPerIODataHeader->m_pNext = NULL;
    }
    else
    {
        pPerIOData->m_pNext = g_pPerIODataHeader;
        g_pPerIODataHeader = pPerIOData;
    }
    LeaveCriticalSection(&g_cs);

    return pPerIOData;
}

// 释放一个自定义重叠结构
VOID FreePerIOData(PPERIODATA pPerIOData)
{
    EnterCriticalSection(&g_cs);

    PPERIODATA p = g_pPerIODataHeader;
    if (p == pPerIOData)     // 移除的是头节点
    {
        g_pPerIODataHeader = g_pPerIODataHeader->m_pNext;
    }
    else
    {
        while (p != NULL)
        {
            if (p->m_pNext == pPerIOData)
            {
                p->m_pNext = pPerIOData->m_pNext;
                break;
            }

            p = p->m_pNext;
        }
    }
```

```
    if (pPerIOData->m_overlapped.hEvent)
        WSACloseEvent(pPerIOData->m_overlapped.hEvent);
    delete pPerIOData;
    LeaveCriticalSection(&g_cs);
}

// 根据事件对象查找自定义重叠结构
PPERIODATA FindPerIOData(HANDLE hEvent)
{
    EnterCriticalSection(&g_cs);

    PPERIODATA pPerIOData = g_pPerIODataHeader;
    while (pPerIOData != NULL)
    {
        if (pPerIOData->m_overlapped.hEvent == hEvent)
        {
            LeaveCriticalSection(&g_cs);
            return pPerIOData;
        }

        pPerIOData = pPerIOData->m_pNext;
    }

    LeaveCriticalSection(&g_cs);
    return NULL;
}

// 释放所有自定义重叠结构
VOID DeleteAllPerIOData()
{
    PERIODATA perIOData;

    PPERIODATA pPerIOData = g_pPerIODataHeader;
    while (pPerIOData != NULL)
    {
        perIOData = *pPerIOData;

        if (pPerIOData->m_overlapped.hEvent)
            WSACloseEvent(pPerIOData->m_overlapped.hEvent);
        delete pPerIOData;

        pPerIOData = perIOData.m_pNext;
    }
}
```

PERIODATA 结构和 SOCKETOBJ 结构都有一个 m_socket 字段，这也是两个结构相互联系的纽带。

WSAWaitForMultipleEvents 函数需要一个事件对象数组，所有 PERIODATA 结构的 m_overlapped 字段的 hEvent 字段构成这个事件对象数组，为此定义如下全局变量：

```
WSAEVENT g_eventArray[WSA_MAXIMUM_WAIT_EVENTS];  // 所有事件对象句柄数组
int g_nTotalEvent;                               // 所有事件对象句柄总数
```

单击"启动服务"按钮调用 OnStart 函数，该函数调用 WSASocket 创建套接字，绑定，监听，创建一个线程用于在所有事件对象上循环等待 I/O 操作完成，然后投递几个接受连接 I/O 请求：

```
VOID OnStart()
{
    // 2．创建用于监听所有客户端请求的套接字
    g_socketListen = WSASocket(AF_INET, SOCK_STREAM, 0, NULL, 0, WSA_FLAG_OVERLAPPED);
    if (g_socketListen == INVALID_SOCKET)
    {
        MessageBox(g_hwnd, TEXT("创建监听套接字失败！"), TEXT("socket Error"), MB_OK);
        WSACleanup();
        return;
    }

    // 3．将监听套接字与指定的 IP 地址、端口号捆绑
    sockaddr_in sockAddr;
    sockAddr.sin_family = AF_INET;
    sockAddr.sin_port = htons(8000);
    sockAddr.sin_addr.S_un.S_addr = INADDR_ANY;
    if (bind(g_socketListen, (sockaddr*)&sockAddr, sizeof(sockAddr)) == SOCKET_ERROR)
    {
        MessageBox(g_hwnd, TEXT("将监听套接字与指定的 IP 地址、端口号捆绑失败！"),
            TEXT("bind Error"), MB_OK);
        closesocket(g_socketListen);
        WSACleanup();
        return;
    }

    // 4．使监听套节字进入监听(等待被连接)状态
    if (listen(g_socketListen, SOMAXCONN) == SOCKET_ERROR)
    {
        MessageBox(g_hwnd, TEXT("使监听套节字进入监听(等待被连接)状态失败！"),
            TEXT("listen Error"), MB_OK);
        closesocket(g_socketListen);
        WSACleanup();
        return;
    }
    // 服务器监听中...
    MessageBox(g_hwnd, TEXT("服务器监听中..."), TEXT("服务启动成功"), MB_OK);
    EnableWindow(GetDlgItem(g_hwnd, IDC_BTN_START), FALSE);

    // 在所有事件对象上循环等待网络事件，本程序只用了一个线程
    CreateThread(NULL, 0, WaitProc, NULL, 0, NULL);

    // 在此先投递几个接受连接 I/O 请求
    for (int i = 0; i < 2; i++)
        PostAccept();
}
```

投递接受连接 I/O 请求 PostAccept 函数的代码如下，该函数为接受连接创建一个自定义重叠结构，并设置事件对象数组 g_eventArray：

```
// 投递接受连接 I/O 请求
BOOL PostAccept()
{
    SOCKET socketAccept = INVALID_SOCKET;    // 通信套接字句柄
    BOOL bRet;

    socketAccept = WSASocket(AF_INET, SOCK_STREAM, 0, NULL, 0, WSA_FLAG_OVERLAPPED);
    if (socketAccept == INVALID_SOCKET)
        return FALSE;

    // 为接受连接创建一个自定义重叠结构
    PPERIODATA pPerIOData = CreatePerIOData(socketAccept);
    pPerIOData->m_ioOperation = IO_ACCEPT;

    // 事件对象数组
    g_eventArray[g_nTotalEvent] = pPerIOData->m_overlapped.hEvent;
    g_nTotalEvent++;

    bRet = AcceptEx(g_socketListen, socketAccept, pPerIOData->m_szBuffer, 0,
        sizeof(sockaddr_in) + 16, sizeof(sockaddr_in) + 16, NULL, (LPOVERLAPPED)pPerIOData);
    if (!bRet)
    {
        if (WSAGetLastError() != WSA_IO_PENDING)
            return FALSE;
    }

    return TRUE;
}
```

线程函数 WaitProc 用于循环等待 I/O 操作完成事件，并处理已完成的 I/O：

```
DWORD WINAPI WaitProc(LPVOID lpParam)
{
    sockaddr_in* pRemoteSockaddr;
    sockaddr_in* pLocalSockaddr;
    int nAddrlen = sizeof(sockaddr_in);
    int nIndex;                                  // WSAWaitForMultipleEvents 返回值
    PPERIODATA pPerIOData = NULL;                // 自定义重叠结构指针
    PSOCKETOBJ pSocketObj = NULL;                // 套接字对象结构指针
    PSOCKETOBJ pSocketObjAccept = NULL;          // 套接字对象结构指针，接受连接成功后创建
    DWORD dwTransfer;                            // WSAGetOverlappedResult 函数参数
    DWORD dwFlags = 0;                           // WSAGetOverlappedResult 函数参数
    BOOL bRet;
    CHAR szBuf[BUF_SIZE] = { 0 };

    while (TRUE)
    {
```

```
// 在所有事件对象上等待，有任何一个事件对象触发，函数即返回
nIndex = WSAWaitForMultipleEvents(g_nTotalEvent, g_eventArray, FALSE, 1000, FALSE);
if (nIndex == WSA_WAIT_TIMEOUT || nIndex == WSA_WAIT_FAILED)
    continue;


nIndex = nIndex - WSA_WAIT_EVENT_0;
WSAResetEvent(g_eventArray[nIndex]);

// 获取指定套接字上重叠 I/O 操作的结果
pPerIOData = FindPerIOData(g_eventArray[nIndex]);
pSocketObj = FindSocketObj(pPerIOData->m_socket);

bRet = WSAGetOverlappedResult(pPerIOData->m_socket, &pPerIOData->m_overlapped,
    &dwTransfer, TRUE, &dwFlags);
if (!bRet)
{
    if (pSocketObj != NULL)
    {
        ZeroMemory(szBuf, BUF_SIZE);
        wsprintf(szBuf, "客户端[%s:%d] 已退出! ", pSocketObj->m_szIP, pSocketObj->m_usPort);
        SendMessage(g_hListContent, LB_ADDSTRING, 0, (LPARAM)szBuf);

        FreeSocketObj(pSocketObj);
    }

    // 释放自定义重叠结构
    FreePerIOData(pPerIOData);
    // 更新事件对象数组
    for (int j = nIndex; j < g_nTotalEvent - 1; j++)
        g_eventArray[j] = g_eventArray[j + 1];
    g_nTotalEvent--;

    // 如果没有客户端在线，则禁用发送按钮
    if (g_nTotalClient == 0)
        EnableWindow(g_hBtnSend, FALSE);

    continue;
}

// 处理已成功完成的 I/O 请求
switch (pPerIOData->m_ioOperation)
{
case IO_ACCEPT:
{
    pSocketObjAccept = CreateSocketObj(pPerIOData->m_socket);

    ZeroMemory(szBuf, BUF_SIZE);
    GetAcceptExSockaddrs(pPerIOData->m_szBuffer, 0, sizeof(sockaddr_in) + 16,
        sizeof(sockaddr_in) + 16, (LPSOCKADDR*)&pLocalSockaddr, &nAddrlen,
        (LPSOCKADDR*)&pRemoteSockaddr, &nAddrlen);
    inet_ntop(AF_INET, &pRemoteSockaddr->sin_addr.S_un.S_addr,
```

```
            pSocketObjAccept->m_szIP, _countof(pSocketObjAccept->m_szIP));
        pSocketObjAccept->m_usPort = ntohs(pRemoteSockaddr->sin_port);
        wsprintf(szBuf, "客户端[%s:%d] 已连接! ", pSocketObjAccept->m_szIP,
            pSocketObjAccept->m_usPort);
        SendMessage(g_hListContent, LB_ADDSTRING, 0, (LPARAM)szBuf);
        EnableWindow(g_hBtnSend, TRUE);

        // 释放自定义重叠结构
        FreePerIOData(pPerIOData);
        // 更新事件对象数组
        for (int j = nIndex; j < g_nTotalEvent - 1; j++)
            g_eventArray[j] = g_eventArray[j + 1];
        g_nTotalEvent--;

        PostRecv(pSocketObjAccept);
        PostAccept();
    }
    break;

case IO_READ:
    if (dwTransfer > 0)
    {
        ZeroMemory(szBuf, BUF_SIZE);
        wsprintf(szBuf, "客户端[%s:%d]说: %s", pSocketObj->m_szIP,
            pSocketObj->m_usPort, pPerIOData->m_szBuffer);
        SendMessage(g_hListContent, LB_ADDSTRING, 0, (LPARAM)szBuf);

        // 把接收到的数据分发到每一个客户端
        PSOCKETOBJ p = g_pSocketObjHeader;
        while (p != NULL)
        {
            if (p->m_socket != pPerIOData->m_socket)
                PostSend(p, szBuf, strlen(szBuf));

            p = p->m_pNext;
        }

        PostRecv(pSocketObj);
    }
    else
    {
        ZeroMemory(szBuf, BUF_SIZE);
        wsprintf(szBuf, "客户端[%s:%d] 已退出! ", pSocketObj->m_szIP, pSocketObj->m_usPort);
        SendMessage(g_hListContent, LB_ADDSTRING, 0, (LPARAM)szBuf);

        FreeSocketObj(pSocketObj);

        // 如果没有客户端在线，则禁用发送按钮
        if (g_nTotalClient == 0)
            EnableWindow(g_hBtnSend, FALSE);
    }
```

```
        // 释放自定义重叠结构
        FreePerIOData(pPerIOData);
        // 更新事件对象数组
        for (int j = nIndex; j < g_nTotalEvent - 1; j++)
            g_eventArray[j] = g_eventArray[j + 1];
        g_nTotalEvent--;
        break;

    case IO_WRITE:
        if (dwTransfer <= 0)
        {
            ZeroMemory(szBuf, BUF_SIZE);
            wsprintf(szBuf, "客户端[%s:%d] 已退出! ", pSocketObj->m_szIP, pSocketObj->m_usPort);
            SendMessage(g_hListContent, LB_ADDSTRING, 0, (LPARAM)szBuf);

            FreeSocketObj(pSocketObj);

            // 如果没有客户端在线，则禁用发送按钮
            if (g_nTotalClient == 0)
                EnableWindow(g_hBtnSend, FALSE);
        }

        // 释放自定义重叠结构
        FreePerIOData(pPerIOData);
        // 更新事件对象数组
        for (int j = nIndex; j < g_nTotalEvent - 1; j++)
            g_eventArray[j] = g_eventArray[j + 1];
        g_nTotalEvent--;
        break;
    }
  }
}
```

这里主要说明 case IO_ACCEPT 的处理逻辑，执行过程说明我们投递的 PostAccept 已经接受连接成功，因此创建一个套接字对象结构添加到套接字对象链表中，并保存相关客户端信息，然后释放自定义重叠结构，更新事件对象数组，然后在该套接字上投递一个接收数据请求，并继续投递下一个接受连接请求。再次说明，每次 I/O 函数调用都需要创建一个自定义重叠结构并设置事件对象数组 g_eventArray，而 I/O 操作完成以后需要释放自定义重叠结构并更新事件对象数组。case IO_READ 用于对接收到的数据进行处理，并在这个套接字上投递下一个接收数据请求。

投递发送数据 I/O 请求的 PostSend 函数和投递接收数据 I/O 请求的 PostRecv 函数的代码如下：

```
// 投递发送数据 I/O 请求
BOOL PostSend(PSOCKETOBJ pSocketObj, LPTSTR pStr, int nLen)
{
    DWORD dwFlags = 0;

    // 为发送数据创建一个自定义重叠结构
    PPERIODATA pPerIOData = CreatePerIOData(pSocketObj->m_socket);
```

```
    ZeroMemory(pPerIOData->m_szBuffer, BUF_SIZE);
    strcpy_s(pPerIOData->m_szBuffer, BUF_SIZE, pStr);
    pPerIOData->m_wsaBuf.buf = pPerIOData->m_szBuffer;
    pPerIOData->m_wsaBuf.len = nLen;

    pPerIOData->m_ioOperation = IO_WRITE;

    // 事件对象数组
    g_eventArray[g_nTotalEvent] = pPerIOData->m_overlapped.hEvent;
    g_nTotalEvent++;

    int nRet = WSASend(pSocketObj->m_socket, &pPerIOData->m_wsaBuf, 1,
        NULL, dwFlags, (LPOVERLAPPED)pPerIOData, NULL);
    if (nRet == SOCKET_ERROR)
    {
        if (WSAGetLastError() != WSA_IO_PENDING)
            return FALSE;
    }

    return TRUE;
}

// 投递接收数据 I/O 请求
BOOL PostRecv(PSOCKETOBJ pSocketObj)
{
    DWORD dwFlags = 0;

    // 为接收数据创建一个自定义重叠结构
    PPERIODATA pPerIOData = CreatePerIOData(pSocketObj->m_socket);
    ZeroMemory(pPerIOData->m_szBuffer, BUF_SIZE);
    pPerIOData->m_wsaBuf.buf = pPerIOData->m_szBuffer;
    pPerIOData->m_wsaBuf.len = BUF_SIZE;

    pPerIOData->m_ioOperation = IO_READ;

    // 事件对象数组
    g_eventArray[g_nTotalEvent] = pPerIOData->m_overlapped.hEvent;
    g_nTotalEvent++;

    int nRet = WSARecv(pSocketObj->m_socket, &pPerIOData->m_wsaBuf, 1,
        NULL, &dwFlags, (LPOVERLAPPED)pPerIOData, NULL);
    if (nRet == SOCKET_ERROR)
    {
        if (WSAGetLastError() != WSA_IO_PENDING)
            return FALSE;
    }

    return TRUE;
}
```

完整代码参见 Server_Overlapped 项目，客户端代码没有变化。

9.4.6　完成端口模型

在处理大量用户并发请求时，如果采用一个用户一个线程的方式将造成 CPU 在成千上万的线程之间进行切换，后果是不可想象的。I/O 完成端口（I/O Completion Port，IOCP）模型则不会这样处理，其理论是并行的线程数量必须有一个上限，例如同时发出 500 个客户请求，那么不应该允许出现 500 个可运行的线程。目前来说，I/O 完成端口模型是 Windows 系统中性能最好的 I/O 模型，它避免了大量用户并发请求时原有模型采用的方式，极大地提高了程序的并行处理能力。完成端口使用线程池处理异步 I/O 请求，是一种伸缩性最好的 I/O 模型，利用完成端口模型，应用程序可以管理成百上千个套接字，I/O 完成端口技术广泛应用于各种类型的高性能服务器，如 Web 服务器 Apache。

完成端口实际上是一个 Windows I/O 结构，它可以接收多种对象句柄，如文件对象、套接字对象等，可以把完成端口看作系统维护的一个队列，操作系统把重叠 I/O 操作完成的事件通知放到该队列中，因此称其为完成端口。I/O 完成端口最初的设计是应用程序发出一些异步 I/O 请求，当这些请求完成时，设备驱动把这些工作项目排序到完成端口，在完成端口上等待的线程池就可以处理这些完成 I/O。

当套接字被创建后，可以将其与一个完成端口联系起来，一个应用程序可以创建多个工作线程用于处理完成端口上的通知事件，通常应该为每个 CPU 创建一个线程。

1.　创建 I/O 完成端口对象

CreateIoCompletionPort 函数用于创建一个 I/O 完成端口对象并将其与指定的文件句柄（可以是文件、套接字、邮件槽和管道等，本节指的是套接字句柄）相关联，或者仅创建一个尚未与文件句柄相关联的 I/O 完成端口，以后再进行关联。将文件句柄与 I/O 完成端口进行关联后，即可接收该文件句柄的异步 I/O 操作完成通知：

```
HANDLE WINAPI CreateIoCompletionPort(
    _In_     HANDLE    FileHandle, // 一个已打开的文件句柄或 INVALID_HANDLE_VALUE
    _In_opt_ HANDLE    ExistingCompletionPort,      //一个已存在的 I/O 完成端口句柄
    _In_     ULONG_PTR CompletionKey,               // 完成键，传递给处理函数的参数
    _In_     DWORD     NumberOfConcurrentThreads); // 同时处理I/O完成端口的I/O操作的最大线程数
```

- 第 1 个参数 FileHandle 可以指定为一个已打开的文件句柄或 INVALID_HANDLE_VALUE。如果指定为 INVALID_HANDLE_VALUE，则函数仅创建一个 I/O 完成端口，而不将其与文件句柄相关联，在这种情况下 ExistingCompletionPort 参数必须设置为 NULL，CompletionKey 参数将被忽略。

- 第 2 个参数 ExistingCompletionPort 指定为一个已存在的 I/O 完成端口句柄，该函数将其与 FileHandle 参数指定的文件句柄相关联，而不会创建新的 I/O 完成端口。如果该参数设置为 NULL，则函数创建新的 I/O 完成端口，此时如果 FileHandle 参数有效，则将其与新的 I/O 完成端口关联；否则不会发生文件句柄关联，函数执行成功返回新的 I/O 完成端口句柄。

- 第 3 个参数 CompletionKey 是完成键，即传递给处理函数的参数。对于每个文件句柄，该完成键应该是唯一的，并且在整个内部完成队列过程中都伴随文件句柄，当完成包到达时，它在 GetQueuedCompletionStatus 函数调用中返回。该参数可以理解为一个与某个套接字句柄关联在

一起的"Per-Handle 单句柄关联数据"或者"句柄唯一数据",可以将其指定为一个指向某数据结构的指针,在该数据结构中,可以包含套接字的句柄以及与套接字有关的其他信息如 IP 地址等,为完成端口提供服务的线程函数可以通过该参数取得与套接字句柄有关的信息。

- 第 4 个参数 NumberOfConcurrentThreads 指定同时处理 I/O 完成端口的 I/O 操作的最大线程数,如果 ExistingCompletionPort 参数不是 NULL,则忽略该参数,因为函数执行的是关联操作;如果该参数为 0,则系统会分配与处理器数量相同的线程同时运行。

如果函数执行成功,则返回 I/O 完成端口的句柄;如果函数执行失败,则返回值是 NULL,可以调用 GetLastError 函数获取错误代码。

如果只是创建一个 I/O 完成端口,FileHandle 参数设置为 INVALID_HANDLE_VALUE,ExistingCompletionPort 参数设置为 NULL,CompletionKey 参数将被忽略,NumberOfConcurrentThreads 参数则可以根据需要设置,函数返回新创建 I/O 完成端口的句柄;如果需要把一个文件句柄与 I/O 完成端口相关联,FileHandle 参数设置为一个已打开的文件句柄,ExistingCompletionPort 参数设置为一个已存在的 I/O 完成端口句柄,CompletionKey 参数可以根据需要设置,NumberOfConcurrentThreads 参数将被忽略,函数返回 ExistingCompletionPort 参数指定的已存在的 I/O 完成端口句柄,可以多次调用 CreateIoCompletionPort 函数分别将多个文件句柄与一个 I/O 完成端口相关联。

创建一个 I/O 完成端口的示例代码如下:

```
hCompletionPort = CreateIoCompletionPort(INVALID_HANDLE_VALUE, NULL, NULL, 0);
```

上面的代码将参数 NumberOfConcurrentThreads 设置为 0,系统会根据 CPU 的数量来自动设置同时运行的线程的最大数量。

成功创建完成端口对象后,即可向这个完成端口对象关联套接字句柄。在关联套接字句柄前,需要先创建一个或多个工作线程(I/O 服务线程)在完成端口上执行并处理 I/O 请求,这里的关键问题是应该创建多少个工作线程,要注意创建完成端口时指定的线程数量和这里要创建的工作线程数量不是一回事。前面我们推荐线程数量为处理器的数量,因为每个线程都可以从系统获得一个"原子"性的时间片,所有线程轮流运行并检查完成端口,而切换线程需要额外的开销,CreateIoCompletionPort 函数的 NumberOfConcurrentThreads 参数明确告诉系统允许在完成端口上同时运行的线程数量;如果创建的工作线程多于 NumberOfConcurrentThreads,也仅有 NumberOfConcurrentThreads 个线程允许同时运行以处理完成端口上的 I/O 请求。但是有时确实需要创建更多的线程,例如某个线程调用了一个阻塞函数如 Sleep 或 WaitForSingleObject 进入了暂停状态,则多出来的线程中会有一个开始运行,占据休眠线程的位置。结论是,我们希望在完成端口上负责 I/O 处理的工作线程与 CreateIoCompletionPort 函数指定的线程一样多,为了避免工作线程遇到阻塞(进入暂停状态),应该创建比 CreateIoCompletionPort 指定的数量还要多的线程,通常可以指定为 CPU 数量 2 倍的工作线程,以保证 CPU 一直处于满负荷工作状态。

有足够的工作线程来处理完成端口上的 I/O 请求后,即可为完成端口关联套接字句柄,这时可以使用 CreateIoCompletionPort 函数的前 3 个参数。将一个套接字 socket 与完成端口 hCompletionPort 相关联:

```
CreateIoCompletionPort((HANDLE)socket, hCompletionPort, (ULONG)ulCompletionKey, 0);
```

当不再需要 I/O 完成端口时，可以调用 CloseHandle 函数关闭 I/O 完成端口句柄。

2. 等待重叠 I/O 的操作结果

向完成端口关联套接字句柄后即可在套接字上投递重叠 I/O 请求，在完成端口模型中，发起重叠 I/O 操作的方法与重叠 I/O 模型相似，但等待重叠 I/O 操作结果的方法却不同。从本质上说，完成端口模型利用了重叠 I/O 机制，在这种机制中，WSASend 和 WSARecv 等 I/O 调用会立即返回，我们的程序负责在以后的某个时间通过一个 OVERLAPPED 结构来接收之前 I/O 请求的结果，在这些 I/O 操作完成时，系统会向完成端口对象发送一个完成包，I/O 完成端口以先进先出的方式管理这些完成包（完成队列），程序可以使用 GetQueuedCompletionStatus 函数取得完成队列中的完成包，GetQueuedCompletionStatus 函数还会把完成包从 I/O 完成端口中退出队列。函数原型如下：

```
BOOL WINAPI GetQueuedCompletionStatus(
    _In_   HANDLE        CompletionPort,       // CreateIoCompletionPort 函数创建的完成端口句柄
    _Out_  LPDWORD       lpNumberOfBytes,      // 返回已完成的 I/O 操作所发送或接收的字节数
    _Out_  PULONG_PTR    lpCompletionKey,      // 返回与文件句柄相关联的完成键，单句柄数据
    _Out_  LPOVERLAPPED *lpOverlapped,         // 返回 I/O 操作函数指定的 OVERLAPPED 结构的地址
    _In_   DWORD         dwMilliseconds);      // 超时时间，等待完成包出现在完成端口的毫秒数
```

- 与 Overlapped 模型的 WSAGetOverlappedResult 函数相比，WSAGetOverlappedResult 函数的 lpOverlapped 参数是一个输入参数，指定进行重叠 I/O 操作时的 OVERLAPPED 结构的指针，该指针从 I/O 操作函数传递到 WSAGetOverlappedResult 不是很方便，实现起来有些复杂，而 GetQueuedCompletion Status 函数的 lpOverlapped 参数是一个输出参数，返回 I/O 操作函数当初指定的 OVERLAPPED 结构的地址，非常方便。

- GetQueuedCompletionStatus 函数会将调用线程切换到睡眠状态，直到指定的完成端口队列中出现一项，或者等待超时时间已过。dwMilliseconds 参数指定超时时间，如果在指定时间内没有出现完成包，则函数超时，返回 FALSE，并将 lpOverlapped 设置为 NULL；如果 dwMilliseconds 参数指定为 INFINITE，则函数永远不会超时；如果 dwMilliseconds 参数指定为 0 且没有 I/O 操作已完成并退出队列，则函数将立即返回。

如果函数执行成功，则返回值为 TRUE 否则返回值为 FALSE，可以通过调用 GetLastError 函数获取错误代码。

3. 句柄唯一数据（Per-Handle）和 I/O 唯一数据（Per-I/O）

一个工作线程从 GetQueuedCompletionStatus 函数接收到 I/O 完成通知后，lpCompletionKey 和 lpOverlapped 参数中会包含一些重要的信息，利用这些信息可以通过完成端口继续在一个套接字上进行其他处理。其中，lpCompletionKey 参数包含"句柄唯一数据"，即每个套接字句柄对应一个句柄唯一数据，在一个套接字与完成端口关联到一起时，句柄唯一数据与一个特定的套接字句柄对应起来，即在调用 CreateIoCompletionPort 函数时通过 CompletionKey 参数传递的数据，通常情况下，应用程序会将与 I/O 请求有关的套接字句柄及其他相关信息保存在这里。

lpOverlapped 参数则包含了一个 OVERLAPPED 结构，其后跟随有"I/O 唯一数据"，I/O 唯一数据可以是追加到一个 OVERLAPPED 结构末尾的、任意字节数量的数据。

GetQueuedCompletionStatus 函数通过 lpNumberOfBytes 参数得到实际传输的字节数量；通过 lpCompletionKey 参数得到与套接字关联的句柄唯一数据（Per-Handle）；通过 lpOverlapped 参数得到投

递 I/O 请求时使用的重叠结构地址，进一步得到 I/O 唯一数据（Per-I/O）。

4. 线程池技术

前面提到过，在关联套接字句柄前，需要先创建一个或多个工作线程（I/O 服务线程）在完成端口上执行并处理 I/O 请求，我们可以自行创建这些工作线程，但是为了简化开发人员的工作，Windows 提供了一个（与 I/O 完成端口相配套的）线程池机制来简化线程的创建、销毁以及日常管理。程序不需要自己调用 CreateThread，系统会自动为进程创建一个默认的线程池，并让线程池中的一个线程来调用设置的回调函数，这个回调函数用于处理 I/O 请求。当这个线程处理完一个 I/O 请求后，系统不会立刻销毁该线程，而是会回到线程池，准备处理队列中的其他工作项，线程池会不断地重复使用其中的线程，而不会频繁地创建和销毁线程。对应用程序来说，这样做可以显著地提升性能，因为创建和销毁线程需要一定的系统开销，如果有必要，线程池会自动创建另一个线程来更好地为应用程序服务，如果线程池检测到它的线程数量已经供过于求，则会销毁其中一些线程。

TrySubmitThreadpoolCallback 函数用于设置线程池工作线程调用的回调函数：

```
BOOL WINAPI TrySubmitThreadpoolCallback(
    _In_        PTP_SIMPLE_CALLBACK pfns,  // 回调函数 SimpleCallback
    _Inout_opt_ PVOID               pv,    // 传递给回调函数 SimpleCallback 的自定义数据
    _In_opt_    PTP_CALLBACK_ENVIRON pcbe); // 定义回调环境的 TP_CALLBACK_ENVIRON 结构的指针
```

回调函数的定义格式如下：

```
VOID CALLBACK SimpleCallback(
    _Inout_ PTP_CALLBACK_INSTANCE Instance, // 定义回调实例的 TP_CALLBACK_INSTANCE 结构的指针
    _Inout_opt_ PVOID             pv);      // TrySubmitThreadpoolCallback 函数传递过来的参数
```

5. 优雅地关闭 I/O 完成端口

在 Windows Vista 及以后的系统中，通过调用 CloseHandle 并传入一个完成端口的句柄，系统会将所有正在等待 GetQueuedCompletionStatus 返回的线程唤醒，GetQueuedCompletionStatus 函数会马上返回 FALSE，此时调用 GetLastError 会返回 ERROR_ABANDONED_WAIT_0，线程可以通过这种方式来确定退出的时机。

完成端口的设计初衷是与线程池配合使用，下面利用完成端口和线程池技术重写前面的 Server_Multiple 示例。SOCKETOBJ.h 头文件的内容没有变化，SOCKETOBJ 结构依然是为了记录每一个客户端的信息。每个套接字上的每个 I/O 操作都需要一个基于 OVERLAPPED 结构的自定义结构：

```
// I/O 操作类型
enum IOOPERATION
{
    IO_ACCEPT, IO_READ, IO_WRITE
};

// OVERLAPPED 结构和 I/O 唯一数据
typedef struct _PERIODATA
{
    OVERLAPPED      m_overlapped;       // 重叠结构
    SOCKET          m_socket;           // 通信套接字句柄
    WSABUF          m_wsaBuf;
```

```
    CHAR            m_szBuffer[BUF_SIZE];
    IOOPERATION   m_ioOperation;      // I/O 操作类型
}PERIODATA, *PPERIODATA;
```

　　m_socket 字段主要用于接受连接成功后创建一个基于这个套接字的套接字对象结构 SOCKETOBJ。如前所述，GetQueuedCompletionStatus 函数的 lpOverlapped 参数是一个输出参数，返回 I/O 操作函数当初指定的 OVERLAPPED 结构的地址，因此不需要像 Overlapped 模型那样创建 PERIODATA 节点，通过事件对象查找节点等。

　　单击"启动服务"按钮，调用 OnStart 函数，创建监听套接字，绑定，监听；创建 I/O 完成端口 g_hCompletionPort，设置线程池回调函数，将监听套接字与完成端口 g_hCompletionPort 相关联，调用 PostAccept 投递几个接受连接请求：

```
VOID OnStart()
{
    ULARGE_INTEGER uli = {0};
    // 2. 创建用于监听所有客户端请求的套接字
    g_socketListen = WSASocket(AF_INET, SOCK_STREAM, 0, NULL, 0, WSA_FLAG_OVERLAPPED);
    if (g_socketListen == INVALID_SOCKET)
    {
        MessageBox(g_hwnd, TEXT("创建监听套接字失败！"), TEXT("socket Error"), MB_OK);
        WSACleanup();
        return;
    }

    // 3. 将监听套接字与指定的 IP 地址、端口号捆绑
    sockaddr_in sockAddr;
    sockAddr.sin_family = AF_INET;
    sockAddr.sin_port = htons(8000);
    sockAddr.sin_addr.S_un.S_addr = INADDR_ANY;
    if (bind(g_socketListen, (sockaddr*)&sockAddr, sizeof(sockAddr)) == SOCKET_ERROR)
    {
        MessageBox(g_hwnd, TEXT("将监听套接字与指定的 IP 地址、端口号捆绑失败！"),
            TEXT("bind Error"), MB_OK);
        closesocket(g_socketListen);
        WSACleanup();
        return;
    }

    // 4. 使监听套节字进入监听（等待被连接）状态
    if (listen(g_socketListen, SOMAXCONN) == SOCKET_ERROR)
    {
        MessageBox(g_hwnd, TEXT("使监听套节字进入监听(等待被连接)状态失败！"),
            TEXT("listen Error"), MB_OK);
        closesocket(g_socketListen);
        WSACleanup();
        return;
    }
    // 服务器监听中...
    MessageBox(g_hwnd, TEXT("服务器监听中..."), TEXT("服务启动成功"), MB_OK);
```

```
    EnableWindow(GetDlgItem(g_hwnd, IDC_BTN_START), FALSE);

    // 5．创建 I/O 完成端口，当 GetQueuedCompletionStatus 函数返回 FALSE
    // 并且错误代码为 ERROR_ABANDONED_WAIT_0 的时候可以确定完成端口已关闭
    g_hCompletionPort = CreateIoCompletionPort(INVALID_HANDLE_VALUE, NULL, 0, 0);

    // 设置线程池中工作线程的回调函数，线程池会决定如何管理工作线程
    TrySubmitThreadpoolCallback(WorkerThreadProc, NULL, NULL);

    // 添加监听套接字节点
    PSOCKETOBJ pSocketObj = CreateSocketObj(g_socketListen);
    // 将监听套接字与完成端口 g_hCompletionPort 相关联，pSocket 作为句柄唯一数据
    CreateIoCompletionPort((HANDLE)g_socketListen, g_hCompletionPort, (ULONG_PTR)pSocketObj, 0);

    // 在此先投递物理处理器*2 个接受连接 I/O 请求，GetProcessorInformation 是自定义函数
    uli = GetProcessorInformation();
    for (DWORD i = 0; i < uli.HighPart * 2; i++)
        PostAccept();
}
```

PostAccept 函数中，创建一个 PPERIODATA 结构用于 AcceptEx 函数的 I/O 唯一数据，代码如下：

```
// 投递接受连接 I/O 请求
BOOL PostAccept()
{
    PPERIODATA pPerIOData = new PERIODATA;
    ZeroMemory(&pPerIOData->m_overlapped, sizeof(OVERLAPPED));
    pPerIOData->m_ioOperation = IO_ACCEPT;

    SOCKET socketAccept = WSASocket(AF_INET, SOCK_STREAM, 0, NULL, 0, WSA_FLAG_OVERLAPPED);
    pPerIOData->m_socket = socketAccept;

    BOOL bRet = AcceptEx(g_socketListen, socketAccept, pPerIOData->m_szBuffer, 0,
        sizeof(sockaddr_in) + 16, sizeof(sockaddr_in) + 16, NULL, (LPOVERLAPPED)pPerIOData);
    if (!bRet)
    {
        if (WSAGetLastError() != WSA_IO_PENDING)
            return FALSE;
    }

    return TRUE;
}
```

TrySubmitThreadpoolCallback 的回调函数为 WorkerThreadProc，负责对每个 I/O 请求进行处理：

```
// TrySubmitThreadpoolCallback 的回调函数
VOID CALLBACK WorkerThreadProc(PTP_CALLBACK_INSTANCE Instance, PVOID Context)
{
    sockaddr_in* pRemoteSockaddr;
    sockaddr_in* pLocalSockaddr;
    int nAddrlen = sizeof(sockaddr_in);
```

```
PSOCKETOBJ pSocketObj = NULL;      // 返回与套接字相关联的单句柄数据
PPERIODATA pPerIOData = NULL;      // 返回 I/O 操作函数指定的 OVERLAPPED 结构的地址
DWORD dwTrans;                     // 返回已完成的 I/O 操作所发送或接收的字节数
PSOCKETOBJ pSocket;                // 接受连接成功以后，添加一个套接字信息节点
BOOL bRet;
PSOCKETOBJ p;
CHAR szBuf[BUF_SIZE] = { 0 };

while (TRUE)
{
    bRet = GetQueuedCompletionStatus(g_hCompletionPort, &dwTrans,
        (PULONG_PTR)&pSocketObj, (LPOVERLAPPED*)&pPerIOData, INFINITE);
    if (!bRet)
    {
        if (GetLastError() == ERROR_ABANDONED_WAIT_0)    // 完成端口已关闭
        {
            break;
        }
        else                                             // 客户端已关闭
        {
            ZeroMemory(szBuf, BUF_SIZE);
            wsprintf(szBuf, "客户端[%s:%d] 已退出！", pSocketObj->m_szIP, pSocketObj->m_usPort);
            SendMessage(g_hListContent, LB_ADDSTRING, 0, (LPARAM)szBuf);

            // 释放句柄唯一数据
            FreeSocketObj(pSocketObj);

            // 释放 I/O 唯一数据
            delete pPerIOData;

            // 如果没有客户端在线，则禁用发送按钮
            if (g_nTotalClient == 1)        // 监听套接字占用了一个结构，所以是 1
                EnableWindow(g_hBtnSend, FALSE);

            continue;
        }
    }

    // 对已完成的 I/O 操作进行处理，进行到这里，接受连接或数据收发工作已经完成
    switch (pPerIOData->m_ioOperation)
    {
    case IO_ACCEPT:
    {
        // 接受连接已成功，创建套接字信息结构，添加一个节点
        pSocket = CreateSocketObj(pPerIOData->m_socket);

        // 将通信套接字与完成端口 g_hCompletionPort 相关联，pSocket 作为句柄唯一数据
        CreateIoCompletionPort((HANDLE)pSocket->m_socket,
            g_hCompletionPort, (ULONG_PTR)pSocket, 0);
```

```
        ZeroMemory(szBuf, BUF_SIZE);
        GetAcceptExSockaddrs(pPerIOData->m_szBuffer, 0, sizeof(sockaddr_in) + 16,
            sizeof(sockaddr_in) + 16, (LPSOCKADDR*)&pLocalSockaddr, &nAddrlen,
            (LPSOCKADDR*)&pRemoteSockaddr, &nAddrlen);
        inet_ntop(AF_INET, &pRemoteSockaddr->sin_addr.S_un.S_addr,
            pSocket->m_szIP, _countof(pSocket->m_szIP));
        pSocket->m_usPort = ntohs(pRemoteSockaddr->sin_port);
        wsprintf(szBuf, "客户端[%s:%d] 已连接! ", pSocket->m_szIP, pSocket->m_usPort);
        SendMessage(g_hListContent, LB_ADDSTRING, 0, (LPARAM)szBuf);
        EnableWindow(g_hBtnSend, TRUE);

        // 释放 I/O 唯一数据
        delete pPerIOData;

        // 投递一个接收数据请求
        PostRecv(pSocket->m_socket);

        // 继续投递一个接受连接请求
        PostAccept();
    }
    break;

    case IO_READ:
    {
        ZeroMemory(szBuf, BUF_SIZE);
        wsprintf(szBuf, "客户端[%s:%d]说: %s", pSocketObj->m_szIP,
            pSocketObj->m_usPort, pPerIOData->m_szBuffer);
        SendMessage(g_hListContent, LB_ADDSTRING, 0, (LPARAM)szBuf);

        // 释放 I/O 唯一数据
        delete pPerIOData;

        // 把接收到的数据分发到每一个客户端
        p = g_pSocketObjHeader;
        while (p != NULL)
        {
            if (p->m_socket != g_socketListen && p->m_socket != pSocketObj->m_socket)
                PostSend(p->m_socket, szBuf, strlen(szBuf));

            p = p->m_pNext;
        }

        // 继续投递接收数据请求
        PostRecv(pSocketObj->m_socket);
    }
    break;

    case IO_WRITE:
        // 释放 I/O 唯一数据
        delete pPerIOData;
        break;
```

```
        }
      }
    }
```

执行到 case IO_ACCEPT，说明 PostAccept 函数投递的接受连接已经成功，创建一个套接字对象结构，并将通信套接字与完成端口 g_hCompletionPort 相关联，然后在这个套接字上投递一个接收数据请求，并继续投递一个接受连接请求。

case IO_READ 用于对接收到的客户端数据进行处理，并继续投递接收数据请求。case IO_WRITE 是发送数据完成后的处理，这里只需要释放 I/O 唯一数据即可。PPERIODATA 结构是每一个 I/O 请求都需要的数据结构，在 case IO_ACCEPT、case IO_READ、case IO_WRITE 处理中不再需要这个结构时必须释放。

为了管理 I/O 完成端口，系统用到了几个与 I/O 完成端口相关的数据结构，其中一个是等待线程队列（等待处理 I/O 请求），当线程池中的每个线程调用 GetQueuedCompletionStatus 时，调用线程的线程 ID 会被添加到这个等待线程队列，这使 I/O 完成端口内核对象始终都能够知道当前有哪些线程正在等待对已完成的 I/O 请求进行处理。当完成端口的 I/O 完成队列中出现一项时，该完成端口会唤醒等待线程队列中的一个线程，这个线程会得到已完成 I/O 项中的所有信息：已传输的字节数、完成键和 OVERLAPPED 结构的地址，这些信息是通过传给 GetQueuedCompletionStatus 的 lpNumberOfBytes、lpCompletionKey 以及 lpOverlapped 参数来返回给线程的。

投递发送数据 I/O 请求的函数为 PostSend，投递接收数据 I/O 请求的函数为 PostRecv，这两个函数同样都需要创建一个 PPERIODATA 结构用于收发函数的 I/O 唯一数据：

```
// 投递发送数据 I/O 请求
BOOL PostSend(SOCKET s, LPTSTR pStr, int nLen)
{
    DWORD dwFlags = 0;
    PPERIODATA pPerIOData = new PERIODATA;
    ZeroMemory(&pPerIOData->m_overlapped, sizeof(OVERLAPPED));
    pPerIOData->m_ioOperation = IO_WRITE;
    ZeroMemory(pPerIOData->m_szBuffer, BUF_SIZE);
    strcpy_s(pPerIOData->m_szBuffer, BUF_SIZE, pStr);
    pPerIOData->m_wsaBuf.buf = pPerIOData->m_szBuffer;
    pPerIOData->m_wsaBuf.len = BUF_SIZE;

    int nRet = WSASend(s, &pPerIOData->m_wsaBuf, 1, NULL, dwFlags, (LPOVERLAPPED)pPerIOData, NULL);
    if (nRet == SOCKET_ERROR)
    {
        if (WSAGetLastError() != WSA_IO_PENDING)
            return FALSE;
    }

    return TRUE;
}

// 投递接收数据 I/O 请求
BOOL PostRecv(SOCKET s)
{
```

```
    DWORD dwFlags = 0;
    PPERIODATA pPerIOData = new PERIODATA;
    ZeroMemory(&pPerIOData->m_overlapped, sizeof(OVERLAPPED));
    pPerIOData->m_ioOperation = IO_READ;
    ZeroMemory(pPerIOData->m_szBuffer, BUF_SIZE);
    pPerIOData->m_wsaBuf.buf = pPerIOData->m_szBuffer;
    pPerIOData->m_wsaBuf.len = BUF_SIZE;

    int nRet = WSARecv(s, &pPerIOData->m_wsaBuf, 1, NULL, &dwFlags, (LPOVERLAPPED)pPerIOData, NULL);
    if (nRet == SOCKET_ERROR)
    {
        if (WSAGetLastError() != WSA_IO_PENDING)
            return FALSE;
    }

    return TRUE;
}

// 按下发送按钮
VOID OnSend()
{
    CHAR szBuf[BUF_SIZE] = { 0 };
    CHAR szMsg[BUF_SIZE] = { 0 };

    GetWindowText(g_hEditMsg, szBuf, BUF_SIZE);
    wsprintf(szMsg, "服务器说: %s", szBuf);
    SendMessage(g_hListContent, LB_ADDSTRING, 0, (LPARAM)szMsg);
    SetWindowText(g_hEditMsg, "");

    // 向每一个客户端发送数据
    PSOCKETOBJ p = g_pSocketObjHeader;
    while (p != NULL)
    {
        if (p->m_socket != g_socketListen)
            PostSend(p->m_socket, szMsg, strlen(szMsg));

        p = p->m_pNext;
    }
}
```

　　客户端代码没有变化，完整代码参见 Server_IOCP 项目。要设计一个稳定的基于 I/O 完成端口的服务器系统需要考虑很多问题，如果想将它扩展到大型的服务器/客户端应用程序，必须对更多情况进行处理。

9.4.7　深入介绍 I/O 完成端口

　　I/O 完成端口为在多 CPU 系统上处理多个并发异步 I/O 请求提供了一种高效的线程模型。与在收到 I/O 请求时创建一个工作线程相比，处理多个并发异步 I/O 请求的进程可以通过将 I/O 完成端口与线程池结合使用以更快、更高效地完成。I/O 完成端口是一个内核对象，但是 I/O 完成端口仅与创建它的进程相关联，不能在进程间共享。创建 I/O 完成端口对象的 CreateIoCompletionPort 函数并没有一个安全属性结构参数。创建一个 I/O 完成端口时，系统会创建 5 个数据结构对其进行管理，这 5 个数据结构分别是设备列表、I/O 完成队列（先进先出）、等待线程队列（后进先出）、已释放线程列表和已暂停线程列表。

第 1 个数据结构是一个设备列表，表示与完成端口相关联的一个或多个设备（文件，还可以是套接字、邮件槽和管道等），设备列表中的每一项都包含文件句柄和完成键。当调用 CreateIoCompletionPort 函数时，可以创建一个 I/O 完成端口对象并将其与指定的文件句柄相关联，这会导致在设备列表中添加一项；当关闭文件句柄时，会从设备列表中删除对应的项目。

第 2 个数据结构是一个 I/O 完成队列。当有一个异步 I/O 操作已完成时，完成端口会将这个已完成的异步 I/O 操作添加到 I/O 完成队列的末尾。I/O 完成队列中的每一项是一个完成包，每个完成包都包含已完成的异步 I/O 操作已传输的字节数、调用 CreateIoCompletionPort 函数时通过 CompletionKey 参数传递的完成键、I/O 操作函数当初指定的 OVERLAPPED 结构的地址和 I/O 操作的状态代码。另外，程序可以通过调用 PostQueuedCompletionStatus 函数将一个自定义的 I/O 完成包投递到 I/O 完成队列，通过该函数可以执行一些自定义的操作，程序也可以通过该函数与线程池中的所有线程进行通信。调用 GetQueuedCompletionStatus 函数可以获得 I/O 完成队列中的完成包，该函数还会把对应的完成包从 I/O 完成队列中删除。

PostQueuedCompletionStatus 函数原型如下：

```
BOOL WINAPI PostQueuedCompletionStatus(
    _In_      HANDLE       CompletionPort,    // I/O 完成包将被投递到的 I/O 完成端口的句柄
    _In_      DWORD        dwNumberOfBytes,   // 要通过 GetQueuedCompletionStatus 函数的
                                              // lpNumberOfBytes 参数返回的值
    _In_      ULONG_PTR    dwCompletionKey,   // 要通过 GetQueuedCompletionStatus 函数的
                                              // lpCompletionKey 参数返回的值
    _In_opt_  LPOVERLAPPED lpOverlapped);     // 要通过 GetQueuedCompletionStatus 函数的
                                              // lpOverlapped 参数返回的值
```

第 3 个数据结构是一个等待线程队列，当线程池中的线程调用 GetQueuedCompletionStatus 函数获取 I/O 完成队列中的 I/O 完成包时，调用线程的线程 ID 会被添加到等待线程队列中，等待线程队列中的每一项都会包含一个线程 ID，这使得 I/O 完成端口知道有哪些线程正在等待对已完成的 I/O 操作进行处理。调用 GetQueuedCompletionStatus 函数会使调用线程进入睡眠状态，当 I/O 完成端口的 I/O 完成队列中出现一项的时候，I/O 完成端口会唤醒等待线程队列中的一个线程，该线程会通过 GetQueuedCompletionStatus 函数的 lpNumberOfBytes 参数、lpCompletionKey 参数和 lpOverlapped 参数获取到已传输的字节数、完成键和 OVERLAPPED 结构的地址。成功调用 GetQueuedCompletionStatus 函数会删除 I/O 完成队列中的对应项目，获取和删除 I/O 完成队列项（完成包）以先进先出的方式进行。但是，完成端口唤醒调用 GetQueuedCompletionStatus 函数的线程以后进先出的方式进行，假设等待线程队列中有 4 个线程正在等待对已完成的 I/O 操作进行处理，此时如果 I/O 完成队列中出现了一项，那么最后一个调用 GetQueuedCompletionStatus 函数的线程（假设线程 A）会被唤醒以处理该项已完成的 I/O 操作，当线程 A 处理完该 I/O 完成队列项后，线程 A 会继续负责调用 GetQueuedCompletionStatus 函数获取 I/O 完成队列中的完成包并进入等待线程队列，如果现在 I/O 完成队列中再次出现了一项，线程 A 会被唤醒以处理新的 I/O 完成队列项。如果 I/O 请求比较少，使得一个线程就可以轻松应付处理，那么

完成端口会始终唤醒同一个线程，其他线程继续保持睡眠状态。通过使用这种后进先出算法，系统可以将未被调度线程的内存资源换出到硬盘并清除处理器中对应的高速缓存。

　　如果预计会不断地收到大量的 I/O 操作完成包，可以调用 GetQueuedCompletionStatusEx 函数从 I/O 完成队列中同时获取多个完成包，调用该函数可以避免多个线程同时等待完成包，从而避免因为线程环境切换而带来的系统开销。GetQueuedCompletionStatusEx 函数原型如下：

```
BOOL WINAPI GetQueuedCompletionStatusEx(
    _In_  HANDLE             CompletionPort,          // CreateIoCompletionPort 函数创建的完
                                                      // 成端口句柄
    _Out_ LPOVERLAPPED_ENTRY lpCompletionPortEntries, // OVERLAPPED_ENTRY 结构数组
    _In_  ULONG              ulCount,                 // OVERLAPPED_ENTRY 结构数组中的的数组
                                                      // 元素个数
    _Out_ PULONG             pulNumEntriesRemoved,    // 从 I/O 完成队列中实际删除的完成包的个数
    _In_  DWORD              dwMilliseconds,          // 超时时间，等待完成包出现在完成端口的毫秒
    _In_  BOOL               fAlertable);             // 调用线程是否处于可通知的等待状态
```

- lpCompletionPortEntries 参数指定为一个 OVERLAPPED_ENTRY 结构数组，ulCount 参数指定数组元素个数，函数会在每个数组元素中返回已经完成的 I/O 操作的已传输字节数、完成键和 OVERLAPPED 结构的地址。OVERLAPPED_ENTRY 结构在 minwinbase.h 头文件中定义如下：

```
typedef struct _OVERLAPPED_ENTRY {
    ULONG_PTR     lpCompletionKey;          // 与文件句柄相关联的完成键，单句柄数据
    LPOVERLAPPED  lpOverlapped;             // I/O 操作函数指定的 OVERLAPPED 结构的地址
    ULONG_PTR     Internal;                 // 保留字段
    DWORD         dwNumberOfBytesTransferred; // 已完成的 I/O 操作已传输(所发送或接收)的字节数
} OVERLAPPED_ENTRY, * LPOVERLAPPED_ENTRY;
```

- fAlertable 参数指定调用线程是否处于可通知的等待状态，通常设置为 FALSE。如果该参数设置为 TRUE 并且 I/O 完成队列中没有完成包，那么调用线程会进入可通知的等待状态，当系统将 I/O 完成例程或 APC 排队到线程并且执行时，函数返回；如果该参数设置为 FALSE，那么函数在超时时间已过或获取到完成包之前不会返回。

　　当至少有一个挂起的 I/O 操作完成时，函数返回 TRUE，但是也有可能有的 I/O 操作是失败状态，因此需要检查 lpCompletionPortEntries 参数中返回的每个数组元素，通过查看 lpCompletionPortEntries[i].lpOverlapped->Internal 字段来确定哪个 I/O 操作是失败的。如果超时时间已过或发生错误或完成端口已经关闭，函数返回 FALSE，可以通过调用 GetLastError 函数获取错误代码。如果是因为完成端口已经关闭而返回 FALSE，调用 GetLastError 函数会返回 ERROR_ABANDONED_WAIT_0。

　　第 4 个和第 5 个数据结构分别是已释放线程列表和已暂停线程列表。当完成端口唤醒一个线程时，该线程的线程 ID 保存在已释放线程列表中，完成端口通过已释放线程列表可以知道有哪些线程已经被唤醒并监视它们的执行情况。如果一个已经释放的线程因为调用一些函数从而进入等待状态，完成端口会将该线程的线程 ID 从已释放线程列表中移除，然后将这个线程 ID 保存到已暂停线程列表中。

　　根据在创建完成端口时指定的并发线程的数量，完成端口将尽可能多的线程保持在已释放线程列表中，如果一个已释放线程（假设线程 A）因为一些原因而进入等待状态，那么线程 A 会进入已暂停

线程列表，已释放线程列表会缩减一项，现在完成端口就可以释放另一个正在等待的线程。如果线程 A 再次被唤醒，那么它会离开已暂停线程列表并重新进入已释放线程列表，这意味着有时候已释放线程列表中的线程数量会大于允许的最大并发线程数量。但是，在正在运行的线程数量降低到允许的最大并发线程数量前，完成端口不会再继续唤醒任何其他线程，完成端口体系结构假定可运行线程的数量只会在很短的一段时间内高于允许的最大并发线程数量，一旦线程进入下一次循环并调用 GetQueuedCompletionStatus 函数，可运行线程的数量就会迅速下降，这也同时解释了为什么线程池中的线程数量应该大于在完成端口中设置的并发线程数量。

下面实现一个基于 I/O 完成端口的文件复制示例程序 FileCopyDemo。通过对异步过程调用和完成端口模型这两节的学习，读者可以很容易理解本程序。程序运行效果如图 9.6 所示：

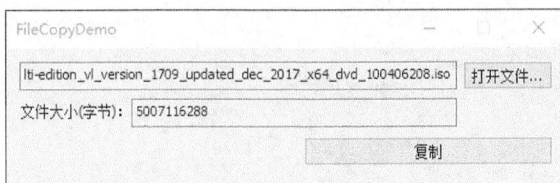

图 9.6

用户点击"打开文件..."按钮，程序调用 GetOpenFileName 函数获取源文件路径并显示在第 1 个编辑框中，同时获取文件大小（可以大于 4GB）并显示在第 2 个编辑框中；用户点击"复制"按钮，程序获取源文件路径，设置目标文件路径为"源文件名_复制.***"的形式（***还是源文件后缀名），然后调用自定义函数 FileCopy 开始复制工作。

本程序中的完成键仅用于指定 I/O 操作类型，每一个 I/O 请求都需要一个 OVERLAPPED 结构，为此我们定义了一个 I/O 唯一数据类，继承自 OVERLAPPED 结构。如下所示：

```
// I/O 操作类型
enum IOOPERATION { IO_UNKNOWN, IO_READ, IO_WRITE };

// I/O 唯一数据类，继承自 OVERLAPPED 结构
class PERIODATA : public OVERLAPPED {
public:
    PERIODATA()
    {
        Internal = InternalHigh = 0;
        Offset = OffsetHigh = 0;
        hEvent = NULL;

        m_nBuffSize = 0;
        m_pData = NULL;
    }

    ~PERIODATA()
    {
        if (m_pData != NULL)
            VirtualFree(m_pData, 0, MEM_RELEASE);
```

```
    }

    BOOL AllocBuffer(SIZE_T nBuffSize)
    {
        m_nBuffSize = nBuffSize;
        m_pData = VirtualAlloc(NULL, m_nBuffSize, MEM_COMMIT, PAGE_READWRITE);

        return m_pData != NULL;
    }

    BOOL Read(HANDLE hFile, PLARGE_INTEGER pliOffset = NULL)
    {
        if (pliOffset != NULL)
        {
            Offset = pliOffset->LowPart;
            OffsetHigh = pliOffset->HighPart;
        }

        return ReadFile(hFile, m_pData, m_nBuffSize, NULL, this);
    }

    BOOL Write(HANDLE hFile, PLARGE_INTEGER pliOffset = NULL)
    {
        if (pliOffset != NULL)
        {
            Offset = pliOffset->LowPart;
            OffsetHigh = pliOffset->HighPart;
        }

        return WriteFile(hFile, m_pData, m_nBuffSize, NULL, this);
    }

private:
    SIZE_T m_nBuffSize;
    LPVOID m_pData;
};
```

PERIODATA 类中的 Read/Write 函数分别调用的是 ReadFile/WriteFile 函数。文件句柄与 I/O 完成端口相关联后，不能使用 ReadFileEx/WriteFileEx 函数读写文件，因为这两个函数有自己的异步 I/O 机制。另外，最好不要通过句柄继承或调用 DuplicateHandle 函数等方式来共享已经与 I/O 完成端口相关联的文件句柄，使用复制句柄执行 I/O 操作也会生成完成通知，建议慎重考虑。

还定义了如下常量：

```
#define BUFSIZE              (64 * 1024)      // 缓冲区大小，内存分配粒度大小
#define MAX_PENDING_IO_REQS  4                // 最大 I/O 请求数
```

缓冲区大小设置为内存分配粒度大小作为每次读写的单位，自定义函数 FileCopy 中调用 CreateFile 时指定了 FILE_FLAG_NO_BUFFERING 不使用系统缓存。就本例来说使用该标志可以稍微提高效率，3.2.7 节已经介绍过使用该标志时需要注意的问题，读者可以自行回看。

本程序仅是演示基于 I/O 完成端口的文件操作，自定义函数 FileCopy 的代码如下所示：

```
BOOL FileCopy(LPCTSTR pszFileSrc, LPCTSTR pszFileDest)
{
    HANDLE          hFileSrc = INVALID_HANDLE_VALUE;          // 源文件句柄
    HANDLE          hFileDest = INVALID_HANDLE_VALUE;         // 目标文件句柄
    LARGE_INTEGER   liFileSizeSrc = { 0 };                    // 源文件大小
    LARGE_INTEGER   liFileSizeDest = { 0 };                   // 目标文件大小
    HANDLE          hCompletionPort;                          // 完成端口句柄
    PERIODATA       arrPerIOData[MAX_PENDING_IO_REQS];        // I/O 唯一数据对象数组
    LARGE_INTEGER   liNextReadOffset = { 0 };                 // 读取源文件使用的文件偏移
    INT             nReadsInProgress = 0;                     // 正在进行中的读取请求的个数
    INT             nWritesInProgress = 0;                    // 正在进行中的写入请求的个数

    // 打开源文件，不使用系统缓存，异步 I/O
    hFileSrc = CreateFile(pszFileSrc, GENERIC_READ, FILE_SHARE_READ, NULL, OPEN_EXISTING,
        FILE_ATTRIBUTE_NORMAL | FILE_FLAG_NO_BUFFERING | FILE_FLAG_OVERLAPPED, NULL);
    if (hFileSrc == INVALID_HANDLE_VALUE)
    {
        MessageBox(g_hwndDlg, TEXT("打开文件失败"), TEXT("提示"), MB_OK);
        return FALSE;
    }

    // 创建目标文件，最后一个参数设置为 hFileSrc 表示目标文件使用和源文件相同的属性
    hFileDest = CreateFile(pszFileDest, GENERIC_WRITE, FILE_SHARE_READ, NULL, CREATE_ALWAYS,
        FILE_ATTRIBUTE_NORMAL | FILE_FLAG_NO_BUFFERING | FILE_FLAG_OVERLAPPED, hFileSrc);
    if (hFileDest == INVALID_HANDLE_VALUE)
    {
        MessageBox(g_hwndDlg, TEXT("创建文件失败"), TEXT("提示"), MB_OK);
        return FALSE;
    }

    // 获取源文件大小
    GetFileSizeEx(hFileSrc, &liFileSizeSrc);

    // 目标文件大小设置为内存分配粒度的整数倍
    liFileSizeDest.QuadPart = ((liFileSizeSrc.QuadPart / BUFSIZE) * BUFSIZE) +
        (((liFileSizeSrc.QuadPart % BUFSIZE) > 0) ? BUFSIZE : 0);

    // 设置目标文件大小，扩展到内存分配粒度的整数倍，这是为了以内存分配粒度为单位进行 I/O 操作
    SetFilePointerEx(hFileDest, liFileSizeDest, NULL, FILE_BEGIN);
    SetEndOfFile(hFileDest);

    // 创建 I/O 完成端口，并将其与源文件和目标文件的文件句柄相关联，注意使用了不同的完成键
    hCompletionPort = CreateIoCompletionPort(INVALID_HANDLE_VALUE, NULL, 0, 0);
    if (hCompletionPort != NULL)
    {
        CreateIoCompletionPort(hFileSrc, hCompletionPort, IO_READ, 0);
        CreateIoCompletionPort(hFileDest, hCompletionPort, IO_WRITE, 0);
    }
```

```
else
{
    return FALSE;
}

// 在此先投递 MAX_PENDING_IO_REQS（这里是 4）个写入操作完成包，从而开始读取源文件工作
for (int i = 0; i < MAX_PENDING_IO_REQS; i++)
{
    arrPerIOData[i].AllocBuffer(BUFSIZE);
    PostQueuedCompletionStatus(hCompletionPort, 0, IO_WRITE, &arrPerIOData[i]);
    nWritesInProgress++;
}

// 循环直至所有 I/O 操作完成
while ((nReadsInProgress > 0) || (nWritesInProgress > 0))
{
    ULONG_PTR   CompletionKey;
    DWORD       dwNumberOfBytesTransferred;
    PERIODATA* pPerIOData;

    GetQueuedCompletionStatus(hCompletionPort, &dwNumberOfBytesTransferred,
        &CompletionKey, (LPOVERLAPPED*)&pPerIOData, INFINITE);

    switch (CompletionKey)
    {
    case IO_READ:     // 读取源文件的一部分操作完成，开始写入目标文件
        nReadsInProgress--;
        pPerIOData->Write(hFileDest);
        nWritesInProgress++;
        break;

    case IO_WRITE:     // 写入目标文件的一部分操作完成，开始读取源文件
        nWritesInProgress--;
        if (liNextReadOffset.QuadPart < liFileSizeDest.QuadPart)
        {
            pPerIOData->Read(hFileSrc, &liNextReadOffset);
            nReadsInProgress++;
            liNextReadOffset.QuadPart += BUFSIZE;
        }
        break;
    }
}

// 复制操作已经完成，清理工作
CloseHandle(hFileSrc);
CloseHandle(hFileDest);
if (hCompletionPort != NULL)
    CloseHandle(hCompletionPort);

// 设置目标文件为实际大小，这次不使用 FILE_FLAG_NO_BUFFERING，文件操作不受扇区大小对齐这个限制
```

```
hFileDest = CreateFile(pszFileDest, GENERIC_WRITE, FILE_SHARE_READ, NULL, OPEN_EXISTING,
    FILE_ATTRIBUTE_NORMAL, NULL);
if (hFileDest == INVALID_HANDLE_VALUE)
{
    MessageBox(g_hwndDlg, TEXT("设置目标文件大小失败"), TEXT("提示"), MB_OK);
    return FALSE;
}
else
{
    SetFilePointerEx(hFileDest, liFileSizeSrc, NULL, FILE_BEGIN);
    SetEndOfFile(hFileDest);
    CloseHandle(hFileDest);
}

return TRUE;
}
```

注释较为详尽，读者可以自行理解。

9.4.8　深入介绍线程池

线程池是代表应用程序高效执行异步回调的工作线程的集合，主要用于减少应用程序线程的数量并提供对工作线程的管理。

本节介绍与线程池相关的工作对象、计时器对象、等待对象和 I/O 完成对象，这些对象所用的函数基本类似。如果需要创建一个可靠、高效的应用程序，建议使用本节提供的技术。

线程池可以应用于以下应用程序：

- 高度并行的应用程序，可以异步调度大量的小型工作项（例如分布式索引搜索或网络 I/O）；
- 需要频繁创建和销毁线程并且每个线程都运行很短时间的应用程序，使用线程池可以降低线程管理的复杂度以及线程创建和销毁所涉及的系统开销；
- 在后台并行处理独立工作项的应用程序（例如加载多个选项卡）；
- 在内核对象上执行独占等待或在一个对象上等待某个事件从而阻塞的应用程序，使用线程池可以减少线程环境切换的次数，从而降低线程管理的复杂性并提高性能；
- 创建一个线程以等待某个事件的应用程序。

1. 以异步方式调用回调函数

TrySubmitThreadpoolCallback 函数用于请求线程池工作线程调用指定的回调函数。注意，本节介绍的线程池函数包括 TrySubmitThreadpoolCallback 仅用于 Windows Vista 及以后的操作系统，因为 Windows Vista 对线程池进行了重新架构并引入了一组新的线程池 API。

调用 TrySubmitThreadpoolCallback 函数请求线程池工作线程调用指定的回调函数通过将一个线程池工作对象（工作对象包括一个回调函数指针和一个 LPVOID 类型的指针等）添加到线程池中来实现，这是以异步方式调用函数的一种方法。

程序也可以使用显式创建工作对象的方法以异步方式调用函数，通过调用 CreateThreadpoolWork 函数创建一个工作对象，然后调用 SubmitThreadpoolWork 函数将工作对象提交到线程池中，线程池中的工作线程会调用 CreateThreadpoolWork 函数指定的回调函数。

CreateThreadpoolWork 函数用于创建一个线程池工作对象，函数原型如下：

```
PTP_WORK WINAPI CreateThreadpoolWork(
  _In_        PTP_WORK_CALLBACK    pfnwk,    // 将工作对象提交到线程池中的时候, 工作线程调用的回调函数
  _Inout_opt_ PVOID                pv,       // 传递给回调函数的自定义数据
  _In_opt_    PTP_CALLBACK_ENVIRON pcbe);    // 定义回调环境的 TP_CALLBACK_ENVIRON 结构的指针
```

- pfnwk 参数是一个 PTP_WORK_CALLBACK 类型的回调函数指针，每次调用 SubmitThreadpoolWork 函数将工作对象提交到线程池中的时候，线程池中的工作线程都会调用该回调函数。回调函数的定义格式：

```
VOID CALLBACK WorkCallback(
  _Inout_     PTP_CALLBACK_INSTANCE Instance, // 定义回调实例的 TP_CALLBACK_INSTANCE 结构的指针
  _Inout_opt_ PVOID                 Context,  // CreateThreadpoolWork 函数传递过来的参数
  _Inout_     PTP_WORK              Work);    // 定义生成回调的工作对象的 TP_WORK 结构
```

- pv 参数是传递给回调函数的自定义数据。
- pcbe 参数指定为定义回调环境的 TP_CALLBACK_ENVIRON 结构的指针。在调用 CreateThreadpoolWork 函数前，可以使用 InitializeThreadpoolEnvironment 函数来初始化 TP_CALLBACK_ENVIRON 结构；如果该参数设置为 NULL，则回调函数会在默认回调环境（进程的默认线程池）中执行。

如果函数执行成功，则返回一个指向定义线程池工作对象的 TP_WORK 结构的指针，应用程序不可以修改该结构；如果函数执行失败，则返回值为 NULL，可以通过调用 GetLastError 函数获取错误代码。

SubmitThreadpoolWork 函数用于将一个工作对象提交到线程池中，线程池中的工作线程会调用 CreateThreadpoolWork 函数创建的工作对象的回调函数。函数原型如下：

```
VOID WINAPI SubmitThreadpoolWork(
  _Inout_ PTP_WORK pwk);    // CreateThreadpoolWork 函数返回的定义工作对象的 TP_WORK 结构的指针
```

程序可以通过调用 SubmitThreadpoolWork 函数一次或多次提交工作对象到线程池中，而无须等待先前的回调完成，因此回调可以并行执行。为了提高效率，线程池可能会限制并发执行线程的数量。

在某些情况下，比如内存不足或配额限制，TrySubmitThreadpoolCallback 函数调用可能会失败，因此可以使用 CreateThreadpoolWork 函数显式创建一个工作对象，然后调用 SubmitThreadpoolWork 函数将工作对象提交到线程池中。我们注意到 SubmitThreadpoolWork 函数的返回值类型为 VOID，可以认为该函数调用不会失败。

再介绍两个与工作对象相关的函数。WaitForThreadpoolWorkCallbacks 函数用于等待工作对象的回调函数执行完成，该函数还可以选择是否取消尚未开始执行的工作对象中的回调函数。函数原型如下：

```
VOID WINAPI WaitForThreadpoolWorkCallbacks(
  _Inout_ PTP_WORK pwk,    // CreateThreadpoolWork 函数返回的定义工作对象的 TP_WORK 结构的指针
  _In_    BOOL     fCancelPendingCallbacks);    // 是否取消尚未开始执行的工作对象中的回调函数
```

如果工作对象尚未提交，该函数会立即返回。

CloseThreadpoolWork 函数用于关闭并释放指定的工作对象：

```
VOID WINAPI CloseThreadpoolWork(
  _Inout_ PTP_WORK pwk);    // CreateThreadpoolWork 函数返回的定义工作对象的 TP_WORK 结构的指针
```

如果工作对象中没有未完成的回调函数，则会立即释放工作对象；如果工作对象中存在尚未完成的回调函数，则在回调函数执行完成后会异步释放工作对象。

如果存在与工作对象关联的清理组，则无须调用该函数。调用 CloseThreadpoolCleanupGroupMembers 函数会释放与清理组关联的工作对象、计时器对象和等待对象。

本小节的示例程序可以参见 Chapter9\ThreadPool\AsyncCallFunction 项目。

2. 每隔一段时间调用一个回调函数

线程池计时器对象和可等待计时器对象（Waitable Timer）用法类似，但是如果需要异步调用机制，Microsoft 建议不要使用 APC 机制，例如不要通过 SetWaitableTimer/SetWaitableTimerEx 函数的 pfnCompletionRoutine 参数指定的完成例程，而是使用更可靠、高效的线程池计时器对象。

CreateThreadpoolTimer 函数创建一个线程池计时器对象：

```
PTP_TIMER WINAPI CreateThreadpoolTimer(
  _In_          PTP_TIMER_CALLBACK  pfnti, // 计时器对象时间已到的时候要调用的回调函数
  _Inout_opt_   PVOID               pv,    // 传递给回调函数的自定义数据
  _In_opt_      PTP_CALLBACK_ENVIRON pcbe); // 定义回调环境的 TP_CALLBACK_ENVIRON 结构的指针
```

- pfnti 参数是一个 PTP_TIMER_CALLBACK 类型的回调函数指针，计时器对象时间已到时，线程池中的工作线程会调用该回调函数。回调函数的定义格式：

```
VOID CALLBACK TimerCallback(
  _Inout_      PTP_CALLBACK_INSTANCE Instance,  // 定义回调实例的TP_CALLBACK_INSTANCE结构的指针
  _Inout_opt_  PVOID                 Context,   // CreateThreadpoolTimer 函数传递过来的参数
  _Inout_      PTP_TIMER             Timer);    // 定义生成回调的计时器对象的 TP_TIMER 结构
```

- pv 参数是传递给回调函数的自定义数据，pcbe 参数指定为定义回调环境的 TP_CALLBACK_ENVIRON 结构的指针，这两个参数的用法和 CreateThreadpoolWork 函数相同。

如果函数执行成功，则返回一个指向定义线程池计时器对象的 TP_TIMER 结构的指针，应用程序不可以修改该结构；如果函数执行失败，则返回值为 NULL，可以通过调用 GetLastError 函数获取错误代码。

创建线程池计时器对象后，可以通过调用 SetThreadpoolTimer 函数设置计时器对象，当计时器对象时间已到时，线程池中的工作线程会调用 CreateThreadpoolTimer 函数创建的计时器对象的回调函数。函数原型如下：

```
VOID WINAPI SetThreadpoolTimer(
  _Inout_  PTP_TIMER pti,              // CreateThreadpoolTimer 函数返回的定义计时器对象的TP_TIMER
  _In_opt_ PFILETIME pftDueTime,       // 指定计时器对象触发(调用回调函数)的时间，UTC 时间
  _In_     DWORD     msPeriod,         // 指定计时器对象多久触发一次，以毫秒为单位
  _In_opt_ DWORD     msWindowLength);  // 执行计时器对象回调之前可以延迟的最长时间，以毫秒为单位
```

- pti 参数指定为 CreateThreadpoolTimer 函数返回的定义计时器对象的 TP_TIMER 结构的指针。
- pftDueTime 参数指定计时器对象触发（调用回调函数）的时间，该参数是一个指向 FILETIME 文件时间结构的指针。如果该参数设置为正数，表示一个 UTC 绝对时间，程序可以取得一个 SYSTEMTIME 时间，调用 SystemTimeToFileTime 函数转换为本地文件时间，然后调用 LocalFileTimeToFileTime 函数转换为 UTC 文件时间；如果该参数设置为 NULL，表示停止调用

计时器对象的回调函数，但是正在执行的回调函数不受影响；如果该参数设置为一个指向字段全为 0 的 FILETIME 的结构，则立即触发；如果指定一个相对时间，这时该参数需要设置为负数，以 100 纳秒为单位。1 秒为 10 000 000 个 100 纳秒。

- msPeriod 参数表示计时器对象在第一次触发后每隔多久触发一次，即计时器对象应该以怎样的频度触发，以毫秒为单位。可以把该参数设置为一个正数，表示计时器对象是周期性的，每经过指定的时间后计时器对象就触发一次，直到调用 CloseThreadpoolTimer 函数关闭计时器对象或调用 SetThreadpoolTimer 函数重新设置计时器对象。如果该参数设置为 0，表示计时器对象是一次性的，只会触发一次。
- msWindowLength 参数指定执行计时器对象回调前可以延迟的最长时间，以毫秒为单位。函数会在指定的触发时间到指定的触发时间加 msWindowLength 毫秒这个范围内触发，这增加了随机性。同时，设置该参数也可以实现让线程池中的一个工作线程批量调用回调函数以节省电源和系统开销，如果程序有大量的计时器对象需要在几乎相同的时间触发，例如，假设计时器对象 A 在 5 毫秒后触发，计时器对象 B 在 6 毫秒后触发，那么 5 毫秒后计时器对象 A 的回调函数会被调用，然后工作线程会回到线程池并进入睡眠状态，随即该线程会被再次唤醒以调用计时器对象 B 的回调函数，为了避免线程环境切换以及线程唤醒、睡眠这种系统开销，程序可以将计时器对象 A 和计时器对象 B 的 msWindowLength 参数设置为 2，现在线程池知道计时器对象 A 会在 5 毫秒到 7 毫秒之后触发，而计时器对象 B 会在 6 毫秒到 8 毫秒之后触发，这种情况下，线程池可以在 6 毫秒时对这两个计时器对象进行批量处理，线程池只会唤醒一个线程，先让它执行计时器对象 A 的回调函数，再让它执行计时器对象 B 的回调函数，最后让该线程回到线程池中进入睡眠状态。如果多个计时器对象的触发频度非常接近，通过指定该参数可以节省电源和系统开销。

如果需要重新设置计时器对象的触发时间或频率，只需要再次调用 SetThreadpoolTimer 函数并设置新的参数。

WaitForThreadpoolTimerCallbacks 函数用于等待计时器对象的回调函数执行完成，该函数还可以选择是否取消尚未开始执行的计时器对象中的回调函数。函数原型如下：

```
VOID WINAPI WaitForThreadpoolTimerCallbacks(
    _Inout_ PTP_TIMER pti, // CreateThreadpoolTimer 函数返回的定义计时器对象的 TP_TIMER 结构的指针
    _In_    BOOL    fCancelPendingCallbacks); // 是否取消尚未开始执行的计时器对象中的回调函数
```

CloseThreadpoolTimer 函数用于关闭并释放指定的计时器对象：

```
VOID WINAPI CloseThreadpoolTimer(
    _Inout_ PTP_TIMER pti); // CreateThreadpoolTimer 函数返回的定义计时器对象的 TP_TIMER 结构的指针
```

如果计时器对象中没有未完成的回调函数，则会立即释放计时器对象；如果计时器对象中存在尚未完成的回调函数，则在回调函数执行完成后会异步释放计时器对象。

在某些情况下，计时器对象的回调函数可能会在调用 CloseThreadpoolTimer 函数后执行，为了避免这种情况，应该按如下步骤处理：调用 SetThreadpoolTimer/SetThreadpoolTimerEx 函数，并将 pftDueTime 参数设置为 NULL、将 msPeriod 和 msWindowLength 参数设置为 0，即停止调用计时器对象的回调函数；调用 WaitForThreadpoolTimerCallbacks 函数，并将 fCancelPendingCallbacks 参数设置为 TRUE，即等待计时器对象的回调函数执行完成并取消尚未开始执行的计时器对象中的回调函数；最后

调用 CloseThreadpoolTimer 函数关闭并释放计时器对象。

如果存在与计时器对象关联的清理组，则无须调用该函数。调用 CloseThreadpoolCleanupGroupMembers 函数会释放与清理组关联的工作对象、计时器对象和等待对象。

IsThreadpoolTimerSet 函数用于判断指定的计时器对象是否已被设置，即是否已经调用 SetThreadpoolTimer/ SetThreadpoolTimerEx 函数并且 pftDueTime 参数设置了非 NULL 值。函数原型如下：

```
BOOL WINAPI IsThreadpoolTimerSet(
    _Inout_ PTP_TIMER pti); // CreateThreadpoolTimer 函数返回的定义计时器对象的 TP_TIMER 结构的指针
```

具体示例程序参见 Chapter9\ThreadPool\TimerObject 项目。

3. 当内核对象触发的时候调用一个回调函数

有时候程序创建一个线程的目的可能是为了等待一个内核对象，有时候甚至会让多个线程等待同一个内核对象，这是对系统资源的极端浪费。本部分内容介绍线程池等待对象，与工作对象和计时器对象类似，等待对象主要涉及 CreateThreadpoolWait、SetThreadpoolWait、WaitForThreadpoolWaitCallbacks 和 CloseThreadpoolWait 四个函数。

CreateThreadpoolWait 函数用于创建一个线程池等待对象：

```
PTP_WAIT WINAPI CreateThreadpoolWait(
    _In_        PTP_WAIT_CALLBACK   pfnwa,   // 等待的内核对象触发或超时时间已过的时候调用的回调函数
    _Inout_opt_ PVOID               pv,      // 传递给回调函数的自定义数据
    _In_opt_    PTP_CALLBACK_ENVIRON pcbe);   // 定义回调环境的 TP_CALLBACK_ENVIRON 结构的指针
```

- pfnwa 参数是一个 PTP_WAIT_CALLBACK 类型的回调函数指针，当等待的内核对象触发或超时时间已过的时候线程池中的工作线程会调用该回调函数。回调函数的定义格式：

```
VOID CALLBACK WaitCallback(
    _Inout_     PTP_CALLBACK_INSTANCE Instance, // 定义回调实例的 TP_CALLBACK_INSTANCE 结构的指针
    _Inout_opt_ PVOID                 Context,   // CreateThreadpoolWait 函数传递过来的参数
    _Inout_     PTP_WAIT              Wait,      // 定义生成回调的等待对象的 TP_WAIT 结构
    _In_        TP_WAIT_RESULT        WaitResult);// 等待结果
```

- pv 和 pcbe 参数的用法和 CreateThreadpoolWork、CreateThreadpoolTimer 函数的同名参数类似。

回调函数的 WaitResult 参数表示等待结果。线程池在内部会调用 WaitForMultipleObjects 函数，该函数要等待的内核对象句柄数组参数 lpHandles 由 SetThreadpoolWait 函数传入，bWaitAll 参数会被设置为 FALSE。当 lpHandles 数组中任何一个内核对象触发时线程池中的工作线程都会调用回调函数，因此 WaitResult 参数的等待结果可以是 WAIT_OBJECT_0 或 WAIT_TIMEOUT。

如果 CreateThreadpoolWait 函数执行成功，则返回一个指向定义线程池等待对象的 TP_TIMER 结构的指针，应用程序不可以修改该结构；如果函数执行失败，则返回值为 NULL，可以通过调用 GetLastError 函数获取错误代码。

创建一个线程池等待对象后，可以通过调用 SetThreadpoolWait 函数设置等待对象，当等待的内核对象触发或超时时间已过时，线程池中的工作线程会调用 CreateThreadpoolWait 函数创建的等待对象的回调函数。函数原型如下：

```
VOID WINAPI SetThreadpoolWait(
    _Inout_  PTP_WAIT   pwa,            // CreateThreadpoolWait 函数返回的定义等待对象的 TP_WAIT 结构的指针
    _In_opt_  HANDLE    h,              // 内核对象句柄
    _In_opt_  PFILETIME pftTimeout);    // 指定等待对象触发(调用回调函数)的时间, UTC 时间
```

- h 参数指定为一个内核对象句柄。如果该参数设置为 NULL, 表示停止调用等待对象的回调函数, 但是正在执行的回调函数不受影响。
- pftTimeout 参数指定等待对象触发（调用回调函数）的时间, 该参数是一个指向 FILETIME 文件时间结构的指针。如果该参数设置为正数, 表示一个 UTC 绝对时间, 程序可以取得 SYSTEMTIME, 调用 SystemTimeToFileTime 函数转换为本地文件时间, 然后调用 LocalFileTimeToFileTime 函数转换为 UTC 文件时间; 如果该参数设置为 NULL, 表示一直等待, 超时时间永不过时; 如果该参数设置为一个指向字段全为 0 的 FILETIME 的结构, 则立即超时; 如果指定一个相对时间, 这时该参数需要设置为负数, 以 100 纳秒为单位。

有以下两点需要注意。

（1）一个等待对象只能等待一个内核对象句柄, 调用 SetThreadpoolWait 函数设置等待对象的句柄会替换之前的句柄（如果有）;

（2）当内核对象触发后, 会变为不活跃（Inactive）状态。如果还需要使用该内核对象, 必须重新调用 SetThreadpoolWait 函数设置才可以。当然, 根据具体场景可以使用不同的参数调用 SetThreadpoolWait 函数。

WaitForThreadpoolWaitCallbacks 函数用于等待等待对象的回调函数执行完成, 该函数还可以选择是否取消尚未开始执行的等待对象中的回调函数; CloseThreadpoolWait 函数用于关闭并释放指定的等待对象。这两个函数的函数原型如下:

```
VOID WINAPI WaitForThreadpoolWaitCallbacks(
    _Inout_  PTP_WAIT pwa,   // CreateThreadpoolWait 函数返回的定义等待对象的 TP_WAIT 结构的指针
    _In_     BOOL     fCancelPendingCallbacks);   // 是否取消尚未开始执行的等待对象中的回调函数
VOID WINAPI CloseThreadpoolWait(
    _Inout_  PTP_WAIT pwa);  // CreateThreadpoolWait 函数返回的定义等待对象的 TP_WAIT 结构的指针
```

如果等待对象中没有未完成的回调函数, 则会立即释放等待对象; 如果等待对象中存在尚未完成的回调函数, 则在回调函数执行完成后会异步释放等待对象。

在某些情况下, 等待对象的回调函数可能会在调用 CloseThreadpoolWait 函数后执行, 为了避免这种情况, 应该按如下步骤处理: 调用 SetThreadpoolWait/SetThreadpoolWaitEx 函数, 并将 h 参数设置为 NULL, 即停止调用等待对象的回调函数; 调用 WaitForThreadpoolWaitCallbacks 函数, 并将 fCancelPendingCallbacks 参数设置为 TRUE, 即等待等待对象的回调函数执行完成并取消尚未开始执行的等待对象中的回调函数; 最后调用 CloseThreadpoolWait 函数关闭并释放等待对象。

如果存在与等待对象关联的清理组, 则无须调用 CloseThreadpoolWait 函数; 如果调用 CloseThreadpoolCleanupGroupMembers 函数, 则会释放与清理组关联的工作对象、计时器对象和等待对象。

4. 当异步 I/O 请求完成的时候调用一个回调函数

线程池 I/O 完成对象主要涉及 CreateThreadpoolIo、StartThreadpoolIo、CancelThreadpoolIo、WaitForThreadpoolIoCallbacks 和 CloseThreadpoolIo 五个函数。

CreateThreadpoolIo 函数用于创建一个 I/O 完成对象：

```
PTP_IO WINAPI CreateThreadpoolIo(
    _In_        HANDLE               fl,     // 要绑定到 I/O 完成对象的文件句柄
    _In_        PTP_WIN32_IO_CALLBACK pfnio, // 异步 I/O 操作完成的时候调用的回调函数
    _Inout_opt_ PVOID                pv,     // 传递给回调函数的自定义数据
    _In_opt_    PTP_CALLBACK_ENVIRON pcbe);  // 定义回调环境的 TP_CALLBACK_ENVIRON 结构的指针
```

pfnio 参数是一个 PTP_WIN32_IO_CALLBACK 类型的回调函数指针，当异步 I/O 操作完成时线程池中的工作线程会调用该回调函数。回调函数的定义格式：

```
VOID CALLBACK IoCompletionCallback(
    _Inout_     PTP_CALLBACK_INSTANCE Instance,  // 定义回调实例的 TP_CALLBACK_INSTANCE 结构的指针
    _Inout_opt_ PVOID                 Context,    // CreateThreadpoolIo 函数传递过来的参数
    _Inout_opt_ PVOID                 Overlapped, // I/O 操作函数当初指定的 OVERLAPPED 结构的地址
    _In_        ULONG                 IoResult,   // I/O 操作的结果，NO_ERROR 表示成功，否则失败
    _In_        ULONG_PTR             NumberOfBytes, // 已完成的异步 I/O 操作已传输的字节数
    _Inout_     PTP_IO                Io);        // 定义生成回调的 I/O 完成对象的 TP_IO 结构
```

如果 CreateThreadpoolIo 函数执行成功，则返回一个指向定义线程池 I/O 完成对象的 TP_IO 结构的指针，应用程序不可以修改该结构；如果函数执行失败，则返回值为 NULL，可以调用 GetLastError 函数获取错误代码。

调用 CreateThreadpoolIo 函数创建一个 I/O 完成对象后，在启动每个异步 I/O 操作前，必须调用 StartThreadpoolIo 函数通知线程池开始接收异步 I/O 完成回调。当绑定到 I/O 完成对象的文件句柄上的异步 I/O 操作完成时，线程池中的工作线程会调用 CreateThreadpoolIo 函数创建的 I/O 完成对象的回调函数。函数原型如下：

```
VOID WINAPI StartThreadpoolIo(
    _Inout_ PTP_IO pio);   // CreateThreadpoolIo 函数返回的定义 I/O 完成对象的 TP_IO 结构的指针
```

需要注意以下几点。

（1）在启动每个（注意是每个）异步 I/O 操作前（例如调用 ReadFile/WriteFile 函数），必须调用一次 StartThreadpoolIo 函数，否则线程池会忽略异步 I/O 操作完成回调并导致内存破坏；

（2）如果异步 I/O 操作失败（操作结果不是 NO_ERROR），必须调用 CancelThreadpoolIo 函数取消本次完成通知；

（3）如果绑定到 I/O 完成对象的文件句柄具有 FILE_SKIP_COMPLETION_PORT_ON_SUCCESS 通知模式并且异步 I/O 操作成功返回，则不会调用 I/O 完成对象的回调函数，在这种情况下也必须调用 CancelThreadpoolIo 函数取消本次完成通知。

CancelThreadpoolIo 函数用于取消通过调用 StartThreadpoolIo 函数得到的完成通知：

```
VOID WINAPI CancelThreadpoolIo(
    _Inout_ PTP_IO pio);   // CreateThreadpoolIo 函数返回的定义 I/O 完成对象的 TP_IO 结构的指针
```

WaitForThreadpoolIoCallbacks 函数用于等待 I/O 完成对象的回调函数执行完成，该函数还可以选择是否取消尚未开始执行的 I/O 完成对象中的回调函数。函数原型如下：

```
VOID WINAPI WaitForThreadpoolIoCallbacks(
    _Inout_ PTP_IO pio,      // CreateThreadpoolIo 函数返回的定义 I/O 完成对象的 TP_IO 结构的指针
    _In_    BOOL fCancelPendingCallbacks); // 是否取消尚未开始执行的 I/O 完成对象中的回调函数
```

CloseThreadpoolIo 函数用于关闭并释放指定的 I/O 完成对象:

```
VOID WINAPI CloseThreadpoolIo(
    _Inout_ PTP_IO pio);     // CreateThreadpoolIo 函数返回的定义 I/O 完成对象的 TP_IO 结构的指针
```

如果 I/O 完成对象中没有未完成的回调函数, 则会立即释放 I/O 完成对象; 如果 I/O 完成对象中存在尚未完成的回调函数, 则在回调函数执行完成以后会异步释放 I/O 完成对象。

调用该函数前, 应该首先关闭关联的文件句柄并等待所有未完成的异步 I/O 操作完成; 调用该函数后, 程序不可以再向 I/O 完成对象发起任何 I/O 请求。

允许用户取消操作缓慢或阻塞的 I/O 请求可以增强应用程序的可用性和健壮性, 例如, 有时一个函数调用可能会非常缓慢或阻塞, 这时程序可以取消本次操作, 并使用新的参数进行再次调用, 而不需要终止应用程序。I/O 请求可以在线程池的任何线程上执行, 取消线程池中线程上的 I/O 请求需要同步, 因为调用取消函数和处理 I/O 请求的线程可能不是同一个线程, 这会导致未知 I/O 操作的取消。为了避免这种情况, 在为异步 I/O 调用 CancelIoEx 函数时应该指定所需取消 I/O 请求的 OVERLAPPED 结构的地址, 或者自己使用同步机制来确保在目标线程调用 CancelIoEx 函数前没有再启动其他 I/O 请求。

5. 当回调函数返回时

在回调函数中可以调用 LeaveCriticalSectionWhenCallbackReturns、ReleaseMutexWhenCallbackReturns、ReleaseSemaphoreWhenCallbackReturns、SetEventWhenCallbackReturns 或 FreeLibraryWhenCallbackReturns 函数。当回调函数执行完成时, 线程池会释放指定的关键段对象、互斥量对象、信号量对象的所有权、将指定的事件对象设置为有信号状态或卸载指定的动态链接库。这些函数的函数原型如下:

```
VOID WINAPI LeaveCriticalSectionWhenCallbackReturns(
    _Inout_ PTP_CALLBACK_INSTANCE pci,
    _Inout_ PCRITICAL_SECTION      pCS);
VOID WINAPI ReleaseMutexWhenCallbackReturns(
    _Inout_ PTP_CALLBACK_INSTANCE pci,
    _In_    HANDLE                 hMutex);
VOID WINAPI ReleaseSemaphoreWhenCallbackReturns(
    _Inout_ PTP_CALLBACK_INSTANCE pci,
    _In_    HANDLE                 hSemaphore,
    _In_    DWORD                  dwReleaseCount);
VOID WINAPI SetEventWhenCallbackReturns(
    _Inout_ PTP_CALLBACK_INSTANCE pci,
    _In_    HANDLE                 hEvent);
VOID WINAPI FreeLibraryWhenCallbackReturns(
    _Inout_ PTP_CALLBACK_INSTANCE pci,
    _In_    HMODULE                hModule);
```

参数 pci 直接使用回调函数的 Instance 参数即可, 表示定义回调实例的 TP_CALLBACK_INSTANCE 结构的指针, 也就是线程池当前正在处理的一个工作对象、计时器对象、等待对象或 I/O 完成对象。

调用上述函数, 当回调函数执行完成时, 线程池会自动调用 LeaveCriticalSection、ReleaseMutex、ReleaseSemaphore、SetEvent 或 FreeLibrary 函数。

　　需要注意的是，在回调函数中只能调用上述函数中的其中一个，假设分别调用了 LeaveCritical SectionWhenCallbackReturns 和 ReleaseMutexWhenCallbackReturns，那么后一个调用会覆盖前一个调用。

　　下面简单介绍一下最后一个函数 FreeLibraryWhenCallbackReturns。假设回调函数是在动态链接库中实现的，如果程序希望在回调函数执行完成后卸载该动态链接库，在回调函数中不能调用 FreeLibrary 函数，因为动态链接库已经卸载，FreeLibrary 返回时会引发访问违规，而在回调函数中调用 FreeLibraryWhenCallbackReturns 可以成功达到目的。

　　再介绍两个可以在回调函数中使用的函数。CallbackMayRunLong 函数表示回调函数操作需要较长时间才可以完成：

```
BOOL WINAPI CallbackMayRunLong(_Inout_ PTP_CALLBACK_INSTANCE pci);
```

　　在回调函数中调用 CallbackMayRunLong 函数表示操作需要较长时间才可以完成，而线程池会尽量减少应用程序线程的数量，因此本次回调可能会导致线程池队列中的其他工作项得不到及时处理。如果线程池中的另一个线程可以用于处理其他工作项或者线程池能够创建一个新的线程，则函数返回 TRUE，在这种情况下，当前回调函数可以放心使用当前线程；否则，函数返回 FALSE，在这种情况下，线程池在延迟一段时间后会尝试创建一个新的线程，但这会影响线程池执行效率。为了提高线程池执行效率，如果 CallbackMayRunLong 函数返回 FALSE，程序可以考虑将该回调函数分块，将不同的块作为工作项提交到线程池的队列中。

　　DisassociateCurrentThreadFromCallback 函数用于解除当前正在执行的回调函数与发起回调的对象之间的关联，当前线程将不再为该对象执行回调函数，如果当前线程是最后一个代表该对象执行回调的线程，那么任何等待对象回调完成的线程都将被释放。函数原型如下：

```
VOID WINAPI DisassociateCurrentThreadFromCallback(_Inout_ PTP_CALLBACK_INSTANCE pci);
```

　　也就是说，调用 DisassociateCurrentThreadFromCallback 函数相当于告诉线程池工作已经完成，任何因为调用 WaitForThreadpoolWorkCallbacks、WaitForThreadpoolTimerCallbacks、WaitForThreadpoolWaitCallbacks 或 WaitForThreadpoolIoCallbacks 函数而被阻塞的线程可以尽快返回。

6. 创建自己的线程池

　　前面介绍的创建工作对象、计时器对象、等待对象和 I/O 完成对象的函数都有一个 pcbe 参数，表示定义回调环境的 TP_CALLBACK_ENVIRON 结构的指针，如果该参数设置为 NULL，则回调函数会在默认回调环境(进程的默认线程池)中执行，进程默认线程池的算法能够满足大多数应用程序的需求。

　　除了使用进程的默认线程池，程序还可以通过调用 CreateThreadpool 函数创建一个新的线程池以执行回调。函数原型如下：

```
PTP_POOL WINAPI CreateThreadpool(_Reserved_ PVOID reserved);   // reserved 是保留参数，必须为 NULL
```

　　如果函数执行成功，则返回一个指向定义新分配线程池的 TP_POOL 结构的指针，应用程序不可以修改该结构；如果函数执行失败，则返回值为 NULL，可以通过调用 GetLastError 函数获取错误代码。

　　创建新的线程池对象后，应该接着调用 SetThreadpoolThreadMinimum 和 SetThreadpoolThreadMaximum 函数分别设置线程池的最小和最大并发线程数。默认情况下，最小并发线程数为 1，最大并发线程数为 500。这两个函数的函数原型如下：

```
BOOL WINAPI SetThreadpoolThreadMinimum(
    _Inout_  PTP_POOL ptpp,                   // CreateThreadpool 函数返回的定义线程池的 TP_POOL 结构的指针
    _In_     DWORD    dwMinThreadCount);      // 最小并发线程数
VOID WINAPI SetThreadpoolThreadMaximum(
    _Inout_  PTP_POOL ptpp,                   // CreateThreadpool 函数返回的定义线程池的 TP_POOL 结构的指针
    _In_     DWORD    dwMaxThreadCount);      // 最大并发线程数
```

如果将最小和最大并发线程数设置为相同的值，线程池会创建一组线程。在线程池的生命周期内，这些线程永远不会被销毁，有时候可能需要这一特性。

要使用新的线程池，还必须将线程池与回调环境相关联。SetThreadpoolCallbackPool 函数用于设置指定线程池的回调环境：

```
VOID SetThreadpoolCallbackPool(
    _Inout_  PTP_CALLBACK_ENVIRON pcbe,  // 定义回调环境的 TP_CALLBACK_ENVIRON 结构的指针
    _In_     PTP_POOL             ptpp); // CreateThreadpool 函数返回的定义线程池的 TP_POOL 结构的指针
```

- pcbe 参数指定为定义回调环境的 TP_CALLBACK_ENVIRON 结构的指针，程序可以通过调用 InitializeThreadpoolEnvironment 函数来初始化一个 TP_CALLBACK_ENVIRON 结构以用于该函数。当不再需要回调环境来创建新的线程池对象时，应该调用 DestroyThreadpoolEnvironment 函数销毁回调环境。InitializeThreadpoolEnvironment 和 DestroyThreadpoolEnvironment 函数原型如下：

```
VOID InitializeThreadpoolEnvironment(
    _Out_    PTP_CALLBACK_ENVIRON pcbe);    // 一个指向 TP_CALLBACK_ENVIRON 结构的指针
VOID DestroyThreadpoolEnvironment(
    _Inout_  PTP_CALLBACK_ENVIRON pcbe);    // 上面函数初始化的 TP_CALLBACK_ENVIRON 结构的指针
```

- ptpp 参数指定为 CreateThreadpool 函数返回的定义线程池的 TP_POOL 结构的指针。

  当不再需要所创建的线程池对象时，应该调用 CloseThreadpool 函数关闭并释放线程池：

```
VOID WINAPI CloseThreadpool(
    _Inout_  PTP_POOL ptpp);    // CreateThreadpool 函数返回的定义线程池的 TP_POOL 结构的指针
```

如果没有未完成的工作对象、计时器对象、等待对象或 I/O 完成对象绑定到线程池中，则线程池会被立即关闭并释放；否则，线程池会在未完成的对象被释放后异步释放。

再介绍两个函数。调用 SetThreadpoolCallbackRunsLong 函数表示与回调环境相关联的回调函数操作需要较长时间才可以完成：

```
VOID SetThreadpoolCallbackRunsLong(      // 参数 pcbe 指定为 InitializeThreadpoolEnvironment
    _Inout_  PTP_CALLBACK_ENVIRON pcbe); // 函数初始化的 TP_CALLBACK_ENVIRON 结构的指针
```

通过这个信息，线程池可以更好地确定何时应该创建一个新的线程。

调用 SetThreadpoolCallbackLibrary 函数表示通知线程池只要有未完成的回调，要确保指定的动态链接库保持加载状态：

```
VOID SetThreadpoolCallbackLibrary(            // 参数pcbe指定为InitializeThreadpoolEnvironment
    _Inout_  PTP_CALLBACK_ENVIRON pcbe,        // 函数初始化的 TP_CALLBACK_ENVIRON 结构的指针
    _In_     PVOID                pModule);    // DLL 模块句柄
```

如果回调函数可能会获取加载程序锁，那么应该调用该函数，这样可以防止在 DllMain 中的一个线程正在等待回调函数结束而另一个正在执行回调函数的线程尝试获取加载程序锁时发生死锁。如果包含回调函数的动态链接库可能被卸载，那么 DllMain 中的清理代码必须在释放对象前取消未完成的回调。

7. 线程池清理组

程序可以创建一个线程池清理组（Cleanup Group），通过一个回调环境 TP_CALLBACK_ENVIRON 结构将工作对象、计时器对象、等待对象或 I/O 完成对象与清理组相关联，当调用释放清理组的函数时，会自动清理上述对象。

CreateThreadpoolCleanupGroup 函数用于创建一个线程池清理组：

```
PTP_CLEANUP_GROUP WINAPI CreateThreadpoolCleanupGroup(VOID);
```

如果函数执行成功，则返回一个指向定义新分配线程池清理组的 TP_CLEANUP_GROUP 结构的指针，应用程序不可以修改该结构；如果函数执行失败，则返回值为 NULL，可以通过调用 GetLastError 函数获取错误代码。

创建线程池清理组后，应该接着调用 SetThreadpoolCallbackCleanupGroup 函数将清理组与指定的回调环境相关联：

```
VOID SetThreadpoolCallbackCleanupGroup(
   _Inout_  PTP_CALLBACK_ENVIRON                pcbe,   // TP_CALLBACK_ENVIRON 结构的指针
   _In_     PTP_CLEANUP_GROUP                   ptpcg,  // 定义清理组的 TP_CLEANUP_GROUP 结构的指针
   _In_opt_ PTP_CLEANUP_GROUP_CANCEL_CALLBACK pfng);   // 清理回调函数
```

- pcbe 参数指定为 InitializeThreadpoolEnvironment 函数初始化的 TP_CALLBACK_ENVIRON 结构的指针。
- ptpcg 参数指定为 CreateThreadpoolCleanupGroup 函数返回的定义线程池清理组的 TP_CLEANUP_GROUP 结构的指针。
- pfng 参数是一个 PTP_CLEANUP_GROUP_CANCEL_CALLBACK 类型的回调函数的指针。如果在释放线程池关联的对象前取消清理组，会调用该回调函数；当调用 CloseThreadpoolCleanupGroupMembers 函数的时候也会调用该回调函数。

回调函数的定义格式如下：

```
VOID NTAPI CleanupGroupCancelCallback(
   _Inout_opt_ PVOID ObjectContext,   // 调用 CreateThreadpool*创建对象时指定的自定义数据
   _Inout_opt_ PVOID CleanupContext); // CloseThreadpoolCleanupGroupMembers 函数传递过来的参数
```

调用以下函数之一会导致从清理组中隐式添加一个成员：

```
CreateThreadpoolWork
CreateThreadpoolTimer
CreateThreadpoolWait
CreateThreadpoolIo
```

调用以下函数之一会导致从清理组中隐式删除一个成员：

```
CloseThreadpoolWork
CloseThreadpoolTimer
```

```
CloseThreadpoolWait
CloseThreadpoolIo
```

当然，前提是工作对象、计时器对象、等待对象或 I/O 完成对象会通过回调环境与清理组相关联。

CloseThreadpoolCleanupGroupMembers 函数用于释放指定清理组中的所有成员，等待所有正在进行中的回调函数完成，该函数还可以选择是否取消任何未完成的回调函数：

```
VOID WINAPI CloseThreadpoolCleanupGroupMembers(
    _Inout_     PTP_CLEANUP_GROUP ptpcg,                    // 定义清理组的TP_CLEANUP_GROUP结构的指针
    _In_        BOOL              fCancelPendingCallbacks,// 是否取消尚未开始执行的对象中的回调函数
    _Inout_opt_ PVOID             pvCleanupContext);      // 传递给清理回调函数的自定义数据
```

- ptpcg 参数指定为 CreateThreadpoolCleanupGroup 函数返回的定义清理组的 TP_CLEANUP_GROUP 结构的指针。
- fCancelPendingCallbacks 参数用于指定是否取消尚未开始执行的任何对象中的回调函数。
- pvCleanupContext 参数是传递给清理回调函数 CleanupGroupCancelCallback 的自定义数据。

CloseThreadpoolCleanupGroupMembers 函数会阻塞，直到所有正在执行的任何回调函数完成。函数返回后，清理组中的任何对象都会被释放，因此程序不应该再通过调用 CloseThreadpoolWork 一类的函数来单独释放任何对象。

关闭清理组不会影响关联的回调环境，回调环境会一直存在，直到调用 DestroyThreadpoolEnvironment 函数销毁。

调用 CloseThreadpoolCleanupGroupMembers 函数不会关闭清理组本身，清理组会一直存在，直到调用 CloseThreadpoolCleanupGroup 函数关闭清理组。函数原型如下：

```
VOID WINAPI CloseThreadpoolCleanupGroup(
    _Inout_ PTP_CLEANUP_GROUP ptpcg);// CreateThreadpoolCleanupGroup 函数返回的TP_CLEANUP_GROUP结构
```

9.5　IPHelper API 及其他函数

IPHelper API 可以获取关于本地计算机的网络配置信息并通过修改该配置来辅助本地计算机的网络管理，适用于以编程方式操作网络和 TCP/IP 配置，典型的应用包括 IP 路由协议和简单网络管理协议（SNMP）代理，IPHelper 还提供通知机制，以确保当本地计算机网络配置的某些方面改变时通知应用程序。

IPHelper API 的主要功能如下。

- 获取网络配置信息。
- 网络适配器（网卡）管理。
- 管理接口，IPHelper 扩展了管理网络接口的能力，在给定的计算机上，接口和适配器之间存在一一对应关系，接口是 IP 级抽象，而适配器是数据链级抽象。
- 管理 IP 地址。
- 使用地址解析协议 ARP。

- 获取因特网协议 IP 和因特网控制消息协议 ICMP 的信息。
- 管理路由。
- 接收网络事件通知。
- 获取有关传输控制协议 TCP 和用户数据报协议 UDP 的信息。

IPHelper API 由动态链接库 IPHLPAPI.dll 提供，头文件为 IPHlpApi.h，对应的导入库文件为 IPHlpApi.lib。

9.5.1 获取本地计算机的网络适配器信息

GetAdaptersInfo 函数用于获取本地计算机的网络适配器信息：

```
DWORD GetAdaptersInfo(
  _Out_   PIP_ADAPTER_INFO pAdapterInfo, // 返回 IP_ADAPTER_INFO 结构类型的链表指针
  _Inout_ PULONG           pOutBufLen);   // 缓冲区的大小
```

- 第 2 个参数 pOutBufLen 指定 pAdapterInfo 参数所指向缓冲区的大小，如果缓冲区的大小不足以容纳返回的适配器信息，则 GetAdaptersInfo 函数用所需的大小填充该参数，并返回错误代码 ERROR_ BUFFER_OVERFLOW。如果函数执行成功，则返回值为 ERROR_SUCCESS。通常我们无法确定缓冲区所需大小，所以可以两次调用 GetAdaptersInfo 函数。第一次调用时将 pOutBufLen 参数指向的 ULONG 型变量设置为 0，函数会通过该参数返回所需的缓冲区大小，然后我们可以开辟这个大小的缓冲区，再进行第二次调用，即可返回所需的适配器信息。
- 第 1 个参数 pAdapterInfo 是一个指向 IP_ADAPTER_INFO 结构类型的链表指针，该结构在 IPTypes.h 头文件中定义如下：

```
typedef struct _IP_ADAPTER_INFO {
    struct _IP_ADAPTER_INFO* Next;                      // 指向适配器列表中下一个适配器的指针
    DWORD ComboIndex;                                   // 保留字段
    char AdapterName[MAX_ADAPTER_NAME_LENGTH + 4];        // 适配器的名称
    char Description[MAX_ADAPTER_DESCRIPTION_LENGTH + 4]; // 适配器的描述
    UINT AddressLength;                                 // 适配器的 MAC 地址的长度
    BYTE Address[MAX_ADAPTER_ADDRESS_LENGTH];  // 适配器的 MAC 地址，字节数组
    DWORD Index;        // 适配器索引，当禁用再启用适配器或其他一些情况下，适配器索引可能会改变
    UINT Type;          // 适配器类型
    UINT DhcpEnabled;                         // 是否为此适配器启用动态主机配置协议(DHCP)
    PIP_ADDR_STRING CurrentIpAddress;         // 保留字段
    IP_ADDR_STRING IpAddressList;             // 与此适配器关联的 IPv4 地址列表
    IP_ADDR_STRING GatewayList;               // 适配器上定义的 IP 地址的默认网关
    IP_ADDR_STRING DhcpServer;                // 适配器上定义的 DHCP 服务器的 IP 地址
    BOOL HaveWins;                            // 此适配器是否使用 Windows Internet 名称服务(WINS)
    IP_ADDR_STRING PrimaryWinsServer;         // 主要 WINS 服务器的 IPv4 地址
    IP_ADDR_STRING SecondaryWinsServer;       // 辅助 WINS 服务器的 IPv4 地址
    time_t LeaseObtained;                     // 当前 DHCP 租约的时间
    time_t LeaseExpires;                      // 当前 DHCP 租约期满的时间
} IP_ADAPTER_INFO, *PIP_ADAPTER_INFO;
```

下面编写获取本地网络配置信息的控制台程序，本实例获取到的信息包括网络适配器名称、描述、MAC 地址、IP 地址、子网掩码、默认网关和是否启用 DHCP 等，AdaptersInfo.cpp 源文件的内容如下：

```
#include <winsock2.h>                    // WinSock2 头文件
#include <IPHlpApi.h>
#include <stdio.h>

#pragma comment(lib, "Ws2_32")           // WinSock2 导入库
#pragma comment(lib, "IPHlpApi")         // IPHlpApi 导入库

int main()
{
    PIP_ADAPTER_INFO pAdapterInfo = NULL;  // IP_ADAPTER_INFO 结构体链表缓冲区的指针
    PIP_ADAPTER_INFO pAdapter = NULL;
    ULONG ulOutBufLen = 0;                 // 缓冲区的大小

    // 第一次调用返回所需缓冲区大小，然后分配缓冲区
    GetAdaptersInfo(pAdapterInfo, &ulOutBufLen);
    pAdapterInfo = (PIP_ADAPTER_INFO)new CHAR[ulOutBufLen];

    // 第二次调用返回所需的适配器信息
    if (GetAdaptersInfo(pAdapterInfo, &ulOutBufLen) == ERROR_SUCCESS)
    {
        pAdapter = pAdapterInfo;
        while (pAdapter)
        {
            // 适配器的名称
            printf("适配器的名称: \t%s\n", pAdapter->AdapterName);

            // 适配器的描述
            printf("适配器的描述: \t%s\n", pAdapter->Description);

            // 适配器的 MAC 地址
            printf("适配器 MAC 地址: \t");
            for (UINT i = 0; i < pAdapter->AddressLength; i++)
            {
                if (i == (pAdapter->AddressLength - 1))
                    printf("%.2X\n", (int)pAdapter->Address[i]);
                else
                    printf("%.2X-", (int)pAdapter->Address[i]);
            }

            // IP 地址
            printf("IP 地址: \t%s\n", pAdapter->IpAddressList.IpAddress.String);
            // 子网掩码
            printf("子网掩码: \t%s\n", pAdapter->IpAddressList.IpMask.String);

            // 默认网关
            printf("默认网关: \t%s\n", pAdapter->GatewayList.IpAddress.String);
```

```
        // 是否为此适配器启用动态主机配置协议(DHCP)
        if (pAdapter->DhcpEnabled)
        {
            printf("启用 DHCP: \t 是\n");
            printf("DHCP 服务器: \t%s\n", pAdapter->DhcpServer.IpAddress.String);
        }
        else
        {
            printf("启用 DHCP: \t 否\n");
        }

printf("***************************************************************\n");

        pAdapter = pAdapter->Next;
    }
}
else
{
    printf("GetAdaptersInfo 函数调用失败! \n");
}

delete[] pAdapterInfo;
return 0;
}
```

程序运行效果如图 9.7 所示。

图 9.7

GetAdaptersInfo 函数只能获取 IPv4 地址的信息，在 Windows XP 及更高版本系统中，调用 GetAdaptersAddresses 函数可以获取与本地计算机上的网络适配器相关联的 IPv4 和 IPv6 地址的信息：

```
ULONG WINAPI GetAdaptersAddresses(
    _In_    ULONG                  Family,          // 要获取的地址的地址族
    _In_    ULONG                  Flags,           // 要获取的地址类型
    _In_    PVOID                  Reserved,        // 保留字段
    _Inout_ PIP_ADAPTER_ADDRESSES  AdapterAddresses, // 返回 IP_ADAPTER_ADDRESSES 结构体链表的指针
    _Inout_ PULONG                 SizePointer);    // 缓冲区的大小
```

• 第 1 个参数 Family 指定要获取的地址族，可以是以下值。

AF_UNSPEC：返回与 IPv4 或 IPv6 相关的适配器的 IPv4 和 IPv6 地址。

AF_INET：只返回与 IPv4 相关的适配器的 IPv4 地址。

AF_INET6：只返回与 IPv6 相关的适配器的 IPv6 地址。

- 第 4 个参数 AdapterAddresses 是一个指向 IP_ADAPTER_ADDRESSES 结构的指针，定义在 IPTypes.h 头文件中，结构比较复杂。

如果函数执行成功，则返回值为 ERROR_SUCCESS。该函数的用法在此不再举例，详情参见 MSDN。

9.5.2 其他函数

1. ConnectEx

ConnectEx 函数建立到指定套接字的连接，并可以在建立连接后发送一块数据（只有面向连接的套接字才支持 ConnectEx 函数）：

```
BOOL PASCAL ConnectEx(
    _In_    SOCKET              s,         // 套接字句柄
    _In_    const struct sockaddr *name,   // sockaddr_in 结构，指定服务器的 IP 地址与端口号
    _In_    int                 namelen,   // 以字节为单位 sockaddr_in 结构的长度
    _In_opt_ PVOID              lpSendBuffer,   // 可选参数，连接建立后要发送数据的缓冲区指针
    _In_    DWORD               dwSendDataLength, // 可选参数，以字节为单位的缓冲区大小
    _Out_   LPDWORD             lpdwBytesSent,  // 可选参数，返回建立连接后实际发送的字节数
    _In_    LPOVERLAPPED        lpOverlapped);  // 重叠结构，不能为空
typedef void(*LPFN_CONNECTEX)();
```

如果函数执行成功，则返回值为 TRUE；如果执行失败，则返回值为 FALSE，可以调用 WSAGetLastError 函数获取错误代码，如果 WSAGetLastError 函数返回 ERROR_IO_PENDING，则说明连接操作已成功启动但仍在进行中。

ConnectEx 函数的函数指针可以在运行时通过调用 WSAIoctl 函数（指定 SIO_GET_EXTENSION_FUNCTION_POINTER 操作码）来动态获得，GUID 为 WSAID_CONNECTEX。

2. gethostname

gethostname 函数获取本地计算机的标准主机名：

```
int gethostname(
    _Out_ char *name,        // 接收本地主机名的缓冲区指针
    _In_  int namelen);      // 以字节为单位缓冲区的长度
```

如果函数执行成功，则返回值为 0，否则返回 SOCKET_ERROR，可以通过调用 WSAGetLastError 函数获取错误代码。

3. gethostbyname

gethostbyname 函数返回指定主机名的包含主机名称和地址信息的 hostent 结构的指针：

```
struct hostent* FAR gethostbyname(
    _In_ const char *name);    // 以零结尾的主机名称
```

如果函数执行成功，则返回包含主机名称和地址信息的 hostent 结构的指针，否则返回 NULL，可以通过调用 WSAGetLastError 函数获取错误代码。

建议使用 getaddrinfo 函数代替 gethostbyname，getaddrinfo 可以获取 IPv4 和 IPv6 地址。
hostent 结构的定义如下：

```
struct  hostent {
    char     FAR*      h_name;           // 主机名称
    char     FAR* FAR* h_aliases;        // 主机名称的别名
    short              h_addrtype;       // 地址类型，通常是 AF_INET
    short              h_length;         // 以字节为单位的地址长度
    char     FAR* FAR* h_addr_list;      // 网络字节顺序的主机地址列表
#define h_addr        h_addr_list[0] };
```

示例代码如下：

```
CHAR szBuf[64];
CHAR szIP[16] = { 0 };;
gethostname(szBuf, _countof(szBuf));
hostent *pHost = gethostbyname(szBuf);
inet_ntop(AF_INET, pHost->h_addr_list[0], szIP, _countof(szIP));
printf("%s\n", szIP);
```

输出结果如下：

```
192.168.0.112
```

4. TransmitFile

TransmitFile 函数在一个已连接的套接字上传输文件数据，该函数使用操作系统的缓存管理器来获取文件数据，在套接字上提供高性能的文件数据传输：

```
BOOL PASCAL TransmitFile(
    SOCKET                    hSocket,                // 面向连接的套接字句柄
    HANDLE                    hFile,                  // 已打开的要传输的文件的文件句柄
    DWORD                     nNumberOfBytesToWrite,  // 要传输的文件的字节数，设置为 0 表示传输整个文件
    DWORD                     nNumberOfBytesPerSend,  // 每次发送的数据块的大小，设置为 0 表示默认大小
    LPOVERLAPPED              lpOverlapped,           // 指向重叠结构的指针
    LPTRANSMIT_FILE_BUFFERS   lpTransmitBuffers,      // 指向传输文件缓冲区数据结构的指针
    DWORD                     dwFlags);               // 函数调用行为的一组标志
typedef void(*LPFN_TRANSMITFILE)();
```

- 第 5 个参数 lpOverlapped 是指向重叠结构的指针，如果套接字句柄是以重叠方式打开的，则可以指定该参数以实现异步 I/O 操作，通过设置重叠结构的 Offset 和 OffsetHigh 字段，可以指定文件中开始数据传输的 64 位偏移量。
- 第 6 个参数 lpTransmitBuffers 是指向传输文件缓冲区结构的指针，其中包含在发送文件数据之前和之后要发送的数据的指针，如果只想传输文件数据，该参数应该设置为 NULL。
- 第 7 个参数 dwFlags 是决定函数调用行为的一组标志，dwflags 参数可以指定为 Mswsock.h 头文件中定义的表 9.7 所示的选项组合。

如果函数执行成功，则返回 TRUE，否则返回 FALSE，可以通过调用 WSAGetLastError 函数获取错误代码。当 lpoverlapped 为 NULL 时，则数据传输总是从文件中的当前字节偏移量开始；当 lpoverlapped 不为 NULL 时，重叠 I/O 请求可能不会在 TransmitFile 函数返回前完成，在这种情况下 TransmitFile 函数返回 FALSE，调用 WSAGetLastError 返回 ERROR_IO_PENDING 或 WSA_IO_PENDING，调用者可

以在文件传输操作完成后继续处理，文件传输操作完成后 Windows 会将重叠结构的 hevent 字段或 hsocket 指定的套接字指定的事件设置为已触发状态。

表 9.7

标志	意义
TF_DISCONNECT	在 TransmitFile 操作进入等待队列后，发起一个传输层的断开动作
TF_REUSE_SOCKET	为套接字句柄的重新使用作好准备，在 TransmitFile 完成后，套接字句柄可用作 AcceptEx 中的客户机套接字，只有当 TF_DISCONNECT 也被指定时，该标志才会生效
TF_USE_DEFAULT_WORKER	指示文件传输使用系统的默认线程，这对大型文件的发送很有用
TF_USE_SYSTEM_THREAD	该选项指示 TransmitFile 操作使用系统默认线程来执行
TF_USE_KERNEL_APC	指明应该使用内核异步过程调用来处理 TransmitFile 请求，而不使用工作线程
TF_WRITE_BEHIND	指明 TransmitFile 请求应该立即返回，即使远端可能未确认已收到数据，该标志不能与 TF_DISCONNECT 或 TF_REUSE_SOCKET 标志同时使用

TransmitFile 函数的函数指针可以在运行时通过调用 WSAIoctl 函数（指定 SIO_GET_EXTENSION_FUNCTION_POINTER 操作码）来动态获得，GUID 为 WSAID_TRANSMITFILE。

5. URLDownloadToFile

URLDownloadToFile 函数用于从网络上下载一个文件：

```
HRESULT URLDownloadToFile(
    _In_opt_   LPUNKNOWN              pCaller,       // 如果调用的应用程序不是ActiveX组件可以设置为NULL
    _In_       LPCTSTR                szURL,         // 要下载的 URL 的字符串（网络地址），可以是 HTTP
                                                     // 或 HTTPS
    _In_opt_   LPCTSTR                szFileName,    // 要下载的文件的本地保存路径
    _Reserved_ DWORD                  dwReserved,    // 保留参数，必须为 0
    _In_opt_   LPBINDSTATUSCALLBACK lpfnCB);         // 指向 IBindStatusCallback 接口的指针，可以
                                                     // 为 NULL
```

例如下面的代码：

```
TCHAR szURL[] = TEXT("https://software-download.microsoft.com/download/pr/ 19041.1.191206-1406.vb_release_WindowsSDK.iso");
TCHAR szFileName[] = TEXT("D:\\Downloads \\19041.1.191206-1406.vb_release_ WindowsSDK.iso");

URLDownloadToFile(NULL, szURL, szFileName, 0, NULL);
```

9.5.3　校对时间程序

在美国，国家标准和技术研究所原国家标准局（NIST）负责与世界各地的相应机构一起维护精确的时间，用户可以打开网页获得提供 NIST 时间服务的服务器列表，该网页中列出了十几个提供 NIST 时间服务的服务器，例如，第一个叫作 time-a-g. nist.gov，其 IP 地址是 129.6.15.28。互联网上有 3 种不同的时间服务：日期时间协议（Day time Protocol）（RFC-867）定义了如何使用 ASCII 字符串表示准确的日期和时间；时间协议（Time Protocol）提供了一个 32 位数字以表示从 1900 年 1 月 1 日午夜至今的秒数，该时间是 UTC（Coordinated Universal Time，协调世界时，世界标准时间）；第三个协议是网络

时间协议（Network Time Protocol），该协议相当复杂。

　　下面的示例程序用于更新计算机时钟，所以使用时间协议即可。时间协议返回从 1900 年 1 月 1 日午夜至今的秒数（假设为 ulTime），更新系统时间的 SetSystemTime 函数需要一个 SYSTEMTIME 结构，我们可以把 SYSTEMTIME 结构的年月日时分秒毫秒字段设置为 1900 年 1 月 1 日午夜 0 时 0 分 0 毫秒，但是 SYSTEMTIME 结构无法直接加上 ulTime，所以需要先把 SYSTEMTIME 结构转换为表示文件时间的 FILETIME 结构，FILETIME 结构还需要借助 ULARGE_INTEGER 类型才可以加上 ulTime。为了简洁起见，本程序使用控制台程序，NetTime.cpp 源文件的内容如下：

```cpp
#include <WinSock2.h>
#include <WS2tcpip.h>
#include <stdio.h>

#pragma comment(lib, "ws2_32")

// 根据时间协议 Time Protocol 返回的时间更新系统时间
VOID SetTimeFromTP(ULONG ulTime);

int main()
{
    WSADATA wsa = { 0 };
    SOCKET socketClient = INVALID_SOCKET;
    sockaddr_in addrServer; // 时间服务器的地址
    int nRet;

    // 1. 初始化 WinSock 库
    if (WSAStartup(MAKEWORD(2, 2), &wsa) != 0)
        return 0;

    // 2. 创建与服务器进行通信的套接字
    if ((socketClient = socket(AF_INET, SOCK_STREAM, IPPROTO_TCP)) == INVALID_ SOCKET)
        return 0;

    // 3. 使用 connect 函数来请求与服务器连接
    addrServer.sin_family = AF_INET;
    inet_pton(AF_INET, "132.163.97.1", (LPVOID)(&addrServer.sin_addr.S_un.S_addr));
    addrServer.sin_port = htons(37);
    if (connect(socketClient, (sockaddr *)&addrServer, sizeof(addrServer)) == SOCKET_ERROR)
        return 0;

    // 4. 接收时间协议返回的时间，自 1900 年 1 月 1 日 0 点 0 分 0 秒 0 毫秒逝去的毫秒数
    ULONG ulTime = 0;
    nRet = recv(socketClient, (PCHAR)&ulTime, sizeof(ulTime), 0);
    if (nRet > 0)
    {
        // 网络字节序到本机字节序
        ulTime = ntohl(ulTime);
        SetTimeFromTP(ulTime);
        printf("成功与时间服务器的时间同步! \n");
```

```
    }
    else
    {
        printf("时间服务器未能返回时间！\n");
    }

    closesocket(socketClient);
    WSACleanup();
    return 0;
}

// 根据时间协议 Time Protocol 返回的时间更新系统时间
VOID SetTimeFromTP(ULONG ulTime)
{
    FILETIME ft;
    SYSTEMTIME st;
    ULARGE_INTEGER uli;

    st.wYear = 1900;
    st.wMonth = 1;
    st.wDay = 1;
    st.wHour = 0;
    st.wMinute = 0;
    st.wSecond = 0;
    st.wMilliseconds = 0;

    // 系统时间转换为文件时间才可以加上已经逝去的时间 ulTime
    SystemTimeToFileTime(&st, &ft);

    // 文件时间单位是 1/1000 0000 秒，即 1000 万分之 1 秒(100-nanosecond)
    // 不要将指向 FILETIME 结构的指针强制转换为 ULARGE_INTEGER *或__int64 *值，
    // 因为这可能导致 64 位 Windows 系统中的对齐错误
    uli.HighPart = ft.dwHighDateTime;
    uli.LowPart = ft.dwLowDateTime;
    uli.QuadPart += (ULONGLONG)10000000 * ulTime;
    ft.dwHighDateTime = uli.HighPart;
    ft.dwLowDateTime = uli.LowPart;

    // 再将文件时间转换为系统时间，更新系统时间
    FileTimeToSystemTime(&ft, &st);

    SetSystemTime(&st);
}
```

具体代码参见 NetTime 项目。

9.6　系统网络连接的启用和禁用

　　启用、禁用系统网络连接，一种方法是使用 Com 组件提供的接口函数，断开网络实际上是禁用所有的网卡，而恢复连接只需要启用所有网卡即可。在使用一些加密软件时，会强迫用户断开网络，实

现该技术的代码如下：

```
BOOL ConnectNetwork(BOOL bConnect)
{
    HRESULT hr;
    INetConnectionManager*  pNetConnManager;
    INetConnection*         pNetConn;
    IEnumNetConnection*     pEnumNetConn;
    ULONG                   uCeltFetched;

    CoInitializeEx(NULL, 0);
    hr = CoCreateInstance(CLSID_ConnectionManager, NULL, CLSCTX_SERVER,
        IID_INetConnectionManager, (LPVOID*)&pNetConnManager);
    if (FAILED(hr))
        return FALSE;

    pNetConnManager->EnumConnections(NCME_DEFAULT, &pEnumNetConn);
    pNetConnManager->Release();
    if (pEnumNetConn == NULL)
        return FALSE;

    while (pEnumNetConn->Next(1, &pNetConn, &uCeltFetched) == S_OK)
    {
        if (bConnect)
            pNetConn->Connect();            //启用连接
        else
            pNetConn->Disconnect();         //禁用连接
    }

    CoUninitialize();
    return TRUE;
}
```

上述代码需要包含 NetCon.h 头文件，如果需要断开网络，则调用 ConnectNetwork 函数时应该传入 FALSE 参数，如果需要恢复连接，则传入 TRUE 即可。感兴趣的读者可以自行参考 Com 组件（Windows Shell 编程）方面的图书以理解该函数。示例程序参见 ConnectNetwork 项目。

很多加密软件动辄禁用用户的网卡、鼠标、键盘等任何计算机中已安装的设备，我们看一下其实现原理。

UuidFromString 函数用于把一个 UUID 字符串转换为 UUID 类型：

```
RPC_STATUS RPC_ENTRY UuidFromStringW(
    _In_opt_ RPC_WSTR  StringUuid,     // UUID 字符串
    _Out_ UUID         *Uuid);         // 返回 UUID 类型
RPC_STATUS RPC_ENTRY UuidFromStringA(
    _In_opt_ RPC_CSTR  StringUuid,     // UUID 字符串
    _Out_ UUID         *Uuid);         // 返回 UUID 类型
RPC_WSTR 和 RPC_CSTR 的定义如下：
typedef _Null_terminated_ unsigned short *RPC_WSTR;
typedef _Null_terminated_ unsigned char  *RPC_CSTR;
```

- StringUuid 参数是一个字符串指针，但是调用 UuidFromString 函数的 Unicode 版本时应该把字符串强制转换为 RPC_WSTR 类型，调用 UuidFrom String 函数的 ANSI 版本时应该把字符串强制转换为 RPC_CSTR 类型。

- UUID 类型实际上就是 GUID 类型，相关定义如下：

```
typedef  GUID  UUID;
typedef struct _GUID {
    unsigned long  Data1;
    unsigned short Data2;
    unsigned short Data3;
    unsigned char  Data4[ 8 ];
} GUID;
```

例如下面的示例把字符串 "4D36E972-E325-11CE-BFC1-08002BE10318" 转换为 GUID 类型：

```
GUID guid;
UuidFromString((RPC_WSTR)TEXT("4D36E972-E325-11CE-BFC1-08002BE10318"), &guid);
```

如果函数执行成功，则返回值为 RPC_S_OK；如果指定的 GUID 字符串无效，则返回 RPC_S_INVALID_STRING_UUID。

上述代码中的 4D36E972-E325-11CE-BFC1-08002BE10318 是网卡安装类 GUID，而不是具体某个网卡。要启用、禁用其他设备，则需要指定对应的安装类 GUID，设备的启用与禁用其实是对该设备进行重新安装。

SetupDiGetClassDevs 函数用于返回一个包含本机上所有被请求设备的设备信息集句柄：

```
HDEVINFO SetupDiGetClassDevs(
    _In_opt_ const GUID   *ClassGuid,// 设备安装类或设备接口类的 GUID 的指针
    _In_opt_          PCTSTR Enumerator,// PnP(即插即用)枚举器的 GUID 或符号名称，或 PnP 设备实例 ID
    _In_opt_          HWND   hwndParent, // 与设备信息集中安装设备实例相关联的用户界面的窗口句柄
    _In_              DWORD  Flags);     // 设备安装、设备接口类标志，用于过滤指定的设备信息集中的设备
```

- ClassGuid 参数表示设备安装类或设备接口类的 GUID 的指针，因为我们要安装网卡类，所以这里需要设置为网卡类 GUID。

- Enumerator 参数表示 PnP（即插即用）枚举器的 GUID 或符号名称，或 PnP 设备实例 ID，这里设置为 NULL。

- hwndParent 参数表示与设备信息集中安装设备实例相关联的窗口句柄，这里设置为 NULL。

- Flags 参数是一些标志，用于过滤指定的设备信息集中的设备，该参数可以是以下一个或多个值（这里只列举部分标志），如表 9.8 所示。

表 9.8

标志	含义
DIGCF_ALLCLASSES	返回所有设备安装类或所有设备接口类的已安装设备列表，此时 ClassGuid 参数应设置为 NULL。要返回指定的设备安装类或设备接口类不能设置 DIGCF_ALLCLASSES，并把 ClassGuid 参数设置为设备安装类或设备接口类的 GUID 的指针
DIGCF_PRESENT	仅返回系统中当前已存在的设备
DIGCF_PROFILE	仅返回属于当前硬件配置文件的设备

如果函数执行成功，则返回设备信息集的句柄，该设备信息集包含与指定的参数匹配的所有已安装设备；如果函数执行失败，则返回 INVALID_HANDLE_VALUE，可以通过调用 GetLastError 函数获取错误代码。

例如，下面的代码返回网络适配器安装程序类的所有已存在设备的设备信息集句柄：

```
GUID guid;
HDEVINFO hDevInfoSet;

// 网卡安装类 GUID
UuidFromString((RPC_WSTR)TEXT("4D36E972-E325-11CE-BFC1-08002BE10318"), &guid);

// 获取设备信息集句柄
hDevInfoSet = SetupDiGetClassDevs(&guid, NULL, NULL, DIGCF_PRESENT);
if (hDevInfoSet == INVALID_HANDLE_VALUE)
{
    MessageBox(g_hwndDlg, TEXT("获取设备信息集句柄出错！"), TEXT("错误提示"), MB_OK);
    return FALSE;
}
```

有了设备信息集句柄，即可循环调用 SetupDiEnumDeviceInfo 函数枚举设备信息集（相应设备类）中的设备（可以调用 SetupDiGetDeviceRegistryProperty 函数获取得到的设备的详细信息，判断是否为所需的设备），对于枚举到的设备可以调用 SetupDiSetClassInstallParams 函数设置安装参数，然后调用 SetupDiCallClassInstaller 函数执行设备的安装（启用或禁用）。这几个函数介绍如下。

SetupDiEnumDeviceInfo 函数返回设备信息集中一个设备的信息：

```
BOOL SetupDiEnumDeviceInfo(
    _In_  HDEVINFO          DeviceInfoSet,   // 设备信息集句柄
    _In_  DWORD             MemberIndex,     // 要获取其信息的设备的从零开始的索引
    _Out_ PSP_DEVINFO_DATA DeviceInfoData); // 在这个 SP_DEVINFO_DATA 结构中返回指定设备的信息
```

如果函数执行成功，则返回值为 TRUE，否则返回值为 FALSE，可以通过调用 GetLastError 函数获取错误代码。程序应该循环调用 SetupDiEnumDeviceInfo 函数以获取指定设备信息集中所有设备的信息，一开始 MemberIndex 参数应该设置为索引 0，在下一次函数调用时应该递增该索引值，直到设备枚举完毕，这时候函数会返回 FALSE，调用 GetLastError 函数会返回 ERROR_NO_MORE_ITEMS。

DeviceInfoData 参数是一个指向 SP_DEVINFO_DATA 结构的指针，函数在该结构中返回指定设备的信息，结构在 SetupAPI.h 头文件中定义如下：

```
typedef struct _SP_DEVINFO_DATA {
    DWORD cbSize;           // 该结构的大小
    GUID  ClassGuid;        // 设备安装类的 GUID
    DWORD DevInst;          // 设备实例的句柄
    ULONG_PTR Reserved;     // 保留字段
} SP_DEVINFO_DATA, *PSP_DEVINFO_DATA;
```

该结构标识了设备信息集中的一个设备，其实不需要关心该结构每个字段的具体含义，只需要设置该结构的 cbSize 字段即可。在接下来的调用 SetupDiSetClassInstallParams 函数设置安装参数和调用

SetupDiCallClassInstaller 函数执行设备安装时需要用到该结构。

SetupDiSetClassInstallParams 函数设置或清除设备信息集或特定设备的类安装参数:

```
BOOL SetupDiSetClassInstallParams(
    _In_       HDEVINFO                DeviceInfoSet,       // 设备信息集句柄
    _In_opt_   PSP_DEVINFO_DATA          DeviceInfoData,    // SP_DEVINFO_DATA 结构的指针
    _In_opt_   PSP_CLASSINSTALL_HEADER ClassInstallParams,  // 设置或清除安装参数的结构
    _In_       DWORD                   ClassInstallParamsSize); // 上述结构的大小
```

ClassInstallParams 参数是一个指向 SP_CLASSINSTALL_HEADER 结构的指针,但是在这里我们不使用该结构,而是使用 SP_PROPCHANGE_PARAMS 结构,这两个结构的定义如下:

```
typedef struct _SP_PROPCHANGE_PARAMS {
    SP_CLASSINSTALL_HEADER ClassInstallHeader;  // 该字段是一个 SP_CLASSINSTALL_
HEADER 结构
    DWORD                  StateChange;
    DWORD                  Scope;
    DWORD                  HwProfile;
} SP_PROPCHANGE_PARAMS, *PSP_PROPCHANGE_PARAMS;
typedef struct _SP_CLASSINSTALL_HEADER {
    DWORD       cbSize;
    DI_FUNCTION InstallFunction;
} SP_CLASSINSTALL_HEADER, *PSP_CLASSINSTALL_HEADER;
```

SP_PROPCHANGE_PARAMS.ClassInstallHeader.InstallFunction 字段表示设备安装请求代码,需要设置为 DIF_PROPERTYCHANGE 表示要更改设备的安装属性; SP_PROPCHANGE_PARAMS.StateChange 字段需要设置为 DICS_ENABLE 或 DICS_DISABLE 表示启用或禁用; SP_PROPCHANGE_PARAMS. Scope 字段需要设置为 DICS_FLAG_GLOBAL 表示全局作用域。

安装参数设置好后,可以调用 SetupDiCallClassInstaller 函数执行设备的安装:

```
BOOL SetupDiCallClassInstaller(
    _In_       DI_FUNCTION       InstallFunction,   // 设置为 DIF_PROPERTYCHANGE 表示要更改设备的安装属性
    _In_       HDEVINFO          DeviceInfoSet,     // 设备信息集句柄
    _In_opt_   PSP_DEVINFO_DATA DeviceInfoData);    // SP_DEVINFO_DATA 结构的指针
```

不再需要设备信息集句柄时,调用 SetupDiDestroyDeviceInfoList 函数删除设备信息集并释放相关内存:

```
BOOL SetupDiDestroyDeviceInfoList(_In_ HDEVINFO DeviceInfoSet);
```

我们使用刚刚学习的 SetupAPI 知识重写 Com 组件实现网络连接启用、禁用的示例,只需要重写 ConnectNetwork 函数,代码如下:

```
BOOL ConnectNetwork(BOOL bConnect)
{
    GUID guid;
    DWORD dwNewState;
    HDEVINFO hDevInfoSet;
    SP_DEVINFO_DATA spDevInfoData;
    int nDeviceIndex = 0;
    SP_PROPCHANGE_PARAMS spPropChangeParams;
```

```
    if (bConnect)
        dwNewState = DICS_ENABLE;       //启用
    else
        dwNewState = DICS_DISABLE;      //禁用

    // 网卡安装类 GUID
    UuidFromString((RPC_WSTR)TEXT("4D36E972-E325-11CE-BFC1-08002BE10318"), &guid);

    // 获取设备信息集句柄
    hDevInfoSet = SetupDiGetClassDevs(&guid, NULL, NULL, DIGCF_PRESENT);
    if (hDevInfoSet == INVALID_HANDLE_VALUE)
    {
        MessageBox(g_hwndDlg, TEXT("获取设备信息集句柄出错！"), TEXT("错误提示"), MB_OK);
        return FALSE;
    }

    // 枚举设备
    ZeroMemory(&spDevInfoData, sizeof(SP_DEVINFO_DATA));
    spDevInfoData.cbSize = sizeof(SP_DEVINFO_DATA);

    ZeroMemory(&spPropChangeParams, sizeof(SP_PROPCHANGE_PARAMS));
    spPropChangeParams.ClassInstallHeader.cbSize = sizeof(SP_CLASSINSTALL_HEADER);
    spPropChangeParams.ClassInstallHeader.InstallFunction = DIF_PROPERTYCHANGE;
    spPropChangeParams.StateChange = dwNewState;    // 启用或禁用
    spPropChangeParams.Scope = DICS_FLAG_GLOBAL;

    while (TRUE)
    {
        if (!SetupDiEnumDeviceInfo(hDevInfoSet, nDeviceIndex, &spDevInfoData))
        {
            if (GetLastError() == ERROR_NO_MORE_ITEMS)
                break;
        }
        nDeviceIndex++;

        // 安装该设备
        SetupDiSetClassInstallParams(hDevInfoSet, &spDevInfoData,
            (PSP_CLASSINSTALL_HEADER)&spPropChangeParams, sizeof(spPropChangeParams));
        SetupDiCallClassInstaller(DIF_PROPERTYCHANGE, hDevInfoSet, &spDevInfoData);
    }

    // 销毁设备信息集句柄
    SetupDiDestroyDeviceInfoList(hDevInfoSet);
    return TRUE;
}
```

编译运行程序，单击"断开网络"按钮，发现网络连接并没有发生任何变化，通过调试跟踪我们发现图 9.8 所示的界面。

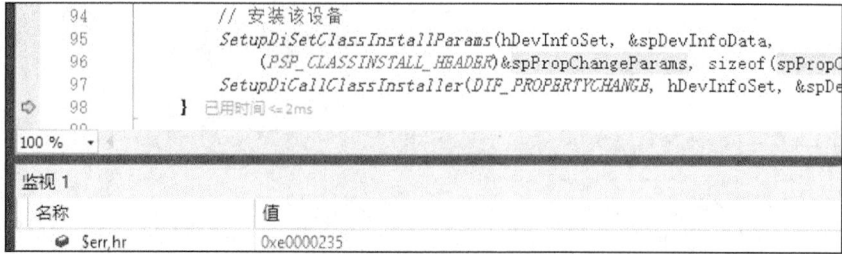

图 9.8

对 SetupDiCallClassInstaller 函数的调用返回错误代码：0xE0000235。

示例所在系统是 Windows 10 64 位企业版（1703），现在我们编译程序为 32 位程序，当在 64 位系统中以 32 位程序调用 SetupDiCallClassInstaller 函数时就会出现这个问题，只需要编译为 64 位程序即可（见图 9.9）。

图 9.9

编译运行程序，单击"断开网络"按钮，发现网络连接已经断开，打开设备管理器，可以看到网络适配器中的所有设备都已经被禁用（见图 9.10）。

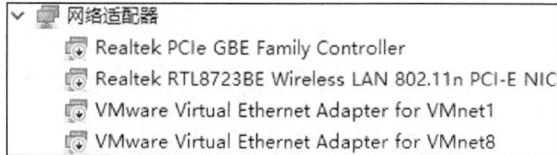

图 9.10

单击"连接网络"按钮，网络适配器中的所有设备即可全部启用。完整代码参见 ConnectNetwork2 项目。

第 10 章

其他常用 Windows API 编程知识

10.1　快捷方式

　　快捷方式是 Windows 提供的一种快速启动程序、打开文件或文件夹的方法，快捷方式的扩展名通常为.lnk，另外还有扩展名为.url 的网页快捷方式等。

　　快捷方式的相关属性包括快捷方式指向的目标文件路径、快捷方式自身路径、起始位置（工作目录）、快捷键、运行方式（常规窗口、最小化或最大化）、备注（描述）、图标和命令行参数等。快捷键属性指的是为目标文件设置一个特定线程热键，按下快捷键时会打开目标文件。起始位置是指目标文件在运行过程中需要的一些工作文件例如配置文件、数据库文件或动态链接库等所在的目录，当程序需要的所有文件都在同一个目录中时，可以设置起始位置为程序所在目录，对于某些有特殊要求的程序，可能需要使用不在同一目录中的其他文件，在这种情况下可以在起始位置属性中指定这些文件所在的目录。默认情况下当鼠标悬停在一个快捷方式上时，会显示目标文件所在目录，用户可以通过备注属性设置为其他自定义字符串。

　　要创建一个.lnk 快捷方式，可以使用 COM 库接口提供的相关函数，例如下面的自定义函数 MyCreateShortcut：

```
/*************************************************************************
 * 函数功能：        通过调用 COM 库接口函数创建程序快捷方式
 * 输入参数的说明：
   1. lpszDestFileName 参数表示快捷方式指向的目标文件路径，必须指定
   2. lpszShortcutFileName 参数表示快捷方式的保存路径(扩展名为.lnk)，必须指定
   3. lpszWorkingDirectory 参数表示起始位置(工作目录)，如果设置为 NULL 表示程序所在目录
   4. wHotKey 参数表示快捷键，设置为 0 表示不设置快捷键
   5. iShowCmd 参数表示运行方式，可以设置为 SW_SHOWNORMAL、SW_SHOWMINNOACTIVE 或 SW_SHOWMAXIMIZED
      分别表示常规窗口、最小化或最大化，设置为 0 表示常规窗口
   6. lpszDescription 参数表示备注(描述)，可以设置为 NULL
 * 注意：该函数需要使用 tchar.h、Shlobj.h 和 strsafe.h 头文件
 *************************************************************************/
BOOL MyCreateShortcut(LPTSTR lpszDestFileName, LPTSTR lpszShortcutFileName,
    LPTSTR lpszWorkingDirectory, WORD wHotKey, int iShowCmd, LPTSTR lpszDescription)
```

```
{
    HRESULT hr;

    if (lpszDestFileName == NULL || lpszShortcutFileName == NULL)
        return FALSE;

    // 初始化 COM 库
    CoInitializeEx(NULL, 0);

    // 创建一个 IShellLink 对象
    IShellLink* pShellLink;
    hr = CoCreateInstance(CLSID_ShellLink, NULL, CLSCTX_SERVER, IID_IShellLink, (LPVOID*)
&pShellLink);
    if (FAILED(hr))
        return FALSE;

    // 使用返回的 IShellLink 对象中的方法设置快捷方式的属性
    // 目标文件路径
    pShellLink->SetPath(lpszDestFileName);

    // 起始位置（工作目录）
    if (!lpszWorkingDirectory)
    {
        TCHAR szWorkingDirectory[MAX_PATH] = { 0 };
        StringCchCopy(szWorkingDirectory, _countof(szWorkingDirectory), lpszDestFileName);
        LPTSTR lpsz = _tcsrchr(szWorkingDirectory, TEXT('\\'));
        *lpsz = TEXT('\0');
        pShellLink->SetWorkingDirectory(szWorkingDirectory);
    }
    else
    {
        pShellLink->SetWorkingDirectory(lpszWorkingDirectory);
    }

    // 快捷键（低字节表示虚拟键码，高字节表示修饰键）
    if (wHotKey != 0)
        pShellLink->SetHotkey(wHotKey);

    // 运行方式
    if (!iShowCmd)
        pShellLink->SetShowCmd(SW_SHOWNORMAL);
    else
        pShellLink->SetShowCmd(iShowCmd);

    // 备注（描述）
    if (lpszDescription != NULL)
        pShellLink->SetDescription(lpszDescription);


    // 调用 IShellLink 的父类 IUnknown 中的 QueryInterface 方法获取 IPersistFile 对象
```

```
    IPersistFile* pPersistFile;
    hr = pShellLink->QueryInterface(IID_IPersistFile, (LPVOID*)&pPersistFile);
    if (FAILED(hr))
    {
        pShellLink->Release();
        return FALSE;
    }
    // 使用获取到的 IPersistFile 对象中的 Save 方法保存快捷方式到指定位置
    pPersistFile->Save(lpszShortcutFileName, TRUE);

    // 释放相关对象
    pPersistFile->Release();
    pShellLink->Release();
    // 关闭 COM 库
    CoUninitialize();

    return TRUE;
}
```

10.2 程序开机自动启动

开机自动启动是程序设计中经常用到的技术，前面已经介绍了通过将程序的完整路径写入注册表 Run 子键的方式来实现开机自动启动，本节再介绍以下几种方法。

（1）把程序的快捷方式写入开机自动启动程序目录。

（2）创建任务计划实现开机自动启动。

（3）创建系统服务实现开机自动启动。

10.2.1 将程序的快捷方式写入开机自动启动程序目录

前面介绍过 SHGetKnownFolderPath 函数，通过该函数可以获取一些系统常用目录的完整路径，快速启动目录及其对应的 GUID 如下。

- 快速启动目录（所有用户）：82A5EA35-D9CD-47C5-9629-E15D2F714E6E。
- 快速启动目录（当前用户）：B97D20BB-F46A-4C97-BA10-5E3608430854。

把程序的快捷方式添加到快速启动目录后，操作系统启动时会自动加载相应的程序，实现开机自动启动。

我们可以调用前面介绍的自定义函数 MyCreateShortcut 创建快捷方式到快速启动目录，AutoRun_Shortcut.cpp 源文件的内容如下：

```
#include <windows.h>
#include <tchar.h>
#include <Shlobj.h>
#include <strsafe.h>
```

```
#include "resource.h"

// 函数声明
INT_PTR CALLBACK DialogProc(HWND hwndDlg, UINT uMsg, WPARAM wParam, LPARAM lParam);
BOOL MyCreateShortcut(LPTSTR lpszDestFileName, LPTSTR lpszShortcutFileName,
    LPTSTR lpszWorkingDirectory, WORD wHotKey, int iShowCmd, LPTSTR lpszDescription);

int WINAPI WinMain(HINSTANCE hInstance, HINSTANCE hPrevInstance, LPSTR lpCmdLine, int nCmdShow)
{
    DialogBoxParam(hInstance, MAKEINTRESOURCE(IDD_MAIN), NULL, DialogProc, NULL);
    return 0;
}

INT_PTR CALLBACK DialogProc(HWND hwndDlg, UINT uMsg, WPARAM wParam, LPARAM lParam)
{
    GUID guid = { 0xB97D20BB, 0xF46A, 0x4C97, {0xBA, 0x10, 0x5E, 0x36, 0x08, 0x43, 0x08, 0x54} };
    LPTSTR lpStrStartup;                         // 返回当前用户的开机自动启动程序目录
    TCHAR szDestFileName[MAX_PATH] = { 0 };      // 可执行文件完整路径
    TCHAR szFileName[MAX_PATH] = { 0 };          // 可执行文件名称
    TCHAR szShortcutFileName[MAX_PATH] = { 0 };  // 快捷方式的保存路径

    switch (uMsg)
    {
    case WM_COMMAND:
        switch (LOWORD(wParam))
        {
        case IDC_BTN_OK:
            // 获取当前用户的开机自动启动程序目录
            SHGetKnownFolderPath(guid, 0, NULL, &lpStrStartup);

            // 获取当前进程的可执行文件完整路径
            GetModuleFileName(NULL, szDestFileName, _countof(szDestFileName));

            // 拼凑快捷方式的保存路径
            // 开机自动启动程序目录后面加一个反斜杠
            StringCchCopy(szShortcutFileName, _countof(szShortcutFileName), lpStrStartup);
            if (szShortcutFileName[_tcslen(szShortcutFileName) - 1] != TEXT('\\'))
                StringCchCat(szShortcutFileName, _countof(szShortcutFileName), TEXT("\\"));
            // 可执行文件名称.lnk
            StringCchCopy(szFileName, _countof(szFileName), _tcsrchr(szDestFileName, TEXT('\\')) + 1);
            *(_tcsrchr(szFileName, TEXT('.')) + 1) = TEXT('\0');
            StringCchCat(szFileName, _countof(szFileName), TEXT("lnk"));
            // 开机自动启动程序目录\可执行文件名称.lnk
            StringCchCat(szShortcutFileName, _countof(szShortcutFileName), szFileName);

            // 调用自定义函数 MyCreateShortcut 创建快捷方式
            MyCreateShortcut(szDestFileName, szShortcutFileName, NULL, 0, 0, NULL);

            CoTaskMemFree(lpStrStartup);
            break;
```

```
        case IDCANCEL:
            EndDialog(hwndDlg, 0);
            break;
        }
        return TRUE;
    }

    return FALSE;
}
```

完整代码参见 Chapter10\AutoRun_Shortcut 项目。

10.2.2 创建任务计划实现开机自动启动

通过任务计划可以将任何脚本、程序或文档安排在某个时间运行，单击桌面右下角的开始菜单
→计算机管理（本地）→系统工具→任务计划程序，或者用鼠标右键单击桌面的此计算机，然后选择
管理→计算机管理（本地）→系统工具→任务计划程序，打开任务计划程序，即可创建基本任务或创
建任务。通过"创建基本任务"向导可以快速地为常见任务创建计划，如果需要更多高级选项或设置，
例如多任务操作或触发器，则可以使用"创建任务"命令。

触发器设置为当前用户登录时，启动指定目录中的程序，即可实现开机自动启动。要编程实现创
建任务计划，需要使用 COM 库接口提供的相关函数。任务计划是 Windows 提供的一个强大功能，本
节不列出相关示例程序源码，示例代码请参考 Chapter10\AutoRun_Task 项目，AutoRun_Task 项目实
现了创建任务计划和删除任务计划两个自定义函数，读者可以直接使用，也可以根据需要进行个性
化修改。

10.2.3 创建系统服务实现开机自动启动

系统服务也是一种应用程序类型，它在后台运行，服务程序没有窗口、对话框等用户界面，服务
程序可以在本地或通过网络为用户提供一些功能。服务程序可以在系统引导时自动启动，也可以由用
户手动启动，即使没有用户登录到系统，服务程序也可以运行。

在 Windows 操作系统的早期版本中，所有服务都与登录的第一个用户在同一会话中运行，该会话
称为会话 0，在会话 0 中一起运行服务和用户应用程序会带来安全风险，因为服务以提升的特权运行，
经常会被试图提高自身特权级别的恶意程序利用。在 Windows Vista 操作系统及更高版本系统中，采用
了会话 0 隔离机制，只有系统进程、服务和驱动程序在会话 0 中运行，第一个登录的用户连接到会话
1，第二个登录的用户连接到会话 2，以此类推，服务永远不会与用户的应用程序在同一会话中运行，
这就避免了来自用户应用程序的攻击。

服务程序无法向用户应用程序发送消息，用户应用程序也无法向服务程序发送消息，服务程序无
法直接显示用户界面例如对话框，但是可以通过使用 WTSSendMessage 函数在另一个会话中显示消息
框，如果需要实现更复杂的用户界面，可以使用 CreateProcessAsUser 函数在用户会话中创建一个进
程。微软公司建议使用客户机-服务器机制，例如远程过程调用 RPC 或命名管道在服务和用户应用程

序之间进行通信。

1. 实现一个系统服务管理器

单纯讲解如何创建一个开机自动启动的服务程序无法理解系统服务的工作原理，本节实现一个系统服务管理器程序 ServiceManager，该程序的功能与用鼠标右键单击桌面的此计算机，然后选择管理→计算机管理（本地）→服务和应用程序→服务，所打开的系统提供的服务管理程序（services.msc）功能类似。ServiceManager 程序界面如图 10.1 所示。

图 10.1

首先，枚举服务控制管理器数据库中的服务，并显示每个服务的显示名称、服务状态（正在运行、已停止等）、启动类型（手动、自动和禁用等）、服务程序所在的文件路径和服务描述。这里不再详细介绍每个函数的具体用法。

OpenSCManager 函数用于建立到指定计算机上的服务控制管理器的连接，并打开指定的服务控制管理器数据库，如果函数执行成功，则返回指定的服务控制管理器数据库的句柄；如果函数执行失败，则返回值为 NULL。当不再需要服务控制管理器数据库句柄时可以调用 CloseServiceHandle 函数关闭服务句柄。

利用服务控制管理器数据库的句柄，可以通过调用 EnumServicesStatusEx 函数枚举服务控制管理器数据库中的服务，该函数返回一个 ENUM_SERVICE_STATUS_PROCESS 结构数组，每个数组元素对应着一个服务的信息，包括服务的服务名称、显示名称、当前状态（正在运行、已停止等）和服务的进程 ID 等。ENUM_SERVICE_STATUS_PROCESS 结构的定义如下：

```
typedef struct _ENUM_SERVICE_STATUS_PROCESS {
  LPTSTR                   lpServiceName;       // 服务控制管理器数据库中服务的服务名称
  LPTSTR                   lpDisplayName;       // 服务控制程序用来标识服务的显示名称
  SERVICE_STATUS_PROCESS ServiceStatusProcess;// 该结构包含服务类型、服务当前状态、服务的进程 ID 等
} ENUM_SERVICE_STATUS_PROCESS, * LPENUM_SERVICE_STATUS_PROCESS;
```

ENUM_SERVICE_STATUS_PROCESS 结构中的 SERVICE_STATUS_PROCESS 结构的定义如下：

```
typedef struct _SERVICE_STATUS_PROCESS {
    DWORD dwServiceType;            // 服务类型
    DWORD dwCurrentState;          // 服务的当前状态
```

```
    DWORD dwControlsAccepted;        // 服务可以接受并在其处理函数中处理的控制代码
    DWORD dwWin32ExitCode;           // 服务用于报告启动或停止时发生的错误的错误代码
    DWORD dwServiceSpecificExitCode; // 服务启动或停止时如果发生错误，服务将返回服务的特定错误代码
    DWORD dwCheckPoint;              // 用于跟踪服务的操作（启动、停止、暂停或继续）进度
    DWORD dwWaitHint;                // 启动、停止、暂停或继续操作所需的估计时间
    DWORD dwProcessId;               // 服务的进程 ID
    DWORD dwServiceFlags;            // 服务是否在系统进程中运行
} SERVICE_STATUS_PROCESS, * LPSERVICE_STATUS_PROCESS;
```

- SERVICE_STATUS_PROCESS 结构的 dwCurrentState 字段表示服务的当前状态，可以是表 10.1
  所示的值之一。

表 10.1

常量	值	含义
SERVICE_START_PENDING	0x00000002	服务正在启动
SERVICE_RUNNING	0x00000004	服务正在运行
SERVICE_STOP_PENDING	0x00000003	服务正在停止
SERVICE_STOPPED	0x00000001	服务已停止
SERVICE_PAUSE_PENDING	0x00000006	服务正在暂停
SERVICE_PAUSED	0x00000007	服务已暂停
SERVICE_CONTINUE_PENDING	0x00000005	服务正在继续

- SERVICE_STATUS_PROCESS 结构的 dwControlsAccepted 字段表示服务可以接受并在其处理函
  数中处理的控制代码。如果需要控制服务的当前状态，就需要查询该字段的值以确定是否可以
  停止、暂停等，常用的值如表 10.2 所示。

表 10.2

常量	值	含义
SERVICE_ACCEPT_STOP	0x00000001	服务可以停止，此控制代码允许服务接收 SERVICE_CONTROL_STOP 通知
SERVICE_ACCEPT_PAUSE_CONTINUE	0x00000002	服务可以暂停并继续，此控制代码允许服务接收 SERVICE_CONTROL_PAUSE 和 SERVICE_CONTROL_CONTINUE 通知

　　ENUM_SERVICE_STATUS_PROCESS 结构不包含服务的启动类型（手动、自动和禁用等），程序
可以通过调用 OpenService 函数打开服务（第 1 个参数指定为服务控制管理器数据库句柄，第 2 个参数
指定为服务名称），函数执行成功则返回一个服务句柄，函数执行失败则返回值为 NULL。当不再需要的时
候可以调用 CloseServiceHandle 函数关闭服务句柄。

　　有了具体某个服务的句柄，可以通过调用 QueryServiceConfig 函数查询该服务的配置参数，该函
数返回一个 QUERY_SERVICE_CONFIG 结构，包括服务的启动类型、文件路径等，结构定义如下：

```
typedef struct _QUERY_SERVICE_CONFIG {
    DWORD   dwServiceType;        // 服务类型
    DWORD   dwStartType;          // 何时启动服务，即启动类型 (手动、自动和禁用等)
    DWORD   dwErrorControl;       // 当服务无法启动时采取的措施
```

```
    LPTSTR  lpBinaryPathName;        // 服务的文件路径
    LPTSTR  lpLoadOrderGroup;        // 服务所属的加载顺序组的名称
    DWORD   dwTagId;                 // 在 lpLoadOrderGroup 参数指定的组中此服务的唯一 ID
    LPTSTR  lpDependencies;          // 服务或加载顺序组的名称的数组指针
    LPTSTR  lpServiceStartName;      // 服务进程在运行时将登录的账户名称
    LPTSTR  lpDisplayName;           // 服务的显示名称
} QUERY_SERVICE_CONFIG, * LPQUERY_SERVICE_CONFIG;
```

QUERY_SERVICE_CONFIG 结构的 dwStartType 字段表示启动类型，可以是表 10.3 所示的值之一。

表 10.3

常量	值	含义
SERVICE_BOOT_START	0x00000000	自动启动（用于驱动程序服务）
SERVICE_SYSTEM_START	0x00000001	手动启动（用于驱动程序服务）
SERVICE_AUTO_START	0x00000002	自动启动
SERVICE_DEMAND_START	0x00000003	手动启动
SERVICE_DISABLED	0x00000004	禁用

如果有部分服务的描述信息未获取，可以通过调用 QueryServiceConfig2 函数查询服务的其他配置参数，该函数的第 2 个参数指定为 SERVICE_CONFIG_DESCRIPTION 可以获取服务的描述信息（返回一个 SERVICE_DESCRIPTION 结构），该结构定义如下：

```
typedef struct _SERVICE_DESCRIPTION {
    LPTSTR lpDescription;   // 服务的描述字符串
} SERVICE_DESCRIPTION, * LPSERVICE_DESCRIPTION;
```

列表视图控件的 LVS_SORTASCENDING 和 LVS_SORTDESCENDING 样式只可以根据列表项文本进行排序，对于报表视图不能简单地通过指定这两个样式来达到对列表项进行排序的目的，因为这会导致子项不能正确显示。要对报表视图进行排序可以发送 LVM_SORTITEMS 消息，通过该消息可以根据列表项文本或任何子项进行排序。

对于报表视图，当用户单击列标题时会收到包含 LVN_COLUMNCLICK 通知码的 WM_NOTIFY 消息，消息的 lParam 参数是一个指向 NMLISTVIEW 结构的指针，NMLISTVIEW.iSubItem 字段是列的索引，这时程序可以通过发送 LVM_SORTITEMS 消息根据所单击的列进行排序。

LVM_SORTITEMS 消息的 lParam 参数是一个指向应用程序定义的比较函数的指针，系统会调用该回调函数对列表视图控件中的所有列表项进行排序，回调函数定义格式如下：

```
int CALLBACK CompareFunc(LPARAM lParam1, LPARAM lParam2, LPARAM lParamSort);
```

- 参数 lParam1 是参与比较的第 1 个列表项对应的项目数据，参数 lParam2 是参与比较的第 2 个列表项对应的项目数据。项目数据是插入列表项时在 LVITEM 结构的 lParam 字段中指定的值。
- lParamSort 参数是 LVM_SORTITEMS 消息的 wParam 参数传递过来的程序自定义数据。

如果第 1 项在第 2 项之前，回调函数应该返回负值；如果第 1 项在第 2 项之后，回调函数应该返回正值；如果两项相等，则回调函数应该返回零。

如果要按服务的显示名称进行排序，则插入列表项时应该把显示名称的地址作为项目数据；如果要按服务的当前状态进行排序，则插入列表项时应该把服务的当前状态作为项目数据。本例要实现用户单击服务的显示名称、服务状态和启动类型时根据所单击的列进行排序，因此应该使用一个自定义结构作为项目数据：

```
typedef struct _ITEMDATA
{
    TCHAR m_szServiceName[256];      // 服务名称
    TCHAR m_szDisplayName[256];      // 显示名称
    DWORD m_dwCurrentState;          // 服务状态
    DWORD m_dwControlsAccepted;      // 控制代码
    DWORD m_dwStartType;             // 启动类型
}ITEMDATA, * PITEMDATA;
```

后期需要使用服务名称打开服务，如果需要控制服务的当前状态就要先确定服务的控制代码，因此增加了 m_szServiceName 和 m_dwControlsAccepted 两个字段。

当用户单击列标题时，我们处理 WM_NOTIFY 消息的 LVN_COLUMNCLICK 通知码，把((LPNMLISTVIEW)lParam)->iSubItem 字段作为 LVM_SORTITEMS 消息的 wParam 参数，发送 LVM_SORTITEMS 消息，然后在回调函数 CompareFunc 中根据所单击的列取出项目数据的相应字段进行排序即可。

至此，ServiceManager 程序的界面显示工作已经完成，为了防止程序源代码过长不易阅读，建议读者先阅读并理解 Chapter10\ServiceManager 项目，各个菜单功能的实现参见 Chapter10\ServiceManager2 项目。

2. 控制服务状态

本节将实现启动服务、停止服务、暂停服务和继续服务菜单项的功能。前面我们已经在项目数据中保存了每个服务的当前状态和控制代码，程序应该根据服务的当前状态决定启用还是禁用上述菜单项，同时应该确定服务的控制代码是否支持停止服务、暂停服务和继续服务。本程序在 WM_INITMENUPOPUP 消息中调用了自定义函数 QueryServiceStatusAndConfig，在显示弹出菜单前，获取选中服务的当前状态和配置参数，启用禁用相关菜单项。

QueryServiceStatusEx 函数用于获取指定服务的当前状态信息，包括服务类型、当前状态、服务的进程 ID 等，该函数返回一个 SERVICE_STATUS_PROCESS 结构（同 EnumServicesStatusEx 函数返回的 ENUM_SERVICE_STATUS_PROCESS 结构中的 SERVICE_STATUS_PROCESS 结构），本程序在调用自定义函数 GetServiceList 获取服务列表时已经保存了每个服务的当前状态和控制代码，因此不需要额外调用 QueryServiceStatusEx 函数。

要启动指定的服务可以调用 StartService 函数：

```
BOOL WINAPI StartService(
    _In_    SC_HANDLE hService,              // 服务句柄，必须具有 SERVICE_START 访问权限
    _In_    DWORD    dwNumServiceArgs,        // lpServiceArgVectors 数组中的数组元素个数
    _In_opt_ LPCTSTR* lpServiceArgVectors);  // 传递给服务的 ServiceMain 函数的参数数组
```

如果函数执行成功，则返回值为非零；如果函数执行失败，则返回值为 0。

ControlService 函数用于向指定的服务发送控制代码，例如停止服务、暂停服务、继续服务：

```
BOOL WINAPI ControlService(
    _In_  SC_HANDLE      hService,              // 服务句柄
    _In_  DWORD          dwControl,             // 控制代码
    _Out_ LPSERVICE_STATUS lpServiceStatus);    // 返回最新服务状态信息的 SERVICE_STATUS 结构
```

dwControl 参数指定控制代码，常用的值如表 10.4 所示。

表 10.4

常量	值	含义
SERVICE_CONTROL_STOP	0x00000001	通知服务停止服务，hService 句柄须具有 SERVICE_STOP 访问权限
SERVICE_CONTROL_PAUSE	0x00000002	通知服务暂停服务，hService 句柄须具有 SERVICE_PAUSE_CONTINUE 访问权限
SERVICE_CONTROL_CONTINUE	0x00000003	通知暂停的服务应恢复（继续服务），hService 句柄须具有 SERVICE_PAUSE_CONTINUE 访问权限
SERVICE_CONTROL_SHUTDOWN	0x00000005	通知服务系统正在关闭

如果函数执行成功，则返回值为非零；如果函数执行失败，则返回值为 0。

对于启动服务，本程序定义了自定义函数 StartTheService，对于停止服务、暂停服务、继续服务，程序定义了自定义函数 ControlCurrentState。

3. 改变服务启动类型

如前所述，调用 QueryServiceConfig 函数可以查询指定服务的配置参数，该函数返回一个 QUERY_SERVICE_CONFIG 结构，包括服务的启动类型、文件路径等，调用 QueryServiceConfig2 函数可以查询指定服务的其他配置参数。与之对应的，要更改指定服务的配置参数可以调用 ChangeServiceConfig 函数，要更改指定服务的其他配置参数可以调用 ChangeServiceConfig2 函数。ChangeServiceConfig 函数声明如下：

```
BOOL WINAPI ChangeServiceConfig(
    _In_       SC_HANDLE hService,        // 服务句柄，必须具有 SERVICE_CHANGE_CONFIG 访问权限
    _In_       DWORD     dwServiceType,   // 服务类型，如果不需要更改可以设置为 SERVICE_NO_CHANGE
    _In_       DWORD     dwStartType,     // 启动类型，如果不需要更改可以设置为 SERVICE_NO_CHANGE
    _In_       DWORD     dwErrorControl,  // 错误控制，如果不需要更改可以设置为 SERVICE_NO_CHANGE
    _In_opt_   LPCTSTR   lpBinaryPathName, // 服务的文件路径
    _In_opt_   LPCTSTR   lpLoadOrderGroup, // 服务所属的加载顺序组的名称
    _Out_opt_  LPDWORD   lpdwTagId,       // 返回在 lpLoadOrderGroup 参数指定的组中此服务的唯一 ID
    _In_opt_   LPCTSTR   lpDependencies,  // 服务或加载顺序组的名称的数组指针
    _In_opt_   LPCTSTR   lpServiceStartName, // 服务进程在运行时将登录的账户名称
    _In_opt_   LPCTSTR   lpPassword,      // lpServiceStartName 参数指定的账户名的密码
    _In_opt_   LPCTSTR   lpDisplayName);  // 服务的显示名称
```

如果函数执行成功，则返回值为非零；如果函数执行失败，则返回值为 0。

对于设为自动启动、设为手动启动、设为已禁用这些菜单项，本程序定义了自定义函数 ChangeTheServiceConfig。

4. 添加和删除服务

CreateService 函数用于创建一个服务对象，并将其添加到服务控制管理器数据库中：

```
SC_HANDLE WINAPI CreateService(
```

```
_In_        SC_HANDLE  hSCManager,          // SCM 数据库句柄，须具有 SC_MANAGER_CREATE_SERVICE 权限
_In_        LPCTSTR    lpServiceName,       // 服务名称，最大长度为 256 个字符
_In_opt_    LPCTSTR    lpDisplayName,       // 显示名称，最大长度为 256 个字符
_In_        DWORD      dwDesiredAccess,     // 服务的访问权限，可以指定为 SERVICE_ALL_ACCESS
_In_        DWORD      dwServiceType,       // 服务类型，通常指定为 SERVICE_WIN32_OWN_PROCESS
_In_        DWORD      dwStartType,         // 启动类型，可以指定为 SERVICE_AUTO_START 自动启动
_In_        DWORD      dwErrorControl,      // 错误控制，可以设置为 SERVICE_ERROR_NORMAL
_In_opt_    LPCTSTR    lpBinaryPathName,    // 服务的文件路径，如果路径包含空格则必须使用引号引起来
_In_opt_    LPCTSTR    lpLoadOrderGroup,    // 服务所属的加载排序组的名称，可为 NULL
_Out_opt_   LPDWORD    lpdwTagId,           // 返回在 lpLoadOrderGroup 组中此服务的唯一 ID，可为 NULL
_In_opt_    LPCTSTR    lpDependencies,      // 服务或加载顺序组的名称的数组指针，可为 NULL
_In_opt_    LPCTSTR    lpServiceStartName,  // 服务进程在运行时将登录的账户名称，可为 NULL
_In_opt_    LPCTSTR    lpPassword);         // lpServiceStartName 参数指定的账户名的密码，可为 NULL
```

如果函数执行成功，则返回值是服务的句柄；如果函数执行失败，则返回值为 NULL。

要创建一个服务，需要指定文件路径、服务名称、显示名称、启动类型和服务描述等，因此在用户单击添加服务菜单项时，应该调用 DialogBoxParam 函数弹出一个对话框供用户输入上述信息（见图 10.2）。

用户单击"创建服务"按钮，调用自定义函数 CreateAService 创建服务，如果创建服务成功，则创建服务对话框的窗口过程返回 2(*EndDialog*(hwndDlg, 2))，如果创建服务失败，则返回 1(*EndDialog*(hwndDlg, 1))，然后主程序可以根据创建服务对话框的返回值以显示创建服务成功还是失败。

DeleteService 函数用于将指定的服务从服务控制管理器数据库中删除：

图 10.2

```
BOOL DeleteService(_In_ SC_HANDLE hService);  // 服务句柄，必须具有 DELETE 访问权限
```

如果指定的服务正在运行，可以通过调用 ControlService 函数来停止正在运行的服务（SERVICE_CONTROL_STOP 控制代码），然后再删除。

关于删除服务菜单项，本程序定义了自定义函数 DeleteTheService。

5. 编写服务程序

前面多次提到过服务类型的概念，例如 EnumServicesStatusEx 函数返回的 ENUM_SERVICE_STATUS_PROCESS 结构中的 SERVICE_STATUS_PROCESS 结构中的 dwServiceType 字段，QueryServiceConfig 函数返回的 QUERY_SERVICE_CONFIG 结构中的 dwServiceType 字段，ChangeServiceConfig 函数的 dwServiceType 参数，CreateService 函数的 dwServiceType 参数等，服务类型可以是表 10.5 所示的值之一。

一个服务程序可以包含一个或多个服务，使用 SERVICE_WIN32_OWN_PROCESS 类型创建的服务程序仅包含一个服务，使用 SERVICE_WIN32_SHARE_PROCESS 类型创建的服务程序可以包含多个服务（多个服务之间可以共享代码）。

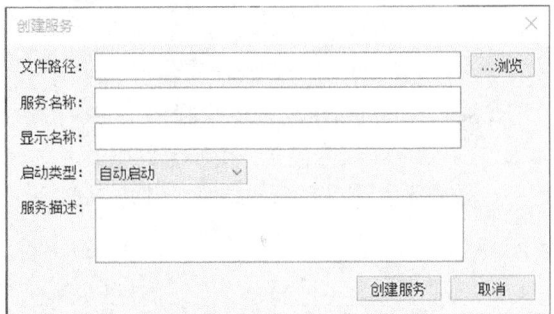

表 10.5

常量	值	含义
SERVICE_KERNEL_DRIVER	0x00000001	驱动程序服务
SERVICE_FILE_SYSTEM_DRIVER	0x00000002	文件系统驱动程序服务
SERVICE_WIN32_OWN_PROCESS	0x00000010	在自己的进程中运行的服务
SERVICE_WIN32_SHARE_PROCESS	0x00000020	与一个或多个其他服务共享一个进程的服务

　　当一个应用程序需要常驻在系统，或者随时为其他应用程序提供服务时，可以使用服务程序，服务程序没有窗口、对话框这些用户界面，因此服务通常被编写为控制台应用程序。服务程序不同于一般的可执行程序，编写服务程序需要遵循一定的规范。

　　当服务控制管理器（SCM）启动服务程序时，它将等待服务程序调用 StartServiceCtrlDispatcher 函数，StartServiceCtrlDispatcher 函数用于将调用线程连接到服务控制管理器，从而使该线程成为服务控制调度线程：

```
BOOL WINAPI StartServiceCtrlDispatcher(
    _In_ const SERVICE_TABLE_ENTRY* lpServiceTable); // 指向 SERVICE_TABLE_ENTRY 结构数组的指针
```

　　lpServiceTable 参数是一个指向 SERVICE_TABLE_ENTRY 结构数组的指针，每个 SERVICE_TABLE_ENTRY 结构包含一个服务的服务名称和服务入口点函数 ServiceMain 的指针，结构数组的最后一个数组元素应以空结构结尾。SERVICE_TABLE_ENTRY 结构的定义如下：

```
typedef struct _SERVICE_TABLE_ENTRY {
    LPTSTR                  lpServiceName;    // 服务名称
    LPSERVICE_MAIN_FUNCTION lpServiceProc;    // 服务入口点函数指针
} SERVICE_TABLE_ENTRY, * LPSERVICE_TABLE_ENTRY;
```

　　如果函数执行成功，则返回值为非零；如果函数执行失败，则返回值为 0。函数执行成功后会将调用线程连接到服务控制管理器，从而使该线程成为服务控制调度线程，服务控制调度线程不会返回，直到服务进程中所有的服务都停止（SERVICE_STOPPED 状态）。

　　SCM 通过命名管道向服务控制调度线程发送控制请求，服务控制调度线程执行以下任务。

　　（1）创建新线程以在启动新服务时调用对应的服务入口点函数 ServiceMain。

　　（2）调用服务对应的处理函数来处理服务控制请求（每个服务都有一个服务控制处理函数 HandlerEx）。

　　服务入口点函数 ServiceMain（也可以是其他名称）的定义格式如下：

```
VOID WINAPI ServiceMain(_In_ DWORD dwArgc, _In_ LPTSTR* lpszArgv);
```

　　lpszArgv 参数是一个参数字符串数组，该参数数组是在调用 StartService 函数启动服务时传递过来的，第一个参数 lpszArgv[0]是服务名称，后面是其他参数(lpszArgv[1] ~ lpszArgv[dwArgc-1])，如果没有参数，则 lpszArgv 参数为 NULL。dwArgc 参数表示 lpszArgv 数组中的参数个数。

　　当服务控制程序请求启动一个服务时，SCM 将启动请求发送到服务控制调度线程，服务控制调度线程会创建一个新线程以执行该服务的 ServiceMain 函数。ServiceMain 函数应执行以下任务。

（1）初始化全局变量。

（2）立即调用 RegisterServiceCtrlHandlerEx 函数以注册一个服务控制处理函数 HandlerEx 来处理对该服务的控制请求，该函数返回一个服务状态句柄 hServiceStatus。

（3）执行初始化工作。如果初始化代码的执行时间很短（少于1秒），可以直接在 ServiceMain 函数中执行初始化。如果预计初始化时间将超过1秒，则服务应使用以下初始化技术之一。

- 调用 SetServiceStatus 函数，该函数需要一个服务状态句柄 hServiceStatus 和一个 SERVICE_STATUS 结构，把 SERVICE_STATUS.dwCurrentState 设置为 SERVICE_RUNNING，SERVICE_STATUS.dwControlsAccepted 设置为 0，然后调用 SetServiceStatus 函数，这表示服务正在运行，但不接受任何控制请求，这样一来 SCM 就可以去管理其他服务，而不是一直等待服务初始化完成。建议使用这种初始化方法来提高性能，尤其是对于自动启动服务。

- 把 SERVICE_STATUS.dwCurrentState 设置为 SERVICE_START_PENDING，SERVICE_STATUS.dwControlsAccepted 设置为 0，然后调用 SetServiceStatus 函数，这表示服务正在启动中，不接受任何控制请求，启动该服务的程序可以调用 QueryServiceStatusEx 函数从 SCM 获取最新的检查点值，并使用该值向用户报告进度。

（4）初始化完成后，调用 SetServiceStatus 函数将服务状态设置为 SERVICE_RUNNING 并指定服务可以接受的控制请求。

（5）执行服务任务。

RegisterServiceCtrlHandlerEx 函数用于注册一个服务控制处理函数 HandlerEx 来处理对服务的控制请求：

```
SERVICE_STATUS_HANDLE WINAPI RegisterServiceCtrlHandlerEx(
    _In_      LPCTSTR              lpServiceName,    // 服务名称
    _In_      LPHANDLER_FUNCTION_EX lpHandlerProc,   // 服务控制处理函数的指针
    _In_opt_  LPVOID               lpContext);       // 用户自定义数据
```

lpServiceName 参数指定服务名称；lpContext 参数指定用户自定义数据，当多个服务共享一个进程时，可以通过该参数确定是哪个服务；lpHandlerProc 参数指定服务控制处理函数 HandlerEx 的指针。如果函数执行成功，则返回值是服务状态句柄；如果函数执行失败，则返回值为 0。

服务控制处理函数 HandlerEx（也可以是其他名称）的定义格式如下：

```
DWORD WINAPI HandlerEx(
    _In_ DWORD   dwControl,    // 控制代码
    _In_ DWORD   dwEventType,  // 发生的事件类型
    _In_ LPVOID  lpEventData,  // 事件数据，该数据的格式取决于 dwControl 和 dwEventType 参数的值
    _In_ LPVOID  lpContext);   // 从 RegisterServiceCtrlHandlerEx 函数传递过来的用户自定义数据
```

服务控制处理函数应该根据传递过来的控制代码执行对应的任务，并调用 SetServiceStatus 函数以将其新的服务状态报告给 SCM，处理完控制请求后函数可以返回 NO_ERROR(0)。

接下来编写一个服务程序 MyService，控制台程序，MyService.cpp 源文件的内容如下：

```
#include <Windows.h>
#include <tchar.h>
```

```
// 服务入口点函数
VOID WINAPI ServiceMain(DWORD dwArgc, LPTSTR* lpszArgv);
// 服务控制处理函数
DWORD WINAPI HandlerEx(DWORD dwControl, DWORD dwEventType, LPVOID lpEventData, LPVOID lpContext);

// 全局变量
TCHAR g_szServiceName[] = TEXT("MyService");     // 服务名称
SERVICE_STATUS_HANDLE g_hServiceStatus;          // 服务状态句柄
SERVICE_STATUS g_serviceStatus = { 0 };          // 服务状态结构

int _tmain(int argc, TCHAR* argv[])
{
    const SERVICE_TABLE_ENTRY serviceTableEntry[] = { {g_szServiceName, ServiceMain}, {NULL, NULL} };

    // 将调用线程连接到 SCM，从而使该线程成为服务控制调度线程
    StartServiceCtrlDispatcher(serviceTableEntry);

    return 0;
}

VOID WINAPI ServiceMain(DWORD dwArgc, LPTSTR* lpszArgv)
{
    // 注册一个服务控制处理函数 HandlerEx，该函数返回一个服务状态句柄 hServiceStatus
    g_hServiceStatus = RegisterServiceCtrlHandlerEx(g_szServiceName, HandlerEx, NULL);

    g_serviceStatus.dwServiceType = SERVICE_WIN32_OWN_PROCESS;
    g_serviceStatus.dwCurrentState = SERVICE_RUNNING;
    g_serviceStatus.dwControlsAccepted = 0;
    SetServiceStatus(g_hServiceStatus, &g_serviceStatus);

    // 初始化工作
    Sleep(2000);

    g_serviceStatus.dwCurrentState = SERVICE_RUNNING;
    g_serviceStatus.dwControlsAccepted =
        SERVICE_ACCEPT_STOP | SERVICE_ACCEPT_PAUSE_CONTINUE | SERVICE_ACCEPT_SHUTDOWN;
    SetServiceStatus(g_hServiceStatus, &g_serviceStatus);

    // 执行服务任务，这里可以是用户想要执行的任何代码
    ShellExecute(NULL, TEXT("open"),
        TEXT("F:\\Source\\Windows\\Chapter10\\HelloWindows7\\Debug\\HelloWindows.exe"),
        NULL, NULL, SW_SHOW);
}

DWORD WINAPI HandlerEx(DWORD dwControl, DWORD dwEventType, LPVOID lpEventData, LPVOID lpContext)
{
    switch (dwControl)
    {
    case SERVICE_CONTROL_SHUTDOWN:
    case SERVICE_CONTROL_STOP:
```

```
        g_serviceStatus.dwCurrentState = SERVICE_STOP_PENDING;
        SetServiceStatus(g_hServiceStatus, &g_serviceStatus);

        // 可以执行一些清理操作

        g_serviceStatus.dwCurrentState = SERVICE_STOPPED;
        SetServiceStatus(g_hServiceStatus, &g_serviceStatus);
        break;

    case SERVICE_CONTROL_PAUSE:
        g_serviceStatus.dwCurrentState = SERVICE_PAUSE_PENDING;
        SetServiceStatus(g_hServiceStatus, &g_serviceStatus);
        g_serviceStatus.dwCurrentState = SERVICE_PAUSED;
        SetServiceStatus(g_hServiceStatus, &g_serviceStatus);
        break;

    case SERVICE_CONTROL_CONTINUE:
        g_serviceStatus.dwCurrentState = SERVICE_CONTINUE_PENDING;
        SetServiceStatus(g_hServiceStatus, &g_serviceStatus);
        g_serviceStatus.dwCurrentState = SERVICE_RUNNING;
        SetServiceStatus(g_hServiceStatus, &g_serviceStatus);
        break;
    }

    return NO_ERROR;
}
```

本例中，服务所执行的代码就是调用 ShellExecute 函数运行 F:\Source\Windows\Chapter10\HelloWindows7\
Debug\HelloWindows.exe 程序，因为服务的特性，HelloWindows.exe 程序不会显示用户界面，但是启动
服务后，就会运行 HelloWindows.exe 程序，我们可以听到歌声。

按 Ctrl + F5 组合键编译程序，然后打开 F:\
Source\Windows\Chapter10\ServiceManager2\Debug\
ServiceManager.exe 服务管理程序，单击添加服务菜
单项，把 MyService 服务添加进去（见图 10.3）。

添加 MyService 服务后，该服务程序默认处于停
止状态，我们可以用鼠标右键单击该服务程序单击启
动服务菜单项，服务启动成功，歌声响起。

按下 Ctrl + Alt + Delete 组合键选择注销用户，
MyService 服务程序会正常运行，而且 HelloWindows.

图 10.3

exe 程序也会正常运行，因为 HelloWindows.exe 程序属于会话 0 SYSTEM 用户，关机重新启动计算机，
MyService 服务程序可以开机自动启动。

打开任务管理器，切换到详细信息选项卡，显示进程列表，进程列表是一个列表视图控件，用鼠
标右键单击列表视图控件的列标题，然后选择列，勾选会话 ID，单击确定按钮，可以看到图 10.4 所示
的界面。

服务程序 MyService.exe 和 HelloWindows.exe 程序同属于会话 0，同属于 SYSTEM 用户，

HelloWindows.exe 的父进程是 MyService.exe，MyService.exe 的父进程是 services.exe。

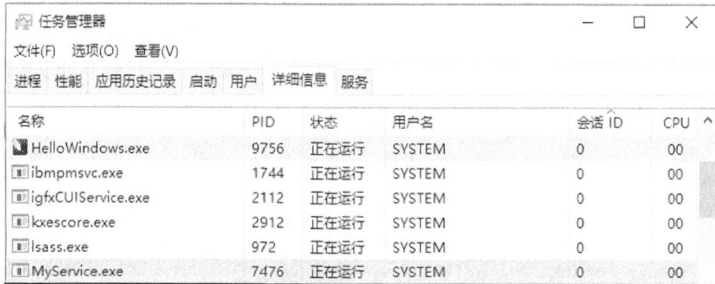

图 10.4

6. 突破会话 0 隔离通过服务创建用户界面

通常，服务程序被设计为无人看管的无须图形用户界面（GUI）的控制台应用程序，从 Windows Vista 系统开始，服务无法直接与用户交互，但是某些服务可能偶尔需要与用户进行交互。服务程序可以通过调用 WTSSendMessage 函数在用户会话中显示一个消息框，如果需要实现更复杂的用户界面可以使用 CreateProcessAsUser 函数在用户会话中创建一个进程。

调用 WTSSendMessage 函数在用户会话中显示消息框的示例代码如下：

```
TCHAR szTitle[] = TEXT("消息标题");
TCHAR szMessage[] = TEXT("消息内容");
DWORD dwSessionId;
DWORD dwResponse;

dwSessionId = WTSGetActiveConsoleSessionId();
WTSSendMessage(WTS_CURRENT_SERVER_HANDLE, dwSessionId, szTitle, sizeof(szTitle),
    szMessage, sizeof(szMessage), MB_OK, 0, &dwResponse, TRUE);
```

WTSGetActiveConsoleSessionId 函数用于获取当前连接到物理控制台的会话 ID（Session ID），物理控制台是指屏幕、鼠标和键盘，即获取当前登录用户的会话 ID：

```
DWORD WTSGetActiveConsoleSessionId();
```

如果函数执行成功，则返回当前登录用户的会话 ID，通常情况下函数返回值是 1；如果当前没有用户登录，则函数返回 0xFFFFFFFF。

本节会用到几个以 WTS 开头的函数，WTS（Windows Terminal Services，Windows 终端服务）系列函数可以用于服务层与应用层的交互。

服务程序如果需要在用户会话中创建一个具有用户界面的进程，可以调用 CreateProcessAsUser 函数：

```
BOOL CreateProcessAsUser(
    _In_opt_       HANDLE               hToken,               // 访问令牌句柄
    _In_opt_       LPCTSTR              lpApplicationName,
    _Inout_opt_    LPTSTR               lpCommandLine,
    _In_opt_       LPSECURITY_ATTRIBUTES lpProcessAttributes,
    _In_opt_       LPSECURITY_ATTRIBUTES lpThreadAttributes,
    _In_           BOOL                 bInheritHandles,
    _In_           DWORD                dwCreationFlags,
```

```
    _In_opt_        LPVOID                      lpEnvironment,
    _In_opt_        LPCTSTR                     lpCurrentDirectory,
    _In_            LPSTARTUPINFO               lpStartupInfo,
    _Out_           LPPROCESS_INFORMATION lpProcessInformation);
```

与 CreateProcess 函数相比，CreateProcessAsUser 函数只是多了一个访问令牌句柄参数 hToken。

访问令牌是描述进程或线程的安全环境的一个内核对象，令牌中的信息包括与进程或线程关联的用户账户的 ID 和特权。当用户登录时，系统通过将用户密码与存储在安全数据库中的信息进行比较来验证用户密码，如果密码通过验证，系统将生成一个访问令牌，在该用户账户中运行的每个进程都有此访问令牌的副本。要通过 CreateProcessAsUser 函数在用户会话中创建一个进程，需要通过调用 WTSQueryUserToken 函数查询当前登录用户的访问令牌，该函数返回一个访问令牌句柄 hUserToken，有了访问令牌句柄就可以在服务程序中像调用 CreateProcess 函数一样创建进程。但是在创建进程前最好做以下两方面的工作（可选操作）。

（1）在用户账户中运行的每个进程最好使用用户访问令牌的副本，可以通过调用 DuplicateTokenEx 函数复制一份用户访问令牌句柄 hUserTokenDup，用于 CreateProcessAsUser 函数。如果需要，可以调用 SetTokenInformation 函数设置 hUserTokenDup 句柄的访问令牌信息。

（2）每个进程都有一个环境块，默认情况下子进程会继承其父进程的环境变量，服务程序可以通过调用 CreateEnvironmentBlock 函数获取当前登录用户的环境变量块（包括用户环境变量和系统环境变量），然后把获取到的环境变量块用于 CreateProcessAsUser 函数的 lpEnvironment 参数。

下面先介绍 WTSQueryUserToken、DuplicateTokenEx 和 CreateEnvironmentBlock 这几个函数的用法。WTSQueryUserToken 函数用于查询指定会话 ID 对应的登录用户的主访问令牌：

```
BOOL WTSQueryUserToken(
    _In_  ULONG  SessionId,      // 会话 ID，可以通过调用 WTSGetActiveConsole
                                 // SessionId 函数获得
    _Out_ PHANDLE phToken);      // 返回 SessionId 参数指定的登录用户的主访问令牌句柄
```

如果函数执行成功，则返回值为非零值；如果函数执行失败，则返回值为 0。为了防止用户令牌泄露，不再需要访问令牌句柄时必须及时调用 CloseHandle 函数关闭句柄。

DuplicateTokenEx 函数用于复制一份访问令牌句柄：

```
BOOL WINAPI DuplicateTokenEx(
    _In_        HANDLE                      hExistingToken,       // 一个现有令牌句柄
    _In_        DWORD                       dwDesiredAccess,      // 新令牌句柄的访问权限
    _In_opt_    LPSECURITY_ATTRIBUTES       lpTokenAttributes,    // 指向 SECURITY_ATTRIBUTES
                                                                  // 结构的指针
    _In_        SECURITY_IMPERSONATION_LEVEL ImpersonationLevel,  // 新令牌的模拟级别
    _In_        TOKEN_TYPE                  TokenType,            // 新令牌的令牌类型
    _Out_       PHANDLE                     phNewToken);          // 返回新令牌句柄
```

- hExistingToken 参数指定为一个现有令牌的句柄。
- dwDesiredAccess 参数指定新令牌句柄的访问权限，设置为 0 表示使用与现有令牌句柄相同的访问权限，设置为 MAXIMUM_ALLOWED 表示使用对调用者有效的所有访问权限。
- lpTokenAttributes 参数是一个指向 SECURITY_ATTRIBUTES 结构的指针，该结构为新令牌指定

安全描述符，并指定子进程是否可以继承令牌，该参数的用法同其他内核对象，通常可以设置为 NULL。
- ImpersonationLevel 参数指定新令牌的模拟级别，该参数是一个 SECURITY_IMPERSONATION_LEVEL 枚举类型，这里指定为 SecurityIdentification。
- TokenType 参数指定新令牌的令牌类型，该参数是一个 TOKEN_TYPE 枚举类型，这里指定为 TokenPrimary，表示新令牌是可以在 CreateProcessAsUser 函数中使用的主令牌，允许模拟客户端的服务程序创建具有客户端安全环境的进程。
- phNewToken 参数指向接收新令牌句柄变量的指针。

如果函数执行成功，则返回非零值；如果函数执行失败，则返回值为 0。不再需要令牌句柄时应该调用 CloseHandle 函数关闭。

CreateEnvironmentBlock 函数用于获取指定用户的环境变量块：

```
BOOL WINAPI CreateEnvironmentBlock(
    _Out_    LPVOID* lpEnvironment,    // 返回环境变量块的指针
    _In_opt_ HANDLE  hToken,           // 访问令牌句柄，如果设置为 NULL 则返回的环境块仅包含系统变量
    _In_     BOOL    bInherit);        // 是否继承当前进程的环境变量
```

在把返回的环境变量块用于 CreateProcessAsUser 函数时，CreateProcessAsUser 函数的 dwCreationFlags 参数应该指定 CREATE_UNICODE_ENVIRONMENT 标志，因为默认情况下 lpEnvironment 参数指向的环境变量块使用 ANSI 字符，指定该标志后将使用 Unicode 字符。CreateProcessAsUser 函数返回后，新进程将具有环境变量块的副本，因此可以调用 DestroyEnvironmentBlock 函数释放环境变量块。

下面封装一个自定义函数 CreateUIProcess 用于在用户会话中创建一个具有用户界面的进程：

```
BOOL CreateUIProcess(LPCTSTR lpApplicationName, LPTSTR lpCommandLine)
{
    DWORD dwSessionId;                                    // 当前登录用户的会话 ID
    HANDLE hUserToken = NULL, hUserTokenDup = NULL;       // 访问令牌句柄
    LPVOID lpEnvironment = NULL;
    STARTUPINFO si = { sizeof(STARTUPINFO) };
    PROCESS_INFORMATION pi = { 0 };

    // 获取当前登录用户的会话 ID
    dwSessionId = WTSGetActiveConsoleSessionId();
    // 查询指定会话 ID 对应的登录用户的主访问令牌
    WTSQueryUserToken(dwSessionId, &hUserToken);

    // 复制一份用户访问令牌句柄
    DuplicateTokenEx(hUserToken, MAXIMUM_ALLOWED, NULL, SecurityIdentification,
        TokenPrimary, &hUserTokenDup);
    CloseHandle(hUserToken);

    // 获取当前登录用户的环境变量块
    CreateEnvironmentBlock(&lpEnvironment, hUserTokenDup, FALSE);

    // 创建进程
```

```
CreateProcessAsUser(hUserTokenDup, lpApplicationName, lpCommandLine, NULL, NULL, FALSE,
    CREATE_UNICODE_ENVIRONMENT, lpEnvironment, NULL, &si, &pi);

CloseHandle(pi.hThread);
CloseHandle(pi.hProcess);
CloseHandle(hUserTokenDup);
DestroyEnvironmentBlock(lpEnvironment);
return TRUE;
}
```

把 MyService 项目的 ServiceMain 函数中的 ShellExecute 函数调用改为上面的自定义函数：

```
TCHAR szCommandLine[MAX_PATH] =
        TEXT("F:\\Source\\Windows\\Chapter10\\HelloWindows7\\Debug\\
HelloWindows.exe");
CreateUIProcess(NULL, szCommandLine);
```

经过测试，启动服务后 HelloWindows.exe 程序如约而至成功显示了用户界面。此时，打开任务管理器，可以看到图 10.5 所示的界面。

图 10.5

HelloWindows.exe 进程的父进程是 MyService.exe，但是 HelloWindows.exe 属于当前登录的 SuperWang 用户会话 1，这是正确的，因为调用 CreateProcessAsUser 函数创建进程时使用的就是当前登录用户的访问令牌。如果当前登录用户 SuperWang 注销，HelloWindows.exe 进程一定会结束！当然，重新启动计算机，MyService 服务程序可以开机自动启动，HelloWindows.exe 进程也会正常显示。

在 Windows 系统中 SYSTEM 用户拥有最高权限，以 SYSTEM 用户身份运行的进程可以完成很多常规情况下无法完成的任务。如果希望 HelloWindows.exe 进程以 SYSTEM 用户身份运行，但还是会话 1，可以调用 OpenProcessToken 函数获取与服务进程关联的访问令牌，然后调用 DuplicateTokenEx 函数复制一份，得到的复制句柄可以调用 SetTokenInformation 函数设置会话 ID 为当前登录用户，这样调用 CreateProcessAsUser 函数创建的子进程就属于 SYSTEM 用户。例如下面的代码：

```
BOOL CreateUIProcess(LPCTSTR lpApplicationName, LPTSTR lpCommandLine)
{
    DWORD dwSessionId;                                      // 当前登录用户的会话 ID
    HANDLE hProcessToken = NULL, hProcessTokenDup = NULL;   // 访问令牌句柄
    LPVOID lpEnvironment = NULL;
    STARTUPINFO si = { sizeof(STARTUPINFO) };
```

```
    PROCESS_INFORMATION pi = { 0 };

    // 获取与服务进程关联的访问令牌
    OpenProcessToken(GetCurrentProcess(), TOKEN_ALL_ACCESS, &hProcessToken);

    // 复制一份访问令牌句柄
    DuplicateTokenEx(hProcessToken, MAXIMUM_ALLOWED, NULL, SecurityIdentification,
        TokenPrimary, &hProcessTokenDup);
    CloseHandle(hProcessToken);

    // 设置访问令牌句柄的会话 ID 为当前登录用户
    dwSessionId = WTSGetActiveConsoleSessionId();
    SetTokenInformation(hProcessTokenDup, TokenSessionId, &dwSessionId, sizeof(dwSessionId));

    // 获取当前登录用户的环境变量块
    CreateEnvironmentBlock(&lpEnvironment, hProcessTokenDup, FALSE);

    // 创建进程
    CreateProcessAsUser(hProcessTokenDup, lpApplicationName, lpCommandLine, NULL, NULL, FALSE,
        CREATE_UNICODE_ENVIRONMENT, lpEnvironment, NULL, &si, &pi);

    CloseHandle(pi.hThread);
    CloseHandle(pi.hProcess);
    CloseHandle(hProcessTokenDup);
    DestroyEnvironmentBlock(lpEnvironment);
    return TRUE;
}
```

但是同样 HelloWindows.exe 进程会随着当前登录用户的注销而终止。会话和用户这两个概念之间比较模糊，如果希望 HelloWindows.exe 进程运行于 SYSTEM 用户，会话 0，则需要使用 CreateProcess 或 ShellExecute 一类的函数，会话 0 用于系统进程、服务和驱动程序，而不是创建用户界面和用户进行交互。

10.3　用户账户控制

用户账户控制（User Account Control，UAC）是 Microsoft 在 Windows Vista 及更高版本操作系统中采用的一种安全控制机制，它要求用户在执行可能会影响计算机运行的操作或执行更改其他用户的设置的操作以前，提供权限或管理员密码，以防止恶意软件在未经许可的情况下在计算机上进行安装或对计算机进行更改。简单地说，就是在运行某些软件的时候，要求用户进行授权才能运行它。

在 Windows 系统中用户账户按组划分，每个组中可以有多个成员用户，例如：

- Administrators 组；
- Administrator；
- 管理员用户；

- Users 组；
- 标准用户。

使用微软原版 Windows 镜像安装 Windows 时会要求我们输入一个管理员用户名称（作者计算机 SuperWang）。

当用户登录到计算机时，系统会为用户创建访问令牌，访问令牌包含授予用户的访问级别的信息，包括安全标识符（SID）和 Windows 权限，在默认情况下，标准用户和管理员用户（包括 Administrator 和其他管理员用户）都是以标准用户的访问令牌访问资源并运行应用程序。

用户登录后，系统会为用户创建两个访问令牌：标准用户访问令牌和管理员访问令牌，然后系统使用标准用户访问令牌显示桌面（Eexplorer.exe），Explorer.exe 作为父进程，用户启动的其他所有进程都将从该父进程继承访问令牌。除非用户批准应用程序使用管理员访问令牌，否则所有应用程序均以标准用户访问令牌运行。当用户运行需要管理员访问令牌的应用程序时，系统会自动提示用户进行批准，该提示称为提权提示，可以阻止恶意软件在用户不知情的情况下提升权限。

我们来看新装系统以后的用户账户控制默认设置。单击开始，输入 gpedit.msc，打开本地组策略编辑器，计算机配置→Windows 设置→安全设置→本地策略→安全选项，滑动至最下方，可以看到图 10.6 所示的界面。

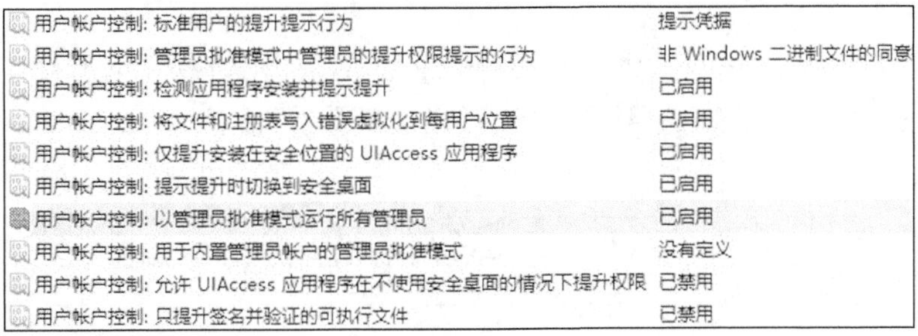

用户帐户控制：标准用户的提升提示行为	提示凭据
用户帐户控制：管理员批准模式中管理员的提升权限提示的行为	非 Windows 二进制文件的同意
用户帐户控制：检测应用程序安装并提示提升	已启用
用户帐户控制：将文件和注册表写入错误虚拟化到每用户位置	已启用
用户帐户控制：仅提升安装在安全位置的 UIAccess 应用程序	已启用
用户帐户控制：提示提升时切换到安全桌面	已启用
用户帐户控制：以管理员批准模式运行所有管理员	已启用
用户帐户控制：用于内置管理员帐户的管理员批准模式	没有定义
用户帐户控制：允许 UIAccess 应用程序在不使用安全桌面的情况下提升权限	已禁用
用户帐户控制：只提升签名并验证的可执行文件	已禁用

图 10.6

以管理员批准模式运行所有管理员：这是打开或关闭用户账户控制的设置，用户可以选择"已启用"以打开用户账户控制，或者选择"已禁用"以关闭用户账户控制，更改后需要重启计算机。关闭用户账户控制后，默认情况下管理员用户将使用完全管理权限（管理员访问令牌）运行所有应用程序。

打开控制面板，查看方式选择小图标，单击用户账户 → 更改用户账户控制设置，可以看到图 10.7 所示的界面。

以上就是用户新装系统后的用户账户控制默认设置。当用户用鼠标右键单击程序，然后选择以管理员身份运行，或者要运行的程序需要管理员权限（管理员访问令牌）时，用户桌面将切换到安全桌面，安全桌面会使用户桌面变暗，并显示一个提权提示对话框，在继续之前用户必须对其进行响应，当用户单击"是"或"否"时，桌面将切换回用户桌面，只有 Windows 进程才能访问安全桌面。根据要运行的程序是否是 Windows 内部应用程序以及是否具有数字签名，提权对话框所显示的内容与颜色略有不同。如果当前登录用户是标准用户，系统则会弹出一个对话框要求用户输入管理员密码以提权。

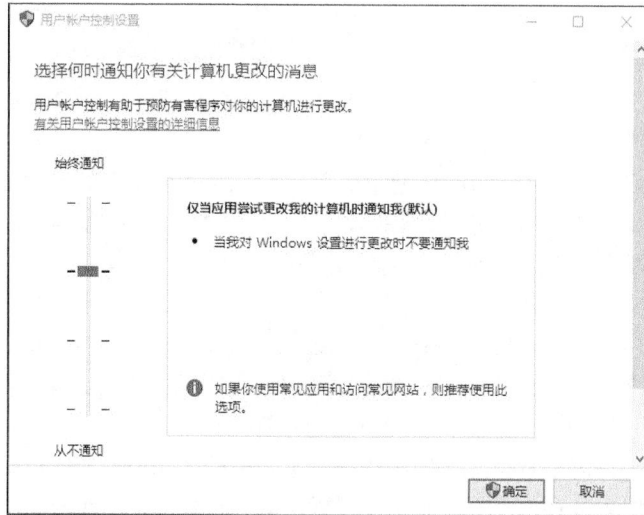

图 10.7

10.3.1　自动提示用户提升权限

用户可以用鼠标右键单击程序，然后选择以管理员身份运行，以取得管理员权限。如果需要在程序运行时自动提示用户提升权限，则可以通过项目属性来设置，打开项目属性→配置属性→链接器→清单文件（见图 10.8）。

启用用户帐户控制(UAC)	是 (/MANIFESTUAC:)
UAC 执行级别	requireAdministrator (/level='requireAdministrator')
UAC 绕过 UI 保护	否 (/uiAccess='false')

图 10.8

设置 UAC 执行级别为 requireAdministrator (/level='requireAdministrator')。

也可以通过添加一个清单文件来进行设置，前面已经介绍过清单文件的编写方法。这里以 Chapter4\ProcessList 项目为例，ProcessList.exe.manifest 文件的内容如下：

```xml
<?xml version="1.0" encoding="utf-8" standalone="yes" ?>

<assembly xmlns="urn:schemas-microsoft-com:asm.v1" manifestVersion="1.0" >
  <assemblyIdentity
    version="1.0.0.0"
    processorArchitecture="*"
    name="CompanyName.ProductName.YourApplication"
    type="win32"
  />

  <description>Your application description here.</description>

  <dependency>
    <dependentAssembly>
```

```
<assemblyIdentity
  type="win32"
  name="Microsoft.Windows.Common-Controls"
  version="6.0.0.0"
  processorArchitecture="*"
  publicKeyToken="6595b64144ccf1df"
  language="*"
/>
</dependentAssembly>
</dependency>

<trustInfo xmlns="urn:schemas-microsoft-com:asm.v2">
    <security>
        <requestedPrivileges>
          <requestedExecutionLevel
            level="requireAdministrator"
            uiAccess="false"/>
        </requestedPrivileges>
    </security>
</trustInfo>
</assembly>
```

level 属性可用的值及含义如表 10.6 所示。

表 10.6

值	含义
requireAdministrator	应用程序必须以管理员权限启动，否则不会运行
highestAvailable	应用程序以当前用户可以获得的最高权限运行
asInvoker	应用程序使用与父进程相同的权限运行

添加清单文件后，最好在 ProcessList.rc 资源脚本文件中添加如下语句：

```
#define MANIFEST_RESOURCE_ID 1
MANIFEST_RESOURCE_ID RT_MANIFEST "ProcessList.exe.manifest"
```

这表示将清单文件嵌入 PE 文件的资源中。

按 Ctrl + F5 组合键编译运行程序，弹出图 10.9 所示的对话框。

因为 VS 是以标准用户权限启动的，VS 作为父进程，无法启动要求管理员权限的程序，我们可以选择"使用其他凭据重新启动(R)"，这样一来 VS 会以管理员权限重新启动。

虽然 VS 无法启动 ProcessList.exe，但是程序已经编译完毕，打开 Chapter4\ProcessList\Debug 可以看到 ProcessList.exe 程序图标上面有一个盾牌图标，盾牌图标说明该程序需要以提升权限运行。双击运行 ProcessList.exe，会弹出提权提示对话框，选择是，

图 10.9

即可以管理员权限运行该程序。

　　用户如果需要以管理员权限运行某个程序，可以用鼠标右键单击程序，然后选择属性，切换到兼容性选项卡，勾选"以管理员身份运行该程序"。上述设置也可以通过写注册表来实现，在 HKEY_CURRENT_USER\Software\Microsoft\Windows NT\CurrentVersion\AppCompatFlags\Layers 子键下面添加一个键值项，以可执行文件的完整路径为键名，以字符串"RUNASADMIN"为键值，例如下面的代码：

```
LPCTSTR lpSubKey = TEXT("Software\\Microsoft\\Windows NT\\CurrentVersion\\ AppCompatFlags\\
    Layers");
LPCTSTR lpValueName = TEXT("F:\\Source\\Windows\\Chapter4\\ProcessList\\ Debug\\ProcessList.
    exe");
LPTSTR lpData = TEXT("RUNASADMIN");
DWORD dwcbData = (_tcslen(lpData) + 1) * sizeof(TCHAR);
HKEY hKey;

RegCreateKeyEx(HKEY_CURRENT_USER, lpSubKey, 0, NULL, REG_OPTION_NON_VOLATILE,
    KEY_WRITE, NULL, &hKey, NULL);
RegSetValueEx(hKey, lpValueName, NULL, REG_SZ, (LPBYTE)lpData, dwcbData);
RegCloseKey(hKey);
```

10.3.2　利用 ShellExecuteEx 函数以管理员权限启动程序

ShellExecuteEx 函数声明如下：

```
BOOL ShellExecuteEx(_Inout_ SHELLEXECUTEINFO* pExecInfo);
```

　　pExecInfo 参数是一个指向 SHELLEXECUTEINFO 结构的指针，该结构包含要执行的应用程序的信息，结构定义如下：

```
typedef struct _SHELLEXECUTEINFOA {
    DWORD        cbSize;
    ULONG        fMask;
    HWND         hwnd;
    LPCTSTR      lpVerb;
    LPCTSTR      lpFile;
    LPCTSTR      lpParameters;
    LPCTSTR      lpDirectory;
    int          nShow;
    HINSTANCE    hInstApp;
    void*        lpIDList;
    LPCTSTR      lpClass;
    HKEY         hkeyClass;
    DWORD        dwHotKey;
    union {
        HANDLE  hIcon;
        HANDLE  hMonitor;
    } DUMMYUNIONNAME;
    HANDLE       hProcess;
} SHELLEXECUTEINFO, * LPSHELLEXECUTEINFO;
```

　　lpVerb 字段指定为 runas 表示以管理员权限启动 lpFile 字段指定的应用程序，系统会弹出一个提权提示对话框，或者要求用户输入管理员密码以提权（标准用户）。

例如下面的代码：

```
SHELLEXECUTEINFO sei = { sizeof(sei) };
sei.lpVerb = TEXT("runas");
sei.lpFile = TEXT("F:\\Source\\Windows\\Chapter4\\ProcessList\\Debug\\ProcessList.exe");
sei.nShow = SW_SHOWNORMAL;
DWORD dwStatus;

if (!ShellExecuteEx(&sei))
{
    dwStatus = GetLastError();
    if (dwStatus == ERROR_CANCELLED)
        MessageBox(hwndDlg, TEXT("用户拒绝提升权限"), TEXT("提示"), MB_OK);
    else if (dwStatus == ERROR_FILE_NOT_FOUND)
        MessageBox(hwndDlg, TEXT("指定的文件没有找到"), TEXT("提示"), MB_OK);
}
```

10.3.3 绕过 UAC 提权提示以管理员权限运行

绕过 UAC 提权提示以管理员权限运行程序应该说是黑客必备的一项技术，方法有很多，但是很多方法在最新的 Windows 系统中已经失效。在 COM 中有一个 COM 提升名字对象（COM Elevation Moniker）技术，该技术允许应用程序以提升的权限激活 COM 类，然后可以调用 CMSTPLUA 组件中的 ICMLuaUtil 接口的 ShellExec 方法执行任何程序。

要以管理员权限激活 COM 类，可以使用自定义函数 CoCreateInstanceAsAdmin，该函数在 MSDN 中提供。为 CoCreateInstanceAsAdmin 函数指定 CMSTPLUA 组件的 CLSID 和 ICMLuaUtil 接口的 IID，该函数就可以返回 ICMLuaUtil 接口的指针，然后可以调用 ICMLuaUtil 接口的 ShellExec 方法执行任何程序，需要注意的是 ICMLuaUtil 接口需要自己定义。

如果在普通的程序中调用以管理员权限激活 COM 类的自定义函数 CoCreateInstanceAsAdmin，还是会触发 UAC 提权提示，因此要想关闭 UAC 提权提示，调用代码应该在系统信任程序中执行，例如 Taskmgr.exe、CompMgmtLauncher.exe 和 rundll32.exe，这些程序已经具有管理员权限，我们可以通过 DLL 注入等技术，将调用代码注入这些系统信任程序的进程空间中。

本节介绍通过 rundll32.exe 执行调用代码的方法。rundll32.exe 位于 C:\Windows\System32 目录下，顾名思义就是运行 32 位动态链接库，当然也可以运行 64 位动态链接库，rundll32.exe 可以执行动态链接库中的导出函数，命令格式为如下内容：

```
rundll32.exe DllName FunctionName [Arguments]
```

DllName 指定为需要执行的动态链接库完整路径名（如果 DllName 参数中存在空格，路径名应该使用""引起来），FunctionName 指定为动态链接库中的导出函数名称，Arguments 是可选的传递给导出函数的参数。

rundll32.exe 要求的导出函数原型如下：

```
void CALLBACK FunctionName(HWND hwnd, HINSTANCE hInstance, LPSTR lpCmdLine, int nCmdShow);
```

因此，我们创建一个 DLL 项目 PassUAC，在 PassUAC.dll 中导出符合 rundll32.exe 调用要求的导出函数 PassUAC，在 PassUAC 函数中调用 CoCreateInstanceAsAdmin 函数以管理员权限创建 COM 对象，返回 ICMLuaUtil 接口的指针，然后调用 ICMLuaUtil 接口的 ShellExec 方法执行任何程序。具体代码参见 Chapter10\PassUAC 项目，该项目非常简单，但是这对于没有 COM 基础的读者来说并不容易理解。

通过 rundll32.exe 执行导出函数则比较简单，只需要拼凑出命令字符串，然后调用 ShellExecute 函数执行即可，例如：

```
TCHAR szRundll32Path[MAX_PATH] = TEXT("C:\\Windows\\System32\\rundll32.exe");
TCHAR szDllPath[MAX_PATH] = TEXT("F:\\Source\\Windows\\Chapter10\\PassUAC\\ Debug\\PassUAC.dll");
TCHAR szExcuteFileName[MAX_PATH] = TEXT("F:\\Source\\Windows\\Chapter10\\ProcessList.exe");
TCHAR szParameters[MAX_PATH] = { 0 };

wsprintf(szParameters, TEXT("\"%s\" %s \"%s\""), szDllPath, TEXT("PassUAC"), szExcuteFileName);
ShellExecute(NULL, TEXT("open"), szRundll32Path, szParameters, NULL, SW_HIDE);
```

如果需要通过编程方式禁用用户计算机的 UAC，可以把 HKEY_LOCAL_MACHINE\ SOFTWARE\ Microsoft\Windows\CurrentVersion\Policies\System 下的 EnableLUA 键值项设置为 0。

10.4　用户界面特权隔离

在启用用户账户控制的情况下，标准用户和管理员用户均使用标准用户权限，如果 GetMd5Test 程序以管理员权限运行，那么当用户拖动一个文件到 GetMd5Test 程序窗口中时，是接收不到 WM_DROPFILES 消息的。本节介绍强制完整性控制和用户界面特权隔离这两个概念。

强制完整性控制（Mandatory Integrity Control，MIC）是一种控制对安全对象访问的机制，该机制是对自由（自主）访问控制的补充，在对安全对象的自由访问控制列表（DACL）进行访问前需要评估，MIC 使用完整性级别和强制策略来评估访问。安全主体和安全对象被分配了完整性级别，完整性级别决定了它们的保护或访问级别，例如，具有低完整性级别的主体无法写入具有中完整性级别的对象，即使该对象的 DACL 允许进行写访问。Windows 定义了四个完整性级别：低、中、高和系统，标准用户获得中，提升用户获得高。打开 Process Explorer 程序，默认会显示系统中正在运行的进程列表，用鼠标右键单击任何一列的列标题，然后选择 Select Columns...→Process Image 选项卡→选中"Integrity Level"，可以看到进程列表中有一列是"Integrity"，表示进程的完整性级别。

Windows 消息子系统采用了强制完整性控制，从而实现了用户界面特权隔离（User Interface Privilege Isolation，UIPI），UIPI 会阻止一个进程向其他完整性级别更高的进程所属的窗口发送消息，以下消息除外：WM_NULL、WM_MOVE、WM_SIZE、WM_GETTEXT、WM_GETTEXTLENGTH、WM_GETHOTKEY、WM_GETICON、WM_RENDERFORMAT、WM_DRAWCLIPBOARD、WM_CHANGECBCHAIN、WM_THEMECHANGED。启用 UIPI 后还有以下限制：不能通过调用 SendMessage/PostMessage 函数向更高权限进程的窗口发送消息，尽管这两个函数会被成功调用，但是实际上消息会被删除；不能使用线程挂钩附加到更高权限的进程；不能使用日志钩子监控更高权限的进程；不能将 DLL 注入更高权限的进程，等等。但是，低完整性级别的进程并未与其他进程完全隔离，低完整性级别与较高完整性级别进程之间可以使用剪贴板、共享内存、IPC、Socket、COM 接口和命名管道等进行通信。

　　完整性级别和用户账户控制、访问令牌等概念息息相关。在启用用户账户控制的情况下，Explorer.exe 进程的完整性级别是中，Explorer.exe 作为父进程，用户启动的其他所有进程都将从该父进程继承访问令牌，因此它们的完整性级别也是中。从资源管理器中用鼠标拖放文件到 GetMd5Test 程序窗口，其实就是 Explorer.exe 和 GetMd5Test.exe 两个进程之间的通信，Explorer.exe 进程需要向 GetMd5Test.exe 进程发送 WM_DROPFILES 消息，要想成功发送该消息，Explorer.exe 进程的完整性级别必须低于或等于 GetMd5Test.exe 进程。

ChangeWindowMessageFilterEx 函数用于修改指定窗口的 UIPI 消息过滤器：

```
BOOL WINAPI ChangeWindowMessageFilterEx(
    _In_ HWND hwnd,                                       // 要修改其 UIPI 消息过滤器的窗口的句柄
    _In_ UINT message,                                    // 允许消息过滤器通过或阻止的消息类型
    _In_ DWORD action,                                    // 要执行的操作，通过、阻止或重置
    _Inout_opt_ PCHANGEFILTERSTRUCT pChangeFilterStruct); // 指向 CHANGEFILTERSTRUCT 结构的指针
```

- action 参数用于指定要执行的操作，可以是表 10.7 中的值之一。

表 10.7

常量	含义
MSGFLT_ALLOW	允许消息通过 UIPI 消息过滤器，hwnd 窗口能够接收 message 参数指定的消息，即使消息来自较低权限的进程
MSGFLT_DISALLOW	如果消息来自较低权限的进程，则阻止要传递到 hwnd 窗口的 message 参数指定的消息
MSGFLT_RESET	将 hwnd 参数指定的窗口的 UIPI 消息过滤器重置为默认值

- pChangeFilterStruct 参数是一个指向 CHANGEFILTERSTRUCT 结构的指针，用于获取函数调用的扩展结果信息。该结构在 WinUser.h 头文件中定义如下：

```
typedef struct tagCHANGEFILTERSTRUCT {
    DWORD cbSize;           // 结构的大小，以字节为单位
    DWORD ExtStatus;        // 函数调用的扩展结果信息
} CHANGEFILTERSTRUCT, * PCHANGEFILTERSTRUCT;
```

还有一个 ChangeWindowMessageFilter，修改的是整个进程的 UIPI 消息过滤器：

```
BOOL WINAPI ChangeWindowMessageFilter(
    _In_ UINT message,      // 允许消息过滤器通过或阻止的消息类型
    _In_ DWORD dwFlag);     // 要执行的操作，添加 MSGFLT_ADD 或删除 MSGFLT_REMOVE
```

10.5　窗口的查找与枚举

　　有的加密软件在运行过程中会禁止用户运行一些调试、跟踪或监视软件，以防止自身被破解。要查看系统中是否正在运行敏感软件，可以枚举系统中正在运行的进程列表，还可以枚举所有顶级窗口

并获取窗口标题。

　　重叠窗口和弹出窗口都可以是顶级窗口，顶级窗口的父窗口为桌面窗口，因此可以通过枚举桌面窗口的所有子窗口的方式来实现窗口枚举，例如下面的代码：

```
// 获取桌面窗口的第一个子窗口。GetDesktopWindow 函数用于获取桌面窗口句柄
hwnd = GetWindow(GetDesktopWindow(), GW_CHILD);
while (hwnd != NULL)
{
    GetWindowText(hwnd, szTitle, _countof(szTitle));          // 窗口标题
    GetClassName(hwnd, szClassName, _countof(szClassName));  // 窗口类名
    // 其他操作

    // 获取桌面窗口的下一个子窗口
    hwnd = GetWindow(hwnd, GW_HWNDNEXT);
}
```

　　打开 Spy++的窗口列表，可以看到该工具同时枚举了顶级窗口的子窗口，但是上面的代码只能枚举顶级窗口。与 FindWindow 函数相同，FindWindowEx 函数也用于查找具有指定窗口类名和窗口标题的窗口的窗口句柄，但是 FindWindowEx 函数只查找指定父窗口中的子窗口：

```
HWND FindWindowEx(
    _In_opt_ HWND     hWndParent,       // 父窗口句柄，设置为 NULL 表示函数使用桌面窗口作为父窗口
    _In_opt_ HWND     hWndChildAfter,   // 子窗口句柄，函数将从该子窗口以后开始搜索
    _In_opt_ LPCTSTR lpszClass,        // 窗口类名
    _In_opt_ LPCTSTR lpszWindow);      // 窗口标题
```

- hWndParent 参数指定父窗口句柄，设置为 NULL 表示函数使用桌面窗口作为父窗口。
- hWndChildAfter 参数指定一个子窗口句柄，函数将从该子窗口以后开始查找，如果该参数设置为 NULL，则表示从 hwndParent 的第一个子窗口开始查找。
  如果 hwndParent 和 hwndChildAfter 参数均指定为 NULL，函数将查找所有顶级窗口。
- lpszClass 参数指定窗口类名。
- lpszWindow 参数指定窗口标题。

　　如果函数执行成功，则返回值是具有指定类和窗口名称的窗口句柄；如果函数执行失败，则返回值为 NULL。

　　上面枚举顶级窗口的代码，在循环中处理完一个顶级窗口句柄以后，可以继续调用下面的代码枚举该窗口中的子窗口：

```
hwndChild = NULL;
while (hwndChild = FindWindowEx(hwnd, hwndChild, NULL, NULL))
{
    // 获取其他窗口的子窗口标题应该发送 WM_GETTEXT 消息，而不是 GetWindowText
    SendMessage(hwndChild, WM_GETTEXT, _countof(szTitle), (LPARAM)szTitle);
    GetClassName(hwndChild, szClassName, _countof(szClassName));
    // 其他操作
}
```

　　要枚举窗口，还有一个更简单的函数 EnumWindows。调用 GetWindow 函数时，可能会陷入死

循环或引用已被销毁的窗口句柄，所以 EnumWindows 函数更可靠一些。EnumWindows 函数声明如下：

```
BOOL EnumWindows(
    _In_ WNDENUMPROC lpEnumFunc,    // 回调函数
    _In_ LPARAM      lParam);       // 传递给回调函数的参数
```

回调函数的定义格式如下：

```
BOOL CALLBACK EnumWindowsProc(
    _In_ HWND   hwnd,            // 顶级窗口窗口句柄
    _In_ LPARAM lParam);        // 传递过来的参数
```

回调函数可以根据窗口句柄参数 hwnd 获取有关窗口的各种信息，处理完后应该返回 TRUE 表示继续枚举，如果想停止枚举可以返回 FALSE。

EnumWindows 函数只能枚举顶级窗口，要枚举顶级窗口中的子窗口可以使用 EnumChildWindows 函数：

```
BOOL EnumChildWindows(
    _In_opt_ HWND        hWndParent,     // 父窗口句柄，设置为 NULL 则该函数等效于 EnumWindows
    _In_     WNDENUMPROC lpEnumFunc,     // 回调函数，定义格式和用法与 EnumWindows 函数的回调函数相同
    _In_     LPARAM      lParam);        // 传递给回调函数的参数
```

10.6　实现任务栏通知区域图标与气泡通知

通知区域是任务栏的一部分，也称为系统托盘或状态区域，在默认情况下，电池电量、网络状态和音量控制都会显示在通知区域。用户可以通过控制面板（查看方式选择小图标）→任务栏和导航→通知区域→选择哪些图标显示在任务栏上，设置通知区域图标的自定义显示。

例如，通知区域中的 QQ 程序图标，当鼠标悬停在通知区域中的 QQ 图标上时会显示一个工具提示，用鼠标左键单击时会恢复显示 QQ 程序面板，用鼠标右键单击时会弹出一个快捷菜单，当好友的消息发送过来时，通知区域图标会显示为好友头像图标并闪动。当鼠标悬停在通知区域中的 QQ 图标上时显示的工具提示如图 10.10 所示。

当发生特定事件的时候，还可以显示一个气泡通知以告知用户，气泡通知可以包含图标、标题和文本，如图 10.11 所示。

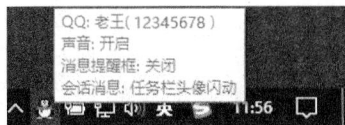

图 10.10

图 10.11

程序可以通过调用 Shell_NotifyIcon 函数在通知区域中添加、修改或删除图标：

```
BOOL Shell_NotifyIcon(
    _In_ DWORD          dwMessage,      // 要执行的操作
    _In_ PNOTIFYICONDATA lpData);       // 指向 NOTIFYICONDATA 结构的指针
```

- dwMessage 参数指定要执行的操作，可以是表 10.8 中的值之一（常见值）。

表 10.8

常量	含义
NIM_ADD(0x00000000)	将图标添加到通知区域，通过 lpdata 的 uID 或 guidItem 字段指定图标的 ID 或 GUID
NIM_MODIFY(0x00000001)	修改通知区域中的图标，通过 lpdata 的 uID 或 guidItem 字段指定图标的 ID 或 GUID
NIM_DELETE(0x00000002)	从通知区域中删除图标，通过 lpdata 的 uID 或 guidItem 字段指定图标的 ID 或 GUID

- lpData 参数是一个指向 NOTIFYICONDATA 结构的指针，该结构的定义如下：

```
typedef struct _NOTIFYICONDATA {
    DWORD cbSize;               // 该结构的大小
    HWND  hWnd;                 // 用于接收通知区域中图标的通知消息的窗口句柄
    UINT  uID;                  // 通知区域中图标的 ID，通过 hWnd 和 uID（或 guidItem）可以确定一个通知区域图标
    UINT  uFlags;               // 标志，用于指定哪个字段有效
    UINT  uCallbackMessage;     // 自定义消息 ID，当在通知区域中的图标上发生鼠标事件时会发送该消息
    HICON hIcon;                // 要添加、修改或删除的图标的句柄
    TCHAR szTip[128];           // 标准工具提示的文本
    DWORD dwState;
    DWORD dwStateMask;
    TCHAR szInfo[256];          // 气球通知的文本
    union {
        UINT  uTimeout;
        UINT  uVersion;
    } DUMMYUNIONNAME;
    TCHAR szInfoTitle[64];      // 气球通知的标题
    DWORD dwInfoFlags;
    GUID  guidItem;             // 图标的 GUID，如果指定了该字段会覆盖 uID 字段
    HICON hBalloonIcon;
} NOTIFYICONDATA, * PNOTIFYICONDATA;
```

uFlags 字段用于指定哪个字段有效，可以是表 10.9 中的值的组合。

表 10.9

常量	含义
NIF_MESSAGE(0x00000001)	uCallbackMessage 字段有效
NIF_ICON(0x00000002)	hIcon 字段有效
NIF_TIP(0x00000004)	szTip 字段有效
NIF_STATE(0x00000008)	dwState 和 dwStateMask 字段有效
NIF_INFO(0x00000010)	szInfo、szInfoTitle、dwInfoFlags 和 uTimeout 字段有效。要显示气球通知可以通过 szInfo 字段指定文本，要删除气球通知可以把 szInfo 字段设置为一个空字符串，要添加通知区域图标而不显示气球通知则不要设置 NIF_INFO 标志（为了避免打扰用户通常不应该显示气球通知）
NIF_GUID(0x00000020)	guidItem 字段有效
NIF_REALTIME(0x00000040)	与 NIF_INFO 标志结合使用，如果气球通知无法立即显示则将其丢弃，该标志用于实时信息的通知，后期显示这些信息将毫无意义或产生误导

当在通知区域中的图标上发生鼠标事件时会发送 NOTIFYICONDATA.uCallbackMessage 字段指定的自定义消息，当 NOTIFYICONDATA.uVersion 字段为 0 或 NOTIFYICON_VERSION 时，消息的 wParam 参数是通知区域图标 ID，lParam 参数是具体的鼠标事件，例如 WM_MOUSEMOVE、WM_LBUTTONUP、WM_RBUTTONUP 等。

接下来实现一个简单的示例程序 NotifyIcon，当用户单击"最小化"按钮时在通知区域中添加一个图标并隐藏程序窗口，当用户单击"关闭"按钮时则从通知区域中删除图标。在自定义消息 WM_TRAYMSG 中，当用户鼠标左键单击通知区域图标时显示窗口，当用户用鼠标右键单击通知区域图标时弹出一个快捷菜单。NotifyIcon 程序没有演示通知区域图标修改、闪动的功能，如果需要，可以创建一个计时器，在计时器消息中调用 Shell_NotifyIcon 函数并把 dwMessage 参数设置为 NIM_MODIFY，NOTIFYICONDATA.hIcon 字段设置为 NULL 表示不显示图标，设置为其他图标句柄则可以显示其他图标。具体代码参见 Chapter10\NotifyIcon 项目。

第 11 章

PE 文件格式深入剖析

PE（Portable Executable，可移植的执行体）是微软可执行文件（.exe 或.dll）采用的格式，PE 格式的目标是使可执行文件可以在不同的 CPU 工作指令下运行，该格式可以兼容于 Windows 操作系统的多个版本。PE 格式是操作系统工作方式的写照，PE 文件头的数据供操作系统装载可执行文件使用，操作系统会根据 PE 文件头的信息把可执行文件载入内存，加载导入表中提供的动态链接库，根据重定位表修正代码等。不同操作系统的运行方式各不相同，所以 PE 格式也有所不同，PE 格式是 Win32 可执行文件采用的文件格式，Win64 可执行文件对 PE 格式稍有修改，称为 PE32+。如果对加密解密感兴趣，必须学习 PE 文件格式。PE 文件格式的官方文档参见 Chapter11\PECoff_V81.pdf。

PE 文件格式的基本结构如图 11.1 所示，通过这幅图可以直观地了解 PE 文件格式，后面会展开讲解各个组成部分。

	......
	.reloc节区
	.rsrc节区
节区数据	.data节区
	.rdata节区
	.text节区
节表	节区信息结构IMAGE_SECTION_HEADER列表，每个结构40（0x28）字节，结构个数不固定
	扩展PE头信息（IMAGE_OPTIONAL_HEADER32结构，224（0xE0）字节）
PE头	标准PE头信息（IMAGE_FILE_HEADER结构，20（0x14）字节）
	PE头标志（PE\0\0，4字节）
DOS头	DOS Stub块（DOS部分的可执行代码，代码字节数不固定，具体内容由链接器确定）
	DOS MZ头（IMAGE_DOS_HEADER结构，64（0x40）字节）

图 11.1

PE 文件头由 DOS 头、PE 头和节表组成。

（1）DOS 头由 DOS MZ 头（IMAGE_DOS_HEADER 结构，64 字节）和 DOS Stub 块（DOS 部分的可执行代码，代码字节数不确定）组成。

（2）PE 头实际上是一个 IMAGE_NT_HEADERS32 结构，包含 4 字节的 PE 头标志（PE\0\0）、一个 IMAGE_FILE_HEADER 结构和一个 IMAGE_OPTIONAL_HEADER32 结构。

（3）节表中节区信息结构 IMAGE_SECTION_HEADER 的个数不固定，节区信息结构的个数与节区个数相同。

介绍一下节区，程序执行需要节区数据来支撑。节区是 PE 文件数据的一种组织形式，在 PE 文件中，可执行代码、只读数据、导入表、导出表、可读可写数据、资源和重定位表等按照页面保护属性分类存放在不同的 Section（节、节区、段、区段）中，每个节区的信息（名称、地址、大小和属性等）使用一个 IMAGE_SECTION_HEADER 结构来描述，有多少个节区就需要多少个 IMAGE_SECTION_HEADER 结构，IMAGE_SECTION_HEADER 结构列表或者说数组组成节表。但是，具有不同用途但是页面保护属性相同的数据可能存放在同一个节区中，例如只读数据、导入表、导出表等可能都在.rdata（字面意思是只读数据）节区中，节区名称只是一个记号，程序员可以随意命名，不同编译器对节区的命名可能不同，例如可执行代码节区可以命名为.text 或.code 等。

在接下来的学习过程中，建议读者使用 WinHex 打开 Release 版本的 HelloWindows_32.exe、HelloWindows_64.exe、DllSample_32.dll 和 DllSample_64.dll 等文件，结合可执行文件的具体十六进制数据进行学习。

可执行文件载入内存以后称为 PE 内存映像，先来了解几个相关术语。

（1）虚拟地址（Virtual Address，VA），就是数据在进程地址空间中的内存地址。

（2）相对虚拟地址（Relative Virtual Address，RVA），就是数据相对于模块基地址的偏移。

（3）文件偏移地址（File Offset Address，FOA），就是文件中数据相对于文件头的偏移。

11.1 DOS 头（DOS MZ 头和 DOS Stub 块）

为了保持与 16 位系统的兼容，PE 格式依旧保留了 16 位系统下执行标准可执行程序时所必需的文件头（DOS MZ 头）和可执行代码（DOS Stub 块）。DOS MZ 头是一个 IMAGE_DOS_HEADER 结构，64 字节大小，但是 DOS Stub 可执行代码的大小并不固定，因此整个 DOS 头的大小也是不固定的。如果程序运行在 DOS 系统环境下，会简单地显示一句 "This program cannot be run in DOS mode"，上述语句是编译器自动生成的，程序员可以在 DOS Stub 块中嵌入任何 DOS 可执行代码。

DOS MZ 头是一个 IMAGE_DOS_HEADER 结构，定义如下：

```
typedef struct _IMAGE_DOS_HEADER { // DOS MZ 头, 64(0x40)字节
    WORD    e_magic;                // 偏移 0x00, 值为 IMAGE_DOS_SIGNATURE(0x5A4D), 即字符 MZ
    WORD    e_cblp;                 // 偏移 0x02, 最后页中的字节数
    WORD    e_cp;                   // 偏移 0x04, 文件中的全部和部分页数
    WORD    e_crlc;                 // 偏移 0x06, 重定位表中的指针数
    WORD    e_cparhdr;             // 偏移 0x08, DOS MZ 头的长度, 64(0x40)字节
    WORD    e_minalloc;            // 偏移 0x0A, 所需的最小附加段
    WORD    e_maxalloc;            // 偏移 0x0C, 所需的最大附加段
    WORD    e_ss;                   // 偏移 0x0E, DOS 代码的初始 SS 值
    WORD    e_sp;                   // 偏移 0x10, DOS 代码的初始 SP 值
    WORD    e_csum;                 // 偏移 0x12, 补码校验值
    WORD    e_ip;                   // 偏移 0x14, DOS 代码的初始 IP 值
```

```
    WORD    e_cs;                    // 偏移 0x16，DOS 代码的初始 CS 值
    WORD    e_lfarlc;                // 偏移 0x18，重定位表的偏移量
    WORD    e_ovno;                  // 偏移 0x1A，覆盖号
    WORD    e_res[4];                // 偏移 0x1C，保留字段
    WORD    e_oemid;                 // 偏移 0x24，OEM 标识符
    WORD    e_oeminfo;               // 偏移 0x26，OEM 信息
    WORD    e_res2[10];              // 偏移 0x28，保留字段
    LONG    e_lfanew;                // 偏移 0x3C，PE 头的偏移地址
} IMAGE_DOS_HEADER, * PIMAGE_DOS_HEADER;
```

DOS 头（DOS MZ 头和 DOS Stub 块）是 Windows 向下兼容的遗留产物，因此 DOS 头并不重要。重要的只有 DOS MZ 头 IMAGE_DOS_HEADER 结构的 e_magic 和 e_lfanew 字段，前者是 DOS MZ 头标志 "MZ"（Mark Zbikowski 先生是 DOS 操作系统的开发者之一，MZ 由此而来），后者指出了 PE 头（IMAGE_NT_HEADERS32 结构）的偏移地址，PE 头的开始位置总是以 8 字节为单位对齐，PE 头是 PE 文件格式的重要数据。DOS MZ 头中除 e_magic 和 e_lfanew 字段外，全部填充为 0 也不影响程序的运行。

以 HelloWindows_32.exe 程序为例，文件偏移 0x40 ~ 0x107 的部分是 DOS Stub 块，即程序运行在 DOS 环境中时的可执行代码部分，如果把这一部分全部填充为 0 也绝不影响该程序的运行。需要注意的是 DOS Stub 可执行代码的大小并不固定，程序员可以在 DOS Stub 块中嵌入任何 DOS 可执行代码。

11.2   PE 头（IMAGE_NT_HEADER32 结构）

IMAGE_DOS_HEADER 结构偏移 0x3C 的 LONG 型数据就是 PE 头 IMAGE_NT_HEADERS32 结构的偏移地址，PE 头的开始位置总是以 8 字节为单位对齐。IMAGE_NT_HEADERS32 结构的定义如下：

```
typedef struct _IMAGE_NT_HEADERS {      // PE 头，3 个字段共 248(0xF8)字节
    DWORD                   Signature;   // PE 头标志，值为 IMAGE_NT_SIGNATURE(0x00004550)
    IMAGE_FILE_HEADER       FileHeader;  // 标准 PE 头(也称 COFF 头)IMAGE_FILE_HEADER 结构，20 字节
    IMAGE_OPTIONAL_HEADER32 OptionalHeader;// 扩展 PE 头 IMAGE_OPTIONAL_HEADER32 结构，通常是 224 字节
} IMAGE_NT_HEADERS32, * PIMAGE_NT_HEADERS32;
```

PE 头 IMAGE_NT_HEADERS32 结构的第 1 个字段 Signature 是 PE 头标志，值为 IMAGE_NT_SIGNATURE(0x00004550)，即字符 PE\0\0，4 字节，这也是 "PE" 这个名称的由来，可以通过该字段的值确定一个文件是不是 PE 文件。

IMAGE_FILE_HEADER 结构的定义如下：

```
typedef struct _IMAGE_FILE_HEADER { // 标准 PE 头，20(0x14)字节
    WORD    Machine;                 // 偏移 0x00，PE 文件的运行平台
    WORD    NumberOfSections;        // 偏移 0x02，节区的个数，节区个数不固定
    DWORD   TimeDateStamp;           // 偏移 0x04，编译器创建 PE 文件时的日期时间，协调世界时
    DWORD   PointerToSymbolTable;    // 偏移 0x08，供调试用，COFF 符号表的偏移
    DWORD   NumberOfSymbols;         // 偏移 0x0C，供调试用，COFF 符号表中的符号数量
```

```
    WORD     SizeOfOptionalHeader;     // 偏移 0x10, 扩展 PE 头结构的长度, 默认是 0xE0, 但是也可能不固定
    WORD     Characteristics;          // 偏移 0x12, 文件属性
} IMAGE_FILE_HEADER, * PIMAGE_FILE_HEADER;
```

- Machine 字段偏移 0x00, 表示 PE 文件的运行平台。Windows 可以运行在 x86、x64 和 IA-64 等多种硬件平台上, 但是各种不同硬件平台的机器码并不相同, 因此在不同的硬件平台中编译的 exe 是无法通用的。Machine 字段的常见值如表 11.1 所示。

表 11.1

常量	值	含义
IMAGE_FILE_MACHINE_I386	0x014C	x86
IMAGE_FILE_MACHINE_IA64	0x0200	IA-64
IMAGE_FILE_MACHINE_AMD64	0x8664	x64

　　Machine 字段的值不可以随便修改, 否则程序无法正常运行。

- NumberOfSections 字段偏移 0x02, 表示节区信息 IMAGE_SECTION_HEADER 结构的个数, 也就是节区（.text、.rdata、.data、.rsrc、.reloc 等）的个数, 节区的个数不固定, 最大为 96 个。HelloWindows_32.exe 程序有 5 个节区, 因此该字段的值为 0x0005。
- TimeDateStamp 字段偏移 0x04, 表示编译器创建 PE 文件时的日期时间, 该值表示从 1970 年 1 月 1 日午夜（00:00:00）以来经过的秒数。该字段的值可以随意修改而不会影响程序运行, 有的链接器在这里填入固定值, 有的则随意写入任何值, 该时间值与操作系统文件属性里看到的三个时间（创建时间、修改时间和访问时间）没有任何联系。
- PointerToSymbolTable 字段偏移 0x08, 供调试用, 表示 COFF 符号表的偏移, 如果不存在 COFF 符号表则该字段的值为 0x00000000, 该字段不重要。
- NumberOfSymbols 字段偏移 0x0C, 供调试用, 表示 COFF 符号表中的符号数量, 该字段不重要。
- SizeOfOptionalHeader 字段偏移 0x10, 表示扩展 PE 头结构 IMAGE_OPTIONAL_HEADER32 的长度, 对于 32 位 PE 文件默认是 0x00E0, 对于 64 位 PE 文件默认是 0x00F0, 但是也可能不固定。用户可以自行定义这个值的大小, 不过修改完后需要注意两点: 需要自行将文件中 IMAGE_OPITONAL_HEADER32 结构的大小扩充为指定的值（一般以 0 补足）; 要维持 PE 文件的对齐特性。
- Characteristics 字段偏移 0x12, 表示文件属性。该字段可以是表 11.2 所示的一个或多个值。

表 11.2

常量	表示第多少位为 1	含义
IMAGE_FILE_RELOCS_STRIPPED	0	PE 文件中不存在重定位信息, 该位的值通常为 0 表示有重定位信息
IMAGE_FILE_EXECUTABLE_IMAGE	1	该文件是可执行文件
IMAGE_FILE_LINE_NUMS_STRIPPED	2	PE 文件中不存在 COFF 行号
IMAGE_FILE_LOCAL_SYMS_STRIPPED	3	PE 文件中不存在 COFF 符号表
IMAGE_FILE_AGGRESIVE_WS_TRIM	4	该位已过时

续表

常量	表示第多少位为 1	含义
IMAGE_FILE_LARGE_ADDRESS_AWARE	5	该应用程序可以处理大于 2GB 的内存地址
IMAGE_FILE_BYTES_REVERSED_LO	7	该位已过时
IMAGE_FILE_32BIT_MACHINE	8	只能在 32 位平台上运行
IMAGE_FILE_DEBUG_STRIPPED	9	PE 文件中不存在调试信息
IMAGE_FILE_REMOVABLE_RUN_FROM_SWAP	10	如果 PE 文件位于可移动媒体上，将其复制到交换文件并从交换文件运行
IMAGE_FILE_NET_RUN_FROM_SWAP	11	如果 PE 文件位于网络上，将其复制到交换文件并从交换文件运行
IMAGE_FILE_SYSTEM	12	该 PE 文件是系统文件
IMAGE_FILE_DLL	13	该 PE 文件是一个 DLL 文件
IMAGE_FILE_UP_SYSTEM_ONLY	14	该 PE 文件只能在单处理器计算机上运行
IMAGE_FILE_BYTES_REVERSED_HI	15	该位已过时

对 32 位.exe 和.dll 文件来说，该字段的值通常如表 11.3 所示。

表 11.3

位	.exe	.dll
0	0	0
1	1	1
2	0	0
3	0	0
4	0	0
5	0	0
6	0	0
7	0	0
8	1	1
9	0	0
10	0	0
11	0	0
12	0	0
13	0	1
14	0	0
15	0	0

也就是说 32 位.exe 文件的该字段的值通常为 0x0102，32 位.dll 文件的该字段的值通常为 0x2102。64 位.exe 文件的该字段的值通常为 0x0022，64 位.dll 文件的该字段的值通常为 0x2022。

Characteristics 字段是一个比较重要的字段，不同的定义将影响系统对 PE 文件的装载方式，比如，当位 13 为 1 时表示这是一个.dll 文件，系统将调用 DLL 的入口函数，否则表示这是一个普通的可执行文件，系统会直接跳转到入口地址处执行。

IMAGE_OPTIONAL_HEADER32 结构的定义如下：

```
typedef struct _IMAGE_OPTIONAL_HEADER { // 扩展 PE 头，224(0xE0)字节
   // 标准字段(属于原 COFF 字段)
   WORD    Magic;                        // 偏移 0x00，PE 文件格式标志
   BYTE    MajorLinkerVersion;           // 偏移 0x02，链接器的主版本号
   BYTE    MinorLinkerVersion;           // 偏移 0x03，链接器的次版本号
   DWORD   SizeOfCode;                   // 偏移 0x04，所有可执行代码的总大小（基于文件对齐后的大小）
   DWORD   SizeOfInitializedData;        // 偏移 0x08，所有已初始化数据的总大小（基于文件对齐后的大小）
   DWORD   SizeOfUninitializedData;      // 偏移 0x0C，所有未初始化数据的总大小（基于文件对齐后的大小）
   DWORD   AddressOfEntryPoint;          // 偏移 0x10，程序执行入口点 RVA
   DWORD   BaseOfCode;                   // 偏移 0x14，代码节的 RVA
   DWORD   BaseOfData;                   // 偏移 0x18，数据节的 RVA

   // 扩展字段
   DWORD   ImageBase;                    // 偏移 0x1C，程序的建议装载地址
   DWORD   SectionAlignment;             // 偏移 0x20，内存中节的对齐粒度
   DWORD   FileAlignment;                // 偏移 0x24，文件中节的对齐粒度
   WORD    MajorOperatingSystemVersion;  // 偏移 0x28，所需操作系统的主版本号
   WORD    MinorOperatingSystemVersion;  // 偏移 0x2A，所需操作系统的次版本号
   WORD    MajorImageVersion;            // 偏移 0x2C，PE 的主版本号
   WORD    MinorImageVersion;            // 偏移 0x2E，PE 的次版本号
   WORD    MajorSubsystemVersion;        // 偏移 0x30，所需子系统的主版本号
   WORD    MinorSubsystemVersion;        // 偏移 0x32，所需子系统的次版本号
   DWORD   Win32VersionValue;            // 偏移 0x34，保留字段
   DWORD   SizeOfImage;                  // 偏移 0x38，PE 内存映像大小（基于内存对齐后的大小）
   DWORD   SizeOfHeaders;                // 偏移 0x3C，DOS 头+PE 头+节表的大小（基于内存对齐后的大小）
   DWORD   CheckSum;                     // 偏移 0x40，校验和
   WORD    Subsystem;                    // 偏移 0x44，所需的界面子系统
   WORD    DllCharacteristics;           // 偏移 0x46，DLL 文件属性（实际上针对所有 PE 文件）
   DWORD   SizeOfStackReserve;           // 偏移 0x48，初始化时的栈大小
   DWORD   SizeOfStackCommit;            // 偏移 0x4C，初始化时实际提交的栈大小
   DWORD   SizeOfHeapReserve;            // 偏移 0x50，初始化时的堆大小
   DWORD   SizeOfHeapCommit;             // 偏移 0x54，初始化时实际提交的堆大小
   DWORD   LoaderFlags;                  // 偏移 0x58，供调试用，加载标志，该字段已过时
   DWORD   NumberOfRvaAndSizes;          // 偏移 0x5C，下面的数据目录结构的个数，通常是 16(0x00000010)
   IMAGE_DATA_DIRECTORY DataDirectory[IMAGE_NUMBEROF_DIRECTORY_ENTRIES];// 偏移 0x60，数据目
                                                                        // 录结构数组
} IMAGE_OPTIONAL_HEADER32, * PIMAGE_OPTIONAL_HEADER32;
```

- Magic 字段偏移 0x00，表示 PE 文件格式标志，可以是表 11.4 所示的值之一。

表 11.4

常量	值	含义
IMAGE_NT_OPTIONAL_HDR_MAGIC	0x010B 或 0x020B	该文件是可执行映像。在 32 位程序中该常量定义为 IMAGE_NT_OPTIONAL_HDR32_MAGIC(0x010B)；在 64 位程序中该常量定义为 IMAGE_NT_OPTIONAL_HDR64_MAGIC(0x020B)
IMAGE_NT_OPTIONAL_HDR32_MAGIC	0x010B	该文件是 32 位可执行映像(PE)
IMAGE_NT_OPTIONAL_HDR64_MAGIC	0x020B	该文件是 64 位可执行映像（PE32+）
IMAGE_ROM_OPTIONAL_HDR_MAGIC	0x0107	该文件是 ROM 映像

IMAGE_OPTIONAL_HEADER32.Magic 字段的值如果是 IMAGE_NT_OPTIONAL_HDR32_
MAGIC(0x010B)说明是一个 32 位可执行文件，IMAGE_OPTIONAL_HEADER32.Magic 字
段的值如果是 IMAGE_NT_OPTIONAL_HDR64_MAGIC(0x020B)说明是一个 64 位可执行文件。

- MajorLinkerVersion 字段偏移 0x02，表示链接器的主版本号，该字段不重要。
- MinorLinkerVersion 字段偏移 0x03，表示链接器的次版本号，该字段不重要。
- SizeOfCode 字段偏移 0x04，表示所有可执行代码的总大小（基于文件对齐后的大小），该字段
  不重要。
- SizeOfInitializedData 字段偏移 0x08，表示所有已初始化数据的总大小（基于文件对齐后的大
  小），该字段不重要。
- SizeOfUninitializedData 字段偏移 0x0C，表示所有未初始化数据的总大小（基于文件对齐后的
  大小）。未初始化数据在文件中不占用空间，但是在被加载到内存中后，PE 加载程序会为这些
  数据分配适当大小的虚拟内存空间，该字段不重要。
- AddressOfEntryPoint 字段偏移 0x10，对于可执行文件，这是程序执行的起始地址的 RVA；对于
  设备驱动程序，这是初始化函数地址的 RVA；对于动态链接库，这是入口点函数地址的 RVA（动
  态链接库的入口点函数是可选的）。打开 OD 的选项菜单→调试设置→事件选项卡，在主模块入
  口点设置第一次暂停，然后 OD 载入 HelloWindows_32.exe，即可看到可执行代码暂停在 "PE 内存
  映像基地址＋AddressOfEntryPoint 字段的值" 的地方。如果希望可执行文件在运行时首先执行一段
  自定义代码，然后再继续程序的正常执行流程，那么可以修改该字段的值使之指向自定义代码的
  位置，许多病毒程序、加密程序或补丁程序都会劫持该字段的值使其指向其他用途的代码地址。
- BaseOfCode 字段偏移 0x14，表示代码节的 RVA，即代码节例如.text 相对于 PE 内存映像的偏移
  地址，代码节通常紧跟在 PE 文件头后面。
- BaseOfData 字段偏移 0x18，表示数据节的 RVA，即数据节例如.data、.rdata 相对于 PE 内存映
  像的偏移地址。
- ImageBase 字段偏移 0x1C，表示程序的建议装载地址（PE 内存映像基地址），但是从 Windows
  Vista 开始 PE 文件支持动态基地址地址空间布局随机化（Address Space Layout Randomization，
  ASLR）技术，为了增强系统安全性，可执行文件每次加载到的内存基地址都会随机变化，程
  序中用到的动 DLL 文件加载到的内存基地址也会随机变化。如果不采用 ASLR，可执行文件加
  载的默认基地址为 0x00400000，DLL 文件加载的默认基地址为 0x10000000，通过 ASLR 技术
  增加了恶意用户编写漏洞代码的难度。
- SectionAlignment 字段偏移 0x20，表示内存中节的对齐粒度，即每个节被载入的内存地址必须
  是该字段指定数值的整数倍。此值必须大于或等于 FileAlignment 字段的值，默认值为系统的页
  面大小即 4KB（0x00001000 字节），在 PE32+中该字段的值默认为 8KB（0x00002000 字节）。
  内存中的数据存取以页面为单位，内存对齐是为了提高程序内存访问速度。
- FileAlignment 字段偏移 0x24，表示文件中节的对齐粒度，即每个节在文件中的偏移地址必须是
  该字段指定数值的整数倍。该值可以是 512 字节到 64KB 的任意值，默认值为一个扇区的大小
  即 512 字节（0x00000200 字节）。扇区是硬盘物理存取的最小单位，每个扇区通常可以存放 512
  字节的数据（以后可能发展为 4096 字节），文件对齐是为了提高文件从磁盘加载的效率。如果

SectionAlignment 字段的值小于系统页面大小，那么该字段的值必须与 SectionAlignment 相同。

- MajorOperatingSystemVersion 字段偏移 0x28，表示所需操作系统的主版本号，该字段不重要。
- MinorOperatingSystemVersion 字段偏移 0x2A，表示所需操作系统的次版本号，该字段不重要。
- MajorImageVersion 字段偏移 0x2C，表示 PE 的主版本号，该字段不重要。
- MinorImageVersion 字段偏移 0x2E，表示 PE 的次版本号，该字段不重要。
- MajorSubsystemVersion 字段偏移 0x30，表示所需子系统的主版本号。
- MinorSubsystemVersion 字段偏移 0x32，表示所需子系统的次版本号。
- Win32VersionValue 字段偏移 0x34，是保留字段，必须为 0x00000000。
- SizeOfImage 字段偏移 0x38，表示 PE 内存映像大小（基于内存对齐后的大小），即整个 PE 内存映像在内存中占用的内存大小，必须是 SectionAlignment 字段的倍数。
- SizeOfHeaders 字段偏移 0x3C，表示 DOS 头 + PE 头 + 节表的大小（基于文件对齐后的大小），必须是 FileAlignment 字段的倍数。
- CheckSum 字段偏移 0x40，表示 PE 文件校验和，默认情况下该字段的值为 0x00000000。可以通过项目属性→配置属性→链接器→高级，设置校验和设置为是（/RELEASE），这样生成的可执行文件就会存在校验和。后面会详细介绍校验和的相关内容。
- Subsystem 字段偏移 0x44，表示所需的界面子系统，该字段决定了系统如何为程序创建初始界面，可以通过项目属性→配置属性→链接器→系统→子系统进行设置。该字段可以是表 11.5 所示的值之一。

表 11.5

常量	值	含义
IMAGE_SUBSYSTEM_UNKNOWN	0	未知子系统
IMAGE_SUBSYSTEM_NATIVE	1	无须子系统（设备驱动程序和原生系统进程）
IMAGE_SUBSYSTEM_WINDOWS_GUI	2	Windows 图形用户界面（GUI）子系统
IMAGE_SUBSYSTEM_WINDOWS_CUI	3	Windows 字符模式（控制台）用户界面（CUI）子系统
IMAGE_SUBSYSTEM_OS2_CUI	5	OS / 2 CUI 子系统
IMAGE_SUBSYSTEM_POSIX_CUI	7	POSIX CUI 子系统
IMAGE_SUBSYSTEM_WINDOWS_CE_GUI	9	Windows CE 系统
IMAGE_SUBSYSTEM_EFI_APPLICATION	10	可扩展固件接口（EFI）应用程序
IMAGE_SUBSYSTEM_EFI_BOOT_SERVICE_DRIVER	11	具有启动服务的 EFI 驱动程序
IMAGE_SUBSYSTEM_EFI_RUNTIME_DRIVER	12	具有运行时服务的 EFI 驱动程序
IMAGE_SUBSYSTEM_EFI_ROM	13	EFI ROM 映像
IMAGE_SUBSYSTEM_XBOX	14	Xbox 系统
IMAGE_SUBSYSTEM_WINDOWS_BOOT_APPLICATION	16	引导程序

- DllCharacteristics 字段偏移 0x46，表示 DLL 文件属性（实际上针对所有 PE 文件），可以是表 11.6 所示的值的组合。

表 11.6

常量	值	含义
IMAGE_DLLCHARACTERISTICS_HIGH_ENTROPY_VA	0x0020	可以处理 64 位虚拟地址（PE32+）
IMAGE_DLLCHARACTERISTICS_DYNAMIC_BASE	0x0040	可以在加载时重定位，该标志设为 0 即可取消 PE 的 ASLR 功能，如把 DllCharacteristics 字段由 0x8140 改为 0x8100，每次程序运行就会加载到建议装载地址处
IMAGE_DLLCHARACTERISTICS_FORCE_INTEGRITY	0x0080	强制执行代码完整性检查
IMAGE_DLLCHARACTERISTICS_NX_COMPAT	0x0100	该 PE 映像与数据执行保护（DEP）兼容
IMAGE_DLLCHARACTERISTICS_NO_ISOLATION	0x0200	该映像可识别隔离，但不应隔离
IMAGE_DLLCHARACTERISTICS_NO_SEH	0x0400	该映像不使用结构化异常处理（SHE）
IMAGE_DLLCHARACTERISTICS_NO_BIND	0x0800	不要绑定 PE 映像
IMAGE_DLLCHARACTERISTICS_WDM_DRIVER	0x2000	WDM 驱动程序
IMAGE_DLLCHARACTERISTICS_TERMINAL_SERVER_AWARE	0x8000	该映像可识别终端服务器

- SizeOfStackReserve 字段偏移 0x48，表示初始化时保留的栈大小，该字段的默认值为 0x00100000（1MB），如果调用 CreateThread 函数创建线程时 dwStackSize 参数设置为 0，那么为新线程保留的栈空间大小也是 1MB。

- SizeOfStackCommit 字段偏移 0x4C，表示初始化时实际提交的栈大小，该字段的默认值为 0x00001000（4KB）。

- SizeOfHeapReserve 字段偏移 0x50，表示初始化时保留的堆大小，即默认堆。进程初始化时，系统会在进程的地址空间中创建一个堆，这个堆称为进程的默认堆，初始情况下默认堆的内存空间大小为 0x00100000（1MB），默认堆是在进程开始运行前由系统自动创建的，在进程的生命周期中永远不会被删除。

- SizeOfHeapCommit 字段偏移 0x54，表示初始化时实际提交的堆大小，该字段的默认值为 0x00001000（4KB）。可以通过项目属性→配置属性→链接器→系统，设置堆保留大小、堆提交大小、栈保留大小和栈提交大小。

- LoaderFlags 字段偏移 0x58，供调试用，表示加载标志，该字段已过时。

- NumberOfRvaAndSizes 字段偏移 0x5C，表示下面紧挨着的数据目录结构 IMAGE_DATA_DIRECTORY 的个数，通常是 16（0x00000010），实际应用中该字段的值可以为 2 ~ 16。标准 PE 头结构 IMAGE_FILE_HEADER.SizeOfOptionalHeader 字段表示扩展 PE 头结构 IMAGE_OPTIONAL_HEADER32 的长度，默认是 0xE0，但是也可能不固定，因为 IMAGE_OPTIONAL_HEADER32.NumberOfRvaAndSizes 字段的值并不固定，所以数据目录结构 IMAGE_DATA_DIRECTORY 的个数不固定。

- DataDirectory[IMAGE_NUMBEROF_DIRECTORY_ENTRIES]字段偏移 0x60，表示数据目录结构数组。该字段可以说是重要的字段之一，它由 16 个相同的 IMAGE_DATA_DIRECTORY 结构组成。虽然 PE 文件中的数据是按照载入内存后的页属性归类存放在不同的节区中，但是这些处于各个节区中的数据按照用途可以分为导出表、导入表、资源表和重定位表等数据块，同一节区中可能存在多种具有同一页属性的不同类型的数据，这 16 个 IMAGE_DATA_DIRECTORY 结构就是用来定义多种不同用途的数据块的，通过数据目录结构数组可以很容易地定位到具体用途的。

IMAGE_DATA_DIRECTORY 结构的定义如下：

```
typedef struct _IMAGE_DATA_DIRECTORY {    // 数据目录结构，每个结构 8 字节 * 16 个结构
    DWORD   VirtualAddress;                // 数据的 RVA 地址
    DWORD   Size;                          // 数据的长度
} IMAGE_DATA_DIRECTORY, * PIMAGE_DATA_DIRECTORY;
```

数据目录列表如下，其中的偏移地址是相对于 IMAGE_OPTIONAL_HEADER32 结构的偏移（见表 11.7）。

表 11.7

偏移地址	数组索引	常量（常量的值就是数组索引值）	含义
0x60	0	IMAGE_DIRECTORY_ENTRY_EXPORT	导出表
0x68	1	IMAGE_DIRECTORY_ENTRY_IMPORT	导入表
0x70	2	IMAGE_DIRECTORY_ENTRY_RESOURCE	资源表
0x78	3	IMAGE_DIRECTORY_ENTRY_EXCEPTION	异常表
0x80	4	IMAGE_DIRECTORY_ENTRY_SECURITY	属性证书表
0x88	5	IMAGE_DIRECTORY_ENTRY_BASERELOC	重定位表
0x90	6	IMAGE_DIRECTORY_ENTRY_DEBUG	调试信息
0x98	7	IMAGE_DIRECTORY_ENTRY_ARCHITECTURE	与平台相关的数据
0xA0	8	IMAGE_DIRECTORY_ENTRY_GLOBALPTR	指向全局指针寄存器的值
0xA8	9	IMAGE_DIRECTORY_ENTRY_TLS	线程局部存储
0xB0	10	IMAGE_DIRECTORY_ENTRY_LOAD_CONFIG	加载配置信息表
0xB8	11	IMAGE_DIRECTORY_ENTRY_BOUND_IMPORT	绑定导入表
0xC0	12	IMAGE_DIRECTORY_ENTRY_IAT	导入函数地址表 IAT
0xC8	13	IMAGE_DIRECTORY_ENTRY_DELAY_IMPORT	延迟加载导入表
0xD0	14	IMAGE_DIRECTORY_ENTRY_COM_DESCRIPTOR	CLR 运行时头部数据
0xD8	15		系统保留

在 PE 文件中查找特定类型的数据时需要通过 IMAGE_DATA_DIRECTORY 结构数组，例如通过索引为 0 的 IMAGE_DATA_DIRECTORY 结构可以得到导出表的 RVA 地址和导出表的大小，通过索引为 1 的 IMAGE_DATA_DIRECTORY 结构可以得到导入表的 RVA 地址和导入表的大小，通过索引为 12 的 IMAGE_DATA_DIRECTORY 结构可以得到导入函数地址表 IAT 的 RVA 地址和导入函数地址表 IAT 的大小等。

后面还会对一些重要的数据例如导出表、导入表、重定位表、资源表等展开介绍，这里先大致说明一下表 11.7 中的 16 种数据。

[0] 导出表所在的节区通常被命名为.edata，可执行文件通常不存在导出表，DLL 文件通常都会存在导出表。在包含导出函数的 DLL 文件中，导出信息保存在导出表中，通过导出表可以得到导出函数

的名称、序数和入口地址等信息，PE 加载器通过这些信息来完成动态链接的过程。有些 DLL 文件也可能不存在导出函数，例如用作纯资源的 DLL 文件中就没有导出函数，当然也不存在导出表；另外，可能也会出现包含导出函数和导出表的可执行文件。

[1] 导入表所在的节区通常被命名为.idata。导入函数是指在程序中被调用但是其可执行代码不在程序中的函数，导入函数的可执行代码位于 DLL 文件中，通过导入表，可以得到程序所需的 DLL 文件名、函数名等，当运行一个可执行文件时，PE 加载器会解析可执行文件的导入表，把导入表中列出的每个 DLL 映射到进程的地址空间中，并根据函数名在每个 DLL 中寻找导出函数，将程序中调用导入函数的指令与函数实际所在的内存地址联系起来。可执行文件和 DLL 文件中通常都会存在导入表。

[2] 资源表所在的节区通常被命名为.rsrc。几乎所有的 PE 文件中都包含资源，包括图标、光标、位图和菜单等标准类型，另外还可以使用自定义类型。资源表是一个多层二叉排序树，该树的节点指向 PE 中各种类型的资源，例如图标、光标、位图和菜单等，树的深度可达 2^{31} 层，但是 PE 中经常使用的只有 3 层，即资源类型层、资源 ID 层和语言代码页层（简体中文、繁体中文及英语等）。

[3] 异常表所在的节区通常被命名为.pdata。异常表是由异常处理函数组成的数组，这部分数据主要用于基于表的异常处理，适用于除 x86 外所有类型的 CPU，即 Win32 系统中并不存在异常表。

[4] 属性证书表的作用类似于 PE 文件的校验和或 MD5 码，通过属性证书可以验证一个 PE 文件是否被非法修改过，为 PE 文件添加属性证书表可以使该 PE 与属性证书相关联。

[5] 重定位表所在的节区通常被命名为.reloc，可执行代码中涉及直接寻址的指令都需要重定位，这一点读者已经有所了解。重定位信息在编译时由编译器生成并保存在可执行文件的重定位表中，在程序被执行以前由操作系统根据重定位信息对代码进行修正。

[6] 调试数据通常位于一个可丢弃的名为.debug 的节中，也可以位于 PE 文件的其他节中，或者不在任何节中，调试数据描述了 PE 中的一些调试信息。在默认情况下，调试信息并不会映射到进程的虚拟地址空间中。

[7] 指向与平台相关的数据，x86、x64 和 IA-64 平台通常不使用这部分数据。

[8] 指向全局指针寄存器的值，这部分数据通常用于 IA-64。

[9] 线程局部存储表所在的节区通常被命名为.tls。

[10] 加载配置信息表中存放着基于结构化异常处理 SEH 的各种异常句柄，如果在程序运行过程中发生异常，操作系统会根据异常类别对异常进行分发处理，并根据这些句柄实施程序流程的转向。

[11] 当运行一个可执行文件时，PE 加载器会解析可执行文件的导入表，把导入表中列出的每个 DLL 映射到进程的地址空间中，并根据函数名在每个 DLL 中寻找导出函数，将程序中调用导入函数的指令与函数实际所在的内存地址联系起来。为了提高 PE 的加载效率，可以对一个模块进行绑定，即使用模块中导入函数的虚拟地址来对导入表进行预处理，绑定技术替代 PE 加载器完成了一部分对导入表的处理工作。

[12] 导入函数地址表 IAT，是导入表的一部分，这个双字数组里存放着所有导入函数的 VA，调用 API 函数时就会跳转到该 VA 处执行。

[13] 延迟加载导入表，与延迟加载 DLL 相关。

[14] CLR 运行时头部数据所在的节通常被命名为.cormeta，该信息是.NET 框架的一个重要组成部分，所有基于.NET 框架开发的程序，其初始化部分都是通过访问这部分定义而实现的。PE 加载时将

通过该结构加载代码托管机制需要的所有 DLL 文件，并完成与 CLR 有关的其他操作。

[15] 系统保留。

11.3 节表（节区信息结构 IMAGE_SECTION_HEADER 列表）

运行一个可执行文件时，Windows 并不会把整个文件全部载入虚拟内存（页面交换文件和物理内存）中，而是使用内存映射文件技术，这节省了页面交换文件的空间以及应用程序启动所需的时间。PE 加载器建立好虚拟地址和 PE 文件之间的映射关系，只有当真正执行某个内存页中的指令或访问某一内存页中的数据时，这个页面才会被从磁盘提交到物理内存。

但是，Windows 加载可执行文件的方式也不完全等同于内存映射文件，内存映射文件与磁盘上文件的数据内容、数据的偏移位置完全相同。而加载可执行文件时，有些数据在加载前会被预先处理（例如需要重定位的数据），载入内存后数据之间的相对位置也可能会发生改变，例如一个节区的偏移地址和大小在载入内存前后通常是不同的，如图 11.2 所示。

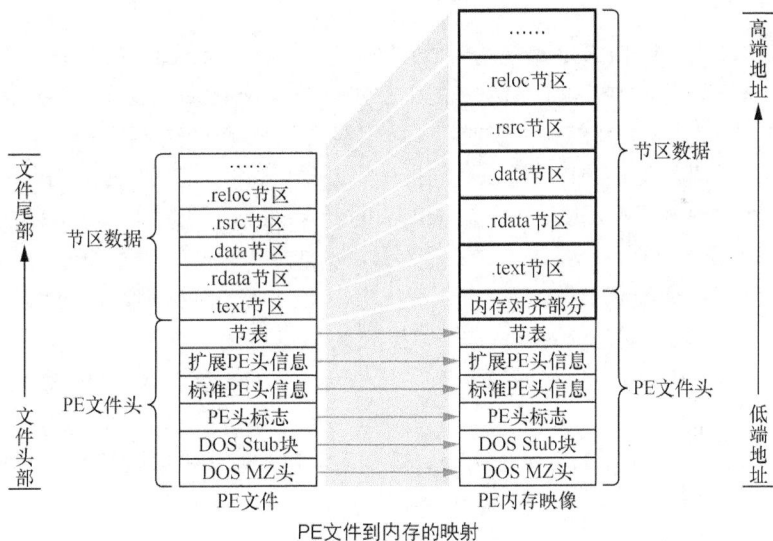

图 11.2

PE 文件映射到内存时 PE 文件头的情况：加载 DOS 头（DOS MZ 头和 DOS Stub 块）、PE 头（IMAGE_NT_HEADERS32 结构）和节表（节区信息结构 IMAGE_SECTION_HEADER 列表）时，不需要进行额外处理，即 PE 文件中的 PE 文件头的数据内容、数据的偏移位置和 PE 内存映像中完全相同。但是，通过 IMAGE_OPTIONAL_HEADER32.SectionAlignment 和 IMAGE_OPTIONAL_HEADER32. FileAlignment 两个字段我们了解到数据在内存中的对齐粒度和在文件中的对齐粒度通常不同，内存对齐粒度通常是 0x1000 字节，而文件对齐粒度通常是 0x200 字节，一般的 PE 文件的 PE 文件头只需要对齐到 FOA 是 0x400 的位置（其实通常 PE 文件头不足 0x400 字节，但是后面必须填充为 0 以补足

0x400), 而在 PE 内存映像中, PE 文件头必须对齐到 0x1000 (后面必须填充为 0 以补足 0x1000)。OD 载入 HelloWindows_32.exe, 打开内存窗口, 可以看到图 11.3 所示的界面。

地址	大小	属主	区段	包含	类型		访问	初始访问
00B40000	00001000	HelloWin		PE 文件头	Imag	01001002	R	RWE
00B41000	0000C000	HelloWin	.text	SFX,代码	Imag	01001002	R	RWE
00B4D000	00006000	HelloWin	.rdata	数据,输入表	Imag	01001002	R	RWE
00B53000	00002000	HelloWin	.data		Imag	01001002	R	RWE
00B55000	00001000	HelloWin	.rsrc	资源	Imag	01001002	R	RWE
00B56000	00001000	HelloWin	.reloc		Imag	01001002	R	RWE

图 11.3

另外, 用鼠标右键单击圈出来的 PE 文件头这一行, 然后选择在 CPU 数据窗口中查看, 再用鼠标右键单击数据窗口, 然后选择指定→PE 文件头, 可以看到 PE 文件头数据以及解释。

PE 文件映射到内存时各个节区的情况如下: 同样, 每个节区的偏移地址在文件中是按照 IMAGE_OPTIONAL_HEADER32.FileAlignment 字段指定的值进行对齐的, 而在 PE 内存映像中是按照 IMAGE_OPTIONAL_HEADER32.SectionAlignment 字段指定的值进行对齐的, 即节区的 RVA 和 FOA 通常是不同的; 当然, PE 文件和 PE 内存映像的每个节区的大小也会因为文件对齐、内存对齐单位的不同而发生变化; 还有, 对未初始化数据来说, 通常不会在 PE 文件中为之预留空间, 但是加载到内存后, 则需要为之分配空间。

PE 头 IMAGE_NT_HEADERS32 结构的后面是节区信息结构 IMAGE_SECTION_HEADER 列表, 节区信息结构的个数与节区个数相同, IMAGE_FILE_HEADER.NumberOfSections 字段指出了节区的个数, IMAGE_SECTION_HEADER 结构列表或者说数组组成节表。节表中的每一个 IMAGE_SECTION_HEADER 结构是对一个节区的描述, 接下来我们将介绍 IMAGE_SECTION_HEADER 结构。为了对 PE 文件格式构造有一个更深的了解, 我们将结合 HelloWindows_32.exe 的十六进制数据说明各种数据块都在哪个节区, 节区就相当于是一个容器, 具体的数据块例如导入表、导出表和重定位表等才是最重要的。介绍完节表, 我们将详细介绍导入表、导出表和重定位表等重要数据, 这是本章的主要内容, 很多对 PE 文件进行加密的软件就是针对这些重要数据做文章。

节区信息结构 IMAGE_SECTION_HEADER 用于描述节区的信息, 该结构的定义如下:

```
typedef struct _IMAGE_SECTION_HEADER {      // 节表信息结构, 每个结构 40 (0x28) 字节
    BYTE    Name[IMAGE_SIZEOF_SHORT_NAME];  // 偏移 0x00, 8 字节的节区名称, UTF-8 字符串
    union {
        DWORD   PhysicalAddress;            // 偏移 0x08,
        DWORD   VirtualSize;                // 偏移 0x08, 节区的大小 (没有进行文件对齐的实际大小)
    } Misc;
    DWORD   VirtualAddress;                 // 偏移 0x0C, 节区的 RVA 地址
    DWORD   SizeOfRawData;                  // 偏移 0x10, 节区的大小 (基于文件对齐后的大小)
    DWORD   PointerToRawData;               // 偏移 0x14, 节区的文件偏移地址 FOA
    DWORD   PointerToRelocations;           // 偏移 0x18, 在 .obj 文件中使用, 指向重定位表的指针
    DWORD   PointerToLinenumbers;           // 偏移 0x1C, 供调试用, 行号表的指针
    WORD    NumberOfRelocations;            // 偏移 0x20, 在 .obj 文件中使用, 重定位表的个数
    WORD    NumberOfLinenumbers;            // 偏移 0x22, 行号表中行号的数量
    DWORD   Characteristics;                // 偏移 0x24, 节区的属性
} IMAGE_SECTION_HEADER, * PIMAGE_SECTION_HEADER;
```

- Name 字段偏移 0x00，是 8 字节的节区名称，UTF-8 字符。节区名称并不规定以零结尾，例如节区名称正好是 8 字节时，如果节区名称超过 8 字节会执行截断处理。节区名称只是一个记号，程序员可以随意命名，不同编译器对节区的命名可能不同，例如同是可执行代码节区可以命名为.text 或.code 等。另外，不能通过节区名称来定位数据，例如资源节区的名称通常为.rsrc，通过节表或许可以正确定位到程序资源数据，但是为了确保准确性，应该使用 IMAGE_OPTIONAL_HEADER32 结构中的数据目录数组来定位各种数据。
- Misc.PhysicalAddress 字段偏移 0x08。
- Misc.VirtualSize 字段偏移 0x08，表示节区的大小（没有进行文件对齐的实际大小）。
- VirtualAddress 字段偏移 0x0C，表示节区的 RVA 地址，IMAGE_OPTIONAL_HEADER32. SectionAlignment 字段指定的值的整数倍。
- SizeOfRawData 字段偏移 0x10，表示节区的大小（基于文件对齐后的大小），该字段的值等于 VirtualSize 字段的值按照 IMAGE_OPTIONAL_HEADER32.FileAlignment 字段的值对齐以后的大小。
- PointerToRawData 字段偏移 0x14，节区的文件偏移地址 FOA。

PE 加载器通过从 PointerToRawData 字段指定的 FOA 开始，找到 SizeOfRawData 字段指定的基于文件对齐后的节区大小，映射到可执行模块的 RVA 为 VirtualAddress 的地方，当然映射后要通过在尾部填充 0 的方式扩展为 IMAGE_OPTIONAL_HEADER32.SectionAlignment 字段指定的值的整数倍。

- PointerToRelocations 字段偏移 0x18，在.obj 文件中使用，指向重定位表的指针，该字段不重要。
- PointerToLinenumbers 字段偏移 0x1C，供调试用，表示行号表的指针，该字段不重要。
- NumberOfRelocations 字段偏移 0x20，在.obj 文件中使用，表示重定位表的个数，该字段不重要。
- NumberOfLinenumbers 字段偏移 0x22，表示行号表中行号的数量，该字段不重要。
- Characteristics 字段偏移 0x24，表示节区的属性，可以是表 11.8 所示的值的组合（常见值）。

表 11.8

常量	值	位	含义
IMAGE_SCN_CNT_CODE	0x00000020	5	节区包含可执行代码
IMAGE_SCN_CNT_INITIALIZED_DATA	0x00000040	6	节区包含已初始化数据
IMAGE_SCN_CNT_UNINITIALIZED_DATA	0x00000080	7	节区包含未初始化数据
IMAGE_SCN_GPREL	0x00008000	11	节区包含通过全局指针引用的数据
MAGE_SCN_LNK_NRELOC_OVFL	0x01000000	24	节区包含扩展的重定位
IMAGE_SCN_MEM_DISCARDABLE	0x02000000	25	节区可以根据需要丢弃
IMAGE_SCN_MEM_NOT_CACHED	0x04000000	26	节区无法缓存
IMAGE_SCN_MEM_NOT_PAGED	0x08000000	27	节区无法分页
IMAGE_SCN_MEM_SHARED	0x10000000	28	节区可以在内存中共享
IMAGE_SCN_MEM_EXECUTE	0x20000000	29	节区包含可执行属性
IMAGE_SCN_MEM_READ	0x40000000	30	节区包含可读属性
IMAGE_SCN_MEM_WRITE	0x80000000	31	节区包含可写属性

以 HelloWindows_32.exe 程序为例，各个节区的属性值的其含义如表 11.9 所示。

表 11.9

节区名称	属性值	含义
可执行代码.text	0x60000020	节区包含可执行代码、节区包含可执行属性、节区包含可读属性
只读数据.rdata	0x40000040	节区包含已初始化数据、节区包含可读属性
已初始化数据.data	0xC0000040	节区包含已初始化数据、节区包含可读属性、节区包含可写属性
程序资源.rsrc	0x40000040	节区包含已初始化数据、节区包含可读属性
重定位信息.reloc	0x42000040	节区包含已初始化数据、节区可以根据需要丢弃、节区包含可读属性

当然，节区属性也可以是其他值，例如当 PE 文件被加壳工具压缩后，包含可执行代码的节区往往具有可执行、可读和可写属性，因为解压代码需要将解压以后的可执行代码回写到代码节区中。例如，Chapter4\LoadTest_UPX\Debug\Test_UPX.exe 文件的 UPX0 节区具有：节区包含未初始化数据、节区包含可执行属性、节区包含可读属性、节区包含可写属性。

因为无法确定可执行模块的加载基地址，所以 PE 文件中很多字段都是使用 RVA 相对虚拟内存地址，模块基地址+RVA 就是 PE 文件加载到内存中后数据的真实虚拟内存地址。还有一个 FOA 文件偏移地址，就是文件中数据相对于文件头的偏移。通过前面的学习，我们了解到同一数据在 PE 文件和 PE 内存映像中的偏移地址是不同的，当然这主要是指 PE 文件的节区部分，PE 文件中的 PE 文件头的数据内容、数据的偏移位置与 PE 内存映像中的完全相同。

通过 RVA 可以很容易地在 PE 内存映像中定位到需要的数据，但是在 PE 文件中定位数据则不是很方便，比如通过 IMAGE_DATA_DIRECTORY.VirtualAddress 字段可以很容易地在 PE 内存映像中定位到导入表、导出表、重定位表等数据。

在实际编程过程中，为了能够在 PE 文件或者 PE 内存映射文件中定位到需要的数据，需要经过 RVA 到 FOA 的换算，这种换算并没有一个简单的公式，可以采取以下方式。

（1）遍历节表。通过 IMAGE_SECTION_HEADER.VirtualAddress 字段得到一个节区的起始 RVA，节区的起始 RVA + IMAGE_SECTION_HEADER.SizeOfRawData 等于节区的结束 RVA，然后判断目标数据（例如导入表、导出表、重定位表等）的 RVA 是否位于这个节区的内存范围以内。

（2）如果目标数据的 RVA 位于某个节区的内存范围以内，则使用目标数据的 RVA 减去这个节区的起始 RVA，得到目标数据相对于节区起始地址的偏移量 RVA'。

（3）通过 IMAGE_SECTION_HEADER.PointerToRawData 字段可以得到一个节区在 PE 文件中的文件偏移地址 FOA，这个节区的 FOA + RVA'等于目标数据在文件中的偏移地址 FOA。

接下来封装两个自定义函数，RVAToFOA 函数用于通过指定类型数据（例如导入表、导出表和重定位表等）的 RVA 得到 FOA，GetSectionNameByRVA 函数用于通过一个 RVA 值获取所在节区的名称。两个函数的定义如下：

```
/*********************************************************************************
 * 函数功能：通过指定类型数据(例如导入表、导出表、重定位表等)的 RVA 得到 FOA
 * 输入参数的说明：
   1. pImageDosHeader 参数表示 PE 内存映射文件对象在内存中的起始地址，必须指定
```

2. dwTargetRVA 参数表示目标类型数据的 RVA，必须指定

* 返回值：　返回-1 表示函数执行失败

```
**********************************************************************/
INT RVAToFOA(PIMAGE_DOS_HEADER pImageDosHeader, DWORD dwTargetRVA)
{
    INT iTargetFOA = -1;

    // PE 头的地址
    PIMAGE_NT_HEADERS32 pImageNtHeader32 =
        (PIMAGE_NT_HEADERS32)((LPBYTE)pImageDosHeader + pImageDosHeader->e_lfanew);

    // PE 头的地址 + sizeof(IMAGE_NT_HEADERS32)等于节表地址
    PIMAGE_SECTION_HEADER pImageSectionHeader =
        (PIMAGE_SECTION_HEADER)((LPBYTE)pImageNtHeader32 + sizeof(IMAGE_NT_HEADERS32));

    // 遍历节表
    for (int i = 0; i < pImageNtHeader32->FileHeader.NumberOfSections; i++)
    {
        if ((dwTargetRVA >= pImageSectionHeader->VirtualAddress) &&
            (dwTargetRVA <= (pImageSectionHeader->VirtualAddress + pImageSectionHeader->SizeOfRawData)))
        {
            iTargetFOA = dwTargetRVA - pImageSectionHeader->VirtualAddress;
            iTargetFOA += pImageSectionHeader->PointerToRawData;
        }

        // 指向下一个节区信息结构
        pImageSectionHeader++;
    }

    return iTargetFOA;
}


/**********************************************************************
 * 函数功能：通过一个 RVA 值获取所在节区的名称
 * 输入参数的说明：
 * 1. pImageDosHeader 参数表示 PE 内存映射文件对象在内存中的起始地址，必须指定
 * 2. dwRVA 参数表示一个 RVA 值，必须指定
 * 返回值：返回 NULL 表示函数执行失败，注意返回的节区名称字符串并不一定以零结尾
 **********************************************************************/
LPSTR GetSectionNameByRVA(PIMAGE_DOS_HEADER pImageDosHeader, DWORD dwRVA)
{
    LPSTR lpSectionName = NULL;

    // PE 头的地址
    PIMAGE_NT_HEADERS32 pImageNtHeader32 =
        (PIMAGE_NT_HEADERS32)((LPBYTE)pImageDosHeader + pImageDosHeader->e_lfanew);
```

```
// PE 头的地址 + sizeof(IMAGE_NT_HEADERS32)等于节表地址
PIMAGE_SECTION_HEADER pImageSectionHeader =
    (PIMAGE_SECTION_HEADER)((LPBYTE)pImageNtHeader32 + sizeof(IMAGE_NT_ HEADERS32));

// 遍历节表
for (int i = 0; i < pImageNtHeader32->FileHeader.NumberOfSections; i++)
{
    if ((dwRVA >= pImageSectionHeader->VirtualAddress) &&
        (dwRVA <= (pImageSectionHeader->VirtualAddress + pImageSectionHeader->
SizeOfRawData)))
    {
        lpSectionName = (LPSTR)pImageSectionHeader;
    }

    // 指向下一个节区信息结构
    pImageSectionHeader++;
}

return lpSectionName;
}
```

接下来实现一个查看 PE 文件头基本信息的程序 PEInfo，结合前面对 PE 文件头的介绍，很容易理解本程序，具体代码参见 Chapter11\PEInfo 项目。PEInfo 程序界面如图 11.4 所示（PE 文件中不存在的数据目录没有列出）。

图 11.4

11.4 64 位可执行文件格式 PE32+

PE32+的 DOS 头同样由 DOS MZ 头（IMAGE_DOS_HEADER 结构，64 字节）和 DOS Stub 块（DOS 部分的可执行代码，代码字节数不确定）组成。DOS MZ 头 IMAGE_DOS_HEADER 结构中只有 e_magic 和 e_lfanew 字段比较重要，DOS Stub 块也同样不重要。

PE 文件中的 PE 头是一个 IMAGE_NT_HEADERS32 结构，条件编译定义如下：

```
#ifdef _WIN64
    typedef IMAGE_NT_HEADERS64           IMAGE_NT_HEADERS;
    typedef PIMAGE_NT_HEADERS64          PIMAGE_NT_HEADERS;
#else
    typedef IMAGE_NT_HEADERS32           IMAGE_NT_HEADERS;
    typedef PIMAGE_NT_HEADERS32          PIMAGE_NT_HEADERS;
```

为了实现 Win32/Win64 系统通用编程，可以使用 IMAGE_NT_HEADERS 结构，如果定义了 _WIN64，那么 IMAGE_NT_HEADERS 被定义为 IMAGE_NT_HEADERS64；否则被定义为 IMAGE_NT_HEADERS32。

IMAGE_NT_HEADERS64 结构的定义如下：

```
typedef struct _IMAGE_NT_HEADERS64 {
    DWORD                 Signature;      // 同 IMAGE_NT_HEADERS32.Signature
    IMAGE_FILE_HEADER     FileHeader;     // 同 IMAGE_NT_HEADERS32.FileHeader
    IMAGE_OPTIONAL_HEADER64 OptionalHeader;
} IMAGE_NT_HEADERS64, * PIMAGE_NT_HEADERS64;
```

不同的只是 OptionalHeader 字段是一个 IMAGE_OPTIONAL_HEADER64 结构。另外 IMAGE_NT_HEADERS64.FileHeader.SizeOfOptionalHeader 字段的值默认是 0x00F0（PE 格式的默认是 0x00E0）。

IMAGE_OPTIONAL_HEADER64 结构的定义如下：

```
typedef struct _IMAGE_OPTIONAL_HEADER64 {
    WORD          Magic;
    BYTE          MajorLinkerVersion;
    BYTE          MinorLinkerVersion;
    DWORD         SizeOfCode;
    DWORD         SizeOfInitializedData;
    DWORD         SizeOfUninitializedData;
    DWORD         AddressOfEntryPoint;
    DWORD         BaseOfCode;       // PE 格式中该字段的下面是 BaseOfData 字段，表示数据节的 RVA
                                    // PE32+中不存在 BaseOfData 字段
    ULONGLONG     ImageBase;        // 程序的建议装载地址，ULONGLONG 类型，而 PE 格式是 DWORD 类型
    DWORD         SectionAlignment;
    DWORD         FileAlignment;
    WORD          MajorOperatingSystemVersion;
    WORD          MinorOperatingSystemVersion;
    WORD          MajorImageVersion;
```

```
    WORD            MinorImageVersion;
    WORD            MajorSubsystemVersion;
    WORD            MinorSubsystemVersion;
    DWORD           Win32VersionValue;
    DWORD           SizeOfImage;
    DWORD           SizeOfHeaders;
    DWORD           CheckSum;
    WORD            Subsystem;
    WORD            DllCharacteristics;
    ULONGLONG       SizeOfStackReserve;  // 该字段是一个 ULONGLONG 类型，而 PE 格式是 DWORD 类型
    ULONGLONG       SizeOfStackCommit;   // 该字段是一个 ULONGLONG 类型，而 PE 格式是 DWORD 类型
    ULONGLONG       SizeOfHeapReserve;   // 该字段是一个 ULONGLONG 类型，而 PE 格式是 DWORD 类型
    ULONGLONG       SizeOfHeapCommit;    // 该字段是一个 ULONGLONG 类型，而 PE 格式是 DWORD 类型
    DWORD           LoaderFlags;
    DWORD           NumberOfRvaAndSizes;
    IMAGE_DATA_DIRECTORY DataDirectory[IMAGE_NUMBEROF_DIRECTORY_ENTRIES];
} IMAGE_OPTIONAL_HEADER64, * PIMAGE_OPTIONAL_HEADER64;
```

IMAGE_NT_HEADERS64.FileHeader.SizeOfOptionalHeader 字段的值默认是 0x00F0，而 PE 格式的默认值是 0x00E0，多了 0x10 字节，因为 SizeOfStackReserve、SizeOfStackCommit、SizeOfHeapReserve、SizeOfHeapCommit 这 4 个字段是 ULONGLONG 类型。在 64 位可执行文件中，初始化时保留的栈大小、初始化时保留的堆大小（默认堆）也是 0x0000000000100000（1MB），初始化时实际提交的栈大小、初始化时实际提交的堆大小也是 0x0000000000001000（4KB）。

判断一个可执行文件是 32 位还是 64 位的方式是：IMAGE_NT_HEADERS. OptionalHeader.Magic 字段的值如果是 IMAGE_NT_OPTIONAL_HDR32_MAGIC（0x010B），则说明是一个 32 位可执行文件，如果是 IMAGE_NT_OPTIONAL_HDR64_MAGIC（0x020B），则说明是一个 64 位可执行文件。了解这些内容后，把 PEInfo 程序改写为既可以查看 PE 文件也可以查看 PE32+文件就会比较简单，PEInfo 项目既可以编译为 32 位又可以编译为 64 位，参见 Chapter11\PEInfo3264 项目。

另外，笔者编写了一个把 PE 文件的 RVA 转换为 FOA 的 RVAToFOA 程序，程序中用到了前面介绍的自定义函数 RVAToFOA，但是对该函数进行改进后，既可以用于 PE 文件也可以用于 PE32+文件，具体代码参见 Chapter11\RVAToFOA 项目。

节表、节区信息结构 IMAGE_SECTION_HEADER 的定义与 PE 格式相同。

11.5　导入表

16 种数据块才是程序执行过程中所需的重要数据，每种数据块的数据组织形式各不相同，接下来我们介绍几种比较重要的数据块，例如导入表、导出表、重定位表、资源表等。

导入表中存放着一个可执行文件需要调用的其他模块中的导出函数。当 PE 文件被载入内存执行时，PE 加载器才将所需的动态链接库载入程序的地址空间中，将调用导入函数的指令和函数实际所处的内存地址联系起来，这就是动态链接的概念，动态链接通过 PE 文件中的导入表（Import Table）来

实现，导入表中保存有动态链接库名称和导入函数名称等的相关信息。

　　下面以一个简单的程序为例进行分析，OD 载入 Chapter11\HelloWorld\Debug\HelloWorld.exe（见图 11.5）。

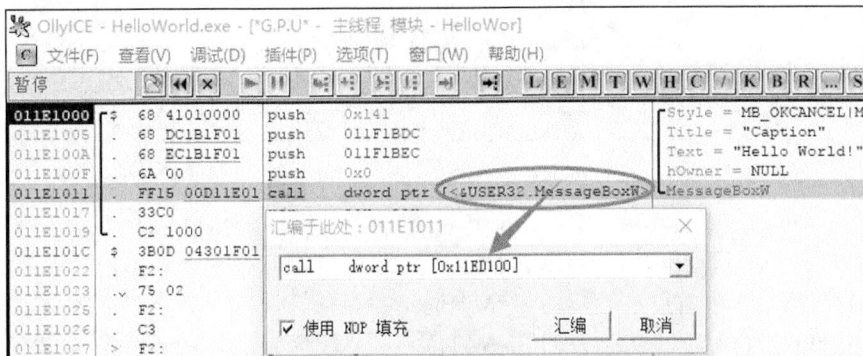

图 11.5

　　在反汇编窗口中选中 call dword ptr [<&USER32.MessageBoxW>]这一行，用鼠标右键单击数据窗口中跟随，然后选择内存地址，数据窗口中就会自动定位到 0x11ED100 开始的数据。然后，确保在反汇编窗口中选中 call dword ptr [<&USER32.MessageBoxW>]这一行，用鼠标右键单击跟随或者直接按 Enter键，即可定位到 USER32.MessageBoxW 函数的实现代码地址处，如图 11.6 所示。

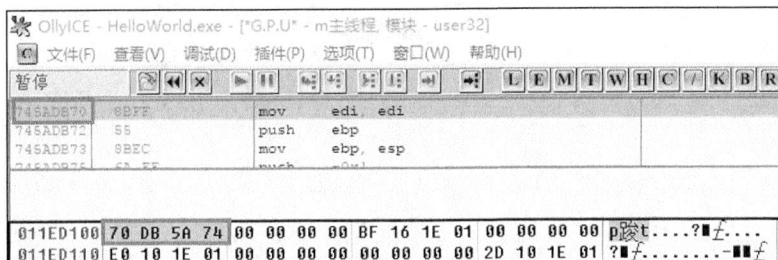

图 11.6

　　可以发现[0x11ED100]地址处存放的就是 USER32.MessageBoxW 函数的内存地址。

　　我们再从 PE 文件角度分析该程序。call dword ptr [<&USER32.MessageBoxW>]指令实际上就是 call dword ptr [0x11ED100]，通过 OD 的内存窗口可以发现 0x11ED100 属于.rdata 节区。HelloWorld.exe 的内存基地址为 0x011E0000，RVA：0x11ED100−0x011E0000 = 0xD100，通过 RVAToFOA 程序计算可以得到 FOA 为 0xBB00，使用 WinHex 打开 HelloWorld.exe，定位到 FOA 为 0xBB00 的位置（见图 11.7）。

图 11.7

　　该处的值为 0x00012548，实际上该值也是一个 RVA（也位于.rdata 节区），通过 RVAToFOA 程序计算可以得到该 RVA 的 FOA 为 0x10F48，在 WinHex 中定位到 0x10F48（见图 11.8）。

```
HelloWorld.exe
Offset     0  1  2  3  4  5  6  7   8  9  A  B  C  D  E  F
00010F40   48 25 01 00 00 00 00 00  86 02 4D 65 73 73 61 67   H%       I Messag
00010F50   65 42 6F 78 57 00 55 53  45 52 33 32 2E 64 6C 6C   eBoxW USER32.dll
00010F60   00 00 AD 05 55 6E 68 61  6E 64 6C 65 64 45 78 63    - UnhandledExc
00010F70   65 70 74 69 6F 6E 46 69  6C 74 65 72 00 00 6D 05   eptionFilter   m
00010F80   53 65 74 55 6E 68 61 6E  64 6C 65 64 45 78 63 65   SetUnhandledExce
00010F90   70 74 69 6F 6E 46 69 6C  74 65 72 00 17 02 47 65   ptionFilter   Ge
00010FA0   74 43 75 72 72 65 6E 74  50 72 6F 63 65 73 73 00   tCurrentProcess
```

图 11.8

FOA 为 0x10F48 的位置首先是一个值为 0x0286 的 WORD 值，然后就是 MessageBoxW 函数名称。

PE 内存映像中 0x11ED100 地址处存放的是 USER32.MessageBoxW 函数的内存地址，而 PE 文件中相同位置处存放的是一个指向 "WORD 值+MessageBoxW 函数名称" 的 RVA。实际上，PE 加载器根据 PE 文件中 FOA 为 0xBB00 的地方的 RVA 值得到 "WORD 值+MessageBoxW 函数名称"，然后根据函数名称得到函数的实际内存地址，再把函数的实际内存地址写入 0x11ED100 地址处。

查看 HelloWorld.exe 的 call MessageBoxW 指令行：

```
011E1011  FF15 00D11E01  call dword ptr [<&USER32.MessageBoxW>]
```

该指令所处的内存地址为 0x011E1011，RVA 为 0x1011，FOA 为 0x411，在 WinHex 中定位到 0x411（见图 11.9）。

```
HelloWorld.exe
Offset     0  1  2  3  4  5  6  7   8  9  A  B  C  D  E  F
00000410   00 FF 15 00 D1 40 00 33  C0 C2 10 00 3B 0D 04 30   ÿ  Ñ@ 3ÀÂ   ; 0
00000420   41 00 F2 75 02 F2 C3 F2  E9 73 02 00 00 56 6A 02   A òu òÃòésVj
```

图 11.9

可以发现，程序加载到内存中后是 call [0x011ED100]；而在文件中是 call [0x0040D100]，这是因为在编译程序的时候设置的建议装载地址是 0x00400000，在采用 ASLR 技术前，程序的加载基地址通常是 0x00400000，exe 程序也通常没有重定位表。不过，建议装载地址和实际装载地址不相同并没有关系，因为数据定位依靠 RVA 来完成。

接下来介绍导入表。以 Chapter11\HelloWindows_32.exe 程序为例，通过 PEInfo 程序可以得知该程序的导入表的 RVA 为 0x0001249C，FOA 为 0x1109C（修改 PEInfo 程序使之显示数据的 FOA，Chapter11\PEInfo3264）。

导入表是一个导入表描述符结构 IMAGE_IMPORT_DESCRIPTOR（IID）数组，结构的个数取决于程序要加载的 DLL 文件的数量，每个结构对应一个 DLL 文件，例如一个 PE 文件如果使用了 10 个 DLL 中的导出函数，就会存在 10 个 IMAGE_IMPORT_DESCRIPTOR 结构来描述这些 DLL 文件，在所有 IMAGE_IMPORT_DESCRIPTOR 结构的最后以一个内容全为 0 的 IMAGE_IMPORT_DESCRIPTOR 结构作为结束。

IMAGE_IMPORT_DESCRIPTOR 结构的定义如下：

```
typedef struct _IMAGE_IMPORT_DESCRIPTOR {   // 20 字节
    union {
```

```
    DWORD    Characteristics;     // 偏移 0x00
    DWORD    OriginalFirstThunk;  // 偏移 0x00，IMAGE_THUNK_DATA32 结构数组，是一个 RVA
  } DUMMYUNIONNAME;
DWORD    TimeDateStamp;   // 偏移 0x04，与绑定有关的时间戳，通常不用
DWORD    ForwarderChain;  // 偏移 0x08，第一个被转发函数的索引，如果没有转发则为-1
DWORD    Name;            // 偏移 0x0C，指向以 0 结尾的动态链接库名称字符串，是一个 RVA，UTF-8 字符串
DWORD    FirstThunk;      // 偏移 0x10，IMAGE_THUNK_DATA32 结构数组，是一个 RVA
} IMAGE_IMPORT_DESCRIPTOR;
```

3 个重要字段如下。

- OriginalFirstThunk 字段偏移 0x00，指向一个 IMAGE_THUNK_DATA32 结构数组，是一个 RVA。
- Name 字段偏移 0x0C，表示指向以零结尾的动态链接库名称字符串，是一个 RVA，UTF-8 字符串。
- FirstThunk 字段偏移 0x10，指向一个 IMAGE_THUNK_DATA32 结构数组，是一个 RVA。

OriginalFirstThunk 和 FirstThunk 两个字段都指向一个 IMAGE_THUNK_DATA32 结构数组，是一个 RVA，每一个 IMAGE_THUNK_DATA32 结构表示一个导入函数的信息，数组以一个内容全为 0 的 IMAGE_THUNK_DATA32 结构作为结尾。OriginalFirstThunk 字段的重要性较低。

IMAGE_THUNK_DATA32 结构实际上只是一个 DWORD 类型的双字，把它定义成结构（内部只有一个联合体字段）是因为它在不同的时刻有不同的含义，该结构的定义如下：

```
typedef struct _IMAGE_THUNK_DATA32 {
    union {
        DWORD ForwarderString;
        DWORD Function;        // 导入函数的内存地址
        DWORD Ordinal;         // 导入函数的序数
        DWORD AddressOfData;   // IMAGE_IMPORT_BY_NAME 结构的 RVA
    } u1;
} IMAGE_THUNK_DATA32;
```

当 IMAGE_THUNK_DATA32 结构（DWORD 值）的最高位为 1 时，表示函数以序数的方式进行导入，这时 DWORD 值的低位字就是函数的序数，可以使用常量 IMAGE_ORDINAL_FLAG32（0x80000000）进行测试；当 DWORD 值的最高位为 0 时，表示函数以函数名称字符串的方式进行导入，这时 DWORD 值是一个指向 IMAGE_IMPORT_BY_NAME 结构的 RVA。

IMAGE_IMPORT_BY_NAME 结构的定义如下：

```
typedef struct _IMAGE_IMPORT_BY_NAME {  // 结构大小不确定，因为函数名称长度不固定
    WORD    Hint;                        // 函数编号（用于提高搜索函数的速度），可以为 0
    CHAR    Name[1];                     // 以零结尾的函数名称字符串，UTF-8 字符串
} IMAGE_IMPORT_BY_NAME, * PIMAGE_IMPORT_BY_NAME;
```

总结：IMAGE_IMPORT_DESCRIPTOR.FirstThunk 字段是指向一个 IMAGE_THUNK_DATA32 结构数组的 RVA，每个 IMAGE_THUNK_DATA32 结构表示一个导入函数的信息，IMAGE_THUNK_DATA32.AddressOfData 字段是指向 IMAGE_IMPORT_BY_NAME 结构的 RVA，IMAGE_IMPORT_BY_NAME 结构包含函数编号和函数名称。

IMAGE_IMPORT_DESCRIPTOR.OriginalFirstThunk 和 IMAGE_IMPORT_DESCRIPTOR.FirstThunk 这两个字段都是指向一个 IMAGE_THUNK_DATA32 结构数组的 RVA，在 PE 文件中这两个结构数组的

数据内容完全相同（但是位置不同），这称为双桥结构。图 11.10 中展示了从 User32.dll 中导入 DispatchMessageW、ShowWindow、RegisterClassExW 和一个以序数为导入方式的共 4 个导入函数的导入表的双桥结构。

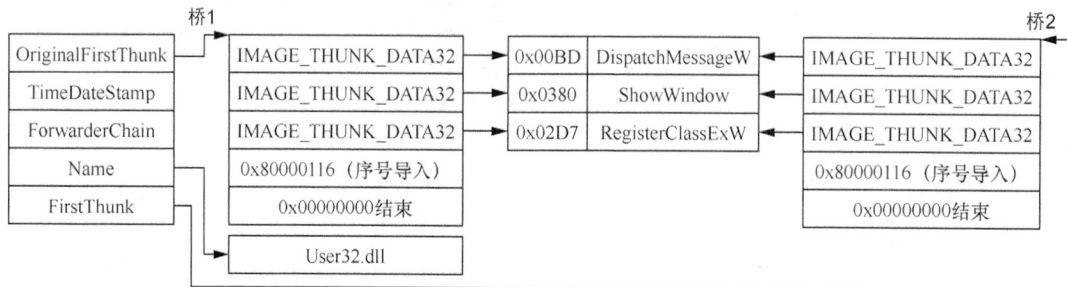

桥1　桥2

OriginalFirstThunk		IMAGE_THUNK_DATA32		0x00BD	DispatchMessageW		IMAGE_THUNK_DATA32
TimeDateStamp		IMAGE_THUNK_DATA32		0x0380	ShowWindow		IMAGE_THUNK_DATA32
ForwarderChain		IMAGE_THUNK_DATA32		0x02D7	RegisterClassExW		IMAGE_THUNK_DATA32
Name		0x80000116（序号导入）					0x80000116（序号导入）
FirstThunk		0x00000000结束					0x00000000结束
		User32.dll					

图 11.10

图 11.10 中，IMAGE_IMPORT_DESCRIPTOR.Name 字段指向字符串 User32.dll，表示要从 User32.dll 中导入函数；OriginalFirstThunk 和 FirstThunk 字段指向两个完全相同的 IMAGE_THUNK_DATA32 数组，因为要导入 4 个函数，所以 IMAGE_THUNK_DATA32 数组中包含 4 个有效结构，最后以一个内容全为 0 的结构作为结束。前 3 个函数以函数名称方式进行导入，IMAGE_THUNK_DATA32 结构的 DWORD 值是一个 RVA，分别指向 3 个 IMAGE_IMPORT_BY_NAME 结构，每一个 IMAGE_IMPORT_BY_NAME 结构的第 1 个字段是函数的编号，第二个字段是函数名称字符串；第 4 个函数以序数方式导入，因此 IMAGE_THUNK_DATA32 结构的 DWORD 值的最高位为 1，序数为 0x116，组合起来的值是 0x80000116。

在 PE 文件中 IMAGE_IMPORT_DESCRIPTOR.OriginalFirstThunk 和 IMAGE_IMPORT_DESCRIPTOR. FirstThunk 这两个字段指向的 IMAGE_THUNK_DATA32 结构数组数据内容完全相同，但到了 PE 内存映像中是不同的。当 PE 文件载入内存后，图 11.10 所示的双桥结构变为图 11.11 所示的载入内存后的双桥结构。

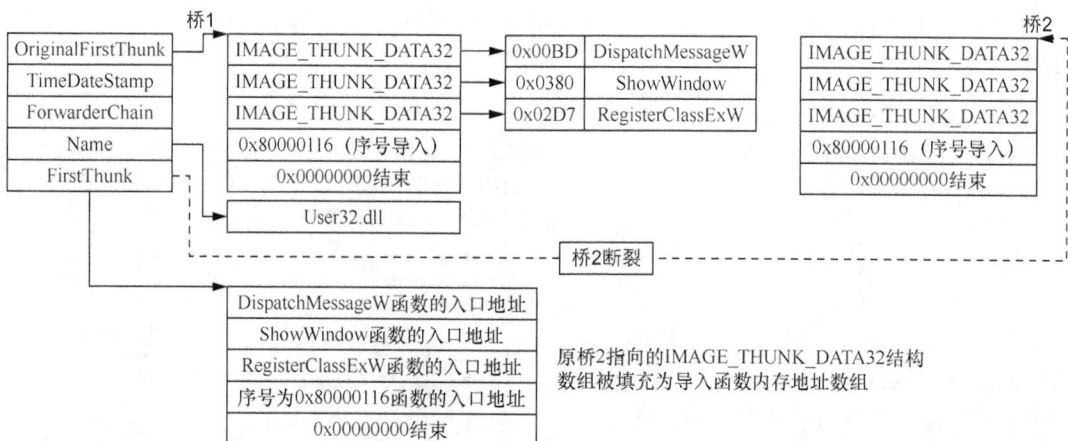

桥1　桥2

OriginalFirstThunk		IMAGE_THUNK_DATA32		0x00BD	DispatchMessageW		IMAGE_THUNK_DATA32
TimeDateStamp		IMAGE_THUNK_DATA32		0x0380	ShowWindow		IMAGE_THUNK_DATA32
ForwarderChain		IMAGE_THUNK_DATA32		0x02D7	RegisterClassExW		IMAGE_THUNK_DATA32
Name		0x80000116（序号导入）					0x80000116（序号导入）
FirstThunk		0x00000000结束					0x00000000结束
		User32.dll					

桥2断裂

| DispatchMessageW函数的入口地址 |
| ShowWindow函数的入口地址 |
| RegisterClassExW函数的入口地址 |
| 序号为0x80000116函数的入口地址 |
| 0x00000000结束 |

原桥2指向的IMAGE_THUNK_DATA32结构数组被填充为导入函数内存地址数组

图 11.11

分析 HelloWorld.exe 实例时曾介绍过：PE 内存映像中 0x11ED100 地址处存放的是 USER32. MessageBoxW 函数的内存地址，而 PE 文件中相同位置处存放的是一个指向"WORD 值 + MessageBoxW 函数名称"的 RVA。当 PE 文件载入内存后，PE 加载器根据 IMAGE_IMPORT_DESCRIPTOR. OriginalFirstThunk 或 IMAGE_IMPORT_DESCRIPTOR.FirstThunk 最终指向的函数名称获取到 DLL 中每个函数的实际内存地址 VA，然后写入 IMAGE_IMPORT_DESCRIPTOR.FirstThunk 所指向 IMAGE_THUNK_DATA32 数组中的每个数组元素中。PE 文件中存在两份 IMAGE_THUNK_DATA32 数组并修改其中的一份，是为了最后可以留下一份用来反向查询函数地址所对应的导入函数名，部分编译器只使用一份 IMAGE_THUNK_DATA32 数组，称为单桥结构。通常情况下，把导入表的 IMAGE_IMPORT_DESCRIPTOR.OriginalFirstThunk 字段及其指向的 IMAGE_THUNK_DATA32 数组填充为 0 不会影响程序运行。

在 PE 内存映像中，IMAGE_IMPORT_DESCRIPTOR.FirstThunk 指向的是导入函数内存地址，一个 DLL 中的所有导入函数内存地址顺序排列在一起，形成一个导入函数内存地址数组，所有 DLL 的导入函数内存地址数组通常也会顺序排列在一起，形成导入函数地址表（Import Address Table，IAT）。导入表中第一个 IMAGE_IMPORT_DESCRIPTOR 结构的 FirstThunk 字段通常指向 IAT 的起始地址（但也很可能不是），只有通过数据目录表的索引为 12 的 IMAGE_DATA_DIRECTORY 结构来定位 IAT 才是可靠的。

IMAGE_IMPORT_DESCRIPTOR.OriginalFirstThunk 最终指向的函数名称形成一个导入函数名称数组，所有 DLL 的导入函数名称数组通常也会顺序排列在一起，形成导入函数名称表（Import Name Table，INT）。IMAGE_IMPORT_DESCRIPTOR.OriginalFirstThunk 字段指向的 IMAGE_THUNK_DATA32 结构数组在 PE 文件加载前后没有任何变化。

导入表主要涉及 IMAGE_IMPORT_DESCRIPTOR、IMAGE_THUNK_DATA32 和 IMAGE_IMPORT_BY_NAME 共 3 个结构，在 PE32+中 IMAGE_IMPORT_DESCRIPTOR 和 IMAGE_IMPORT_BY_NAME 这两个结构的定义和在 PE 中是完全相同的。不同的是 IMAGE_THUNK_DATA32 结构，条件编译定义如下：

```
#ifdef _WIN64
    #define IMAGE_ORDINAL_FLAG            IMAGE_ORDINAL_FLAG64
    typedef IMAGE_THUNK_DATA64            IMAGE_THUNK_DATA;
#else
    #define IMAGE_ORDINAL_FLAG            IMAGE_ORDINAL_FLAG32
    typedef IMAGE_THUNK_DATA32            IMAGE_THUNK_DATA;
#endif
```

为了实现 Win32 系统和 Win64 系统通用编程，可以使用 IMAGE_THUNK_DATA 结构。如果定义了 _WIN64，那么 IMAGE_THUNK_DATA 被定义为 IMAGE_THUNK_DATA64；否则被定义为 IMAGE_THUNK_DATA32。

IMAGE_ORDINAL_FLAG64 用于判断 IMAGE_THUNK_DATA 是否是按序数导入的宏，定义如下：

```
#define IMAGE_ORDINAL_FLAG64 0x8000000000000000
IMAGE_THUNK_DATA64 结构的定义如下所示：
typedef struct _IMAGE_THUNK_DATA64 {
```

```
    union {
        ULONGLONG ForwarderString;
        ULONGLONG Function;
        ULONGLONG Ordinal;
        ULONGLONG AddressOfData;
    } u1;
} IMAGE_THUNK_DATA64;
```

与 IMAGE_THUNK_DATA32 不同的仅仅是每个字段的数据类型由 DWORD 变为 ULONGLONG。

接下来我们编程获取一个可执行文件的导入表中所有 DLL 的导入函数的函数编号和函数名称，效果如图 11.12 所示（HelloWindows_32.exe 中的一部分导入函数）。

这里把实现该部分功能的代码封装为自定义函数 GetImportTable，代码很简单，但是有的代码行比较长，不易阅读。另外为了可以编译为 32 位或 64 位，以及查看 PE 或 PE32+，代码需要多一些判断，完整代码参见 Chapter11\PEInfo3264_2 项目：

导入表信息：		
dll文件名	函数编号	函数名称
USER32.dll	0x00BD	DispatchMessageW
USER32.dll	0x0011	BeginPaint
USER32.dll	0x03BA	UpdateWindow
USER32.dll	0x0187	GetMessageW
USER32.dll	0x00A7	DefWindowProcW
USER32.dll	0x0076	CreateWindowExW
USER32.dll	0x02D7	RegisterClassExW
USER32.dll	0x0380	ShowWindow
USER32.dll	0x00F4	EndPaint
USER32.dll	0x03A0	TranslateMessage
USER32.dll	0x0254	LoadIconW
USER32.dll	0x0252	LoadCursorW
USER32.dll	0x02AA	PostQuitMessage
GDI32.dll	0x039E	TextOutW
GDI32.dll	0x02B9	GetStockObject
WINMM.dll	0x0009	PlaySoundW

图 11.12

```
BOOL GetImportTable(PIMAGE_DOS_HEADER pImageDosHeader)
{
    PIMAGE_NT_HEADERS pImageNtHeader;                       // PE 头起始地址
    PIMAGE_IMPORT_DESCRIPTOR pImageImportDescriptor;        // 导入表起始地址
    PIMAGE_THUNK_DATA32 pImageThunkData32;                  // IMAGE_THUNK_DATA32 数组起始地址
    PIMAGE_THUNK_DATA64 pImageThunkData64;                  // IMAGE_THUNK_DATA64 数组起始地址
    PIMAGE_IMPORT_BY_NAME pImageImportByName;               // IMAGE_IMPORT_BY_NAME 结构指针
    TCHAR szDllName[128] = { 0 };                           // 动态链接库名称
    TCHAR szFuncName[128] = { 0 };                          // 函数名称
    TCHAR szBuf[256] = { 0 };
    TCHAR szImportTableHead[] = TEXT("\r\n\r\n 导入表信息：\r\ndll 文件名\t\t\t\t\t 函数编号\t
函数名称\r\n");

    // PE 头起始地址
    pImageNtHeader = (PIMAGE_NT_HEADERS)((LPBYTE)pImageDosHeader +
pImageDosHeader->e_lfanew);

    // 如果是 PE32+，则把 pImageNtHeader 强制转换为 PIMAGE_NT_HEADERS64
    if (pImageNtHeader->OptionalHeader.Magic == IMAGE_NT_OPTIONAL_HDR64_MAGIC)
    {
        // 是否有导入表（当然，没有的可能性不大）
        if (((PIMAGE_NT_HEADERS64)pImageNtHeader)->OptionalHeader.DataDirectory[1].Size == 0)
            return FALSE;

        // 导入表起始地址
        pImageImportDescriptor = (PIMAGE_IMPORT_DESCRIPTOR)((LPBYTE)pImageDosHeader + RVAToFOA
(pImageNtHeader, ((PIMAGE_NT_HEADERS64)pImageNtHeader)->OptionalHeader.DataDirectory[1].
```

```
VirtualAddress));

        SendMessage(g_hwndEdit, EM_SETSEL, -1, -1);
        SendMessage(g_hwndEdit, EM_REPLACESEL, TRUE, (LPARAM)szImportTableHead);
        // 遍历导入表
        while (pImageImportDescriptor->OriginalFirstThunk ||
            pImageImportDescriptor->TimeDateStamp || pImageImportDescriptor-> ForwarderChain ||
            pImageImportDescriptor->Name || pImageImportDescriptor->FirstThunk)
        {
            // 动态链接库名称
            MultiByteToWideChar(CP_UTF8, 0, (LPSTR)((LPBYTE)pImageDosHeader + RVAToFOA
(pImageNtHeader, pImageImportDescriptor->Name)), -1, szDllName, _countof(szDllName));

            // IMAGE_THUNK_DATA64 数组起始地址
            pImageThunkData64 = (PIMAGE_THUNK_DATA64)((LPBYTE)pImageDosHeader + RVAToFOA
(pImageNtHeader, pImageImportDescriptor->FirstThunk));
            while (pImageThunkData64->u1.AddressOfData != 0)
            {
                // 按序号导入还是按函数名称导入
                // IMAGE_IMPORT_BY_NAME 结构指针
                pImageImportByName = (PIMAGE_IMPORT_BY_NAME)((LPBYTE)pImageDosHeader + RVAToFOA
(pImageNtHeader, pImageThunkData64->u1.AddressOfData));

                if (pImageThunkData64->u1.AddressOfData & IMAGE_ORDINAL_FLAG64)
                {
                    wsprintf(szFuncName, TEXT("按序号 0x%04X"), pImageThunkData64-> u1.AddressOfData
& 0xFFFF);
                    wsprintf(szBuf, TEXT("%-48s%s\r\n"), szDllName, szFuncName);
                }
                else
                {
                    MultiByteToWideChar(CP_UTF8, 0, pImageImportByName->Name, -1, szFuncName,
_countof(szFuncName));
                    wsprintf(szBuf, TEXT("%-48s0x%04X\t\t%s\r\n"), szDllName, pImageImportByName->
Hint, szFuncName);
                }
                SendMessage(g_hwndEdit, EM_SETSEL, -1, -1);
                SendMessage(g_hwndEdit, EM_REPLACESEL, TRUE, (LPARAM)szBuf);

                // 指向下一个 IMAGE_THUNK_DATA64 结构
                pImageThunkData64++;
            }

            SendMessage(g_hwndEdit, EM_SETSEL, -1, -1);
            SendMessage(g_hwndEdit, EM_REPLACESEL, TRUE, (LPARAM)TEXT("\r\n"));
            // 指向下一个导入表描述符
            pImageImportDescriptor++;
        }
    }
    // 如果是 PE 则把 pImageNtHeader 强制转换为 PIMAGE_NT_HEADERS32
```

```
    else
    {
        // 是否有导入表 (当然，没有的可能性不大)
        if (((PIMAGE_NT_HEADERS32)pImageNtHeader)->OptionalHeader.DataDirectory[1].Size == 0)
            return FALSE;

        // 导入表起始地址
        pImageImportDescriptor = (PIMAGE_IMPORT_DESCRIPTOR)((LPBYTE)pImageDosHeader + RVAToFOA
(pImageNtHeader, ((PIMAGE_NT_HEADERS32)pImageNtHeader)->OptionalHeader.DataDirectory[1].
VirtualAddress));

        SendMessage(g_hwndEdit, EM_SETSEL, -1, -1);
        SendMessage(g_hwndEdit, EM_REPLACESEL, TRUE, (LPARAM)szImportTableHead);
        // 遍历导入表
        while (pImageImportDescriptor->OriginalFirstThunk ||
            pImageImportDescriptor->TimeDateStamp || pImageImportDescriptor->
ForwarderChain ||
            pImageImportDescriptor->Name || pImageImportDescriptor->FirstThunk)
        {
            // 动态链接库名称
            MultiByteToWideChar(CP_UTF8, 0, (LPSTR)((LPBYTE)pImageDosHeader + RVAToFOA
(pImageNtHeader, pImageImportDescriptor->Name)), -1, szDllName, _countof(szDllName));

            // IMAGE_THUNK_DATA32 数组起始地址
            pImageThunkData32 = (PIMAGE_THUNK_DATA32)((LPBYTE)pImageDosHeader + RVAToFOA
(pImageNtHeader, pImageImportDescriptor->FirstThunk));
            while (pImageThunkData32->u1.AddressOfData != 0)
            {
                // 按序号导入还是按函数名称导入
                // IMAGE_IMPORT_BY_NAME 结构指针
                pImageImportByName = (PIMAGE_IMPORT_BY_NAME)((LPBYTE)pImageDosHeader + RVAToFOA
(pImageNtHeader, pImageThunkData32->u1.AddressOfData));

                if (pImageThunkData32->u1.AddressOfData & IMAGE_ORDINAL_FLAG32)
                {
                    wsprintf(szFuncName, TEXT("按序号 0x%04X"), pImageThunkData32->u1.
AddressOfData & 0xFFFF);
                    wsprintf(szBuf, TEXT("%-48s%s\r\n"), szDllName, szFuncName);
                }
                else
                {
                    MultiByteToWideChar(CP_UTF8, 0, pImageImportByName->Name, -1, szFuncName,
_countof(szFuncName));
                    wsprintf(szBuf, TEXT("%-48s0x%04X\t\t%s\r\n"), szDllName, pImageImportByName->
Hint, szFuncName);
                }
                SendMessage(g_hwndEdit, EM_SETSEL, -1, -1);
                SendMessage(g_hwndEdit, EM_REPLACESEL, TRUE, (LPARAM)szBuf);

                // 指向下一个 IMAGE_THUNK_DATA32 结构
```

```
            pImageThunkData32++;
        }

        SendMessage(g_hwndEdit, EM_SETSEL, -1, -1);
        SendMessage(g_hwndEdit, EM_REPLACESEL, TRUE, (LPARAM)TEXT("\r\n"));
        // 指向下一个导入表描述符
        pImageImportDescriptor++;
    }
}

return TRUE;
}
```

11.6 导出表

通过导出表可以得到导出函数的函数名称、函数序数和入口地址等信息，PE 加载器通过这些信息来完成动态链接的过程。可执行文件中通常不存在导出表，DLL 文件中通常都会存在导出表，但是也有特殊情况，例如用作纯资源的 DLL 文件不需要提供导出函数，也不存在导出表。另外，有的可执行文件也可以包含导出函数和导出表。

在 PE 文件中，导出表与导入表配合使用，既然在导入表中可以使用函数名称或函数序数来进行导入，那么导出表中必然也可以使用函数名称或函数序数这两种方式来导出函数。对定义了函数名的函数来说，既可以使用函数名称进行导出，也可以使用函数序数进行导出；对没有定义函数名的函数来说，只能使用函数序数进行导出。

导出表的起始位置是一个导出表目录结构 IMAGE_EXPORT_DIRECTORY，与导入表中有多个 IMAGE_IMPORT_DESCRIPTOR 结构不同，导出表中只有一个 IMAGE_EXPORT_DIRECTORY 结构，定义如下：

```
typedef struct _IMAGE_EXPORT_DIRECTORY {      // 40 字节
    DWORD   Characteristics;        // 偏移 0x00，保留字段
    DWORD   TimeDateStamp;          // 偏移 0x04，时间戳，通常不用
    WORD    MajorVersion;           // 偏移 0x08，保留字段
    WORD    MinorVersion;           // 偏移 0x0A，保留字段
    DWORD   Name;                   // 偏移 0x0C，指向模块文件名称字符串的 RVA，UTF-8 字符串
    DWORD   Base;                   // 偏移 0x10，导出函数的起始序数
    DWORD   NumberOfFunctions;      // 偏移 0x14，导出函数的总个数
    DWORD   NumberOfNames;          // 偏移 0x18，按函数名称导出函数的总数
    DWORD   AddressOfFunctions;     // 偏移 0x1C，指向导出函数地址表的 RVA(EAT)
    DWORD   AddressOfNames;         // 偏移 0x20，指向函数名称地址表的 RVA(ENT)
    DWORD   AddressOfNameOrdinals;  // 偏移 0x24，指向函数序数表的 RVA
} IMAGE_EXPORT_DIRECTORY, * PIMAGE_EXPORT_DIRECTORY;
```

- Name 字段偏移 0x0C，是指向以零结尾的模块文件名称字符串的 RVA，UTF-8 字符串。模块文件名称字符串是模块的原始文件名，即使文件名被修改，也可以通过该字段得到编译时的原始

文件名。

- NumberOfFunctions 字段偏移 0x14，表示导出函数的总个数。
- NumberOfNames 字段偏移 0x18，表示按函数名称导出函数的总个数。只有这个数量的函数既可以通过函数名称方式导出，也可以通过函数序数方式导出，剩下的 NumberOfFunctions 减去 NumberOfNames 数量的函数只能通过函数序数方式导出。该字段的值只会小于或等于 NumberOfFunctions 字段的值，如果该字段的值为 0，则表示所有的函数都是以函数序数方式进行导出的。
- AddressOfFunctions 字段偏移 0x1C，是指向导出函数地址表（EAT）的 RVA。该字段指向的 RVA 处是全部导出函数入口地址的 DWORD 数组，数组中的每一个 DWORD 值表示一个导出函数的内存地址（RVA 值），数组元素的个数等于 NumberOfFunctions 字段的值。
- Base 字段偏移 0x10，是导出函数的起始序数。AddressOfFunctions 字段指向的导出函数地址表中某一项的索引加上该字段的值就是对应的导出函数的函数序数。假设 Base 字段的值为 x，则导出函数地址表中第 1 个导出函数的序数是 x，第 2 个导出函数的序数是 $x+1$，以此类推。
- AddressOfNames 字段偏移 0x20，是指向函数名称地址表（ENT）的 RVA。该字段指向的 RVA 处是函数名称地址的 DWORD 数组，数组中的每一个 DWORD 值表示一个函数名称的 RVA，数组元素的个数等于 NumberOfNames 字段的值，按函数名称导出的导出函数名称字符串都在这个 ENT 表中。
- AddressOfNameOrdinals 字段偏移 0x24，是指向函数序数表的 RVA。该字段指向的 RVA 处是一个 WORD 数组，数组中的每一个 WORD 值表示导出函数地址表 EAT 的索引。通过函数名称地址表 ENT 中的一个索引 n，到函数序数表中查找索引 n 对应的 WORD 值（表示导出函数地址表 EAT 的索引），即可得到函数名称对应的函数入口地址，AddressOfNames 和 AddressOfNameOrdinals 这两个字段是一一对应关系，如图 11.13 所示。

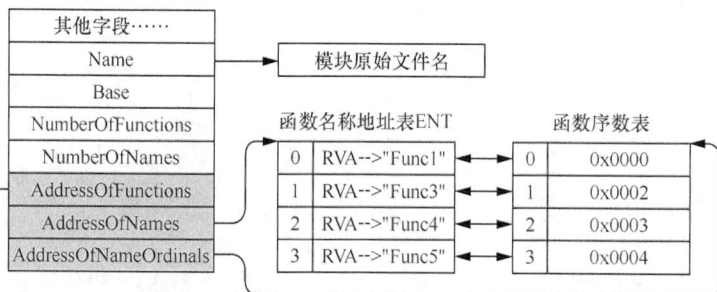

图 11.13

例如，从函数名称地址表 ENT 中取出索引 2，到函数序数表中查找索引 2 对应的 WORD 值为 0x0003，再到导出函数地址表 EAT 中查找索引 0x0003，即可得到 Func4 对应的函数入口地址的 RVA。

要遍历导出表中的所有导出函数，可以循环 IMAGE_EXPORT_DIRECTORY.NumberOfFunctions（导出函数的总个数）次，IMAGE_EXPORT_DIRECTORY.AddressOfFunctions 字段指向的导出函数地址表的索引为 0 ~ IMAGE_EXPORT_DIRECTORY.NumberOfFunctions － 1，判断每个索引是否在 IMAGE_

EXPORT_DIRECTORY.AddressOfNameOrdinals 字段指向的函数序数表中，如果在，则说明该函数是按函数名称导出，否则就是按函数序数导出。下面的自定义函数 GetExportTable 实现了获取导出表基本信息和获取导出表中所有导出函数的功能，效果如图 11.14 所示（DllSample_32.dll）。

```
导出表信息:
模块原始文件名          DllSample.dll
导出函数的起始序数       0x00000001
导出函数的总个数         0x00000009
按名称导出函数的个数     0x00000009
导出函数地址表的RVA      0x000113D8
函数名称地址表的RVA      0x000113FC
指向函数序数表的RVA      0x00011420

函数序数        函数地址        函数名称
0x00000001     0x00001050     ??0CStudent@@QAE@PA_WH@Z
0x00000002     0x00001080     ??1CStudent@@QAE@XZ
0x00000003     0x00001000     ??4CStudent@@QAEAAV0@ABV0@@Z
0x00000004     0x000010A0     ?GetAge@CStudent@@QAEHXZ
0x00000005     0x00001090     ?GetName@CStudent@@QAEPA_WXZ
0x00000006     0x000010B0     funAdd
0x00000007     0x000010C0     funMul
0x00000008     0x0001328C     nValue
0x00000009     0x00013290     ps
```

图 11.14

```
BOOL GetExportTable(PIMAGE_DOS_HEADER pImageDosHeader)
{
    PIMAGE_NT_HEADERS pImageNtHeader;                      // PE 头起始地址
    PIMAGE_EXPORT_DIRECTORY pImageExportDirectory;         // 导出表目录结构的起始地址
    PDWORD pAddressOfFunctions;                            // 导出函数地址表的起始地址
    PWORD pAddressOfNameOrdinals;                          // 函数序数表的起始地址
    PDWORD pAddressOfNames;                                // 函数名称地址表的起始地址
    TCHAR szModuleName[128] = { 0 };                       // 模块的原始文件名
    TCHAR szFuncName[128] = { 0 };                         // 函数名称
    TCHAR szBuf[512] = { 0 };
    TCHAR szExportTableHead[] = TEXT("\r\n 导出表信息: \r\n");
    TCHAR szExportTableFuncs[] = TEXT("函数序数\t 函数地址\t 函数名称\r\n");

    // PE 头起始地址
    pImageNtHeader = (PIMAGE_NT_HEADERS)((LPBYTE)pImageDosHeader + pImageDosHeader ->e_lfanew);

    // PE 和 PE32+的导出表目录结构定位不同
    if (pImageNtHeader->OptionalHeader.Magic == IMAGE_NT_OPTIONAL_HDR64_MAGIC)
    {
        // 是否有导出表
        if (((PIMAGE_NT_HEADERS64)pImageNtHeader)->OptionalHeader.DataDirectory[0].Size == 0)
            return FALSE;
        pImageExportDirectory = (PIMAGE_EXPORT_DIRECTORY)((LPBYTE)pImageDosHeader + RVAToFOA
(pImageNtHeader, ((PIMAGE_NT_HEADERS64)pImageNtHeader)->OptionalHeader.DataDirectory[0].
VirtualAddress));
    }
    else
    {
        // 是否有导出表
        if (((PIMAGE_NT_HEADERS32)pImageNtHeader)->OptionalHeader.DataDirectory[0].Size == 0)
            return FALSE;
```

```
        pImageExportDirectory = (PIMAGE_EXPORT_DIRECTORY)((LPBYTE)pImageDosHeader + RVAToFOA
(pImageNtHeader, ((PIMAGE_NT_HEADERS32)pImageNtHeader)->OptionalHeader.DataDirectory[0].
VirtualAddress));
    }
    // 导出函数地址表的起始地址
    pAddressOfFunctions = (PDWORD)((LPBYTE)pImageDosHeader + RVAToFOA
(pImageNtHeader, pImageExportDirectory->AddressOfFunctions));
    // 函数序数表的起始地址
    pAddressOfNameOrdinals = (PWORD)((LPBYTE)pImageDosHeader + RVAToFOA(pImage NtHeader,
pImageExportDirectory->AddressOfNameOrdinals));
    // 函数名称地址表的起始地址
    pAddressOfNames = (PDWORD)((LPBYTE)pImageDosHeader + RVAToFOA
(pImageNtHeader, pImageExportDirectory->AddressOfNames));

    SendMessage(g_hwndEdit, EM_SETSEL, -1, -1);
    SendMessage(g_hwndEdit, EM_REPLACESEL, TRUE, (LPARAM)szExportTableHead);
    // 导出表基本信息
    MultiByteToWideChar(CP_UTF8, 0, (LPSTR)((LPBYTE)pImageDosHeader + RVAToFOA
(pImageNtHeader, pImageExportDirectory->Name)), -1, szModuleName, _countof
(szModuleName));
    wsprintf(szBuf, TEXT("模块原始文件名\t\t%s\r\n 导出函数的起始序数\t0x%08X\r\n 导出函数的总个数
\t0x%08X\r\n 按名称导出函数的个数\t0x%08X\r\n 导出函数地址表的 RVA\t0x% 08X\r\n 函数名称地址表的
RVA\t0x%08X\r\n 指向函数序数表的 RVA\t0x%08X\r\n\r\n"),
        szModuleName,
        pImageExportDirectory->Base,
        pImageExportDirectory->NumberOfFunctions,
        pImageExportDirectory->NumberOfNames,
        pImageExportDirectory->AddressOfFunctions,
        pImageExportDirectory->AddressOfNames,
        pImageExportDirectory->AddressOfNameOrdinals);
    SendMessage(g_hwndEdit, EM_SETSEL, -1, -1);
    SendMessage(g_hwndEdit, EM_REPLACESEL, TRUE, (LPARAM)szBuf);

    SendMessage(g_hwndEdit, EM_SETSEL, -1, -1);
    SendMessage(g_hwndEdit, EM_REPLACESEL, TRUE, (LPARAM)szExportTableFuncs);
    // 遍历导出表中的所有导出函数
    for (DWORD i = 0; i < pImageExportDirectory->NumberOfFunctions; i++)
    {
        // 是否是按函数名称导出，遍历函数序数表
        DWORD j;
        for (j = 0; j < pImageExportDirectory->NumberOfNames; j++)
        {
            if (i == pAddressOfNameOrdinals[j])
            {
                // 获取函数名称
                MultiByteToWideChar(CP_UTF8, 0, (LPSTR)((LPBYTE)pImageDosHeader + RVAToFOA
(pImageNtHeader, pAddressOfNames[j])), -1, szFuncName, _countof(szFuncName));
                break;
            }
        }
    }
```

```
        // 如果遍历完函数序数表也没找到索引 i，则按函数序数导出
    if (j == pImageExportDirectory->NumberOfNames)
        wsprintf(szFuncName, TEXT("按序数导出"));

    if (pAddressOfFunctions[i])
    {
        wsprintf(szBuf, TEXT("0x%08X\t0x%08X\t%s\r\n"),
            pImageExportDirectory->Base + i, pAddressOfFunctions[i], szFuncName);
        SendMessage(g_hwndEdit, EM_SETSEL, -1, -1);
        SendMessage(g_hwndEdit, EM_REPLACESEL, TRUE, (LPARAM)szBuf);
    }
    }

    return TRUE;
}
```

完整代码参见 Chapter11\PEInfo3264_3 项目。

IMAGE_EXPORT_DIRECTORY.NumberOfFunctions 字段表示导出函数的总个数，通常情况下导出函数的起始序数是 1，最后一个导出函数的序数等于 IMAGE_EXPORT_DIRECTORY.NumberOf Functions 字段的值，但是也可能存在例外。编写动态链接库时，模块定义文件（*.def）不仅可以指定要导出的函数名，还可以指定该函数的导出序数，例如，如果把 Chapter6\DllSample 项目的 DllSample.def 文件改写为如下形式：

```
EXPORTS
    funAdd @1
    funMul @30
```

则导出表的情况如图 11.15 所示。

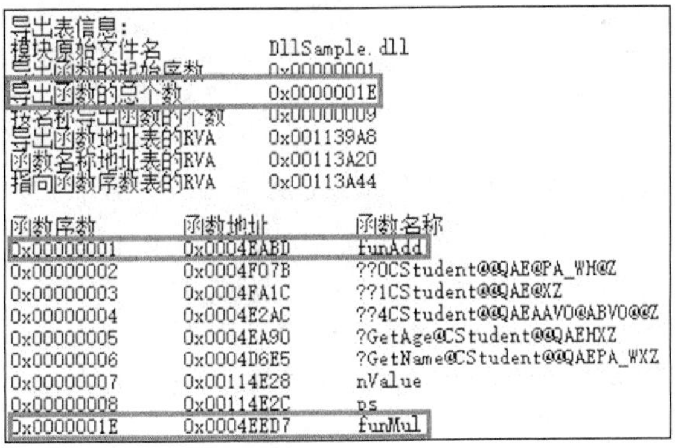

图 11.15

因此，在自定义函数 GetExportTable 中，只有导出函数的地址不为 0 的情况下才输出导出函数的信息（if(pAddressOfFunctions[i])语句）。

另外，PE 和 PE32+的导出表数据结构是相同的，不同的只是导出表目录结构 IMAGE_EXPORT_ DIRECTORY 的定位。

11.7　重定位表

在采用 ASLR 技术前，可执行文件中通常不需要重定位表，但是一个可执行文件中通常需要加载多个 DLL，每个 DLL 都无法保证加载到模块建议装载地址处，因此 DLL 文件中通常都需要重定位表。在采用 ASLR 技术后，可执行和 DLL 文件通常都需要重定位表。

程序中涉及绝对地址的操作数（例如函数、全局变量）都需要进行重定位，重定位信息是在编译时由编译器生成并保存在可执行文件中的，在可执行文件被执行以前由 PE 加载器根据重定位信息修正代码。其实，重定位的算法很简单，即操作数的绝对地址 +（模块实际载入地址−模块建议装载地址），模块建议装载地址已经在 PE 头中定义过，PE 加载器在加载可执行文件时，模块实际载入地址也可以确定，因此重定位表中只需要保存需要修正的操作数绝对地址的地址。

重定位表中保存有需要修正的操作数绝对地址的地址，但是为了节省空间，PE 文件对绝对地址的地址的存放方式做了一些优化。一个 32 位的内存地址需要 4 字节，假设有 n 个重定位项，则重定位表的总大小是 $4 \times n$ 字节大小。绝对地址相邻的重定位项的高位地址是相同的，假设以页为单位（4096 字节）在一个页面中寻址，只需要 12 位的内存地址。PE 文件采用的方式是：使用一个 DWORD 值来表示页的起始地址，后面紧跟着一个 DWORD 值表示重定位项的个数，再往后是一个 WORD（16 位）数组来表示每个重定位项，这样一来占用的字节数是 $4 + 4 + 2 \times n$。当重定位项的个数超过 4 项时，这种方法可以节省空间，事实上，每个程序中需要重定位的绝对地址个数是非常多的。

重定位表是一个重定位块结构 IMAGE_BASE_RELOCATION 数组，IMAGE_BASE_RELOCATION 结构的定义如下：

```
typedef struct _IMAGE_BASE_RELOCATION {      // 8 字节
    DWORD    VirtualAddress;                  // 重定位内存页的起始 RVA
    DWORD    SizeOfBlock;                     // 本页中重定位块的长度(包括本结构的大小)，以字节为单位
} IMAGE_BASE_RELOCATION;
```

该结构的后面是一个 WORD 数组来表示每个重定位项，WORD 值的高 4 位用于表示重定位项的类型，低 12 位才是相对地址（相对于页起始地址）。操作数绝对地址的地址的 RVA 等于 VirtualAddress 字段的值 + WORD 值的低 12 位。重定位块中重定位项的个数等于(SizeOfBlock 字段的值−sizeof (IMAGE_BASE_RELOCATION)) / sizeof(WORD)。另外，重定位表（重定位块结构数组）的最后以一个 VirtualAddress 字段为 0x00000000 的 IMAGE_BASE_RELOCATION 结构（或者说结构全为 0）作为结束。

重定位项数组中 WORD 值的高 4 位用于表示重定位项的类型，可用的值如表 11.10 所示。

表 11.10

常量	值	含义
IMAGE_REL_BASED_ABSOLUTE	0x0	这个重定位项没有意义，仅作为按照 DWORD 对齐用
IMAGE_REL_BASED_HIGH	0x1	操作数绝对地址的高 16 位需要被修正

续表

常量	值	含义
IMAGE_REL_BASED_LOW	0x2	操作数绝对地址的低 16 位需要被修正
IMAGE_REL_BASED_HIGHLOW	0x3	操作数绝对地址的 32 位都需要被修正
IMAGE_REL_BASED_HIGHADJ	0x4	重定位项需要 32 位，当前项作为高 16 位，下一个重定位项作为低 16 位，即该重定位项需要占用两个重定位项
IMAGE_REL_BASED_MACHINE_SPECIFIC_5	0x5	对 MIPS 平台的跳转指令进行基地址重定位
IMAGE_REL_BASED_RESERVED	0x6	保留
IMAGE_REL_BASED_MACHINE_SPECIFIC_7	0x7	保留
IMAGE_REL_BASED_MACHINE_SPECIFIC_8	0x8	保留
IMAGE_REL_BASED_MACHINE_SPECIFIC_9	0x9	对 MIPS16 平台的跳转指令进行基地址重定位
IMAGE_REL_BASED_DIR64	0xA	用于 64 位程序的 64 位的操作数绝对地址，即（模块实际载入地址−模块建议装载地址）+ 64 位的操作数绝对地址

对 32 位程序的重定位项来说，重定位项类型通常为 3，有时为了对齐可能为 0；对 64 位程序的重定位项来说，重定位项类型通常为 A，有时候为了对齐可能为 0。PE 和 PE32+的重定位表数据结构是相同的，不同的只是重定位块结构 IMAGE_BASE_RELOCATION 数组的定位不同。

接下来我们编程获取重定位表中所有需要重定位的操作数绝对地址的地址（RVA 值），效果如图 11.16 所示（HelloWindows_32.exe），需要注意的是，一个程序的重定位项可能会非常多，因此程序执行会有些慢。

```
重定位表信息：
类型      重定位地址      类型      重定位地址      类型      重定位地址      类型      重定位地址
0x3      0x0000100A      0x3      0x00001016      0x3      0x0000101D      0x3      0x0000102A
0x3      0x00001038      0x3      0x00001049      0x3      0x00001069      0x3      0x00001080
0x3      0x00001090      0x3      0x0000109B      0x3      0x000010BC      0x3      0x000010EC
0x3      0x000010F8      0x3      0x000010FF      0x3      0x00001105      0x3      0x0000111B
0x3      0x00001122      0x3      0x0000116A      0x3      0x00001175      0x3      0x0000117C
0x3      0x00001189      0x3      0x000011A2      0x3      0x000011C9      0x3      0x000011E8
```

图 11.16

```
BOOL GetRelocationTable(PIMAGE_DOS_HEADER pImageDosHeader)
{
    PIMAGE_NT_HEADERS pImageNtHeader;                  // PE 头起始地址
    PIMAGE_BASE_RELOCATION pImageBaseRelocation;       // 重定位表的起始地址
    PWORD pRelocationItem;                             // 重定位项数组的起始地址
    DWORD dwRelocationItem;                            // 重定位项的个数
    TCHAR szBuf[64] = { 0 };
    TCHAR szRelocationTableHead[] = TEXT("\r\n 重定位表信息：\r\n");
    TCHAR szRelocationItemInfo[] = TEXT("类型\t 重定位地址\t 类型\t 重定位地址\t 类型\t 重定位地址\t
类型\t 重定位地址\t");

    // PE 头起始地址
    pImageNtHeader = (PIMAGE_NT_HEADERS)((LPBYTE)pImageDosHeader + pImageDosHeader ->e_lfanew);

    // PE 和 PE32+的重定位表的定位不同
    if (pImageNtHeader->OptionalHeader.Magic == IMAGE_NT_OPTIONAL_HDR64_MAGIC)
    {
```

```
   // 是否有重定位表
   if (((PIMAGE_NT_HEADERS64)pImageNtHeader)->OptionalHeader.DataDirectory[5].Size == 0)
      return FALSE;
   pImageBaseRelocation = (PIMAGE_BASE_RELOCATION)((LPBYTE)pImageDosHeader + RVAToFOA
(pImageNtHeader, ((PIMAGE_NT_HEADERS64)pImageNtHeader)->OptionalHeader.DataDirectory[5].
VirtualAddress));
}
else
{
   // 是否有重定位表
   if (((PIMAGE_NT_HEADERS32)pImageNtHeader)->OptionalHeader.DataDirectory[5].Size == 0)
      return FALSE;
   pImageBaseRelocation = (PIMAGE_BASE_RELOCATION)((LPBYTE)pImageDosHeader + RVAToFOA
(pImageNtHeader, ((PIMAGE_NT_HEADERS32)pImageNtHeader)->OptionalHeader. DataDirectory[5].
VirtualAddress));
}


SendMessage(g_hwndEdit, EM_SETSEL, -1, -1);
SendMessage(g_hwndEdit, EM_REPLACESEL, TRUE, (LPARAM)szRelocationTableHead);
SendMessage(g_hwndEdit, EM_SETSEL, -1, -1);
SendMessage(g_hwndEdit, EM_REPLACESEL, TRUE, (LPARAM)szRelocationItemInfo);

// 遍历重定位表
while (pImageBaseRelocation->VirtualAddress != 0)
{
   // 重定位项数组的起始地址
   pRelocationItem = (PWORD)((LPBYTE)pImageBaseRelocation + sizeof(IMAGE_BASE_RELOCATION));
   // 重定位项的个数
   dwRelocationItem = (pImageBaseRelocation->SizeOfBlock - sizeof(IMAGE_BASE_RELOCATION)) /
sizeof(WORD);

   for (DWORD i = 0; i < dwRelocationItem; i++)
   {
      wsprintf(szBuf, TEXT("0x%X\t0x%08X\t"), pRelocationItem[i] >> 12, pImageBaseRelocation->
VirtualAddress + (pRelocationItem[i] & 0x0FFF));
      // 4 组一行
      if (i % 4 == 0)
      {
         SendMessage(g_hwndEdit, EM_SETSEL, -1, -1);
         SendMessage(g_hwndEdit, EM_REPLACESEL, TRUE, (LPARAM)TEXT("\r\n"));
      }
      SendMessage(g_hwndEdit, EM_SETSEL, -1, -1);
      SendMessage(g_hwndEdit, EM_REPLACESEL, TRUE, (LPARAM)szBuf);
   }
   // 页与页之间隔一行
   SendMessage(g_hwndEdit, EM_SETSEL, -1, -1);
   SendMessage(g_hwndEdit, EM_REPLACESEL, TRUE, (LPARAM)TEXT("\r\n"));

   // 指向下一个重定位块结构
```

```
         pImageBaseRelocation = (PIMAGE_BASE_RELOCATION)((LPBYTE)pImageBaseRelocation +
pImageBaseRelocation->SizeOfBlock);
    }

    return TRUE;
}
```

完整代码参见 Chapter11\PEInfo3264_4 项目。读者可以 OD 载入 HelloWindows_32.exe，自行测试几个重定位地址判断是否都是绝对地址，重定位地址是一个 RVA，需要加上 HelloWindows_32.exe 的模块基地址。

11.8　模拟 PE 加载器直接加载可执行文件到进程内存中执行

许多病毒木马都具有模拟 PE 加载器的功能，它们把可执行文件直接加载到内存中执行，以此逃避杀毒软件的拦截检测。另外，对 DLL 来说，用鼠标右键单击 OD 的反汇编窗口，然后选择查找→当前模块中的名称（标签），可以看到程序中调用了哪些 DLL 中的哪些 API，并对可疑的 API 设置断点，而如果采用上述内存加载执行技术，就不会暴露这些信息。最好的方法是把 PE 文件存放在程序的资源中并进行加密，获取资源句柄、资源数据指针、解密，然后模拟 PE 加载器进行加载，而不需要先把可执行文件释放到本地。

要模拟 PE 加载器，至少涉及对 PE 内存映像中重定位表、导入表和导出表等的操作，需要以下步骤。

（1）把程序资源中或磁盘上的目标可执行文件读取到进程内存中，得到一个可执行文件数据指针 lpMemory，如果可执行文件已经加密还需要解密操作。

（2）调用 VirtualAlloc 函数在进程的内存地址空间中分配合适大小的可读可写可执行内存 lpBaseAddress，把 lpMemory 指向的可执行文件数据按照内存对齐粒度写入 lpBaseAddress，现在进程中已经具有了 PE 内存映像。

（3）对 PE 内存映像的重定位表中的所有重定位项进行修正。

（4）遍历导入表，加载目标可执行文件所需的 DLL，获取所有导入函数的内存地址，填充 PE 内存映像的导入函数地址表 IAT。

（5）修改 PE 内存映像的建议装载地址为 lpBaseAddress。

（6）计算 PE 内存映像的入口地址。

（7）根据每个节区的属性设置其对应内存页的内存保护属性。

（8）从入口地址处开始执行（可执行文件和 DLL 文件的执行方法不同）。

完成上述步骤，目标可执行文件通常都可以正常运行，但是对于一些经过特别处理的可执行文件，上述操作可能还不够，因为大多数情况下我们加载自己制作的熟悉的可执行文件，所以处理起来并没有问题。

RunExecutableInMemory 程序可以加载一个可执行文件或 DLL 文件到 RunExecutableInMemory 的进程地址空间中执行。注意，RunExecutableInMemory 程序如果编译为 32 位，只能加载 PE 文件；如果编译为 64 位，只能加载 PE32+，因此程序少了许多可执行文件是 PE 或 PE32+的判断，但是为了使程序可以编译为 32 位或 64 位，依然存在部分 PE 或 PE32+的判断。通过本程序可以透彻地理解 PE 文件格式。程序的执行效果如图 11.17 所示。

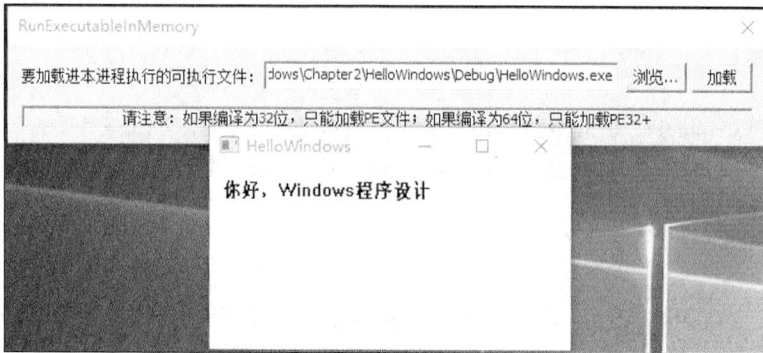

图 11.17

　　RunExecutableInMemory 程序也可以加载 DLL 文件，这里编写了一个 DLL 测试文件 DllTest.dll，程序首先执行了 DLL 的入口点函数 DllMain，然后调用了 DllTest.dll 中的导出函数 ShowMessage。程序首先弹出左边的正在执行 DllMain 入口点函数消息框，单击确定按钮后弹出右边的"我是导出函数"消息框（见图 11.18）。

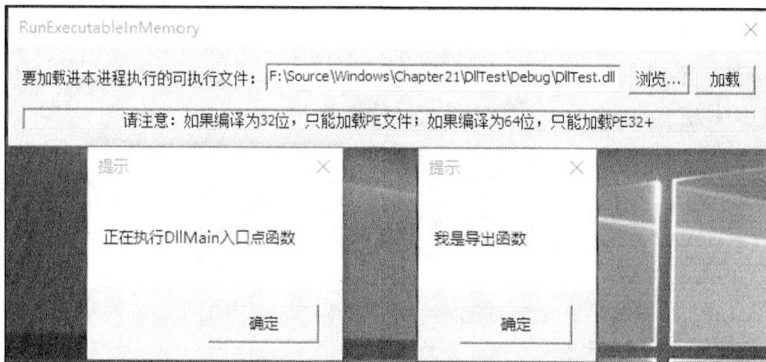

图 11.18

　　模拟 PE 加载器直接加载可执行文件到进程内存中执行的核心是自定义函数 LoadExecutable：

```
BOOL LoadExecutable(LPVOID lpMemory)        // lpMemory 是 PE 内存映射文件基地址
{
    PIMAGE_DOS_HEADER pImageDosHeader;      // 内存映射文件中的 DOS 头起始地址
    PIMAGE_NT_HEADERS pImageNtHeader;       // 内存映射文件中的 PE 头起始地址
    SIZE_T nSizeOfImage;                    // PE 内存映像大小（基于内存对齐后的大小）
    LPVOID lpBaseAddress;                   // 在本进程中分配内存用于装载可执行文件
    DWORD dwSizeOfHeaders;                  // DOS 头+PE 头+节表的大小（基于内存对齐后的大小）
    WORD wNumberOfSections;                 // 可执行文件的节区个数
    PIMAGE_SECTION_HEADER pImageSectionHeader;  // 节表的起始地址

    // 获取 PE 内存映像大小
```

```
pImageDosHeader = (PIMAGE_DOS_HEADER)lpMemory;
pImageNtHeader = (PIMAGE_NT_HEADERS)((LPBYTE)pImageDosHeader + pImageDosHeader->e_lfanew);
nSizeOfImage = pImageNtHeader->OptionalHeader.SizeOfImage;

// 在本进程的内存地址空间中分配 nSizeOfImage + 20 字节大小的可读可写可执行内存
// 多出的 20 字节后面会用到
lpBaseAddress = VirtualAlloc(NULL, nSizeOfImage + 20, MEM_COMMIT, PAGE_EXECUTE_
READWRITE);
ZeroMemory(lpBaseAddress, nSizeOfImage + 20);

// *********************************************************************
// 把可执行文件按 pImageNtHeader.OptionalHeader.SectionAlignment 对齐粒度映射到分配的内存中
dwSizeOfHeaders = pImageNtHeader->OptionalHeader.SizeOfHeaders;
wNumberOfSections = pImageNtHeader->FileHeader.NumberOfSections;

// 获取节表的起始地址
pImageSectionHeader =
    (PIMAGE_SECTION_HEADER)((LPBYTE)pImageNtHeader + sizeof(IMAGE_NT_HEADERS));

// 加载 DOS 头 + PE 头 + 节表
memcpy_s(lpBaseAddress, dwSizeOfHeaders, (LPVOID)pImageDosHeader, dwSizeOfHeaders);

// 加载所有节区到节表中指定的 RVA 处
for (int i = 0; i < wNumberOfSections; i++)
{
    if (pImageSectionHeader->VirtualAddress == 0 || pImageSectionHeader-> SizeOfRawData == 0)
    {
        pImageSectionHeader++;
        continue;
    }

    memcpy_s((LPBYTE)lpBaseAddress + pImageSectionHeader->VirtualAddress,
        pImageSectionHeader->SizeOfRawData,
        (LPBYTE)pImageDosHeader + pImageSectionHeader->PointerToRawData,
        pImageSectionHeader->SizeOfRawData);

    pImageSectionHeader++;
}
// *********************************************************************

// 映射到进程中的 DOS 头和 PE 头起始地址
PIMAGE_DOS_HEADER pImageDosHeaderMap;        // 映射到进程中的 DOS 头起始地址
PIMAGE_NT_HEADERS pImageNtHeaderMap;         // 映射到进程中的 PE 头起始地址
pImageDosHeaderMap = (PIMAGE_DOS_HEADER)lpBaseAddress;
pImageNtHeaderMap = (PIMAGE_NT_HEADERS)((LPBYTE)pImageDosHeaderMap + pImageDosHeaderMap->
e_lfanew);

// *********************************************************************
// 修正映射到进程中的 PE 内存映像的重定位代码
PIMAGE_BASE_RELOCATION pImageBaseRelocationMap; // 映射到进程中的重定位表的起始地址
```

```
    PWORD pRelocationItem;                    // 重定位项数组的起始地址
    DWORD dwRelocationItem;                   // 重定位项的个数
    PDWORD pdwRelocationAddress;              // PE 重定位地址
    PULONGLONG pullRelocationAddress;        // PE32+重定位地址
    DWORD dwRelocationDelta;                  // PE 实际载入地址与建议装载地址的差值
    ULONGLONG ullRelocationDelta;            // PE32+实际载入地址与建议装载地址的差值

    // 获取重定位表的起始地址
    pImageBaseRelocationMap = (PIMAGE_BASE_RELOCATION)((LPBYTE)pImageDosHeaderMap +
        pImageNtHeaderMap->OptionalHeader.DataDirectory[5].VirtualAddress);

    // 这里不判断是否存在重定位表，因为通常情况下都存在

    // 遍历重定位表
    while (pImageBaseRelocationMap->VirtualAddress != 0)
    {
        // 重定位项数组的起始地址
        pRelocationItem = (PWORD)((LPBYTE)pImageBaseRelocationMap + sizeof(IMAGE_BASE_
RELOCATION));
        // 重定位项的个数
        dwRelocationItem = (pImageBaseRelocationMap->SizeOfBlock -
            sizeof(IMAGE_BASE_RELOCATION)) / sizeof(WORD);

        for (DWORD i = 0; i < dwRelocationItem; i++)
        {
            // 区分 PE 和 PE32+的重定位
            if (pRelocationItem[i] >> 12 == 3)
            {
                pdwRelocationAddress = (PDWORD)((LPBYTE)pImageDosHeaderMap +
                    pImageBaseRelocationMap->VirtualAddress + (pRelocationItem[i] & 0x0FFF));
                dwRelocationDelta = (DWORD)pImageDosHeaderMap -
                    pImageNtHeaderMap->OptionalHeader.ImageBase;
                *pdwRelocationAddress += dwRelocationDelta;
            }
            else if (pRelocationItem[i] >> 12 == 0xA)
            {
                pullRelocationAddress = (PULONGLONG)((LPBYTE)pImageDosHeaderMap +
                    pImageBaseRelocationMap->VirtualAddress + (pRelocationItem [i] & 0x0FFF));
                ullRelocationDelta = (ULONGLONG)pImageDosHeaderMap -
                    pImageNtHeaderMap->OptionalHeader.ImageBase;
                *pullRelocationAddress += ullRelocationDelta;
            }
        }

        // 指向下一个重定位块结构
        pImageBaseRelocationMap = (PIMAGE_BASE_RELOCATION)((LPBYTE)pImage
BaseRelocationMap +
            pImageBaseRelocationMap->SizeOfBlock);
    }
// ****************************************************************
```

```
// **********************************************************************
// 修正映射到进程中的 PE 内存映像的导入函数地址表 IAT
PIMAGE_IMPORT_DESCRIPTOR pImageImportDescriptor;// 映射到进程中的导入表起始地址
PIMAGE_THUNK_DATA pImageThunkData;              // IMAGE_THUNK_DATA 数组起始地址
PIMAGE_IMPORT_BY_NAME pImageImportByName;       // IMAGE_IMPORT_BY_NAME 结构指针
TCHAR szDllName[MAX_PATH] = { 0 };              // 动态链接库名称
HMODULE hDll;                                   // DLL 模块句柄
DWORD dwFuncAddress;                            // 32 位函数地址
ULONGLONG ullFuncAddress;                       // 64 位函数地址

// 是否有导入表(当然，没有的可能性不大)
if (pImageNtHeaderMap->OptionalHeader.DataDirectory[1].Size != 0)
{
    // 导入表起始地址
    pImageImportDescriptor = (PIMAGE_IMPORT_DESCRIPTOR)((LPBYTE)pImageDosHeaderMap +
        pImageNtHeaderMap->OptionalHeader.DataDirectory[1].VirtualAddress);

    // 遍历导入表
    while (pImageImportDescriptor->OriginalFirstThunk || pImageImportDescriptor->
            TimeDateStamp ||
        pImageImportDescriptor->ForwarderChain || pImageImportDescriptor->Name ||
        pImageImportDescriptor->FirstThunk)
    {
        // 在进程中加载 DLL
        MultiByteToWideChar(CP_UTF8, 0,
            (LPSTR)((LPBYTE)pImageDosHeaderMap + pImageImportDescriptor->Name), -1,
            szDllName, _countof(szDllName));
        hDll = LoadLibrary(szDllName);

        // IMAGE_THUNK_DATA 数组起始地址
        pImageThunkData = (PIMAGE_THUNK_DATA)((LPBYTE)pImageDosHeaderMap +
            pImageImportDescriptor->FirstThunk);
        while (pImageThunkData->u1.AddressOfData != 0)
        {
            // 区分 PE 和 PE32+的 IAT
            if (pImageNtHeaderMap->OptionalHeader.Magic == IMAGE_NT_OPTIONAL_HDR32_MAGIC)
            {
                // 按序号导入还是按函数名称导入
                if (pImageThunkData->u1.AddressOfData & IMAGE_ORDINAL_FLAG32)
                {
                    // 获取加载的 DLL 中函数的地址
                    dwFuncAddress = (DWORD)GetProcAddress(hDll,
                        (LPSTR)(pImageThunkData->u1.AddressOfData & 0xFFFF));
                }
                else
                {
                    // IMAGE_IMPORT_BY_NAME 结构指针
                    pImageImportByName = (PIMAGE_IMPORT_BY_NAME)
                        ((LPBYTE)pImageDosHeaderMap + pImageThunkData->u1.AddressOfData);
```

```
            // 获取加载的 DLL 中函数的地址
            dwFuncAddress = (DWORD)GetProcAddress(hDll, (LPSTR)p
                             ImageImportByName->Name);
        }
        // 修复 IAT 项
        pImageThunkData->u1.Function = dwFuncAddress;
    }
    else
    {
        // 按序号导入还是按函数名称导入
        if (pImageThunkData->u1.AddressOfData & IMAGE_ORDINAL_FLAG64)
        {
            // 获取加载的 DLL 中函数的地址
            ullFuncAddress = (ULONGLONG)GetProcAddress(hDll,
                (LPSTR)(pImageThunkData->u1.AddressOfData & 0xFFFF));
        }
        else
        {
            // IMAGE_IMPORT_BY_NAME 结构指针
            pImageImportByName = (PIMAGE_IMPORT_BY_NAME)
                ((LPBYTE)pImageDosHeaderMap + pImageThunkData->u1.AddressOfData);

            // 获取加载的 DLL 中函数的地址
            ullFuncAddress = (ULONGLONG)GetProcAddress(hDll,
                (LPSTR)pImageImportByName->Name);
        }
        // 修复 IAT 项
        pImageThunkData->u1.Function = ullFuncAddress;
    }

    // 指向下一个 IMAGE_THUNK_DATA 结构
    pImageThunkData++;
    }

    // 指向下一个导入表描述符
    pImageImportDescriptor++;
    }
}
// ************************************************************************

// ************************************************************************
// 修改建议装载地址，并执行可执行文件
LPVOID lpExeEntry;                        // 可执行文件入口点

if (pImageNtHeaderMap->OptionalHeader.Magic == IMAGE_NT_OPTIONAL_HDR32_MAGIC)
{
    ((PIMAGE_NT_HEADERS32)pImageNtHeaderMap)->OptionalHeader.ImageBase = (DWORD)lpBaseAddress;

    lpExeEntry = (LPVOID)((LPBYTE)pImageDosHeaderMap +
```

```
        ((PIMAGE_NT_HEADERS32)pImageNtHeaderMap)->OptionalHeader.Address OfEntryPoint);
    }
    else
    {
        ((PIMAGE_NT_HEADERS64)pImageNtHeaderMap)->OptionalHeader.ImageBase = (ULONGLONG)
lpBaseAddress;

        lpExeEntry = (LPVOID)((LPBYTE)pImageDosHeaderMap +
            ((PIMAGE_NT_HEADERS64)pImageNtHeaderMap)->OptionalHeader.AddressOfEntryPoint);
    }

    // 如果本程序编译为 64 位，不支持内联汇编，则采取直接写入可执行机器码的方式执行可执行文件
#ifndef _WIN64
    // mov eax, 0x12345678
    // jmp eax
    BYTE bDataJmp[7] = { 0xB8, 0x00, 0x00, 0x00, 0x00, 0xFF, 0xE0 };
    *(PINT_PTR)(bDataJmp + 1) = (INT_PTR)lpExeEntry;
    memcpy_s((LPBYTE)lpBaseAddress + nSizeOfImage, 7, bDataJmp, 7);
#else
    // mov rax, 0x1234567812345678
    // jmp rax
    BYTE bDataJmp[12] = { 0x48, 0xB8, 0x00, 0x00, 0x00, 0x00, 0x00, 0x00, 0x00, 0x00, 0xFF,
0xE0 };
    *(PINT_PTR)(bDataJmp + 2) = (INT_PTR)lpExeEntry;
    memcpy_s((LPBYTE)lpBaseAddress + nSizeOfImage, 12, bDataJmp, 12);
#endif

    // 可以根据每个节区的属性设置其对应内存页的内存保护属性，此处省略

    // 是可执行文件还是 DLL，如果是可执行文件则执行上面的 "jmp 入口地址" 指令，否则执行 DllMain
    if (pImageNtHeaderMap->FileHeader.Characteristics & IMAGE_FILE_DLL)
    {
        // 执行 DllMain 入口点函数
        typedef BOOL(APIENTRY* pfnDllMain)(HMODULE hModule, DWORD ulreason, LPVOID lpReserved);
        pfnDllMain fnDllMain = (pfnDllMain)(lpExeEntry);
        fnDllMain((HMODULE)lpBaseAddress, DLL_PROCESS_ATTACH, 0);

        // 尝试执行一个导出函数
        typedef VOID(*pfnShowMessage)();
        // 如果调用 GetProcAddress 函数获取 ShowMessage 函数的地址，会提示找不到指定的模块
        /*pfnShowMessage fnShowMessage = (pfnShowMessage)
            GetProcAddress((HMODULE)lpBaseAddress, "ShowMessage");*/

        // GetFuncRvaByName 是自定义函数，用于获取指定函数的 RVA
        pfnShowMessage fnShowMessage = (pfnShowMessage) ((LPBYTE)lpBaseAddress +
            GetFuncRvaByName((PIMAGE_DOS_HEADER)lpBaseAddress, TEXT("ShowMessage")));
        fnShowMessage();
    }
    else
    {
```

```
    // 跳转到 exe 入口点执行
    typedef VOID(WINAPI* pfnExe)();
    pfnExe fnExe = (pfnExe)((LPBYTE)lpBaseAddress + nSizeOfImage);
    fnExe();
}
// **********************************************************************

    return TRUE;
}
```

代码有些复杂，但是很容易理解，完整代码参见 Chapter11\RunExecutableInMemory 项目。

如果要调用加载的 DLL 中的导出函数，通过 GetProcAddress 函数获取 ShowMessage 函数的地址会提示找不到指定模块的错误提示，因此这里定义了如下两个自定义函数：

```
// 在 DLL 内存映像中根据函数序数获取函数地址(RVA 值)
INT GetFuncRvaByOrdinal(PIMAGE_DOS_HEADER pImageDosHeader, DWORD dwOrdinal);
// 在 DLL 内存映像中根据函数名称获取函数地址(RVA 值)
INT GetFuncRvaByName(PIMAGE_DOS_HEADER pImageDosHeader, LPCTSTR lpFuncName);
```

按函数序数 dwOrdinal 获取 DLL 导出表中的函数地址的步骤如下。

（1）获取导出表目录结构 IMAGE_EXPORT_DIRECTORY 的起始地址 pImageExportDirectory。

（2）计算指定的函数在导出函数地址表（EAT）中的索引：dwIndexAddressOfFunctions = dwOrdinal - pImageExportDirectory->Base。

（3）获取导出函数地址表的起始地址 pAddressOfFunctions。

（4）pAddressOfFunctions[dwIndexAddressOfFunctions]就是指定函数的内存地址（RVA 值），该 RVA 值加上 DLL 模块基地址就是指定函数的真正入口地址。

按函数名称 lpFuncName 获取 DLL 导出表中的函数地址的步骤如下。

（1）获取导出表目录结构 IMAGE_EXPORT_DIRECTORY 的起始地址 pImageExportDirectory。

（2）依次获取导出函数地址表的起始地址 pAddressOfFunctions，函数序数表的起始地址 pAddressOfNameOrdinals 和函数名称地址表（ENT）的起始地址 pAddressOfNames。

（3）以 pImageExportDirectory->NumberOfNames 字段的值作为循环次数，遍历函数名称地址表，如果指定的函数名称与函数名称地址表中的一项（ENT 中的每一项是指向函数名称的 RVA）相符合则记下指定函数 lpFuncName 在函数名称地址表中的索引。

（4）AddressOfNames 和 AddressOfNameOrdinals 这两个字段是一一对应的关系，通过函数名称地址表（ENT）中的一个索引 n，到函数序数表中查找索引 n 对应的 WORD 值[表示导出函数地址表的索引]，pAddressOfFunctions[n]就是指定函数的内存地址，该 RVA 值加上 DLL 模块基地址就是指定函数的真正入口地址。

这两个自定义函数的实现代码参见 Chapter11\RunExecutableInMemory 项目。

这个 RunExecutableInMemory 程序说明：IAT 并不是必须位于导入表中，而是可以位于 PE 内存映像中任何具有写权限的地方，只要 PE 加载器可以定位到所有 IID 项（导入表描述符结构 IMAGE_IMPORT_DESCRIPTOR），然后根据函数名称获取到函数地址即可，大部分加壳程序会对导入表、IAT 进行特别处理，以防止被脱壳。另外，一个 DLL 中的所有导入函数内存地址顺序排列在一起，形成一个导入函数内存地址数组，所有 DLL 的导入函数内存地址数组通常也会顺序排列在一起，形成导入函数地址表 IAT，其实 IAT 完全可以不连续，只要通过 IMAGE_IMPORT_DESCRIPTOR.FirstThunk 字段可以定位到 IMAGE_THUNK_DATA 结构数组即可。

通过对 IAT 的了解，我们可以实现另一种 Hook API 的方式，那就是修改某 API 对应的 IAT 项的内存地址为我们自定义函数的内存地址（也称为 API 重定向），但是为了保持栈平衡，自定义函数的函数参数、函数调用约定、返回值类型等必须与目标函数完全一致。

也可以实现把一个 PE 文件加载到其他进程中执行，感兴趣的朋友可以自行研究，这里不再演示。

11.9　线程局部存储表

在编译链接生成可执行文件时，系统会把所有 TLS 变量放到一个名为.tls 的节区中（如果编译为 Release 发行版本，该节区可能会被优化到名为.rdata 的节区中），线程局部存储表用于静态 TLS。

线程局部存储表是一个 TLS 目录结构 IMAGE_TLS_DIRECTORY32，该结构的定义如下：

```
typedef struct _IMAGE_TLS_DIRECTORY32 {
    DWORD    StartAddressOfRawData;    // 指向 TLS 模板的起始地址（VA 值）
    DWORD    EndAddressOfRawData;      // 指向 TLS 模板的结束地址（VA 值）
    DWORD    AddressOfIndex;           // 指向 TLS 索引的 DWORD 数组（VA 值）
    DWORD    AddressOfCallBacks;       // 指向 TLS 回调函数(PIMAGE_TLS_CALLBACK 类型)指针的数组(VA值)
    DWORD    SizeOfZeroFill;           // TLS 模板之后填充 0 的个数
    union {
        DWORD Characteristics;    // TLS 标志
        struct {
            DWORD Reserved0 : 20;
            DWORD Alignment : 4;
            DWORD Reserved1 : 8;
        } DUMMYSTRUCTNAME;
    } DUMMYUNIONNAME;
} IMAGE_TLS_DIRECTORY32;
```

- StartAddressOfRawData 字段是指向 TLS 模板的起始地址（VA 值），TLS 模板是存放所有 TLS 变量初始化值的数据块，每当创建线程时系统都会复制这些数据块，因此这些数据一定不能出错。
- EndAddressOfRawData 字段是指向 TLS 模板的结束地址（VA 值）。
- AddressOfIndex 字段是指向 TLS 索引的 DWORD 数组（VA 值），索引的具体值由 PE 加载器确定。
- AddressOfCallBacks 字段是指向 TLS 回调函数（PIMAGE_TLS_CALLBACK 类型）指针的数组（VA 值），数组的最后是一个 NULL 指针（DWORD 值为 0x00000000），如果没有回调函数，该字段指向位置的值为 0x00000000。
上述字段都是一个 VA 值（绝对地址），因此重定位表中应该有对应的重定位项以修正这些 VA 值。

- SizeOfZeroFill 字段表示 TLS 模板之后填充 0 的个数。

通过使用 TLS 回调函数，可以在程序运行（执行入口点）前执行一段自定义代码，基于这一点可以实现程序反调试。程序可以提供一个或多个 TLS 回调函数，以支持对 TLS 数据进行额外的初始化和清理操作，通常情况下回调函数不会超过一个，但还是将其作为一个数组来实现，以在需要时另外添加回调函数，如果回调函数超过一个，系统会按照它们在数组中出现的顺序调用每个回调函数。TLS 回调函数的定义格式如下：

```
VOID NTAPI TlsCallback(PVOID DllHandle, DWORD Reason, PVOID Reserved);
```

可以看到 TLS 回调函数和 DLL 入口点函数 DllMain 的定义格式是类似的。

Reason 参数表示回调函数被调用的原因，可以是表 11.11 所示的值之一。

表 11.11

常量	值	含义
DLL_PROCESS_ATTACH	1	启动了一个新进程（包括第一个线程）
DLL_PROCESS_DETACH	0	进程将要被终止（包括第一个线程）
DLL_THREAD_ATTACH	2	创建了一个新线程，创建所有线程时都会发送这个通知，除了第一个线程
DLL_THREAD_DETACH	3	线程将要被终止，终止所有线程时都会发送这个通知，除了第一个线程

PE32+的 TLS 目录结构是 IMAGE_TLS_DIRECTORY64，条件编译定义如下：

```
#ifdef _WIN64
    typedef IMAGE_TLS_DIRECTORY64                IMAGE_TLS_DIRECTORY;
#else
    typedef IMAGE_TLS_DIRECTORY32                IMAGE_TLS_DIRECTORY;
#endif
```

IMAGE_TLS_DIRECTORY64 结构的定义如下：

```
typedef struct _IMAGE_TLS_DIRECTORY64 {
    ULONGLONG StartAddressOfRawData;    // 该字段是一个 ULONGLONG 类型，而 PE 格式是 DWORD 类型
    ULONGLONG EndAddressOfRawData;      // 该字段是一个 ULONGLONG 类型，而 PE 格式是 DWORD 类型
    ULONGLONG AddressOfIndex;           // 该字段是一个 ULONGLONG 类型，而 PE 格式是 DWORD 类型
    ULONGLONG AddressOfCallBacks;       // 该字段是一个 ULONGLONG 类型，而 PE 格式是 DWORD 类型
    DWORD SizeOfZeroFill;
    union {
        DWORD Characteristics;
        struct {
            DWORD Reserved0 : 20;
            DWORD Alignment : 4;
            DWORD Reserved1 : 8;
        } DUMMYSTRUCTNAME;
    } DUMMYUNIONNAME;
} IMAGE_TLS_DIRECTORY64;
```

可以发现，与 IMAGE_TLS_DIRECTORY32 结构不同的只是前 4 个字段。

接下来我们来改写 Chapter6\TlsDemo_Static 项目，为之添加 TLS 回调函数。TlsDemo.cpp 源代码

改写为如下形式：

```
#include <windows.h>
#include "resource.h"

// 宏定义
#define THREADCOUNT 5

// 全局变量
__declspec(thread) LPVOID gt_lpData = (LPVOID)0x12345678;// 赋初值是为了分析 TLS 表时方便查看
HWND g_hwndDlg;

// 函数声明
INT_PTR CALLBACK DialogProc(HWND hwndDlg, UINT uMsg, WPARAM wParam, LPARAM lParam);
// 线程函数
DWORD WINAPI ThreadProc(LPVOID lpParameter);

// TLS 回调函数
VOID NTAPI TlsCallback(PVOID DllHandle, DWORD Reason, PVOID Reserved);
// 注册 TLS 回调函数
#pragma data_seg(".CRT$XLB")
    PIMAGE_TLS_CALLBACK pTlsCallback = TlsCallback;
#pragma data_seg()

int WINAPI WinMain(HINSTANCE hInstance, HINSTANCE hPrevInstance, LPSTR lpCmdLine, int nCmdShow)
{
    DialogBoxParam(hInstance, MAKEINTRESOURCE(IDD_MAIN), NULL, DialogProc, NULL);
    return 0;
}

INT_PTR CALLBACK DialogProc(HWND hwndDlg, UINT uMsg, WPARAM wParam, LPARAM lParam)
{
    HANDLE hThread[THREADCOUNT];

    switch (uMsg)
    {
    case WM_INITDIALOG:
        g_hwndDlg = hwndDlg;
        return TRUE;

    case WM_COMMAND:
        switch (LOWORD(wParam))
        {
        case IDC_BTN_OK:
            // 创建 THREADCOUNT 个线程
            SetDlgItemText(g_hwndDlg, IDC_EDIT_TLSSLOTS, TEXT(""));
            for (int i = 0; i < THREADCOUNT; i++)
            {
                if ((hThread[i] = CreateThread(NULL, 0, ThreadProc, (LPVOID)i, 0, NULL)) != NULL)
                    CloseHandle(hThread[i]);
```

```
            }
            break;

        case IDCANCEL:
            EndDialog(hwndDlg, 0);
            break;
        }
        return TRUE;
    }

    return FALSE;
}

DWORD WINAPI ThreadProc(LPVOID lpParameter)
{
    TCHAR szBuf[64] = { 0 };

    gt_lpData = new BYTE[256];
    ZeroMemory(gt_lpData, 256);

    // 每个线程的静态 TLS 数据显示到编辑控件中
    wsprintf(szBuf, TEXT("线程%d 的 gt_lpData 值: 0x%p\r\n"), (INT)lpParameter, gt_lpData);
    SendMessage(GetDlgItem(g_hwndDlg, IDC_EDIT_TLSSLOTS), EM_SETSEL, -1, -1);
    SendMessage(GetDlgItem(g_hwndDlg, IDC_EDIT_TLSSLOTS), EM_REPLACESEL, TRUE, (LPARAM)szBuf);

    delete[]gt_lpData;
    return 0;
}

VOID NTAPI TlsCallback(PVOID DllHandle, DWORD Reason, PVOID Reserved)
{
    switch (Reason)
    {
    case DLL_PROCESS_ATTACH:
        // 启动了一个新进程(包括第一个线程)
        MessageBox(g_hwndDlg, TEXT("我是 TLS 回调函数"), TEXT("提示"), MB_OK);
        break;

    case DLL_PROCESS_DETACH:
        // 进程将要被终止(包括第一个线程)
    case DLL_THREAD_ATTACH:
        // 创建了一个新线程，创建所有线程时都会发送这个通知，除第一个线程外
    case DLL_THREAD_DETACH:
        // 线程将要被终止，终止所有线程时都会发送这个通知，除第一个线程外
        break;
    }
}
```

　　有改动的代码已经被标识出来。注册 TLS 回调函数的方式是添加一个新的节区.CRT$XLB，CRT 表示使用 C 运行时机制，$后面的 XLB 中，X 表示随机标识，L 表示 TLS Callback Section，B 可以是 B ~ Y 之间的任意一个字符（A 和 Z 已经被占用）。

　　把程序编译为 Debug x86，可以看到首先弹出"我是 TLS 回调函数"消息框，单击确定按钮后

TlsDemo 出现程序界面。但是如果把程序编译为 Release x86，TLS 回调函数消息框并不会弹出，即回调函数没有被调用，打开项目属性对话框→配置属性→C/C++→优化→全程序优化，设置为否，单击确定按钮，再次编译运行程序，回归正常。

接下来重点研究 AddressOfCallBacks 字段，指向 TLS 回调函数（PIMAGE_TLS_CALLBACK 类型）指针的数组（VA 值）。使用 PEInfo 程序打开 Chapter11\TlsDemo_Static\Debug\TlsDemo.exe，可以看到图 11.19 所示的界面。

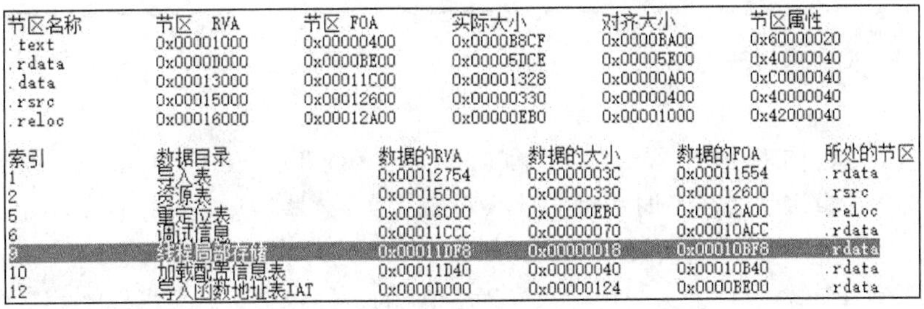

节区名称	节区 RVA	节区 FOA	实际大小	对齐大小	节区属性
.text	0x00001000	0x00000400	0x0000B8CF	0x0000BA00	0x60000020
.rdata	0x0000D000	0x0000BE00	0x00005DCE	0x00005E00	0x40000040
.data	0x00013000	0x00011C00	0x00001328	0x00000A00	0xC0000040
.rsrc	0x00015000	0x00012600	0x00000330	0x00000400	0x40000040
.reloc	0x00016000	0x00012A00	0x000000EB0	0x00001000	0x42000040

索引	数据目录	数据的RVA	数据的大小	数据的FOA	所处的节区
1	导入表	0x00012754	0x0000003C	0x00011554	.rdata
2	资源表	0x00015000	0x00000330	0x00012600	.rsrc
5	重定位表	0x00016000	0x000000EB0	0x00012A00	.reloc
6	调试信息	0x00011CCC	0x00000070	0x00010ACC	.rdata
9	线程局部存储	0x00011DF8	0x00000018	0x00010BF8	.rdata
10	加载配置信息表	0x00011D40	0x00000040	0x00010B40	.rdata
12	导入函数地址表IAT	0x0000D000	0x00000124	0x0000BE00	.rdata

图 11.19

OD 载入 Chapter11\TlsDemo_Static\Debug\TlsDemo.exe，首先弹出"我是 TLS 回调函数"消息框，单击确定按钮后出现反汇编代码，通过内存窗口可以看到 TlsDemo 程序加载的基地址为 0x00D70000，那么线程局部存储表 TLS 目录结构 IMAGE_TLS_DIRECTORY32 的内存地址是 0x00D70000 + 0x00011DF8，等于 0x00D81DF8，数据窗口中定位到 0x00D81DF8（见图 11.20）。

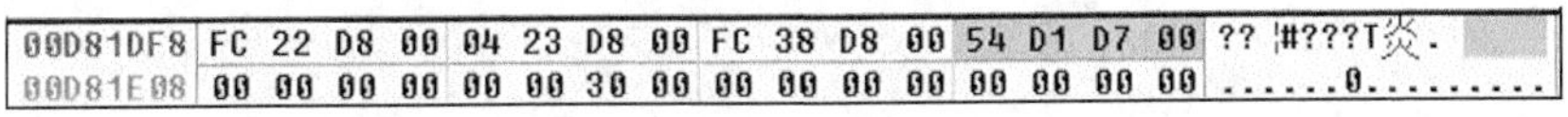

```
00D81DF8  FC 22 D8 00 04 23 D8 00 FC 38 D8 00 54 D1 D7 00   ?? #???T炎.
00D81E08  00 00 00 00 00 00 30 00 00 00 00 00 00 00 00 00   ......0....
```

图 11.20

用鼠标右键单击图 11.20 中选中的 AddressOfCallBacks 字段的值，然后选择数据窗口中跟随 DWORD（见图 11.21）。

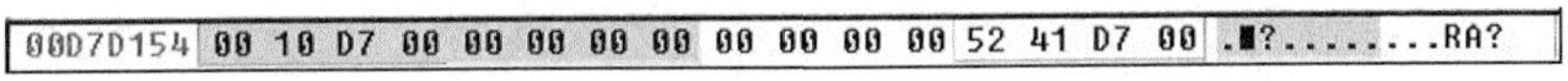

```
00D7D154  00 10 D7 00 00 00 00 00 00 00 00 00 52 41 D7 00   .■?........RA?
```

图 11.21

选中部分就是 TLS 回调函数（PIMAGE_TLS_CALLBACK 类型）指针的数组，可以看到只有一个 TLS 回调函数，内存地址为 0x00D71000。

在反汇编窗口中定位到 0x00D71000（见图 11.22）。

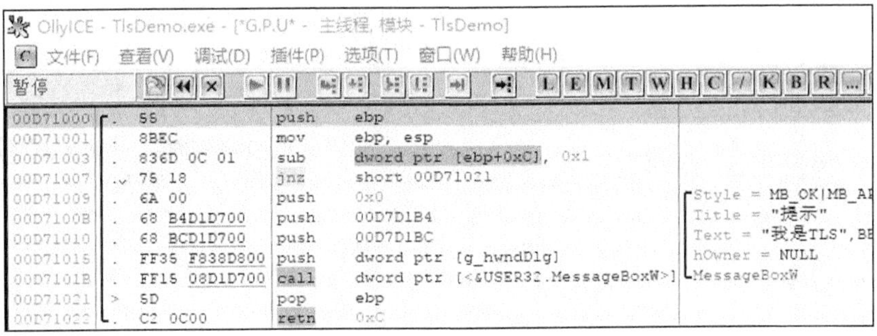

```
00D71000  .  55          push    ebp
00D71001  .  8BEC        mov     ebp, esp
00D71003  .  836D 0C 01  sub     dword ptr [ebp+0xC], 0x1
00D71007  .  75 18       jnz     short 00D71021
00D71009  .  6A 00       push    0x0                          Style = MB_OK|MB_A
00D7100B  .  68 B4D1D700 push    00D7D1B4                     Title = "提示"
00D71010  .  68 BCD1D700 push    00D7D1BC                     Text = "我是TLS",BB
00D71015  .  FF35 F838D800 push  dword ptr [g_hwndDlg]        hOwner = NULL
00D7101B  .  FF15 08D1D700 call  dword ptr [<&USER32.MessageBoxW>]  MessageBoxW
00D71021  >  5D          pop     ebp
00D71022  .  C2 0C00     retn    0xC
```

图 11.22

这正是我们编写的 TLS 回调函数 TlsCallback。如果在第一行设置断点，OD 重新载入程序，就会中断在 TLS 回调函数的起始地址处。

OD 的 StrongOD 插件有一个"Break On Tls"选项，选中该项后，载入程序时会自动中断在 TLS 回调函数的起始地址处。另外，可以打开 OD 的选项菜单项→调试设置→事件选项卡，设置第一次暂停于系统断点，这样一来 OD 载入程序时就会中断在系统领空，此时还没有执行 TLS 回调函数。

11.10   加载配置信息表

加载配置信息表是一个加载配置目录结构 IMAGE_LOAD_CONFIG_DIRECTORY32，加载配置信息表最初仅用于定义一些操作系统加载 PE 时用到的一些附加信息，这些信息之所以被单独定义，是因为信息量比较大、信息类型比较复杂，无法被标准 PE 头和扩展 PE 头的数据结构所容纳。加载配置信息表后被用作异常处理，其中存放了基于结构化异常处理 SEH 的各种异常句柄，当程序发生异常时，操作系统会根据异常类别对异常进行分发处理，并根据这些句柄实施程序流程的转向，从而保证系统能从程序异常中全身而退。

IMAGE_LOAD_CONFIG_DIRECTORY32 结构的定义如下：

```
typedef struct _IMAGE_LOAD_CONFIG_DIRECTORY32 { // 164(0xA4)字节
    DWORD   Size;                               // 0x00，该结构的大小, 0x000000A4
    DWORD   TimeDateStamp;                       // 0x04,
    WORD    MajorVersion;                        // 0x08,
    WORD    MinorVersion;                        // 0x0A,
    DWORD   GlobalFlagsClear;                    // 0x0C,
    DWORD   GlobalFlagsSet;                      // 0x10,
    DWORD   CriticalSectionDefaultTimeout;       // 0x14,
    DWORD   DeCommitFreeBlockThreshold;          // 0x18,
    DWORD   DeCommitTotalFreeThreshold;          // 0x1C,
    DWORD   LockPrefixTable;                     // 0x20,
    DWORD   MaximumAllocationSize;               // 0x24,
    DWORD   VirtualMemoryThreshold;              // 0x28,
    DWORD   ProcessHeapFlags;                    // 0x2C,
    DWORD   ProcessAffinityMask;                 // 0x30,
    WORD    CSDVersion;                          // 0x34,
    WORD    DependentLoadFlags;                  // 0x36,
    DWORD   EditList;                            // 0x38
    DWORD   SecurityCookie;                      // 0x3C,
    DWORD   SEHandlerTable;                      // 0x40, 指向 SEH 异常处理程序 RVA 数组, VA 值
    DWORD   SEHandlerCount;                      // 0x44, SEH 异常处理程序的个数
    DWORD   GuardCFCheckFunctionPointer;         // 0x48,
    DWORD   GuardCFDispatchFunctionPointer;      // 0x4C,
    DWORD   GuardCFFunctionTable;                // 0x50,
    DWORD   GuardCFFunctionCount;                // 0x54,
    DWORD   GuardFlags;                          // 0x58,
```

```
    IMAGE_LOAD_CONFIG_CODE_INTEGRITY CodeIntegrity;        // 0x5C,
    DWORD    GuardAddressTakenIatEntryTable;                // 0x68,
    DWORD    GuardAddressTakenIatEntryCount;                // 0x6C,
    DWORD    GuardLongJumpTargetTable;                      // 0x70,
    DWORD    GuardLongJumpTargetCount;                      // 0x74,
    DWORD    DynamicValueRelocTable;                        // 0x78,
    DWORD    CHPEMetadataPointer;                           // 0x7C,
    DWORD    GuardRFFailureRoutine;                         // 0x80,
    DWORD    GuardRFFailureRoutineFunctionPointer;          // 0x84,
    DWORD    DynamicValueRelocTableOffset;                  // 0x88,
    WORD     DynamicValueRelocTableSection;                 // 0x8C,
    WORD     Reserved2;                                     // 0x8E,
    DWORD    GuardRFVerifyStackPointerFunctionPointer;      // 0x90,
    DWORD    HotPatchTableOffset;                           // 0x94,
    DWORD    Reserved3;                                     // 0x98,
    DWORD    EnclaveConfigurationPointer;                   // 0x9C,
    DWORD    VolatileMetadataPointer;                       // 0xA0,
} IMAGE_LOAD_CONFIG_DIRECTORY32, * PIMAGE_LOAD_CONFIG_DIRECTORY32;
```

- SEHandlerTable 字段是指向 SEH 异常处理程序 RVA 地址的 DWORD 数组（按 RVA 从小到大排序），该字段的值是一个 VA 值，仅适用于 x86 平台。
- SEHandlerCount 字段表示 SEH 异常处理程序的个数，仅适用于 x86 平台。

PE32+的加载配置目录结构是 IMAGE_LOAD_CONFIG_DIRECTORY64，条件编译定义如下：

```
#ifdef _WIN64
    typedef IMAGE_LOAD_CONFIG_DIRECTORY64        IMAGE_LOAD_CONFIG_DIRECTORY;
#else
    typedef IMAGE_LOAD_CONFIG_DIRECTORY32        IMAGE_LOAD_CONFIG_DIRECTORY;
#endif
```

IMAGE_LOAD_CONFIG_DIRECTORY64 结构中有 25 个字段的类型由 DWORD 变为 ULONGLONG，因此该结构的大小为 164 + 100 等于 264（0x108）字节，可以参见 WinNt.h 头文件中关于该结构的定义。

11.11　资源表

　　PE 和 PE32+的资源组织方式相同，都是按照类似于文件系统的目录组织方式。资源可以包括图标、光标、位图和菜单等十几种标准类型，还可以使用自定义类型，每种类型的资源中可能存在多个资源项。这些资源项使用不同的 ID 或名称来分辨。对于某个资源项，还可以同时存在不同代码页的版本（例如简体中文、繁体中文和英语等）。采取类似于文件系统的目录组织方式可以很好地对程序资源进行归类，比如创建一个第 1 层目录，其中有图标、光标、位图和菜单等子目录；假设有 n 个图标，则可以在图标子目录下再以图标 ID 为目录名称创建 n 个第 2 层子目录；同一 ID 的资源可能存在不同代码页的版本，这样可以在第 2 层子目录下再以代码页 ID 为目录名称创建第 3 层子目录，第 3 层子目录中的数据可以指向真正的资源数据。要查找某个资源，可以根据资源类型→资源 ID→资源代码页这样的顺序逐层进入相应的子目录找到正确的资源。PE 和 PE32+的资源组织方式如图 11.23 所示。

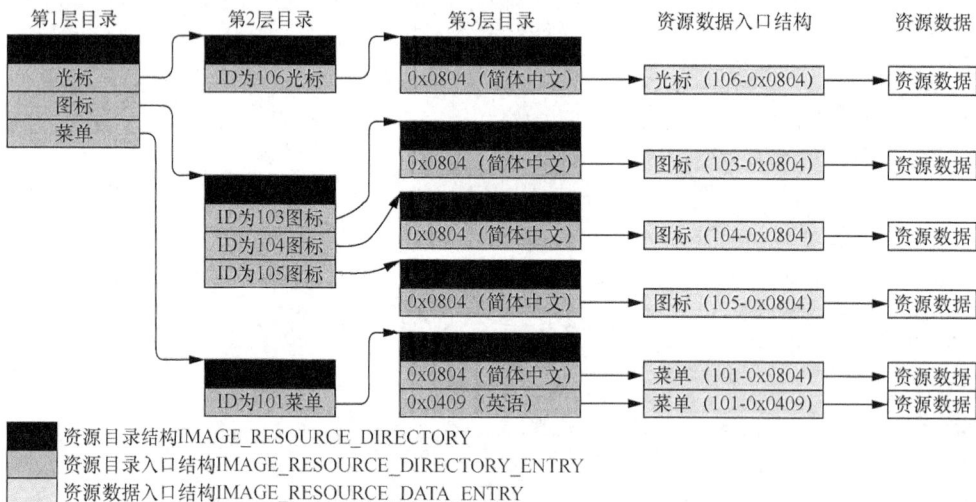

图 11.23

第 1 层目录按照资源类型进行划分，例如光标、图标和菜单等子目录；第 2 层目录按照资源 ID 进行划分，例如同样是第 1 层目录"图标"下面的子目录，可以有 ID 为 103 的图标、ID 为 104 的图标等子目录；第 3 层目录按照代码页例如简体中文、繁体中文和英语等进行划分，例如同样是第 2 层目录"ID 为 101 菜单"下面的子目录，可以有简体中文和英语子目录。注意，第 1 层到第 3 层目录的数据结构是相同的，都是由一个资源目录结构 IMAGE_RESOURCE_DIRECTORY 和紧跟其后的若干个资源目录入口结构 IMAGE_RESOURCE_DIRECTORY_ENTRY 组成，这一系列数据结构可以称为资源目录表，而每个资源目录入口结构 IMAGE_RESOURCE_DIRECTORY_ENTRY 可以称为资源目录项。

资源目录结构 IMAGE_RESOURCE_DIRECTORY 的定义如下：

```
typedef struct _IMAGE_RESOURCE_DIRECTORY {   // 16 字节
    DWORD   Characteristics;         // 资源标志，通常为 0x00000000
    DWORD   TimeDateStamp;           // 资源编译器创建资源的时间戳，通常为 0x00000000
    WORD    MajorVersion;            // 主版本号，通常为 0x0000
    WORD    MinorVersion;            // 次版本号，通常为 0x0000
    WORD    NumberOfNamedEntries;    // 以名称命名的资源目录入口结构的个数
    WORD    NumberOfIdEntries;       // 以 ID 命名的资源目录入口结构的个数
    //  IMAGE_RESOURCE_DIRECTORY_ENTRY DirectoryEntries[];// 该结构后面紧跟着资源目录入口结构数组
} IMAGE_RESOURCE_DIRECTORY, * PIMAGE_RESOURCE_DIRECTORY;
```

（1）用于第 1 层目录，资源类型可以是标准资源类型或自定义资源类型，标准资源类型（例如 ICON、CURSOR 等）在编译资源脚本文件时会被解释为 255 以下的一个 ID 数字，而自定义资源类型可以是一个字符串或 255～65535 中的 ID 数字，因此 IMAGE_RESOURCE_DIRECTORY 结构使用 NumberOfNamedEntries 和 NumberOfIdEntries 两个字段分别表示以名称命名的资源目录入口结构的个数和以 ID 命名的资源目录入口结构的个数，即以名称命名的资源类型个数和以 ID 命名的资源类型个数这两个字段的值相加得到紧跟在本结构后面资源目录入口结构 IMAGE_RESOURCE_DIRECTORY_ENTRY 的总数。

（2）用于第 2 层目录，资源 ID 可以是一个字符串或 1~65535 之间的 ID 数字，因此 IMAGE_RESOURCE_DIRECTORY 结构使用 NumberOfNamedEntries 和 NumberOfIdEntries 两个字段分别表示以名称命名的资源目录入口结构的个数和以 ID 命名的资源目录入口结构的个数，即以名称命名的资源 ID 个数和以 ID 命名的资源 ID 个数两个字段的值相加得到紧跟在本结构后面资源目录入口结构 IMAGE_RESOURCE_DIRECTORY_ENTRY 的总数。

（3）用于第 3 层目录，与标准资源类型相同，每种标准语言都有预定义的 ID，但是也可能存在非标准语言。

资源目录入口结构 IMAGE_RESOURCE_DIRECTORY_ENTRY 的定义如下：

```
typedef struct _IMAGE_RESOURCE_DIRECTORY_ENTRY {      // 8 字节
    union {
        struct {
            DWORD NameOffset : 31;
            DWORD NameIsString : 1;
        } DUMMYSTRUCTNAME;
        DWORD    Name;                              // 资源类型或资源 ID 或代码页 ID
        WORD     Id;
    } DUMMYUNIONNAME;
    union {
        DWORD       OffsetToData;                   // 资源数据入口结构或指向下一个资源目录表
        struct {
            DWORD  OffsetToDirectory : 31;
            DWORD  DataIsDirectory : 1;
        } DUMMYSTRUCTNAME2;
    } DUMMYUNIONNAME2;
} IMAGE_RESOURCE_DIRECTORY_ENTRY, * PIMAGE_RESOURCE_DIRECTORY_ENTRY;
```

这个结构看上去很复杂，但是有用的只有 Name 和 OffsetToData 两个字段，该结构的大小为 8 字节。

- Name 字段：如果该字段 DWORD 值的最高位即位 31 是 0，则该字段的低位字作为一个 ID 来使用；如果该字段 DWORD 值的最高位即位 31 是 1，则该字段的值（& 0x7FFFFFFF）是一个指向 IMAGE_RESOURCE_DIR_STRING_U 结构的偏移量（相对于资源表），该结构包含 Unicode 字符串的长度和 Unicode 字符串两个字段，因为 IMAGE_RESOURCE_DIR_STRING_U 结构有一个 Unicode 字符串长度字段，所以 Unicode 字符串字段并不是以零结尾。

  当 IMAGE_RESOURCE_DIRECTORY_ENTRY.Name 字段用于不同层次目录时，其含义不同。

  - 用于第 1 层目录，该字段的值表示资源类型，例如标准资源类型 ICON、CURSOR，自定义资源类型 MYDATA。前面说过标准资源类型例如 ICON、CURSOR 等在编译资源脚本文件时会被解释为 255 以下的一个 ID 数字，因此对于标准资源类型使用该字段的低位字表示标准资源类型 ID；对于自定义资源类型，如果该字段 DWORD 值的最高位（即位 31）是 1，该字段的值（& 0x7FFFFFFF）是一个指向 IMAGE_RESOURCE_DIR_STRING_U 结构的偏移量（相对于资源表），IMAGE_RESOURCE_DIR_STRING_U.NameString 字段表示资源类型 Unicode 字符串，但是自定义资源类型也可以是 255~65535 中的一个 ID 数字，如果该字段的最高位（即位 31）是 0，那么低位字表示自定义资源类型 ID。不管程序使用 Unicode

还是 ANSI 字符集程序资源中的字符串都是使用 Unicode 编码，稍后介绍标准资源类型例如 ICON、CURSOR 等对应的 ID。

- ◆ 用于第 2 层目录，该字段的值表示资源 ID 或资源名称，资源 ID 可以是一个字符串或 1～65535 之间的 ID 数字。是 ID 的情况下该字段的低位字表示资源 ID；是字符串的情况下该字段的值（& 0x7FFFFFFF）是一个指向 IMAGE_RESOURCE_DIR_STRING_U 结构的偏移量（相对于资源表）。

- ◆ 用于第 3 层目录，该字段的值表示代码页 ID。稍后介绍常见语言的代码页 ID。

- OffsetToData 字段：如果该字段 DWORD 值的最高位即位 31 是 0，那么该字段的值是一个指向资源数据入口结构 IMAGE_RESOURCE_DATA_ENTRY 的偏移量（相对于资源表），这种情况通常出现在第 3 层目录中；如果该字段 DWORD 值的最高位即位 31 是 1，那么该字段的值（& 0x7FFFFFFF）是一个指向资源目录表的偏移量（相对于资源表），也就是指向一个资源目录结构 IMAGE_RESOURCE_DIRECTORY 和紧跟其后的若干个资源目录入口结构 IMAGE_RESOURCE_DIRECTORY_ENTRY，这种情况通常出现在第 1 层和第 2 层目录中。

IMAGE_RESOURCE_DIR_STRING_U 结构的定义如下：

```
typedef struct _IMAGE_RESOURCE_DIR_STRING_U {
    WORD    Length;
    WCHAR   NameString[1];
} IMAGE_RESOURCE_DIR_STRING_U, * PIMAGE_RESOURCE_DIR_STRING_U;
```

最后就是第 3 层目录指向的资源数据入口结构 IMAGE_RESOURCE_DATA_ENTRY：

```
typedef struct _IMAGE_RESOURCE_DATA_ENTRY { // 16字节
    DWORD   OffsetToData;// 资源数据块的 RVA
    DWORD   Size;           // 资源数据块的大小(字节单位)
    DWORD   CodePage;       // 用于解码资源数据中码位值的代码页,通常是 Unicode 代码页,值通常为 0x00000000
    DWORD   Reserved;       // 保留字段
} IMAGE_RESOURCE_DATA_ENTRY, * PIMAGE_RESOURCE_DATA_ENTRY;
```

预定义的资源类型如表 11.12 所示。

表 11.12

常量	值	含义
RT_CURSOR	1	光标
RT_BITMAP	2	位图
RT_ICON	3	图标
RT_MENU	4	菜单
RT_DIALOG	5	对话框
RT_STRING	6	字符串表
RT_FONTDIR	7	字体目录
RT_FONT	8	字体
RT_ACCELERATOR	9	加速键
RT_RCDATA	10	应用程序定义的资源

续表

常量	值	含义
RT_MESSAGETABLE	11	消息表
RT_GROUP_CURSOR	12	光标组
RT_GROUP_ICON	14	图标组
RT_VERSION	16	程序版本
RT_DLGINCLUDE	17	提供符号名称的头文件
RT_PLUGPLAY	19	即插即用资源
RT_VXD	20	VXD
RT_ANICURSOR	21	动态光标
RT_ANIICON	22	动态图标
RT_HTML	23	HTML
RT_MANIFEST	24	清单文件

常见语言的代码页 ID 如表 11.13 所示。

表 11.13

代码页 ID	中英文说明
0x0000	中性语言 Language Neutral
0x0400	程序默认语言 Process Default Language
0x0404	中文（中国台湾）Chinese（Taiwan Region）
0x0804	中文（中国）Chinese（PRC）
0x0C04	中文（中国香港）Chinese（Hong Kong SAR, PRC）
0x1004	中文（新加坡）Chinese（Singapore）
0x0409	英语（美国）English（United States）
0x0809	英语（英国）English（United Kingdom）
0x0411	日语 Japanese
0x0412	韩语 Korean
0x0419	俄语 Russian

　　下面实现一个遍历程序资源的 GetPEResource 程序，程序运行效果如图 11.24 所示。左侧是一个树视图控件，右侧是用于显示选中资源项资源数据的多行编辑控件，但该功能暂未实现。注意，对于自定义资源类型（例如上图中的前 3 个），资源数据入口结构 PIMAGE_RESOURCE_DATA_ENTRY.OffsetToData 字段指向的就是原生资源数据的 RVA，但是对于标准资源类型，指向的资源数据和资源文件原生数据可能不是完全相同，需要额外处理。例如我们的 Chapter10\HelloWindows7\Debug\HelloWindows.exe 程序资源脚本文件中只是添加了 ID 为 103、104 和 105 这 3 个图标，但是资源表中存在图标组（ID 为 103～105）和图标（ID 为 2～4）两个资源类型，ID 为 103 的图标是一个羽毛图标，很明显图标类型下 ID 为 2 的资源数据入口结构指出的数据大小更接近 Feather.ico 的实际文件大小，而图标组下 ID 为 103 的资源数据入口结构指出的数据大小比较小，只是一些图标文件头数据，关于如何解析各种标准资源类型，限于篇幅关系，本书不做介绍。

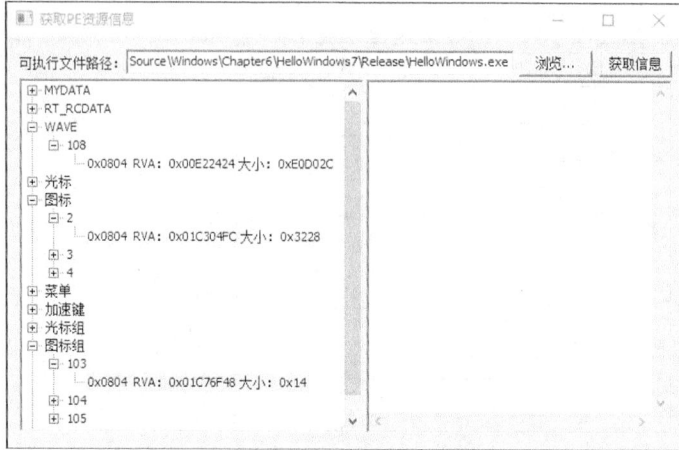

图 11.24

实现遍历程序资源的核心是自定义函数 GetResourceInfo：

```
// 全局变量
LPCTSTR arrResType[] = { TEXT("未知类型"), TEXT("光标"), TEXT("位图"), TEXT("图标"),
    TEXT("菜单"), TEXT("对话框"), TEXT("字符串表"), TEXT("字体目录"), TEXT("字体"),
    TEXT("加速键"), TEXT("程序自定义资源"), TEXT("消息表"), TEXT("光标组"), TEXT("未知类型"),
    TEXT("图标组"), TEXT("未知类型"), TEXT("程序版本"), TEXT("提供符号名称的头文件"),
    TEXT("未知类型"), TEXT("即插即用资源"), TEXT("VXD"), TEXT("动态光标"), TEXT("动态图标"),
TEXT("HTML"), TEXT("清单文件")  };


/*************************************************************************
 *  函数功能：        获取资源信息
 *  输入参数的说明：
 *   1．pImageRes 参数表示第 1 层目录中的资源目录结构起始地址，也就是资源表的起始地址，必须指定
 *   2．pImageResDir 参数表示第 1～3 层目录中的资源目录结构起始地址，必须指定
 *   3．hTreeParent 参数表示树视图控件中父节点的句柄，必须指定
 *   4．dwLevel 参数指定为数值 1～3，表示当前调用本函数是为了获取第几层目录的信息，必须指定
 *  该函数为递归函数
 *************************************************************************/
BOOL GetResourceInfo(PIMAGE_RESOURCE_DIRECTORY pImageRes, PIMAGE_RESOURCE_DIRECTORY
pImageResDir,
    HTREEITEM hTreeParent, DWORD dwLevel)
{
    PIMAGE_RESOURCE_DIRECTORY pImageResDirSub;              // 下一层资源目录结构起始地址
    PIMAGE_RESOURCE_DIRECTORY_ENTRY pImageResDirEntry;     // 资源目录入口结构数组起始地址
    WORD wNums;                                            // 资源目录入口结构数组个数
    PIMAGE_RESOURCE_DATA_ENTRY pImageResDataEntry;         // 资源数据入口结构起始地址
    PIMAGE_RESOURCE_DIR_STRING_U pString;
    HTREEITEM hTree;
    TVINSERTSTRUCT tvi = { 0 };
    TCHAR szResType[128] = { 0 }, szResID[128] = { 0 }, szLanguageID[128] = { 0 };
    TCHAR szBuf[256] = { 0 };
```

```
// 资源目录入口结构数组起始地址
pImageResDirEntry = (PIMAGE_RESOURCE_DIRECTORY_ENTRY)((LPBYTE)pImageResDir +
    sizeof(IMAGE_RESOURCE_DIRECTORY));
// 资源目录入口结构数组个数
wNums = pImageResDir->NumberOfNamedEntries + pImageResDir->NumberOfIdEntries;

tvi.item.mask = TVIF_TEXT;
tvi.hInsertAfter = TVI_LAST;
tvi.hParent = hTreeParent;

if (dwLevel == 1)
{
    // 遍历资源目录入口结构数组
    for (WORD i = 0; i < wNums; i++)
    {
        // 资源类型
        if (pImageResDirEntry[i].Name & 0x80000000)
        {
            pString = (PIMAGE_RESOURCE_DIR_STRING_U)
                ((LPBYTE)pImageRes + (pImageResDirEntry[i].Name & 0x7FFFFFFF));
            StringCchCopy(szResType, pString->Length + 1, pString->NameString);
        }
        else
        {
            if (LOWORD(pImageResDirEntry[i].Name) <= 24)
                wsprintf(szResType, TEXT("%s"), arrResType[LOWORD(pImageResDirEntry[i].Name)]);
            else
                wsprintf(szResType, TEXT("%d(自定义 ID)"), LOWORD(pImageResDirEntry[i].Name));
        }
        tvi.item.pszText = szResType;
        hTree = (HTREEITEM)SendMessage(g_hwndTree, TVM_INSERTITEM, 0, (LPARAM)&tvi);

        // 递归进入第 2 层
        pImageResDirSub = (PIMAGE_RESOURCE_DIRECTORY)
            ((LPBYTE)pImageRes + (pImageResDirEntry[i].OffsetToData & 0x7FFFFFFF));
        GetResourceInfo(pImageRes, pImageResDirSub, hTree, 2);
    }
}
else if (dwLevel == 2)
{
    // 遍历资源目录入口结构数组
    for (WORD i = 0; i < wNums; i++)
    {
        // 资源 ID
        if (pImageResDirEntry[i].Name & 0x80000000)
        {
            pString = (PIMAGE_RESOURCE_DIR_STRING_U)
                ((LPBYTE)pImageRes + (pImageResDirEntry[i].Name & 0x7FFFFFFF));
            StringCchCopy(szResID, pString->Length + 1, pString->NameString);
        }
```

```
        else
        {
            wsprintf(szResID, TEXT("%d"), LOWORD(pImageResDirEntry[i].Name));
        }
        tvi.item.pszText = szResID;
        hTree = (HTREEITEM)SendMessage(g_hwndTree, TVM_INSERTITEM, 0, (LPARAM)&tvi);

        // 递归进入第 3 层
        pImageResDirSub = (PIMAGE_RESOURCE_DIRECTORY)
            ((LPBYTE)pImageRes + (pImageResDirEntry[i].OffsetToData & 0x7FFFFFFF));
        GetResourceInfo(pImageRes, pImageResDirSub, hTree, 3);
    }
}
else
{
    // 遍历资源目录入口结构数组
    for (WORD i = 0; i < wNums; i++)
    {
        // 语言 ID
        if (pImageResDirEntry[i].Name & 0x80000000)
        {
            pString = (PIMAGE_RESOURCE_DIR_STRING_U)
                ((LPBYTE)pImageRes + (pImageResDirEntry[i].Name & 0x7FFFFFFF));
            StringCchCopy(szLanguageID, pString->Length + 1, pString->NameString);
        }
        else
        {
            wsprintf(szLanguageID, TEXT("0x%04X"), LOWORD(pImageResDirEntry[i].Name));
        }

        // 资源数据入口结构起始地址
        pImageResDataEntry = (PIMAGE_RESOURCE_DATA_ENTRY)
            ((LPBYTE)pImageRes + (pImageResDirEntry[i].OffsetToData));
        wsprintf(szBuf, TEXT("%s RVA: 0x%08X 大小: 0x%X"),
            szLanguageID, pImageResDataEntry->OffsetToData, pImageResDataEntry->Size);

        tvi.item.mask = TVIF_TEXT | TVIF_PARAM;
        tvi.item.pszText = szBuf;
        tvi.item.lParam = (LPARAM)pImageResDataEntry;// 保存资源数据入口结构起始地址到项目数据
        SendMessage(g_hwndTree, TVM_INSERTITEM, 0, (LPARAM)&tvi);

        // 递归出口
        return TRUE;
    }
}

return TRUE;
}
```

完整代码参见 Chapter11\GetPEResource 项目。

程序资源查看、编辑工具具有 eXeScope、PExplorer、Restorator 和 ResourceHacker 等，后两者支持 PE/PE32+，通过这些工具可以对未加壳的程序资源进行修改。

11.12 延迟加载导入表

延迟加载指的是通过隐式链接的 DLL，可执行模块开始运行时并不加载延迟加载的 DLL（也不会检查该 DLL 是否存在），只有当代码中调用延迟加载 DLL 中的函数时，系统才会实际载入该 DLL。设置延迟加载 DLL 以后，编译器在编译程序时会在 PE 文件中创建一个延迟加载导入表，延迟加载导入表记录了可执行模块要导入的 DLL 以及相关函数的信息。

与导入表类似，延迟加载导入表是一个延迟加载描述结构 IMAGE_DELAYLOAD_DESCRIPTOR 数组，结构的个数取决于程序要延迟加载的 DLL 文件的数量，每个结构对应一个 DLL 文件，最后以一个内容全为 0 的 IMAGE_DELAYLOAD_DESCRIPTOR 结构作为结束。IMAGE_DELAYLOAD_DESCRIPTOR 结构的定义如下：

```
typedef struct _IMAGE_DELAYLOAD_DESCRIPTOR {
    union {
        DWORD AllAttributes;                    // 如果最高位为 1 说明是延迟加载版本 2
        struct {
            DWORD RvaBased : 1;
            DWORD ReservedAttributes : 31;
        } DUMMYSTRUCTNAME;
    } Attributes;
    DWORD DllNameRVA;                            // 指向以零结尾的延迟加载 DLL 名称字符串，RVA，UTF-8 字符串
    DWORD ModuleHandleRVA;                       // 延迟加载 DLL 模块句柄的 RVA
    DWORD ImportAddressTableRVA;                 // 延迟加载 DLL 的 IAT 的起始地址，RVA
    DWORD ImportNameTableRVA;                    // 延迟加载 DLL 的 INT 的起始地址，RVA
    DWORD BoundImportAddressTableRVA;            // 可选的延迟加载 DLL 的绑定 IAT 的起始地址，RVA
    DWORD UnloadInformationTableRVA;             // 可选的延迟加载 DLL 的卸载 IAT 的起始地址，RVA
    DWORD TimeDateStamp;                         // 如果未绑定则为 0，否则为绑定的时间戳
} IMAGE_DELAYLOAD_DESCRIPTOR, * PIMAGE_DELAYLOAD_DESCRIPTOR;
```

重要的字段是 DllNameRVA、ModuleHandleRVA、ImportAddressTableRVA 和 ImportNameTableRVA。与导入表相同，可以说 ImportAddressTableRVA 和 ImportNameTableRVA 字段指向的都是一个 IMAGE_THUNK_DATA 结构数组的 RVA，每一个 IMAGE_THUNK_DATA 结构表示一个导入函数的信息，数组的最后以一个内容全为 0 的 IMAGE_THUNK_DATA 结构作为结束。

导入表的 IAT 是由 PE 加载器在加载可执行文件时进行修正，但是延迟加载导入表的 IAT 中的每一项在 PE 文件中都已经是一个函数地址 VA。当然，该函数地址 VA 需要进行重定位，重定位表中会存在延迟加载导入表 IAT 每一项的 RVA 地址。

11.13 校验和与 CRC

校验和是通过对一段数据按照一定算法进行计算以后生成的值，通常作为判断这段数据是否被非

法修改的依据。IMAGE_NT_HEADERS.OptionalHeader.CheckSum 字段是一个 DWORD 值，该值的计算步骤如下。

（1）将 IMAGE_NT_HEADERS.OptionalHeader.CheckSum 字段的值清 0。

（2）以 WORD 为单位对数据块进行带进位的累加，大于 WORD 部分自动溢出。

（3）将累加和与文件的长度相加即可得到 PE 文件的校验和。

Windows 系统目录下有一个动态链接库 ImageHlp.dll，该 DLL 专门用来操作 PE 文件，其中 CheckSumMappedFile 和 MapFileAndCheckSum 这两个函数都可以用于计算文件校验和。

MapFileAndCheckSum 函数用于计算指定文件的校验和：

```
DWORD MapFileAndCheckSum(
    _In_  PCTSTR Filename,      // 要为其计算校验和的文件的文件名
    _Out_ PDWORD HeaderSum,     // 接收原始校验和的变量的指针
    _Out_ PDWORD CheckSum);     // 接收计算的校验和的变量的指针
```

如果函数执行成功，则返回值为 CHECKSUM_SUCCESS(0)。

CheckSumMappedFile 函数用于计算指定 PE 文件的校验和：

```
PIMAGE_NT_HEADERS CheckSumMappedFile(
    _In_  PVOID  BaseAddress,   // PE 内存映射文件的基地址
    _In_  DWORD  FileLength,    // 文件大小，以字节为单位
    _Out_ PDWORD HeaderSum,     // 接收原始校验和的变量的指针
    _Out_ PDWORD CheckSum);     // 接收计算的校验和的变量的指针
```

如果函数执行成功，则返回值是 PE 内存映射文件中 IMAGE_NT_HEADERS 结构的指针，调用者可以通过返回的指针修改 IMAGE_NT_HEADERS.OptionalHeader.Check Sum 字段的值；如果函数执行失败，则返回值为 NULL。

这里有一个示例程序 CheckSum，可以分别使用自定义算法和 MapFileAnd CheckSum 函数计算校验和，程序运行效果如图 11.25 所示。

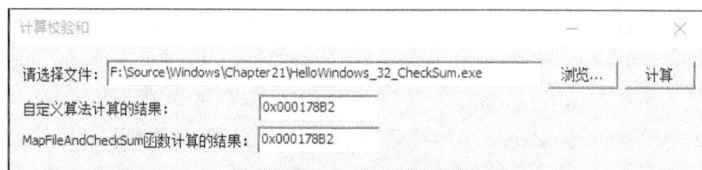

图 11.25

具体代码参见 Chapter11\CheckSum 项目。注意，自定义算法仅作为参考。

循环冗余校验（Cyclic Redundancy Check，CRC）是一种根据网络包或计算机文件等数据产生简短固定位数校验码的一种信道编码技术，主要用来检测、校验数据传输或保存后可能出现的错误，它是利用除法及余数的原理来进行错误侦测的。

在数据传输过程中，无论传输系统的设计多么完美，差错总会存在，这种差错可能会导致在链路上传输的一个或多个帧被破坏（出现比特差错，0 变为 1，或 1 变为 0），从而导致接收方接收到错误的数据。为了尽量提高接收方接收数据的正确率，在接收方接收数据前需要对数据进行差错检测，当

且仅当检测的结果为正确时接收方才真正接收数据。检测的方式有多种，常见的有奇偶校验、因特网校验和循环冗余校验等。循环冗余校验是一种用于校验通信链路上数字传输准确性的计算方法（通过某种数学运算来建立数据位和校验位的约定关系）。发送方使用某种公式计算出需要传送数据的一个校验值，并将此值附加在被传送数据的后面，接收方则对同一数据进行相同的计算，通常应该得到相同的结果，如果两个校验结果不一致，则说明发送过程中出现了差错，接收方可以要求发送方重新发送该数据。在计算机网络通信中使用 CRC 校验相对于其他校验方法有一定的优势，CRC 可以高比例地纠正信息传输过程中的错误，可以在极短的时间内完成数据校验码的计算，并迅速完成纠错过程，通过包自动重发的方式使计算机的通信速度大幅提高，对通信效率和安全提供了保障。由于 CRC 算法检验的检错能力极强，且检测成本较低，因此在编码器和电路的检测中使用较为广泛，在检错的正确率与速度、成本等方面，都比奇偶校验等校验方式具有优势，因此 CRC 成为计算机信息通信领域最为普遍的校验方式。

常用的 CRC 版本有 CRC-8、CRC-12、CRC-16、CRC-CCITT、CRC-32 和 CRC-32C 等，每个版本的具体算法有所不同，WinRAR、NERO、ARJ、LHA 等压缩软件采用的是 CRC-32，磁盘驱动器的读写采用了 CRC-16，通用图像存储格式例如 GIF、TIFF 等也都采用 CRC 作为检错手段。

要计算一个文件或者一段数据的 CRC-32，可以按照规定算法实现一个自定义函数，或者使用 NtDll.dll 中的 RtlComputeCrc32 函数。下面实现一个计算 CRC-32 的自定义函数 CRC32：

```
#define Poly 0xEDB88320                // CRC-32 标准

VOID GenerateCRC32Table(PUINT pCRC32Table)
{
    UINT nCrc;

    for (UINT i = 0; i < 256; i++)
    {
        nCrc = i;
        for (int j = 0; j < 8; j++)
        {
            if (nCrc & 0x00000001)
                nCrc = (nCrc >> 1) ^ Poly;
            else
                nCrc = nCrc >> 1;
        }

        pCRC32Table[i] = nCrc;
    }
}

UINT CRC32(LPBYTE lpData, UINT nSize)
{
    UINT CRC32Table[256] = { 0 };        // CRC-32 查询表
    UINT nCrc = 0xFFFFFFFF;

    // 生成 CRC-32 查询表
    GenerateCRC32Table(CRC32Table);
```

```
// 计算 CRC-32
for (UINT i = 0; i < nSize; i++)
    nCrc = CRC32Table[(nCrc ^ lpData[i]) & 0xFF] ^ (nCrc >> 8);

return nCrc ^ 0xFFFFFFFF;              // 按位取反
}
```

也可以使用 NtDll.dll 中的 RtlComputeCrc32 函数，速度更快一些，例如：

```
// RtlComputeCrc32 计算 CRC-32
typedef UINT(WINAPI* pfnRtlComputeCrc32)(INT dwInitial, LPVOID lpData, INT nLen);
pfnRtlComputeCrc32 fnRtlComputeCrc32;

fnRtlComputeCrc32 = (pfnRtlComputeCrc32)
    GetProcAddress(GetModuleHandle(TEXT("NtDll.dll")), "RtlComputeCrc32");
nCRC = fnRtlComputeCrc32(0, lpMemory, liFileSize.LowPart);  // 第一个参数指定为 0
```

具体代码参见 Chapter11\CRC32 项目。

一个程序的代码段（通常是.text 或.code）在 PE 文件加载前后不会发生变化，因此有的加密程序会对代码段进行 CRC-32 检验，代码段的起始位置和大小可以通过节表获取，计算出代码段的 CRC-32 值（可以对这个值进行加密）后，可以存储在 PE 文件的某个地方，在程序运行过程中计算 PE 内存映像中的代码段的 CRC-32 值，并与先前保存的值进行比较，以此判断程序是否正在被调试（例如 int3 断点就是通过修改机器码为 0xCC）或者被非法修改。

通过 PEID 的 Krypto Analyzer 插件可以查询一个程序用到了哪些知名加密算法。

11.14　64 位程序中如何书写汇编代码（以获取 CPUID 为例）

64 位程序中不支持内联汇编，不过，也有一些方法可以实现在程序中嵌入汇编代码。例如，微软提供了一系列 intrinsic 函数（定义在 intrin.h 等头文件中），intrinsic 系列函数比较多，如果需要详细了解，那么读者可以自行参考 MSDN，其中__cpuid 和__cpuidex 这两个函数是微软对汇编指令 cpuid 的封装，可以获取 CPU 的信息及其支持的功能：

```
void __cpuid(
    _Out_ int cpuInfo[4],        // 返回 CPU 信息及其支持的功能
    _In_ int function_id);       // 指定要获取的基本信息(功能号，通常可以是 0～3)
void __cpuidex(
    _Out_ int cpuInfo[4],        // 返回 CPU 信息及其支持的功能
    _In_ int function_id,        // 指定要获取的基本信息（功能号，通常可以是 0～3）
    _In_ int subfunction_id);    // 指定要获取的扩展信息
```

cpuid 指令可以获取 CPU 的信息（例如 CPU 的型号和家族等）和 CPU 支持的功能（例如是否支持 MMX、SSE 和 FPU 指令等）。cpuid 指令有两组功能，一组返回基本信息，另一组返回扩展信息。cpuid 指令的用法如下：

```
mov eax, 功能号
cpuid
```

执行上述指令后，通过 eax、ebx、ecx 和 edx 返回所需的信息。如果需要获取基本信息，功能号的最高位即位 31 设置为 0，例如 1（0x00000001）；如果需要获取扩展信息，功能号的最高位即位 31 设置为 1，例如 0x80000001。要详细了解各个功能号以及返回的信息的含义，需要阅读 Intel 指令手册，限于篇幅关系这里不再详细说明。intrinsic 函数 __cpuid 和 __cpuidex 就是把返回的 eax ~ edx 的值分别放入 cpuInfo[0] ~ cpuInfo[3]。

一些需要获取用户 CPUID 的绑定计算机的软件通常使用功能号 1 来获取 CPU 的信息，接下来我们实现一个获取 CPUID 的 GetCPUID 程序，该程序通过 intrinsic 函数 __cpuid 和自定义函数 GetCPUID（汇编代码）两种方法来实现，程序运行效果如图 11.26 所示。

可以发现与 Chapter3\GetComputerPhysicalInfoByWMI\Debug\GetComputerPhysicalInfoByWMI.exe 程序获取到的 CPUID 信息相同。

创建一个对话框程序空项目，GetCPUID.cpp 源文件的内容如下：

图 11.26

```
#include <windows.h>
#include <intrin.h>
#include "resource.h"

// 函数声明
INT_PTR CALLBACK DialogProc(HWND hwndDlg, UINT uMsg, WPARAM wParam, LPARAM lParam);
// 声明引用外部函数
EXTERN_C VOID GetCPUID(int cpuInfo[4], int function_id);

int WINAPI WinMain(HINSTANCE hInstance, HINSTANCE hPrevInstance, LPSTR
lpCmdLine, int nCmdShow)
{
    DialogBoxParam(hInstance, MAKEINTRESOURCE(IDD_MAIN), NULL, DialogProc, NULL);
    return 0;
}

INT_PTR CALLBACK DialogProc(HWND hwndDlg, UINT uMsg, WPARAM wParam, LPARAM lParam)
{
    int arrCpuInfo[4] = { 0 };
    TCHAR szBuf[32] = { 0 };

    switch (uMsg)
    {
    case WM_COMMAND:
        switch (LOWORD(wParam))
        {
        case IDC_BTN_GET:
            // intrinsic 函数
            __cpuid(arrCpuInfo, 1);
            wsprintf(szBuf, TEXT("%08X%08X"), arrCpuInfo[3], arrCpuInfo[0]);
            SetDlgItemText(hwndDlg, IDC_EDIT_INTRINSIC, szBuf);
```

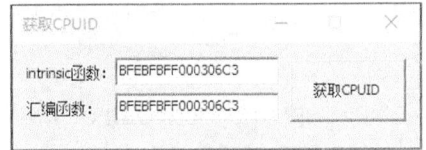

```
            // 自定义汇编函数
            ZeroMemory(arrCpuInfo, sizeof(arrCpuInfo));
            GetCPUID(arrCpuInfo, 1);
            wsprintf(szBuf, TEXT("%08X%08X"), arrCpuInfo[3], arrCpuInfo[0]);
            SetDlgItemText(hwndDlg, IDC_EDIT_ASM, szBuf);
            break;

        case IDCANCEL:
            EndDialog(hwndDlg, 0);
            break;
        }
        return TRUE;
    }

    return FALSE;
}
```

EXTERN_C VOID GetCPUID(int cpuInfo[4], int function_id);语句用于声明引用外部函数 GetCPUID。
然后，我们再添加一个 Test.asm 汇编源文件，内容如下：

```
.code

GetCPUID proc
    mov r8, rcx
    mov eax, edx
    cpuid
    mov dword ptr [r8], eax
    mov dword ptr [r8 + 0Ch], edx
    ret
GetCPUID endp

end
```

虽然 64 位程序不支持内联汇编，但是 VS 是可以编译汇编源文件.asm。用鼠标右键单击解决方案资源
管理器源文件下面的 Test.asm，然后选择属性，打开 Test.asm 属性页对话框，配置属性→常规，项类型选
择自定义生成工具，然后单击"应用"按钮，此时左侧的树视图控件中会多出一个自定义生成工具子项。

配置属性→自定义生成工具→常规，命令行一项输入：

```
ml64 /Fo $(IntDir)%(fileName).obj /c %(fileName).asm
```

输出一项输入：

```
$(IntDir)%(fileName).obj
```

单击"确定"按钮，配置完成。

$(IntDir)宏表示当前生成配置目录，例如 Chapter11\GetCPUID\GetCPUID\x64\Debug\或 Chapter11\
GetCPUID\GetCPUID\x64\Release\，上面命令行一项所输入内容的意思是使用 ml64.exe 编译 xxx.asm 为
xxx.obj 到生成配置目录下（/Fo 用于指定输出的.obj 文件名，/c 表示仅进行编译不自动进行链接），输
出一项所输入的内容表示告诉链接器到哪里查找 xxx.obj 文件以完成链接工作。配置情况截图参见
Chapter11\GetCPUID\AsmConfig.png。

按 Ctrl + F5 组合键，程序成功编译运行，如果需要编译为 Release x64，对于 Test.asm 还需要进行同样的设置。这种嵌入汇编代码的方法实际上是调用其他.obj 文件中的函数。在链接阶段，链接器会把各个.obj 目标文件与需要用到的库绑定链接到一块形成可执行文件。

实际应用中，对于简单的汇编代码，如果不喜欢使用 asm 文件，也可以通过嵌入 ShellCode 的方式达到同样的目的，具体参见 GetCPUIDI 项目，读者可以根据实际情况灵活使用。

11.15 Detours-master 库

Detours-master 库提供了拦截 API 函数的功能，实现原理是将目标函数的前几条指令替换为无条件跳转到用户提供的自定义函数的 jmp 指令。在自定义函数中可以执行一些拦截处理，当自定义函数完成拦截处理后，恢复执行目标函数被覆盖的前几条指令，并继续执行目标函数的后续部分，目标函数执行完后，自定义函数返回，整个流程和 6.8.2 节中的例子极其类似。

自定义函数在内部实现层次上被一分为二为两个函数。执行拦截处理的称为 Detour 函数（绕行函数），Detour 函数的函数参数、函数调用约定和返回值类型等必须与目标函数完全一致；负责恢复执行目标函数被覆盖的前几条指令并跳转到目标函数后续部分的功能可以单独放到一个函数中，称为 Trampoline 函数（跳板函数），Trampoline 函数在 Detour 函数中被调用。

Detours-master 库支持 ARM、ARM64、x86、x64 和 IA-64 平台。除了可以对 API 函数进行拦截，通过 Detours-master 库还可以修改可执行文件的导入表，向可执行文件中添加数据，以及将 DLL 加载到目标进程中等。

Detours-master 库的当前版本是 4.0.1。例如，可以下载 Detours-master 库并解压到 F:\Source\Windows\Detours-master 文件夹。Detours-master 提供了 Makefile 文件，因此编译工作比较简单。开始→Visual Studio 2019 → x86 Native Tools Command Prompt for VS 2019，输入：

```
F:
cd F:\Source\Windows\Detours-master
nmake
```

稍等一会儿，可以发现 Detours-master 文件夹中生成了 include、lib.X86 和 bin.X86 这 3 个子文件夹。bin.X86 目录中的内容是一些示例程序，include 和 lib.X86 目录中的文件是使用 Detours-master 库提供的 API 接口所需的头文件和.lib 文件。注意，生成的.lib 文件是静态链接库。

如果需要生成 x64 版本的.lib 文件，可以打开 x64 Native Tools Command Prompt for VS 2019 工具并输入上述命令，x86 和 x64 所需的头文件是相同的，也可以通过 VS 打开 vc 目录中的 Detours.sln 解决方案文件并选择所需的解决方案配置和平台来进行编译。

11.15.1 注入 DLL 的编写

现在，我们通过 Detours-master 库提供的相关 API 来实现 6.8.2 节的例子。新建一个 DLL 空项目 InjectDll，InjectDll.cpp 源文件的内容如下所示（无须头文件）：

```
#include <windows.h>
#include <tchar.h>
#include "..\..\..\Detours-master\include\detours.h"

// 编译为 x86 时需要使用的 .lib
#pragma comment(lib, "..\\..\\..\\Detours-master\\lib.X86\\detours.lib")
// 编译为 x64 时需要使用的 .lib
//#pragma comment(lib, "..\\..\\..\\Detours-master\\lib.X64\\detours.lib")

// 目标函数指针 (加 static 关键字说明仅用于本文件)
static BOOL(WINAPI* OriginalExtTextOutW)(HDC hdc, int x, int y, UINT options,
    const RECT* lprect, LPCWSTR lpString, UINT c, const INT* lpDx) = ExtTextOutW;

// 自定义函数
BOOL WINAPI DetourExtTextOutW(HDC hdc, int x, int y, UINT options,
    RECT* lprect, LPCWSTR lpString, UINT c, INT* lpDx)
{
    TCHAR szText1[] = TEXT("屏幕");
    TCHAR szText2[] = TEXT("用户名");
    TCHAR szText3[] = TEXT("购买者");
    TCHAR szTextReplace[] = TEXT("                            ");
    LPCTSTR lpStr;

    if ((lpStr = _tcsstr(lpString, szText1)) ||
        (lpStr = _tcsstr(lpString, szText2)) ||
        (lpStr = _tcsstr(lpString, szText3)))
    {
        memcpy((LPVOID)lpStr, szTextReplace, _tcslen(lpStr) * sizeof(TCHAR));
    }

    OriginalExtTextOutW(hdc, x, y, options, lprect, lpString, c, lpDx);

    return TRUE;
}


BOOL APIENTRY DllMain(HMODULE hModule, DWORD ul_reason_for_call, LPVOID lpReserved)
{
    // 如果当前进程是辅助进程，则不执行任何处理
    if (DetourIsHelperProcess())
        return TRUE;

    if (ul_reason_for_call == DLL_PROCESS_ATTACH)
    {
        // 恢复当前进程的导入表
        DetourRestoreAfterWith();

        // 开启 (开始) 事务
        DetourTransactionBegin();
        // 指定更新线程
        DetourUpdateThread(GetCurrentThread());
```

```
        // 执行 Hook 处理
        DetourAttach(&(PVOID&)OriginalExtTextOutW, DetourExtTextOutW);
        // 提交事务
        DetourTransactionCommit();
    }
    else if (ul_reason_for_call == DLL_PROCESS_DETACH)
    {
        DetourTransactionBegin();
        DetourUpdateThread(GetCurrentThread());
        // 执行 Unhook 处理
        DetourDetach(&(PVOID&)OriginalExtTextOutW, DetourExtTextOutW);
        DetourTransactionCommit();
    }

    return TRUE;
}
```

具体代码参见 Chapter11\Detours\InjectDll 项目。

执行 DetourAttach 函数后，自定义函数 DetourExtTextOutW 中的 OriginalExtTextOutW 被修改为指向 Trampoline 函数（负责恢复执行目标函数被覆盖的前几条指令并跳转到目标函数后续部分），这就是前面所说的"自定义函数在内部实现层次上被一分为二为两个函数"的含义。读者可以自行调试研究 Detours-master 对于 ExtTextOutW 函数的 Hook 实现方法。

接下来介绍 InjectDll 用到的几个 API 函数。可执行模块可以通过调用 DetourCreateProcessWithDllEx 或 DetourCreateProcessWithDlls 函数将 InjectDll 加载到目标进程中，内部实现方法是修改目标进程的导入表，将 InjectDll 对应的导入表描述符结构放在导入表的最前部，这样一来就可以在目标进程启动后但在执行任何代码前加载 InjectDll，在 InjectDll 中通过调用 DetourAttach 函数执行 Hook 处理。

Detours-master 支持从 64 位父进程创建 32 位目标进程或从 32 位父进程创建 64 位目标进程，即 32 位父进程可以创建 32 位或 64 位目标进程，64 位父进程也可以创建 32 位或 64 位目标进程。从 64 位父进程创建 32 位目标进程或从 32 位父进程创建 64 位目标进程时，DetourCreateProcessWithDllEx 或 DetourCreateProcessWithDlls 函数必须创建临时辅助进程，方法是将 InjectDll 加载到 rundll32.exe 进程并通过调用 DetourFinishHelperProcess 函数来创建一个辅助进程，辅助进程会加载 InjectDll 的副本，通过辅助进程可以确保使用正确的 32 位或 64 位代码来修改目标进程的导入表。这种情况下必须注意以下两点。

（1）InjectDll 必须导出 DetourFinishHelperProcess 函数并将其导出序数（函数序数）设置为 1，否则目标进程无法正常启动。

（2）InjectDll 应该在其 DllMain 函数中调用 DetourIsHelperProcess 函数以检查 InjectDll 所属的当前进程是辅助进程还是目标进程，如果是辅助进程，那么不应该执行 Hook 处理，DllMain 函数直接返回 TRUE 即可。

DetourIsHelperProcess 函数用于检查 InjectDll 所属的当前进程是辅助进程还是目标进程：

```
BOOL DetourIsHelperProcess(VOID);
```

如果当前进程是辅助进程，则返回值为 TRUE；如果当前进程是目标进程，则返回值为 FALSE。

调用 DetourCreateProcessWithDllEx 或 DetourCreateProcessWithDlls 函数会修改目标进程的导入表。为了确保目标进程可以正常运行，创建目标进程并且 InjectDll 被加载后，应该恢复其导入表，通常应该在 InjectDll 的 DllMain 函数的 DLL_PROCESS_ATTACH 中调用 DetourRestoreAfterWith 函数来恢复目标进程的导入表。DetourRestoreAfterWith 函数原型如下：

```
BOOL DetourRestoreAfterWith(VOID);
```

事务是一系列原子性、独占性的操作。要进行事务工作，首先需要开启（开始）事务，然后是一系列操作，最后提交事务，只有在提交事务后所做的操作才会生效。调用 DetourAttach 函数执行 Hook 处理或调用 DetourDetach 函数执行 Unhook 处理前需要先调用 DetourTransactionBegin 函数开启事务，之后则需要调用 DetourTransactionCommit 函数提交事务，DetourUpdateThread 函数用于指定需要更新的线程（受事务影响的线程）。下面是这几个函数的原型。

（1）开启（开始）事务的函数如下：

```
LONG DetourTransactionBegin(VOID);
```

（2）指定更新线程的函数如下：

```
LONG DetourUpdateThread(_In_ HANDLE hThread);   // 线程句柄，由 GetCurrentThread()返回
```

（3）执行 Hook 处理的函数如下：

```
LONG DetourAttach(
    _Inout_ PVOID* ppPointer,   // 目标函数指针的地址
    _In_    PVOID  pDetour);     // 自定义函数的地址
```

（4）执行 Unhook 处理的函数如下：

```
LONG DetourDetach(
    _Inout_ PVOID* ppPointer,
    _In_    PVOID  pDetour);
```

（5）提交事务的函数如下：

```
LONG DetourTransactionCommit(VOID);
```

11.15.2　将注入 DLL 加载到目标进程中

DetourCreateProcessWithDllEx 函数用于创建一个新进程并将指定的 DLL 加载到该进程中，而 DetourCreateProcessWithDlls 函数用于创建一个新进程并将指定的一个或多个 DLL 加载到该进程中。这两个函数的原型如下：

```
BOOL DetourCreateProcessWithDllEx(
    _In_opt_     LPCTSTR              lpApplicationName,
    _Inout_opt_  LPTSTR               lpCommandLine,
    _In_opt_     LPSECURITY_ATTRIBUTES lpProcessAttributes,
    _In_opt_     LPSECURITY_ATTRIBUTES lpThreadAttributes,
    _In_         BOOL                 bInheritHandles,
    _In_         DWORD                dwCreationFlags,
    _In_opt_     LPVOID               lpEnvironment,
```

```
    _In_opt_      LPCTSTR                   lpCurrentDirectory,
    _In_          LPSTARTUPINFOW            lpStartupInfo,
    _Out_         LPPROCESS_INFORMATION     lpProcessInformation,
    _In_          LPCTSTR                   lpDllName,                    // 要注入的 DLL 的名称，CHAR*
    _In_opt_      PDETOUR_CREATE_PROCESS_ROUTINEW pfCreateProcessW);// 替换 CreateProcessW 的新
                                                                        // 函数指针

BOOL DetourCreateProcessWithDlls(
    _In_opt_      LPCTSTR                   lpApplicationName,
    _Inout_opt_   LPTSTR                    lpCommandLine,
    _In_opt_      LPSECURITY_ATTRIBUTES     lpProcessAttributes,
    _In_opt_      LPSECURITY_ATTRIBUTES     lpThreadAttributes,
    _In_          BOOL                      bInheritHandles,
    _In_          DWORD                     dwCreationFlags,
    _In_opt_      LPVOID                    lpEnvironment,
    _In_opt_      LPCTSTR                   lpCurrentDirectory,
    _In_          LPSTARTUPINFOW            lpStartupInfo,
    _Out_         LPPROCESS_INFORMATION     lpProcessInformation,
    _In_          DWORD                     nDlls,                        // rlpDlls 数组中的数组元素个数
    _In_          LPCTSTR*                  rlpDlls,                      // 要注入的 DLL 的名称数组，CHAR*
    _In_opt_      PDETOUR_CREATE_PROCESS_ROUTINEW pfCreateProcessW); // 替换 CreateProcessW 的新函
                                                                        // 数指针
```

pfCreateProcessW 参数指定为替换标准 CreateProcessW 函数的新函数指针。如果使用标准 CreateProcessW 函数，则该参数可以设置为 NULL。

DetourCreateProcessWithDllEx 或 DetourCreateProcessWithDlls 函数在内部调用 CreateProcessW 函数时，会把 dwCreationFlags 参数设置为 CREATE_SUSPENDED 以挂起模式创建目标进程，这两个函数会修改目标进程的导入表，将指定的 DLL 对应的导入表描述符结构放置在导入表的最前部，然后恢复目标进程的执行，系统会最先加载指定的 DLL。这两个函数会备份目标进程的导入表以便将来恢复。

现在，我们通过 Detours-master 库提供的相关 API 来实现 6.8.2 节中的可执行模块。

调用 DetourCreateProcessWithDllEx 或 DetourCreateProcessWithDlls 函数时，应该确保 InjectDll 中导出了函数序数为 1 的 DetourFinishHelperProcess 函数，否则目标进程无法正常启动。我们为 InjectDll 添加模块定义文件 InjectDll.def：

```
EXPORTS
    DetourFinishHelperProcess @1
```

然后分别编译 32 位和 64 位版本，将它们重命名为 InjectDll32.dll 和 InjectDll64.dll。

新建一个 Win32 项目 CreateProcessWithDll，程序运行效果如图 11.27 所示。

注入 DLL 组合框可以选择 InjectDll32.dll 或 InjectDll64.dll，目标程序组合框可以选择 FloatingWaterMark32.exe 或 FloatingWaterMark64.exe。为了避免引用错误，CreateProcessWithDll.exe、InjectDll32.dll 或 InjectDll64.dll、FloatingWaterMark32.exe 或 FloatingWaterMark64.exe 应该放置在同一个文件夹中。DetourCreateProcessWithDllEx 或 DetourCreateProcessWithDlls 函数有一定的纠错能力，假设 CreateProcessWithDll.exe 编译为 32 位，注入 DLL 选择 InjectDll32.dll，目标程序选择 FloatingWaterMark64.exe，这两个函数发现目标程序是 64 位，会自动加载 InjectDll64.dll

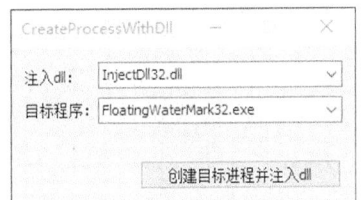

图 11.27

（当然目录中必须存在该 DLL），不过我认为不应该依赖这个特性，注入 DLL 和目标程序的位数始终应该保持一致。不管 CreateProcessWithDll.exe 编译为 32 位还是 64 位，都可以正确加载 32 位或 64 位目标程序。

　　CreateProcessWithDll.cpp 源文件的内容如下：

```cpp
#include <windows.h>
#include <tchar.h>
#include <CommCtrl.h>
#include "..\..\..\Detours-master\include\detours.h"
#include "resource.h"

// 编译为 x86 时需要使用的.lib
#pragma comment(lib, "..\\..\\..\\Detours-master\\lib.X86\\detours.lib")
// 编译为 x64 时需要使用的.lib
//#pragma comment(lib, "..\\..\\..\\Detours-master\\lib.X64\\detours.lib")

#pragma comment(linker,"\"/manifestdependency:type='win32' \
    name='Microsoft.Windows.Common-Controls' version='6.0.0.0' \
    processorArchitecture='*' publicKeyToken='6595b64144ccf1df' language='*'\"")

// 函数声明
INT_PTR CALLBACK DialogProc(HWND hwndDlg, UINT uMsg, WPARAM wParam, LPARAM lParam);

int WINAPI WinMain(HINSTANCE hInstance, HINSTANCE hPrevInstance, LPSTR lpCmdLine, int nCmdShow)
{
    DialogBoxParam(hInstance, MAKEINTRESOURCE(IDD_MAIN), NULL, DialogProc, NULL);
    return 0;
}


INT_PTR CALLBACK DialogProc(HWND hwndDlg, UINT uMsg, WPARAM wParam, LPARAM lParam)
{
    HWND hwndComboDllPath;
    HWND hwndComboTarget;
    CHAR szInjectDll[MAX_PATH] = { 0 };       // 注入 DLL 路径
    TCHAR szTargetProcess[MAX_PATH] = { 0 };  // 目标程序路径
    STARTUPINFO si = { sizeof(STARTUPINFO) };
    PROCESS_INFORMATION pi = { 0 };
    BOOL bRet = FALSE;

    switch (uMsg)
    {
    case WM_INITDIALOG:
        hwndComboDllPath = GetDlgItem(hwndDlg, IDC_COMBO_DLLPATH);
        hwndComboTarget = GetDlgItem(hwndDlg, IDC_COMBO_TARGET);

        // 注入 DLL 组合框添加一些列表项
        SendMessage(hwndComboDllPath, CB_ADDSTRING, 0, (LPARAM)TEXT("InjectDll32.dll"));
        SendMessage(hwndComboDllPath, CB_ADDSTRING, 0, (LPARAM)TEXT("InjectDll64.dll"));
        SendMessage(hwndComboDllPath, CB_SETCURSEL, 0, 0);
```

```
       // 目标程序组合框添加一些列表项
       SendMessage(hwndComboTarget, CB_ADDSTRING, 0, (LPARAM)TEXT("FloatingWaterMark32.exe"));
       SendMessage(hwndComboTarget, CB_ADDSTRING, 0, (LPARAM)TEXT("FloatingWaterMark64.exe"));
       SendMessage(hwndComboTarget, CB_SETCURSEL, 0, 0);
       return TRUE;

   case WM_COMMAND:
       switch (LOWORD(wParam))
       {
       case IDC_BTN_CREATE:
           GetDlgItemTextA(hwndDlg, IDC_COMBO_DLLPATH, szInjectDll, _countof(szInjectDll));
           GetDlgItemText(hwndDlg, IDC_COMBO_TARGET, szTargetProcess, _countof(szTargetProcess));

           GetStartupInfo(&si);
           bRet = DetourCreateProcessWithDllEx(NULL, szTargetProcess, NULL, NULL, FALSE, 0,
               NULL, NULL, &si, &pi, szInjectDll, NULL);
           if (!bRet)
               MessageBox(hwndDlg, TEXT("创建目标进程失败! "), TEXT("错误提示"), MB_OK);
           break;
       }
       return TRUE;

   case WM_CLOSE:
       EndDialog(hwndDlg, 0);
       return TRUE;
   }

   return FALSE;
}
```

再介绍几个相关的函数。相比 DetourAttach，DetourAttachEx 函数可以返回 Detour 函数、Trampoline 函数和目标函数的地址：

```
LONG DetourAttachEx(
   _Inout_    PVOID*                ppPointer,          // 目标函数指针的地址
   _In_       PVOID                 pDetour,            // 自定义函数的地址
   _Out_opt_  PDETOUR_TRAMPOLINE*   ppRealTrampoline,   // 返回 Trampoline 函数的地址
   _Out_opt_  PVOID*                ppRealTarget,       // 返回目标函数的地址
   _Out_opt_  PVOID*                ppRealDetour);      // 返回 Detour 函数的地址
```

DetourFindFunction 函数用于从指定的模块中查找指定函数的地址：

```
PVOID DetourFindFunction(
   _In_ LPCSTR pszModule,       // 模块名称，CHAR*
   _In_ LPCSTR pszFunction);    // 函数名称，CHAR*
```

如果函数执行成功，则返回指定函数的内存地址；如果函数执行失败，则返回值为 NULL。

DetourCodeFromPointer 函数用于获取指定函数的代码实现地址：

```
PVOID DetourCodeFromPointer(
   _In_      PVOID pPointer,        // 目标函数指针
   _Out_opt_ PVOID* ppGlobals);     // 返回目标函数的全局（或静态）数据的地址，不需要可以设置为 NULL
```

如果函数执行成功，则返回目标函数的代码实现地址。

解释一下 DetourFindFunction 和 DetourCodeFromPointer 函数的区别。有时候获取到的函数地址处可能是一个 jmp 指令，然后跳转到函数的代码实现处，调用 DetourCodeFromPointer 函数返回的是目标函数的代码实现地址。OD 载入 Chapter11\Detours\CreateProcessWithDll\Release\FloatingWaterMark32.exe，反汇编窗口中 Ctrl + G，输入 GetCurrentProcess，单击 "OK" 按钮，看到图 11.28 所示的界面。

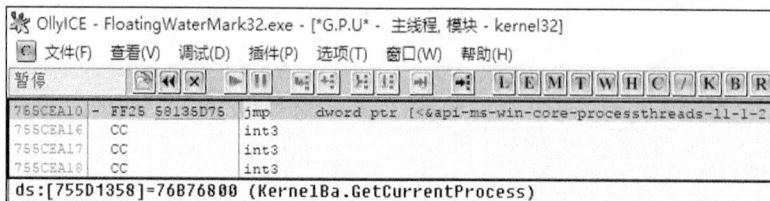

图 11.28

调用 kernel32.GetCurrentProcess 的结果实际上是 jmp 到 KernelBase.GetCurrentProcess，后者的实现方法如图 11.29 所示。

图 11.29

请看如下代码：

```
LPVOID lpGetCurrentProcess = NULL, lpRealGetCurrentProcess = NULL, lpGlobals = NULL;
TCHAR szBuf[512] = { 0 };

lpGetCurrentProcess = DetourFindFunction("kernel32", "GetCurrentProcess");
lpRealGetCurrentProcess = DetourCodeFromPointer(lpGetCurrentProcess, &lpGlobals);
wsprintf(szBuf, TEXT("函数指针: 0x%p\n 函数代码实现地址: 0x%p\n 全局(或静态)数据的地址: 0x%p\n"),
    lpGetCurrentProcess, lpRealGetCurrentProcess, lpGlobals);
MessageBox(NULL, szBuf, TEXT("提示"), MB_OK);
```

结果如图 11.30 所示。

DetourEnumerateModules 函数用于枚举进程中的模块：

```
HMODULE DetourEnumerateModules(_In_opt_  HMODULE hModuleLast);
// 模块句柄
```

第 1 次调用的时候，hModuleLast 参数应该设置为 NULL，函数返回下一个模块的句柄，以返回的模块句柄循环调用该函数，直到函数返回 NULL。

图 11.30

枚举到一个模块后，可以通过调用 DetourGetEntryPoint 函数获取模块的入口点，通过调用 DetourGetModuleSize 函数获取模块的大小。这两个函数的原型如下：

```
PVOID DetourGetEntryPoint(
    _In_opt_  HMODULE hModule);  // 模块句柄，设置为 NULL 则返回调用进程的可执行模块的入口点
```

```
ULONG DetourGetModuleSize(
    _In_     HMODULE hModule);    // 模块句柄
```

DetourEnumerateExports 函数用于枚举模块的导出函数：

```
BOOL DetourEnumerateExports(
    _In_     HMODULE hModule,                               // 模块句柄
    _In_opt_ PVOID   pContext,                              // 传递给回调函数的参数
    _In_     PF_DETOUR_ENUMERATE_EXPORT_CALLBACK pfExport);// 回调函数
```

每枚举到一个导出函数，都会调用一次回调函数，回调函数的定义格式如下：

```
BOOL CALLBACK ExportFunc(
    _In_opt_ PVOID  pContext,    // DetourEnumerateExports 函数传递过来的参数
    _In_     ULONG  nOrdinal,    // 函数序数
    _In_opt_ LPCSTR pszName,     // 函数名称
    _In_opt_ PVOID  pCode);      // 函数的代码实现地址
```

如果需要继续枚举，则回调函数返回值为 TRUE；如果需要中止枚举，则返回值为 FALSE。

DetourEnumerateImports 函数用于枚举模块的导入表：

```
BOOL DetourEnumerateImports(
    _In_opt_ HMODULE hModule,    // 模块句柄
    _In_opt_ PVOID   pContext,    // 传递给 pfImportFile 和 pfImportFunc 的参数
    _In_opt_ PF_DETOUR_IMPORT_FILE_CALLBACK pfImportFile,  // 每枚举到一个 DLL，都会调用一次
    _In_opt_ PF_DETOUR_IMPORT_FUNC_CALLBACK pfImportFunc); // 每枚举到一个导入函数，都会调用一次
```

每枚举到一个 DLL，都会调用一次回调函数 pfImportFile；每枚举到一个导入函数，都会调用一次回调函数 pfImportFunc。还有一个 DetourEnumerateImportsEx 函数，仅是回调函数 pfImportFunc 返回的信息稍有不同，有需要的读者可以自行查阅帮助文档。

11.15.3　编辑可执行文件

DetourBinaryOpen 函数用于将可执行文件的内容读入内存：

```
PDETOUR_BINARY DetourBinaryOpen(_In_ HANDLE hFile);    // 文件句柄
```

如果函数执行成功，则返回值是指向 detours 二进制文件对象的指针(typedef VOID * PDETOUR_BINARY)；如果函数执行失败，则返回值为 NULL。

DetourBinarySetPayload 函数用于向 detours 二进制文件对象中添加数据：

```
PVOID DetourBinarySetPayload(
    _In_ PDETOUR_BINARY pBinary,    // DetourBinaryOpen 函数返回的 detours 二进制文件对象的指针
    _In_ REFGUID        rguid,      // 要添加的数据的 GUID(开发人员自行设定)
    _In_ PVOID          pData,      // 要添加的数据的指针
    _In_ DWORD          cbData);    // 要添加的数据的大小(字节单位)
```

如果函数执行成功，则返回值是数据实际写入到的内存地址；如果函数执行失败，则返回值为 NULL。

DetourBinaryFindPayload 函数用于从 detours 二进制文件对象中查找指定 GUID 的数据：

```
PVOID DetourBinaryFindPayload(
   _In_ PDETOUR_BINARY pBinary,      // DetourBinaryOpen 函数返回的 detours 二进制文件对象的指针
   _In_ REFGUID         rguid,        // 要查找的数据的 GUID
   _Out_ DWORD *        pcbData);     // 返回查找到的数据的大小 (字节单位)
```

如果函数执行成功，则返回值是指定数据的内存地址；如果函数执行失败，则返回值为 NULL。
DetourBinaryDeletePayload 函数用于从 detours 二进制文件对象中删除指定 GUID 的数据，
DetourBinaryPurgePayloads 函数用于从 detours 二进制文件对象中删除所有的数据。这两个函数的原型
如下：

```
BOOL DetourBinaryDeletePayload(
   _In_ PDETOUR_BINARY pBinary,      // DetourBinaryOpen 函数返回的 detours 二进制文件对象的指针
   _In_ REFGUID         rguid);       // 要删除的数据的 GUID
BOOL DetourBinaryPurgePayloads(
   _In_ PDETOUR_BINARY pBinary);     // DetourBinaryOpen 函数返回的 detours 二进制文件对象的指针
```

DetourBinaryEditImports 函数用于修改 detours 二进制文件对象的导入表：

```
BOOL DetourBinaryEditImports(
   _In_     PDETOUR_BINARY pBinary,     // DetourBinaryOpen 函数返回的 detours 二进制文件对象的指针
   _In_opt_ PVOID          pContext,    // 传递给各个回调函数的参数
   _In_opt_ PF_DETOUR_BINARY_BYWAY_CALLBACK  pfByway,
   _In_opt_ PF_DETOUR_BINARY_FILE_CALLBACK   pfFile,
   _In_opt_ PF_DETOUR_BINARY_SYMBOL_CALLBACK pfSymbol,
   _In_opt_ PF_DETOUR_BINARY_COMMIT_CALLBACK pfFinal);
```

DetourBinaryEditImports 函数会遍历 detours 二进制文件对象的导入表，在不同的时候会调用不同
的回调函数，程序可以在回调函数中执行所需的编辑操作，关于各个回调函数，有需要的读者可以自
行查阅帮助文档。

DetourBinaryResetImports 函数用于重置 detours 二进制文件对象的导入表：

```
BOOL DetourBinaryResetImports(
   _In_ PDETOUR_BINARY pBinary); // DetourBinaryOpen 函数返回的 detours 二进制文件对象的指针
```

DetourBinaryWrite 函数用于将更新写入文件，DetourBinaryClose 函数用于关闭打开的 detours 二进
制文件对象。这两个函数的原型如下：

```
BOOL DetourBinaryWrite(
   _In_ PDETOUR_BINARY pBinary,      // DetourBinaryOpen 函数返回的 detours 二进制文件对象的指针
   _In_ HANDLE hFile);               // 文件句柄
BOOL DetourBinaryClose(
   _In_ PDETOUR_BINARY pBinary);     // DetourBinaryOpen 函数返回的 detours 二进制文件对象的指针
```

11.16　通过修改模块导入表中的 IAT 项来 Hook API

通过对 IAT 的了解，我们可以实现另一种 Hook API 的方式，那就是修改某 API 对应的 IAT 项的

内存地址为我们自定义函数的内存地址，但是为了栈平衡，自定义函数的函数参数、函数调用约定、返回值类型等必须与目标函数完全一致。

我们通过修改 IAT 项的方式来实现 6.8.2 节的例子中的 DLL。在注入 DLL 的 DllMain 函数的 DLL_PROCESS_ATTACH 中执行下列工作。

（1）修改进程可执行模块导入表中 ExtTextOutW 函数对应的 IAT 项的内存地址为我们自定义函数 HookExtTextOutW 的内存地址，但是进程中其他模块也可以调用 ExtTextOutW 函数，因此我们应该修改进程所有模块导入表中 ExtTextOutW 函数对应的 IAT 项；

（2）进程中所有模块都可以随时通过调用 Kernel32.dll 中的 LoadLibraryA、LoadLibraryW、LoadLibraryExA、LoadLibraryExW 函数来加载一个可以调用 ExtTextOutW 函数的模块，加载该模块可能会导致加载其他依赖模块，因此还应该 Hook 掉 LoadLibrary* 函数，修改进程所有模块导入表中 LoadLibrary* 函数对应的 IAT 项为我们自定义函数 HookLoadLibrary* 的内存地址，在 HookLoadLibrary* 函数中执行相关处理；

（3）进程中所有模块都可以随时通过调用 Kernel32.dll 中的 GetProcAddress 函数来动态获取 ExtTextOutW 函数的内存地址并调用，因此还应该 Hook 掉 GetProcAddress 函数，修改进程所有模块导入表中 GetProcAddress 函数对应的 IAT 项为我们自定义函数 HookGetProcAddress 的内存地址。

ImageDirectoryEntryToDataEx 函数用于从普通 PE 文件或 PE 内存映像中查找指定的数据目录（例如导入表）的内存地址：

```
PVOID IMAGEAPI ImageDirectoryEntryToDataEx(
    _In_        PVOID                   pBase,              // PE 或 PE 内存映像的基地址
    _In_        BOOLEAN                 bMappedAsImage,     // 是否是 PE 内存映像
    _In_        USHORT                  nDirectoryEntry,    // 数据目录索引
    _Out_       PULONG                  pSize,              // 返回数据目录的大小
    _Out_opt_   PIMAGE_SECTION_HEADER*  pFoundHeader);      // 返回数据目录所在的节区的信息
```

nDirectoryEntry 参数用于指定数据目录索引，例如 IMAGE_DIRECTORY_ENTRY_EXPORT 表示导出表，IMAGE_DIRECTORY_ENTRY_IMPORT 表示导入表等。如果函数执行成功，则返回值是指定数据目录的内存地址；如果函数执行失败或不存在指定的数据目录，则返回值为 NULL。

修改进程所有模块导入表中 ExtTextOutW 函数对应的 IAT 项为我们自定义函数 HookExtTextOutW 的内存地址。这里封装了 ReplaceIATInOneMod 和 ReplaceIATInAllMod 两个函数，前者用于替换进程的指定模块导入表中的一个 IAT 项，后者通过调用 TlHelp32 系列函数来枚举进程模块，为每个模块调用 ReplaceIATInOneMod 函数。这两个函数如下所示：

```
// 替换进程的指定模块导入表中的一个 IAT 项(导入函数地址)
BOOL ReplaceIATInOneMod(HMODULE hModule, LPCSTR pszDllName, PROC pfnTarget, PROC pfnNew)
{
    ULONG                       ulSize;                         // 导入表的大小
    PIMAGE_IMPORT_DESCRIPTOR     pImageImportDesc = NULL;        // 导入表起始地址
    PIMAGE_THUNK_DATA           pImageThunkData = NULL;         // IMAGE_THUNK_DATA 数组起始地址

    // 获取导入表起始地址
    pImageImportDesc = (PIMAGE_IMPORT_DESCRIPTOR)ImageDirectoryEntryToDataEx(hModule, TRUE,
```

```
                    IMAGE_DIRECTORY_ENTRY_IMPORT, &ulSize, NULL);
            if (!pImageImportDesc)
            return FALSE;

        // 遍历导入表，查找目标函数
        while (pImageImportDesc->OriginalFirstThunk || pImageImportDesc->TimeDateStamp ||
            pImageImportDesc->ForwarderChain || pImageImportDesc->Name || pImageImportDesc->FirstThunk)
        {
            if (_stricmp(pszDllName, (LPSTR)((LPBYTE)hModule + pImageImportDesc->Name)) == 0)
            {
                pImageThunkData = (PIMAGE_THUNK_DATA)((LPBYTE)hModule + pImageImportDesc->FirstThunk);
                while (pImageThunkData->u1.AddressOfData != 0)
                {
                    PROC* ppfn = (PROC*)&pImageThunkData->u1.Function;
                    if (*ppfn == pfnTarget)
                    {
                        DWORD dwOldProtect;
                        BOOL bRet = FALSE;

                        // 替换目标 IAT 项的值为 pfnNew
                        VirtualProtect(ppfn, sizeof(pfnNew), PAGE_READWRITE, &dwOldProtect);
                        bRet = WriteProcessMemory(GetCurrentProcess(), ppfn, &pfnNew, sizeof(pfnNew), NULL);
                        VirtualProtect(ppfn, sizeof(pfnNew), dwOldProtect, &dwOldProtect);

                        return bRet;
                    }

                    // 指向下一个 IMAGE_THUNK_DATA 结构
                    pImageThunkData++;
                }
            }

            // 指向下一个导入表描述符
            pImageImportDesc++;
        }

        return FALSE;
    }

// 替换进程的所有模块导入表中的一个 IAT 项 (导入函数地址)
VOID ReplaceIATInAllMod(LPCSTR pszDllName, PROC pfnTarget, PROC pfnNew)
{
    MEMORY_BASIC_INFORMATION mbi = { 0 };
    HMODULE                  hModuleThis;      // 当前代码所处的模块
    HANDLE                   hSnapshot = INVALID_HANDLE_VALUE;
    MODULEENTRY32            me = { sizeof(MODULEENTRY32) };
    BOOL                     bRet = FALSE;

    VirtualQuery(ReplaceIATInAllMod, &mbi, sizeof(mbi));
    hModuleThis = (HMODULE)mbi.AllocationBase;
```

```
hSnapshot = CreateToolhelp32Snapshot(TH32CS_SNAPMODULE, GetCurrentProcessId());
if (hSnapshot == INVALID_HANDLE_VALUE)
  return;

bRet = Module32First(hSnapshot, &me);
while (bRet)
{
  if (me.hModule != hModuleThis)          // 排除当前代码所处的模块
    ReplaceIATInOneMod(me.hModule, pszDllName, pfnTarget, pfnNew);

  bRet = Module32Next(hSnapshot, &me);
}

CloseHandle(hSnapshot);
}
```

调用 ReplaceIATInAllMod 修改进程所有模块导入表中 LoadLibrary* 函数对应的 IAT 项为我们自定义函数 HookLoadLibrary* 的内存地址。例如 HookLoadLibraryA 函数：

```
HMODULE WINAPI HookLoadLibraryA(LPCSTR lpLibFileName)
{
  // 调用原 LoadLibraryA 函数
  HMODULE hModule = OrigLoadLibraryA(lpLibFileName);

  // 原 LoadLibraryA 函数执行完毕，进程所有模块的导入表中的相关 IAT 项再替换一次
  if (hModule != NULL)
  {
    ReplaceIATInAllMod("gdi32.dll", (PROC)OrigExtTextOutW, (PROC)HookExtTextOutW);
    ReplaceIATInAllMod("kernel32.dll", (PROC)OrigLoadLibraryA, (PROC)HookLoadLibraryA);
    ReplaceIATInAllMod("kernel32.dll", (PROC)OrigLoadLibraryW, (PROC)HookLoadLibraryW);
    ReplaceIATInAllMod("kernel32.dll", (PROC)OrigLoadLibraryExA, (PROC)HookLoadLibraryExA);
    ReplaceIATInAllMod("kernel32.dll", (PROC)OrigLoadLibraryExW, (PROC)HookLoadLibraryExW);
    ReplaceIATInAllMod("kernel32.dll", (PROC)OrigGetProcAddress, (PROC)HookGetProcAddress);
  }

  return hModule;
}
```

调用 ReplaceIATInAllMod 修改进程所有模块导入表中 GetProcAddress 函数对应的 IAT 项为我们自定义函数 HookGetProcAddress 的内存地址。HookGetProcAddress 函数如下：

```
FARPROC WINAPI HookGetProcAddress(HMODULE hModule, LPCSTR lpProcName)
{
  // 调用原 GetProcAddress 函数
  FARPROC pfn = OrigGetProcAddress(hModule, lpProcName);

  // 如果原 GetProcAddress 函数获取的是 ExtTextOutW 函数的地址，则替换
  if (pfn == (FARPROC)OrigExtTextOutW)
    pfn = (FARPROC)HookExtTextOutW;

  return pfn;
}
```

DllMain 函数如下：

```
BOOL APIENTRY DllMain(HMODULE hModule, DWORD ul_reason_for_call, LPVOID lpReserved)
{
  switch (ul_reason_for_call)
  {
  case DLL_PROCESS_ATTACH:
    ReplaceIATInAllMod("gdi32.dll", (PROC)OrigExtTextOutW, (PROC)HookExtTextOutW);
    ReplaceIATInAllMod("kernel32.dll", (PROC)OrigLoadLibraryA, (PROC)HookLoadLibraryA);
    ReplaceIATInAllMod("kernel32.dll", (PROC)OrigLoadLibraryW, (PROC)HookLoadLibraryW);
    ReplaceIATInAllMod("kernel32.dll", (PROC)OrigLoadLibraryExA, (PROC)HookLoadLibraryExA);
    ReplaceIATInAllMod("kernel32.dll", (PROC)OrigLoadLibraryExW, (PROC)HookLoadLibraryExW);
    ReplaceIATInAllMod("kernel32.dll", (PROC)OrigGetProcAddress, (PROC)HookGetProcAddress);

  case DLL_THREAD_ATTACH:
  case DLL_THREAD_DETACH:
  case DLL_PROCESS_DETACH:
    break;
  }

  return TRUE;
}
```

完整代码参见 ReplaceIATEntry 项目。

再讨论一下延迟加载 DLL 的情况，只有当代码中调用延迟加载 DLL 中的函数时，系统才会调用 LoadLibrary*函数（通常是 LoadLibraryExA）载入该 DLL，并调用 GetProcAddress 获取函数地址。可以在自定义函数 HookLoadLibrary*中进行处理，如果加载的是延迟加载 DLL，则替换该模块导出表中的指定 EAT 项（导出函数地址）。这里封装了一个 ReplaceEATInOneMod 函数用于替换指定模块导出表中的一个 EAT 项：

```
BOOL ReplaceEATInOneMod(HMODULE hModule, LPCSTR pszFuncName, PROC pfnNew)
{
  ULONG                    ulSize;                    // 导出表的大小
  PIMAGE_EXPORT_DIRECTORY pImageExportDir = NULL;     // 导出表起始地址
  PDWORD                   pAddressOfFunctions = NULL;      // 导出函数地址表的起始地址
  PWORD                    pAddressOfNameOrdinals = NULL;   // 函数序数表的起始地址
  PDWORD                   pAddressOfNames = NULL;          // 函数名称地址表的起始地址

  // 获取导出表起始地址
  pImageExportDir = (PIMAGE_EXPORT_DIRECTORY)ImageDirectoryEntryToDataEx(hModule, TRUE,
      IMAGE_DIRECTORY_ENTRY_EXPORT, &ulSize, NULL);
  if (!pImageExportDir)
    return FALSE;

  // 导出函数地址表、函数序数表、函数名称地址表的起始地址
  pAddressOfFunctions = (PDWORD)((LPBYTE)hModule + pImageExportDir->AddressOfFunctions);
  pAddressOfNameOrdinals = (PWORD)((LPBYTE)hModule + pImageExportDir->AddressOfNameOrdinals);
  pAddressOfNames = (PDWORD)((LPBYTE)hModule + pImageExportDir->AddressOfNames);

  // 遍历函数名称地址表
  for (DWORD i = 0; i < pImageExportDir->NumberOfNames; i++)
  {
```

```
    if (_stricmp(pszFuncName, (LPSTR)((LPBYTE)hModule + pAddressOfNames[i])) != 0)
      continue;

    // 已经找到目标函数，获取导出函数地址
    PROC* ppfn = (PROC*)&pAddressOfFunctions[pAddressOfNameOrdinals[i]];
    pfnNew = (PROC)((LPBYTE)pfnNew - (LPBYTE)hModule);    // To RVA

    DWORD dwOldProtect;
    BOOL bRet = FALSE;

    // 替换目标 EAT 项的值为 pfnNew
    VirtualProtect(ppfn, sizeof(pfnNew), PAGE_READWRITE, &dwOldProtect);
    bRet = WriteProcessMemory(GetCurrentProcess(), ppfn, &pfnNew, sizeof(pfnNew), NULL);
    VirtualProtect(ppfn, sizeof(pfnNew), dwOldProtect, &dwOldProtect);

    return bRet;
  }

  return FALSE;
}
```

GetMd5Test 程序调用了延迟加载 GetMd5.dll 中的 GetMd5 函数，对于 GetMd5 函数的 Hook，自定义函数 HookLoadLibrary* 的处理如下（以 HookLoadLibraryA 为例）：

```
HMODULE WINAPI HookLoadLibraryA(LPCSTR lpLibFileName)
{
  // 调用原 LoadLibraryA 函数
  HMODULE hModule = OrigLoadLibraryA(lpLibFileName);

  // 原 LoadLibraryA 函数执行完毕，进程所有模块的导入表中的相关 IAT 项再替换一次
  if (hModule != NULL)
  {
    ReplaceIATInAllMod("kernel32.dll", (PROC)OrigLoadLibraryA, (PROC)HookLoadLibraryA);
    ReplaceIATInAllMod("kernel32.dll", (PROC)OrigLoadLibraryW, (PROC)HookLoadLibraryW);
    ReplaceIATInAllMod("kernel32.dll", (PROC)OrigLoadLibraryExA, (PROC)HookLoadLibraryExA);
    ReplaceIATInAllMod("kernel32.dll", (PROC)OrigLoadLibraryExW, (PROC)HookLoadLibraryExW);

    if (strstr(lpLibFileName, "GetMd5.dll"))
      ReplaceEATInOneMod(hModule, "GetMd5", (PROC)HookGetMd5);
  }

  return hModule;
}
```

自定义函数 HookGetMd5：

```
BOOL HookGetMd5(LPCTSTR lpFileName, LPTSTR lpMd5)
{
  MessageBox(NULL, TEXT("延迟加载 dll 中的 GetMd5 函数已被 Hook"), TEXT("提示"), MB_OK);

  return TRUE;
}
```

效果如图 11.31 所示。

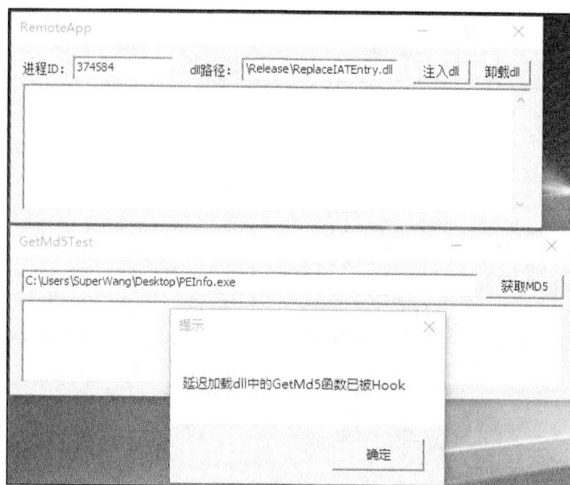

图 11.31

具体代码参见 ReplaceIATEntry2 项目。

既然延迟加载的原理是调用 LoadLibrary* 函数载入 DLL 并调用 GetProcAddress 获取函数地址，仅 Hook 掉 GetProcAddress 函数也是可以的，例如：

```
FARPROC WINAPI HookGetProcAddress(HMODULE hModule, LPCSTR lpProcName)
{
  // 调用原 GetProcAddress 函数
  FARPROC pfn = OrigGetProcAddress(hModule, lpProcName);

  // 如果原 GetProcAddress 函数获取的是 GetMd5 函数的地址，则替换
  if (_stricmp(lpProcName, "GetMd5") == 0)
    pfn = (FARPROC)HookGetMd5;

  return pfn;
}
```

具体代码参见 Chapter6\ReplaceIATEntry3 项目。

关于通过修改模块导入表中的 IAT 项来 Hook API，本节介绍了常见的场景。对一些加密保护很厉害的软件来说，这些方法可能无法奏效，因为它们都会包含反调试、反跟踪和反 Hook 等功能。Hook 技术建立在对目标软件充分了解的基础上，这是加密解密、逆向工程的讨论范围。